中国国家标准汇编

2005年修订-18

中国标准出版社

2006

图书在版编目（CIP）数据

中国国家标准汇编．18：2005年修订/中国标准出版社总编室编．—北京：中国标准出版社，2006
ISBN 7-5066-4262-X

Ⅰ．中…　Ⅱ．中…　Ⅲ．国家标准-汇编-中国-2005
Ⅳ．T-652.1

中国版本图书馆CIP数据核字（2006）第113946号

中国标准出版社出版发行
北京复兴门外三里河北街16号
邮政编码：100045
网址 www.spc.net.cn
电话：68523946　68517548
中国标准出版社秦皇岛印刷厂印刷
各地新华书店经销
*
开本 880×1230　1/16　印张 50.5　字数 1 400 千字
2006年11月第一版　2006年11月第一次印刷
*
定价　180.00　元

ISBN 7-5066-4262-X

9 787506 642620 >

出 版 说 明

1.《中国国家标准汇编》是一部大型综合性国家标准全集，自 1983 年起，按国家标准顺序号以精装本、平装本两种装帧形式陆续分册汇编出版。《汇编》在一定程度上反映了我国建国以来标准化事业发展的基本情况和主要成就，是各级标准化管理机构，工矿企事业单位，农林牧副渔系统，科研、设计、教学等部门必不可少的工具书。

2. 由于标准的动态性，每年有相当数量的国家标准被修订，这些国家标准的修订信息无法在已出版的《汇编》中得到反映。为此，自 1995 年起，新增出版在上一年度被修订的国家标准的汇编本。

3. 修订的国家标准汇编本的正书名、版本形式、装帧形式与《中国国家标准汇编》相同，视篇幅分设若干册，但不占总的分册号，仅在封面和书脊上注明“2005 年修订-1，-2，-3，……”等字样，作为对《中国国家标准汇编》的补充。读者配套购买则可收齐前一年新制定和修订的全部国家标准。

4. 修订的国家标准汇编本的各分册中的标准，仍按顺序号由小到大排列(不连续)；如有遗漏的，均在当年最后一分册中补齐。

5. 2005 年度发布的修订国家标准分 20 册出版。本分册为“2005 年修订-18”，收入新修订的国家标准 40 项。

中国标准出版社
2006 年 9 月

目　　录

ICS 91.140.50
Q 77

中华人民共和国国家标准

GB 16895.2—2005/IEC 60364-4-42:2001
代替 GB 16895.2—1997

建筑物电气装置
第4-42部分:安全防护　热效应保护

Electrical installations of buildings—Part 4-42:Protection for safety—Protection against thermal effects

(IEC 60364-4-42:2001,IDT)

2005-07-29 发布　　2006-06-01 实施

中华人民共和国国家质量监督检验检疫总局
中国国家标准化管理委员会　发布

前　　言

本部分的全部技术内容为强制性。

本部分等同采用 IEC 60364-4-42:2001(第 2 版)《建筑物电气装置　第 4-42 部分:安全防护　热效应保护》。IEC 60364-4-42:2001(第 2 版)是在 IEC 60364-4-42:1980(第 1 版)和 IEC 60364-4-482:1982(第 1 版)的基础上重新组合而成。IEC 60364-4-42:2001(第 2 版)重新统一编写条文号,用括号将重新组合前的条文号保留,例如 421.1(422.1)。本部分采用了这一编号形式。

《建筑物电气装置》包括以下 7 个部分:

第 1 部分:范围、目的和基本原则

第 2 部分:定义

第 3 部分:一般特性的评估

第 4 部分:安全防护

第 5 部分:电气设备的选择和安装

第 6 部分:检验

第 7 部分:特殊装置或场所的要求

本部分代替 GB 16895.2—1997《建筑物电气装置　第 4 部分:安全防护　第 42 章:热效应保护》

本部分与 GB 16895.2—1997 相比有以下主要变化:

1) 标准正文的结构和条文编号与 IEC 60364-4-42:2001 完全一致;

2) 增加了 420.2 规范性引用文件;

3) 将 GB 16895.2—1997 的 422 的编号改为 421;

4) 增加了 IEC 60364-4-482:1982(第 1 版)的内容,将其条文的编号改为 422(括号中的编号对应 IEC 60364-4-482:1982 中的编号)。

IEC 60364-4-42:2001(第 2 版)《建筑物电气装置　第 4-42 部分:安全防护　热效应保护》有一个资料性附录,内容是 IEC 60364 标准在 2001 年结构调整情况表,与本部分的技术内容无关,将其删去。

本部分由中国电器工业协会提出。

本部分由全国建筑物电气装置标准化技术委员会归口。

本部分负责起草单位:中机中电设计研究院。

本部分主要起草人:王增尧、贺湘琨、黄宝生。

本部分代替标准的历次版本发布情况为:

——GB 16895.2—1997。

建筑物电气装置
第4-42部分:安全防护　热效应保护

420.1(421)　总则

靠近电气设备的人员、固定式设备及固定物料应受到保护,以防止电气设备产生的热积聚或热辐射的有害效应,特别是下列效应:

——使物料燃烧或老化;

——灼伤危险;

——损害所装设备的安全功能。

注:过电流保护在GB 16895.5中规定。

420.2　规范性引用文件

下列文件中的条款通过本部分的引用而成为本部分的条款。凡是注日期的引用文件,其随后所有的修改单(不包括勘误的内容)或修订版均不适用于本部分,然而,鼓励根据本部分达成协议的各方研究是否可使用这些文件的最新版本。凡是不注日期的引用文件,其最新版本适用于本部分。

GB 16895.5　建筑物电气装置　第4部分:安全防护　第43章:过电流保护(GB 16895.5—2000,idt IEC 60364-4-43:1977)

GB/T 16895.18　建筑物电气装置　第5部分:电气设备的选择和安装　第51章:通用规则(GB/T 16895.18—2002,IEC 60364-5-51:1997,IDT)

GB 16895.21　建筑物电气装置　第4-41部分:安全防护　电击防护(GB 16895.21—2004,IEC 60364-4-41:2001,IDT)

GB/T 18380.1—2001　电缆在火焰条件下的燃烧试验　第1部分:单根绝缘电线或电缆的垂直燃烧试验方法(idt IEC 60332-1:1993)

IEC 60079-14:1996　爆炸性气体环境用电气装置　第14部分:危险场所电气设备安装(煤矿除外)

IEC 60332-3-10:2000　电缆在火焰条件下的试验　第3-10部分:成束电线或电缆垂直火焰分布下燃烧试验　设备

IEC 60332-3-21:2000　电缆在火焰条件下的试验　第3-21部分:成束电线或电缆垂直火焰分布下燃烧试验　A F/R类试验

IEC 60332-3-22:2000　电缆在火焰条件下的试验　第3-22部分:成束电线或电缆垂直火焰分布下燃烧试验　A类试验

IEC 60332-3-23:2000　电缆在火焰条件下的试验　第3-23部分:成束电线或电缆垂直火焰分布下燃烧试验　B类试验

IEC 60332-3-24:2000　电缆在火焰条件下的试验　第3-24部分:成束电线或电缆垂直火焰分布下燃烧试验　C类试验

IEC 60332-3-25:2000　电缆在火焰条件下的试验　第3-25部分:成束电线或电缆垂直火焰分布下燃烧试验　D类试验

IEC 60614(全部)　电气安装用导管的技术要求

421(422)　防火保护

421.1(422.1)　电气设备不应引起邻近物料的火灾危险

除遵守GB 16895《建筑物电气装置》的要求外,还应遵守制造厂的安装说明。

421.2(422.2) 固定式设备的表面温度可能引起邻近物料的火灾危险时，设备应：

——安装在能够承受这种温度，而且是低热导率的物料上或物料中间；或者

——与建筑构件之间，用能承受这种温度而且是低热导率的物料隔开；或者

——安装在与这种温度下可能引起有害热效应的任何物料之间有足够距离的位置，使热量安全地扩散，此时，任何支持件都应是低热导率的。

421.3(422.3) 永久性连接的设备在正常工作中会产生电弧或火花的，设备应：

——用耐弧物料将其全部围护起来；或者

——用耐弧物料将设备与电弧可能引起有害热效应的建筑构件隔开；或者

——安装在与这种电弧可能引起有害热效应的建筑构件之间有足够距离的位置，使电弧热量安全地扩散。

用于本保护措施的耐弧物料应是不燃的、低热导率的并且为了保持机械稳定性还应具有足够的厚度。

421.4(422.4) 会造成热聚焦或热集中的固定式设备与任何固定物体或建筑构件之间应保持足够的距离，使在正常情况下物体或构件不会遭受危险的温度。

421.5(422.5) 设置在同一处的电气设备含有超过一定数量的可燃液体时，应采取预防措施防止燃烧的液体及液体燃烧时产生的火焰、烟或有毒气体扩散到建筑物的其他部位。

注1：这些预防措施的例子是：

——设置收集漏出液体的排放坑，并在一旦着火时保证使火熄灭；或者

——将设备安装在具有足够的耐火等级的小室内，并设置挡槛或采取其他措施以防止燃烧的液体蔓延到建筑物的其他部位，这种小室要有只通向户外的单独通风。

注2：通常认为一定数量的下限是25 L。

注3：少于25 L时，在布置上能防止液体流散即可。

注4：最好在着火开始时切断电源。

421.6(422.6) 在安装中所采用的围绕电气设备的外护物的材料，应能承受该电气设备可能产生的最高温度。

可燃材料不适合用于制作这类外护物，除非采取了覆盖上不燃的或难燃的低热导率的材料等防止着火的措施。

422(482) 火灾防护措施

422.1(482.0) 一般要求

具备422.2所述外界影响条件的电气装置，除应遵守421的要求外，还应遵守本条的要求。

422.2(482.1) 紧急疏散的条件

条件分为：

BD2：聚集密度低，疏散困难；

BD3：聚集密度高，疏散容易；

BD4：聚集密度高，疏散困难。

(按照GB/T 16895.18中的表51A)

注：主管建筑建设，公共集会，消防等部门负责说明拟建项目是属于上述哪一类BD条件。

422.2.1(482.1.1) 在BD2、BD3和BD4条件下，布线系统不应占用安全通道，除非布线具备护套或外护物，这种护套或外护物在按安全通道所用建筑构件规定允许的时间以内，或没有这样的规定时则在2 h以内，不会助长或蔓延火灾和达到足以引燃邻近物料的温度。

注：电缆燃烧试验规定于IEC 60332-1、IEC 60332-3-10、IEC 60332-3-21、IEC 60332-3-22、IEC 60332-3-23、IEC 60332-3-24、IEC 60332-3-25。导管燃烧试验规定于IEC 60614。

占用安全通道的布线系不应在伸臂范围以内，除非设置了防止在疏散时可能出现机械损伤的保护。安全通道内的任何布线系统应尽可能的短。

422.2.2(482.1.2) 在 BD3 和 BD4 条件下，除用于便利疏散的某些电器以外，开关设备和控制设备只有规定的人员才能接近。如果这些开关设备和控制设备被装在通道内，则应将它们装在用不燃的或难燃的材料制作的柜子或箱子内。

注："不燃的"和"难燃的"定义在考虑中。

422.2.3(482.1.3) 在 BD3、BD4 条件下和在安全通道内，禁止使用有可燃液体的电气设备。

注：组装在电器中的个别辅助电容器不必满足本要求。这种例外主要指放电灯和电动机起动器的电容器。

422.3(482.2) 已加工的或贮存的物料的性质

条件 BE2：火灾危险(按照 GB/T 16895.18 的表 51A)。

注 1：可燃材料的数量、场所的表面积或体积另见国家规定。

注 2：关于爆炸危险，见 IEC 60079-14。

422.3.1(482.2.1) 电气设备应限于这些场所必需使用的那些设备，但按照 422.3.6 的布线系统除外。

422.3.2(482.2.2) 预计电气设备外壳上会积聚足以引起火灾危险的粉尘时，应采取措施防止外壳达到过高温度。

422.3.3(482.2.3) 电气设备的选择和安装，应使其正常温升和故障期间的预计温升不会引起火灾。

这些要求可以靠设备的结构或它的安装条件来实现。

表面温度不可能引燃附近物体的场所，不需采取特别措施。

422.3.4(482.2.4) 保护、控制和隔离用的开关设备应装在 BE2 条件场所以外的地方，除非这种开关设备装在防护等级适合这种场所但至少为 IP4X 的外护物内。

422.3.5(482.2.5) 布线没有埋设在不燃材料中时，应采取措施保证这种布线不会使火焰蔓延。特别是电缆最少应满足 IEC 60332-1 规定的燃烧试验。

422.3.6(482.2.6) 通过这些场所但不是必需用于这些场所的布线系统应满足以下条件：

——布线系统要符合 422.3.5 的规定；

——在这些场所内，布线系统沿线没有接头，除非将这些接头放在耐火的外护物中；

——布线系统有符合 422.3.11 规定的过电流保护。

422.3.7(482.2.7) 在有可燃粉尘的场所，强迫通风加热装置的进气口应设在场所之外。排气温度不应引起场所中起火。

422.3.8(482.2.8) 自动或远方控制的电动机或者未被连续监视的电动机，应设有温度敏感器件作超温保护，但轻负载的伺服电动机除外。

422.3.9(482.2.9) 灯具应适合 BE2 场所并且应配备能提供保护等级至少为 IP4X 的外护物。在预先估计到会有机械性损伤的场所，灯泡及灯具部件应具备足够的保护，例如采用强化塑料罩、格栅或强化玻璃罩。这些保护器件不应固定在灯座上，除非这在结构上预先已有考虑。

422.3.10(482.2.10) 从火灾危险的观点，在必需限制布线系统中故障电流引起后果的地方，应采用以下两种回路之一：

——由剩余电流动作保护器保护，保护器的额定剩余电流动作值不超过 0.5 A；

——由持续的绝缘监视器监视，监视器在出现绝缘故障时发出警告。

当布线系统没有与保护线相连接的金属外护物时，可采用一根裸监视线并入相应回路的布线系统，此导线可以是保护线。

422.3.11(482.2.11) 向 BE2 场所供电或通过的电路，在电路进入这些场所的电源侧应装有过负荷保护和短路保护。

422.3.12(482.2.12) 对于特低电压电路，带电部分应符合以下二者之一：

——封装在保护等级为 IP2X 或 IPXXB 的外护物内；

——具有能够耐受试验电压 500 V、时间为 1 min 的绝缘(与电路的标称电压无关)。

这是对 GB 16895.21(GB 16895.21—2005)的 411.1.4.3 的附加要求。

422.3.13(482.2.13) 向 BE2 场所供电的电路不允许有 PEN 线，但通过这种场所的电路除外。

422.4(482.3) **可燃的建筑材料**

条件 CA2：可燃的建筑材料(按照 GB/T 16895.18 的表 51A)。

422.4.1(482.3.1) 应采取预防措施以保证电气设备不会引燃墙、楼板和顶棚。

422.5(482.4) **蔓延火灾的结构**

条件 CB2：蔓延火灾(按照 GB/T 16895.18 的表 51A)。

422.5.1(482.4.1) 对于形状和大小会助长蔓延火灾的结构，应采取预防措施以保证电气装置不会蔓延火灾(例如烟囱效应)。

注：可以装设火灾探测器，以保证防止火灾蔓延的措施得以实现，例如关闭沟、槽或管道中的防火阀。

423 **灼伤保护**

在伸臂范围内的电气设备，其可接近部分的温度不应达到可能造成人员灼伤的程度，并且应遵守表 42A 所列相应温度限值的规定。装置的所有部分，在正常工作中，即使是短时间的，其温度可能出现超过表 42A 所列限值时，也应加以防护，防止任何意外接触。

表 42A 中的值不适用于已符合国家标准的某些设备。

表 42A 伸臂范围内设备的可触及部分正常工作时的温度限值

可触及部分	可触及表面的材料	最高温度/℃
操作时手握的部分	金属的 非金属的	55 65
有意触及的，但非手握的部分	金属的 非金属的	70 80
正常操作时不必触及的部分	金属的 非金属的	80 90

424 **过热保护**

424.1 **强迫通风加热系统**

424.1.1 应使强迫通风加热系统的加热元件，除中央蓄热器外，在规定的气流建立之前不能工作，并在气流停止时停止工作。此外，还应有两个彼此独立的温度限制器，以防止通风管道中的温度超过允许值。

424.1.2 加热元件的底座和外护物的材质应是不燃的。

424.2 **产生热水或蒸汽的设备**

所有产生热水或蒸汽的设备的设计或安装都应保护设备在各种工作状态下都不致过热。除非这些设备完全符合相应国家标准的规定，否则应用一种适当的非自动复位式元件来保护，该元件的工作与设备的温度控制器无关。

如果这类设备没有溢出口，还应有限制水压的器件。

ICS 91.140.50
Q 77

中华人民共和国国家标准

GB/T 16895.23—2005/IEC 60364-6-61:2001

建筑物电气装置
第6-61部分:检验——初检

Electrical installations of buildings—
Part 6-61:Verification—Initial verification

(IEC 60364-6-61:2001,IDT)

2005-07-13 发布 2006-02-01 实施

中华人民共和国国家质量监督检验检疫总局
中国国家标准化管理委员会 发布

前　言

本部分是系列标准《建筑物电气装置》的一部分。

本部分等同采用 IEC 60364-6-61:2001 第 2 版《建筑物电气装置　第 6-61 部分:检验——初检》。

IEC 60364-6-61:2001 是在 IEC 60364-6-61:1986 第 1 版及 1993 年、1997 年两次修改的基础上重新组合而成。为了反映其变化,用括号将组合前的 610 章中的条号保留了下来,例如(610.3)、(610.4)。本部分在等同采用第 2 版时保留了这一编号形式。

在采用 IEC 60364-6-61:2001 时,删去了资料性附录 G《IEC 60364 第 1 至 6 部分的调整》;增补了在正文中提及的参考文献。

本部分的附录 A、附录 B、附录 C、附录 D 为规范性附录,附录 E、附录 F 为资料性附录。

本部分由全国建筑物电气装置标准化技术委员会提出并归口。

本部分的起草单位:机械科学研究院、中国轻工业北京设计院、煤炭科学研究院抚顺分院、广州电器科学研究所、北京德隆博宇科贸有限公司。

本部分主要起草人:李世林、郭汀、黄妙庆、刘贵远、何伟恩、赵秀山。

建筑物电气装置
第 6-61 部分:检验——初检

610 引言

610.1 范围

国家标准《建筑物电气装置》的本部分给出了通过检查和试验,检验电气装置是否符合《建筑物电气装置》的其他部分的相关要求,并给出了试验标准和试验的描述。

本部分仅涉及新的装置,不涉及原有装置的检查和试验。然而,如果合适的话,所述的检查和试验可用于原有装置。

610.2 总则

每个装置在安装期间和/或完工后用户使用前,应作视检及试验,以尽可能检验是否符合本部分的要求。

应将 IEC 60364-5-51 的 514.5 所要求的资料提供给进行检验工作的人员。

在检查和试验期间应采取预防措施,以避免对人身的危害和对财产及所安装设备的损坏。

当装置是原有装置的扩建或改建时,应检验此扩建或改建是否符合本部分,而且不降低原有装置的安全程度。

检验应由合格的熟练人员来进行,检验结束后应提交一份检验报告。

注:有关定期检查的资料由附录 F 给出。

610.3 规范性引用文件

下列文件中的条款通过《建筑物电气装置》的本部分的引用而成为本部分的条款。凡是注日期的引用文件,其随后所有的修改单(不包括勘误的内容)或修改版均不适用于本部分,然而鼓励根据本部分达成协议的各方研究是否可使用这些文件的最新版本。凡是不注日期的引用文件,其最新版本适用于本部分。

GB/T 13870.2—1997 电流通过人体的效应 第 2 部分:特殊情况(idt IEC 60479-2:1987)

GB 16895.3—1997 建筑物电气装置 第 5 部分:电气设备的选择和安装 第 54 章:接地配置和保护导体(idt IEC 60364-5-54:1980 及 1982 年第 1 次修改)

GB 16895.21—2004 建筑物电气装置 第 4-41 部分:安全防护 电击防护(IEC 60364-4-41:2001,IDT)

IEC 60364-1:2001 建筑物电气装置 第 1 部分:基本原则、一般性能评估、定义

IEC 60364-4-42:2001 建筑物电气装置 第 4-42 部分:安全防护 热效应保护

IEC 60364-4-43:2001 建筑物电气装置 第 4-43 部分:安全防护 过电流保护

IEC 60364-4-44:2001 建筑物电气装置 第 4-44 部分:安全防护 电压扰动和电磁干扰的防护

IEC 60364-5-51:2001 建筑物电气装置 第 5-51 部分:电气设备的选择和安装—通用规则

IEC 60364-5-52:2001 建筑物电气装置 第 5-52 部分:电气设备的选择和安装—布线系统

IEC 60364-5-53:2001 建筑物电气装置 第 5-53 部分:电气设备的选择和安装—隔离、开关和控制

IEC 60479-1:1994 电流通过人体的效应 第 1 部分:常用部分

611 视检

611.1 视检应在试验前,通常在整个装置不带电的情况下进行。

611.2 进行视检应确认固定布线的电气设备：

——符合有关设备标准的安全要求；

注：此点可通过检查设备的标志或合格证来确定。

——按本部分进行了正确的选择和安装；

——无可见的足以危害安全的破损。

611.3 视检应根据相应情况至少检查下列诸项：

——电击防护措施，包括距离测量，这涉及例如用遮栏或外护物的保护，用阻挡物的保护或置于伸臂范围以外的保护(见 GB 16895.21 的 410.3、412.2、412.3、412.4 和 413.3)；

注：413.3 的"用非导电场所的保护"规定的要求仅在装置中只有固定布线时才可检验。

——具有防火间隔和其他防止火灾蔓延的预防措施以及对热效应的防护(见 IEC 60364-4-42、IEC 60364-4-43 和 IEC 60364-5-52 的 527)；

——按载流量和电压降选择的导体(见 IEC 60364-5-52 的 523)；

——保护和监视电器的选择和整定(见 IEC 60364-5-53)；

——正确定位的适用的隔离和开关电器(见 IEC 60364-5-53)；

——适宜于外界影响的设备和保护措施的选择(见 IEC 60364-5-51 的 512.2，IEC 60364-4-42 的 422 和 IEC 60364-5-52 的 522)；

——中性导体和保护导体的识别(见 IEC 60364-5-51 的 514.3)；

——具有简图、警示标志或其他类似信息(见 IEC 60364-5-51 的 514.5)；

——回路、熔断器、开关、端子等的识别(见 IEC 60364-5-51 的 514)；

——导线的恰当连接(见 IEC 60364-5-52 的 526)；

——便于操作、识别和维修的可接近性。

612 试验

612.1 总则

应根据相应情况并尽量按如下顺序进行试验：

——保护导体和总等电位联结、辅助等电位联结的连续性(见 612.2)；

——电气装置的绝缘电阻(见 612.3)；

——采用回路分隔的保护(见 612.4)；

——地板和墙的电阻(见 612.5)；

——自动切断电源(见 612.6)；

——极性检验(见 612.7)；

——电气强度试验(见 612.8)；

——功能试验(见 612.9)；

——电压降(见 612.10)(在考虑中)。

如果试验的任何一项不合格，则该试验及以前的任何与该试验显示的故障有关的试验，应在消除缺陷后重新进行。

本部分所述试验方法系供参考的试验方法，如果其他方法能给出不逊于本方法的结果，则不排除采用其他方法。

612.2 包括总等电位联结和辅助等电位联结的保护导体的连续性

应进行连续性试验。建议采用直流或交流空载电压为 4 V 至 24 V，最小电流为 0.2 A 的电源试验。

612.3 电气装置的绝缘电阻

应测量以下各处的绝缘电阻：

a) 依次在每两个带电导体之间进行，每次测2根；

注：这种测量实际上只能在装置安装期间接上用电器具之前进行。

b) 在每一带电导体和地之间。

注1：在TN-C系统中，PEN导体被视作大地的一部分。

注2：在此项测量期间，相导体和中性导体可连在一起。

在断开用电器具时，以表61A所列的测试电压测得的每一回路的绝缘电阻不小于表61A所列的相应值即认为满足要求的。

测量应采用直流，测试仪器应能在载有1 mA电流时提供表61A所列的试验电压。

当回路内有电子器件时，只能对连接在一起的相导体和中性导体对地之间进行测量。

注：该预防措施是必要的，因为在试验时如果不将带电导体相互连接，可能使电子器件损坏。

表61A 绝缘电阻最小值

标称回路电压/V	试验电压/V	绝缘电阻/MΩ
回路系由安全变压器供电(见411.1.2.1)且满足411.1.3.3要求的SELV和FELV回路	250	≥0.25
500 V及以下，但上述情况例外	500	≥0.5
500 V以上	1 000	≥1.0

612.4 采用回路分隔的防护

带电部分与其他回路的带电部分及大地分隔，应按411.1和413.5通过测量绝缘电阻来检验。测得的电阻值应与表61A相符，此时应尽可能将用电器具接于回路上。

612.5 地板和墙的电阻

当需要符合413.3要求时，在同一处至少应进行三次测量，其中的一次应在距离任何可触及的外界可导电部分约1 m处，其他两次测量应在较远距离处进行。

上述一系列测量应在每个测量处的表面重复进行。

附录A提供了测量地板和墙的绝缘电阻的一种方法。

612.6 采用自动切断电源保护的条件的检验

612.6.1 总则

为检验采用自动切断电源作为间接接触防护的有效措施，应进行如下检验：

a) TN系统

对是否符合IEC 60364-4-41的413.3.3的规定应进行下述检验：

1) 测量故障回路阻抗(见612.6.3)。

注1：在附录E规定的条件下，可用测量保护导体的电阻来检验是否合格。

注2：如果故障回路阻抗或保护导体电阻是可计算的，且装置的设置又允许检测导体的长度和截面积时，即对保护导体连续性的检验已足够时(见612.2)则不需要作上述测量。

2) 相关保护电器特性的检验(即对断路器标称电流整定值和熔断器的电流额定值进行视检，以及剩余电流动作保护器的试验)。

注：剩余电流动作保护器试验方法示例见附录B。

此外，必要时还要按IEC 60364-4-41的413.1.3.7的规定设计有效的接地电阻R_B。

b) TT系统

是否符合413.1.4.2的规定应进行下述检验：

1) 测量装置的外露可导电部分的接地极电阻(见612.6.2)。

2) 检验相关保护电器特性。这种检验应是：

——对剩余电流保护器进行视检和试验；

注：剩余电流动作保护器试验方法示例见附录B。

——对过电流保护器进行视检(即检查断路器的电流整定值、熔断器的电流额定值);

——对保护导体则检验其连续性(见612.1)。

c) IT系统

第1次故障电流的计算或测量。

注1:在电源系统通过阻抗接地的情况下(见IEC 364-4-41的413.1.5.1),如果装置的所有外露可导电部分都是接到电源系统的地时(见IEC 60364-3,312.2.3),则不需作这种测量。

注2:只有在所有参数都不知道而又无法计算时才进行测量。要采取预防措施以避免在测试时由于出现第二次故障带来的危险。

当发生第二次故障而出现类似于TT系统的那种情况时(见IEC 60364-4-41的413.1.5.5a),则应按本条b)进行检验。

当出现类似于TN系统的那种情况时(见IEC 60364-4-41的413.1 5.5b),则应按本条a)进行检验。

注3:在进行故障回路阻抗测量时,在系统中性点与装置进线端的保护导体之间需要设置一个阻抗可忽略的连线。

612.6.2 **接地极电阻的测量**

按规定(TT系统见413.1.4.2,TN系统见413.1.3.2,IT系统见413.1.5.3)用适当的方法测量接地极电阻。

注1:用两个辅助接地极进行测量的方法和其需满足的条件由附录C作为示例给出。

注2:对于TT系统,装置所处的位置(如在市区)实际上不能设置两个辅助接地极。在这种情况下,故障回路阻抗(或电阻)的测量值将超过实际值。

612.6.3 **故障回路阻抗的测量**

故障回路阻抗的测量应在与回路标称频率相同的频率下完成。

注1:故障回路阻抗测量方法由附录D作为示例给出。

测得的故障回路阻抗,对TN系统应符合413.1.3.3的规定,对IT系统应符合413.1.5.6的规定。

注2:当故障回路的阻抗有可能受故障电流的显著影响时,可考虑用这样的电流在制造厂或试验室里进行测量的结果。这种做法特别适用于工厂制造的成套设备,它包括线槽系统金属导管以及带金属外护层的电缆。

如所测结果不符合本条要求或如有怀疑,并按413.1.6采用辅助等电位联结时,这种联结的有效性应通过413.6.2的方法进行检查。

612.7 **极性测试**

在中性导体上禁止安装单极开关电器的地方,应进行极性测试,以核实所有这类电器只接于相导体上。

612.8 **电气强度试验**

612.8.1 **总则**

应对在现场制造或改动的设备进行试验。

注:试验方法在考虑中。

612.8.2 **试验电压值**

在考虑中。

612.9 **功能试验**

成套装置(诸如开关设备和控制设备、传动装置、控制及联锁装置)应进行功能试验,以证明它们是按本标准的相应要求正确固定、调整和安装的。

如果需要,应进行保护电器功能试验,以检查其安装和调整是否正确。

注:剩余电流动作保护器动作的检验方法由附录B作为示例给出。

612.10 **电压降的检验**

在考虑中。

附 录 A
（规范性附录）
测量地板和墙的绝缘电阻的方法

采用能提供空载电压约为500 V(或装置额定电压大于500 V时为1 000 V)的永磁式欧姆表或由蓄电池作为直流电源供电的绝缘测试仪。

测量测试电极和装置的保护导体之间的电阻。

测试电极可采用下列两种型式的任何一种。当有争议时可参照测试电极1的型式。

注：建议在作表面处理(用清漆、油漆及类似涂料)之前进行测试。

测试电极1

此电极包括一块边长250 mm的正方形金属板和一块挤去水分但仍潮湿的边长约270 mm的正方形吸水纸或吸水布，此纸或布放在金属板和被测表面之间。

测量时，施加于金属板上的力对于地板或墙分别约为750 N或250 N。

测试电极2

此电极包括一个金属三脚座，其支于地板上的支脚形成等边三角形的三个顶点。每一支脚有一柔韧的底垫，以保证在加上负载时，与面积约900 mm^2的被测表面紧密接触，并形成5 000 Ω以下的电阻。

在测量前，被测表面应加以润湿或复加以湿布。测量时施加于三脚座上的力在地板或墙上分别约为750 N或250 N。

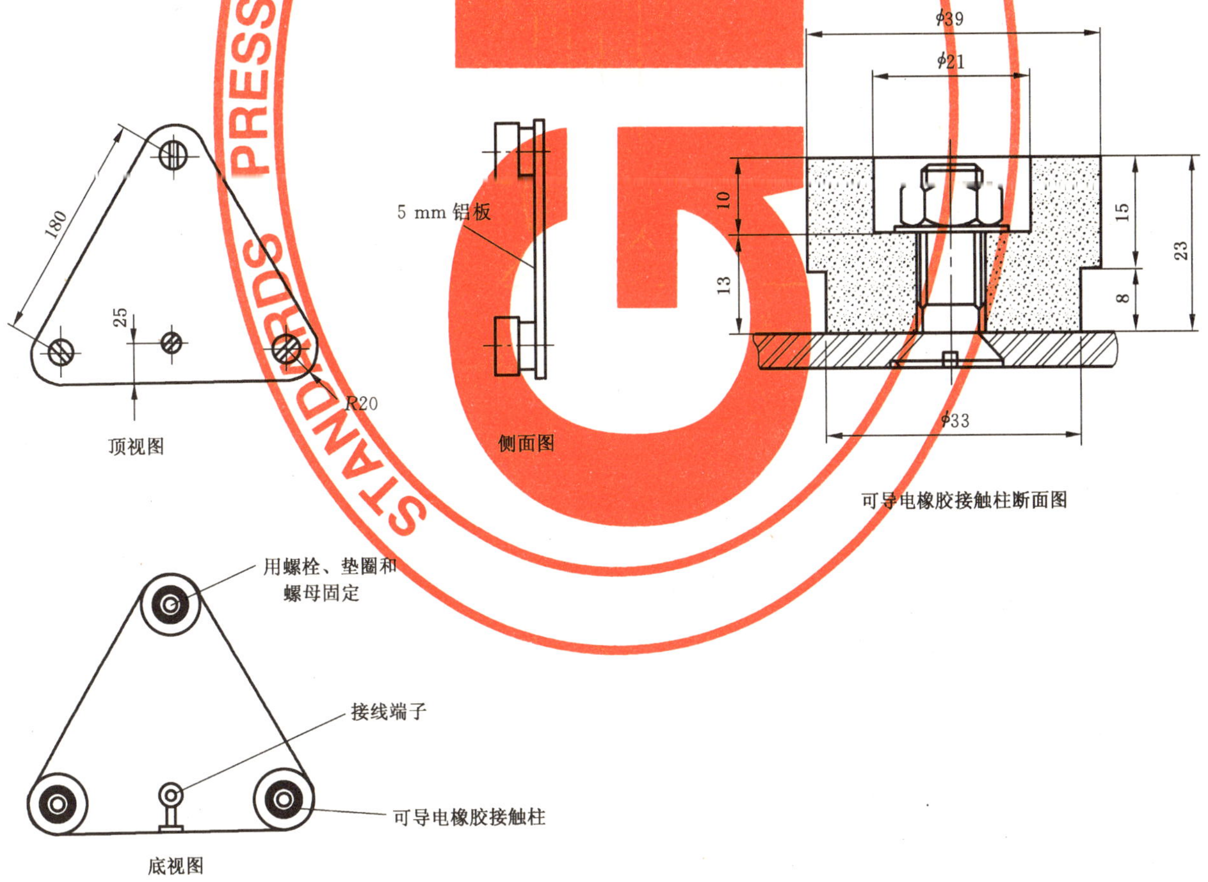

图 A.1 测试电极2

附　录　B
（规范性附录）
剩余电流保护器的动作检验

下面的检验方法作为示例给出。

方法 1

图 B.1 所示的是检验方法的原理图。图中可变电阻接在负荷测的带电导体和外露可导电部分之间。电流随可变电阻 R_p 的减小而增大。

剩余电流动作保护器的动作电流 I_Δ 不应大于额定的剩余动作电流 $I_{\Delta n}$。

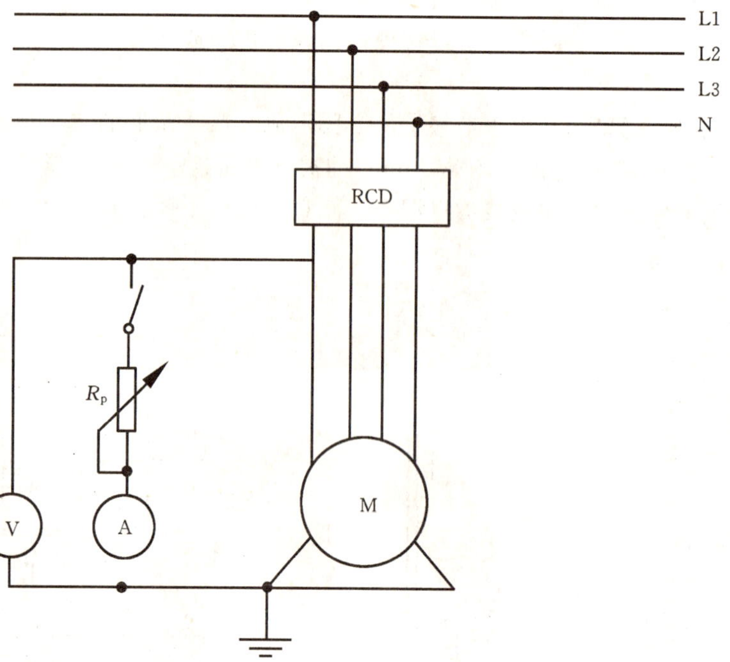

注：对于 TN-S、TT 和 IT 系统均可采用方法 1。在 IT 系统中，为使试验时 RCD 动作，可能需要将系统的一点直接接地。

图 B.1　方法 1 的示例

方法 2

图 B.2 所示为本方法的原理图，其中可变电阻接在电源侧的一根带电导体和负荷测的另一带电导体之间。

电流随可变电阻 R_p 的减小而增大。

剩余电流动作保护器的动作电流 I_Δ 不应大于 $I_{\Delta n}$，在试验时应断开负荷。

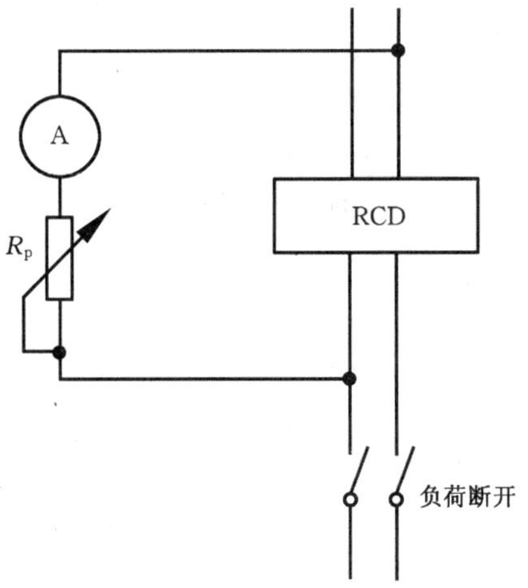

注：TN-S、TT、IT 系统均可采用方法 2。

图 B.2　方法 2 的示例

方法 3

图 B.3 所示为采用辅助电极的方法原理图。电流随可变电阻 R_p 值的减小而增大。测量的则是外露可导电部分与独立的辅助电极之间的电压 U。电流 I_Δ 也被测量，它不应大于剩余电流动作保护器(RCD)的额定动作电流 $I_{\Delta n}$。

应满足以下条件：

$$U \leqslant U_L \times \frac{I_\Delta}{I_{\Delta n}}$$

式中：U_L 为约定接触电压限值。

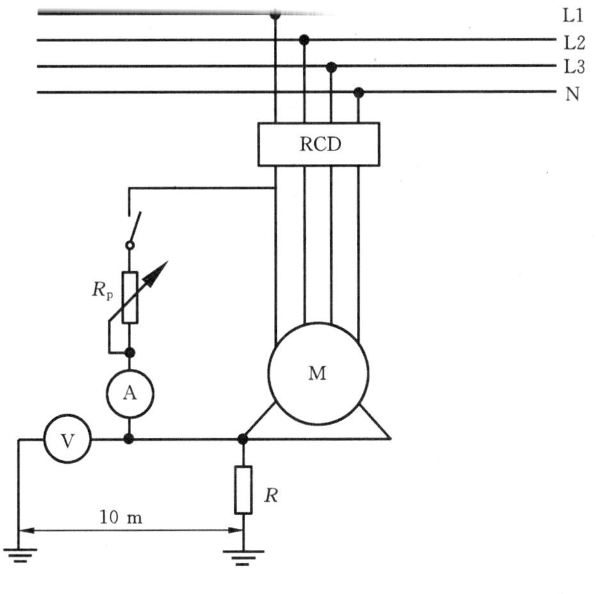

注 1：　方法 3 只能用在允许设置辅助电极之处。

注 2：　TN-S、TT、IT 系统均可采用方法 3。为使试验时 RCD 动作，对于 IT 系统可能需要将系统的一点直接接地。

图 B.3　方法 3 的示例

附　录　C
（规范性附录）
接地极电阻的测量

进行接地电阻测量时（见图 C.1），可采用的程序示例如下：

接地极 T 和辅助接地极 T_1 之间通以稳定的交流电流。T_1 设在距 T 一定的距离处，使两接地极的电阻区域不重叠。

可将金属棒 T_2 在 T 和 T_1 的中间处埋入地下作为第 2 个辅助接地极，测出 T 和 T_2 之间的电压降。

用 T 和 T_1 之间流过的电流值除以 T 和 T_2 之间的电压，即得出接地极的电阻，条件是电阻区域没有重叠。

为检验所测的接地电阻是否真实，将第 2 个辅助接地极 T_2 分别向远离和靠近 T 的方向移动距离约 6 m，再测取两次电阻值。若三次得到的结果大体上是一致的，取三次测算的平均值，为接地极 T 的电阻。如果不一致，再加大 T 与 T_1 之间的距离，重复上述试验。

如果用工频电流进行测试，则所用电压表的内阻抗不得低于 200 Ω/V。

测试所用的电流源应与主电源隔离（例如用双绕组变压器）。

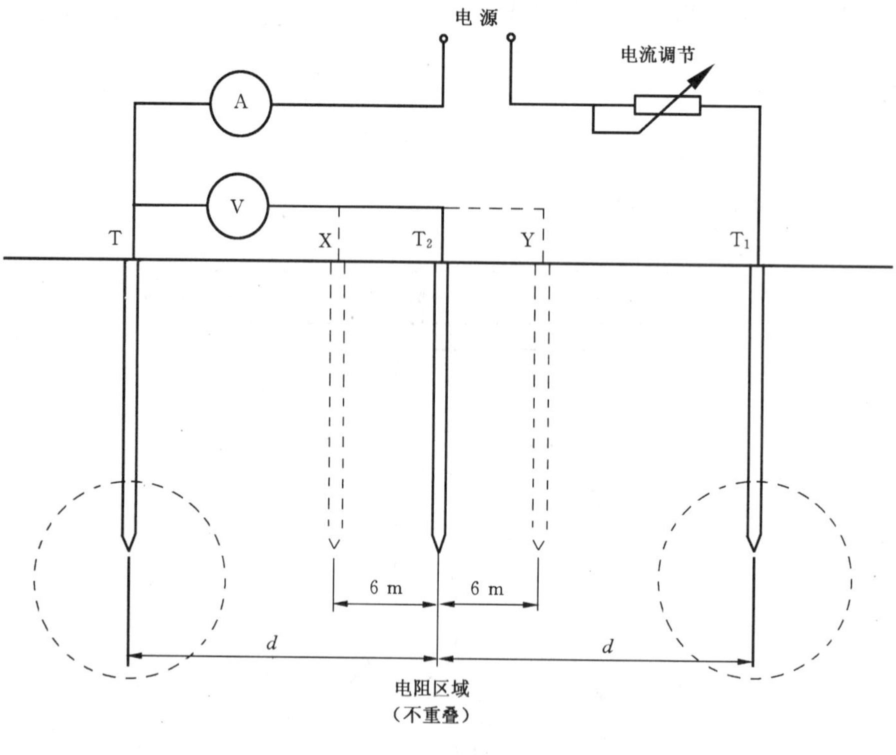

T——被测接地极，与所有其他供电电源都断开；

T_1——辅助接地极；

T_2——第 2 个辅助接地极；

X——检验测量结果时所用的 T_2 的另一位置；

Y——再次检验测量结果时所用的 T_2 的又一个位置。

图 C.1　接地电阻的测量

附　录　D
（规范性附录）
故障回路阻抗的测量

在进行 TN 系统故障回路阻抗测量时，可采用的方法示例如下

注 1：本附录所推荐的方法仅能给出故障回路阻抗的近似值，因为这些方法没有考虑电压的矢量特性，也就是未考虑实际接地故障时存在的条件。然而只要相关回路的电抗是可以忽略的，这个近似程度还是可以接受的。

注 2：在进行故障回路阻抗测量前，最好在中性点与外露可导电部分之间进行连续性试验（见 612.2）。

方法 1　采用电压降法测量故障回路阻抗

注 1：注意，目前所用方法在运用中有困难。

如果待检验回路的电压是用连接和不连接可变的负载电阻的方法测得的，则计算故障回路阻抗的公式是：

$$Z = \frac{U_1 - U_2}{I_R}$$

式中：

Z——故障回路阻抗；

U_1——不连接负载电阻时测得的电压；

U_2——连接负载电阻时测得的电压；

I_R——通过负载电阻的电流。

注 2：U_1 和 U_2 之间宜有显著的差别。

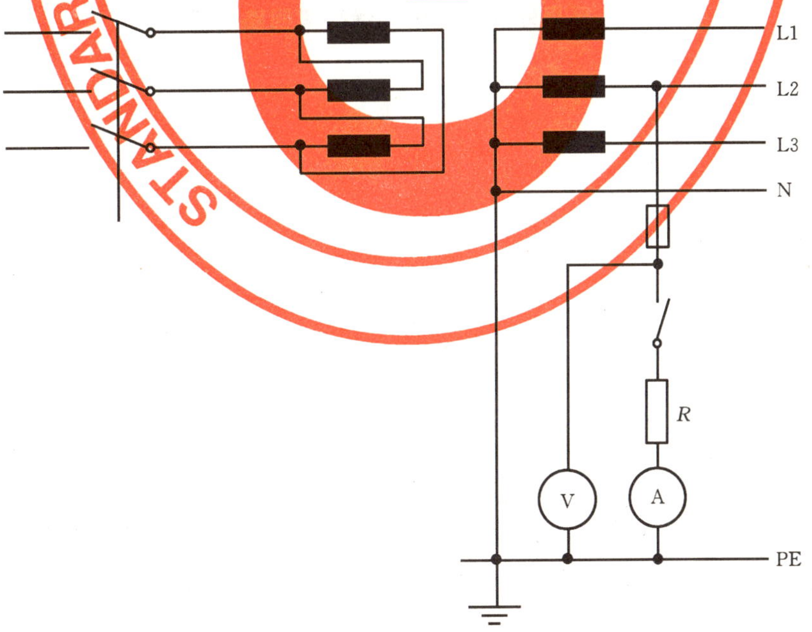

图 D.1　采用阻抗压降法测量故障回路的阻抗

方法 2　采用外加电源法测试故障回路阻抗

需在切断正常电源并将变压器一次侧短路时进行测量。这种方法采用来自外加电源(见图 D.2)的电压,故障回路阻抗的计算公式是:

$$Z=\frac{U}{I}$$

式中:

Z——故障回路阻抗;

U——测得的试验电压;

I——测得的试验电流。

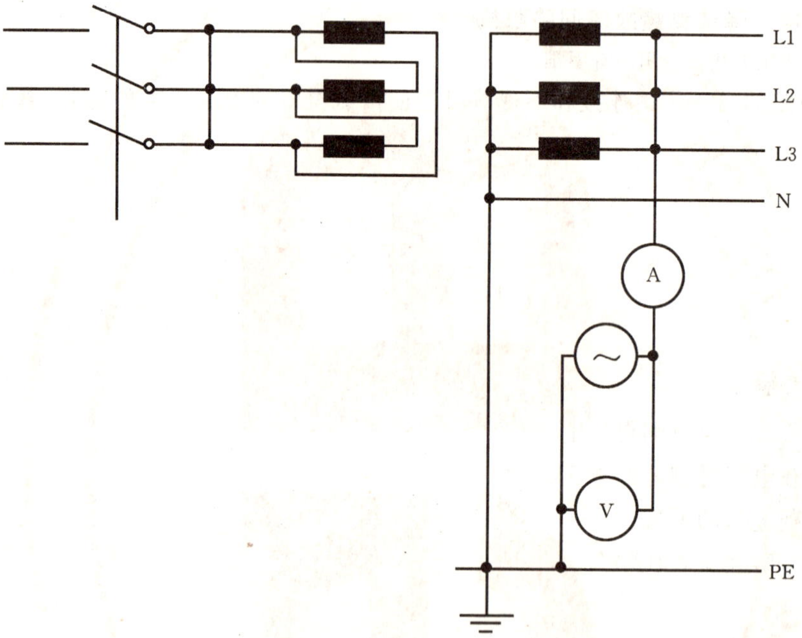

图 D.2　采用外加电源法测量故障回路的阻抗

附 录 E
（资料性附录）
第6-61部分：初检的应用导则

本附录的条号采用GB/T 16895.23(IEC 60364-6-61)相应的条款编号。

没有提及条号则表明它们没有附加说明。

E.611 视检

E.611.2 这种检查也是要检查设备是否按制造厂家的说明书安装，以免对其性能造成不利影响。

E.611.3

611.3 第2个破折号：

a) 具有防火间隔(527.2)和其他防止火灾蔓延的预防措施以及对热效应的保护(527.2.7和527.2.1)。

对密封装置进行检验是要确认其是否符合与采用IEC标准的中国标准或IEC标准的相关产品型式试验(由ISO在考虑中)的有关安装指南。

做了这种检验之后不要求再作其他试验。

b) 热效应保护(IEC 60364-4-42和IEC 60364-4-43)

IEC 60364-4-42的有关热效应保护的规定适用于正常即无故障运行。

IEC 60364-4-43和IEC 60364-5-53的533的目的是布线系统的过电流保护。

保护电器由于短路或过负荷故障而动作被视为正常。

c) 防火(IEC 60364-4-42的442)

442中对具有火灾危险场所要求的条件是假定其过电流保护符合IEC 60364-4-43的规定。

611.3 第3和第4个破折号：

按载流量和电压降选择导体以及保护器和监视器的选择和整定。

对导体选择，包括它们的材料、安装和截面积以及保护电器的安装和整定，均应根据装置的设计者的计算进行检验。这种计算应符合本标准，特别是符合GB 16895.21、IEC 603364-4-43、IEC 60364-5-52、IEC 60364-5-53和GB 16895.3的规定。

611.3 第8个破折号：

具有简图、警示标志或其他类似信息。

当一个装置内包含几个配电盘时，特别需要有像514.5规定的那种简图。

611.3 第10个破折号：

导体的适当连接。

这项检验的目的是检查对连接的导体采取的紧固措施是否适当和连接是否正确。

存有疑虑时，最好测量一下连接的电阻，这个电阻不应大于长为1 m，截面积等于所连接的最小导体截面积的导体电阻值。

611.3 第11个破折号：

便于操作、识别和维修的可接近性。

应检验操作器件的设置是否易于操作人员的接近。

与应急开关(包括应急停机)电器有关的规定见536.4.2。

用于机械维护时断电用的电器的规定见536.3.2。

E.612 试验

注：对测量和监视设备的要求的资料由IEC 61557系列标准给出。

E.612.2 包括总等电位联结和辅助等电位联结在内的保护导体的连续性

检验自动切断电源防护的条件(见612.6)时,要求作这种试验;如果试验所用电器给出了相应的显示视为试验合格。

注:试验宜采用小电流,以免引起火灾和爆炸危险。

E.612.3 电气装置的绝缘电阻

测试应在装置与电源隔离的条件下进行。

绝缘测量通常应在装置的电源进线端进行。

如果测得的值低于表61A规定的值,可将该装置分成几组回路,并分别测出每组回路的绝缘电阻。如果其中一组回路测得的阻值低于表61A规定的值,则应测这组中的每一回路的绝缘电阻。

当某些回路或回路的一部分是由欠压电器(例如接触器)切断所有带电导体时,则这些回路或回路一部分的绝缘电阻应分别测量。

如果回路中连接了一些用电器具,允许在带电导体和地之间进行测试。

如果在这种情况下测得的值低于表61A规定的值,则应断开这些器具并重新测量。

E.612.4 采用回路分隔的防护

当设备既含有分隔的回路,又有其他回路时,所要求的绝缘应通过设置符合相关标准安全要求的设备来满足。

对于固定的分隔电源,除非隔离电源具有满足要求的标志外,应检验它的二次回路是否采用双重绝缘或加强绝缘与外护物分隔(对可移动电源的要求见IEC 60364-4-41的413.5.1.1)。

E.612.6 采用自动切断电源防护的条件的检验

E.612.6.3 故障回路阻抗的测量

附录D以示例的方式说明了故障回路阻抗的测量方法。

E.612.6.3 a)导体电阻随温度升高而增大的考虑

由于测量是在室温下采用小电流进行,可按以下程序检验由于故障使导体电阻随温度升高而增大,所测得的TN系统故障回路的阻抗值是否符合413.1.3的要求。

当所测得的故障回路的阻抗值满足下列方程式时,即认为满足了413.1.3的要求:

$$Z_s(m) \leqslant \frac{2}{3} \times \frac{U_0}{I_a}$$

式中:

$Z_s(m)$——相导体与接地的中性导体回路阻抗的测得值,单位为欧姆(Ω);

U_0——相导体对接地的中性导体的电压,单位为伏特(V);

I_a——保护电器在表41A规定的时间内,或按413.1.3规定的条件,在5 s内自动动作的电流,单位为安培(A)。

当测得的故障回路阻抗值超过$2U_0/3I_a$时,可按下列程序对故障回路阻抗进行估算,以便对是否符合413.1.3的规定作更准确的评估。

——首先在装置的起始端测出电源的相与接地的中性导体回路的阻抗Z_e;

——然后测出配电回路相导体和保护导体的电阻;

——然后测出末端回路相导体和保护导体的电阻;

——由于温度的升高,这些电阻的值也增大,在故障电流情况下应据此考虑保护电器的允通电流;

——最后将这些增大的电阻值,与电源的相导体与接地中性导体回路的阻抗Z_e相加,从而得出故障条件下Z_s的实际值。

E.612.6.3 b)保护导体电阻的测量

在下列全部条件下,对故障回路阻抗的测量可替换成对任何外露可导电部分与总等电位联结的最近点之间电阻R的测量:

——保护导体和相导体均包含在同一个无铁磁性部件(从而使相关电抗可忽略)的布线系统中;

注:在 543.2 条定义的条件下,保护导体包括用作导体的金属导管和其他金属外护物。

——铜质 PE 导体的截面积不超过 95 mm^2。

推荐用交流或直流空载电压为 4 V 至 24 V,最小电流为 0.2 A 的电源进行测量。

测得的电阻 R 应满足下列条件:

1) 电源阻抗可忽略时

TN 系统:$R \leqslant \frac{m}{m+1} \times \frac{U_0}{I_a}$

没有配出中性导体的 IT 系统:$R \leqslant \frac{m}{m+1} \times \frac{U}{2I_a}$

有配出中性导体的 IT 系统:$R \leqslant \frac{m}{m+1} \times \frac{U_0}{2I_a}$

式中:

U_0——相与中性导体之间的标称电压,单位为伏特(V);

U——相间标称电压,单位为伏特(V);

I_a——保证在规定时间内自动切断的保护电器的动作电流。其规定时间,对于 TN 系统见表 41A;对于 IT 系统见表 41B;或在 413.3.5 规定的条件下为 5 s 内。

m——R 与 R_{ph} 之比:

$$m = \frac{R}{R_{ph}}$$

式中:

R_{ph}——与保护导体设置在同一布线中的相导体电阻;

R——任一外露可导电部分与总等电位联结最近点之间保护导体的电阻。

注:利用测得的电阻 R 来满足上述条件是合理的。例如对 TN 系统,用 R_s 取代故障回路阻抗 Z_s 则写成

$$R_s = R + R_{ph} = R\left(1 + \frac{1}{m}\right) = R\frac{m+1}{m}$$

利用故障回路阻抗(对于 TN 系统按 413.1.3.3)所满足的条件可写成下式

$$I_a \leqslant \frac{U_0}{R_s} = \frac{U_0}{R} \times \frac{m}{m+1}$$

或写成:

$$R \leqslant \frac{m}{m+1} \times \frac{U_0}{I_a}$$

当 $m=1$ 时,需满足的条件变成:

$$R \leqslant \frac{U_0}{2I_a}$$

随着 m 的增大,允许的电阻 R 的测试值也随之增大。

例如当 $m=2$ 时,应满足的条件变成:

$$R \leqslant \frac{U_0}{1.5I_a}$$

2) 当电源侧的阻抗不是可忽略时:

例如对于 TN 系统 $R \leqslant \frac{0.8 \times m}{m+1} \times \frac{U_0}{I_a}$

注:系数 0.8 是个常规值,它是以被保护回路阻抗与故障回路阻抗之比为基础的,经验表明在多数情况下是适用的。如果上述比值的实际值是已知的,则要用该实际值取代系数 0.8。

附 录 F
（资料性附录）
定期检查和试验

F.1 总则

对电气装置进行定期检查和试验，是要确定该装置及其装置的各部分是否还未劣化到不适于安全使用的程度和是否符合装置的规程，国家规程或法令另有要求者除外。

另外还考核包括因原来设置该装置的房屋建筑物的用途改变所造成的影响。

注：有关初检的导则对定期检查和试验，原则上也是有效的。

F.2 定期检查和试验的时间间隔

初检后，电气装置的定期检查和试验应以最小的时间间隔进行。这个最小间隔是由装置的特性、用途及其环境条件来决定的。两次检验之间的最长间隔可由国家法令要求来确定。

注1：这种间隔比如可以是三年，但对以下存在较高危险可能性的场所而要求更短间隔者除外：

——存在劣化、火灾或爆炸危险的工作地点或场所；

——高压和低压两种装置同时存在的工作地点或场所；

——公用设施；

——施工场所；

——使用便携式设备的场所。

住所则以较长间隔为宜。

注2：对于已扩建的例如大的工业企业的电气装置，可用熟练人员对设备和装置进行连续监测和维护的安全制度取代定期检查和试验。

F.3 定期检查和试验的范围

定期检查和试验至少应包括：

——视检、包括直接接触防护和火灾防护；

——绝缘电阻试验；

——保护导体连续性试验；

——间接接触防护试验；

——剩余电流动作保护器的功能试验，见附录B。

F.4 报告

每次定期检查和试验均需提出报告，报告内容应包括所做的视检和试验的所有资料。此外还应包括相关结果的记录，装置的任何改动或扩建的资料，以及装置各有关部分与规程不符的说明等。

参 考 文 献

IEC 60364-1:2001　建筑物电气装置　第1部分:基本原则

IEC 60364-5-51:2001　建筑物电气装置　第5-51部分:通用规则

IEC 61557(所有部分)交流小于等于1 000 V和直流小于等于1 500 V低压配电系统的电气安全——防护措施的试验、测量或监视设备。

ICS 91.140.50
Q 77

中华人民共和国国家标准

GB 16895.24—2005/IEC 60364-7-710:2002

建筑物电气装置
第7-710部分:特殊装置或场所的要求
医 疗 场 所

Electrical installations of buildings—Part 7-710: Requirements for special installations or locations— Medical locations

(IEC 60364-7-710:2002,IDT)

2005-07-29 发布 2006-06-01 实施

中华人民共和国国家质量监督检验检疫总局
中国国家标准化管理委员会 发布

前　言

本部分的全部技术内容为强制性。

本部分等同采用 IEC 60364-7-710:2002 年(第 1 版)《建筑物电气装置　第 7-710 部分:特殊装置或场所的要求　医疗场所》(英文版)。

《建筑物电气装置》包括如下 7 个部分:

第 1 部分　范围、目的和基本原则

第 2 部分　定义

第 3 部分　一般特性评估

第 4 部分　安全防护

第 5 部分　电气设备的选择和安装

第 6 部分　检验

第 7 部分　特殊装置或场所的要求

本部分是第 7 部分中的 710 节。

为便于使用,本部分的章条编号与 IEC 60364-7-710 一致。

本部分的附录 A 为规范性附录,附录 B 为资料性附录。

本部分由中国电器工业协会提出。

本部分由全国建筑物电气装置标准化技术委员会归口。

本部分的负责起草单位:中国中轻国际工程有限公司。

本部分的参加起草单位:中国航空工业规划设计研究院、北京隆庆利达科贸发展中心(德国本德尔医疗产品总代理)、奇胜奥智电器产品服务(上海)有限公司。

本部分的主要起草人:黄妙庆、王厚余、周贤、叶青。

本部分为首次发布。

引　言

GB 16895 的本部分所规定的要求用来补充、修改或替代 GB 16895 其他部分规定的一般要求。

710.30 以后各条条文号 710 后面所加的编号是 GB 16895 的相应部分、章、节或条的编号。

凡未列出的 GB 16895 的部分或条的编号，则意味着这些条的一般要求在本部分是适用的。

在医疗场所内需确保用医疗电气设备进行治疗的患者的安全。在医疗场所内的每项活动和操作都应考虑其特殊的安全要求。通过确保电气装置的安全和所连接的医用电气设备的安全操作和维护来达到医疗过程的安全。对于接受特别重要的重症监护的患者所使用的医用电气设备，要求加强医院电气装置的可靠性和安全性，以提高对其供电的安全性和不间断性，采用本部分可满足这些要求。对本部分做某些改动以进一步提高安全性和可靠性是可取的。

建筑物电气装置
第 7-710 部分:特殊装置或场所的要求
医　疗　场　所

710　医疗场所

710.1　范围

本部分的特殊要求适用于医疗场所内的电气装置,用以确保患者和医务人员的安全。这些要求主要针对医院、私人诊所、医务所和口腔科诊疗室、保健中心及工作场所医务室。

注 1:当场所的使用情况变化时,可能需要根据本部分的要求改造原有的电气装置。利用原有电气装置进行心内诊疗术时需要特别注意。

注 2:在合适的情况下,本部分也可用于兽医诊所。本部分的要求不适用于医疗电气设备本身。

注 3:对于医疗电气设备本身的要求按 IEC 60601 系列标准执行。

710.2　规范性引用文件

下列文件中的条款通过本部分的引用而成为本部分的条款。凡是注日期的引用文件,其随后所有的修改单(不包括勘误的内容)或修改版均不适用于本部分,然而,鼓励根据本部分达成协议的各方研究是否可使用这些文件的最新版本。凡是不注日期的引用文件,其最新版本适用于本部分。

GB 16895.21—2004　建筑物电气装置　第 4-41 部分:安全防护　电击防护(IEC 60364-4-41:2001,IDT)

GB 16895.23—2005　建筑物电气装置　第 6-61 部分:检验——初检(IEC 60364-6-61:2001,IDT)

GB/T 4728.1—2005　电气简图用图形符号　第 1 部分:总则(IEC 60617 database,IDT)

GB/T 4728.11—2000　电气简图用图形符号　第 11 部分:建筑安装平面布置图(idt IEC 60617-11:1996)

GB/T 6988.1—1997　电气技术用文件的编制　第 1 部分:一般要求(idt IEC 61082-1:1991)

IEC 60364-5-55:2001　建筑物电气装置　第 5-55 部分:电气设备的选择和安装　其他设备

IEC 60601-1:1988,Amd 2:1995　医用电气设备　第 1 部分:安全通用要求及其修改件 2(1995)

IEC 60601-1-1:2000　医用电气设备　第 1 部分:安全通用要求　分标准:医用电气系统的安全性要求

IEC 61557-8:1997　交流 1 000 V 及以下和直流 1 500 V 及以下低压配电系统的电气安全　防护措施需用的试验、测量或监视设备　第 8 部分:IT 系统的绝缘监视器件

IEC 61558-2-15:1999　电力变压器、供电单元及类似器件的安全　第 2-15 部分:医疗场所用的供电隔离变压器的特殊要求

710.3　定义

下列术语和定义适用于本部分。

710.3.1

医疗场所　medical location

用以对患者进行诊断、治疗(包括整容)、监测和护理的场所。

注:为确保患者免遭可能发生的电气危害,在医疗场所内需采用附加的防护措施。这些危害的类型和表现视所进行的治疗的不同而不同。根据房间的用途,按照不同的医疗程序,需将房间进行划分。

710.3.2

患者　patient

接受医疗或口腔科检查或治疗的人或动物(引自 IEC 60601-1:1988 的 2.12.4)。

注:就本部分而言,接受整容手术的人可视为患者。

710.3.3

医疗电气设备　medical electrical equipment

与特定的电源只有1个连接点的电气设备，用它对患者在医疗监护下进行诊断、治疗或监测，以及：

——对患者有躯体的或电的接触，及/或

——向患者或自患者传输电能，及/或

——检测这些输向患者或自患者输出的电能。

注：该设备包含有制造厂家规定的为使设备正常工作所需的附件。

710.3.4

接触部件　applied part

医疗电气设备的部件，它在正常使用中：

——为使设备发挥其功能需与患者有躯体上的接触，或

——可取来将其与患者接触，或

——需要被患者触摸。

(引自 IEC 60601-1 修改件 2 的 2.1.5)。

710.3.5

0 类场所　group 0

不使用接触部件的医疗场所。

710.3.6

1 类场所　group 1

以下列方式使用接触部件的医疗场所：

——接触部件接触躯体外部；

——除 710.3.7 规定者外，接触部件侵入躯体的任何部分。

710.3.7

2 类场所　group 2

将接触部件用于诸如心内诊疗术、手术室以及断电(故障)将危及生命的重要治疗的医疗场所。

注：心内诊疗术是将电导体放入患者的心脏内或电导体很可能接触心脏的操作，而该导体是易于在患者体外被人触及的。本部分中的电导体包括例如心脏起搏器电极或心内心电图电极的绝缘电线，或充有导电液体的绝缘管。

710.3.8

医疗电气系统　medical electrical system

多台设备的组合，其中至少有一台是医疗电气设备，它们之间有功能性连接或用多插口的移动式插座板互相连通。

注：该系统包括由制造厂家规定的为操作该系统所需要的附件。

710.3.9

患者区域　patient environment

患者和医疗电气系统部件之间或患者与触及系统部件的其他人之间可能发生的有意或无意地接触的任何空间范围(见图 710A 的说明)。

注：此定义适用于当患者的位置已预先确定的情况，否则宜考虑患者所有可能的位置。

710.3.10

主配电盘　main distribution board

建筑物内的配电盘，它能实现所指定的向建筑物范围内供电的主配电系统的所有功能，而且自该配电盘起按照安全设施的运行要求计算其电压降。

710.3.11

医疗 IT 系统　medical IT system

满足医疗用途特殊要求的 IT 电气系统。

710.30　一般特性评估

医疗场所的分类应与医务人员、有关的卫生机构或对工作人员的安全负责的部门按国家规定协商确定。为了确定医疗场所的类别，医务人员需提出在该场所内将进行哪些医疗操作。应根据预定的用途确定该场所适当的类别(如果某一医疗场所可能被用作较高危险类别的不同用途时，宜由风险管理部门提出意见)。

注 1：医疗场所的分类宜与接触部件和患者之间的接触形式以及医疗场所的用途联系起来(见附录 B)。

注 2：接触部件的定义由医疗电气设备专门的标准来规定。

710.31　目的、供电和结构

710.312.2　系统接地的型式

TN-C 系统不允许用于由主配电盘出线回路供电的医疗场所以及医疗建筑物。

710.313　供电

710.313.1　总则

医疗场所的配电系统的设计和安装，对于重要负荷的供电宜便于从主配电网络自动切换到安全电源上(根据 IEC 60364-5-55:2001 的 556)。

710.4　安全防护

710.41　电击防护

710.411　直接接触和间接接触两者兼有的防护

710.411.1　SELV 和 PELV

在 1 类和 2 类医疗场所内采用 SELV 和/或 PELV 时，用电设备的标称供电电压不应超过交流方均根值 25 V 或无纹波直流 60 V。GB 16895.21—2004 中 412.1 关于对带电部分加以绝缘的保护，以及同一标准 412.2 关于采用遮栏或外护物的保护是至关重要的。

在 2 类医疗场所，设备的外露可导电部分(例如手术室的照明灯)应与等电位联结导体相连接。

710.412　直接接触的防护

710.412.3　阻挡物

不允许采用阻挡物作防护。

710.412.4　置于伸臂范围之外

不允许采用置于伸臂范围之外的措施作防护。

只允许采用带电部分加以绝缘或采用遮栏或外护物作防护。

710.413　间接接触的防护

710.413.1　自动切断电源

710.413.1.1　总则

710.413.1.1.1　切断电源

在 1 类或 2 类医疗场所，应遵守下列规定：

——对于 IT、TN 和 TT 系统，其约定接触电压 U_L 不应超过 25 V($U_L \leqslant 25$ V)；

——对于 TN 和 IT 系统，应采用 GB 16895.21—2004 中表 41C 的切断时间值。

注：对于发生过负荷或短路的电源切断，可按一般规定用不同的设计方法来实现，藉以达到所要求的安全水平。

710.413.1.3　TN 系统

在 1 类医疗场所中额定电流不大于 32 A 的终端回路，应采用最大剩余动作电流为 30 mA 的剩余电流动作保护器(作为附加防护)。

在 2 类医疗场所，如采用额定剩余动作电流不超过 30 mA 的剩余电流动作保护(RCD)作为自动切

断电源的措施,应只用于下列回路:

——手术台驱动机构的供电回路;

——X 光机的回路;

注:此要求主要用于挪入 2 类场所的移动式 X 光机。

——额定功率大于 5 kVA 的大型设备的回路;

——不重要的电气设备(不是用于维持生命的)回路。

应注意确保同时使用同一回路的多台这些设备时,不会引起剩余电流动作保护器(RCD)误动作。

在 1 类和 2 类医疗场所内,根据本条的要求装用剩余电流动作保护器(RCD)时,应按可能产生的故障电流的特性选用 A 型或 B 型的剩余电流动作保护器(RCD)。

注:建议对 TN-S 系统进行监测,以确保所有带电导体足够的绝缘水平。

710.413.1.4 TT 系统

在 1 类或 2 类医疗场所内,对于 TN 系统的要求(见 710.413.1.3)也适用于 TT 系统,而且在所有情况下都应采用剩余电流动作保护器(RCD)。

710.413.1.5 医疗 IT 系统

注 1:在美国,这种系统称作"隔离电源系统"

在 2 类医疗场所内,医疗 IT 系统应该用于维持生命的、外科手术的和其他位于"患者区域"内的医疗电气设备和系统的供电回路,但 710.413.1.3 所列的设备除外。

用途相同相毗邻的几个房间内,至少需设置一回独立的医疗 IT 系统。医疗 IT 系统应配置一个符合 IEC 61557-8 并满足下列规定要求的绝缘监测器:

——交流内阻抗应至少为 100 kΩ;

——测试电压不应大于直流 25 V;

——即使在故障情况下,其注入电流的峰值不应大于 1 mA;

——最迟在绝缘电阻降至 50 kΩ 时,应发出信号。应配置试验此功能的器具。

注 2:在德国,要求在绝缘监测器的接地中断或电气线路中断时发出信号。

注 3:上述绝缘监测器(IMD)的附加要求现在尚未编入现行设备标准 IEC 61557-8 中。当编入有关设备标准后,上述要求将从本部分中删去。

对于每个医疗 IT 系统,配备有下列组件的声光报警系统应装设在适当的地方以便医务人员可以经常监视(声光信号):

——一只绿灯亮表示工作正常;

——当绝缘电阻下降到最小整定值时,一只黄灯亮。应不能消除或断开这个亮灯指示;

——当绝缘电阻下降到最小整定值时,音响报警动作。该音响报警可以解除;

——当故障被清除恢复正常后,黄色信号灯应熄灭。

当只有一台设备由单台专用的 IT 变压器供电时,该变压器可不装设绝缘监测器。

要求监测医疗 IT 变压器的过负荷和过热。

710.413.1.6 辅助等电位联结

710.413.1.6.1 在每个 1 类和 2 类医疗场所内,应安装辅助等电位联结导体,并将其连接到位于"患者区域"内的等电位联结母线上,以实现下列部分之间等电位:

——保护导体;

——外界可导电部分;

——抗电干扰场的屏蔽物(如果安装有);

——导电地板网格(如果安装有);

——隔离变压器的金属屏蔽层(如果有)。

注:固定安装的可导电的患者非电支撑物,诸如手术台、理疗椅和牙科治疗椅,宜与等电位联结导体连接,除非这些部分要求与地绝缘。

710.413.1.6.2 在2类医疗场所内，电源插座的保护导体端子、固定设备的保护导体端子或任何外界可导电部分，这些部分和等电位联结母线之间的导体的电阻(包括接头的电阻在内)不应超过 0.2 Ω。

注：也可藉选用合适的导体截面来确定电阻值。

710.413.1.6.3 等电位联结母线应位于医疗场所内或靠近医疗场所。在每个配电盘内或在其附近应装设附加的等电位联结母线，应将辅助等电位导体和保护接地导体与该母线相连接。连接的位置应使接头清晰易见，并便于单独拆卸。

710.422 防火

除执行本部分外，还应执行现行的有关防火的国家标准和规范。

710.5 电气设备的选择和安装

710.51 通则

710.512 工作条件和外界影响

710.512.1 工作条件

710.512.1.1 医疗IT系统用的变压器

变压器应紧靠医疗场所安装，可在其内或其外，而且要安装在柜内或外护物内以免被无意地接触其带电部分。

变压器的二次侧额定电压 U_n 不应超过交流 250 V。

710.512.1.6 用于2类医疗场所的医疗IT系统

变压器应符合 IEC 61558-2-15 及下列附加要求：

当变压器以额定电压和额定频率供电，空载时出线绕组测得的对地泄漏电流和外护物的泄漏电流均不应超过 0.5 mA。

用于移动式和固定式设备的医疗IT系统应采用单相变压器，其额定输出容量不应小于 0.5 kVA，但不应超过 10 kVA。

如果也需要通过IT系统供电给三相负荷，则应采用单独的三相变压器供电，其输出线电压不应超过 250 V。

710.512.2 外界影响

注：必要时宜注意抗电磁干扰。

710.512.2.1 爆炸危险

注1：对使用中带有可燃气体和蒸汽的医疗电气设备的要求，按 IEC 60601-1 中的规定。

注2：在可能发生危险情况(例如存在可燃气体和蒸汽)的场所，可能需采取特殊的预防措施。

注3：建议防止静电电荷的聚集。

为尽量减少可燃气体起火的危险，电气器件(例如插座和开关)的安装位置应距医疗用可燃气体出气口水平距离(中心到中心)至少 0.2 m。

710.514.5 图纸、文件和操作说明

应向用户提供电气装置的平面图连同记录数据、包括接线图在内的其他有关图纸和修改资料以及操作和维护说明。

注：包括接线图在内其他有关图纸宜符合 GB/T 4728.1—2005、GB/T 4728.2—2005、GB/T 4728.3—2005、GB/T 4728.6—2000、GB/T 4728.7—2000、GB/T 4728.8—2000 和 GB/T 6988.1—1997 的规定。

有关的主要文件如下：

——以单线表示正常供电和安全设施供电的配电系统简图。这些图应表示建筑物内分配电盘的所在位置；

——以单线表示主配电盘和分配电盘的开关设备、控制设备和配电盘的框略图；

——按 GB/T 4728.11 绘制的建筑图；

——控制电路图；

——用于安全设施的蓄电池和安全电源的操作、目察、试验和维护细则；
——符合标准要求(例如710.413.1)的计算检验资料；
——固定连接到安全设施电源的负荷清单，它标明正常电流，有电动机负荷时的起动电流；
——记录所有试验和目察结果的记事本，它应在交工试运行前书写完毕。

710.52 布线系统

在2类医疗场所内的电气线路，只能专用于该场所的设备和器具。

710.53 开关设备和控制设备

710.53.1 2类医疗场所内线路的保护

对每个终端回路都需设置短路保护和过负荷保护，但医疗IT系统的变压器的进出线回路不允许装设过负荷保护，但可用熔断器作短路保护。

710.55 其他设备

710.55.1 照明回路

在1类或2类医疗场所内，至少应配置接自两个不同电源的两个回路，用于供电给某些照明器。此两回路中的一个回路应接至安全设施的供电电源。

疏散通道内的照明器应交替地接至安全设施的供电电源(见710.556)。

710.55.3 用于2类医疗场所的医疗IT系统的插座回路

在患者治疗的地方，例如床头，应配置如下的插座：
——至少由两个独立回路供电的多个插座，或
——每个插座各自装设过电流保护。

当同一个医疗场所内有插座自其他接地系统(例如TN-S或TT系统)供电时，接到医疗IT系统的插座，应作如下处理：
——插座的结构能防止将它用于其他接地系统的电气设备，或
——有固定而明晰的标志。

710.556 安全设施

710.556.5.2 电源

安全设施的级别划分见附录A。

710.556.5.2.1 对1类和2类医疗场所安全供电电源的一般要求

710.556.5.2.1.1 在医疗场所内，要求配置安全设施的供电电源，当失去正常供电电源时，该安全电源应在预定的切换时间内投入运行，以供电给710.556.5.2.2.1、710.556.5.2.2.2和710.556.5.2.2.3所规定的设备，并能在规定的时间内持续供电。

710.556.5.2.1.2 如果主配电盘内一根或一根以上线导体的电压下降幅度超过标称电压的10%时，安全供电电源应自动承担供电。

电源的切换宜具有延时，以使其与电源进线断路器(短时电源间断)的自动重合闸相适应。

710.556.5.2.1.3 对安全供电电源的单独器件和分配电盘(箱)之间的连接电缆的要求，见710.52。

注：主配电盘接至安全设施的供电电源回路宜视为安全供电回路。

710.556.5.2.1.4 由安全供电电源供电的插座应易于识别。

710.556.5.2.2 对安全供电设施的具体要求

710.556.5.2.2.1 切换时间小于或等于0.5 s的供电电源

在配电盘的一根或一根以上线导体发生电压故障时，专用的安全供电电源应维持手术台照明器和其他重要照明器的供电，例如内窥镜的灯至少要能维持3 h。恢复供电的切换时间不应超过0.5 s。

710.556.5.2.2.2 切换时间小于或等于15 s的供电电源

当用于安全设施的主配电盘的一根或一根以上线导体的电压下降幅度超过供电标称电压的10%且持续时间超过3 s时，710.556.7.5和710.556.8所规定的设备应在15 s内接到安全供电电源上，并

至少能维持 24 h 的供电。

注：上述 24 h 的维持供电时间可以降低到不少于 3 h，其前提是如果医疗的要求及医疗场所的使用，包括所有的治疗过程能在 3 h 内结束，而且建筑物内的人员能在远远不到 24 h 以内很快提前疏散完毕。

710.556.5.2.2.3 切换时间大于 15 s 的供电电源

710.556.2.2.1 和 710.556.2.2.2 规定者外的为维持医院服务设施所需的设备，可以自动或手动连接到至少能维持 24 h 供电的安全供电电源上。这些设备举例如下：

——消毒设备；

——建筑物技术装备，特别是空调、取暖和通风系统、建筑物服务设施和废弃物处理系统；

——冷却设备；

——炊事设备；

——蓄电池充电设备。

710.556.7 安全照明回路

710.556.7.5 安全照明

当主电源故障时，下列场所应由安全设施电源提供必需的最低照度的照明用电。其转换到安全电源的时间不应超过 15 s：

——疏散通道；

——出口标志的照明；

——应急发电机组的开关设备和控制设备处、正常电源主配电盘处以及安全设施供电设备处；

——拟装设重要设施的房间。在每一房间内至少有一个照明器由安全设施的电源供电；

——1 类医疗场所的房间。在每一房间内至少有一个照明器由安全设施的电源供电；

——2 类医疗场所的房间。在每一房间内至少有 50% 的照明由安全设施的电源供电。

注：最低照度值可按国家规范/地方规范的规定。

710.556.8 其他设施

照明以外的需按照安全设施供电的其他设施，其电源转换时间要求不超过 15 s 者举例如下：

——供消防队员用的电梯；

——用于排烟的通风系统；

——呼叫系统；

——2 类医疗场所内用于为外科手术或其他极其重要的医疗设施服务的辅助医疗电气设备。这类设备由主管人员指定；

——包括压缩空气、抽真空和麻醉气体之类医疗用供气系统的电气设备，以及其监测器；

——火灾探测、火灾报警和灭火系统。

710.6 检验

每次检验的日期和结果应记录存档。

710.61 初检

除 GB 16895.23—2005 规定的检验要求外，还需进行下列 a）项至 e）项规定的检测，在交工试运行前和改造、修理后再交工试运行前都需进行检测。

a） 对医疗 IT 系统绝缘监测器和其声/光报警系统进行功能性测试。

b） 为检验辅助等电位联结是否完全符合 710.413.1.6.1 和 710.413.1.6.2 的要求进行测定。

c） 对等电位联结是否满足 710.413.1.6.3 装设的要求进行检验。

d） 对是否完全满足 710.556 关于安全设施的要求进行检验。

e） 对医疗用 IT 系统隔离变压器空载条件下输出回路和其外壳的泄漏电流进行测定。

710.62 周期性检验

上列 a）项至 e）项的周期性检验应按照有关地方/国家规范进行。如果没有有关地方/国家规范，建议采用下列检验周期：

a) 电源切换器的功能性试验：12 个月。

b) 绝缘监测器的功能性试验：12 个月。

c) 保护电器整定值的目察检验：12 个月。

d) 辅助等电位联结的测定检验：36 个月。

e) 等电位联结的组件完整性检验：36 个月。

f) 下列功能性试验间隔周期为 1 个月。

——蓄电池安全电源：持续时间 15 min；

——内燃机安全电源：持续至达到额定运转温度为止；做“持久运转”试验的周期为 12 个月；

——蓄电池安全电源：容量测试；

——内燃机安全电源：持续时间 60 min。

在所有情况下至少应测试承载 50%至 100%的额定功率。

g) IT 系统隔离变压器泄漏电流测定：36 个月。

h) 检查剩余电流动作保护器(RCD)在回路剩余电流为 $I_{\Delta n}$时的脱扣性能：可大于 12 个月。

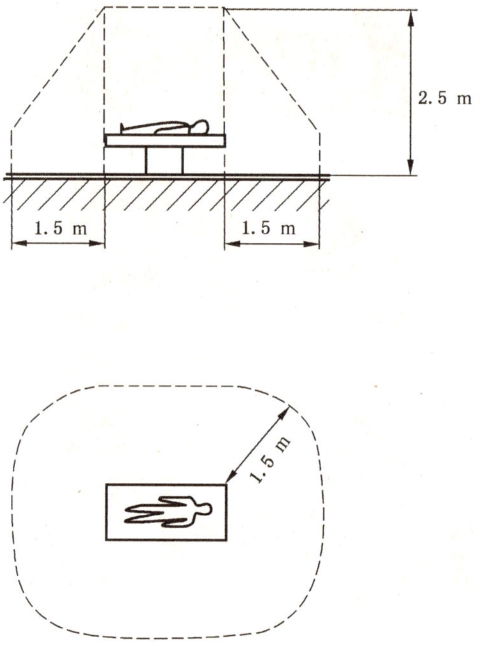

注：图示尺寸并非强制性的规定。

图 710A 患者区域示例(引自 IEC 60601-1-1)

附 录 A
(规范性附录)
医疗场所安全设施的分级

表 A.1 医疗场所必需的安全设施的分级(亦见 IEC 60364-5-55:2001 的 556.1)

0 级(不间断)	不间断供电的电源自动切换
0.15 级(很短时间的间断)	在 0.15 s 内的电源自动切换
0.5 级(短时间的间断)	在 0.5 s 内的电源自动切换
15 级(不长时间的间断)	在 15 s 内的电源自动切换
>15 级(长时间的间断)	超过 15 s 的电源自动切换
注 1:通常不必为医疗电气设备提供不间断电源。但某些微机处理机控制的医用电气设备可能需用这类电源供电。 注 2:对具有不同级别安全设施的医疗场所,宜按满足供电可靠性要求最高的场所考虑。有关各类医疗场所安全设施的分级参见附录 B。 注 3:用语“在……内”意指“≤”。	

附 录 B
（资料性附录）
医疗场所安全设施的类别和级别划分示例

制定一表达医疗场所强制性规定的类别划分表是不实际的，下表的举例仅供参考。

表 B.1 示例表

医 疗 场 所	类 别			级 别	
	0	1	2	≤0.5 s	>0.5 s 且≤15 s
1. 按摩室	×	×			×
2. 普通病房		×			
3. 产房		×		×[a]	×
4. 心电图(ECG)室、脑电图(EEG)室、子宫电图(EHG)室		×			×
5. 内窥镜室		×[b]			×[b]
6. 检查或治疗室		×			×
7. 泌尿科诊疗室		×[b]			×[b]
8. 放射诊断及治疗室(不包括第 21 项所列内容)		×			×
9. 水疗室		×			×
10. 理疗室		×			×
11. 麻醉室			×	×[a]	×
12. 手术室			×	×[a]	×
13. 手术预备室		×	×	×[a]	×
14. 上石膏室		×	×	×[a]	×
15. 手术苏醒室		×	×	×[a]	×
16. 心导管室			×	×[a]	×
17. 重症监护室			×	×[a]	×
18. 血管造影室			×	×[a]	×
19. 血液透析室		×			×
20. 磁共振成像(MRI)室		×			×
21. 核医学室		×			×
22. 早产婴儿室			×	×[a]	×

[a] 指需在 0.5 s 内或更短时间内恢复供电的照明器和维持生命用的医用电气设备。

[b] 并非指手术室。

表 B.1 所列术语的说明

1. 按摩室

2. 普通病房(卧室)

医疗用的一间或多间房间，患者被接纳至医院或其他医疗机构期间住在该等房间内。

3. 产房

婴儿出生的房间。

4. 心电图室 (ECG)、脑电图室 (EEG)、子宫电图室 (EHG)

5. 内窥镜室

在此房间内通过天然的孔道或人为的切口用内窥镜检查躯体器官。

内窥镜检查法的例子有支气管镜、喉镜、膀胱镜、胃镜以及其他类似的检查方法，如果需要，可在麻醉状态下进行。

6. 检查或治疗室

7. 泌尿科诊疗室（非指手术室）

在此室内使用诸如X光机、内窥镜及高频外科手术设备等医疗电气设备对泌尿生殖系统进行诊断或治疗操作。

8. 放射诊疗室（放射线诊断和治疗室）

a) 放射诊断室

在此室内使用电离子放射线作放射线照相或X射线透视检查，或使用放射性同位素用以显示躯体的结构或用于其他诊断目的。

b) 放射治疗室

在此室内采用电离子放射的方法以获得治疗效果。

9. 水疗室

在此室内用水疗法治疗患者，如用水、盐水(或海水)、泥浆、矿泥、黏土、蒸汽、沙、含气的水、含气的盐水进行治疗，或用吸入疗法、水(含或不含添加物)中电疗法、按摩热疗法、水(含或不含添加物)中热疗法进行治疗。

普通游泳池和一般浴室不被认为是水疗室。

10. 理疗室

为患者作物理治疗的房间。

11. 麻醉室

施行一般吸入麻醉剂的医用房间。

注：麻醉室包括诸如进行实际操作的手术室、手术预备室、上石膏室以及治疗室。

12. 手术室

施行外科手术的房间。

13. 手术预备室

用于为患者准备进行手术的房间，例如给患者施加麻醉剂的房间。

14. 上石膏室

在患者维持麻醉的情况下，用煅石膏或类似敷料固定在其患部的房间。

注：此室属于手术室的一部分，且常与之相连。

15. 手术恢复室

在此室内患者在医护人员监护下从麻醉剂影响下恢复过来。

注：此室常紧挨手术室，但不一定是手术室的一部分。

16. 心导管室

在此室内用导管对心脏进行检查或治疗。例如测量心脏血液动力的动作电位，抽取血标本，注射造影剂或应用兴奋剂。

17. 重症监护室

在此室内用医疗电气设备单独监测卧床的患者。需要时，机体的功能可通过刺激而恢复。

18. 血管造影检查室

用造影剂显示动脉或静脉等的房间。

19. 血液透析室

在医疗部门的此房间内将患者的血管与医疗电气设备相连接，以除去患者血液中的毒素。

20. 磁共振成像室(MRI)

21. 核医学室

22. 早产婴儿室

参 考 文 献

GB 16895.3—2004 建筑物电气装置 第5-54部分:电气设备的选择和安装 接地配置、保护导体和保护联结导体(IEC 60364-5-54 :2002,IDT)

GB 16895.4—1997 建筑物电气装置 第5部分:电气设备的选择和安装 第53章 开关设备和控制设备(IEC 60364-5-53 :1994;IEC 60364-5-537 :1981,IDT)

GB 16895.6—2000 建筑物电气装置 第5部分:电气设备的选择和安装 第52章:布线系统(IEC 60364-5-52 :1993及修改文件1:1997,IDT)

GB/T 16895.10—2001 建筑物电气装置 第4部分:安全防护 第45章:欠电压保护(idt IEC 60364-4-45:1984)

GB 16895.11—2001 建筑物电气装置 第4部分:安全防护 第44章:过电压保护 第442节:低压电气装置对暂时过电压和高压系统与地之间的故障的防护(idt IEC 60364-4-442 :1993)

GB 16895.12—2001 建筑物电气装置 第4部分:安全防护 第44章:过电压保护 第443节:大气过电压和操作过电压保护(idt IEC 60364-4-443 :1995)

GB/T 16895.15 —2002 建筑物电气装置 第5部分:电气设备的选择和安装 第523节:布线系统载流量(idt IEC 60364-5-523 :1999)

GB 16895.16 —2002 建筑物电气装置 第4部分:安全防护 第44章:过电压保护 第444节:建筑物电气装置电磁干扰(EMI)防护(IEC 60364-4-444 :1996,IDT)

GB 16916.1—2003 家用和类似用途的不带过电流保护的剩余电流动作断路器(RCCB) 第1部分:一般要求(IEC 61008-1 :1996,MOD)

GB 16917.1—2003 家用和类似用途的带过电流保护的剩余电流动作断路器(RCBO) 第1部分:一般规则(IEC 61009-1 :1996,MOD)

GB 6829 —1995 剩余电流动作保护器的一般要求(eqv IEC 60755)

GB/T 4728.2—2005 电气简图用图形符号 第2部分:符号要素、限定符号和其他常用符号(IEC 60617 database,IDT)

GB/T 4728.3—2005 电气简图用图形符号 第3部分:导体和连接件(IEC 60617 database,IDT)

GB/T 4728.6—2000 电气简图用图形符号 第6部分:电能的发生和转换(idt IEC 60617-6:1996)

GB/T 4728.7—2000 电气简图用图形符号 第7部分:开关、控制和保护器件(idt IEC 60617-7:1996)

GB/T 4728.8—2000 电气简图用图形符号 第8部分:测量仪表、灯和信号器件(idt IEC 60617-8:1996)

IEC 60364-4-46 :1981 建筑物电气装置 第4部分 安全防护 第46章 隔离和开关

IEC 60364-5-534 : 1997 建筑物电气装置 第5部分 电气设备的选择和安装 第534节 过电压保护器

ICS 91.140.50
Q 77

中华人民共和国国家标准

GB 16895.25—2005/IEC 60364-7-711:1998

建筑物电气装置
第7-711部分：特殊装置或场所的要求
展览馆、陈列室和展位

Electrical installations of buildings—Part 7-711: Requirements for special installations or locations—Exhibitions, shows and stands

(IEC 60364-7-711:1998, IDT)

2005-07-29 发布　　2006-06-01 实施

中华人民共和国国家质量监督检验检疫总局
中国国家标准化管理委员会　发布

前　言

本部分的全部技术内容为强制性。

本部分等同采用 IEC 60364-7-711:1998《建筑物电气装置　第 7-711 部分:特殊装置或场所的要求　展览馆、陈列室和展位》。

《建筑物电气装置》包括以下 7 个部分:

第 1 部分:范围、目的和基本原则

第 2 部分:定义

第 3 部分:一般特性的评估

第 4 部分:安全防护

第 5 部分:电气设备的选择和安装

第 6 部分:检验

第 7 部分:特殊装置或场所的要求

本部分为第 7 部分中 711 节。

在本部分中有多处提到 IEC 60038 规定的交流标称电压 230/400 V，根据我国现行国家标准相应的交流标称电压为 220/380 V。

本部分的条文编号中 711 以后的号是所采用的 IEC 60364-7-711 标准在 1998 年发布时 IEC 60364 标准的编号。

本部分由中国电器工业协会提出。

本部分由全国建筑物电气装置标准化技术委员会归口。

本部分负责起草单位:中机中电设计研究院。

本部分主要起草人:贺湘琨、王增尧、黄宝生。

引　言

GB 16895 本部分的要求是用以补充、修改或取消 GB 16895 其他部分中的一般要求。

编号为 7-711 部分的条文跟随在 GB 16895 的条文和相应参考书目的后面。

在 7-711 部分的特定号后面的编号是 GB 16895 的相应的部分或条的编号。

凡未列出的 GB 16895 的部分或条的编号，则意味着这些条的一般要求在本部分是适用的。

建筑物电气装置
第7-711部分:特殊装置或场所的要求
展览馆、陈列室和展位

711 展览馆、陈列室和展位

711.1 范围、目的和基本原则

711.1.1 范围

本部分的要求和GB 16895的第1部分至第6部分一起,适用于展览馆、陈列室和展位(包括用可移动的展示台和设备)中的临时电气装置,以保证使用者的安全。

除专门说明者外,这部分不适用于有关标准中已有要求的展览场所。

711.1.2 规范性引用文件

下列文件中的条款通过本部分的引用而成为本部分的条款。凡是注日期的引用文件,其随后所有的修改单(不包括勘误的内容)或修改版均不适用于本部分,然而,鼓励根据本部分达成协议的各方研究是否可使用这些文件的最新版本。凡是不注日期的引用文件,其最新版本适用于本部分。

GB 5023.1—1997 额定电压450/750 V及以下聚氯乙烯绝缘电缆 第1部分:一般要求(idt IEC 60227-1:1993)

GB 5013.1—1997 额定电压450/750 V及以下橡皮绝缘电缆 第1部分:一般要求(idt IEC 60245-1:1994)

GB 14048.2—2001 低压开关设备和控制设备 低压断路器(idt IEC 60947-2:1997)

GB 16895.3—2004 建筑物电气装置 第5-54部分:电气设备选择和安装 第54章:接地配置、保护导体和保护联结导体(IEC 60364-5-54:2002,IDT)

GB 16895.4—1997 建筑物电气装置 第5部分:电气设备选择和安装 第53章:开关设备和控制设备(idt IEC 60364-5-53:1994,IEC 60364-5-537:1981)

GB 16895.21—2004 建筑物电气装置 第4-41部分:安全防护 电击防护(IEC 60364-4-41:2001,IDT)

GB 16895.23—2005 建筑物电气装置 第6部分:检验 第61章:初检(IEC 60364-6-61:2001,IDT)

GB 16916.1—2003 家用和类似用途的不带过电流保护的剩余电流动作断路器(RCCB) 第1部分:一般规则(IEC 61008-1:1996,MOD)

GB 16917.1—2003 家用和类似用途的带过电流保护的剩余电流动作断路器(RCBO) 第1部分:一般规则(IEC 61009-1:1996,MOD)

GB/T 18380.1—2001 电缆在火焰条件下的试验 第1部分:单根绝缘电线或电缆的垂直燃烧试验方法(idt IEC 60332-1:1993)

IEC 60038:1983 IEC标准电压

IEC 50(826):1982 国际电工词典(IEV) 第826章:建筑物电气装置

IEC 60204-1:1992 工业机械的电气装置 第1部分:一般要求

IEC 60332-3:1992 电缆在火焰条件下的试验 第3部分:成束电线或电缆的试验

IEC 60364-3:1993 建筑物电气装置 第3部分:一般特性评估

IEC 60364-4-481:1981 建筑物电气装置 第4部分:安全防护 第48章:按外界影响选择防护措施 第481节:按外界影响选择电击防护措施

IEC 60742:1983 隔离变压器和安全隔离变压器——要求

IEC 61046:1993 直流或交流供电的有灯丝的灯泡用电子降压变换器

711.2 定义

711.2.1

展览 exhibition

在任何适当的位置(一个房间、建筑,或临时构筑物)为展示和/或出售产品等进行的活动。

711.2.2

陈列 show

在任何适当的位置(一个房间、建筑,或临时构筑物)展示或演示。

711.2.3

展位 stand

用于展示、买卖、出售、接待等的区域或临时构筑物。

711.2.4

临时构筑物 temporary structure

位于户内或户外,可安装和拆除的一个单元,或一个单元的一部分,包括可移动的单元。

711.2.5

临时电气装置 temporary electrical installation

与它相关的展位或展台同时安装和拆除的电气装置。

711.2.6

临时电气装置电源点 origin of the temporary electrical installation

从永久装置或其他供电电源输出电能的交接点。

711.3 一般特性评估

711.31 目的、电源和结构

711.313 电源

展览馆、陈列室和展位中的临时电气装置的标称工作电压不应超过交流 230/400 V(见 IEC 60038)。

711.32 外界环境的类别

外界环境情况是指临时电气装置所在的具体安装位置的情况,例如有水、存在机械应力。

711.4 安全防护

711.41 电击防护

711.413 间接接触防护

711.413.1 自动切断电源

711.413.1.3 TN 系统

系统接地类型是 TN 型时,电气装置应是 TN-S 系统。

711.413.1.3.4 间接接触保护采用自动切断电源措施时,有动物的地方的约定电压限值是 $U_L=25$ V 交流方均根值或 60 V 无纹波直流值,并且最大分断时间是 IEC 60364-4-481:1981 表 48A 所示的值。

此条件也适用于有动物并与外界可导电部分相连接的场所。

711.413.1.6 辅助等电位联结

711.413.1.6.1 在有动物的场所,辅助等电位联结应连接电气装置可能同时触及的所有外露可导电部分和外界可导电部分以及保护导体。

在有动物的场所,如果地板下设有金属网,它应该连接到局部辅助等电位联结。

711.413.1.6.2 如果结构型式不能保证电气连续性,机动车、运货车、野营拖车或集装箱的外界可导电部分应在两个以上的地方连接到装置的保护导体上。用于此目的的导体应为铜导体,其标称截面不应小于 4 mm²。

如果机动车、运货车、野营拖车或集装箱基本上是绝缘材料制造的，此要求不适用于故障时不大可能成为带电的那些金属部分。

711.42 热效应保护

711.42.01

注：应注意这些地方着火和灼伤的危险增加，符合 GB 16895.2 的要求是必要的。

711.42.02 当采用 SELV 或 PELV 时，应用至少耐受试验电压交流 500 V，时间为 1 min 的绝缘保护导体，或用具有防护等级至少 IPX4 或 IPXXD 的遮拦或外护物。

711.462 隔离

711.462.5 供电给每一单独的临时构筑物(例如拟被特定用户占用的一个机动车、一个展位或一个单元)和每个户外电气装置的回路，应有它们自己的便于接近和正确识别的隔离手段。隔离手段要按照 GB 16895.4—1997 的 537.2 选择和安装。开关、断路器、剩余电流动作保护器等被相应的国家标准和 IEC 标准认可具有隔离功能的可以采用。

711.47 安全防护措施的应用

711.471 电击防护措施

711.471.1 正常情况下的电击防护

不应使用阻挡物(见 GB 16895.21—2004 的 412.3)和置于伸臂范围之外(见 GB 16895.21—2004 的 412.4)的保护方法。

711.471.2 故障情况下的保护

不应使用非导电场所(见 GB 16895.21—2004 的 413.3)和不接地的局部等电位联结(见 GB 16895.21—2004 的 413.4)的保护方法。

711.48 按外界影响选择保护措施

711.481.3.1.3 临时构筑物采用电缆供电的电源自动切断，宜在电源点设置剩余动作电流不超过 500 mA的剩余电流动作保护器。这些电器应用 GB 14048.2 或 GB 16916.1 或 GB 16917.1 的 S 型，以使有延时而和保护末端线路的剩余电流动作保护器(RCD)有选择性。

注：此附加保护的建议与临时用电场所的电缆损坏危险增大有关。

711.481.3.1.4 除应急照明外，所有照明末端线路和 32A 及以下插座线路应增设剩余动作电流不超过 30 mA 的剩余电流动作保护器(RCD)的保护。

711.482 火灾防护

注：当按 IEC 60364-3:1993 的 322.5 确定外界影响条件时，宜对本条予以考虑。

711.482.2.8 自动控制或远方控制的电动机没有被连续监视时，应设置手动复位的超温保护。

711.482.3.2 发热

白炽灯、聚光灯、小投光灯等照明设备和其他表面温度高的设备或用电器具应适当加以防范，并按相应标准安装和布置。所有这些设备应布置得适当地远离可燃物以防止与其接触。

制作陈列橱和招牌所用的材料，应有足够的耐热性、机械强度、电气绝缘强度和通风，对产生的热量要考虑展览物的可燃性。

展位不应集中安装包括可能产生过多热量的用电器具、灯具或灯管，除非有足够的通风措施，例如用不燃材料制造的通风良好的天花板。

711.5 电气设备的选择和安装

711.51 一般规定

控制和保护开关应放在封闭的、只能用钥匙或工具才能打开的柜内，设计为由 IEC 60364-3:1993 的 322.1 规定的正常人(BA1)操作的那些部分除外。

711.514 识别

特低电压变压器和变换器应有明显的标签，标明：

——每一完整的二次回路保护电器的详细数据；
——它们是手动复位的；
——额定输出功率，VA。

711.52 布线系统

有机械损坏危险的地方应使用铠装电缆或有机械保护的电缆。

布线电缆应是铜芯电缆、最小截面 1.5 mm^2，并应符合相应的 GB 5023 或 GB 5013 标准。

拖曳软电线的长度不应超过 2 m。

711.521 布线系统型式

在没有安装火灾报警系统的展览建筑物中，电缆系统应该是：

——符合 GB/T 18380.1 或 IEC 60332-3 标准的阻燃的，和符合 IEC 61034 标准的低烟的；或者
——单芯或多芯无铠装电缆，它封闭在符合 IEC 60614 或 IEC 61084 防火保护要求、防护等级至少为 IP4X 的金属或非金属导管或槽盒中。

711.526 电气连接

711.526.01 除非需要分接到另一个回路，电缆中不应做接头。做接头时，应该采用符合有关的国家标准或 IEC 标准的连接器，或者接头做在防护等级至少为 IP4X 或 IPXXD 的外护物中。

当应力可能够传到端头处时，连接处应配置电缆固定器。

注：上述保护程度与展览馆、陈列室和展位中展览者（正常人）使用的导线护套悬挂器和其他临时导线悬挂器的特殊危险有关。

711.55 其他设备

711.55.01 照明装置

711.55.01.01 灯具

灯具从地面算起的安装高度小于 2.5 m（伸臂范围内）或可能被偶然触及时，应牢固地和适当地固定，并设置或保护在不至有伤人或引燃材料的危险的地方。

711.55.01.02 灯座

穿刺导体绝缘层的灯座不能使用，除非电缆和灯座是匹配的，并且灯座一旦和电缆装配好就不可移动。

711.55.03 气体放电灯装置

任何类型的发光灯管或灯泡，作为一个展位或一个展品的照明单元，标称工作电压高于 230/400 V 的装置，应符合以下条件：

711.55.03.01 位置

灯管或灯泡应安装在伸臂范围以外或加以适当地保护以减少伤害人的危险。

711.55.03.02 安装

发光灯管或灯泡的背后的板架材料应是不燃的，并应按国家标准的要求保护。

输出电压超过交流 230/400 V 的控制电器应安装在不燃的材料上。

711.55.03.03 紧急开关电器

应用单独回路给例如灯管、灯泡和展览品供电，并应由紧急开关控制。

此开关应容易看见和便于接近，并按当地主管部门规定的要求做标志。

711.55.04 电动机

711.55.04.01 隔离

如电动机能引起危险，电动机应有有效的对所有的极隔离的电器，这些电器应接近它所控制的电动机（见 IEC 60204-1）。

711.55.06 特低电压变压器和电子变换器

多连接回路特低电压（ELV）变压器应符合 IEC 60742 或有相同的安全程度。

应采用手动复位的保护电器保护每个变压器或电子变换器的二次回路。

应特别注意在安装特低电压变压器时，应放在公众伸臂范围以外并有足够的通风。试验和维护时熟练的或受过训练的人员应可以接近。

电子变换器应符合 IEC 61046。

711.55.07 插座和插头

应安装足够数量的插座以便满足用户安全使用的要求。

如安装有地面插座，应将它充分地保护以防止偶然进水。

一个插头不应连接一个以上的软电缆或护套软线。

不应采用插头型多路连接器。

可移动的多路插座板应限于以下情况使用：

——每一个固定插座接一个多路插座板，并且

——从插头到多路插座板的软电缆或软护套线最大长度为 2 m。

711.551 低压发电机组

由发电机组供电给临时电气装置时，采用 TN、TT、IT 系统，应注意保证接地配置符合 GB 16895.3—2004的 542.1，如使用接地极，应符合 GB 16895.3—2004 的 542.2。

对 TN 系统，所有外露可导电部分应采用 GB 16895.3—2004 的 543 规定截面的保护导体连接到发电机上。

发电机的中性导体或中性点应连接到发电机的外露可导电部分上。

注：此要求不适用于 IT 系统。

711.56 应急供电

在考虑中。

711.6 检验

每个展览会、陈列室和展位的临时电气装置应在现场组装完毕后按 GB 16895.23—2005 在现场进行检测。

ICS 91.140.50
Q 77

中华人民共和国国家标准

GB 16895.26—2005/IEC 60364-7-740:2000

建筑物电气装置 第7-740部分:特殊装置或场所的要求 游乐场和马戏场中的构筑物、娱乐设施和棚屋

Electrical installations of buildings—Part 7-740:Requirements for special installations or locations—Structures,amusement devices and booths at fairgrounds,amusement parks and circuses

(IEC 60364-7-740:2000,Electrical installations of buildings—Part 7-740: Requirements for special installations or locations—Temporary electrical installations for structures,amusement devices and booths at fairgrounds, amusement parks and circuses,IDT)

2005-07-29 发布 2006-06-01 实施

中华人民共和国国家质量监督检验检疫总局
中国国家标准化管理委员会 发布

前　　言

本部分的全部技术内容为强制性。

本部分等同采用 IEC 60364-7-740:2000《建筑物电气装置 第 7 部分:特殊装置或场所的要求　游乐场和马戏场中的构筑物、娱乐设施和棚屋的临时电气装置》。

《建筑物电气装置》包括以下 7 个部分:

第 1 部分:范围、目的和基本原则

第 2 部分:定义

第 3 部分:一般特性评估

第 4 部分:安全防护

第 5 部分:电气设备的选择和安装

第 6 部分:检验

第 7 部分:特殊装置或场所的要求

本部分为第 7 部分中 740 节。

在本部分中有多处提到 IEC 60038 规定的交流标称电压 230/400 V,根据我国现行国家标准相应的交流标称电压为 220/380 V。

在本部分所采用的 IEC 标准中的 704.1.1 中有"非电气的安全要求请按照 CEN TC152"一句,考虑到非电气的安全要求不是在本部分规定的范围内,故将此句删去。

本部分的条文编号中 740 以后的号是所采用的 IEC 60364-7-740 标准在 2000 年发布时 IEC 60364 标准的编号。

本部分由中国电器工业协会提出。

本部分由全国建筑物电气装置标准化技术委员会归口。

本部分负责起草单位:中机中电设计研究院。

本部分主要起草人:贺湘琨、王增尧、黄宝生。

引　　言

GB 16895 本部分的要求是用以补充、修改或取消 GB 16895 其他部分中的一般要求。

这些条文跟随在 GB 16895 的条文和相应参考书目的后面。

在 7-740 部分的特定号后面的编号是 GB 16895 的相应的部分或条的编号。

凡未列出的 GB 16895 的部分或条的编号，则意味着这些条的一般要求在本部分是适用的。

建筑物电气装置
第7-740部分：特殊装置或场所的要求
游乐场和马戏场中的构筑物、
娱乐设施和棚屋

740.1 范围、目的和基本原则

740.1.1 范围

本部分规定了对可移动的、临时或永久安装的有电气装置的电气机械和构筑物的设计、安装和操作的电气安装的最低安全要求。用以确保电气机械和构筑物在游乐场和马戏场或其他任何地点临时或永久地重复安装而不致失去其安全性。

本部分的目的是对娱乐设施的组成部分或其整体的机械构件提出电气安装要求。

本部分不适用于机械上使用的电气设备(见 IEC 60204-1)。

740.1.2 规范性引用文件

下列文件中的条款通过本部分的引用而成为本部分的条款。凡是注日期的引用文件，其随后所有的修改单(不包括勘误的内容)或修改版均不适用于本部分，然而，鼓励根据本部分达成协议的各方研究是否可使用这些文件的最新版本。凡是不注日期的引用文件，其最新版本适用于本部分。

GB 14048.2—2001 低压开关设备和控制设备 低压断路器(idt IEC 60947-2:1996)

GB 16895.3—2004 建筑物电气装置 第5-54部分:电气设备选择和安装 接地配置、保护导体和保护联结导体(IEC 60364-5-54:2002,IDT)

GB 16895.21—2004 建筑物电气装置 第4-41部分:安全防护 电击防护(IEC 60364-4-41:2001,IDT)

GB 16916.1—2003 家用和类似用途的不带过电流保护的剩余电流动作断路器(RCCB) 第1部分:一般规则(IEC 61008-1:1996,MOD)

GB 16917.1—2003 家用和类似用途的带过电流保护的剩余电流动作断路器(RCBO) 第1部分:一般规则(idt IEC 61009-1:1996,MOD)

GB/T 17651(所有部分) 电缆或光缆在特定条件下燃烧的烟密度测定(idt IEC 61034)

GB/T 18380.1—2001 电缆在火焰条件下的试验 第1部分:单根绝缘电线或电缆的垂直燃烧试验方法(idt IEC 60332-1:1993)

IEC 60038:1983 IEC标准电压

IEC 60050(826):1982 国际电工词典(IEV) 826章:建筑物电气装置

IEC 60204-1:1997 工业机械的电气装置 第1部分:一般要求

IEC 60332-3:1992 电缆在火焰条件下的试验 第3部分:成束电线或电缆的试验

IEC 60364-3:1993 建筑物电气装置 第3部分:一般特性评估

IEC 60364-4-481:1993 建筑物电气装置 第4部分:安全防护 第48章:按外界影响选择防护措施 第481节:按外界影响选择电击防护措施

IEC 61046:1993 直流或交流供电的灯丝灯泡用电子降压变换器

IEC 61558-2-6:1997 电力变压器、供电器和类似物的安全 第2部分:一般用途安全隔离变压器的特殊要求

IEC 62020:1998 电气附件 家用和类似用途剩余电流监视器(RCMs)

CENTC152 游乐场和娱乐园的非永久性构筑物:安全

740.2　定义

IEC 60050(826)给出的定义和以下定义适用于本部分。

740.2.1

游乐场　fairground

设置有一个或多个用于娱乐的摊位、娱乐设施或棚屋的区域。

740.2.2

棚屋　booth

放置用于娱乐设备或表演设备的单元,通常是可移动的。

740.2.3

摊位　stand

用于展示、买卖、销售、娱乐的场地或临时构筑物。

740.2.4

娱乐设施　amusement device

用于公众娱乐的马道、摊位、纺织物或薄膜制成的建筑、单侧摊位、单侧演示台、帐篷、棚屋、大型看台。

740.3　一般特性评估

740.31　目的、电源和结构

740.313　电源

740.313.1.3　电压

棚屋、摊位和娱乐设施的临时电气装置的标称工作电压不应超过 IEC 60038 规定的交流 230/400 V。

740.313.3　公用电网电源

不论供电电源有几个,从不同电源来的相线和中性线不应互相连接。应遵从电网运行人员的指导。

740.4　安全防护

740.41　电击防护

740.412　正常情况下的电击防护(直接接触防护或基本保护)

740.412.5　用剩余电流动作保护器作附加保护

除应急照明外,所有照明末端线路和 32 A 及以下的插座的线路和用载流量 32 A 或以下的软电缆或护套软线连接的移动设备,应用额定剩余动作电流不超过 30 mA 的剩余电流动作保护器(RCD)作附加保护。

此要求不适用于由一个或多个按下述保护方法保护的回路供电的插座:

——SELV 保护;

——电气分隔保护;

——自动切断电源和降低电压保护。

740.413　间接接触防护

740.413.1　自动切断电源的保护

注:供电给大交流电动机时推荐用有延时的剩余电流动作保护器(RCD)。

740.413.1.3　TN 系统

由 TN 系统供电时,只应采用 TN-S 系统。

740.413.1.5　IT 系统

有其他系统可用时,不应采用 IT 系统。但可按照 IEC 62020 规定采用直流 IT 系统。用 IT 系统时应设置永久性的接地故障监视。

740.413.1.6 辅助等电位联结

740.413.1.6.1 在有动物的地方，辅助等电位联结应将可同时触及的所有外露可导电部分、外界可导电部分连接到电气装置的保护导体上。

740.462 隔离

740.462.1 每一单独的娱乐设施的临时电气装置和供电给户外电气装置的每一回路，应有它们自己的便于接近和正确识别的隔离手段。

740.47 安全防护措施的应用

740.471 电击防护措施

740.471.1 正常情况下的电击防护

不应使用阻挡物(见 GB 16895.21—2004 的 412.3)和置于伸臂范围之外(见 IEC 60364-4-41:1992 的 412.4)的保护方法。

740.471.2 故障情况下的电击防护

不应使用非导电场场所(见 GB 16895.21—2004 的 413.3)和不接地的局部等电位联结的保护方法(见 GB 16895.21—2004 的 413.4)。

740.48 按外界影响选择保护措施

740.481 按外界影响选择电击防护措施

740.481.1.4 间接接触防护用自动切断电源措施时，可能有动物的地方的约定电压限值可以是 U_L＝25 V交流方均根值或 60 V 无纹波直流值，或最大分断时间是 IEC 60364-4-481:1993 的表 48A 所示的值。

此情况也适用于通过可导电部分与可能有动物的场所相连通的场所。

740.481.3 间接接触防护方法的选择

740.481.3.1.3 临时构筑物采用电缆供电的电源自动切断，宜在电源点设置剩余动作电流不超过 300 mA的剩余电流动作保护器。这些剩余电流动作保护器(RCD)应是有延时的符合 GB 14048.2 或 GB 16916.1或 GB 16917.1 的 S 型，以便有延时而和末端线路的剩余电流动作保护器(RCD)有选择性。

注：此附加保护的建议与临时用电场所的电缆损坏危险增大有关。

740.481.3.1.4 为防止所有电源被切断而发生危险(包括因失去原动力或照明的非电气危险)可能需要使用多个回路。

740.482 火灾防护

740.482.2.8 自动控制或远方控制的电动机没有被连续监视时，应设置有手动复位的超温保护。

740.5 电气设备的选择和安装

740.51 通用规则

开关设备和控制设备应放在只能用钥匙或工具才能打开的柜内，但设计由 IEC 60364-3:1993 的 322.1 规定的正常人(BA1)操作的那些部分除外。

740.52 布线系统

740.521 布线系统型式

740.521.6 电缆

只要适合，电缆应是软结构的。

无论何处只要存在机械损伤危险，就应采用铠装电缆或对电缆加以机械保护。

所有临时电力配电电缆应是多芯的。125 A 以上回路除外，它可用单芯电缆。

所有电缆应符合 GB/T 18380.1。

注：如果对电缆需要更高性能要求，电缆应符合 IEC 60332-3，在需要低烟电缆时，最低的推荐性能见 IEC 61034-2。

电缆应有最低电压 450/750 V 的标志，但娱乐设施中的电缆除外，它可使用最低电压 300/500 V 标志的电缆或护套软线。

埋在地下的电缆的路径应每隔适当距离做标志。埋地电缆应防机械损伤。

740.52.6 电气连接

除非需要分接到另一个回路,电缆和护套软线中不应有接头。任何接头应该做在防护等级不低于IP4X或IPXXD的外护物中。

当应力可能传到端头处时,应设电缆固定器。

740.53 开关设备和控制设备

740.537 隔离电器

隔离电器应断开所有相、极和中性线。

740.537.1 一般要求

每一个棚屋、摊位或娱乐设施的电气装置,应有自己的易于接近的隔离电器和过电流保护电器。

740.55 其他设备

740.55.01 照明装置

740.55.01.01 灯具

所有灯具和装饰链灯应牢固地固定在构筑物上或它的支持物上。它们的重量不应由供电电缆承担,除非电缆是为承担它的重量而选择和安装的。

灯具和装饰链灯从地面算起的安装高度小于2.5 m(伸臂范围内)或其他原因可偶然接触时,应牢固地固定,并被设置在或被保护在使之不致有伤人或引燃材料的危险的地方。接近固定的光源应只在移开遮拦或外护物后才有可能,移开操作应需要使用工具。

740.55.01.02 灯座

穿刺导体绝缘层的灯座不能使用,除非电缆和灯座是匹配的,并且灯座一旦和电缆装配好就不可移动。

740.55.01.03 射击场的灯

射击场的灯和其他使用子弹的单侧演示台的灯,应适当保护防止意外损坏。

740.55.01.04 投光灯

使用移动的投光灯时,灯具应安装在人难以接近的地方,供电电缆应是柔软的并有足够的机械损伤防护。

740.55.01.05 灯具和投光灯的火灾危险

灯具和投光灯应固定和保护,以使热的聚焦或集中不致引燃任何材料。

740.55.03 气体放电灯装置

在棚屋、摊位或娱乐设施上的工作电压高于230/400 V的任何发光灯管或灯泡的电气装置,应符合以下条件:

740.55.03.01 位置

灯管或灯泡应安装在伸臂范围以外或被适当的保护以减少伤害人的危险。

740.55.03.02 安装

发光灯管或灯泡的背后的板架材料应是不燃的,并应按国家标准的要求保护。

输出电压超过交流230/400 V的控制电器应安装在不燃的材料上。

740.55.03.03 紧急开关电器

应用单独的回路给发光灯管或灯的回路供电,它应由紧急开关控制。这个开关应容易看见、便于接近并按当地主管部门规定的要求做标志。

740.55.05 安全隔离变压器和电子变换器

多连接回路的安全隔离变压器应符合IEC 61558-2-6或有相同的安全程度。

应用手动复位的保护电器保护每个变压器或电子变换器的二次回路(见IEC 60204-1)。

安全隔离变压器应安放在公众伸臂范围以外,并有足够的通风。试验和维护保护电器时熟练的或受过训练的人员应可以接近。

电子变换器应符合 IEC 61046。

装有整流器和变压器的外壳应有足够的通风且使用时通风口不能被阻挡。

740.55.07 **插座和插头**

应安装足够数量的插座以便满足用户安全使用的要求。

一个插头不应连接一个以上的软电缆或护套软线，除非插头是特别设计用于多连接的。

不应使用插头型多路连接器。

740.55.08 **供电**

在每一个娱乐设施处应有容易接近的连接点，并有标示以下基本特性的永久性标志：

——额定电压；

——额定电流；

——额定频率。

740.551 **低压发电机组**

740.551.8 **发电机**

所有发电机的位置或保护，应防止因人员无意地接触热表面和危险部位而引起的危险和伤害。本条所讲的危险和伤害也包括非电的危险和伤害。

与发电机一起的电气设备应牢固地安装，如果需要，安装在防震基座上。

应避免发电机的频率和/或电压明显变化。

安装发电机组用 TN、'IT、IT 系统供电给临时装置时，应注意保证接地配置符合 GB 16895.3—2004 的 542.1。如用接地极，并应符合 GB 16895.3—2004 的 542.2。

用 TN 系统时，所有外露可导电部分应用符合 GB 16895.3—2004 的 543 规定截面的保护导体连接到发电机上。

除 IT 系统外，发电机星形点的中性线应连接到发电机的外露可导电部分上。

740.6 **检验**

所有电气装置应在每个成套设备在现场装好后视检和检测。

ICS 17.220.20
L 86

中华人民共和国国家标准

GB/T 16896.1—2005
代替 GB/T 16896.1—1997
GB/T 813—1989

高电压冲击测量仪器和软件
第1部分:对仪器的要求

Instruments and software used for measurements in high-voltage impulse tests—
Part 1:Requirements for instruments

(IEC 61083:2001,MOD)

2005-02-06 发布　　2005-12-01 实施

中华人民共和国国家质量监督检验检疫总局
中国国家标准化管理委员会　发布

前　言

本部分是根据 IEC 61083-1:2001《高电压冲击测量用仪器和软件　第 1 部分:对仪器的要求》对 GB/T 16896.1—1997《高电压冲击试验用数字记录仪　第一部分:对数字记录仪的要求》及 GB/T 813—1989《冲击试验用示波器和峰值电压表》进行修订的。在技术内容上修改采用 IEC 61083-1:2001标准,编写规则上与之基本对应。

GB/T 16896《高电压冲击测量用仪器和软件》共分 2 部分:

——第 1 部分:对仪器的要求;

——第 2 部分:对用于确定冲击波形参数的软件的评价。

本部分是 GB/T 16896《高电压冲击测量用仪器和软件》的第 2 部分。

本部分规定的对高电压冲击测量用仪器的要求和试验项目与 IEC 标准完全一致。根据我国的实际经验补充了附录 A 中的步骤 G1 和 G2,它们是两个行之有效的关于直流电压校验项目的具体操作方法;同时也补充了与附录 A 中的步骤 G1 和 G2 相关的附录 E:数字记录仪直流电压校验用的直线拟合法。

本部分的附录 A、附录 B、附录 C 为规范性附录;附录 D、附录 E 为资料性附录。

本部分从实施之日起代替 GB/T 16896.1—1997 和 GB/T 813—1989。

本部分由中国电力企业联合会提出。

本部分由全国高电压试验技术及绝缘配合标准化委员会高电压试验技术分技术委员会归口并负责解释。

本部分负责起草单位:武汉高压研究所。

本部分参加起草单位:清华大学、上海交通大学、佛山供电局、浙江电力试验研究所、浙江北仑第一发电有限责任公司。

本部分主要起草人:钟连宏、朱同春、戚庆成、雷民、朱旭东、胡文堂、张国鸣。

本部分由全国高电压试验技术标准化分技术委员会负责解释。

高电压冲击测量仪器和软件
第1部分:对仪器的要求

1 范围

本部分适用于冲击高电压和冲击大电流试验中测量用数字记录仪(包括数字示波器),模拟示波器和峰值电压表。本部分规定了为满足GB/T 16927.2中测量不确定度和程序所要求的测量性能和校验。

本部分包括:

——数字记录仪、模拟示波器和峰值电压表有关的专用术语的定义;

——对这些仪器必需的要求,以保证它们符合高电压和大电流冲击试验的要求;

——满足这些要求所必须的试验和程序。

本部分仅涉及可从长期或临时的存储器中存取原始数据的数字记录仪,这些原始数据连同相关的刻度因数等资料,可以:

——打印或绘图;

——以数字形式存贮。

2 规范性引用文件

下列文件中的条款通过GB 16896的引用而成为本部分的条款。凡是注日期的引用文件,其随后所有的修改单(不包括勘误的内容)或修订版均不适用于本部分,然而,鼓励根据本部分达成协议的各方研究是否可使用这些文件的最新版本。凡是不注日期的引用文件,其最新版本适用于本部分。

GB/T 16927.1—1997 高电压试验技术 第一部分:一般定义和试验要求(eqv IEC 60060-1:1989)

GB/T 16927.2—1997 高电压试验技术 第二部分:测量系统(eqv IEC 60060-2:1994)

GB/T 17626.4—1998 电磁兼容 试验和测量技术 电快速瞬变脉冲群抗扰度试验(idt IEC 61000-4-4:1995)

IEC 60060-2 修正案1:1996 附录H:高电压测量不确定度的估算程序

3 术语和定义

本部分采用下列术语和定义。

3.1 通用术语

3.1.1

数字记录仪 digital recorder

指包括数字示波器的测量仪器,它能够把按比例缩小的高电压和大电流冲击采集为暂存的数字记录,这些暂存的数字记录可转化为长存的记录。数字记录能够以模拟曲线的形式显示。

注:记录的波形可以被显示在屏幕上,也可以绘图或打印。这个过程由于进行了处理,也许会改变波形的形状。

3.1.2

模拟示波器 analogue oscilloscope

能够把按比例缩小的高电压或大电流冲击捕捉为暂存的模拟记录的仪器。这些暂存的记录可转变为长存的记录,长存的记录能够以示波屏的模拟曲线或照片的形式显示。

3.1.3

峰值电压表　peak voltmeter

能够测量按比例缩小的高电压或大电流冲击峰值的仪器，该冲击不应有短时过冲或高频振荡（见第7章）。

3.1.4

预热时间　warm-up time

从仪器首次接通电源到仪器达到符合使用要求的时间间隔。

3.1.5

使用范围　operating range

在本部分规定的不确定度限值内仪器可被使用的输入电压范围。

3.1.6　**仪器的输出**

3.1.6.1

数字记录仪的输出　output of a digital recorder

在特定瞬时数字记录仪的数字值。

3.1.6.2

模拟示波器的输出　output of an analogue oscilloscope

在特定瞬时模拟示波器轨迹的偏转值。

3.1.6.3

峰值电压表的输出　output of a peak voltmeter

峰值电压表的显示。

3.1.7

偏置　offset

仪器零输入时的输出。

3.1.8

满刻度偏转　full scale deflection f.s.d.

在给定量程下使仪器产生最大标称输出的最小输入电压。

3.1.9

幅值非线性　non-linearity of amplitude

仪器实际输出与其标称值之间的差别，该标称值是由输入电压除以刻度因数来确定的。

注：直流输入电压的静态非线性可能与动态条件下的非线性有区别。

3.1.10

刻度因数　scale factor

与校正偏置后的输出相乘，可确定输入量的因数。刻度因数包括任何内置或外部衰减器的倍数并由校准来确定。

3.1.10.1

静态刻度因数　static scale factor

确定直流电压输入量的刻度因数。

3.1.10.2

冲击刻度因数　impulse scale factor

确定具有相应波形的冲击输入量的刻度因数。

3.2　**数字记录仪和模拟示波器的专用术语**

3.2.1

上升时间　rise time

数字记录仪输入阶跃波时，响应曲线上稳定幅值的10%和90%两点间的时间间隔。

3.2.2

时间刻度因数　time scale factor

与记录的间隔相乘，可确定输入时间间隔的因数。

3.2.3

时基的非线性　non-linearity of time base

在扫描轨迹或数字记录中不同部分测得的时间刻度因数与其平均值的差异。

3.3　数字记录仪的专用术语

3.3.1

额定分辨率　rated resolution[1)]

r

能检测出的额定最小输入电压增量占满量程的份额。额定分辨率表示为2的N(A/D转换器的额定位数)次方减1后的倒数，即$r=(2^N-1)^{-1}$。

3.3.2

采样率　sampling rate

单位时间内的采样数。

注：采样间隔是采样率的倒数。

3.3.3

记录长度　record length

以时间单位或采样总数表示的记录持续时间。

3.3.4

原始数据　raw data

数字记录仪将模拟信号转换为数码形式时采集到的量化信息的原始记录。

允许对输出作偏置校正来给出以零为基数的记录，同样也允许把记录与一固定的刻度因数相乘，按这种方式处理后的记录仍被认为是原始数据。

注1：这种数据可采取适用于二进制、八进制、十六进制或十进制的形式。

注2：与数字记录相关的刻度因数等资料也应存贮。

3.3.5

处理后数据　processed data

原始数据通过任何处理(偏置校正和/或与固定的刻度因数相乘除外)后获得的数据。

注：本部分不适用于不能存取原始数据的数字记录仪。

3.3.6

基线　base line

在冲击记录的初始平直部分或预触发期间的记录仪输出值中至少取20个采样的平均数。

3.3.7

量化特性　quantization characteristic

数字记录仪的输出数码和直流输入电压间关系的特性(见图1)。

注：量化特性的平均斜率等于静态刻度因数的倒数。

3.3.8

数码　code

k

标明数字电平的整数。

---

1) IEC 61083-1 中的1.3.3.1条，表示为2的N次方的倒数，即$r=2^{-N}$。

3.3.9

数码宽度　code bin width

$w(k)$

归属数码 k 的输入电压范围(见图 2)。

3.3.10

平均数码宽度　average code bin width

w_0

满刻度偏转与额定分辨率的乘积(见图 2)。

注:平均数码宽度约等于静态刻度因数。

3.3.11

整体非线性　integral non-linearity

$s(k)$

测得的量化特性和按静态刻度因数计算的理想量化特性相对应点之间的差异(见图 1)。

3.3.12

数字记录仪的整体非线性　integral non-linearity of a digital recorder

S_m[2)]

全部数码的整体非线性的最大绝对值。

3.3.13

局部非线性　differential non-linearity

$d(k)$

测得的数码宽度与平均数码宽度间的差除以平均数码宽度(见图 2)。

$$d(k)=\frac{w(k)-w_0}{w_0}$$

3.3.14

数字记录仪的局部非线性[3)]　**differential non-linearity of a digital recorder**

D_m

全部数码的局部非线性的最大绝对值。

4　使用条件

表 1 给出的使用条件范围内,仪器应正常工作且满足规定的准确度要求。

表 1　使用条件

条　件		范　围
环境	环境温度	+5℃～+40℃
	周围相对湿度(不凝露)	10%～90%
电源	电源电压	额定电压 ±10%(有效值) ±12%(交流峰值)
	电源频率	额定频率±5%

对表 1 中给定值以外的任何情况,应在性能记录中明确地说明并标明为例外情况。

2) 这一条是本部分增加的术语定义。

3) 这一条是本部分增加的术语定义。

5 校准和试验方法

5.1 冲击校准

冲击校准是确定被校数字记录仪、模拟示波器和峰值电压表的冲击刻度因数的标准方法，它也是校核数字记录仪和模拟示波器确定的时间参数的标准方法。校准认可测量系统的仪器中使用的标准冲击发生器的要求如表2。

根据待测冲击电压或冲击电流的类型和极性从表2选择波形。施加的校准冲击的峰值和时间参数应在表2所列范围内，实际值应该记录在性能记录中。

校准冲击的极性应与待测冲击一致。相应于校准冲击的输出应至少取10次冲击进行估算，输出峰值与其平均值的最大偏差应在平均值的±1%以内。冲击刻度因数是输入峰值和输出峰值平均值之比。

时间参数也应至少用10次冲击来估算，各次输出的时间参数与其输入的偏差应在±2%以内。

冲击校准对试验所用的各个量程都应进行，校准中应注意避免低输入阻抗的仪器过载。

注：对于指数电流冲击波，数字记录仪可采用标准冲击发生器产生的雷电冲击全波作校准，而对于10/350 μs电流冲击波可采用操作冲击波作校准。

表2 对标准冲击发生器的要求

冲击类型	被测参数	数值	不确定度[a]	短期稳定度[b]
雷电全波和标准截波	半峰时间	55 μs～65 μs	≤2%	≤0.2%
	波前时间	0.8 μs～0.9 μs	≤2%	≤0.5%
	电压峰值	使用范围内	≤0.7%	≤0.2%
波前截断的雷电冲击波	截断时间	0.45 μs～0.55 μs	≤2%	≤1%
	电压峰值	使用范围内	≤1%	≤0.2%
操作冲击波	峰值时间	15 μs～300 μs	≤2%	≤0.2%
	半峰时间	2 600 μs～4 200 μs	≤2%	≤0.2%
	电压峰值	使用范围内	≤0.7%	≤0.2%
矩形冲击波	持续时间	0.5 ms～3.5 ms	≤2%	≤0.5%
	电压峰值	使用范围内	≤2%	≤1%

a 依据IEC 60060-2附录H，不确定度由可溯源的校准来确定，校准中采用至少10次冲击来估算出平均值。

b 短期稳定度是至少10次连续冲击的标准偏差。

5.2 阶跃波校准

将一准确度在±0.1%范围内，幅值在仪器的使用范围内的已知直流电压V_{CAL}施加到仪器的输入端，然后通过一适当的开关装置（最好是汞润继电器）对地短路。阶跃波上升时间应小于5.3中规定的时间间隔下限的10%。记录下降到零值的暂态过程，并计算5.3中规定的时间间隔内的输出值$O(t)$（参见图5）。为减小随机噪声，至少采用10次记录作平均计算。各瞬时的$O(t)$值与其平均值O_s的偏差应在刻度因数的规定限值之内。10次记录的平均值O_s与其总平均值O_{sm}的偏差也应在刻度因数的规定限值之内。冲击刻度因数则为输入电压V_{CAL}与O_{sm}之比。

电压校准对试验所用的各个量程都应进行。校准中应注意避免低输入阻抗的记录仪过载。

试验应在两个极性下进行，如果确定的刻度因数偏差在±1%以内，这个方法是有效的，否则，冲击刻度因数校准应根据5.1中规定的方法在适当的极性下进行。

5.3 规定的时间间隔内刻度因数的恒定性

将一数字记录仪或模拟示波器使用范围内的直流电压施加于其输入端，然后通过一适当的开关装置（最好是汞润继电器）对地短路，记录阶跃波响应下降到零值的暂态过程，并在下列时间间隔内进行计算：

$0.5T_1 \sim T_{2max}$ 对于雷电冲击全波和指数电流冲击波；

$0.5T_c \sim T_c$ 对于波前截断的冲击波；

$0.5T_p \sim T_{2max}$ 对于操作冲击和10/350 μs电流冲击波；

$0.5(T_t - T_d) \sim T_t$　对矩形电流冲击波。

在这些时间间隔内，记录到的阶跃波响应的稳定电平应为常量，变动不应超过冲击刻度因数规定的限值。

为减小随机噪声，可采用若干个响应的记录取平均值。

刻度因数的恒定性校验对试验所用的各个量程都应进行。

注：T_1、T_2、T_c、T_p、T_t 和 T_d 的定义见 GB/T 16927.1—1997。T_{2max}是 T_2 的最大值，它是由系统测量得到的。

5.4　时基

采用时标发生器或高频振荡器来校准仪器的时基，时间刻度因数的值应该分别根据约 20%，40%，60%，80%和 100%扫描时间处的记录数据来测定。

时基校准对试验所用的各个扫描档都应进行。

5.5　上升时间

施加一阶跃波，其上升时间应小于仪器规定限值的 20%，幅值应为满刻度偏转值的(95±5)%。按输出稳定幅值 10%～90%之间的时间间隔测定为上升时间。

上升时间校验对试验所用的各个量程都应进行。

5.6　模拟示波器的电压偏转特性

将直流电压从满刻度偏转值的 0%，10%，20%，…，100%分别施加在示波器上，对每一个输入电压，测量轨迹的垂直偏转。垂直偏转与输入之间的关系就是偏转特性，以此可以确定电压偏转系数(即刻度因数)。

注：一般情况下，对一个给定输入量程测定的偏转特性可以代表所有量程的情况。衰减器的影响采用冲击校准(见 5.1 或 5.2)来确定。校验中应注意避免低输入阻抗衰减器的热过载。

5.7　静态整体和局部非线性

将幅值为 $0.2 \times n \times 2^{-N} \times$满刻度偏转量的直流电压施加于记录仪的输入端，$n$ 从 1 至 5×2^N 递增。对于每一个直流输入电压，记录其输出，并计算至少 100 个采样的平均值。输出平均值和输入值的关系就是量化特性，从中可以确定静态整体和局部非线性(见图 1 和图 2)，确定这些非线性的程序参见附录 A。

注：一般情况下，对一个给定输入量程测定的整体和局部非线性可以代表数字记录仪的所有量程的情况。任何衰减器的影响可采用冲击或阶跃波校准(见 5.1 或 5.2)来确定，校准中应注意避免低输入阻抗衰减器的热过载。

5.8　动态局部非线性

在记录仪的输入端施加一个对称的三角波，幅值为(95±5)%的满刻度偏转值，斜率应大于或等于 f.s.d./$0.4T_x$，其中 f.s.d.是满刻度偏转值(T_x 参见 7.1.2.1)，频率应与采样频率无谐波关系。记录并统计每个数码电平出现次数的直方图。重复 M 次，计算出累积直方图。M 应足够大，使每个数码电平出现次数的平均值大于或等于 100。

这个过程产生的直方图具有一近似均匀的部分而两边有较大的峰值。该均匀部分应大于或等于满刻度偏转值的 80%。在这近似均匀部分上每一点与其平均值的偏差除以此平均值即为局部非线性。

注：一般情况下，在给定输入量程测定的动态局部非线性可以代表数字记录仪所有量程的情况。任何衰减器的影响可以由冲击或阶跃波校准(见 5.1 或 5.2)来确定。校准中应注意避免低输入阻抗衰减器的热过载。

5.9　内部噪声电平

5.9.1　数字记录仪

施加一幅值在数字记录仪量程内的直流电压。按给定的采样率采集至少 1 000 个采样。这些采样的标准偏差就作为内部噪声电平。

注：这些数据可以根据附录 A 在确定静态整体和局部非线性时采集。

5.9.2　示波器

在给定的扫描下，施加一幅值在示波器量程内的直流电压。垂直偏转变化量的峰-峰值之半就作为内部噪声电平。

5.10　干扰

单项干扰试验按附录 B.3 进行。整个系统的干扰试验应按 GB/T 16927.2 进行[4)]。

6 输入阻抗

根据所用的测量系统的类型，测量仪器的输入阻抗应该与同轴电缆的标称波阻抗相匹配，偏差应在±2%以内(如电阻分压器或分流器)或者为不小于 1 MΩ 和不大于 50 pF 的并联阻抗(如电容或阻尼电容分压器)。

注：匹配阻抗也可直接外接在仪器输入端。

7 冲击测量用数字记录仪

7.1 有关冲击测量的要求

7.1.1 对用于认可测量系统的数字记录仪的要求

根据 GB/T 16927.2，用于认可测量系统的数字记录仪的总不确定度应不大于(置信度水平不小于95%，参见 IEC 60060-2 附录 H)：

——对于雷电全波和标准截波冲击、操作冲击和矩形冲击的峰值电压(电流)测量为 2%；

——对于波前截断的雷电冲击的峰值电压测量为 3%；

——对于冲击波的时间参数(波前时间、截断时间等)测量为 4%。

这些不确定度应根据 IEC 60060-2 附录 H 来估算。数字记录仪应保存原始数据至少到该试验被认可。

7.1.2 单项要求

为了不超过 7.1.1 中给定的限值，一般应满足 7.1.2 中给出的单项限值的要求。在有些情况下，一项或几项限值可能超过，但总不确定度不允许超过限值。

7.1.2.1 采样率

采样率应不小于 $30/T_x$，T_x 为待测的时间间隔。

注：$T_x=0.6T_1$ 是待测雷电冲击的 T_{30} 到 T_{90} 间的时间间隔。对于 1.2/50 μs 雷电冲击，波前时间的允许下限 $T_1=0.84$ μs。因此要求采样率至少应有为 60 MS/s。

为了测出波前的振荡，采样率至少应为 $8f_{max}$[5)]，其中 f_{max} 是测量系统可重现的波前振荡最高频率。

7.1.2.2 额定分辨率

对测定冲击波参数的试验，要求额定位数为 8 位(分辨率为满刻度偏转的 0.4%)或更高。对于测定波形参数之外还涉及信号处理的试验，推荐额定位数为 9 位(分辨率为满刻度偏转的 0.2%)或更高。

注：由模拟示波器可得到最好的分辨率约为满刻度偏转的 0.3%。因此上述 0.2%满刻度偏转的限值可保证用于对比测量(如确定变压器的传递阻抗)的数字记录仪至少和模拟示波器一样准确。

7.1.2.3 冲击刻度因数

冲击刻度因数的不确定度应不大于 1%，并在 5.3 规定的时间间隔内应恒定在±1%范围内。

7.1.2.4 上升时间

上升时间应不大于 $3\%T_x$，T_x 是待测的时间间隔。

对于雷电冲击的测量，为了再现 GB/T 16927.2—1997 中 9.1.2 给定的频率范围内的叠加振荡，上升时间应不大于 $1/(2\pi f_{max})$[6)]，其中 f_{max} 是测量系统可重现的波前振荡最高频率。

7.1.2.5 干扰

数字记录仪用于冲击测量时，整个系统干扰试验的要求应符合 GB/T 16927.2 的规定，即偏离基值的最大幅值应在所用量程满刻度偏转的 1%以内。电脉冲群的干扰试验要求见 B.3.1。

---

4) 整个系统的干扰试验为本部分所加。

5) IEC 61083-1 中为 $6f_{max}$。

6) IEC 61083-1 中为 15 ns，它是部分响应时间的要求，与上升时间的要求不同。

注：依据 GB/T 16927.2—1997 中 5.5.4 要求对整个冲击测量系统进行干扰试验。

7.1.2.6 记录长度

记录长度应充分长，以满足所需参数（如 T_2 或 T_p）的计算或特定现象的观察。具体的记录长度应由相关的技术委员会规定。

7.1.2.7 幅值非线性

静态整体非线性应当在满刻度偏转值的±0.5%以内，静态和动态局部非线性应在±0.8[7]以内。

7.1.2.8 时基非线性

时基整体非线性应不大于 0.5%T_x，T_x 为待测的时间间隔。

7.1.2.9 噪声电平

对于波形参数测量，内部噪声电平应小于满刻度偏转值的 0.4%，对于涉及信号处理的测量应小于满刻度偏转值的 0.1%。

7.1.2.10 使用范围

使用范围的下限应不小于满刻度偏转值的 4/N，N 为数字记录仪的位数。

注 1：这意味着对于 8 位数字记录仪，峰值应不小于满刻度偏转值的 50%，对于 10 位数字记录仪为 40%，而对于 12 位数字记录仪为 33%。

注 2：对于比对测量的试验，推荐使用范围的下限不小于满刻度偏转值的 6/N。

7.1.3 对用于标准测量系统的数字记录仪的要求

7.1.3.1 一般要求

这些仪器用于标准系统，按 GB/T 16927.2 规定，标准测量系统可通过比对测量来校准认可的测量系统。峰值和时间参数通常由至少 10 次测量的平均值来确定。根据 GB/T 16927.2，用于标准测量系统的数字记录仪的总不确定度应不大于（置信度水平不小于 95%，见 IEC 60060-2：1997 附录 H）：

——对于雷电冲击全波和标准截波冲击、操作冲击和矩形冲击的峰值电压（电流）测量为 0.7%；

——对于波前截断的雷电冲击的峰值电压测量为 2%；

——对于冲击波的时间参数（波前时间、截断时间等）测量为 3%。

7.1.3.2 单项要求

为了不超过 7.1.3.1 中给定的限值，应满足 7.1.2 给出的限值要求和下面的附加要求：

——采样率应不小于 30/T_x，对于波前截断冲击，采样率应不小于 100 MS/s；

——使用范围的下限应不小于满刻度偏转值的 6/N；

——冲击刻度因数不确定度应不大于 0.5%；

——冲击刻度因数在 5.3 给定的时间间隔内应恒定在±0.5%以内；

——干扰电压应不大于 0.5%。

7.1.4 试验

本标准要求数字记录仪需做的试验如表 3。

所有校准设备都应直接或间接溯源到国际或国家标准，并应记录校准过程。

7.1.4.1 型式试验

型式试验应在同系列数字记录仪中取某一台进行。型式试验由数字记录仪制造商完成。如果制造商没有提供型式试验结果，则使用者应安排设备的验证试验。

7.1.4.2 例行试验

例行试验对每台数字记录仪都应进行。例行试验由制造商完成。如果制造商没有提供例行试验结果，则使用者应安排设备的验证试验。

数字记录仪修理后也应进行例行试验。

7.1.4.3 性能试验

7）IEC 61083-1 中为±0.8 w_0。

性能试验对每台新的数字记录仪都应进行，并以后每年由使用者重复一次。每次性能试验的日期和结果都应记录在性能记录中。

如果仪器的性能校核表明冲击刻度因数的变化超过1%时，则也要对该仪器进行性能试验。

7.1.4.4 性能校核

仪器的性能校核仅当整个测量系统的性能校核表明标定的刻度因数有显著变化时才进行（见GB/T 16927.2—1997的6.3）。

性能校核对冲击试验需用的每一档都应进行。如果使用外部衰减器，并且该衰减器并没有与分压器或分流器一起校验，则应包括在仪器的性能校核中。

表3 数字记录仪需做的试验

试验项目	试验方法	试验要求		试验类别			
		记录仪输入衰减器置某一档位	记录仪输入衰减器置于每个档位	型式试验	例行试验	性能试验	性能校核
静态整体非线性	5.7	7.1.2.7		×			
静态局部非线性	5.7	7.1.2.7		×			
动态局部非线性	5.8	7.1.2.7			×		
时基非线性	5.4	7.1.2.8		×			
冲击刻度因数	5.1或5.2		7.1.2.3		×	×	×
刻度因数恒定性	5.3		7.1.2.3		×	×	×
上升时间	5.5		7.1.2.4	×			
内部噪声水平	5.9	7.1.2.9		×			
干扰[a]	5.10	7.1.2.5，B.3.1		×	×		

a 例行试验中增加了干扰试验，如制造商难于实现整个系统的干扰试验时，可由用户来完成。

如果试验表明静态和冲击刻度因数差别不大于0.5%，则可用附录A[8]中描述的直流电压校验代替5.2中的阶跃波校准。

7.1.5 性能记录

数字记录仪的性能记录应包括下述内容：

a) 标称特性

1) 标志（序列号、型号等）；

2) 额定分辨率；

3) 采样率范围；

4) 最大记录长度；

5) 触发功能；

6) 输入电压最大和最小值；

7) 输入阻抗；

8) 波形范围；

9) 预热时间；

10) 使用条件范围。

b) 型式试验结果

---

8) 原文中为附录C。

c) 例行试验结果

d) 性能试验

   1) 每次试验日期和时间；

   2) 每次性能试验的结果。

e) 性能校核

   1) 每次性能校核的日期和时间；

   2) 结果——通过/失败(如果失败，记录处置情况)。

8 冲击测量用模拟示波器

8.1 有关冲击测量的要求

8.1.1 对用于认可测量系统的模拟示波器的要求

根据 GB/T 16927.2，用于认可测量系统的模拟示波器的总不确定度应不大于(置信度水平不小于95%，参见 IEC 60060-2:1996 的附录 H)：

——对于雷电全波和标准截波冲击、操作冲击和矩形波冲击峰值电压(电流)测量为 2%；

——对于波前截断的雷电冲击的峰值电压测量为 3%；

——对于冲击波的时间参数(波前时间、截断时间等)测量为 4%。

所有的校准都应采用在实际试验中使用的同一架照相机(或数字相机)进行，若放大可调，则校准和试验之间放大不允许有变化。

8.1.2 单项要求

为了不超过 8.1.1 中给定的限值，一般应满足 8.1.2 中给出的单项限值的要求，在有些情况下，一项或几项限值可能超过，但总的不确定度不允许超过限值。

8.1.2.1 使用范围

使用范围表示有效的屏幕区域，在此区域内，电压和时间测量的总不确定度可满足 8.1.1 的要求，并且单项要求也能满足。

8.1.2.2 电压偏转的非线性

在使用范围内，电压偏转的非线性应不大于 1%。否则，校准冲击(见图 3)或校准电压(见图 4 和附录 C)[9]应与测得的冲击一起显示在示波图上，以便按上述规定限值进行电压校准。

8.1.2.3 时基的非线性

时基的整体非线性不应大于 $2\% T_x$，T_x 为待测的时间间隔。否则，时标或校准脉冲应与测得的冲击一起显示在示波图上，以便按上述规定的限值进行时间校准(见图 4 和附录 C)[9]。

8.1.2.4 冲击刻度因数

冲击刻度因数的不确定度应不大于 1%，并在 5.3 规定的时间间隔中应恒定在±1%以内。

8.1.2.5 上升时间

上升时间不应超过 $3\% T_x$，T_x 为待测的时间间隔。

对于雷电冲击的测量，为了能再现 GB/T 16927.2—1997 中 9.1.2 给定的频率范围内的叠加振荡，上升时间应不大于 $1/(2\pi f_{max})$[10]，其中 f_{max} 是测量系统可重视的波前振荡最高频率。

8.1.2.6 干扰

整个系统干扰试验的要求应符合 GB/T 16927.2 的规定，即在干扰试验中偏离基值的最大幅值应在冲击试验所用量程满刻度偏转的 1%以内。电脉冲群的干扰试验要求见 B.3.1。

注：依据 GB/T 16927.2—1997 中的 5.5.4，要求对整个冲击测量系统进行干扰试验。

---

9) 此处的附录 C 为本部分所加。

10) IEC 61083-1 中为 15 ns，它是部分响应时间的要求，与上升时间的要求不同。

8.1.3 **试验**

本标准要求模拟示波器需做的试验见表4。

所有校准仪器都应直接或间接溯源到国际或国家标准，并应记录校准过程。

8.1.3.1 **型式试验**

型式试验应在同系列模拟示波器中取某一台进行。型式试验由制造商完成。如果制造商没有提供型式试验结果，则使用者应安排设备的验证试验。

8.1.3.2 **例行试验**

例行试验对每台模拟示波器都应进行。例行试验由制造商完成。如果制造商没有提供例行试验结果，使用者应安排设备的验证试验。

模拟示波器修理后也应进行例行试验。

8.1.3.3 **性能试验**

表4 模拟示波器需做的试验

试验项目	试验方法	试验要求		试验类别			
		示波器输入衰减器置某一个档位	示波器输入衰减器置每个档位	型式试验	例行试验	性能试验	性能校核
电压偏转特性	5.6	8.1.2.2		×[11]		×	
时基非线性	5.4	8.1.2.3		×		×	
冲击刻度因数	5.1 或附录A		8.1.2.4		×	×	×
刻度因数恒定性	5.3		8.1.2.4		×	×	×
上升时间	5.5		8.1.2.5	×			
干扰	5.10	8.1.2.6 B.3.1[12]		×	×[13]		

性能试验对每台新的模拟示波器都应进行，并以后每年由使用者重复一次。每次性能试验的日期和结果都应记录在性能记录中。

如果仪器的性能校核表明刻度因数的变化超过1%，则也要对该仪器进行性能试验。

8.1.3.4 **性能校核**

仪器的性能校核仅当整个测量系统的进行性能校核表明标定的刻度因数有显著变化时才进行(见GB/T 16927.2—1997的6.3)。

性能校核对冲击试验需用的每一档都应进行。如果外部衰减器没有与分压器或分流器一起校验，则应包括在仪器的性能校核中。

如果试验表明静态和冲击刻度因数的差别不大于0.5%时，则可用附录A[14]中描述的直流电压校验代替3.5.2中的阶跃波校准。

8.1.4 **性能记录**

模拟示波器的性能记录应包括以下内容：

a) 标称特性

1) 标志(序号、型号等)；

2) 扫描时间范围；

11) 本部分所加的试验项目。

12) 本部分所加的试验要求。

13) 例行试验中增加了干扰试验，如制造商难于实现整个系统的干扰试验时，可由用户来完成。

14) 原文中为附录C。

3） 输入电压最大值和最小值；
4） 波形范围；
5） 使用范围（有效屏幕区域）；
6） 预热时间；
7） 使用条件范围；
8） 输入阻抗；
9） 内置校准器。

b） 型式试验结果
c） 例行试验结果
d） 性能试验
 1） 每次试验日期和时间；
 2） 每次试验结果。
e） 性能校核
 1） 每次校核日期和时间；
 2） 结果——通过/失败（如果失败，记录处置情况）。

9 冲击测量用峰值电压表

9.1 有关冲击测量的要求

峰值电压表用于测量冲击的最高峰值。然而，冲击的最高峰值不一定总是与试验电压值相对应（见附录 D）。这个问题限制了峰值电压表只能用在冲击波形十分光滑，而没有短时过冲或高频振荡的场合。在其他情况下，必要时须并联一合适的记录仪，以便能校正峰值电压表的读数。

9.1.1 对峰值电压表的一般要求

根据 GB/T 16927.2，用于认可测量系统中峰值电压表的总不确定度不应大于（置信度水平不小于95%，参见 IEC 60060-2：1996 的附录 H）：

——对于雷电全波和标准截波冲击、操作冲击的峰值电压（电流）测量为 2%；

——对于波前截断的雷电冲击的峰值测量为 3%。

9.1.2 单项要求

为了不超过 9.1.1 给定的限值，一般应满足 9.1.2 中给出的单项限值的要求。在有些情况下，一项或几项限值可能超过，但总的不确定度不允许超过限值。

9.1.2.1 使用范围

使用范围表示冲击电压的测量范围，在此范围内，冲击峰值测量的总不确定度可满足 9.1.1 的要求，并且以下单项要求也能满足。

9.1.2.2 冲击刻度因数

冲击刻度因数不确定度应不大于 1%。

另外，刻度因数在峰值电压表规定的读数保持时间内应恒定在±1%以内，直至手动或自动复归为止。

9.1.2.3 电压幅度的非线性

在使用范围内，电压幅度的非线性应不大于 1%。

9.1.2.4 干扰

整个系统干扰试验的要求应符合 GB/T 16927.2 的规定，在冲击试验使用范围内由于电磁干扰造成的峰值电压测量误差应小于满刻度偏转的 1%。电脉冲群的干扰试验要求见 B.3.1。

注：依据 GB/T 16927.2—1997 的 5.5.4，要求对整个冲击测量系统进行干扰试验[15]。

9.1.3 试验

15）本部分所加的注。

本部分要求峰值电压表需做的试验如表5。

所有校准设备都应直接或间接地溯源到国际或国家标准，并应记录校准过程。

9.1.3.1 **型式试验**

型式试验应在同系列峰值电压表中取某一台来进行。型式试验由制造商完成。如果制造商没有提供型式试验结果，则使用者应安排设备的验证试验。

9.1.3.2 **例行试验**

例行试验对每台峰值电压表都应进行。例行试验由制造商完成。如果制造商没有提供例行试验结果，则使用者应安排设备的验证试验。

表5 峰值电压表需做的试验

试验项目	试验方法	试验要求		试验类别			
		峰值表输入衰减器置某一档位	峰值表输入衰减器置每个档位	型式试验	例行试验	性能试验	性能校核
电压幅度的非线性	5.1	9.1.2.3		×			
冲击刻度因数	5.1		9.1.2.2		×	×	×
干扰	5.10	9.1.2.4 B.3.1[16)]		×	×[17)]		

峰值电压表修理后也应进行例行试验。

9.1.3.3 **性能试验**

性能试验对每台新的峰值电压表都应进行，并以后每年由用户重复一次。每次性能试验的日期和结果都应记录在性能记录中。

如果仪器的性能校核表明冲击刻度因数的变化超过1%，则也要对该仪器进行性能试验。

9.1.3.4 **性能校核**

仪器的性能校核仅当整个测量系统的性能校核时发现所标定刻度因数有显著变化时才进行(见GB/T 16927.2—1997的6.3)。

性能校核对冲击试验需用的每一档都应进行。如果使用外部衰减器，并且该衰减器并没与分压器或分流器一起校验，则应包括在仪器的性能校核中。

9.1.4 **性能记录**

峰值电压表的性能记录应包括以下内容：

a) 标称特性

1) 标志(序号、型号等)；

2) 额定分辨率(如果有)；

3) 输入电压最大值和最小值；

4) 波形范围；

5) 使用范围；

6) 读数保持时间(如果有)；

7) 预热时间；

8) 使用条件范围；

9) 输入阻抗。

b) 型式试验结果

c) 例行试验结果

d) 性能试验

1) 每次试验日期和时间；

16) 本部分所加的试验要求。

17) 例行试验中增加了干扰试验，如制造商难于实现整个系统的干扰试验时，可由用户来完成。

2） 每次试验结果。

e） 性能校核

1） 每次校核日期和时间；

2） 结果——通过/失败(如果失败,记录处置情况)。

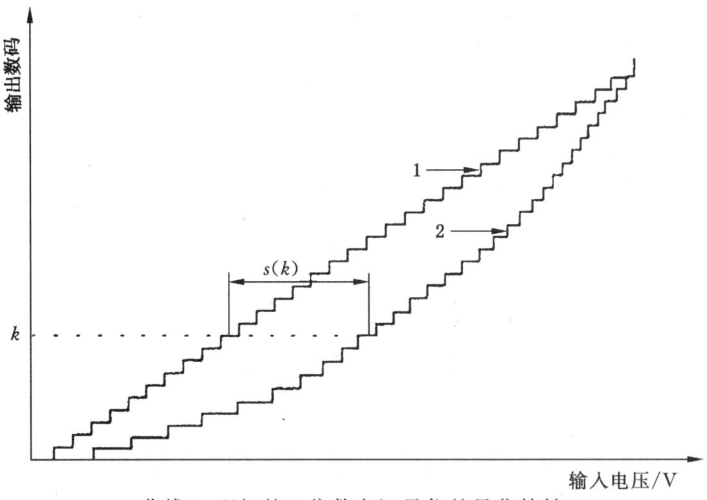

曲线 1:理想的 5 位数字记录仪的量化特性

曲线 2:非线性的 5 位数字记录仪的量化特性

(为使图形清楚起见,选择了低分辨率的 5 位数字记录仪)

图 1 整体非线性 $s(k)$

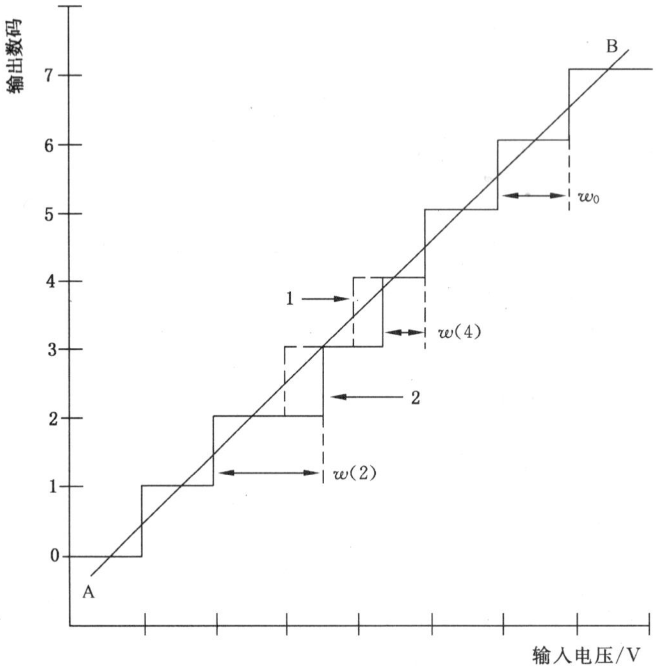

曲线 1:理想的 3 位数字记录仪的量化特性

曲线 2:在 $k=2,3$ 和 4 处有较大 $d(k)$ 的 3 位数字记录仪的量化特性

连线 AB:理想的数字记录仪码宽中点所连的直线

(为使图形清楚起见,选择了低分辨率的 3 位数字记录仪)

图 2 直流电压下的局部非线性 $d(k)$ 与码宽 $w(k)$

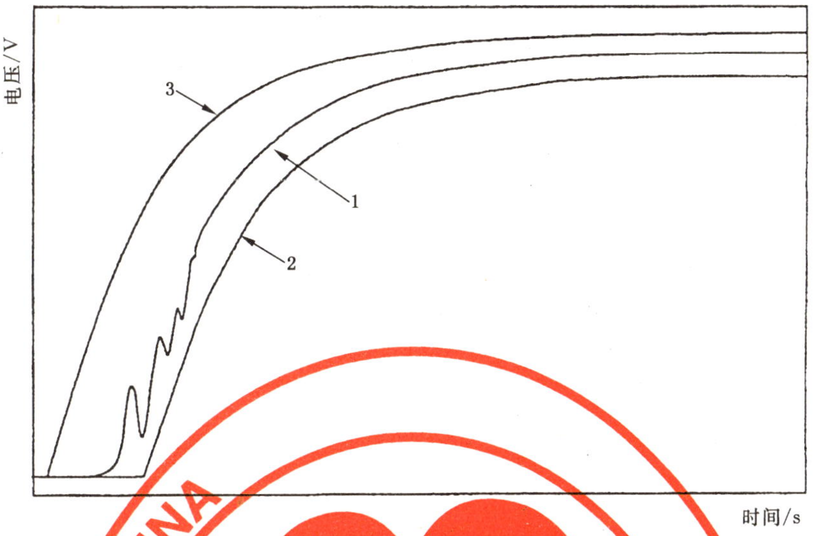

（为使图形清楚起见，三根曲线在时间上错开）
曲线 1：测得的冲击波形；曲线 2、曲线 3：校准冲击波形

图 3　用比对法校准

波形 1：测得的波形；波形 2：时标脉冲；波形 3：基线；
波形 4：低值直流校准电压；波形 5：高值直流校准电压
U_p、D_p：冲击波峰值及其偏转；U_l、D_l：低值校准电压幅值及其偏转；
U_h、D_h：高值校准电压及其偏转；T、L：时间间隔及其扫描长度

图 4　电压和时间分别校准（见附录 C）

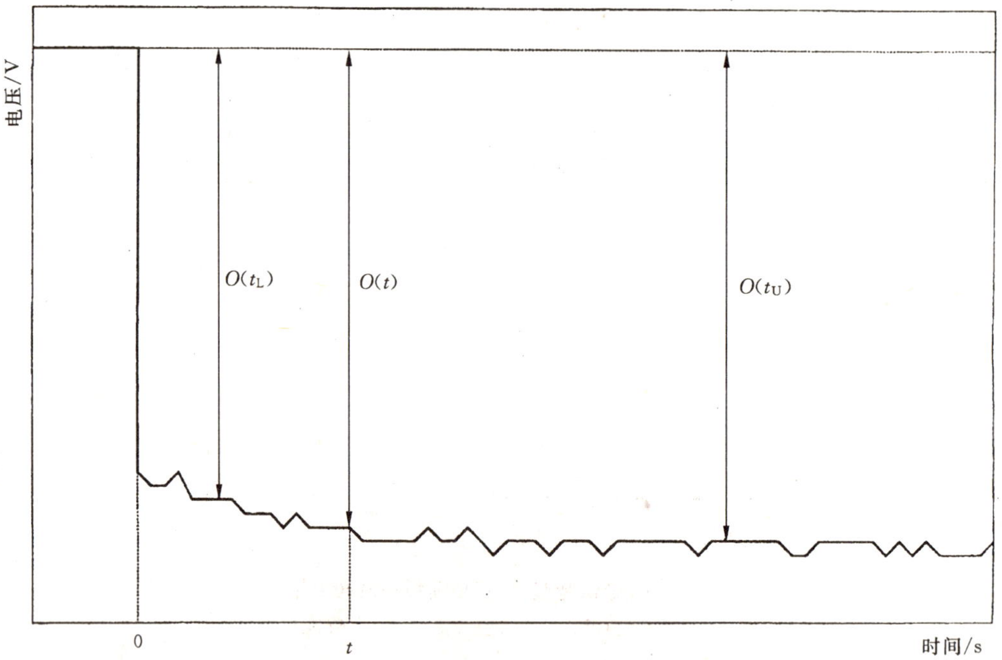

t_L 和 t_U 的值见 5.3 中的下限和上限时间

图 5　阶跃波校准

附 录 A
（规范性附录）
确定数字记录仪静态非线性的程序——直流电压校准

A.1 步骤 A

施加一稍高于数字记录仪能够记录的最小电压的电压 $V(i)$（约为标称满刻度电压值的 2%），取一次记录并存贮输入电压为 $V(i)$ 和记录的平均值为 $A(i)$（$i=1$）。

A.2 步骤 B

升高输入电压，增量 ΔV 应小于满刻度电压和额定分辨率的乘积，约为 1/10～1/4 平均码宽。取一次记录并存贮输入电压为 $V(i+1)$ 和记录的平均值为 $A(i+1)$。

A.3 步骤 C

重复步骤 B，增量相同，i 增加 1，直到可以覆盖数字记录仪的满刻度偏转，记录并存贮输入电压 $V(i)$ 和记录的平均值 $A(i)$。

A.4 步骤 D

如果 $A(i)$ 已经标定（即它们以 V 为单位），可从下式计算理想阈值[18)]：

$$T(k)=\frac{f.s.d.}{2^N-1}(k+1/2)$$

如果 $A(i)$ 没有标定（即它们是 A/D 转换器输出数码的平均值），则理想阈值为：

$$T(k)=k+1/2$$

这里 N 是 A/D 转换器的额定位数，k 是二进制数码（从 0 到 2^N-1）。

A.5 步骤 E

确定每一个实际数码从 k 到 $k+1$ 的转换阈值（见图 A.1）：

a) 找出小于或等于 $T(k)$ 而 n 为最大的 $A(n)$；

b) 找出大于 $T(k)$ 而 $m(m>n)$ 为最小的 $A(m)$；

c) 则从 k 到 $k+1$ 的转换阈值可由线性插值法求出：

$$c(k)=V(n)+\frac{T(k)-A(n)}{A(m)-A(n)}[V(m)-V(n)]$$

A.6 步骤 F

每个数码 k 的中心电压是 $p(k)$，它是二个数码转换阈值的平均值，可表征数码 k 的电平：

$$p(k)=1/2[c(k)+c(k-1)]$$

每个数码 k 的宽度 $w(k)$：

$$w(k)=c(k)-c(k-1)$$

---

18) IEC 61083-1 中的附录 A 的步骤 D。$T(k)$ 式中分母为 2^N。

A.7 步骤 G[19)]

确定静态刻度因数 F_s。

用直流电压校验数字记录仪的静态特性，需测定全部静态特性参数时采用小增量法；性能试验和性能校核中只需测定静态刻度因数时可采用大增量法或两点法以减小工作量。

A.7.1 小增量法(G1)

根据步骤 C 记录的输入直流电压 $V(i)$ 及相应的输出数码平均值 $A(i)$ 的全部数据，利用最小二乘法把输出与输入拟合成直线关系并计算此直线的斜率 K(见附录 E)。数字记录仪的静态刻度因数 F_s 用斜率 K 的倒数计算：

$$F_s = \frac{1}{K}$$

A.7.2 大增量法(G2)

在不大于 95% 满量程电压范围内，均匀地选取 20～50 个点作为输入直流电压 $V(i)$，在每一个输入电压 $V(i)$ 下，取一次记录，并计算所记录输出数码的平均值 $A(i)$；根据 $V(i)$ 和 $A(i)$ 的数据，同样采用直线拟合法，根据 G1 的方法确定数字记录仪的静态刻度因数 F_s。

A.7.3 两点法(G3)

取 k_1 和 k_2 两点，则静态刻度因数 F_s：

$$F_s = \frac{p(k_2) - p(k_1)}{k_2 - k_1}$$

这里 $(k_2 - k_1)$ 是大于或等于 $2^N \cdot 90\%$。

A.8 步骤 H

确定每个数码的整体非线性 $s(k)$：

$$s(k) = p(k) - (k - A_0)F_s$$ [20)]

式中 A_0 为数字记录仪的偏置(见附录 E)。

将 $s(k)$ 转换成满刻度的百分比，则为[21)]：

$$S(k) = 100\% \cdot \frac{s(k)}{f.s.d.}$$

A.9 步骤 I

确定直流电压下每个数码的局部非线性 $d(k)$：

$$d(k) = \frac{w(k) - F_s}{F_s}$$

注：当局部非线性在 ±0.8 之内时，所有的码宽 $w(k)$ 都在平均码宽 w_0 的 (1 ± 0.8) 范围内，即 $0.2w_0 < w(k) < 1.8w_0$。一般情况下，数码的局部非线性各不相同，并且是被测信号变化率的函数。

A.10 步骤 J[22)]

确定数字记录仪的静态整体非线性和静态局部非线性分别为：

---

19) IEC 61083-1 中附录 A 的步骤 G。本部分增加小增量法(G1)和大增量法(G2)。两点法(G3)等于 IEC 中的步骤 G。

20) 原文中为 $s(k) = p(k) - p(k_1) - (k - k_1)F_s$。

21) IEC 61083-1 中附录 A 的步骤 H。原文中 S(k) 的百分比表示式中的分母为 $\max[A(i)] - \min[A(i)]$。

22) 本部分增加的步骤。

$$S_m = |\,s(k)\,|_{max}$$

$$D_m = |\,d(k)\,|_{max}$$

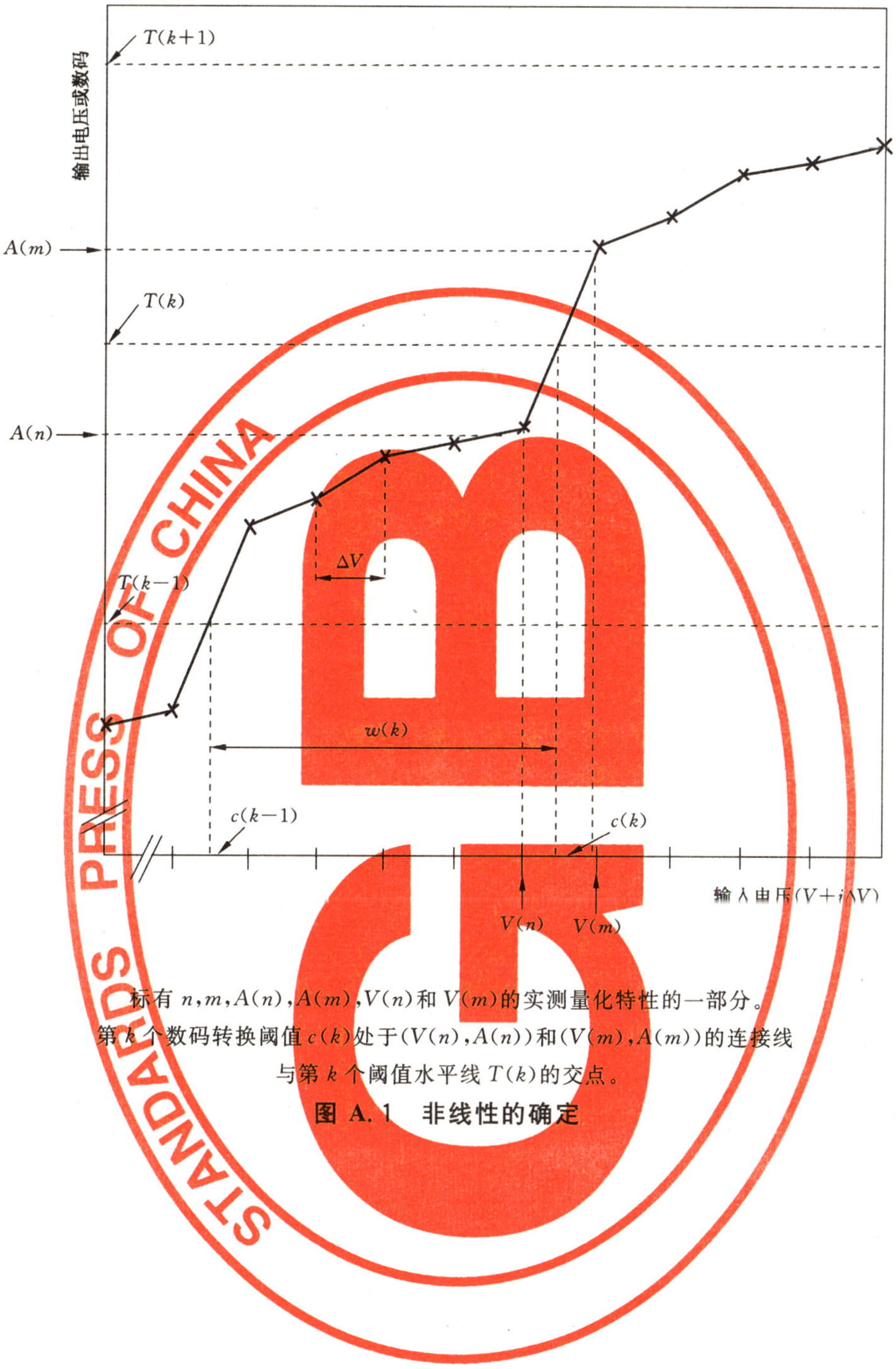

标有 n,m,$A(n)$,$A(m)$,$V(n)$和 $V(m)$的实测量化特性的一部分。

第 k 个数码转换阈值 $c(k)$处于$(V(n),A(n))$和$(V(m),A(m))$的连接线与第 k 个阈值水平线 $T(k)$的交点。

图 A.1 非线性的确定

附 录 B
（规范性附录）
高电压试验室中的电磁干扰

B.1 概述

通用仪器用于高电压试验室时，其屏蔽可能不够。干扰可能由瞬态电磁场感应产生，也可能通过信号或电源线传导引入。

干扰可能达到很高水平，尤其在冲击截波的情况下更为突出。下述预防措施可降低这种干扰。

B.2 预防措施

B.2.1 电磁屏蔽

将仪器置入对有关频段具有足够衰减作用的法拉第笼内可减弱电磁场直接透入仪器的干扰。这种法拉第笼由金属箱体构成，箱体上固定的或活动的联接点都应有良好的导电性。这个金属箱体可以是屏蔽的控制室或仪器的箱壳。仪器的箱壳可由两部分组成，其一是高效屏蔽（将数字记录仪完全封闭起来），以满足实时记录冲击波的要求，另一部分是可打开的箱壳，以便在冲击波记录完成后接触计算机、绘图仪和打字机进行操作。

B.2.2 减弱电源线引入的传导干扰

电源经滤波器接入可减少引入的传导干扰（有效频段为数十 kHz 到数十 MHz）。应在仪器和电源之间接入绕组间电容较小的隔离变压器。

B.2.3 信号线上的干扰

通过电压分压器侧良好接地，采用双屏蔽同轴电缆且外层屏蔽在电缆输入端和仪器端两端接地，以及（或）将电缆穿入两端接地的金属管内等措施可以减弱由于电流流经测量电缆屏蔽层引起的干扰。内层和外层屏蔽应在输入端接在一起。避免测量电缆和接地回线之间形成环路也可以减弱干扰。

尽可能提高输入电压，使数字记录仪在其最大电压量程内工作，或在电缆末端和仪器间插入一外部衰减器等措施可以减弱由于感应或作用在测量电缆两端间的电位差而引起的干扰。

B.2.4 采用光学方法传输信号

采用光学方法（模拟的或数字的）传输信号可减小干扰，只要这种传输性能足以满足GB/T 16927.2的要求。

B.3 单项干扰试验

这些试验是为了校核仪器对以上所列各种类型干扰的敏感性。

如果仪器在一个良好屏蔽区域（例如在屏蔽控制室）中操作，且电源有妥善的滤波与隔离措施，则这些试验可以不做。

注：注入测量和控制电缆屏蔽层的电流可按下列方法校核：

电缆应该按正常工作方式接到仪器上，注入电缆屏蔽层的暂态电流最好是具有峰值 100 A，频率 1 MHz 的阻尼振荡。在这种基本振荡上，还叠加一峰值 10 A，频率 10 MHz～20 MHz，持续时间不小于 10 ms 的振荡，一种可能的试验电路如图 B.1。

B.3.1 叠加在电源上的瞬态

根据 GB/T 17626.4，对仪器的电源应做电脉冲群抗扰性试验（第 3 级），如果仪器在脉冲群施加过程中能保持其性能在限值内，则通过该试验。

B.3.2 施加电场和磁场

不带测量电缆的仪器，包括任何附加屏蔽，应经受表征高电压试验回路产生的快速变化的电场和磁场的作用。

高电压试验室的试验表明，电场可达 100 kV/m，磁场可达 1 000 A/m。

这些电磁场可由充电的电容器通过球隙放电产生(图 B.2 所示)。

对于电场试验，与电容器相连的传输线应端接波阻抗($R=Z$)。对于磁场试验，与电容器相连的传输线应短路($R=0$)。两种试验对应的瞬态特性由试验回路参数确定，试验电压为上升时间约 50 ns 的阶跃波；试验电流为频率约 0.5 MHz 的阻尼振荡波。

注：浸在油或压缩气体中的球隙可用于校核 SF_6 绝缘冲击试验检测用的仪器。相应的瞬态电压和电流分别具有较短的上升时间(数个 ns)和较高的起始振荡频率(数十 MHz)。

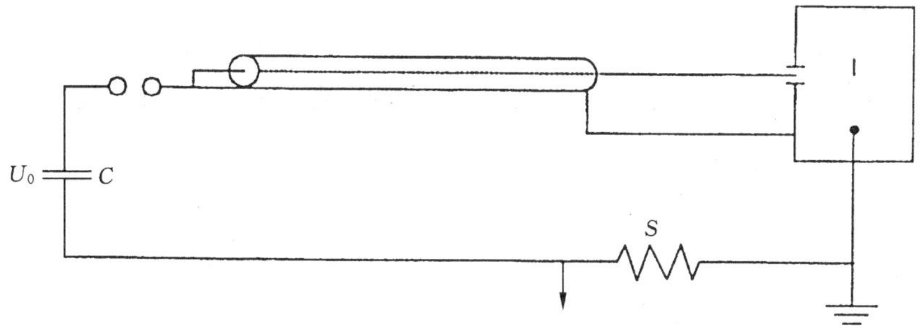

U_0=充电电压　C=电容器

S=测量分流器　I=仪器

图 B.1　电流注入电缆屏蔽层

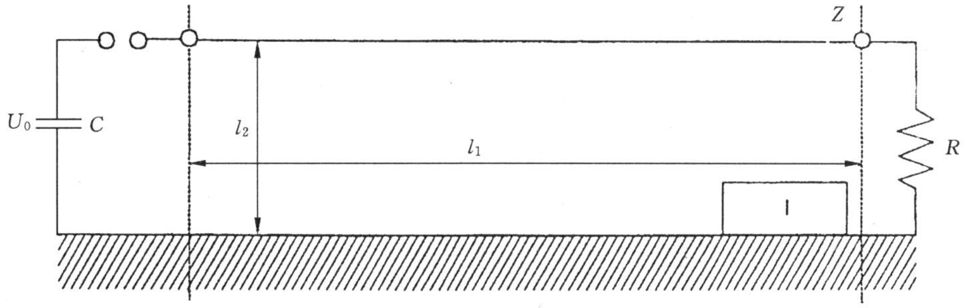

U_0=充电电压；C=电容器；Z=传输线波阻抗；

R=终端电阻；I=置于传输线末端的仪器；

电容 C=20 nF；传输线长度 $l_1=5$ m；高度 $l_2=1$ m；

电场试验：$U_0=40$ kV($R=Z$)；磁场试验：$U_0=100$ kV($R=0$)

图 B.2　电场和磁场试验

附 录 C
（规范性附录）
模拟试波器的校验方法——电压和时间分别校验

校准中用了 5 个波形，它们全都在相同的时基下获得，如图 4。

波形 1：测得的冲击波形。

波形 2：时标或校准脉冲波形。

波形 3：零输入波形（基线）。

波形 4：比波形 1 的峰值稍小的直流校准电压 U_l 的波形。

波形 5：比波形 1 的峰值稍大的直流校准电压 U_h 的波形。

波形 1 的峰值和时间参数从各波形中采用插值法确定。

用来确定电压偏转系数（即刻度因数）的校准仪，不管是内置的或外部的，其不确定度应不大于每次显示的校准信号的 0.5％。

附 录 D
（资料性附录）
冲击波形的分析

D.1 冲击波形分析

冲击波形分析需顺序从平均曲线中确定：

1）基线值和平均曲线的最大值(最小值)；

2）它们的差值作为峰值；

3）峰值的 10%，30%，50%，70%和 90%处的线和点；

4）按配对的线和点间的差值计算其他波形特性值。

分析模拟和数字记录的冲击波形有几种方法，可以采用软件、游标或模拟记录如绘图、打印或照像。试验中采用的处理方法也应采用于校准中。

校准记录不需要保存，但概括的结果需要保存，如冲击参数的平均值和标准偏差等。

不管使用什么方法，关于叠加在波形上的振荡和过冲等应满足 GB/T 16927.1 的要求。

D.2 记录的平均曲线

确定数字记录的平均曲线可以采用许多方法中的任何一种，即将记录拟合到模型曲线，或用数字滤波器平滑数据等。采用的技术应按 IEC 61083-2 进行检验，并应满足该标准规定的相关要求。

D.3 模拟记录的平均曲线

模拟记录的平均曲线可以采用手画，并修正到试验中有关各方都同意为止。另一种方法可按 IEC 61083-2将模拟记录数字化后加以处理，并应满足该标准规定的相关的要求。

D.4 参考文献

IEC 61083-2：1996 高电压冲击测量用数字记录仪——第 2 部分：冲击波形参数测定软件的评估。

附 录 E[23)]

（资料性附录）

数字记录仪直流电压校验用的直线拟合法

在用直流电压检验一台 N 位数字记录仪时，如果共得到 M 点[$M=(4\sim10)2^N$]输入电压 $V(i)$ 及对应的输出数码平均值 $A(i)$ 的数据(参见附录 A)，可按下述步骤将输出与输入拟合成直线关系：

a） 按下式计算参量 a、v、u、w、b：

$$a=\frac{1}{M}\sum_{i=1}^{M}A(i)$$

$$v=\frac{1}{M}\sum_{i=1}^{M}V(i)$$

$$u=\frac{1}{M}\sum_{i=1}^{M}A(i)V(i)$$

$$w=\frac{1}{M}\sum_{i=1}^{M}(V(i))^2$$

$$b=w-v^2$$

b） 按下式计算直线的斜率 K 和截距 A_0：

$$K=\frac{1}{b}(u-av)$$

$$A_0=\frac{1}{b}(aw-uv)$$

c） 所拟合的直线关系为：

$$A=KV+A_0$$

上列直线关系可写为：

$$V=\frac{1}{K}(A-A_0)=F_s(A-A_0)$$

由此可见，数字记录仪的静态刻度因数 F_s 为直线斜率 K 的倒数(见 3.1.10 和附录 A)，而直线的截距 A_0 为数字记录仪的偏置。

23）为适应附录 A 的步骤 G 而增加的附录。

ICS 25.220.20
A 29

中华人民共和国国家标准

GB/T 16921—2005/ISO 3497:2000
代替 GB/T 16921—1997

金属覆盖层　覆盖层厚度测量 X射线光谱方法

Metallic coatings—Measurement of coating thickness—X-ray spectrometric methods

(ISO 3497:2000,IDT)

2005-10-12 发布　　2006-04-01 实施

中华人民共和国国家质量监督检验检疫总局
中国国家标准化管理委员会　发布

前　言

本标准等同采用 ISO 3497:2000(E)《金属覆盖层　覆盖层厚度测量　X 射线光谱方法》(英文版)。

本标准按 GB/T 1.1 的编辑要求,根据 ISO 3497 重新起草。本标准对应 ISO 3497 作了如下修改:

——取消了 ISO 3497 的前言内容,重新起草了本标准前言;

——增加了“目次内容”;

——用“本标准”代替“本国际标准”。

本标准代替 GB/T 16921—1997《金属覆盖层　覆盖层厚度测量　X 射线光谱方法》。

本标准与 GB/T 16921—1997 相比主要变化如下:

——在范围中增加了警告;

——在术语和定义中增加了基体材料、基体金属和基体的定义,且将归一化强度(1997 年版的 2.3;本版的 2.4)的数学符号定义为 x_n(1997 年版为 In),相应的数学关系式也随之改变;

——在 3.3.3 能量色散中,将波长和能量的关系式进行了修正;

——在原理中,将其内容进行了重新排列,增加了 3.5.3 比率方法和 3.7 数学反卷积的描述;

——对 5.1.2 随机误差的标准偏差 s 以及 5.6 覆盖层密度的公式进行了修正;

——对 5.16 试样表面的倾斜度的影响,做了更精确的修正;

——在仪器的校准中增加了 6.1.5 计算机模拟主要参数的无标样技术的描述;

本标准的附录 A 为资料性附录。

本标准由中国机械工业联合会提出。

本标准由全国金属与非金属覆盖层标准化技术委员会归口。

本标准起草单位:机械工业表面覆盖层产品质量监督检测中心。

本标准起草人:姜新华、凌国伟、刘建国、钟立畅、宋智玲。

本标准所代替标准的历次版本发布情况为:

——GB/T 16921—1997。

金属覆盖层　覆盖层厚度测量 X 射线光谱方法

1　范围

警告：本标准不包括人员防 X 射线辐射的问题，关于此重要方面的信息，可参考现行的国际和国家标准及地方法规。

1.1　本标准规定了应用 X 射线光谱方法测量金属覆盖层厚度的方法。

1.2　本标准所用的测量方法基本属于测定单位面积质量的一种方法。如果已知覆盖层材料的密度，则测量结果也可用覆盖层的线性厚度表示。

1.3　本测量方法可同时测量三层覆盖层体系，或同时测量三层组分的厚度和成分。

1.4　给定覆盖层材料的实际测量范围主要取决于被分析的特征 X 射线荧光的能量以及所允许的测量不确定度，而且因所用仪器设备和操作规程而不同。

2　术语和定义

下列术语和定义适用于本标准。

2.1

X 射线荧光　X-ray fluorescence (XRF)

高强度入射 X 射线撞击置于入射光束路径上的材料时产生的二次辐射。

注：此二次发射具有该材料的波长和能量特征。

2.2

荧光辐射强度　intensity of fluorescent radiation

辐射强度 x，由仪器测量的、用每秒计数(辐射脉冲)来表示。

2.3

饱和厚度　saturation thickness

即为超过时，荧光强度不再产生任何可察觉的变化的厚度。

注：饱和厚度取决于荧光辐射的能量或波长、材料的密度和原子序数、入射角度以及材料表面的荧光辐射。

2.4

归一化强度 x_n　normalized intensity

在同一条件下得到的覆盖层试样 x 和未涂覆基体材料 x_0 的强度差与厚度大于或等于饱和厚度的材料 x_s(见 2.3)和未涂覆基体材料 x_0 的强度差之比。

注 1：归一化强度数学关系式为：

$$x_n = \frac{x - x_0}{x_s - x_0}$$

式中：

x——覆盖层试样的强度；

x_0——未涂覆基体材料的强度；

x_s——厚度大于或等于饱和厚度的材料的强度。

注 2：归一化强度与测量和积分时间及激发(入射辐射)强度无关。激发辐射的几何结构和能量影响归一化的计数率，其值在 0 到 1 之间有效。

2.5

中间覆盖层　intermediate coatings

位于表面覆盖层和基体材料之间的厚度小于其每层饱和厚度的覆盖层。

注：表面覆盖层和基体材料(基体)之间厚度超过饱和厚度的任何覆盖层本身都可视为真正的基体，因为在这样的覆盖层下的材料不会影响测量，测量时可以不考虑。

2.6

计数率　count rate

每单位时间仪器记录辐射脉冲的数目(见2.2)。

2.7

基体材料　basis material

基体金属　basis metal

在其表面沉积或形成覆盖层的材料[ISO 2080:1981，定义134]。

2.8

基体　substrate

被一种覆盖层直接沉积的材料[ISO 2080:1981，定义630]。

注：对于单一的或第一层镀层，基体与基体材料等同；对后续镀层，中间镀层即为基体。

3　原理

3.1　操作机理

覆盖层单位面积质量(若密度已知，则为覆盖层线性厚度)和二次辐射强度之间存在一定的关系。对于任何实际的仪器系统，该关系首先由已知单位面积质量的覆盖层校正标准块校正确定。若覆盖层材料的密度已知，同时又给出实际的密度，则这样的标准块就能给出覆盖层线性厚度。

注：覆盖层材料密度是覆盖状态的密度，不一定是测量时的覆盖层材料的理论密度。如果该密度与校正标准的密度不同，应当采用一个反映这种差别的系数并在测试报告中加以评注。

荧光强度是元素原子序数的函数，如果表面覆盖层、中间覆盖层(如果存在)以及基体是由不同元素组成或一个覆盖层由不止一个元素组成，则这些元素会产生各自的辐射特征。可调节适当的检测器系统以选择一个或多个能带，使此设备既能测量表面覆盖层又能同时测量表面覆盖层和一些中间覆盖层的厚度和组成。

3.2　激发

3.2.1　一般要求

X射线光谱方法测定覆盖层厚度是基于一束强烈而狭窄的多色或单色X射线与基体和覆盖层的相互作用。此相互作用产生离散波长和能量的二次辐射，这些二次辐射具有构成覆盖层和基体的元素特征。

高压X射线管发生器或适当的放射性同位素可产生这样的辐射。

3.2.2　由高压X射线管产生

稳定条件下如果对X射线管外加足够的电位，则能产生适当的激发辐射。大多数厚度测量要求的外加电压约为25 kV～50 kV，但为了测量低原子序数覆盖层材料，可能有必要将电压降至10 kV。由于应用了安装在X射线管和试样之间的基色滤色器，降低了测量的不确定度。

该激发方法的主要优点为：

——通过准直，能在很小的测量面上产生一束极强的辐射束；

——人身安全要求容易保证；

——通过现代电子学方法可获得足够稳定的发射。

3.2.3　由放射性同位素产生

只有几种放射性同位素发射的γ射线在能量带上适合覆盖层厚度测量。理想的是，激发辐射的能量比要求的特征X射线能量稍高(波长稍短)，放射性同位素激发的优点在于仪器结构更紧凑，这主要是因为无需冷却。此外，与高压X射线管发生器不同，其辐射是单色的而且本底强度低。

与X射线管方法相比，其主要技术缺点是：

——所得强度低得多，不能进行小面积测量；

——一些放射性同位素半衰期短；

——高强度放射性同位素带来人员防护问题（高压X射线管可简单关闭）。

3.3 色散

3.3.1 一般要求

覆盖层表面经X射线照射产生的二次辐射通常包含除覆盖层厚度测量所要求之外的成分。利用波长色散或能量色散可分离所需要的成分。

3.3.2 波长色散

用一个晶体分光仪可选择覆盖层或基体的波长特征，现有的常用晶体典型特征辐射数据见各国权威机构的出版物。

3.3.3 能量色散

X射线量子通常是以波长或等效能量表示。波长和能量的关系式为：

$$\lambda \times E = 1.2\ 398\ 427$$

式中：

λ——波长，单位为纳米(nm)；

E——能量，单位为千电子伏特(keV)。

3.4 检测

波长色散系统用的检测器类型由一充气管、固态检测器或与光电倍增器相连接的闪烁计数器构成。

能量色散系统用的最适当的接收荧光光子的检测器由仪器设计者根据应用选定。在1.5 keV～100 keV的能带范围内，可在正常气氛中进行测量，而不需氦气或真空。

不同特征能量的荧光辐射先进入能量色散检测器，然后再进入一多道分析仪以控制选择正确的能带。

3.5 厚度测量

3.5.1 发射方法

若测量覆盖层的特征辐射强度，则在达到饱和厚度前，此强度将随厚度的增加而增加，见图1a)。

使用X射线发射方法时，将仪器调到接收选定的覆盖层材料的特征能量带，这样，薄覆盖层产生低强度而厚覆盖层产生高强度。

3.5.2 吸收方法

若测量基体的特征辐射强度，则此强度随厚度增加而减小，见图1b)。

X射线吸收方法利用基体材料的特征能带。这样，薄覆盖层产生高强度而厚覆盖层产生低强度。在实际运用时，要注意确保不存在中间层。

吸收特征与发射特征反向相似。

3.5.3 比率方法

当覆盖层厚度用基体和覆盖材料各自的强度比表示时，则可能使X射线吸收方法和发射方法结合。这种强度比率方法的测量基本同试样和检测器之间的距离无关。

3.5.4 测量

对3.5.1和3.5.2中所描述的两种方法，许多商用仪器常采用归一化计数率系统，将无覆盖层的基体的特征计数率调整为0，而无限厚度的覆盖层材料的特征计数率为1，因此，所有可测厚度计数率都处于0到1的归一化计数率范围。见图2。

在所有的情况下，测量的最好或最灵敏范围大约在0.3～0.8的特征计数率标度之间。因此，要在整个厚度范围得到最好的测量精度，宜用0.3～0.8的特征计数率值的校正标准。为了确保其他厚度的测量精度，一些仪器可能用其他标准。因为校正标准的不确定度随厚度的减少而增加，所以通过适当使用具有厚覆盖层而低不确定度的标准块，在厚度范围的薄端建立正确的数学关系。

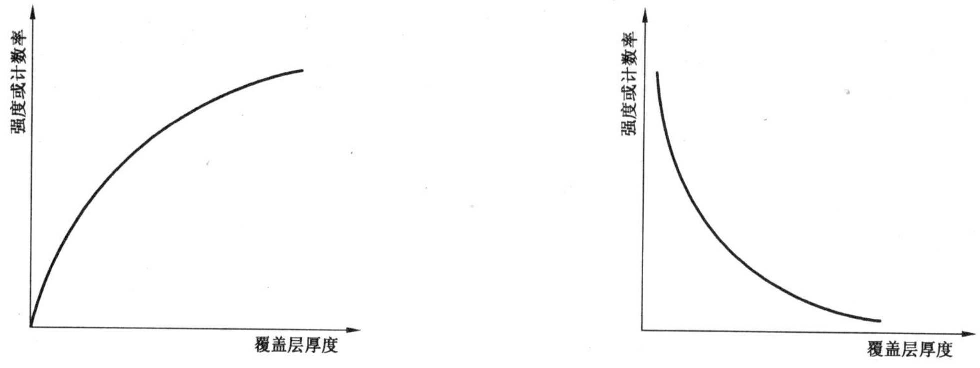

a) X 射线发射方法　　　　b) X 射线吸收方法

图 1　强度或计数率与覆盖层厚度之间关系的图示

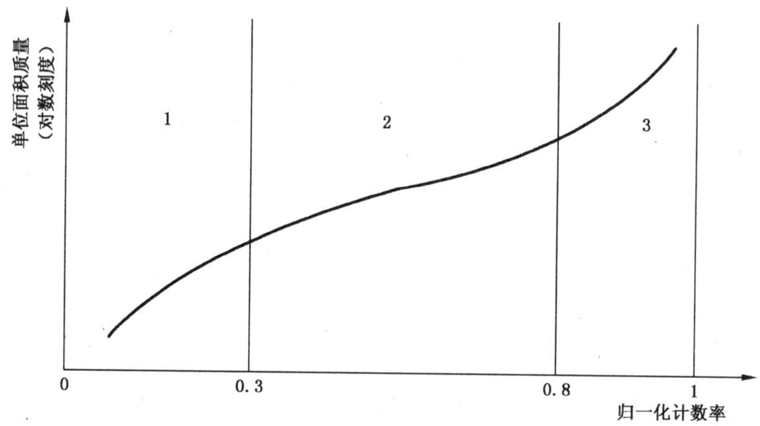

1——线性范围；

2——对数范围；

3——双曲线范围。

注：饱和基体(未覆盖)材料计数率＝0;饱和覆盖层(无限)材料计数率＝1。

图 2　单位面积质量与归一化计数率之间关系的图示

3.6　二次辐射的吸收器

当测量具有宽能量差异(能量色散系统)的覆盖层/基体材料组合时,饱和厚度覆盖层和无覆盖层基体的特征计数率的比率很高(典型为 10∶1)。在这种情况下,不一定需要具有类似或相同基体的校正标准(因为基体材料将不辐射与覆盖层材料同样的能带)。当无覆盖层基体与无限厚覆盖层的计数率比为 3∶1 时(对具有相似能量的覆盖层/基体组合),往往必须选用一种"吸收器",以吸收其中一种材料的辐射,通常指基体材料的辐射。这种吸收器通常是手动或自动放置在被测表面与检测器之间。

3.7　数学反卷积

在使用多道分析器时,二次辐射频谱的数学反卷积可求出特征辐射强度。当被检测特征辐射的能量不能充分地区分时,如来自金(Au)和黄铜(Br)的特征辐射,则可使用这种方法。这种方法被称为"数字滤波"而有别于滤波法(见 3.6)。

3.8　多层测量

只要内层的特征 X 射线发射不完全被外层吸收,则可以测量一层以上的覆盖层。在一个能量色散系统中安装多道分析仪,用以接收两种或更多种材料的两个或更多个不同的特征能带。

3.9　合金成分厚度测量

某种合金和化合物,例如锡-铅,可以同时测量其成分和厚度。在某些情况下,该方法也可在 3.8 描述的情况下使用,例如,铜合金基体上/镍/钯/金。因为合金或化合物的厚度测量取决于合金的成分,所以，必须在测量厚度之前知道或认定其成分或者能测量其成分。

注：认定的成分会引入厚度测量误差。一些覆盖层会通过与基体的互相扩散形成合金，这种合金层的存在可能增加测量的不确定度。

4 仪器

见图 3～图 5。

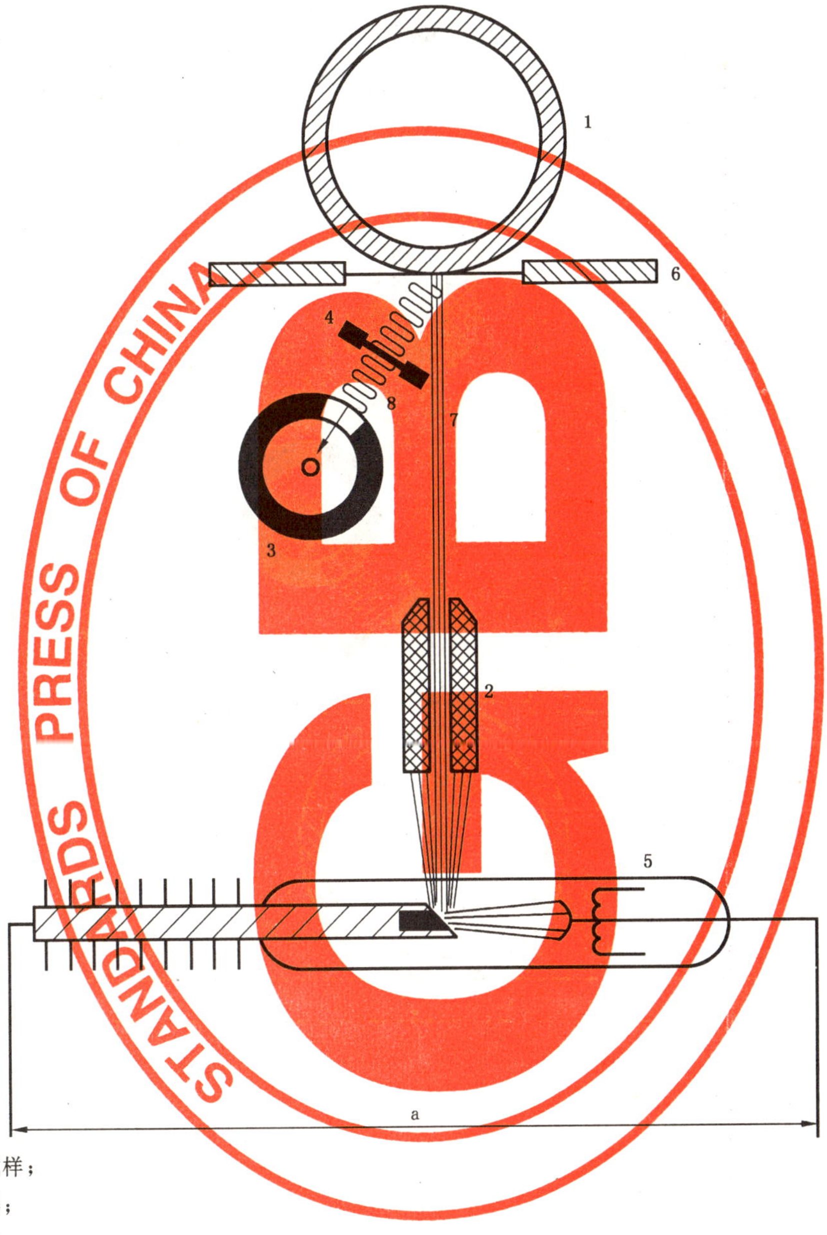

1——测试试样；

2——准直器；

3——检测器；

4——吸收器；

5——X 射线发生器；

6——试样支架；

7——入射 X 射线光束；

8——检测和分析的特征荧光 X 射线光束。

a——高压。

图 3　X 射线管图示

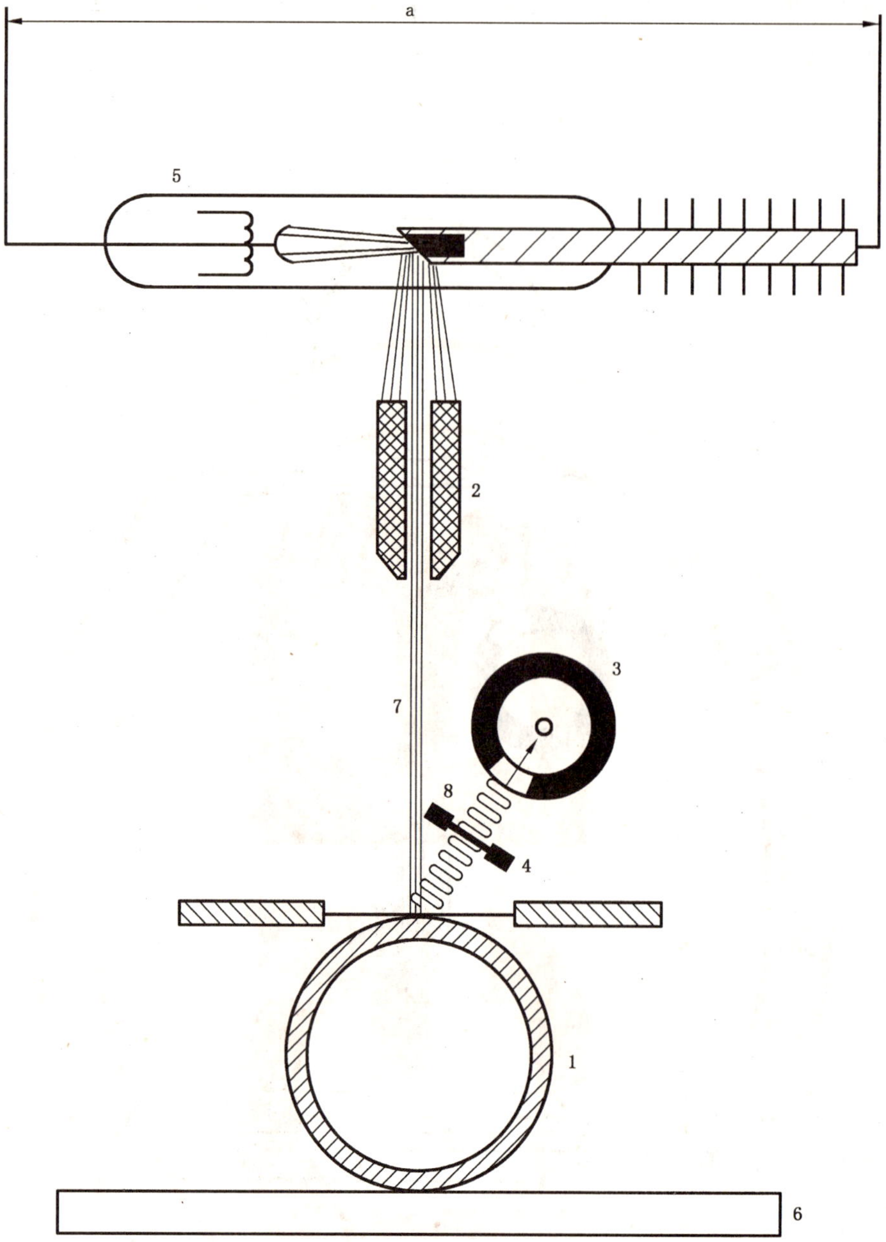

1——测试试样；
2——准直器；
3——检测器；
4——吸收器；
5——X 射线发生器；
6——试样支架；
7——入射 X 射线光束；
8——检测和分析的特征荧光 X 射线光束。
a——高压。

图 4　带固体试样支架的 X 射线管图示

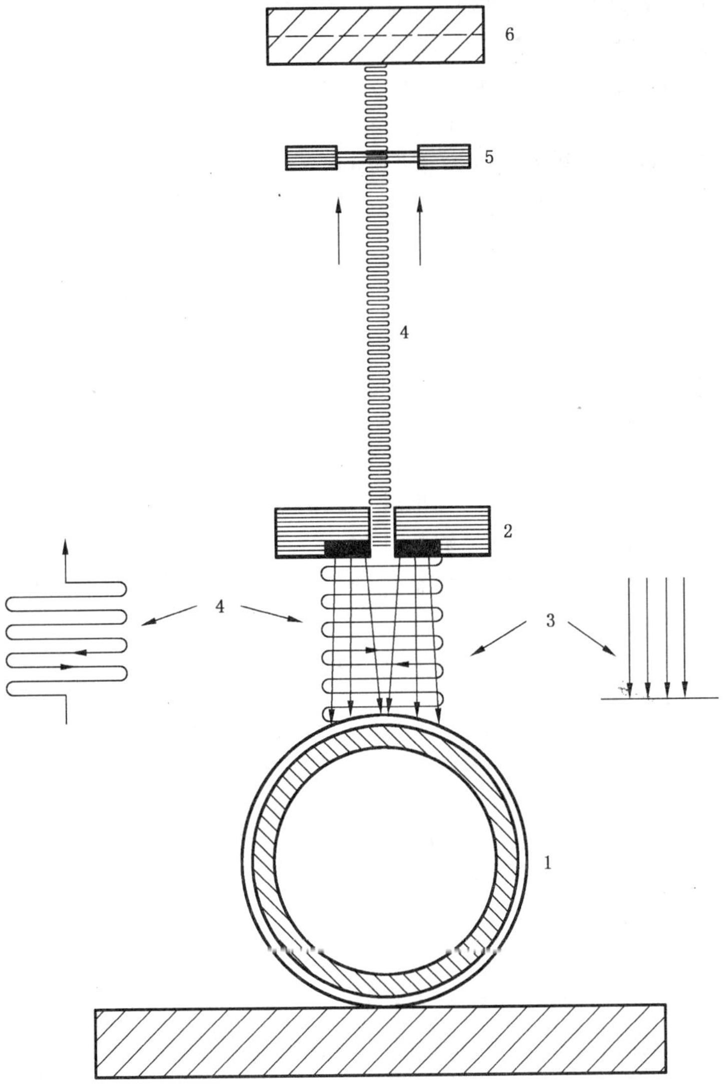

1——测试试样；

2——同位素和准直器；

3——入射 X 射线光束；

4——检测和分析的特征荧光 X 射线光束；

5——吸收器；

6——检测器。

图 5 同位素作为初级 X 射线源图示

4.1 初级 X 射线源

这是一个 X 射线管或适当的放射性同位素，两者都能激发测量用的荧光辐射。

4.2 准直器

采用尺寸精确的单孔或多孔，这些孔在理论上可为任何形状。这种孔的大小和形状决定被测覆盖层表面的入射 X 射线光束的尺寸。现有商用仪器的准直器孔呈圆形、正方形或长方形。

4.3 检测器

接收被测样品的荧光辐射，并将它转化为进行评价的电信号，评价系统用于选择一个或多个表面覆盖层、中间层和/或基体材料的特征能带。

4.4 评价系统

此系统根据软件程序处理获得的数据从而确定试样的单位面积覆盖层质量或覆盖层厚度。

注：符合本标准的测量覆盖层厚度的荧光X射线设备在市场上可买到，覆盖层测厚专用设备属于能量色散类设备，常配有微处理器，用以将强度测量转化为单位面积质量或厚度，以储存校正数据以及计算不同的统计测量。荧光X射线覆盖层测厚仪主要包括一个初级X射线源、准直器、试样台、检测器和一个评价系统。射线源、准直器和检测器通常相互几何固定。如果覆盖层和基体材料的原子序数非常接近，则要引入一吸收器吸收其中一种材料如基体的特征荧光能量。

5 影响测量结果的因素

5.1 计数统计

5.1.1 就时间而论，X射线量子的产生是随机的，这就意味着在一固定的时间间隔内，发射的量子数不一定总相同，于是产生了统计误差。这种统计误差是所有的辐射测量固有的。因此，一个短计数期（如1秒或2秒）的计数率可能与一个长计数期的计数率明显不同，在计数率低的时候更是如此。此误差与其他误差，如操作者的错误或使用不正确的标准等引起的误差无关。要将统计误差降到可接受的水平，必须采用一个适当长的计数周期，以积累足够的计数。当使用能量色散系统时，应该认识到预定计数周期的相当大部分可能以死时间而消耗，即超过系统计数容量的时间。遵照制造厂对其特殊仪器的使用说明，可以修正死时间的损失。

5.1.2 随机误差的标准偏差 s 非常近似于计数率和累计时间商的平方根。即：

$$s=\sqrt{\frac{X}{t_{\text{meas}}}}$$

式中：

s——标准偏差；

X——计数率；

t_{meas}——累计时间（测量时间）的秒数。

所测量的95%的计数率在这范围内：$x-2s \leqslant x \leqslant x+2s$

5.1.3 厚度测量的标准偏差与计数率的标准偏差不一样，但与计数率的标准偏差具有函数关系，此关系取决于测量点的校正曲线的斜率。大部分商用X射线荧光测厚仪的标准偏差都表示为微米或平均厚度的百分率。

当用解析（数字过滤器）方法时，计数率的标准偏差的另一来源为数学的规则系统。

5.2 校正标准块

用厚度标准块进行校正测量是可行的，标准块的不确定度小于5%（一些特别情况会更高），但对于薄覆盖层，由于粗糙度、孔隙和扩散等原因，保证5%的不确定度十分困难。该校正标准块仅用于覆盖层的归一化计数率在0.05～0.9的范围内。

除校正标准块的可靠性之外，校正过程中的测量重现性影响来自不同仪器和不同实验室的覆盖层厚度结果的再现性。

标准块的单位面积质量、密度、厚度和组成必须有保证，且能溯源至国家、国际或其他能接受的标准，供应商和顾客之间能互相接受。

5.3 覆盖层厚度

在可重复的条件下测量厚度范围影响测量的不确定度。在图2所示的曲线中，大约在曲线的近似30%～80%的饱和状态的相对精度最高。而超出此范围外，在给定时间内测量精度迅速下降。此情况类似于吸收曲线。一般来说，覆盖层材料不同，厚度极限范围不同。

5.4 测量面的尺寸

为了在一较短计数周期内得到满意的统计计数（见5.1），应选择一个与试样形状和尺寸相称的准直器孔径以得到尽可能大的测量面。在大多数情况下，被测的有关的或有代表性的面积要大于准直器光束的面积（测量表面的准直器光束面积不一定和准直器孔径尺寸相同）。然而，在有些情况下，被测面积可以比光束面积小（见5.1）。这种情况被测面积的变化必须充分校正。

一定要注意测量面积是否产生饱和计数率或超过检测器的能力（有些商用仪器会自动限制计数率，但这应经过有关厂商的检验）。

5.5 覆盖层组成

覆盖层中的外来物质如夹杂物、共沉积物或由基体与覆盖层界面扩散形成的合金层，都会对单位面积质量的测量有影响。所以，如有可能厚度和组成同时测量（见3.7）。

除此之外，厚度的测量还受空洞和孔隙的影响。可采用相同条件制备的并有代表性X射线特征的标准块来消除一些误差。由于夹杂物、孔隙或空洞的存在导致密度不同，具有这些缺陷的覆盖层最好以单位面积质量进行测量，如果知道实际覆盖层密度值，将其输入测量仪器就能进行修正（见5.6）。

5.6 覆盖层密度

如果覆盖层材料的密度与校正标准不同，在测厚时将会产生一个相应的误差。当覆盖层材料密度已知时，则可得到其厚度（见3.1）。

如果仪器测量以单位面积质量 m 为单位，则线性厚度 d 可由该值除以覆盖层密度 ρ

$$d = \frac{m}{\rho}$$

如果测量使用线性单位密度修正的厚度式为：

$$d = d_m \times \frac{\rho_{standard}}{\rho_{coating}}$$

式中：

d——线性厚度，单位为微米（μm）；

d_m——线性厚度读数，单位为微米（μm）；

$\rho_{standard}$——校正标准块覆盖层材料的密度，单位为克每立方厘米（g/cm^3）；

$\rho_{coating}$——测试试样覆盖层材料的密度，单位为克每立方厘米（g/cm^3）；

m——测试试样覆盖层单位面积质量，单位为毫克每平方厘米（mg/cm^2）。

5.7 基体成分

如果采用发射方法，那么在下列情况下基体组成差别可忽略不计：

a) 基体发射的荧光X射线不侵入覆盖层能量的特征能带（如果发生侵入，则需采取措施消除其影响）；

b) 基体材料的荧光X射线不能激发覆盖层材料。

如果采用吸收方法或强度比率方法，校正标准块或参考标准块的基体成分应和试样的基体成分相同。

5.8 基体厚度

用X射线发射方法测量时，双面覆盖层试样的基体应足够厚，以防止任何反面材料的干扰。

用X射线吸收方法或强度比率方法测量时，基体厚度应等于或大于其饱和厚度，如果不符合此标准，则必须用相同基体厚度的参考标准校正仪器（见6.3）。

5.9 表面清洁度

表面上的外来物质会导致测量不精确，保护层、表面处理或油脂也会导致测量不精确。

5.10 中间覆盖层

在中间覆盖层吸收性能不清楚的情况下，吸收方法不能用。在这种情况下，建议采用发射方法。

5.11 试样曲率

如果测量必须在曲面上进行，应选择合适的准直器或光束限制孔，使表面曲率影响最小。测试时选择比表面曲率更小尺寸的准直器，以降低表面曲率的影响。

注：测量圆柱形表面使用矩形孔为宜。

如果用与试样同样尺寸或形状的标准块进行校正，则可消除试样表面曲率的影响，但这种测量一定要在相同的位置、相同的表面和相同测量面积上进行。这时，有可能使用面积大于测试试样的准直器孔。

5.12 激发能量和激发强度

由于荧光辐射强度取决于激发能量和激发强度，所以所用的仪器必须足够稳定以在校正和测量时提供相同的激发特性，例如，X 射线管电流的变化将改变射线管辐射的初级强度。

5.13 检测器

检测系统的不稳定或非正常运行会引入测量误差。所以使用前，要检验仪器的稳定性。

稳定性检验可以是：

a) 仪器自动进行；

b) 操作者手动进行。

在两种情况下，将单个参比件或试样放于 X 光束中，且在检验过程中不要移动，在一较短时间内作一系列的单个计数率测量，该系列的标准偏差不应明显大于该系列平均值的平方根。为了确定较长时期的稳定性，将以上结果与其他时间预先得到的(或储存于仪器中自动检验的)结果相比较。

注：以用于单个测量系列的时间或两个独立测量系列所间隔的时间，来确定那一时期的稳定性。

5.14 辐射程

由于辐射在路径中的损失会增加测量的不确定度，所以辐射程应尽可能短。仪器设计者应按使用范围使辐射程最佳。原子序数低于 20 的元素不能发射图 3、图 4、图 5 所示仪器类型所需的足够强度的辐射。因此测量较低原子序数元素时，必须使用真空或氦分光计。

5.15 计数率转换为单位面积质量或厚度

现代商用仪器使用微处理器将计数率转换为单位面积质量或厚度。微处理器常具有一个用数学方法导出的主程序，该程序在输入适宜的校正或参考标准块后，可满足测试的实际需要。转换的可靠性取决于标准曲线、方程式、计算方法和其他转换方法的正确性，也取决于校正标准块的质量、数量以及相对于被测厚度的标准块校正点的厚度值。

当某一覆盖层导致其他层产生附加荧光时，转换方法应予考虑。在校正标准块确定的厚度范围外推，可能导致很大的误差。

5.16 试样表面的倾斜度

如果试样表面相对于 X 射线束的倾斜度与在校正过程中不同，则计数率有明显变化，尤其是校正曲线高于 0.9 时的归一化计数率，将造成极大的厚度变化，例如，倾斜度相差 5°可造成计数率 3%的变化，由此导致厚度 12%的变化。

6 仪器的校准

6.1 概述

6.1.1 一般要求

仪器校准应按仪器说明书规定进行，并适当考虑第 5 章中所述的因素和第 8 章中的要求。

仪器校准时所用标准块的覆盖层和基体的组成应与被测材料相同。当条件的变化不影响用来计算厚度(和组成)读数的辐射特性时，例外是允许的。

无论何时仪器必须用标准块来校准。当标准块很难得到时，例如，覆盖层和基体材料不常用时，就可用通过以基本参数为基础的计算机模拟的无标样方法来校正。尽管用来校准的任何标准块应与被测材料具有相同的覆盖层和基体组成，但当条件的变化不影响用来计算厚度(和组成)读数的辐射特性时，例外是允许的。

示例：

——待测试样：不锈钢上镀金；

——校准用：镍上镀金；

——金上的辐射强度不受镍或不锈钢的辐射特性影响。使用发射方法（见 3.5.1），如果金上的强度交迭的峰值被修正，则可用镍上镀金的标准块来校准。

校准曲线的不确定度的一方面原因是由校准程序中所选择的测量时间而产生，因此必须选择足够长的测量时间，以使标准块计数率测量的不确定度足够小。

6.1.2 线性范围校准

为测量厚度很薄的覆盖层，即产生归一化计数率低于 0.3（满量程的 30%）的线性范围的覆盖层，建议使用未覆盖的基体材料和在线性范围内已知厚度的单个覆盖层厚度标准块进行校准。使用者必须确定要测量的厚度以及校准标准处于线性范闹内。

6.1.3 对数范围校准

为在此范围进行测量，在大多数情况下，必须采用至少四个一套的标准块：

——一个未覆盖的基体标准块；

——一个至少为饱和厚度的覆盖层材料标准块；

——一个厚度接近或达到对数范围下限的覆盖层标准块；

——一个厚度接近对数范围上限的覆盖层标准块。

6.1.4 全部测量范围

从零到双曲线范围内进行测量，则必须运用附加的覆盖层标准块，以更严格地限制厚度范围的极限。

用附加覆盖层标准块校准的一些仪器能够在零值和标准块最小厚度值之间内插。如超过标准块最大厚度，一般不要外推，否则可能会导致不可靠结果（见 5.2）。

6.1.5 计算机模拟主要参数的无标样技术

对无标样技术来说，模拟软件必须精确地模拟试样真实的物理特性。

此项技术可获得厚度和组成的测量值，而这在过去是很困难的或是不可能。然而，如使用标准块其测量准确性则会提高。遵循 6.1.1 的相同的程序和同样的限制条件，通过外加的标准块来修正这些测量。

当试样和所用的标准块不具备 6.1.1 的条件时，若满足以下条件时基于基础参数技术的计算机模拟将适用这些情况：

a） 标准块覆盖层的组成与被测部分没有明显不同；

b） 如果基体成分的特征辐射影响计算覆盖层厚度和成分的辐射强度，标准块基体的成分与试样没有明显的不同。

6.2 标准块

6.2.1 一般要求

使用可靠的参考标准块校准仪器。最后的测量不确定度直接取决于校准标准块的测量不确定度和测量精度。

参考标准块应具有已知单位面积质量或厚度的均匀的覆盖层，如果是合金，则应知其组成。参考标准块的有效或限定表面的任何位置的覆盖层不能超过规定值的±5%。只要用于相同组成和同样或已知密度的覆盖层，规定以厚度为单位（而不是单位面积质量）的标准块，将是可靠的。合金组成的测定，校准标准不需要相同，但应当已知。

6.2.2 金属箔标准片

如果使用金属箔贴在特殊基体表面作标准片，就必须注意确保接触面清洁，无皱折扭结。任何密度差异，除非测量允许，否则必须进行补偿后再测。

6.3 标准块的选择

可用标准块的单位面积质量或厚度单位校准仪器。如果是以后者校正，厚度值必须伴随着覆盖层材料的密度，或者如果标准块的厚度由单位面积质量的测量来校正，则其厚度值伴随着假定的密度。标准块应与被测试样具有相同的覆盖层和基体材料(见5.7和5.8)，尽管一些仪器设计允许与此目标有一些偏离(见3.1)。

6.4 标准块的X射线发射(或吸收)特性

校正标准块的覆盖层应与被测覆盖层具有相同的X射线发射(或吸收)特性(见5.6)。

6.5 厚度标准块的基体X射线发射特性

如果厚度由X射线吸收方法或比率方法确定，则厚度标准块的基体应于被测试样的基体具有相同的X射线发射特性，通过比较被测试样与校正参考标准块的未镀基体所选的特征辐射的强度，可以证明这一点。

6.6 基体厚度

在X射线吸收方法或比率方法中，除非超过其饱和厚度(见2.3)，否则试样与校正标准块的基体厚度应该相同。

如果覆盖层的曲面不能用平面校准时，则要：

a) 遵照5.11的预防措施；或者

b) 用与试样具有相同曲率的标准块进行校正。

7 规程

7.1 一般要求

按仪器说明书操作仪器，同时适当考虑第5章中所列的因素及6.2和第8章的精度要求。

7.2 准直器或孔

根据试样的形状和有效测试面积的大小选择准直器或孔。确保准直器孔口与试样之间的距离在测量过程中保持不变。根据仪器说明书，检验试样表面入射X射线光束的位置和面积。

7.3 曲面测量

测量曲面时，如能选择足够小的准直器孔使得被测试的曲面特性近似符合平表面，可用平面厚度标准块校正后进行测量。否则，应考虑5.4和5.11的要求。

7.4 校准校核

通过重复测量校准标准块或已知单位面积质量或厚度的参考试样，周期性或一个测量系列前校核仪器校准。当厚度测量变化大到不能满足第8章的要求时，应重新校准仪器。

7.5 测量时间

由于测定不确定度取决于测量时间，应选取足够的时间以产生一个可接受的、低的测量不确定(重现性)。

7.6 测量次数

测量不确定度部分决定于测量次数，增加测量次数可降低测量不确定度。假如测量次数增加 n 倍，则测量不确定度将降低 $1/\sqrt{n}$。

在入射X射线光束上下的同一测量面内重复定位进行至少10次测量，来计算标准偏差。

7.7 防护措施

见第1章警告。

7.8 结果表示

强度值(计数率)向单位面积质量或厚度的转换，商售仪器可自动进行。对于其他仪器，使用适当的校准标准绘制类似于图1的曲线。除非另有规定，单位面积质量的结果用 mg/cm^2 表示，厚度测量结果用 μm 表示。

8 测量不确定度

仪器的校准和操作都应使测量不确定度小于10%。

测量的不确定度同样还取决于标准块的真实性、校准曲线的精确性、测量的重现性以及第5章描述的未修正的系统因素。为降低测量的不确定度，可以增加测量时间、提高校准和测试试样的测量次数，选择最大可能的准直器或孔的尺寸。

9 测试报告

测试报告应包括下列内容：

a） 本标准的编号；

b） 试样的准确标识；

c） 测量日期；

d） 试样上测量位置；

e） 平均每份报告的测量次数；

f） 如果两尺寸不同，要标明准直器孔径和测量面积大小；

g） 测量数值；

h） 用于厚度计算的密度值及使用理由；

i） 报告的测量值具有代表性的标准偏差；

j） 与本标准方法的差别；

k） 可能影响报告结果解释的因素；

l） 实验室名称和操作者姓名；

m） 最近期的校准证书或其他可接受的参考标准块的使用及溯源。

附　录　A
（资料性附录）
常见覆盖层测量的典型测量范围

表 A.1　常见覆盖层测量的典型测量范围

覆盖层	基　　体	近似厚度范围	
		μm	in
铝	铜	0～100.0	0～0.004
镉	铁	0～60.0	0～0.002 4
铜	铝	0～30.0	0～0.001 2
铜	铁	0～30.0	0～0.001 2
铜	塑料	0～30.0	0～0.001 2
金	陶瓷	0～8.0	0～0.000 32
金	铜或镍	0～8.0	0～0.000 32
铅	铜或镍	0～15.0	0～0.000 6
镍	铝	0～30.0	0～0.001 2
镍	陶瓷	0～30.0	0～0.001 2
镍	铜	0～30.0	0～0.001 2
镍	铁	0～30.0	0～0.001 2
钯	镍	0～40.0	0～0.001 6
钯-镍合金	镍	0～20.0	0～0.000 8
铂	钛	0～7.0	0～0.000 28
铑	铜或镍	0～50.0	0～0.002 0
银	铜或镍	0～50.0	0～0.002
锡	铝	0～60.0	0～0.002 4
锡	铜或镍	0～60.0	0～0.002 4
锡-铅合金	铜或镍	0～40.0	0～0.001 6
锌	铁	0～40.0	0～0.001 6

注 1：在整个范围内测量不确定度不是恒定的，而且靠近每个范围两端会增大。

注 2：所给定的范围是近似的，而且主要取决于可接受的测量不确定度。

注 3：如果同时测量表层和中间层，由于荧光 X 射线光束的各种相互作用，即表层会吸收中间层的荧光，那么各覆盖层材料可测厚度范围会发生变化，例如测量在铜上的金和镍时，若金覆盖层厚度超过 2.0 μm，则无足够的荧光保证镍层高精度测量。

注 4：当进行厚度大于 0 μm（如铜或镍上的金：±0.005 μm）覆盖层厚度测量过程中，测量仪应显示仪器规定的测量不确定度。这就必须了解测量范围的下限。

参 考 文 献

ISO 2080:1981《电镀及有关工艺　术语》

ICS 29.120
K 30

中华人民共和国国家标准

GB/T 16935.3—2005/IEC 60664-3:2003

低压系统内设备的绝缘配合 第3部分:利用涂层、罐封和模压进行防污保护

Insulation coordination for equipment within low-voltage systems—Part 3:Use of coating,potting or moulding for protection against pollution

(IEC 60664-3:2003,IDT)

2005-08-03 发布　　2006-04-01 实施

中华人民共和国国家质量监督检验检疫总局
中国国家标准化管理委员会　发布

前　　言

本部分等同采用 IEC 60664-3:2003《低压系统内设备的绝缘配合　第 3 部分:利用涂层、罐封和模压进行防污保护》。本部分应与 GB/T 16935.1—1997《低压系统内设备的绝缘配合　第 1 部分:原理、要求和试验》(idt IEC 60664-1:1992)一起使用。

本部分的附录 A、附录 B 和附录 C 是规范性附录。

本部分由中国电器工业协会提出。

本部分由全国低压电器标准化技术委员会归口。

本部分负责起草单位:上海电器科学研究所。

本部分参加起草单位:施耐德电气(中国)投资有限公司、上海人民电器厂。

本部分主要起草人:季慧玉、吴庆云、黄兢业。

本部分参与起草人:曹云秋、许文杰、周磊。

IEC 引　　言

IEC 60664 这部分具体规定了适用于刚性组件(例如印制电路板和元件端子)的条件,在该条件下,组件的电气间隙和爬电距离可以减小。可以采用任何一种封装形式(例如涂层、罐封或模压)进行防污保护。该保护可以运用于组件的一侧或两侧。本部分规定了保护材料的绝缘特性。

在任何两个未被保护的导电部件之间,IEC 60664-1 和 IEC 60664-5 中对电气间隙和爬电距离的要求适用。

本部分仅涉及永久性保护,不适用于经修复的组件。

各相关的产品标准需要考虑对过热导体和元件保护的影响,特别是在故障条件下,并且决定是否有必要补充附加的要求。

对于保护系统的应用,组件的安全性能取决于一个精确的和受控的制造过程。质量控制的要求,例如抽样试验,应在各产品标准中考虑。

低压系统内设备的绝缘配合
第3部分:利用涂层、罐封和
模压进行防污保护

1 范围

本部分适用于利用涂层、罐封和模压进行防污保护的组件,该类组件的电气间隙和爬电距离可以小于第1部分或IEC 60664-5中规定的电气间隙和爬电距离。

注1:第1部分指GB/T 16935.1—1997下同。

本部分规定了两种保护型式的要求和试验程序:

——用于改善被保护组件的微观环境的1型保护;

——类似于固体绝缘的2型保护。

本部分也适用于各种类型的被保护印制板,包括多层印制板的内层表面、基板和类似的被保护组件。对于多层印制板,通过一个内层的距离的相关要求包含在第1部分的固体绝缘要求中。

注2:例如基板可用混合集成电路和厚膜技术制成。

本部分仅涉及永久性保护,不适用于可进行机械调节和修理的组件。

本部分的原理适用于功能性绝缘、基本绝缘、附加绝缘和加强绝缘。

2 规范性引用文件

下列文件中的条款通过GB/T 16935的本部分的引用而成为本部分的条款。凡是注日期的引用文件,其随后所有的修改单(不包括勘误的内容)或修订版均不适用于本部分,然而,鼓励根据本部分达成协议的各方研究是否可使用这些文件的最新版本。凡是不注日期的引用文件,其最新版本适用于本部分。

GB/T 2423.1—2001 电工电子产品环境试验 第2部分:试验方法 试验A:低温(idt IEC 60068-2-1:1990)

GB/T 2423.2—2001 电工电子产品环境试验 第2部分:试验方法 试验B:高温(idt IEC 60068-2-2:1974)

GB/T 2423.22—2002 电工电子产品环境试验 第2部分:试验方法 试验N:温度变化(idt IEC 60068-2-14:1984)

GB/T 16935.1—1997 低压系统内设备的绝缘配合 第1部分:原理、要求和试验(idt IEC 60664-1:1992)

IEC 60068-2-78:2001 环境试验 第2-78部分:试验 试验Cab:湿热,稳定状态

IEC 60249-1:1982 印制电路用基材 第1部分:试验方法

IEC 60249-2(所有部分) 印制电路用基材 第2部分:规范

IEC 60326-2:1990 印制板 第2部分:试验方法

IEC 60454-3-1:1998 电气用压敏粘带 第3部分:单项材料规范 第1篇:具有压敏粘合剂的PVC薄膜带

IEC 60664-5:2003 低压系统内设备的绝缘配合 第5部分:不超过2 mm的电气间隙和爬电距离的确定方法

IEC导则104:1997 安全出版物的起草和基础安全出版物以及成套安全出版物的使用

3 定义

GB/T 16935.1 确立的以及下列术语和定义适用于本部分：

3.1

基材 base material

一种绝缘材料，在这种材料上可以形成导电图形。

注：基材可以是刚性或挠性的，或者刚挠混合的。它可以是非导电性介质或经绝缘处理的金属板。

（IEC 60194，定义 40.1334）

3.2

印制板 printed board

对完全加工过的印制电路和印制线路结构的通称。

注：印制板包括具有刚性、挠性以及刚挠性混合基材的单面、双面和多层板。

（IEC 60914，定义 60.1485）

3.3

导体 conductor

导电图形中的单条导电通路。

（IEC 60194，定义 22.0251）

3.4

保护 protection

可以减小环境影响的任何方式。

3.5

涂层 coating

组件表面的例如清漆或干膜绝缘材料。

注：涂层和印制板的基材构成了具有类似固体绝缘特性的绝缘系统。

3.6

固体绝缘 solid insulation

插在两个导电部件之间的固体绝缘材料。

注：当印制板带有涂层时，固体绝缘包含印制板本身和涂层。其他情况下，固体绝缘则指密封材料。

3.7

间距 spacing

电气间隙、爬电距离和通过绝缘的绝缘距离的任意组合。

4 设计要求

4.1 原理

导体间间距的大小取决于保护的型式。

保护型式为 1 型时，电气间隙和爬电距离的大小应符合第 1 部分或 IEC 60664-5 的要求。如果满足本部分的要求，在该类保护型式下，污染等级为 1 级。

保护型式为 2 型时，导电部分的间距应满足第 1 部分中固体绝缘的相关要求和试验，并且间距的大小不应小于第 1 部分或 IEC 60664-5 中规定的均匀电场中的最小电气间隙。

4.2 有关环境的使用范围

设计要求适用于所有微观环境。

选择保护材料时，应考虑例如温度应力、化学应力、机械应力或第 1 部分 3.3.2.3 列出的应力。

保护材料对湿度的吸收不应破坏被保护部分的绝缘特性。

注：湿度的吸收可以通过在潮湿环境下，测量绝缘电阻进行检查。

4.3 保护型式的要求

通过以下方式达到保护的目的：

——1型保护改善了被保护部分的微观环境。在该类型式保护下，第1部分或IEC 60664-5中对1级污染等级的电气间隙和爬电距离的要求适用。在两个导电部件之间，要求一个或两个导电部件，包括它们之间的全部间距都在这类型式保护之下。

——2型保护类似于固体绝缘。在该类型式保护下，第1部分中对固体绝缘的要求适用，并且间距不应小于表1中的规定值。第1部分或IEC 60664-5中对电气间隙和爬电距离的要求不适用。在两个导电部件之间，要求一个或两个导电部件，包括它们之间的全部间距都在这类型式保护之下，这样在导电部件、保护材料和印制板之间不应存在气隙。

第1部分或IEC 60064-5中电气间隙和爬电距离的要求适用于组件的其他未做保护的部分。

4.4 尺寸确定程序

对于1型保护，第1部分或IEC 60664-5:2003中3.1和3.2确定尺寸的要求适用。

对于2型保护，被保护前导体间的间距不应小于表1中规定的值。这些值适用于基本绝缘、附加绝缘和加强绝缘。

注：对于多层板，内层表面的导体间间距的尺寸确定是按1型保护还是按照2型保护的要求，取决于保护试验的结果。

表1　2型保护的最小间距

电压的最大峰值 U_p[a]/kV	最小间距/mm
$U_p \leq 0.33$	0.01
$0.33 < U_p \leq 0.4$	0.02
$0.4 < U_p \leq 0.5$	0.04
$0.5 < U_p \leq 0.6$	0.06
$0.6 < U_p \leq 0.8$	0.1
$0.8 < U_p \leq 1.0$	0.15
$1.0 < U_p \leq 1.2$	0.2
$1.2 < U_p \leq 1.5$	0.3
$1.5 < U_p \leq 2.0$	0.45
$2.0 < U_p \leq 2.5$	0.6
$2.5 < U_p \leq 3.0$	0.8
$3.0 < U_p \leq 4.0$	1.2
$4.0 < U_p \leq 5.0$	1.5
$5.0 < U_p \leq 6.0$	2
$6.0 < U_p \leq 8.0$	3
$8.0 < U_p \leq 10$	3.5
$10 < U_p \leq 12$	4.5
$12 < U_p \leq 15$	5.5
$15 < U_p \leq 20$	8

表 1(续)

电压的最大峰值 U_p[a]/kV	最小间距/mm
$20<U_p\leqslant 25$	10
$25<U_p\leqslant 30$	12.5
$30<U_p\leqslant 40$	17
$40<U_p\leqslant 50$	22
$50<U_p\leqslant 60$	27
$60<U_p\leqslant 80$	35
$80<U_p\leqslant 100$	45
[a] 由于暂态过电压对被保护组件的影响不大,因此可以忽略。	

印制板保护前应对间距进行测量。

5 试验

5.1 一般要求

保护是否合理,通过 5.7 预处理后,用 5.8 试验进行验证。

除非另有规定,试验应用 6 个样品。此外,各相关产品标准可以规定 5.9 附加试验,其中每个试验都要在单独的新样品上进行。

这些试验用于型式试验。各相关产品标准可以考虑规定用于常规试验或抽样试验的其他试验要求。

试验程序见附录 A。

试验过程中不允许任何样品出现故障。

附录 B 列出了其他相关产品标准参考本部分时应确定的参数。

5.2 涂层试验的样品

试验样品可以是:

——按附录 C 规定,适合于印制线路板的标准试验样品。用于试验的样品应和产品具有相同的最小间距;

——产品;

——任一印制板,只要试验样品是产品中具有代表性的。

5.3 模压和罐封试验的样品

应使用产品或产品中具有代表性的试验样品。

5.4 试验样品的准备

印制板应按制造厂的正常程序进行清洁和涂层。在无元件的情况下执行焊接程序。模压和罐封的样品的试验无需进行更多的准备。

5.5 刮擦耐受试验

应在五对导电部件和导电部件之间的间隙进行刮擦试验,试验中导电部件之间的间隙应承受最大倾斜角度的刮擦。

应用硬性钢制探针对保护层进行刮擦。探针的端部应为具有 40°角的圆锥形,针尖为圆形,应磨光,半径为 0.25 mm±0.02 mm。探针的放置应使得沿探针轴向的施力为 10 N±0.5 N。探针沿着垂直于保护层导体边缘的平板表面方向,以大约 20 mm/s 的速度对样品进行刮擦,如图 1 所示。样品上至少相隔 5 mm 以及离边缘至少 5 mm 进行 5 次刮擦。

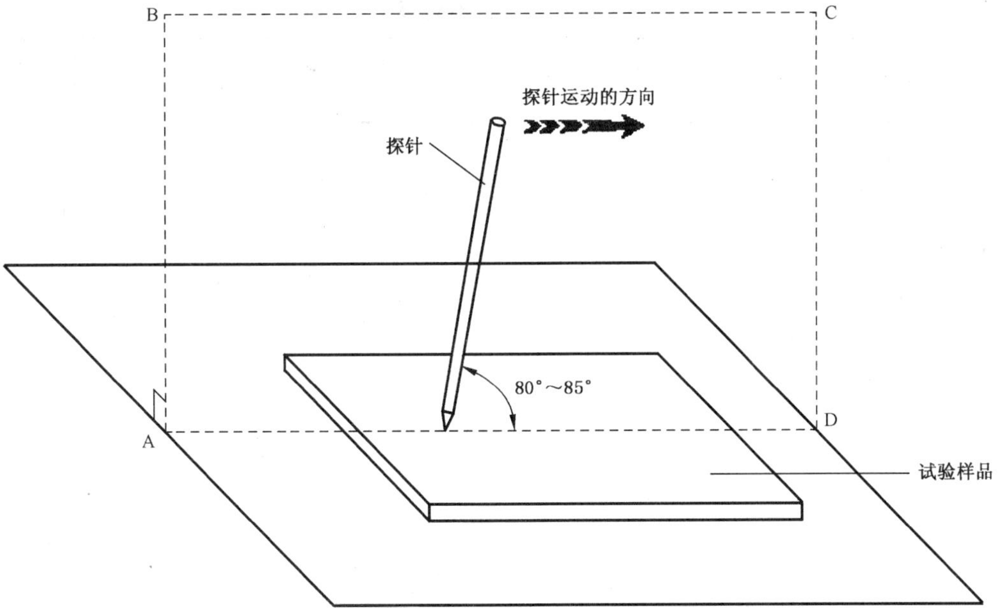

注：探针位于垂直于样品的 ABCD 平板内。

图 1　保护层的刮擦耐受试验

5.6　外观检查

样品应根据 IEC 60326-2:1990 的 5.1.2 中试验 1b 进行外观检查。

样品不应出现：

——砂眼；

——膨胀；

——从基材上脱落；

——裂缝；

——孔隙；

——邻近未被涂层覆盖的导电部分的区域，除连接盘以外；

——电迁移。

5.7　试验样品的预处理

预处理适用于绝大多数使用场合。对于特殊的使用场合，可以考虑修改预处理的参数，具体的修改由各相关产品标准规定。

注：5.7.1～5.7.4 的气候条件用于模拟老化。

5.7.1　低温

低温预处理（模拟储藏和运输条件）根据 GB/T 2423.1—2001 的试验 Ab 进行。严酷程度由各相关产品标准规定，并从以下条件中选取：

－10℃；

－25℃；

－40℃；

－65℃。

试验周期为 96 h。

5.7.2　干热

干热预处理根据 GB/T 2423.2—2001 的试验 Bb 进行。然而，与印制板材料和工作表面温度相应的预处理时间和预处理温度见表 2。

表 2 干热预处理

树脂/基材	最大工作表面温度/ ℃	预处理温度/ ℃	预处理时间/ h
环氧树脂/纤维素纸	105 75	165 125	1 000 1 000
环氧树脂/玻璃布表面/纤维素纸芯	140 100 75	175 125 95	1 000 1 000 1 000
环氧树脂/玻璃布表面/非织玻璃芯	140 100 75	175 125 95	1 000 1 000 1 000
环氧树脂/玻璃布	140 100 75	175 125 95	1 000 1 000 1 000
聚酯/玻璃毡	160 100 75	200 130 100	1 000 1 000 1 000
酚醛/纤维素纸(具有限定的可燃性-垂直燃烧试验)[a]	110 75	155 110	1 000 1 000
酚醛/纤维素纸	125 100 75	170 140 110	1 000 1 000 1 000

[a] 对于限定的可燃性,可参考 IEC 60249-1:1982 中的 4.3.4 和 IEC 60249-2 中的相关内容。

5.7.3 温度快速变化

温度快速变化预处理按照 GB/T 2423.22—2002 中的试验 Na 进行。温度根据表 3 确定,严酷等级由各相关产品标准规定。

表 3 温度快速变化的严酷等级

严酷等级	最低温度/ ℃	最高温度/ ℃
1	−10	125
2	−25	125
3	−40	125
4	−65	125

温度快速变化预处理按以下程序进行:

——一个循环周期的时间:1 h(每个温度为 30 min±2 min);

——温度变化的速率:30 s 内;

——循环的次数:5 次。

当被保护组件在其使用过程中,遭受频繁温度变化,各相关产品标准可以考虑增加循环的次数。

5.7.4 极化电压下的湿热稳定处理

5.7.4.1 一般预处理

试验样品应按照 IEC 60068-2-78:2001 的 Cab 试验条件(如下)置于湿度箱内 96 h:

——温度:40℃±2℃;

——相对湿度:$93\%^{+2\%}_{-3\%}$。

在导体和相邻连接盘之间施加 100 V 直流电压。当使用附录 C 规定的样品时,电压的正极应连接至"公共极"。

试验结果按 5.6、5.8.3、5.8.4 和 5.8.5 进行判定。

5.7.4.2 与电迁移相关的附加预处理

当组件在其使用过程中,可能会较长时间的遭受非正常严酷条件的污染或湿度,各相关产品标准可考虑在湿热条件下规定较长时间的直流电压试验。

为使整个试验时间最短,该试验可以在 6 个仅经受焊接(见 5.4)、刮擦耐受试验(见 5.5)和外观检查(见 5.6)的新样品上进行。试验按照 5.7.4.1 进行。首选的试验时间为 10 d、21 d 或 56 d。

5.8 预处理和电迁移后的机械和电气试验

5.8.1 一般试验条件

试验在温度为 15℃～35℃、相对湿度为 45%～75%的室内下进行。

对于 5.8.3、5.8.4 和 5.8.5 试验,样品按照 IEC 60068-2-78 的要求,放在温度为 40℃±2℃、相对湿度为 $93\%^{+2\%}_{-3\%}$ 的箱内 48 h。

5.8.2 涂层粘合性

试验区域包含金属部分和基材。

样品应用合适的有机溶液进行清洁,并可以晾干。

应使用符合 IEC 60454-3-1 要求的非转移的透明压敏带。压敏带的最小宽度应为 13 mm。IEC 60454-3-1/F-PVCP/90x压敏带适用。每次试验应使用一个新的压敏带。

试验样品应使用长 50 mm 的压敏带。可用指压、手滚筒或橡皮清除气泡。

在 10 s 内,以大约垂直于试验样品表面的方向迅速拉开压敏带。

注:各相关产品标准可以规定拉力的最小值。

试验后,涂层不应松动,压敏带上不应有可视的涂层材料。为确定压敏带上是否有涂层材料,可将压敏带放在白色的纸或卡上进行观察。如果样品的涂层材料是白色或浅色的,可用具有对比色的纸或卡来代替。

5.8.3 导体间的绝缘电阻

试验应按照 IEC 60326-2:1990 的 6.4.1 进行,用于 6a 试验的电压应尽可能的接近其工作电压。

除非各相关产品标准另有规定,导体间绝缘电阻的最小值应为 100 MΩ。

5.8.4 交流耐受电压试验

被保护样品的电气试验应根据第 1 部分的 4.1.2.3 进行,但试验电压为第 1 部分 3.3.3.2.2 规定的值或者为第 1 部分表 1 中规定的相关额定冲击电压的 0.707 倍,两者取较高值。如果组件使用在 3 级或 4 级污染等级下,耐受电压试验应以将导电层放置在保护层的表面的方式进行。

注:导电层不应与试验发生器或连接盘中的一个相连接。

加强绝缘的试验电压应为基本绝缘试验电压的 2 倍。

5.8.5 局部放电熄灭电压

局部放电试验仅适用于 2 型保护。局部放电熄灭电压和试验方法在第 1 部分中的 4.1.2.4 中规定。局部放电试验电压为 700 V 峰值或工作电压的峰值乘以第 1 部分 4.1.2.4 中的相关因数,两者取较高值。如果组件使用在 3 级或 4 级污染等级下,局部放电熄灭电压的测量应以将导电层放置在保护层的表面的方式进行。

当放电量不超过 5 pC,可以认为已经达到局部放电熄灭电压。

5.9 附加试验

各相关产品标准可规定一个或多个附加试验。

5.9.1 抗焊热性

试验按照 IEC 60326-2:1990 中的 9.2.3 中试验 19c 进行。

焊接时间应为 20 s。试验后,试验样品应根据 5.6 进行验证。

5.9.2 可燃性

可燃性试验应按照 IEC 60326-2:1990 的 8.4.2 中试验 16b 进行。温度由各相关的产品标准规定。

试验分别在被保护组件和未被保护的组件上进行。试验结果不应受到保护层的不利影响。

5.9.3 抗溶性

试验应按照 IEC 60326-2:1990 的 8.5 中试验 17a 进行。

如果各相关产品标准没有其他特殊规定,溶液应为二氯甲(二氯甲烷)。

试验后,将溶液清除,试验样品应根据 5.6 进行验证。

附 录 A
（规范性附录）
试 验 程 序

以下的流程表列出了第5章中试验的顺序。试验中的任何样品不应出现故障。

5.4	15℃～35℃ 45%～75%相对湿度	按照制造厂正常焊接程序进行，包括清洁、保护、焊接等步骤
5.5		刮擦耐受试验
5.6		外观检查

6个样品

5.7	试验样品的预处理		
5.7.1	−10℃ −25℃ −40℃ −65℃	96 h	低温
5.7.2	表2中的温度	1000 h	干热
5.7.3	−10℃/+125℃ −25℃/+125℃ −40℃/+125℃ −65℃/+125℃	5个循环周期	温度快速变化 0.5h/30s/0.5h
5.7.4.1	40℃/93%相对湿度直流100 V	96 h	极化电压下的湿热稳定处理

5.7.4.2 6个样品

与电迁移相关的预处理		
40℃/93%相对湿度直流100 V	10 d或 21 d或 56 d	极化电压下的湿热稳定处理

每个试验1个样品

5.9	附加试验	
5.9.1	抗焊热性	IEC 60326-2：1990的9.2.3 t=20 s
5.9.2	可燃性	IEC 60326-2：1990的8.4.2中试验16b
5.9.3	抗溶性	IEC 60326-2：1990的8.5，用二氯甲

5.8	预处理和电迁移后的机械和电气试验		
5.8.2	15℃～35℃ 45%～75% 相对湿度	—	涂层粘合性 （压敏带试验）
5.6		—	外观检查
	40℃/93% 相对湿度	48 h	潮湿试验
5.8.3		—	绝缘电阻≥100 MΩ
5.8.4		—	交流耐受电压
5.8.5		—	局部放电熄灭电压 （仅适用于2型保护）

附　录　B
(规范性附录)
各相关产品标准确定的内容

当参考本部分时，要求各相关产品标准确定适用于试验的严酷水平，同时可以改变一些试验条件。

B.1　应由相关产品标准确定的内容

各相关产品标准应规定以下严酷水平：

5.7.1	低温	温度严酷水平
5.7.3	温度快速变化	严酷等级
5.9.2	可燃性	试验温度(如果试验要求)

B.2　可选试验条件

以下试验条件可以有以下变化：

5	试验	样品的数量 规定常规试验
5.7	试验样品的预处理	参数的修改
5.7.3	温度快速变化	循环周期的次数
5.7.4.2	与电迁移有关的附加预处理	湿热试验的持续时间
5.8.2	涂层的粘合性	规定拉力
5.8.3	导体间的绝缘电阻	绝缘电阻的最小值
5.9	附加试验	规定必需的附加试验
5.9.3	抗溶性	规定溶液

附 录 C
（规范性附录）
用于涂层试验的印制线路板

本附录中的印制线路板适用于按照本部分进行试验的涂层验证。

C.1 印制线路板的规定

为将最不利的情况考虑在内，应考虑以下指标，从而可以提供一个标准的试验样品：

——基材；

——涂层材料；

——导体材料；

——材料的互相粘合；

——涂层材料的厚度；

——导体的厚度、宽度和形状；

——与导电图形（例如：连接盘）相关的涂层形式（如余隙孔的尺寸和形状）；

——电场结构。

标准试验样品应与实际生产中的电路板具有相同的材料和相同的处理程序。例如：标准试验样品应承受与用于特殊用途的印制板相同的所有处理程序（如清洁和焊接）。

图 C.1 所示的标准试验样品尺寸允许导体间的间距不超过 0.5 mm，导体宽度不超过 2 mm。对于较大的导体间距和导体宽度，可以使用大于图 C.1 所示的印制板。

标准试验样品应具有如图 C.1 和图 C.2 所示的结构。

C.2 导体的布置

10 对平行导体，每根导体长为 100 mm，分别接在印制板两侧的印制插头上，如图 C.1 的 C 部分所示：

——前 5 对导体的间距等于实际产品中的最小间距。这些导体如图 C.1 的 A 部分所示；

——其它 5 对导体的间距等于实际产品中最大电应力发生处的间距。这些导体如图 C.1 的 B 部分所示。

连接在印制板左侧（X 侧）导体具有相同的宽度。该宽度等于实际产品中所用的最小宽度。

连接在印制板右侧（Y 侧）、位于 A 部分导体的宽度分 5 步从最小逐渐增至最大。B 部分重复该结构。

对于涂层的粘合性，导体宽度是一个很重要的参数。因此，中间的宽度应尽可能地代表实际产品的宽度。

对应于印制插头的导体端应做以下处理：

——对于宽度小于 1 mm 的导体，扩大为直径为 1 mm 的端子；

——对于宽度等于或大于 1 mm 的导体，端子制成为半圆形。

相邻导体对间的间距至少为一对导体间距的 5 倍。

印制板对应于图 C.1 中 C 部分被涂层覆盖，印制插头除外。

C.3 连接盘的布置

84 个连接盘分为 6 组，每组包含 2 行连接盘，每行 7 个，如图 C.1 中的 L 部分所示。连接盘的三边被导体包围，如图 C.2 所示。

三组连接盘和导体间的间距等于实际产品的最小间距，如图 C.1 中的 M 部分所示。

其他三组连接盘和导体间的间距等于实际产品中最大电应力发生处的间距，如图 C.1 中的 N 部分所示。

连接盘的尺寸以及导体的尺寸和布置应与实际产品相符。不同连接盘和导体的布置见图 C.2。

每组连接盘应连接在一起，并连接至印制板右侧的印制插头（Y 侧）。每组导体应连接在一起，并连接至印制板左侧的印制插头（X 侧）。

印制板对应于图 C.1 中 L 部分被涂层覆盖，印制插头除外。此外，如果实际产品中连接盘没有被涂层覆盖，则样品也无须被覆盖。

C.4 试验的连接

5.8.3、5.8.4 和 5.8.5 规定的测量在印制插头 X 和相应的印制插头 Y 间进行。

对于 5.7.4.1 和 5.7.4.2，Y 侧的印制插头通过短路连接器连接在一起。试验电压加在 X 侧的公共极印制插头和另一侧连接在一起的印制插头之间。

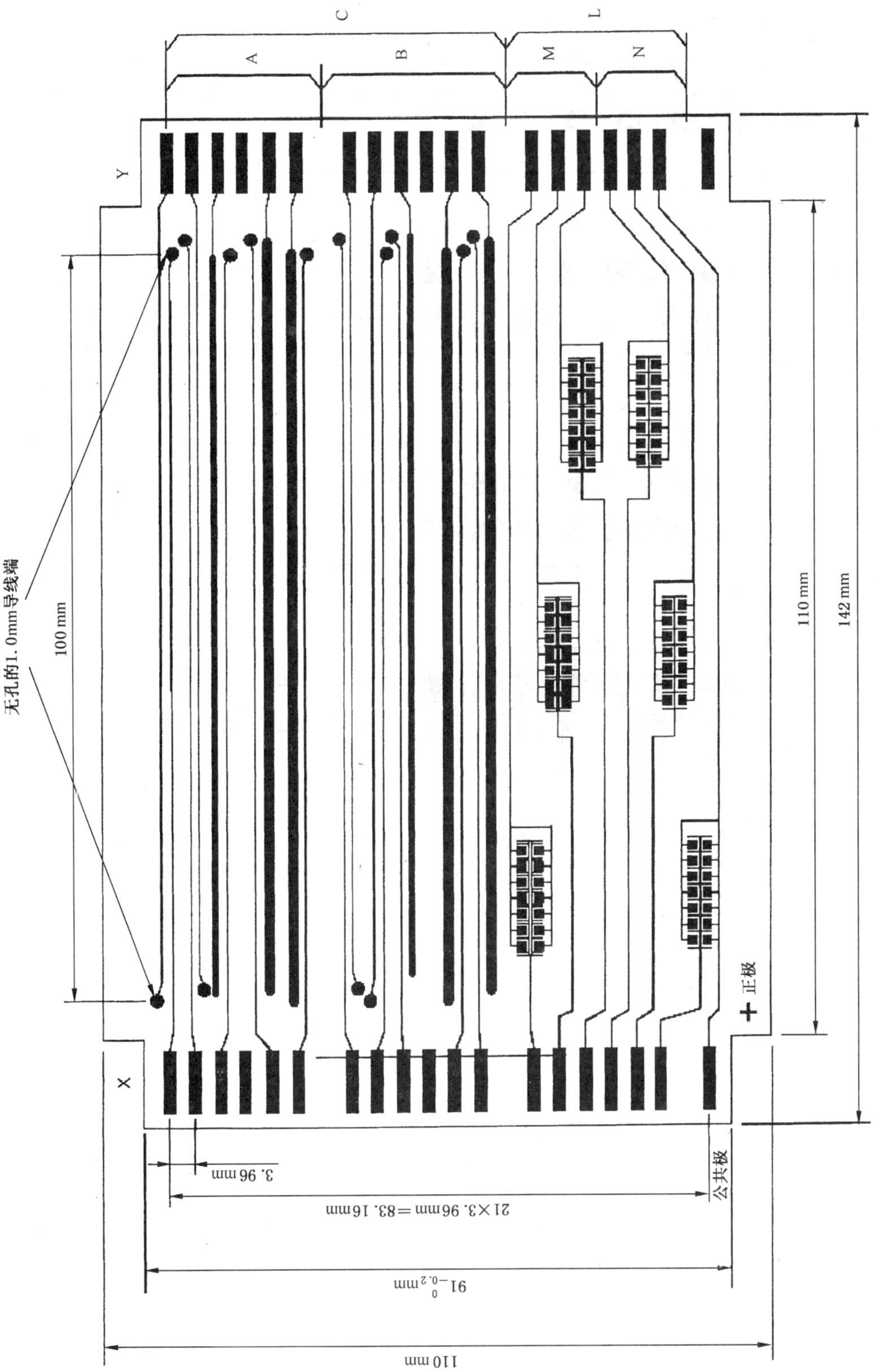
C
L
A
B
M
N
Y
X
无孔的1.0mm导线端
100 mm
110 mm
142 mm
正极
公共极
3.96 mm
21×3.96mm=83.16mm
$91_{-0.2}^{0}$mm
110 mm

图 C.1 试验样品的结构

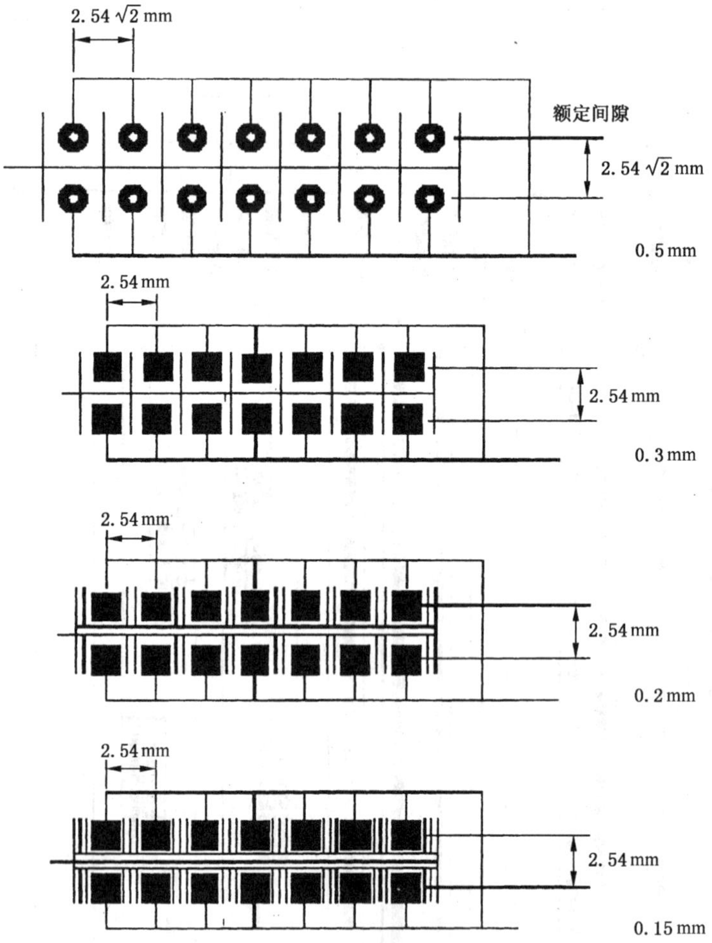

图 C.2 连接盘和相邻导体的结构

参 考 文 献

IEC 60194:1999 印制板设计、制造和组装——术语和定义

ICS 25.040.30
J 28

中华人民共和国国家标准

GB/T 16977—2005/ISO 9787:1999
代替 GB/T 16977—1997

工业机器人 坐标系和运动命名原则

Industrial robots—Coordinate systems and motion nomenclatures

(ISO 9787:1999, Manipulating industrial robots—Coordinate systems and motion nomenclatures, IDT)

2005-07-29 发布

2006-02-01 实施

中华人民共和国国家质量监督检验检疫总局
中国国家标准化管理委员会 发布

前　言

本标准等同采用 ISO 9787:1999《操作型工业机器人　坐标系和运动命名原则》(英文版)。

本标准等同翻译 ISO 9787:1999。

为便于使用,本标准做了以下编辑性修改:

a)　为了与现有的系列标准一致,标准名称改为"工业机器人　坐标系和运动命名原则";

b)　用"本标准"代替"本国际标准";

c)　删除了"ISO 9787:1999"的前言;

d)　本标准将引用标准更改为本国标准。

本标准自实施之日起代替 GB/T 16977—1997。

本标准是对 GB/T 16977—1997 的修订,与 GB/T 16977—1997 版相比,删除了原第七章"关节坐标系"。

本标准的附录 A 为资料性附录。

本标准由中国机械工业联合会提出。

本标准由全国工业自动化系统与集成标准化技术委员会归口。

本标准由北京机械工业自动化研究所起草。

本标准起草人:胡景谬、郝淑芬、许瑝等。

本标准所代替标准的历次版本发布情况为:

GB/T 16977—1997。

引　言

本标准是工业机器人的系列标准之一。与之相关的标准有：安全、通用特性、坐标系、性能规范及其试验方法、术语和机器人编程等。这些标准之间是相互关联的，且和其他的标准有关。

本标准的附录A（资料性的）提供了各种机械结构类型机器人的应用示例。

工业机器人 坐标系和运动命名原则

1 范围

本标准定义和规范了机器人坐标系。亦给出了机器人基本运动的符号表示法的命名原则。以便于对机器人进行校准、测试和编程。

本标准适用于GB/T 12643—1997中定义的所有操作型工业机器人。

在不发生混淆的情况下，可以使用除在本标准中规定外的命名原则或下标。

2 规范性引用文件

下列文件中的条款通过本标准的引用而成为本标准的条款。凡是注日期的引用文件，其随后所有的修改单(不包括勘误的内容)或修订版均不适用于本标准，然而，鼓励根据本标准达成协议的各方研究是否可使用这些文件的最新版本。凡是不注日期的引用文件，其最新版本适用于本标准。

GB/T 12642—2001 工业机器人 性能规范及其试验方法(eqv ISO 9283:1998)

GB/T 12643—1997 工业机器人 词汇(eqv ISO 8373:1994)

GB/T 12644—2001 工业机器人 特性表示(eqv ISO 9946:1999)

GB/T 19400—2003 工业机器人 抓握型夹持器物体搬运 词汇和特性表示(ISO 14539:2000, IDT)

3 术语和定义

GB/T 12643—1997确立的术语和定义适用于本标准。

4 坐标系和旋转运动的定义

本标准中所描述的全部坐标系由正交的右手定则来确定(见图1)。

图1 右手坐标系

围绕平行于 X、Y 和 Z 轴线转动时的定义分别为 A、B 和 C。

A、B、C 的正向分别以 X、Y、Z 的正向且以右手螺旋前进的方向为正方向(见图2)。

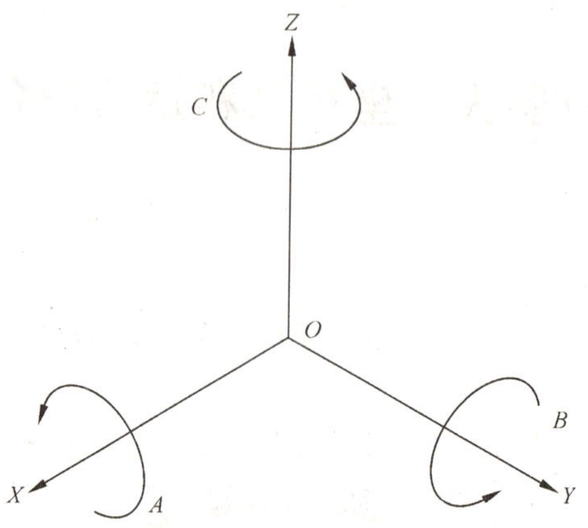

图 2 转动

本标准所描述的 4 种坐标系是绝对坐标系、机座坐标系、机械接口坐标系和工具坐标系。图 3 表示了在本标准中所描述的绝对坐标系、机座坐标系和机械接口坐标系。

虽然本标准定义了 4 种坐标系，其他种类的坐标系也可以被定义。

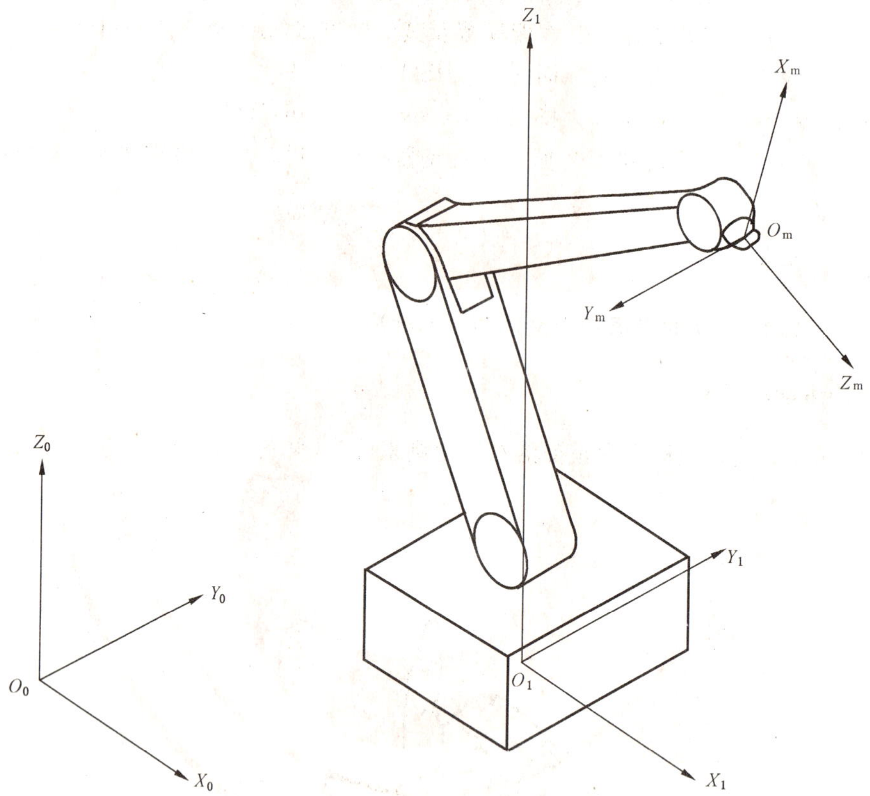

图 3 坐标系示例

5 绝对坐标系

绝对坐标系是与机器人的运动无关，以地球为参照系的固定坐标系。

5.1 符号

$O_0-X_0-Y_0-Z_0$

5.2 原点 O_0

绝对坐标系的原点 O_0 是由用户根据需要来确定。

5.3　$+Z_0$ 轴

$+Z_0$ 轴与重力加速度的矢量共线，但其方向相反。

5.4　$+X_0$ 轴

$+X_0$ 轴是根据用户的使用要求来确定。

6　机座坐标系

机座坐标系是以机器人机座安装平面为参照系的坐标系。

6.1　符号

$O_1-X_1-Y_1-Z_1$

6.2　原点 O_1

机座坐标系的原点由机器人制造厂规定。

6.3　$+Z_1$ 轴

$+Z_1$ 轴是垂直于机器人机座安装面，指向机器人机体。

6.4　X_1 轴

X_1 轴的方向是由原点、指向机器人工作空间中心点 C_W（见 GB/T 12644—2001）在机座安装面上的投影（见图 4）。当由于机器人的构造不能实现此约定时，X_1 轴的方向可由制造厂规定。

注：附录 A 中列举了机座坐标系和机械接口坐标系的应用示例。

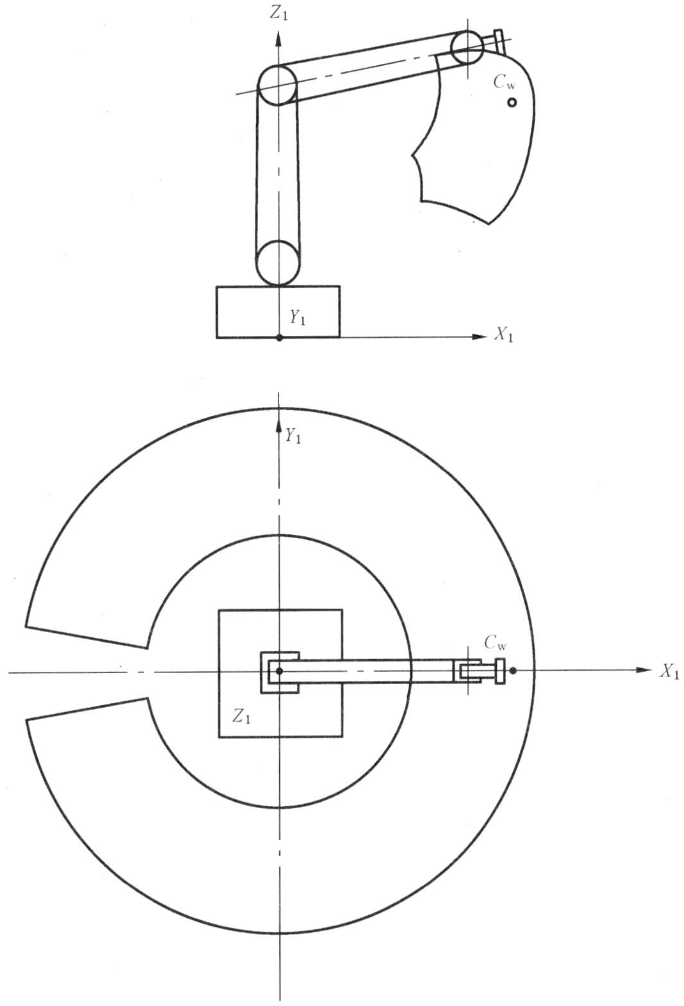

图 4　机器人工作空间示例

7 机械接口坐标系

机械接口坐标系是以机械接口为参照系的坐标系。

7.1 符号

$O_m - X_m - Y_m - Z_m$

7.2 原点 O_m

机械接口坐标系的原点 O_m 是机械接口的中心。

7.3 $+Z_m$ 轴

$+Z_m$ 轴的方向，垂直于机械接口中心，并由此指向末端执行器。

7.4 $+X_m$ 轴

$+X_m$ 轴是由机械接口平面和 X_1、Z_1 平面（或平行于 X_1、Z_1 的平面）的交线来定义的，同时机器人的主、副关节轴处于运动范围的中间位置。当机器人的构造不能实现此约定时，应由制造厂规定主关节轴的位置。$+X_m$ 轴的指向是远离 Z_1 轴。

注：附录 A 中给出了机座坐标系和机械接口坐标系应用示例。

8 工具坐标系

工具坐标系是以安装在机械接口上的末端执行器为参照系的坐标系。

8.1 符号

$O_t - X_t - Y_t - Z_t$

8.2 原点 O_t

原点 O_t 是工具中心点（TCP），见图 5。

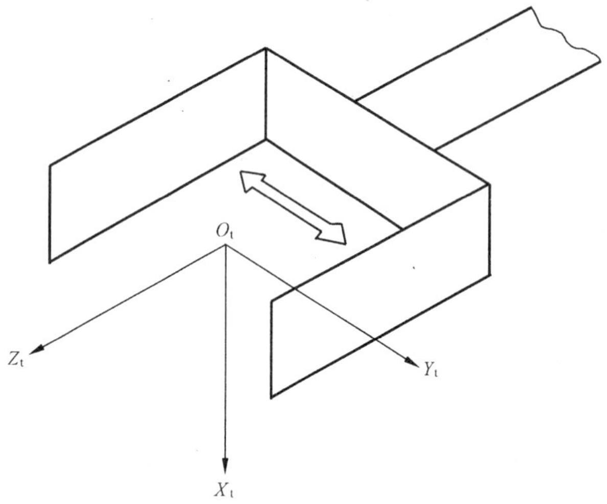

图 5　工具坐标系示例

8.3 $+Z_t$ 轴

$+Z_t$ 轴与工具有关，通常是工具的指向。

8.4 $+Y_t$ 轴

在平板式夹爪型夹持器夹持时（见 GB/T 19400—2003），$+Y_t$ 是在手指运动平面的方向。

9 机器人运动

9.1 移动

末端执行器的移动是以机座坐标系作参照而确定的。其方向指定如下：

$+X$ 或 $-X$ 是沿着或平行于 X_1 轴；

$+Y$ 或 $-Y$ 是沿着或平行于 Y_1 轴；

$+Z$ 或 $-Z$ 是沿着或平行于 Z_1 轴；

9.2 转动

A、B、C 分别被定义为围绕平行于坐标轴 X、Y 和 Z 轴(在第 4 章中所确定的)的独立转动。

一般转动是由独立转动的组合来表达的。

10 机器人轴的命名原则

若这些轴由数字来定义，则轴 1 应是紧靠机座安装表面的第 1 个运动轴，轴 2 是第 2 个运动轴以此类推，而轴 m 则是安装在机械接口上的运动轴。

注：附录 A 表示了机器人各轴的命名示例。

附 录 A
（资料性附录）
各种机械结构类型机器人的应用示例

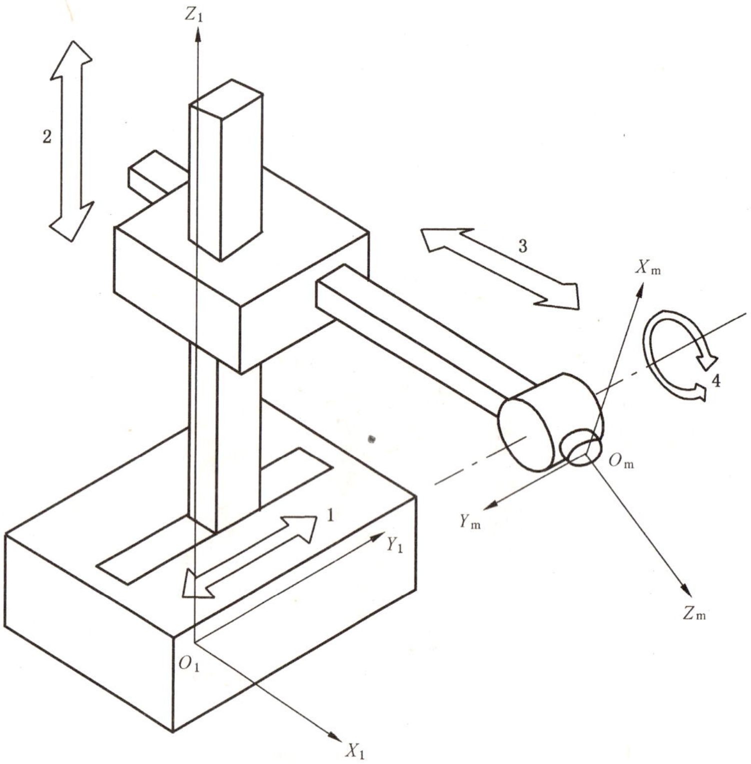

图 A.1 直角坐标机器人

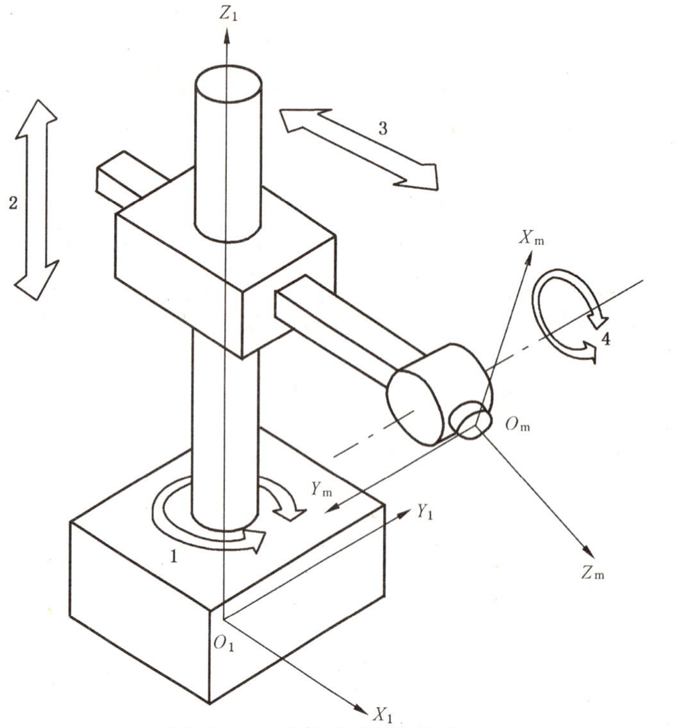

图 A.2 圆柱坐标机器人

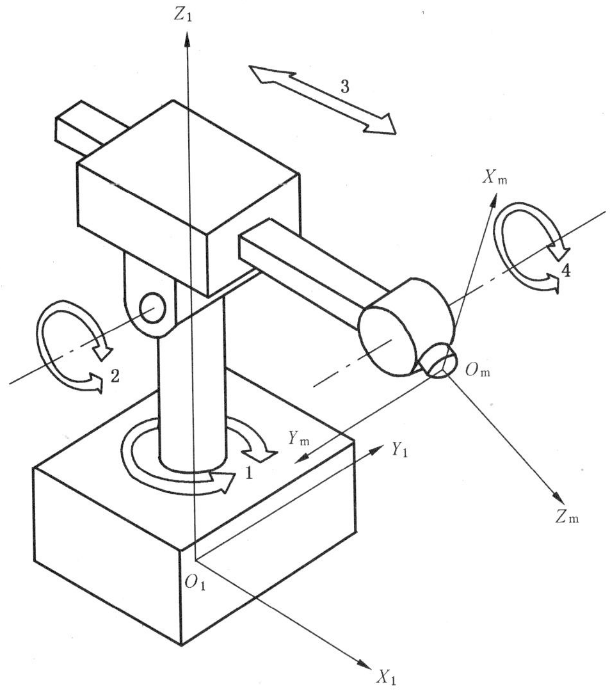

图 A.3 极坐标机器人

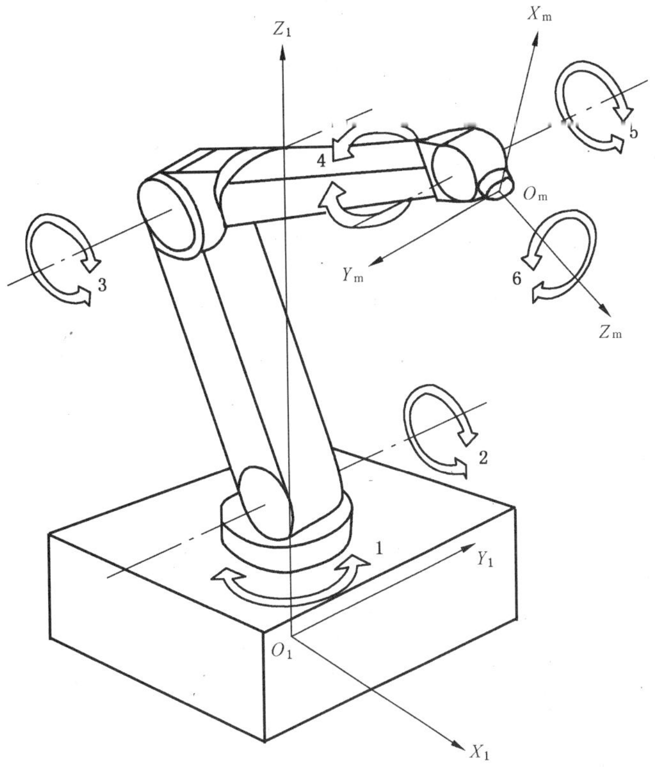

图 A.4 关节坐标机器人

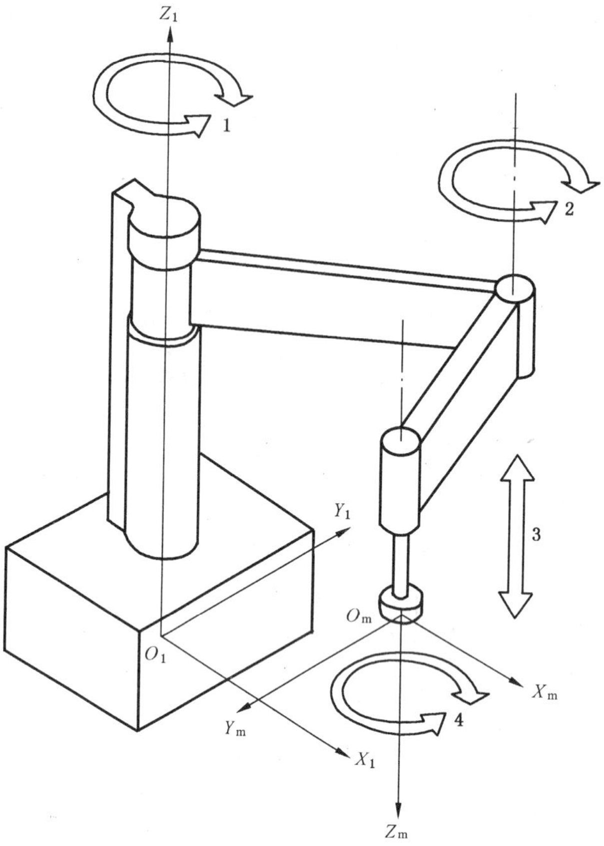

图 A.5 SCARA 机器人

ICS 27.160
F 12

中华人民共和国国家标准

GB/T 17049—2005
代替 GB/T 17049—1997

全玻璃真空太阳集热管

All-glass evacuated solar collector tubes

2005-05-25 发布　　　　2005-11-01 实施

中华人民共和国国家质量监督检验检疫总局
中国国家标准化管理委员会　发布

前　言

本标准代替GB/T 17049—1997《全玻璃真空太阳集热管》。

本标准与GB/T 17049—1997相比主要技术内容变化为：

——提高了全玻璃真空太阳集热管及其材料的光-热性能指标(本版第5章)；

——增加了罩玻璃管直径为58 mm的全玻璃真空太阳集热管的技术规定(本版第4、5章)；

——增加了全玻璃真空太阳集热管的真空品质检测(本版6.5.2)；

——增加了采用钢球进行机械冲击试验(本版6.8)。

本标准附录A、附录B、附录C、附录D为规范性附录。

本标准由中华人民共和国科学技术部、全国能源基础与管理标准化技术委员会提出。

本标准由全国能源基础与管理标准化技术委员会新能源和可再生能源分技术委员会归口。

本标准由清华大学、中国标准化研究院负责起草。北京玻璃仪器厂、北京清华阳光能源开发有限责任公司、山东皇明太阳能有限公司、山东力诺新材料有限公司、北京天普太阳能工业有限公司、江苏省华扬太阳能有限公司、浙江美大太阳能工业有限公司、北京北方阳光太阳能设备有限公司参加起草。

本标准主要起草人：殷志强、薛祖庆、贾铁鹰、沈长治、严锡元、陈革、刘希杰、朱宁、黄永伟、徐建龙、马卫国。

本标准于1997年11月首次发布。

全玻璃真空太阳集热管

1 范围

本标准规定了全玻璃真空太阳集热管产品的定义、分类、技术要求、检测方法、检验规则以及标志、包装、运输和贮存。

本标准适用于接收太阳辐射并转换成热能的全玻璃真空太阳集热管。

2 规范性引用文件

下列文件中的条款通过本标准的引用而成为本标准的条款。凡是注日期的引用文件，其随后所有的修改单(不包括勘误的内容)或修订版均不适用于本标准，然而，鼓励根据本标准达成协议的各方研究是否可使用这些文件的最新版本。凡是不注日期的引用文件，其最新版本适用于本标准。

GB/T 191 包装储运图示标志(eqv ISO 780)

GB/T 308 滚动轴承 钢球(ISO 3290,NEQ)

GB 3100 国际单位制及其应用(eqv ISO 1000)

GB/T 9505 蒸散型钡吸气剂

GB/T 12936.1 太阳能热利用术语 第一部分

GB/T 12936.2 太阳能热利用术语 第二部分

GB/T 13384 机电产品包装通用技术条件

QB/T 2436 全玻璃真空太阳集热管用玻璃管

JJG 1032 光学辐射计量名词及定义

ISO 3585:1998 硼硅玻璃 3.3 性能

ISO 4803:1978 实验室玻璃制品 硼硅玻璃管

ISO 9806-1:1994 太阳集热器检测方法 第一部分:带压差的有玻璃盖液体集热器的热性能

ISO 9488:1999 太阳能术语

3 术语和定义

GB 3100、GB/T 12936.1、GB/T 12936.2、JJG 1032 和 ISO 9488:1999 确立的以及下列术语和定义适用于本标准。

3.1

玻璃管节瘤 knot of glass tube

玻璃体内存在与玻璃主体成分有差异的玻璃体。

3.2

玻璃管结石 stone of glass tube

玻璃体内含有的固态夹杂物。

3.3

太阳选择性吸收涂层(表面) solar selective absorbing coating (surface)

具有高的太阳吸收比和低的发射比的涂层。

3.4

全玻璃真空太阳集热管吸热体 absorber of all-glass evacuated solar collector tube

外表面具有太阳选择性吸收涂层的内玻璃管，吸收太阳辐射转换成热能。

3.5

全玻璃真空太阳集热管内的真空夹层　vacuum jacket in all-glass evacuated solar collector tube

全玻璃真空太阳集热管的罩玻璃管与内玻璃管间处于低气压时的夹层，当夹层内气体压强足够低，气体的导热可以忽略。

3.6

蒸散型吸气剂　flash getter

使用时需采用蒸散工艺，靠吸气材料在蒸散过程中和沉淀成膜后所具有的吸气作用而工作的吸气剂。

3.7

全玻璃真空太阳集热管的空晒温度　stagnation temperature of an all-glass evacuated solar collector tube

全玻璃真空太阳集热管内只有空气，于规定的太阳辐照下，在准稳态时，全玻璃真空太阳集热管内空气达到的最高温度。

3.8

全玻璃真空太阳集热管的空晒性能参数　stagnation parameter of an all-glass evacuated solar collector tube

空晒温度与环境温度之差与太阳辐照度的比值。

3.9

全玻璃真空太阳集热管的闷晒太阳辐照量　solar irradiation for obtaining a preset water temperature rise in an all-glass evacuated solar collector tube under stagnation

充满全玻璃真空太阳集热管的水的温度升高一定温度范围所需的太阳辐照量。

3.10

全玻璃真空太阳集热管平均热损系数　average heat loss coefficient of an all-glass evacuated solar collector tube

在无太阳辐照的条件下，全玻璃真空太阳集热管充满的热水平均温度与平均环境温度每相差1℃时，经吸热体单位表面积散失的热流量。

3.11

真空品质　vacuum quality

全玻璃真空集热管内加热后，集热管内吸气镜面轴向长度消失率表示全玻璃真空集热管内的真空性能。

3.12

漫反射平板　diffuse flat plate reflector

以漫反射为主的平板，安装在与全玻璃真空太阳集热管相隔一定距离的下部，用来增加全玻璃真空太阳集热管采集的太阳辐射。

4　产品分类

4.1　产品

4.1.1　产品结构

全玻璃真空太阳集热管由具有太阳选择性吸收涂层的内玻璃管和同轴的罩玻璃管构成，内玻璃管一端为封闭的圆顶形状，由罩玻璃管封离端内带吸气剂的支承件支承；另一端与罩玻璃管另一端熔封成为环状的开口端。其结构及组成部件的名称见图1。

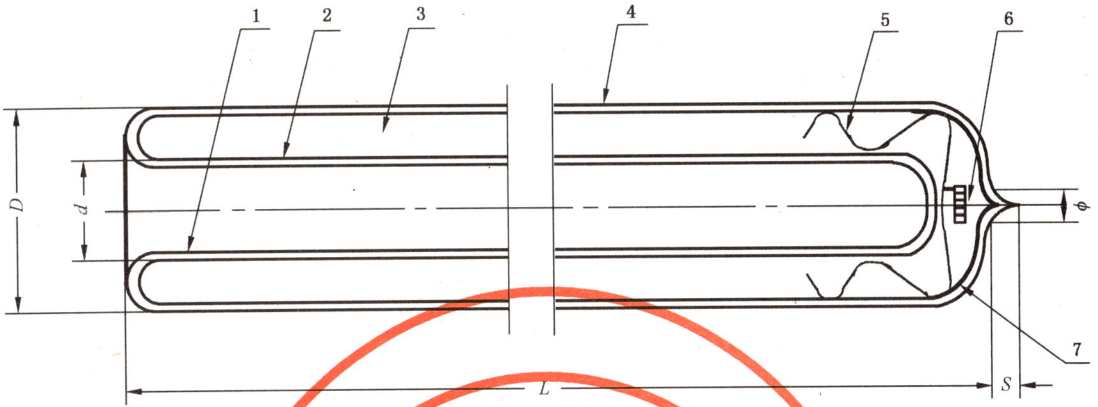

1——内玻璃管；

2——太阳选择性吸收涂层；

3——真空夹层；

4——罩玻璃管；

5——支承件；

6——吸气剂；

7——吸气镜面。

图 1　全玻璃真空太阳集热管结构及组成部件

4.1.2　结构尺寸

全玻璃真空太阳集热管的结构尺寸按表 1 选取。

表 1　全玻璃真空太阳集热管的结构尺寸

单位为毫米

内玻璃管外径 d	罩玻璃管外径 D	长度 L	封离部分长度 S
37	47	1 200,1 500,1 800	≤15
47	58	1 500,1 800,2 100	≤15

4.2　产品命名

4.2.1　命名内容

全玻璃真空太阳集热管产品命名由如下的五部分组成：

第一部分　第二部分　第三部分　第四部分　第五部分

- 第五部分：表示全玻璃真空太阳集热管型号
- 第四部分：表示全玻璃真空太阳集热管长度
- 第三部分：表示全玻璃真空太阳集热管内玻璃管外径／罩玻璃管外径
- 第二部分：表示太阳选择性吸收涂层材料
- 第一部分：表示全玻璃真空太阳集热管

4.2.2　命名标记

第一部分用汉语拼音字母 QB 表示全玻璃真空太阳集热管。

第二部分用化学元素符号或英文字母表示太阳选择性吸收涂层材料，常用太阳选择性吸收涂层及其表示方法见附录 D。

第三部分用阿拉伯数字表示全玻璃真空太阳集热管内玻璃管外径/罩玻璃管外径，以 mm 为单位。

第四部分用阿拉伯数字表示全玻璃真空太阳集热管长度 L，以 mm 为单位。

第五部分用阿拉伯数字表示全玻璃真空太阳集热管改进型号。

在相邻部分之间用一字线"—"隔开。

4.2.3　命名示例

采用以铝为底层、多层铝-氮复合材料为吸收层的太阳选择性吸收涂层，内玻璃管外径 37 mm、罩玻璃管外径 47 mm 和长度为 1 200 mm 的普通型全玻璃真空太阳集热管的标记为：

QB— Al-N/Al— 37/ 47— 1 200—1

- 1——普通型
- 1 200——长度 L 为 1 200 mm
- 47——罩玻璃管外径 D 为 47 mm
- 37——内玻璃管外径 d 为 37 mm
- Al-N/Al——多层 Al-N/Al 太阳选择性吸收涂层
- QB——全玻璃真空太阳集热管

5　技术要求

5.1　材料

5.1.1　玻璃管材料应采用硼硅玻璃 3.3。

5.1.1.1　其理化性能应符合 ISO 3585:1998(见附录 B)与 QB/T 2436 的要求，以及玻璃管太阳透射比 $\tau \geqslant 0.89$(大气质量 1.5，即 AM1.5，按 ISO 9806-1:1994 计算)。

5.1.1.2　玻璃管上不大于 1 mm 的结石不得密集，即 10 mm×10 mm 范围内不得多于一个，整支管子上不得多于五个，结石周围不得有裂纹，大于 1 mm 的结石不允许存在。

5.1.1.3　玻璃管上不大于 1.5 mm 的节瘤不得密集，即 10 mm×10 mm 范围内不得多于两个；整支管子上，不大于 2.5 mm 的节瘤不得多于五个，大于 2.5 mm 的节瘤不允许存在。

5.1.2　太阳选择性吸收涂层的太阳吸收比 $\alpha \geqslant 0.86$(AM1.5)。

5.1.3　太阳选择性吸收涂层的半球发射比 $\varepsilon_h \leqslant 0.080$(80℃±5℃)。

5.1.4　吸气剂应符合 GB/T 9505 的规定。

5.2　空晒性能参数

太阳辐照度 $G \geqslant 800$ W/m²，环境温度 8℃$\leqslant t_a \leqslant$30℃，全玻璃真空太阳集热管以空气为传热工质，空晒温度 t_s，空晒性能参数 $Y=(t_s-t_a)/G$，$Y \geqslant 190$ m²℃/kW。

5.3　闷晒太阳辐照量

5.3.1　罩玻璃管外径为 47 mm，太阳辐照度 $G \geqslant 800$ W/m²，环境温度 8℃$\leqslant t_a \leqslant$30℃，全玻璃真空太阳集热管以水为传热工质，初始温度不低于环境温度，闷晒至水温升高 35℃所需的太阳辐照量 $H \leqslant 3.7$ MJ/m²。

5.3.2　罩玻璃管外径为 58 mm，太阳辐照度 $G \geqslant 800$ W/m²，环境温度 8℃$\leqslant t_a \leqslant$30℃，全玻璃真空太阳集热管以水为传热工质，初始温度不低于环境温度，闷晒至水温升高 35℃所需的太阳辐照量 $H \leqslant 4.7$ MJ/m²。

5.4　平均热损系数

全玻璃真空太阳集热管的平均热损系数 $U_{LT} \leqslant 0.85$ W/(m²·℃)。

5.5　真空性能

5.5.1　全玻璃真空太阳集热管真空夹层内的气体压强 $p \leqslant 5.0 \times 10^{-2}$ Pa。

5.5.2　**真空品质**

全玻璃真空太阳集热管的内玻璃管于 350℃下，保持 48 h，吸气镜面轴向长度消失率不大于 50%。

5.6 耐热冲击

全玻璃真空太阳集热管应能承受不高于0℃的冰水混合体与不低于90℃热水交替反复冲击三次而不损坏。

5.7 耐压

全玻璃真空太阳集热管内应能承受0.6 MPa的压强。

5.8 抗机械冲击

钢球试验：全玻璃真空太阳集热管应能承受直径为30 mm的钢球，于高度450 mm处自由落下，垂直撞击集热管中部而无损坏。

5.9 外观与尺寸

5.9.1 全玻璃真空太阳集热管罩玻璃管表面轻微划伤累计长度不大于管长的1/3。

5.9.2 全玻璃真空太阳集热管的选择性吸收涂层不得有污渍、起皮或脱落。

5.9.3 距离全玻璃真空太阳集热管开口端的选择性吸收涂层颜色明显变浅区应不大于50 mm。

5.9.4 支承内玻璃管自由端或其他部位的支承件应不得明显变色，放置端正，不松动。

5.9.5 全玻璃真空太阳集热管开口端内、罩管过渡圆滑，无黏连，无玻璃堆积，端面和内、罩管表面应平整，厚度均匀，无喇叭状和明显变形。

5.9.6 全玻璃真空太阳集热管的长度是从环状开口端至另一端玻璃管直径ϕ15 mm处的距离，其长度允差应不大于长度标称尺寸L的±0.5%。罩玻璃管直径允差应符合ISO 4803:1978的要求。

5.9.7 全玻璃真空太阳集热管的弯曲度不大于0.2%。

5.9.8 全玻璃真空太阳集热管开口端正距端口10 mm～30 mm处玻璃管的横断面呈圆管形，罩玻璃管的径向最大尺寸与最小尺寸之比不大于1.02。

5.9.9 排气管的封离部分长度$S \leqslant 15$ mm。

6 检测方法

6.1 材料检查

6.1.1 玻璃管的太阳透射比(AM1.5)是切割全玻璃真空太阳集热管罩玻璃管的样品，采用波长范围不小于0.3 μm～2.5 μm的分光光度计，使用积分球装置在入射光与呈凸、凹的玻璃样品两次测量的太阳透射比数据取平均值。

6.1.2 玻璃管上的结石按本标准的5.1.1.2要求，目测检查。

6.1.3 玻璃管上的节瘤按本标准的5.1.1.3要求，目测检查。

6.1.4 选择性吸收涂层的太阳吸收比(AM1.5)是在8°/d的几何条件下，对全玻璃真空太阳集热管的太阳选择性吸收涂层，使用具有积分球的分光光度计在波长范围0.3 μm～2.5 μm内分别测量离全玻璃真空太阳集热管开口端150 mm和集热管的管长1/2处的太阳选择性吸收涂层的反射比，再分别对AM1.5计算确定它们的太阳吸收比，取两处的平均值表示全玻璃真空太阳集热管内太阳选择性吸收涂层的太阳吸收比。

6.1.5 将全玻璃真空太阳集热管成品管置于密封的水冷套内，内管中插入由中心主加热器与两侧补偿加热器组成的加热棒，配置相应的加热装置和测温系统，构成了半球发射比测量装置。在准稳态下，直接测定全玻璃真空太阳集热管吸热体的选择性吸收涂层在温度为80℃±5℃时的半球发射比。

6.2 空晒性能参数测定

6.2.1 测试条件：在室外进行测量，总日射表放置的平面应与漫反射平板平行，太阳辐照度$G \geqslant 800$ W/m^2，环境温度8℃$\leqslant t_a \leqslant$30℃，风速$\leqslant$4 m/s。

6.2.2 测试装置：全玻璃真空太阳集热管南北向平行放置三支，中间为被测全玻璃真空太阳集热管，两旁为测试陪管，其中心间距为内管直径的2倍，其中心与漫反射平板的间距为70 mm。漫反射平板为漫反射比不小于0.60的轧花铝平板。全玻璃真空太阳集热管内以空气为传热工质，测温点置于全玻璃真空太阳集热管中部，测温元件不应与玻璃管壁接触。全玻璃真空太阳集热管开口端放置保温帽，帽顶部有厚 50 mm 的聚氨酯硬泡沫，帽壁深度以遮住无太阳选择性吸收涂层的内玻璃管为限。按 ISO 9806-1:1994 的要求：太阳垂直直射，角度变化±2%；从水平面至全玻璃真空太阳集热管采光面的倾角，为当地纬度±5°，但不小于 30°。测试装置见图 2。

6.2.3 测试步骤：在太阳辐照度 $G \geqslant 800$ W/m²，并在 15 min 内太阳辐照度变化不大于±30 W/m² 的条件下，每隔 5 min 分别记录一次太阳辐照度、集热管内温度和环境温度，共记录四次。四次平均值为测试期间的太阳辐照度 G、全玻璃真空太阳集热管空晒温度 t_s 和环境温度 t_a。

6.2.4 测试仪表：总日射表，一级；

铂电阻温度计，误差应不大于±0.2℃；

水银温度计，误差应不大于±0.5℃；

风速仪，误差应不大于±0.5 m/s。

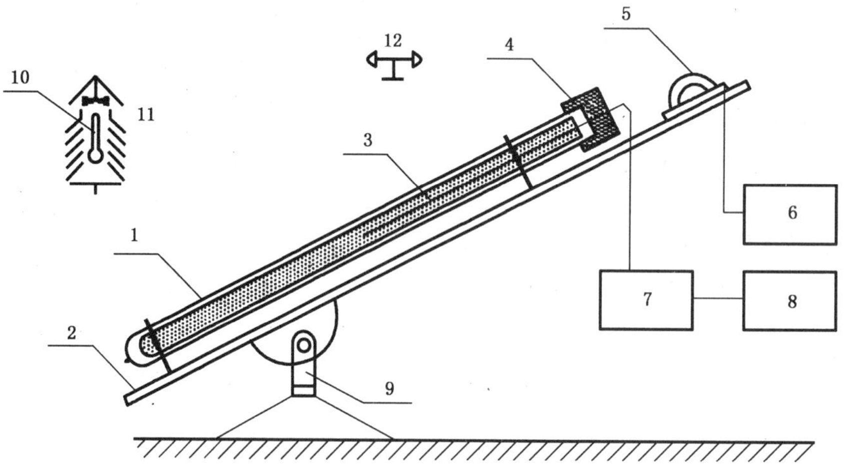

1——全玻璃真空太阳集热管；
2——漫反射平板；
3——铂电阻温度计；
4——保温帽；
5——总日射表；
6——辐射记录仪；
7——温度测试仪；
8——打印机；
9——测试支承架；
10——水银温度计；
11——百叶箱；
12——风速仪。

图 2 全玻璃真空太阳集热管热性能测试装置示意

6.2.5 按照公式(1)计算全玻璃真空太阳集热管的空晒性能参数 Y：

$$Y = \frac{t_s - t_a}{G} \qquad \cdots\cdots (1)$$

式中：

Y——空晒性能参数，单位为平方米摄氏度每千瓦(m²·℃/kW)；

t_s——空晒温度，单位为摄氏度(℃)；

t_a——平均环境温度，单位为摄氏度(℃)；

G——太阳辐照度，单位为千瓦每平方米(kW/m²)。

6.3 闷晒太阳辐照量测定

6.3.1 测试条件:与6.2.1相同。

6.3.2 测试装置:与6.2.2相同。全玻璃真空太阳集热管内以水为传热工质。

6.3.3 测试步骤:全玻璃真空太阳集热管内水的温度低于环境温度,在太阳辐照度 $G \geqslant 800\ W/m^2$ 的条件下,当水温等于环境温度时,记录全玻璃真空太阳集热管内水温升高35℃时所需的太阳辐照量 H。

6.4 平均热损系数测定

6.4.1 测试环境:本项测试应在室内无太阳光直射处,测试期间平均环境温度为 $21℃ \leqslant t_a \leqslant 25℃$ 和没有风直吹全玻璃真空太阳集热管的状况下进行。

6.4.2 测试条件

6.4.2.1 全玻璃真空太阳集热管垂直于水平面放置,开口端用与6.2.2相同的保温帽套住。

6.4.2.2 全玻璃真空太阳集热管内应自上而下布置三个测温点,对1 200 mm长的全玻璃真空太阳集热管,三个测温点分别距开口端200 mm,600 mm,1 000 mm。

6.4.2.3 对1 500 mm长的全玻璃真空太阳集热管,三个测温点分别距开口端250 mm,750 mm,1 250 mm。

6.4.2.4 对1 800 mm长的全玻璃真空太阳集热管,三个测温点分别距开口端300 mm,900 mm,1 500 mm。

6.4.2.5 对2 100 mm长的全玻璃真空太阳集热管,三个测温点分别距开口端350 mm,1 050 mm,1 750 mm。

6.4.3 测试步骤:先用90℃以上的热水注入全玻璃真空太阳集热管进行预热,2 min后,倒掉预热水,再注入90℃以上的热水,集热管在垂直状态下,管内水平面离管口为40 mm(对1 200 mm和1 500 mm长的集热管)或50 mm(对1 800 mm和2 100 mm长的集热管),自然降温至三点平均水温为80℃±0.2℃时第一次记录三个测温点的平均水温 t_1,再每隔30 min记录一次水温三个测温点的平均水温 t_2 和 t_3,共取三次数据;在相同的时刻分别记录三次环境温度数据 t_{a1},t_{a2},t_{a3}。

6.4.4 测试仪表:铂电阻温度计,误差应不大于±0.2℃;

水银温度计,误差应不大于±0.5℃。

6.4.5 按照公式(2)、(3)、(4)计算全玻璃真空太阳集热管的平均热损系数 U_{LT}:

$$U_{LT} = \frac{c_{pw} M (t_1 - t_3)}{A_A (t_m - t_a) \Delta\tau} \quad \cdots\cdots (2)$$

$$t_m = \frac{t_1 + t_2 + t_3}{3} \quad \cdots\cdots (3)$$

$$t_a = \frac{t_{a1} + t_{a2} + t_{a3}}{3} \quad \cdots\cdots (4)$$

式中:

U_{LT}——平均热损系数,单位为瓦每平方米摄氏度[W/(m²·℃)];

t_m——在测试时间内,全玻璃真空太阳集热管内水的平均温度,单位为摄氏度(℃);

t_a——平均环境温度,单位为摄氏度(℃);

$\Delta\tau$——从水温 t_1 到 t_3 总的测试时间,单位为秒(s);

M——全玻璃真空太阳集热管内水的质量,单位为千克(kg);

c_{pw}——水的比热容,单位为焦耳每千克摄氏度[J/(kg·℃)];

A_A——吸热体外表面积,单位为平方米(m²);

t_{a1}、t_{a2}、t_{a3}——在相同的时刻分别记录三次环境温度,单位为摄氏度(℃);

t_1、t_2、t_3——分别为三次时间的全玻璃真空太阳集热管内水的平均温度,单位为摄氏度(℃)。

下角标1、2和3分别表示在测试时间内的三次数据点。

6.4.5.1 罩玻璃管外径为 47 mm：

对 1 200 mm 长的全玻璃真空太阳集热管，吸热体外表面积 A_A 为 0.136 m^2；

对 1 500 mm 长的全玻璃真空太阳集热管，吸热体外表面积 A_A 为 0.171 m^2；

对 1 800 mm 长的全玻璃真空太阳集热管，吸热体外表面积 A_A 为 0.205 m^2。

6.4.5.2 罩玻璃管外径为 58 mm：

对 1 500 mm 长的全玻璃真空太阳集热管，吸热体外表面积 A_A 为 0.216 m^2；

对 1 800 mm 长的全玻璃真空太阳集热管，吸热体外表面积 A_A 为 0.260 m^2；

对 2 100 mm 长的全玻璃真空太阳集热管，吸热体外表面积 A_A 为 0.303 m^2。

6.5 真空性能试验

6.5.1 真空夹层内的气体压强试验

用火花检漏器在暗环境下探测全玻璃真空太阳集热管的无选择性吸收涂层开口端部分的真空夹层，根据放电颜色对真空状况作定性判断，在玻璃壁上呈现微弱荧光为合格品。出现辉光放电、火花穿透玻璃壁或火花发散而玻璃壁上无荧光均为不合格品。

6.5.2 真空品质试验

全玻璃真空太阳集热管内放置长度不小于集热管长 90% 的电热棒（单端出口，直径 ϕ20 mm，功率 1 500 W），加热棒外套铝翼后放入集热管内，铝翼两头包石棉布以免铝翼直接与集热管壁接触，集热管口用玻璃纤维作良好保温，将镍铬-镍硅型（K 型）热电偶置于集热管中部，并贴紧玻璃壁，使内玻璃管处于 350℃下，保持 48 h。从集热管封离端玻璃管直径 ϕ15 mm 处至吸气剂镜面边缘的距离，测量周向六等分处吸气镜面轴向长度，六点平均值表示为吸气剂镜面轴向长度，该长度消失率不大于 50% 为合格品。

6.6 耐热冲击性能试验

将全玻璃真空太阳集热管开口插入不高于 0℃ 的冰水混合体中，插入深度不小于 100 mm，停留 1 min后，立即从冰水混合体中取出并插入 90℃ 以上的热水，插入深度不小于 100 mm，停留 1 min 后，再立即取出并插入不高于 0℃ 的冰水混合体中，如此反复三遍，全玻璃真空太阳集热管应无损坏。

6.7 耐压强试验

将全玻璃真空太阳集热管内注满水后，将水压均匀增至 0.6 MPa 保持 1 min，全玻璃真空太阳集热管不应破损。

6.8 抗机械冲击试验

全玻璃真空太阳集热管水平固定安装在试验架上，由间距 500 mm 的两个带有厚 5 mm 聚氨酯衬垫的 V 型槽支撑，直径 30 mm 的钢球对准集热管中部与两支点中部，钢球底部至玻璃管撞击处 450 mm，自由落下，垂直撞击在集热管上，集热管不应破损。

6.9 外观与尺寸检查

6.9.1 按本标准 5.9.1 的要求，用测量与手感检查。

6.9.2 选择性吸收涂层外观按本标准 5.9.2 的要求，目测检查。

6.9.3 选择性吸收涂层的颜色变浅区按本标准 5.9.3 要求，用精度为 1 mm 的钢板尺测量，距离全玻璃真空太阳集热管开口端选择性吸收涂层的颜色明显变浅区不大于 50 mm。

6.9.4 全玻璃真空太阳集热管内的支承件按本标准 5.9.4 检查。

6.9.5 按本标准 5.9.5 的要求，用目测或手感检查。

6.9.6 按本标准 5.9.6 检查，全玻璃真空太阳集热管两端置于一个水平支架上，用精度为 1 mm 的钢卷尺测量开口端至玻璃管外径为 15 mm 间的长度。对 1 200 mm 长的全玻璃真空太阳集热管，其实际长度偏差不大于 ±6.0 mm；对 1 500 mm 长的全玻璃真空太阳集热管，其实际长度偏差不大于 ±7.5 mm；对 1 800 mm 长的全玻璃真空太阳集热管，其实际长度偏差不大于 ±9.0 mm；对 2 100 mm 长的全玻璃真空太阳集热管，其实际长度偏差不大于 ±10.0 mm。

6.9.7 按本标准 5.9.7 检查,全玻璃真空太阳集热管两端置于一个水平支架上,用百分表测量全玻璃真空太阳集热管中部最大径向与最小径向尺寸,其弯曲度不大于 0.2%。

6.9.8 按本标准 5.9.8 检查,用精度为 0.02 mm 的游标卡尺或专用工具,测量全玻璃真空太阳集热管距端口 10 mm~30 mm 处的罩玻璃管径向最大尺寸与最小尺寸,其比值应不大于 1.02。

6.9.9 按本标准 5.9.9 检查,用精度为 1 mm 的钢板尺测量,封离部分的长度 $S \leqslant 15$ mm。

7 检验规则

7.1 全玻璃真空太阳集热管检验分为出厂检验和型式检验。

7.2 出厂检验

7.2.1 全玻璃真空太阳集热管出厂前必须逐支进行出厂检验。

7.2.2 出厂检验包括以下内容:

7.2.2.1 按本标准 5.9.1 检验;

7.2.2.2 按本标准 5.9.2 检验;

7.2.2.3 按本标准 5.9.3 检验;

7.2.2.4 按本标准 5.9.4 检验;

7.2.2.5 按本标准 5.9.5 检验;

7.2.2.6 按本标准 5.9.6 检验;

7.2.2.7 按本标准 5.9.7 检验;

7.2.2.8 按本标准 5.9.8 检验;

7.2.2.9 按本标准 5.9.9 检验;

7.2.2.10 全玻璃真空太阳集热管存放 12 h 以后,按本标准 5.5.1 的要求检验。

7.3 型式检验

7.3.1 在正常情况下,每年应至少进行一次型式检验。

7.3.2 产品有下列情况之一时,应随时进行型式检验:

7.3.2.1 新产品试制定型时;

7.3.2.2 改变产品结构、材料、工艺而影响产品性能时;

7.3.2.3 停产超过半年,恢复生产时;

7.3.2.4 国家质量技术监督机构提出进行型式检验要求时。

7.3.3 型式检验样品是在出厂检验合格的产品中随机抽取,抽取的样品不少于三支。

7.3.4 型式检验项目按本标准第 5 章各项进行,结果应符合本标准要求。

7.4 判定规则

型式检验中,凡各项检验全部合格者,判为合格产品。凡全玻璃真空太阳集热管的空晒性能参数、闷晒太阳辐照量、平均热损系数和真空品质中有一项不合格者即为不合格产品。太阳透射比、太阳吸收比、半球发射比、结石、节瘤、开口端选择性吸收涂层的明显变浅区、真空集热管的长度偏差、真空集热管的弯曲度、距开口端的罩玻璃管径向最大尺寸与最小尺寸的比值与真空集热管的封离长度等指标中有两项不合格者为不合格产品。

8 标志、包装、运输、贮存

8.1 产品标志

产品上应有商标。

8.2 包装

8.2.1 包装方法应采用箱装,包装箱应符合 GB/T 13384 的规定。

8.2.2 包装箱的标志图样应符合 GB/T 191 的规定。

8.2.3 包装箱上还应包括以下内容：

8.2.3.1 制造厂名称和地址；

8.2.3.2 产品名称；

8.2.3.3 商标；

8.2.3.4 产品标记；

8.2.3.5 产品数量；

8.2.3.6 允许垂直堆码层数；

8.2.3.7 外形尺寸(长×宽×高)；

8.2.3.8 整箱的质量；

8.2.3.9 制造日期或生产批号。

8.2.4 包装箱内应附有检验合格证。

8.3 运输

产品在装卸和运输过程中，不得遭受强烈颠簸、震动，不得受潮、雨淋。

8.4 贮存

8.4.1 产品应存放在通风、干燥的仓库内。

8.4.2 产品不得和易燃物品及化学腐蚀物品混放。

附　录　A
（规范性附录）
ISO 4803:1978 实验室玻璃制品　硼硅玻璃管（节选）

表 A.1　外径与壁厚（外径 36 mm～50 mm）

单位为毫米

外　径	薄壁管厚度	中壁管厚度	厚壁管厚度
36.0±0.8	1.4±0.2	2.0±0.2	2.8±0.3
38.0±0.8	1.4±0.2	2.0±0.2	2.8±0.3
40.0±1.0	1.6±0.2	2.3±0.3	3.2±0.4
42.0±1.0	1.6±0.2	2.3±0.3	3.2±0.4
44.0±1.0	1.6±0.2	2.3±0.3	3.2±0.4
46.0±1.0	1.6±0.2	2.3±0.3	3.2±0.4
48.0±1.0	1.6±0.2	2.3±0.3	3.2±0.4
50.0±1.0	1.8±0.2	2.5±0.3	3.5±0.4
52.0±1.0	1.8±0.2	2.5±0.3	3.5±0.4
54.0±1.0	1.8±0.2	2.5±0.3	3.5±0.4
56.0±1.0	1.8±0.2	2.5±0.3	3.5±0.4
58.0±1.0	1.8±0.2	2.5±0.3	3.5±0.4
60.0±1.5	2.2±0.3	3.2±0.4	3.5±0.4
65.0±1.5	2.2±0.3	3.2±0.4	3.5±0.4
70.0±1.5	2.2±0.3	3.2±0.4	3.5±0.4

表 A.2　弯曲度的限值

外　径	标称长度的弯曲度限值
6 mm 以下	0.9%
7 mm～10 mm	0.7%
10 mm 以上	0.5%

附　录　B
（规范性附录）
ISO 3585:1998 硼硅玻璃 3.3　性能（节选）

B.1　适用范围

本国际标准规定了一种名为“硼硅玻璃 3.3”的性能。该玻璃用于制作实验室玻璃制品、玻璃仪器、管道和连接件。

B.3　总体要求

玻璃应按用户可接受的质量进行退火，而且应足够均匀，不含有能影响玻璃机械强度的夹杂物（例如：耐火材料夹杂物）。

B.4　化学稳定性

B.4.1　在 98℃ 时的耐水性

耐水性颗粒分级 ISO 719—HGB 1；

检测方法：ISO 719。

B.4.2　在 121℃ 时的耐水性

耐水性颗粒分级 ISO 720—HGA 1；

检测方法：ISO 720。

B.4.3　耐酸性

该玻璃作为“一种材料”被测试时，每平方分米玻璃所含 $Na_2O \leqslant 100\ \mu g$（包括原始酸处理）。

检测方法：ISO 1776。

B.4.4　耐沸腾混合碱水溶液侵蚀性

耐碱等级：ISO 695—A2 或更好；

检测方法：ISO 695。

B.5　物理性质

注 1：对 5.3、5.4 和 5.10 至 5.12，物理性质数据没有给出偏差限制，未给出专门供硼硅玻璃 3.3 的检测方法。

B.5.1　平均线热膨胀系数

$\alpha(20℃\sim300℃)=(3.3\pm0.1)\times10^{-6}\ K^{-1}$。

检测方法：ISO 7991。

B.5.2　在 20℃ 时的密度

$\rho=(2.23\pm0.02)g\cdot cm^{-3}$。

B.5.3　平均导热系数（20℃～100℃）

$\lambda=1.2\ W\cdot m^{-1}\cdot K^{-1}$。

B.5.4　在恒压下（20℃～100℃）的平均比热容量

$c_P=0.98\times10^3\ J\cdot kg^{-1}\cdot K^{-1}$。

B.5.5　工作点温度

$\theta_{f1}=1\ 260℃\pm20℃$。

检测方法：ISO 7884-2 和 7884-5。

工作点温度相对应的平衡黏度为 $\eta_{f1}=10^4\ dPa\cdot s$。

B.5.6 软化点温度

$\theta_{f2}=820℃\pm10℃$。

检测方法：ISO 7884-2 和 7884-6。

对硼硅玻璃 3.3 来讲，与其软化点温度相对应的平衡黏度为 $\eta_{f2}=10^{7.5}$ dPa·s。

B.5.7 退火点温度

$\theta_{f3}=560℃\pm10℃$。

检验方法：ISO 7884-7。

注 2：按 ISO 7884-7 中的弯柱法，$\eta_{f3}=10^{13.2}$ dPa·s 的非平衡黏度定为退火点。

B.5.8 应变点

$\theta_{f4}=510℃\pm10℃$。

检测方法：ISO 7884-7。

注 3：按 ISO 7884-7 中的弯柱法，$\eta_{f4}=10^{14.7}$ dPa·s 的非平衡黏度定为该玻璃的应变点。

B.5.9 转变温度

$t_g=525℃\pm15℃$。

检测方法：ISO 7884-8。

B.5.10 弹性模量

$E=64\ \text{kN}\cdot\text{mm}^{-2}=64\times10^3\ \text{MPa}$。

B.5.11 泊松比

$\mu=0.20$。

B.5.12 抗张强度

$R_m=35\ \text{N}\cdot\text{mm}^{-2}\sim100\ \text{N}\cdot\text{mm}^{-2}=35\ \text{MPa}\sim100\ \text{MPa}$。

在使用研磨、压制、拉制或火抛光的商业玻璃检测样品进行抗张强度测试时，检测的结果很分散。表面损伤会降低破裂强度。给出的数值不宜用于强度设计。

附　录　C
（规范性附录）
ISO 9806-1:1994 太阳集热器检测方法　第一部分：带压差的有玻璃盖液体集热器热性能（节选）

C.5.3　倾角

为了便于国际上对检测结果的比较，从水平面至集热器采光面的倾角是：当地纬度±5°，但不小于30°。

C.6.8　仪器/数据记录仪

仪器的最小分格不超过2倍准确度。例如，如果准确度是±0.1℃，最小分格不超过0.2℃。

C.8.3　检测时，集热器采光面上的太阳辐照度应大于800 W/m²。

C.8.6　检测周期（稳态）

表 C.1　测量时间内允许测量参数的偏差

参　数	允许离平均值的偏差
太阳辐照度	±50 W/m²
环境空气温度	±1℃
流量	±1%
集热器入口流体温度	±0.1℃

C.8.8　集热器效率计算

C.8.8.3　瞬时效率曲线

当散射辐照度占总辐照度的20%以上时，不可以测试集热器的入射角修正系数，需用附录B校正成当量法向辐照条件；当散射辐照度占总辐照度不到20%时，这个影响可以忽略。

表 C.2　半球太阳光谱辐射的100个等能量间隔的相应波长

%	λ_K μm	%	λ_K μm	%	λ_K μm	%	λ_K μm
0.50	0.332 6	15.50	0.480 9	30.50	0.578 3	45.50	0.684 6
1.50	0.355 0	16.50	0.487 2	31.50	0.585 2	46.50	0.692 6
2.50	0.372 3	17.50	0.493 6	32.50	0.592 1	47.50	0.700 7
3.50	0.386 5	18.50	0.500 1	33.50	0.599 0	48.50	0.708 9
4.50	0.398 7	19.50	0.506 5	34.50	0.606 0	49.50	0.717 5
5.50	0.408 1	20.50	0.512 9	35.50	0.612 9	50.50	0.726 9
6.50	0.416 8	21.50	0.519 4	36.50	0.619 7	51.50	0.735 7
7.50	0.425 6	22.50	0.525 9	37.50	0.626 6	52.50	0.744 3
8.50	0.434 2	23.50	0.532 4	38.50	0.633 5	53.50	0.752 6
9.50	0.442 2	24.50	0.538 8	39.50	0.640 5	54.50	0.762 2
10.50	0.449 3	25.50	0.545 3	40.50	0.647 5	55.50	0.772 6
11.50	0.455 7	26.50	0.551 7	41.50	0.654 6	56.50	0.781 8
12.50	0.462 1	27.50	0.558 2	42.50	0.661 7	57.50	0.790 9
13.50	0.468 4	28.50	0.564 8	43.50	0.668 8	58.50	0.799 9
14.50	0.474 6	29.50	0.571 4	44.50	0.676 6	59.50	0.810 2

表 C.2(续)

%	λ_K μm	%	λ_K μm	%	λ_K μm	%	λ_K μm
60.50	0.821 4	70.50	0.952 6	80.50	1.135 0	90.50	1.556 0
61.50	0.833 1	71.50	0.973 2	81.50	1.171 1	91.50	1.565 4
62.50	0.843 6	72.50	0.988 6	82.50	1.194 6	92.50	1.637 5
63.50	0.854 0	73.50	1.002 7	83.50	1.216 8	93.50	1.681 4
64.50	0.864 3	74.50	1.016 6	84.50	1.239 0	94.50	1.732 4
65.50	0.874 8	75.50	1.030 5	85.50	1.261 4	95.50	1.976 4
66.50	0.886 0	76.50	1.044 0	86.50	1.283 7	96.50	2.116 7
67.50	0.897 9	77.50	1.059 8	87.50	1.311 7	97.50	2.247 1
68.50	0.910 7	78.50	1.076 2	88.50	1.453 5	98.50	2.418 2
69.50	0.925 2	79.50	1.095 2	89.50	1.518 9	99.50	3.637 1

注：%是太阳辐照从波长0到λ_K的部分，λ_K值是等能量间隔的中点。该值相对于太阳辐射(AM1.5)到一个平面，其倾角为37°，面向赤道和一个5.8°的视场角(地面反射比0.2)。

附 录 D
（规范性附录）
太阳选择性吸收涂层分类

表 D.1 太阳选择性吸收涂层材料及其表示方法

序 号	选择性吸收涂层		表示方法
	吸收层	红外高反射层或块材料	
1	铝-氮复合材料	铝	Al-N/Al
2	不锈钢-碳复合材料	铜	SS-C/Cu
3	铬-氧复合材料	铝	Cr-O/Al
4	铬-氧复合材料	铜	Cr-O/Cu
5	锌、镍-硫复合材料	铜	Zn-Ni-S/Cu
6	镍-氧化铝复合材料	铝	$Ni\text{-}Al_2O_3/Al$
7	不锈钢-氮化铝复合材料	铜	$SS\text{-}AlN_x/Cu$

注 1：出现其他选择性吸收涂层可以类似表述。

注 2：对于有减反层的选择性涂层，由厂商确定是否表示出减反层材料，例如具有 MgF_2 介质减反层的 Cr-O/Al 可表示为 Mg-F/Cr-O/Al、MgF_2/Cr-O/Al 或 Cr-O/Al。

ICS 23.060.01
N 16

中华人民共和国国家标准

GB/T 17213.2—2005/IEC 60534-2-1:1998

工业过程控制阀 第2-1部分:流通能力 安装条件下流体流量的计算公式

Industrial-process control valves—Part 2-1:Flow capacity—Sizing equations for fluid flow under installed conditions

(IEC 60534-2-1:1998,IDT)

2005-09-09 发布　　　　2006-04-01 实施

中华人民共和国国家质量监督检验检疫总局
中国国家标准化管理委员会 发布

前　言

GB/T 17213《工业过程控制阀》分为如下部分：

——控制阀术语和总则(eqv IEC 60534-1:1987)

——流通能力　安装条件下流体流量的计算公式(IEC 60534-2-1:1998,IDT)

——流通能力　试验程序(IEC 60534-2-3:1997,IDT)

——流通能力　固有流量特性和可调比(IEC 60534-2-4:1989,IDT)

——尺寸　两通球形直通控制阀法兰端面距和两通球形角形控制阀法兰中心至法兰端面的间距(IEC 60534-3-1:2000,IDT)

——尺寸　角行程控制阀(蝶阀除外)的端面距(IEC 60534-3-2:2001,IDT)

——尺寸　对焊式两通球形直通控制阀的端距(IEC 60534-3-3:1998,IDT)

——检验和例行试验(IEC 60534-4:1999,IDT)

——标志(eqv IEC 60534-5:1982)

——定位器与控制阀执行机构连接的安装细节　定位器在直行程执行机构上的安装(IEC 60534-6-1:1997,IDT)

——定位器与控制阀执行机构连接的安装细节　定位器在角行程执行机构上的安装(IEC 60534-6-2:2000,IDT)

——控制阀数据单(eqv IEC 60534-7:1989)

——噪声的考虑　实验室内测量空气动力流流经控制阀产生的噪声(eqv IEC 60534-8-1:1986)

——噪声的考虑　实验室内测量液动流流经控制阀产生的噪声(IEC 60534-8-2:1991,IDT)

——噪声的考虑　空气动力流流经控制阀产生的噪声的预测方法(IEC 60534-8-3:2000,IDT)

——噪声的考虑　液动流流经控制阀产生的噪声的预测方法(IEC 60534-8-4:1994,IDT)

本部分为 GB/T 17213 的第 2 部分。

本部分等同采用 IEC 60534-2-1:1998《工业过程控制阀　第 2-1 部分:流通能力　安装条件下流体流量的计算公式》(英文版)。

本部分等同翻译 IEC 60534-2-1:1998。

为便于使用,本部分作了下列编辑性修改：

a)　“本国际标准”一词改为“GB/T 17213 的本部分”;

b)　用小数点“.”代替作为小数点的“,”;

c)　删除国际标准的前言;

d)　已将 IEC 60534-2-1:1998 的技术勘误并入文本中,在改动内容的页边空白处用垂直双线(‖)标识;

e)　资料性附录中仅对所涉及的 IEC 60534-2-1:1998 的技术勘误和同一已知数据出现不相符的差错作了相应更正,但对示例中计算过程取得数据的差错未作更改。

本部分的附录 A、附录 B、附录 C、附录 D 均为资料性附录。

本部分由中国机械工业联合会提出。

本部分由全国工业过程测量和控制标准化技术委员会第一分技术委员会归口。

本部分由天津市自动化仪表四厂负责起草。参加起草的单位:机械工业仪器仪表综合技术经济研究所、上海工业自动化仪表研究所、上海自动化仪表股份有限公司自动化仪表七厂、重庆川仪十一厂有限公司、吴忠仪表股份有限公司。

本部分主要起草人:王群增、郑秋萍、王燕、冯晓升、王凌霄、范萍、陈蒙南、李元涛、高强。

工业过程控制阀　第 2-1 部分:流通能力 安装条件下流体流量的计算公式

1　范围

GB/T 17213 的本部分包括预测流经控制阀的可压缩流体和不可压缩流体流量的计算公式。

不可压缩流体的公式是根据牛顿不可压缩流体的标准流体动力学方程导出的,它不能扩展到非牛顿流体、混合流体、悬浮液或两相流体。

在压差与入口压力之比($\Delta p/p_1$)很低时,可压缩流体的性质与不可压缩流体相似。在这种情况下,本部分给出的公式可以从牛顿不可压缩流体的基本伯努利方程中导出。但 $\Delta p/p_1$ 的值增大时,就会引起可压缩效应,这就需要用适当的修正系数对基本方程进行修正。本部分提出的公式适用于气体或蒸汽,不适用于气体-液体、蒸汽-液体或气体-固体混合物的多相流。

对可压缩流体的应用,本部分对 $x_T \leqslant 0.84$(见表 2)的控制阀是正确的。对 $x_T > 0.84$ 的控制阀(一些多级阀),有较大的误差。

仅当 $K_v/d^2 < 0.04$($C_v/d^2 < 0.047$)时,才能保持合理的精确度。

2　规范性引用文件

下列文件中的条款通过 GB/T 17213 的本部分的引用而成为本部分的条款。凡是注日期的引用文件,其随后所有的修改单(不包括勘误的内容)或修订版均不适用于本部分,然而,鼓励根据本部分达成协议的各方研究是否可使用这些文件的最新版本。凡是不注日期的引用文件,其最新版本适用于本部分。

GB/T 17213.1—1998　工业过程控制阀　第 1 部分:控制阀术语和总则(eqv IEC 60534-1:1987)

GB/T 17213.9—2005　工业过程控制阀　第 2-3 部分:流通能力　试验程序(IEC 60534-2-3:1997,IDT)

3　定义

GB/T 17213.1 给出的定义以及下列定义适用于本部分。

3.1

控制阀类型修正系数　valve style modifier

F_d

单流路的水力直径与节流孔直径的比值,其中节流孔的面积等于给定行程下所有相同流路面积的总和。它是由制造商给出的行程的函数。参见附录 A。

4　安装

在许多工业应用中,控制阀上附接有渐缩管或其他管件。这些管件通常会明显影响控制阀的额定流量系数。所以必须用一个修正系数来计算这些影响,并利用其他一些系数来考虑流体特性对控制阀流通能力的影响。

采用本文提出的公式和关系曲线计算控制阀尺寸时,计算出的流量系数被假定包括 A、B 两点之间的全部压头损失,见图 1。

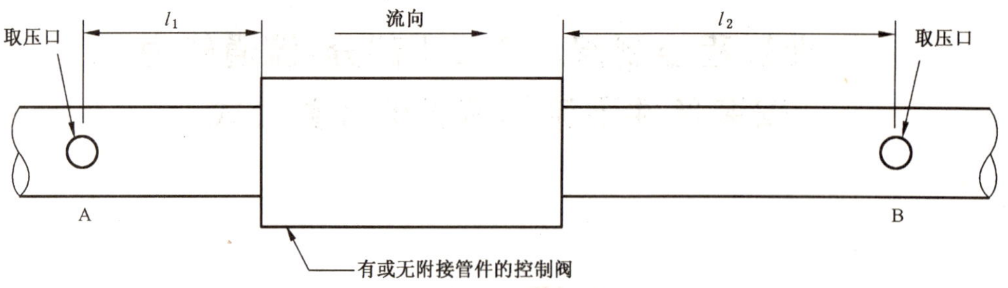

l_1＝两倍的管道公称通径

l_2＝六倍的管道公称通径

图 1　计算用参考管段

5　符号

符号	说　　明	单　　位
C	流量系数(K_v、C_v)	各不相同(见 GB/T 17213.1)(见注 4)
C_1	用于反复计算的假定流量系数	各不相同(见 GB/T 17213.1)(见注 4)
d	控制阀公称通径(DN)	mm
D	管道内径	mm
D_1	上游管道内径	mm
D_2	下游管道内径	mm
D_0	节流孔直径	mm
F_d	控制阀类型修正系数(见附录 A)	无量纲 (见注 4)
F_F	液体临界压力比系数	无量纲
F_L	无附接管件控制阀的液体压力恢复系数	无量纲(见注 4)
F_{LP}	带附接管件控制阀的液体压力恢复系数和管道几何形状系数的复合系数	无量纲(见注 4)
F_P	管道几何形状系数	无量纲
F_R	雷诺数系数	无量纲
F_γ	比热比系数	无量纲
M	流体分子量	kg/kmol
N	数字常数(见表 1)	各不相同(见注 1)
p_1	上游取压口测得的入口绝对静压力(见图 1)	kPa 或 bar(见注 2)
p_2	下游取压口测得的出口绝对静压力(见图 1)	kPa 或 bar
p_c	绝对热力学临界压力	kPa 或 bar
p_r	对比压力(p_1/ p_c)	无量纲
p_v	入口温度下液体蒸汽的绝对压力	kPa 或 bar
Δp	上、下游取压口的压力差(p_1-p_2)	kPa 或 bar
Q	体积流量(见注 5)	m^3/h
Re_v	控制阀的雷诺数	无量纲

表（续）

符号	说　　明	单　　位
T_1	入口绝对温度	K
T_c	绝对热力学临界温度	K
T_r	对比温度（T_1/T_C）	无量纲
t_s	标准条件下的绝对参比温度	K
W	质量流量	kg/h
x	压差与入口绝对压力之比（$\Delta p/p_1$）	无量纲
x_T	阻塞流条件下无附接管件控制阀的压差比系数	无量纲（见注 4）
x_{TP}	阻塞流条件下带附接管件控制阀的压差比系数	无量纲（见注 4）
Y	膨胀系数	无量纲
Z	压缩系数	无量纲
ν	运动粘度	m^2/s（见注 3）
ρ_1	在 p_1 和 T_1 时的流体密度	kg/m^3
ρ_1/ρ_0	相对密度（对于 15℃的水，$\rho_1/\rho_0=1.0$）	无量纲
γ	比热比	无量纲
ζ	控制阀或阀内件附接渐缩管、渐扩管或其他管件时的速度头损失系数	无量纲
ζ_1	管件上游速度头损失系数	无量纲
ζ_2	管件下游速度头损失系数	无量纲
ζ_{B1}	入口的伯努利系数	无量纲
ζ_{B2}	出口的伯努利系数	无量纲

注 1：为确定常数的单位，应使用表 1 给出的单位对相应的公式进行量纲分析。

注 2：1 bar$=10^2$ kPa$=10^5$ Pa。

注 3：1 厘斯$=10^{-6}$ m^2/s。

注 4：这些值与行程有关，由制造商发布。

注 5：体积流量以立方米每小时为单位，由符号 Q 表示指的是标准条件，标准立方米每小时是在 101.325 kPa（1013.25 mbar）和 273 K 或 288 K 下的值（见表 1）。

6　不可压缩流体的计算公式

以下所列公式可确定控制阀不可压缩流体的流量、流量系数、相关安装系数和相应工作条件的关系。流量系数可以在下列公式中选择一个合适的公式来计算，附录 B 提供了不可压缩流体计算流程图。

6.1　紊流

控制阀在非阻塞流条件下工作时，计算流经控制阀的牛顿流体流量的公式由 GB/T 17213.1 的基本公式导出。

6.1.1　非阻塞紊流

6.1.1.1　无附接管件的非阻塞紊流

应用条件：$\Delta p<F_L{}^2(p_1-F_F p_v)$

流量系数应由下式确定：

$$C=\frac{Q}{N_1}\sqrt{\frac{\rho_1/\rho_0}{\Delta p}} \qquad (1)$$

注 1：数字常数 N_1 取决于一般计算公式中使用的单位和流量系数的类型 K_v 或 C_v。

注 2：在附录 D 中提供了无附接管件的控制阀在非阻塞紊流条件下的计算示例。

6.1.1.2 带附接管件的非阻塞紊流

应用条件：$\Delta p < [(F_{LP}/F_P)^2(p_1 - F_F p_v)]$

流量系数应由下式确定：

$$C = \frac{Q}{N_1 F_p}\sqrt{\frac{\rho_1/\rho_0}{\Delta p}} \qquad (2)$$

注：管道几何形状系数 F_P 在 8.1 中提出。

6.1.2 阻塞紊流

在阻塞流条件下，流体流经控制阀的最大流量应由下式计算。

6.1.2.1 无附接管件的阻塞紊流

应用条件：$\Delta p \geqslant F_L{}^2(p_1 - F_F p_v)$

流量系数应由下式确定：

$$C = \frac{Q}{N_1 F_L}\sqrt{\frac{\rho_1/\rho_0}{p_1 - F_F p_v}} \qquad (3)$$

注：附录 D 中提供了无附接管件的控制阀在阻塞流条件下的计算示例。

6.1.2.2 带附接管件的阻塞紊流

应用条件：$\Delta P \geqslant (F_{LP}/F_P)^2(p_1 - F_F p_v)$

流量系数应由下式确定：

$$C = \frac{Q}{N_1 F_{LP}}\sqrt{\frac{\rho_1/\rho_0}{p_1 - F_F p_v}} \qquad (4)$$

6.2 非紊流(层流和过渡流)

当在非紊流条件下工作时，通过控制阀的牛顿流体流量计算公式由 GB/T 17213.1 中的基本公式导出。这个公式适用于 $Re_v < 10\,000$ 的条件(见式(28))。

6.2.1 无附接管件的非紊流

流量系数应由下式确定：

$$C = \frac{Q}{N_1 F_R}\sqrt{\frac{\rho_1/\rho_0}{\Delta p}} \qquad (5)$$

6.2.2 带附接管件的非紊流

对非紊流，近连式渐缩管或其他管件的影响是未知的。尽管没有安装在渐缩管之间的控制阀内的层流或过渡流状态的信息，还是要建议使用这些控制阀的用户用与管道同口径控制阀的适当计算公式来计算 F_R。这样，可以得到一个保守的流量系数，这是由于渐缩管和渐扩管产生的涡流，推迟了层流的产生。因此它将提高给定控制阀雷诺数系数 F_R。

7 可压缩流体的计算公式

以下所列公式可确定控制阀可压缩流体的流量、流量系数、相关安装系数和相关工作条件的关系。可压缩流体的流量可分为质量流量和体积流量两种单位，因此公式必须能处理这两种情况。流量系数可在下列公式中选择合适的公式来计算。附录 B 提供了可压缩流体计算流程图。

7.1 紊流

7.1.1 非阻塞紊流

7.1.1.1 无附接管件的非阻塞紊流

应用条件：$x < F_\gamma x_T$

流量系数应按下式计算：

$$C = \frac{W}{N_6 Y\sqrt{x p_1 \rho_1}} \qquad (6)$$

$$C=\frac{W}{N_8 p_1 Y}\sqrt{\frac{T_1 Z}{xM}} \quad \cdots\cdots(7)$$

$$C=\frac{Q}{N_9 p_1 Y}\sqrt{\frac{MT_1 Z}{x}} \quad \cdots\cdots(8)$$

注1：膨胀系数 Y 的详细说明见8.5。

注2：流体分子量 M 的值见附录C。

7.1.1.2 带附接管件的非阻塞紊流

应用条件：$x<F_\gamma x_{TP}$

流量系数应按下式计算：

$$C=\frac{W}{N_6 F_P Y\sqrt{x p_1 \rho_1}} \quad \cdots\cdots(9)$$

$$C=\frac{W}{N_8 F_P p_1 Y}\sqrt{\frac{T_1 Z}{xM}} \quad \cdots\cdots(10)$$

$$C=\frac{Q}{N_9 F_P p_1 Y}\sqrt{\frac{MT_1 Z}{x}} \quad \cdots\cdots(11)$$

注1：管道几何形状系数 F_P 见8.1。

注2：带附接管件的非阻塞紊流控制阀计算举例见附录D。

7.1.2 阻塞紊流

在阻塞流条件下通过控制阀的最大流量应按下列公式计算。

7.1.2.1 无附接管件的阻塞紊流

应用条件：$x\geqslant F_\gamma x_T$

流量系数应按下式计算：

$$C=\frac{W}{0.667N_6\sqrt{F_\gamma x_T p_1 \rho_1}} \quad \cdots\cdots(12)$$

$$C=\frac{W}{0.667N_8 p_1}\sqrt{\frac{T_1 Z}{F_\gamma x_T M}} \quad \cdots\cdots(13)$$

$$C=\frac{Q}{0.667N_9 p_1}\sqrt{\frac{MT_1 Z}{F_\gamma x_T}} \quad \cdots\cdots(14)$$

7.1.2.2 带附接管件的阻塞紊流

应用条件：$x\geqslant F_\gamma x_{TP}$

流量系数应按下式计算：

$$C=\frac{W}{0.667N_6 F_P\sqrt{F_\gamma x_{TP} p_1 \rho_1}} \quad \cdots\cdots(15)$$

$$C=\frac{W}{0.667N_8 F_P p_1}\sqrt{\frac{T_1 Z}{F_\gamma x_{TP} M}} \quad \cdots\cdots(16)$$

$$C=\frac{Q}{0.667N_9 F_P p_1}\sqrt{\frac{MT_1 Z}{F_\gamma x_{TP}}} \quad \cdots\cdots(17)$$

7.2 非紊流(层流和过渡流)

当在非紊流条件下操作时，通过控制阀的牛顿流体流量公式由GB/T 17213.1中的基本公式导出。

这些公式适用于 Re_v<10 000(见式(28))的条件。在下列条款中,由于是不等熵膨胀,所以用$(p_1+p_2)/2$对气体的密度进行修正。

7.2.1 无附接管件的非紊流

流量系数应按下式计算:

$$C=\frac{W}{N_{27}F_R}\sqrt{\frac{T_1}{\Delta p(p_1+p_2)M}} \quad \cdots\cdots(18)$$

$$C=\frac{Q}{N_{22}F_R}\sqrt{\frac{MT_1}{\Delta p(p_1+p_2)}} \quad \cdots\cdots(19)$$

注:小流量阀内件控制阀的计算举例见附录 D。

7.2.2 带附接管件的非紊流

对非紊流,近连式渐缩管或其他管件的影响是未知的。尽管没有安装在渐缩管之间的控制阀内的层流或过渡流状态的信息,还是要建议使用这些控制阀的用户用与管道同口径控制阀的适当计算公式来计算 F_R。这样,可以得到一个保守的流量系数,这是由于渐缩管和渐扩管产生的涡流,推迟了层流的产生。因此它将提高给定控制阀雷诺数系数 F_R。

8 修正系数的确定

8.1 管道几何形状系数 F_P

控制阀阀体上、下游装有附接管件时,必须考虑管道几何形状系数 F_P。F_P 是流经带有附接管件控制阀的流量与无附接管件的流量之比。两种安装情况(见图 1)的流量均在不产生阻塞流的同一试验条件下测得。为满足系数 F_P 的精确度为±5%的要求,系数 F_P 应该按 GB/T 17213.9 规定的试验确定。

在允许估算时,应采用下式计算:

$$F_P=\frac{1}{\sqrt{1+\frac{\sum\zeta}{N_2}\left(\frac{C_i}{d^2}\right)^2}} \quad \cdots\cdots(20)$$

在此式中$\sum\zeta$是控制阀上所有附接管件的全部有效速度头损失系数的代数和。控制阀自身的速度头损失系数不包括在内。

$$\sum\zeta=\zeta_1+\zeta_2+\zeta_{B1}-\zeta_{B2} \quad \cdots\cdots(21)$$

当控制阀的出入口处管道直径不同时,系数 ζ_B 以下式计算:

$$\zeta_B=1-\left(\frac{d}{D}\right)^4 \quad \cdots\cdots(22)$$

如果入口与出口的管件是市场上供应的较短的同轴渐缩管,系数 ζ_1 和 ζ_2 用下式估算。

入口渐缩管: $$\zeta_1=0.5\left[1-\left(\frac{d}{D_1}\right)^2\right]^2 \quad \cdots\cdots(23)$$

出口渐缩管(渐扩管): $$\zeta_2=1.0\left[1-\left(\frac{d}{D_2}\right)^2\right]^2 \quad \cdots\cdots(24)$$

入口和出口尺寸相同的渐缩管: $$\zeta_1+\zeta_2=1.5\left[1-\left(\frac{d}{D}\right)^2\right]^2 \quad \cdots\cdots(25)$$

用上述 ζ 系数计算出的 F_P 值,一般将导致选出的控制阀容量比所需要的稍大一些。这一计算需要叠代,通过计算非阻塞紊流的流量系数 C 来进行计算。

注:阻塞流公式和包含 F_P 的公式都不适用。

下一步按下式确定 C_i:

$$C_i=1.3C \quad \cdots\cdots(26)$$

用式(26)得出 C_i，由式(20)确定 F_P。如果控制阀两端的尺寸相同，则 F_P 可用图 2 确定的结果来替代。然后，确定是否有：

$$\frac{C}{F_P} \leqslant C_i \qquad (27)$$

如果满足式(27)的条件，那么，式(26)估算的 C_i 可用。如果不能满足式(27)的条件，那么，将 C_i 再增加 30%，再重复上述计算步骤，这样就可能需要多次重复，直至能够满足式(27)要求的条件。附录 B 中有一种更适合于计算的迭代法。

F_P 的近似值可查阅图 2a)和图 2b)。

8.2 雷诺数系数 F_R

当通过控制阀的介质压差低、粘度高、流量系数小或者是这几个条件的组合，形成非紊流状态时，就需要雷诺数系数 F_R。

雷诺数系数 F_R 可以用非紊流状态下的流量除以同一安装条件在紊流状态下测得的流量来确定。

试验表明 F_R 可用下式计算的控制阀雷诺数通过图 3 中的曲线确定。

$$Re_v = \frac{N_4 F_d Q}{\nu \sqrt{C_i F_L}} \left(\frac{F_L{}^2 C_i{}^2}{N_2 D^4} + 1 \right)^{1/4} \qquad (28)$$

这一计算需要迭代。通过计算紊流的流量系数 C 来进行计算。控制阀类型修正系数 F_d 把节流孔的几何形状转换成等效圆形的单流路。典型值见表 2，具体细节见附录 A。为满足 F_d 的偏差为±5%的要求，F_d 应由 GB/T 17213.9 规定的试验来确定。

注：含有 F_P 的公式不适用。

下一步按式(26)确定 C_i。

按式(26)应用 C_i 并且通过式(30)和式(31)确定全口径型阀内件的 F_R。或用式(32)和式(33)确定缩径型阀内件的 F_R。在两种情况下都采用两个 F_R 值中较小的值确定是否：

$$\frac{C}{F_R} \leqslant C_i \qquad (29)$$

如果满足式(29)的条件，那么使用由式(26)确定的 C_i。如果不能满足式(29)的条件，那么，要将 C_i 再增加 30%，再重复上述计算步骤，这样就可能需要多次反复，直至能够满足式(29)要求的条件。

对于 $C_i/d^2 \geqslant 0.016 N_{18}$ 且 $Re_v \geqslant 10$ 的全口径型阀内件，由下式计算 F_R：

对于过渡流状态：

$$F_R = 1 + \left(\frac{0.33 F_L{}^{1/2}}{n_1{}^{1/4}} \right) \lg \left(\frac{Re_v}{10\,000} \right) \qquad (30)$$

式中：

$$n_1 = \frac{N_2}{\left(\frac{C_i}{d^2} \right)^2} \qquad (30a)$$

对于层流状态：

$$F_R = \frac{0.026}{F_L} \sqrt{n_1 Re_v} \quad (F_R \text{ 不能超过 } 1) \qquad (31)$$

注 1：用式(30)或式(31)中数值较小的 F_R，如果 $Re_v < 10$，只使用式(31)。

注 2：式(31)适用于完全的层流(见图 3 中的直线)，式(30)和式(31)表示的关系基于控制阀额定行程内的试验数据。在控制阀行程下限值时可能不完全准确。

注 3：在式(30a)和式(31)中，当使用 K_v 时 C_i/d^2 必须小于 0.04，使用 C_v 时 C_i/d^2 必须小于 0.047。

对于额定行程下 $C_i/d^2 < 0.016 N_{18}$ 且 $Re_v \geqslant 10$ 的缩径型阀内件，由下式计算 F_R：

对于过渡流状态：

$$F_R = 1 + \left(\frac{0.33 F_L{}^{1/2}}{n_2^{1/4}} \right) \lg \left(\frac{Re_v}{10\,000} \right) \qquad (32)$$

式中：

$$n_2 = 1 + N_{32}\left(\frac{C_i}{d^2}\right)^{2/3} \quad \cdots\cdots(32a)$$

对于层流状态：

$$F_R = \frac{0.026}{F_L}\sqrt{n_2 Re_v}\ (F_R \text{不能超过} 1) \quad \cdots\cdots(33)$$

注 1：选择式(32)或式(33)中数值较小者，如果 $Re_v<10$，仅使用式(33)。

注 2：式(33)适用于完全的层流(见图 3 中的直线)。

8.3 液体压力恢复系数 F_L 或 F_{LP}

8.3.1 无附接管件的液体压力恢复系数 F_L

F_L 是无附接管件的液体压力恢复系数。该系数表示阻塞流条件下阀体内几何形状对阀容量的影响。它定义为阻塞流条件下的实际最大流量与理论上非阻塞流条件下的流量之比。如果压差是阻塞流条件下的阀入口压力与明显的"缩流断面"压力之差，就要算出理论非阻塞流条件下的流量。系数 F_L 可以由符合 GB/T 17213.9 的试验来确定。F_L 的典型值与流量系数百分比的关系曲线见图 4。

8.3.2 带附接管件的液体压力恢复系数与管道几何形状系数的复合系数 F_{LP}

F_{LP}是带附接管件的控制阀的液体压力恢复系数和管道几何形状系数的复合系数。它可以用与 F_L 相同的方式获得。

为满足 F_{LP}的偏差±5%，F_{LP}必须由试验来确定。在允许估算时，应使用下式：

$$F_{LP} = \frac{F_L}{\sqrt{1+\frac{F_L^2}{N_2}(\sum\zeta_1)\left(\frac{C}{d^2}\right)^2}} \quad \cdots\cdots(34)$$

式中：$\sum\zeta_1$ 是上游取压口与控制阀阀体入口之间测得的控制阀上游附接管件的速度头损失系数 $\zeta_1+\zeta_{B1}$。

8.4 液体临界压力比系数 F_F

F_F 是液体临界压力比系数。该系数是阻塞流条件下明显的"缩流断面"压力与入口温度下液体的蒸汽压力之比。蒸汽压力接近零时这个系数为 0.96。

F_F 值可用图 5 所示曲线确定或由下式确定近似值。

$$F_F = 0.96 - 0.28\sqrt{\frac{p_v}{p_c}} \quad \cdots\cdots(35)$$

8.5 膨胀系数 Y

膨胀系数 Y 表示流体从阀入口流到"缩流断面"(其位置就在节流孔的下游，该处的射流面积最小)处时的密度变化。它还表示压差变化时"缩流断面"面积的变化。

理论上，Y 受以下几个因素的影响：

a) 阀孔面积与阀体入口面积之比；

b) 流路的形状；

c) 压差比 x；

d) 雷诺数；

e) 比热比 γ。

a)、b)、c)和 e)项的影响可用压差比系数 x_T 表示。x_T 通过空气试验确定，将在 8.6.1 中论述。

雷诺数是控制阀节流孔处惯性力与粘性力之比。在可压缩流体情况下，由于紊流几乎始终存在，因此其值不受影响。

流体比热比会影响压差比系数 x_T。

Y 可用式(36)计算：

$$Y = 1 - \frac{x}{3F_\gamma x_T} \quad \cdots\cdots(36)$$

代入上式的 x 值不可超过 F_γ 和 x_T 的积，如果 $x > F_\gamma x_T$ 则流体变成阻塞流并且 $Y=0.667$。x、x_T 和 F_γ 的介绍见 8.6 和 8.7。

8.6 压差比系数 x_T 和 x_{TP}

8.6.1 无附接管件的压差比系数 x_T

x_T 是无渐缩管或其他管件的控制阀的压差比系数。如果入口压力 p_1 保持恒定并且出口压力 p_2 逐渐降低，则流经控制阀的质量流量就会增大至最大极限值，进一步降低 p_2 流量不再增加，这种情况称作阻塞流。

当压差比 x 达到 $F_\gamma x_T$ 的值时就达到了这个极限值。x 的这个极限值就定义为临界压差比。即使实际压差比更大，用于任何一个计算方程和 Y 的关系式(式(36))中的 x 值也应保持在这个极限之内。Y 的数值范围是 0.667(当 $x=F_\gamma x_T$ 时)～1(更低压差)。

x_T 值可通过空气试验来确定。试验程序见 GB/T 17213.9。

注：表 2 给出了几种控制阀装有全口径阀内件和全开时的 x_T 代表值，使用这个资料时应慎重，要求精确值时，x_T 的值应通过试验获得。

8.6.2 带附接管件的压差比系数 x_{TP}

如果控制阀装有附接管件，x_T 值将会受到影响。

为满足 x_{TP} 的±5%的允许偏差，控制阀和附接管件应作为一个整体进行试验。当允许采用估算时，可采用下式：

$$x_{TP} = \frac{\dfrac{x_T}{F_P^2}}{1 + \dfrac{x_T \zeta_i}{N_5}\left(\dfrac{C_i}{d^2}\right)^2} \quad \cdots\cdots(37)$$

注：N_5 的值见表 1。

在上述关系中，x_T 为无附接管件控制阀的压差比系数。ζ_i 是附接在控制阀入口面上的渐缩管或其他管件的控制阀的入口的速度头损失系数($\zeta_1+\zeta_{B1}$)之和。

如果入口管件是市场上供应的短尺寸同心渐缩管，则 ζ 的值可用式(23)估算。

8.7 比热比系数 F_γ

系数 x_T 是以接近大气压，比热比为 1.40 的空气流体为基础的。如果流体比热比不是 1.40，可用系数 F_γ 调整 x_T。比热比系数用下式计算：

$$F_\gamma = \frac{\gamma}{1.40} \quad \cdots\cdots(38)$$

注：γ 和 F_γ 的值见附录 C。

8.8 压缩系数 Z

许多计算公式都不包含上游条件下流体的实际密度这一项，而密度则是根据理想气体定律由入口压力和温度导出的，在某些条件下，真实气体性质与理想气体偏差很大。在这些情况下，就应引入压缩系数 Z 来补偿这个偏差。Z 是对比压力和对比温度两者的函数(参考合适的资料来确定 Z)。对比压力 p_r 定义为实际入口绝对压力与所述流体的绝对热力临界压力之比。对比温度 T_r 的定义与此类似，即：

$$p_r = \frac{p_1}{p_c} \quad \cdots\cdots(39)$$

$$T_r = \frac{T_1}{T_c} \quad \cdots\cdots(40)$$

注：p_c 和 T_c 的值见附录 C。

表 1 数字常数 N

常数	流量系数 C		公式的单位						
	K_v	C_v	W	Q	p,Δp	ρ	T	d,D	ν
N_1	1×10^{-1}	8.65×10^{-2}	—	m^3/h	kPa	kg/m^3	—	—	—
	1	8.65×10^{-1}	—	m^3/h	bar	kg/m^3	—	—	—
N_2	1.6×10^{-3}	2.14×10^{-3}	—	—	—	—	—	mm	—
N_4	7.07×10^{-2}	7.60×10^{-2}	—	m^3/h	—	—	—	—	m^2/s
N_5	1.80×10^{-3}	2.41×10^{-3}	—	—	—	—	—	mm	—
N_6	3.16	2.73	kg/h	—	kPa	kg/m^3	—	—	—
	3.16×10^1	2.73×10^1	kg/h	—	bar	kg/m^3	—	—	—
N_8	1.10	9.48×10^{-1}	kg/h	—	kPa	—	K	—	—
	1.1×10^2	9.48×10^1	kg/h	—	bar	—	K	—	—
N_9	2.46×10^1	2.12×10^1	—	m^3/h	kPa	—	K	—	—
(t_s=0℃)	2.46×10^3	2.12×10^3	—	m^3/h	bar	—	K	—	—
N_9	2.60×10^1	2.25×10^1	—	m^3/h	kPa	—	K	—	—
(t_s=15℃)	2.60×10^3	2.25×10^3	—	m^3/h	bar	—	K	—	—
N_{17}	1.05×10^{-3}	1.21×10^{-3}	—	—	—	—	—	mm	—
N_{18}	8.65×10^{-1}	1.00	—	—	—	—	—	mm	—
N_{19}	2.5	2.3	—	—	—	—	—	mm	—
N_{22}	1.73×10^1	1.50×10^1	—	m^3/h	kPa	—	K	—	—
(t_s=0℃)	1.73×10^3	1.50×10^3	—	m^3/h	bar	—	K	—	—
N_{22}	1.84×10^1	1.59×10^1	—	m^3/h	kPa	—	K	—	—
(t_s=15℃)	1.84×10^3	1.59×10^3	—	m^3/h	bar	—	K	—	—
N_{27}	7.75×10^{-1}	6.70×10^{-1}	kg/h	—	kPa	—	K	—	—
	7.75×10^1	6.70×10^1	kg/h	—	bar	—	K	—	—
N_{32}	1.40×10^2	1.27×10^2	—	—	—	—	—	mm	—
注：使用表中提供的数字常数和表中规定的实际公制单位就能得出规定单位的流量系数。									

表 2　控制阀类型修正系数 F_d、液体压力恢复系数 F_L 和额定行程下的压差比系数 x_T 的典型值[1)]

控制阀类型	阀内件类型	流向[2)]	F_L	x_T	F_d
球形阀，单孔	3 V 孔阀芯	流开或流关	0.9	0.70	0.48
	4 V 孔阀芯	流开或流关	0.9	0.70	0.41
	6 V 孔阀芯	流开或流关	0.9	0.70	0.30
	柱塞型阀芯（直线和等百分比）	流开	0.9	0.72	0.46
		流关	0.8	0.55	1.00
	60 个等直径孔的套筒	向外或向内[3)]	0.9	0.68	0.13
	120 个等直径孔的套筒	向外或向内[3)]	0.9	0.68	0.09
	特殊套筒，4 孔	向外[3)]	0.9	0.75	0.41
		向内[3)]	0.85	0.70	0.41
球形阀，双孔	开口阀芯	阀座间流入	0.9	0.75	0.28
	柱塞形阀芯	任意流向	0.85	0.70	0.32
球形阀，角阀	柱塞形阀芯（直线和等百分比）	流开	0.9	0.72	0.46
		流关	0.8	0.65	1.00
	特殊套筒，4 孔	向外[3)]	0.9	0.65	0.41
		向内[3)]	0.85	0.60	0.41
	文丘利阀	流关	0.5	0.20	1.00
球形阀，小流量阀内件	V 形切口	流开	0.98	0.84	0.70
	平面阀座（短行程）	流关	0.85	0.70	0.30
	锥形针状	流开	0.95	0.84	$\frac{N_{19}\sqrt{C\times F_L}}{D_0}$
角行程阀	偏心球形阀芯	流开	0.85	0.60	0.42
		流关	0.68	0.40	0.42
	偏心锥形阀芯	流开	0.77	0.54	0.44
		流关	0.79	0.55	0.44
蝶阀（中心轴式）	70°转角	任意	0.62	0.35	0.57
	60°转角	任意	0.70	0.42	0.50
	带凹槽蝶板（70°）	任意	0.67	0.38	0.30
蝶阀（偏心轴式）	偏心阀座（70°）	任意	0.67	0.35	0.57
球阀	全球体（70°）	任意	0.74	0.42	0.99
	部分球体	任意	0.60	0.30	0.98

1）这些值仅为典型值，实际值应由制造商规定。

2）趋于阀开或阀关的流体流向，即将截流件推离或推向阀座。

3）向外的意思是流体从套筒中央向外流，向内的意思是流体从套筒外向中央流。

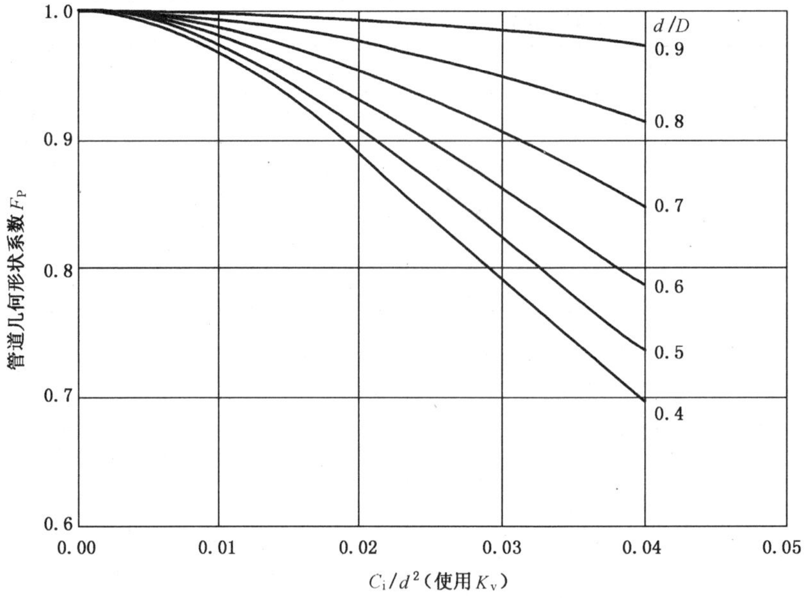

注 1：阀两端的管径 D 是相同的（见式(25)）。

注 2：这些曲线的使用参见参考文献。

a）用于 K_v/d^2 的管道几何形状系数 F_P

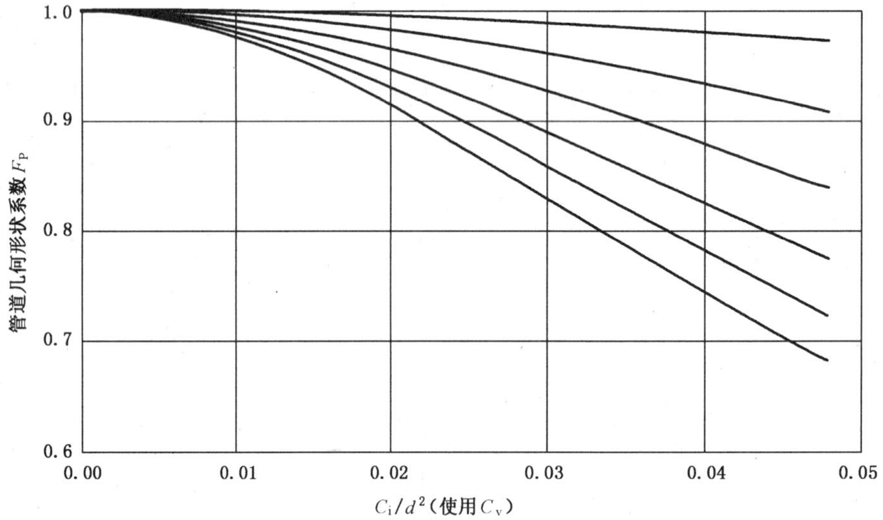

注 1：阀两端的管径 D 是相同的（见式(25)）。

注 2：这些曲线的使用参见参考文献。

b）用于 C_v/d^2 的管道几何形状系数 F_P

图 2　用于 K_v/d^2 和 C_v/d^2 的管道几何形状系数 F_P

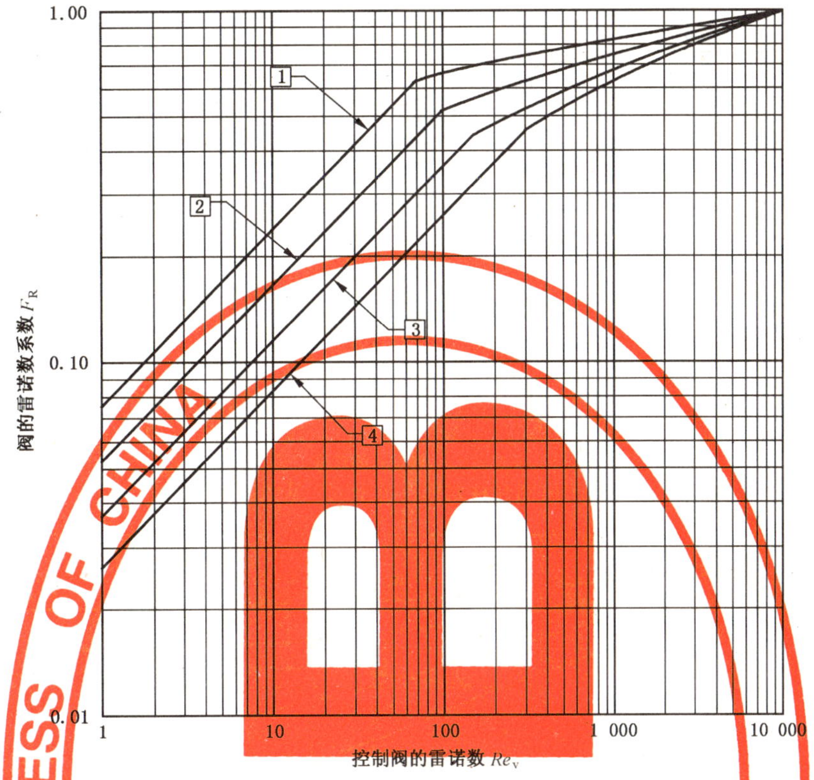

曲线 1　用于 $C_i/d^2=0.016\ N_{18}$

曲线 2　用于 $C_i/d^2=0.023\ N_{18}$

曲线 3　用于 $C_i/d^2=0.033\ N_{18}$

曲线 4　用于 $C_i/d^2=0.047\ N_{18}$

注：曲线以 F_L 为基准，F_L 大约为 1.0。

图 3　雷诺数系数 F_R

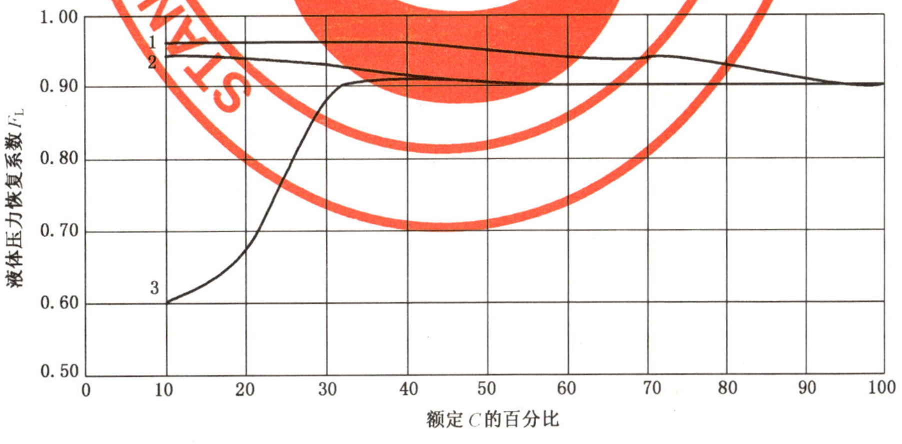

a）双座球形阀和套筒球形阀（见图注）

图 4　F_L 随额定 C 的百分比变化

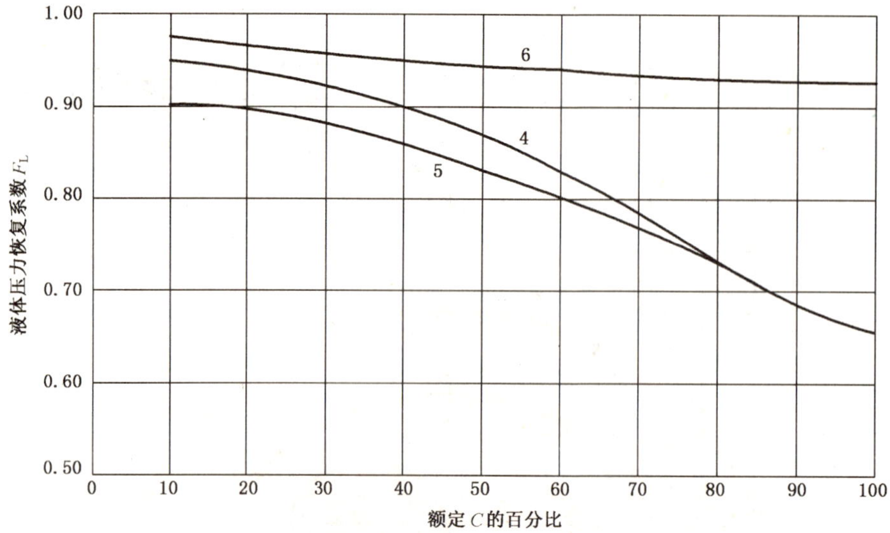

b）蝶阀和柱塞形小流量阀（见图注）

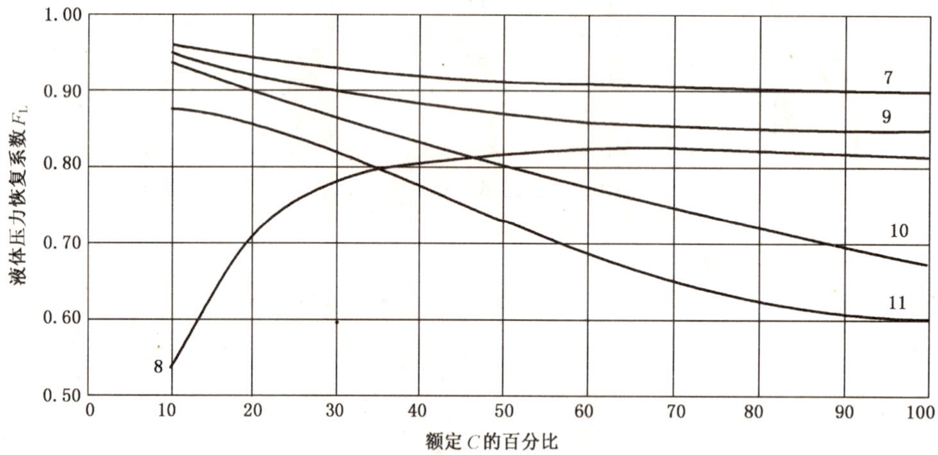

c）球形阀、偏心旋转阀（球形阀芯）和部分球体形球阀（见图注）

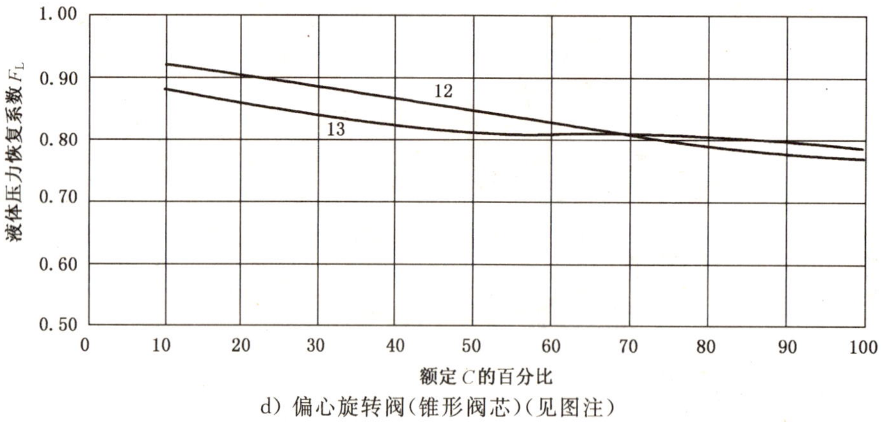

d）偏心旋转阀（锥形阀芯）（见图注）

1——V 形阀芯双座球形阀；
2——流开和流关型带孔套筒导向球形阀；
3——流开和流关型柱塞型阀芯双座球形阀；
4——蝶阀（偏心轴式）；
5——蝶阀（中心轴式）；
6——柱塞形小流量阀；
7——流开型单孔、等百分比、柱塞形球形阀；
8——流关型单孔、等百分比、柱塞形球形阀；
9——流开型球形阀芯偏心旋转阀；
10——流关型球形阀芯偏心旋转阀；
11——部分球体形球阀；
12——流开型锥形阀芯偏心旋转阀；
13——流关型锥形阀芯偏心旋转阀。

注：这些值仅为典型值，实际值由制造商发布。

图 4（续）

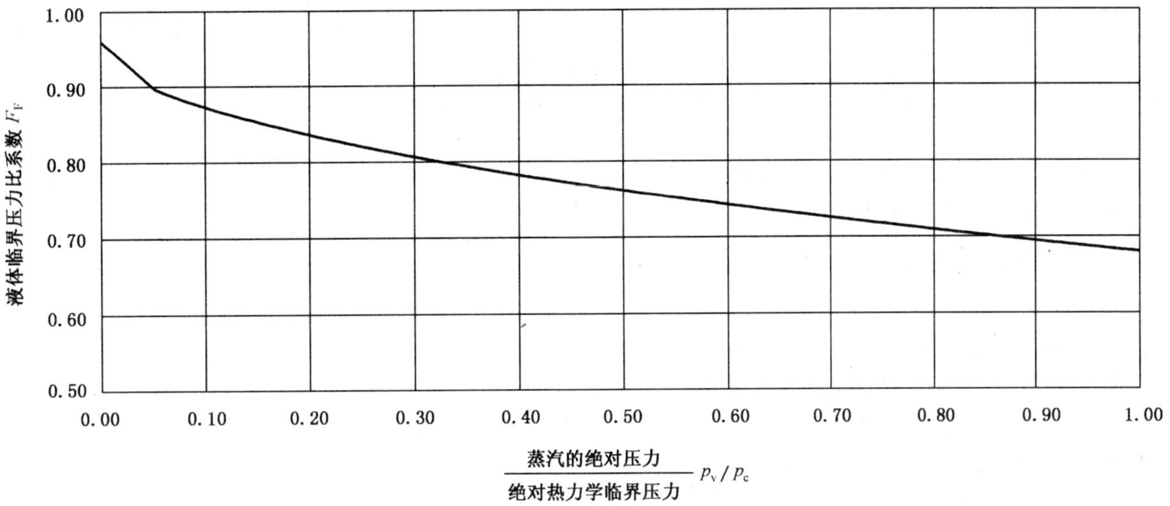

图 5 液体临界压力比系数 F_F

附　录　A
（资料性附录）
控制阀类型修正系数 F_d 的推导

除下列变量外，附录中的全部变量均已在本部分作了定义。

A_0　单流路的缩流断面的面积，mm^2；

d_H　单流路的水力直径，mm；

d_i　环形流路的内径（见图 A.1），mm；

d_0　总流路面积的等效直径，mm；

D_0　阀座节流孔直径（见图 A.1 和图 A.2），mm；

l_w　单流路的浸润周长，mm；

N_0　阀内件完全相同的独立流路的数量，无量纲；

α　截流件的旋转角（见图 A.2），（°）；

β　截流件的最大旋转角（见图 A.2），（°）；

ζ_{B1}　入口速度系数，无量纲；

μ　流出系数，无量纲。

控制阀类型修正系数 F_d 定义为在额定行程且 $C_i/d^2>0.016N_{18}$ 时的 d_H/d_0 之比，可由流量试验用下式取得：

$$F_d=\frac{N_{26}\nu F_L{}^2F_R{}^2(C/d^2)^2\sqrt{CF_L}}{Q\left(\frac{F_L{}^2C^2}{N_2D^4}+1\right)^{1/4}} \quad \cdots\cdots(A.1)$$

对于 $C_i/d^2\leqslant0.016N_{18}$ 的控制阀，F_d 用下式计算：

$$F_d=\frac{N_{31}\nu F_L{}^2F_R{}^2\sqrt{CF_L}}{Q\left[1+N_{32}\left(\frac{C}{d^2}\right)^{2/3}\right]} \quad \cdots\cdots(A.2)$$

注：N_{26} 和 N_{32} 的数值见表 A.1 。

确定 F_d 的试验见 GB/T 17213.9。

F_d 也可以用下式计算，两者可选其一：

$$F_d=\frac{d_H}{d_0} \quad \cdots\cdots(A.3)$$

单流路的水力直径 d_H 可由下式确定：

$$d_H=\frac{4A_0}{l_w} \quad \cdots\cdots(A.4)$$

总流路面积的等效直径 d_0 由下式确定：

$$d_0=\sqrt{\frac{4N_0A_0}{\pi}} \quad \cdots\cdots(A.5)$$

可根据制造商的图纸给出的尺寸估计 F_d，也具有足够的精确度。

单座、抛物线型阀芯（流开）（如图 A.1）的控制阀类型修正系数可用式（A.3）计算。

根据 Darcey 的公式可用下式计算面积 A_0：

$$A_0=\frac{N_{23}CF_L}{N_0} \quad \cdots\cdots(A.6)$$

注：N_{23} 的值见表 A.1。

由于 $N_0=1$，所以：

$$d_0=\sqrt{\frac{4A_0}{\pi}}$$

$$=\sqrt{\frac{4N_{23}CF_L}{\pi}} \quad \cdots\cdots(A.7)$$

$$d_H=\frac{4A_0}{l_w}$$

$$=\frac{4N_{23}CF_L}{\pi(D_0+d_i)} \quad \cdots\cdots(A.8)$$

由上式得：

$$F_d=\frac{d_H}{d_0}$$

$$=\frac{\left[\frac{4N_{23}CF_L}{\pi(D_0+d_i)}\right]}{\sqrt{\frac{4N_{23}CF_L}{\pi}}}$$

$$=\frac{1.13\sqrt{N_{23}CF_L}}{D_0+d_i} \quad \cdots\cdots(A.9)$$

d_i 随流量系数变化。当 $N_{23}CF_L=D_0^2$ 时假设直径 d_i 等于零。在 C 值小时，$d_i\approx D_0$，因此：

$$d_i=D_0-\frac{N_{23}CF_L}{D_0} \quad \cdots\cdots(A.10)$$

$$F_d=\frac{1.13\sqrt{N_{23}CF_L}}{2D_0-\frac{N_{23}CF_L}{D_0}} \quad \cdots\cdots(A.11)$$

F_d 最大为 1。

对于中心轴式蝶阀(见图 A.2)。

有效节流孔直径可以假设为阀体与阀板之间流通面积内两个射流口之一的水力直径，因此 $N_0=2$。

在阻塞流或盲进流时的流量系数 C 见下式：

$$N_{23}CF_L=\frac{0.125\pi D_0^2(\mu_1+\mu_2)\left(\frac{1-\sin\alpha}{\sin\beta}\right)}{\zeta_{B1}} \quad \cdots\cdots(A.12)$$

假定入口速度系数 $\zeta_{B1}=1$，令 $\mu_1=0.7$ 且 $\mu_2=0.7$，并将式(A.6)代入式(A.12)，得式(A.13)。

$$A_0=\frac{0.55D_0^2\left(\frac{1-\sin\alpha}{\sin\beta}\right)}{N_0} \quad \cdots\cdots(A.13)$$

且，中心轴式蝶阀的 $\beta=90°$，

$$A_0=\frac{0.55D_0^2(1-\sin\alpha)}{N_0} \quad \cdots\cdots(A.14)$$

然而，由于有两个并行的相等的流通面积，

$$A_0=0.275D_0^2(1-\sin\alpha) \quad \cdots\cdots(A.15)$$

并且

$$d_0=\sqrt{\frac{4A_0N_0}{\pi}}$$

$$=0.837D_0\sqrt{1-\sin\alpha} \quad \cdots\cdots(A.16)$$

$$d_H=\frac{4A_0}{0.59\pi D_0}$$

$$=0.59D_0(1-\sin\alpha) \quad \cdots\cdots(A.17)$$

注：$0.59\pi D_0$ 是考虑了射流收缩和轮毂的每个半圆的湿周 l_w。

$$F_d = \frac{d_H}{d_0}$$

其结果：

$$F_d = 0.7\sqrt{1-\sin\alpha} \qquad \text{(A.18)}$$

表 A.1 数字常数 N

常数	流量系数 C		公式的单位		
	K_v	C_v	Q	d	ν
N_{23}	1.96×10^1	1.70×10^1	—	mm	—
N_{26}	1.28×10^7	9.00×10^6	m^3/h	mm	m^2/s
N_{31}	2.1×10^4	1.9×10^4	m^3/h	—	m^2/s
N_{32}	1.4×10^2	1.27×10^2	—	mm	—
注：采用表中给出的数字常数和表中规定的实际公制单位就能得出规定单位的流量系数。					

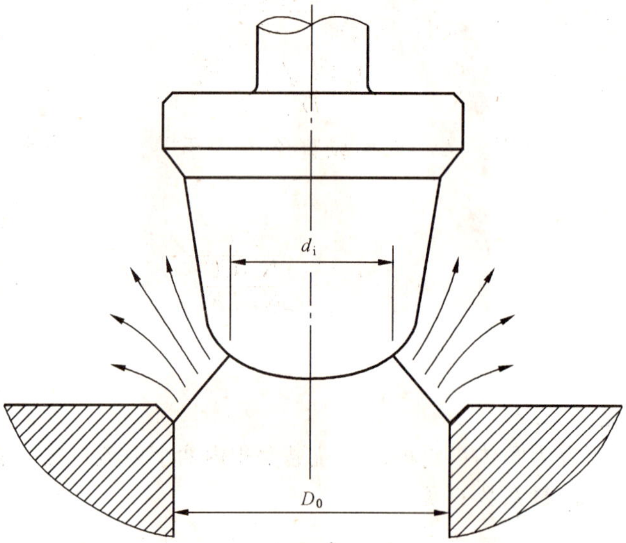

图 A.1 单阀座、抛物线型阀芯(流开)

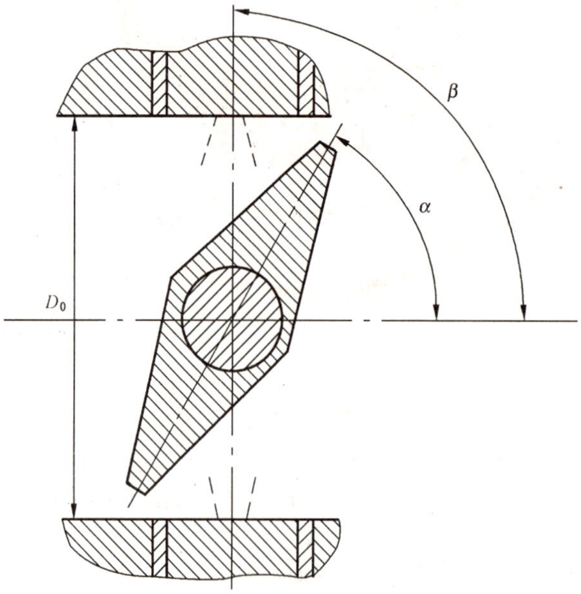

图 A.2 中心轴式蝶阀

附　录　B
（资料性附录）
控制阀流量计算流程图

B.1　不可压缩流体

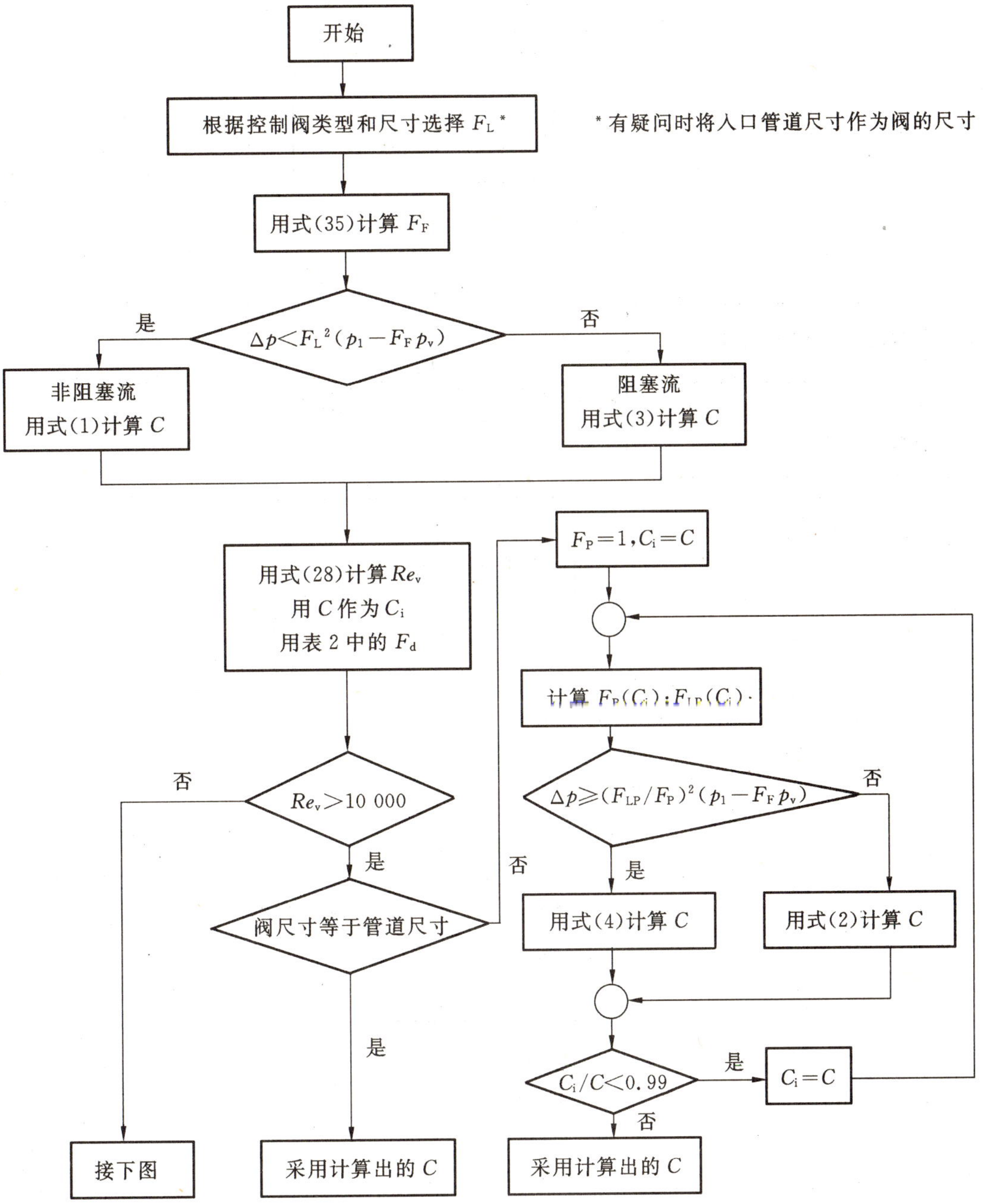

B.1 不可压缩流体(续)

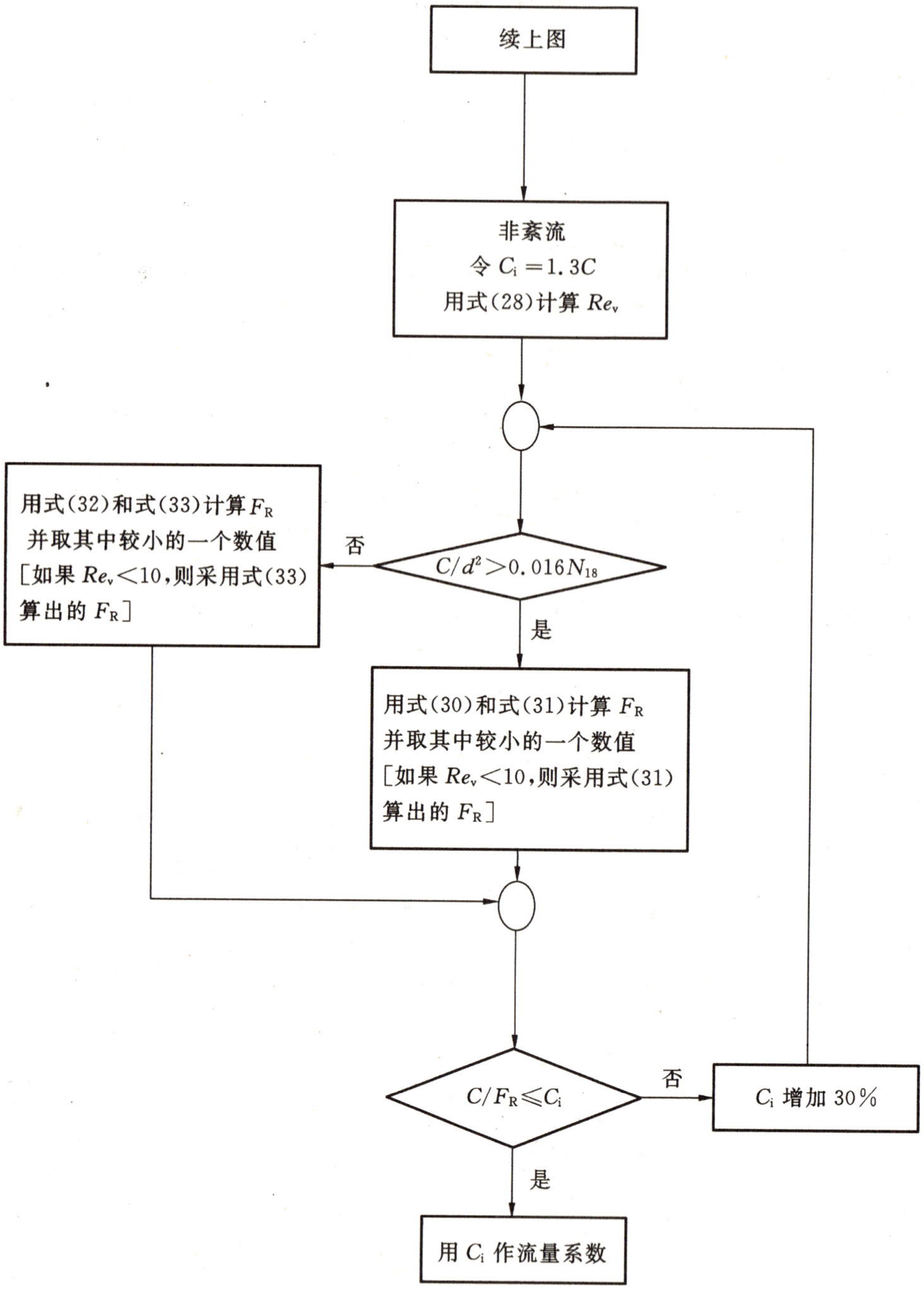
续上图
非紊流
令 $C_i=1.3C$
用式(28)计算 Re_v
否
$C/d^2>0.016N_{18}$
用式(32)和式(33)计算 F_R
并取其中较小的一个数值
[如果 $Re_v<10$,则采用式(33)
算出的 F_R]
是
用式(30)和式(31)计算 F_R
并取其中较小的一个数值
[如果 $Re_v<10$,则采用式(31)
算出的 F_R]
$C/F_R\leqslant C_i$
否
C_i 增加 30%
是
用 C_i 作流量系数

B.2 可压缩流体

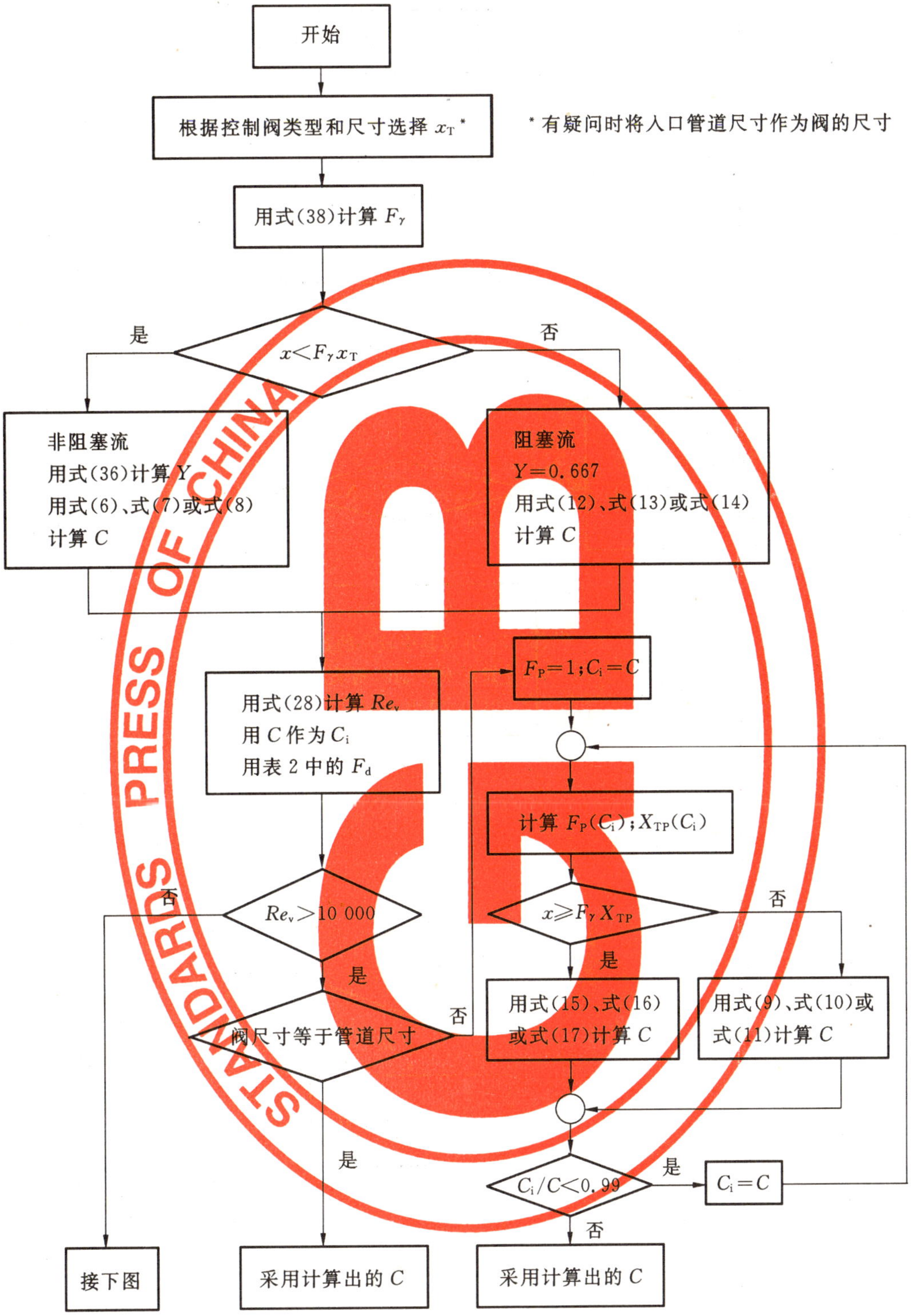
开始
根据控制阀类型和尺寸选择 x_T *
* 有疑问时将入口管道尺寸作为阀的尺寸
用式(38)计算 F_γ
是
$x<F_\gamma x_T$
否
非阻塞流
用式(36)计算 Y
用式(6)、式(7)或式(8)
计算 C
阻塞流
Y=0.667
用式(12)、式(13)或式(14)
计算 C
$F_P=1$;$C_i=C$
用式(28)计算 Re_v
用 C 作为 C_i
用表 2 中的 F_d
计算 $F_P(C_i)$;$X_{TP}(C_i)$
否
$Re_v>10\ 000$
是
$x \geq F_\gamma X_{TP}$
否
是
阀尺寸等于管道尺寸
否
用式(15)、式(16)
或式(17)计算 C
用式(9)、式(10)或
式(11)计算 C
是
$C_i/C<0.99$
是
$C_i=C$
否
接下图
采用计算出的 C
采用计算出的 C

B.2 可压缩流体(续)

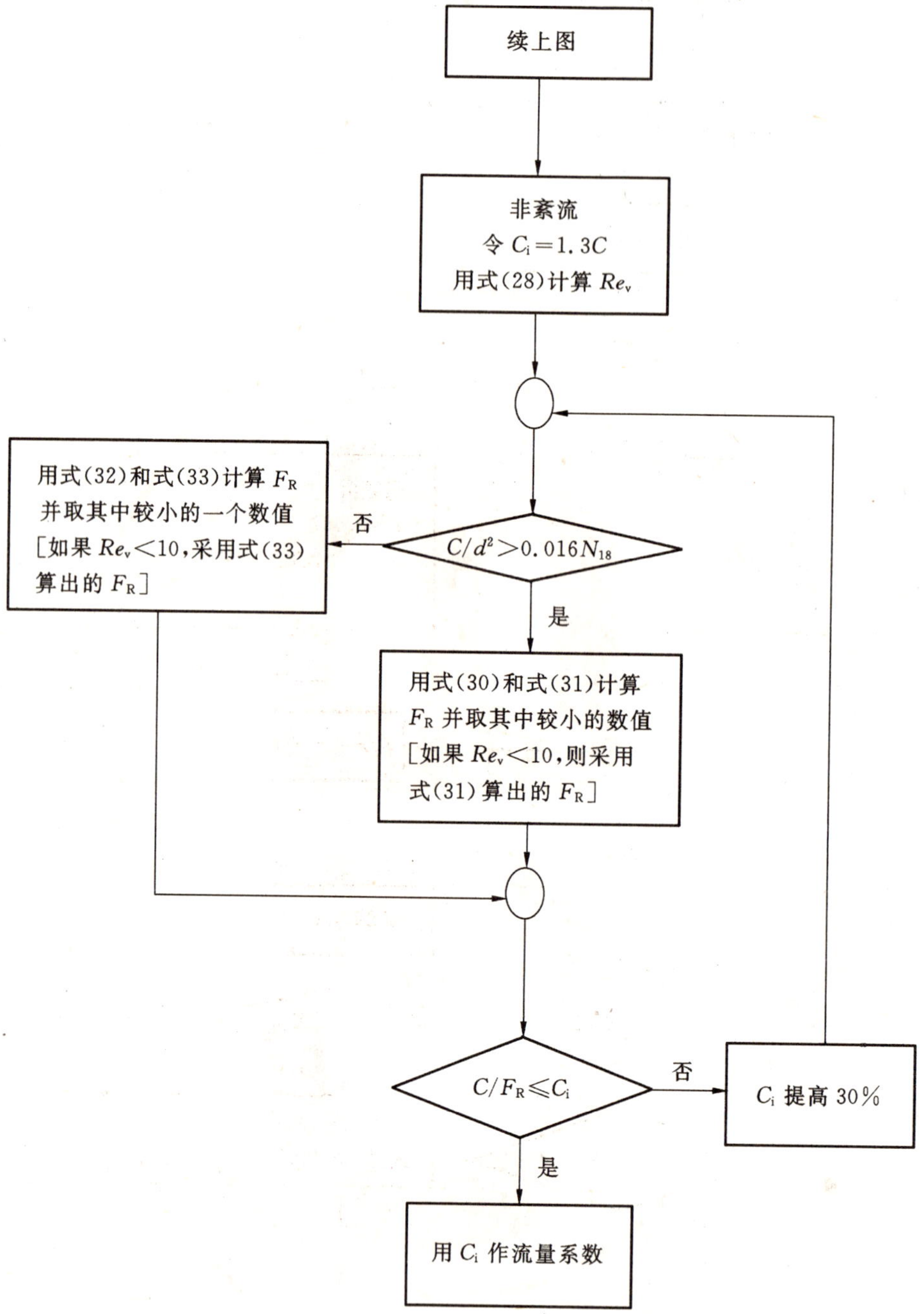
续上图
非紊流
令 $C_i=1.3C$
用式(28)计算 Re_v
用式(32)和式(33)计算 F_R
并取其中较小的一个数值
[如果 $Re_v<10$,采用式(33)
算出的 F_R]
否
$C/d^2>0.016N_{18}$
是
用式(30)和式(31)计算
F_R 并取其中较小的数值
[如果 $Re_v<10$,则采用
式(31)算出的 F_R]
$C/F_R\leqslant C_i$
否
C_i 提高 30%
是
用 C_i 作流量系数

附 录 C
(资料性附录)
物理常数[1)]

气体和蒸汽	符号	M	γ	F_γ	p_c[2)]	T_c[3)]
乙炔	C_2H_2	26.04	1.30	0.929	6140	309
空气	—	28.97	1.4	1.000	3771	133
氨	NH_3	17.03	1.32	0.943	11400	406
氩	A	39.948	1.67	1.191	4870	151
苯	C_6H_6	78.11	1.12	0.800	4924	562
异丁烷	C_4H_9	58.12	1.10	0.784	3638	408
丁烷	C_4H_{10}	58.12	1.11	0.793	3800	425
异丁烯	C_4H_8	56.11	1.11	0.790	4000	418
二氧化碳	CO_2	44.01	1.30	0.929	7387	304
一氧化碳	CO	28.01	1.40	1.000	3496	133
氯气	Cl_2	70.906	1.31	0.934	7980	417
乙烷	C_2H_6	30.07	1.22	0.871	4884	305
乙烯	C_2H_4	28.05	1.22	0.871	5040	283
氟	F_2	18.998	1.36	0.970	5215	144
氟里昂 11(三氯-氟化甲烷)	CCl_3F	137.37	1.14	0.811	4409	471
氟里昂 12(二氯二氟甲烷)	CCl_2F_2	120.91	1.13	0.807	4114	385
氟里昂 13(一氯三氟代甲烷)	CClF	104.46	1.14	0.814	3869	302
氟里昂 22(一氯二氟代甲烷)	$CHClF_2$	80.47	1.18	0.846	4977	369
氦	He	4.003	1.66	1.186	229	5.25
庚烷	C_7H_{16}	100.20	1.05	0.750	2736	540
氢	H_2	2.016	1.41	1.007	1297	33.25
氯化氢	HCl	36.46	1.41	1.007	8319	325
氟化氢	HF	20.01	0.97	0.691	6485	461
甲烷	CH_4	16.04	1.32	0.943	4600	191
一氯甲烷	CH_3Cl	50.49	1.24	0.889	6677	417
天然气	—	17.74	1.27	0.907	4634	203
氖	Ne	20.179	1.64	1.171	2726	44.45
一氧化氮	NO	63.01	1.40	1.000	6485	180

表（续）

气体和蒸汽	符号	M	γ	F_γ	p_c 2)	T_c 3)
氮	N_2	28.013	1.40	1.000	3394	126
辛烷	C_8H_{18}	114.23	1.66	1.186	2513	569
氧	O_2	32.000	1.40	1.000	5040	155
戊烷	C_5H_{12}	72.15	1.06	0.757	3374	470
丙烷	C_3H_8	44.10	1.15	0.821	4256	370
丙二醇	C_3H_6	42.08	1.14	0.814	4600	365
饱和蒸汽	—	18.016	1.25～1.32 4)	0.893～0.943 4)	22119	647
二氧化硫	SO_2	64.06	1.26	0.900	7822	430
过热蒸汽	—	18.016	1.315	0.939	22119	647

1) 环境温度和大气压力下的流体常数(不包括蒸汽)。

2) 压力单位为 kPa(绝对压力)。

3) 温度单位 K。

4) 代表性值,准确的特性需要了解确切的组成成分。

附 录 D
（资料性附录）
尺寸计算示例

例 1:不可压缩流体——无附接管件非阻塞流

过程数据：

流体：	水
入口绝对温度：	$T_1=363\ \text{K}$
密度：	$\rho_1=965.4\ \text{kg/m}^3$
蒸汽压力：	$p_v=70.1\ \text{kPa}$
热力学临界压力：	$p_c=22120\ \text{kPa}$
运动粘度：	$\nu=3.26\times10^{-7}\ \text{m}^2/\text{s}$
入口绝对压力：	$p_1=680\ \text{kPa}$
出口绝对压力：	$p_2=220\ \text{kPa}$
流量：	$Q=360\ \text{m}^3/\text{h}$
管道尺寸：	$D_1=D_2=150\ \text{mm}$

控制阀数据：

控制阀类型：	球形阀
阀内件：	抛物线型阀芯
流向：	流开
控制阀尺寸：	$d=150\ \text{mm}$
液体压力恢复系数：	$F_L=0.90$（见表 2）
控制阀类型修正系数：	$F_d=0.46$（见表 2）

计算：

$$F_F=0.96-0.28\sqrt{\frac{p_v}{p_c}}=0.944$$

式中：

$p_v=70.1\ \text{kPa}$；

$p_c=22\ 120\ \text{kPa}$。

下一步，确定流态：

$$F_L{}^2(p_1-F_F p_v)=497.2\ \text{kPa}$$

它大于压差（$\Delta p=460\ \text{kPa}$），因此，流态是非阻塞流，流量系数 C 用式(1)计算：

$$C=\frac{Q}{N_1}\sqrt{\frac{\rho_1/\rho_0}{\Delta p}}=165\ \text{m}^3/\text{h}（对于 K_v）$$

式中：

$Q=360\ \text{m}^3/\text{h}$；

$N_1=1\times10^{-1}$（见表 1）；

$\rho_1/\rho_0=0.965$；

$\Delta p=460\ \text{kPa}$。

下一步，计算 Re_v：

$$Re_v = \frac{N_4 F_d Q}{\nu \sqrt{C_i F_L}} \left[\frac{F_L{}^2 C_i{}^2}{N_2 D^4} + 1 \right]^{1/4} = 2.967 \times 10^6$$

式中：

$N_2 = 1.60 \times 10^{-3}$（见表 1）；

$N_4 = 7.07 \times 10^{-2}$（见表 1）；

$F_d = 0.46$；

$Q = 360\ m^3/h$；

$\nu = 3.26 \times 10^{-7}\ m^2/s$；

$C_i = C = K_v = 165\ m^3/h$；

$F_L = 0.90$；

$D = 150\ mm$。

因为控制阀雷诺数远大于 10 000，所以流态是紊流，上述计算的流量系数 C 是正确的。

例 2：不可压缩流体——无附接管件的阻塞流

过程数据：

流体：	水
入口绝对温度：	$T_1 = 363\ K$
密度：	$\rho_1 = 965.4\ kg/m^3$
蒸汽压力：	$p_v = 70.1\ kPa$
热力学临界压力：	$p_c = 22\ 120\ kPa$
运动粘度：	$\nu = 3.26 \times 10^{-7}\ m^2/s$
入口绝对压力：	$p_1 = 680\ kPa$
出口绝对压力：	$p_2 = 220\ kPa$
流量：	$Q = 360\ m^3/h$
管道尺寸：	$D_1 = D_2 = 100\ mm$

控制阀数据：

控制阀类型：	球阀
阀内件：	部分球
流向：	流开
控制阀尺寸：	$d = 100$
液体压力恢复系数：	$F_L = 0.60$（见表 2）
控制阀类型修正系数：	$F_d = 0.98$（见表 2）

计算：

$$F_F = 0.96 - 0.28 \sqrt{\frac{p_v}{p_c}} = 0.944$$

式中：

$p_v = 70.1\ kPa$；

$p_c = 22\ 120\ kPa$。

下一步，确定流态：

$$F_L{}^2 (p_1 - F_F p_v) = 221\ kPa$$

它小于压差（$\Delta p = 460\ kPa$），因此，流态是阻塞流，流量系数 C 用式（3）计算：

$$C = \frac{Q}{N_1 F_L}\sqrt{\frac{\rho_1/\rho_0}{p_1 - F_F p_v}} = 238\ \text{m}^3/\text{h}(\text{对于 } K_v)$$

式中：

$Q=360\ \text{m}^3/\text{h}$；

$N_1=1\times10^{-1}$（见表 1）；

$F_L=0.60$；

$\rho_1/\rho_0=0.965$；

$p_1=680\ \text{kPa}$；

$F_F=0.944$；

$p_v=70.1\ \text{kPa}$。

下一步，计算 Re_v：

$$Re_v = \frac{N_4 F_d Q}{\nu\sqrt{C_i F_L}}\left(\frac{F_L{}^2 C_i{}^2}{N_2 D^4}+1\right)^{1/4} = 6.598\times10^6$$

式中：

$N_2=1.60\times10^{-3}$（见表 1）；

$N_4=7.07\times10^{-2}$（见表 1）；

$F_d=0.98$；

$Q=360\ \text{m}^3/\text{h}$；

$\nu=3.26\times10^{-7}\ \text{m}^2/\text{s}$；

$C_i=C=K_v=238\ \text{m}^3/\text{h}$；

$F_L=0.60$；

$D=100\ \text{mm}$。

因为控制阀雷诺数远大于 10 000，所以流态是紊流不需要更多的校正。

例 3：可压缩流体——带附接管件的非阻塞流

过程数据：

流体：	二氧化碳
入口温度：	$T_1=433\ \text{K}$
分子量：	$M=44.01\ \text{kg/kmol}$
运动粘度：	$\nu=1.743\times10^{-5}\ \text{m}^2/\text{s}$
比热比：	$\gamma=1.30$
压缩系数：	$Z=0.988$
入口绝对压力：	$p_1=680\ \text{kPa}$
出口绝对压力：	$p_2=310\ \text{kPa}$
流量：	$Q=3\ 800\ \text{m}^3/\text{h}$（在压力 101.325 kPa，温度 0℃时）
入口管道尺寸：	$D_1=80\ \text{mm}$
出口管道尺寸：	$D_2=100\ \text{mm}$
渐缩管：	短尺寸，同轴

控制阀数据：

控制阀类型：	角行程阀
阀内件：	偏心旋转阀芯
流向：	流开

控制阀尺寸：　　$d=50$ mm

压差比系数：　　$x_T=0.60$（见表 2）

液体压力恢复系数：　　$F_L=0.85$（见表 2）

控制阀类型系数：　　$F_d=0.42$（见表 2）

计算：

$$F_\gamma=\frac{\gamma}{1.40}=0.929$$

式中：

$\gamma=1.30$

并且：

$$x=\frac{\Delta p}{p_1}=0.544$$

它小于 $F_\gamma x_T=0.557$，因此流态是非阻塞流，流量系数由式(11)计算，下一步由式(36)计算 Y：

$$Y=1-\frac{x}{3F_\gamma x_T}=0.674$$

式中：

$x=0.544$；

$F_\gamma=0.929$；

$x_T=0.60$。

$$C=\frac{Q}{N_9F_Pp_1Y}\sqrt{\frac{MT_1Z}{x}}=62.7\ \mathrm{m^3/h}(\text{对于 } K_v)$$

式中：

$Q=3\,800\ \mathrm{m^3/h}$；

$N_9=2.46\times10^1$（在表 1 中 $t_s=0$℃时）；

假定 $F_P=1$；

$p_1=680$ kPa；

$Y=0.674$；

$M=44.01$ kg/kmol；

$T_1=433$ K；

$Z=0.988$；

$x=0.544$。

用式(28)计算 Re_v：

$$Re_v=\frac{N_4F_dQ}{\nu\sqrt{C_iF_L}}\left(\frac{F_L{}^2C_i^2}{N_2D^4}+1\right)^{1/4}=8.96\times10^5$$

式中：

$N_2=1.60\times10^{-3}$（见表 1）；

$N_4=7.07\times10^{-2}$（见表 1）；

$F_d=0.42$；

$Q=3800\ \mathrm{m^3/h}$；

$\nu=1.743\times10^{-5}\ \mathrm{m^2/s}$；

$C_i=C=K_v=62.7\ \mathrm{m^3/h}$；

$F_L=0.85$；

$D=80$ mm。

因为控制阀雷诺数远大于 10 000，所以流态是紊流。

计算入口和出口渐缩管对 C 的影响。

由于渐缩管既是同心的也是短尺的，所以速度头损失系数可按下式计算：

$$\zeta_1 = 0.5\left[1-\left(\frac{d}{D_1}\right)^2\right]^2 = 0.186$$

式中：

d=50 mm；

D_1=80 mm。

$$\zeta_2 = 1.0\left[1-\left(\frac{d}{D_2}\right)^2\right]^2 = 0.563$$

式中：

d=50 mm；

D_2=100 mm。

并且伯努利系数为：

$$\zeta_{B1} = 1-\left(\frac{d}{D_1}\right)^4 = 0.847$$

式中：

d=50 mm

D_1=80 mm

$$\zeta_{B2} = 1-\left(\frac{d}{D_2}\right)^4 = 0.938$$

式中：

d=50 mm

D_2=100 mm

入口和出口渐缩管的有效速度头损失系数：

$$\sum\zeta = \zeta_1+\zeta_2+\zeta_{B1}-\zeta_{B2} = 0.658$$

式中：

ζ_1=0.186；

ζ_2=0.563；

ζ_{B1}=0.847；

ζ_{B2}=0.938。

用迭代法计算渐缩管的影响，从 $C_i=C$，$F_{P(1)}=1$ 开始：

$$F_{P(2)} = \frac{1}{\sqrt{1+\frac{\sum\zeta}{N_2}\left(\frac{C_1}{d^2}\right)^2}} = 0.891$$

式中：

$\sum\zeta$=0.658；

$N_2=1.60\times10^{-3}$（见表 1）；

C_1=62.7 m^3/h；

d=50 mm。

因为 $F_{P(2)}/F_{P(1)}=0.891/1<0.99$，所以需要做下一步。

$$C_2 = \frac{C}{F_{P(2)}} = \frac{62.7}{0.891} = 70.4\ m^3/h$$

$$F_{P(3)} = \frac{1}{\sqrt{1+\frac{\sum\zeta}{N_2}\left(\frac{C_2}{d^2}\right)^2}} = 0.868$$

式中：

$\sum\zeta=0.658$；

$N_2=1.60\times10^{-3}$（见表 1）；

$C_2=70.4\ m^3/h$；

$d=50\ mm$。

由于 $F_{P(3)}/F_{P(2)}=0.868/0.891>0.99$，因此 $F_{P(3)}$ 将用于最终计算。

$$x_{TP}=\frac{\frac{x_T}{F_P{}^2}}{1+\frac{x_T\zeta_I}{N_5}\left(\frac{C_2}{d^2}\right)^2}=0.626$$

式中：

$x_T=0.60$；

$F_P=0.868$；

$\zeta_I=\zeta_1+\zeta_{B1}=1.033$；

$N_5=1.80\times10^{-3}$（见表 1）；

$C_2=70.4\ m^3/h$；

$d=50\ mm$。

这里 $F_\gamma x_{TP}=0.582$，大于 $x=0.544$。

最终由式(11)得出的 C 如下：

$$C=\frac{Q}{N_9F_Pp_1Y}\sqrt{\frac{MT_1Z}{x}}=72.2\ m^3/h（对于\ K_v）$$

式中：

$Q=3\ 800\ m^3/h$；

$N_9=2.46\times10^1$（在表 1 中 $t_s=0℃$ 时）；

$F_P=0.868$；

$p_1=680\ kPa$；

$Y=0.674$；

$M=44.01\ kg/kmol$；

$T_1=433\ K$；

$Z=0.988$；

$x=0.544$。

例 4：可压缩流体——对气体的小流量阀内件尺寸计算

过程数据：

流体：	氩气
入口温度：	$T_1=320\ K$
入口绝对压力：	$p_1=2.8\ bar$
出口绝对压力：	$p_2=1.3\ bar$
流量：	$Q=0.46\ m^3/h$（在绝对压力 101.325 kPa，温度 0℃）
分子量：	$M=39.95\ kg/kmol$
运动粘度：	$\nu=1.338\times10^{-5}\ m^2/s$（在绝对压力 1 bar，温度 15℃）
比热比：	$\gamma=1.67$
比热比系数：	$F_\gamma=1.19$

控制阀数据：

阀内件：	锥形针状阀芯
液体压力恢复系数 ：	$F_L=0.98$
压差比系数：	$x_T=0.8$
节流孔直径：	$D_0=5$ mm
控制阀尺寸：	$d=15$ mm
管道内径：	$D=15$ mm

计算：

首先检查控制阀雷诺数 Re_v：

$$Re_v=\frac{N_4F_dQ}{\nu\sqrt{C_iF_L}}\left(\frac{F_L{}^2C_i{}^2}{N_2D^4}+1\right)^{1/4}$$

这里要求代入 C_i，它必须被确定。应为 $x>F_\gamma x_T$，可以先用阻塞流计算 C 的式(14)估算流量系数，然后按 8.1 的迭代程序用 C 乘以 1.3。

$$C=\frac{Q}{0.667N_9p_1}\sqrt{\frac{MT_1Z}{F_\gamma x_T}}=0.012\ 7(\text{对于 }C_v)$$

式中：

$Q=0.46\ m^3/h$；

$N_9=2.25\times10^3$(在表 1 中 $t_s=15℃$时)；

$p_1=2.8$ bar；

$M=39.95$ kg/kmol；

$T_1=320$ K；

$Z=1$；

$F_\gamma=1.19$；

$x_T=0.8$。

$$C_i=1.3C=0.016\ 5\quad(\text{对于 }C_v)$$

式中：

$C=0.0127$ (对于 C_v)。

下一步用表 2 中的公式估算 F_d：

$$F_d=\frac{N_{19}\sqrt{CF_L}}{D_0}=0.058$$

式中：

$C=C_i=0.016\ 5$ (C_v)；

$F_L=0.98$；

$N_{19}=2.3$(由表 1 得)；

$D_0=5$ mm。

计算 Re_v 如下：

$$Re_v=\frac{N_4F_dQ}{\nu\sqrt{C_iF_L}}\left(\frac{F_L{}^2C_i{}^2}{N_2D^4}+1\right)^{1/4}=1\ 202$$

式中：

$N_2=2.14\times10^{-3}$(见表 1)；

$N_4=7.6\times10^{-2}$(见表 1)；

$F_d=0.058$；

$Q=0.46\ m^3/h$；

$\nu=1.338\times10^{-5}\ m^2/s$;

$F_L=0.98$;

$C_i=0.0165$（对于 C_v）;

$D=15$ mm。

确定条件：$C/d^2<0.016N_{18}$是否成立

$$C/d^2=7.333\times10^{-5}$$

$$0.016N_{18}=0.016$$

$$C/d^2<0.016N_{18}$$

式中：

$N_{18}=1.00$（见表 1）;

$C=0.0165$;

$d=15$ mm。

因为控制阀雷诺数低于 10 000，所以流态是非紊流，因此必须采用流量系数公式(19)。由于 $C/d^2<0.016N_{18}$ 并且 $Re_v>10$，所以应采用式(32)和式(33)计算 F_R 并取其较小的一个。

$$n_2=1+N_{32}\left(\frac{C_i}{d^2}\right)^{2/3}=1.478$$

式中：

$N_{32}=127$（见表 1）;

$C_i=0.016\ 5$（对于 C_v）;

$Re_v=1\ 202$;

$d=15$ mm。

$$F_R=1+\left(\frac{0.33F_L^{1/2}}{n_2^{1/4}}\right)\lg\left(\frac{Re_v}{10\ 000}\right)=0.727$$

$$F_R=1+(0.272)(-0.920)=0.75$$

式中：

$F_L=0.98$;

$n_2=1.478$;

$Re_v=1\ 202$。

$$F_R=\frac{0.026}{F_L}\sqrt{n_2Re_v}=1.12$$

注：F_R 的极限为 1。

式中：

$F_L=0.98$;

$n_2=1.478$;

$Re_v=1\ 202$。

采用两个计算值中较小的一个，即采用 $F_R=0.727$。

$$C=\frac{Q}{N_{22}F_R}\sqrt{\frac{MT_1}{\Delta p(p_1+p_2)}}=0.018\quad（对于\ C_v）$$

式中：

$Q=0.46\ m^3/h$

$N_{22}=1.59\times10^3$，$t_s=15℃$（见表 1）

$F_R=0.727$

$M=39.95$ kg/kmol

$T_1=320\ \mathrm{K}$

$\Delta p=1.5\ \mathrm{bar}$

$p_1=2.8\ \mathrm{bar}$

$p_2=1.3\ \mathrm{bar}$

检查：

$$\frac{C}{F_R}<C_i$$

$$\frac{0.0127}{0.727}=0.018>0.0165$$

由于 C/F_R 不小于 C_i，将 C_i 增加30%重复上述过程。

新 $C_i=1.3C_i=0.0214$。

式中：

$C_i=0.0165$。

$$F_d=\frac{N_{19}\sqrt{CF_L}}{D_0}=0.067$$

式中：

$C=C_i=0.0214$（对于 C_v）；

$F_L=0.98$；

$N_{19}=2.3$（见表1）；

$D_0=5\ \mathrm{mm}$。

计算 Re_v：

$$Re_v=\frac{N_4F_dQ}{\nu\sqrt{C_iF_L}}\left(\frac{F_L^2C_i^2}{N_2D^4}+1\right)^{1/4}=1\ 202$$

式中：

$N_2=2.14\times10^{-3}$（见表1）；

$N_4=7.6\times10^{-2}$（见表1）；

$F_d=0.067$；

$Q=0.46\ \mathrm{m^3/h}$；

$\nu=1.338\times10^{-5}\ \mathrm{m^2/s}$；

$F_L=0.98$；

$C_i=0.0214$；

$D=15\ \mathrm{mm}$。

因为 Re_v 的值保持原有计算值，因此 F_R 保持在0.727。C 的计算值保持在0.018并且适用于0.018或更高的额定 C 值的阀内件。

参 考 文 献

[1] Baumann, H. D. , A unifying Method for Sizing Throttling Valves Under Laminar or Transitional Flow Conditions, Journal of Fluids Engineering, Vol. 115, No. 1, March 1993, pp. 166-168.

ICS 23.060.01
N 16

中华人民共和国国家标准

GB/T 17213.3—2005/IEC 60534-3-1:2000

工业过程控制阀 第3-1部分:尺寸 两通球形直通控制阀法兰端面距和两通球形角形控制阀法兰中心至法兰端面的间距

Industrial-process control valves—Part 3-1: Dimensions—Face-to-face dimensions for flanged, two-way, globe-type, straight pattern and center-to-face dimensions for flanged, two-way, globe-type, angle pattern control valves

(IEC 60534-3-1:2000, IDT)

2005-09-09 发布 2006-04-01 实施

中华人民共和国国家质量监督检验检疫总局
中国国家标准化管理委员会 发布

前　言

GB/T 17213《工业过程控制阀》分为如下部分：

——控制阀术语和总则(eqv IEC 60534-1:1987)

——流通能力　安装条件下流体流量的计算公式(IEC 60534-2-1:1998,IDT)

——流通能力　试验程序(IEC 60534-2-3:1997,IDT)

——流通能力　固有流量特性和可调比(IEC 60534-2-4:1989,IDT)

——尺寸　两通球形直通控制阀法兰端面距和两通球形角形控制阀法兰中心至法兰端面的间距(IEC 60534-3-1:2000,IDT)

——尺寸　角行程控制阀(蝶阀除外)的端面距(IEC 60534-3-2:2001,IDT)

——尺寸　对焊式两通球形直通控制阀的端距(IEC 60534-3-3:1998,IDT)

——检验和例行试验(IEC 60534-4:1999,IDT)

——标志(eqv IEC 60534-5:1982)

——定位器与控制阀执行机构连接的安装细节　定位器在直行程执行机构上的安装(IEC 60534-6-1:1997,IDT)

——定位器与控制阀执行机构连接的安装细节　定位器在角行程执行机构上的安装(IEC 60534-6-2:2000,IDT)

——控制阀数据单(eqv IEC 60534-7:1989)

——噪声的考虑　实验室内测量空气动力流流经控制阀产生的噪声(eqv IEC 60534-8-1:1986)

——噪声的考虑　实验室内测量液动流流经控制阀产生的噪声(IEC 60534-8-2:1991,IDT)

——噪声的考虑　空气动力流流经控制阀产生的噪声预测方法(IEC 60534-8-3:2000,IDT)

——噪声的考虑　液动流流经控制阀产生的噪声预测方法(IEC 60534-8-4:1994,IDT)

本部分为 GB/T 17213 的第 3 部分。

本部分等同采用 IEC 60534-3-1:2000《工业过程控制阀　第 3-1 部分:尺寸　二通球形直通控制阀法兰端面距和二通球形角型控制阀法兰中心至法兰端面的间距》(英文版)。

本部分等同翻译 IEC 60534-3-1:2000。

为便于使用,本部分作了下列编辑性修改：

a) “IEC 60534 的本部分”一词改为“GB/T 17213 的本部分”；

b) 删除国际标准的前言；

c) 用“PN10 或 PN116”、“PN25 或 PN40”、“PN63 或 PN100”分别代替“PN10 或 116”、“PN25 或 40”、“PN63 或 100”。

本部分由中国机械工业联合会提出。

本部分由全国工业过程测量和控制标准化技术委员会第一分技术委员会归口。

本部分由机械工业仪器仪表综合技术经济研究所负责起草。参加起草的单位有:天津自动化仪表四厂、上海工业自动化仪表研究所、上海自动化仪表股份有限公司自动化仪表七厂、重庆川仪十一厂有限公司、吴忠仪表股份有限公司。

本部分主要起草人:王凌霄、冯晓升、王群增、郑秋萍、陈蒙南、李元涛、范萍、王燕、高强。

工业过程控制阀　第3-1部分:尺寸 两通球形直通控制阀法兰端面距和 两通球形角形控制阀法兰中心至 法兰端面的间距

1　范围

GB/T 17213 的本部分规定了一定公称通径和压力等级的两通球形直通控制阀的端面距(FTF)和角形控制阀法兰中心至法兰端面的间距(CTF)。直通控制阀的公称通径为 DN 15～DN 400,角形控制阀的公称通径为 DN 25～DN 400。

2　规范性引用文件

下列文件中的条款通过 GB/T 17213 的本部分的引用而成为本部分的条款。凡是注日期的引用文件,其随后所有的修改单(不包括勘误的内容)或修订版均不适用于本部分,然而,鼓励根据本部分达成协议的各方研究是否可使用这些文件的最新版本。凡是不注日期的引用文件,其最新版本适用于本部分。

GB/T 17213.1—1998 工业过程控制阀　第1部分:控制阀术语和总则(eqv IEC 60534-1:1987)

3　定义

GB/T 17213.1 确定的术语和定义以及下列术语和定义适用于 GB/T 17213 的本部分。

3.1

端面距(FTF)(直通阀)　face-to-face dimension (FTF) (for straight pattern valves)

法兰连接端面上放置密封垫片的两平面(即接触表面)之间的距离(见图1)。

3.2

中心至端面的间距(CTF)(角形阀)　center-to-face dimension (CTF)(for angle pattern valves)

阀体的任一法兰端面上的密封面与垂直于其轴线的另一法兰中心线之间的距离(见图1)。

4　公称通径和压力等级

4.1　公称通径

公称通径见表1～表4。

4.2　压力等级

压力等级应按级和公称压力(PN)分组,见表1～表4。

5　端面距和中心至端面的间距

FTF 和 CTF 尺寸见表1～表4。这些数据仅适用于表中给出的公称通径和相应压力等级组所对应的范围。

同一组给定压力等级控制阀的 FTF 和 CTF 尺寸应相同,但控制阀在其他方面可以有所不同。

注:为了限定 FTF 和 CTF 尺寸的数量,如表1～表4所示,对压力等级进行了分组。

6　公差

FTF 和 CTF 尺寸的允许公差见表1～表4。

7 法兰端面

本部分仅为平面法兰和凸面法兰的控制阀提供了 FTF 和 CTF 尺寸。与一般的法兰标准表示方法相同，若带有凸面，则 FTF 和 CTF 尺寸包括凸面。

本部分不包括带有特殊表面如槽式密封面或榫槽式法兰的控制阀。

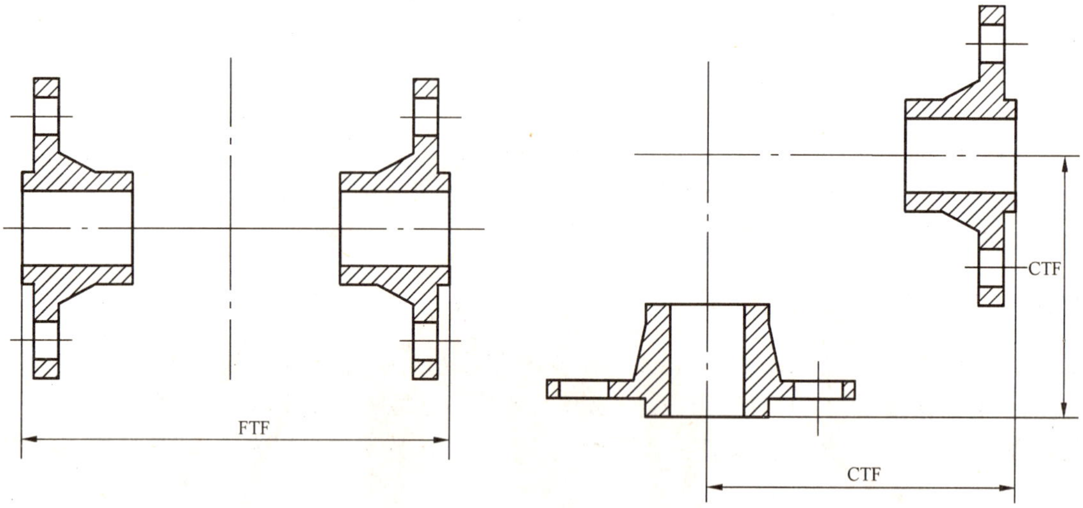

图 1　端面距和中心至端面的间距

表 1　给定 PN 的两通球形直通控制阀法兰端面距

公称通径 DN	FTF						FTF 公差
	PN 10 或 PN 16		PN 25 或 PN 40		PN 63 或 PN 100		
15	130	—	130	—	—	210	±2
20	150	—	150	—	—	230	
25	160	184	160	197	210	230	
32	180	—	180	—	—	260	
40	200	222	200	235	251	260	
50	230	254	230	267	286	300	
65	290	—	290	—	—	340	
80	310	298	310	317	337	380	
100	350	352	350	368	394	430	
125	400	—	400	—	—	500	
150	480	451	480	473	508	550	
200	600	543	600	568	610	650	
250	730	673	730	708	752	775	
300	850	737	850	775	819	900	±3
350	980	889	980	927	972	1 025	
400	1 100	1 016	1 100	1 057	1 108	1 150	
基础系列	1	37	1	38	39	2	—

注 1：所有尺寸的单位均为毫米。

注 2：系列标志取自 EN 558-1。

表 2　给定级的两通球形直通控制阀法兰端面距

公称通径 DN	FTF						FTF 公差
	125 级或 150 级		250 级或 300 级		600 级		
25	160	184	160	197	210	230	±2
40	200	222	200	235	251	260	
50	230	254	230	267	286	300	
80	310	298	310	317	337	380	
100	350	352	350	368	394	430	
150	480	451	480	473	508	550	
200	600	543	600	568	610	650	
250	730	673	730	708	752	775	
300	850	737	850	775	819	900	±3
350	980	889	980	927	972	1 025	
400	1 100	1 016	1 100	1 057	1 108	1 150	
基础系列	1	37	1	38	39	2	—

注 1：所有尺寸的单位均为毫米。

注 2：系列标志取自 EN 558-2。

表 3　给定 PN 的两通球形角形控制阀法兰中心至法兰端面的间距

公称通径 DN	CTF						CTF 公差
	PN 10 或 PN 16		PN 25 或 PN 40		PN 63 或 PN 100		
25	100	92	100	98	105	115	±2
40	115	111	115	117	125	130	
50	125	127	125	133	143	150	
80	155	149	155	159	168	190	
100	175	176	175	184	197	215	
150	225	225	225	236	254	275	
200	275	272	275	284	305	325	
250	325	337	325	354	376	—	
300	375	368	375	387	410	—	±3
350	425	445	425	464	486	—	
400	475	508	475	529	554	—	
基础系列	8	40	8	41	42	9	—

注 1：所有尺寸的单位均为毫米。

注 2：系列标志取自 EN 558-1。

表 4　给定级的两通球形角形控制阀法兰中心至法兰端面的间距

公称通径 DN	CTF						CTF 公差
	125 级或 150 级		250 级或 300 级		600 级		
25	70	92	98	102	105	108	±2
40	83	111	117	114	125	121	
50	102	127	133	133	143	146	
80	121	149	159	159	168	178	
100	146	176	184	178	197	216	
150	203	225	236	222	254	279	
200	248	272	284	279	305	330	
250	311	337	354	311	376	394	
300	349	368	387	356	410	419	±3
350	394	445	464	—	486	—	
400	457	508	529	—	554	—	
基础系列	11	40	41	32	42	24	—

注 1：所有尺寸的单位均为毫米。

注 2：系列标志取自 EN 558-2。

参 考 文 献

[1] EN558-1:1996 Industrial valves—Face-to-face and center-to-face dimensions of metal valves for use in flanged pipe systems—Part 1:PN-designated valves.

[2] EN558-2:1996 Industrial valves—Face-to-face and center-to-face dimension of metal valves for use in flanged pipe systems—Part 2:Class-designated valves.

ICS 23.060.01
N 16

中华人民共和国国家标准

GB/T 17213.4—2005/IEC 60534-4:1999

工业过程控制阀 第4部分:检验和例行试验

Industrial-process control valves—Part 4:Inspection and routine testing

(IEC 60534-4:1999,IDT)

2005-09-09 发布 2006-04-01 实施

中华人民共和国国家质量监督检验检疫总局
中国国家标准化管理委员会 发布

前　　言

GB/T 17213《工业过程控制阀》分为如下部分：

——控制阀术语和总则(eqv IEC 60534-1:1987)

——流通能力　安装条件下流体流量的计算公式(IEC 60534-2-1:1998,IDT)

——流通能力　试验程序(IEC 60534-2-3:1997,IDT)

——流通能力　固有流量特性和可调比(IEC 60534-2-4:1989,IDT)

——尺寸　两通球形直通控制阀法兰端面距和两通球形角形控制阀法兰中心至法兰端面的间距(IEC 60534-3-1:2000,IDT)

——尺寸　角行程控制阀(蝶阀除外)的端面距(IEC 60534-3-2:2001,IDT)

——尺寸　对焊式两通球形直通控制阀的端距(IEC 60534-3-3:1998,IDT)

——检验和例行试验(IEC 60534-4:1999,IDT)

——标志(eqv IEC 60534-5:1982)

——定位器与控制阀执行机构连接的安装细节　定位器在直行程执行机构上的安装(IEC 60534-6-1:1997,IDT)

——定位器与控制阀执行机构连接的安装细节　定位器在角行程执行机构上的安装(IEC 60534-6-2:2000,IDT)

——控制阀数据单(eqv IEC 60534-7:1989)

——噪声的考虑　实验室内测量空气动力流流经控制阀产生的噪声(eqv IEC 60534-8-1:1986)

——噪声的考虑　实验室内测量液动流流经控制阀产生的噪声(IEC 60534-8-2:1991,IDT)

——噪声的考虑　空气动力流流经控制阀产生的噪声预测方法(IEC 60534-8-3:2000,IDT)

——噪声的考虑　液动流流经控制阀产生的噪声预测方法(IEC 60534-8-4:1994,IDT)

本部分为 GB/T 17213 的第 4 部分。

本部分等同采用 IEC 60534-4:1999《工业过程控制阀　第 4 部分:检验和例行试验》(英文版)。

本部分等同翻译 IEC 60534-4:1999。

为便于使用,本部分作了下列编辑性修改:

a) "IEC 60534 的本部分"一词改为"GB/T 17213 的本部分";

b) 用小数点"."代替作为小数点的逗号",";

c) 删除国际标准的前言;

d) 用"GB/T 17213(所有部分)"、"GB/T 18271(所有部分)"两规范性引用文件取代"GB/T 17213.1(eqv IEC 60534-1:1987)"、"GB/T 17213.2(IEC 60534-2-1:1998,IDT)"、"GB/T 18271.1(IEC 61298-1:1995,IDT)"三个引用文件;

e) 按 GB/T 1.1—2000 的规定增加了文本中公式的编号;

f) 用"a"、"b"取代式中重复的"A"、"B",与 8.3.3 中式(1)的表述相一致;

g) 用 GB/T 17213.2 中"式(36)"取代附录 A 中的"式(A.8)",使两者膨胀系数的表达式相一致。

本部分的附录 A 和附录 B 均为资料性附录。

本部分由中国机械工业联合会提出。

本部分由全国工业过程测量和控制标准化技术委员会第一分技术委员会归口。

本部分由上海工业自动化仪表研究所西派埃仪表成套有限公司负责起草。参加起草的单位:上海自动化仪表股份有限公司自动化仪表七厂、天津市自动化仪表四厂、机械工业仪器仪表综合技术经济研究所、重庆川仪十一厂有限公司、吴忠仪表股份有限公司。

本标准主要起草人:陈蒙南、李元涛、范萍、王群增、郑秋萍、冯晓升、王凌霄、王燕、高强。

工业过程控制阀
第4部分:检验和例行试验

1 范围

GB/T 17213的本部分规定了按照GB/T 17213其他各部分制造的控制阀的检验和例行试验要求。自本部分实施起,检验和例行试验要求应取自本部分,连同4.1所要求的任何附加资料或买方的实施规程一起执行。

GB/T 17213的本部分不适用于在放射性工作环境、防火试验环境或其他危险工作环境中使用的各类控制阀。如果涉及危险工作环境的有关标准与本部分相矛盾时,应以该标准为准。

本部分仅适用于压力等级不超过PN420(2500级)的控制阀。

对执行机构的要求仅适用于气动执行机构。

2 规范性引用文件

下列文件中的条款通过GB/T 17213的本部分的引用而成为本部分的条款。凡是注日期的引用文件,其随后所有的修改单(不包括勘误的内容)或修订版均不适用于本部分,然而,鼓励根据本部分达成协议的各方研究是否可使用这些文件的最新版本。凡是不注日期的引用文件,其最新版本适用于本部分。

GB/T 17213(其他所有部分) 工业过程控制阀(IEC 60534,IDT或MOD)

GB/T 18271(所有部分) 过程测量和控制装置 通用性能评定方法和程序(IEC 61298,IDT)

3 定义

GB/T 17213其他各部分中确定的术语和定义以及下列术语和定义适用于本部分。

3.1

弹簧范围 bench range

在阀内无压力但有摩擦力时执行机构在正、反两个方向上均能达到其额定行程的压力范围。

注:执行机构的实际操作范围,即当阀安装在实际工作条件下时,会与弹簧范围不一致。

3.2

死区 dead band

输入变量的反向变化不至引起输出变量有任何可察觉变化的有限数值区间(见图1)。

3.3

死区误差 dead band error

(整个测量范围中)死区的最大量程值。

3.4

回差 hyteresis

装置或仪表依据施加输入值的方向顺序给出对应于其输入值的不同输出值的特性(见图1)。

3.5

滞环误差 hysteresis error

全范围上行程和下行程移动减去死区值后得到的被测变量两条校准曲线间的最大偏差。

3.6

型式检验和试验　type inspection and testing

由制造商根据自己的程序进行的检验和试验，以评定由同一生产程序生产出来的产品是否都符合订货单的要求。检验和试验的产品不一定就是实际提供的产品。

a) 滞环误差

b) 死区

c) 滞环误差加死区

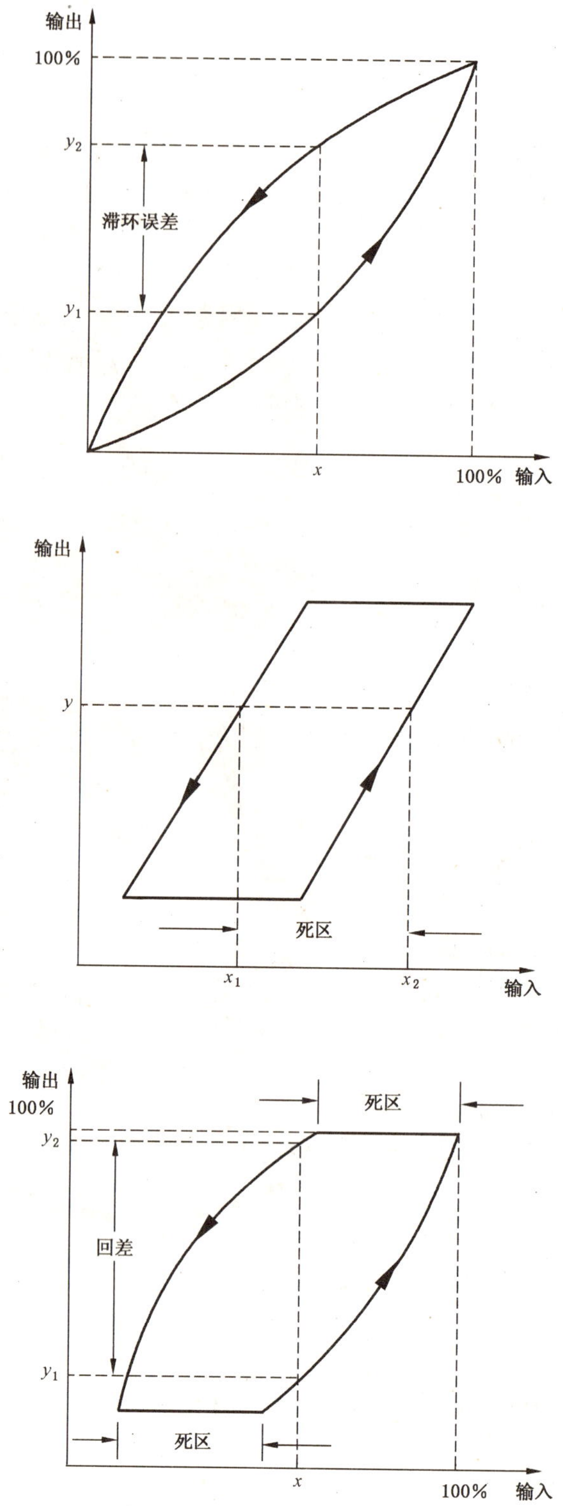

图1　滞环误差和死区

3.7

实际检验和试验　actual inspection and testing

在交货前，根据订货单的技术要求对所交付产品或部件进行的检验和试验，以检验这些产品是否符合订货单的要求。

4　由买方提供的资料

4.1　如果试验条件超出本部分的要求范围，应由制造商和买方协商决定。

4.2　本部分的某些条款允许有替代的试验要求。买方最好是在询价时，将下列内容通知制造商：

——是否要求由买方在制造厂内进行检验(除 5.1.1 中的要求之外)；

——是否要求进行特殊的性能试验；

——是否要求进行特殊的材料试验；

——是否对铸件、锻件或焊接组件有补充检验要求并需要有相关的试验证书；

——是否禁止修复缺陷，或是否需要有此种修复的记录；

——是否要求使用本部分规定以外的试验介质，如果有此要求，详细说明代用的方法和/或流体；

——是否要求提供控制阀试验证书；

——其他试验要求。

4.3　买方在询价时应通知制造商是否需要全部的文件并详细说明。

5　检验

5.1　在制造厂内的检验

如果买方订货单中规定要在制造厂内进行检验，买方的检验人员(或由买方指定的代表)应在制造商全权代表的陪同下，在制造现场对控制阀进行检验。

这种检验不应对制造厂的生产计划造成不必要的干扰。应允许检验人员在任何合适的时间内出入制造厂内那些仅与控制阀的装配和试验有关的部门。制造厂应向检验人员提供适当的设备，用以检查控制阀是否按照本部分和订货单的要求制造。

在规定由买方进行检验后，控制阀制造厂通常应通知买方是否有按协议可供检验或试验的控制阀。

附录 B 包括一个用来记录检验和例行试验结果的检验清单。

5.1.1　买方检验的范围

除非另行商定，由买方进行的检验应限于：

a)　处于装配阶段的组件成品的目检；

b)　控制阀成品的目检和尺寸检查，以保证控制阀的尺寸符合买方订货单技术规范，以免影响控制阀在买方设备上的安装。

5.1.2　外购件的检验

如果制造商要从其他供货商处购买诸如铸件、锻件之类的构件，经与制造商事先特别安排，制造商可向买方的检验人员提供检验这些构件的类似设备。

5.1.3　合格证书

制造商应按要求提供一份合格证书。制造商应在合格证书上确认控制阀和控制阀组件符合订货单要求，但无需涉及任何试验结果。符合订货单要求的合格证书是依据型式检验和试验拟定的文件。

5.1.4　试验证书

当买方有规定时，制造商应颁发证实所供产品符合订货单要求的试验证书，并且在试验证书中提供型式检验和试验的结果(A 类试验证书)或实际检验和试验的结果(B 类试验证书)。

B类试验证书是在制造商不具有独立于生产部门的经授权的质量检验部门时使用，如果制造商具有独立于生产部门的经授权的质量检验部门，则应提供5.1.5中规定的B类检验证书以代替按本条规定的试验证书。

5.1.5 检验证书

当买方有要求时，制造商应颁发按照订货单技术规范或者法规和相应的技术规程进行检验和试验的检验证书。应对所交付的产品或检验装置上的产品(交付产品只是其一个部件)进行试验。应根据产品标准、法规和相应的技术规程或根据订货单要求来建立检验装置。

检验证书分为三类：

a) A类，由法规指定的检验人员根据法规和相应的技术规程签发和批准。

b) B类，由与制造部门无关的部门签发，并由与制造部门无关的人员的全权代表批准。

c) C类，由买方的全权代表根据订货单的技术要求签发和批准。

5.1.6 检验报告

经特别协商，由制造商和买方双方全权代表批准的检验证书即为检验报告。

5.1.7 由集成商或中介提供的检验文件

当产品由集成商或中介提供时，集成商或中介应将5.1中所述的制造商的文件毫无改动地提供给买方。制造商的文件应附有识别产品的适当标志以保证产品和文件的一致。如果集成商或中介无论以何种方式改变了产品的尺寸状态，他应该就这个特殊情况提供一份附加的合格文件。此规定同样适用于订货单中列出的而制造商的文件中没有确定的所有特殊要求。

5.1.8 检验文件的批准

检验文件应该有负责批准文件的人签名或合适的标记。然而，如果合格证书由自动数据处理系统提供，签名可由负责批准文件有效的人的姓名和职务所替代。

5.2 材料的检验

制造控制阀用的材料的物理试验和化学成分应符合控制阀规范或订货单中提及的各种材料技术条件的规定。

如果要求提供合格证书或有证书证明的物理和化学试验结果(不作为标准提供)，应在订货单中加以规定，并应由制造商和买方协商决定。

5.3 补充检验

当询价单和订货单中规定了进行诸如磁粉检验、射线照相检查或其他试验时，应进行这些补充试验。

如果需要提供有关试验合格证书的副本，也应在询价单和订货单中说明。

5.4 壳体缺陷的修复

除了订货单另有规定，或者实施规范明令禁止外，可以修复控制阀壳体铸件上的缺陷。修复工作必须采用合适的工艺，焊接操作应妥善进行，特别要注意以下几点：

a) 焊接准备；

b) 预热；

c) 焊接方法；

d) 焊后热处理。

注：为了能规定一个合适的程序，保证焊接工作的正常进行，建议制造商与用户双方协商决定采用哪些国家标准或公认的程序，同时应在订货文件中注明。

5.5 保护涂层

控制阀的非涂漆表面可以用易于清除的防锈剂加以保护，在试验之前，应清除所有密封面上的防锈剂。

应在涂漆之前进行控制阀壳体压力试验，除非买方技术要求中另有规定，从仓库中取出的油漆过的控制阀或零件，重新试验时可不必除去油漆。

6 测量仪表

6.1 总则

测量仪表的性能应符合 GB/T 18271.1 的要求。

6.2 压力测量仪表

试验所用的模拟或数字式压力仪表应是指示式或记录式的，但它必须以正确的方式安装，以能够表示被试组件的真实压力。对于静压试验和阀座泄漏量试验，试验压力下仪表的不精确度不能超过满标度的±3%，并且应在标度范围的 20%～80%之间使用。对死区试验，仪表的不精确度不能超过满标度的±0.5%，并且其最大信号不能低于仪表标度范围的 50%。

6.3 流量测量仪表

用来测量阀座泄漏量的仪表的不精确度应不超过满标度的±10%，并且应该在标度范围的 20%～80%之间使用。

6.4 行程测量仪表

行程测量仪表的不精确度不能超过额定行程的±0.5%。

6.5 校准

控制阀制造商有责任保持测量仪表的精确度。制造商应保存校准记录备以查验。

7 液体静压和阀座泄漏量试验

7.1 总则

除非订货单中另有规定，制造商应对每台控制阀进行本章规定的压力和泄漏量试验。

7.1.1 试验介质

按每项试验说明中的规定，试验介质可以是常温下的液体或气体。

a) 液体：除非制造商和买方商定采用其他液体，一般均采用常温下的水；水中可含有水溶油或防锈剂。

b) 气体：清洁的空气或氮气。

7.1.2 试验装置

试验装置不应使阀受到外部应力从而影响试验结果。

当两端对焊的阀使用端部塞子时，其密封点应尽可能接近焊接端，但需避免焊接前承受过大应力。

7.2 液体静压试验

7.2.1 拆除内部组件

可以暂时拆除在液体静压试验压力的作用下可能损坏的零件，如波纹管、膜片、后座、阀杆填料等。

7.2.2 试验程序

所有的控制阀组件，不管安装执行机构与否，都应以 7.2.3 规定的压力进行液体静压试验。

试验液体应符合 7.1.1 的要求。

阀体端部应密封，使所有在工作中受压的阀腔同时承受试验压力，试验持续时间应不少于表 1 的规定。

表 1 壳体液体静压试验持续时间

公称通径 mm	试验持续时间 s
≤50	15
65～200	60
≥250	180

试验期间，控制阀应处于部分开启或全开位置。

必须采取措施预先清除阀内的残余空气。

经与买方商定，液体静压试验可在部件上进行。如果液体静压试验在部件上进行，装配后控制阀应该进行压力不超过0.6 MPa(6 bar)的空气试验。

施加在阀体螺栓上的拧紧力矩应同实际使用时的力矩一致。

7.2.3 试验压力

壳体静压试验压力可根据阀体的设计规范或标准确定，或者为不低于20℃时额定压力的1.5倍，取其中较为合适的值。

如果阀有两个额定压力(进口额定压力大于出口额定压力)，有必要用一个临时的阻隔件将阀的高压部分与低压部分隔，然后用相应的压力对每一部分进行试验。

7.2.4 验收标准

壳体上不能有任何肉眼可见的泄漏和渗漏。除非设计规范特别允许，静密封和垫片连接处都不允许泄漏。

如果在试验中使用了容积损耗测量装置一类的设备，制造商应能按本部分的要求，表明系统的当量值。

7.2.5 填料密封性检验

壳体试验时允许填料有泄漏。如有必要，可将填料压紧以抵抗壳体试验压力。然而，当试验压力至少等于20℃时的额定压力时，填料应压紧(无肉眼可见泄漏)。在进行第8章所述性能试验期间，填料应始终保持压紧。

填料密封性检验也可用空气在0.3 MPa～0.4 MPa表压范围内或在特定的工作压力下进行，两者中取较低的值。在阀的两个全行程过程中和随后的30 s期间应没有肉眼可见的泄漏。

7.2.6 免于液体静压试验

焊接的管件(接管、渐缩管和/或渐扩管)不应作为控制阀总体的一部分，因而不需要进行液体静压试验。如果无法单独对阀进行液体静压试验，只要管件能够承受阀的液体静压，可以对阀及管件一起进行试验。如果制造商和买方双方同意，可以在阀焊上管件后，以符合适用管道规范的压力重新对阀进行试验。

7.3 阀座泄漏

7.3.1 总则

本条款制定了适用于各种特定结构控制阀的一系列阀座泄漏等级，并规定了试验程序。

不应将本部分的这一条款作为控制阀在工作条件下安装后预计其泄漏与否的依据。适用于特定结构控制阀的最精确的泄漏等级代号由制造商选定。这些阀座泄漏条款不适用于额定流量系数$K_v<0.1$、$C_v<0.1$的控制阀。

7.3.2 试验程序

试验介质应符合7.1.1的要求。

执行机构应调整到符合规定的工作条件。然后施加由空气压力、弹簧或其他装置提供的所需关闭推力或扭矩。当试验压差小于阀的最大工作压差时，不得通过修正或调整阀的负载的方法来补偿其差异。

对于供库存的试验时不带执行机构的阀体组件，试验时应利用一个试验装置施加净阀座负载，该负载不超过制造商规定的最大使用条件下的正常预计负载。

试验介质应施加在阀体的正常或规定入口。阀体出口可通大气或连接一个低压头损失流量测量装置，测量装置的出口通大气。应采取措施避免由于被试控制阀无意中打开而使测量装置承受的压力高于安全工作压力。

在使用液体时，控制阀应打开，阀体组件包括出口部和下游连接管道均应充满介质，然后将阀关闭。应注意消除阀体和管道内的气穴。

当泄漏量稳定后，宜对流量作一段足够长时间的观察，以获得6.3规定的精确度。

各等级的规定阀座允许最大泄漏量应不超过 7.3.3 中使用规定试验方法的值。

试验程序 1：

试验介质的压力应在 300 kPa～400 kPa(3 bar～4 bar)表压之间，如果此压力低于 350 kPa(3.5 bar)，则应在买方规定的最大工作压差±5%的范围内。

试验程序 2：

试验压差应在买方规定的控制阀前后最大工作压差±5%以内。

7.3.3 泄漏规范

泄漏等级、试验介质、试验程序和阀座最大泄漏量应符合表 2 的规定。

表 2 各泄漏等级的阀座最大泄漏量

泄漏等级	试验介质	试验程序	阀座最大泄漏量(注 4)
Ⅰ	由买方和制造商商定		
Ⅱ	L 或 G	1	$5\times10^{-3}\times$阀额定容量(注 1 和注 3)
Ⅲ	L 或 G	1	$10^{-3}\times$阀额定容量(注 1 和注 3)
Ⅳ	L	1 或 2	$10^{-4}\times$阀额定容量(注 1 和注 3)
	G	1	
Ⅳ-S1	G	1	$5\times10^{-6}\times$阀额定容量(注 1 和注 3)
Ⅴ	L	2	$1.8\times10^{-7}\times\Delta p^{*}\times D$,1/h $(1.8\times10^{-5}\times\Delta p^{**}\times D)$,1/h (注 1)
Ⅵ (见注 2)	G	1	$3\times10^{-3}\times\Delta p^{*}\times$泄漏率系数(注 5) $(0.3\times\Delta p^{**}\times$泄漏率系数)(注 5)

$^{*}\Delta p$(kPa)；$^{**}\Delta p$(bar)；D ＝ 阀座直径(mm)；L ＝ 液体；G ＝ 气体

注 1：对于可压缩流体体积流量，是在绝对压力为 101.325 kPa(1 013.25 mbar)和 0℃或 15℃的标准状态下的测定值。

注 2：Ⅵ级往往只应用于弹性阀座控制阀。

注 3：阀额定容量是在规定试验条件和额定行程下，试验流体(气体或液体)流经控制阀时的流量。

注 4：附录 A 是阀额定容量和阀座允许泄漏量的计算示例。

注 5：Ⅵ级的泄漏量系数如下：

阀座直径 mm	允许泄漏率系数 mL/min	气泡数/min
25	0.15	1
40	0.30	2
50	0.45	3
65	0.60	4
80	0.90	6
100	1.70	11
150	4.00	27
200	6.75	45
250	11.1	—
300	16.0	—
350	21.6	—
400	28.4	—

表中列出的每分钟气泡数是根据一台经校验的合适的测量装置提出的替代方案：也就是用一根外径 6 mm，壁厚 1 mm 的管子(管端表面应平整光滑，无斜口和毛刺，管子轴线应与水平面垂直)浸入水中 5 mm～10 mm 深度。

如果阀座直径与表列值相差 2 mm 以上，则可在假定泄漏率系数与阀座直径的平方成正比的情况下，通过插值法(内推法)取得泄漏率系数。

8 性能试验

8.1 总则

除非订货单中另有规定，制造商应对每台阀进行本条规定的性能试验，如果订货单中注明应由买方人员在场，则试验应在买方检验人员在场时进行。

性能试验应在控制阀(带执行机构)没有内部压力并且填料压紧以满足7.2.5的检验要求时进行。

控制阀在工厂内静态条件下试验的结果通常与工作条件下的性能是不一致的。本部分仅为买方和制造商之间协商关于特定控制阀的试验提供指南。

8.2 控制阀额定行程试验

8.2.1 不带定位器的弹簧执行机构控制阀

在失去操作信号的情况下用弹簧来开启或关闭阀门时，阀的行程可在生产厂内由试验验证。

试验程序应包括下列内容：

a) 随信号增大而阀门开启的控制阀，在弹簧范围的上限值时，应达到行程的100%，而在弹簧范围的下限值时，则应完全关闭。

b) 随信号增大而阀门关闭的控制阀，在弹簧范围的下限值时，应达到行程的100%，而在弹簧范围的上限值时，则应完全关闭。

由于存在回差、死区和制造误差(弹簧、膜片面积等)，规定的弹簧范围和实际值之间可能会有差别。需要检验弹簧范围以确保安装了正确的弹簧。随执行机构压力增大而打开的控制阀的弹簧范围下限值和随执行机构压力减小而打开的控制阀的弹簧范围上限值会影响阀的切断能力，故宜对其进行检查。

8.2.2 带定位器的弹簧执行机构控制阀

带有定位器的阀，在施加一个量程的0%～3%的输入信号时，应开始开启(或关闭)，而在施加一个量程的97%～100%的信号时，则应完全打开(或关闭)。

对分程信号，用6%代替3%，用94%代替97%。

8.2.3 带双作用执行机构的控制阀

带或不带定位器，试验都可进行。当向两个气室中的一个提供了规定的压力后，控制阀应该达到100%的行程，并且当向另一个气室提供了规定的压力后，应达到全关。试验期间，执行机构不充压的气室应向大气排气。

8.3 死区试验

死区误差的最大推荐值见表3。

死区试验的目的是测量在控制阀执行机构额定行程的25%、50%和75%附近时使阀杆(或阀轴)产生反向运动的操作信号的变化。试验可在整机(带或不带定位器)或仅在执行机构(带或不带定位器)上进行。

表3 死区的最大推荐值

	死区的最大推荐值(注1) (满量程输入信号的%)
带执行机构，无定位器的控制阀	6.0(注3)
带执行机构，有定位器的控制阀	1.0(注2)

注1：最大推荐值只能用作近似指导，因为控制阀和执行机构设计方面有很多因素影响死区。

注2：经制造商和买方协商同意，可以用定位器静态性能试验合格证书来替代带定位器的控制阀和执行机构的死区试验。

注3：可能会遇到更大的死区值。这些阀宜带定位器。

8.3.1 人工记录试验装置

阀杆(或阀轴)的运动可由一个刻度盘指示。气动信号用一个压力计(水柱或水银柱)或者一个灵敏的测试压力表测量。电信号用一个有足够范围和灵敏度的测试仪测量。

8.3.2 自动记录试验装置

阀杆(或阀轴)的运动和操作信号由一个能够测量整个行程范围和操作信号范围的模拟式 X-Y 记录仪连续地记录下来。此记录仪与一个位移-电压转换器和一个压力或电流-电压转换器配合使用。试验中也可使用具备这些特征的控制阀诊断仪表。

8.3.3 弹簧执行机构控制阀的试验程序

从控制阀执行机构行程的端点(0%或 100%)开始改变操作信号,直至阀杆(或阀轴)移动到额定行程的 25%,保持这个点的信号并记录它的值(A)。然后信号缓慢地反向变化,直至阀杆(或阀轴)开始反向运动。记录下反向运动开始时的操作信号值(B)。以同样的方法记录额定行程 50%和 75%时的值。

每个参考点的死区 x 就是使阀杆(或阀轴)产生反向运动所施加的操作信号的变化量。死区 x 以操作信号全量程的百分数表示,见公式(1):

$$x = \frac{|A-B|}{a-b} \cdot 100\% \qquad \cdots\cdots(1)$$

式中:

x——死区;

A——行程终点记录的信号;

B——产生反向运动所需的信号;

a——信号范围上限值;

b——信号范围下限值。

如果试验和数据记录符合试验中死区部分的要求,死区计算所需要的数据可根据制造商的选择从回差和死区的复合试验中获得。参见图 1c)。

8.3.4 带双作用执行机构控制阀的试验程序

除了信号施加给定位器之外,带双作用执行机构控制阀的试验程序同 8.3.3。不带定位器的执行机构的试验由制造商和买方协商决定。在这种情况下,应记录两个气室的压差。

9 附加试验

若要求进行诸如流量特性、行程时间、回差等附加试验(不属于 GB/T 17213 的本部分的范围),应由制造商和买方协商决定。

附 录 A
（资料性附录）
阀座泄漏量计算示例

A.1 序言

本附录提供了表 2 列出的各泄漏等级的阀座泄漏量计算示例，计算式引自 GB/T 17213.2。

A.2 阀的种类

球形阀
DN100
PN40
阀座直径：$D=100$ mm
额定流量系数 C：$K_v=160\ m^3/h$
压差比系数：$x_T=0.72$
液体压力恢复系数：$F_L=0.90$

A.3 试验压差

采用下列试验压差：
试验程序 1：$\Delta p=300$ kPa（由制造商选定）
试验程序 2：$\Delta p=3\ 500$ kPa（由买方规定的最大操作压差）

A.4 阀额定容量的计算

阀额定容量的计算采用 GB/T 17213.2 的方程式。

A.4.1 试验程序 1 用水作为试验介质

$$Q = N_1 \cdot F_p \cdot F_R \cdot C\sqrt{\frac{\Delta p}{\rho/\rho_0}} = 277\ m^3/h\text{（阀额定容量）} \quad \text{(A.1)}$$

式中：
$N_1=0.1$
$F_p=1$
$F_R=1$
$C=K_V=160\ m^3/h$
$\rho/\rho_0=1$
$\Delta p=300$ kPa

A.4.2 试验程序 2 用水作为试验介质

$$p_1 = p_2 + \Delta p = 3\ 600\ \text{kPa} \quad \text{(A.2)}$$

式中：
$p_2\approx 100$ kPa（与大气相通）
$\Delta p=3\ 500$ kPa

$$\Delta p_{max} = F_L{}^2(p_1 - F_F \cdot p_v) = 2\ 914\ \text{kPa}\text{（计算用允许最大压差）} \quad \text{(A.3)}$$

式中：
$F_L=0.90$

$p_1=3\ 600\ \text{kPa}$

$F_F=0.96$

$p_v=2.34\ \text{kPa}$

因为 $\Delta p_{max}<\Delta p$ 则流体为阻塞流。

$$Q=N_1\cdot F_L F_R\cdot C\sqrt{\frac{p_1-F_F\cdot p_v}{\rho/\rho_0}}=864\ \text{m}^3/\text{h}(\text{阀额定容量}) \quad\cdots\cdots\cdots(\text{A.4})$$

式中：

$N_1=0.1$

$F_L=0.90$

$F_R=1$

$C=K_v=160\ \text{m}^3/\text{h}$

$p_1=3\ 600\ \text{kPa}$

$F_F=0.96$

$p_v=2.34\ \text{kPa}$

A.4.3 试验程序 1 用气体作为试验介质

$$p_1=p_2+\Delta p=400\ \text{kPa}(\text{绝对压力}) \quad\cdots\cdots\cdots(\text{A.5})$$

$p_2\approx100$ kPa(与大气相通)

$\Delta p=300\ \text{kPa}$

$$x=\frac{\Delta p}{p_1}=0.75 \quad\cdots\cdots\cdots(\text{A.6})$$

式中：

$\Delta p=300\ \text{kPa}$

$p_1=400\ \text{kPa}$

$$F_\gamma\cdot x_T=0.72 \quad\cdots\cdots\cdots(\text{A.7})$$

式中：

$F_\gamma=1$

$x_T=0.72$

因为 x 不能超过 $F_\gamma\cdot x_T$，可用 $x_T=0.72$ 计算 Y。

$$Y=1-\frac{x}{3\cdot F_\gamma\cdot x_T}=0.667 \quad\cdots\cdots\cdots(\text{A.8})$$

式中：

$x=0.72$(不能超过 $F_\gamma\cdot X_T$)

$F_\gamma=1$

$x_T=0.72$

$$W=N_8\cdot F_P\cdot C\cdot p_1\cdot Y\sqrt{\frac{x\cdot M}{T_1\cdot Z}}=12\ 529\ \text{kg/h}(\text{阀额定质量容量}) \quad\cdots\cdots(\text{A.9})$$

式中：

$N_8=1.1$

$F_P=1$

$C=K_v=160\ \text{m}^3/\text{h}$

$p_1=400\ \text{kPa}$

$Y=0.667$

$x=0.72$

$M=28.97$ kg/kmol

$T_1=293$ K

$Z=1$

$$Q=N_9\cdot F_P\cdot C\cdot p_1\cdot Y\sqrt{\frac{x}{M\cdot T_1\cdot Z}}=9\ 672\ \mathrm{m^3/h}\ (\text{阀额定体积容量})\quad\cdots\cdots(\mathrm{A}.10)$$

式中：

$N_9=24.6$(标准状况下：$p_s=101.325$ kPa，$t_s=273$ K)

$F_P=1$

$C=K_v=160\ \mathrm{m^3/h}$

$p_1=400$ kPa

$Y=0.667$

$x=0.72$

$M=28.97$ kg/kmol

$T_1=293$ K

$Z=1$

A.5 计算阀座允许最大泄漏量

表 A.1 为在 A.2 中所提到的各泄漏等级的阀座允许最大泄漏量。

表 A.1 各泄漏等级的阀座最大泄漏量

泄漏等级	试验介质	试验程序	阀座最大泄漏量
Ⅰ	由用户与制造商协商而定		
Ⅱ	水	1	1.39 m^3/h=23.1 l/min
	空气	1	62.6 kg/h 48.4 m^3/h=806 l/min
Ⅲ	水	1	0.277 m^3/h=4.62 l/min
	空气	1	12.5 kg/h 9.67 m^3/h=161.2 l/min
Ⅳ	水	1	0.027 7 m^3/h=0.462 l/min
		2	0.086 4 m^3/h=1.44 l/min
	空气	1	1.253 kg/h 0.967 m^3/h=16.1 l/min
Ⅳ-S1	空气	1	0.062 6 kg/h 0.048 4 m^3/h=0.806 l/min
Ⅴ	水	2	0.063 l/h=1.05×10^{-3} l/min
Ⅵ	空气	1	1.53 ml/min=1.53×10^{-3} l/min
注：阀额定体积流量是在标准条件(绝对压力 p=1013.25 mbar，温度为 273K)下的体积流量。			

附 录 B
（资料性附录）
检验和例行试验清单

制造商：________________	制造商产品编号：________________
用户：________________	订货单编号：________________
日期：________________	检验地点：________________
目测检查：	
阀体 ☐ OK ☐ ________	螺栓/螺母 ☐ OK ☐ ________
执行机构 ☐ OK ☐ ________	附件 ☐ OK ☐ ________
配管 ☐ OK ☐ ________	标志 ☐ OK ☐ ________
铭牌 ☐ OK ☐ ________	
尺寸检查：	
端面距 ☐ OK ☐ ________	阀体连接 ☐ OK ☐ ________
电气连接 ☐ OK ☐ ________	气动连接 ☐ OK ☐ ________
外形尺寸 ☐ OK ☐ ________	
液体静压试验：	
壳体试验 ☐ OK ☐ ________	填料试验 ☐ OK ☐ ________
阀座泄漏量试验：	
泄漏等级________ 试验介质________	试验程序________
实测泄漏量________	☐ OK ☐ ________
性能试验	
阀额定行程 ☐ OK ☐ ________	死区 ☐ OK ☐ ________
附加试验（只在制造商和用户协商同意下进行）	
流量特性 ☐ OK ☐ ________	全行程时间 ☐ OK ☐ ________
回差 ☐ OK ☐ ________	弹簧范围 ☐ OK ☐ ________
文件：	
合格证书 ☐	
试验证书 ☐ A 类 ☐ B 类	
检验证书 ☐ A 类 ☐ B 类	☐ C 类

制造商签字 用户/检验员签字

ICS 23.060.01
N 16

中华人民共和国国家标准

GB/T 17213.6—2005/IEC 60534-6-1:1997

工业过程控制阀　第6-1部分:定位器与控制阀执行机构连接的安装细节 定位器在直行程执行机构上的安装

Industrial-process control valves—Part 6-1: Mounting details for attachment of positioners to control valves—Positioner mounting on linear actuators

(IEC 60534-6-1:1997,IDT)

2005-09-09 发布　　2006-04-01 实施

中华人民共和国国家质量监督检验检疫总局
中国国家标准化管理委员会　发布

前　言

GB/T 17213《工业过程控制阀》分为如下部分：

——控制阀术语和总则(eqv IEC 60534-1:1987)

——流通能力　安装条件下流体流量的计算公式(IEC 60534-2-1:1998,IDT)

——流通能力　试验程序(IEC 60534-2-3:1997,IDT)

——流通能力　固有流量特性和可调比(IEC 60534-2-4:1989,IDT)

——尺寸　两通球形直通控制阀法兰端面距和两通球形角形控制阀法兰中心至法兰端面的间距(IEC 60534-3-1:2000,IDT)

——尺寸　角行程控制阀(蝶阀除外)的端面距(IEC 60534-3-2:2001,IDT)

——尺寸　对焊式两通球形直通控制阀的端距(IEC 60534-3-3:1998,IDT)

——检验和例行试验(IEC 60534-4:1999,IDT)

——标志(eqv IEC 60534-5:1982)

——定位器与控制阀执行机构连接的安装细节　定位器在直行程执行机构上的安装(IEC 60534-6-1:1997,IDT)

——定位器与控制阀执行机构连接的安装细节　定位器在角行程执行机构上的安装(IEC 60534-6-2:2000,IDT)

——控制阀数据单(eqv IEC 60534-7:1989)

——噪声的考虑　实验室内测量空气动力流流经控制阀产生的噪声(eqv IEC 60534-8-1:1986)

——噪声的考虑　实验室内测量液动流流经控制阀产生的噪声(IEC 60534-8-2:1991,IDT)

——噪声的考虑　空气动力流流经控制阀产生的噪声预测方法(IEC 60534-8-3:2000,IDT)

——噪声的考虑　液动流流经控制阀产生的噪声预测方法(IEC 60534-8-4:1994,IDT)

本部分为 GB/T 17213 的第 6 部分。

本部分等同采用 IEC 60534-6-1:1997《工业过程控制阀　第 6-1 部分:定位器与控制阀执行机构连接的安装细节　定位器在直行程执行机构上的安装》(英文版)。

本部分等同翻译 IEC 60534-6-1:1997。

为便于使用,本部分作了下列编辑性修改：

a)　“IEC 60534-6 的本节”一词改为“GB/T 17213 的本部分”;

b)　删除国际标准的前言;

c)　用“执行机构输出杆”取代图中的“执行机构输出轴”。

另外,为了等同采用,尽可能不改变本部分原有章、条的编号,尽管第 2 章“定义”提及了 GB/T 17213 其他部分确定的定义适用于 GB/T 17213 的本部分,但文本中并无其他实质性的引用,故不增设“规范性引用文件”一章。

本部分由中国机械工业联合会提出。

本部分由全国工业过程测量和控制标准化技术委员会第一分技术委员会归口。

本部分由机械工业仪器仪表综合技术经济研究所负责起草。参加起草的单位有:天津自动化仪表四厂、上海工业自动化仪表研究所、上海自动化仪表股份有限公司自动化仪表七厂、重庆川仪十一厂有限公司、吴忠仪表股份有限公司。

本部分主要起草人:王燕、王群增、郑秋萍、王凌霄、冯晓升、陈蒙南、李元涛、范萍、高强。

工业过程控制阀 第 6-1 部分:定位器与控制阀执行机构连接的安装细节 定位器在直行程执行机构上的安装

1 范围

GB/T 17213 的本部分旨在使响应直行程运动的各种定位器能直接地或利用一个过渡支架安装于控制阀的执行机构上。本部分适用于各种执行机构和定位器要求互换的场合。

下列内容对本部分的适用范围作了规定,可作为制造商和用户的使用指南。

——标准化安装方式仅适用于安装在执行机构侧面的定位器。

——标准化安装方式一般仅适用于行程在 10 mm～100 mm 之间的执行机构。

——标准化安装方式用于三种基本型式的执行机构(见图 1):

a) 用某种铸件或装配式支架将其动力部件同阀相连接的执行机构;

b) 用某种中心管支架将其动力部件同阀相连接的执行机构;

c) 用装有两根或多根立柱的支架将其动力部件同阀相连接的执行机构。

2 定义

GB/T 17213 其他各部分确定的术语和定义适用于 GB/T 17213 的本部分。

3 基本设计原则

本部分的目的是使定位器在执行机构侧面的连接标准化,以保证不同的制造商生产的产品能互换。

3.1 执行机构制造商应该遵守图 1～图 4 所描述的结构规范。这些规范包括了执行机构支架所具备的下列一种或多种连接装置:

a) 带有安装孔的一个或多个合适的凸缘(见图 1e));

b) 利用四个外螺纹孔中的 2 个或多个孔安装定位器的平面(见图 2c));

c) 利用 U 形螺栓固定安装板的合适形状(见图 3c))。

为了使支架的两侧都可以安装定位器,建议在支架的两侧配备相同结构的连接装置。如果执行机构的支架不作任何变动就能旋转 180°,则只需一侧具备连接装置。

3.2 在设计定位器的安装时应保证:

a) 正确确定定位器相对于执行机构推杆的位置;

b) 定位器的安装刚度。

3.3 定位器制造商可以设计带有连接件的定位器,连接件应符合本部分的要求。制造商也可以提供符合标准化安装要求的独立的安装板。

4 反馈连接

为了使与执行机构的反馈连接标准化,应配备一个连接件,上面开 4 个 M6 螺纹孔。每个孔的四周要留出直径至少为 10 mm 的支承面(见图 2)。对于反馈连接的其他方面本部分不作规定,可按各制造商的要求自行设计。如果结构允许连接件旋转180°,则只需在一侧开2个螺纹孔。

定位器制造商应提供适当的方法,利用上述连接件将执行机构推杆的运动传送给定位器。

5 安装板的结构

定位器上应有直接安装用的连接装置,或者配备一块与图4所示一致的安装板。应注意图中给出的只是标准化了的安装细节。涉及结构刚度的材料厚度和定位器安装件的结构等细节还没有标准化。安装板的结构必须保证其与凸缘或平面充分接触,以保证达到3.2 b)的目的。

6 执行机构支架的安装

执行机构支架应具备下列中一种安装定位器的装置:

a) 凸缘,其横截面见图1e),相关位置见图1a)、图1b)、图1c);

b) 如果支柱的直径在20 mm~35 mm之间,则为2根U形螺栓,见图3c)和图5;

c) 支架适当平面上的任何两个外部固定孔。

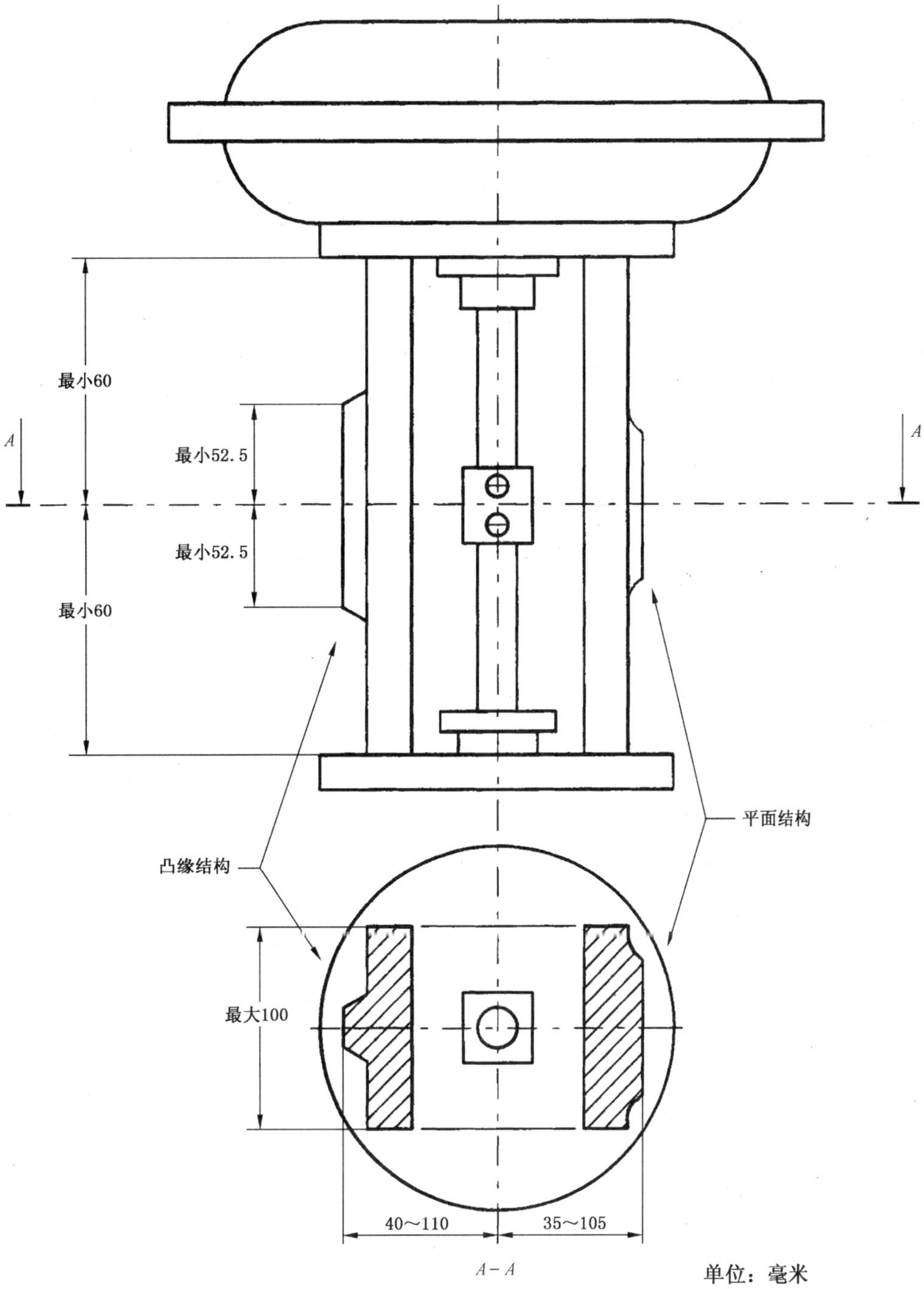

单位：毫米

注：所示的反馈连接位置在推杆行程中点。

a）铸件或装配式支架结构

图1 标准化执行机构尺寸

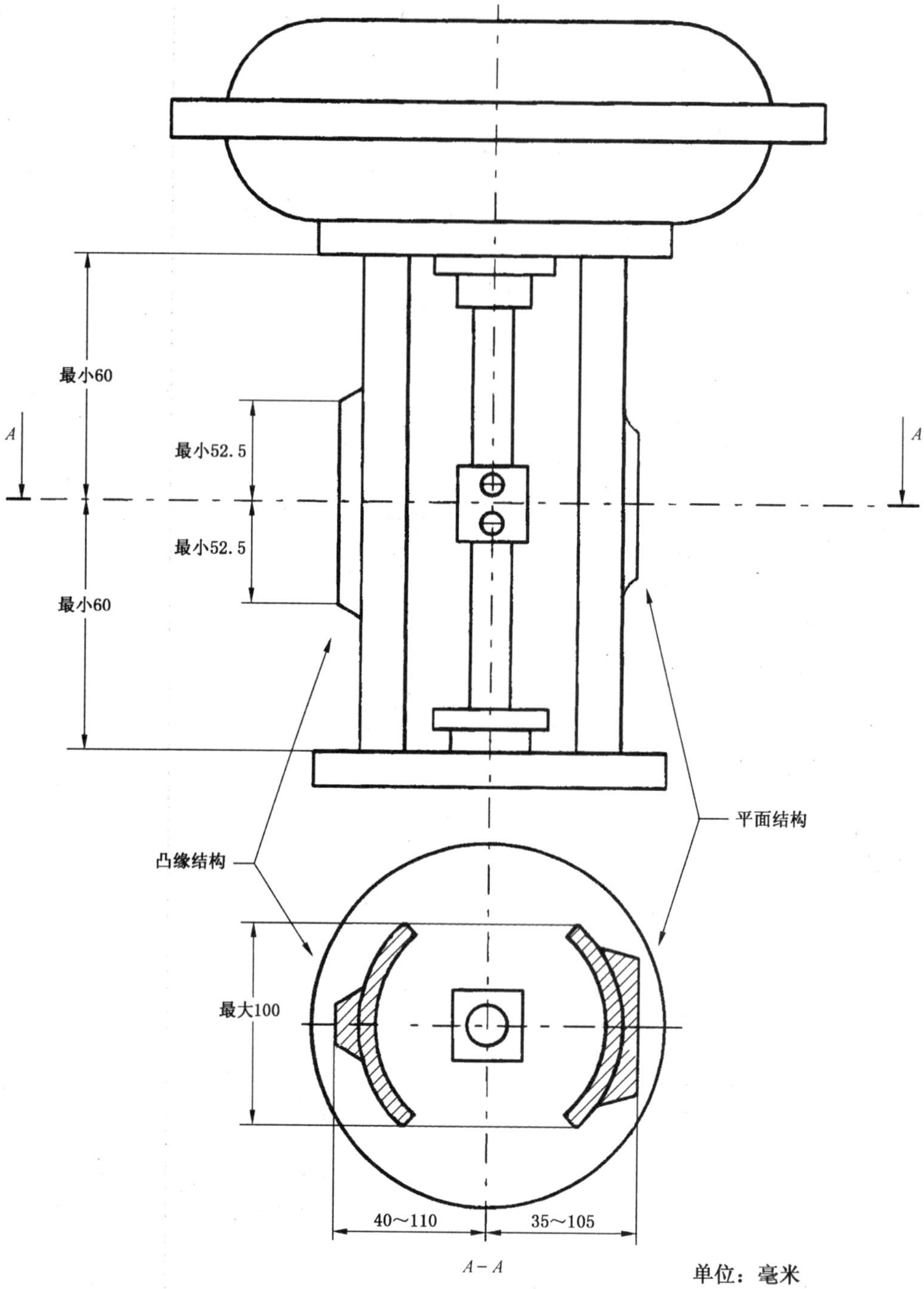

单位：毫米

注：所示的反馈连接位置在推杆行程中点。

b）中心管支架结构

图 1(续)

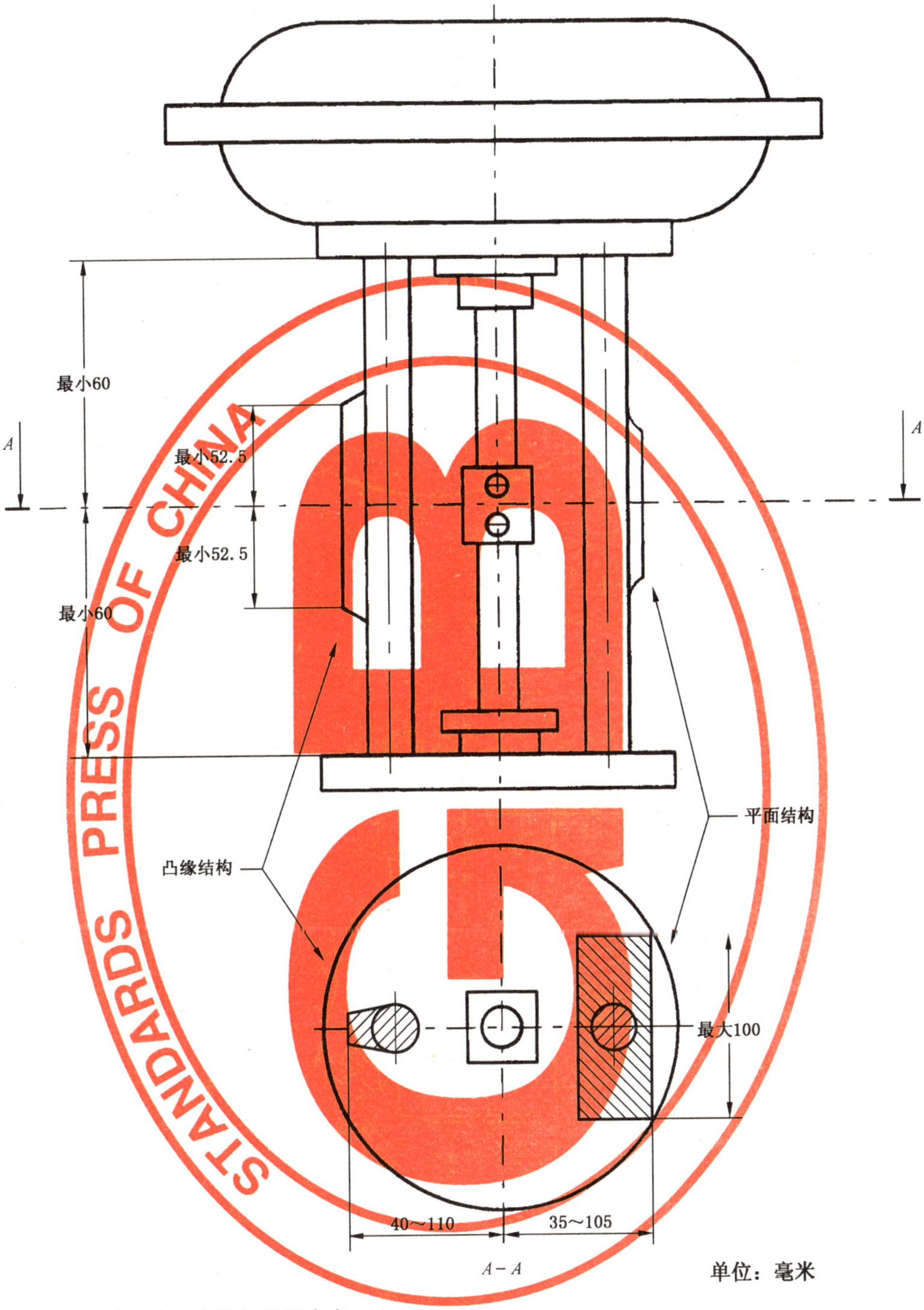

注：所示的反馈连接位置在推杆行程中点。

c）立柱支架结构

图 1(续)

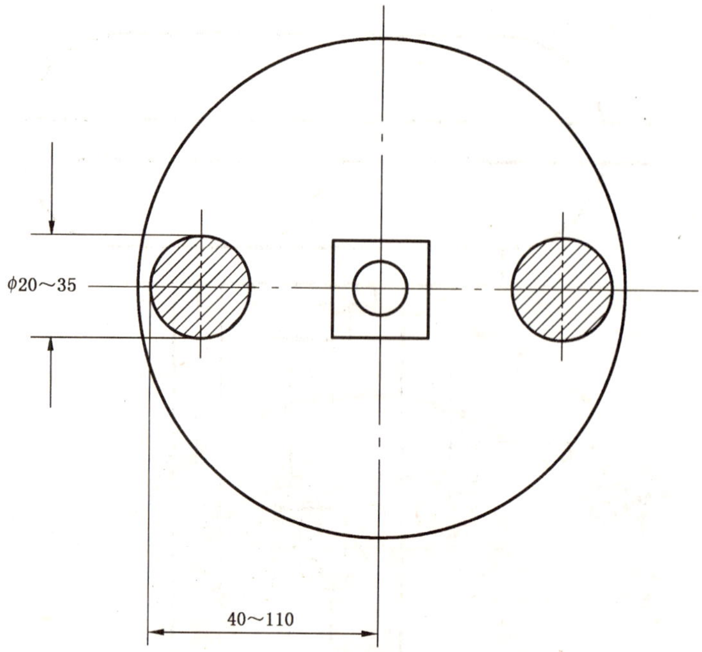

d) U形螺栓连接的立柱

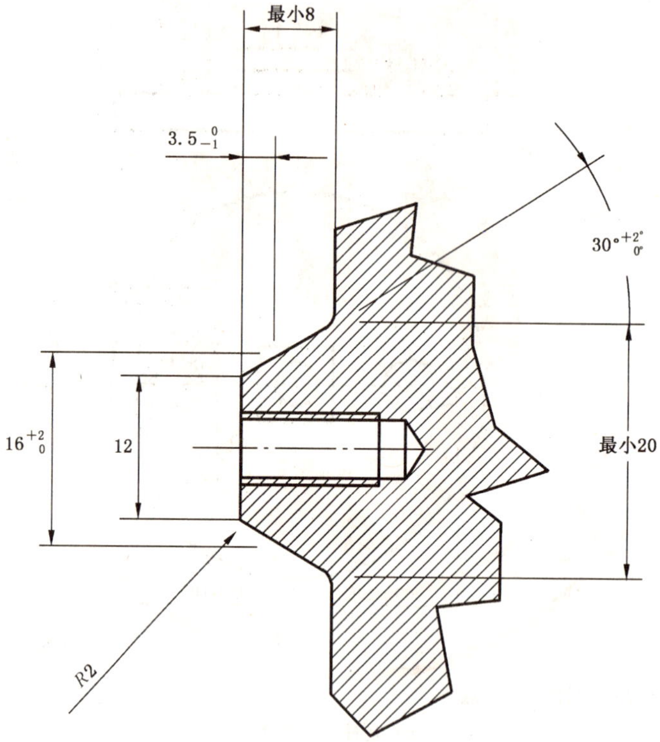

单位：毫米

e) 凸缘细节

图 1(续)

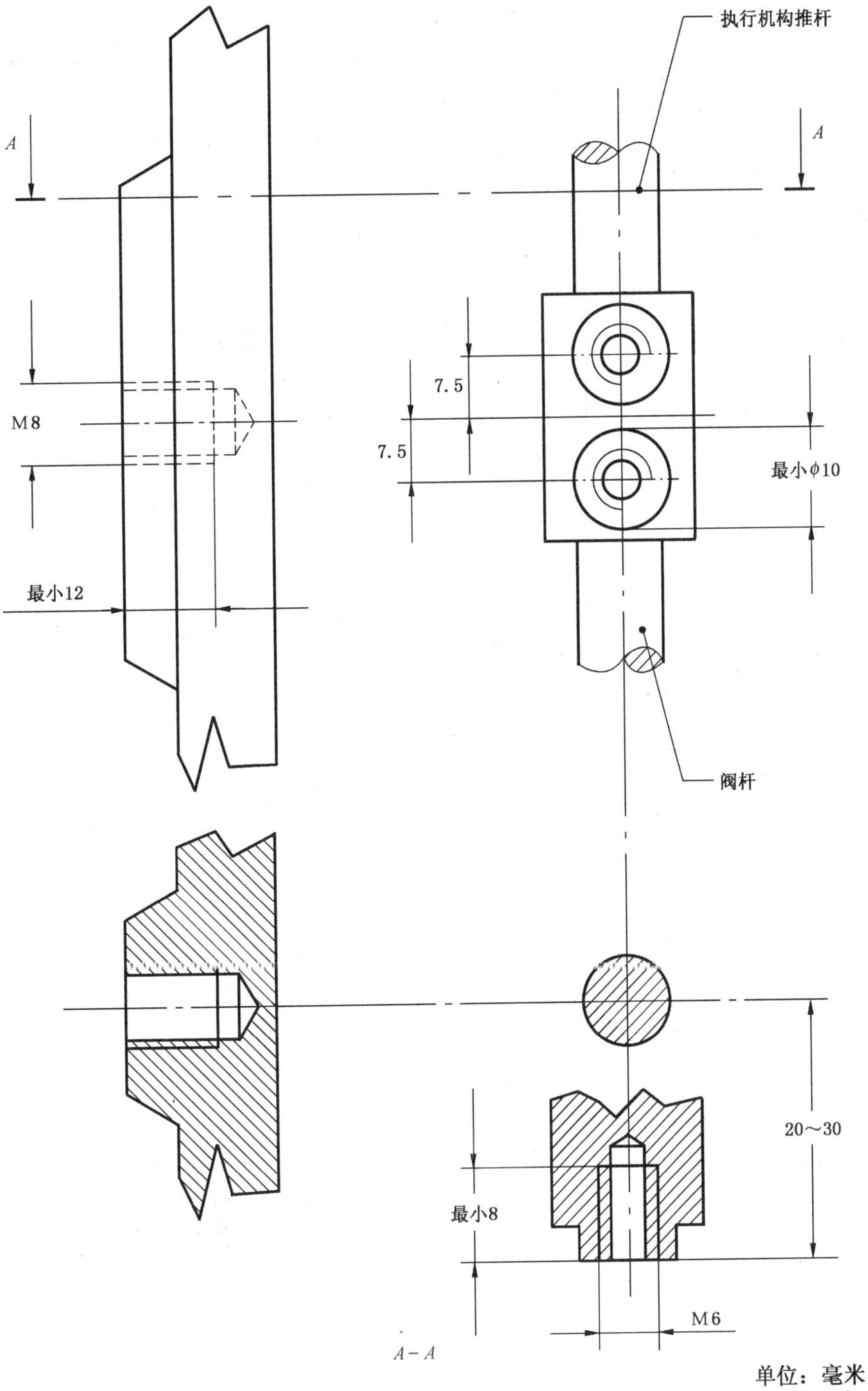

注：所示的反馈连接位置在推杆行程中点。

a）凸缘支架结构

图2 反馈连接的螺纹孔及尺寸

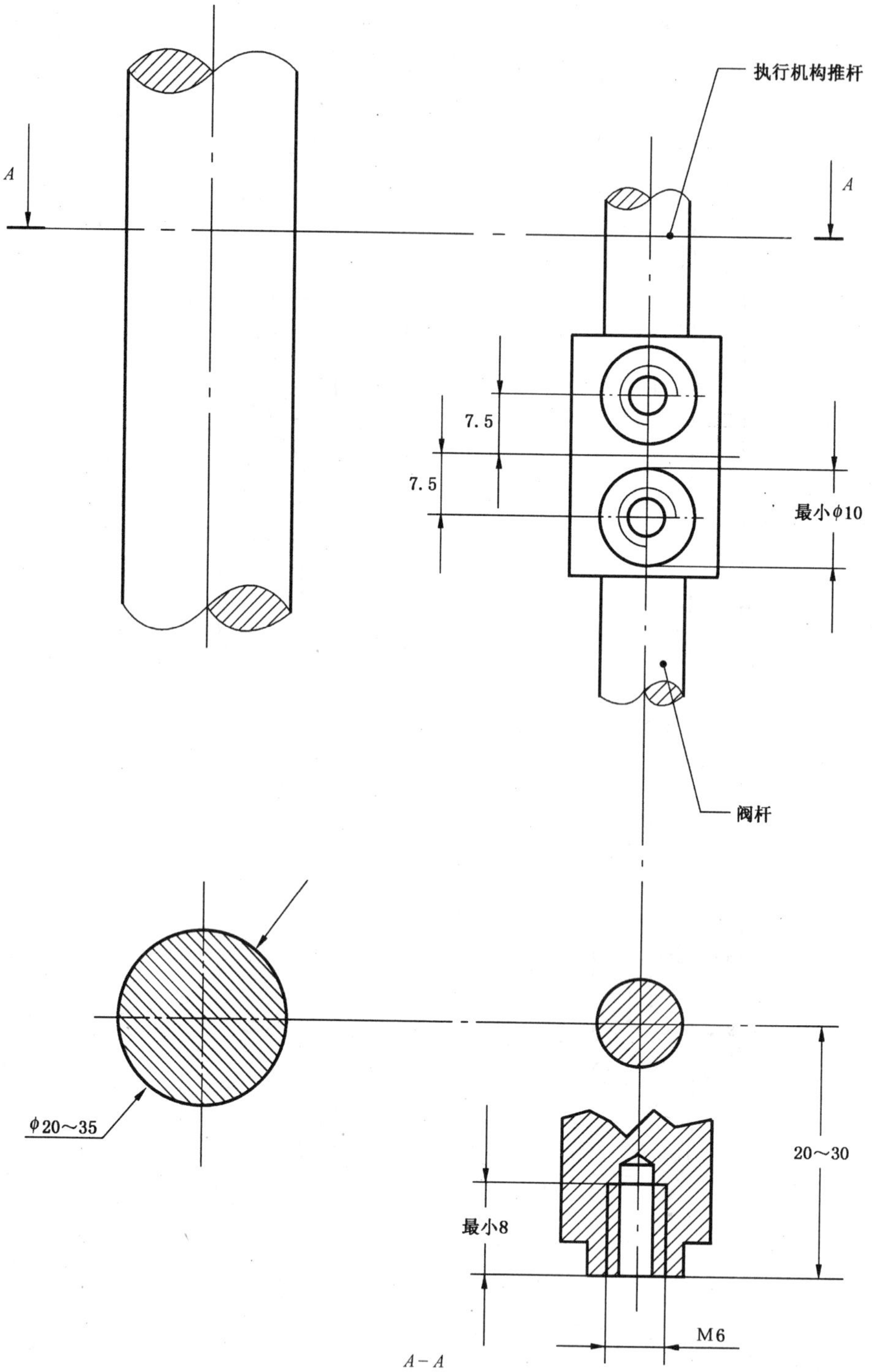

单位：毫米

注：所示的反馈连接位置在推杆行程中点。

b) U形螺栓安装的立柱支架结构

图 2(续)

注 1：所示的反馈连接位置在推杆行程中点。

注 2：支架上至少有四个 M8 螺纹孔中的两个。

c) 平面支架结构

图 2(续)

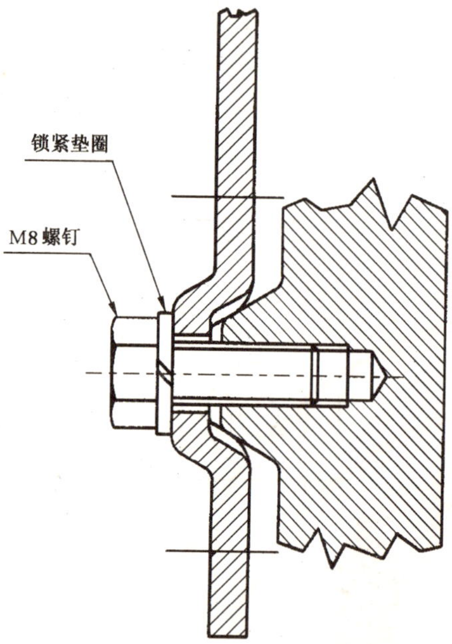

a) 凸缘上的连接

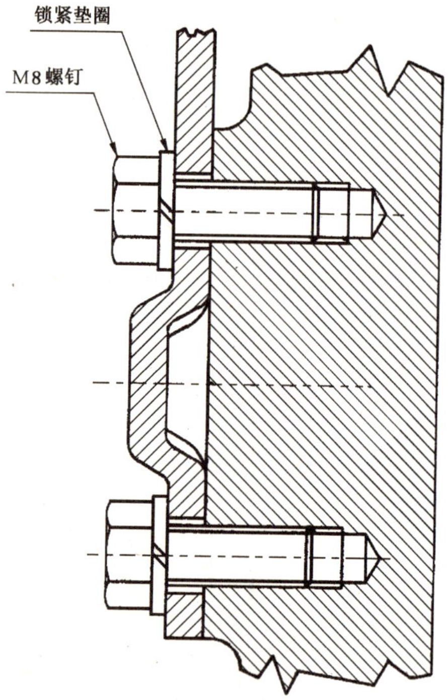

b) 平面上的连接

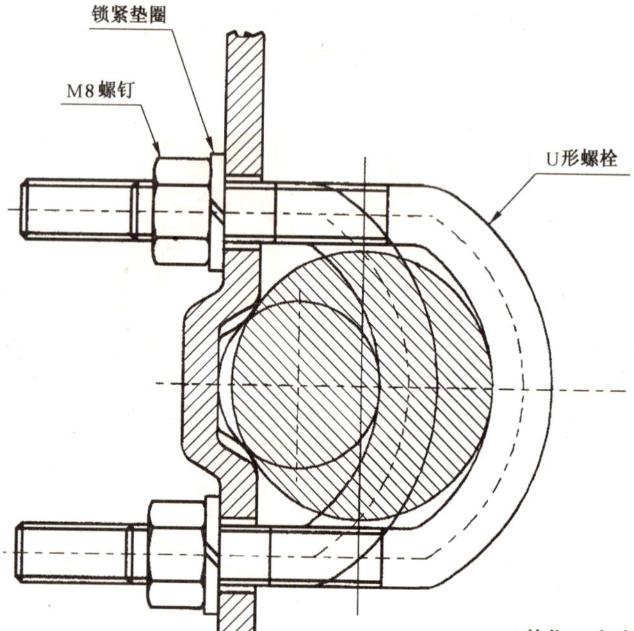

单位：毫米

c) 立柱上的安装

图 3　安装板连接

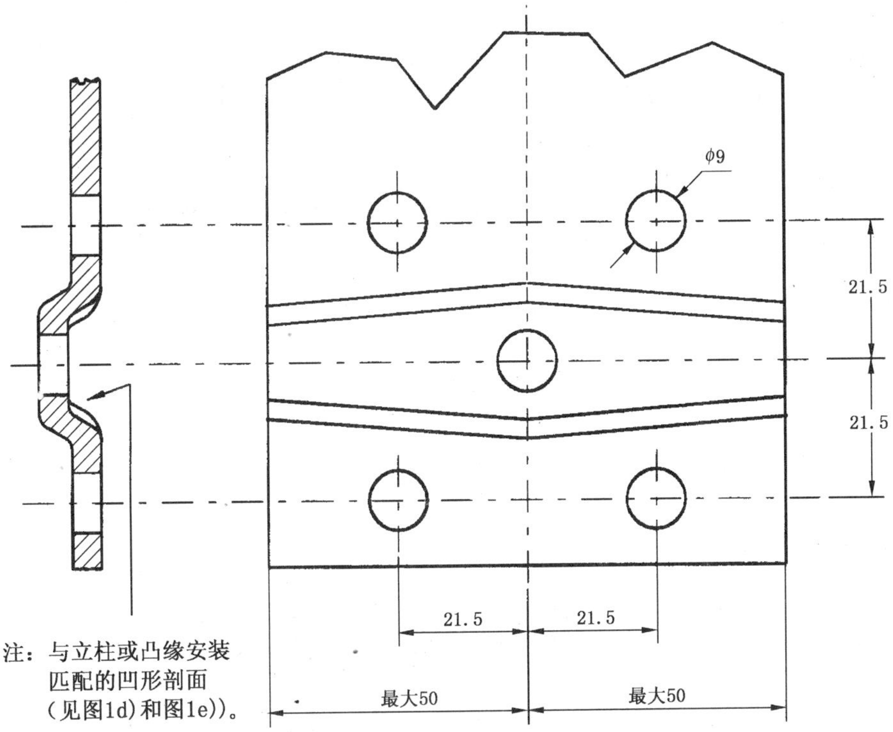

单位：毫米

图 4 安装板尺寸

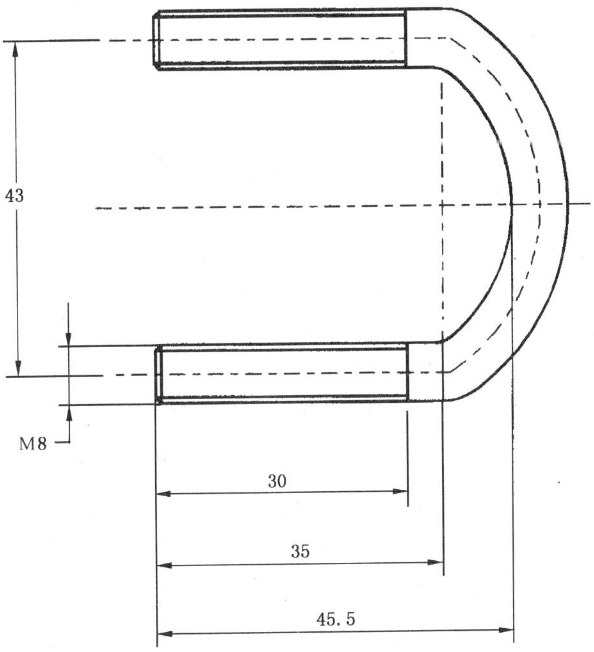

单位：毫米

图 5 U 形螺栓尺寸

ICS 23.060.01
N 16

中华人民共和国国家标准

GB/T 17213.9—2005/IEC 60534-2-3:1997

工业过程控制阀
第2-3部分:流通能力 试验程序

Industrial-process control valves—Part 2-3:Flow capacity—Test procedures

(IEC 60534-2-3:1997,IDT)

2005-09-09 发布 2006-04-01 实施

中华人民共和国国家质量监督检验检疫总局
中国国家标准化管理委员会 发布

前　言

GB/T 17213《工业过程控制阀》分为如下部分：

——控制阀术语和总则(eqv IEC 60534-1:1987)

——流通能力　安装条件下流体流量的计算公式(IEC 60534-2-1:1998,IDT)

——流通能力　试验程序(IEC 60534-2-3:1997,IDT)

——流通能力　固有流量特性和可调比(IEC 60534-2-4:1989,IDT)

——尺寸　两通球形直通控制阀法兰端面距和两通球形角形控制阀法兰中心至法兰端面的间距(IEC 60534-3-1:2000,IDT)

——尺寸　角行程控制阀(蝶阀除外)的端面距(IEC 60534-3-2:2001,IDT)

——尺寸　对焊式两通球形直通控制阀的端距(IEC 60534-3-3:1998,IDT)

——检验和例行试验(IEC 60534-4:1999,IDT)

——标志(eqv IEC 60534-5:1982)

——定位器与控制阀执行机构连接的安装细节　定位器在直行程执行机构上的安装(IEC 60534-6-1:1997,IDT)

——定位器与控制阀执行机构连接的安装细节　定位器在角行程执行机构上的安装(IEC 60534-6-2:2000,IDT)

——控制阀数据单(eqv IEC 60534-7:1989,MOD)

——噪声的考虑　实验室内测量空气动力流流经控制阀产生的噪声(eqv IEC 60534-8-1:1986)

——噪声的考虑　实验室内测量液动流流经控制阀产生的噪声(IEC 60534-8-2:1991,IDT)

——噪声的考虑　空气动力流流经控制阀产生的噪声预测方法(IEC 60534-8-3:2000,IDT)

——噪声的考虑　液动流流经控制阀产生的噪声预测方法(IEC 60534-8-4:1994,IDT)

本部分为 GB/T 17213 的第 9 部分。

本部分等同采用 IEC 60534-2-3:1997《工业过程控制阀 第 2-3 部分:流通能力　试验程序》(英文版)。

本部分等同翻译 IEC 60534-2-3:1997。

为便于使用,本部分作了下列编辑性修改:

a)　"IEC 60534-2 的本节"一词改为"GB/T 17213 的本部分";

b)　用小数点"."代替作为小数点的",";

c)　删除国际标准的前言;

d)　用第 4 章规定的符号"ρ_1/ρ_0"代替计算式中的"ρ/ρ_0";

e)　将表 2 的表头按 GB/T 1.1—2000 中 6.6.5.4 的规定进行了重新排列;

f)　将表 3 中涉及的压力单位 kPa 和 bar 分行排列,与其所取的常数相对应;

g)　将 9.7 中控制阀雷诺数的式(13)与 GB/T 17213.2 中式(28)的表述相一致;

h)　将 9.8 中控制阀类型修正系数的式(14)与 GB/T 17213.2 中附录 A 的式 A.1 表述相一致;

i)　将 10.5 中控制阀完全层流条件"$\sqrt{Re_v}/F_r$"与 8.6 中 $\sqrt{Re_v}/F_R$ 的表述相一致;

j)　用"10.6 获得的数据"取代 11.7 中"10.2.6 获得的数据",与文本内容表述相一致;

k)　用"图 A.1、图 A.2、图 A.3、图 A.4"取代附录 A 中的图号"a)、b)、c)、d)"。

本部分的附录 A 为规范性附录。

本部分由中国机械工业联合会提出。

本部分由全国工业过程测量和控制标准化技术委员会第一分技术委员会归口。

本部分由天津市自动化仪表四厂负责起草。参加起草的单位:机械工业仪器仪表综合技术经济研究所、上海工业自动化仪表研究所、上海自动化仪表股份有限公司自动化仪表七厂、重庆川仪十一厂有限公司、吴忠仪表股份有限公司。

本部分主要起草人:王群增、郑秋萍、王燕、冯晓升、王凌霄、范萍、陈蒙南、李元涛、高强。

工业过程控制阀 第 2-3 部分:流通能力 试验程序

1 范围

GB/T 17213 的本部分适用于工业过程控制阀,并提供流通能力试验程序以确定 GB/T17213.2 给出的计算公式中使用的下列变量:

a) 流量系数 C;

b) 无附接管件液体压力恢复系数 F_L;

c) 带附接管件液体压力恢复系数和管道几何形状系数的复合系数 F_{LP};

d) 管道几何形状系数 F_P;

e) 压差比系数 x_T 和 x_{TP};

f) 控制阀类型修正系数 F_d;

g) 雷诺数系数 F_R。

2 规范性引用文件

下列文件中的条款通过 GB/T 17213 的本部分的引用而成为本部分的条款。凡是注日期的引用文件,其随后所有的修改单(不包括勘误的内容)或修订版均不适用于本部分,然而,鼓励根据本部分达成协议的各方研究是否可使用这些文件的最新版本。凡是不注日期的引用文件,其最新版本适用于本部分。

GB/T 17213.1—1998 工业过程控制阀 第 1 部分:控制阀术语和总则(eqv IEC 60534-1:1987)

GB/T 17213.2—2005 工业过程控制阀 第 2-1 部分:流通能力 安装条件下流体流量的计算公式(IEC 60534-2-1:1999,IDT)

GB/T 17213.14—2005 工业过程控制阀 第 8-2 部分:噪声的考虑 实验室内测量液动流流经控制阀产生的噪声(IEC 60534-8-2:1991,IDT)

GB/T 18271.1—2000 过程测量和控制装置 通用性能评定方法和程序 第 1 部分:总则(idt IEC 61298-1:1995)

GB/T 18271.2—2000 过程测量和控制装置 通用性能评定方法和程序 第 2 部分:参比条件下的试验(idt IEC 61298-2:1995)

3 定义

GB/T 17213.1、GB/T 17213.2、GB/T 18271.1 和 GB/T 18271.2 确定的术语和定义均适用于 GB/T 17213 的本部分。

4 符号

符号	说　　　明	单　　位
C	流量系数(K_v、C_v)	各不相同(见 GB/T 17213.1)
C_R	额定行程时的流量系数	各不相同(见 GB/T 17213.1)
d	控制阀公称通径(DN)	mm
F_d	控制阀类型修正系数	无量纲
F_F	液体临界压力比系数	无量纲
F_L	无附接管件控制阀的液体压力恢复系数	无量纲
F_{LP}	带附接管件控制阀的液体压力恢复系数和管道几何形状系数的复合系数	无量纲
F_P	管道几何形状系数	无量纲
F_R	雷诺数系数	无量纲
F_γ	比热比系数	无量纲
M	流体分子量	kg/kmol
N	数字常数(见表 3)	各不相同(见注 1)
p_c	绝对热力学临界压力	kPa 或 bar(见注 2)
p_v	入口温度下液体的蒸汽的绝对压力	kPa 或 bar
p_1	上游取压口测得的入口绝对静压力	kPa 或 bar
p_2	下游取压口测得的出口绝对静压力	kPa 或 bar
Δp	上、下游取压口的压力差(p_1-p_2)	kPa 或 bar
Δp_{max}	最大压差	kPa 或 bar
$\Delta p_{max(L)}$	无附接管件的最大有效压差 Δp	kPa 或 bar
$\Delta p_{max(LP)}$	带附接管件的最大有效压差 Δp	kPa 或 bar
Q	体积流量	m^3/h(见注 3)
Q_{max}	最大体积流量(阻塞流条件下)	m^3/h
$Q_{max(L)}$	不可压缩流体的最大体积流量(无附接管件阻塞流条件下)	m^3/h
$Q_{max(LP)}$	不可压缩流体的最大体积流量(带附接管件阻塞流条件下)	m^3/h
$Q_{max(T)}$	可压缩流体的最大体积流量(无附接管件阻塞流条件下)	m^3/h
$Q_{max(TP)}$	可压缩流体的最大体积流量(带附接管件阻塞流条件下)	m^3/h
Re_v	控制阀雷诺数	无量纲
T_1	入口绝对温度	K
t_S	标准条件下的参比温度	℃
x	压差与入口绝对压力之比($\Delta p/p_1$)	无量纲
x_T	无附接管件控制阀在阻塞流条件下的压差比系数	无量纲
x_{TP}	带附接管件控制阀在阻塞流条件下的压差比系数	无量纲
Y	膨胀系数	无量纲
Z	压缩系数 (对表征理想气体性能的气体 $Z=1$)	无量纲
γ	比热比	无量纲
ν	运动粘度	m^2/s(见注 4)

表(续)

符号	说　　明	单　位
ζ	控制阀带有渐缩管、渐扩管、或其他管件时的速度头损失系数	无量纲
ρ_1/ρ_0	相对密度(水在15.5℃时 $\rho_1/\rho_0=1$)	无量纲

注1：为确定常数的单位，应使用表3给出的单位对相应的公式进行量纲分析。

注2：1 bar=10^2 kPa=10^5 Pa

注3：对可压缩流体，用符号 Q 表示的体积流量(m^3/h)是指绝对压力为101.325 kPa(1.013 25 bar)，温度为0℃或15℃(见表3)的标准条件下的值。

注4：1厘斯=10^{-6} m^2/s

5　试验系统

基本的流量试验系统见图1。

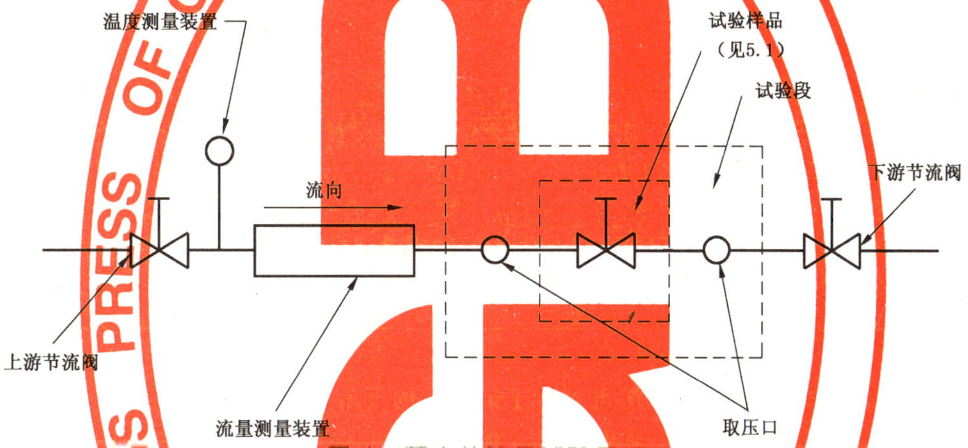

图1　基本的流量试验系统

5.1　试验样品

试验样品是要求取得试验数据的任何阀或阀同渐缩管、渐扩管或其他管件的组合体。

虽然最好采用实际尺寸的样品或模型，但本部分也允许采用缩小尺寸的试验样品进行模拟试验。为使模拟试验能取得令人满意的结果，要注意几个因素之间的关系，诸如完全充满管道的流体在流动时的雷诺数，当可压缩性为重要因素时的马赫数以及几何相似性等。

5.2　试验段

试验段应由表1所示的两个直管段组成。连接试验样品的上、下游管段应与试验样品接头的公称通径一致。

对于公称通径在DN250以下(包括DN250)，压力等级在PN100以下(包括PN100)的阀，管道内径与试验样品端部实际内径的偏差应在±2%以内。对于大于DN250的阀，或压力等级大于PN100的阀，试验样品入口和出口处的内径应与连接管道的内径相匹配。

管道内壁应无铁锈、氧化皮或其他可能引起流体过度扰动的障碍物。

5.3　节流阀

上游节流阀用来控制试验段的入口压力，下游节流阀用于试验期间的控制。这两个阀一起用来控制试验段取压口前后的压差，并使下游压力保持一个特定值。对这两个阀的型式无任何限定，只是上游阀宜经过选择且其安装位置要适当，使之不影响流量测量的精确度。下游节流阀的公称通径可大于试验样品的公称通径，以保证阻塞流发生在试验样品内。当用液体进行试验时，应避免在上游阀处出现汽化。

表 1 试验段管道要求

l_1	l_2	l_3	l_4
管道公称通径的 2 倍	管道公称通径的 6 倍	最短为管道公称通径的 18 倍	最短为管道公称通径的 1 倍

标准试验段配置

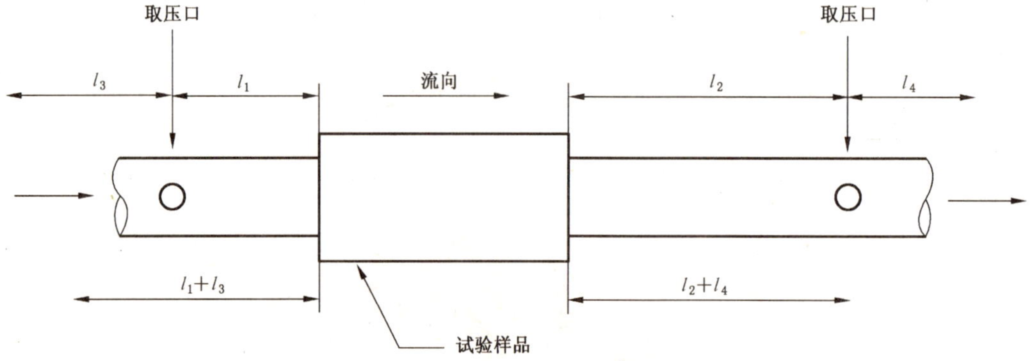

注 1：若认为有益，可使用整流导叶。如果使用了整流导叶，则长度 l_3 可缩短到不小于管道公称通径的 8 倍。

注 2：取压口的位置是在试验样品的上游和下游。试验样品不仅可以是一个控制阀，也可以是控制阀与附接管件的任意组合（见附录 A）。

注 3：如果上游流体扰动是由位于不同平面上的两个串联的弯头造成的，除非使用整流导叶，否则 l_3 的长度应大于管道公称通径的 18 倍。

5.4 流量的测量

流量测量仪表可位于试验段的上游也可位于试验段的下游。它可以是任何符合规定精确度的装置，并需要经常进行校准，以保持其精确度。流量测量仪表应用来测定时间平均流量，其精确度应为实际值的±2%范围以内。

5.5 取压口

应根据表 1 的规定在试验段管道上设置取压口，其结构如图 2 所示。当管道内流动形态不一致时，为达到所需要的测量精确度可能需要设置多个取压口。

取压口 b 的直径至少应为 3 mm，但不能超过 12 mm 或管道公称通径的 1/10（取其小者）。上、下游取压口的直径应一致。

取压口应为圆形，其边缘应光滑，呈锐角或微带圆角，无毛刺，不形成线状边缘或其他不规则形状。

只要能达到上述要求，可以采用任何适当的方法进行物理连接，但管道内不允许有任何管件突出。

5.5.1 不可压缩流体

取压口中心线应处于水平位置，应与管道中心线成直角相交，以减少取压口处空气逗留和污物聚集的可能性。

5.5.2 可压缩流体

取压口中心线应处于水平位置或垂直于管道上方，并应与管道中心线成直角相交。以减少灰尘滞留的可能性。

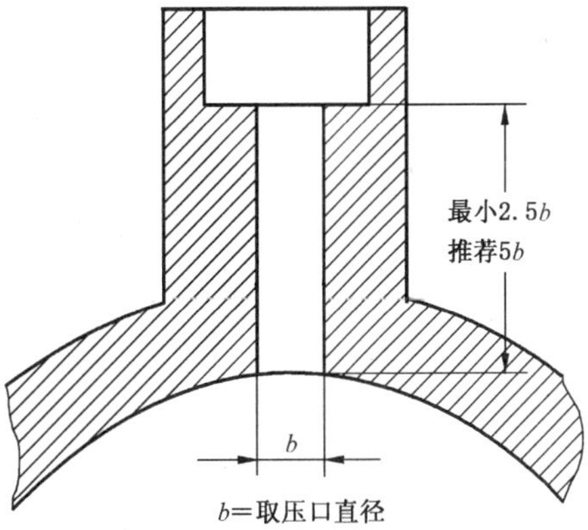

管道尺寸	b 不大于	b 不小于
小于 50 mm	6 mm	3 mm
50 mm～75 mm	9 mm	3 mm
100 mm～200 mm	13 mm	3 mm
250 mm 及以上	19 mm	3 mm

图 2　推荐的取压口连接

5.6　压力测量

所有压力和压差测量的精确度都应达到读数的±2%。压力测量装置需要经常进行校准，以保持规定的精确度。

5.7　温度测量

流体入口温度测量的精确度应达到±1℃。测温探头必须经过选择，并设置在对流量测量和压力测量的影响为最小的位置上。

5.8　控制阀行程

在任何一个特定流量试验的过程中，阀的行程偏差都应控制在额定行程的±0.5%以内。

5.9　试验样品安装

试验管道轴线与试验样品入口和出口的轴线的同轴度应在以下范围内：

管道公称通径	同轴度
DN15～DN25	0.8 mm
DN32～DN150	1.6 mm
DN200 及以上	管道公称通径的 0.01

试验样品应进行定位，以避免流体形态在取压口处产生速度头。例如，当进行角行程阀试验时，阀轴应与取压口平行。

每个垫片内径应进行尺寸测量和定位，以免凸出于管道之内。

6　试验精确度

若采用本部分所述试验程序，对于 C/d^2 小于或等于 N_{25} 的阀，全口径流量系数值的偏差应在±5%以内。

7　试验流体

7.1　不可压缩流体

本试验程序使用的基本流体为 5℃～40℃的水。只要试验结果不会受到不利的影响，可以使用防腐剂来防止或延迟腐蚀和防止有机物生长。

7.2 可压缩流体

本试验程序使用的基本流体是空气或其他可压缩流体。饱和蒸汽不能用作试验流体。试验过程中应防止内部结冰。

8 不可压缩流体的试验程序

下列条款对各种试验的操作方法作了具体说明。对这些试验所获数据的评估见第9章。

8.1 流量系数 *C* 的试验程序

确定流量系数 C 要求采用以下试验程序。试验数据应按9.3所述的程序评估。

8.1.1 按照表1的管道要求安装无附接管件的试验样品。

8.1.2 流量试验应在紊流、无空化区域内3个间隔较大的压差点(但不低于0.1 bar)上进行流量测量。建议压差是:

a) 恰好在空化点以下(刚开始空化)或试验设备可获得的最大值,取其中较小值(见GB/T 17213.14);

b) 约为a)压差的50%;

c) 约为a)压差的10%。

在阀选定行程下,通过试验段两端的取压口测量压力。

对于流通能力很小的阀,在推荐的压差下可能会产生非紊流。在这种情况下应取较大的压差,以保证产生紊流,推荐的阀最小雷诺数 Re_v 应为 10^5(见公式(13))。

应记录与上述指定压差的偏差,并说明偏差原因。

8.1.3 为了保持液体充满试验段下游部分,并防止液体汽化,入口压力应保持等于或大于表2所列最小值。此最低入口压力取决于试验样品的液体压力恢复系数 F_L。如果 F_L 为未知数,就应该保守地估计一个最低入口压力。

8.1.4 应通过流量试验确定:

a) 100%额定行程时的额定流量系数 C_R;

b) 5%、10%、20%、30%、40%、50%、60%、70%、80%、90%和100%额定行程时的固有流量特性(任选)。

注:为更完整地确定固有流量特性,还可以在小于额定行程5%的行程下进行流量试验。

表2 与 F_L 及 Δp 有关的最低入口绝对试验压力

F_L	最低入口绝对试验压力/kPa (bar)								
	Δp/kPa(bar)								
	35 (0.35)	40 (0.4)	45 (0.45)	50 (0.5)	55 (0.55)	60 (0.60)	65 (0.65)	70 (0.7)	75 (0.75)
0.5	280 (2.8)	320 (3.2)	360 (3.6)	400 (4.0)	440 (4.4)	480 (4.8)	520 (5.2)	560 (5.6)	600 (6.0)
0.6	190 (1.9)	220 (2.2)	250 (2.5)	270 (2.7)	300 (3.0)	330 (3.3)	360 (3.6)	380 (3.8)	410 (4.1)
0.7	150 (1.5)	160 (1.6)	180 (1.8)	200 (2.0)	220 (2.2)	240 (2.4)	260 (2.6)	280 (2.8)	300 (3.0)
0.8	150 (1.5)	160 (1.6)	160 (1.6)	170 (1.7)	170 (1.7)	190 (1.9)	200 (2.0)	220 (2.2)	230 (2.3)
0.9	150 (1.5)	160 (1.6)	160 (1.6)	170 (1.7)	170 (1.7)	180 (1.8)	180 (1.8)	190 (1.9)	190 (1.9)
注1:对于大口径控制阀流源达到极限时,只要能保持紊流状态,可以使用较小的压差(但不小于0.1 bar)。 注2:对于压力未列出的,可以用下式计算上游压力:$p_{1.min}=2\Delta p/F_L^2$									

8.1.5 记录下列数据：

a) 控制阀行程；

b) 入口压力 p_1；

c) 上、下游取压口的压差(p_1-p_2)；

d) 流体入口温度 T_1；

e) 体积流量 Q；

f) 大气压力；

g) 试验样品的结构描述(例如：阀型式、公称通径、公称压力、流向)。

8.2 液体压力恢复系数 F_L 和液体压力恢复系数与管道几何形状系数的复合系数 F_{LP} 的试验程序

计算系数 F_L(指定的无附接管件试验样品)和 F_{LP}(指定的带附接管件试验样品)时，需要用到最大流量 Q_{max}(称之为阻塞流)。在入口条件不变的情况下，当增大压差不能使流量增大时就证明是阻塞流。确定 Q_{max} 应用下列试验程序。数据评估程序见 9.4。对 F_L 和相应的 C 的试验程序在相同的阀行程上进行。因此，在以任何一种阀行程对这两个系数进行试验时，阀应锁定在某一固定位置上。

8.2.1 应当使用 5.2 所述的试验段，试验样品应锁定在要求位置上。

8.2.2 下游节流阀应处于全开位置。应在预先选定的入口压力下测量流量并记录入口压力和出口压力。本试验可确定此试验系统中试验样品的最大压差(p_1-p_2)。在相同的入口压力下，将压差降低到第一次试验确定压差的 90%，进行第二次试验。如果第二次试验的流量与第一次试验的流量相差不超过 2%，则可以将第一次试验测得流量作为 Q_{max}。

否则，就在一个较高的入口压力下重复整个试验过程。如果在试验系统的最高入口压力下不能达到 Q_{max}，可采用以下程序。计算一个 F_L 代替在可达到的最高入口压力值和压差值下得到的流量。在报告中注明被试验控制阀的 F_L 远大于预先计算值。

8.2.3 记录下列数据：

a) 控制阀行程；

b) 入口压力 p_1；

c) 上、下游取压口的压差(p_1-p_2)；

d) 流体入口温度 T_1；

e) 体积流量 Q；

f) 大气压力；

g) 试验样品的结构描述(例如：阀型式、公称通径、公称压力、流向)。

8.3 管道几何形状系数 F_P 的试验程序

对于带附接管件的阀，管道几何形状系数 F_P 可以改变阀的流量系数 C。系数 F_P 是在相同的工作条件下试验时，带附接管件阀的 C 与无附接管件阀的额定 C 之比。为了获得此系数，用要求的阀和附接管件的组合来代替阀。将这个组合作为试验样品按照 8.1 进行流量试验，以确定试验段的管道公称通径。例如，DN100 阀安装在附接渐缩管和渐扩管的 DN150 的管线上，应按 DN150 管线来确定取压口的位置。

数据评估程序见 9.5。

8.4 液体临界压力比系数 F_F 的试验程序

液体临界压力比系数 F_F 只是流体与其温度的一个特性，它是阻塞流条件下明显的“缩流断面”压力与入口温度下液体的蒸汽压力之比。

F_F 的数值是通过对已知 F_L 和 C 的试验样品进行试验来确定的。无附接管件阀的安装应符合表 1 的要求。应采用 8.2 所述获取 Q_{max} 的试验程序并使用所关注的流体作试验流体。

数据评估程序见 9.6。

8.5 不可压缩流体的雷诺数系数 F_R 的试验程序

为了得到雷诺数系数 F_R 的值，应通过试验阀产生非紊流条件。这个条件要求低压差，高粘度的流体，小的 C 值，或这些条件的组合。除 C 值很小的阀之外，当进行符合 8.1 所列程序的流量试验时，紊流总是存在的，并且在这些条件下的 F_R 将为 1.0。

用安装在标准试验段且无附接管件的阀进行流量试验确定 F_R 的值。除了下述情况以外，这些试验应遵循确定 C 的试验程序：

a) 只要试验流体在试验阀内不产生汽化现象，试验压差可以是任意适当值；

b) 如果试验流体不是 20℃±14℃的淡水，那么表 2 列出的最低入口试验压力值可能不适用；

c) 试验流体应为粘度比水高很多的牛顿流体，除非仪表能够精确测量非常低的压差。

在每个选定阀行程下通过改变阀的压差，进行足够次数的试验，以覆盖从紊流到层流的整个条件范围。

数据评估程序见 9.7。

8.6 控制阀类型修正系数 F_d 的试验程序

控制阀类型修正系数 F_d 考虑的是阀内件几何形状对雷诺数的影响。它被定义为单流路水力直径与节流孔直径之比，其中节流孔的面积等于给定行程下所有相同流路面积的总和。

控制阀类型修正系数 F_d 应在所需行程下测量。它的值仅能按 8.5 所列程序在完全层流的条件下进行测量。

完全层流被定义为 $\sqrt{Re_v}/F_R$ 保持恒定，允差范围为±5%的条件(典型特征是 Re_v 值低于 50)。

数据评估程序见 9.8。

9 不可压缩流体的数据评估程序

9.1 非阻塞流

非阻塞流的不可压缩流体的基本流量方程式为：

$$Q = N_1 F_R F_P C \sqrt{\frac{\Delta p}{\rho_1/\rho_0}} \qquad (1)$$

对于无附接管件的阀，$F_P=1$，并且在紊流条件下 $F_R=1$。

9.2 阻塞流

对于阻塞流应考虑两种情况：

9.2.1 无附接管件

当控制阀无附接管件时：

$$Q_{\max(L)} = N_1 F_L C \sqrt{\frac{p_1 - F_F p_v}{\rho_1/\rho_0}} \qquad (2)$$

注：对无附接管件的阀，在阻塞流条件下足以产生流动的最大压差为：

$$\Delta p_{\max(L)} = F_L{}^2 (p_1 - F_F p_v) \qquad (3)$$

9.2.2 带附接管件

当控制阀带附接管件时：

$$Q_{\max(LP)} = N_1 F_P C \sqrt{\left(\frac{F_{LP}}{F_P}\right)^2 \left(\frac{p_1 - F_F p_v}{\rho_1/\rho_0}\right)} \qquad (4)$$

式(4)的通用式为：

$$Q_{\max(LP)} = N_1 F_{LP} C \sqrt{\left(\frac{p_1 - F_F p_v}{\rho_1/\rho_0}\right)} \qquad (5)$$

注：对于带附接管件的控制阀，阻塞流条件下足以产生流动的最大压差为：

$$\Delta p_{\max(LP)} = \left(\frac{F_{LP}}{F_P}\right)^2 (p_1 - F_F p_v) \quad \cdots\cdots(6)$$

9.3 流量系数 C 的计算

流量系数 C 可按 K_v 或 C_v 来计算，N_1 的合适值见表 3，它取决于所选系数和压力的测量单位。

用 8.1 得到的数据，代入下式计算各次流量试验的 C：

$$C = \frac{Q}{N_1}\sqrt{\frac{\rho_1/\rho_0}{\Delta p}} \quad \cdots\cdots(7)$$

对于规定温度范围内的水，$\rho_1/\rho_0=1$。

每次流量试验得到的 3 个值中，最大值不应比最小值大 4%以上。如果差值超过此允差，应重复进行流量试验。如果差值较大是由于空化引起的，则应在较高的入口压力下重复试验。

每一行程的流量系数应该是三个试验值的算术平均值，圆整到不多于三位有效数字。

9.4 液体压力恢复系数 F_L 和液体压力恢复系数和管道几何系数的复合系数 F_{LP} 的计算

系数 F_L 和 F_{LP} 可用 8.2 所获数据和下式计算。

9.4.1 无附接管件时

当控制阀无附接管件时：

$$F_L = \frac{Q_{\max(L)}}{N_1 C}\sqrt{\frac{\rho_1/\rho_0}{p_1 - F_F p_v}} \quad \cdots\cdots(8)$$

对于规定温度范围内的水，$\rho_1/\rho_0=1$ 并且 $F_F=0.96$。

9.4.2 带附接管件

当控制阀带附接管件时：

$$F_{LP} = \frac{Q_{\max(LP)}}{N_1 C}\sqrt{\frac{\rho_1/\rho_0}{p_1 - F_F p_v}} \quad \cdots\cdots(9)$$

对于规定温度范围内的水，$\rho_1/\rho_0=1$ 并且 $F_F=0.96$。

9.5 管道几何形状系数 F_P 的计算

用 8.3 获得的试验数据的平均值，按下式计算：

$$F_P = \frac{\text{带附接管件阀的 } C}{C_R} = \frac{\dfrac{Q}{N_1}\sqrt{\dfrac{\rho_1/\rho_0}{\Delta p}}}{C_R} \quad \cdots\cdots(10)$$

对于规定温度范围内的水，$\rho_1/\rho_0=1$。

9.6 液体临界压力比系数 F_F 的计算

F_F 计算如下：

$$F_F = \frac{1}{p_v}\left[p_1 - (\rho_1/\rho_0)\left(\frac{Q_{\max}}{N_1 F_L C}\right)^2\right] \quad \cdots\cdots(11)$$

这里 p_v 是入口温度下流体蒸汽的压力。试验样品的 C F_L 采用 8.2 的标准方法确定。

9.7 雷诺数系数 F_R 的计算

用 8.5 所述程序和式(12)得出的试验数据来获得近似 C 值。这个 C 相当于 CF_R，用近似 C 除以控制阀在同一行程上按 8.1 规定的试验条件进行试验得到的 C，获得 F_R。

$$CF_R = \frac{Q}{N_1}\sqrt{\frac{\rho_1/\rho_0}{\Delta p}} \quad \cdots\cdots(12)$$

尽管可采用任何一种实验者认为合适的方式使这些数据相互关联，但是被证实能提供令人满意的相互关系的方法都要用到控制阀雷诺数，控制阀雷诺数由式(13)计算：

$$Re_v = \frac{N_4 F_d Q}{\nu\sqrt{CF_L}} \quad \cdots\cdots(13)$$

9.8 控制阀类型修正系数 F_d 的计算

用 8.5 获得的试验数据,按下式计算 F_d:

$$F_d = \frac{N_{26}\nu F_R{}^2 F_L{}^2 (C/d^2)^2 \sqrt{CF_L}}{Q\left(\frac{F_L{}^2 C^2}{N_2 D^4}+1\right)^{1/4}} \quad \cdots\cdots(14)$$

仅推荐在额定行程下计算 F_d。减小行程会发生明显错误。

对于在额定行程时 $C/d^2 \leqslant 0.016N_{18}$ 的缩径阀内件,F_d 计算如下:

$$F_d = \frac{N_{31}\nu F_R{}^2 F_L{}^2 \sqrt{CF_L}}{Q\left[1+N_{32}\left(\frac{C}{d^2}\right)^{\frac{2}{3}}\right]} \quad \cdots\cdots(15)$$

试验应在 Re_v 小于 100 或 F_R 小于 0.26 时进行。F_d 应由 3 次试验的最小值的平均值确定。

10 可压缩流体的试验程序

本章对各种试验的操作方法作了具体的说明。对这些试验所获得数据的评估方法见第 11 章。

10.1 流量系数 C 的试验程序

确定流量系数 C 需要以下试验程序。试验数据应采用 11.1 的程序进行评估。

10.1.1 按照表 1 的管道要求安装无附接管件的试验样品。

10.1.2 流量试验应包括 3 种压差下的流量测量。为了接近流动条件,可以假设其为不可压缩的,压差比($x=\Delta p/p_1$)应当小于或等于 0.02。另一种程序见 10.2.5。

10.1.3 应通过流量试验确定:

a) 100%额定行程时的额定流量系数 C;

b) 5%、10%、20%、30%、40%、50%、60%、70%、80%、90%和 100%额定行程时的固有流量特性(任选)。

注:为更完整地确定固有流量特性,还可以在小于额定行程 5%的行程下进行流量试验。

10.1.4 记录下列数据:

a) 控制阀行程;

b) 入口压力 p_1;

c) 上、下游取压口的压差(p_1-p_2);

d) 流体入口温度 T_1;

e) 体积流量 Q;

f) 大气压力;

g) 试验样品的结构描述(例如:阀类型、公称通径、公称压力、流向)。

10.2 压差比系数 x_T 和 x_{TP} 的试验程序

对于 $F_\gamma=1(\gamma=1.4)$ 的流体,x_T 和 x_{TP} 这两个量是压差与入口绝对压力之比($\Delta p/p_1$)。但当使用 $F_\gamma \neq 1$ 的试验气体时,根据式(23)和式(24)仍能求得这两个值。在计算 x_T(对给定的无附接管件的试验样品)和 x_{TP}(对给定的带附接管件的试验样品)时,还需要最大体积流量 Q_{max}(称之为阻塞流)。在固定的入口条件下,如果压差增大而流量不再增加,这就证明是阻塞流。x_T 和 x_{TP} 的值应当分别用 11.2 和 11.3 所述的程序进行计算。

确定 Q_{max} 应当采用下列试验程序:

10.2.1 用 5.2 规定的试验段,试验样品的行程为 100%额定行程。

10.2.2 与试验样品前后的压差一样,只要符合阻塞流的要求(在 10.2.3 中规定)可以采用任何一种足以产生阻塞流的上游压力。

10.2.3 下游节流阀应处于全开位置,在预先选定的入口压力下测量流量,并记录入口压力和出口压力。本试验确定试验系统中试验样品的最大压差(p_1-p_2)。在相同的入口压力下,将压差降低到第一次试验确定压差的 90%,进行第二次试验。如果第二次试验的流量与第一次试验的流量相差不超过 0.5%,那么就可将第一次试验测得的流量作为最大流量。否则,要在较高的入口压力下重复此试验。

尽管测量流量绝对值的误差应不超过±2%,但是为了达到预期的精确度,x_T 的试验重复性应优于±0.5%。这一系列试验应在使用相同的仪表并且不改变试验装置的条件下连续进行。

10.2.4 记录下列数据

a) 控制阀行程;

b) 入口压力 p_1;

c) 出口压力 p_2;

d) 流体入口温度 T_1;

e) 体积流量 Q;

f) 大气压力;

g) 试验样品的结构描述(例如:阀类型、公称通径、公称压力、流向)。

10.2.5 压差比系数 x_T 和 x_{TP} 及流量系数 C 的替代试验程序

如果试验室无法用上述程序确定 x_T 值,可采用此替代试验程序。

用 5.2 规定的试验段,试验样品的行程为 100% 额定行程。

在预先选定的某个入口压力下,对最少 5 个间隔恰当的 x 值(压差与入口绝对压力之比)测量流量(Q)、流体入口温度(T_1)和下游压力。

根据这些数据点,用下式计算 YC 之积的值:

$$YC=\frac{Q}{N_9 p_1}\sqrt{\frac{MT_1}{x}} \qquad (16)$$

式中,Y 是膨胀系数,由下式确定:

$$Y=1-\frac{x}{3F_\gamma x_T} \qquad (17)$$

其中:$F_\gamma=\gamma/1.4$。

试验点应始终绘在以(YC)对 x 的直角坐标上,使线性曲线同数据重合。如果有任何一点与曲线的偏差大于 5%,就要用附加数据来确认样品是否确有异常特征。

样品的 C_0 值从 $x=0$,$Y=1$ 的曲线处获取。

至少应有一个试验点 $(YC)_1$ 满足 $(YC)_1\geqslant 0.97(YC)_0$ 的要求,其中 $(YC)_0$ 对应于 $x\approx 0$。

至少应有一个试验点 $(YC)_n$ 满足 $(YC)_n\leqslant 0.83(YC)_0$ 的要求。

样品的 x_T 应从 $YC=0.667(YC)_0$ 的曲线处获取。

如果采用此法,应加以说明。

10.3 管道几何形状系数 F_P 的试验程序

管道几何形状系数 F_P 修正带附接管件阀的流量系数 C。系数 F_P 是在相同工作条件下试验时,带附接管件阀的 C 与无附接管件阀的额定 C 之比。

为了获得此系数,用要求的阀和附接管件的组合作为试验样品,按照 10.1 进行流量试验,以确定试验段的管道直径。例如,DN100 的阀装在附接渐缩管和渐扩管的 DN150 的管线上,应按 DN150 管线来确定取压口的位置。

数据评估见 11.4。

10.4 雷诺数系数 F_R 的试验程序

为了确定雷诺数系数 F_R 的值,应通过试验阀产生非紊流。在使用可压缩流体时,如果 C_R 值用 C_v 表示时小于 0.5,用 K_v 表示时小于 0.43,只能非常典型地产生这种条件。

当使用 10.2 列出的程序时,对于特定的控制阀,即使 $x\geqslant x_T$,但测得的气体流量数值依然在增加,即不存在阻塞流，则认为存在非紊流条件。

为了获得这种非紊流，试验样品入口压力应小于：

$$p_{1max}=\frac{0.035}{F_d\sqrt{CF_L}} \quad\cdots\cdots(18)$$

单位是 bar，但不会低于 2 bar(绝对压力)。

确定 F_R 的值要用无附接管件的阀安装在标准试验段进行流量试验。在每个选定阀行程下通过改变入口压力进行足够次数的试验，以覆盖从紊流到层流的整个范围。

数据评估程序见 11.5。

10.5 控制阀类型修正系数 F_d 的试验程序

控制阀类型修正系数 F_d 主要考虑阀内件几何形状对雷诺数的影响。它被定义为特定流路的水力直径与总流路面积等效圆直径之比。

控制阀类型修正系数 F_d 应在所需行程下测量。其值仅能在采用 8.5 所述试验程序达到完全层流的条件下测量。

完全层流被定义为 $\sqrt{Re_v}/F_R$ 保持恒定，允差范围在±5%的条件(通常 Re_v 值低于 50)。

数据评估程序见 11.6。

10.6 小流量阀内件的试验程序

流量系数 C 小于 0.05(C_v)或 0.043 (K_v)的阀内件被定为小流量阀内件。要保证小流量阀内件的流量系数是在完全紊流状态下的流量系数，入口压力 p_1 应该不小于下式给出的值：

$$p_1=\frac{N_{21}}{F_d\sqrt{CF_L}} \quad\cdots\cdots(19)$$

这里出口压力小于 $0.3p_1$。应使用 5.2 的试验段，试验样品的额定行程为 100%。保持入口压力不变，改变出口压力获得 3 个不同的流量。

数据评估程序见 11.7。

11 可压缩流体的数据评估程序

可压缩流体的基本流量方程式为：

$$Q=N_9F_PCp_1Y\sqrt{\frac{x}{MT_1Z}} \quad\cdots\cdots(20)$$

式中：

$$Y=1-\frac{x}{3F_\gamma x_T} \quad\cdots\cdots(21)$$

其中：$F_\gamma=\gamma/1.4$。

对无附接管件阀的流量试验，$F_P=1$。

对于处理不同于空气的气体的控制阀，x 的极限值(即 $F_\gamma x_T$)应当在 $F_\gamma x_T$ 项中修正。在任何一种计算方程式或者与 Y 的关系式中，尽管实际压差比比较大，x 的值仍应保持在这个极限以内。实际上，Y 值的范围可以从压差很小时的将近 1 到阻塞流时的 0.667($x=F_\gamma x_T$)。

11.1 流量系数 C 的计算

流量系数 C 可用 C_v 或 K_v 来计算。N_9 相应值见表 3，此值取决于所选系数和入口压力的测量单位。

用 10.1 获得的数据，并假设 $Y=1$，以下式计算各个试验点的流量系数：

$$C=\frac{Q}{N_9p_1}\sqrt{\frac{MT_1}{x}} \quad\cdots\cdots(22)$$

对于空气，M=28.97 kg/kmol。

在每个试验点取得的3个值中，最大值不应比最小值大4%。如果差值超过允许偏差则该点试验应重复进行。

各行程的流量系数应是3个试验值的算术平均值，圆整到不多于3位有效数字。

11.2 压差比系数 x_T 的计算

用10.2获得的数据计算 x_T。

当 $x = F_\gamma x_T$ 时，则 $Q = Q_{max(T)}$ 且 $Y = 0.667$。

$$x_T = \left[\frac{Q_{max(T)}}{0.667 N_9 C p_1}\right]^2 \left[\frac{M T_1 Z}{F_\gamma}\right] \quad \cdots\cdots (23)$$

如果用空气作为试验介质，则 $F_\gamma = 1$，$M = 28.97$ kg/kmol 且 $Z = 1$。

11.3 压差比系数 x_{TP} 的计算

用10.2获得的数据计算 x_{TP}。

当 $x = F_\gamma X_{TP}$ 时，则 $Q = Q_{max(TP)}$ 且 $Y = 0.667$。

$$X_{TP} = \left[\frac{Q_{max(TP)}}{0.667 N_9 F_P C p_1}\right]^2 \left[\frac{M T_1 Z}{F_\gamma}\right] \quad \cdots\cdots (24)$$

如果用空气作为试验介质，则 $F_\gamma = 1$，$M = 28.97$ kg/kmol 且 $Z = 1$。

11.4 管道几何形状系数 F_P 的计算

用10.3获得的平均值计算 F_P。

$$F_P = \frac{\text{带附接管件阀的}\ C}{C_R} = \frac{\dfrac{Q}{N_9 p_1}\sqrt{\dfrac{M T_1 Z}{x}}}{C_R} \quad \cdots\cdots (25)$$

如果用空气作为试验介质，则 $M = 28.97$ kg/kmol。

11.5 可压缩流体的雷诺数系数 F_R 的计算

用10.4所述程序获得的试验数据，用式(26)获得近似的 C。这个 C 近似等同于 CF_R，用近似的 C 除以在同一行程上的标准试验条件下确定的试验控制阀的 C 的试验值，获得 F_R。

$$CF_R = \frac{Q}{N_{22}}\sqrt{\frac{M T_1}{\Delta p(p_1 + p_2)}} \quad \cdots\cdots (26)$$

尽管数据与使用的任何一种试验方法都有关联，但是与采用控制阀雷诺数相关的试验方法被证实是令人满意的，控制阀雷诺数由式(13)计算，这里 F_d 由11.6计算。

11.6 控制阀类型修正系数 F_d 的计算

用10.1获得的数据，用适用的式(14)或式(15)计算 F_d 值。

11.7 小流量阀内件的流量系数 C 的计算

用10.6获得的数据，用下式计算 C 并对结果进行平均：

$$C = \frac{Q}{N_{22}}\sqrt{\frac{M T_1}{0.75 p_1}} \quad \cdots\cdots (27)$$

表3 数字常数 N

常数	流量系数		公式单位					
	K_v	C_v	Q	p、Δp、p_v	ρ	T	d	ν
N_1	1.00×10^{-1} 1.00	8.65×10^{-2} 8.65×10^{-1}	m³/h m³/h	kPa bar	kg/m³ kg/m³	—	—	—
N_4	7.07×10^{-2}	7.60×10^{-2}	m³/h	—	—	—	—	m²/s
N_9 (t_S=0℃)	2.46×10^{1} 2.46×10^{3}	2.12×10^{1} 2.12×10^{3}	m³/h m³/h	kPa bar	—	K K	—	—

表 3(续)

常数	流量系数		公式单位					
	K_v	C_v	Q	p、Δp、p_v	ρ	T	d	ν
N_9 (t_S=15℃)	2.60×10^{1}	2.25×10^{1}	m^3/h	kPa	—	K	—	—
	2.60×10^{3}	2.25×10^{3}	m^3/h	bar		K		
N_{21}	1.30×10^{-3}	1.4×10^{-3}	—	kPa	—	—	—	—
	1.30×10^{-1}	1.4×10^{-1}		bar				
N_{22} (t_S=0℃)	1.73×10^{1}	1.50×10^{1}	m^3/h	kPa	—	K	—	—
	1.73×10^{3}	1.50×10^{3}	m^3/h	bar		K		
N_{22} (t_S=15℃)	1.84×10^{1}	1.59×10^{1}	m^3/h	kPa	—	K	—	—
	1.84×10^{3}	1.59×10^{3}	m^3/h	bar		K		
N_{25}	4.02×10^{-2}	4.65×10^{-2}	—	—	—	—	mm	—
N_{26}	1.28×10^{7}	9.00×10^{6}	m^3/h	—	—	—	—	m^2/s
N_{31}	2.10×10^{4}	1.90×10^{4}	m^3/h	—	—	—	—	m^2/s
N_{32}	1.40×10^{2}	1.27×10^{2}	—	—	—	—	mm	—
注:表中的数字常数和表中实际公制单位同时使用就能得出规定单位的流量系数。								

附　录　A
（规范性附录）
标明取压口适当位置的各种试验样品典型实例

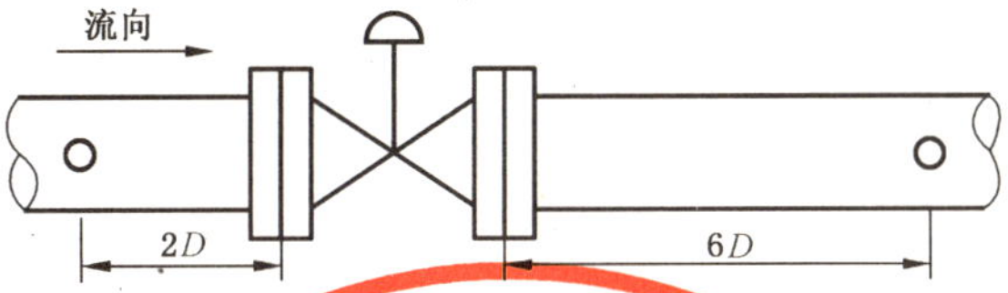

图 A.1　控制阀

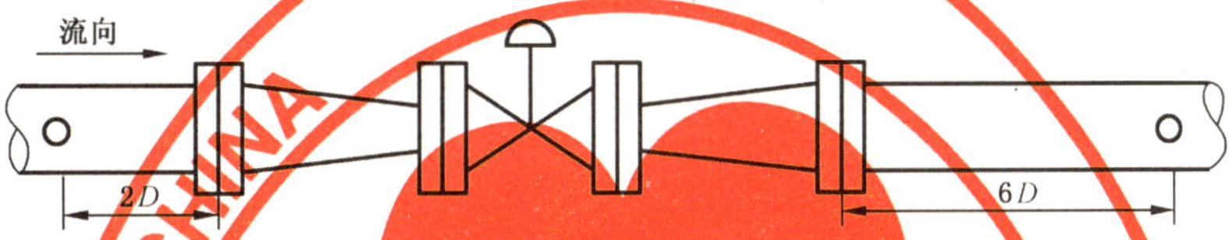

图 A.2　带渐缩管和渐扩管的控制阀

图 A.3　带弯管的控制阀

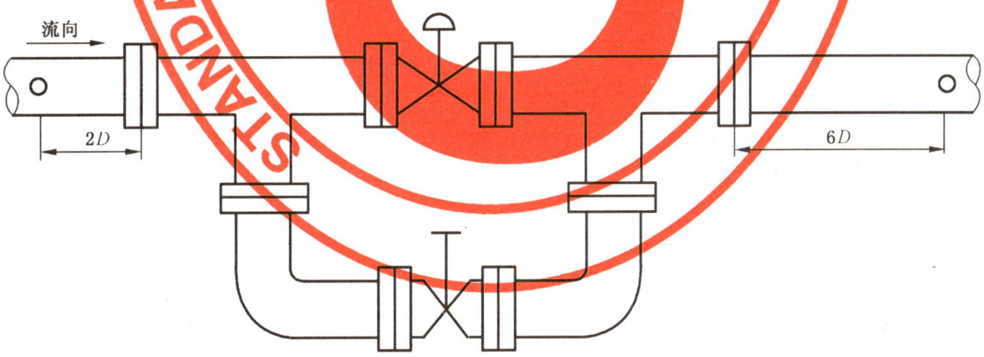

图 A.4　带旁路的控制阀

ICS 23.060.01
N 16

中华人民共和国国家标准

GB/T 17213.10—2005/IEC 60534-2-4:1989

工业过程控制阀 第2-4部分:流通能力 固有流量特性和可调比

Industrial-process control valves—Part 2-4: Flow capacity—Inherent flow characteristics and rangeability

(IEC 60534-2-4:1989,IDT)

2005-09-09 发布　　2006-04-01 实施

中华人民共和国国家质量监督检验检疫总局
中国国家标准化管理委员会 发布

前　言

GB/T 17213《工业过程控制阀》分为如下部分：

——控制阀术语和总则(eqv IEC 60534-1:1987)

——流通能力　安装条件下流体流量的计算公式(IEC 60534-2-1:1998,IDT)

——流通能力　试验程序(IEC 60534-2-3:1997,IDT)

——流通能力　固有流量特性和可调比(IEC 60534-2-4:1989,IDT)

——尺寸　两通球形直通控制阀法兰端面距和两通球形角形控制阀法兰中心至法兰端面的间距(IEC 60534-3-1:2000,IDT)

——尺寸　角行程控制阀(蝶阀除外)的端面距(IEC 60534-3-2:2001,IDT)

——尺寸　对焊式两通球形直通控制阀的端距(IEC 60534-3-3:1998,IDT)

——检验和例行试验(IEC 60534-4:1999,IDT)

——标志(eqv IEC 60534-5:1982)

——定位器与控制阀执行机构连接的安装细节　定位器在直行程执行机构上的安装(IEC 60534-6-1:1997,IDT)

——定位器与控制阀执行机构连接的安装细节　定位器在角行程执行机构上的安装(IEC 60534-6-2:2000,IDT)

——控制阀数据单(eqv IEC 60534-7:1989)

——噪声的考虑　实验室内测量空气动力流流经控制阀产生的噪声(eqv IEC 60534-8-1:1986)

——噪声的考虑　实验室内测量液动流流经控制阀产生的噪声(IEC 60534-8-2:1991,IDT)

——噪声的考虑　空气动力流流经控制阀产生的噪声预测方法(IEC 60534-8-3:2000,IDT)

——噪声的考虑　液动流流经控制阀产生的噪声预测方法(IEC 60534-8-4:1994,IDT)

本部分为 GB/T 17213 的第 10 部分。

本部分等同采用 IEC 60534-2-4:1989《工业过程控制阀　第 2 部分:流通能力　第 4 节:固有流量特性和可调比》(英文版)。

本部分等同翻译 IEC 60534-2-4:1989。

为便于使用,本部分作了下列编辑性修改:

a)“本标准”一词改为“GB/T 17213 的本部分”;

b) 删除国际标准的前言;

c) 删除规范性引用文件中 IEC 60534-2:1978 和 IEC 60534-2-2:1980,用 GB/T 17213.2:2005 (IEC 60534-2-1:1980,IDT)取代;

d) 用“lg”、“ln”分别代替作为对数符号的“$\log_{10}$”和“$\log_e$”。

本部分由中国机械工业联合会提出。

本部分由全国工业过程测量和控制标准化技术委员会第一分技术委员会归口。

本部分由机械工业仪器仪表综合技术经济研究所负责起草。参加起草的单位:天津市自动化仪表四厂、上海工业自动化仪表研究所、上海自动化仪表股份有限公司自动化仪表七厂、重庆川仪十一厂有限公司、吴忠仪表股份有限公司。

本部分主要起草人:王群增、郑秋萍、王燕、冯晓升、王凌霄、范萍、陈蒙南、李元涛、高强。

工业过程控制阀　第 2-4 部分：流通能力　固有流量特性和可调比

1　范围

GB/T 17213 的本部分适用于流通能力。

本部分规定了如何描述典型控制阀的固有流量特性及固有可调比，同时也规定了制定相关准则以遵守制造商确定的流量特性的方法。

2　规范性引用文件

下列文件中的条款通过 GB/T 17213 的本部分的引用而成为本部分的条款。凡是注日期的引用文件，其随后所有的修改单(不包括勘误的内容)或修订版均不适用于本部分，然而，鼓励根据本部分达成协议的各方研究是否可使用这些文件的最新版本。凡是不注日期的引用文件，其最新版本适用于本部分。

GB/T 17213.1—1998　工业过程控制阀　第 1 部分：控制阀术语和总则(IEC 60534-1:1987，MOD)

GB/T 17213.2—2005　工业过程控制阀　第 2-1 部分：流通能力　安装条件下的流体流量的计算公式(IEC 60534-2-1:1998，IDT)

GB/T 17213.9—2005　工业过程控制阀　第 2-3 部分：流通能力　试验程序(IEC 60534-2-3:1997，IDT)

3　定义

GB/T 17213.1 给出的全部定义以及下列定义适用于 GB/T 17213 的本部分。

3.1

流量系数　flow coefficient

用于表示控制阀在规定条件下的流通能力的基本系数。目前使用的流量系数根据单位制分为 A_v、K_v 和 C_v。有关这些流量系数的详细资料见 GB/T 17213.1、GB/T 17213.2、GB/T 17213.9。

3.2

额定流量系数　rated flow coefficient

额定行程下的流量系数值。

3.3

相对流量系数　relative flow coefficient

Φ

相对行程下的流量系数与额定流量系数之比。

3.4

行程　travel

截流件从关闭位置起的位移。

3.5

额定行程　rated travel

截流件从关闭位置到指定全开位置的位移。

3.6

相对行程　relative travel

h

某一开度时的行程与额定行程之比。

3.7

固有流量特性　inherent flow characteristic

相对流量系数(Φ)与对应的相对行程(h)的关系。固有流量特性与执行方式无关。

3.7.1

理想固有直线流量特性　ideal inherent linear flow characteristic

相对行程(h)的等值增量产生相对流量系数(Φ)等值增量的一种固有流量特性。其数学表达式为：

$$\Phi = \Phi_0 + mh$$

式中：

Φ_0——对应于 $h=0$ 的相对流量系数；

m——直线斜率。

3.7.2

理想固有"等百分比"流量特性　ideal inherent "equal percentage" flow characteristic

相对行程(h)的等值增量产生相对流量系数(Φ)的等百分比增量的一种固有流量特性。其数学表达式为：

$$\Phi = \Phi_0 e^{nh}$$

式中：

Φ_0——对应于 $h=0$ 的相对流量系数；

n——$\ln\Phi$ 对 h 的曲线图上固有等百分比流量特性的斜率。因此，当 $\Phi=1$ 时，$h=1$，$n=\ln(1/\Phi_0)$。

3.8

固有可调比　inherent rangeability

最大流量系数与最小流量系数之比。在此范围内，规定固有流量特性的偏差不超出第 5 章指明的允许偏差。

注 1：一个特定控制阀的规定固有可调比只与阀的截流件和控制流量的节流孔之间的相互作用有关。控制阀安装后此给定值可能会不适用。因此，在推导某一特定应用场合的安装后的可调比时，宜考虑诸如执行机构的定位精确度等其他因素或附接管道的湍流流动阻力的影响。

注 2：在表 1 规定的极限流量系数范围内，流量系数偏差和斜率偏差均适用于确定固有可调比。在此范围外(见表 1)，只能采用斜率偏差确定固有可调比。

4　典型固有流量特性

制造商应以图或表的形式对各种规格、型式和阀内件结构的控制阀的典型固有流量特性作出规定。在用表格规定典型固有流量特性时，应该说明下列行程位置的特定流量系数：5%、10%、20%，随后以10%递增，直至 100%(包括 100%)的额定行程(见图 1 和图 2)。制造商也可以提出除上述行程位置外的流量系数。

此外，如有可能，也鼓励制造商根据 3.7 的定义确定特定流量特性的通俗名称，如"线性"和"等百分比"。

如果最大流量系数小于额定流量系数，制造商应说明能满足第 5 章要求的最大流量系数。(见图 2)。

5 实际固有流量特性与制造商规定的固有流量特性之间的允许偏差

5.1 流量系数偏差

在按照 GB/T 17213.9 进行流量试验时，每个试验流量系数与制造商在流量特性中规定的值的偏差应不超过 $\pm 10(1/\Phi)^{0.2}\%$。如果制造商规定的同一行程位置时的流量系数低于或者高于表 1 列出的上、下限值时，此偏差不适用于该指定行程位置流量系数(见图 3)。上述关系可用于计算相对流量系数 0～1.0 时的允许偏差。为方便起见，表 2 列出了按此关系计算出的允许偏差。

表 1 流量系数极限值

流量系数	下限	上限
A_v	1.2×10^{-4}	$(1.1\times10^{-6})d^2$
K_v	4.3	$(4.0\times10^{-2})d^2$
C_v	5	$(4.7\times10^{-2})d^2$
注：d=阀的尺寸，mm。(计算时其数值相当于 DN)		

表 2 允许偏差

额定流量系数 %	相对流量系数 Φ	允许偏差 %(±)	Φ 的范围	
			下 限	上 限
5	0.05	18.2	0.040 9	0.059 1
10	0.1	15.8	0.084 2	0.116
20	0.2	13.8	0.172	0.227
30	0.3	12.7	0.262	0.338
40	0.4	12.0	0.352	0.448
50	0.5	11.5	0.443	0.557
60	0.6	11.1	0.533	0.667
70	0.7	10.7	0.625	0.775
80	0.8	10.4	0.717	0.883
90	0.9	10.2	0.808	0.992
100	1.0	10.0	0.900	1.10

5.2 斜率偏差

当利用试验数据画出控制阀在规定行程增量上的固有流量特性时，其斜率应无较大的偏差。根据定义可以看出，当连接两个相邻试验点的直线的斜率偏离制造商规定的相同行程位置的流量系数之间画出的直线的斜率超过 2 倍至 1 倍或 0.5 倍至 1 倍时，就会发生较大的偏差(见图 2)。

表 1 给出的流量系数极限值不适用于斜率偏差要求(见图 3)。

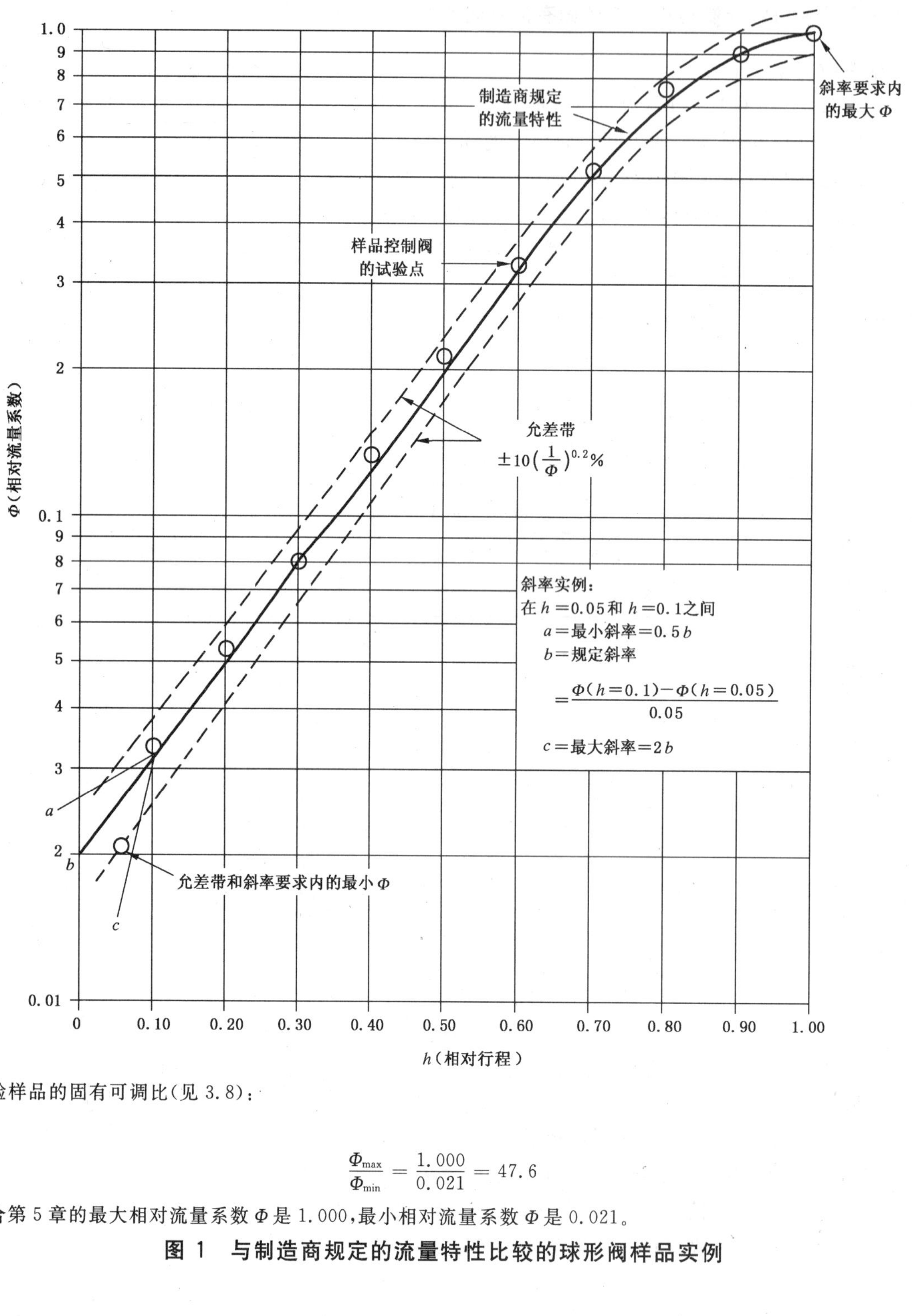

试验样品的固有可调比(见 3.8):

$$\frac{\Phi_{max}}{\Phi_{min}}=\frac{1.000}{0.021}=47.6$$

符合第 5 章的最大相对流量系数 Φ 是 1.000,最小相对流量系数 Φ 是 0.021。

图 1　与制造商规定的流量特性比较的球形阀样品实例

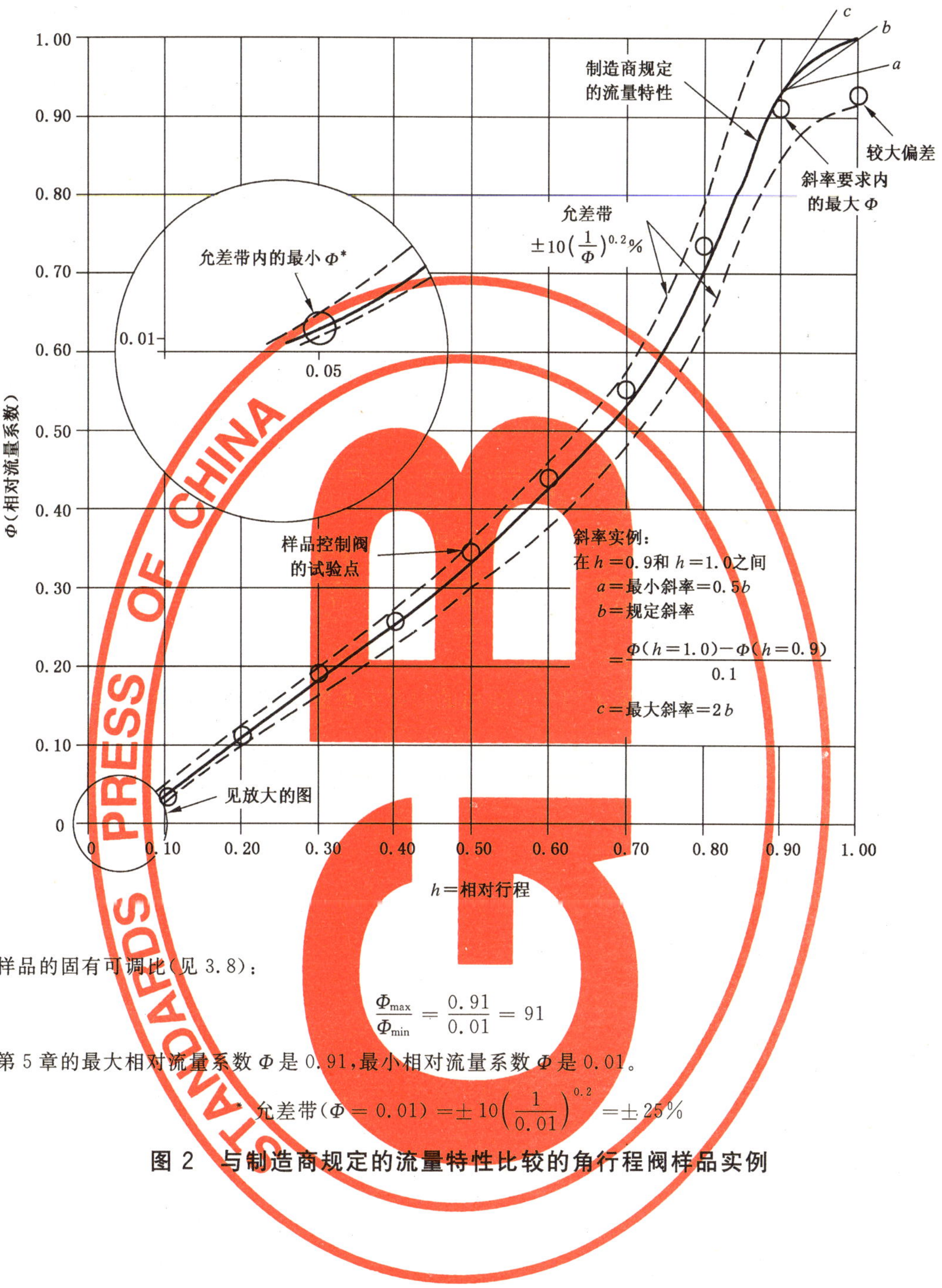

试验样品的固有可调比(见3.8)：

$$\frac{\Phi_{max}}{\Phi_{min}}=\frac{0.91}{0.01}=91$$

符合第5章的最大相对流量系数 Φ 是0.91，最小相对流量系数 Φ 是0.01。

$$^{*}\text{允差带}(\Phi=0.01)=\pm 10\left(\frac{1}{0.01}\right)^{0.2}=\pm 25\%$$

图2　与制造商规定的流量特性比较的角行程阀样品实例

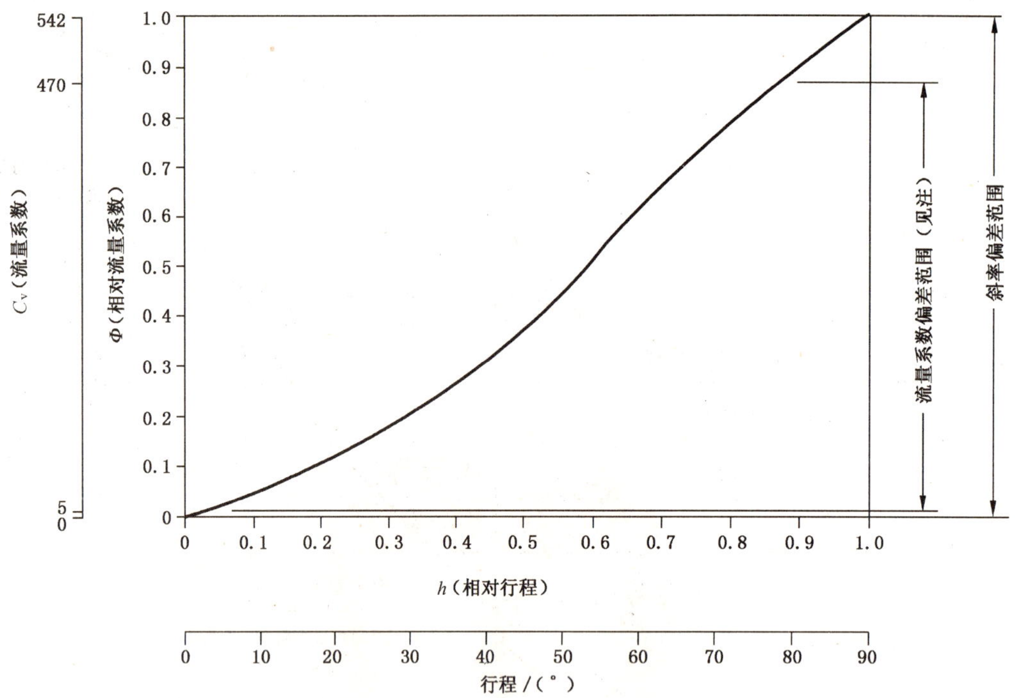

注：根据表1：最大 $C_v=(4.7\times10^{-2})d^2=470$；最小 $C_v=5$

图3　5.1给出的流量系数偏差和5.2给出的斜率偏差应用于DN100角行程阀的实例

ICS 23.060.01
N 16

中华人民共和国国家标准

GB/T 17213.11—2005/IEC 60534-3-2:2001

工业过程控制阀 第3-2部分:尺寸 角行程控制阀(蝶阀除外)的端面距

Industrial-process control valves—Part 3-2: Dimensions—Face to face dimensions for rotary control valves except butterfly valves

(IEC 60534-3-2:2001,IDT)

2005-09-09 发布　　2006-04-01 实施

中华人民共和国国家质量监督检验检疫总局
中国国家标准化管理委员会　发布

前　言

GB/T 17213《工业过程控制阀》分为如下部分：

——控制阀术语和总则(eqv IEC 60534-1:1987)

——流通能力　安装条件下流体流量的计算公式(IEC 60534-2-1:1998,IDT)

——流通能力　试验程序(IEC 60534-2-3:1997,IDT)

——流通能力　固有流量特性和可调比(IEC 60534-2-4:1989,IDT)

——尺寸　两通球形直通控制阀法兰端面距和两通球形角形控制阀法兰中心至法兰端面的间距(IEC 60534-3-1:2000,IDT)

——尺寸　角行程控制阀(蝶阀除外)的端面距(IEC 60534-3-2:2001,IDT)

——尺寸　对焊式两通球形直通控制阀的端距(IEC 60534-3-3:1998,IDT)

——检验和例行试验(IEC 60534-4:1999,IDT)

——标志(eqv IEC 60534-5:1982)

——定位器与控制阀执行机构连接的安装细节　定位器在直行程执行机构上的安装(IEC 60534-6-1:1997,IDT)

——定位器与控制阀执行机构连接的安装细节　定位器在角行程执行机构上的安装(IEC 60534-6-2:2000,IDT)

——控制阀数据单(eqv IEC 60534-7:1989)

——噪声的考虑　实验室内测量空气动力流流经控制阀产生的噪声(eqv IEC 60534-8-1:1986)

——噪声的考虑　实验室内测量液动流流经控制阀产生的噪声(IEC 60534-8-2:1991,IDT)

——噪声的考虑　空气动力流流经控制阀产生的噪声预测方法(IEC 60534-8-3:2000,IDT)

——噪声的考虑　液动流流经控制阀产生的噪声预测方法(IEC 60534-8-4:1994,IDT)

本部分为 GB/T 17213 的第 11 部分。

本部分等同采用 IEC 60534-3-2:2001《工业过程控制阀　第 3-2 部分:尺寸　角行程控制阀(蝶阀除外)的端面距》(英文版)。

本部分等同翻译 IEC 60534-3-2:2001。

为便于使用,本部分作了下列编辑性修改:

a)“IEC 60534 的本部分”一词改为“GB/T 17213 的本部分”;

b) 删除国际标准的前言。

本部分由中国机械工业联合会提出。

本部分由全国工业过程测量和控制标准化技术委员会第一分技术委员会归口。

本部分由机械工业仪器仪表综合技术经济研究所负责起草。参加起草的单位有:天津自动化仪表四厂、上海工业自动化仪表研究所、上海自动化仪表股份有限公司自动化仪表七厂、重庆川仪十一厂有限公司、吴忠仪表股份有限公司。

本部分主要起草人:王凌霄、冯晓升、王群增、郑秋萍、陈蒙南、李元涛、范萍、王燕、高强。

工业过程控制阀 第3-2部分:尺寸 角行程控制阀(蝶阀除外)的端面距

1 范围

GB/T 17213的本部分适用于下列控制阀:

——类型:带法兰或不带法兰的部分球形和偏心旋转控制阀;

——公称通径:DN20~DN400,包括DN400;

注1:见ISO 7005和ISO 6708。

——公称压力:PN10,PN16,PN20,PN25,PN40,PN50,PN63,PN100和PN110。

注2:见ISO 7005和ISO 7268。

注3:ISO 7005不包括PN63和PN100。

注4:欧洲标准EN 1092不包括PN20,PN50和PN110。

注5:就端面距而言,在EN 1092中PN100相当于PN110。

注6:就端面距而言,下面的相互关系适用:

——PN20涵盖ANSI标准体系中的125级和150级;

——PN50涵盖ANSI标准体系中的250级和300级;

——PN110涵盖ANSI标准体系中的600级。

本部分仅适用于凸面法兰。

本部分不适用于焊接和螺纹联接的控制阀。

2 规范性引用文件

下列文件中的条款通过GB/T 17213的本部分的引用而成为本部分的条款。凡是注日期的引用文件,其随后所有的修改单(不包括勘误的内容)或修订版均不适用于本部分,然而,鼓励根据本部分达成协议的各方研究是否可使用这些文件的最新版本。凡是不注日期的引用文件,其最新版本适用于本部分。

GB/T 17213(其他所有部分) 工业过程控制阀(IEC 60534,IDT或MOD)

ISO 6708 管道元件 DN(公称通径)的确定和选择

ISO 7005(所有部分) 金属法兰

ISO 7268 管道元件 公称压力的确定

EN 1092(所有部分) 法兰及其连接件

3 定义

GB/T 17213其他部分确定的定义以及下列定义适用于GB/T 17213的本部分。

3.1

无法兰控制阀 flangeless control valve

不带管路法兰的控制阀,安装时靠管道法兰将其夹紧。

4 尺寸

表1给出的尺寸是控制阀的总长度。尺寸的图示解释见图1。

总长度不包括控制阀端面与管路法兰之间用于放置密封垫片的间隙。

5 公差

端面距的允许公差见表 1。

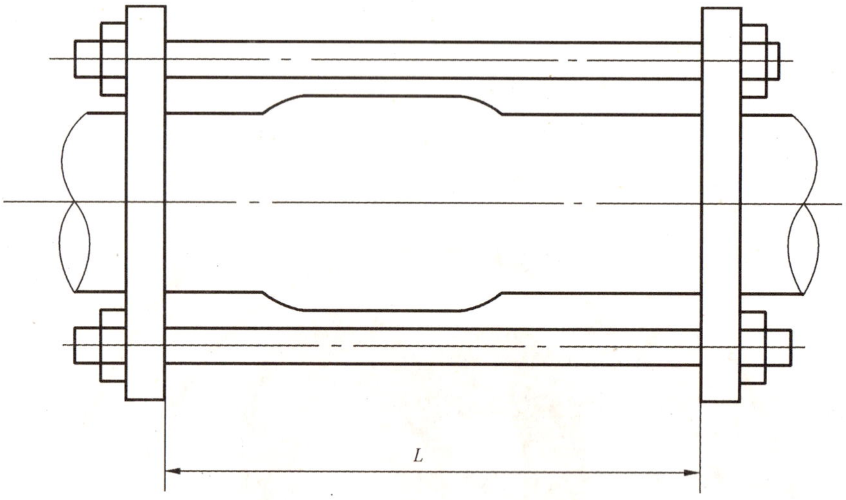

a） 无法兰控制阀

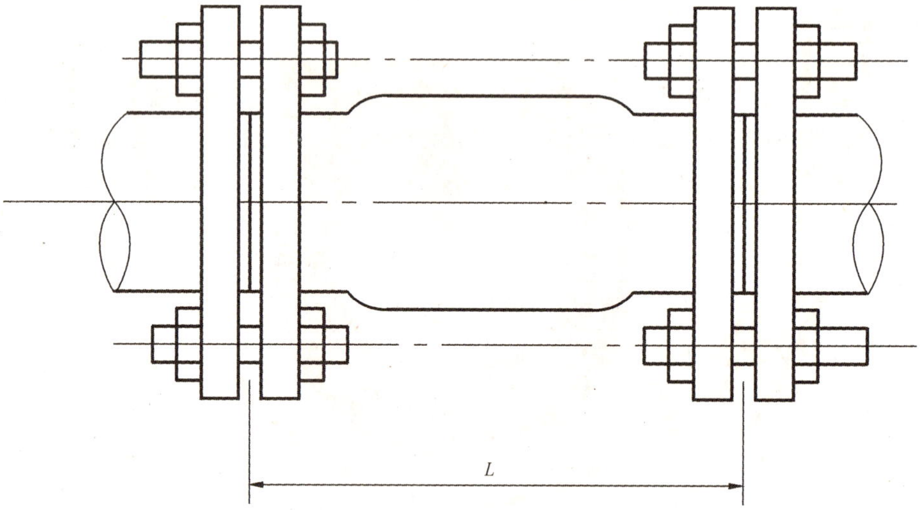

b） 带法兰控制阀

图 1 端面距

表 1 端面距

公称通径 DN	端面距 L mm	端面距 L 的公差 mm
20	76	±2
25	102	±2
40	114	±2
50	124	±2
80	165	±2
100	194	±2
150	229	±2
200	243	±2
250	297	±2
300	338	±3
350	400	±3
400	400	±3

ICS 23.060.01
N 16

中华人民共和国国家标准

GB/T 17213.12—2005/IEC 60534-3-3:1998

工业过程控制阀　第3-3部分:尺寸 对焊式两通球形直通控制阀的端距

Industrial-process control valves—Part 3-3: Dimensions—End-to-end dimensions for buttweld, two-way, globe-type, straight pattern control valves

(IEC 60534-3-3:1998,IDT)

2005-09-09 发布　　2006-04-01 实施

中华人民共和国国家质量监督检验检疫总局
中国国家标准化管理委员会　发布

前　言

GB/T 17213《工业过程控制阀》分为如下部分：

——控制阀术语和总则(eqv IEC 60534-1:1987)

——流通能力　安装条件下流体流量的计算公式(IEC 60534-2-1:1998,IDT)

——流通能力　试验程序(IEC 60534-2-3:1997,IDT)

——流通能力　固有流量特性和可调比(IEC 60534-2-4:1989,IDT)

——尺寸　两通球形直通控制阀法兰端面距和两通球形角形控制阀法兰中心至法兰端面的间距(IEC 60534-3-1:2000,IDT)

——尺寸　角行程控制阀(蝶阀除外)的端面距(IEC 60534-3-2:2001,IDT)

——尺寸　对焊式两通球形直通控制阀的端距(IEC 60534-3-3:1998,IDT)

——检验和例行试验(IEC 60534-4:1999,IDT)

——标志(eqv IEC 60534-5:1982)

——定位器与控制阀执行机构连接的安装细节　定位器在直行程执行机构上的安装(IEC 60534-6-1:1997,IDT)

——定位器与控制阀执行机构连接的安装细节　定位器在角行程执行机构上的安装(IEC 60534-6-2:2000,IDT)

——控制阀数据单(eqv IEC 60534-7:1989)

——噪声的考虑　实验室内测量空气动力流流经控制阀产生的噪声(eqv IEC 60534-8-1:1986)

——噪声的考虑　实验室内测量液动流流经控制阀产生的噪声(IEC 60534-8-2:1991,IDT)

——噪声的考虑　空气动力流流经控制阀产生的噪声预测方法(IEC 60534-8-3:2000,IDT)

——噪声的考虑　液动流流经控制阀产生的噪声预测方法(IEC 60534-8-4:1994,IDT)

本部分为 GB/T 17213 的第 12 部分。

本部分等同采用 IEC 60534-3-3:1998《工业过程控制阀　第 3-3 部分:尺寸　对焊式两通球形直通控制阀的端距》(英文版)。

本部分等同翻译 IEC 60534-3-3:1998。

为便于使用,本部分作了下列编辑性修改：

a) “IEC 60534 的本部分”一词改为“GB/T 17213 的本部分”；

b) 删除国际标准的前言；

c) 将 IEC 60534 的本部分中表 1 的图单独列出作为图 1。

本部分由中国机械工业联合会提出。

本部分由全国工业过程测量和控制标准化技术委员会第一分技术委员会归口。

本部分由机械工业仪器仪表综合技术经济研究所负责起草。参加起草的单位有:天津自动化仪表四厂、上海工业自动化仪表研究所、上海自动化仪表股份有限公司自动化仪表七厂、重庆川仪十一厂有限公司、吴忠仪表股份有限公司。

本部分主要起草人:王凌霄、冯晓升、王群增、郑秋萍、陈蒙南、李元涛、范萍、王燕、高强。

工业过程控制阀　第3-3部分:尺寸 对焊式两通球形直通控制阀的端距

1　范围

GB/T 17213的本部分规定了公称通径为DN15～DN450的对焊式两通球形直通控制阀在给定公称通径和压力等级时的端距。

本部分是为使用者在管路设计中提供规范化的控制阀对焊端的尺寸。

2　规范性引用文件

下列文件中的条款通过GB/T 17213的本部分的引用而成为本部分的条款。凡是注日期的引用文件,其随后所有的修改单(不包括勘误的内容)或修订版均不适用于本部分,然而,鼓励根据本部分达成协议的各方研究是否可使用这些文件的最新版本。凡是不注日期的引用文件,其最新版本适用于本部分。

GB/T 17213.1—1998　工业过程控制阀　第1部分:控制阀术语和总则(eqv IEC 60534-1:1987)

3　定义

GB/T 17213.1定义的以及下列术语和定义适用于GB/T 17213的本部分。

3.1

端距　end-to-end dimensions

两连接端面之间的距离。

4　公称通径和压力等级

4.1　公称通径

公称通径见表1。

4.2　压力等级

压力等级分组见表1。

5　端距

5.1　端距(见图1)应从表1选取。

5.2　为限定端距的数量,如表1所示,对压力等级进行了分组。

5.3　表1中组1的尺寸为制造商当前常用的尺寸。

5.4　表1中组2的尺寸供需要防止由于现场焊接或热处理引起控制阀阀内部件过热变形时使用。

6　公差

端距的允许公差见表1。

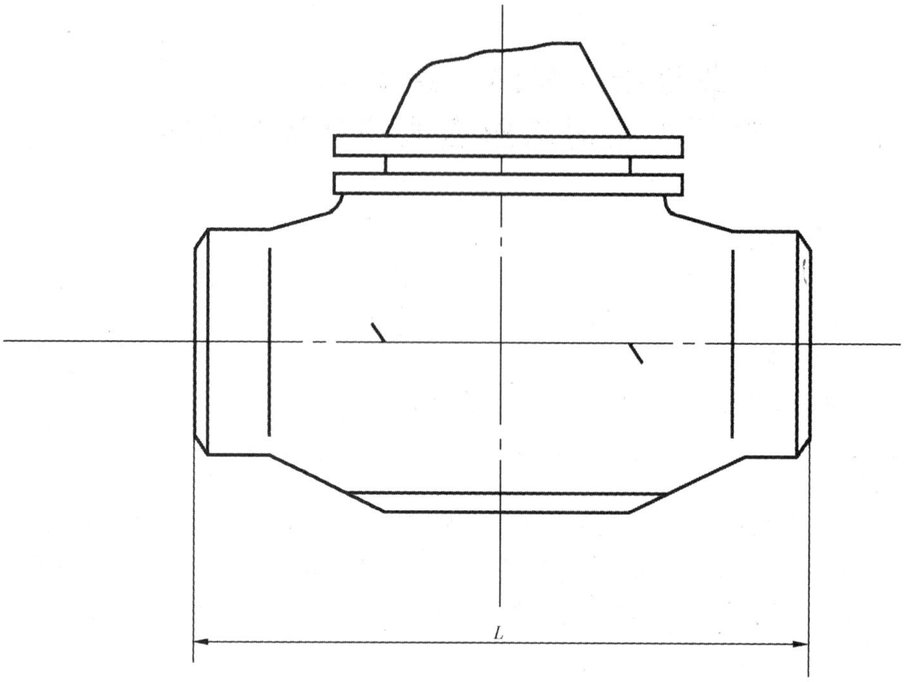

图 1　对焊式两通球形直通控制阀的端距

表 1　对焊式两通球形直通控制阀面的端距

公称通径 DN	L						L 的公差
	PN 10,PN 16,PN 25,PN 40,PN 63,PN 100 100 级,300 级,600 级		PN 160,PN 250 900 级,1500 级		PN 420 2500 级		
	组 1	组 2	组 1	组 2	组 1	组 2	
15	187	203	194	279	216	318	±2
20	187	206	194	279	216	318	
25	187	210	197	279	216	318	
40	222	251	235	330	260	359	
50	254	286	292	375	318	400	
65	292	311	292	375	318	400	
80	318	337	318	460	381	498	
100	368	394	368	530	406	575	
150	451	508	508	768	610	819	
200	543	610	610	832	762	1 029	
250	673	752	762	991	1016	1 270	
300	737	819	914	1 130	1 118	1 422	±3
350	851	1 029	—	1 257	—	1 803	
400	1 016	1 108	—	1 422	—	—	
450	1 143	—	—	1 727	—	—	
注：L 的单位为毫米。							

ICS 23.060.01
N 16

中华人民共和国国家标准

GB/T 17213.13—2005/IEC 60534-6-2:2000

工业过程控制阀　第6-2部分:定位器与控制阀执行机构连接的安装细节 定位器在角行程执行机构上的安装

Industrial-process control valves—Part 6-2: Mounting details for attachment of positioners to control valves—Positioner mounting on rotary actuators

(IEC 60534-6-2:2000,IDT)

2005-09-09 发布　　2006-04-01 实施

中华人民共和国国家质量监督检验检疫总局
中国国家标准化管理委员会　发布

前　言

GB/T 17213《工业过程控制阀》分为如下部分：

——控制阀术语和总则(eqv IEC 60534-1:1987)

——流通能力　安装条件下流体流量的计算公式(IEC 60534-2-1:1998,IDT)

——流通能力　试验程序(IEC 60534-2-3:1997,IDT)

——流通能力　固有流量特性和可调比(IEC 60534-2-4:1989,IDT)

——尺寸　两通球形直通控制阀法兰端面距和两通球形角形控制阀法兰中心至法兰端面的间距(IEC 60534-3-1:2000,IDT)

——尺寸　角行程控制阀(蝶阀除外)的端面距(IEC 60534-3-2:2001,IDT)

——尺寸　对焊式两通球形直通控制阀的端距(IEC 60534-3-3:1998,IDT)

——检验和例行试验(IEC 60534-4:1999,IDT)

——标志(eqv IEC 60534-5:1982)

——定位器与控制阀执行机构连接的安装细节　定位器在直行程执行机构上的安装(IEC 60534-6-1:1997,IDT)

——定位器与控制阀执行机构连接的安装细节　定位器在角行程执行机构上的安装(IEC 60534-6-2:2000,IDT)

——控制阀数据单(eqv IEC 60534-7:1989)

——噪声的考虑　实验室内测量空气动力流流经控制阀产生的噪声(eqv IEC 60534-8-1:1986)

——噪声的考虑　实验室内测量液动流流经控制阀产生的噪声(IEC 60534-8-2:1991,IDT)

——噪声的考虑　空气动力流流经控制阀产生的噪声预测方法(IEC 60534-8-3:2000,IDT)

——噪声的考虑　液动流流经控制阀产生的噪声预测方法(IEC 60534-8-4:1994,IDT)

本部分为 GB/T 17213 的第 13 部分。

本部分等同采用 IEC 60534-6-2:2000《工业过程控制阀　第 6-2 部分:定位器与控制阀执行机构连接的安装细节　定位器在角行程执行机构上的安装》(英文版)。

本部分等同翻译 IEC 60534-6-2:2000。

为便于使用,本部分作了下列编辑性修改:

a) “IEC 60534 的本部分”一词改为“GB/T 17213 的本部分”;

b) 删除国际标准的前言;

c) 用分号“;”取代第 1 章列项 a)、b)、c)句末的句号“。”。

另外,为了等同采用,尽可能不改变本部分原有章、条的编号,尽管第 2 章“定义”提及了 GB/T 17213其他部分确定的定义适用于 GB/T 17213 的本部分,但文本中并无其他实质性的引用,故不增设“规范性引用文件”一章。

本部分由中国机械工业联合会提出。

本部分由全国工业过程测量和控制标准化技术委员会第一分技术委员会归口。

本部分由机械工业仪器仪表综合技术经济研究所负责起草。参加起草的单位有:天津自动化仪表四厂、上海工业自动化仪表研究所、上海自动化仪表股份有限公司自动化仪表七厂、重庆川仪十一厂有限公司、吴忠仪表股份有限公司。

本部分主要起草人:王燕、王群增、郑秋萍、王凌霄、冯晓升、陈蒙南、李元涛、范萍、高强。

工业过程控制阀　第6-2部分:定位器与控制阀执行机构连接的安装细节 定位器在角行程执行机构上的安装

1 范围

GB/T 17213的本部分旨在使响应角行程运动的各种定位器能直接地或利用一个过渡支架安装在控制阀的执行机构上。本部分适用于执行机构和定位器要求互换的场合。

a) 本部分规定了定位器与角行程执行机构部件间的连接;

b) 本部分包括了定位器反馈杆与角行程控制阀转轴(或它的延长轴)直接相连的情况,在这里反馈杆的行程与阀的行程角度一致;

c) 标准化安装适用于a)项提及的旋转部件的最大行程为90°的角行程执行机构。当直接连接(见b)项)时,此行程与阀行程一致;

d) 标准化安装分为两种选择方案。图1所示为基本结构,并规定了最常用的定位器与执行机构相连接必须满足的最低要求。图2所示为通用结构,提供了更多的定位器匹配和与定位器反馈连接方式。定位器制造商需指明所需的安装结构。

2 定义

GB/T 17213其他各部分确定的术语和定义适用于GB/T 17213的本部分。

3 定位器安装

3.1 为了安装定位器,执行机构制造商必须提供一个钻有螺纹孔的安装平面。该安装平面应与第1章a)项中提及的旋转部件端部的轴线垂直,并且还要指明图1或图2中标示的尺寸。

3.2 组合孔要考虑到定位器外壳的不同尺寸和质量。

3.3 定位器可以直接安装,也可以通过一个中间支架安装在执行机构上。安装定位器的支架可与执行机构外壳连接为一个整体。

3.4 安装结构要考虑防振。

4 反馈连接

4.1 阀(或执行机构)的制造商应提供如图1或图2中所示旋转部件末端的合适的连接机构。

4.2 定位器制造商应提供合适的连接方式,以将定位器可动部件连接到轴或轴的延长部分。这种连接结构必须使反馈通路的运转损失最小。

4.3 为使旋转部件尽可能刚性地连接于阀轴,定位器制造商要把旋转部件产生的1 mm以内的线性热膨胀考虑进去。

4.4 反馈连接要考虑防振。

5 安装用附件

除另有规定外,定位器制造商必须依据定位器的结构提供两根或多根M6螺栓(附带螺母和垫片),以便于定位器安装在执行机构上。

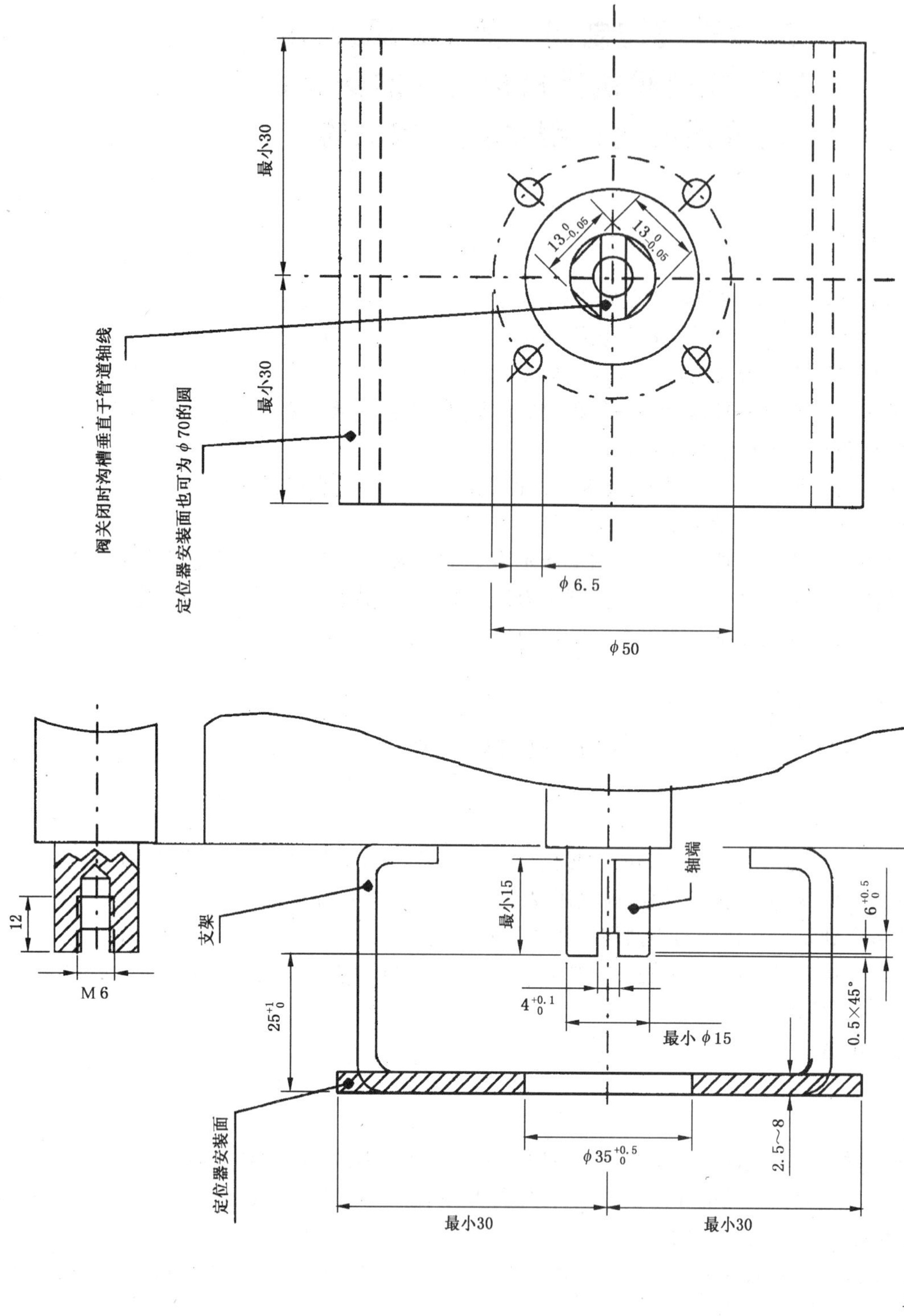

单位:毫米

注：轴端可以是方形或圆形,对圆轴端不要求平面。

图 1 基本结构

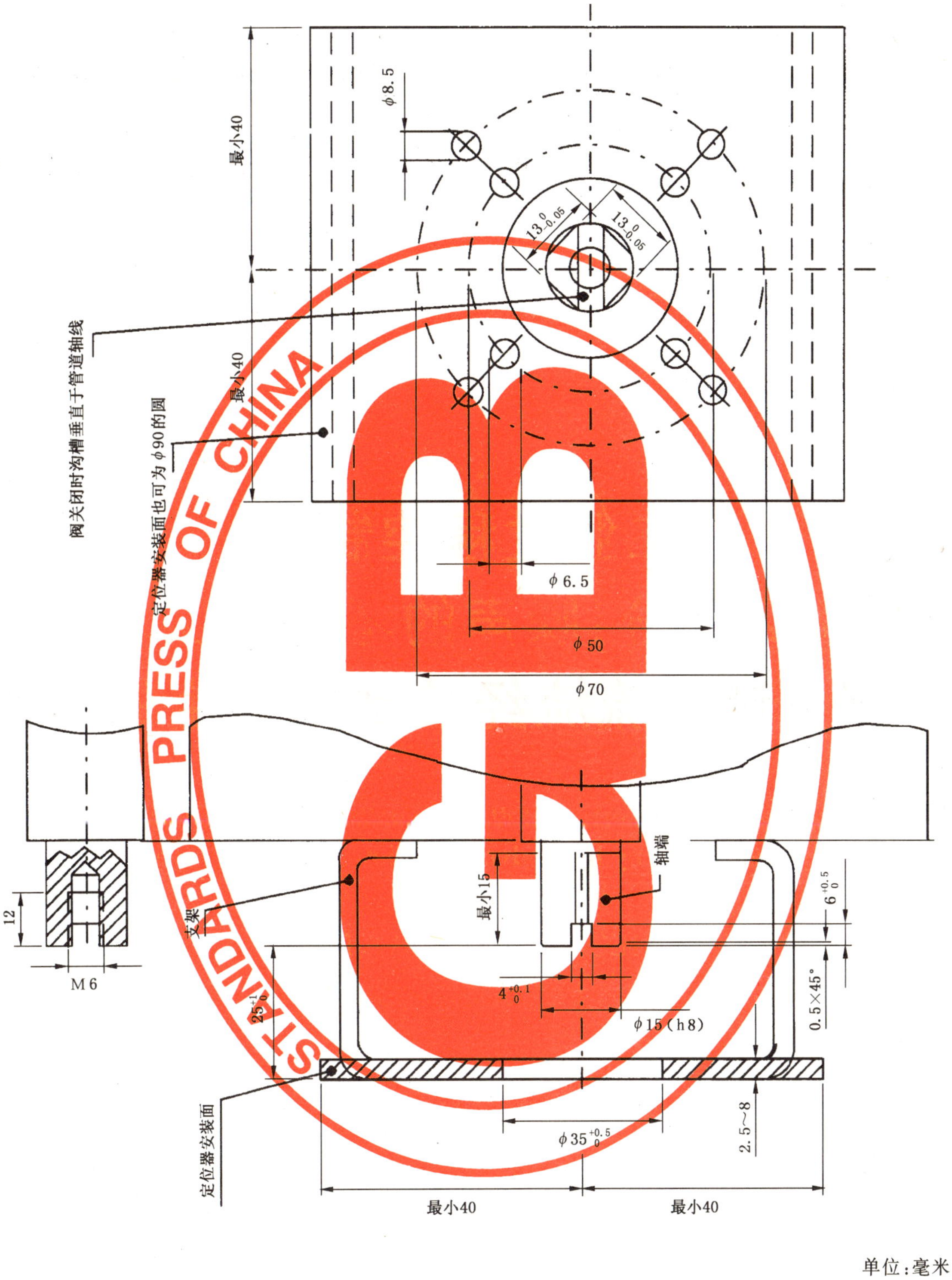
φ8.5
最小40
最小40
阀关闭时沟槽垂直于管道轴线
定位器安装面也可为φ90的圆
φ6.5
φ50
φ70
M6
12
支架
最小15
轴端
25
4
φ15(h8)
0.5×45°
2.5~8
φ35
定位器安装面
最小40
最小40

单位:毫米

图 2 通用结构

ICS 23.060.01
N 16

GB

中华人民共和国国家标准

GB/T 17213.14—2005/IEC 60534-8-2:1991

工业过程控制阀
第8-2部分:噪声的考虑 实验室内测量液动流流经控制阀产生的噪声

Industrial-process control valves—Part 8-2: Noise considerations—Laboratory of noise generated by hydrodynamic flow through control valves

(IEC 60534-8-2:1991,IDT)

2005-09-09 发布　　　　2006-04-01 实施

中华人民共和国国家质量监督检验检疫总局
中国国家标准化管理委员会　发布

前　言

GB/T 17213《工业过程控制阀》分为如下部分：

——控制阀术语和总则(eqv IEC 60534-1:1987)

——流通能力　安装条件下流体流量的计算公式(IEC 60534-2-1:1998,IDT)

——流通能力　试验程序(IEC 60534-2-3:1997,IDT)

——流通能力　固有流量特性和可调比(IEC 60534-2-4:1989,IDT)

——尺寸　两通球形直通控制阀法兰端面距和两通球形角形控制阀法兰中心至法兰端面的间距(IEC 60534-3-1:2000,IDT)

——尺寸　角行程控制阀(蝶阀除外)的端面距(IEC 60534-3-2:2001,IDT)

——尺寸　对焊式两通球形直通控制阀的端距(IEC 60534-3-3:1998,IDT)

——检验和例行试验(IEC 60534-4:1999,IDT)

——标志(eqv IEC 60534-5:1982)

——定位器与控制阀执行机构连接的安装细节　定位器在直行程执行机构上的安装(IEC 60534-6-1:1997,IDT)

——定位器与控制阀执行机构连接的安装细节　定位器在角行程执行机构上的安装(IEC 60534-6-2:2000,IDT)

——控制阀数据单(eqv IEC 60534-7:1989)

——噪声的考虑　实验室内测量空气动力流流经控制阀产生的噪声(eqv IEC 60534-8-1:1986)

——噪声的考虑　实验室内测量液动流流经控制阀产生的噪声(IEC 60534-8-2:1991,IDT)

——噪声的考虑　空气动力流流经控制阀产生的噪声预测方法(IEC 60534-8-3:2000,IDT)

——噪声的考虑　液动流流经控制阀产生的噪声预测方法(IEC 60534-8-4:1994,IDT)

本部分为 GB/T 17213 的第 14 部分。

本部分等同采用 IEC 60534-8-2:1991《工业过程控制阀　第 8-2 部分:噪声的考虑　实验室内测量液动流流经控制阀产生的噪声》(英文版)。

本部分等同翻译 IEC 60534-8-2:1991。

为便于使用,本部分作了下列编辑性修改：

a) “IEC 60534-8 的本节”一词改为“GB/T 17213 的本部分”；

b) 用小数点“.”代替作为小数点的逗号“,”；

c) 删除国际标准的前言；

d) 按 GB/T 1.1—2000 的规定增加了文本中公式的编号；

e) 用分号“;”取代 6.2 列项 b)、c)句末的句号“。”；

f) 用序号“a、b…t”代替 7.1 中作为序号的“1、2…20”；

g) 用坐标“x_{F1},$\bar{L}_{pA1}$”、“x_{F2},$\bar{L}_{pA2}$”代替作为坐标的“$x_{F1}\cdot\bar{L}_{pA1}$”、“$x_{F2}\cdot\bar{L}_{pA2}$”；

h) 用符号“L_{pA}”代替图 6 标题中的“L_{pa}”。

本部分由中国机械工业联合会提出。

本部分由全国工业过程测量和控制标准化技术委员会第一分技术委员会归口。

本部分由上海自动化仪表股份有限公司自动化仪表七厂负责起草。参加起草的单位:上海工业自动化仪表研究所西派埃仪表成套有限公司、天津市自动化仪表四厂、机械工业仪器仪表综合技术经济研究所、重庆川仪十一厂有限公司、吴忠仪表股份有限公司。

本标准主要起草人:范萍、陈蒙南、李元涛、王群增、郑秋萍、冯晓升、王凌霄、王燕、高强。

工业过程控制阀 第8-2部分:噪声的考虑 实验室内测量液动流流经控制阀产生的噪声

1 范围

GB/T 17213 的本部分规定了液体流经控制阀产生的噪声的声压级测量方法和确定由于空化作用造成噪声增大的特性的方法。本部分还规定了为确定这些特性而在实验室内测量空气传播的噪声所需的设备、方法和程序。空气传播的噪声包括控制阀及其附接管道配置(包括试验流体(水)流经的固定节流装置)辐射的噪声(见注1)。

GB/T 17213 的本部分的主要目的是提供一种确定由于空化作用造成噪声增大的特性的方法,包括测量液体动力流流经控制阀产生的噪声的方法。测量控制阀和附接试验管道辐射噪声的方法可以使各种被测数据进行对比,这对用户和制造厂双方都是有利的。需要测量的噪声包括控制阀本身辐射的噪声以及由控制阀产生而从附接管道系统辐射的噪声。试验以水作为试验流体,试验数据以被试控制阀的声压级表示。声功率级的确定不属于本部分的考虑范围。噪声特性可用于下列目的:

a) 确定控制阀的特性压力比系数 x_{FZ};

b) 预测规定过程条件下控制阀的噪声;

c) 比较不同控制阀的性能;

d) 制定延长工作寿命,降低噪声的措施。

注1:本部分不适用于除水以外的试验流体或无下游管道的控制阀。

注2:用于噪声预测法的系数 x_{FZ} 见 GB/T 17213.16。

2 规范性引用文件

下列文件中的条款通过 GB/T 17213 的本部分的引用而成为本部分的条款。凡是注日期的引用文件,其随后所有的修改单(不包括勘误的内容)或修订版均不适用于本部分,然而,鼓励根据本部分达成协议的各方研究是否可使用这些文件的最新版本。凡是不注日期的引用文件,其最新版本适用于本部分。

GB/T 3767—1996 声学 声压法测定噪声源声功率级 反射面上方近似自由场的工程法(eqv ISO 3744:1994)

GB/T 7306.1—2000 55°密封管螺纹 第1部分:圆柱内螺纹与圆锥外螺纹(eqv ISO 7-1:1994)

GB/T 7306.2—2000 55°密封管螺纹 第2部分:圆锥内螺纹与圆锥外螺纹(eqv ISO 7-1:1994)

GB/T 17213.1—1998 工业过程控制阀 第1部分:控制阀术语和总则(eqv IEC 60534-1:1987)

GB/T 17213.9—2005 工业过程控制阀 第2-3部分:流通能力 试验程序(IEC 60534-2-3:1997,IDT)

GB/T 17213.16—2005 工业过程控制阀 第8-4部分:噪声的考虑 液动流流经控制阀产生的噪声预测方法(IEC 60534-8-4:1994,IDT)

IEC 60651:1979 声级计

ISO 65:1981 适用于按 ISO 7-1 车制螺纹的碳钢管

ISO 3745:1977 声学 噪声源声功率级的测定 消声室和半消声室的精密法

ISO 4200:1991 焊接和无缝平头钢管 单位长度的尺寸和质量对照表

3 定义

GB/T 17213 其他各部分确定的术语和定义以及下列术语和定义适用于 GB/T 17213 的本部分。

3.1

试验样品 test specimen

要求取得试验数据的任何阀或阀同渐缩管、渐扩管或其他管件的组合体。其中应包括正确操作试验样品所必须的所有部件和辅助装置。

4 试验系统

4.1 试验系统(见图 1a)和图 1b))包括:

a) 压力调节装置;

b) 试验样品;

c) 试验段管道;

d) 取压口;

e) 控制声学环境的设施(可选用声学室);

f) 测量仪表。

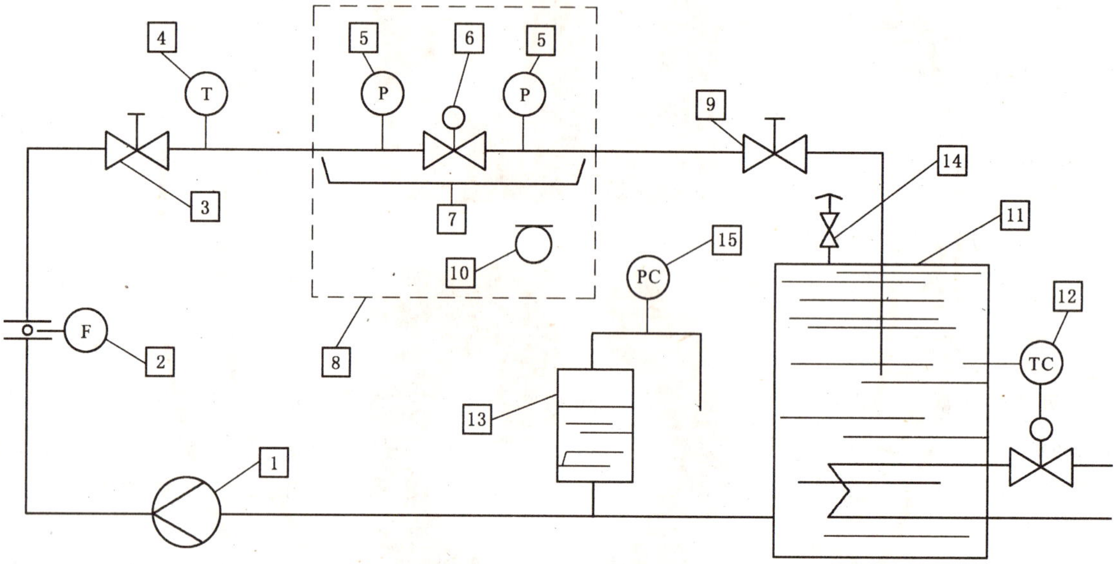

系统组件:

1——泵;

2——流量测量装置;

3——上游节流阀;

4——温度测量装置;

5——压力测量装置;

6——试验样品;

7——试验段管道;

8——声学环境(试验室)(注 1、注 2);

9——下游节流阀;

10——传声器(注 1);

11——水箱;

12——温度控制装置(注 2);

13——必要时用于增大静压的带气垫容器;

14——排气阀;

15——压力控制器(注 2)。

注 1:第 8 项(声学环境)第 10 项(传声器)的布局见图 2a)。

注 2:第 8 项、12 项、15 项为任选项。

a) 控制阀噪声试验系统

图 1 控制阀噪声试验系统

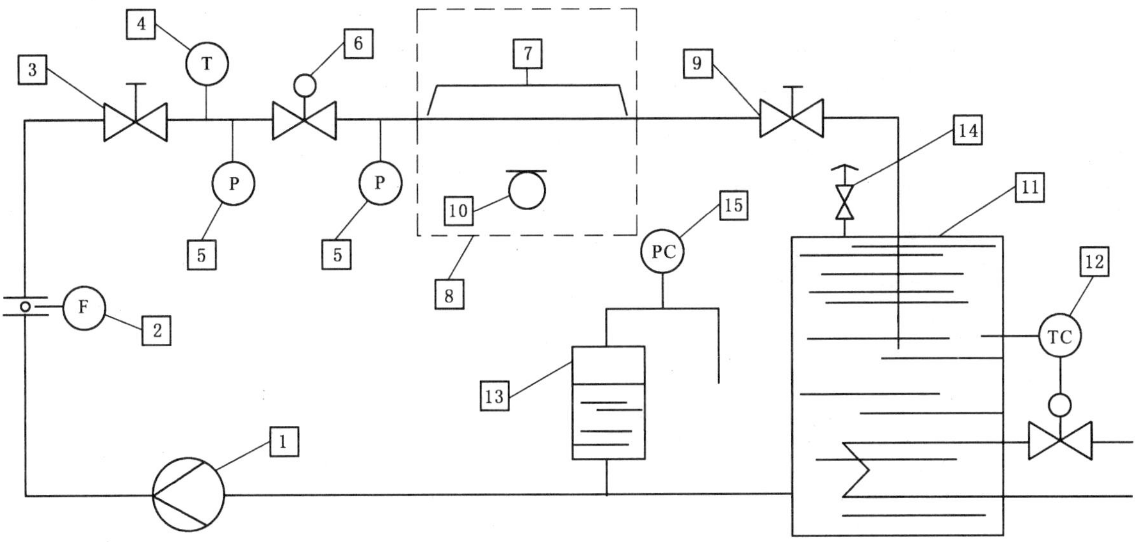

系统组件：

1——泵；

2——流量测量装置；

3——上游节流阀；

4——温度测量装置；

5——压力测量装置；

6——试验样品；

7——试验段管道；

8——声学环境(试验室)(注1、注2)；

9——下游节流阀；

10——传声器(注1)；

11——水箱；

12——温度控制装置(注2)；

13——必要时用于增大静压的带气垫容器；

14——排气阀；

15——压力控制器(注2)。

注1：第8项(声学环境)第10项(传声器)的布局见图2a)。

注2：第8项、12项、15项为任选项。

b) 控制阀噪声试验系统(替代方案)

图1(续)

依照图1a)设置的试验系统用控制阀作为噪声辐射装置。

依照图1b)设置的试验系统若使用起来更方便，或因控制阀尺寸过大而无法装在试验室内时，可作为一种替代方案。

4.1.1 压力调节装置

上游和/或下游的压力调节装置用于调节试验压力。应注意避免可造成严重噪声的压差(即空化作用)。

4.1.2 试验样品的隔音

试验样品应不隔音，但可分开进行试验，以确定管道和/或阀隔音的影响。

4.1.3 试验段管道

试验样品上、下游连接管道应采用不隔音管道，其最大长度没有限制。暴露在声学环境中的上游或下游管道采用不设法兰、环形接头或其他管壁加强件的直单体结构。下游管道的暴露段长度应按图2a)或图2b)的规定，上游暴露段管道的长度至少为1 m。对于压力等级在PN100以下(包括PN100)的阀，试验样品任何一侧的管道应符合表1的规定。

对于超出表1规定范围的值，应尽可能减小试验样品入口和出口直径与邻接管道内径之间的不匹配程度。管道轴线与地面的间距约为1 m。

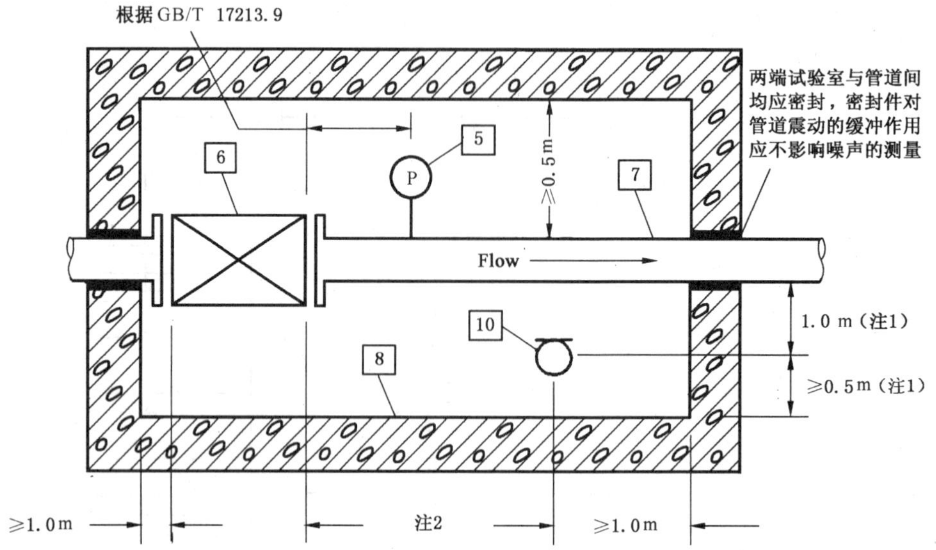

系统组件：

5——压力测量装置；　　6——试验样品；

7——试验段管道；　　8——声学环境(试验室)(注 1、注 2)；

10——传声器(注 1)。

注 1：传声器应放置在距管道外表面 1.0 m 处，与最接近的试验室表面的间距不小于 0.5 m。

注 2：传声器的间距应为 6 个 *D*，但不小于 1.0 m，*D* 为管道外径，单位毫米。

a) 试验样品在声学环境内的试验配置俯视图

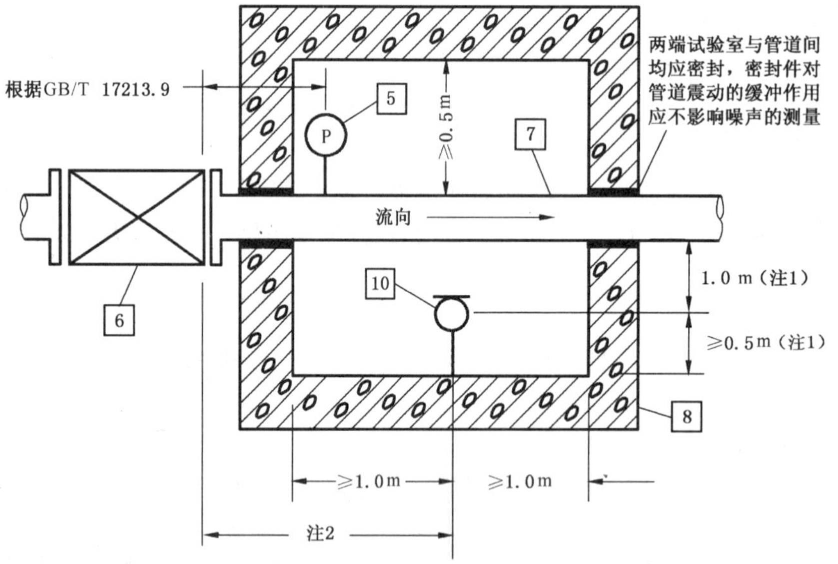

系统组件：

5——压力测量装置；　　6——试验样品；

7——试验段管道；　　8——声学环境(试验室)(注 1、注 2)；

10——传声器(注 1)。

注 1：传声器应放置在距管道外表面 1.0 m 处，与最接近的试验室表面的间距不小于 0.5 m。

注 2：传声器的间距应为 6 个 *D*，但不小于 1.0 m，*D* 为管道外径，单位毫米。

b) 试验样品在声学环境外的试验配置俯视图

图 2 试验样品在声学环境内、外的试验配置俯视图

也可以使用其他各种管壁厚度、管道材料和隔音管道，但应作为任选试验在试验数据中注明。

4.1.4　取压口

必须具备测量压力的取压口。取压口应符合 GB/T 17213.9 的要求。

4.1.5　声学环境

应控制试验环境，使背景噪声、反射噪声和其他外来噪声比试验段辐射的噪声至少低 10 dB。有关声学环境的基本原理可参见 GB/T 3767 和 ISO 3745。

4.1.6　测量仪表

测量声级的仪表和传声器的特性应符合 IEC 60651 的规定。传声器的校正和灵敏度测试的结果应根据环境压力和海平面条件加以修正。

5　特性压力比 x_{FZ}

压力比 x_F 由下式给出：

$$x_F = \frac{\Delta p}{p_1 - p_v} \quad \cdots\cdots (1)$$

当 x_F 增至足够大时，非空化流将向空化流转变。在此转变过程中，声压级因空化作用开始增大，此时的压差为 Δp_k。对应的压力比是特性压力比 x_{FZ}，由下式计算为：

$$x_{FZ} = \frac{\Delta p_k}{p_1 - p_v} \quad \cdots\cdots (2)$$

一般来说，x_{FZ} 随行程的变化而变化，并应在相对流量系数为 0.25、0.50、0.75 和 1.00 时测量，或者在取得的最高值上进行测量。必要时还可在其他相对流量系数下进行附加测量。有了这些 x_{FZ} 值，就可以用线性内插法求出其他相对流量系数的 x_{FZ} 值。相对流量系数 Φ 时的 x_{FZ} 以 $x_{FZ,\Phi}$ 表示。x_{FZ} 的典型曲线见图 3。

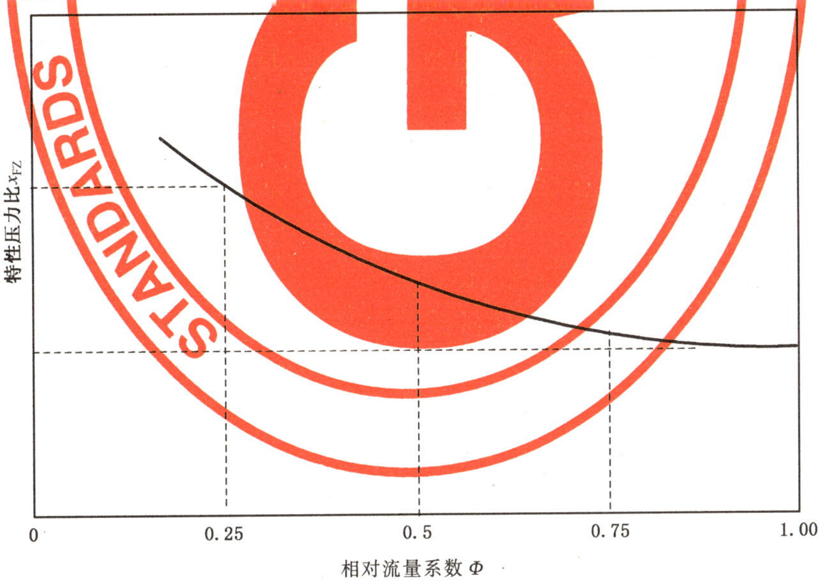

图 3　特性压力比 x_{FZ} 的典型曲线

6 试验程序

6.1 试验流体

本试验程序只采用水作为试验流体，因为其他不可压缩流体的性能不稳定，无法对试验数据进行对比。水中应尽可能没有悬浮微粒、空气或其他气体，以保证试验结果不受影响。为达到这一要求，应首先用一个特殊孔板作为参比试验孔板（图 4）测试所用的水是否适合于作试验流体。此孔板应安装在 DN50（见表 1）的管道中（永久性地安装在旁路上或者更换试验段管道）。此孔板的特性压力比 x_{FZ} 应在 300 kPa～400 kPa（3 bar～4 bar）的上游绝对压力间加以确定，x_{FZ} 的值应不小于 0.35。本试验程序中使用的基本流体应为 5℃～40℃的水。试验期间，水温变化应维持在±3℃以内。

单位：毫米

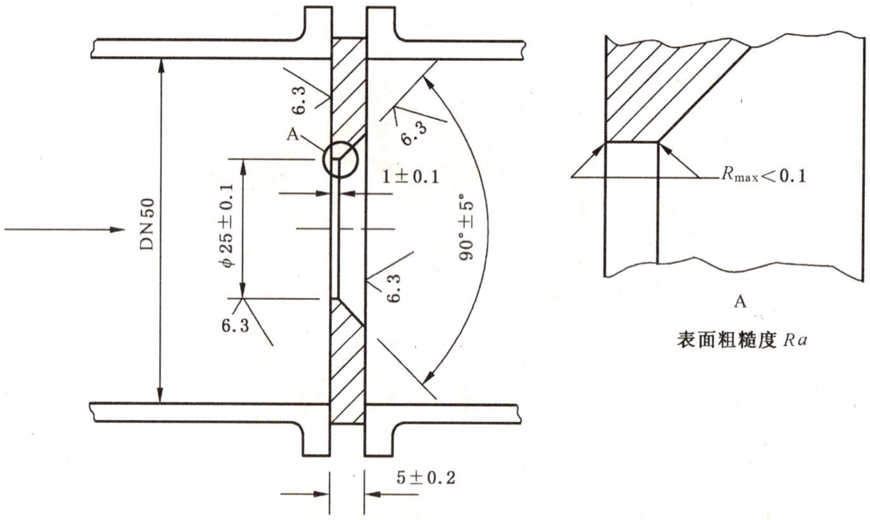

图 4 参比试验孔板（见 6.1）

只要上游压力如上所述，也可以使用其他孔板。除了为维持 0.25 的相同开孔比而需改变直径外，应保持图 4 所示尺寸不变。

6.2 确定 x_{FZ} 的试验条件

x_{FZ} 的确定取决于许多参数。GB/T 17213 的本部分对此不作详细说明。为使试验结果具有可比性，必须维持下列试验条件：

a） 闭合的试验环路应符合图 1a）或图 1b）；

注：只要能满足本部分的全部要求，也可使用开路。

b） 上游绝对压力 p_1 应处于 500 kPa～700 kPa（5 bar～7 bar）范围内。选定的试验压力应恒定在±5%以内；

注：应注意不要超出阀的额定工作条件。

c） 为避免"空化滞后"造成试验结果不正确，应通过减小压力比 x_F，使空化流转变成非空化流来确定特性压力比 x_{FZ}；

d） 本试验程序使用 5℃～40℃的水作为基本试验流体。试验期间，水温变化应维持在±3℃以内。试验流体的条件见 6.1。

6.3 确定 x_{FZ}

6.3.1 峰频率法

用峰频率法确定 x_{FZ} 需要在峰频率上测量声压级（L_p）。其程序如下所述（见图 5）：

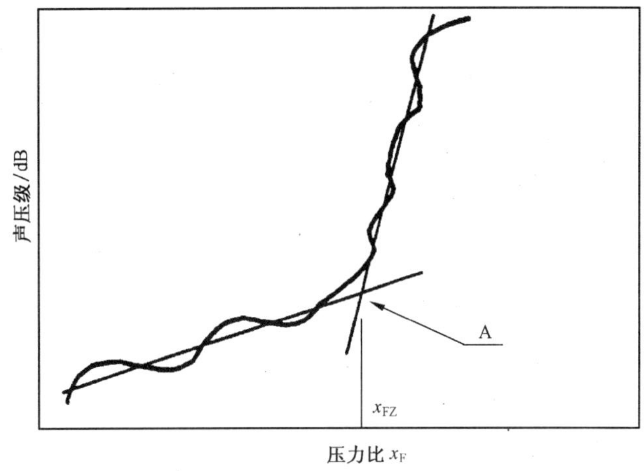

图 5　以峰频率法测定 x_{FZ}(见 6.3.1)

a) 选择一个相当于第 5 章给出的某一相对流量系数的行程。

b) 减小压力比 x_F,使空化流向非空化流转变,并且测量 L_p,作为每一 x_F 值时频率的函数。

c) 从步骤 b)获取的数据中确定产生最大 L_p 响应的近似频率,这个频率就是峰频率。

d) 用一个具有倍频带滤波器且含峰频率的声级计测量 x_F 减小后的 L_p。x_F 的范围应足够大,以便在空化区域和非空化区域形成曲线。

e) 在空化区域和非空化区域内各划一条拟合各数据点的直线,由两条直线的相交点确定 x_{FZ} 值(见图 5 的 A 点)。

f) 以第 5 章给出的其他相对流量系数重复此程序。

6.3.2　A 加权法

采用此种方法确定 x_{FZ} 要求使用 A 加权法测量总的声压级(L_{pA})。其程序如下(见图 6):

a) 在给定行程(对应于第 5 章给出的一个相对流量系数)下确定由虚线表示的 L_{pA} 对 x_F 的曲线;降低压力比 x_F,使空化流向非空化流转变,测量每一 x_F 值的 L_{pA}。

b) 根据上述曲线确定改变 L_{pA} 斜率时的两个近似值 x_{F3} 和 x_{F6}。

c) Δx_{F1} 和 Δx_{F11} 两个范围应分别等分成 3 部分(分别以"a"和"b"代表)。

d) 在 x_{F6} 至 x_{F1} 的各个值上应测量 A 加权总的声压级。此过程应重复两次,以产生 3 列测量值。

e) 对于每一个 x_F 值,应计算出三个 L_{pA} 值的算术平均值 $\overline{L_{pA}}$,并标绘出各个点。

f) 利用 x_{F1} 至 x_{F6} 的 $\overline{L_{pA}}$ 值,以线性回归法确定由线 1 和线 2 表示的两条曲线。

g) 确定线 1 和线 2 的相交点,此点的 x_F 值即为 x_{FZ}。

h) 以第 5 章给出的其他相对流量系数重复此程序。

6.4　传声器的位置

传声器应放置在距最近的管道表面 1 m 处,与管道表面中心线处于同一水平上。从试验样品出口处起的下游距离应为公称管径的 6 倍,但不得小于 1 m(见图 2a)和图 2b))。传声器相对于管道的方向应符合传声器制造厂的要求。

6.5　试验数据的精确度

流量、压力和温度测量的精确度应符合 GB/T 17213.9 的要求。

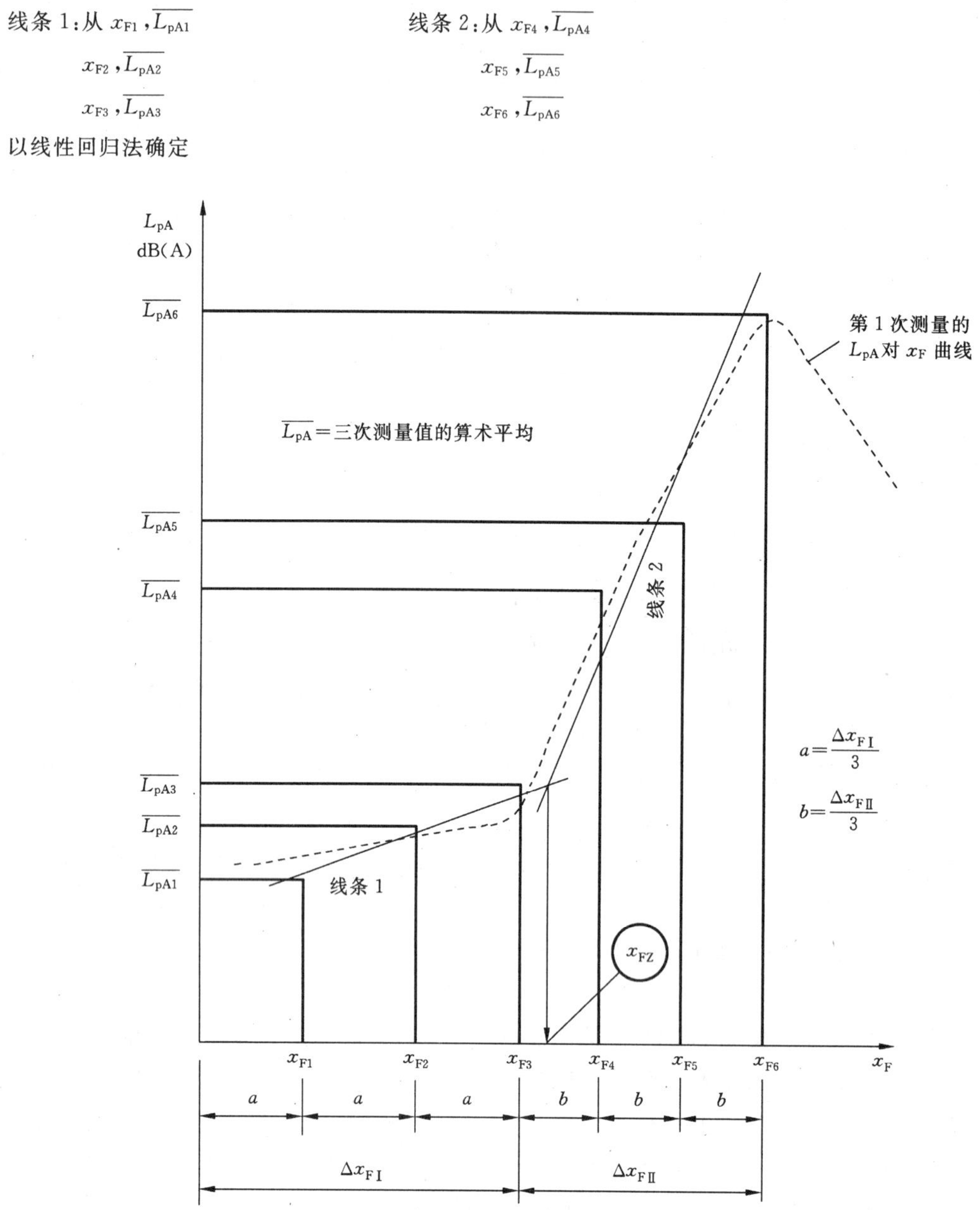

图 6 在恒定的阀行程下通过测量全部 L_{pA},dB(A)确定 x_{FZ}

7 试验数据

7.1 应记录试验样品和试验装置的下列数据和说明:

	单位
a) 上游绝对压力,p_1	kPa(或 bar)
b) 压差,Δp	kPa(或 bar)
c) 相当于特性压力比的压差,Δp_k	kPa(或 bar)
d) 绝对蒸汽压力,p_v	kPa(或 bar)
e) 试验流体的密度,ρ	kg/m^3
f) 上游流体温度,T_1	℃
g) 孔板的特性压力比,x_{FZ}	无量纲
h) 流量,Q	m^3/h

i) 额定行程　　mm 或度

j) 相对行程,h　　无量纲

k) 试验行程上的流量系数(A_v,K_v,C_v)　　单位不同(见 GB/T 17213.1)

l) 试验行程上的相对流量系数,Φ　　无量纲

m) 特性压力比,$x_{FZ,\Phi}$(见注)　　无量纲

n) 每个测量点的声压级 L_p　　dB 或 dB(A)

o) 峰频率　　Hz

p) 使用的仪表

q) 传声器的位置

r) 试验样品,包括阀的公称通径、流动方向等的说明

s) 试验装置的说明,包括:

1) 管道和仪表示意图

2) 公称通径和管壁厚度

3) 环境试验箱(若适当)

4) 试验装置简图

t) 与本部分的差异。

注:获得试验数据的 Φ 值见第 5 章。

表 1　试验段管道

公称通径 DN	管道外径 mm	公称管壁厚度	
		PN100 mm	40 系列 mm
第 1 栏	第 2 栏	第 3 栏	第 4 栏
10	17.2	2.3*	2.31
15	21.3	2.8*	2.77
20	26.9	2.9*	2.87
25	33.7	3.2	3.38
32	42.4	3.6	3.56
40	48.3	3.6	3.68
50	60.3	4.0	3.91
65	76.1	5.0	5.16
80	88.9	5.6	5.49
100	114.3	6.3	6.02
125	139.7	6.3	6.55
150	168.3	7.1	7.11
200	219.1	8.0	8.18
250	273.0	10.0	9.27
300	323.9	10.0	10.31

注 1:第 2 栏不适用于 GB/T 7306 规定的车制螺纹管道,此种管道应从 ISO 65 中选取。

注 2:第 2 栏和第 3 栏中除标有 * 号外的所有尺寸均取自 ISO 4200。

注 3:第 3 栏除标有 * 号的管壁厚度与 40 系列的精确到小数点后一位毫米值的管壁相一致外,其余均相当于 ISO 4200 F系列的表 1。这些厚度适用于压力等级在 PN100 以下(包括 PN100)的管道。

注 4:第 4 栏的厚度适用于压力等级在 600 级以下(包括 600 级)的管道,对应于转换成毫米单位的 40 系列。

ICS 23.060.01
N 16

中华人民共和国国家标准

GB/T 17213.15—2005/IEC 60534-8-3:2000

工业过程控制阀　第8-3部分：噪声的考虑　空气动力流流经控制阀产生的噪声预测方法

Industrial-process control valves—Part 8-3: Noise considerations　Control valves aerodynamic noise prediction method

(IEC 60534-8-3:2000, IDT)

2005-09-09 发布　　　　2006-04-01 实施

中华人民共和国国家质量监督检验检疫总局
中国国家标准化管理委员会　发布

前　言

GB/T 17213《工业过程控制阀》分为如下部分：

——控制阀术语和总则(eqv IEC 60534-1:1987)

——流通能力　安装条件下流体流量的计算公式(IEC 60534-2-1:1998,IDT)

——流通能力　试验程序(IEC 60534-2-3:1997,IDT)

——流通能力　固有流量特性和可调比(IEC 60534-2-4:1989,IDT)

——尺寸　两通球形直通控制阀法兰端面距和两通球形角形控制阀法兰中心至法兰端面的间距(IEC 60534-3-1:2000,IDT)

——尺寸　角行程控制阀(蝶阀除外)的端面距(IEC 60534-3-2:2001,IDT)

——尺寸　对焊式两通球形直通控制阀的端距(IEC 60534-3-3:1998,IDT)

——检验和例行试验(IEC 60534-4:1999,IDT)

——标志(eqv IEC 60534-5:1982)

——定位器与控制阀执行机构连接的安装细节　定位器在直行程执行机构上的安装(IEC 60534-6-1:1997,IDT)

——定位器与控制阀执行机构连接的安装细节　定位器在角行程执行机构上的安装(IEC 60534-6-2:2000,IDT)

——控制阀数据单(eqv IEC 60534-7:1989)

——噪声的考虑　实验室内测量空气动力流流经控制阀产生的噪声(eqv IEC 60534-8-1:1986)

——噪声的考虑　实验室内测量液动流流经控制阀产生的噪声(IEC 60534-8-2:1991,IDT)

——噪声的考虑　空气动力流流经控制阀产生的噪声预测方法(IEC 60534-8-3:2000,IDT)

——噪声的考虑　液动流流经控制阀产生的噪声预测方法(IEC 60534-8-4:1994,IDT)

本部分为 GB/T 17213 的第 15 部分。

本部分等同采用 IEC 60534-8-3:2000《工业过程控制阀　第 8-3 部分:噪声的考虑　空气动力流流经控制阀产生的噪声预测方法》(英文版)。

本部分等同翻译 IEC 60534-8-3:2000。

为便于使用,本部分作了下列编辑性修改：

a) “IEC 60534 的本部分”一词改为“GB/T 17213 的本部分”；

b) 用小数点“.”代替作为小数点的逗号“,”；

c) 删除国际标准的前言；

d) 规范性引用文件用“GB/T 17213(所有部分)”,删除“GB/T 17213.1”；

e) 用“压差比系数 x_T”取代附录 A 例 1 中的“压降比系数 x_T”；

f) 用“lg”代替作为对数符号的“$\log_{10}$”；

g) 删除数值比较中的不合理符号(如:例 1 中 $7.2\times10^5\geqslant7.2\times10^5$ 的“>”号,例 2 中 $6.9\times10^5\geqslant5.6\times10^5$ 的“=”号)；

h) 用“$p_{2B}=4.21\times10^5$ Pa”取代例 1 和例 4 中的“$p_{2B}=4.2\times10^5$ Pa”。

另外,资料性附录中仅对已知数据出现的差错作了相应更正,而对示例中计算过程取得的数据的差错未作更改。

本部分的附录 A 为资料性附录。

本部分由中国机械工业联合会提出。

本部分由全国工业过程测量和控制标准化技术委员会第一分技术委员会归口。

本部分由上海工业自动化仪表研究所西派埃仪表成套有限公司负责起草。参加起草的单位:上海自动化仪表股份有限公司自动化仪表七厂、天津市自动化仪表四厂、机械工业仪器仪表综合技术经济研究所、重庆川仪十一厂有限公司、吴忠仪表股份有限公司。

本标准主要起草人:陈蒙南、李元涛、范萍、王群增、郑秋萍、冯晓升、王凌霄、王燕、高强。

引　言

机械流动功率,同声效系数一样与流体流态有关。声效系数与转换为内部声功率的机械流动功率是成比例关系的。

本方法还提供了计算内部声压和与之对应的峰频率的方法,而峰频率在管道传播损失计算中是至关重要的。

目前,控制阀用户普遍要求知道管道外的声压级,典型地是要求知道控制阀或渐扩管下游 1 m 处和管壁外 1 m 处的声压级。本部分提供了求得这些值的方法。

本部分等式中用到的阀的尺寸参数等同于 GB/T 17213.1 和 GB/T 17213.2。

在一般的控制阀中,通过控制阀外壁传出的噪声很小。人们感兴趣的噪声是在控制阀下游和管道中产生的并通过管壁逐渐消失的噪声,比较典型的测量地点是在阀体下游 1 m 处和管壁外侧 1 m 处。

第二种噪声源可能在气体以高马赫数冲出控制阀时产生。本部分中的方法允许估算这些将会被以对数形式加在阀体内产生的噪声上的附加噪声。参见第 5 章和第 6 章马赫数不大于 0.3 和第 7 章马赫数大于 0.3 的相关内容。

虽然这种预测方法不能保证结果完全正确,但它得出的计算结果与实验室条件下得出的大部分噪声数据相差在 5 dB 以内(见 GB/T 17213.8)。

大部分试验数据往往是在常温下以空气为介质采用这种方法得出的,本方法也普遍适用于其他气体和蒸汽,并且在更高的压力下也是适用的。当流体在极限温度以及下游压力与大气压力相差甚远的条件下或者在临界点附近运动时,就增加了结果的不确定性。等式中包括了与流体密度和比热比有关的项。

注:试验室空气试验一般在上游压力不超过 1 830 kPa(18.3 bar)和下游压力不超过 1 600 kPa(16.0 bar)下进行,蒸汽试验温度不超过 225℃时与计算值吻合较好。

传播损失计算式建立在管道内声波和管壁共振产生的声波相互作用的精确分析上。在工业上允许管道壁厚有较大的公差,这严重制约着需要采用非常复杂的数学方法才能得到的传播损失的值的精确度,因此,应用了简化的方法。

计算实例见附录 A。

本方法基于第 2 章列出的规范性引用文件和参考文献给出的参考文件。

工业过程控制阀　第 8-3 部分：噪声的考虑　空气动力流流经控制阀产生的噪声预测方法

1　范围

GB/T 17213 的本部分规定了一种预测可压缩流体流经控制阀及与之相连渐扩管道所产生的外部声压级的理论方法。

本方法中考虑的气体为基于理想气体定律的单相干燥气体或蒸汽。

本部分仅考虑由气体动力流流经控制阀及相连管道所产生的噪声。本部分不考虑由反射、机械振动、不稳定的流体状态和其他不可预测因素引起的噪声。

本部分假定噪声测量处下游至少有 2 m 的直管段。

本方法只适用于钢制或钢铁合金制管道(见 5.6 中式(38)和式(40))。

本方法适用于下列单级阀：球形阀(直通阀，角形阀)，蝶阀，旋塞阀(偏心旋塞阀，球面旋塞阀)，球阀，套筒阀。但不包括特定 F_PC 的乘积超过额定流量系数 50％的全口径球阀。

本部分也不涉及特殊的低噪音阀内件，见 6.5。当标准阀内件的阀出口处马赫数超过 0.3 或低噪音阀内件阀出口处马赫数超过 0.2 时，需用第 7 章的计算程序。

本部分中马赫数限定如下：

马赫数所在位置		马赫数限制		
		第 5 章标准阀内件	第 6 章降噪阀内件	第 7 章高马赫数应用
自由膨胀射流	M_j	没有限制	没有限制	没有限制
阀出口	M_o	0.3	0.2	1.0
下游渐缩管入口	M_r	不适用	不适用	1.0
下游管道	M_2	0.3	0.2	0.8

2　规范性引用文件

下列文件中的条款通过 GB/T 17213 的本部分的引用而成为本部分的条款。凡是注日期的引用文件，其随后所有的修改单(不包括勘误的内容)或修订版均不适用于本部分，然而，鼓励根据本部分达成协议的各方研究是否可使用这些文件的最新版本。凡是不注日期的引用文件，其最新版本适用于本部分。

GB/T 17213(其他所有部分)　工业过程控制阀(IEC 60534，IDT 或 MOD)

3　定义

GB/T 17213 其他各部分确定的和以下术语和定义适用于本部分。

3.1

声效系数　acoustical efficiency

转换成声功率的流动功率与质量流量流动功率的比值。

3.2

外部重合频率　external coincidence frequency

外部声波波速与厚度等同于管壁厚度的平板内挠声波波速相等时的频率。

3.3

内部重合频率　internal coincidence frequency

在给定的圆周模式下，声学的和结构上的轴向波数相等时的最低频率，此时传播损失最小。

3.4

带凹槽阀板蝶阀　fluted vane butterfly

阀板表面带有凹槽的翼形蝶阀，这些凹槽的目的是在不改变阀座密封线或密封面的情况下使通过的流体形成一定的流动状态。

3.5

独立流路　independent flow passage

通道内流体流动不受邻近流路内流体干涉的流路。

3.6

峰频率　peak frequency

内部声压最大时的频率。

3.7

阀门类型修正系数　valve style modifier

F_d

单流路水力直径与一个节流孔直径的比值，其中节流孔面积等于给定行程下所有相同流路的面积之和。

4　符号

符号	说　　明	单　　位
A	单流路面积	m^2
A_n	给定行程下 n 级的多级阀内件最后一级的总流通面积	m^2
C	流量系数(K_v 和 C_v)	各不相同(见 GB/T 17213.1)
C_n	n 级的多级阀内件最后一级的流量系数	各不相同(见 GB/T 17213.1)
c_{vc}	亚音速流条件下缩流断面的声速	m/s
c_{vcc}	临界流条件下缩流断面的声速	m/s
c_2	下游声速	m/s
D	阀出口直径	m
d	流路直径(若非圆截面则用 d_H)	m
d_H	单流路水力直径	m
d_i	阀出口内径或渐扩管进口内径的较小值	m
D_i	下游管道内径	m
D_j	缩流断面射流直径	m
d_0	圆节流孔直径，其面积等于给定行程下所有流路面积之和	m
F_d	阀门类型修正系数	无量纲
F_L	无附接管件控制阀的液体压力恢复系数(注 4)	无量纲
F_{Ln}	低噪声阀内件最后一级的液体压力恢复系数	无量纲
F_{LP}	带附接管件控制阀的液体压力恢复系数和管道几何形状系数的复合系数(注 4)	无量纲
F_P	管道几何形状系数	无量纲

符号	说明	单位
f_g	外部重合频率	Hz
f_0	内部管道重合频率	Hz
f_p	产生的峰频率	Hz
f_{pR}	在阀出口处或渐扩管缩径处产生的峰频率	Hz
f_r	环形频率	Hz
G_x,G_y	频率系数(见表 4)	无量纲
l	径向流路的长度	m
l_w	单流路湿周	m
L_{peR}	由管道渐扩管导致气体紊流引起的距管壁 1 m 处 A 加权声压级	dB(A)(参比 p_0)
L_g	马赫数修正值	dB(参比 p_0)
L_{pAe}	管道外 A 加权声压级	dB(A)(参比 p_0)
$L_{pAe,1\,m}$	管壁 1 m 处 A 加权声压级	dB(A)(参比 p_0)
L_{pi}	管壁上内部声压级(见 5.6)	dB(参比 p_0)
L_{piR}	下游管道内部声压级(见 7.2)	dB(参比 p_0)
L_{pS}	由阀内件和渐扩管引起的距管壁 1 m 处组合 A 加权声压级	dB(A)(参比 p_0)
L_{wi}	总内部声功率级	dB(参比 W_0)
M	流体分子质量	kg/kmol
M_j	状态Ⅱ到状态Ⅳ时的自由膨胀射流马赫数	无量纲
M_{jn}	n 级的多级阀内件最后一级的自由膨胀射流马赫数	无量纲
M_{j5}	状态Ⅴ时的自由膨胀射流马赫数	无量纲
M_0	阀出口马赫数	无量纲
M_R	渐扩管入口马赫数	无量纲
M_{vc}	缩流断面马赫数	无量纲
M_2	下游管道马赫数	无量纲
$\dot{m}$	质量流量	kg/s
$\dot{m}_s$	声速时的质量流量	kg/s
N	数字常数(表 1)	各不相同
N_0	阀内件上互相独立且完全相同的流路数	无量纲
p_a	管道外实际大气压	Pa(见注 3)
p_n	n 级的多级阀件最后一级的绝对滞止压力	Pa
p_0	参比声压＝2×10^{-5}(注 5)	Pa
p_s	标准大气压(注 1)	Pa
p_{vc}	亚音速流条件下缩流断面绝对压力	Pa
p_{vcc}	临界流条件下缩流断面绝对压力	Pa
p_1	阀入口绝对压力	Pa
p_2	阀出口绝对压力	Pa
p_{2B}	断点处阀出口绝对压力	Pa
p_{2C}	流条件下阀出口绝对压力	Pa
p_{2CE}	声效系数开始为常数时阀出口绝对压力	Pa
R	通用气体常数＝8 314	J/(kmol・K)
r_w	声功率比(见表 3)	无量纲
T_n	n 级的多级阀内件最后一级入口绝对温度	K
T_{vc}	亚音速流条件下缩流断面绝对温度	K

符号	说　　明	单　　位
T_{vcc}	临界流条件下缩流断面绝对温度	K
T_1	入口绝对温度	K
T_2	出口绝对温度	K
TL	传播损失	dB
TL_R	下游管道传播损失	dB
t_p	管壁厚度	m
U_p	下游管道气体速度	m/s
U_R	渐扩管进口气体速度	m/s
U_{vc}	亚音速流条件下缩流断面速度	m/s
W_a	声功率	W
W_{aR}	阀出口或渐扩管缩径处声功率	W
W_m	质量流量流动功率	W
W_{mR}	阀出口或渐扩管缩径处质量流是流动功率	W
W_{ms}	声速下质量流量流动功率	W
W_0	参比声功率 $=10^{-12}$(见注5)	W
α	恢复修正系数	无量纲
β	阀出口或渐扩管入口收缩系数	无量纲
γ	比热比	无量纲
η	声效系数(见注2)	无量纲
ρ_1	p_1 和 T_1 时的流体密度	kg/m³
ρ_2	p_2 和 T_2 时的流体密度	kg/m³
ρ_n	p_n 和 T_n 时的 n 级的多级阀内件最后一级的流体密度	kg/m³
Φ	相对流量系数	无量纲

下标：
e：表示外部；
i：表示内部；
n：表示阀内件最后一级；
R：表示在管道下游或渐扩管情况下。

注1：标准气压是101.325 kPa或1.013 25 bar。
注2：下标1、2、3、4和5相应表示流态Ⅰ、Ⅱ、Ⅲ、Ⅳ、Ⅴ。
注3：1 bar$=10^2$ kPa$=10^5$ Pa。
注4：为计算缩流断面压力及速度，本部分中假定气体压力恢复情况与液体相同。
注5：声功率与声压一般经过对数换算以分贝形式表示，它们与参比标准有一定的对数关系，声压为：2×10^{-5} Pa，声功率为：10^{-12} W。

5 带标准阀内件的阀

5.1 压力与压力比

噪声预测过程中需要知道几个压力和压力比，下面给出了这些数据。

缩流断面是流速最大，压力最小的区域。其最小压力，不能低于绝对零压，可用下式计算：

$$p_{vc} = p_1 - \frac{p_1 - p_2}{F_L^2} \qquad \cdots\cdots(1)$$

注1：此式是亚音速条件下 F_L 的定义。

注 2：当阀带有附接管件时，用 F_{LP}/F_P 代替 F_L。

注 3：在计算缩流断面压力时需知道参数 F_L，由缩流断面压力可计算出速度，并由此确定声效系数。

在临界流条件下，缩流断面压力用下式计算：

$$p_{vcc} = p_1\left(\frac{2}{\gamma+1}\right)^{\gamma/(\gamma-1)} \qquad \cdots\cdots(2)$$

缩流断面音速流开始时的下游临界压力由下式计算：

$$p_{2C} = p_1 - F_L^2(p_1 - p_{vcc}) \qquad \cdots\cdots(3)$$

注 4：当阀带有附接管件时，用 F_{LP}/F_P 代替 F_L。

修正系数 α 是两个压力比的比值：

a) 临界流条件下入口压力与出口压力之比。

b) 临界流条件下入口压力与缩流断面压力之比。

它可由下式计算：

$$\alpha = \frac{\left(\dfrac{p_1}{p_{2C}}\right)}{\left(\dfrac{p_1}{p_{vcc}}\right)} = \frac{p_{vcc}}{p_{2C}} \qquad \cdots\cdots(4)$$

激波紊流作用（Ⅳ态）开始超越剪切紊流作用（Ⅲ态）影响噪声频谱的那一点称为断点。对各流态的解释见 5.2，断点处下游压力可用下式计算：

$$p_{2B} = \frac{p_1}{\alpha}\left(\frac{1}{\gamma}\right)^{\gamma/(\gamma-1)} \qquad \cdots\cdots(5)$$

声效系数为常数的区域（Ⅴ态）开始时的下游压力由下式计算：

$$p_{2CE} = \frac{p_1}{22\alpha} \qquad \cdots\cdots(6)$$

5.2 各状态的定义

控制阀通过把势（压力）能转换成紊流来控制流体。控制阀中的噪声是由这种转换能量中的一小部分产生的，大部分能量都变成热能。

产生噪声的不同状态是各种声学现象或气体分子与激波相互作用的结果。状态Ⅰ时，流体以亚音速流动，气体被部分再压缩，这与 F_L 有关。此类噪声主要由偶极子声源引起。

状态Ⅱ时，噪声主要由激波之间相互作用和紊流阻塞流产生。当Ⅱ态接近极限时，再压缩量减小。

状态Ⅲ时，不存在等熵再压缩。流体为超音速流动，剪切紊流占主导地位。

状态Ⅳ时，马赫面形成，分子碰撞减少，激波紊流作用占主要因素。

状态Ⅴ时，声效系数为常数。p_2 的进一步降低将不会使噪声增加。

对于一组给定的工作条件，各状态确定如下：

当 $p_2 \geqslant p_{2C}$ 时，　状态Ⅰ

当 $p_{2C} > p_2 \geqslant p_{vcc}$ 时，状态Ⅱ

当 $p_{vcc} > p_2 \geqslant p_{2B}$ 时，状态Ⅲ

当 $p_{2B} > p_2 \geqslant p_{2CE}$ 时，状态Ⅳ

当 $p_{2CE} > p_2$ 时，　状态Ⅴ

5.3 初步计算

5.3.1 阀门类型修正系数 F_d

对多级阀，F_d 仅适用于最后一级。

阀门类型修正系数 F_d 可用下式计算：

$$F_d = \frac{d_H}{d_0} \qquad \cdots\cdots(7a)$$

单流路水力直径 d_H 可用下式计算：

$$d_H = \frac{4A}{l_w} \qquad \cdots\cdots(7b)$$

总流路面积的等效直径 d_0：

$$d_0 = \sqrt{\frac{4N_0A}{\pi}} \qquad \cdots\cdots(7c)$$

F_d 的典型值见表 2。

5.3.2 射流直径 D_j

射流直径 D_j 用下式计算：

$$D_j = N_{14}F_d\sqrt{CF_L} \qquad \cdots\cdots(8)$$

注 1：N_{14} 是数字常数，其值与所用的特定流量系数（k_v 或 C_v）有关，其数值可从表 1 中获得。

注 2：使用所需的 C，而不是阀的额定 C 值。

注 3：当阀带有附接管件时，用 F_{LP}/F_P 代替 F_L。

5.3.3 声功率比 r_w

声功率比表示向下游管道辐射的声功率部分。不同的阀及管件的系数见表 3。

表 1 数字常数 N

常　数	流量系数	
	K_v	C_v
N_{14}	4.9×10^{-3}	4.6×10^{-3}
N_{16}	4.23×10^{4}	4.89×10^{4}
注：未列出的数字常数在本部分中没有应用。		

表 2 阀门类型修正系数 F_d 典型值（全口径阀内件）

阀类型	流动方向	相对流量系数 Φ					
		0.10	0.20	0.40	0.60	0.80	1.00
球形阀，抛物线阀芯	流开	0.10	0.15	0.25	0.31	0.39	0.46
	流关	0.20	0.30	0.50	0.60	0.80	1.00
球形阀，3 个 V 形开口阀芯	任意方向*	0.29	0.40	0.42	0.43	0.45	0.48
球形阀，4 个 V 形开口阀芯	任意方向*	0.25	0.35	0.36	0.37	0.39	0.41
球形阀，6 个 V 形开口阀芯	任意方向*	0.17	0.23	0.24	0.26	0.28	0.30
球形阀，钻 60 个等径孔的套筒	任意方向*	0.40	0.29	0.20	0.17	0.14	0.13
球形阀，钻 120 个等径孔的套筒	任意方向*	0.29	0.20	0.14	0.12	0.10	0.09
蝶阀，绕中心轴回转 70°	任意方向	0.26	0.34	0.42	0.50	0.53	0.57
阀板上带凹槽的 70°翼形蝶阀	任意方向	0.08	0.10	0.15	0.20	0.24	0.30
60°平板蝶阀	任意方向						0.50
偏心旋塞阀	任意方向	0.12	0.18	0.22	0.30	0.36	0.42
90°扇形球阀	任意方向	0.60	0.65	0.70	0.75	0.78	0.98
注：这只是一些典型值，实际值由制造商标明。							
*　流关时限定压力 p_1-p_2。							

表 3 声功率比 r_w

阀或管件	r_w
球形阀,抛物线阀芯	0.25
球形阀,3 个 V 形开口阀芯	0.25
球形阀,4 个 V 形开口阀芯	0.25
球形阀,6 个 V 形开口阀芯	0.25
球形阀,钻 60 个等径孔的套筒	0.25
球形阀,钻 120 个等径孔的套筒	0.25
绕中心轴回转 70°的蝶阀	0.5
阀板上带凹槽的 70°翼形蝶阀	0.5
60°平板蝶阀	0.5
偏心旋塞阀	0.25
90°扇形球阀	0.25
渐扩管	1

5.4 状态Ⅰ(亚音速流)

缩流断面中气体速度用下式计算：

$$U_{vc}=\sqrt{2\left(\frac{\gamma}{\gamma-1}\right)\left[1-\left(\frac{p_{vc}}{p_1}\right)^{(\gamma-1)/\gamma}\right]\frac{p_1}{\rho_1}} \qquad \cdots\cdots(9)$$

质量流量流动功率由下式计算：

$$W_m=\frac{\dot{m}(U_{vc})^2}{2} \qquad \cdots\cdots(10)$$

亚音速流下缩流断面温度用下式计算：

$$T_{vc}=T_1\left(\frac{p_{vc}}{p_1}\right)^{(\gamma-1)/\gamma} \qquad \cdots\cdots(11)$$

缩流断面中的声速用下式计算：

$$c_{vc}=\sqrt{\frac{\gamma R T_{vc}}{M}} \qquad \cdots\cdots(12)$$

缩流断面马赫数：

$$M_{vc}=\frac{U_{vc}}{c_{vc}} \qquad \cdots\cdots(13)$$

状态Ⅰ时,声效系数由下式计算：

$$\eta_1=(1\times10^{-4})M_{vc}^{3.6} \qquad \cdots\cdots(14)$$

在状态Ⅰ时产生并向下游管道辐射的声功率：

$$W_a=\eta_1 r_w W_m F_L^2 \qquad \cdots\cdots(15)$$

注：当阀带有附接管件时,用 F_{LP}/F_P 代替 F_L。

虽然本方法中没有要求,但可用下式计算出总的内部声功率级：

$$L_{wi}=10\lg\frac{W_a}{W_0} \qquad \cdots\cdots(16)$$

要计算管道内部声功率,把 L_{wi} 减去 6 dB。

产生噪声的峰频率用下式计算：

$$f_p=\frac{0.2U_{vc}}{D_j} \qquad \cdots\cdots(17)$$

5.5 状态Ⅱ到状态Ⅴ(通用计算)

在音速或高于音速时,从状态Ⅱ到状态Ⅴ通用下列计算式:

音速流或临界流,缩流断面温度:

$$T_{vcc} = \frac{2T_1}{\gamma + 1} \qquad \cdots\cdots(18)$$

缩流断面声速由下式计算:

$$c_{vcc} = \sqrt{\frac{\gamma R T_{vcc}}{M}} \qquad \cdots\cdots(19)$$

流体流动功率由下式计算:

$$W_{ms} = \frac{\dot{m} c_{vcc}^2}{2} \qquad \cdots\cdots(20)$$

虽然本方法中没有要求,但内部声功率级也可用式(16)、式(23)、式(26)、式(28)或式(32)计算。

对自由渐扩管射流,在状态Ⅱ到状态Ⅳ的马赫数由下式计算:

$$M_j = \sqrt{\frac{2}{\gamma - 1}\left[\left(\frac{p_1}{\alpha p_2}\right)^{(\gamma-1)/\gamma} - 1\right]} \qquad \cdots\cdots(21)$$

5.5.1 状态Ⅱ

状态Ⅱ时声效系数由下式计算:

$$\eta_2 = (1 \times 10^{-4}) M_j^{6.6 F_L^2} \qquad \cdots\cdots(22)$$

注:当阀带有附接管件时,用 F_{LP}/F_P 代替 F_L。

在状态Ⅱ时产生并向下游管道辐射的声功率:

$$W_a = \eta_2 r_w W_{ms}\left(\frac{p_1 - p_2}{p_1 - p_{vcc}}\right) \qquad \cdots\cdots(23)$$

峰频率用下式计算:

$$f_p = \frac{0.2 M_j c_{vcc}}{D_j} \qquad \cdots\cdots(24)$$

5.5.2 状态Ⅲ

状态Ⅲ时声效系数由下式计算:

$$\eta_3 = (1 \times 10^{-4}) M_j^{6.6 F_L^2} \qquad \cdots\cdots(25)$$

注:当阀带有附接管件时,用 F_{LP}/F_P 代替 F_L。

在状态Ⅲ时产生并向下游管道辐射的声功率:

$$W_a = \eta_3 r_w W_{ms} \qquad \cdots\cdots(26)$$

峰频率用式(24)计算。

5.5.3 状态Ⅳ

状态Ⅳ时声效系数由下式计算:

$$\eta_4 = (1 \times 10^{-4})\left(\frac{M_j^2}{2}\right)(\sqrt{2})^{6.6 F_L^2} \qquad \cdots\cdots(27)$$

注:当阀带有附接管件时,用 F_{LP}/F_P 代替 F_L。

在状态Ⅳ时产生并向下游管道辐射的声功率:

$$W_a = \eta_4 r_w W_{ms} \qquad \cdots\cdots(28)$$

在状态Ⅳ时的峰频率由下式计算:

$$f_p = \frac{0.35 c_{vcc}}{1.25 D_j \sqrt{M_j^2 - 1}} \qquad \cdots\cdots(29)$$

5.5.4 状态Ⅴ

状态Ⅴ时射流马赫数由下式计算：

$$M_{j5}=\sqrt{\frac{2}{\gamma-1}\left[(22)^{(\gamma-1)/\gamma}-1\right]} \qquad (30)$$

状态Ⅴ时声效系数由下式计算：

$$\eta_5=\left(1\times10^{-4}\left(\frac{M_{j5}^2}{2}\right)(\sqrt{2})^{6.6F_L^2}\right) \qquad (31)$$

注：当阀带有附接管件时，用 F_{LP}/F_P 代替 F_L。

在状态Ⅴ时产生并向下游管道辐射的声功率：

$$W_a=\eta_5 r_w W_{ms} \qquad (32)$$

用式(29)计算状态Ⅴ时的峰频率用 M_{j5} 替代 M_j。

5.6 噪声计算

下游流体质量密度由下式计算：

$$\rho_2=\rho_1\left(\frac{p_2}{p_1}\right) \qquad (33)$$

如果已知必要的流体特性，则下游温度 T_2 可由热力学等焓关系得出，如未知，T_2 可近似等于 T_1。

下游声速由下式计算：

$$c_2=\sqrt{\frac{\gamma R T_2}{M}} \qquad (34)$$

阀出口处马赫数可由下式计算：

$$M_0=\frac{4\dot{m}}{\pi D^2\rho_2 c_2} \qquad (35)$$

注1：M_0 宜不超过0.3，如果 M_0 超过0.3，则精确度就不能保证，宜采用第7章的程序。

参照 p_0 去计算内部声压级，则可用：

$$L_{pi}=10\lg\left[\frac{(3.2\times10^9)W_a\rho_2 c_2}{D_i^2}\right] \qquad (36)$$

透过管壁的传播损失由下式计算：

$$TL=10\lg\left[(7.6\times10^{-7})\left(\frac{c_2}{t_p f_p}\right)^2\frac{G_x}{\left(\frac{\rho_2 c_2}{415G_y}+1\right)}\left(\frac{p_a}{p_s}\right)\right] \qquad (37)$$

注2：G_x，G_y 在表4中有规定。

注3：p_a/p_s 比值是当地大气压力修正值。

注4：传播损失模型建立在一个内部频率分布6 dB/倍频程的基础上。

频率 f_r、f_0 和 f_g 可由下式得出：

$$f_r=\frac{5\ 000}{\pi D_i} \qquad (38)$$

$$f_0=\frac{f_r}{4}\left(\frac{c_2}{343}\right) \qquad (39)$$

$$f_g=\frac{\sqrt{3}(343)^2}{\pi t_p(5\ 000)} \qquad (40)$$

注5：式(39)和式(40)中，常数343是空气中声音的速度(m/s)。

注6：式(38)和式(40)中，常数5 000是声音在钢制管道中的名义速度(m/s)。

注7：注意最小的传播损失出现在第一管道重合频率时。

表 4 频率系数 G_x,G_y

$f_p < f_0$	$f_p \geq f_0$
$G_x = \left(\frac{f_0}{f_r}\right)^{2/3} \left(\frac{f_p}{f_0}\right)^4$	$G_x = \left(\frac{f_p}{f_r}\right)^{2/3}$　　$f_p < f_r$ $G_x = 1$　　$f_p \geq f_r$
$G_x = \left(\frac{f_0}{f_g}\right)$　　$f_0 < f_g$ $G_y = 1$　　$f_0 \geq f_g$	$G_y = \left(\frac{f_p}{f_g}\right)$　　$f_p < f_g$ $G_y = 1$　　$f_p \geq f_g$

下游管道速度修正值可用下式近似求得：

$$L_g = 16\lg\left(\frac{1}{1 - M_2}\right) \qquad \cdots\cdots(41)$$

式中：

$$M_2 = \frac{4\dot{m}}{\pi D_i^2 \rho_2 c_2} \qquad \cdots\cdots(42)$$

注 8：为计算 L_g,M_2 不能超过 0.3。

管道外径处辐射出的 A 加权声压级可用下式计算：

$$L_{pAe} = 5 + L_{pi} + TL + L_g \qquad \cdots\cdots(43)$$

注 9：式(43)中，第一项的 5 dB 是跟所有峰频率有关的一个平均修正值。

最后，管壁外 1 m 处 A 加权声压级如下计算：

$$L_{pAe,1\,m} = L_{pAe} - 10\lg\left(\frac{D_i + 2t_p + 2}{D_i + 2t_p}\right) \qquad \cdots\cdots(44)$$

5.7 计算流程图

下面的流程提供了利用上面等式计算声压级的逻辑顺序。

从 5.1、5.2 和 5.3 开始进行状态判断和初步计算。

如果为状态Ⅰ时，则继续 5.4 和 5.6 的计算。

如果为状态Ⅱ时，则继续 5.5、5.5.1 和 5.6 的计算。

如果为状态Ⅲ态时，则继续 5.5、5.5.2 和 5.6 的计算。

如果为状态Ⅳ态时，则继续 5.5、5.5.3 和 5.6 的计算。

如果为状态Ⅴ态时，则继续 5.5、5.5.4 和 5.6 的计算。

注：附录 A 有计算示例。

6 带降噪阀内件的阀

6.1 简介

本章适用于有降噪阀内件的阀。虽然程序中很多步骤来自第 5 章，但它仍然被单独列章，其原因是这些阀内件需要加以特别考虑。

6.2 单级多流路阀内件

对于具有单级多流路阀内件的阀(图 1 是诸多有效降噪阀内件的一个示例)，除以下注明外，应采用第 5 章的程序。

所有的流路都应该有相同的水力直径，且流路间应有充足的距离以防射流的干涉。

虽然阀门修正系数同第 5 章一样，此处还是要给出它的一个应用示例。

例：

假设一个阀内件有 48 个宽 0.01 m，高 0.002 m 的矩形流路。每个流路面积 $A = 0.01 \times 0.002 = 0.000\,02\ m^2$；湿周 $l_w = (2 \times 0.010) + (2 \times 0.002) = 0.024$ m；$d_0 = 0.035$ m，$d_H = 0.003\,3$；由此得出 $F_d = 0.003\,3/0.035 = 0.094$。

射流直径可由下式计算：

$$D_j = N_{14} \cdot F_d \sqrt{C[0.9-0.06(l/d)]} \quad \cdots\cdots(45)$$

注 1：D_j 的表达式中，用$[0.9-0.06(l/d)]$来代替 F_{Ln}，l/d 的最大值是 4。

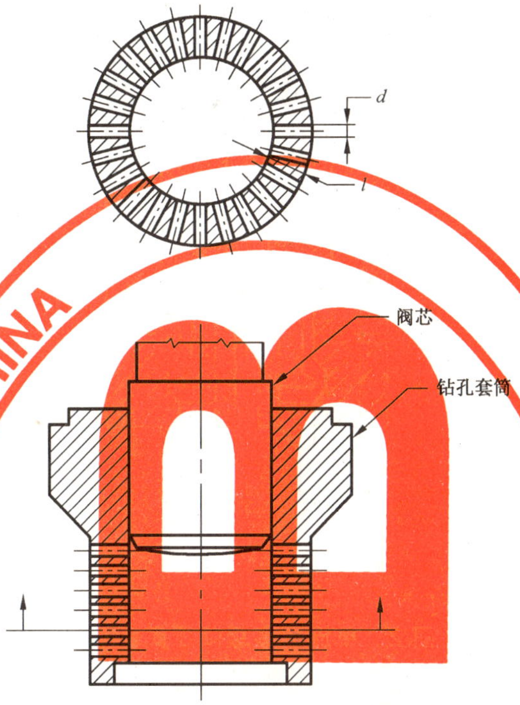

注：这是诸多有效降噪阀内件的一个示例。

图 1 单级多流路阀内件

用$[0.9-0.06(l/d)]$代替 F_{Ln}的结果是状态Ⅰ，状态Ⅱ，状态Ⅲ的传播损失总体增加在 5 dB 以内。

阀出口马赫数，按式(35)计算。

注 2：对压力比 $p_1/p_2>4$，用来计算 F_d 的式(7a)只应用在流路壁间距大于 $0.7d$ 的场合。如果阀出口处马赫数 M_0 超过 0.2，也不能用此式。

6.3 单流路多级降压阀内件(2 级或多级节流)

对单流路多级阀(图 2 是诸多有效的降噪阀内件的一个示例)，除以下注明外，应采用第 5 章的程序。

注 1：6.3 中所有计算只适用于最后一级。

应使用流量系数 C_n 取代 C，这适用于多级阀内件的最后一级。如果控制阀制造商不能提供 C_n 的值，则应使用下式：

$$C_n = N_{16} A_n \quad \cdots\cdots(46)$$

注 2：N_{16}是数字常数，其值与特定流量系数(K_v 或 C_v)有关，常数的值可从表 1 获得。

应使用最后一级的滞止压力 p_n 来代替 p_1，用此时的密度 ρ_n 去取代 ρ_1，这些值可从下列等式近似获得。

注 3：如果 $p_1/p_2 \geq 2$，则先假定 $p_n/p_2<2$，并由式(47a)计算 p_n，如果计算出来的 $p_n \geq 2p_2$，则用式(47b)计算 p_n 并按程序继续进行。

如果 $p_1/p_2 \geq 2$ 并且 $p_n/p_2<2$：

$$p_n = \sqrt{\left(\frac{p_1 C}{1.155 C_n}\right)^2 + p_2^2} \quad \cdots\cdots(47a)$$

如果 $p_1/p_2 \geq 2$ 并且 $p_n/p_2 \geq 2$：

$$p_n = p_1\left(\frac{C}{C_n}\right) \quad \cdots\cdots(47b)$$

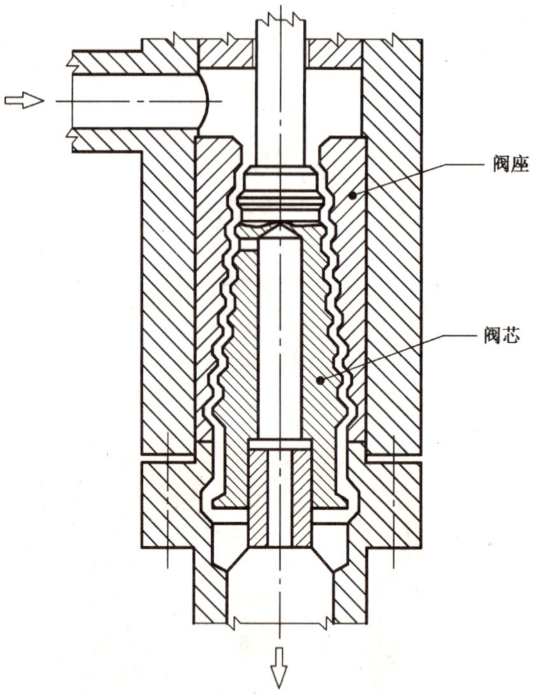

注：这是诸多有效降噪阀内件的一个示例。

图 2　单流路多级降压阀内件

如果 $p_1/p_2<2$：

$$p_n=\sqrt{\left(\frac{C}{C_n}\right)^2(p_1^2-p_2^2)+p_2^2} \quad \cdots\cdots(47c)$$

$$\rho_n=\rho_1\left(\frac{p_n}{p_1}\right) \quad \cdots\cdots(48)$$

峰频率时等式中所用的最后一级的射流直径由下式计算：

$$D_j=N_{14}F_d\sqrt{C_nF_L} \quad \cdots\cdots(49)$$

注 4：对上式，使用最后一级的阀门类型修正系数 F_d。

最后，由管道外径处辐射出的 A 加权声压级可由下式确定：

$$L_{pAe}=5+L_{pi}+10\lg\left(\frac{p_1}{p_n}\right)+TL+L_g \quad \cdots\cdots(50)$$

注 5：L_{pi} 给出最后一级的噪声影响，$10\lg\left(\frac{p_1}{p_n}\right)$ 项包括其他级压降产生的声压级。

6.4　多流路多级阀内件（2 个或更多流路，2 级或更多级阀内件）

注 1：本条仅指直行程阀。

注 2：本条所有计算仅适用于最后一级。

对多流路多级阀内件（图 3 是诸多有效降噪阀内件的一个示例），除下面注明外，应使用第 5 章的程序。

所有流路都应有相同的水力直径，且流路间应有足够的距离以防射流互相干扰，入口与出口间每一级的流路截面积应逐步增加。

缩流断面压力 p_{vc} 可用 F_{Ln} 取代式（1）中的 F_L 来求得。按式（46）应该用流量系数 C_n 取代 C，按式（47）应该用最后一级的滞止压力 p_n 取代 p_1，按式（48）应该用密度 ρ_n 取代 ρ_1。

射流马赫数可由式（51）计算：

$$M_{jn}=\frac{U_{vc}}{c_{vc}} \quad \cdots\cdots(51)$$

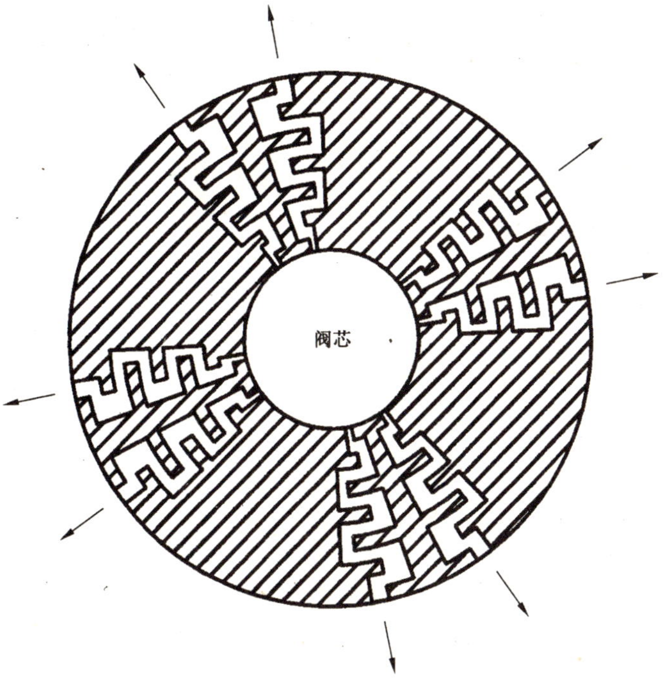

注：这是诸多有效降噪阀内件的一个示例。

图 3　多流路多级阀内件(2 个或更多流路,2 级或更多级阀内件)

此式中最后一级的速度 U_{vc} 是在式(9)中用 p_n 取代 p_1,ρ_n 取代 ρ_1 而求得的。

峰频率 f_p 是用式(49)中最后一级射流直径 D_j 由式(52)求得：

$$f_p = \frac{0.2 M_{jn} c_{vc}}{D_j} \qquad (52)$$

最后,A 加权声压级 L_{pAe} 可由式(50)求得。

注 3：如果阀出口处马赫数 M_0 超过 0.2,则 6.4 中的方法就不够精确,M_0 的计算见式(35)。在马赫数为 0.3 时,误差可能超过 5 dB,更高马赫数情况下的程序参考第 7 章。

注 4：计算示例见附录 A。

6.5　不包括在本部分中的阀

除了第 6 章所述的阀内件外本部分不涉及其他低噪声阀内件。只要制造商提供数据证明,除了采用本部分第 5 章适用条款取得的声压级外,声压级的附加变化是行程和/或阀压力比的函数,本部分的方法可以用于这些阀内件。

7　出口处马赫数较高的阀

7.1　简介

本章提供了当阀带有出口渐扩管且马赫数超过第 5 和 6 章限值时的声压级的预测方法。除非另有说明,本章也使用那些章节的公式。在阀尺寸等于管道尺寸时也可用此方法。

7.2　计算程序

在下游管道中,速度被限制在马赫数 0.8 以内并由下式计算：

$$U_p = \frac{4\dot{m}}{\pi \rho_2 D_i^2} \qquad (53)$$

渐扩管入口气体速度 U_R 被限制在声速 c_2 以内,并由下式计算：

$$U_R = \frac{U_p D_i^2}{\beta d_i^2} \qquad (54)$$

注 1：现已知,阀出口处的速度分布并不总是一致的,所以必须使用收缩系数。在式(54)中含有此系数 β。把阀出口的阻塞流点作为马赫数1的指示，β的值可由实验数据得出。有效面积等于质量流量除以密度和声速，它也可以通过分析方法求得。$\beta=0.93$时似乎适用于直通球形阀。目前尚无适用于其他类型阀的数据，但对有些阀，这个值可能低到0.7。

渐扩管中转换后的流动功率可由式(55)得出：

$$W_{mR}=\frac{\dot{m}U_R^2}{2}\left[\left(1-\frac{d_i^2}{D_i^2}\right)+0.2\right] \qquad (55)$$

所产生噪声的峰频率由下式确定：

$$f_{pR}=\frac{0.2U_R}{d_i} \qquad (56)$$

式(57)用于计算声效系数：

$$\eta_R=(1\times10^{-3})M_R^3 \qquad (57)$$

式中：

$$M_R=\frac{U_R}{c_2} \qquad (58)$$

则所产生的声功率可由下式计算：

$$W_{aR}=\eta_R W_{mR} \qquad (59)$$

虽然本方法中未作要求，总的声功率级可由式(16)计算。

参照p_0采用下式计算内部声压级：

$$L_{piR}=10\lg\left[\frac{(3.2\times10^9)W_{aR}\rho_2 c_2}{D_i^2}\right] \qquad (60)$$

传播损失TL_R可由式(61)求得。

$$TL_R=10\lg\left\{(7.6\times10^{-7})\left(\frac{c_2}{t_p f_{pR}}\right)^2\frac{G_x}{\frac{\rho_2 c_2}{415G_y}+1}\left(\frac{p_a}{p_s}\right)\right\} \qquad (61)$$

注2：G_x和G_y在表4中有定义。在表4中用下标f_{pR}替代f_p。

下游管道速度修正值可用式(41)和式(42)求得。

管道外径辐射出的A加权声压级在距管壁1 m处由式(62)求得。除M_2被限制为不超过0.8外，L_g可由式(41)求得。

$$L_{peR}=5+L_{piR}+TL_R+L_g-10\lg\left(\frac{D_i+2t_p+2}{D_i+2t_p}\right) \qquad (62)$$

阀内件产生的声压L_{pAe}和渐扩管产生的声压L_{peR}的组合声压由式(63)求出。

$$L_{pS}=10\lg\left(10^{L_{pAe,1\,m}/10}+10^{L_{peR}/10}\right) \qquad (63)$$

附 录 A
（资料性附录）
计 算 示 例

附录说明了如何应用本部分中的算式。结果计算到有效位数，然后四舍五入到实用位数。右侧括号内的数字为本部分所用算式的编号。

示例 1：状态Ⅰ时的计算

给定数据

阀

单座球形阀(带套筒，流开)

阀公称通径： DN 100

阀出口直径： $D=100\ \mathrm{mm}=0.100\ \mathrm{m}$

额定流量系数 C： $C_v=195$

要求的流量系数 C： $C_v=90$

液体压力恢复系数和管道几何形状系数的复合系数： $F_{LP}=0.792$

入口管道公称通径： DN 200

出口管道公称通径： DN 200

管壁厚度： $t_p=8\ \mathrm{mm}=0.008\ \mathrm{m}$

管道内径： $D_i=203.1\ \mathrm{mm}=0.203\ 1\ \mathrm{m}$

套筒开口数： $N_0=6$

单流路湿周： $l_w=181\ \mathrm{mm}=0.181\ \mathrm{m}$

单流路面积： $A=0.001\ 37\ \mathrm{m}^2$

压降比系数： $x_T=0.75$

流体

流体形式： 蒸汽

入口绝对压力： $p_1=10\ \mathrm{bar}=1.0\times10^6\ \mathrm{Pa}$

出口绝对压力： $p_2=7.2\ \mathrm{bar}=7.2\times10^5\ \mathrm{Pa}$

入口密度： $\rho_1=5.30\ \mathrm{kg/m^3}$

入口温度： $T_1=177℃=450\ \mathrm{K}$

比热比： $\gamma=1.22$

分子质量： $M=19.8\ \mathrm{kg/kmol}$

其他

实测大气压力： $p_a=1.013\ 25\ \mathrm{bar}=1.013\ 25\times10^5\ \mathrm{Pa}$

标准大气压力： $p_s=1.013\ 25\ \mathrm{bar}=1.013\ 25\times10^5\ \mathrm{Pa}$

下列数据用于基于 GB/T 17213.2 的计算式或由这些计算式确定。

压头损失系数： $\sum\zeta=0.86$

入口速度头系数之和： $\zeta_i=1.2$

管道几何形状系数： $F_P=0.98$

$F_{LP}/F_P=0.80$

质量流量： $\dot{m}=2.22\ \mathrm{kg/s}$

计算式

$$p_{vc} = p_1 - \frac{p_1 - p_2}{F_L^2} = 5.7 \times 10^5\ \text{Pa}$$

式中：

$p_1=1.0\times10^6$ Pa；

$p_2=7.2\times10^5$ Pa；

$F_{LP}/F_P=0.80$（用 F_{LP}/F_P 是因为有附接管件）。

$$p_{vcc} = p_1\left(\frac{2}{\gamma+1}\right)^{\gamma/(\gamma-1)} = 5.6 \times 10^5\ \text{Pa}$$

式中：

$p_1=1.0\times10^6$ Pa；

$\gamma=1.22$。

$$p_{2C} = p_1 - F_L^2(p_1 - p_{vcc}) = 7.2 \times 10^5\ \text{Pa}$$

式中：

$p_1=1.0\times10^6$ Pa；

$p_{vcc}=5.6\times10^5$ Pa；

$F_{LP}/F_P=0.80$（用 F_{LP}/F_P 是因为有附接管件）。

$$\alpha = \frac{p_{vcc}}{p_{2C}} = 0.78$$

式中：

$p_{vcc}=5.6\times10^5$ Pa；

$p_{2C}=7.2\times10^5$ Pa。

$$p_{2B} = \frac{p_1}{\alpha}\left(\frac{1}{\gamma}\right)^{\gamma/(\gamma-1)} = 4.21 \times 10^5\ \text{Pa}$$

式中：

$p_1=1.0\times10^6$ Pa；

$\alpha=0.78$；

$\gamma=1.22$。

$$p_{2CE} = \frac{p_1}{22\alpha} = 5.8 \times 10^4\ \text{Pa}$$

式中：

$p_1=1.0\times10^6$ Pa；

$\alpha=0.78$。

如果 $p_2\geqslant p_{2C}$ 则为状态Ⅰ。

$7.2\times10^5=7.2\times10^5$ 故为状态Ⅰ。

如果要计算 F_d，则按下列程序运算：

$$d_H = \frac{4A}{l_w} = 0.030\ \text{m}$$

式中：

$A=0.001\ 37\ \text{m}^2$；

$l_w=0.181$ m。

$$d_0 = \sqrt{\frac{4N_0A}{\pi}} = 0.102\ \text{m}$$

式中：

$N_0=6$；

$A=0.001\ 37\ m^2$。

$$F_d = \frac{d_H}{d_0} = 0.30$$

式中：

$d_H=0.030\ m$；

$d_0=0.102\ m$；

通常制造商会给出 F_d 的值，在本例中假定 $F_d=0.3$。

$$D_j = N_{14} F_d \sqrt{CF_L} = 0.012\ m$$

式中：

$N_{14}=4.6\times10^{-3}$（表 1）；

$F_d=0.30$；

$C=C_v=90$；

$F_{LP}/F_P=0.80$（用 F_{LP}/F_P 是因为有附接管件）。

$$U_{vc} = \sqrt{2\left(\frac{\gamma}{\gamma-1}\right)\left[1-\left(\frac{p_{vc}}{p_1}\right)^{(\gamma-1)/\gamma}\right]\frac{p_1}{\rho_1}} = 450\ m/s$$

式中：

$\gamma=1.22$；

$p_{vc}=5.7\times10^5\ Pa$；

$p_1=1.0\times10^6\ Pa$；

$\rho_1=5.30\ kg/m^3$。

$$W_m = \frac{\dot{m}(U_{vc})^2}{2} = 2.3\times10^5\ W$$

式中：

$\dot{m}=2.22\ kg/s$；

$U_{vc}=450\ m/s$。

$$T_{vc} = T_1\left(\frac{p_{vc}}{p_1}\right)^{(\gamma-1)/\gamma} = 410\ K$$

式中：

$T_1=450\ K$；

$p_{vc}=5.7\times10^5\ Pa$；

$p_1=1.0\times10^6\ Pa$；

$\gamma=1.22$。

$$c_{vc} = \sqrt{\frac{\gamma R T_{vc}}{M}} = 460\ m/s$$

式中：

$\gamma=1.22$；

$R=8\ 314\ J/kmol\times K$；

$T_{vc}=410\ K$；

$M=19.8\ kg/kmol$。

$$M_{vc} = \frac{U_{vc}}{c_{vc}} = 0.99$$

式中：

$U_{vc}=450\ m/s$；

$c_{vc}=460\ m/s$。

$$\eta_1=(1\times10^{-4})M_{vc}^{3.6}=9.6\times10^{-5}$$

式中：

$M_{vc}=0.99$。

$$W_a=\eta_1 r_w W_m F_L^2=3.5\ W$$

式中：

$\eta_1=9.6\times10^{-5}$；

$r_w=0.25$(表 3)；

$W_m=2.23\times10^5\ W$；

$F_{LP}/F_P=0.80$(用 F_{LP}/F_P 是因为有附接管件)。

$$f_p=\frac{0.2U_{vc}}{D_j}=7\ 700\ Hz$$

式中：

$U_{vc}=450\ m/s$；

$D_j=0.012\ m$。

$$\rho_2=\rho_1\left(\frac{p_2}{p_1}\right)=3.8\ kg/m^3$$

式中：

$\rho_1=5.30\ kg/m^3$；

$p_2=7.2\times10^5\ Pa$；

$p_1=1.0\times10^6\ Pa$。

$$c_2=\sqrt{\frac{\gamma R T_2}{M}}=480\ m/s$$

式中：

$\gamma=1.22$；

$R=8\ 314\ J/kmol\times K$；

$T_2=450\ K$；

$M=19.8\ kg/kmol$。

$$M_0=\frac{4\dot{m}}{\pi D^2\rho_2 c_2}=0.15$$

式中：

$\dot{m}=2.22\ kg/s$；

$D=0.100\ m$；

$\rho_2=3.8\ kg/m^3$；

$c_2=480\ m/s$。

注：M_0 不超过 0.3，所以该计算是合理的。

$$L_{pi}=10\lg\left[\frac{(3.2\times10^9)W_a\rho_2 c_2}{D_i^2}\right]=147\ dB$$

式中：

$W_a=3.5\ W$；

$\rho_2=3.8\ kg/m^3$；

$c_2=480\ m/s$；

$D_i=0.203\ 1\ m$。

$$f_r = \frac{5\ 000}{\pi D_i} = 7\ 800\ \text{Hz}$$

式中：

D_i=0.203 1 m。

$$f_0 = \frac{f_r}{4}\left(\frac{c_2}{343}\right) = 2\ 700\ \text{Hz}$$

式中：

f_r=7 800 Hz；

c_2=480 m/s。

$$f_g = \frac{\sqrt{3}(343)^2}{\pi t_p(5\ 000)} = 1\ 600\ \text{Hz}$$

式中：

t_p=0.008 m。

$$TL = 10\lg\left[(7.6\times10^{-7})\left(\frac{c_2}{t_p f_p}\right)^2 \frac{G_x}{\left(\frac{\rho_2 c_2}{415G_y}+1\right)}\left(\frac{p_a}{p_s}\right)\right] = -51\ \text{dB}$$

式中：

c_2=480 m/s；

t_p=0.008 m；

f_p=7 700 Hz；

ρ_2=3.8 kg/m^3；

$G_x=(f_p/f_r)^{2/3}$=0.99（表 4）；

G_y=1（表 4）；

$p_a=1.013\ 25\times10^5$ Pa；

$p_s=1.013\ 25\times10^5$ Pa。

$$M_2 = \frac{4\dot{m}}{\pi D_i^2 \rho_2 c_2} = 0.037$$

式中：

$\dot{m}$=2.22 kg/s；

D_i=0.203 1 m；

ρ_2=3.8 kg/m^3；

c_2=480 m/s。

$$L_g = 16\lg\left(\frac{1}{1-M_2}\right) = 0.26\ \text{dB}$$

式中：

M_2=0.037 m。

$$L_{pAe} = 5 + L_{pi} + TL + L_g = 101\ \text{dB}$$

式中：

L_{pi}=147 dB；

TL=−51 dB；

L_g=0.26 dB。

$$L_{pAe,1\,m} = L_{pAe} - 10\lg\left(\frac{D_i+2t_p+2}{D_i+2t_p}\right) = 91\ \text{dB(A)}$$

式中：

L_{pAe}=101 dB(A)；

D_i=0.203 1 m；

t_p=0.008 m。

结论：91 dB(A)。

示例 2：状态Ⅱ时的计算

除了下列数据，其余数据同例 1。

出口绝对压力： $p_2=6.9\ \text{bar}=6.9\times10^5\ \text{Pa}$

质量流量： $\dot{m}=2.29\ \text{kg/s}$

计算程序同例 1 中状态Ⅰ的计算相同，以下例外：

$p_{vcc}=5.6\times10^5$ Pa（例 1）；

$p_{2C}=7.2\times10^5$ Pa（例 1）。

如果 $p_{2C}>p_2\geqslant p_{vcc}$，则为状态Ⅱ。

$7.2\times10^5>6.9\times10^5\geqslant5.6\times10^5$，故为状态Ⅱ。

$$T_{vcc}=\frac{2T_1}{\gamma+1}=410\ \text{K}$$

式中：

T_1=450 K；

γ=1.22。

$$c_{vcc}=\sqrt{\frac{\gamma R T_{vcc}}{M}}=460\ \text{m/s}$$

式中：

γ=1.22；

R=8 314 J/kmol×K；

T_{vcc}=410 K；

M=19.8 kg/kmol。

$$W_{ms}=\frac{\dot{m}c_{vcc}^2}{2}=2.4\times10^5\ \text{W}$$

式中：

$\dot{m}$=2.29 kg/s；

c_{vcc}=460 m/s。

$$M_j=\sqrt{\frac{2}{\gamma-1}\left[\left(\frac{p_1}{\alpha p_2}\right)^{(\gamma-1)/\gamma}-1\right]}=1.0$$

式中：

γ=1.22；

$p_1=1.0\times10^6$ Pa；

α=0.78；

$p_2=6.9\times10^5$ Pa。

$$\eta_2=(1\times10^{-4})M_j^{6.6F_L^2}=1.1\times10^{-4}$$

式中：

M_j=1.0；

F_{LP}/F_P=0.80（用 F_{LP}/F_P 是因为有附接管件）。

$$W_a=\eta_2 r_w W_{ms}\left(\frac{p_1-p_2}{p_1-p_{vcc}}\right)=4.8\ \text{W}$$

式中：

$\eta_2=1.1\times10^{-4}$；

$r_w=0.25$(表 3)；

$W_{ms}=2.4\times10^5$；

$p_1=1.0\times10^6$ Pa；

$p_2=6.9\times10^5$ Pa；

$p_{vcc}=5.6\times10^5$ Pa。

$$f_p=\frac{0.2M_j c_{vcc}}{D_j}=8\ 000\ \text{Hz}$$

式中：

$M_j=1.0$；

$c_{vcc}=460$ m/s；

$D_j=0.012$ m。

$$\rho_2=\rho_1\left(\frac{p_2}{p_1}\right)=3.7\ \text{kg/m}^3$$

式中：

$\rho_1=5.30$ kg/m³；

$p_2=6.9\times10^5$ Pa；

$p_1=1.0\times10^6$ Pa。

$$M_0=\frac{4\dot{m}}{\pi D^2\rho_2 c_2}=0.17$$

式中：

$\dot{m}=2.29$ kg/s；

$D=0.100$ m；

$\rho_2=3.7$ kg/m³；

$c_2=480$ m/s(例 1)。

注：M_0 不超过 0.3，所以该计算是合理的。

$$L_{pi}=10\lg\left[\frac{(3.2\times10^9)W_a\rho_2 c_2}{D_i^2}\right]=148\ \text{dB}$$

式中：

$W_a=4.8$ W；

$\rho_2=3.7$ kg/m³；

$c_2=480$ m/s；

$D_i=0.203\ 1$ m。

$$TL=10\lg\left[(7.6\times10^{-7})\left(\frac{c_2}{t_p f_p}\right)^2\frac{G_x}{\left(\frac{\rho_2 c_2}{415G_y}+1\right)}\left(\frac{p_a}{p_s}\right)\right]=-51\ \text{dB}$$

式中：

$c_2=480$ m/s；

$t_p=0.008$ m；

$f_p=8\ 000$ Hz；

$\rho_2=3.7$ kg/m³；

$f_r=7\ 800$ Hz(例 1)；

$f_0=2\ 700$ Hz(例 1)；

f_g=1 600 Hz(例 1)；

G_x=1(表 4)；

G_y=1(表 4)；

p_a=1.013 25×10^5 Pa；

p_s=1.013 25×10^5 Pa。

$$M_2 = \frac{4\dot{m}}{\pi D_i^2 \rho_2 c_2} = 0.040$$

式中：

$\dot{m}$=2.29 kg/s；

D_i=0.203 1 m；

ρ_2=3.7 kg/m^3；

c_2=480 m/s。

$$L_g = 16\lg\left(\frac{1}{1-M_2}\right) = 0.29\ \text{dB}$$

式中：

M_2=0.040。

$$L_{pAe} = 5 + L_{pi} + TL + L_g = 103\ \text{dB}$$

式中：

L_{pi}=148 dB；

TL=−51 dB；

L_g=0.29 dB。

$$L_{pAe,1\,m} = L_{pAe} - 10\lg\left(\frac{D_i + 2t_p + 2}{D_i + 2t_p}\right) = 93\ \text{dB(A)}$$

式中：

L_{pAe}=103 dB(A)；

D_i=0.203 1 m；

t_p=0.008 m；

结论：93 dB(A)。

示例 3：状态Ⅲ时的计算

除了下列数据，其余数据同例 1。

出口绝对压力：　　　　p_2=4.8 bar=4.8×10^5 Pa

质量流量：　　　　　　$\dot{m}$=2.59 kg/s

计算程序同例 1 中状态Ⅰ的计算相同，以下例外：

p_{vcc}=5.6×10^5 Pa(例 1)；

p_{2C}=7.2×10^5 Pa(例 1)；

p_{2B}=4.21×10^5 Pa(例 1)。

如果 $p_{vcc}>p_2>p_{2B}$，则为状态Ⅲ。

5.6×10^5>4.8×10^5>4.21×10^5，故为状态Ⅲ。

F_d=0.30 (例 1)；

T_{vcc}=410 K (例 2)；

c_{vcc}=460 m/s (例 2)。

$$W_{ms} = \frac{\dot{m}c_{vcc}^2}{2} = 2.7 \times 10^5\ \text{W}$$

式中：

$\dot{m}=2.59\ \mathrm{kg/s}$；

$c_{\mathrm{vcc}}=460\ \mathrm{m/s}$。

$$M_j = \sqrt{\frac{2}{\gamma-1}\left[\left(\frac{p_1}{\alpha p_2}\right)^{(\gamma-1)/\gamma}-1\right]} = 1.3$$

式中：

$\gamma=1.22$；

$p_1=1.0\times10^6\ \mathrm{Pa}$；

$\alpha=0.78$；

$p_2=4.8\times10^5\ \mathrm{Pa}$。

$$\eta_3 = (1\times10^{-4})M_j^{6.6F_L^2} = 3.3\times10^{-4}$$

式中：

$M_j=1.3$；

$F_{LP}/F_P=0.80$（用 F_{LP}/F_P 是因为有附接管件）。

$$W_a = \eta_3 r_w W_{ms} = 22\ \mathrm{W}$$

式中：

$\eta_3=3.3\times10^{-4}$；

$r_w=0.25$（表3）；

$W_{ms}=2.7\times10^5\ \mathrm{W}$。

$$f_p = \frac{0.2M_j c_{\mathrm{vcc}}}{D_j} = 10\ 000\ \mathrm{Hz}$$

式中：

$M_j=1.3$；

$c_{\mathrm{vcc}}=460\ \mathrm{m/s}$；

$D_j=0.012\ \mathrm{m}$。

$$\rho_2 = \rho_1\left(\frac{p_2}{p_1}\right) = 2.54\ \mathrm{kg/m^3}$$

式中：

$\rho_1=5.30\ \mathrm{kg/m^3}$；

$p_2=4.8\times10^5\ \mathrm{Pa}$；

$p_1=1.0\times10^6\ \mathrm{Pa}$。

$$M_0 = \frac{4\dot{m}}{\pi D^2\rho_2 c_2} = 0.27$$

式中：

$\dot{m}=2.59\ \mathrm{kg/s}$；

$D=0.100\ \mathrm{m}$；

$\rho_2=2.54\ \mathrm{kg/m^3}$；

$c_2=480\ \mathrm{m/s}$（例1）。

注：M_0 不超过0.3，则计算为合理的。

$$L_{pi} = 10\lg\left[\frac{(3.2\times10^9)W_a\rho_2 c_2}{D_i^2}\right] = 153\ \mathrm{dB}$$

式中：

$W_a=22\ \mathrm{W}$；

$\rho_2=2.54\ \mathrm{kg/m^3}$；

c_2=480 m/s；

D_i=0.203 1 m。

$$TL = 10\lg\left[(7.6\times10^{-7})\left(\frac{c_2}{t_p f_p}\right)^2 \frac{G_x}{\left(\frac{\rho_2 c_2}{415G_y}+1\right)}\left(\frac{p_a}{p_s}\right)\right] = -52\ \text{dB}$$

式中：

c_2=480 m/s；

t_p=0.008 m；

f_p=10 000 Hz；

ρ_2=2.54 kg/m^3；

f_r=7 800 Hz(例 1)；

f_0=2 700 Hz(例 1)；

f_g=1 600 Hz(例 1)；

G_x=1(表 4)；

G_y=1(表 4)；

p_a=1.013 25×10^5 Pa；

p_s=1.013 25×10^5 Pa。

$$M_2 = \frac{4\dot{m}}{\pi D_i^2 \rho_2 c_2} = 0.065$$

式中：

$\dot{m}$=2.59 kg/s；

D_i=0.203 1 m；

ρ_2=2.54 kg/m^3；

c_2=480 m/s。

$$L_g = 16\lg\left(\frac{1}{1-M_2}\right) = 0.47\ \text{dB}$$

式中：

M_2=0.065。

$$L_{pAe} = 5 + L_{pi} + TL + L_g = 107\ \text{dB(A)}$$

式中：

L_{pi}=153 dB；

TL=−52 dB；

L_g=0.47 dB。

$$L_{pAe,1\,m} = L_{pAe} - 10\lg\left(\frac{D_i + 2t_p + 2}{D_i + 2t_p}\right) = 97\ \text{dB(A)}$$

式中：

L_{pAe}=107 dB(A)；

D_i=0.203 1 m；

t_p=0.008 m。

结论：97 dB(A)。

示例 4：状态Ⅳ时的计算

除了下列数据，其余数据同例 1。

出口绝对压力：　　p_2=4.2 bar=4.2×10^5 Pa

液体压力恢复系数：　　F_L=0.80

要求的流量系数 C：　　　　$C_v=40$

质量流量：　　　　$\dot{m}=1.18\ \mathrm{kg/s}$

计算程序同例 1 中状态 I 的计算相同，以下例外：

$p_{2B}=4.2\times10^5\ \mathrm{Pa}$（例 1）；

$p_{2C}=7.2\times10^5\ \mathrm{Pa}$；

$p_{vc}=1.0\times10^5\ \mathrm{Pa}$；

$\alpha=0.78$；

$p_{2CE}=5.8\times10^4\ \mathrm{Pa}$（例 1）。

如果 $p_{2B}>p_2>p_{2CE}$，则为状态Ⅳ。

$4.21\times10^5>4.2\times10^5>5.8\times10^4$，故为状态Ⅳ。

$D_j=7.8\times10^{-3}\ \mathrm{m}$；

$T_{vcc}=410\ \mathrm{K}$（例 2）；

$c_{vcc}=460\ \mathrm{m/s}$（例 2）。

$$W_{ms}=\frac{\dot{m}c_{vcc}^2}{2}=1.2\times10^5\ \mathrm{W}$$

式中：

$\dot{m}=1.18\ \mathrm{kg/s}$；

$c_{vcc}=460\ \mathrm{m/s}$。

$$M_j=\sqrt{\frac{2}{\gamma-1}\left[\left(\frac{p_1}{\alpha p_2}\right)^{(\gamma-1)/\gamma}-1\right]}=1.4$$

式中：

$\gamma=1.22$；

$p_1=1.0\times10^6\ \mathrm{Pa}$；

$\alpha=0.78$；

$p_2=4.2\times10^5\ \mathrm{Pa}$。

$$\eta_4=(1\times10^{-4})\left(\frac{M_j^2}{2}\right)(\sqrt{2})^{6.6F_L^2}=4.4\times10^{-4}$$

式中：

$M_j=1.4$；

$F_L=0.80$。

$$W_a=\eta_4 r_w W_{ms}=14\ \mathrm{W}$$

式中：

$\eta_4=4.4\times10^{-4}$；

$r_w=0.25$（表 3）；

$W_{ms}=1.2\times10^5\ \mathrm{W}$。

$$f_p=\frac{0.35c_{vcc}}{1.25D_j\sqrt{M_j^2-1}}=16\ 000\ \mathrm{Hz}$$

式中：

$M_j=1.4$；

$c_{vcc}=460\ \mathrm{m/s}$；

$D_j=7.8\times10^{-3}\ \mathrm{m}$。

$$\rho_2=\rho_1\left(\frac{p_2}{p_1}\right)=2.2\ \mathrm{kg/m^3}$$

式中：

$\rho_1=5.30\ \mathrm{kg/m^3}$；

$p_2=4.2\times10^5\ \mathrm{Pa}$；

$p_1=1.0\times10^6\ \mathrm{Pa}$。

$$M_0=\frac{4\dot{m}}{\pi D^2\rho_2 c_2}=0.14$$

式中：

$\dot{m}=1.18\ \mathrm{kg/s}$；

$D=0.100\ \mathrm{m}$；

$\rho_2=2.2\ \mathrm{kg/m^3}$；

$c_2=480\ \mathrm{m/s}$(例 1)。

注：M_0 不超过 0.3，则计算是合理的。

$$L_{pi}=10\lg\left[\frac{(3.2\times10^9)W_a\rho_2 c_2}{D_i^2}\right]=151\ \mathrm{dB}$$

式中：

$W_a=14\ \mathrm{W}$；

$\rho_2=2.2\ \mathrm{kg/m^3}$；

$c_2=480\ \mathrm{m/s}$；

$D_i=0.203\ 1\ \mathrm{m}$。

$$TL=10\lg\left[(7.6\times10^{-7})\left(\frac{c_2}{t_p f_p}\right)^2\frac{G_x}{\left(\frac{\rho_2 c_2}{415G_y}+1\right)}\left(\frac{p_a}{p_s}\right)\right]=-55\ \mathrm{dB}$$

式中：

$c_2=480\ \mathrm{m/s}$；

$t_p=0.008\ \mathrm{m}$；

$f_p=16\ 000\ \mathrm{Hz}$；

$\rho_2=2.2\ \mathrm{kg/m^3}$；

$f_r=7\ 800\ \mathrm{Hz}$(例 1)；

$f_0=2\ 700\ \mathrm{Hz}$(例 1)；

$f_g=1\ 600\ \mathrm{Hz}$(例 1)；

$G_x=1$(表 4)；

$G_y=1$(表 4)；

$p_a=1.013\ 25\times10^5\ \mathrm{Pa}$；

$p_s=1.013\ 25\times10^5\ \mathrm{Pa}$。

$$M_2=\frac{4\dot{m}}{\pi D_i^2\rho_2 c_2}=0.034$$

式中：

$\dot{m}=1.18\ \mathrm{kg/s}$；

$D_i=0.203\ 1\ \mathrm{m}$；

$\rho_2=2.2\ \mathrm{kg/m^3}$；

$c_2=480\ \mathrm{m/s}$。

$$L_g=16\lg\left(\frac{1}{1-M_2}\right)=0.24\ \mathrm{dB}$$

式中：

$M_2=0.034$。

$$L_{pAe}=5+L_{pi}+TL+L_g=100\ dB(A)$$

式中：

$L_{pi}=151$ dB；

$TL=-55$ dB；

$L_g=0.24$ dB。

$$L_{pAe,1\,m}=L_{pAe}-10\lg\left(\frac{D_i+2t_p+2}{D_i+2t_p}\right)=90\ dB(A)$$

式中：

$L_{pAe}=100$ dB(A)；

$D_i=0.203\ 1$ m；

$t_p=0.008$ m。

结论：90 dB(A)。

示例 5：状态Ⅴ时的计算

除了下列数据，其余数据同例 1。

出口绝对压力：	$p_2=0.50\ bar=5.0\times10^4\ Pa$
质量流量：	$\dot{m}=1.19\ kg/s$
阀出口直径：	$D=0.200$ m
液体压力恢复系数：	$F_L=0.80$
要求的流量系数 C：	$C_v=40$

计算程序同例 1 中状态Ⅰ的计算相同，以下例外：

$p_{2CE}=5.8\times10^4$ Pa（例 4）。

如果 $p_{2CE}>p_2$，则为状态Ⅴ。

$5.8\times10^4>5.0\times10^4$，故为状态Ⅴ。

$D_j=7.8\times10^{-3}$ m（例 4）；

$T_{vcc}=410$ K（例 2）；

$c_{vcc}=460$ m/s（例 2）。

$$W_{ms}=\frac{\dot{m}c_{vcc}^2}{2}=1.2\times10^5\ W$$

式中：

$\dot{m}=1.19$ kg/s；

$c_{vcc}=460$ m/s。

$$M_{j5}=\sqrt{\frac{2}{\gamma-1}\left[(22)^{(\gamma-1)/\gamma}-1\right]}=2.6$$

式中：

$\gamma=1.22$。

$$\eta_5=\left(1\times10^{-4}\left(\frac{M_{j5}^2}{2}\right)(\sqrt{2})^{6.6F_L^2}\right)=1.5\times10^{-3}$$

式中：

$M_{j5}=2.6$；

$F_L=0.80$。

$$W_a=\eta_5 r_w W_{ms}=46\ W$$

式中：

$\eta_5=1.5\times10^{-3}$；

$r_w=0.25$(表 3)；

$W_{ms}=1.2\times10^5$ W。

$$f_p=\frac{0.35c_{vcc}}{1.25D_j\sqrt{M_j^2-1}}=6\ 800\ \text{Hz}$$

式中：

$M_j=M_{j5}=2.6$；

$c_{vcc}=460$ m/s；

$D_j=7.8\times10^{-3}$ m。

$$\rho_2=\rho_1\left(\frac{p_2}{p_1}\right)=0.27\ \text{kg/m}^3$$

式中：

$\rho_1=5.30$ kg/m^3；

$p_2=5.0\times10^4$ Pa；

$p_1=1.0\times10^6$ Pa。

$$M_0=\frac{4\dot{m}}{\pi D^2\rho_2c_2}=0.30$$

式中：

$\dot{m}=1.19$ kg/s；

$D=0.200$ m；

$\rho_2=0.27$ kg/m^3；

$c_2=480$ m/s。

注：M_0 不超过 0.3，所以是计算合理的。

$$L_{pi}=10\lg\left[\frac{(3.2\times10^9)W_a\rho_2c_2}{D_i^2}\right]=147\ \text{dB}$$

式中：

$W_a=46$ W；

$\rho_2=0.27$ kg/m^3；

$c_2=480$ m/s；

$D_i=0.203\ 1$ m。

$$TL=10\lg\left[(7.6\times10^{-7})\left(\frac{c_2}{t_pf_p}\right)^2\frac{G_x}{\left(\frac{\rho_2c_2}{415G_y}+1\right)}\left(\frac{p_a}{p_s}\right)\right]=-44\ \text{dB}$$

式中：

$c_2=480$ m/s；

$t_p=0.008$ m；

$f_p=6\ 800$ Hz；

$\rho_2=0.27$ kg/m^3；

$f_r=7\ 800$ Hz(例 1)；

$f_0=2\ 700$ Hz(例 1)；

$f_g=1\ 600$ Hz(例 1)；

$G_x=(f_p/f_r)^{2/3}=0.91$(表 4)；

$G_y=1$(表 4)；

$p_a = 1.01325 \times 10^5$ Pa；

$p_s = 1.01325 \times 10^5$ Pa。

$$M_2 = \frac{4\dot{m}}{\pi D_i^2 \rho_2 c_2} = 0.29$$

式中：

$\dot{m} = 1.19$ kg/s；

$D_i = 0.2031$ m；

$\rho_2 = 0.27$ kg/m³；

$c_2 = 480$ m/s。

$$L_g = 16\lg\left(\frac{1}{1-M_2}\right) = 2.4 \text{ dB}$$

式中：

$M_2 = 0.29$。

$$L_{pAe} = 5 + L_{pi} + TL + L_g = 110 \text{ dB(A)}$$

式中：

$L_{pi} = 147$ dB；

$TL = -44$ dB；

$L_g = 2.4$ dB。

$$L_{pAe,1\,m} = L_{pAe} - 10\lg\left(\frac{D_i + 2t_p + 2}{D_i + 2t_p}\right) = 100 \text{ dB(A)}$$

式中：

$L_{pAe} = 110$ dB(A)；

$D_i = 0.2031$ m；

$t_p = 0.008$ m。

结论：100 dB(A)。

示例 6：对带有渐扩管和高马赫数的阀的计算（状态Ⅴ）

除了下列数据，其余数据同例 1。

出口绝对压力：　$p_2 = 0.50$ bar $= 5.0 \times 10^4$ Pa

质量流量：　$\dot{m} = 0.89$ kg/s

要求的流量系数 C：　$C_v = 40$

管道内径：　$D_i = 0.150$ m

缩流断面射流直径：　$D_j = 6.8 \times 20^{-3}$ m

计算程序同例 1 中状态Ⅰ的计算相同，以下例外。

$p_{2CE} = 5.8 \times 10^4$ Pa（例 4）。

如果 $p_{2CE} > p_2$，则为状态Ⅴ。

$5.8 \times 10^4 > 5.0 \times 10^4$，故为状态Ⅴ。

$T_{vcc} = 410$ K（例 2）；

$c_{vcc} = 460$ m/s（例 2）。

$$W_{ms} = \frac{\dot{m} c_{vcc}^2}{2} = 9.2 \times 10^4 \text{ W}$$

式中：

$\dot{m} = 0.89$ kg/s；

$c_{vcc} = 460$ m/s。

$$M_{j5}=\sqrt{\frac{2}{\gamma-1}[(22)^{(\gamma-1)/\gamma}-1]}=2.6$$

式中：

$\gamma=1.22$。

$$\eta_5=\left(1\times10^{-4}\left(\frac{M_{j5}^2}{2}\right)(\sqrt{2})^{6.6F_L^2}\right)=1.5\times10^{-3}$$

式中：

$M_{j5}=2.6$；

$F_L=0.804$。

$$W_a=\eta_5 r_w W_{ms}=34\ \mathrm{W}$$

式中：

$\eta_5=1.5\times10^{-3}$；

$r_w=0.25$(表 3)；

$W_{ms}=9.2\times10^4$ W。

$$f_p=\frac{0.35c_{vcc}}{1.25D_j\sqrt{M_j^2-1}}=7\ 800\ \mathrm{Hz}$$

式中：

$M_j=M_{j5}=2.6$；

$c_{vcc}=460$ m/s；

$D_j=6.8\times10^{-3}$ m。

$$\rho_2=\rho_1\left(\frac{p_2}{p_1}\right)=0.27\ \mathrm{kg/m^3}$$

式中：

$\rho_1=5.30$ kg/m³；

$p_1=1.0\times10^6$ Pa；

$p_2=5.0\times10^4$ Pa。

$$M_0=\frac{4\dot{m}}{\pi D^2\rho_2 c_2}=0.89$$

式中：

$\dot{m}=0.89$ kg/s；

$D=0.100$ m；

$\rho_2=0.27$ kg/m³；

$c_2=480$ m/s。

注：因为 M_0 大于 0.3，按第 7 章的公式重新计算确定 $L_{pAe,1\,m}$。

$$L_{pi}=10\lg\left[\frac{(3.2\times10^9)W_a\rho_2 c_2}{D_i^2}\right]=148\ \mathrm{dB}$$

式中：

$W_a=34$ W；

$\rho_2=0.27$ kg/m³；

$c_2=480$ m/s；

$D_i=0.15$ m。

$$TL=10\lg\left[(7.6\times10^{-7})\left(\frac{c_2}{t_p f_p}\right)^2\frac{G_x}{\left(\frac{\rho_2 c_2}{415G_y}+1\right)}\left(\frac{p_a}{p_s}\right)\right]=-46\ \mathrm{dB}$$

式中：

$c_2=480\ \text{m/s}$；

$t_p=0.008\ \text{m}$；

$f_p=7\,800\ \text{Hz}$；

$\rho_2=0.27\ \text{kg/m}^3$；

$f_r=10\,600\ \text{Hz}$；

$f_0=3\,700\ \text{Hz}$；

$f_g=1\,600\ \text{Hz}$（例 1）；

$G_x=(f_p/f_r)^{2/3}=0.82$（表 4）；

$G_y=1$（表 4）；

$p_a=1.013\,25\times10^5\ \text{Pa}$；

$p_s=1.013\,25\times10^5\ \text{Pa}$。

$$M_2=\frac{4\dot{m}}{\pi D_i^2\rho_2 c_2}=0.40$$

式中：

$\dot{m}=0.89\ \text{kg/s}$；

$D_i=0.150\ \text{m}$；

$\rho_2=0.27\ \text{kg/m}^3$；

$c_2=480\ \text{m/s}$。

$$L_g=16\lg\left(\frac{1}{1-M_2}\right)=3.5\ \text{dB}$$

式中：

$M_2=0.40$。

$$L_{pAe}=5+L_{pi}+TL+L_g=111\ \text{dB(A)}$$

式中：

$L_{pi}=148\ \text{dB}$；

$TL=-46\ \text{dB}$；

$L_g=3.5\ \text{dB}$。

$$L_{pAe,1\,m}=L_{pAe}-10\lg\left(\frac{D_i+2t_p+2}{D_i+2t_p}\right)=100\ \text{dB(A)}$$

式中：

$L_{pAe}=111\ \text{dB(A)}$；

$D_i=0.150\ \text{m}$；

$t_p=0.008\ \text{m}$。

$$U_p=\frac{4\dot{m}}{\pi\rho_2 D_i^2}=190\ \text{m/s}$$

式中：

$\dot{m}=0.89\ \text{kg/s}$；

$\rho_2=0.27\ \text{kg/m}^3$；

$D_i=0.150\ \text{m}$。

$$U_R=\frac{U_p D_i^2}{\beta\, d_i^2}=460\ \text{m/s}$$

式中：

$U_p=190\ \text{m/s}$；

D_i=0.150 m；

β=0.93(假定)；

d_i=0.100 m。

$$M_R = \frac{U_R}{c_2} = 0.96$$

式中：

U_R=460 m/s；

c_2=480 m/s。

$$W_{mR} = \frac{\dot{m}U_R^2}{2}\left[\left(1-\frac{d_i^2}{D_i^2}\right)+0.2\right] = 4.8\times10^4 \text{ W}$$

式中：

$\dot{m}$=0.89；

U_R=460 m/s；

d_i=0.100 m；

D_i=0.150 m。

$$f_{pR} = \frac{0.2U_R}{d_i} = 920 \text{ Hz}$$

式中：

U_R=460 m/s；

d_i=0.100 m。

$$\eta_R = (1\times10^{-3})M_R^3 = 8.8\times10^{-4}$$

式中：

M_R=0.96。

$$W_{aR} = \eta_R W_{mR} = 42 \text{ W}$$

式中：

η_R=8.8×10^{-4}；

W_{mR}=4.8×10^4。

$$L_{piR} = 10\lg\left[\frac{(3.2\times10^9)W_{aR}\rho_2 c_2}{D_i^2}\right] = 149 \text{ dB}$$

式中：

W_{aR}=42 W；

ρ_2=0.27 kg/m^3；

c_2=480 m/s；

D_i=0.150 m。

$$TL_R = 10\lg\left\{(7.6\times10^{-7})\left(\frac{c_2}{t_p f_{pR}}\right)^2 \frac{G_x}{\frac{\rho_2 c_2}{415G_y}+1}\left(\frac{p_a}{p_s}\right)\right\} = -53 \text{ dB}$$

式中：

c_2=480 m/s；

t_p=0.008 m^2；

f_{pR}=920 Hz；

$G_x=(f_0/f_r)^{2/3}(f_{pR}/f_0)^4=1.9\times10^{-3}$(表 4)；

G_y=1 (表 4)；

ρ_2=0.27 kg/m^3；

$p_a = 1.013\ 25 \times 10^5$ Pa；

$p_s = 1.013\ 25 \times 10^5$ Pa。

$$L_{peR} = 5 + L_{piR} + TL_R + L_g - 10\lg\left(\frac{D_i + 2t_p + 2}{D_i + 2t_p}\right) = 93 \text{ dB(A)}$$

式中：

$L_{piR} = 149$ dB；

$TL_R = -53$ dB；

$L_g = 3.5$ dB；

$D_i = 0.150$ m；

$t_p = 0.008$ m。

$$L_{pS} = 10\lg(10^{L_{pAe,1\,m}/10} + 10^{L_{peR}/10}) = 101 \text{ dB(A)}$$

式中：

$L_{pAe,1\,m} = 100$ dB(A)；

$L_{peR} = 93$ dB(A)。

结论：101 dB。

示例 7：对多流路多级节流阀（见 6.4）

给定数据

阀	多流路多级阀内件球形阀
阀公称通径：	DN 200
阀出口直径：	$D = 0.200$ m
入口管道公称通径：	DN 200
出口管道公称通径：	DN 200
管道内径：	$D_i = 0.200$ m
管壁厚度：	$t_p = 0.008$
互相独立且完全相同的流路数：	$N_0 = 432$
最后一级总流路面积：	$A_n = 6.44 \times 10^{-3}$ m²
水力直径：	$d_H = 0.002\ 5$ m
计算出的流量系数 C：	$C_v = 81.5$
最后一级液体压力恢复系数：	$F_{Ln} = 0.98$
流体	
流体形式：	气体
质量流量：	$\dot{m} = 23.1$ kg/s
比热比：	$\gamma = 1.31$
入口绝对压力：	$p_1 = 70$ bar $= 7 \times 10^6$ Pa
出口绝对压力：	$p_2 = 14$ bar $= 1.4 \times 10^6$ Pa
入口温度：	$T_1 = 290$ K
入口密度：	$\rho_1 = 55.3$ kg/m³
分子质量：	$M = 19.0$ kg/kmol
其他	
实测大气压力：	$p_a = 1.013\ 25$ bar $= 1.013\ 25 \times 10^5$ Pa
标准大气压力：	$p_s = 1.013\ 25$ bar $= 1.013\ 25 \times 10^5$ Pa

计算：

阀的计算程序同例 1，以下例外：

用 C_n 代替 C。

$$C_n = N_{16} A_n = 310$$

式中：

$N_{16}=4.89\times10^4$(表 1)；

$A_n=6.44\times10^{-3}\ m^2$。

应用最后一级滞止压力 p_n 取代 p_1。

如果 $p_1/p_2\geqslant2$，则首先假设 $p_n/p_2<2$。

$p_1/p_2=5$，故假设 $p_n/p_2<2$。

如果 $p_1/p_2\geqslant2$ 且 $p_n/p_2<2$，用等式(47a)。

$$p_n = \sqrt{\left(\frac{p_1 C}{1.155 C_n}\right)^2 + p_2^2} = 2.1\times10^6\ Pa$$

式中：

$p_1=7.0\times10^6$ Pa；

$C=C_v=81.5$；

$C_n=310$；

$p_2=1.4\times10^6$ Pa；

$p_n<2p_2$，所以用等式(47a)计算是合理的。

$$p_{vcc} = 1.14\times10^6\ Pa$$

$$p_{2C} = 1.2\times10^6\ Pa$$

$$\alpha = 0.97$$

$$p_{2B} = 6.9\times10^5\ Pa$$

$$p_{2CE} = 9.9\times10^4\ Pa$$

如果 $p_2\geqslant p_{2C}$，则为状态Ⅰ。

$1.4\times10^6>1.2\times10^6$，故为状态Ⅰ。

$$d_H = \frac{4A}{l_w} = 0.002\ 5\ m$$

$$A = \frac{A_n}{N_0} = 1.5\times10^{-5}\ m^2$$

式中：

$A_n=6.44\times10^{-3}\ m^2$；

$N_0=432$ m。

$$d_0 = \sqrt{\frac{4N_0 A}{\pi}} = 0.091\ m$$

$$F_d = 0.028$$

$$D_j = N_{14} F_d \sqrt{C_n F_L} = 0.002\ 2\ m$$

式中：

$N_{14}=4.6\times10^{-3}$(表 1)；

$F_d=0.028$；

$C_n=310$；

$F_{Ln}=0.98$。

$$\rho_n = \rho_1\left(\frac{p_n}{p_1}\right) = 17\ kg/m^3$$

式中：

$\rho_1 = 55.3\ \text{kg/m}^3$；

$p_n = 2.1 \times 10^6\ \text{Pa}$；

$p_1 = 7.0 \times 10^6\ \text{Pa}$。

$$U_{vc} = 310\ \text{m/s}$$

$$W_m = 1.1 \times 10^6\ \text{W}$$

$$T_{vc} = 260\ \text{K}$$

$$c_{vc} = 390\ \text{m/s}$$

$$M_{jn} = 0.81$$

$$\eta_1 = 4.6 \times 10^{-5}$$

$$W_a = 13\ \text{W}$$

$$f_p = 28\ 000\ \text{Hz}$$

$$\rho_2 = \rho_1 \left(\frac{p_2}{p_1}\right) = 11\ \text{kg/m}^3$$

式中：

$\rho_1 = 55.3\ \text{kg/m}^3$；

$p_2 = 1.4 \times 10^6\ \text{Pa}$；

$p_1 = 7.0 \times 10^6\ \text{Pa}$。

$$c_2 = 410\ \text{m/s}$$

$$M_0 = \frac{4\dot{m}}{\pi D^2 \rho_2 c_2} = 0.16$$

式中：

$\dot{m} = 23.1\ \text{kg/s}$；

$D = 0.200\ \text{m}$；

$\rho_2 = 11\ \text{kg/m}^3$；

$c_2 = 410\ \text{m/s}$。

注：M_0 小于 0.2，所以计算是合理的。

$$L_{pi} = 157\ \text{dB}$$

$$TL = -67\ \text{dB}$$

$$f_r = 8\ 000\ \text{Hz}$$

$$f_0 = 2\ 400\ \text{Hz}$$

$$f_g = 1\ 600\ \text{Hz}$$

$$M_2 = \frac{4\dot{m}}{\pi D_i^2 \rho_2 c_2} = 0.16$$

式中：

$\dot{m} = 23.1\ \text{kg/s}$；

$D_i = 0.200\ \text{m}$；

$\rho_2 = 11\ \text{kg/m}^3$；

$c_2 = 410\ \text{m/s}$。

$$L_g = 16\lg\left(\frac{1}{1 - M_2}\right) = 1.2\ \text{dB}$$

式中：

$M_2 = 0.16$。

$$L_{pAe} = 101\ \text{dB(A)}$$

$$L_{pAe,1\,m} = 91\ \text{dB(A)}$$

结论：91 dB(A)。

参 考 文 献

[1] ANSI/ISA S75. 01-1985 Flow Equations for Sizing Control Valves, Instrument Society of America, Research Triangle Park, NC 27709.

[2] BAUMANN, H. D. , A Method for Predicting Aerodynamic Valve Noise Based on Modified Free Jet Noise Theories, ASME Paper 87 • WA/NCA-7 28, December 1987.

[3] BAUMANN, H. D. , Coefficients and Factors Relating to Aerodynamic Sound Level Generated by Throttling Valves, Noise Control Engineering Journal, Vol. 22, No. 1, January 1984, p. 6-11.

[4] BAUMANN, H. D. , On the Prediction of Aerodynamically Created Sound Pressure Level of Control Valves, ASME Paper WM/FE28, December 1970, p. 2.

[5] BAUMANN, H. D. , Determination of Peak Internal Sound Frequency Generated by Throttling Valves for the Calculation of Pipe Transmission Losses, Noise Control Engineering Journal, Vol. 36, No. 2, March-April 1991, p. 75-82.

[6] BAUMANN, H. D. , Predicting Control Valve Noise at High Exit Velocities, INTECH, February 1997, p. 56-59.

[7] BERANEK, Leo L. , and ISTVAN L. Vér, Noise and Vibration Control Engineering Principles and Applications, New York, 1992.

[8] FAGERLUND, A. C. and CHOW D. C. , Sound Transmission Through a Cylindrical Pipe Wall, ASME Journal of Engineering for industry, Vol. 103, November 1981, p. 355-360.

[9] FOWCS Williams, J. E. and HAWKINS D. L. , Sound Generation by Turbulence and Surface in Arbitrary Motion, Philosophic Transactions of the Royal Society of London, Ser. A. , 264 (London, 1969), p. 321-342.

[10] LIGHTHILL, M. J. , On Sound Generated Aerodynamically: I. General Theory, Proceedings of the Royal Society of London, A211 (London, 1952), p. 564-587.

[11] LIGHTHILL, M. J. , Jet Noise, A/AA Journal, 1, 150701517, July 1963.

[12] POWELL, A. , On the Mechanism of Choked Jet Noise, Proceedings Physical Society of London, Section B. , 66:1039-57 (1953).

[13] REETHOF, G. and WARD W. C. , A Theoretically Based Valve Noise Prediction Method for Compressible Fluids, Journal of Vibrations, Acoustics, Stress, and Reliability in Design, ASME, July 1986, 00329.

[14] SHEA, Allen k. , A Comparative Study of Sound Level Prediction Methods for Control Valves, Master of Engineering Report, The Pennsylvania State University, Behrend Campus, Erie, PA. , August 1982.

[15] WARD, W. C. , and REETHOF G. , Graphical Implementation of a Fundamentals Based Method of Aerodynamic Control Valve Noise, American Society of Mechanical Engineers Conference on Pressure Vessels and Piping, Proceedings, Vol. 2, June 24-26, 1985.

ICS 23.060.01
N 16

中华人民共和国国家标准

GB/T 17213.16—2005/IEC 60534-8-4:1994

工业过程控制阀 第8-4部分:噪声的考虑 液动流流经控制阀产生的噪声预测方法

Industrial-process control valves—Part 8-4:Noise considerations—Prediction of noise generated by hydrodynamic flow

(IEC 60534-8-4:1994,IDT)

2005-09-09 发布 2006-04-01 实施

中华人民共和国国家质量监督检验检疫总局
中国国家标准化管理委员会 发布

前　言

GB/T 17213《工业过程控制阀》分为如下部分：

——控制阀术语和总则(eqv IEC 60534-1:1987)

——流通能力　安装条件下流体流量的计算公式(IEC 60534-2-1:1998,IDT)

——流通能力　试验程序(IEC 60534-2-3:1997,IDT)

——流通能力　固有流量特性和可调比(IEC 60534-2-4:1989,IDT)

——尺寸　两通球形直通控制阀法兰端面距和两通球形角形控制阀法兰中心至法兰端面的间距(IEC 60534-3-1:2000,IDT)

——尺寸　角行程控制阀(蝶阀除外)的端面距(IEC 60534-3-2:2001,IDT)

——尺寸　对焊式两通球形直通控制阀的端距(IEC 60534-3-3:1998,IDT)

——检验和例行试验(IEC 60534-4:1999,IDT)

——标志(eqv IEC 60534-5:1982)

——定位器与控制阀执行机构连接的安装细节　定位器在直行程执行机构上的安装(IEC 60534-6-1:1997,IDT)

——定位器与控制阀执行机构连接的安装细节　定位器在角行程执行机构上的安装(IEC 60534-6-2:2000,IDT)

——控制阀数据单(eqv IEC 60534-7:1989)

——噪声的考虑　实验室内测量空气动力流流经控制阀产生的噪声(eqv IEC 60534-8-1:1986)

——噪声的考虑　实验室内测量液动流流经控制阀产生的噪声(IEC 60534-8-2:1991,IDT)

——噪声的考虑　空气动力流流经控制阀产生的噪声预测方法(IEC 60534-8-3:2000,IDT)

——噪声的考虑　液动流流经控制阀产生的噪声预测方法(IEC 60534-8-4:1994,IDT)

本部分为 GB/T 17213 的第 16 部分。

本部分等同采用 IEC 60534-8-4:1994《工业过程控制阀　第 8-4 部分:噪声的考虑　液动流流经控制阀产生的噪声预测方法》(英文版)。

本部分等同翻译 IEC 60534-8-4:1994。

为便于使用,本部分作了下列编辑性修改:

a) “IEC 60534-8 的本节”一词改为“GB/T 17213 的本部分”;

b) 用小数点“.”代替作为小数点的逗号“,”;

c) 删除国际标准的前言;

d) 用“GB/T 17213.2(IEC 60534-2-1:1998,IDT)”代替已作废的“IEC 60534-2:1978”;

e) 用符号“L_{We}”代替 7.1 中外部声功率级的“L_{Wa}”;

f) 增加了附录 A 中“参考文献”的序号。

本部分由中国机械工业联合会提出。

本部分由全国工业过程测量和控制标准化技术委员会第一分技术委员会归口。

本部分由上海自动化仪表股份有限公司自动化仪表七厂负责起草。参加起草单位:上海工业自动化仪表研究所西派埃仪表成套有限公司、天津市自动化仪表四厂、机械工业仪器仪表综合技术经济研究所、重庆川仪十一厂有限公司、吴忠仪表股份有限公司。

本标准主要起草人:范萍、陈蒙南、李元涛、王群增、郑秋萍、冯晓升、王凌霄、王燕、高强。

工业过程控制阀　第8-4部分:噪声的考虑　液动流流经控制阀产生的噪声预测方法

1　范围

GB/T 17213的本部分可使工业过程装置的设计人员和操作人员能够确定特定场所中由于液体动力流流经控制阀产生的噪声。利用确定控制阀具体特性的系数以及统一的计算方法，就能够预测辐射到管道内的声功率以及由控制阀和管道系统辐射出在空气中传播的噪声。

目前，控制阀的用户普遍要求了解管道外的声压级，特别是控制阀下游1m处以及距管壁1m处的声压级，为此，本部分提供了一种确定此声压级数值的方法。

本部分还提供了管道内部声功率级的计算方法。

2　规范性引用文件

下列文件中的条款通过GB/T 17213的本部分的引用而成为本部分的条款。凡是注日期的引用文件，其随后所有的修改单(不包括勘误的内容)或修订版均不适用于本部分，然而，鼓励根据本部分达成协议的各方研究是否可使用这些文件的最新版本。凡是不注日期的引用文件，其最新版本适用于本部分。

GB/T 17213.1—1998　工业过程控制阀　第1部分:控制阀术语和总则(eqv IEC 60534-1:1987)

GB/T 17213.2—2005　工业过程控制阀　第2-1部分:流通能力　安装条件下流体流量的计算公式(IEC 60534-2-1:1998,IDT)

GB/T 17213.9—2005　工业过程控制阀　第2-3部分:流通能力　试验程序(IEC 60534-2-3:1997,IDT)

GB/T 17213.14—2005　工业过程控制阀　第8-2部分:噪声的考虑　实验室内测量液动流流经控制阀产生的噪声(IEC 60534-8-2:1991,IDT)

3　定义

GB/T 17213的本部分所指的阀即为GB/T 17213.1所定义的控制阀。GB/T 17213其他各部分确定的术语和定义适用于GB/T 17213的本部分。

4　符号

符号	说　　明	单　　位
A_v	流量系数(见注1)	m^2
c_F	流体中声速	m/s
c_p	管壁上纵向波的声速	m/s
C_v	流量系数(见注1)	$l/(min\ Pa^{1/2})$
		$(US\ gallon/(min(psi)^{1/2}))$
d_i	下游管道的内径	m
d_o	下游管道的外径	m
f	频率	Hz

表(续)

符号	说　　明	单　　位
f_m	倍频程中心频率(见表1)	Hz
F_r	环形频率	Hz
F_F	液体临界压力比系数	无量纲
F_L	液体压力恢复系数	无量纲
K_v	流量系数(见注1)	m^3/h
l_0	管道参比长度=1	m
l_p	管道长度	m
L_{pAe}	管道外的A加权声压级	dB(A)(参见 p_0)
L_{WAn}	n 阶倍频带的A加权声功率级	dB(A)(参见 W_0)
L_{We}	外部声功率级(未加权)	dB(参见 W_0)
L_{WAe}	管道外的A加权声功率级	dB(A)(参见 W_0)
L_{Wi}	内部声功率级(未加权)	dB(参见 W_0)
ΔL_F	阀特定修正值	dB
$\dot{m}$	质量流量	kg/s
p_0	参比声压=2×10^5	Pa
p_v	入口温度下流体的绝对蒸汽压力	Pa
p_1	阀入口的绝对压力	Pa
p_2	阀出口的绝对压力	Pa
Δp	上、下游之间的压差(p_1-p_2)	Pa
T_1	入口绝对温度	K
T_L	传播损失(未加权)	dB
t	管壁厚度	m
U_2	阀出口的流体速度	m/s
W_m	阀内流体功率损失	W
W_0	参比声功率=10^{-12}	W
x	压差与入口绝对压力之比($\Delta p/p_1$)	无量纲
x_F	压差比,($\Delta p/p_1-p_V$)	无量纲
x_{FZ}	特性压力比	无量纲
$x_{Fa,\Phi}$	Φ时的特性压力比	无量纲
Φ	相对流量系数	无量纲
η_F	液体声效系数(Φ=0.75时)	无量纲
ρ	p_1 和 T_1 下流体的密度(比质量)	kg/m^3
ρ_p	管材的密度(比质量)	kg/m^3
注1:流量系数 A_v、K_v 和 C_v 及其单位的说明见GB/T 17213.1。 注2:10^5 Pa=10^2 kPa=1 bar。		

5 计算基础

计算出的值为500 Hz～8 000 Hz倍频带频率范围内的声功率级或从声功率级中推导出的声压级。在上述倍频带中,频率对控制阀噪声的影响相当明确,而频率高于或低于此范围,其影响对于防止噪声辐射而言并不显著。这是由于A加权、低频率时管道辐射降低,以及高频率时吸收增加所造成的。

对阀和管道进行广泛测量的结果表明,只要了解了所有重要的极限量,就能相当精确地计算阀的预计声辐射。但要求根据GB/T 17213.14来确定噪声的特性值。

6 内部声功率级 L_{Wi} 的计算

图 1 以压差比 $x_F = \Delta p/(p_1 - p_V)$ 的函数显示了节流液体的典型声级曲线。

在层流范围内(例如:在大粘度、小压差或流量系数值相当小的情况下)并不产生相关的声级。只有当“缩流断面”的下游形成紊流时,声级才会与流动功率成正比地增大。

在压差比 $x_F \geqslant x_{FZ}$ 时,阀开始出现空化现象。由气泡的瞬时破裂过程引起的空化噪声叠加在紊流造成的流动噪声上。

6.1 阀的特定数据

制造商应确定相对流量系数 $\Phi = 0.75$ 时,下文提到的特性值 F_L、x_{FZ}、η_F 和 ΔL_F,并在技术文件中加以说明。有偏差的数据应加标注,例如 $x_{FZ,0.5}$ 表示相对流量系数 $\Phi = 0.5$ 时的特性值。

6.1.1 压力恢复系数 F_L

根据 GB/T 17213.9 的规定,在“阻塞流”条件下测量流通能力可以确定 F_L 值。

在无流动限制的流动条件下,F_L 表示阀前、后压差与上游和“缩流断面”之间的压差之比的平方根。

6.1.2 特性压力比 x_{FZ}

阀的特定特性压力比 x_{FZ} 依据其与阀的负载的函数关系,按 GB/T 17213.14 的规定加以确定。特性压力比 x_{FZ} 可确定采用声学方法检测到的空化时的压力比。

6.1.3 声效系数 η_F

声效系数 η_F 是声功率与非空化流的流动功率之比,主要由“缩流断面”处及“缩流断面”后的几何条件所决定,因此必须将其对结构和流通能力的相依性加以说明。对于典型的单级球形阀而言,目前已知的最佳值为 10^{-8}。

6.1.4 修正值 ΔL_F(空化流)

修正值 ΔL_F 可确定所考虑数值计算的偏差:

$$\Delta L_F = L_{Wi,被测值} - L_{Wi,计算值} \qquad (1)$$

注:$L_{Wi,计算值}$ 按 $\Delta L_F = 0$,从式(5)中确定。

与参比控制阀的任何不一致都可以用阀 ΔL_F 进行修正。

$\Delta L_F = 0$ 的参比控制阀按下列条件加以确定:

公称通径范围:DN50～DN100;

公称压力范围:PN10～PN40;

单级;

出、入口同轴的顶导向球形阀;

柱塞形抛物面阀芯;

全口径阀内件;

流开;

F_L 范围:0.8～0.9;

$\Phi = 0.75$。

参比控制阀的参比试验条件为 5℃～40℃的水。

修正值 ΔL_F 必须用相对流量系数与压差比 x_F 的函数来表示。

6.2 内部声功率级

计算内部声功率级时必须区分非空化流和空化流。

6.2.1 非空化流

流动功率以下式计算:

$$W_m = \frac{\dot{m} \cdot \Delta p}{\rho_F} \qquad (2)$$

对于 500 Hz～8 000 Hz 倍频带范围内的非空化流($x_F < x_{FZ}$)，内部辐射声功率级 L_{Wi} 按下列方程计算：

$$L_{Wi} = 10\lg \frac{\eta_F \cdot \dot{m} \cdot \Delta p}{\rho_F W_0} \quad \cdots\cdots(3)$$

当 $W_0 = 10^{-12}$ W 时，式(3)可改写成：

$$L_{Wi} = 120 + 10\lg\eta_F + 10\lg\dot{m} + 10\lg\Delta p - 10\lg\rho_F \quad \cdots\cdots(4)$$

6.2.2 空化流

在任何情况下都应设法避免出现空化，如果无法避免，可按下述方法计算 L_{Wi}。对于 500 Hz～8 000 Hz倍频带范围内的空化流($x_F \geqslant x_{FZ}$)，可以用 η_F 从式(5)中确定内部辐射声功率级。式(5)由两部分组成，一部分与无空化的相同(取自式(4))，另一部分表示空化的影响。后者代表图 1 中对应于空化流那一部分曲线。

$$L_{Wi} = 120 + 10\lg\eta_F + 10\lg\dot{m} + 10\lg\Delta p - 10\lg\rho_F + \Delta L_F + 180 \cdot \frac{(x_{FZ,\Phi})^{0.0625}}{(x_F)^{x_{FZ,\Phi}}} \cdot (1 - x_F)^{0.8} \cdot \lg\left[\frac{1 - x_{FZ,\Phi}}{1 - x_F}\right] \quad \cdots\cdots(5)$$

注：式(5)中的常数 180 表示修正值 $\Delta L_F = 0$ 时(见 6.1.4)对参比控制阀进行多次测量的平均值。

$10\lg\Delta Lp$ 一项必须限定为：

如果 $\Delta p \leqslant F_L^2(p_1 - F_F p_v)$，则使用实际 Δp；

如果 $\Delta p > F_L^2(p_1 - F_F p_v)$，则 Δp 应限于 $\Delta p = F_L^2(p_1 - F_F p_v)$；

在确定 x_F 时，应使用实际 Δp。特性压力比 x_F 应限于 0.95。

6.2.3 内部声功率级频谱

内部声功率的频谱分布取决于阀的结构、压力比、相对流量系数和 x_{FZ} 值。

在 500 Hz～8 000 Hz 倍频带范围内，实际应用中的频谱分布在整个噪声频谱范围内估计与工作条件无关，每个倍频程下降 3 dB。相对平均频谱由下式算得：

$$L_{Wi}(f) = L_{Wi} - 10\lg \frac{f_m}{500} - 2.9 \quad \cdots\cdots(6)$$

式(6)的标准化频谱是根据用水对 DN25～DN150 范围内的单座、单级球形阀进行试验后确定的。其他各种类型和尺寸的阀，其频谱和试验条件如有不同，制造商必须加以说明。

7 空间传播噪声辐射

根据一定距离内的外部声功率级或外部声压级，同时考虑外界的声学环境，说明辐射到周围空间的噪声特性。

7.1 外部声功率级(未加权)

对于安装在管道上的阀，考虑到管道传播损失，可以从内部声功率级来确定外部声功率级。

当液体向管外空间排放时，由于阻抗发生相当大的变化，噪声向空间的传播受到限制，因而主要是射流噪声。

在考虑声传播 T_L、规定的管道长度 l_p 和管道外径 d_0 时，如果传播损失可以忽略，就可以从内部声功率级来确定外部声功率级 L_{Wi}。由于 L_{Wi} 和 T_L 取决于频率，因此需要进行频谱计算(500 Hz～8 000 Hz 倍频带)：

$$L_{We}(f) = L_{Wi}(f) - 17.37 \frac{l_p}{2 \cdot d_0} \cdot 10^{-0.1 \cdot TL(f)} - TL(f) + 10\lg \frac{4 \cdot l_p}{d_0} \quad \cdots\cdots(7)$$

l_p 的最短长度为 3 m。

T_L 按下式计算：

$$TL(f) = 10 + 10\lg \frac{c_p \cdot \rho_p \cdot t}{c_F \cdot \rho_F \cdot d_0} + 10\lg\left[\frac{f_r}{f} + \left(\frac{f}{f_r}\right)^{1.5}\right]^2 \quad \cdots\cdots(8)$$

环形频率由下式算出：

$$f_r = \frac{c_p}{\pi \cdot d_0} \quad \cdots\cdots (9)$$

标准化的噪声传播损失如图 2 所示。

声速和密度的值可查阅参考手册。对于 c_F 和 ρ_F，则必须使用下游值。

7.2 外部 A 加权声功率级

根据表 1 增加与倍频带相关的修正值后，可以从每个倍频程的未加权外部声功率级中得到 A 加权声功率级。

A 加权声功率级由下式得出：

$$L_{WAe} = 10\lg \sum_{n=1}^{5} 10^{0.1 \cdot L_{WAn}} \quad \cdots\cdots (10)$$

式中：

L_{WAn}——n 阶倍频带的外部 A 加权声功率级。

7.3 外部 A 加权声压级

考虑到外界空间条件和圆柱形辐射，从下式可以近似地得出距出口法兰下游 1 m 处及管道侧面 1 m处的声压级：

$$L_{pAe} = L_{WAe} - 10\lg\left[\frac{\pi \cdot l_p}{l_0}\left(\frac{d_i}{d_0}+1\right)\right] \quad \cdots\cdots (11)$$

式中：

$l_p = 3$ m。

8 应用范围

按本部分给出的方法计算液体的噪声时，只考虑由阀和连接管道内的过程液体动力流产生的噪声。本部分不考虑由于反射、共振或阀内件松动产生的噪声，不涉及层流条件和闪蒸。表 2 列出的为有效极限值。

表 1 A 加权声级的修正值

f_m Hz	500	1 000	2 000	4 000	8 000
修正值 dB	−3.2	0	+1.2	+1.0	−1.1

表 2 极限值

项目	极 限 值	单 位
U_2	≤10	m/s
A_v	$2.78\times10^{-6} \sim 1.67\times10^{-1}$	m^2
K_v	$1.0 \sim 6\times10^3$	m^3/h
C_v	$5.29\times10^{-3} \sim 3.16\times10^2$	$l/(\min Pa^{1/2})$
	$(1.16\times10^{-1} \sim 6.94\times10^3)$	(US gallon/(min(psi)$^{1/2}$))
x_F	0.01～0.95	—
L_{Wi}	≥40	dB

注 1：速度 U_2 的极限值适用于非空化流。

注 2：流量系数 A_v、K_v 和 C_v 及其单位的说明见 GB/T 17213.1。

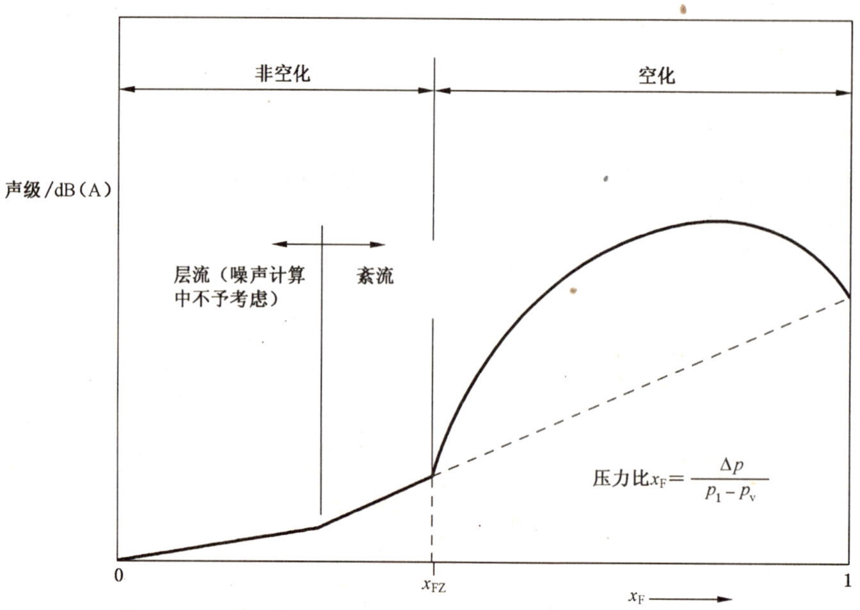

图 1 随压差比 x_F 变化的噪声辐射

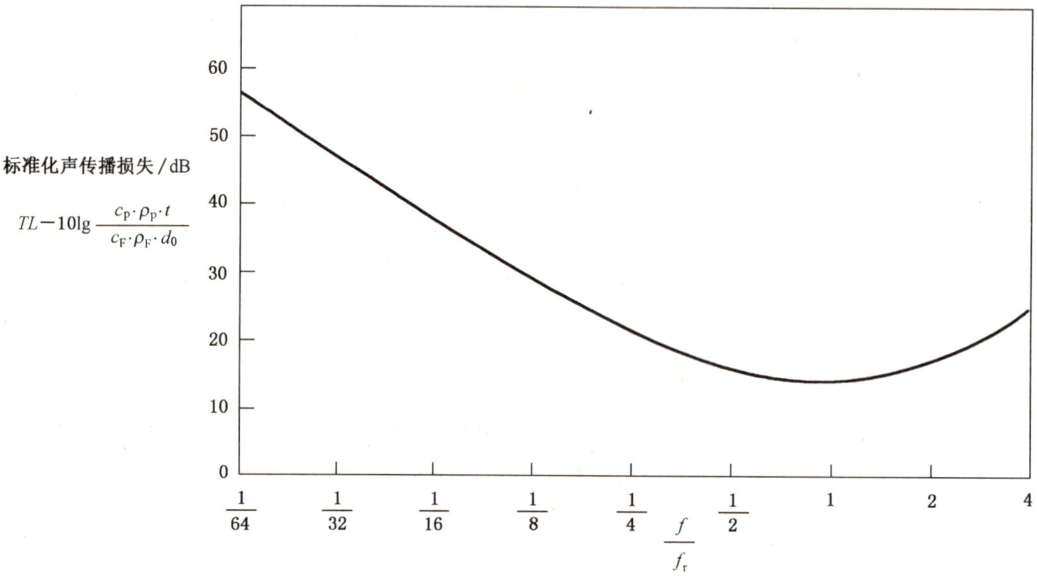

图 2 随标准化频率变化的标准化声传播损失

参 考 文 献

[1] Ackert. J. ,"Experimentelle und Theoretische Untersuchungen über Hohlraumbildung im Wasser",Techn. Mechanik und Thermodynamik,Vol. 1,No. 1,Berlin,January 1930.

[2] Baumann,H. D. ,"The Introduction of Critical Flow Factor for Valve Sizing",paper presented at ISA Annual Conference,October 1962.

[3] Becker,R. ,and Döring,W. ,"Kinetische Behandlung in übersättigten Dämpfen",in Vollmer,H. , Kinetik der Phasenbildung,Verlag Steinkopf,Leipzig,1939,pp. 156-165.

[4] Berger,J. ,Kavitationserosion und Massnahmen zu ihrer Vermeidung in Hydraulikanlagen für HFA-Flüssigkeiten,Dissertation,TH Aachen,1983.

[5] Briggs,L. J. ,"The Limiting Negative Pressure of Water",Journal of Applied Physics,Vol. 21,July 1950,pp. 721-722.

[6] DIN 45635,Geräuschmessungen an Maschinen,Blatt 50:Luftschallemission,Hüllflächenverfahren, Armaturen,August 1987.

[7] Garcia,R. ,and Hamitt,F. G. ,"Cavitation Damage and Correlations with Material and Fluid Properties",Journal of Basic Engineering,December 1967,pp. 753-763.

[8] Güth,W. ,"Zur Entstehung der Stosswellen bei der Kavitation",Acustica,Vol. 6,1956,pp. 526-531.

[9] Harvey,E. N. ,McElroy,W. D. and Whitely,A. H. ,"On Cavity Formation in Water",Journal of Applied Physics,Vol. 18,February 1947,pp. 162-172.

[10] Jeschke, N. and Gruner, K. , Geräuschverhalten von Stellventilen, Regelungstechnische Praxis,May 1975.

[11] Knapp,R. and Dailey,J. ,Cavitation,McGraw Hill Book Company,New York,1970,pp. 343-347.

[12] Knapp,R. T. ,"Recent Investigations of Cavitation and Cavitation Damage",Transactions ASME,Vol. 77,1955,pp. 1045-1054.

[13] Lauterborn,W. ,"Kavitation durch Laserlicht",Acustica,Vol. 31,1974,pp. 51-78.

[14] Lehman,A. F. and Young,J. O. ,"Experimental Investigations of Incipient and Desinent Cavitation",Journal of Basic Engineering,June 1964,pp. 275-284.

[15] Lyamshev,L. M. ,"On the Theory of Hydrodynamic Cavitation Noise",Soviet Physiks-Acoustics,Vol. 14,No. 4,April-June 1970.

[16] Oldenziel,D. M. ,Bubble Cavitation in Relation to Liquid Quality,Delft Hydraulics Laboratory,Publication No. 21,May 1979,pp. 224-240.

[17] Plesset,M. S. ,and Chapman,R. S. ,"Collapse of an Initially Spherical Vapour Cavity in the Neighborhood of a Solid Boundary", Journal of Fluid Mechanics, Vol. 47, Part 2, pp. 283-290.

[18] Rayleigh,L. ,"On the Pressure Developed in a Liquid During the Collapse of a Spherical Cavity",Phil. Mag. ,Vol. 34,1917,pp. 94-98.

[19] Stiles,G. F. ,"Sizing Control Valves for Choked Conditions Due to Cavitation or Flashing",ISA Handbook of Control Valves,Instrument Society of America,1976.

[20] VDMA-Einheitsblatt 24422. Richtlinien für die Geräuschberchning bei Regel und Absperrarmaturen,Beuth Verlag,Berlin,Januar 1989.

[21] Wijngaarden, L., "Sound and Shock Waves in Bubbly Liquids", in Lauterhorn, W., Cavitation and Inhomogeneities in Springer Series in Elektrophysics 4, Springer Verlag, Berlin/Heidelberg, 1980, pp. 127-140.

ICS 25.040.40
N 10

中华人民共和国国家标准

GB/T 17214.2—2005/IEC 60654-2:1979

工业过程测量和控制装置的工作条件 第2部分：动力

Operating conditions for industrial-process measurement and control equipment—Part 2:Power

(IEC 60654-2:1979,IDT)

2005-09-09 发布　　2006-04-01 实施

中华人民共和国国家质量监督检验检疫总局
中国国家标准化管理委员会　发布

前　言

GB/T 17214《工业过程测量和控制装置的工作条件》分为以下几部分：

——第1部分：气候条件；

——第2部分：动力；

——第3部分：机械影响；

——第4部分：腐蚀和侵蚀影响。

本部分为GB/T 17214的第2部分。

本部分等同采用IEC 60654-2:1979《工业过程测量和控制装置的工作条件　第2部分：动力》(英文版)。

本部分等同翻译IEC 60654-2:1979。

为便于使用，本部分做了下列编辑性修改：

——删除了国际标准的前言；

——“本国际标准”一词改为GB/T 17214的第2部分；

——4.1和5.1中的定义按原结构作了重新排列，并增加了术语英文名称的对照；

——修改单的内容已纳入正文中，并在正文中的页边空白处用垂直双线(‖)标识。

本部分是在JB/T 9237.2—1999基础之上首次制定。

本部分由中国机械工业联合会提出。

本部分由全国工业过程测量和控制标准化技术委员会第一分技术委员会归口。

本部分由上海工业自动化仪表研究所负责起草。

本部分主要起草人：陈诗恩、李明华。

本部分所代替标准的历次版本发布情况为：

——ZBY 121—1983、JB/T 9237.2—1999。

工业过程测量和控制装置的工作条件 第2部分:动力

1 范围

GB/T 17214的本部分给出了陆上和海上工业过程测量和控制系统及其部件在工作期间所接受的动力的极限值。本部分不考虑维护和修理条件。

本部分同样不考虑与火灾和爆炸危险直接相关的工作条件以及与核辐射有关的条件。

本部分所考虑的影响量仅限于可能直接影响过程系统性能的影响量。特定工作条件对人员的影响不属于本部分的范围。本部分只考虑这些工作条件,而这些条件对仪表装置所产生的影响则不予考虑。

本部分为列出的工作条件确定了极限值或几组极限值。其他工作条件,包括那些特性难以确定和测量的工作条件以及尚未知存在适用标准的工作条件将由其他出版物论述。腐蚀性大气就是难以确定的工作条件的一个示例,由于腐蚀性物质种类繁多、浓度不同,且可能遇见的物质组合形式多样而难以对其分级。

本部分不推荐对液动力源进行分级。多数场合下,每一个工作单元或者一小组单元都有独立的液动力源。液动力源的特性经过特别设计以符合被操纵单元的要求。

某些类型的压力调节器,其工作动力来源于流体的压力。同样,某些类型的温度调节器,其驱动阀动作的压力来源于感温元件中流体的热膨胀。

这种"自力式"装置的动力不在本部分考虑范围内。

2 目的

GB/T 17214的本部分的目的是为工业过程测量和控制系统及其部件的用户和供应商提供与动力有关的工作条件的统一列表和分级。

本部分旨在作为用户和仪表制造厂制定所列工作条件综合技术规范的依据。

本部分的目的之一是避免由于忽视考虑特定工作条件对系统及其部件性能的影响而可能产生的问题。

本部分的另一目的是为制定工业过程测量和控制装置的检验规范时选择特定的极限值提供帮助。

3 总则

GB/T 17214的本部分所考虑的特定工作条件与系统或其部件所接受的动力有关。这些工作条件按电源(见第4章)和气源(见第5章)分别列出。系统及其部件在贮存或运输过程中很少连接动力。校准和检测用的动力条件通常作为检测规范的一部分予以规定,这些条件不在本部分的考虑范围内。

虽然这种方法产生大量工作条件的可能组合,但它似乎代表了这样一种"现实",即各种类型工作条件之间的关系是不可预测的。

各种工作条件的严酷度是以极限值而不是以平均值表示。这些数值覆盖了工作条件的常见范围。应该承认还存在着其值大于和(或)小于规定值的极端或特殊工作条件。为了适应这种情况,为工作条件设置了"特殊"等级。在"特殊"或极端条件下工作的装置,其规范由用户与供应商之间协商规定。

除非另有规定或说明(如:运输、地震影响),本部分所分级的条件将作为固定条件,在这些条件下,装置应按照规定的技术规范以规定的动力正常工作。

4 电源

4.1 定义

下列与电源有关的术语和定义仅适用于GB/T 17214的本部分。

——**动力 power**

提供给过程测量和控制系统或系统元件的能源。

——**主电源 power source**

系统获取动力的一次能源,通常为交流电源。

——**电源装置 power supply device**

能够转换、整流、调节或改变主电源所给电能的形式,为测量和控制系统或系统的元件提供合适能量的独立单元。

——**电源 power supply**

工业过程测量和控制系统或系统的元件获取工作所需能量的主电源或电源装置。

——**稳态电源条件 steady-state power conditions**

持续时间大于0.2 s的电源条件。

——**瞬时电源扰动 transient power disturbances**

持续时间为0.2 s或以下的扰动。

——**电源电压 power voltage**

提供给工业过程测量和控制系统或系统元件的电源的电压。

——**电源频率 power frequency**

提供给工业过程测量和控制系统或系统元件的电源的频率。

系统工作所需电能可通过下列方法提供:

——直接连接至一个独立的主电源;

——连接至介于主电源与系统或系统元件之间的一个电源装置;

——在主电源维修或发生故障的情况下,由辅助备用电源或备份电源为系统或系统元件提供工作用电源。

本部分中与电源有关的工作条件的分级仅限于稳态条件,暂未能对与瞬时电源扰动(持续时间为0.2 s或以下的扰动)有关的工作条件进行分级。当前似乎还没有确定合适的分级方法的相关国家标准,确定和测量瞬时条件存在重大困难。

极端电压变化主要涉及短时欠压和持续过压,短时欠压可导致继电器不能吸合或等效电路失去作用,从而可能改变控制作用,而持续过压则可能导致组件劣化或烧毁。

本部分不按电源阻抗分级。在改变负载条件情况下,电源阻抗影响只考虑其对电源电压的影响。

——**最高电压** 最小负载条件下可能出现的最大电压值。

——**最低电压** 满负载条件下可能出现的最小电压值。

注:这样处理电源阻抗或许不太严密,但却是可行的。除非得到负载阻抗特性相关资料的证实,就系统工作而言,确定有效阻抗特别是交流有效阻抗存在困难,其意义值得探讨。但后者已超出了本部分的范围。

4.2 交流电源

交流电源的特性分别列出:电压(见4.2.1);频率(见4.2.2);谐波含量(见4.2.3);(三相电源的)电压不平衡(见4.2.4);辅助电源切换时间(辅助或备份电源)(见4.2.5)。

在现场条件下会遇到交流电源特性的极端变化超出规定值的情况。这些条件下的电源技术规范由用户与供应商协商确定。

4.2.1 交流电源电压等级

交流电源电压按偏离其公称值的百分数分级,其极限值分为4组:

4.2.1.1　±1%　交流1级。

4.2.1.2　±10%　交流2级。

4.2.1.3　+10%～-15%　交流3级。

4.2.1.4　+15%～-20%　交流4级。

特殊情况:交流电源电压不符合上述4.2.1.1、4.2.1.2、4.2.1.3或4.2.1.4。

注:交流电压按均方根值计,并在装置供电端测出。

交流电源电压变化包括电源阻抗连同负载变化的影响(见4.1)。

4.2.2　交流电源频率

频率变化以偏离公称值的百分数表示。其极限值分为三组:

4.2.2.1　±0.2%。

4.2.2.2　±1%。

4.2.2.3　±5%。

特殊情况:交流电源频率不符合上述4.2.2.1、4.2.2.2或4.2.2.3。

4.2.3　交流电源的谐波含量

本部分只考虑真实谐波(公称频率的整倍数)小于10倍公称频率的电压。在本部分中,谐波含量的定义是谐波电压平方之和的平方根与电源基波电压(均方根值)之比的百分数。其极限值分为4组:

4.2.3.1　谐波含量小于2%。

4.2.3.2　谐波含量小于5%。

4.2.3.3　谐波含量小于10%。

4.2.3.4　谐波含量小于20%。

特殊情况:谐波含量不符合上述4.2.3.1、4.2.3.2、4.2.3.3或4.2.3.4。

4.2.4　三相系统的电压不平衡

根据IEC 60050(604)[1],在三相供电系统中,不平衡系数是以负序或零序电压分量的有效值与正序电压分量的有效值之比(百分数)表示的不平衡度。

注1:本定义包含了相位和幅值的不平衡。

注2:为不平衡系数选择极限值时,宜规定适用的对称分量。

极限值分为4组:

4.2.4.1　不平衡系数小于1%。

4.2.4.2　不平衡系数小于2%。

4.2.4.3　不平衡系数小于5%。

4.2.4.4　特殊情况:不平衡系数大于(或等于)5%。

4.2.5　辅助或备份交流电源的切换时间

对于具有辅助或备份电源的系统而言,从主电源电势偏离引起切换开始直至由辅助电源恢复至正常电势为止的时间间隔是一个重要的工作条件。切换以后,电压必须在所接受电源等级的极限值内。通常,引起切换所需的偏差值是切换系统的一种特性。

如果引起切换的电压偏差的极限值必须不同于4.2.1的推荐值时,建议采用下列数值:

偏离公称电压±10%;

偏离公称电压±20%;

偏离公称电压50%(仅适用于负偏差);

偏离公称电压95%以上(仅适用于负偏差)。

切换可以由正偏差和负偏差引起,或者只能由负偏差引起。极限值分为5组:

---

1)　IEC 60050(604):1987,国际电工词汇　第604章:发电、输电及配电　运行。

4.2.5.1 切换时间不超过 3 ms。

4.2.5.2 切换时间不超过 10 ms。

4.2.5.3 切换时间不超过 20 ms。

4.2.5.4 切换时间不超过 200 ms。

4.2.5.5 切换时间不超过 1 s。

特殊情况：切换时间不符合上述值。

4.2.6 交流电源阻抗

如 4.1 所述，电源阻抗影响只考虑其对电源电压的影响，并不作为分级的依据。

4.2.7 隔离和绝缘

由于地方、国家和国际安全法规和安全标准[2)]种类繁多，因而难以对隔离和绝缘的等级作出规定。

4.3 直流电源

直流电源的特性分别列出：电压(见 4.3.1)、纹波(见 4.3.2)、具有辅助或备用电源的系统的辅助切换时间(见 4.3.3)。

在现场条件下会遇到直流电源特性的极端变化超出规定等级的情况。这些条件下的电源技术规范由用户与供应商协商确定。

4.3.1 直流电压等级

直流电源电压按偏离其公称值的百分数分级，其极限值分为 4 组：

4.3.1.1 ±1% 直流 1 级。

4.3.1.2 +10%～－15% 直流 2 级。

4.3.1.3 +15%～－20% 直流 3 级。

4.3.1.4 +30%～－25% 直流 4 级。

特殊情况：直流电源电压不符合上述 4.3.1.1、4.3.1.2、4.3.1.3 或 4.3.1.4。

直流电源电压变化包括电源阻抗连同负载变化的影响(见 4.1)。

4.3.2 直流电源电压纹波

纹波电压定义为电源电压总交流分量的峰—峰值与额定负载下测得的(平均)电压之比的百分数。其极限值分为 4 组：

4.3.2.1 纹波电压小于 0.2%。

4.3.2.2 纹波电压小于 1%。

4.3.2.3 纹波电压小于 5%。

4.3.2.4 纹波电压小于 15%。

特殊情况：纹波电压不符合上述 4.3.2.1、4.3.2.2、4.3.2.3 或 4.3.2.4。

4.3.3 辅助或备份直流电源的切换时间

对于具有辅助或备份电源的系统而言，从主电源电势偏离引起切换开始直至由辅助电源恢复至正常电势为止的时间间隔是一个重要的工作条件。切换以后，电压必须在所接受电源等级的极限值内。通常，引起切换所需的偏差值是切换系统的一种特性。

如果引起切换的电压偏差的极限值必须不同于 4.3.1 的推荐值时，建议采用下列数值：

偏离公称电压±10%；

偏离公称电压±20%；

偏离公称电压 50%(仅适用于负偏差)；

偏离公称电压 95%以上(仅适用于负偏差)。

---

2) 可参照 IEC SC 31G《本质安全型电气设备》和 IEC TC 64《建筑物电气装置》的出版物和地方法规，以及 IEC SC 28A《低压设备绝缘配合》的出版物。

切换可以由正偏差和负偏差引起,或者只能由负偏差引起。极限值分为5组:

4.3.3.1 切换时间不超过1 ms。

4.3.3.2 切换时间不超过5 ms。

4.3.3.3 切换时间不超过20 ms。

4.3.3.4 切换时间不超过200 ms。

4.3.3.5 切换时间不超过1 s。

特殊情况:切换时间不符合上述值。

注:如果直流电源的切换是在电源装置之前(也就是在电源连接处)进行的(通常都是这样),则在直流电源装置内进行滤波可以明显减小施加在接入装置上的电源电压偏差。

4.3.4 直流电源阻抗

如4.3.1所述,电源阻抗影响只考虑其对电源电压的影响,并不作为分级的依据。

4.3.5 隔离和绝缘

直流电源接地可规定为以下三类[3]:

4.3.5.1 正接地。

4.3.5.2 负接地。

4.3.5.3 浮置。

4.4 瞬时电源扰动

瞬时电扰动能对电的过程测量和控制系统的工作产生重大影响。

由于难以预计、测量和确定瞬时影响,IEC已推迟考虑此问题。如4.1所述,本部分将瞬时电源影响定义为持续时间为0.2 s或小于0.2 s的扰动。

为方便起见,本部分随机选择了这个值。

4.5 与电源的可靠性和连续性有关的工作条件

4.2.5(辅助交流电源的切换时间)和4.3.3(辅助直流电源的切换时间)已涉及此问题。本部分不准备论述这一问题。

5 气源

气动工业过程控制系统及此类系统的气动元件,包括变送器、控制器、显示器、执行器和各种辅助功能元件都需要气源。对于使用20 kPa(200 mbar)～100 kPa(1 000 mbar)标准信号的气动信号传输系统,推荐气源压力为140 kPa(1 400 mbar),最小130 kPa(1 300 mbar)。

工业过程中的执行器通常使用气动系统。它们的工作压力往往远远高于100 kPa(1 000 mbar)。无可动机械部件的射流系统的工作压力通常较低。由于射流技术的迅速发展,目前显然还不需要使射流技术的工作条件标准化。本部分推荐三种气源压力允许变化等级。

除了这三个气源压力等级外,气源的其他特性只给出一个等级。不符合规定条件的都作为特殊情况,其技术规范由用户与供应商协商确定。

5.1 定义

下列与气动能源有关的术语定义仅适用于GB/T 17214的本部分。

——**动力 power**

提供给工业过程测量和控制系统或系统元件的能源。

——**主气源 power source**

气动系统获取动力的一次能源。

注:主气源通常是压缩空气,由压缩机通过管道系统提供。也可采用其他加压气体。

3) 地方法规以及IEC SC 31G和IEC TC 64的出版物对此另有详细规定。

——**气源装置 power supply device**

能调节或改变主气源所供气源的形式,为工业过程测量和控制系统或系统元件提供合适气源的独立单元。

——**气源 power supply**

工业过程测量和控制系统或系统的元件获取工作所需能量的主气源或气源装置。

——**气源压力 power pressure**

提供给工业过程测量和控制系统或系统元件的气源的压力。

系统工作所需的气动能量可通过以下方式提供:

——直接连接至一个独立的主气源;

——连接至介于主气源与系统或系统元件之间的一个气源装置;

——在主气源发生故障的情况下,由辅助备用气源或备份气源为系统或系统元件提供工作用气源。

5.2 工作特性

气源的工作特性分别列出:压力(见5.2.1);湿度(见5.2.2);杂质(见5.2.3);辅助备用或备份气源(见5.2.4)。

5.2.1 气源压力等级

由于气动技术的性质,气动系统或其元件的气源压力应始终维持在明显高于系统或系统元件的预定工作压力。这就确定了任何特定系统或元件的最低气源压力。

气源压力的变化对某些气动装置的性能有重大影响。而有些气动装置,尤其是许多执行器,即使气源压力的变化达到规定最低气源压力的2倍(或者更多)时,也不会受其不利影响。气源压力极限值分为以下三组:

5.2.1.1 气源压力范围 130 kPa(1 300 mbar)~150 kPa(1 500 mbar)。

5.2.1.2 气源压力范围 130 kPa(1 300 mbar)~210 kPa(2 100 mbar)。

5.2.1.3 气源压力范围 420 kPa(4 200 mbar)~700 kPa(7 000 mbar)。

特殊情况:气源压力不符合上述5.2.1.1、5.2.1.2或5.2.1.3。

5.2.2 气源的湿度

气源气体的露点至少应比按GB/T 17214.1选择的场所等级的最低温度低10 K。露点以最大工作压力为依据。

5.2.3 气源的杂质

气源中可能含有气体、蒸汽、液体和固体形态的杂质。5.2.2规定了水蒸气的极限值。其他杂质则难以确定极限数值。

建议清洁的气源要符合下列条件:

——气源宜不含大量的油蒸气、油和其他液体;

——气源宜不含大量的腐蚀性气体或蒸汽和溶剂;

——气源中所含固体微粒的量宜小于0.1 g/m^3,且微粒的直径不大于3 μm。

任何不符合这一清洁度等级的气源可被视为特殊气源,有关供气和用气的技术规范由用户和供应商协商确定。

5.2.4 辅助或备份气源

由于气动能量易于贮存于压力容器内,因此完全有可能在主气源发生故障的情况下保持气源压力的连续性。在气动系统必须连续运行的场合,建议在采取常用措施,包括一个辅助气源外,再配备一个容量足够大的贮存容器,以便在主气源万一发生故障的情况下,能在规定时间内维持最低气源压力不变。

ICS 25.040.40
N 10

中华人民共和国国家标准

GB/T 17214.4—2005/IEC 60654-4:1987

工业过程测量和控制装置的工作条件 第4部分:腐蚀和侵蚀影响

Operating conditions for industrial-process measurement and control equipment—Part 4:Corrosive and erosive influence

(IEC 60654-4:1987,IDT)

2005-09-09 发布　　2006-04-01 实施

中华人民共和国国家质量监督检验检疫总局
中国国家标准化管理委员会　发布

前　言

GB/T 17214《工业过程测量和控制装置的工作条件》分为以下几部分：

——第 1 部分：气候条件；

——第 2 部分：动力；

——第 3 部分：机械影响；

——第 4 部分：腐蚀和侵蚀影响。

本部分为 GB/T 17214 的第 4 部分。

本部分等同采用 IEC 60654-4:1987《工业过程测量和控制装置的工作条件　第 4 部分：腐蚀和侵蚀影响》（英文版）。

本部分等同翻译 IEC 60654-4:1987。

为了便于使用，本部分做了下列编辑性修改和对出错之处的更正：

——“本标准”一词改为“GB/T 17214”；

——删除了 IEC 60654-4:1987 的前言和引言；

——将磁化系数的表达式 $\kappa=(\mu/\mu_0)^{-1}$ 改正为 $\kappa=(\mu/\mu_0)-1$；

本部分是在 JB/T 9237.1—1999 基础上首次制定。

本部分的附录 A 和附录 B 均为资料性附录。

本部分由中国机械工业联合会提出。

本部分由全国工业过程测量和控制标准化技术委员会第一分技术委员会归口。

本部分由上海工业自动化仪表研究所负责起草。

本部分主要起草人：王捷、陈诗恩、李明华。

本部分所代替标准的历次版本发布情况为：

——ZBN 10007—1988、JB/T 9237.1—1999。

工业过程测量和控制装置的工作条件
第4部分:腐蚀和侵蚀影响

1 范围

GB/T 17214的本部分所考虑的是陆上和海上工业过程测量和控制系统或系统的部件在使用期间,在已安装好但尚未使用期间以及在储存和运输过程中所处的腐蚀性和侵蚀性工业环境。维护和修理条件则不在本部分考虑范围内。

本部分所考虑的环境影响仅限于可能直接影响过程测量和控制系统或系统的部件的那些影响。至于特殊环境条件对人员的影响则不属本部分考虑范围。装置在工作、运输和储存时所处的现场环境应该以本部分列出的物理或化学参数的相应值及环境的定性描述加以确定。本部分仅考虑这些条件本身,至于这些条件导致的对仪表的影响则不包括在本部分中。

本部分列出的不少环境条件难以分类,因而对环境的特性作了定性描述。

2 目的

GB/T 17214的本部分的目的是向工业过程测量和控制系统以及系统部件的使用者和供应者提供一个设备在指定场所工作、储存、装卸与运输期间可能遭受的腐蚀和侵蚀性环境条件的统一列表和分级。运输条件指装置经过适当防损坏包装的条件。

本部分列出的环境条件旨在作为综合规范的基础。

本部分的目的之一是为减少由于忽视考虑特殊工作条件对系统和系统部件性能的影响所造成的问题。

本部分的另一目的是为制定工业过程测量和控制装置评定规范时选用特定限值提供帮助。

3 总则

工业过程测量和控制装置被广泛应用于世界各地,因此而受到热带、温带和寒带气候动植物区域以及沙漠、丛林、山区和海洋等特有环境条件的影响。

必须认识到,除了这些基本环境影响以外,大量采用过程控制装置和控制系统的工业化地区普遍存在一般程度的污染,被控制的工业过程会将各种污染物带进现场环境,造成使用过程控制装置的局部区域确实存在着污染程度比较高的现象。这种较高的污染程度可能会永远存在,也可能只是暂时现象。在多数情况下,对测量和控制装置的影响是同污染物的浓度、温度和暴露周期成正比,并往往因湿度的增加而加重。但是,要想通过确定单位时间内污染物的浓度来说明一种环境是相当困难的。因此对化学活性物质进行定量分析时采用了平均值原理作为依据。但应认识到,短时间的高浓度(峰值)腐蚀性污染物可造成异常严重的危害。因此在等级划分中纳入了下文确定的峰值。

附录A列出了与各种过程工厂有关的工业污染物。这是一个指南,着重反映了由各种工业过程携入的特定污染物。

系统和系统的部件可能接触的大气污染物有气体、蒸气、液体和固体。这些污染物的影响可以是各不相同的,例如化学活性污染物产生腐蚀影响,砂尘阻塞产生侵蚀影响。

不同种类的污染物还会混合出现,例如高湿同氯气结合,从而形成更为严酷的环境条件。因此,应对环境温度和相对湿度作出规定。

由于所有各种污染物有无数种组合形式,从而可产生众多的影响和不同的严酷程度,以至于几乎不可能对所有各种环境划分等级。

众所周知，各种气体、蒸气和液体污染物主要产生腐蚀影响，而固体污染物则可能产生有害的侵蚀、腐蚀、热或电磁影响。

因此，第4、5、6和7章对非固体化学活性物质的腐蚀影响作了分类。第8和9章例举了对仪表装置的其他环境影响，列出了各种固体活性物质，并且简要论述了动植物区域的影响。

4 非固体物质

非固体物质只是化学活性物质，因此可根据其浓度的平均值和峰值划分等级。

4.1 定义

以下为理解本部分所需的定义。

半小时平均值由下式确定：

$$\frac{1}{\frac{1}{2}\,\mathrm{h}}\int_{0}^{1/2\mathrm{h}} x\mathrm{d}t$$

式中：x是被测或预计的污染物浓度。

峰值是被测或预计的一年中最大的半小时平均值。

平均值是统计足够数量的被测或预计半小时平均值的算术平均值。

注：在法定情况下也可使用一小时平均值。

5 气体和蒸气

从表1可以看出，正确划分一种环境的等级应同时考虑平均浓度和峰值。峰值是在半小时基础上计算出的。化学活性污染物(如二氧化硫或氟化氢)的反应速率在半小时内的变化可能是相当大的。因此，各种污染物的峰值与平均值的关系各不相同。如果平均值和峰值不属于同一级别，应以最高等级来确定按种类划分的环境等级。附录B列出了另一种以铜的反应速率为依据的分级方法。

5.1 污染物影响

每一种场所的腐蚀性气态污染物的组合形式是各不相同的。仪表装置性能下降的速度取决于现场污染物的特定浓度等级和组合形式，有的很快发生性能下降，有的则要经过多年后才发生。以下各条论述了各种污染物造成仪表装置性能下降的机理。

5.2 无机氯化物(表1中以Cl_2表示)

无机氯化物包括强氧化剂(氯气、二氧化氯)和氯化氢之类的化合物，因此反应性取决于特定的气体成分。在潮湿条件下，这些气体会产生氯离子迅速与铜、锡、银和铁合金起化学反应。即使这些气体的浓度很低，其反应也很强烈。在干燥的大气条件下反应会减弱。氯化物气体浓度较高时会导致多数合成橡胶和某些塑料被氧化。因此，应特别留意暴露于含有氯化污染物大气中的仪表。在划分等级时，宜将诸如洗涤剂和冷却塔水蒸气等氯离子源考虑在内。

5.2.1 活性硫(表1中以H_2S表示)

活性硫包括硫化氢、元素硫和硫醇一类的有机硫化物。浓度较低时能迅速腐蚀铜、银和铁合金。在潮湿条件下，少量无机氯化物会极大加速硫化腐蚀。即使在相对湿度较低的环境中仍然会产生腐蚀。活性硫同无机氯化物并列为过程工业大气腐蚀的最主要因素。

5.2.2 氧化硫(表1中以SO_2表示)

氧化硫(SO_2、SO_3)是各种含硫矿物燃料燃烧的产物。少量的氧化硫能钝化活性金属，从而延缓腐蚀。但含量较高时会腐蚀某些金属、合成橡胶和塑料。通常，当这些气体溶于水中形成亚硫酸和硫酸时才会对金属产生腐蚀。

5.2.3 氧化氮(表1中以NO_x表示)

氮氧化物(NO、NO_2、N_2O_4)是各种矿物燃料燃烧的产物，在大气臭氧的形成过程中起着关键作用。

在氯化物和硫化物对贱金属的腐蚀中氧化氮具有催化作用。在潮湿空气中这些气体形成硝酸,从而腐蚀大多数普通金属。

5.2.4 氟化氢(表1中以HF表示)

氟化氢是一种卤族化合物,其化学性质类似于无机氯化物。

5.2.5 氨及其衍生物(表1中以NH_3表示)

氨及其衍生物是氮的还原物(氨、胺、铵离子),主要产生于农业应用、化肥厂和化工厂。铜和铜合金在氨环境中特别容易被腐蚀。

5.2.6 光化类(表1中以O_3表示)

大气中含有多种多样的不稳定活性物质。它们是由阳光同水分及其他大气成分反应形成的。有些物质在快速链式反应中的寿命只有零点几秒。除臭氧外,其中还包括羟基、烃基、氧化烃类、氧化氮、氧化硫和水。由于这一类物质绝大多数都具有瞬变的性质,它们主要对户外仪表及外壳产生影响。通常塑料和合成橡胶比金属更容易受光化影响。

注:建筑物空调系统的静电过滤器能产生臭氧。

5.3 污染物严酷度等级说明

在采用过程测量和控制装置的工厂企业中,污染物的浓度和反应性程度的差别很大。有些环境的腐蚀性很大,而另外一些环境则很轻微。

5.3.1 1级:工业清洁空气

受到严格控制的环境,在确定装置的可靠性时不必考虑腐蚀因素(实例参见表1)。

5.3.2 2级:中等污染

可以测到腐蚀影响的环境,在确定装置的可靠性时可能需要考虑腐蚀因素(实例参见表1)。

5.3.3 3级:严重污染

发生腐蚀的可能性很大的环境,因其严重程度而需要作进一步评估,以便对环境加以控制或者对装置进行特殊设计和包装(实例参见表1)。

表1 化学活性污染物的等级 单位为 cm^3/m^3(旧单位 PPM)

空气中的化学活性污染物	1级		2级		3级		4级	
	工业清洁空气		中等污染		严重污染		特殊情况	
	平均值	峰值	平均值	峰值	平均值	峰值	平均值	峰值
硫化氢(H_2S)	<0.003	<0.01	<0.05	<0.5	<10	<50	≥10	≥50
二氧化硫(SO_2)	<0.01	<0.03	<0.1	<0.3	<5	<15	≥5	≥15
湿氯(Cl_2),相对湿度>50%	<0.000 5	<0.001	<0.005	<0.03	<0.05	<0.3	≥0.05	≥0.3
干氯(Cl_2),相对湿度<50%	<0.002	<0.01	<0.02	<0.10	<0.2	<1.0	≥0.2	≥1.0
氟化氢(HF)	<0.001	<0.005	<0.01	<0.05	<0.1	<1.0	≥0.1	≥1.0
氨(NH_3)	<1	<5	<10	<50	<50	<250	≥50	≥250
氧化氮(NO_x)	<0.05	<0.1	<0.5	<1.0	<5.0	<10	≥5	≥10
臭氧(O_3)或其他氧化剂	<0.002	<0.005	<0.025	<0.05	<0.1	<1.0	≥0.1	≥1.0
溶剂(三氯乙烯)	—	—	<5	—	<20	—	≥20	—
特殊情况(其他未指定的污染物)	—	—	—	—	—	—	—	—

注:溶剂蒸气能凝结成具有腐蚀性的胶泥,尤其会腐蚀仪表的电气部件。

6 气溶胶

气溶胶是气体或空气中携带的雾状小液滴。本部分对两种最普通的气溶胶“油雾”和“海盐雾”划分了等级。

对于油雾,也可以按第5章所述方法划分等级。

表2 油雾的等级

单位为 μg/kg 干空气

	1级	2级	3级	4级
油雾	<5	<50	<500	>500

例如:

2级:机修车间

3级:发动机房、压缩机站

注:油雾可能导致机电触点阻塞,或者在某些场合下导致腐蚀。

海盐雾的等级:

1级:距离海岸线0.5 km以外的陆上场所;

2级:距离海岸线0.5 km以内的陆上场所;

3级:海上设施。

7 液体

本部分未对液体划分等级,可由用户向仪表生产厂提出具体要求。

8 固体物质

与第4至第7章(非固体物质)不同,涉及固体物质的环境无法有效划分等级,因此只能对一种环境或区域进行描述。

确定环境对工业过程测量和控制装置的重要影响因素需要作大量说明,为了便于说明,这里拟定了几个有待回答的问题。

8.1~8.10就是这些有待在适当场合回答的问题。

8.1 工业过程的种类以及仪表在该过程中的位置

8.2 环境中可能影响仪表的固体物质的种类

例如:——沙;

——铁矿砂;

——水泥灰;

——碳尘;

——纺织纤维;

——粉末;

——石棉。

8.3 化合

某些固体物质,例如氢氧化钠或氢氧化钾等吸湿固体,与湿气化合时会成为化学侵蚀物。因此在描述环境条件时必须说明固体物质与其他物质的常见化合。

固体物质是否与某些物质化合?

例如:——空气;

——水(湿气);

——油;

——其他(待定)。

8.4 发生的频率

应指明发生的频率。

例如:——连续;

——偶然;

——罕见;

——待定。

8.5 粒径

规定了4种平均粒径:

——<3 μm;

——3 μm~30 μm;

——30 μm~0.3 mm;

——>0.3 mm。

8.6 浓度(mg/kg干空气或g/kg干空气)

仅适用于空气中的悬浮固体粉粒。

例如:——<0.1 mg/kg干空气;

——0.1 mg/kg干空气~10 mg/kg干空气;

——0.01 g/kg干空气~1 g/kg干空气;

——>1 g/kg干空气。

8.7 速度(m/s)

粉粒速度较低时会使固体物质吹进通常它们不会沉积的缝隙和部位,从而引起阻塞和堵塞。

粉粒速度较高时能导致严重的侵蚀,例如过程工厂荒地附近的风沙。

例如:——<1 m/s;

——1 m/s~10 m/s;

——10 m/s~30 m/s;

——>30 m/s(待定)。

8.8 热导率

某些固体物质的绝热性能会导致被其隔离的冷却系统严重过热。例如,纺织纤维能严重影响大功率电子设备散热片的散热效果。

固体物质是否为:

——不良绝热体:$\lambda>0.1$;

——良绝热体:$\lambda<0.1$。

其中,λ是热导率,W/(m·K)。

8.9 电导率

固体物质按其导电性能大致可分为三类:良导体、半导体和高绝缘体。

良导体,如金属尘埃或碳尘埃,沉积于端子之间能导致短路。

高绝缘体会积聚静电荷,在设计计算机和集成电路时若不考虑这一现象,就会干扰这些装置的正常工作。在爆炸性环境中,这也被认为是一种潜在危害。

固体物质是否为:

——电绝缘体:$\sigma<0.1$;

——半导体:$0.1<\sigma<10^5$;

——导电体:$\sigma>10^5$。

其中,σ为电导率,S/m。

8.10 磁导率

导磁物质能积聚在磁场内。例如,磁性物质积聚在永久磁铁气隙内会严重影响受力线圈和检流计的转动甚至完全受阻。同样,磁性物质积聚在转子和定子之间会严重损坏电动机。

固体物质是否为:

——非导磁物质:$\kappa<0.1$;

——导磁物质:$\kappa\geqslant0.1$。

其中,κ 为磁化系数,等于$(\mu/\mu_0)-1$;μ 为物质的磁导率;μ_0 为真空的磁导率。

8.11 调查表使用方法实例

一个过程位于纸浆厂的锅炉房内,锅炉房内装有一台烧煤的旋风炉、一台黑液回收锅炉和一台烧树皮和燃油的复式锅炉。

大气中含有碳尘、木纤维和钙微粒。

这些微粒的相对湿度往往很高,偶尔也混有活性氯化物、硫化氢和二氧化硫。

粒径从 30 μm~1 mm。

粉粒浓度为 2 mg/kg 干空气。速度大于 1 m/s。

木纤维是绝热体,而碳尘是导电体。

说明这些情况可以提醒厂商对安装在这种场合的装置采取特殊防范措施。

9 动植物

动植物是环境的重要组成部分,工业过程测量和控制装置需要在这种环境中正常工作。由于动植物对工业过程测量和控制装置的影响很难划分等级或表示其特征,因此只能例举若干实例来说明动植物可能造成的危害或者干扰的种类。

通常,热带气候隐藏着最为严重的腐蚀影响,例如在热带气候条件下的植物区内霉菌最具有侵蚀性。在苏门塔腊或其他丛林覆盖的热带岛屿上,一块优质的光学玻璃不出几个星期就会严重损坏,因此必须对具有光学界面的分析装置加以保护。菌丝体的吸湿性会侵蚀电子装置。当然,其他气候也有类似问题。

昆虫用筑巢的粘土样胶泥堵塞气动仪表的所有气孔,会造成气动仪表意外停机。

蟑螂和啮齿动物等经常会啃咬导线上的绝缘材料,导致绝缘材料受损。

由于动植物的各种情况相当特殊难以归纳,因此宜由用户根据其所处的环境区域明确提出特定要求。

附 录 A
（资料性附录）
工业污染物

过程工厂	常见污染物
综合轧钢厂	粉粒、烟尘、一氧化碳、氟化物
有色金属冶炼厂	氧化硫、粉粒、各种金属
炼油厂	硫化物、碳氢化合物、烟尘、粉粒
硅酸盐水泥厂	粉粒、硫化物
硫酸厂	二氧化硫、硫酸雾、三氧化硫
钢铁铸造厂	粉粒、烟尘
铁合金厂	粉粒、氨
牛皮纸浆厂	硫化物、粉粒
盐酸厂	盐酸雾和氯化氢气体
硝酸厂	氧化氮
汽油散装储油库	碳氢化合物
肥皂和洗涤剂厂	粉粒
氯碱厂	氯气
碳化钙厂	粉粒、乙炔
磷肥厂	氟化物、粉粒、氨
石灰厂	粉粒
铝矿加工厂	氟化物、粉粒
磷酸厂	酸雾、氟化物
洗煤厂	粉粒

附 录 B
（资料性附录）
反应性环境等级划分方法

B.1 总则

用一种称为反应性监视的方法可以定量地测定一个环境的总的腐蚀潜势和装置处于这种环境下多长时间才会受其影响（见 B.2.2）。

污染分析可对特定的场所进行短期评估。数值高表明该环境较严酷，可是数值低则未必不严酷。因为各种工业环境可能含有复杂的混合污染物，这些污染物相互作用，能极大加速（或延缓）各种气体的腐蚀作用。

为了解决这些难题，可根据污染物与铜的反应速率来确定工业环境的严酷度等级。这种直接测量总的腐蚀潜势的反应性监视法需要将预先制备好的铜试样放置在工作环境中。分析可包括测量腐蚀膜的厚度、化学成分或者重量损失。有关技术的灵敏度都处在有意义应用数据的要求范围以内。

表 1 中确定的三种严酷度等级也可以根据下列铜的反应速率加以确定。

表 B.1 铜膜形成的反应性环境等级

	1 级	2 级	3 级
	工业清洁空气	中等污染	严重污染
成膜(nm)	<30	<150	>150
近似外观显示	无变化	棕色	黑色或蓝黑色

B.2 铜反应试样

B.2.1 试样的制备

铜试样（公称尺寸 15 cm^2）宜选用纯度为 99.99 的无氧高导电性（OFHC）0.025 铜片制备，½硬～¼硬。

制备步骤如下：

a) 用 240×金相砂纸加润滑蜡研磨；

b) 用 400×金相砂纸加润滑蜡研磨；

c) 用 600×金相砂纸加润滑蜡研磨；

d) 用棉花蘸热的试剂级丙酮擦洗；

e) 浸入热的试剂级异丙醇中；

f) 贮入经干氮气净化的玻璃容器中。

c)至 e)步骤宜尽可能在临近放置试样时进行。

B.2.2 试样的暴露

将三个铜试样垂直安放在受监视场所中最具典型空气流速的区域内。铜试样表面应不受指印等污染。

铜试样暴露一个月后表面产生腐蚀膜，根据腐蚀膜的厚度便可确定腐蚀情况。在轻微污染场所，腐蚀膜的形成相当慢，在严重污染场所，腐蚀膜的形成则相当快。为便于在这些极端条件下测量腐蚀膜的厚度，在轻微腐蚀场所的试验时间可延长到三个月，严重污染场所的试验时间可缩短到二个星期。由于铜的腐蚀是非线性的，因此在改变试验时间时应特别谨慎。经验表明，利用下列关系式可将延长或缩短试验时间后测量的厚度值换算成一个月正常试验时间的值。

$$x_1 = x\left(\frac{t_1}{t}\right)^A$$

式中：

x_1——相当于一个月后的腐蚀膜厚度；

x——实际试验时间后测得的腐蚀膜厚度；

t_1——30 天；

t——实际试验时间，天；

A——1 级等于 0.3，2 级等于 0.5，3 级等于 1。

B.2.3 样品分析

腐蚀膜的厚度宜采用 W. E. Campbell 和 D. B. Thomas 所著的“贝尔电话系统专著 13，1170(1939)”中所述的方法，通过阴极还原法来确定。

以下是这一方法的简要说明。

将被腐蚀膜覆盖的试样放入一种合适的电解液中，在试样(阴极)与铂阳极之间接通一恒定的电流，观察还原期间样品和基准电极之间的电势。

试验采用含水电解液(0.1 NKCl)和钝铂阳极。

这种技术要求在腐蚀膜还原前消除溶液中的氧。

应注意，这种技术通常用于银、铜、贵金属合金、锡和其他金属上常见的可还原腐蚀膜。

但这种方法不能还原镍、锌和铝上的腐蚀膜。

腐蚀膜厚度的计算采用法拉弟定律。

还原腐蚀膜所需的时间/库仑可以确定腐蚀膜的总量。根据下列假设，可将此值转换成相应的腐蚀膜厚度：

a) 腐蚀膜均匀；

b) 腐蚀膜的平均特性(分子量、密度)类似于大块材料的公布值。

在这些条件下，适用下列关系式：

$$T = \left(\frac{itM}{A\rho nf}\right) \times 10^5 = \frac{itC_1}{A}$$

式中：

T——腐蚀膜的厚度，10^{-7} mm(Å)；

i——电流，mA；

t——选定化合物的还原时间，s；

M——分子量；

A——表面积，cm^2；

ρ——密度，g/cm^3；

n——腐蚀膜每克原子的等量值，例如：Ag_2S，$n=2$；

f——法拉第常数，9.648×10^4 C/mol；

C_1——常数。

常数 C_1 的典型值有：AgCl(27.3)，Ag_2O(16.8)，Ag_2S(17.6)，Cu_2O(12.3)，CuO(6.43)，Cu_2S(14.3)，SnO_2(5.62)。

还原槽宜为一个可以密封的玻璃容器，能置入下列物品：

a) 4 个间隔 90°排列的铂丝阳极；

b) 一个用银丝吊挂试样(阴极)的中心孔；

c) 一个基准电极(Ag/AgCl)；

d) 一个用于向还原槽注入新电解液和纯 N_2 的注入孔。

还原槽应密封，以排除电解液(0.1 NKCl)中的空气，操作时应处于氮气流的微正压下。

制备电解液时首先将溶液放入烧瓶(容量为 1 L～2 L)里煮沸 30 min～45 min，使溶液中的氮气起泡。使用前将电解液冷却到室温，并始终置于氮气流下。

采用这种方法时，若不能消除溶液中的氧气，氧的阴极还原会导致分析误差。

如上所述，阳极仅是 4 根并联的铂丝，其端部在溶液中距试样 10 mm。

基准电极同样是一根外面包裹着氯化银的银丝。将银丝放入 2 mA/cm^2 的 0.1 NHCl 中阳极氧化 60 min 就可形成这层氯化银。以这种方法制成的电极寿命相当长，经数百次还原后其性能仍很稳定。

ICS 13.140
Z 32

中华人民共和国国家标准

GB/T 17249.2—2005/ISO 11690-2:1996

声学　低噪声工作场所设计指南
第2部分:噪声控制措施

Acoustics—Guidelines for the design of low-noise workplaces—Part 2:Noise control measures

(ISO 11690-2:1996 Acoustics—Recommended practice for the design of low-noise workplaces containing machinery—Part 2:Noise control measures,IDT)

2005-09-09 发布　　　　2006-04-01 实施

中华人民共和国国家质量监督检验检疫总局
中国国家标准化管理委员会　发布

前　　言

GB/T 17249《声学　低噪声工作场所设计指南》共分三个部分：

——噪声控制规划；

——第 2 部分：噪声控制措施；

——第 3 部分：工作间声传播和噪声预测。

本部分为 GB/T 17249 的第 2 部分，等同采用 ISO 11690-2:1996《安装机器的低噪声工作场所推荐设计方法　第 2 部分：噪声控制措施》。本部分推荐了工作场所噪声控制的基本原则和方法。在本部分编制中，按我国国家标准的要求，将引用文件和参考文献中部分 ISO 标准替换为我国正在实施的对应国家标准，一些名词术语、格式和文字描述更符合我国的相关标准和惯例。

本部分的所有附录均为资料性附录。

本部分由中国科学院提出。

本部分由全国声学标准化技术委员会归口(SAC/TC 17)。

本部分起草单位：北京市劳动保护科学研究所、中机国际工程设计研究院、大连明日环境工程有限公司。

本部分主要起草人：任文堂、王道禄、刘云彬、武道忠、刘运峰。

引　言

噪声对人健康的危害和工作效率的影响是多方面的。为减少工作场所中的噪声危害,许多国家都颁发了相应的法规。这些法规都要求通过噪声控制措施使噪声发射、噪声照射和噪声暴露降低到一个合适的限度。本标准为涉及降低工作场所噪声的系列标准之一。

在一些噪声问题中,往往可能有多种噪声控制方法可以选择,重要的是根据实际情况选取最适当的噪声控制措施,这就需要考虑下列因素:

——可能采取的措施;

——相关的技术进步状况;

——声源的噪声控制措施;

——机器设备的合理选择、规划和布置。

本部分和系列标准其他部分共同给出了工作场所(包括室内外)的噪声控制程序,包括噪声控制规划、噪声控制措施和噪声预测。

本标准可提供下列人员使用:企业领导、管理人员、建筑师、工程技术人员、企业职业安全卫生人员和工作场所工作人员等。

声学　低噪声工作场所设计指南
第2部分：噪声控制措施

1　范围

GB/T 17249 的本部分涉及工作场所的噪声控制的各个方面，它包括不同的技术措施、相关的声学评价量、噪声降低量及其检测方法。

本部分仅涉及可听声。

注：参考文献列出了和噪声控制措施相关的标准和文献。

2　规范性引用文件

下列文件中的条款通过 GB/T 17249 的本部分的引用而成为本部分的条款，凡是注日期的引用文件，其随后所有的修改单（不包括勘误的内容）或修订版均不适用于本部分，然而，鼓励根据本部分达成协议的各方研究是否可使用这些文件的最新版本。凡是不注日期的引用文件，其最新版本适用于本部分。

GB/T 17249.1—1998　声学　低噪声工作场所设计指南 噪声控制规划(eqv ISO 11690-1:1996)

3　术语和定义

GB/T 17249.1—1998《声学　低噪声工作场所设计指南　噪声控制规划》中第 3 章所有的定义适用于本部分。

4　噪声控制技术概述

降低噪声的措施可以分别在声源（发射），声源和接受者之间（传播途径）以及工作位置（接受者）上采取（图 1）。

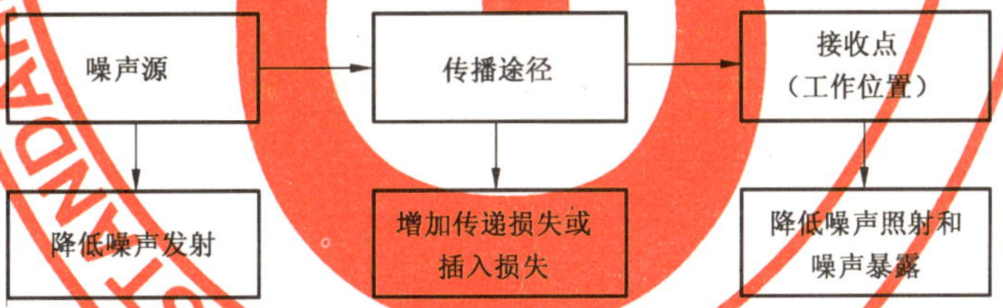

图 1　噪声控制的基本原理

降低机器、设备和生产过程等的噪声发射时，所有可能的噪声降低措施都应考虑（见第 5 章和 GB/T 17249.1—1998）。为了确定噪声发射是否降低到合理可行，必须对机器设备的噪声发射量进行评价。机器设备的噪声发射值可以由它的噪声发射标称值给出（见 GB/T 17249.1—1998 第 5 章），也可以按相关标准规范进行测量。

对在传播途径中采取的隔声罩、局部隔声罩、声屏障和消声器等噪声控制装置进行评价，可采用插入损失等评价量（见 6.2）。

对车间和建筑物的声质量进行评价可参考采用对空气声、固体声的隔离的评价量（6.4）和声传播参数（见 6.3）。

对噪声控制措施总效果的评价可采用工作位置处的噪声照射值。

一般说来，在工作位置处或机器设备附近的操作者直接受到机器设备辐射噪声的影响。为降低工作场所的噪声，声源控制方法是最有效的措施（主要措施）。在有些情况下，传播途径的控制措施（次要措施）要影响工作和生产工艺，而变得不可行。在选择噪声控制措施时，从职业安全角度出发，应优先考虑声源的低噪声辐射。

噪声控制的基本方法见图1（参见GB/T 17249.1—1998），在后面将予以讨论（第5章～第7章）。

为降低工作场所的噪声，对可能采取的措施要全面考虑和规划。图2给出了一些可能采取的噪声控制措施。

在对工厂、车间或建筑中的现有的机器设备进行重新布局、更改和替换的阶段，或安装新机器设备的阶段，噪声控制是最有效的（见GB/T 17249.1—1998第6章）。各有关部门，特别是噪声控制的专家，都应参与这一过程。在机器、生产工艺、车间、项目的开始设计阶段，各部门进行合作，将使噪声控制措施更有实效（见GB/T 17249.1—1998第7章）。设备运行、材料运输、安全技术、人机工程、环境保护方面的问题也应在这个阶段考虑。

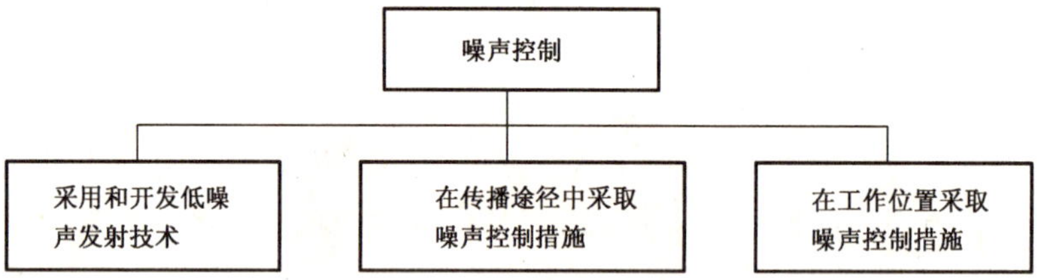

——选择和采用低噪声工艺
——选择和采用低噪声机器设备

对空气声
——声源布局
——隔声罩
——消声器
——吸声处理
——声屏障
——隔声间壁等

对固体声
——振动隔离
——浮筑地板
——建筑构件联接方式

——隔声间
——声屏障
——高噪声暴露时间调整

图2　噪声控制措施实施步骤

5　声源的噪声控制

5.1　概述

本章噪声控制措施是有关降低机器设备和工作过程本身辐射的噪声。由于追加措施往往影响操作要求，成本也较高，应该在设计阶段进行实施。对于已有的噪声源，如果可行也推荐采用。

工作场所的声源控制措施主要包括：现有机器设备的噪声降低、低噪声加工工艺和生产技术的开发和选择、机器零部件的更换和声源降噪效果的评价等。

声源控制措施效果通过测量和声发射量的已有数据（例如供应商和制造商提供的数据）比较来评价（见GB/T 17249.1—1998第8章）。

5.2　设计阶段的声源控制

机器设备噪声（或生产工艺噪声）主要由流体动力噪声（气体或液体）和机械噪声构成。

流体动力噪声是由流体的压力和速度起伏变化所产生的。例如燃烧过程、风机、排气放空和液压系统噪声都是典型的流体动力噪声。

机械噪声是由受撞击、质量不平衡等原因而引起的动态力激发机器设备部件振动而产生的。振动传递给机罩、工件等辐射表面，产生噪声。齿轮、电机、锻锤、震动器具和压力机是典型的机械噪声源(图 3)。

对声源进行控制，应首先从噪声产生的机理进行考虑。

下列一些方法可以降低流体动力噪声：

a) 减少激励源周期性的压力起伏；

b) 降低流体速度；

c) 避免压力突变；

d) 流体通过部件的合理设计。

下列一些方法可以降低机械噪声：

a) 通过附加弹性层等方法增加撞击响应时间，以降低动态激发力；

b) 在不能改变激励力的情况下，通过调整刚度和附加质量(惯性块)，降低机械结构在激励点的振动速度；

c) 通过采用弹性元件和具有高内阻材料(铸铁等)，降低由激发点到噪声辐射表面的振动传递(固体声)；

d) 降低振动结构的声辐射效率，例如：

——采用加肋的薄壁取代厚的刚性壁，

——在金属薄板上附加阻尼层，

——在不需隔声的场所，采用带孔洞的金属板；

e) 采用包扎、厚壁结构(在辐射表面附近增加薄阻尼金属板)等隔声措施。

有关更详细的信息见 ISO/TR 11688-1 和 ISO/TR 11688-2。

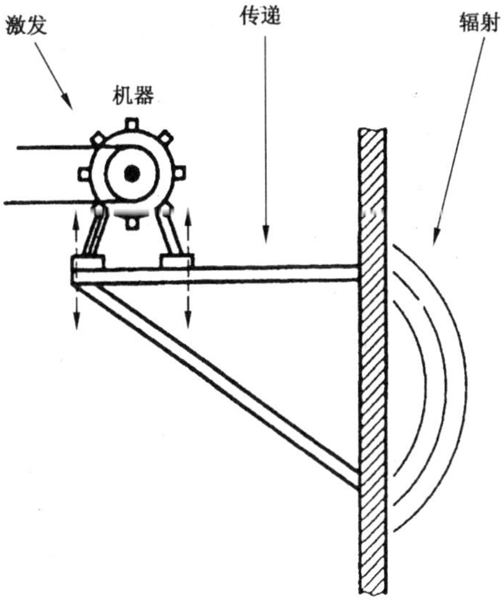

图 3 机械噪声的产生过程

5.3 噪声发射资料

噪声发射资料除了在供应商/制造厂的技术文件中给出外(见 GB/T 17249.1—1998 第 8 章)，还可以在数据库、专业期刊、贸易协会杂志等找到。

对于某些系列设备，还有在规定运行条件下得到的噪声发射数据表，这些表可以帮助购买者选择低噪声机器设备(见 GB/T 17249.1—1998 附录 A)。

5.4 低噪声机器设备选用

在有些情况下，用低噪声机器设备取代噪声大的机器设备，比采用更加昂贵的噪声控制措施更经济有效(见表 1)。

表 1 改变工艺降低噪声的示例

高噪声工艺	低噪声工艺
冲击铆接	压接和滚接
压缩空气和内燃机驱动	电驱动
气动设备或内燃机为动力的切割或冲孔(如在石材和混凝土上冲孔)	钻孔机或有钻石齿的圆锯
镦粗模	锥型模和挤型模
推切割	拉切割
气流干燥	辐射干燥
等离子氧切割	水中等离子切割
振动切割和冲压切割	激光切割
传统电弧焊	电弧保护焊
火焰淬火	激光淬火
铆接固定	压接固定
冲压成型	液压成型
点焊	缝焊
注 1 当部件材料和/或形式在制造改变时,可以容许采用低噪声工艺。 2 此表仅为一部分示例。	

当高噪声的操作和固定设备无关联且是主要噪声源(例如手动工具)时,仔细地选择工具和合理的工艺是必要的(如低噪声锤、减振工作台、低噪声研磨盘、阻尼磁垫等)。图 4～图 7 给出了采用这种措施,明显降低噪声的实例。

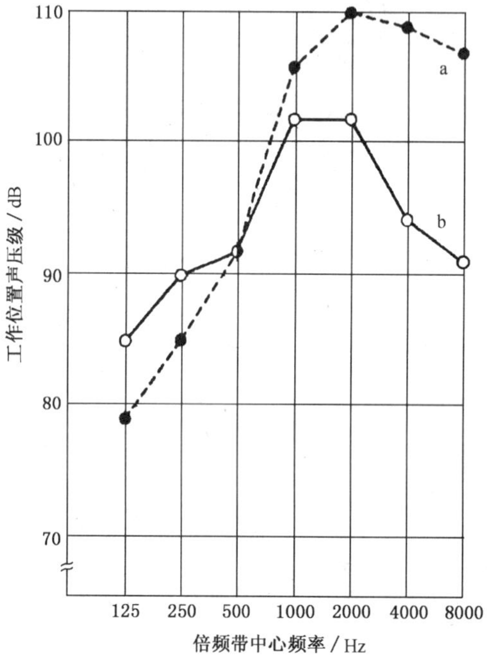

a——普通钢锤,115 dB(A);
b——低噪声反冲锤,107 dB(A)。

图 4 锤击过程中的声压级

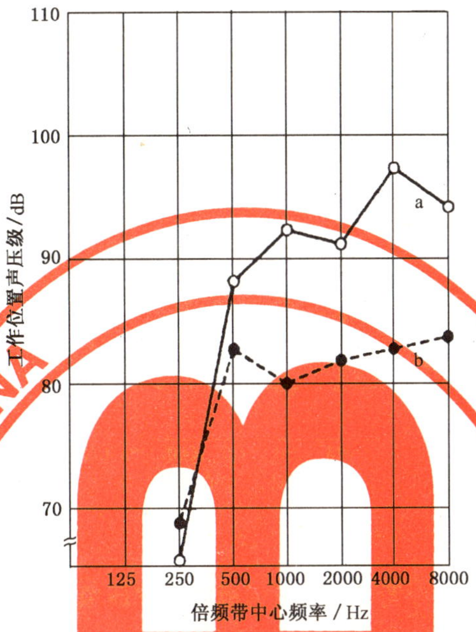

a——硬抛光轮,100 dB(A);

b——粘接研磨剂的抛光轮,89 dB(A)。

图5　铸铁电机罩抛光处理噪声

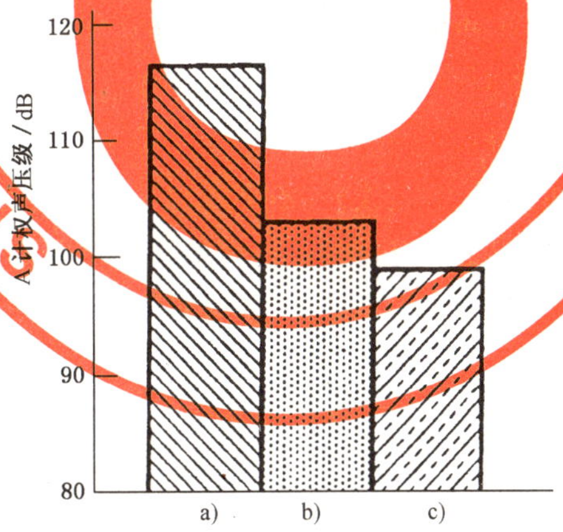

a——钢工作台,25 mm 厚;

b——经阻尼处理的工作台,40 mm 厚;

c——钢工作台,200 mm 厚。

图6　锤击过程的声压级

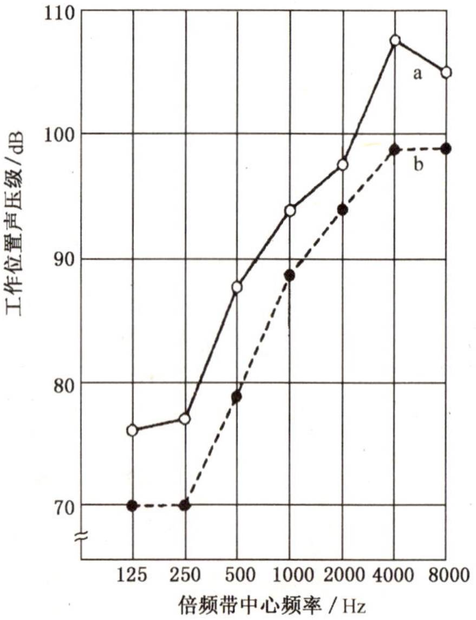

a——不采用磁垫,111 dB(A);

b——采用磁垫,102 dB(A)。

图 7 抛光钢板时的声压级

5.5 调整和更换机器零部件

如可能,通过更换或者调整机器设备中零部件(在不影响性能情况下)可降低机器内部噪声传递和表面辐射。附录 A 给出了一些这类的噪声降低措施实例。

5.6 低噪声生产工艺技术

如可行,最好采用低噪声机器设备取代高噪声设备。有时,可采用不同工作原理,例如:直接驱动的螺丝刀取代冲击式螺丝刀。

采取这种措施时要对原有工艺过程和取代工艺的噪声级进行调查,并特别要注意这种取代是否影响工作效率。

寻找低噪声生产工艺取代一个生产工艺,需要进行系统的考察。

成功地采用这种措施,可以在长期内保持一个较安静的环境。

5.7 机器设备和噪声控制装置的维护

机器设备由于缺乏保养、缺少润滑、安装误差、不平衡和零部件松动等原因,也能增加噪声。保持机器设备处于最佳运行状态对降低噪声也是有益的。任何维修上的不足一般都增加噪声。

对机器设备附带的噪声控制装置也应注意维护,同时对隔声罩、隔声屏、消声器的效果进行细心地监测。

6 传播途径中的噪声控制

6.1 噪声源的合理布局

对噪声源进行合理布局,也可使工作位置处的噪声获得明显降低。这种措施特别适于新厂房规划和新安装机器设备的规划阶段。如可能,对现有的厂房也可以采用这种方法。

增加声源和接受者的距离可以降低噪声(附录 B)。

6.2 噪声控制装置的使用

隔声罩(附录 C)、消声器(附录 D)、隔声屏(附录 E)对于机器设备、管道系统和开口可以是有效的噪声控制措施。

隔声罩是一种机器设备的完全围护隔声装置,它通常内饰一定的吸声材料,经常采用的隔声结构有金属板、木板、混凝土等。它的降噪效果主要取决于隔声罩罩体的空气声隔声量和内饰材料的吸声量。实际上，开口、缝隙的漏声和固体声的传递会限制隔声罩降噪效果，应采取必要的消声管道、隔振等措施，减少漏声和固体声传递。

隔声罩、消声器和隔声屏的效果可以采用插入损失、传递损失和噪声降低来测量和评价。

6.3 吸声降噪

噪声发射和噪声照射的关系是由声传播特性来确定的(见 ISO/TR 11690-3)。一个房间的声传播特性和声环境质量受房间表面(墙壁和天花板)吸声处理的影响，吸声材料的选择要考虑噪声频谱。对于低频噪声，吸声处理的效果较差。

室内的噪声由噪声源辐射的直达声和周围反射物(地板、墙壁、天花板和其他机器设备)产生的反射声组成的。对室内内部进行吸声处理仅能降低反射声。

对房间内部的声质量或进行吸声处理的效果进行评价，可以采用声压级空间衰减率 DL_2(在 GB/T 17249.1—1998 称为空间降低率)和声压级愈量衰减 DL_f(在 GB/T 17249.1—1998 称为声压级超出量)。这些量可以由空间声场分布的测量或采用预测方法取得(GB/T 17249.1—1998 定义和 ISO/TR 11690-3)。推荐的 DL_2 值在表 2 中给出(也可参见 GB/T 17249.1—1998 表 3)。

如果 DL_2 低，DL_f 高，房间的声环境质量就好。对于不同类型的房间和表面处理，典型的吸声系数和声传播参数 DL_2、DL_f 在表 2 中给出。

通常，工业噪声主要集中在 500 Hz～2 000 Hz 范围，采用吸声处理降低噪声效果可达到(和硬的墙壁、天花板比较)：

——在近场因壁面吸声处理效果非常小，噪声降低值为 1 dB(A)～3 dB(A)，(见 GB/T 17249.1—1998 定义)；

——在过渡区域噪声降低值通常为 3 dB(A)～8 dB(A)；

——在远场噪声降低值一般可达到 5 dB(A)～12 dB(A)，它决定于房间的尺寸、吸声处理的面积和内部的配置。

为了评价直达声场外的吸声处理效果，应注意具有扩散声场条件和不具有扩散声场条件房间的区别(见 GB/T 17249.1—1998 定义和附录 F)。

图 8 和图 9 给出了一些不同形状和尺寸房间进行不同表面吸声处理前后的典型声场分布曲线。

采用吸声处理和声屏障等相结合的综合措施，能取得比仅采取单项措施更好的效果(见附录 E 和附录 F)。吸声降噪效果的评价除进行客观测量外，主观感觉的改进也是重要的。

附录 F 给出了有关吸声降噪的更多信息。

表 2 房间过渡区域平均吸声系数和声传播描述量 DL_f、DL_2 典型值

房间特征	α	DL_f/dB	DL_2/dB
中小体积($V<10\ 000\ m^3$，$h<5$ m) 未吸声处理天花板、未安装设备	<0.2	8～13	1～3
大体积($V\geq 10\ 000\ m^3$，$h\geq 5$ m) 未吸声处理天花板、安装设备	<0.2	6～9	2.5～4
天花板吸声处理并安装设备	>0.3	5～8	3.5～5
注：DL_f 是声压级愈量衰减，DL_2 是距离加倍声压级的空间衰减率。见 GB/T 17249.1—1998 定义。			

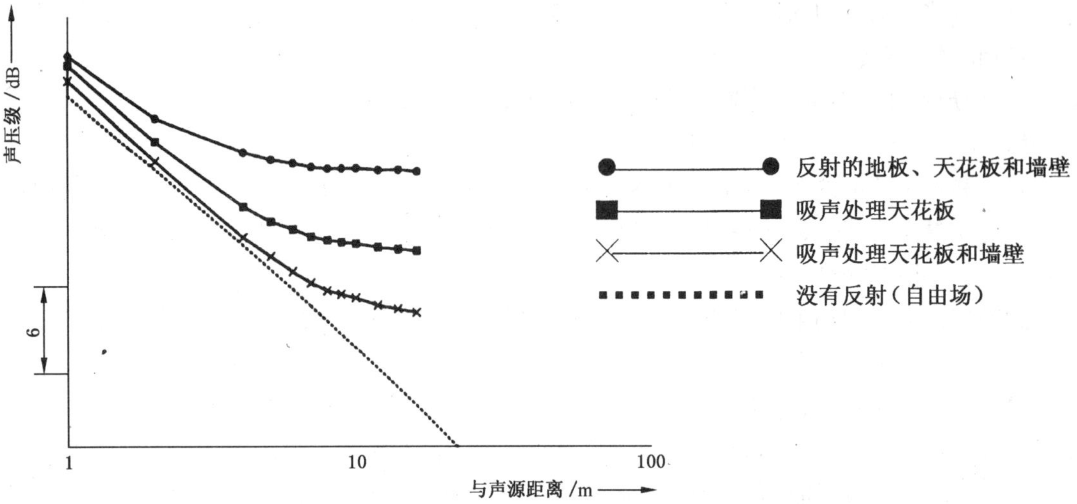

图 8　具有扩散声场条件的房间吸声处理前后的典型空间声衰减曲线
(房间的长、宽、高具有同样数量级)

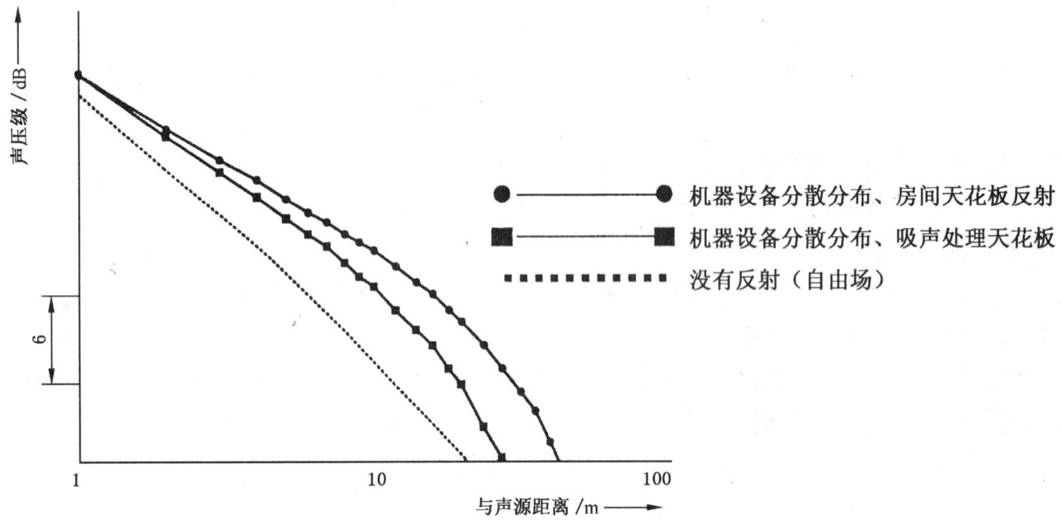

图 9　安装设备的非扩散声场房间吸声处理前后的典型空间声衰减曲线
(房间高度远小于长和宽)

6.4　结构声隔离及其控制措施

空气声向相邻房间或开阔空间的传播可以通过增加墙壁、天花板、窗、门的隔声来控制(见附录 H)。

结构声一旦形成,控制非常困难,因此要在开始就应注意预防。控制空气声和结构声的措施(附录 G 和附录 H)在规划阶段就应考虑,否则实施将较为困难。

7　工作位置的噪声控制

除对噪声源和在传播途径中采取噪声控制措施外,也可以在工作位置处采取噪声措施进行补充,例如采用隔声屏障、隔声间等(附录 E 和附录 I)。

8 验证方法

8.1 概述

声源、噪声控制设备的效果、声传播、工作场所的噪声级和建筑的隔声都通过声学量来描述。这些声学量和由特定控制措施取得的噪声降低的测量经常采用规定的方法进行测量，或者在设计、计划和合同中予以商定。这些声学量的数值和控制措施的成功与否都应该在现场进行认证。在进行比较时，应将不确定度考虑进去。

8.2 声源

机器设备噪声发射标称值的验证可以采用 GB/T 14574 标准。验收鉴定噪声发射的数据可以采用相关机器的噪声试验规范和噪声发射测量基础标准(ISO 3740 系列、GB/T 16404 系列和 GB/T 17248 系列)。验证机器噪声标称值时，要求机器设备的运行条件和安装条件应符合噪声标牌或产品相关文件的规定。噪声控制措施由噪声发射差评价。

8.3 噪声控制设备

噪声控制装置的效果可以采用插入损失、传递损失或声压级降低量来测量和鉴定验收(见附录 C、附录 D、附录 E 和附录 I)。购买者和供货商应就此达成一致。

8.4 工作间

车间和办公室内的声质量可以采用声传播参数：声压级空间衰减率(DL_2)、声压级愈量率减(DL_f)和混响时间来评价。这些数值可以测量或计算。相关方协议一致的这些量在设计阶段可以采用计算方法，在验收时是进行测量。

检验方法：

采用一个已知声功率的无指向性声源。声源置于地面上方附近，所有测点应具有同样高度。如果采用一个可以旋转的声源并测量每个测点的等效声级，声源的指向性影响可以忽略。

当测量声传播时，应测量一个给定频率分布范围或倍频带声级。测量的传播路径应保证声源和测点之间直视可见。当进行设计值和验收结果比较时，传播的路径和距离范围应该相同。

当测量空间声场分布曲线时，在障碍物(例如机器)后面的声压级要比直视可见的状况下所测的声级最高可低 10 dB(平均 3 dB～4 dB)。在测量房间中的空间声场分布曲线或工作位置的声压级时，对这一影响要予以考虑。

8.5 指定位置和工作位置

噪声控制效果和噪声照射可以用某一特定位置的声压级来测定和验收，通常采用工作位置处。只有运行条件和测量方法是同样时，采用噪声控制措施的效果才可以比较。

9 新技术

在有些情况下，在噪声控制规划阶段，从发展的角度应考虑新技术的应用是必要的。

附录 J 给出了有源控制技术的资料：自适应有源控制技术。降低需控制的机械波和/或声波、二次产生的反位相波干涉。

附　录　A
（资料性附录）
机器部件的调整和更换

A.1　限制噪声的产生和传递

推荐下列措施：

a）避免撞击和快速运动，而采用匀速运动或慢加速运动；通过降低撞击速度而减少撞击噪声，例如降低落体高度、减小落体质量；在撞击表面上使用阻尼材料，例如夹层材料或弹性材料。

b）气流管道系统设计中，避免采用限制流量的管道排列方式，和横截面积突变、不连续。

c）采用多个小喷嘴代替单一大喷口。

d）避免速度接近声速，采用多级降压阀门，避免空化现象。

e）采用内齿轮传动泵代替轴向活塞泵。

f）如果机器负载允许，采用塑料齿轮。

g）用螺旋齿传动代替直齿传动。

h）对于摩擦滚动接触的机器零部件，提高表面加工精度，保证合理的公差。

i）确保所有旋转部件平衡度。

j）选择低噪声轴承（滑动轴承一般比滚动轴承噪声低）。

k）合理安装设备，使其处于最佳工况。

l）选择最佳组合材料（如塑料/钢）和表面润滑材料。

m）在系统设计时，选择低噪声的力传递方法，例如弹性耦合、液压传动、摩擦轮驱动、三角皮带、平皮带代替齿轮传动、螺旋齿轮、摩擦齿轮等，提高齿轮加工精度，选用高阻尼的材料制作齿轮，采用多级电机和调速电机直接驱动。

A.2　降低噪声辐射

推荐下列措施：

a）当不需要对空气声隔离时，选用穿孔率30%左右的穿孔板。

b）使用高阻尼的材料，例如灰口铸铁、夹层板、塑料等。

c）对向辐射表面传递的结构声进行隔离。

d）提高空气声隔离结构的质量，或采用充填吸声材料的双层壁。

e）机器罩体内部表面饰以吸声材料，如果传递到罩体的结构声不突出时，此措施更有效。

f）密封所有不需要的孔洞、缝隙，和用水泥浆充填连接处。

g）在需要保留的孔洞处，安装消声器或其他消声装置。

附　录　B
（资料性附录）
噪声源的布局

B.1～B.4 为推荐措施。

B.1　把高噪声源放在一起，减少它们对远的工作位置影响

两个等噪声强度的声源放在一起，总的噪声级增加 3 dB，如果把两个声源拉开一定距离，则它们周围的每一个区域也都受到影响。

B.2　最吵闹声源的位置

如果生产工艺允许，高噪声设备应和噪声低的设备分离。这可以通过把高噪声设备放在分离的房间或通过带有隔声门的墙壁隔离来实施。当高噪声设备集中放在一个房间时，A 声级可能仅增加几个分贝，这个增加可以通过房间壁面的适当处理加以抵消。

B.3　辅助作业的安排

低噪声作业也可以和高噪声作业分离，一般辅助作业不和噪声源相连，例如各部分的清洗、保养、维修和生产准备、生产后续作业（例如包装等）安排在低噪声区域。

B.4　使用遥控装置

如有可能，对一些高噪声的机器设备，采用遥控操作，为此操作者可远离噪声源。

附　录　C
（资料性附录）
隔　声　罩

隔声罩的降噪效果决定于其设计结构和噪声源的频谱。如果声源低频噪声为主，效果较低。

典型的隔声罩 A 计权噪声降低为：

——隔声包扎　5 dB～10 dB

——饰以吸声材料的单层壁隔声罩　10 dB～25 dB

——饰以吸声材料的双层壁隔声罩　25 dB 以上

图 C.1 给出了典型的不同结构隔声罩的插入损失频率特性。

隔声罩的孔洞和缝隙对其降噪效果特别是高频噪声有明显影响，开口面积应尽量小，例如泄露面积占 10%、1%、0.1%的隔声罩其最大降噪量分别为 10、20、30 dB(A)。

只有设计很好的全隔声罩，并采用隔振支撑安装，没有孔洞或有孔洞安装消声器，采用适当密封的隔声门，才能获得很高的降噪值。

隔声罩的效果随着使用时间要降低，仔细地保养维修是必要的。

GB/T 18699.1—2002 和 GB/T 18699.2—2002 分别给出了隔声罩效果的实验室测量和现场测量方法。

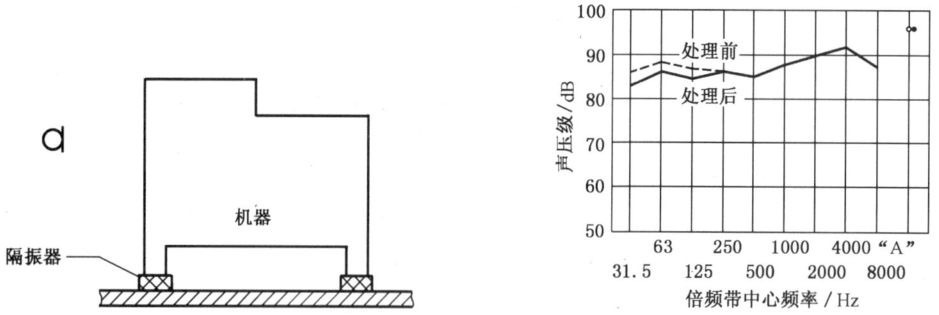

a)

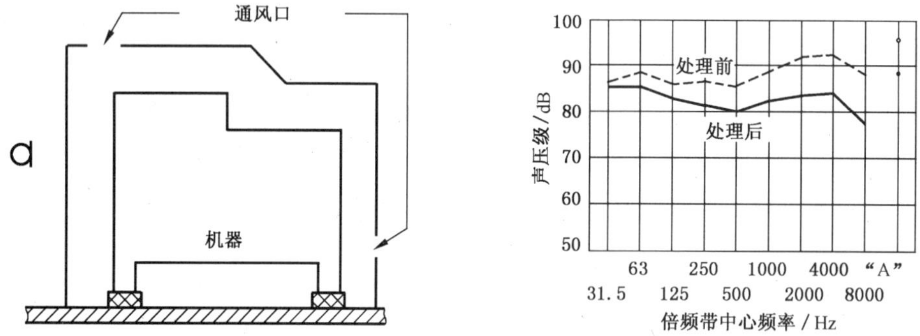

b)

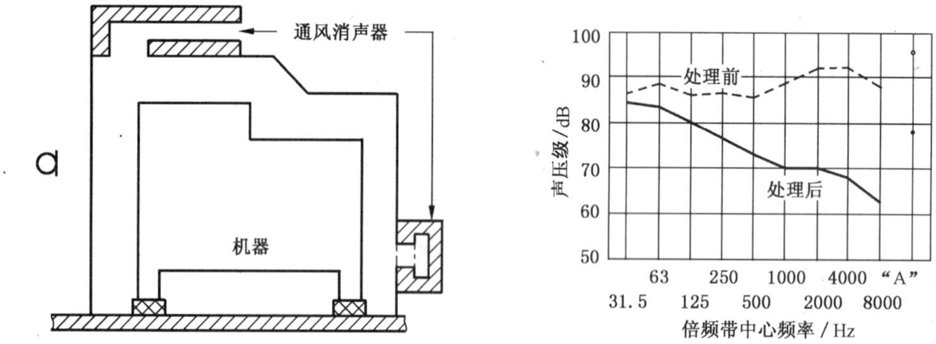

c)

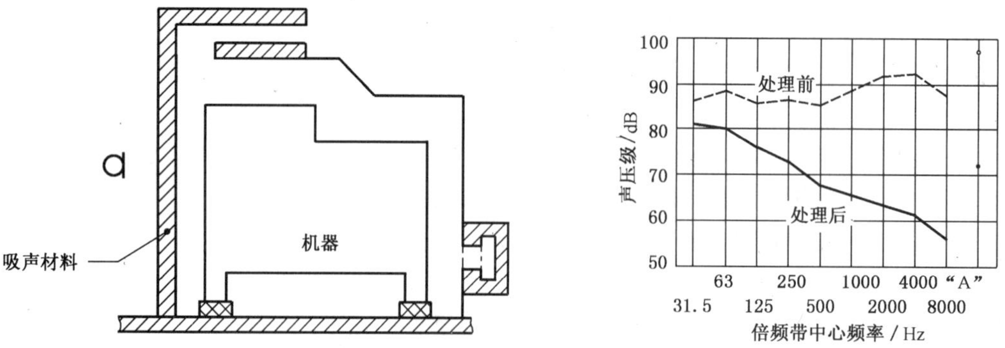

d)

图 C.1　不同隔声罩的典型的降噪效果

附 录 D
（资料性附录）
消 声 器

消声器按其消声的机理主要可分为以下类型：

a) 抗性消声器(反射型消声器、共振式消声器)主要用于内燃机和一些有突出频率成分的气流噪声源有效。

b) 节流式消声器主要应用于气体排放(高压损失)。

c) 阻性消声器是指内衬吸声材料的消声器。阻性消声器主要适用于各类风机、空压机和通风空调系统。

在实际应用中，还经常采用上述消声器组合而成的复合型消声器。所有的消声器的消声特性都和频率有关，因此消声器实际设计中，要针对要控制的噪声频率特性和现场的具体使用条件进行设计，例如：

——气流中粉尘、潮湿和其他腐蚀因素；

——气流流量；

——压力；

——温度；

——允许的压力损失；

——安装条件。

消声器的插入损失通常为 10 dB(A)～30 dB(A)，有时可以达到更高。

消声器的效果测定可按 ISO 7235:1991、GB/T 16405—1996 和 ISO 11820:1996 进行。

附 录 E
（资料性附录）
室内声屏障

声屏障一般由隔声材料(钢板、木板、玻璃、塑料等)和吸声材料组合而成，吸声材料要面向声源。

工作场所声屏障的主要作用是防止噪声辐射源的直达声到达照射点。它们可以用来把房间高噪声区域和其它区域分离开，特别是对于局部高度间壁或非全部封闭隔声罩的隔离。隔离效果随房间横断面积剩余相连面积减少而增加，随附近的墙壁和天花板的吸声量增而增加。典型的降噪效果为 5～10 dB(A)。

在一个未经吸声处理的工作室，当声源和接受点距离小于 3 倍室内高度时，通过一个高度大于房间高度一半的声屏障，其插入损失在 1 000 Hz 倍频带可以大于 5 dB。

当其它噪声控制措施不可行时，声屏障和房间的天花板、墙壁吸声处理相结合，则是一项有效的综合措施。

ISO 11821 给出了可移动声屏障声衰减的现场测量方法。GB/T 19513—2004 规定了室内声屏障声衰减的实验室测量方法。

附　录　F
（资料性附录）
房间吸声处理

F.1　扩散声场房间

对于这类房间，当距声源超过一定距离时，声压级恒定。

对于吸声处理，只有在理想情况下，可以用混响时间来确定室内混响场的噪声降低值。

吸声处理的噪声降低值可简单地利用吸声处理前后的总吸声量(A)或混响时间(T)来确定：

$$\Delta L = 10\lg(A_2/A_1) \text{ 或 } \Delta L = 10\lg(T_1/T_2)$$

式中：

A_1、A_2——分别为吸声处理前后房间内总吸声量；

T_1、T_2——分别为吸声处理前后房间的混响时间。

在扩散场条件下，混响时间可以按下式计算：

$$T = 0.163V/A$$

式中：

V——房间的容积，m^3；

$A = \sum \alpha_i S_i$，房间总吸收量；

$\alpha_i S_i$——分别为房间内各表面吸声系数和面积。

表 2 和表 F.1 给出了一些吸声系数的示例。

F.2　非扩散场房间

对于非扩散场房间，通常采用空间声传播特性参数来评价吸声处理的降噪效果。

F.3　吸声处理的实践

进行吸声处理时，应注意以下原则：

a)　当房间内噪声源很密，且工作位置又必须靠近噪声源时，如果这些噪声源附近的声能量主要来自其他声源或周围边界反射，吸声处理可能有效。

b)　当房间内表面在声学上“非常坚硬”，吸声系数很低时，吸声处理会收到明显效果。

c)　吸声处理应尽可能在设计阶段考虑，在这个阶段有更多机会选择有吸声特性的墙壁和天花板，如果需要，还可以和隔热结合起来。

d)　由于材料的吸声系数和频率有关(通常使用的材料在中高频率有较好的吸声系数)，应根据噪声的频率特性来选择吸声处理的材料和结构。

e)　应尽量靠近噪声源附近的表面进行吸声处理，是最有效的。

f)　由于吸声处理往往可以使噪声频谱向低频移动，降低了烦恼度，其降噪效果的主观评价往往好于客观评价。

g)　在已建室内对天花板、墙壁采取吸声处理措施，其吸声系数在相应频率范围应大于 0.6。

当采用声屏障措施时，只有和吸声处理结合，才能取得较好效果。

表 F.1 房间(近似立方体形)在未进行吸声处理时的平均吸声系数 α (500 Hz～2 000 Hz)

房间用途	平均吸声系数 α
设备间(如空压机房、风机房等)	0.05～0.1
金属加工车间、机器车间	0.1～0.2
木加工车间	0.1～0.25
纺织车间	0.2～0.25
办公室	0.15～0.2

附 录 G
(资料性附录)
结构声隔离

机器设备的振动传递到相邻结构(如地板、墙壁、支撑元件、管道等),一部分能量会以噪声的形式辐射。

如果相邻房间要求低噪声级,则有必要控制结构声。

对结构声进行隔离的主要方法为:

a) 采用隔振器或隔振材料对机器设备进行隔振,机器安装在一个重的和无共振的基础上也是必要的;

b) 对由结构声激发辐射噪声的结构附加阻尼板或阻尼涂层,可以使其转化为热能;

c) 对管道系统应采用柔性联结。如果运行条件不容许,应采用阻尼的金属垫片。

采用隔振吊挂和弹性阻尼固定装置等,防止结构声由管道传到支撑的结构。

对于一些输运系统,也应采用类似的固定装置,如果需要也可附加质量块,例如对于起重机轨道支撑。

附　录　H
（资料性附录）
空气声隔离

单层壁的隔声量主要决定于单位面积质量，一般单位面积质量加倍，隔声量增加5dB左右。

如果设计合理，相同单位面积质量的双层壁比单层壁的隔声量可以提高10dB左右。除单位面积质量外，结构刚度、双层壁的中间距离、充填的吸声材料增加的阻尼及它们的刚性连接也对隔声量有较大影响。为提高双层壁的隔声量，应避免两层单壁之间的刚性连接。在密实墙板上再附加适当的隔声板，也可以增加5 dB～10 dB隔声量。

在估算墙体、天花板的隔声量时，应考虑侧向传声的影响。通常由于这种影响，实际隔声量多少要比板壁本身固有性能差一些。

应该注意，门窗隔声量往往低于墙体隔声量，由门窗导致的隔声量降低取决于门窗面积和总的隔墙面积之比。

各类房间的隔声要求（应根据其使用功能）在规划设计阶段给予确定。高噪声源应尽量远离试验室、娱乐室等声环境要求较高的房间。

ISO 140给出了建筑构件隔声量的测量方法。ISO 717给出了建筑构件隔声的评价方法。

附　录　I
（资料性附录）
工作位置的噪声控制

为保护暴露在高噪声级中的操作者，可以采用隔声间。隔声间的降噪效果一般为15 dB(A)～30 dB(A)。为保证隔声间内具有较好的工作环境，应设置一定的通风装置。在很多情况下（取决是否有高温暴露），应安装空调装置。

隔声间的优点是容易组装和拆卸。在很多情况下，它是一种有效的噪声控制措施。

ISO 11957:1996给出了有关隔声间效果的测量方法。

有时，隔声屏或非封闭隔声间也可以使用在工作位置或通讯位置（例如电话点），它们的降噪效果一般低于10dB(A)。

如果采用噪声控制措施（见4章～7章）后，工作位置的噪声照射级仍很高，人员应佩带护听器。在选用护听器时，除考虑声衰减量外，还应考虑舒适性和其他职业安全卫生因素。护听器的现场使用效果一般达不到产品标称值，这主要是由于使用方法不当造成的。

附 录 J
（资料性附录）
有源控制技术应用

J.1 有源控制技术

有源噪声和振动控制是以声波或机械波的相消干涉为基础（见图 J.1）。

有源控制技术主要有效应用范围于中低频范围（见图 J.2），传统的被动控制措施往往具有较差的效果。

在上述频率范围，对于稳态噪声可以达到 20 dB 降噪效果，对于随时间变化的非稳态噪声，可以达到 10 dB 效果。

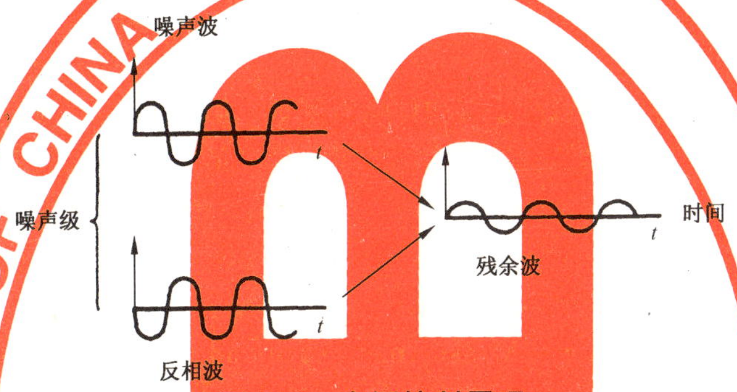

图 J.1 有源控制原理

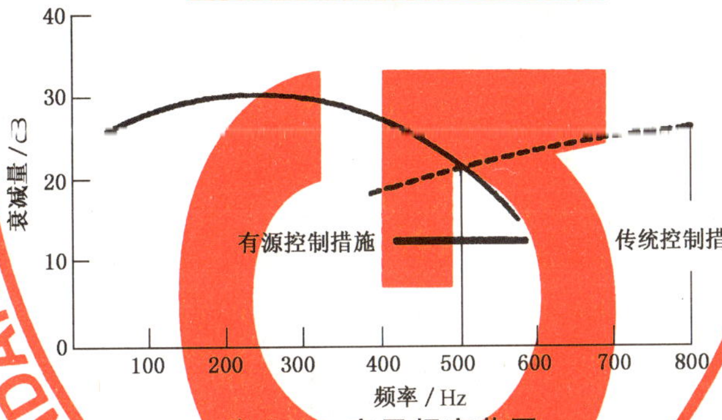

图 J.2 应用频率范围

J.2 应用

有源控制在工业噪声振动控制中可能应用如下：

a) 噪声

有限的或封闭空间（局部区域消声）的噪声控制。

排气噪声控制，例如通风系统可以得到明显的降低。

b) 振动

——振动消除

——振动隔离

前者主要应用于大和重的结构系统上，后者可应用于小的和轻的系统上。

参 考 文 献

[1] GB/T 19889.1 声学 建筑和建筑构件隔声测量 第1部分:侧向传声受抑制的实验室测试设施要求

[2] GB/T 19889.2 声学 建筑和建筑构件隔声测量 第2部分:精密度数据的确定、验证和应用

[3] GB/T 19889.3 声学 建筑和建筑构件隔声测量 第3部分:建筑构件空气声隔声的实验室测量

[4] GB/T 19889.4 声学 建筑和建筑构件隔声测量 第4部分:房间之间空气声隔声的现场测量

[5] ISO 140-5:Acoustics—Measurement of sound insulation in buildings and of building elements—Part 5:Field measurements of airborne sound insulation of façade elements and facades

[6] GB/T 19889.6 声学 建筑和建筑构件隔声测量 第6部分:楼板撞击声隔声的实验室测量

[7] GB/T 19889.7 声学 建筑和建筑构件隔声测量 第7部分:楼板撞击声隔声的现场测量

[8] ISO 140-8 Acoustics—Measurement of sound insulation in buildings and of building elements—Part 8: Laboratory measurement of the reduction of transmitted impact noise by floor coverings on a solid standard floor

[9] ISO 140-9: 1985 Acoustics—Measurement of sound insulation in buildings and of building elements—Part 9: Laboratory measurements of room-to-room airborne sound insulation of a suspended ceiling with a plenum above it

[10] ISO 140-10: 1991 Acoustics—Measurement of sound insulation in buildings and of building elements—Part 10: Laboratory measurements of airborne sound insulation of small building elements

[11] ISO 717-1 Acoustics—Rating of sound insulation in buildings and of building elements—Part 1: Airborne sound insulation

[12] ISO 717-2 Acoustics—Rating of sound insulation in buildings and of building elements—Part 2: Impact sound insulation

[13] GB/T 14367—1993 声学 噪声源声功率级的测定 使用基础标准与制订噪声测试规范的准则

[14] GB/T 6881.1—2002 声学 声压法测定噪声源声功率级 混响室精密法

[15] ISO 3742:1988 Acoustics—Determination of sound power levels of noise sources—Precision methods for decrete- frequency in reverberation rooms

[16] GB/T 6881.2—2002 声学 声压法测定噪声源声功率级 第1部分:硬壁测试室法比较法

[17] GB/T 6881.3—2002 声学 声压法测定噪声源声功率级 第2部分:专用混响测试室法

[18] GB/T 3767—1996 声学 声压法测定噪声源声功率级 反射面上方近似自由场的工程法

[19] GB/T 6882—1986 声学 噪声源声功率级的测定 消声室和半消声室精密法

[20] GB/T 3768—1996 声学 声压法测定噪声源声功率级 反射面上方采用包络测量表面的简易法

[21] GB/T 16538—1996 声学 声压法测定噪声源声功率级 使用标准声源简易法

[22] GB/T 14574—2000 声学 机器和设备噪声发射值的标示和验证

[23] ISO 7235:1991 Acoustics—Measurement procedures for ducted silencers—Insertion loss,

flow noise and total pressure loss

[24] GB/T 16404—1996 声学 声强法测定噪声源声功率级 第1部分:离散点上的测量

[25] GB/T 16404.2—1996 声学 声强法测定噪声源声功率级 第2部分:扫描测量

[26] GB/T 19513—2004 声学 规定实验室条件下办公室内屏障声衰减的测量

[27] GB/T 17248.1—2000 声学 机器和设备发射的噪声 测定工作位置和其他指定位置发射声压级的基础标准使用导则

[28] GB/T 17248.2—2000 声学 机器和设备发射的噪声 工作位置和其他指定位置发射声压级的测量 一个反射面上方近似自由场的工程法

[29] GB/T 17248.3—1999 声学 机器和设备发射的噪声 工作位置和其他指定位置发射声压级的测量 现场简易法

[30] GB/T 17248.4—1998 声学 机器和设备发射的噪声 由声功率级确定工作位置和其他指定位置的发射声压级

[31] GB/T 17248.5—1999 声学 机器和设备发射的噪声 工作位置和其他指定位置发射声压级的测量 环境修正法

[32] GB/T 18699.1—2002 声学 隔声罩的隔声性能测定 第1部分:实验室条件下测量(标示用)

[33] GB/T 18699.2—2002 声学 隔声罩的隔声性能测定 第2部分:现场测量(验收和验证用)

[34] ISO 11654 Acoustics—Sound absorbers for use in buildings—Rating of sound absorption

[35] ISO/TR 11688-1:1995 Acoustics—Recommended practice for the design of low-noise machinery and equipment—Part 1:Planning

[36] ISO/TR 11688-2 Acoustics—Recommended practice for the design of low-noise machinery and equipment—Part 2:Introduction into physics of low-noise design

[37] ISO/TR 11689 Acoustics—Procedure for the comparison of noise-emission data for machinery and equipment

[38] ISO/TR 11690-3 Acoustics—Recommended practice for the design of low-noise workplaces containing machinery—Part 3:Sound propagation and noise prediction in workrooms

[39] GB/T 16405—1996 声学 管道消声器无气流状态下插入损失测量 实验室简易法

[40] ISO 11820:1996 Acoustics—Measurement on silencers in situ

[41] ISO 11821 Acoustics—Determination of the in situ sound attenuation of a removable screen

[42] ISO 11957:1996 Acoustics—Determination of sound insulation performance of cabins—Laboratory and in situ measurements

[43] Acoustique previsionnelle interieure: Etude de cas . INRS, NST53, Vandoeuvre-les-Nancy, France, 1984.

[44] BERANEK L. L. and VER I. L. (eds). Noise and Vibration Control. Institute of Noise Control Engineering, Washington, 1988.

[45] BERANEK L. L. and VER I. L. (eds). Noise and Vibration Control Engineering: Principles and Applications. John Wiley, New York, 1992.

[46] BIES D. A. and HANSEN C. H. Engineering Noise Control. Unwin Hyman, London, 1988.

[47] CHEREMISINOFF P. N. and CHEREMISINOFF P. P. Industrial Noise Control Handbook. Ann Arbor Science, Michigan, 1977.

[48] CORD H., GATLEY W. S. and EVENSON H. A. Noise Control for Engineers. McGraw-

Hill, New York, 1980.

[49] ELVHAMMAR H. And LANDSTROM L. Fight the Noise. The Swedish Work Environment Fund, Stockholm, 1990.

[50] ELVHAMMAR H. Handbook for ljudprojektering av industrilokaler (Acoustical Planning of Industry Premis—Handbook). The Swedish Work Environment Fund, Stockholm, 1994. (In Swedish)

[51] FAHY F. Sound and Structural Vibration: Radiation, Transmission and Response. Academic Press, London, 1985.

[52] GAMBA R. and ABISOU G. (eds). La protection des travailleurs contre le bruit—Les points cles. Collection Outils et Methodes, ANACT, Paris, 1992.

[53] HARRIS C. M. (ed). Handbook of Noise Control. McGraw Hill, New York, 1979.

[54] HARRIS D. A. (ed). Noise Control Manual. van Nostrand Reinhold, New York, 1992.

[55] HECKL M and MULLER H. A. Taschenbuch der Technischen Akustik. Springer Verlag, Berlin, 1975.

[56] HORNS H. and WETTSCHUREK R. Katalog Larmmindernder Massnahmen in der Fertigung—Metallverareitung. BAU-Bericht, Fa 17, Wirtschaftsverlag NW, Bremerhaven, 1989.

[57] 100 pratical application of noise reduction methods. Her Majesty's Stationery Office, London, 1983.

[58] KURZE U. J., HORNS H. et al. Larmminderung am Arbeitsplatz III—Beispielsammlung. BAU-Bericht, Fa 14, Wirtschaftsverlag NW, Bremerhaven, 1987.

[59] MAY D. N. Handbook of Noise Assessment. Van Nostrand Reinhold, New York, 1978.

[60] NELSON P. A. and ELLIOT S. J. Active Control of Sound. Academic Press, London, 1992.

[61] Noise Control Principles and Practice. Danish Working Environmental Fund, 1980.

[62] PETRUSEWICH S. A. and LONGMORE D. K. Noise and Vibration Control for Industrialists. ELEK Science, London, 1974.

[63] SCHIRMER W. Larmbekampfung. Verlag Tribune, Berlin, 1989.

[64] SCHMIDT H. Schalltechnisches Taschenbuch. VDI Verlag, Dusseldorf, 1989.

[65] SCHMIDT K. P. and HARRIS H. Larmminderung am Arbeitsplatz II—Beispielsammlung. BAU-Bericht, Fa 13, Wirtschaftsverlag NW, Bremerhaven, 1987.

[66] WINKLER A., DIETMANN I. and MIDDELDORF R. Technische Massnahmen zur Larmminderung in der Dunnblechverarbeitung. BAU-Bericht, Fa 3, Wirtschaftsverlag NW, Bremerhaven, 1985.

[67] GB 17697/T—1999 声学 风机辐射入管道的声功率测定 管道法

[68] GB/T 4760—1995 声学 消声器测量方法

[69] GB/T 3241—1998 倍频程和分数倍频程滤波器

ICS 67.160.20
C 53

中华人民共和国国家标准

GB 17325—2005
代替 GB 17325—1998

食品工业用浓缩果蔬汁(浆)卫生标准

Hygienic standard of concentrated fruit and vegetable juice for food industry

2005-01-25 发布　　　　2005-10-01 实施

中华人民共和国卫生部
中国国家标准化管理委员会　发布

前　言

本标准全文强制。

本标准代替并废止 GB 17325—1998《食品工业用浓缩果蔬汁(浆)卫生标准》。

本标准与 GB 17325—1998 相比主要变化如下:

——按照 GB/T 1.1—2000 对标准文本格式进行了修改;

——对 GB 17325—1998 的结构进行了修改,增加了原料、食品添加剂、生产加工过程、包装、标识、贮存、运输的卫生要求。

本标准于 2005 年 10 月 1 日起实施,过渡期为一年。即 2005 年 10 月 1 日前生产并符合相应标准要求的产品,允许销售至 2006 年 9 月 30 日止。

本标准由中华人民共和国卫生部提出并归口。

本标准起草单位:浙江省卫生监督所、辽宁省卫生监督所、天津市卫生局公共卫生监督所、杭州娃哈哈集团有限公司、四川省卫生监督所、浙江省黄岩区卫生监督所、北京市卫生防疫站。

本标准主要起草人:张法明、林玲、王旭太、崔春明、余挺、陈跃高、梁进。

本标准所代替标准的历次版本发布情况为:

——GB 17325—1998。

食品工业用浓缩果蔬汁(浆)卫生标准

1 范围

本标准规定了食品工业用浓缩果蔬汁(浆)的卫生指标和检验方法以及食品添加剂、生产加工过程、包装、标识、贮存、运输的卫生要求。

本标准适用于以水果、蔬菜及其他植物为原料,经清洗、取汁(或制浆)、浓缩、杀菌等工序制成的用于兑制饮料或加工食品的浓缩果蔬汁(浆)。

2 规范性引用文件

下列文件中的条款通过本标准的引用而成为本标准的条款。凡是注日期的引用文件,其随后所有的修改单(不包括勘误的内容)或修订版均不适用于本标准,然而,鼓励根据本标准达成协议的各方研究是否可使用这些文件的最新版本。凡是不注日期的引用文件,其最新版本适用于本标准。

GB 2760 食品添加剂使用卫生标准

GB 2761 食品中真菌毒素限量

GB/T 4789.21 食品卫生微生物学检验 冷冻饮品、饮料检验

GB/T 5009.11 食品中总砷及无机砷的测定

GB/T 5009.12 食品中铅的测定

GB/T 5009.13 食品中铜的测定

GB/T 5009.185 苹果和山楂制品中展青霉素的测定

GB 7718 预包装食品标签通则

GB 12695 饮料企业良好生产规范

3 指标要求

3.1 原料要求

应符合相应的标准和有关规定。

3.2 感官指标

无异味、无杂质。

3.3 理化指标

理化指标应符合表1的规定。

表 1 理化指标

项目		指标
总砷(以 As 计)/(mg/kg)	≤	0.5
铅(Pb)/(mg/kg)	≤	0.5
铜(Cu)/(mg/kg)	≤	5.0
展青霉素		按 GB 2761 执行

3.4 微生物指标

微生物指标应符合表2的规定。

表 2 微生物指标

项 目		指 标
菌落总数/(cfu/mL)	≤	1 000
大肠菌群/(MPN/100 mL)	≤	30
霉菌/(cfu/mL)	≤	20
酵母/(cfu/mL)	≤	20
致病菌(沙门氏菌、志贺氏菌、金黄色葡萄球菌)		不得检出

4 食品添加剂

4.1 食品添加剂质量应符合相应的标准和有关规定。

4.2 食品添加剂品种及其使用量应符合 GB 2760 的规定。

5 生产加工过程

应符合 GB 12695 的规定。

6 包装

应包装在封闭容器中,包装容器和材料应符合相应的卫生标准和有关规定。

7 标识要求

定型包装的标识要求应按 GB 7718 规定执行。

8 贮存及运输

8.1 贮存

成品应贮存在干燥、通风良好的场所。不得与有毒、有害、有异味、易挥发、易腐蚀的物品同处贮存。

8.2 运输

运输产品时应避免日晒、雨淋。不得与有毒、有害、有异味或影响产品质量的物品混装运输。

9 检验方法

9.1 感官指标

取 250 mL 试样于无色玻璃杯中,在自然光线下采用目测、鼻嗅、口尝的方法进行检验。结果应符合 3.2 的规定。

9.2 理化指标

9.2.1 铅:按 GB/T 5009.12 规定的方法测定。

9.2.2 总砷:按 GB/T 5009.11 规定的方法测定。

9.2.3 铜:按 GB/T 5009.13 规定的方法测定。

9.2.4 展青霉素:按 GB/T 5009.185 规定的方法测定。

9.3 微生物指标

按 GB/T 4789.21 规定的方法检验。

ICS 01.100.01
J 04

中华人民共和国国家标准

GB/T 17453—2005/ISO 128-50:2001
代替 GB/T 17453—1998

技术制图　图样画法
剖面区域的表示法

Technical drawings—General principles of presentation—
Basic conventions for representing areas on cuts and sections

(ISO 128-50:2001,Technical drawings—General principles of presentation—Part 50:Basic conventions for representing areas on cuts and sections,IDT)

2005-07-01 发布　　　　2005-12-01 实施

中华人民共和国国家质量监督检验检疫总局
中国国家标准化管理委员会　发布

前言

本标准等同采用 ISO 128-50:2001《技术制图　图样画法　剖面与截面区域表示的一般要求》(英文版)。

本标准代替 GB/T 17453—1998《技术制图　图样画法　剖面区域的表示法》。

本标准与 GB/T 17453—1998 相比主要变化：

——在第三章“术语和定义”中增加了引用 GB/T 16948—1997《技术产品文件　词汇　投影法术语》的有关内容；

——增加了第四章“概述”；

——本标准中图 2“相邻零件剖面线”代替 98 版标准中的图 2、图 3；

——本标准中的图 7“剖面边框使用加粗线型”代替 98 版标准中的图 8。

——删除 98 版标准中的图例 11。

为了便于使用，本标准做了下列编辑性修改：

——将国际标准的表述改为适用于国家标准的表述；

——删除国际标准的前言；

——删除参考文献。

本标准由全国技术产品文件标准化技术委员会提出并归口。

本标准主要起草单位：中机生产力促进中心、大连海事大学、合肥工业大学、机械科学研究院。

本标准主要起草人：杨东拜、陈景玉、邹玉堂、李学京、周京淮。

技术制图　图样画法
剖面区域的表示法

1　范围

本标准规定了技术制图(包括机械、电子、建筑及土木工程等)表示剖面区域的总体原则。

本标准适用于按正投影法绘制的技术图样。

2　规范性引用文件

下列文件中的条款通过本标准的引用而成为本标准的条款。凡是注日期的引用文件,其随后所有的修改单(不包括勘误的内容)或修订版均不适用于本标准,然而,鼓励根据本标准达成协议的各方研究是否可使用这些文件的最新版本。凡是不注日期的引用文件,其最新版本适用于本标准。

GB/T 17450　技术制图　图线(idt ISO 128-20)

GB/T 4457.4　机械制图　图样画法　图线(eqv ISO 128-24)

GB/T 13361　技术制图　通用术语(neq ISO 10209-1)

GB/T 16948　技术产品文件　词汇　投影法术语(eqv ISO 10209-2)

3　术语和定义

本标准使用GB/T 13361、GB/T 16948中给出的术语和定义。

4　概述

本标准详细阐述了剖面与截面表示的6种方法,由下面几部分组成:

剖面线(见第5章)

阴影或调色(见第6章)

加粗实轮廓线(见第7章)

狭小剖面(见第8章)

相近的狭小剖面(见第9章)

特殊材料(见第10章)

5　剖面线

剖面线是由GB/T 4457.4所指定的细实线来绘制,而且与剖面或断面外面轮廓成对称或相适宜的角度(参考角45°,见图1)。

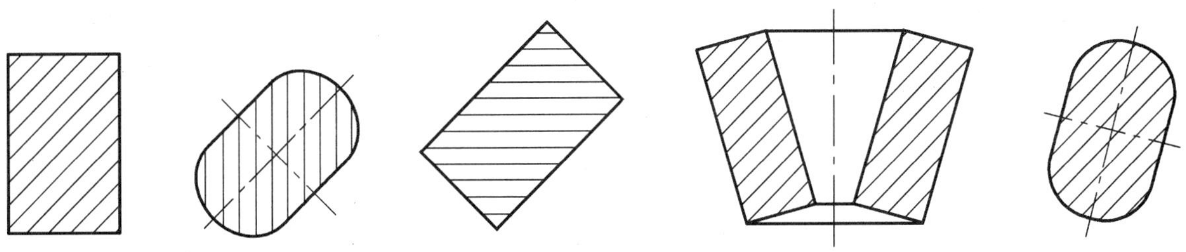

图1　剖面或断面的剖面线示例

同一个零件相隔的剖面或断面应使用相同的剖面线，相邻零件的剖面线应该用方向不同间距不同的剖面线(见图 2)。

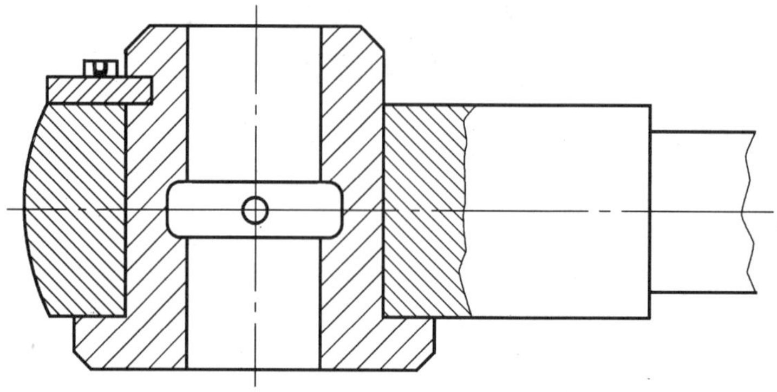

图 2 相邻零件剖面线示例

剖面线的间距应与剖面尺寸的比例相一致，应与 GB/T 17450 所给出最小间距的要求一致。

同一个零件的剖面或断面线要平行并列绘制，剖面线要统一(见图 3)。但沿着剖面或断面的方向偏移可能更清楚一些。

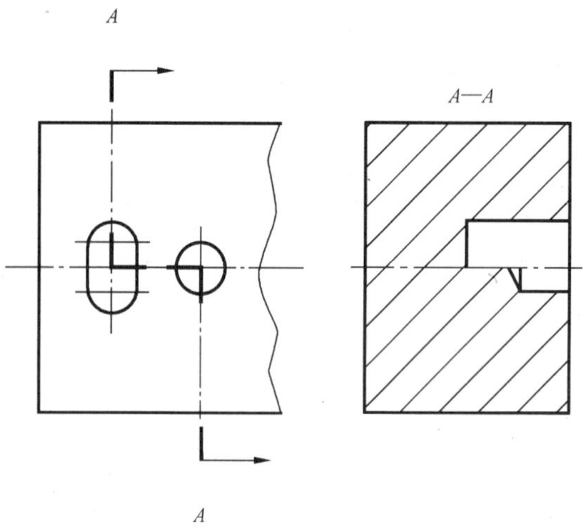

图 3 同一零件偏移的切面或断面

在大面积剖切的情况下，剖面线可以局限于一个区域，在这个区域内可使用沿周线的等长剖面线表示(见图 4)。

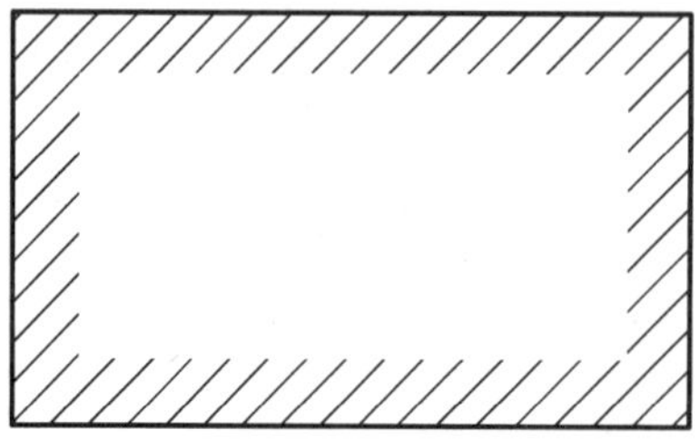

图 4 大面积剖视图

剖面内可以标注尺寸(见图 5)。

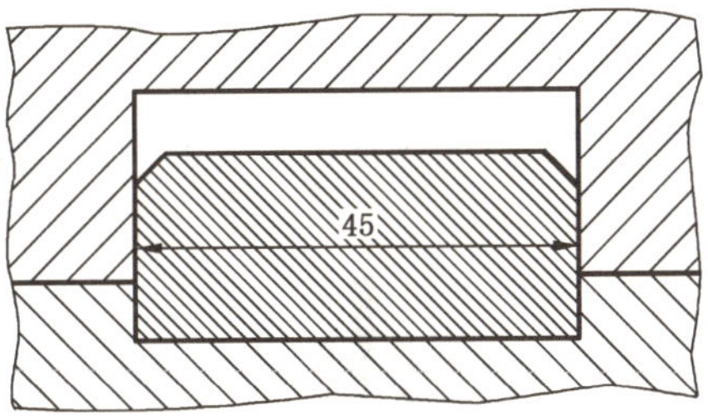

图 5　带有标注的剖面

6　阴影或调色

阴影可以是一个带点的图案，或者是一个全色(见图 6)。

图 6　阴影是带点图案或全色

点的间距根据底纹尺寸按比例地选取。如果是一个大的面，阴影可以局限于一个区域。在这个区域内，沿周线画等距点图案(见图 4)。

阴影面或调色面内允许标注。

7　加粗实轮廓线

断面或剖面可以用 GB/T 17450《技术制图　图线》所规定的加粗实线来强调表示(见图 7)。

图 7　剖面边框使用加粗线型

8　狭小剖面

狭小剖面可以用完全黑色来表示(见图 8)。

这个方法表示实际的几何形状。

图 8　狭小剖面

9 相近的狭小剖面

相近的狭小剖面可以表示成完全黑色，在相邻的剖面之间至少应留下 0.7 mm 的间距(见图 9)。这种方法不表示实际的几何形状。

图 9 相近的狭小剖面

10 特殊材料

不同类型的表示方法，用作表示不同的材料。如果有一个特殊材料要表示，这个表示的含义应清楚地在这个图上注明(举例来说，用一个图案或参照一个合适的标准)。

ICS 01.040.01
A 22

中华人民共和国国家标准

GB/T 17532—2005
代替 GB/T 17532—1998

术语工作　计算机应用　词汇

Terminology work—Computer applications—Vocabulary

(ISO 1087-2:2000 Terminology work—
Vocabulary—Part 2:Computer applications,MOD)

2005-07-15 发布　　2005-12-01 实施

中华人民共和国国家质量监督检验检疫总局
中国国家标准化管理委员会　发布

前　　言

本标准修改采用 ISO 1087-2:2000《术语工作　词汇　第 2 部分:计算机应用》。本标准根据我国的实际情况和汉语、汉字的特点,在修改采用 ISO 1087-2:2000 时,主要做了以下改动:

1. 根据我国术语工作标准的命名习惯,将标准名称改为《术语工作　计算机应用　词汇》。

2. 把某些术语注中的内容,直接引入到定义中,把定义中的内容改为注。

3. 增加了部分中文例。

4. 从 GB/T 12200.2—1994《汉语信息处理词汇　02 部分:汉语和汉字》中引入了 8 条有关汉字字符的术语。

5. 删去了参考文献目录,将其中的内容放到规范性引用文件中;增加了中文索引。

本标准是对 GB/T 17532—1998《术语工作　计算机应用　词汇》进行了修订。

本标准的条目格式按 GB/T 20001.1—2001《标准编写规则　第 1 部分:术语》的规定。

条目的内容顺序如下:

——条目编号;

——优先术语(黑体);

——缩写形式(黑体);

——许用术语;

——拒用术语,括号中注明"(拒用)";

——专业领域用尖括号〈　〉;

——定义;引用的术语用黑体标出,并在后面用括号注明条目编号;

——例;

——注。

本标准由中国标准化研究院提出。

本标准由全国术语标准化技术委员会归口。

本标准由中国标准化研究院起草。

本标准主要起草人:陈玉忠、于欣丽、程永红、宋敏、肖玉敬、卢丽丽、谢志利等。

本标准所代替标准的历次发布情况为:GB/T 17532—1998。

术语工作 计算机应用 词汇

1 范围

本标准规定了在术语工作中涉及计算机应用的常用术语。

本标准适用于术语数据库的研究、开发、维护及管理工作，在其他涉及术语数据处理的工作中也可参考使用。

2 规范性引用文件

下列文件中的条款通过本标准的引用而成为本标准的条款。凡是注日期的引用文件，其随后所有的修改单(不包括勘误的内容)或修订版均不适用于本标准，然而，鼓励根据本标准达成协议的各方研究是否可以使用这些文件的最新版本。凡是不注日期的引用文件，其最新版本适用于本标准。

GB/T 5271.8—1993 数据处理 词汇 08 部分:控制、完整性和安全性(eqv ISO 2382-8:1986)

GB/T 12200.2—1994 汉语信息处理词汇 02 部分:汉语和汉字

GB/T 12991—1991 信息处理系统 数据库语言 SQL(idt ISO/IEC 9075:1989)

GB/T 15237.1—2000 术语工作 词汇 第1部分:理论与应用(eqv ISO 1087-1:2000)

ISO/IEC 2382-1:1993 信息技术 词汇 第1部分:基本术语

ISO/IEC 2382-4:1999 信息技术 词汇 第4部分:数据的组织

ISO 2382-6:1987 信息处理系统 词汇 第6部分:数据的准备和处理

ISO/IEC 2382-9:1995 信息技术 词汇 第9部分:数据通信

ISO/IEC 2382-23:1994 信息技术 词汇 第23部分:文本处理

3 一般概念

3.1

信息 information

〈信息处理〉关于客体(如事实、概念、事件、思想、过程等)的知识，它在一定的上下文中具有特定的意义。

注1：本条引自 ISO/IEC 2382-1:1993。

注2：在其他的应用领域，信息的定义不同。

3.2

数据 data

为进行通信、解释和处理而使用的**信息**(3.1)的形式化表现形式。

注：本条改自 ISO/IEC 2382-1:1993。

3.3

数据处理 data processing

对**数据**(3.2)进行的系统性操作。

例：对**数据**(3.2)进行算术运算或逻辑运算，**数据**(3.2)的**归并**(9.5)或**排序**(9.4)，程序的汇编或编译，以及对**文本**(3.6)的操作，如**文本编辑**(12.3)、分类、**归并**(9.5)、存储、检索、**显示**(9.6)、打印等。

注：本术语不能作为**信息处理**(3.4)的同义术语。

3.4

信息处理 information processing

用计算机对**信息**(3.1)进行的系统性操作，它包含**数据处理**(3.3)。

注1：本术语不能作为**数据处理**(3.3)的同义术语。

注2：本条改自ISO/IEC 2382-1：1993。

3.5

语言处理　language processing

对语言进行的**信息处理**(3.4)。

例：校对，可以通过智能化处理和拼写检查来进行校对。但这两种做法是可选的。

3.6

文本　text

以**字符**(6.1)、符号、词、短语、句子、段落、表格或其他的符号序列等形式构成用于表达某种意义的**数据**(3.2)。其解释主要根据阅读文本的人对于某种自然语言或人工语言的知识来进行。

注：本条引自ISO/IEC 2382-1：1993。

3.7

文本语料库　text corpus

语料库　corpus

〈语言工程〉根据预先确定的规则所准备、编码或存储的机器可读的许多完整文本(参阅7.4)或部分文本的系统化集合。

注：文本语料库可按专业领域、容量或时期做不同的限定，例如，从1986年以来的某些特定的期刊、数学文本等。文本语料库可用作进一步的语言分析或术语工作的原材料。

3.8

词型　type

〈语言工程〉**文本**(3.6)中代表一个确定类别的语言单位。

注：这种语言单位通常是未用**定界符**(3.10)隔开的不间断的字符串。汉语通常未用定界符。

3.9

词例　token

〈自然语言处理〉**词型**(3.8)在文本中的具体出现形式。

3.10

定界符　delimiter

分隔符　separator

用于指明一个**字符串**(6.13)的开始或结尾的一个或多个**字符**(6.1)。

注1：本条引自ISO/IEC 2382-4：1999。

注2：空白符或标点符号经常用作定界符。

3.11

词形　word form

给定词的任何形态句法变体。

例：在英语中，indicate，indicates；visitor，visitor's.

注：在屈折语中，词形经常是屈折形式，例如，英语的go，goes；以及go，went，gone。

3.12

词形变化范型　paradigm

〈自然语言处理〉属于某一给定词或词组型术语的各个**词形**(3.11)的类聚。

3.13

基本词形　base form

参照词形　reference form

根据词典编纂学的惯例选出的用以表示一个**词形变化范型**(3.12)中的各个形式的**词形**(3.11)。

例：在英语中，bind是bind，bound，binds，binding等的基本词形。

注1：本条改自GB/T 15237.1—2000。

注2：术语"基本词形"也可以应用于词组型术语。

3.14

多词术语　multi-word term

包括两个以上**字符串**(6.13)的术语。

3.15

压缩形　compressed form

缩减形　reduced form(拒用)

经过**压缩**(8.4)的字符串。

例：字符串"input/output-algorithm"变成其压缩形"inputoutputalgorithm"。

注：术语"缩减形"可能会导致误解，建议避免使用这个术语。

3.16

屈折取消　deinflection

取消**词形**(3.11)中的屈折成分。

3.17

取消屈折的词形　deinflected word form

在**屈折取消**(3.16)之后余下的**词段**(3.18)。

3.18

词段　word part

词片　word segment

为了某种特殊用途从一个**词形**(3.11)中取出的**字符串**(6.13)。

3.19

词形还原　lemmatization

从某一给定**词形**(3.11)生成**基本词形**(3.13)的过程。

例：在英语中，"go"是"goes"通过**屈折取消**(3.16)而得到的**基本词形**(3.13)；而"go"是通过不规则动词变换得到的"went"的**基本词形**(3.13)，这种变换不符合标准的屈折规则。

注：这样的结果也称为词形还原。

3.20

句法分析　parsing

根据给定的算法，将给定的文本结构分解为其语法、类别，以及(或)词汇等组成成分的操作。

例：在英语句子"all unsaturated fatty acids are not degradable by biological methods"中，"all unsaturated fatty acids"和"biological methods"可看成是**多词术语**(3.14)，它们可以被**抽取**(8.9)。

注：句法分析不一定必须提供对某一句子结构的完整分析。

3.21

术语数据集合　terminological data collection

包含特定专业领域有关各种概念**信息**(3.1)的**数据**(3.2)集合。

3.22

术语条目　terminological entry

术语数据集合(3.21)中所包含的与一个概念相关的术语**数据**(3.2)。

3.23

同形词　homograph

两个以上的具有相同书写形式但表示不同的概念(语义同形)或不同句法功能(句法同形)的词形或词。

例：在英语中，lead(铅 Pb)和 lead(领导)；

bark(吠)和 bark(树皮)。

在汉语中，仪表(人的外表)和仪表(测量温度、压力等的仪器)；

杜鹃(布谷鸟)和杜鹃(映山红)。

注：具有不同书写形式但经过**压缩**(8.4)之后变为同形的**词形**(3.11)不算同形词。

3.24

歧义消解 disambiguation

通过赋予同形词贴切的概念或贴切的句法功能从而分化**同形词**(3.23)的过程，或者通过赋予同形词组以不同的语言解释来分化同形词组的过程。

例：在汉语中，分化“白跑”和“白纸”中的“白”分别为副词和形容词；分化“学习文件”的句法结构分别为动宾结构和偏正结构。

4 数据组织

4.1

排序值 sort value

sorting value

根据预先确定的顺序，**字符集**(6.2)中某一元素所在的位置。

例：在法语中，字母 A 具有比字母 B 较低的分类值。一个小写字母是否与它相应的大写字母具有相同的分类值，取决于实际应用的需要。带发音符号的字母有时按其相应的基本字母来处理，有时按不同的字母来处理。

4.2

排序关键字 sort key

sorting key

用于满足**排序**(9.4)和**归并**(9.5)操作要求的**字符串**(6.13)。

例：当给图书数据分类以便产生作者目录时，作者的姓是第一分类关键字，作者的名是第二分类关键字。如果同一个作者有两个题目，则把出版年份或题目作为附加的分类关键字。

4.3

字母排序 alphabetical ordering

在排列**字符串**(6.13)时，列表中的每一个**串**(6.12)的位置唯一地由从该**串**(6.12)头部开始的**排序值**(4.1)来确定。

注1：带有发音符号和连音符号的字母以及带有数字、上标、下标的其他符号都可能需要赋予特殊的分类值。

注2：字母排序的规则可以因语言的不同而不同。

4.4

逆字母排序 reverse alphabetical ordering

在组织**字符串**(6.13)时，列表中的每一个**串**(6.12)的位置唯一地由从该**串**(6.12)尾部开始的**排序值**(4.1)来确定。

4.5

频度顺序 frequency order

在特定的**文本**(3.6)或**文本语料库**(3.7)中，根据**词例**(3.9)出现频度上升或下降的顺序来排列的**词型**(3.8)的顺序。

注：在通常情况下，列表的类型是**词形**(3.11)频度表或原形词频度表。

4.6

轮排 permutation

使词组型术语中每个实词都作为关键词进行的排序。

例：在英语中，对字符串“millions of instructions per second”[MIPS]轮排时，“instructions，millions of per seconds”，“second，millions of instructions per”等形式分别出现在“instructions”和“second”等实词的排序表中，这样可以保证术语中任何想要的成分都可以出现在相应字母的排序位置。

注：本条改自 GB/T 15237.1—2000。

4.7

拼接　concatenation

两个以上的**字符串**(6.13)按特定的顺序合并，形成一个新的**串**(6.12)，其长度等于各个**字符串**(6.13)长度的和。

5　术语数据的筛选

5.1

非用词表　exclusion list

停用词表　stop word list

在**数据处理**(3.3)中用户所选择的不予考虑的**字符串**(6.13)组成的表。

注1：在术语工作中，产生被忽略的功能词(代词、冠词等)词表可能是有益的。

注2：有时，非用词表中的**字符串**(6.13)可以被保留下来(例如在**相关句列**(5.4)中)，但是不注明其频度。

5.2

拟用词表　inclusion list

加用词表　plus word list

用户所选择的、需要保存或认为要进一步**数据处理**(3.3)的**字符串**(6.13)组成的表。

例：凡包含“bank”(银行)或“credit institution”(信用机构)的所有的句子都抽出；

凡以“M”起头的所有的条目在名字索引中都检索出来；

凡以“anti-”开头的所有的单词都选出来。

注：如果适合的话，拟用词表也可以包含**词段**(3.18)或其他的**字符串**(6.13)。

5.3

自由文本搜索　free-text search

在**文本**(3.6)或**文本语料库**(3.7)中进行的，能够使用户检索任何**词型**(3.8)之具体形式的**搜索**(8.7)。

5.4

相关句列　concordance

〈计算机应用〉按字母顺序排列的**词形**(3.11)表，其**词形**(3.11)是从**文本**(3.6)中**抽取**(8.9)出来的，包括要检索的**词形**(3.11)以及文本中该**词形**(3.11)之前和之后的可选择部分。

注：词语索引通常的形式是 KWIC(上下文关键词)词语索引和句子词语索引。

5.5

索引　index

〈自然语言处理〉**字符串**(6.13)以及标示着其在**文本**(3.6)或**文本语料库**(3.7)中所处位置的标引与键值的列表。

5.6

术语索引　term index

参照词汇或**术语数据库**(7.6)中的**术语条目**(3.22)而编制的**索引**(5.5)。

注：术语索引中的术语可以按照字母来排序，也可以按照系统性顺序来排序。

5.7

字母索引　alphabetical index

按字母顺序排列的**索引**(5.5)。

5.8

系统索引 systematic index

所有的术语排列能反映特定专业领域中概念之间的系统关系的**索引**(5.5)。

5.9

轮排索引 permuted index

按**轮排**(4.6)方式列出的**字母索引**(5.7)。

5.10

逆序索引 reverse index

按**逆字母排序**(4.4)列出的**术语索引**(5.6)。

5.11

倒排索引 inverted index

列出**文本**(3.6)中的全部**词型**(3.8)以及全部对应**词例**(3.9)的**索引**(5.5)。

5.12

词形索引 word form index

词索引 word index

文本(3.6)或**文本语料库**(3.7)中所有**词形**(3.11)及其所处位置的全部标引所构成的索引。

5.13

还原词索引 lemmatized word index

其中的**词形**(3.11)是以相应的**基本词形**(3.13)来代表的**词形索引**(5.12)。

6 字符

6.1

字符 character

用于表示、组织或控制**数据**(3.2)的元素集中的成员。

本条引自 ISO/IEC 2382-4:1999。

注:字符可以分为图形字符和控制字符。

6.2

字符集 character set

不同**字符**(6.1)的有限集合,它对于一定的目的而言是完整的。

例:ISO 646 的国际参照本;

128 个 ASCII 字符。

注:本条引自 ISO/IEC 2382-4:1999。

6.3

图形字符 graphic character

一种具有可视表示形式,通常可以**写**(9.2)、印刷或**显示**(9.6)的**字符**(6.1),它不同于**控制字符**(6.9)。

注 1:本条引自 ISO/IEC 2382-4:1999。

注 2:图形字符可以是**字母字符**(6.5)、**数字**(6.7)或**特殊字符**(6.8)。

6.4

字母数字字符 alphanumerical character

或者是**字母字符**(6.5),或者是**数字**(6.7)。

6.5

字母字符 alphabetical character

图形字符(6.3)中用于书面表示给定语言的字母。

注：它包括带发音符号的字母。

6.6

字母表 alphabet

按公认的线性次序排列的**字母字符**(6.5)集。

注 1：本条改自 ISO/IEC 2382-4:1999。

注 2：这个定义也覆盖了由**字母字符**(6.5)及带发音符号的**字母字符**(6.5)所组成的自然语言的字母表。

6.7

数字 digit

数字字符 numeric character

表示非负整数的**字符**(6.1)。

注：本条引自 ISO/IEC 2382-4:1999。

6.8

特殊字符 special character

不是**字母数字字符**(6.4)的**图形字符**(6.3)。

例：任何标点符号，and 符号[&]，百分符号[%]，加号[+]等都是特殊字符。

注：本条改自 ISO/IEC 2382-4:1999。

6.9

控制字符 control character

在特定上下文中出现并规定着某种控制功能的**字符**(6.1)。

注 1：本条引自 ISO/IEC 2382-4:1999。

注 2：控制**字符**(6.1)启动、修改和停止**数据处理**(3.3)的操作。

6.10

间隔符 space character

引起打印或显示位置沿着直线向前移动一个位置，而不产生任何**图形字符**(6.3)的**控制字符**(6.9)。

注：本条改自 ISO/IEC 2382-4:1999。

6.11

空白符 blank

在**图形字符**(6.3)串中表示一个空位置的**字符**(6.1)。

注：本条引自 ISO/IEC 2382-4:1999。

6.12

串 string

由具有相同性质的元素组成的作为总体来看的序列。

例：**字符**(6.1)、二进制位或脉冲等组成的序列。

注：本条改自 ISO/IEC 2382-4:1999。

6.13

字符串 character string

未被空白符隔开的由多个**字符**(6.1)组成的序列。

注：一个**字符串**(6.13)常常代表一个单词。

6.14

模式 pattern

某些**字符**(6.1)或字符列已经由变量所替换的**串**(6.12)。

注：本条参照 GB/T 12991—1991。

6.15

汉字 Chinese character

记录汉语的文字。

6.16

汉字字形　character form

特指构成方块**汉字**(6.15)的二维图形。

注：本条引自 GB/T 12200.2—1994。

6.17

笔画　stroke

构成**汉字字形**(6.16)的最小连笔单位。汉字最基本笔画有横(—)、竖(丨)、撇(丿)、点(丶)、折(乛)等。

注：本条引自 GB/T 12200.2—1994。

6.18

笔顺　stroke order

书写每个**汉字**(6.15)时的**笔画**(6.17)的次序和方向。

注：本条引自 GB/T 12200.2—1994。

6.19

笔数　stroke count

构成一个**汉字**(6.15)或**汉字部件**(6.20)的**笔画**(6.17)数。

注：本条引自 GB/T 12200.2—1994。

6.20

汉字部件　Chinese character component

由**笔画**(6.17)组成的具有组配**汉字**(6.15)功能的构字单位。现代汉字部件按是否成字可分为成字部件与非成字部件。

例：成字部件：木、心、口、也。

非成字部件：氵、亻、刂、礻。

注：本条引自 GB/T 12200.2—1994。

6.21

部首　indexing component

一部分可以成批构字的部件。凡含有某一部件构成的字在字典中均排列在一起，该部件作为领头单位排在开头，成为查字的依据，称为部首。部首多为形旁构成。

例：木(松、柏、杨、架、杏、林、相)。

注：本条引自 GB/T 12200.2—1994。

6.22

偏旁　radical

合体字的构字单位的传统称呼，旧称合体字(由两个或两个以上汉字部件构成)，左为偏，右为旁，现代统称偏旁。偏旁本为独体字，在古代**汉字**(6.15)中偏旁一般与单独成字时形状相同，现代**汉字**(6.15)偏旁有一些变化，如"心"在左为"忄"；"刀"在右为"刂"；"火"在下为"灬"；左边的"阜"和右边的"邑"均作"阝"等。

注：本条引自 GB/T 12200.2—1994。

7　数据存储

7.1

数据媒体　data medium

用来记录**数据**(3.2)并且检索**数据**(3.2)的物理媒体。

例：磁盘，光盘，缩微胶片。

注 1：本条改自 ISO/IEC 2382-1：1993。

注 2：在图书和文献工作的领域，数据媒体被看作数据载体。

7.2

格式　format

〈数据处理〉**数据**(3.2)预先确定的组织形式。

注：格式可进一步分为输入格式、存储格式和输出格式。

7.3

数据采集　data acquisition

收集**数据**(3.2)或将**数据**(3.2)装入、存储在数据处理系统中的过程。

7.4

机器可读数据　machine-readable data

可直接用于数据处理系统的**数据**(3.2)，简称机读数据。

7.5

数据库　database

按照预定结构组织成的**数据**(3.2)集合。

注：本条改自 ISO/IEC 2382-1:1993。

7.6

术语数据库　terminological database

包含术语数据的**数据库**(7.5)。

7.7

数据库集　data bank

包含数据记录、处理以及管理框架的**数据库**(7.5)的集合。

7.8

术语库　term bank

术语数据库　terminological data bank

含有术语**数据**(3.2)的**数据库集**(7.7)。

7.9

记录　record

作为一个单位来对待的**数据元**(7.11)的集。

注：本条引自 ISO/IEC 2382-4:1999。

7.10

文件　file

作为一个单位来存储或处理的命名**记录**(7.9)集。

注：本条引自 ISO/IEC 2382-4:1999。

7.11

数据元　data element

在一定的上下文中具有不可分割的**数据**(3.2)单元。

注：该条改自 ISO/IEC 2382-4:1999。

7.12

数据字段　data field

为特定的**数据元**(7.11)而保存在一个记录中的变长或定长的部分。

7.13

数据字段目录　data field directory

在一个**记录**(7.9)内的**数据字段**(7.12)的位置**索引**(5.5)，包括在该**记录**(7.9)之内的每一个**数据字**

段(7.12)的**标号**(7.16)、长度和位置。

7.14

数据类目　data category

数据元类型　data element type

关于给定**数据字段**(7.12)的类型说明。

7.15

标识符　identifier

用于标识某个命名或某个**数据类目**(7.14)的一个或多个**字符**(6.1)。

注1：该条改自ISO/IEC 2382-4:1999。

注2：标识符的命名可表明该**数据类目**(7.14)的某些性质。

7.16

标号　label

数据元(7.11)集内或附加到**数据元**(7.11)集上的用于标识**数据**(3.2)的**标识符**(7.15)或关键字。

注：该条改自ISO/IEC 2382-4:1999。

7.17

可重复类目　repeatable category

在同一个**记录**(7.9)中能够出现两次以上的**数据类目**(7.14)。

例：在多语言**术语条目**(3.22)中，有些**记录**(7.9)的某些类目可以对每一种语言都重复出现。在单语言**术语条目**(3.22)中，诸如同义术语、出处、上下文等类目也可以重复出现。

8　信息检索

8.1

信息检索　information retrieval(IR)

从存储的**数据**(3.2)中获取**信息**(3.1)的行为、方法和过程。

注1：本条改自ISO/IEC 2382-1:1993。

注2：信息检索可以在交互式处理或批处理中进行。

8.2

查询语言　query language

〈信息检索〉用户用来检索或者修改存储在**数据库**(7.5)中**数据**(3.2)的数据控制语言。

8.3

截断　truncation

〈信息检索〉从左侧或从右侧删除内容而使**串**(6.12)缩短的过程。

8.4

压缩　compression

〈自然语言处理〉把**词形**(3.11)转换为简化形式的操作。

注：压缩一般是指去掉发音符号，消除**空白符**(6.11)和各种特殊**控制字符**(6.9)以及取消大小写的区别。例如，当把某些拼写变体中性化以便生成**索引**(5.5)时，就需要使用压缩。

8.5

搜索关键字　search key

搜索词　search word

〈信息检索〉用于提供访问**记录**(7.9)的**字符串**(6.13)。

注：搜索关键字可以是术语、词、**词段**(3.18)或**标号**(7.16)等。

8.6

词干搜索　stem search

递降分析 degradation

按照预先确定的规则，逐次去掉**字符串**(6.13)中的**字符**(6.1)，并自动生成**搜索关键字**(8.5)，而进行的可选的查询过程。

注：根据不同语言中构词方式的不同，其顺序可以从右到左，也可以从左到右。

8.7

搜索 search(用作动词)

〈信息检索〉自动地检查**数据**(3.2)的集合，以**匹配**(8.8)或**抽取**(8.9)具有给定特性的元素。

例：在姓名的集合中查出所有以"王"开头的姓名。

8.8

匹配 match(用作动词)

〈信息检索〉通过比较来确定不同的**数据**(3.2)集之间项的同一性，以选择或分离具有同一性的项。

8.9

抽取 extract(用作动词)

〈信息检索〉从一组项中，选择并取出某些符合预先确定的性质的项。

8.10

排级 ranking

〈信息检索〉根据搜索结果对于相应的搜索提问的相关程度的不同，给它们指派不同的分值。

9 数据管理

9.1

读 read(用作动词)

从**数据媒体**(7.1)获取**数据**(3.2)，并保持数据不变。

注：本条改自 ISO 2382-6:1987。

9.2

写 write(用作动词)

将**数据**(3.2)长期或暂时记录在**数据媒体**(7.1)上。

注：本条改自 ISO 2382-6:1987。

9.3

复制 copy(用作动词)

拷贝

将**数据**(3.2)从源**数据媒体**(7.1)**读**(9.1)出，保持源数据不变，然后**写**(9.2)到目标数据媒体上。

注 1：源数据媒体与目标数据媒体可以是同一物理媒体。

注 2：本条改自 ISO 2382-6:1987。

9.4

排序 sort(用作动词)

按顺序将**数据**(3.2)排列成若干组的动作。

注：本条改自 ISO 2382-6:1987。

9.5

归并 merge

将两个或两个以上的具有相同给定顺序的**数据**(3.2)集合中的项合并成一个具有同样顺序的更大的集合。

注：本条引自 ISO 2382-6:1987。

9.6

显示　display(用作动词)

在屏幕上对**数据**(3.2)进行可视的显现。

9.7

屏蔽　mask(用作动词)

掩码

利用**字符**(6.1)某种**模式**(6.14)来控制另一**字符**(6.1)**模式**(6.14)中那些要保留或者要删除的部分。

例:所有的元音 a,e,i,o,u 都可用表示元音类别的字符 V 来替换。

注:本条改自 ISO 2382-6:1987。

9.8

转换　convert(用作动词)

将**数据**(3.2)的表示从一种形式改变成另一种形式,而不改变数据所负载的**信息**(3.1)内容。

例:代码转换、模拟数字转换、媒体转换。

注:本条引自 ISO 2382-6:1987。

9.9

转写　transliterate

〈自然语言处理〉用一种**字母表**(6.6)中的**字符**(6.1)表示另一种**字母表**(6.6)中的相应**字符**(6.1)。

注:ISO 2382-6:1987 中有适合信息处理的定义。

10　数据验证

10.1

数据验证　data validation

用于确定数据在形式上是否准确、完备、合理的过程。

注:本条改自 GB/T 5271.8—1993。

10.2

重复条目检查　double-entry check

确定数据条目是否重复存储过的**数据验证**(10.1)。

注:有时允许重复条目是有益的,例如,当一个术语可用于不同的专业领域时,可允许重复条目存在。

10.3

一致性检查　consistency check

确定彼此依赖的条目是否遵守预先确定的条件的**数据验证**(10.1)。

例:交叉引用的检查。

10.4

拼写检查　spelling check;spell check

确定所有的词是否遵守预先确定的拼写规则的**数据验证**(10.1)。

注:ISO/IEC 2382-23:1994 在信息处理中,定义了文本编辑中上下文的拼写检查器。

10.5

完备性检查　completeness check

确定所要求的数据是否都出现的**数据验证**(10.1)。

注1:本条改自 GB/T 5271.8—1993。

注2:数据必须在强制的**数据字段**(7.12)内出现。

10.6

格式检查 **format check**

确定**数据**(3.2)是否符合于指定**格式**(7.2)的**数据验证**(10.1)。

注：本条改自 GB/T 5271.8—1993。

10.7

合理性检查 **plausibility check**;reasonableness check

确定**数据**(3.2)是否符合于特定准则的**数据验证**(10.1)。

注：本条改自 GB/T 5271.8—1993。

11 操作

11.1

批处理 **batch processing**

数据(3.2)的处理或者事先累积作业的完成的过程，并且工作过程中不再接受用户的进一步影响。

11.2

交互式处理 **interactive processing**

计算机系统中数据处理的模式，该模式下在用户和计算机系统之间会进行的一系列可选的输入和操作响应。

11.3

数据保护 **data protection**

实施一套合适的管理、技术或物理等手段，以防止有意地或偶然地泄漏、修改或破坏**数据**(3.2)。

注：本条引自 ISO/IEC 2382-9:1995。

11.4

更新 **update**(用作动词)

数据(3.2)的添加、删除或修改。

注：本条改自 ISO/IEC 2382-4:1999。

11.5

文件维护 **file maintenance**

更新(11.4)或重组文件的活动。

注：本条引自 ISO/IEC 2382-4:1999。

11.6

可移植性 **portability**

〈计算机程序设计〉某程序可以在不同类型的数据处理系统中执行的能力。经常需要重新编译，进行少许(或无需)人工修改。

注：本条改自 ISO/IEC 2382-1:1993。

11.7

兼容性 **compatibility**

功能部件无需做明显的修改便可满足不同接口要求的能力。

注：本条引自 ISO/IEC 2382-1:1993。

11.8

用户终端 **user terminal**

在一个系统或通信网络中，使用户能够与计算机进行通信的功能部件。

注：本条改自 ISO/IEC 2382-1:1993。

11.9

菜单　menu

数据处理系统**显示**(9.6)的项目表,用户从此表中能够选择将要进行的行动。

注:本条引自 ISO/IEC 2382-1:1993。

11.10

数据通信　data communication

根据**数据传输**(11.11)协议和数据交换的协调规定,在功能单元之间进行的**数据**(3.2)传送。

注:本条引自 ISO/IEC 2382-9:1995。

11.11

数据传输　data transmission

通过通信设施,从一个点到另一个或多个点的**数据**(3.2)电子化传送。

注:本条引自 ISO/IEC 2382-9:1995。

11.12

文件传送　file transfer

通过电子手段,一个或多个文件从一个数据处理系统到其他的数据处理系统的转移。

11.13

上载　upload(用作动词)

把程序或**数据**(3.2)从相连的计算机或**数据媒体**(7.1)转出到另外的计算机中。

11.14

下载　download(用作动词)

把程序或**数据**(3.2)从相连计算机转入到另外的计算机或**数据媒体**(7.1)中。

12　相关的应用领域

12.1

计算机辅助　computer-aided;computer-assisted

机助 CA

借助计算机完成人的部分工作的有关技术或过程。

例:计算机辅助术语工作,计算机辅助翻译,计算机辅助辞书编纂。

12.2

文本处理　text processing

语词处理　word processing

对**文本**(3.6)进行的**数据处理**(3.3)操作。

注1:本条改自 ISO/IEC 2382-23:1994。

注2:典型的操作有输入、编辑、分类、归并、检索、存储、显示或打印等。

12.3

文本编辑　text editing

编辑　editing

目的在于控制**文本**(3.6)的文本处理。

注1:本条改自 ISO/IEC 2382-23:1994。

注2:典型的控制包括重排、改变、添加、删除和格式重排等。

12.4

高亮显示　highlight(用作动词)

通过改变**文本**(3.6)中所强调部分的可视属性,使其**显示**(9.6)更加醒目。

12.5

浏览 browse

在显示屏幕上快速地查看一批文档或**文件**(7.10)中的某些**记录**(7.9)。

注：参见 ISO/IEC 2382-23:1994 中用于"文本处理-上下文"中的定义。

中文索引

英文索引

A

B

C

D

S

T

ICS 31.020
K 04

中华人民共和国国家标准

GB/T 17564.1—2005/IEC 61360-1:2004
代替 GB/T 17564.1—1998

电气元器件的标准数据元素类型和相关分类模式 第1部分:定义——原则和方法

Standard data element types with associated classification scheme for electric components—Part 1: Definitions——Principles and methods

(IEC 61360-1:2004,IDT)

2005-07-29 发布　　　　2006-04-01 实施

中华人民共和国国家质量监督检验检疫总局
中国国家标准化管理委员会　发布

前　言

GB/T 17564《电气元器件的标准数据元素类型和相关分类模式》分为 5 个部分：

第 1 部分：定义——原则和方法；

第 2 部分：EXPRESS 字典模式；

第 3 部分：维护和认证的程序；

第 4 部分：IEC 标准数据元素类型、元器件分类和项的基准集；

第 5 部分：EXPRESS 字典模式扩展[1)]。

本部分为 GB/T 17564 的第 1 部分。

本部分等同采用 IEC 61360-1:2004《电气元器件的标准数据元素类型和相关分类模式　第 1 部分：定义——原则和方法》(英文版)。

本部分从实施之日起代替 GB/T 17564.1—1998。

本部分与 GB/T 17564.1—1998 相比主要变化如下：

1)　增加了 10 条新的定义(2.15～2.24)，删去了原来的“2.15　项 term”及定义。

2)　元器件分类规范中增加了“5.1 元器件的封装外形”

3)　将原标准的“6 项规范属性”删去，增加了“6 图规范属性”。

4)　删去原附录 D，增加了此“附录 D”。

本部分的附录 A、附录 B、附录 C 是规范性附录，附录 D 是资料性附录。

本部分由全国电气信息结构文件编制和图形符号标准化技术委员会提出并归口。

本部分起草单位：北京机械工业自动化研究所，中国电子技术标准化研究所。

本部分主要起草人：马健、徐云驰、常建宏、董连续、阚劲松、王丙义。

---

1)　待出版。

电气元器件的标准数据元素类型和相关分类模式　第1部分:定义——原则和方法

1　总则

1.1　范围和目的

本部分为清楚地定义从基础元器件到组件和整个系统的电气技术的所有元件典型特性(数据元素类型)提供坚实的基础。最初是为电子/电气元器件提供信息交换的基础,本部分的原则和方法可用于更广泛的领域,例如:元器件、组件和电气技术系统和分系统。

另外,本部分规定建立分类层次,为了充分描述属于该类对象的特性还对每个这样建立的类分配合适及相关的特性。

通过为计算机可识别形式交换的信息定义结构,使用本部分便于描述电气技术系统的数据交换。交换的每个特性有无歧义规定的意义和一致的命名,以及有关的规定值列表、规定格式和所有定量值的规定计量单位。也规定了:

——通过版本和修订号控制特性定义的改变;

——包括阐明和帮助定义应用的注解和注释;

——指明定义和值列表的来源;

——相关的图形和公式。

1.2　ISO/IEC EXPRESS 信息模型

GB/T 17564.2 与 GB/T 17564 本部分紧密相关。该部分包含采用 EXPRESS 建模语言的信息模型。在该模型中,GB/T 17564.1 的定义和结构形式化并以计算机可识别形式表现。使用该信息模型允许采用 GB/T 16656.21 中定义的 STEP 物理文件格式的不同系统之间交换字典信息。

该信息模型也被采纳为公共信息模型并重新制定为 GB/T 17645.24。可利用 GB/T 17645 系列标准中的其他标准扩展本部分中定义的概念。特别是 GB/T 17645.24 包含的条款,它允许:

——扩展类别结构来包括性质和功能模型类别;

——特性表;

——特性之间的功能关系;

——参考图形信息;

——构造零件库。

1.3　规范性引用文件

下列文件中包含的条款通过 GB/T 17564 的本部分的引用而成为本部分的条款。凡是注日期的引用文件,其随后所有的修改单(不包括勘误的内容)或修订版均不适用于本部分。然而,鼓励根据本部分达成协议的各方研究是否使用这些文件的最新版本。凡是不注日期的引用文件,其最新版本适用于本部分。

GB/T 1988　信息技术　信息交换用七位编码字符集(GB/T 1988—1998 eqv ISO/IEC 60646:1991)

GB 3100　国际单位制及其应用(GB 3100—1993,eqv ISO 1000:1992)

GB 3101　有关量、单位和符号的一般原则(GB 3101—1993,eqv ISO 31-0:1992)

GB 3102(所有部分)　空间和时间的量和单位(GB 3102.1～3102.13—1993,eqv ISO 31-1～31-13:1992)

GB/T 5261 信息处理 七位和八位编码字符集用的控制功能(GB/T 5261—1994,idt ISO/IEC 6429:1988)

GB/T 5271(所有部分) 信息技术 词汇(idt ISO 2382)

GB 13000.1—1993 信息技术 通用多八位编码字符集(UCS) 第1部分:体系结构和基本多文种平面 (idt ISO/IEC 10646-1:1993)

GB/T 14805—1993 用于行政、商业和运输业电子数据交换的应用级语法规则(idt ISO 9735:1988)

GB/T 16656.21—1997 工业自动化系统与集成 产品数据表示和交换 第21部分:实现方法:交换文件结构的纯正文编码(idt ISO 10303-21:1994)

GB/T 17564.2—2005 电气元器件标准数据元素类型及相关分类模式 第2部分:EXPRESS字典模式(idt IEC 61360-2:2002)

GB/T 17564.4—2000 电气元器件标准数据元素类型及相关分类模式 第4部分:标准数据元素类型、元器件类别和项的基准集 (idt IEC 61360-4:1997)

GB/T 17645.24[2] 工业自动化系统与集成 零件库 第24部分:逻辑资源:供应商库的逻辑模型(GB/T 17645.24—2003,ISO 13584-24:2002,IDT)

GB/T 17645.42—2001 工业自动化系统与集成 零件库 第42部分:描述方法学:构造零件族的方法学(idt ISO 13584-42:1998)

GJB 2435—1995 信息技术 数据元素规范和标准化 第3部分:数据元素基本属性(idt ISO/IEC 11179-3:1994)

IEC 60027(所有部分) 电气技术用字母符号

IEC 60191-4:1999 半导体器件的机械标准化 第4部分:半导体封装外壳形式的分类和编码系统

IEC 60747(所有部分) 半导体器件 分立器件

IEC 60748(所有部分) 半导体器件 集成电路

ISO 843:1997 信息和文档 希腊字符转换为拉丁字符

ISO 6093:1985 信息处理 信息交换字符串中的数值表示

2 术语和定义

下列定义适用于GB/T 17564的本部分。

2.1

实体 entity

任何关注的具体和抽象的对象,包括这些对象间的关系。

2.2

关系 relation

实体之间遵守的连接方式。

2.3

数据元素类型 data element type

识别、描述和值表示方式已经规定的数据单元。

2.4

数据元素类型分类 data element type class

具有相同类型表示方式、描述或值表示方式的数据元素类型的分类。

2) IEC 61360-1:2004发布时,ISO 13584-24待出版。现我国已有GB/T 17645.24与ISO 13584-24对应。

2.5

定量数据元素类型 quantitative data element type

用数值表示物理量、信息量或对象记数的数据元素类型。

2.6

非定量数据元素类型 non-quantitative data element type

用代码、缩写、名字、参数或说明等方法识别和描述对象的数据元素类型。

2.7

条件数据元素类型 condition data element type

其值影响另一数据元素类型值的一种数据元素类型。

注1：当用于和其他数据元素类型组合时，条件数据元素类型只有一个意义。

注2：条件数据元素类型不形成分类树的一部分并能用在分类的每一层。

2.8

分类数据元素类型 classifying data element type

适用于特殊元器件分类，说明该元器件一个基本属性并有相同附加值列表的数据元素类型。这些值定义元器件的子类。

2.9

分类 classification

根据预定特征的不同，系统地将项的一个集合分成子集。

2.10

属性 attribute

描述实体的任何一种特性，可能涉及一个或多个实体。

2.11

产品 product

劳动、自然或者工业过程的结果。

2.12

元器件 component

提供某种功能或多种功能的工业产品，它不可分解或物理分割且用于更高层次装配的产品。

2.13

电气元器件 electric component

具有导电端子的元器件，通过端子可以施加或传递电压或电流。

注：电气元器件和电气变换器包含在这一定义中。

2.14

元器件类 component class

元器件的集合，集合中的每一个元器件可以用同一组数据元素类型来描述。

2.15

材料 material

形成有形物品大部分的基本物质(例如金属、木材、塑料、纤维)。

2.16

特征 feature

由一组相关特性描述的总体特性。

2.17

几何 geometry

表面形状(如机械部分或晶体的)。

2.18

计算机可识别信息　computer-sensible information

通过交互使用计算机系统、程序和进程的可交换和操作的信息。

2.19

可应用数据元素类型　applicable data element type

为元器件分类定义并适用于该类别中所有元器件的数据元素类型。

2.20

可视数据元素类型　visible data element type

为元器件分类定义但是可能适用也可能不适用于该分类中任何元器件的数据元素类型。

注1：数据元素类型定义为可视的类的代码是该数据元素类型定义的一部分。

注2：在IEC内，所有数据元素类型在根类(即元器件分类的超类、材料类和几何形状类)层定义为可视。

2.21

形状　shape

数据元素类型集给出的元器件封装的外部形式。

2.22

外形类型　outline style

围绕任何对象对视觉、元器件轮廓和/或外部边界表现的表面图形的物理信息。

2.23

封装　package

用于电气或机电元器件，包括元器件的物理外形，包含终端和任何保护材料或保护套。

2.24

图　drawing

说明描述元器件几何特性的一组数据元素类型的含义。

3　数据元素类型规范属性

本条解释规范中的数据元素类型的各种属性。这些属性的列表见表1。这些属性表示数据元素类型的识别、描述、值以及数据元素类型之间的关系。

表1　数据元素类型属性列表

属性	条款	属性	条款
代码	3.2.1	数据元素类型的源文档	3.3.6
版本号	3.2.2	数据类型	3.4.1
修订号	3.2.3	值格式	3.4.2
推荐名	3.2.4	测量单位	3.4.3
同义名	3.2.5	值列表	3.4.4
短名	3.2.6	值	3.4.4.1
推荐字母符号	3.2.7	值代码	3.4.4.2
同义字母符号	3.2.8	值意义	3.4.4.3
定义	3.3.1	值列表的源文档	3.4.4.4
注解	3.3.2	引用类标识符	3.4.5
注释	3.3.3	条件数据元素类型	3.5.1
公式	3.3.4	数据元素类型种类	3.5.2
图形	3.3.5		

数据元素类型属性的表示，按照给出该属性的国际标准一般为大写字母或小写字母。没有国际标准时，使用共同采用的IEC方法(IEC 60027和IEC 60748)。字符符合附录A中定义的字符集。

3.1 数据元素类型的信息模型

根据 GJB 2435—1995 描述的原则,数据元素类型的属性分为四个主要组:

——识别关联属性;

——语义关联属性;

——值关联属性;

——与实体之间关系关联的数据元素类型的关系属性。

在下面各条中,用信息模型规定和阐明属性。

图 2、图 3、图 4、图 5 和图 6 中给出的数据元素类型信息模型(实体关系图)应由以下方式读出:

——从黑体大写字母的实体开始由内向外;

——(关联)实体用椭圆表示;

——实体和(关联)实体之间的关系由椭圆之间的线表示;

——实体和(关联)实体之间的关系用线上的文字描述;

——关系和实体的组合构成数据元素类型的属性;

——圆点分开的两个数字表示属性发生:第一个表示出现的最小数,第二个表示出现的最大数。

——关联和相应的指示放在关联线的同一边;

——在信息模型中,实体名称应用大写字母给出而关联实体名称应用小写字母给出。

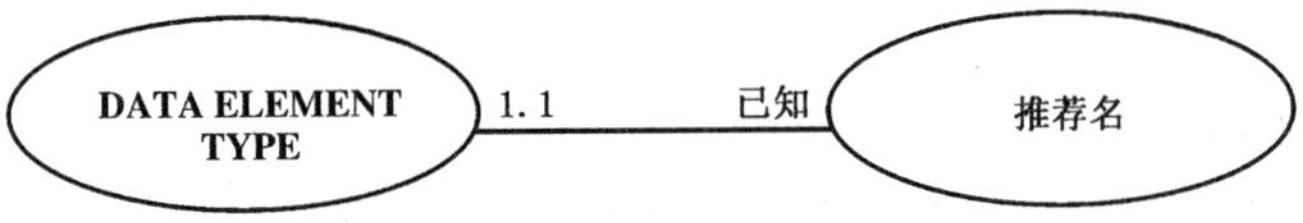

实体:**DATA ELEMENT TYPE**(数据元素类型)

关系:已知

关系实体:推荐名

属性:由推荐名已知

注:属性由关系和有关的实体组成。

基数性:1.1(1 且不大于 1)

图 1 信息模型原理

3.2 识别属性

为了识别 GB/T 17564.4 中 IEC 基准集中唯一的数据元素类型,也为了电子信息交换,应采用与字符组合无关的语言。

数据元素类型的识别符应由 6 字符数据元素类型代码、后接连字符、后接 3 位数据元素类型版本号的组合构成。识别符应用来标识同一数据元素类型的不同情形。

图 2 示出用于标识数据元素类型的数据元素的可能属性。

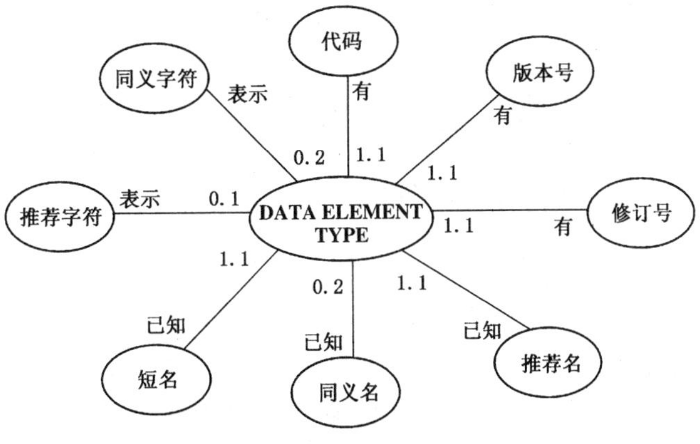

图 2 标识数据元素类型属性

3.2.1 **代码**

属性名:代码

属性定义:数据元素类型的唯一6字符代码

注释:前三个字符应为字母表顺序,后三个为数字(格式AAANNN)。字符“X”[3]不应用作第一个字符。代码应按顺序发布并且与数据元素类型的意义无任何关系。

如果至少一个影响数据元素类型意义和(或)通信的数据元素类型属性改变,应该定义具有新代码的(其他)新数据元素类型。这些属性是:

——定义;

——计量单位;

——条件数据元素类型;

——值格式;

——值代码[4];

——数据类型

性质:必选的

值的字符类型:大写拉丁字母A～Z(为避免误解,不应使用拉丁字母O和I);数字0～9。

3.2.2 **版本号**

属性名:版本号

属性定义:用于控制数据元素类型版本的数字

注释:数据元素类型的版本号应由三个数字[5]组成。连续的版本号应该以递增的顺序发布。如果至少一个影响使用(通信、数据库定义等),但不影响该数据元素类型意义的数据元素类型属性改变,应该产生一个新数据元素类型版本。那些改变后导致版本改变的属性是:

——推荐名

——推荐字符

——元器件分类(见图10中描述的超/子类)

——值意义

——短名

——条件推荐名

——数据元素类型

——值代码

——基准类别标识符

——注解

性质:必选的

值的字符类型:数字0～9。

3.2.3 **修订号**

属性名:修订号

属性定义:用于管理控制数据元素类型版本的数字

注释:数据元素类型的修订号应由两个数字组成。连续的修订号应该以递增的顺序发布。每个数据元素类型,标识符确定其唯一,无论何时,当前只有一个修订号。

如果既不影响使用(通信、数据库定义等),也不影响数据元素类型意义的数据元素类型属性改变,或当改变编辑形式或修正拼写错误时,应该产生一个数据元素类型的新修订号。那些改变后导致修改改变的属性是:

---

3) 对局部或用户环境内的私人应用,可使用XAA开始到并包括XZZ开始的代码,因此,这些代码排除在标准数据元素类型IEC基准集之外(GB/T 17564.4)。

4) 应该为每种情形分别确定:代码改变来产生一个新数据元素类型或改变数据元素类型的版本号。

5) 尽管通用ISO/IEC EXPRESS信息模型允许有多位数字,在IEC体系内只使用三位数字。

——同义名
——同义字符
——评述
——数据元素类型类别
——公式
——DET 定义的源文档
——值列表源文档
——定义文本拼写错误
——图

当版本号改变时，修订号应重新从 01 开始。

性质：必选的

值的字符类型：数字 0～9。

3.2.4 推荐名

属性名：推荐名

属性定义：赋于数据元素类型的单个字或多个字的名称

注释：如果可用，数据元素类型的推荐名应同于国际标准中使用的名称。推荐名的长度限制在 70 个字符

性质：必选的

值的字符类型：在附录 A 中定义的 GB 13000.1 字符集中的那些字符。

3.2.5 同义名

属性名：同义名

属性定义：不同于已知的推荐名而表示同一数据元素类型概念的单个字或多个字的名称

注释：同义名的数量应限于两个。由于实际的原因，同义名的长度限制在 70 个字符

性质：可选的

值的字符类型：在附录 A 中定义的 GB 13000.1 字符集中的那些字符。

3.2.6 短名

属性名：短名

属性定义：数据元素类型推荐名的简短表示

注释：短名的第一个字符应该是字母：

——条件数据元素类型用“@”居先；

——当定义特定希腊字母时，用“$”居先(如果适用，“@”居于“$”前面)。

——对于定量数据元素类型，短名应该从符合下列规则的推荐字符中得到：

——图形上与拉丁字母相同的希腊字母不转换；

——根据表 2(ISO 843:1997 表 1)，专用希腊字母应用单个拉丁字母表示。为了再转换，转换的希腊字母应该用美元符号“$”居于前面。

——上标应该用星号“*”居先的拉丁字母表示。

——例如：字符；α^{b}---->> 短名：$a*b

——下标应该用下划线“_”居先的拉丁字母表示。

——例如：字符；λ_{peak}---->> 短名：$l_peak

——顶标应该紧靠主字符放置。

——例如：字符；$\hat{a}$--->> 短名：$\hat{a}$

——对于非定量数据元素类型，短名应为推荐名的简短表示。数据元素类型短名的长度限制在 17 个字符。该短名应该在每个元器件类别中唯一。

性质：必选的。

值的字符类型：符合 GB 13000.1 字符集。

表 2　字符转换

	希腊字符		拉丁字符	
	大写	小写	大写	小写
1	A	α	A	a
2	B	β	B	b
3	Γ	γ	G	g
4	Δ	δ	D	d
5	E	ε	E	e
6	Z	ζ	Z	z
7	H	η	I	i
8	Θ	θ	TH	th
9	I	ι	{或 I6	♣或 i6
10	K	κ	K	k
11	Λ	λ	L	l
12	M	μ	M	m
13	N	ν	N	n
14	Ξ	ξ	X	x
15	O	ο	O	o
16	Π	π	P	p
17	P	ρ	R	r
18	Σ	σ	S	s,s
19	T	τ	T	t
20	Υ	υ	Y	y
21	Φ	φ	F	f
22	X	χ	CH	ch
23	Ψ	ψ	PS	ps
24	Ω	ω	σ 或 O6	O 或 o6
注：如果字符集不支持上划线字符，省略字符用来代替上划线字符。				

3.2.7　推荐字符

属性名：推荐字符

属性定义：用作表示对象的符号的标记或字符，例如：周期表中代表化学元素的字符（Ag＝银）或代表物理概念的字符（f＝ 频率，T_{amb}＝环境温度）。

注释：数据元素类型的推荐字符应该同于 IEC 60027，IEC 60747 或 IEC 60748 的字符。条件数据元素类型推荐字符的第一个字符应该是“@”

性质：可选的

值的字符类型：在附录 A 中定义的 GB 13000.1 字符集中的那些字符。

3.2.8　同义字符

属性名：同义字符

属性定义：用作表示某些对象的符号的标记或字符，它不同于已知的推荐字符但表示同一数据元素

类型概念

注释:由于历史的原因,同义字符有时是不可避免的。条件数据元素类型的同义字符的第一个字符应该是“@”。同义字符的长度限制在17个字符

性质:可选的

值的字符类型:在附录A中定义的GB 13000.1字符集中的那些字符。

3.3 语义属性

图3示出用来阐明数据元素类型语义的数据元素类型的可能属性。

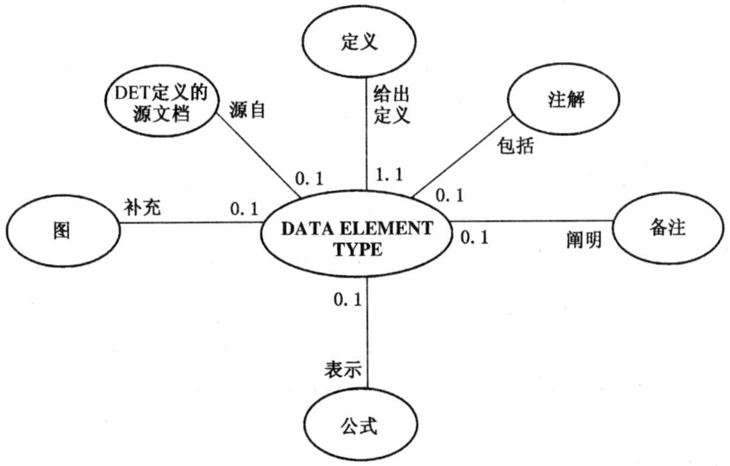

图3 数据元素类型的语义属性

3.3.1 定义

属性名:定义

属性定义:描述数据元素类型的意义及使它区别于所有其他数据元素类型的陈述

注释:适用时,数据元素类型的定义应来自最初的ISO或IEC定义。由于条件数据元素类型可以附加在定义上和引用有关元器件类别,ISO或IEC标准可能不同。表达数据元素类型值的测量单位(如果出现)总是包括在定义中

性质:必选的

值的字符类型:在附录A中定义的GB 13000.1字符集中的那些字符。

3.3.2 注解

属性名:注解

属性定义:提供定义进一步信息的陈述。信息是理解该定义必需的

性质:可选的

值的字符类型:在附录A中定义的GB 13000.1字符集中的那些字符。

3.3.3 备注

属性名:备注

属性定义:进一步阐明定义意义的解释性条文

注释:备注不影响定义的意义

性质:可选的

值的字符类型:在附录A中定义的GB 13000.1字符集中的那些字符。

3.3.4 公式

属性名:公式

属性定义:定量数据元素类型语义的数学表达形式的规则或陈述

注释:公式不改变该定义意义的任何基本信息。公式的图形表示应以通用格式存储在文件中。引

用这类文件的方法在 GB/T 17645.24 中详细描述

性质:可选的

值的字符类型:在附录 A 中定义的 GB 13000.1 字符集中的那些字符。需要的控制函数应从 GB/T 5261中得到。

3.3.5 图

属性名:图

属性定义:阐明数据元素类型定义意义的图示说明

注释:图不改变该定义意义的任何基本信息。图的图形表示应以通用格式存储在文件中。引用这类文件的方法在 GB/T 17645.24 中详细描述

性质:可选的

3.3.6 数据元素类型定义源文档

属性名:数据元素类型定义源文档

属性定义:参考数据元素类型定义出处的源文档

注释:文档应由 ISO 和/或 IEC 委员会认可具有广泛的接受和权威性以及公众可用

该属性的值的最大长度为 80 个字符

性质:可选的

值的字符类型:在附录 A 中定义的 GB 13000.1 字符集中的那些字符。

3.4 值属性

图 4 示出与数据元素类型值有关的属性。

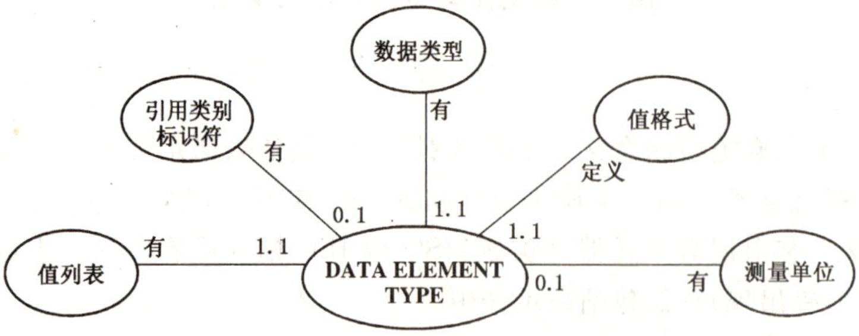

图 4 数据元素类型的值属性

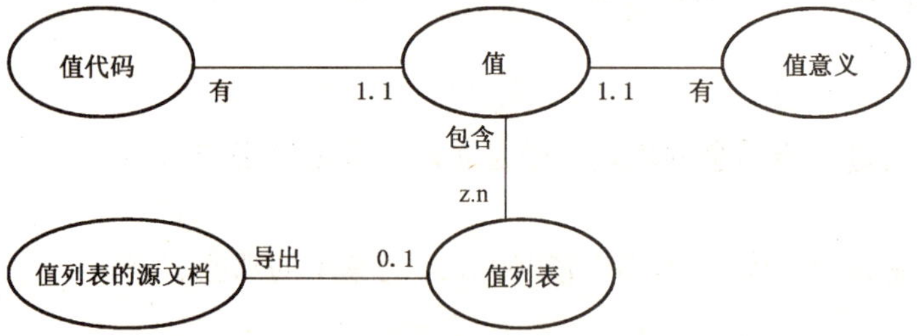

图 5 数据元素类型的值列表属性

每一个数据元素类型有一个定义允许值范围的值域,允许值由值格式隐示或由列出可能值明示。

对于定量数据元素类型,该域可表示为所有值都限于其内的值范围或分离可能值的集合或列表。

对于非定量数据元素类型,值域可表示为以文本字符串格式提及的允许值。

本标准中,未给出定义定量数据元素类型值范围的机制。

对于非定量数据元素类型,使用值、用值代码表示和与值意义相关的机制定义为 3.4.4.1 中的描述。

注意,在许多情况下值域可能未规定、不了解或者无限。这些情况下,不在数据元素类型定义中规定值列表。

为了分类数据元素类型，应规定值列表。

3.4.1 **数据类型**

属性名：数据类型

属性定义：标识数据元素类型值的特定特性

注释：数据类型分为两组：

a) 简单类型：

所有简单数据类型包含单个值。

b) 复杂类型：

所有复杂数据类型可包含多个值。

复杂类型是：

——层次类型；

——分类示例类型；

——列表类型；

——集合类型；

——包类型；

——阵列类型

性质：必选的

值的字符类型：在附录A中定义的GB 13000.1字符集中的那些字符。

3.4.1.1 **简单类型**

规定数据元素类型值是单值的数据类型。值的格式应按3.4.2定义。

简单类型允许的值是：

——字符串类型；

——非定量代码类型；

——实测量类型；

——整数测量类型；

——布尔类型。

3.4.1.2 **复杂类型**

规定数据元素类型值可能是两个或更多相关值构造的数据类型。

3.4.1.2.1 **层次类型**

指明数据元素类型值由1～4个实测量值或整数测量值组成的复杂类型，这些值以最小、指定、典型、最大的固定顺序规定元器件特性。值的格式应按3.4.2定义。

简单类型的允许数据值是：

——实测量类型；

——整数测量类型。

3.4.1.2.2 **分类实例类型**

提供链接到分类的复杂类型。该分类包含分类层次任何部分中数据元素类型集。其值由所链接分类的分类标识符组成。所链接分类的所有特性成为用作分类实例的分类特性并由该类的所有子类继承。由于所链接分类的所有特性有它们自身包括各自值格式的定义，分类实例类型不应有相关的值格式。

分类实例类型只允许有数据值“分类参考标识符”。

注：使用分类实例类型通过使用性质分类有效地使扩展数据元素类型成为可能。例子在附录D中给出。

3.4.1.2.3 **列表类型**

指明数据元素类型值是数据类型有序集合形式的复杂类型，可能允许或不允许复制值。适用于列表每个元素的值格式应按3.4.2定义。

简单类型的允许数据值是：

——字符串类型；

——非定量代码类型；

——实测量类型；

——整数测量类型；

——布尔类型。

3.4.1.2.4 **集合类型**

指明数据元素类型值是数据类型无序集合形式的复杂类型，不应存在复制的元素。适用于列表每个元素的值格式应按3.4.2定义。

简单类型的允许数据值是：

——字符串类型；

——非定量代码类型；

——实测量类型；

——整数测量类型；

——布尔类型。

3.4.1.2.5 **包类型**

指明数据元素类型值是数据类型无序集合形式的复杂类型，允许复制元素。适用于列表每个元素的值格式应按3.4.2定义。

简单类型的允许数据值是：

——字符串类型；

——非定量代码类型；

——实测量类型；

——整数测量类型；

——布尔类型。

3.4.1.2.6 **阵列类型**

指明数据元素类型值是一维阵列形式数据类型集的复杂类型，阵列中的单个元素能用数字索引标识。适用于阵列每个元素的值格式应按3.4.2定义。

简单类型的允许数据值是：

——字符串类型；

——非定量代码类型；

——实测量类型；

——整数测量类型；

——布尔类型；

——阵列。

3.4.2 **值格式**

属性名：值格式

属性定义：数据元素类型值表示的类型和长度规范

性质：必选的

值的字符类型：在附录A中定义的GB 13000.1字符集中的那些字符

注释：对于数据类型是复杂类型class_instance_type的数据元素类型，值格式由参考分类中的数据元素类型定义并可以不同(见3.4.5)。该属性的值最大长度为80个字符。值格式应该由下列定义来定义：

a) 非定量数据值格式类型

A=字母表,仅有字母

M=混合的,所有字符都允许

X=字母数字

N=数字,仅有数字

B=二进制,0 或 1

b) 定量数据值格式类型符合 ISO 6093

NR1=整数

NR2=小数点有理数(实数)

NR3=小数点和指数(浮点)有理数

S[6)]=符号(正或负)

.=小数记号

E=指数符号,底数 10:(A)E(B)表示值 $A\times10^{B}$

c) 字段长

非定量数据值的字段长应用数字表示(例如,17)。可变字段长应由两个点“..”开始。来自 GB/T 14805和 ISO 6093 的下面推荐标准格式已经定义:

A..3	N..3	X..3	M..3	B1
A..8	N..8	X..8	M..8	
A..17	N..17	X..17	M..17	
A..35	N..35	X..35	M..35	
A..(n×35)	N..(n×35)	X..(n×35)	M..(n×35)	

固定字段长应该由一个空格开始(例如,A 3-N 8-X 17-M 35,等等)。这些格式中不允许有特殊字符。

定量数据值的字段长应用数字和字符的组合表示(例如,3.3ES2)。可变字段长应由两个点“..”开始。来自 GB/T 14805 和 ISO 6093 的下面推荐标准格式已经定义:

NR1..4	正整数
NR1 S..4	正或负整数
NR2..3.3	正实数
NR2 S..3.3	正或负实数
NR3..3.3ES2	浮点数,正数
NR3 S..3.3ES2	浮点数,正或负数

固定字段长应该由一个空格开始(例如,NR1 4,NR1 S 4,等等)。这些格式中不允许有特殊字符。

3.4.3 测量单位

属性名:测量单位

属性定义:表达定量数据元素类型值中的单位规定

注释:只能使用没有十进制乘法前缀的 SI 单位

推荐单位应属于按 GB 3100~3102 中定义的 SI 单位及本部分附录 A 中列出的单位

用于量的字符意义应符合 GB 3100~3102

对于数据类型是复杂类型 class_instance_type 的定量数据元素类型,测量单位由参考分类中的数

6) 除 ISO 6093 外,符号“S”用作“signed”(读作“Sign”)的标记。

据元素类型定义并可以不同(见 3.4.5)

性质:有条件的

条件:应为定量数据元素类型规定测量单位

值的字符类型:在附录 A 中定义的 GB 13000.1 字符集中的那些字符。

3.4.4 值列表

属性名:值列表

属性定义:数据元素类型允许值的表示方法集合

性质:有条件的

条件:应为分类数据元素类型规定值列表。可以为非分类数据元素类型规定值列表。

3.4.4.1 值

属性名:值

属性定义:作为值列表元素的数据元素类型可允许实例的表示

注释:非定量数据元素类型的值应该由值代码和值意义两个属性组成

性质:有条件的

条件:对于分类数据元素类型,值是强制的。

3.4.4.2 值代码

属性名:值代码

属性定义:非定量数据元素类型允许值的代码表示

注释:分类数据元素类型的值代码应该与该分类数据元素类型产生的元器件类别的代码名称相同

分类(非定量)数据元素类型的值代码的最大长度应为 18 个字母数字字符

其他非定量数据元素类型的值代码应该缩写以提高通讯效率

性质:有条件的

条件:如果有值,应规定值代码

值的字符类型:在附录 A 中定义的 GB 13000.1 字符集中的那些字符。

3.4.4.3 值意义

属性名:值意义

属性定义:非定量数据元素类型允许值的描述部分

注释:对于分类数据元素类型,值代码应该在该分类数据元素类型定义的分类注解属性中定义

该属性的值的最大长度应为 70 个字符

性质:有条件的

条件:如果有值,应规定值意义

值的字符类型:在附录 A 中定义的 GB 13000.1 字符集中的那些字符

3.4.4.4 值列表的源文档

属性名:值列表的源文档

属性定义:参考值出处的源文档,通常是国际标准

注释:该属性的值的最大长度应为 80 个字符

性质:可选的

值的字符类型:在附录 A 中定义的 GB 13000.1 字符集中的那些字符。

3.4.5 引用分类标识符

属性名:引用分类标识符

属性定义:如 5.5 中定义的标识符

注释:引用的分类将包括相关数据元素类型集合。构成基准集的数据元素类型既没有值格式也没有测量单位。这些属性由引用分类中的数据元素类型规定

性质:有条件的

条件:当数据元素类型的数据类型是类别实例类型时,应提供引用分类标识符

值的字符类型:在附录 A 中定义的 GB 13000.1 字符集中的那些字符。

3.5 关系属性

数据元素类型一般应看作是对象的典型特性。对象(元器件)及其数据元素类型都应按其类型分类。

数据元素类型可能相关,因为它们:

——是相同的数据元素类型分类;

——适用于相同的元器件分类(或材料分类、或性质分类);

——涉及条件数据元素类型,如果数据元素类型受不止一个条件数据元素类型约束时,那么,应同时满足所有的条件;

——适用于相同的特性分类。

图 6 数据元素类型的关系属性

3.5.1 条件数据元素类型

属性名:条件数据元素类型

属性定义:影响另一个数据元素类型值的数据元素类型

注释:许多数据元素类型具有依赖一个或多个独立数据元素类型(称为“条件数据元素类型”)值的值

当该数据元素类型用于和其他数据元素类型组合时,它只有意义

条件数据元素类型的定义总是有短语“作为变量”

当条件数据元素类型的值给出范围时,它应由表示该范围上下边界的两个条件数据元素类型规定

性质:可选的

值的字符类型:与数据元素类型标识符一致。

3.5.2 数据元素类型分类

属性名:数据元素类型分类

属性定义:相似数据元素类型的分类

注释:第 4 条中详细描述数据元素类型分类

性质:必选的

值的字符类型:在附录 A 中定义的 GB 13000.1 字符集中的那些字符。

4 数据元素类型分类

4.1 目的

为了使大的数据元素类型集合更易于管理,应对数据元素类型进行分类。它由一般到特殊划分主体领域,即将相关概念放在一起(例如,归属于温度、电压、电容等相同物理量)并使定位容易来实现。涉及的领域主要划分为若干类,它们互补,即它们总体上不重复地覆盖了整个领域。

提供数据元素类型的分类对许多工作有帮助:

——分析数据元素类型集;

——明确定义数据元素类型；

——控制数据元素类型的使用；

——固定数据元素类型属性的合法列表。

4.2 一般原则

数据元素类型类型分类应由主分类、分类和在某些情况下子分类组成。按照它们表示的数据种类，分别由大写字母和两个数字标识。

数据元素类型有两个总类：

——定量数据元素类型，也叫测量。它们表示事物可测量特性和现象的值。这些数据元素类型应属于主类 C、E 等。该大类中，应按表来区分物理和非物理测量。

——非定量数据元素类型，也叫标识和标识符。它们表示数据元素类型的主体标识或特性标识。它们由值意义、名称、描述等实现。这些数据元素类型属于主类 A。

4.3 定量数据元素类型

定量数据元素类型应按其测量概念或量分成主类。物理测量和非物理测量应该有主类。在非物理测量类中，按表 3 区分财政测量和其他测量两个子范畴。

表 3 数据元素类型主类和分类概况

非定量数据元素类型	主类	描述/对象
	A	标识和指示符
定量数据元素类型	主类	描述/对象
物理测量	C	物理化学和分子物理学
	E	电学和磁学
	F	周期和相关的现象
	G	声学
	H	热学
	J	信息
	K	机械学
	L	光和相关的电磁辐射
	T	空间和时间
	U	原子和核物理学
	V	核反应和电离辐射
	W	固体物理学
非物理测量	M	财政量
财政测量	P	财政率：价格、关税
	Q	可数的量，计数
其他测量	R	商业比率，百分比

物理量数据元素类型的分类应完全遵循 GB 3100～3102 的结构采用下面一般原则。

a) 分类应该有两层，
- 主类；
- 分别由单个大写字母和两位数字标识的分类。

b) 除主类 J 之外的主类应与反映物理主域(例如，空间和时间、机械、热等)的 GB 3100～3102 章节对应。

c) 主类应像 GB 3100～3102 一样精确地分成子类，例如，T10：速度；K01：质量；H12：热阻。

d) 主类 J 应以 GB/T 5271 的定义为基础分成子类。

此外，下面的特殊规则适用：

e) 出现在 GB 3100～3102 各部分的量，应按照它们的整个物理关系确定分类。例如，光和声音的波长分别分在 L03 或 G05 类中。

f) 不使用包含物理常数的 ISO 分类。例如，E32/L06：光速，L18：史蒂芬-波尔兹曼常数。

g) 表示为分数或百分数的同一量的无量纲比，应分入它们来源的量的同一类。例如，晶体管电流增益分在 E01 类，电阻器电阻公差分在 E33 类中。

h) 不在 GB 3100～3102 出现的导出量应分在处于分子位置的量的类中，例如，电压脉冲的陡度(V/s)分在 E06 类中。

附录 B 以主类字符的字母顺序给出定量数据元素类型的数据元素类型分类代码的完整列表。

4.4 非定量数据元素类型

非定量数据元素类型的值表示空间、组织、人员、信息、文档等主体的标识，或数据元素类型特性的指示。这些数据元素类型应属于主类 A，并按其主体由两个附加数字进一步分类。附录 C 给出了该分类的概况。

5 元器件分类规范

对于元器件分类，应重复使用 2.9 中定义的、把整个元器件集分成部件的原则，从而产生几个分类的各级结构树。该树从称为根类开始并进一步由超类和子类构成。

分类原则：

——超类应有两个或多个子类；

——超类应该有一个分类数据元素类型来定义这些子类；

——子类应该有一个超类；

——当子类有子类时，它本身成为超类。

IEC 基准集是如 GB/T 17564.4 中定义的 IEC 分类树最高层的超类的推荐名。该类(IEC 根类)没有超类，它本身是超类并只有子类。

分类的目的是以明确和结构化方式排列数据元素类型。

每个数据元素类型在根类层定义为直观。这意味着数据元素类型可定义为在分类树中任何类适用。

每个数据元素类型应适用于元器件的范围，由类、子类等确定。适用于任何类的数据元素类型应该也适用于该类的任何子类。仅适用于有限几个子类的数据元素类型应重复适用于每个相关子类。

这样，如图 7 中所示，由节点、分枝和叶子产生一个家庭树结构。该图中，每个叶子(点)表示适用于它表示的类的数据元素类型集，该类也是在下一层定义子类的分类数据元素类型(如果有的话)之一。然而，适用于类的数据元素类型也包括从较高的类继承的数据元素类型，因此，叶子表现空的地方，对应的类仍然包含所有继承的数据元素类型。分类数据元素类型由与树节点对应的黑点指示，而分支对应它们的值，由分类数据元素类型定义类的节点属性中定义值意义。

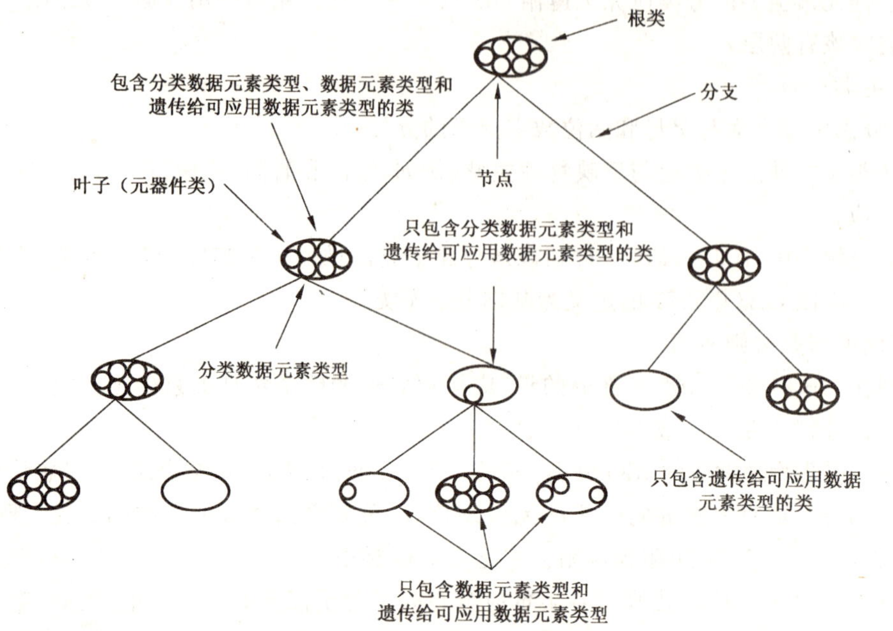

图 7　分类树

这里描述的元器件分类沿下面线路建立：

a) 从适用特定叶子的数据元素类型集开始，一个数据元素类型归属于分类数据元素类型。选择该数据元素类型是因为该分类数据元素类型的值列表能用来在该层将元器件集分成每个元器件能用同一组数据元素类型描述的子集。

b) 数据元素类型的层次顺序由继承来确定，因此，在特定层适用的数据元素类型也适用于所有较低层，除非数据元素类型由于其定义不能适用于较低层；例如数据元素类型“全部直径”仅适用于圆柱形的元器件。分类在不能再进一步划分有意义的元器件层结束。

c) 适用于树中特定节点的分类数据元素类型应具有下列特性：

——每个只有单一元素属性并且不是不同属性的组合，即它们具有相似的值列表；

——分类数据元素类型值定义的子类是互相补充的，它们总体上完全覆盖了整个域并且没有重叠；不允许两个或多个值同时适用的所谓多值域。分类数据元素类型总是有数据类型值：非定量代码值；

——分类数据元素类型的值代码在整个分类模式中应是唯一的；

——不允许有“混杂的”、“剩余的”、“各种各样的”等无用的子类；

——任何有关的属性都可用于分类；它们的选择和顺序由它们是否导致与用户有关的特定数据元素类型决定；

——该分类中使用的属性大部分与功能相关，但是技术、应用、材料、几何形状等属性也会产生；选择在不同类型元器件间不同。

——分类数据元素类型通常是非定量类型。

d) 应为所有数据元素类型定义可见性和适用性：

——所有数据元素类型在 IEC 基准集层定义为可见。即数据元素类型在整个 IEC 基准集可用；

——数据元素类型在其定义为描述数据元素类型和/或由继承定义的分类层定义为适用；

——条件数据元素类型只有当它被依赖它的数据元素类型引用时才适用。

e) 定义树分支的项，作为合适数据元素类型值，具有下列特性：

——它们很重要：不允许有“一般目的”、“经济”、“高速”等含糊或暧昧的项；

——它们有清楚定义的客观意义；

——它们符合可得到国际标准；

——它们没有同义词：当出现同义词时，选择一个项作为推荐名而其他的引用它；

——同音异义字的特殊意义由上下文指示来解释。

5.1 元器件的封装外形

封装外形的分类模式根据 IEC 60191-4 中定义的代码以封装的下面三个特点为基础：

——外形类型；

——引出端位置；

——引出端形状。

基于这些特点，分类的五个层次定义如下：

第一层：外形类型；

第二层：引出端位置；

第三层：引出端形状；

第四层：引出端变量；

第五层：本体(body)(可选)。

元器件封装形状分类树的最低层的每个分类的规范包含参考唯一图形的属性。该相关图形包含描述该特定元器件封装几何形状典型尺寸参数的数据元素类型的图形表示方式。

每个图由标识符明确标识。源于元器件封装分类树的描述标志符也与每个图相关(见 6.1.5)。

5.2 元器件分类规范属性

本条款解释规范中的分类的各种属性。这些属性的列表见表 4。这些属性与标识、描述及分类和数据元素类型之间的关系相关。

表 4 分类属性列表

属性	条款
代码	5.4.1
版本号	5.4.2
修订号	5.4.3
推荐名	5.4.4
代码名	5.4.5
同义名	5.4.6
定义	5.5.1
注解	5.5.2
备注	5.5.3
图参考	5.5.4
分类定义源文档	5.5.5

5.3 元器件分类信息模型

元器件分类是每个元器件可用由继承获得的同一组数据元素类型描述的元器件集合。

元器件分类属性分成两个主要组：

——标识属性；

——语义属性。

图 8 和图 9 中给出的元器件分类的信息模型(实体-关系图)应该按 3.1 中对数据元素类型描述的相同规则读出。

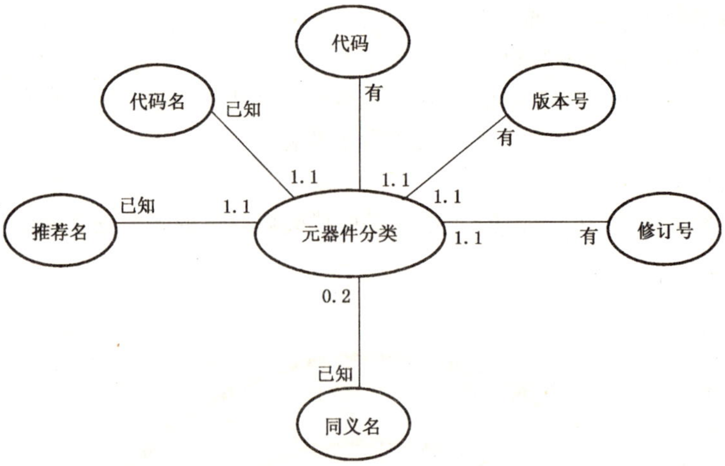

图8 分类的标识属性

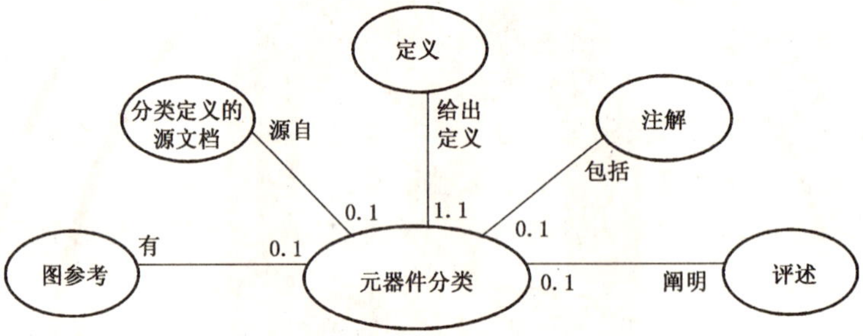

图9 分类的语义属性

5.4 标识属性

要唯一标识分类字典内的分类,应使用独立于语言的字符组合。

分类的标识符应由6字符元器件分类代码、后接连字符、后接分类的3位数版本号组合构成。

5.4.1 代码

属性名:代码

属性定义:元器件分类的唯一6字符代码

注释:前三个字符应为字母,后三个为数字(格式AAANNN)。字符X[7]不应用作第一个字符。代码按顺序发布并且不应与数据元素类型的意义有任何关系

如果至少一个影响元器件分类的意义和/或通讯的元器件分类属性改变,应该定义具有新代码的新(其他)元器件分类。这个属性是:

——定义。

性质:必选的

值的字符类型:大写拉丁字母A到Z(为避免误解,不应使用大写拉丁字母O和I);数字0到9。

5.4.2 版本号

属性名:版本号

属性定义:用于指明在元器件分类生命周期中其版本的数字

注释:元器件分类的版本号应由三个数字[8]组成。连续的版本号应该以递增的顺序发布。如果至少一个影响使用(通信、数据库定义等),但不影响该分类意义的分类属性改变,应该产生一个新分类版本

7) 对局部或用户环境内的私人应用,可使用XAA开始到并包括XZZ开始的代码,因此,这些代码排除在标准数据元素类型IEC基准集之外(GB/T 17564.4)。

8) 尽管公共ISO/IEC EXPRESS信息模型允许有多位数字,在IEC体系内只使用三位数字。

那些改变后导致版本改变的属性是：

——推荐名

——代码名

——图形参考

另外，新描述数据元素类型加到该类时，应改变分类的版本号。如果增加的数据元素类型是条件数据元素类型，意味着该类定义了子类

性质：必选的

值的字符类型：数字 0～9。

5.4.3 修订号

属性名：修订号

属性定义：用于管理控制元器件分类版本的数字

注释：元器件分类的修订号应由两个数字组成。连续的修订号应该以递增的顺序发布。有唯一标识的每个元器件分类，无论何时，当前只有一个修订号

如果既不影响使用(通信、数据库定义等)，也不影响元器件分类意义的元器件分类属性改变，或当改变编辑形式或修正拼写错误时，应该产生一个新元器件分类修订号。那些改变后导致修改改变的属性是：

——注解

——评述

——源文档

性质：必选的

值的字符类型：数字 0～9。

5.4.4 推荐名

属性名：推荐名

属性定义：赋于元器件分类的单个字或多个字的名称

注释：推荐名的长度应限制在 70 个字符。分类的推荐名与定义有关分类的分类数据元素类型值意义相关

性质：必选的

值的字符类型：在附录 A 中定义的 GB 13000.1 字符集中的那些字符。

5.4.5 代码名

属性：代码名

属性定义：分类名称的代码表示，应等于分类数据元素类型值的值代码，代码名不由分类数据元素类型定义的 IEC 基准集除外

注释：代码名的第一个字符应为字母。分类代码名的最大长度应为 18 个字母数字字符

性质：必选的

值的字符类型：在附录 A 中定义的 GB 13000.1 字符集中的那些字符。

5.4.6 同义名

属性名：同义名

属性定义：不同于已知的推荐名而表示同一分类概念的单个字或多个字的名称

注释：同义名的数量应限于两个。由于实际的原因，同义名的长度限制在 70 个字符

性质:可选的

值的字符类型:在附录 A 中定义的 GB 13000.1 字符集中的那些字符。

注:有可接受的推荐名替代名时,分类的同义名应仅用于标识。在所有参考分类中,应只使用推荐名。

5.5 语义属性

下面的可能属性与分类的语义定义有关。

5.5.1 定义

属性名:定义

属性定义:描述分类的意义并使它区别于所有其他分类的陈述

性质:必选的

值的字符类型:在附录 A 中定义的 GB 13000.1 字符集中的那些字符。

5.5.2 注解

属性名:注解

属性定义:提供定义进一步信息的陈述。信息是理解该定义必需的

注解属性应用来定义分类的意义

性质:可选的

值的字符类型:在附录 A 中定义的 GB 13000.1 字符集中的那些字符。

5.5.3 备注

属性名:备注

属性定义:进一步阐明定义意义的解释性条文

注释:备注不影响定义的意义

性质:可选的

值的字符类型:在附录 A 中定义的 GB 13000.1 字符集中的那些字符。

5.5.4 图参考

属性名:图参考

属性定义:参考说明描述元器件特性的一组数据元素类型意义的图标识符

注释:图标识符应由 6 字符图代码,后接连字符,后接 3 位数图参考的版本号组成

性质:有条件的

条件:该图参考仅为几何图形分类给出。

5.5.5 元器件分类定义源文档

属性名:分类定义的源文档

属性定义:参考分类定义出处的源文档,一般是国际标准

注释:该属性的值的最大长度为 80 个字符

性质:可选的

值的字符类型:在附录 A 中定义的 GB 13000.1 字符集中的那些字符。需要的控制函数应从 GB/T 5261中得到。

5.6 分类关系

图 10 说明超类和子类之间的关系及这一关系中分类数据元素类型的使用。

分类数据元素类型值的值代码应与子类的代码名相同,而且反之亦然;子类的代码名应与其超类的分类数据元素类型的值列表中的值代码相同。

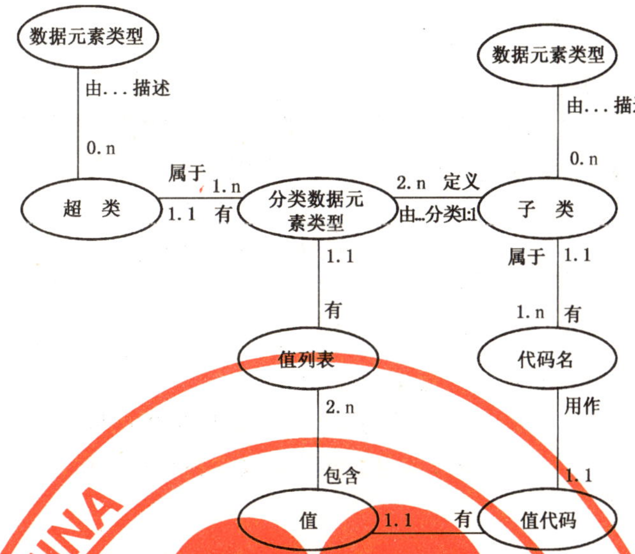

图 10 分类关系

6 图规范属性

本条款中解释图的各种属性。这些属性的列表见表5。这些属性与图的标识相关。

表 5 图属性列表

属性	条款
代码	6.1.1
版本号	6.1.2
修订号	6.1.3
图标题	6.1.4
描述标志符	6.1.5
文件名	6.1.6
文件格式	6.1.7

6.1 图的信息模型

图11给出的图的子信息模型(实体-关系图)应该按3.1中对数据元素类型描述的相同规则读出。

注：读该条时，用“图”代替“数据元素类型”。

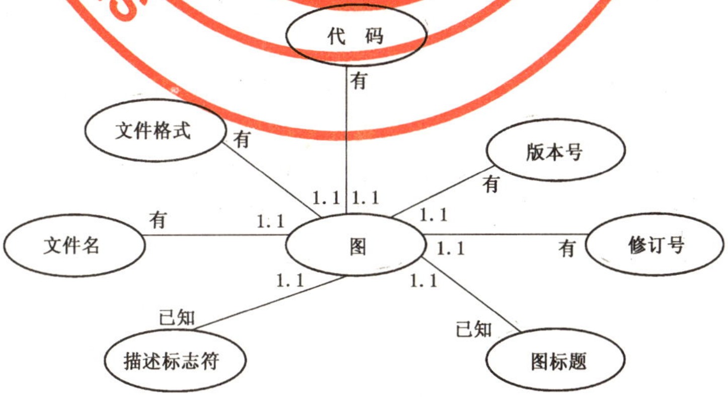

图 11 图的标识属性

6.1.1 代码

属性名:代码

属性定义:图的唯一6字符代码

注释:前三个字符应为字母表顺序,后三个为数字(格式AAANNN)。字符“X”[9]不应用作第一个字符。代码应按顺序发布并且与图的意义无任何关系

性质:必选的

值的字符类型:大写拉丁字母A～Z(为避免误解,不应使用拉丁字母O和I);数字0～9。

6.1.2 版本号

属性名:版本号

属性定义:用于指明在图生命周期中其版本的数字

注释:图的版本号应由三个数字组成。连续的版本号应该以递增的顺序发布。当有增加新尺寸参数等图的重大变化时,应该改变版本号。图版本改变将导致引用该图的类别版本改变

性质:必选的

值的字符类型:数字0～9。

6.1.3 修订号

属性名:修订号

属性定义:用于管理控制图版本的数字

注释:图的修订号应由两个数字组成。连续的版本号应该以递增的顺序发布。有唯一标识的每个图,无论何时,当前只有一个修订号。有改正印刷错误等图的微小变化或图要素的位置的微小变化时,应该改变图的修订号。将不改变引用该图的分类版本或修订号。只要图的版本号改变,修订号应该重新设置为01

性质:必选的

值的字符类型:数字0～9。

6.1.4 图标题

属性名:图标题

属性定义:用于图的单个字或多个字的描述标题

注释:图标题应有最多70个字符

性质:必选的

值的字符类型:在附录A中定义的GB 13000.1字符集中的那些字符。

6.1.5 描述标志符

属性名:描述标志符

属性定义:图标题的代码表示方法。它由串联元器件封装分类树的有关分类代码名构成。分类树用连字符分开

注释:描述标志符用来标识特殊外形图并有形式:XYY-Z-Tnnn-Bmmm,其中字符的意义如下:

- X指明引出端的部署,由有关分类数据元素类型定义;
- YY指明元器件的封装类型,由有关分类数据元素类型定义;
- Z指明引出端的形状,由有关分类数据元素类型定义;
- Tnnn指明引出端变量代码,由有关分类数据元素类型定义;
- Bmmm是可选择的本体代码,由有关分类数据元素类型定义。

图的描述标志符应有最多17个字母数字字符

9) 对局部应用,可使用XAA开始到并包括XZZ开始的代码,因此,这些代码排除在标准数据元素类型IEC基准集之外(GB/T 17564.4)。

性质:必选的

值的字符类型:在附录 A 中定义的 GB 13000.1 字符集中的那些字符。

6.1.6 文件名

属性名:文件名

属性定义:包含图数据的载体上的文件名称

注释:名称应该完整,包括文件扩展名

如果文件存储在远程服务器上,应提供完整的 URL 路径(包括文件名)

性质:必选的

6.1.7 文件格式

属性名:文件格式

属性定义:表示图的文件格式

注释:允许图超过一种数据格式[10)]

性质:必选的

---

10) 图的发送者负责阐明所用的图格式。可能的图格式包括 BMP、TIFF、GIF 和 JPEG 等位图格式,CGM、DXF 和 HP-GL 等矢量格式及 PDF 等文件格式。

附 录 A
(规范性附录)
GB 13000.1 中的字符

下面字符用于本部分。

——GB 13000.1 基本多语言平面(BMP)(组 00 的平面 00)00 行的所有字符,见表 A.1。

——下面列出的 GB 13000.1 基本多语言平面其他行的字符。

注:由于不同系统之间信息电子交换的问题,可能的话,建议所用的字符应限制为 GB/T 1988 的 G0 集和/或 GB 13000.1的 00 行 002 至 007 列。

表 A.1 00 组—00 平面

字 符	名 称	行	位
ˇ	CARON	02	C7
≡	恒等于	02	61
∧	逻辑“与”	22	27
∨	逻辑“或”	22	28
∩	逻辑乘,“与”交集	22	29
∪	逻辑“或”并集	22	2A
⊂	子集(被包含)	22	82
⊃	超集(包含)	22	83
⇐	左示双箭头(被隐含于)	21	D0
⇒	右示双箭头(被隐含于)	21	D2
∵	因为	22	34
∴	所以	22	35
∈	属于...的元素	22	08
∋	包含成员(有一个元素)	22	0B
⊆	子集或等于(作为子集被包含)	22	86
⊇	超集或等于(包含子集)	22	87
∫	积分	22	2B
∮	闭路曲线积分	22	2E
∞	无穷大	22	1E
∇	微分算子	22	07
∂	偏微分	22	02
∼	否定运算(两者不同)	22	3C
≈	约等于	22	48
∝	渐近等于	22	43
≌	近似于	22	45
≤	小于或等于	22	64

表 A.1（续）

字　符	名　称	行	位
≠	不等于	22	60
⩾	大于或等于	22	65
⇔	左右双箭头(当且仅当)	21	D4
¬	没有符号	00	AC
∀	对所有	22	00
∃	存在	22	03
ℵ	希伯来语字母 ALEF	05	D0
□	白色方框(达朗贝尔算符)	25	A1
∥	平行于	22	25
Γ	希腊大写字母"GAMMA"	03	93
Δ	希腊大写字母"DELTA"	03	94
⊥	向上钉(垂直于)	22	A5
∡	角	22	20
∟	与弧成直角	22	BE
Θ	希腊大写字母"THETA"	03	98
〈	左尖符号	23	29
〉	右尖符号	23	2A
Λ	希腊大写字母"LAMBDA"	03	9B
′	撇号	20	32
″	双撇号	20	33
Ξ	希腊大写字母"XI"	03	9E
±	减或加号	22	13
Π	希腊大写字母"PI"	03	A0
2	角标 2	00	B2
Σ	希腊大写字母"SIGMA"	03	A3
×	乘号	00	D7
3	角标 3	00	B3
ϒ	希腊大写字母"UPSILON"	03	A5
Φ	希腊大写字母"PHI"	03	A6
·	中间点	00	B7
ψ	希腊大写字母"PSI"	03	A8
Ω	希腊大写字母"OMEGA"	03	A9
∅	空集	22	05
⇀	向右标示(向量上划线)	21	C0
√	平方根	22	1A

表 A.1(续)

字　符	名　称	行	位
f	带钩的拉丁小写字母 F(函数)	01	92
$\propto$	与...成比列	22	1D
±	正或负号	00	B1
°	度符号	00	B0
α	希腊小写字母“ALPHA”	03	B1
β	希腊小写字母“BETA”	03	B2
γ	希腊小写字母“GAMMA”	03	B3
δ	希腊小写字母“DELTA”	03	B4
ε	希腊小写字母“EPSILON”	03	B5
ζ	希腊小写字母“ZETA”	03	B6
η	希腊小写字母“ETA”	03	B7
θ	希腊小写字母“THETA”	03	B8
ι	希腊小写字母“IOTA”	03	B9
κ	希腊小写字母“PAPPA”	03	BA
λ	希腊小写字母“LAMBDA”	03	BB
μ	希腊小写字母“MU”	03	BC
ν	希腊小写字母“NU”	03	BD
ξ	希腊小写字母“XI”	03	BE
‰	千分号	20	30
π	希腊小写字母“PI”	03	C0
ρ	希腊小写字母“RHO”	03	C1
σ	希腊小写字母“SIGMA”	03	C3
÷	除号	00	F7
τ	希腊小写字母“TAU”	03	C4
υ	希腊小写字母“UPSILON”	03	C5
ϕ	希腊小写字母“PHI”	03	C6
χ	希腊小写字母“CHI”	03	C7
ψ	希腊小写字母“PSI”	03	C8
ω	希腊小写字母“OMEGA”	03	C9
†	剑号	20	20
←	向左箭头	21	90
↑	向上箭头	21	91
→	向右箭头	21	92
↓	向下箭头	21	93
‾	上划线	20	3E

附　录　B
（规范性附录）
定量数据元素类型的类型代码概况

本概况中，以主要类别代码的字母顺序给出完整分类和主要类别的标题。

C　物理化学和分子物理学(ISO 31-8)

未分配类型分类代码。

E　电学和磁学的量(ISO 31-5)

E01	电流	A
E02	电荷[量]	C
E03	体积电荷 电荷[体]密度	C/m^3
E04	面积电荷 电荷[面]密度	C/m^2
E05	电场强度	V/m
E06	电位，(电势) 电位(电势)差，电压 电动势	V
E07	电通[量]密度	C/m^2
E08	电通[量]	C
E09	电容	F
E10	介电常数(电容率) 真空介电常数 (真空电容率)	F/m
E11	相对介电常数 (相对电容率)	1
E12	电极化率	1
E13	电极化强度	C/m^2
E14	电偶极矩	Cm
E15	面积电流 电流密度	A/m^2
E16	线电流 电流线密度	A/m
E17	磁场强度	A/m
E18	磁位差(磁势差) 磁通势，磁动势 电流链	A
E19	磁通[量]密度	T
E20	磁通[量]	Wb
E21	磁矢位(磁矢势)	Wb/m

E22	自感	H
	互感	
E23	耦合因数(耦合系数)	1
	漏磁因数(漏磁系数)	
E24	磁导率	H/m
	磁常数	
	真空磁导率	
E25	相对磁导率	1
E26	磁化率	1
E27	[面]磁矩	$A \cdot m^2$
E28	磁化强度	A/m
E29	磁极化强度	T
E30	体积电磁能	J/m^2
	电磁能密度	
E31	波印廷矢量	W/m^2
E32	不使用	
E33	[直流]电阻	Ω
E34	[直流]电导	S
E35	[直流]功率	W
E36	电阻率	$\Omega \cdot m$
E37	电导率	S/m
E38	磁阻	H^{-1}
E39	磁导	H
E40	不使用	
E41	频率	Hz
	旋转频率	s^{-1}
E42	角频率	rad/s, s^{-1}
E43	相[位]差,相[位]移	rad
E44	阻抗,阻抗模	Ω
	[交流]电阻,电抗	
E45	导纳,导纳模	S
	[交流]电导,电纳	
E46	品质因数	1
E47	损耗因数	1
E48	损耗角	rad
E49	[有功]功率	W
E50	视在功率(表观功率)	$V \cdot A$
	无功功率	
E51	功率因数	1
E52	[有功]电能[量]	J, $W \cdot h$

F　周期和相关现象的量(ISO 31-2)

F01	周期	s
F02	时间常数	s
F03	频率,旋转频率	Hz,s^{-1}
F04	角频率	rad/s,s^{-1}
F05	波长	m
F06	波数	m^{-1}
F07	角波数	rad/m,m^{-1}
F08	相对速度 群速度	m/s
F09	场[量]级	Np,dB
F10	功率[量]级	Np,dB
F11	阻尼系数	s^{-1},Np/s
F12	对数减缩	Np
F13	衰减系数 相位系数 传播系数	m^{-1}

G 声学的量(ISO 31-7)

G01	周期	s
G02	频率	Hz
G03	频程	(oct)
G04	角频率	rad/s,s^{-1}
G05	波长	m
G06	波数	m^{-1}
G07	角波数	rad/m,m^{-1}
G08	[质量]密度	kg/m^3
G09	静压 (瞬时)声压	Pa
G10	(瞬时)[声]质点位移	m
G11	(瞬时)[声]质点速度	m/s
G12	(瞬时)[声]质点加速度	m/s^2
G13	(瞬时)体积流量, (体积速度)	m^3/s
G14	声速,群速	m/s
G15	声能密度	J/m^2
G16	声功率	W
G17	声强[度]	W/m^2
G18	声阻抗,声阻,声抗	$Pa \cdot s/m^3$
G19	机械阻抗	$N \cdot s/m$
G20	介质特性阻抗 机械阻抗面密度	$Pa \cdot s/m$
G21	声压级	B

G22	声功率级	B
G23	阻尼系数	s^{-1},Np/s
G24	时间系数 弛豫时间	s
G25	对数减缩率	Np
G26	衰减系数 相位系数 传播系数	m^{-1}
G27	损耗因数 反射因数 透射因数 吸收因数	1
G28	隔声量	B
G29	吸声量	m^2
G30	混响时间	s
G31	响度级	phon
G32	响度	sone

H 热学的量(ISO 31-4)

H01	热力学温度	K
H02	摄氏温度	℃
H03	线[膨]胀系数 体[膨]胀系数 相对压力系数	K^{-1}
H04	压力系数	Pa/K
H05	等温压缩率 等熵压缩率	Pa^{-1}
H06	热量,热	J
H07	热流量	W
H08	面积热流量 热流[量]密度	W/m^2
H09	热导率	W/(m·K)
H10	传热系数 表面传热系数	$W/(m^2 \cdot K)$
H11	热绝缘系数	$m^2 \cdot K/W$
H12	热阻	K/W
H13	热导	W/K
H14	热扩散率	m^2/s
H15	热容	J/K
H16	质量热容 比热容	J/(kg·K)
H17	质量热容比	1

	比热(容)比	
H18	熵	J/K
H19	质量熵,比熵	J/(kg·K)
H20	能[量],热力学能, 焓,亥姆霍兹自由能 亥姆霍兹函数	J
H21	质量能 质量热力学能 比热力学能 质量焓,比焓 质量亥姆霍兹自由能 比亥姆霍兹自由能 比亥姆霍兹函数 质量吉布斯自由能 比吉布斯自由能 比吉布斯函数	J/kg
H22	马休函数	J/K
H23	普朗克函数	J/K

J 信息的量

J01	字长 存储容量 寄存器长度	bit byte word
J02	线存储密度	bit/m
J03	面存储密度	bit/m^2
J04	体存储密度	bit/m^3
J05	传输率	bit/s,Bd
J06	错误率,代码率 效率	1

K 机械学的量(ISO 31-3)

K01	质量	kg
K02	体积质量 [质量]密度	kg/m^3
K03	相对体积质量 相对质量密度	1
K04	质量体积 比体积	m^3/kg
K05	线质量 线密度	kg/m
K06	面质量 面密度	kg/m^2

K07	转动惯量 (惯性矩)	$kg \cdot m^2$
K08	动量	$kg \cdot m/s$
K09	力,重量	N
K10	冲量	$N \cdot s$
K11	动量矩 角动量	$kg \cdot m^2/s$
K12	力矩,力偶矩 转矩	$N \cdot m$
K13	角冲量	$N \cdot m \cdot s$
K14	引力常量	$N \cdot m^2/kg^2$
K15	压力,压强 正应力,切应力	Pa
K16	线应变(相对变星) 切应变 体应变	1
K17	泊松比	1
K18	弹性模量 切变模量,刚量模量 体积模量,压缩模量	Pa
K19	[体积]压缩率	Pa^{-1}
K20	截面二次矩 截面二次轴矩 (惯性矩) 截面二次极矩 (极惯性矩)	m^4
K21	截面系数	m^3
K22	动摩擦系数 静摩擦系数	1
K23	[动力]粘度	$Pa \cdot s$
K24	运动粘度	m^2/s
K25	表面张力	N/m
K26	能[量],功 势能,位能 动能	J
K27	功率	W
K28	效率	1
K29	质量流量	kg/s
K30	体积流量	m^3/s

L　光和相关电磁辐射的量(ISO 31-6)

L01	频率	Hz

L02	角频率	rad/s, s^{-1}
L03	波长	m
L04	波率,波数	m^{-1}
L05	角波率,角波数	rad/m, m^{-1}
L06	(不使用)	
L07	辐[射]能	J
L08	辐[射]能密度	J/m^3
L09	辐[射]能密度的光谱密集度	J/m^4
	光谱辐[射]能密度	
L10	辐[射]功率	W
	辐[射能]通量	
L11	辐[射]能流	J/m^2
L12	辐[射]能流率	W/m^2
L13	辐[射]强度	W/sr
L14	辐[射]亮度,辐射度	W(sr · m^2)
L15	辐[射]出[射]度	W/m^2
L16	辐[射]照度	W/m^2
L17	曝辐[射]量	J/m^2
L18	(不使用)	
L19	(不使用)	
L20	(不使用)	
L21	发射率,光谱发射率	1
	光谱定向发射率	
L22	光子数	1
L23	光子通量	s^{-1}
L24	光子强度	s^{-1}/sr
L25	光子亮度	s^{-1}/(sr · m^2)
L26	光子出射度	s^{-1}/m^2
L27	光子照度	s^{-1}/m^2
L28	曝光子量	m^{-1}
L29	发光强度	cd
L30	光通量	lm
L31	光量	lm · s
L32	[光]亮量	cd/m^2
L33	光出射度	lm/m^2
L34	[光]照度	lx
L35	曝光量	lx · s
L36	光视效能	lm/W
	光谱光视效能	
	最大光谱光视效能	
L37	光视效率	1
	光谱光视效率	

	(视见函数)	
L38	CIE 色度函数 CIE 光谱三刺激值	1
L39	色品坐标 三色坐标	1
L40	光谱吸收比,光吸收因数 光谱反射比,光谱反射因数 光谱透射比,光谱透射因数 光谱辐[射]量度因数	1
L41	[光谱]光密度	1
L42	线性衰减系数 线性消光系数 线性吸收系数	m^{-1}
L43	摩尔吸收系数	m^2/mol
L44	折射率	1
L45	物距,像距,焦距,顶焦距	m
L46	透镜焦度(光焦度) 顶焦度	m^{-1}

M 总数

M41 人数
M43 货物数
M51 货物存放总数
M52 货物转移总数
M52 货物聚集总数
M62 在处理中的信息对象总数
M82 数量流通转移

P 价格,关税

P51 货物存放价格
P52 货物转移价格
P71 价格测量单位
P81 价格流通类型

Q 无量纲事务量和计数

Q31 在一定位置定义时间周期量
Q43 人员聚集量
Q33 聚集时间周期的量
Q51 货存量
Q52 货物转移量
Q53 货物聚集量

Q54 分层结构货物量
Q55 制造过程的量
Q56 产品功能的量
Q59 质量统计的产品量
Q61 文本(零件)的量
Q62 处理的信息对象量
Q63 聚集的信息对象量
Q71 测量单位的量
Q74 标量的量
Q79 类型测量的量
Q82 项目的量
Q83 过程统计的量

R 事务比率和百分比

R41 在某一位置有关的人的百分比/比率
R51 在某一位置有关货物的百分比/比率
R52 在交易中有关货物的百分比/比率
R53 在聚集中有关货物的百分比/比率
R54 在层次结构有关货物的百分比/比率
R71 有关测量一单位的百分比/比率
R81 有关费率的百分比/比率
R82 有关费率交易的百分比/比率
R91 有关抽象事务费率的百分比/比率

T 空间和时间的量(ISO 31-1)

T01	[平面]角	rad,°,′,″
T02	立体角	sr
T03	长度,宽度,高度,厚度 半径,直径,程长,距离 笛卡尔坐标,曲率半径	m
T04	曲率	m^{-1}
T05	面积	m^2
T06	体积	m^3
T07	时间,时间间隔 持续时间	s,min,h,d
T08	角速度	rad/s
T09	角加速度	rad/s^2
T10	速度	m/s
T11	加速度,自由落体加速度 重力加速度	m/s^2

U 原子和核物理的量(ISO 31-9)

未分配类型分类代码。

V 核反应和电离辐射的量(ISO 31-10)

V01	反应能	J,eV
V02	共振能	J,eV
V03	截面	m^2
V04	角截面	m^2/sr
V05	能谱截面	m^2/J
V06	能谱角截面	$m^2/(sr \cdot J)$
V07	宏观截面	m^{-1}
V08	粒子注量	m^{-2}
V09	粒子注量率 (粒子通量密度)	m^{-2}/s
V10	能注量	J/m^2
V11	能注量率 (能通量密度)	W/m^2
V12	粒子流密度	m^{-2}/s
V13	线衰减系数	m^{-1}
V14	质量衰减系数	m^2/kg
V15	摩尔衰减系数	m^2/mol
V16	原子衰系数	m^2
V17	半厚度	m
V18	总线阻止本领	J/m,eV/m
V19	总原子阻止本领	$J \cdot m^2$, $eV \cdot m^2$
V20	总持量阻止本领	$eV \cdot m^2/kg$
V21	平均(直)线射程	m
V22	平均质量射程	kg/m^2
V23	粒子线电离	m^{-1}
V24	粒子总电离	1
V25	形成每对离子平均 损失的能量	J,eV
V26	迁移率	$m^2/(V \cdot s)$
V27	离子数密度 离子密度	m^{-3}
V28	复合系数	m^3/s
V29	粒子数密度	m^{-3}
V30	粒子速度	m/s
V31	粒子流速度	s^{-1}. m^{-1}
V32	扩散系数 粒子数密度的扩散系数	m^2/s
V33	粒子注量率的扩散系数 (粒子通量密度扩散系数)	m

V34	总中子源密度	m^{-3}/s
V35	慢化密度	m^{-3}/s
V36	逃脱共振俘获概率	1
V37	对数能降	1
V38	平均对数能降	1
V39	平均自由程	m
V40	慢化面积 扩散面积 迁徙面积	m^2
V41	慢化长度 扩散长度 迁徙长度	m
V42	每次裂变的中子产额 每次吸收的中子产额	1
V43	快中子增殖因数	1
V44	热中子利用因数	1
V45	不泄漏概率	1
V46	增殖因数 无限介质增殖因数 有效增殖因数	1
V47	反应性	1
V48	反应堆时间常数	s
V49	[放射性]活度	Bq
V50	授[予]能	J
V51	比授[予]能 吸收剂量	Gy
V52	剂量当量	Sv
V53	剂量当量率	Sv/s
V54	传能线密度 定限线碰撞阻止本领	J/m eV/m
V55	比释动能	Gy
V56	比释动能率	Gy/s
V57	质能转移系数	m^2/kg
V58	照射量	C/kg
V59	照射量率	C/(kg·s)

W　固体物理学的量

未分配类型分类代码。

附　录　C
（规范性附录）
非定量数据元素类型的类型分类代码概况

（主分类 A）

表 C.1

类型分类代码	描　　述
A11	地区单位(大于一个地点)
A12	地区位置(地点或更小)
A13	地区路线和网络
A21	组织
A22	(组织的)工作人员
A23	组织类别
A31	日期和时间周期
A32	每天的时间
A41	私人
A51	产品
A52	产品分类
A53	产品批量和打包(类型)
A54	运输方式、方法和单位
A55	制造过程的技术
A56	产品功能和应用
A57	材料
A58	产品几何、形态和大小
A59	产品质量、性能和测试
A61	文档和消息
A62	信息元素和信息组
A63	数据媒体和转换单位
A71	测量单位
A79	测量类型
A81	记账
A82	项目、项目活动
A83	程序
A91	抽象标示,如语言、文字等
A93	条款、从句

附　录　D
（资料性附录）
特征分类结构示例

D.1　特征类分类结构

特征分类在 GB/T 17645.24 中定义为 GB/T 17564.2 中定义的分类模式的扩展并补充该模式。本来，特征分类允许有元器件、材料、几何形状等分类模式之外的分类定义和特性的相关列表。有了这种便利，能定义将许多分类特性组合在一起的特征分类。然后用分类实例类型属性(3.4.5.2.2)产生与特征分类的链接。分类实例类型属性出自整个类别层次里任何类别中的特性。这种链接使所有的特征分类特性在构成链接的类别内出现，并且通过继承在其任何子类中出现。特征分类的主要用途是将相关特性组合以有效产生比标准中提供的更复杂的数据类型。下面的例子表明特征分类能怎样产生公差电容的特性。

使用时，通过定义包含分类标识符作为其属性之一的特性内的分类构成与特征分类的链接。

D.2　特征分类模式

下面是分类层次的一段。它说明特征类别怎样适合所有模式。给出的两个主要特征类别允许为复杂值和其他方法不容易包括的公差值使用数据类型。

分　　类	分类 DET	类　　别
主类别	AAE000-001	
——CO＝元器件	AAE001-001	AAA001-001
——FEA＝性质	AAF500-001	AAA230-001
————COMP＝复数值	AAF501-001	AAA232-001
——————IMP＝复数值		AAA234-001
——————ADM＝复数值		AAA235-001
————TOL＝公差值	AAF502-001	AAA233-001
——————TOLCAP＝公差电容		AAA236-001
——————TOLRES＝公差电阻		AAA237-001
——MA＝材料	AAF311-006	AAA218-001

D.3 例 1:公差电容

D.3.1 分类定义

根据上面的分类模式,下面的类别定义包含了产生公差电容的分支中的特征分类及其子类的定义。对每个类别,给出分类列表和属于每个分类的特性 DETs。

AAA230-001 01

特征 FEA

每个特征能用同一数据元素类型描述的典型特性的特征集合。

AAF500-001 特征

AAA232-001 复数值
AAA233-001 公差值

AAA233-001 01

公差值 TOL

表示能用同一数据元素类型描述的特性值百分比(%)公差的特性的集合。

AAF507-001 对称公差
AAF508-001 负公差
AAF509-001 正公差
AAF502-001 公差值

AAA236-001 公差电容
AAA237-001 公差电阻

AAA236-001 01
公差电容 TOL CAP
和每个值集能用同一数据元素类型集描述的相关公差一起表示电气元器件电容的特性的集合。
AAF506-001 电容
AAF510-001 对称电容公差
AAF511-001 负电容公差
AAF512-001 正电容公差

D.3.2 分类 DETs

有两种分类 DETs 与分类相关。
AAF500-001 001 X..8 A52
特征 特征
主要特征类别代码
COMP=复数值

TOL＝公差值

AAF502-001　　001　　X..8　　A52
公差值　　tol 值
包含带公差值的特征分类代码
TOLCAP＝公差电容
TOLRES＝公差电阻

D.3.3　特性 DETs

在公差值子类中，百分比公差有三个特性。
AAF507-001　　01　　NR2..3.3　　R71
%
对称公差　　%tol
百分比公差　　%tol
正负公差值相等的典型特性的名义值的百分比公差(%)。

AAF508-001　　01　　NR2..3.3　　R71
%
负公差　　%tol－
%tol－
正负公差值相等的典型特性的名义值百分比公差(%)的负值。

AAF509-001　　01　　NR2..3.3　　R71
%
正公差　　%tol＋
%tol＋
正负公差值相等的典型特性的名义值百分比公差(%)的正值。

在公差电容子类内，与四种深一层的特性一起继承上述三种特性。
AAF506-001　　01　　NR3..3.3ES2　　E09
F
电容　　C
C
具有电容特性的电气元器件的电容名义值(F)。

AAF510-001　　01　　NR3..3.3ES2　　E09
F
对称电容公差　　C_tol
电容公差　　<<C_tol>>
正负公差值相等的电气元器件的电容名义值的绝对公差(F)。

AAF511-001　　01　　NR3..3.3ES2　　E09
F

负电容公差　　　　C_tol－
负公差　　　　　　＜＜C_tol－＞＞
正负公差值相等的电气元器件的电容名义值的绝对公差的负值(F)。

AAF512-001　　01　　NR3..3.3ES2　　E09
F
正电容公差　　　　C_tol＋
正公差　　　　　　＜＜C_tol＋＞＞
正负公差值相等的电气元器件的电容名义值的绝对公差的正值(F)。

D.3.4 引用特征分类

特征分类 AAA236-001 可被分类层次内的任何地方引用。例如,公差电容可定义为固定电容器子类内的特性。然后,对应的 DET 会像下面那样出现,其中,AAA236-001 是引用特征分类的分类实例类型,该特征分类包含与公差电容相关的特性。

AAF505-001　　01　　AAA236-001　　E09
公差电容　　　　C
C
在规定频率和基准条件下,固定电容器带公差的电容值。
数据类型:class_instance_type
AAE029-005＝频率
AAE995-005＝基准条件

应注意该定义的几个特征:

——特性 DET 的定义中没有格式属性。所有必需的格式由作为该特征分类成员的特性传递;

——插入特征分类标识符替代格式;

——在所有其他方面,该特性 DET 以同样的方式定义为任何其他 DET。例如,包括引用条件 DETs。

ICS 31.020
K 04

中华人民共和国国家标准

GB/T 17564.2—2005/IEC 61360-2:2004
代替 GB/T 17564.2—2000

电气元器件的标准数据元素类型和相关分类模式 第2部分:EXPRESS字典模式

Standard data element types with associated classification scheme for electric components—Part 2: EXPRESS dictionary schema

(IEC 61360-2:2004,IDT)

2005-07-29 发布 2006-04-01 实施

中华人民共和国国家质量监督检验检疫总局
中国国家标准化管理委员会 发布

前　言

GB/T 17564《电气元器件的标准数据元素类型和相关分类模式》,包括以下5个部分:

第1部分:定义——原则和方法

第2部分:EXPRESS字典模式

第3部分:维护和认证的程序

第4部分:IEC标准数据元素类型、元器件分类和项的基准集

第5部分:EXPRESS字典模式扩展[1)]

本部分为GB/T 17564的第2部分,系等同采用IEC 61360-2:2004《电气元器件的标准数据元素类型和相关分类模式　第2部分:EXPRESS字典模式》(英文版)。

本部分自实施之日起代替GB/T 17564.2—2000《电气元器件的标准数据元素类型和相关分类模式　第2部分:EXPRESS字典模式》。

本部分与GB/T 17564.2—2000相比主要变化如下:

1)　增加了一个术语和定义:2.8 项　item

2)　删除了原5.9.2at_most_two_synonyms_per_language函数

3)　增加了两个函数(即两条)

"5.9.16check_properties_applicability"和"5.9.17check_datatypes_applicability"

4)　删除了第6章

"6 IEC 61360扩展字典模式"

5)增加了"7　模板"一章

6)将原标准的"8　物理文件例子"一章作为资料性附录。

本部分的附录A、附录B是资料性附录。

本部分由全国电气信息结构文件编制和图形符号标准化技术委员会提出并归口。

本部分起草单位:中国电子技术标准化研究所、北京机械工业自动化研究所。

本部分的主要起草人:徐云驰、马健、李玲、董连续、常建宏、王宝友、景晓晖、高猛、张衡。

本部分的所代替标准的历次版本发布情况:

GB/T 17564.2—2000

1)　待出版。

电气元器件的标准数据元素类型和相关分类模式 第2部分:EXPRESS 字典模式

1 总则

1.1 范围

GB/T 17564 的本部分是通用国家标准字典模式,它以两个基础标准 GB/T 17564.1 和 GB/T 17645.42的范围关联部分为基础。

给出的 EXPRESS 模式为这两个标准提出了通用形式模型,并便于这两个标准的协调。

标准 GB/T 17564.2 形成主要文件。GB/T 17645.42 在资料性附录 D 中包含了 GB/T 17564.2 的 EXPRESS 模型。

本部分为符合上面引用标准给出范围的数据提供型式模型,从而为这类数据的计算机可识别表达和交换提供手段。

本部分的目的是为了给 IEC/TC3/SC3D 和 ISO/TC184/SC4 的工作提供通用信息模型,从而为根据两个委员会制定的这两个标准中任何一个处理所传输数据的字典系统提供实现的条件。GB/T 17564的本部分提供了定义字典系统在实现上述两种方案可选择的两种模式。这两个方案中的每一个方案,均称为一致性分类。

——**ISO 13584_IEC 61360_dictionary_schema**[2] 为数据元素类型定义所用的技术数据元素类型及相关分类模式的建模和交换提供支持。这即构成 GB/T 17564 本部分的一致性分类 1。

——**ISO 13584_IEC 61360_language_resource_schema** 为允许不同文种的字符串提供资源。因为它能用于其他模式中,它已从字典模式抽取。很大程度上它以 GB/T 16656.41:"产品描述和支持基础"的 **support_resource_schema** 为基础,并能看作它的扩展。当使用多语种而不具备上述条件时,在整个交换相关环境(物理文件)中允许使用一种特定语言。

当和 GB/T 16656.21 一起使用时,每种模式定义一个单一的交换格式。

一致性分类 1 定义的交换格式能够与 GB/T 17645 系列完全兼容。

1.2 规范性引用文件

下列文件中包含的条款通过 GB/T 17564 的本部分的引用而成为本部分的条款。凡是注日期的引用文件,其随后所有的修改单(不包括勘误的内容)或修订版均不适用于本部分。然而,鼓励根据本部分达成协议的各方研究是否使用这些文件的最新版本。凡是不注日期的引用文件,其最新版本适用于本部分。

GB 3100 国际单位制及其应用(GB 3100—1993,eqv ISO 1000:1992)

GB 3101 有关量、单位和符号的一般原则(GB 3101—1993,eqv ISO 31-0:1992)

GB 3102(所有部分)空间和时间的量和单位(GB 3102.1～3102.13—1993,eqv ISO 31-1～31-13:1992)

GB/T 4880.2 语种名称代码 第2部分:3字母代码(GB/T 4880.2—2000,eqv ISO 639-2:1998)

GB/T 7408—1994 数据元与交换格式 信息交换 日期和时间表示法(eqv ISO 8601:1988)

GB/T 12406—1996 表示货币和资金的代码(idt ISO 4217:1990)

GB/T 14805—1993 用于行政、商业和运输业电子数据交换的应用级语法规则(idt ISO 9735:1988)

GB/T 14814—1993 信息处理 文本和办公系统 标准通用置标语言(SGML)(eqv ISO 8879:1986)

---

2) EXPRESS 模型中形式化定义的项的所有名称用黑体字表示。

GB/T 15273.1—1994 信息处理 八位单字节编码图形字符集 第一部分:拉丁字母一(idt ISO 8859-1:1987)

GB/T 16656.11—1996 工业自动化系统与集成 产品数据表达和交换 第11部分:描述方法:EXPRESS语言参考手册(eqv ISO/DIS 10303-11:1993)

GB/T 16656.21—1997 工业自动化系统与集成 产品数据表示和交换 第21部分:实现方法:交换文件结构的纯正文编码(idt ISO 10303-21:1994)

GB/T 16656.41—1999 工业自动化系统与集成 产品数据表示和交换 第41部分:集成资源:产品描述与支持原理(idt ISO 10303-41:1994)

GB/T 16656.42—1998 工业自动化系统与集成 产品数据表示和交换 第42部分:集成通用资源:几何与拓扑表达(idt ISO 10303-42:1994)

GB/T 17564.1—2005 电气元器件的标准数据元素类型和相关分类模式 第1部分:定义——原则和方法 (IEC 61360-1:2004,IDT)

GB/T 17564.4—2000 电气元器件的标准数据元素类型和相关分类模式 第4部分:IEC标准数据元素类型、元器件类别和项基准集 (idt IEC 61360-4:1997)

GB/T 17645.26 工业自动化系统与集成 零件库 第26部分:逻辑资源:信息供应商标识(GB/T 17645.26—2000,eqv ISO 13584-26:1999)

GB/T 17645.42 工业自动化系统与集成 零件库 第42部分:描述方法学:构造零件族的方法学(GB/T 17645.42—2001,idt ISO 13584-42:1998)

SJ/Z 9047—1987 信息处理 信息交换用字符串的数值表示(idt ISO 6093:1985)

ISO 843:1997 信息与文件 希腊字符转换为拉丁字符

ISO 12083:1994 信息和文件 电子手稿编制和置标

2 术语和定义

下列术语和定义适用于本部分:

2.1

基本语义单元(BSU) Basic Semantic Unit(BSU)

提供应用域内某些对象(例如:分类、数据元素类型)的唯一和通用标识的实体。

2.2

字典元素 dictionary element

构成应用域某些对象(例如:分类、数据元素类型)的字典描述的属性集。

2.3

通用字典模式 common dictionary model

采用EXPRESS信息建模语言的字典信息模型。

2.4

数据类型 data type

数据元素类型的允许值集。

注:在IEC内,把作为测量单位或值域的 **data_type** 按每个数据元素类型分别定义。

2.5

IEC根类 IEC root class

指GB/T 17564.4中定义的所有类的超类;它的分类代码是'AAA000',它的版本号为'001'。

2.6

可应用数据元素类型 applicable data element type

指按某些元器件分类定义且适合属于该元器件分类的任何元器件的数据元素类型。

2.7

可视数据元素类型 visible data element type

为某些元器件分类定义且可能适合或可能不适合该元器件分类中不同元器件的数据元素类型。

注1：数据元素类型被定义为可视数据元素类型的类的代码，是该数据元素类型标识的部分。

注2：在IEC范围内，在根类层上定义为直观数据类型的所有数据元素类型，是元器件分类和材料分类两者的超类。

2.8

项 item

可通过类结构和一组特性描述的事件。

3 缩略语

GB/T 17564的本部分采用以下缩略语：

——BSU：基本语义单元(Basic Semantic Unit)；

——DET：数据元素类型(Data Element Type)；

——ICS：国际标准分类(International Classification of Standards)；

——SI：国际单位制(International System Units)。

4 通用字典模式及与GB/T 17645兼容性概况

在以下条款中，给出了通用字典模式的结构，并说明了在国际标准中必须采用同样的信息模型以保证他们的兼容性的原因。

通用字典模式兼有GB/T 17564和GB/T 17645的要求。因此，它包括满足这两个标准特定要求的资源，并按照为满足通用要求定义的任选能力或类型中的子类型提供这些资源。

4.1 利用通用字典模式交换GB/T 17564.1适应的数据

a) 不应将支持多语言能力的GB/T 17645特定扩展用来交换按GB/T 17564.1定义的字典元素。然而，如：**present_translations**，**translated_label** 和 **translated_text** 的扩展可以用在交换结构中，以便兼容。

b) 如果元器件分类有超类，**coded_name** 应被定义为该超类的分类数据元素类型的 **domain** 中的 **value_code**。

c) 如果一个特定的元器件分类中存在分类数据元素类型，应针对其 **domain** 中的每个 **value** 定义一个子类和 **term**。

d) 应始终为根据GB/T 17564.1定义的元器件分类按通用字典模式中一致性分类2提供选择的分类数据元素类型。

e) 尽管通用字典模式允许使用多种单位制，也只应采用SI单位。然而，当使用这一模式交换GB/T 17564适应的数据时，SI单位仅用于定量数据元素类型。

4.2 与GB/T 17645.42的兼容性

符合GB/T 17564本部分，应支持属于它指明能支持的一致性分类的所有实体、类型和相关限制。

因此，符合GB/T 17564本部分一致性分类1，就需要支持通用字典模式中定义的所有实体、类型和相关限制。从而，符合通用字典模式的GB/T 17645数据，都可以通过实现对包括一致性分类1所特有的一致性分类1符合GB/T 17564而予以处理。

在GB/T 17645中，用特定一致性分类[3]来包含通用字典模式中定义的所有实体、类型和相关限制。因此，实现与这一特定一致性分类一致的对GB/T 17645符合，应能支持属于GB/T 17564本部分的一致性分类1的IEC数据。

4.3 GB/T 17564.1和GB/T 17564.2之间的命名对应

由于特定的应用限制，如：EXPRESS语言不允许实体名称中有空格，而通过用下横线顶替名称中

3) 这一一致性分类在GB/T 17645.24中定义为一致性分类0。

空格的方式;创造了许多相似的“EXPRESS 名称”(例如:把推荐名表示为 **preferred_name**)。

在其他一些场合,在 EXPRESS 模型中使用的名称不同于 GB/T 17564.1 中使用的名称,其原因是致力于与零件库一起实现一个通用的 EXPRESS 信息模型。

下面表 1 提供了用于 GB/T 17564 的两部分中所用名称的交叉对照指南。

表 1 交叉对照表

17564.2 中的命名	17564.1 中的命名
component_ class	Component class 元器件分类
condition_DET	Condition data element type 条件数据元素类型
dependent_P_DET	Data element type 数据元素类型
det_classification	Data element type class 数据元素类型分类
(DER)dic_identifier	Identifier 识别符
dic_value	Value 值
material_class	Material class 材料分类
meaning	Value meaning 值意义
non_dependent_P_DET	Data element type 数据元素类型
preferred_symbol	Preferred letter symbol 推荐字符
revision	Revision number 修订编号
source_doc_of_definition	Source document of data element type definition 数据元素类型定义源文件
source_doc_of_definition	Source document of component calss definition 元器件分类定义源文件
synonymous_symbols	Synonymous letter symbols 同义字符
unit	Unit of measure 测量单位
value_code	Value code 值代码
version	Version number 版本编号

4.4 通用字典模式主要结构

本条说明了通用字典模式提供的主要资源结构。

——**dictionary_element** 是指字典中定义的任何元素;

——**supplier_element** 获取字典元素(分类、特性和数据类型)供应商的数据;

——**class** 使由特性描述的分类(族)的字典元素典型化;

——**property_DET** 是特性的字典元素;

——**data_type** 规定特性的类型。

字典模式的这些部分,在第 5 章 ISO 13584_IEC 61360_dictionary_schema 中做出了更为详细的说明。

在表示通用字典模式方面,提供了作为规划模型的一些总体框图(图 1～图 11)。这些规划模型利用 EXPRESS-G 图形记法作为 EXPRESS 语言。

为使框图清晰起见,省略了 EXPRESS 模型中所定义的某些关系。下面图 1 作为一规划模型,示出了通用字典模式主要结构的要点。

多数这类框图都包括有概要模型(或规划模型),但是示出的详细程度仅适用于某一特定场合。

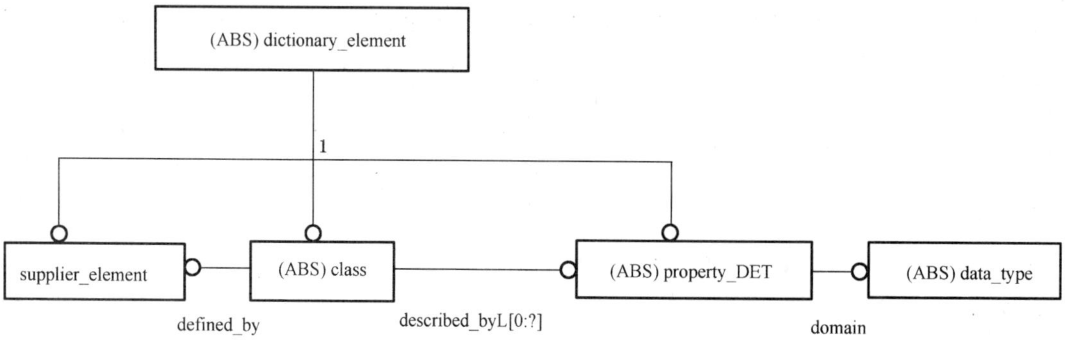

图 1 字典模式概要

5 ISO 13584_IEC 61360_dictionary_schema

作为构成 GB/T 17645.42 和 GB/T 17564 通用信息模型的主要部分，本章包含了字典模式的全部 EXPRESS 列表，并附有评论和说明性文本。本章中文本的顺序，首先按 EXPRESS 语言要求的顺序、其次按重要性予以决定。

```
*)
SCHEMA ISO 13584_IEC 61360_dictionary_schema;
(*
```

5.1 对其他模式的引用

本条包含了字典模式中采用的其他 EXPRESS 模式的引用。在这些引用的相应评论中均指明了他们的来源。

```
*)
REFERENCE FROM support_resource_schema (identifier, label, text);
        (* from ISO 10303-41: STEP Part 41: "Fundamentals of Product Description and Support" *)
REFERENCE FROM person_organization_schema (organization, address);
        (* from ISO 10303-41: STEP Part 41: "Fundamentals of Product Description and Support" *)
REFERENCE FROM measure_schema
        (* from ISO 10303-41: STEP part 41: "Fundamentals of Product Description and Support" *)
REFERENCE FROM ISO 13584_IEC 61360_language_resource_schema;
        (* see clause 6 "ISO 13584_IEC 61360_language_resource_schema" *)
(*
```

5.2 常量定义

本条包含了后面 5.8(基本类型和实体定义)中所用的常量定义。

EXPRESS 规范：

```
*)
CONSTANT
property_code_len:      INTEGER:=14;
class_code_len:         INTEGER:=14;
data_type_code_len:     INTEGER:=14;
supplier_code_len:      INTEGER:=70;
version_len:            INTEGER:=9;
reversion_len:          INTEGER:=3;
value_code_len:         INTEGER:=18;
pref_name_len:          INTEGER:=70;
short_name_len:         INTEGER:=30;
syn_name_len:           INTEGER:=pref_name_len;
DET_classification_len: INTEGER:=3;
source_doc_len:         INTEGER:=80;
value_format_len:       INTEGER:=80;
sep_cv:                 STRING:='-';
sep_id:                 STRING:='.';
END_CONSTANT;
(*
```

5.3 基本语义单元:字典的定义和使用

5.3.1 交换要求

在字典和零件库数据的交换中,通常要对数据进行分类。例如:可引用已有的类,可以用规定他们超类的某些分类,对一字典予以改进,或者当交换零件库的内容时,每次交换只是引用而不包括字典元素。必须能够做到,无歧义且始终如一地引用字典数据。

因此,要求:第一,能交换数据块;第二,这些数据块之间有关联。图 2 描绘出了这一要求。

图 2 相互关联的数据块

每个这样的数据块均对应一个物理文件(根据 GB/T 16656.21)。EXPRESS(见 GB/T 16656.11)属性仅能包含对同一物理文件中的数据引用。因此,不可能用 EXPRESS 属性直接实现数据块的相互引用。

5.3.2 字典数据的三层结构

在本条中,引入 **basic_semantic_unit**(BSU)的概念作为实现这些数据块相互引用的一种工具。BSU 为字典描述提供一通用的唯一标识。见图 3 所示。

假定,某些内容块(**content_item**)需要引用某一字典描述,如:传送一元器件的特性值。为此,通过 **dictionary_definition** 属性引用基本语义单元来完成。

字典描述(**dictionary_element**)通过属性 **identified_by** 引用基本语义单元。由对基本语义单元唯一标识符的对应,而建立起这种间接关联。

注意:

——在同一物理文件中,能够但未必既给出字典元素又给出内容项。

——字典元素并不需要按引用它的某些内容项的交换而给出。这种情况下,假设已在目标系统字典中给出。相反,字典数据在没有任何内容数据的条件下也可以进行交换。

——在同一物理文件中既有字典元素实例又有内容项实例时,基本语义单元可以是一个简单实例。

——同样机制也适用于不同字典元素间的引用(如:元器件分类和相关的 **property_DETs** 之间)。

BSU 提供了在任何需要之处对字典描述的引用,如:字典传送、更新传送、数据库传送、元器件数据交换。与特性相关的数据能作为一对(**property_BSU**, <value>)进行交换。

图 3 概括给出实现这一通用机制的的要点。

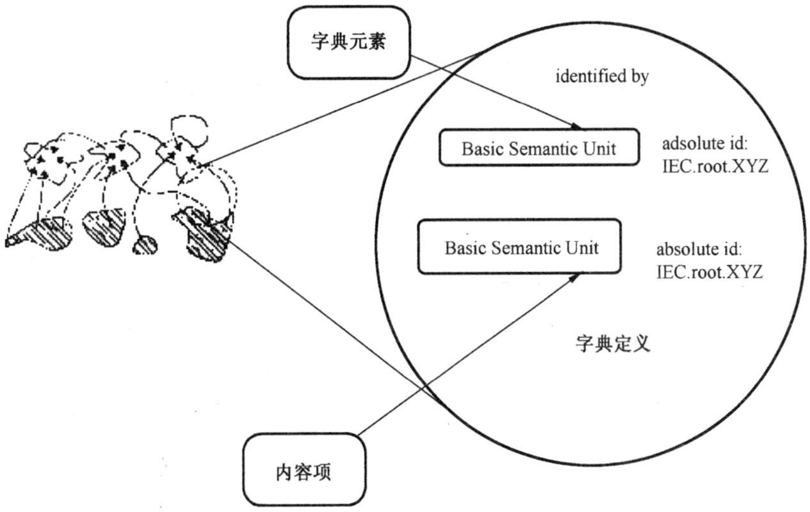

图 3 利用基本语义单元实现"相互"关联

5.3.2.1 **basic_semantic_unit**

basic_semantic_unit 是 **dictionary_element** 的唯一标识。

EXPRESS 规范：

```
*)
ENTITY basic_semantic_unit
ABSTRACT SUPERTYPE OF ( ONEOF (
                supplier_BSU,
                class_BSU,
                property_BSU,
                data_type_BSU,
                supplier_related_BSU,
                class_related_BSU));
    code: code_type;
    version: version_type;
DERIVE
    dic_identifier: identifier :=code + sep_cv + version;
INVERSE
    definition: SET [ 0 : 1 ] OF dictionary_element FOR
    identified_by;
    referenced_by: SET [ 0:1 ] OF content_item FOR
dictionary_definition;
END_ENTITY; --basic_semantic_unit
(*
```

属性定义：

code[4)]：分配用来标识某一字典元素的代码。

version[4)]：某一字典元素的版本号。

dic_identifier[4)]：由代码和版本串联构成的全部标识。

definition：由这一 BSU 标识的字典元素的引用。如果在一些交换相关环境中没有出现，就假设已在目标系统字典中出现。

4) 见 GB/T 17564.1 的相关条。

referenced_by:利用与这一 BSU 关联的字典元素的项。

5.3.2.2 **dictionary_element**

dictionary_element 是需要在语义字典中按某些概念捕获的数据的完整定义。应按每个概念采用一个分离子类型。**dictionary_element** 与专为识别字典中这一定义的 **basic_semantic_unit** 关联。

图 4 给出基本语义单元和字典元素之间关系的规划模型。

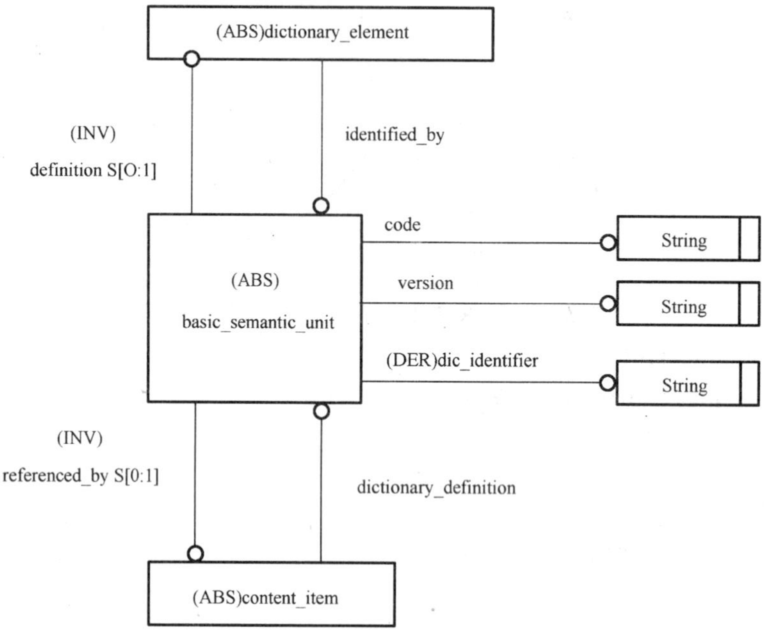

图 4 基本语义单元和字典元素之间的关系

通过在 **basic_semantic_unit** 实体中包含版本属性,它即构成(与 **revision** 和 **time_stamp** 属性相反)字典元素标识的一部分。

EXPRESS 规范

```
*)
ENTITY dictionary_element
ABSTRACT SUPERTYPE OF ( ONEOF (
    supplier_element,
    class_and_property_elements,
    data_type_element));
    identified_by: basic_semantic_unit;
    time_stamps: OPTIONAL dates;
    revision: revision_type;
END_ENTITY;
(*
```

属性定义:

identified_by:识别这一字典元素的 BSU。

time_stamp:这一字典元素建立和更新的可选日期。

revision[5]:这一字典元素的修订编号。

注:time_stamps 属性将用作"起点"来编码日期实体的特性和类属性"初始定义日期"、"当前版本日期"和"当前修订日期"(见 5.8.2)。

5) 见 GB/T 17564.1 相关的条。

5.3.2.3 **content_item**

content_item 是引用字典中其描述的数据块。它应属于子类型。

EXPRESS 规范：

```
*)
ENTITY content_item
ABSTRACT SUPERTYPE;
        dictionary_definition: basic_semantic_unit;
END_ENTITY;
(*
```

属性定义：

dictionary_definition:用来引用字典中定义的基本语义单元。

5.3.3 基本语义单元和字典元素概要

对每种字典数据,应定义一对 **basic_semantic_unit** 和 **dictionary_element** 子类型。图 5 作为一规划模型,给出以后定义的基本语义单元(BSU)和字典元素的要点。需注意到,应按每种类型数据,重新定义 BSU 与字典元素之间的关系,以便只能与相对应的一对有关联。然而,这里并没有在图上予以描述。

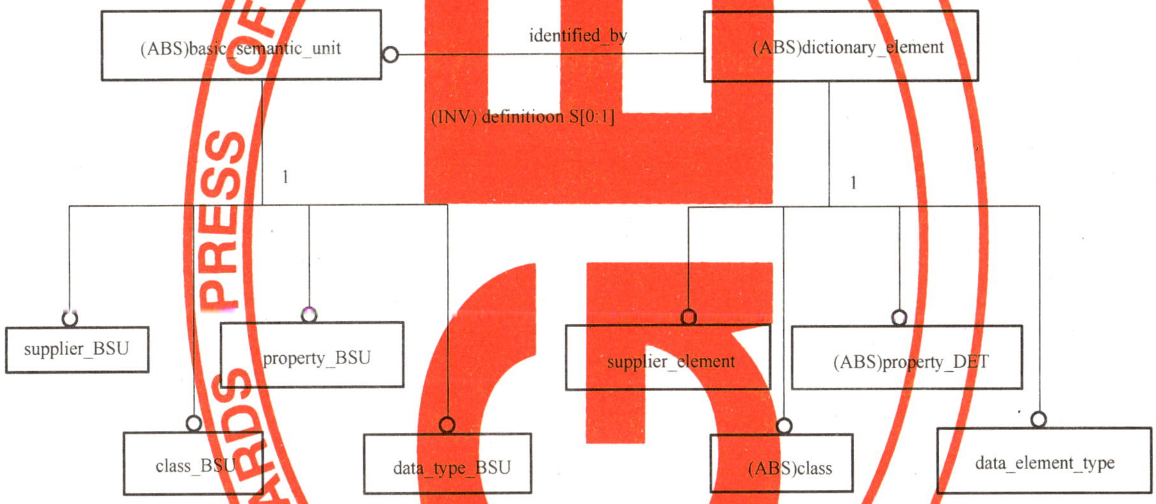

图 5 当前的 BSUs 和字典元素

每种字典数据将在以下各条予以说明：

——关于供应商见 5.4“供应商数据”;

——关于分类见 5.5“类数据”;

——关于特性/数据元素类型见 5.6“数据元素类型/特性数据”;

——关于数据类型见 5.7“域数据:类型系统”。

5.3.4 字典元素的标识:三层结构

基本语义单元的唯一识别标志以下面的三层结构为基础：

——(字典数据)供应商;

——类;

——与类相关的字典元素(类相关环境中定义的任意字典元素。虽然本部分中与类相关的字典元素是 **property_DET** 和 **data_type_element**,但是,有将这一机制扩展到其他项的条款)。

对每一层,适用代码之间的联系将产生一个唯一的识别标志。

这一识别模式适合在多供应商环境中。在某一应用领域内如果仅与单个(数据)供应商的数据相关，识别标志的对应部分（当时是常量）可以销去。然而，为了交换，必须给出所有的层以避免识别符冲突。

本识别模式的型式化描述在 5.3 到 5.6**absolute_id** 属性的…_BSU 实体内。

5.3.5 其他数据类型扩展的可能性

BSU 字典元素机制是非常通用的，而不仅仅限于这里使用的四种数据（见图 5）。本条规定一些允许其他类型扩展的设施。根据分类或供应商是否给出识别符的范围，对应的…**related_BSU** 实体应分成子类型。必须重新定义实体 **dictionary_element** 的 **identified_by** 属性（对当前数据种类，如 5.4 到 5.7 中所述）。

5.3.5.1 supplier_related_BSU

supplier_related_BSU 提供与供应商相关的字典元素，例如：对 GB/T 17645 系列：程序数据库。

EXPRESS 规范：

```
*)
ENTITY supplier_related_BSU
ABSTRACT SUPERTYPE
SUBTYPE OF (basic_semantic_unit);
END_ENTITY;
(*
```

5.3.5.2 class_related_BSU

class_related_BSU 提供与类相关的字典元素，例如：对 GB/T 17645 表格、文件等。

EXPRESS 规范：

```
*)
ENTITY class_related_BSU
ABSTRACT SUPERTYPE
SUBTYPE OF (basic_semantic_unit);
END_ENTITY;
(*
```

5.3.5.3 supplier_BSU_relationship

supplier_BSU_relationship 是 BSUs 与供应商联系的条款。

EXPRESS 规范

```
(*
ENTITY supplier_BSU_relationship
ABSTRACT SUPERTYPE;
        relating_supplier: supplier_element;
        related_tokens: SET [ 1 : ? ] OF supplier_related_BSU;
END_ENTITY;
(*
```

属性定义

relating_supplier：识别数据供应商的 **supplier_element**。

related_tokens：与由 **relating_supplier** 属性识别的供应商相关的字典元素集。

5.3.5.4 class_BSU_relationship

class_BSU_relationship 实体是 BSUs 与类关联的条款。

EXPRESS 规范

```
*)
ENTITY class_BSU_relationship
```

```
ABSTRACT SUPERTYPE;
        relating_class: class;
        related_tokens: SET [ 1 : ? ] OF class_related_BSU;
END_ENTITY;
(*
```

属性定义

relating_class:识别字典元素的类。

related_tokens:与由 **relating_class** 属性识别的类相关的字典元素集。

5.4 供应商数据

本条包含供应商自身数据表达的定义。在多供应商环境中,必须能识别某些字典元素的起源。图6给出与供应商有关的数据的规划模型,后面为 EXPRESS 定义。

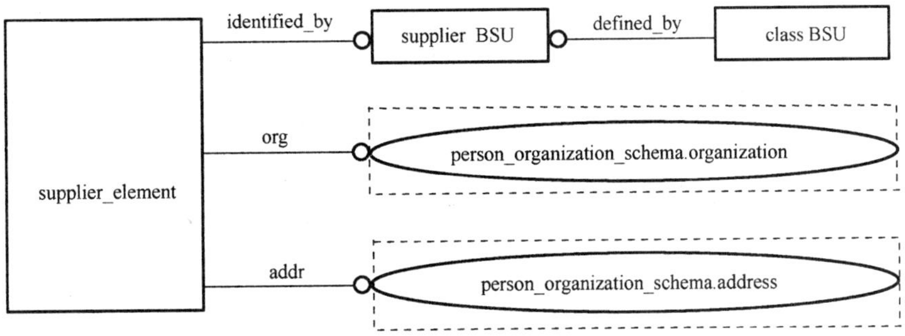

图6 供应商数据及其关系概况

5.4.1 supplier_BSU

supplier_BSU 实体提供字典数据供应商的唯一识别标志。

EXPRESS 规范

```
*)
ENTITY supplier_BSU
SUBTYPE OF (basic_semantic_unit);
        SELF\basic_semantic_unit. code: supplier_code_type;
DERIVE
        SELF\basic_semantic_unit. version: version_code_type:='001';
        absolute_id: identifier:= SELF\basic_semantic_unit. code;
UNIQUE
        UR1: absolute_id;
END_ENTITY;
(*
```

属性定义

code:按 GB/T 17645.26 分配的供应商代码。

version:供应商代码的版本号应等于 001。

absolute_id:供应商的唯一识别标志。

型式限制:

UR1:**absolute_id** 属性定义的供应商标识符是唯一的。

5.4.2 supplier_element

supplier_element 实体给出供应商的字典描述。

EXPRESS 规范
 *)
ENTITY supplier_element
SUBTYPE OF (dictionary_element);
    SELF\dictionary_element.identified_by: supplier_BSU;
    org: organization;
    adddr: address;
INVERSE
    associated_items: SET [0 : ?] OF supplier_BSU_relationship
    FOR relating_supplier;
END_ENTITY;
(*
属性定义
identified_by:用来识别这一 **supplier_element** 的 **supplier_BSU**。
org:这一供应商的组织数据。
addr:这一供应商的地址。
associated_items:通过 BSU 机制(如:GB/T 17645 中的程序库)允许访问其他数据种类。

5.5 类数据

本条包含类字典数据表达的定义。

5.5.1 总则

作为规划模型,图 7 给出与类相关的数据及其与其他数据元素的相互关系。

正如图 7 中 **its_superclass** 属性指出的,类形成一个层次树。尽管 EXPRESS 也有遗传概念,注意到整个本部分中,术语"遗传"或"继承"代表(字典中定义的)分类间的这一关系很重要。应该清楚地区别他们以避免误解。

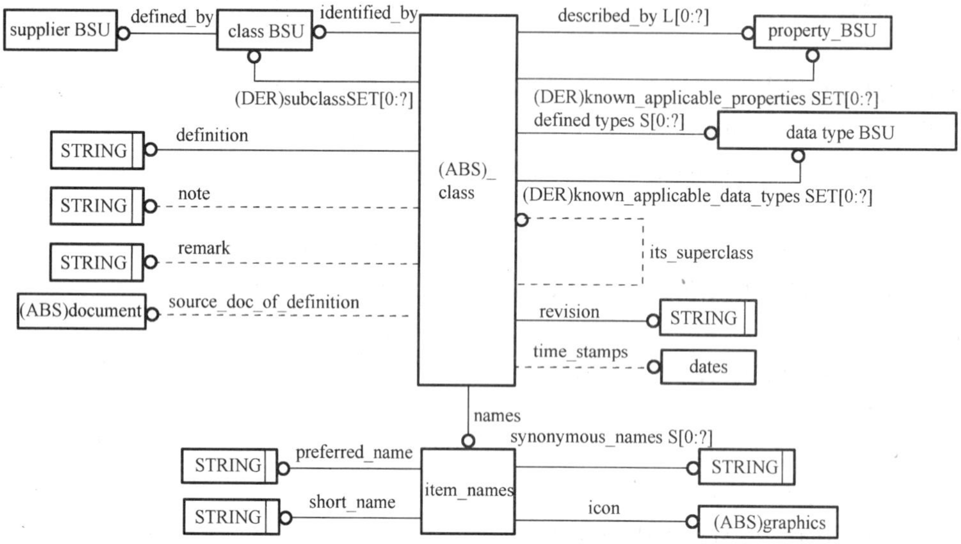

图 7 分类数据及相互关系概况

在四个遗传层次上都有元器件类的字典数据(如图 7 所示):

——**class_and_property_elements** 定义和 **classes** 及 **property_DETs** 都通用的数据。

——**class** 允许是在后面(例如:GB/T 17645.24 中)规定的其他类。

——**item_class** 是保持应用域对象(如:元器件、材料、…)不同类数据的实体;

——**component_class** 是元器件类建模实体,而 **material_class** 是材料类建模实体。

5.5.1.1 **class_BSU**

class_BSU 实体规定类识别标志。

EXPRESS 规范

```
*)
ENTITY class_BSU
SUBTYPE OF (basic_semantic_unit);
        SELF\basic_semantic_unit.code: class_code_type;
        defined_by: supplier_BSU;
DERIVE
       absolute_id: identifier :=defined_by.absolute_id + sep_id +
             dic_identifier;
       known_visible_properties:SET [0:?] OF property_BSU
             :=compute_known_visible_properties(SELF);
       known_visible_data_types:SET [0:?] OF data_type_BSU
             :=compute_known_visible_data_types(SELF);
INVERSE
      subclasses: SET [0:?]OF class FOR its_superclass;
       added_visible_properties:SET [0:?] OF property_BSU
             FOR name_scope;
       added_visible_data_types:SET [0:?] OF data_type_BSU
             :FOR name scope;
UNIQUE
       UR1: absolute_id;
END_ENTITY; --class_BSU
(*
```

属性定义

code:其供应商分配给这一类的代码。

defined_by:定义这一类及其字典元素的供应商。

absolute_id:这一类的唯一标识。

known_visible_properties[6]:将类或这一类中任意已知的超类视为其 **name_scope** 属性并因此对类(及其任意子类)直观的 **property_BSUs** 集。

known_visible_data_types[7]:将类或这一类中任意已知的超类视为其 **name_scope** 属性并因此对类(及其任意子类)直观的 **data_type_BSUs** 集。

subclass:规定这一类作为他们超类的类集。

added_visible_properties[8]:将类视为其 **name_scope** 并因此对类(及其任意子类)直观的 **property_BSUs** 集。

added_visible_data_types[9]:将类视为其 **name_scope** 并因此对类(及其任意子类)直观的 **data_type_BSUs** 集。

---

6) IEC 内,所有的数据元素类型参考他们的 **name_scope** 属性处的 IEC 根部。因此,IEC 内定义的所有数据元素类型对每一个 IEC 类来说可见。

7) 定义对不同数据元素类型可重复使用的直观数据类型的能力不能用在 GB/T 17564 的当前版本中。因此,对所有类 **added_visible_data_types** 属性是空的。

8) IEC 内,所有的数据元素类型参考他们的 **name_scope** 属性处的 IEC 根部。因此,对所有其它类 **added_visible_properties** 是空的。

9) 定义对不同数据元素类型可重复使用的 **data_types** 的能力不能用在 GB/T 17564 的当前版本中。

型式限制：

UR1:供应商代码和类代码的联系是唯一的。

5.5.1.2 class_and_property_elements

class_and_property_elements 实体获取与类和 **property_DETs** 两者都相同的属性。

EXPRESS 规范

```
*)
ENTITY class_and_property_elements
 ABSTRACT SUPERTYPE OF ( ONEOF (
                property_DET,
                class))
SUBTYPE OF (dictionary_element);
                names: item_names;
                definition: definition_type;
                source_doc_of_definition: OPTIONAL document;
                note: OPTIONAL note_type;
                remark: OPTIONAL remark_type;
END_ENTITY;
(*
```

属性定义

names[10]:描述这一字典元素的名称。

definition[10]:描述这一字典元素的文字。

source_doc_of_definition[10]:这一文字性描述的源文件。

note[10]:字典元素任意部分上、理解必需的进一步信息。

remark[10]:进一步澄清这一字典元素意义的解释性文字。

5.5.1.3 class

class[10] 实体是所有种类分类的抽象起源。

EXPRESS 规范

```
 *)
ENTITY class
ABSTRACT SUPERTYPE OF (item_class)
SUBTYPE OF (class_and_property_elements);
        SELF\dictionary_element.identified_by: class_BSU;
        its_superclass: OPTIONAL class_BSU;
        described_by: LIST [0:?]OF UNIQUE property_BSU;
        defined_types: SET [ 0: ? ] OF data_type_BSU;
DERIVE
        subclasses: SET[0:?] OF class :=identified_by.subclasses;
        known_applicable_properties:SET [0:?] OF property_BSU
              :=compute_known_applicable_properties(
                    SELF\dictionary_element.identified_by);
        known_applicable_data_types:SET [0:?] OF data_type_BSU
```

10) 见 GB/T 17564.1 的相关条。

```
              :=compute_known_applicable_data_types(
                    SELF\dictionary_element. identified_by);
INVERSE
        associated_items: SET [ 0 : ? ] of class_BSU_relationship
              FOR relating_class;
WHERE
        WR1: acyclic_superclass_relationship ( SELF. identified_by,[ ] );
        WR2: NOT all_class_descriptions_reachable (
              SELF\dictionary_elememt. identified_by)
              OR (list_to_set (SELF. described_by)<=
              SELF\dictionary_element. identified_by
                    \class_BSU. known_visible_properties);
        WR3: NOT all_class_descriptions_reachable (
              SELF\dictionary_elememt. identified_by)
              OR (SELF. defined_types<=
              SELF\dictionary_element. identified_by
                    \class_BSU. known_visible_data_types);
        WR4: check_properties_applicability(SELF);
        WR5: check_datatypes_applicability(SELF);
 END_ENTITY;
 FUNCTION check_properties_applicability(cl:class):LOGICAL;
 LOCAL
        inter:SET OF property_bsu:=[];
 END_LOCAL;
 IF EXISTS(cl. its_superclass)
 THEN
        IF (SIZEOF(cl. its_superclass. definition)=1)
        THEN
        Inter:=(list_to_set(cl. described_by)*
        cl. its_superclass. definition[1]\class. known_applicable_properties
        );
        RETURN(inter=[]);
        ELSE
        RETURN(UNKNOWN);
        END IF
 ELSE
        RETURN(UNKNOWN);
 END_IF;
 END_FUNCTION;
 FUNCTION check_datatypes_applicability(cl:class):LOGICAL;
 LOCAL
        inter:SET OF data_type_bsu:=[];
 END_LOCAL;
```

```
IF EXISTS(cl. its_superclass)
THEN
        IF (SIZEOF(cl. its_superclass. definition)=1)
        THEN
        inter:=cl. defined_types*
        cl. its_superclass. definition[1]\class. known_applicable_data_types
        ;
        RETURN(inter=[]);
        ELSE
        RETURN(UNKNOWN);
        END IF
ELSE
        RETURN(UNKNOWN);
END_IF;
END_FUNCTION;
(*
```

属性定义

identified_by:识别这一类的 **class_BSU**;

its_superclass:当前类是子类的类基准集;

described_by:可用于描述类和其任意子类中部件的附加特性基准集列表;

defined_types[11]:可用于从这一类往下的整个遗传树中各种 **property_DETs** 的类型基准集的可选集;

subclass:规定这一类为其超类的类集[12]。

known_applicable_properties[13]:通过他们的 **described_by** 属性,类或任何其已知的超类引用、并因此适用于这一类(及其任何子类)的 **property_BSUs**。

known_applicable_data_types[14]:通过他们的 **defined_types** 属性,类或任何其已知的超类引用、并因此适用于这一类(及其任何子类)的 **data_type_BSUs**。

associated_items:允许访问使用 BSU 机制其它种类的数据。

型式限制:

WR1:由类层次定义的遗传结构不包含循环。

WR2:只有那些对分类直观的特性通过由 **described_by** 属性参考可变得适用于这一类。

WR3:只有那些对分类直观的数据类型通过由 **defined_types** 属性参考可变得适用于这一类。

WR4:只有那些通过遗传不适合一个分类的特性通过由 **described_by** 属性参考可变得适用于这一分类。

WR5:只有那些通过遗传不适合一个分类的数据类型通过由 **defined_types** 属性参考可变得适用于这一分类。

---

11) 定义对不同数据元素类型可重复使用的 **data_types** 的能力不能用在 GB/T 17564 的当前版本中。

12) 根据 GB/T 17564.1,一个分类应该没有或超过 1 个子类。

13) 根据 GB/T 17564.1,适用于某些元器件分类的数据元素类型也适用于所有较低层次的元器件分类。通过属于 **described_by** 属性的作用或通过遗传,这一属性收集适用于一个分类的数据元素类型。

14) 通过属于 **described_by** 属性的作用或通过遗传,这一属性收集可能来自一个元器件分类参考的数据类型。注意:定义对不同数据元素类型可重复使用的 **data_types** 的能力不能用在 GB/T 17564 的当前版本中。

5.5.2 item_class

实体 **item_class** 能为作为类对应自动和单独抽象的应用域实体的任意类型建模。它是一个用来分成子类型以定义对象特性的超级类型。尽管如此，没有将使它的实例为对应两个不同对象(如：元器件和材料)的两个类的超类的类建模定义为 ABSTRACT。

例 1——材料是零件库应用域对象的自主和独立的抽象。它表达为 **item_class** 的特定子类。

例 2——性能是零件库应用域对象的自主和独立的抽象。它可以表达为 **item_class** 的特定子类。

例 3——产品表达不是零件库应用域对象的自主和独立的抽象。它仅能与产品相关存在。在 GB/T 17645.24中，零件表达表示为 **class** 的特定子类。

EXPRESS 规范

```
*)
ENTITY item_class
SUPERTYPE OF (ONEOF (component_class, material_class))
SUBTYPE OF (class);
        simplified_drawing: OPTIONAL graphics;
        sub_class_properties: SET [ 0: ? ] OF property_BSU;
        class_constant_values: SET [ 0: ? ]
        OF class_value_assignment;
        coded_name: OPTIONAL value_code_type;
WHERE
        WR1: QUERY (p <* sub_class_properties
        | NOT (p IN SELF. described_by)) = [ ];
        WR2: NOT all_class_descriptions_reachable(SELF. identified_by) OR
        (QUERY (va <* class_constant_values | SIZEOF (QUERY (c <*
        va. super_class_defined_property. describes_classes |
        is_subclass (SELF, c)
        AND (va. super_class_defined_property
        IN c\item_class. sub_class_properties))) <> 1) = [ ]);
END_ENTITY;
(*
```

属性定义

simplified_drawing：与描述的分类有关的可选图(**graphic**)。

sub_class_properties[15)]：特性宣称为类定值，即：子类中每类将分配一个单值。见 5.6.4 "Class_valued_properties"。

class_constant_values[15)]：超类中宣称的类定值特性在当前类中的分配值。见 5.6.4 "Class_valued_properties"。

coded_name[15)]：用于超级类的分类 DET 的值域。

型式限制：

WR1：class_valued_properties 属于 **described_by** 列表。

WR2：**class_constant_values** 中参考的特性宣称为当前类的某些超类中的增值类。

5.5.3 component_class

实体 **component_class** 获取在某些抽象的层次里代表零件或元器件的项的类的字典描述。由 com-

---

15) 见 GB/T 17564.1 的相关条。

ponent_class 定义的数据类型的特性代表集合关系。

EXPRESS 规范

```
*)
ENTITY component_class
SUBTYPE OF (item_class);
END_ENTTITY;
(*
```

5.5.4 **material_class**

实体 **material_class** 获取材料的类的字典描述。材料用来定义零件或元器件的特性。材料与数量的概念有关,可能没有考虑到他们。由 **material_class** 定义的数据类型特性获取由一些材料制成或包含一些材料的有些(或部分)产品。

EXPRESS 规范

```
*)
ENTITY material_class
SUBTYPE OF (item_class);
END_ENTTITY;
(*
```

5.6 数据元素类型/特性数据

本条包含特性字典数据的定义。

5.6.1 **property_BSU**

实体 **property_BSU** 规定特性的识别。

EXPRESS 规范

```
*)
ENTITY  property_BSU
SUBTYPE OF (basic_semantic_unit);
        SELF\basic_semantic_unit.code: property_code_type;
        name_scope: class_BSU;
DERIVE
        absolute_id: identifier :=
                name_scope.defined_by.absolute_id
                + sep_id + name_scope.dic_identifier
                + sep_id + dic_identifier;
INVERSE
        describes_classes: SET OF class FOR described_by;
UNIQUE
        UR1: absolute_id;
WHERE
        WR1: QUERY ( c <* describes_classes |
                NOT ( is_subclass ( c, name_scope.definition[1]\class ))) = [ ];
END_ENTITY;
(*
```

属性定义

code:允许在 **name_scope** 属性指明的范围内有唯一识别标志。

name_scope[16]:处于或低于有特性元素作为 **described_by** 属性引用的类基准集。

absolute_id:这一特性的唯一识别标志。

describes_classes[17]:宣称这一性质可在零件描述中使用的类。

型式限制:

WR1:**property_BSU** 的 **describes_classess** 属性引用的任何分类要么是其 name_scope 属性引用分类或者是这一分类的子类。

UR1:特性识别符 **absolute_id** 是唯一的。

5.6.2 **property_DET**

property_DET 实体获取特性的字典描述。

EXPRESS 规范

```
*)
ENTITY property_DET
ABSTRACT SUPERTYPE OF ( ONEOF (
        condition_DET,
        dependent_P_DET,
        non_dependent_P_DET))
SUBTYPE_OF (class_and_property_elements);
        SELF\dictionary_element.identified_by: property_BSU;
        preferred_symbol: OPTIONAL mathematical_string;
        synonymous_symbol: SET [ 0 : ? ] OF mathematical_string;
        figure: OPTIONAL graphics;
        det_classification: OPTIONAL DET_classification_type;
        domain: data_type;
        formula: OPTIONAL mathematical_string;
DERIVE
        describes_classes: SET [ 0 : ? ] OF class
            := identified_by.describes_classes;
END_ENTITY;
(*
```

属性定义

identified_by:识别这一特性的 **property_BSU**。

preferred_symbol[18]:这一特性的较短描述。

synonymous_symbols[18]:与特性的较短描述同义。

figure[18]:一个描述特性的可选 **graphic**。

det_classification[18]:这一特性的 GB 3100~3102 类。

domain:与这一特性相关的 **data_type** 的基准集。

Formula[18]:解释这一特性的数学表达式。

describes_classes[18]:宣称这一特性可在零件描述中使用的类。

---

16) GB/T 17564 中,所有的数据元素类型通过他们的 **name_scope** 属性参考 IEC 根类。IEC 根类的 **die_identifier** 是 AAA000-001。

17)、18) 见 GB/T 17564.1 的相关条。

图 8 给出与 **property_DETs** 有关的数据的规划模型。

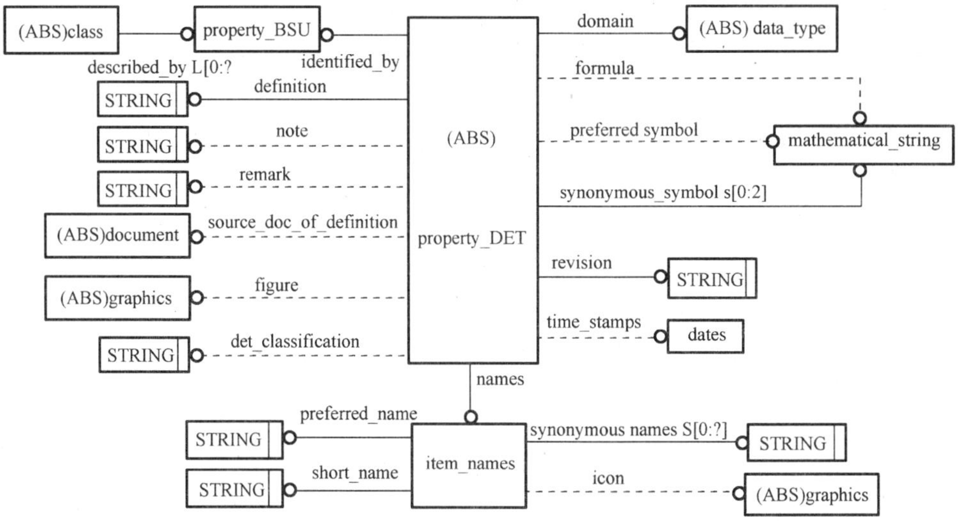

图 8　特性数据元素类型数据概况及相互关系

5.6.3　条件、依赖和非依赖数据元素类型

图 9 描述规划模型格式中的各种数据元素类型。

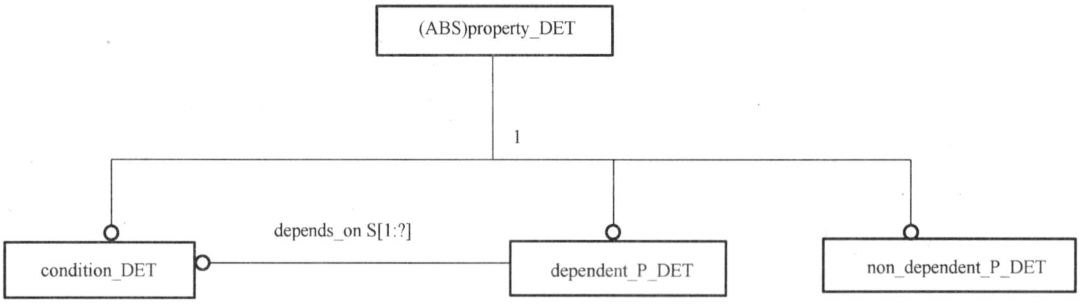

注意：(像其他图形一样)本图为简化图：虽然"depends_on"关系本质上由 BSU 引用实现，但是，规定了如下限制：引用的 **property_DET** 必须是 **condition_DET**。

图 9　数据元素类型的种类

5.6.3.1　condition_DET[19)]

condition_DET 是其他特性可依赖的特性。

EXPRESS 规范

```
*)
ENTITY condition_DET
SUBTYPE OF (property_DET);
END_ENTITY;
(*
```

5.6.3.2　dependent_P_DET[19)]

dependent_P_DET 是一个他们的值明显地依赖于某些条件(例如：环境温度值)的值的特性。

EXPRESS 规范

```
*)
ENTITY dependent_P_DET
```

19)　见 GB/T 17564.1 的相关条。

```
SUBTYPE OF (property_DET);
        depends_on: SET [ 1 : ? ] OF property_BSU;
WHERE
        WR1: QUERY ( p<* depends_on | NOT (definition_available_implies
                (p('ISO 13584_IEC 61360_DICTIONARY_SCHEMA. CONDITION_DET'
                IN TYPEOF (p. definition)))) )= [ ];
END_ENTITY;
(*
```

属性定义：

depends_on:识别这一特性依赖的特性的基本语义单元集。

型式限制：

WR1:只有 **condition_DETs** 应用在 **depends_on** 列表中。

5.6.3.3 **non_dependent_P_DET**

non_dependent_P_DET 是一个明显地不依赖某些条件的特性。

EXPRESS 规范

```
*)
ENTITY non_dependent_P_DET
SUBTYPE OF (property_DET);
END_ENTITY;
(*
```

5.6.4 类定值特性

类定值特性是一些可将每个子类中的单值赋给他们的特性,该单值对全部子类有效,但不是唯一地针对类中的每个实例。通过将特性包含在实体 **item_class** 中的 **sub_class_properties** 列表中,可按类型区分该特性。在继承了这一特性的子类中,值可使用包含 **class_value_assignments** 集的 **class_constant_values** 属性分配。

EXPRESS 规范

```
*)
ENTITY class_value_assignment;
      super_class_defined_property: property_BSU;
      assigned_value: value_code_type;
WHERE
      WR1: definition_available_implies (super_class_defined_property,
      ( 'ISO 13584_IEC61360_DICTIONARY_SCHEMA'
            +'. NON_QUANTITATIVE_CODE_TYPE'IN TYPEOF (
            super_class_defined_property. definition[1]
            \property_DET. domain)));
      WR2: definition_available_implies (super_class_defined_property,
            (SIZEOF ( QUERY ( v<*
            super_class_defined_property. definition[1]
            \property_DET. domain
            \non_quantitative_code_type. domain. its_values |
            assigned_value = v. value_code)) = 1));
END_ENTITY;
```

*)

属性定义:

super_class_defined_property:分配了某一值的特性(超级类中定义为 **class_valued_property**)的基准集。

assigned_value:赋给特性的值,它对 **class_constant_values** 列表中的 **class_value_assignment**[20] 事件基准集的全部类有效。

型式限制:

WR1: **super_class_defined_property** 应该是以代码(字符串)作为其值的一种非定量类型。

WR2: 赋给 **super_class_defined_property** 的值应该是兼容类型,即:它在 **super_class_defined_property** 的值域中存在。

5.7 域数据:类型系统

本条包含 **property_DET** 数据类型表达式的定义。图 10 作为规划模型给出数据类型的实体层次。

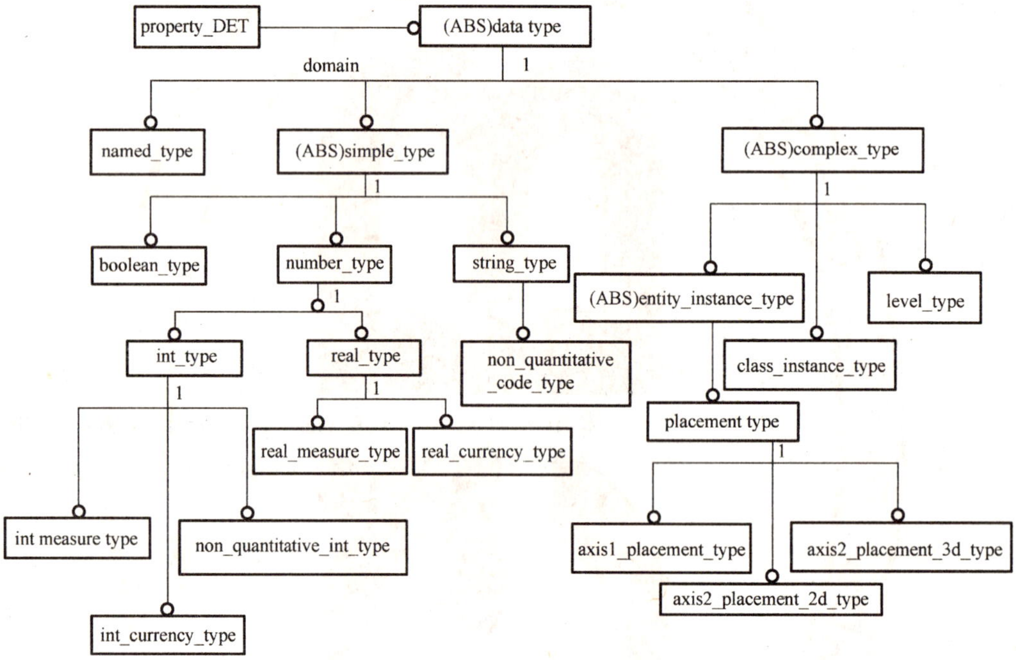

图 10 类型系统的实体层次

5.7.1 概述

和其他字典定义(供应商、分类、特性)相反,**data_type** 并不强求用一个基本语义单元概念标识,由于在许多情况下,它将直接附在 **property_DET** 上,因此,它不必要一个标识。然而,**data_type_BSU** 和 **data_type_element** 实体在适用时允许一个唯一的标识。它规定在其他 **property_DET** 定义中(甚至当前物理文件以外)再使用相同的类型定义。

5.7.1.1 data_type_BSU

data_type_BSU 实体规定 **data_type_element** 标识。

EXPRESS 规范

*)

```
ENTITY data_type_BSU
SUBTYPE OF (basic_semantic_unit);
        SELF\basic_semantic_unit.code: data_type_code_type;
```

20) 见 GB/T 17564.1 的相关条。

```
        name_scope: class_BSU;
DERIVE
        absolute_id: identifier :=
              name_scope.defined_by.absolute_id
              + sep_id + name_scope.dic_identifier
              + sep_id + dic_identifier;
INVERSE
        defining_class: SET OF class FOR defined_types;
UNIQUE
        absolute_id;
WHERE
        WR1: is_subclass ( defining_class[1], name_scope.definition[1] );
END_ENTITY;
(*
```

属性定义：

code：允许在 **name_scope** 属性指明的范围内有一唯一标识。

name_scope：处于或低于由 **defined_types** 属性引用的数据类型元素的类基准集。

absolute_id：这一特性的唯一识别标志。

defining_class：宣称这一 **data_type** 可用于零件描述的类。

型式限制：

WR1：**name_scope** 名称范围属性中采用的分类是定义这一 **data_type** 类的超类。

5.7.1.2 **data_type_element**

data_type_element 实体描述类型的字典元素。注意，对某一 **data_type** 不必在每种情况下都有 BSU 和 **dictionary_element**，因为 **property_DET** 能直接引用 **data_type**。供应商需要引用不同物理文件中的同一类型时，只需使用 BSU 关系。

EXPRESS 规范

```
 *)
ENTITY data_type_element
SUBTYPE OF (dictionary_element);
        SELF\dictionary_element.identified_by: data_type_BSU;
        names: item_names;
        type_definition: data_type;
END_ENTITY;
(*
```

属性定义

identified_by：识别已描述 **data_type_element** 的 BSU。

names：允许描述已定义 **data_type_element** 的名称。

type_definition：**data_type_element** 传送类型的描述。

5.7.2 类型系统

5.7.2.1 **data_type**

data_type 实体适用于作为指明相关 DET 类型的实体的通用超类型。

EXPRESS 规范

```
 *)
```

```
ENTITY data_type
ABSTRACT SUPERTYPE OF ( ONEOF (
            simple_type,
            complex_type,
            named_type));
END_ENTITY;
(*
```

5.7.2.2 **simple_type**

simple_type 实体适用于作为指明相关 DET 简单类型的实体的通用超类型。

EXPRESS 规范

```
*)
ENTITY simple_type
ABSTRACT SUPERTYPE OF ( ONEOF (
            number_type,
            boolean_type,
            string_type))
SUBTYPE OF(data_type);
            value_format: value_format_type;
END_ENTITY;
(*
```

属性定义

value_format[21]：特性值格式的编码。

5.7.2.3 **number_type**

number_type 实体提供 NUMBER 类型的 DETs 的值。

EXPRESS 规范

```
*)
ENTITY number_type
SUPERTYPE OF ( ONEOF (
          int_type,
          real_type))
SUBTYPE OF (simple_type);
END_ENTITY
(*
```

5.7.2.4 **int_type**

int_type 实体提供 INTEGER 类型的 DETs 值。

EXPRESS 规范

```
(*
ENTITY int_type
SUPERTYPE OF ( ONEOF (
          int_measure_type,
          int_currency_type,
          non_quantitative_int_type))
```

21) 见 GB/T 17564.1 的相关条。

SUBTYPE OF (number_type);
END_ENTITY;
(*

5.7.2.5 **int_measure_type**

int_measure_type 实体提供“INTEGER”类型计量的 DETs 值。

EXPRESS 规范

(*

ENTITY int_measure_type
SUBTYPE OF (int_type);
    unit: dic_unit;
END_ENTITY;
(*

属性定义

unit[22]:与描述的测量有联系的单位。

5.7.2.6 **int_currency_type**

int_currency_type 实体提供整数货币的 DETs 值。

EXPRESS 规范

(*

ENTITY int_currency_type
SUBTYPE OF (int_type);
    currency: OPTIONAL currency_code;
END_ENTITY;
(*

属性定义

currency:根据 GB/T 12406 描述的货币的有关代码。若不存在,货币代码应和数据(值)一起交换。

5.7.2.7 **non_quantitative_int_type**

non_quantitative_int_type 实体是用 INTEGER 值表达枚举元素(亦见 ENTITY **non_quantitative_code_type** 和图 11)的枚举类型。

EXPRESS 规范

(*

ENTITY non_quantitative_int_type
SUBTYPE OF (int_type);
    domain: value_domain;
WHERE
    WR1: QUERY (v <* domain.its_values |
    'ISO13584_IEC61360_DICTIONARY_SCHEMA.VALUE_CODE_TYPE' IN
    TYPEOF (v.value_code)) = [ ];
END_ENTITY;
(*

属性定义:

domain:**value_domain** 实体中描述的枚举值集。

22) 见 GB/T 17564.1 的相关条。

型式限制：

WR1：与 **domain. its_values** 列表相关的值不应包括 **value_code_type**。

5.7.2.8 **real_type**

real_type 实体规定 REAL 的 DETs 值。

EXPRESS 规范

```
(*
ENTITY real_type
SUPERTYPE OF ( ONEOF (
           real_measure_type,
           real_currency-type))
SUBTYPE OF (number_type);
END_ENTITY;
(*
```

5.7.2.9 **real_measure_type**

real_measure_type 实体规定 REAL 测量的 DETs 值。

EXPRESS 规范

```
(*
ENTITY real_measure_type
SUBTYPE OF ( real_type);
         unit: dic_unit;
END_ENTITY;
(*
```

属性定义：

unit[23)]：与描述的测量有关的单位。

5.7.2.10 **real_currency_type**

real_currency_type 实体定义实数货币。

EXPRESS 规范

```
*)
ENTITY real_currency_type
   SUBTYPE OF (real_type);
   currency: OPTIONAL currency_code;
END_ENTITY;
(*
```

属性定义：

currency：根据 GB/T 12406 描述的货币的有关代码。若不存在，货币代码应和数据(值)一起交换。

5.7.2.11 **boolean_type**

boolean_type 实体规定 BOOLEAN 类型的 DETs 的值。

EXPRESS 规范

```
*)
ENTITY boolean _type
SUBTYPE OF (simple_type);
```

23) 见 GB/T 17564.1 的相关条。

END_ENTITY;

(*

5.7.2.12 **string_type**

string_type 实体规定 STRING 类型的 DETs 的值。

EXPRESS 规范

*)

ENTITY string_type

SUBTYPE OF (simple_type);

END_ENTITY;

(*

5.7.2.13 **non_quantitative_code_type**

non_quantitative_code_type 实体是用 STRING 表达枚举元素（亦见 ENTITY **non_quantitative_int_type** 和图 11)的枚举类型。

EXPRESS 规范

*)

```
ENTITY non_quantitative_int_type
SUBTYPE OF (string_type);
        domain:value_domain;
WHERE
        WR1: QUERY (v <* domain.its_values |
        NOT ('ISO13584_IEC61360_DICTIONARY_SCHEMA.VALUE_CODE_TYPE' IN
        TYPEOF (v.value_code))) = [ ];
END_ENTITY;
```

(*

属性定义

domain:**value_domain** 实体中描述的枚举的值集。

型式限制

WR1:与 **domain.its_values** 列表相关的值应仅包括 **value_code_type** 类型的元素。

5.7.2.14 **complex_type**

complex_type 实体提供值以 EXPRESS 实例表达的值类型的定义。

EXPRESS 规范

*)

```
ENTITY complex_type
ABSTRACT SUPERTYPE OF ( ONE OF (
        level_type,
        class_instance_type,
        entity_instance_type))
SUBTYPE OF (data_type );
END_ENTITY;
```

(*

5.7.2.15 **level_type**[24)]

level_type 实体提供了用以认定各定量数据元素类型值资格的标志符。

24) 见 GB/T 17564.1 的相关条。

EXPRESS 规范

```
*)
ENTITY level_type
SUBTYPE OF (complex_type);
        levels: LIST [ 1 : 4 ] OF UNIQUE level;
        value_type: simple_type;
WHERE
        WR1: 'ISO13584_IEC61360_DICTIONARY_SCHEMA. NUMBER_TYPE'
        IN TYPEOF (value_type);
END_ENTITY;
(*
```

属性定义

level:规定有资格的值应与特性有关的唯一元素的列表。

value_type:不同的有资格的值的类型。

型式限制

WR1:**SELF. value_type** 应为 **number_type** 类型。

5.7.2.16 **level**

level 类型规定可能与物理数量有关、不同的有资格的缩写名称,将它从同一数量中其他可能或允许的值中区别开来。

EXPRESS 规范

```
*)
TYPE level = ENUMERATION OF (
      min,  (* corresponds to the minimum value of
               the physical quantity* )
      nom,  (* corresponds to the nominal value of
               the physical quantity * )
      typ,  (* corresponds to the tyical value of
               the physical quantity * )
      max); (* corresponds to the maximal value of
               the physical quantity * )
END_TYPE;
(*
```

5.7.2.17 **class_instance_type**

class_instance_type 实体提供了表达为 **class** 实例的 DETs 的值。它被特别用来进行装配件的描述或描述元器件(零件)的材料。

EXPRESS 规范

```
*)
ENTITY class_instance_type
SUBTYPE OF (complex_type);
        domain: class_BSU;
END_ENTITY;
(*
```

属性定义

domain:引用表达已描述类型的 **class** 的 **class_BSU**。

5.7.2.18 **entity_instance_type**

entity_instance_type 实体提供了作为某些 EXPRESS 实体数据类型表达的实例的 DETs 值。**type_name** 属性使规范知道什么是允许的数据类型。这一属性和应用于值的 EXPRESS TYPEOF 函数一道允许强制类型检查和多形态。对某些允许用于字典模式的数据类型,这一实体将被子类型化。

```
EXPRESS
 *)
ENTITY entity_instance_type
ABSTRACT SUPERTYPE
SUBTYPE OF (complex_type);
        type_name: SET OF STRING;
END_ENTITY;
(*
```

属性定义

type_name:以 EXPRESS TYPEOF 函数格式描述 EXPRESS 实体数据类型名的字符串集,当其用于表达作为它的数据类型的当前实体的一个值时,此 EXPRESS 实体数据类型名应属于 EXPRESS TYPEOF 函数的结果。

5.7.2.19 **placement_type**

placement_type 实体提供了作为 **placement** 实体数据类型实例化的 DETs 的值。(详见 GB/T 16656.42)。

```
EXPRESS 规范
 *)
ENTITY placement_type
SUPERTYPE OF ( ONEOF (
       axis1_placement_type,
       axis2_placement_2d_type,
       axis2_placement_3d_type))
SUBTYPE OF (entity_instance_type);
WHERE
        WR1: 'GEOMETRY_SCHEMA.PLACEMENT'
        IN SELF\entity_instance_type.type_name;
END_ENTITY;
(*
```

型式限制:

WR1:字符串"GEOMETRY_SCHEMA.PLACEMENT"应包含在由 **SELF\entity_instance_type.type_name** 属性定义的集中。

5.7.2.20 **axis1_placement_type**

axis1_placement_type 实体提供了作为 **axis1_placement** 实体数据类型实例化的 DETs 的值(详见 GB/T 16656.42)。

```
EXPRESS 规范:
 *)
ENTITY axis1_placement_type
SUPERTYPE OF (placement_type);
```

```
WHERE
        WR1: 'GEOMETRY_SCHEMA. AXIS1_PLACEMENT' IN
        SELF\entity_instance_type. type_name;
END_ENTITY;
(*
```

型式限制

WR1:字符串“GEOMETRY_SCHEMA. AXIS1_PLACEMENT”应包含在为 **SELF\entity_instance_type. type_name** 属性定义的集中。

5.7.2.21 **axis2_placement_2d_type**

axis2_placement_2d_type 实体提供了 **axis2_placement_2d** 实体数据类型实例化的 DETs 的值(详见 GB/T 16656.42)。

EXPRESS 规范

```
*)
ENTITY axis2_placement_2d_type
SUBTYPE OF (placement_type);
WHERE
      WR1: 'GEOMETRY_SCHEMA. AXIS2_PLACEMENT_2D'
           IN SELF\entity_instance_type. type_name;
END_ENTITY;
(*
```

型式限制

WR1:字符串“GEOMETRY_SCHEMA. AXIS2_PLACEMENT_2D”应包含在为 **SELF\entity_instance_type. type_name** 属性定义的集中。

5.7.2.22 **axis2_placement_3d_type**

axis2_placement_3d_type 实体提供了 **axis2_placement_3d** 实体数据类型实例化的 DETs 的值(详见 GB/T 16656.42)。

EXPRESS 规范

```
*)
ENTITY axis2_placement_3d_type
SUBTYPE OF (placement_type);
WHERE
      WR1: 'GEOMETRY_SCHEMA. AXIS2_PLACEMENT_3D'
           IN SELF\entity_instance_type. type_name;
END_ENTITY;
(*
```

型式限制

WR1:字符串“GEOMETRY_SCHEMA. AXIS2_PLACEMENT_3D”应包含在为 **SELF\entity_instance_type. type_name** 属性定义的集中。

5.7.2.23 **named_type**

named_type 实体提供了经 BSU 机制而涉及到的其他类型。

EXPRESS 规范

```
*)
ENTITY named_type
```

SUBTYPE OF (data_type);

referred_type: data_type_BSU;

END_ENTITY;

(*

属性定义

referred_type:识别当前实体参照的 **data_type** 的 BSU。

5.7.3 **Values**

本条包含非数量数据元素类型的定义(见实体 **non_quantitative_int_type** 和实体 **non_quantitative_code_type**)。

图 11 作为规划模型给出与非数量数据元素类型相关的数据。

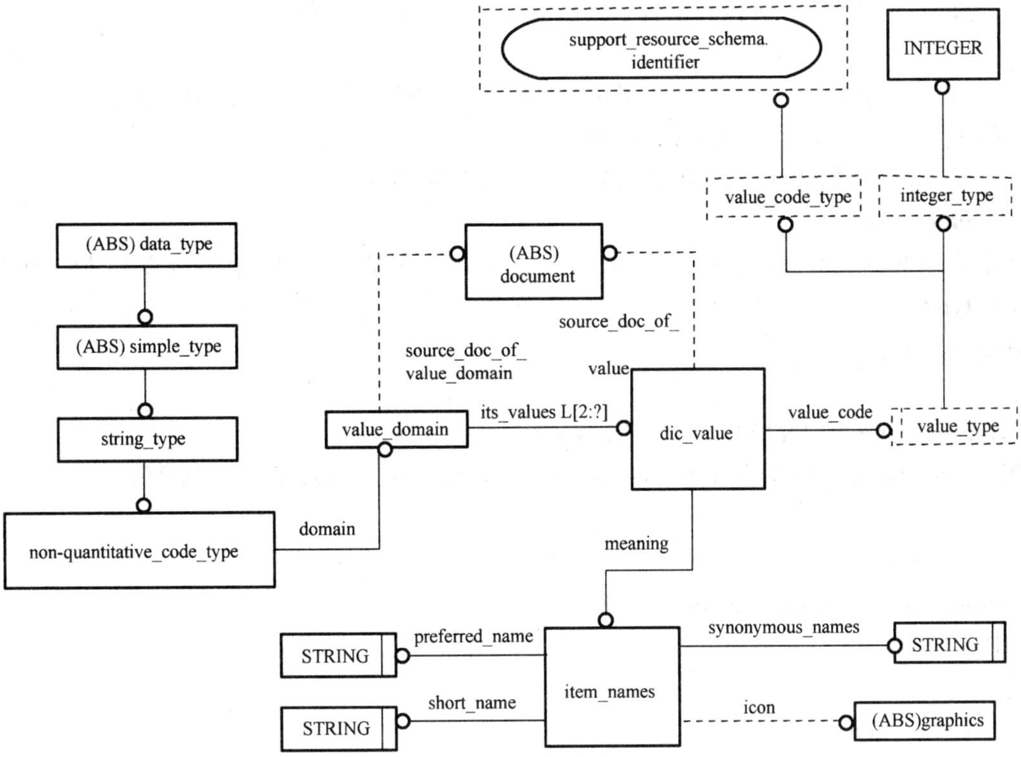

图 11 非数量数据元素类型概况

5.7.3.1 **value_domain**[25)]

value_domain 实体描述非数量数据元素类型的允许值集。

EXPRESS 规范

*)

ENTITY value_domain;

its_values: LIST [2 : ?] OF dic_value;

source_doc_of _value_domain: OPTIONAL document;

languages: OPTIONAL present_translations;

terms: LIST [0 : ?] OF item_names;

WHERE

WR1: NOT EXISTS (languages) OR (QUERY (v <* its_values |

25) 见 GB/T 17564.1 的相关条。

```
            languages :<>: v. meaning. languages ) = [ ]);
        WR2: codes_are_unique (its_values);
        WR3: EXITS(languages) OR (QUERY(v<* its_values|
            EXITS(v. meaning. languages))=[]);
END_ENTITY
(*
```

属性定义

its_values:LIST [1:?] OF dic_value;

source_doc_of _value_domain:描述与被描述的 **value_domain** 实体有关的域的文件

languages:提供了翻译的可选语言列表。

terms:允许 GB/T 17564 链接到项目字典的 **item_name** 的可选列表。

型式限制

WR1:如果值的意义以不止一种语言提供,那么对整个值集,所用语言的集必须相同。

WR2:在这一数据类型中,值的代码必须唯一。

WR3:如果没有提供任何语言,不应给值意义指派任何语言。

5.7.3.2 value_code

每个非定量数据元素的值均与一个表征该值的代码关联。**value_code** 可以是 INTEGER 或是 **value_code_type**。

EXPRESS 规范

```
*)
TYPE integer_type=INTEGER; END_TYPE;
TYPE value_type = SELECT (value_code_type, integer_type); END_TYPE;
(*
```

5.7.3.3 dic_value

dic_value[26] 实体是 **value_domain** 实体的值之一。

EXPRESS 规范

```
*)
ENTITY dic_value;
        value_code: value_type;
        meaning: item_names;
        source_doc_of_value: OPTIONAL document;
END_ENTITY
(*
```

属性定义

value_code[26]:与描述的值相关的代码。它可能是 **value_code_type** 或 INTEGER。

meaning:与这一值相关的意义,它由名称规定。

source_doc_of_value[26]:在其中定义了值的可选源文件。

5.7.4 GB/T 16656.41 单位定义扩展

本条定义描述字典中单位的资源。它扩展了 GB/T 16656.41 中定义的资源。

5.7.4.1 non_si_unit

non_si_unit 实体将 GB/T 16656.41 单位模型扩展到允许既不依赖相关环境也不基于换算的非国

26) 见 GB/T 17564.1 的相关条。

际单位制单位表达式(详见 GB/T 16656.41)。

```
EXPRESS 规范
 *)
ENTITY non_si_unit
SUBTYPE OF (named_unit);
        name: label;
END_ENTITY
(*
属性定义
```

name:用来命名所描述的单位的 **label**。

5.7.4.2 **assert_ONEOF rule**

assert_ONEOF rule 声称 ONEOF 保持在 **named_unit** 的下列子类型之中:**si_unit**、**context_dependent_unit**、**conversion_unit**、**non_si_unit**。

```
EXPRESS 规范
 *)
RULE assert_ONEOF FOR (named_unit);
WHERE
       QUERY (u <* named_unit |
              ( 'ISO 13584_IEC 61360_DICTIONARY_SCHEMA. NON_SI_UNIT'
              IN TYPEOF(u)) AND
              ( 'MEASURE_SCHEMA. SI_UNIT' IN TYPEOF(u))
              OR ( 'ISO 13584_IEC 61360_DICTIONARY_SCHEMA. NON_SI_UNIT'
              IN TYPEOF(u)) AND
              ( 'MEASURE_SCHEMA. CONTEXT_DEPENDENT__UNIT' IN TYPEOF(u))
              OR ( 'ISO 13584_IEC 61360_DICTIONARY_SCHEMA. NON_SI_UNIT'
              IN TYPEOF(u)) AND
       ( 'MEASURE_SCHEMA. CONVERSION_BASED_UNIT' IN TYPEOF(u))
       ) = [ ];
END_RULE;
(*
```

5.7.4.3 **dic_unit**

单位的基本表达是依照 GB/T 16656.41 的结构化形式。但是,由于字典中储存单位的目的之一是面向用户表达,单独的结构化表达是不足的,必须用字符串表达来补充。现有的定义允许有不同的可能性:

——可以用 **string_for_unit** 函数(见 5.9"函数定义")。对于一个给出的结构化的单位表达,它返回到对应于 GB/T 17564.1 附录 B 中使用的一个字符串表达;

——字符串表达可以纯文本格式提供(实体 **mathematical_string**,属性 **text_representation**)

——可提供一个 SGML 表达来允许有包括"分-"和"上标"等的增强型单位表示(**mathematical_string** 实体、**SGML_representation** 属性)。

dic_unit 实体描述储存在字典中的单位。

```
EXPRESS 规范
 *)
ENTITY dic_unit;
```

structured_representation: unit;
string_representation: OPTIONAL mathematical_string;
END_ENTITY
(*
属性定义
structured_representation:来源于 GB/T 16656.41、包括 5.7.4“GB/T 16656.41 定义扩展”中定义的扩展的结构化表达式。

string_representation:对于没有 **string_representation** 时,**string_for_unit** 函数能用来计算来自于 **structured_representation** 的字符串表达式。

5.8 基本类型和实体定义

本条包含用于模式主要部分的基本类型和实体定义。

5.8.1 基本类型定义

本条按字母顺序分类包含基本类型和实体定义。

5.8.1.1 class_code_type

class_code_type 规定了分类代码的允许值。

EXPRESS 规范
*)
```
TYPE class_code_type = code_type;
WHERE
    WR1: LENGTH(SELF) <= class_code_len;
END_TYPE;
```
(*
型式限制
WR1:对应于 **class_code_type** 的值的长度应少于或等于 **class_code_len** 的长度。

5.8.1.2 code_type

code_type 规定了代码类型的允许值。

EXPRESS 规范
*)
```
TYPE code_type = identifier;
WHERE
    WR1 : NOT (SELF LIKE '*.*');
    WR2 : NOT (SELF LIKE '*-*');
    WR3 : NOT (SELF LIKE '* *');
    WR4 : NOT (SELF = ' ');
END_TYPE;
```
(*
型式限制
WR1:'.' 不包含在 **code_type** 值中,'.' 用来连接识别符(见:CONSTANT **sep_id**)。

WR2:'_' 不包含在 **code_type** 值中,'_' 用来计算诸如连接代码和版本的识别符(见:CONSTANT **sep_cv**)。

WR3:不允许有空,以避免连接代码时,开头和结束空白等问题。

WR4:code_type 不应是空字符串。

5.8.1.3 currency_type

currency_type 规定了货币代码的允许值。

这些值根据 GB/T 12406 定义，例如值为："CHF"为瑞士法郎，"CNY"为人民币元，"DEM"为德国马克，"FRF"为法国法郎，"JPY"为日元，"SUR"为前苏联卢布，"USD"为美国美元，"XEU"为 ECU(欧洲共同体)等。

EXPRESS 规范

```
*)
TYPE currency_code = identifier;
WHERE
        WR1: LENGTH(SELF) = 3;
END_TYPE;
(*
```

型式限制：

WR1：currency_code 值的长度应等于 3。

5.8.1.4 **date_type**

date_type 规定了日期允许的值。这些值根据 GB/T 7408 定义。

EXPRESS 规范

```
*)
TYPE date_type = STRING(10) FIXED;
END_TYPE;
(*
```

5.8.1.5 **definition_type**

definition_type 规定了定义允许的值。

EXPRESS 规范

```
*)
TYPE definition_type = translateable_text;
END_TYPE;
(*
```

5.8.1.6 **DET_classification_type**

DET_classification_type 规定了 DET 分类允许的值。这些值根据 GB 3100～3102 用于 DET 分类。

EXPRESS 规范

```
*)
TYPE DET_classification_type = identifier;
WHERE
    WR1: LENGTH(SELF) = DET_classification_len;
END_TYPE;
(*
```

型式限制

WR1：**DET_classification_type** 值的长度应等于 **DET_classification_len** 的值。

5.8.1.7 **data_type_code_type**

data_type_code_type 规定了数据类型代码允许的值。

EXPRESS 规范

```
*)
TYPE data_type_code_type = code_type;
WHERE
```

WR1: LENGTH(SELF) <= data_type_code_len;
END_TYPE;
(*
型式限制
WR1:**data_type_code_type** 值的长度应少于或等于 **data_type_code_len** 的值。

5.8.1.8 **note_type**

note_type 规定了注解允许的值。
EXPRESS 规范
*)
TYPE note_type = translateable_text;
END_TYPE;
(*

5.8.1.9 **pref_name_type**

pref_name_type 规定了常用名称允许的值。
EXPRESS 规范
*)
TYPE pref_name_type = traslateable_label;
WHERE
WR1: check_label_length (SELF, pref_name_len);
END_TYPE;
(*
型式限制
WR1:**pref_name_type** 值的长度不应超过 **pref_name_len** 的长度。

5.8.1.10 **property_code_type**

property_code_type 规定了特性代码允许的值。
EXPRESS 规范
*)
TYPE property_code_type = code_type;
WHERE
WR1: LENGTH(SELF) <= property_code_len;
END_TYPE;
(*
型式限制
WR1:**property_code_type** 值的长度应少于或等于 **property_code_len** 的值。

5.8.1.11 **remark_type**

remark_type 规定了评注允许的值。
EXPRESS 规范
*)
TYPE remark_type = translatable_text;
END_TYPE;
(*

5.8.1.12 **revision_type**

revision_type 规定了修订允许的值。

EXPRESS 规范

*)

TYPE revision_type = code_type;

WHERE

WR1: LENGTH(SELF) <= revision_len;

END_TYPE;

(*

型式限制

WR1:**revision_type** 值的长度不应超过 **revision_len** 的长度。

5.8.1.13 **short_name_type**

short_name_type 规定了短名称允许的值。

EXPRESS 规范

*)

TYPE short_name_type = translateable_label;

WHERE

WR1: check_label_length (SELF, short_name_len);

END_TYPE;

(*

型式限制

WR1:**short_name_type** 值的长度不应超过 **short_name_len** 的长度。

5.8.1.14 **supplier_code_type**

supplier_code_type 规定了供应商代码允许的值。

EXPRESS 规范

*)

TYPE supplier_code_type = code_type;

WHERE

WR1: LENGTH(SELF) <= supplier_code_len;

END_TYPE;

(*

型式限制

WR1:**supplier_code_type** 值的长度应少于或等于 **supplier_code_len** 的值。

5.8.1.15 **syn_name_type**

syn_name_type 规定了同义名称允许的值。

EXPRESS 规范

*)

TYPE syn_name_type = SELECT (label_with_language, label);

WHERE

WR1: check_syn_length (SELF, syn_name_len);

END_TYPE;

(*

型式限制

WR1:**syn_name_type** 值的长度应等于 **syn_name_len** 的值。

5.8.1.16 **value_code_type**

value_code_type 规定了值代码允许的值。

EXPRESS 规范

*)

TYPE value_code_type = identifier;

WHERE

WR1: LENGTH(SELF) <= value_code_len;

END_TYPE;

(*

型式限制

WR1:**value_code_type** 值的长度不应超过 **value_code_len** 的长度。

5.8.1.17 **value_format_type**

value_format_type 规定了值格式允许的值。这些值根据 SJ/Z 9047 和 GB/T 14805 定义。

EXPRESS 规范

*)

TYPE value_format_type = identifier;

WHERE

WR1: LENGTH(SELF) <= value_format_len;

END_TYPE;

(*

型式限制

WR1:**value_format_type** 值的长度不应超过 **value_format_len** 的长度。

5.8.1.18 **version_type**

version_type 规定了版本允许的值。

EXPRESS 规范

*)

TYPE version_type = code_type;

WHERE

WR1: LENGTH(SELF) <= version_len;

WR2: EXISTS(VALUE(SELF)) AND ('INTEGER' IN TYPEOF (SELF)) AND (VALUE(SET)>=0;

END_TYPE;

(*

型式限制

WR1:**version_type** 值的长度应小于 **version_len**。

WR2:**version_type** 应只包括数字。

5.8.1.19 **source_doc_type**

source_doc_type 规定了源文件允许的值。

EXPRESS 规范

*)

TYPE source_doc_type = identifier;

WHERE

WR1: LENGTH(SELF) <= source_doc_len;

END_TYPE;

(*

型式限制

WR1:**source_doc_type** 值的长度不应超过 **source_doc_len**。

5.8.2 基本实体定义

本条按字母顺序分类包含基本实体定义。

5.8.2.1 dates

dates 实体描述分别与第 1 版、当前版和给出描述的当前修订有关的三个日期。

EXPRESS 规范

```
*)
ENTITY dates;
        date_of_original_definition: date_type;
        date_of_current_version: date_type;
        date_of_current_revision: OPTIONAL date_type;
END_ENTITY
(*
```

属性定义

date_of_original_definition:与版本 001 相关的日期。

date_of_current_version:与现在的版本相关的日期。

date_of_current_revision:与当前修订相关的日期。

5.8.2.2 document

document 实体是一个代表文件的抽象起源,字典模式仅提供了对文档标识进行的交换。**document** 实体也可用实现交换文档数据手段(例如:通过引用外部文件和文件格式的准确规范)的实体来分成子类。

EXPRESS 规范

```
*)
ENTITY document
ABSTRACT SUPERTYPE;
END_ENTITY;
(*
```

5.8.2.3 graphics

graphics 实体用实现交换图形数据手段(例如:通过参考外部文件和文件格式的准确规范)的实体来分成子类型。

EXPRESS 规范

```
*)
ENTITY graphics
ABSTRACT SUPERTYPE;
END_ENTITY
(*
```

5.8.2.4 identified_document

identified_document 实体描述由其代码识别的文件。

EXPRESS 规范

```
*)
ENTITY identified_document
SUBTYPE OF (document);
```

```
        document_identifier: source_doc_type;
    END_ENTITY;
    (*
```

属性定义

document_identifier:所描述文件的代码。

5.8.2.5 item_names

item_names 实体识别与给出描述相关的名称。它规定推荐名称、同义名称集、短名称和提供不同名称的语言。它可能与图标有关。

EXPRESS 规范

```
    *)
    ENTITY item_names;
            preferred_name: pref_name_type;
            synonymous_names: SET OF syn_name_type;
            short_name: short_name_type;
            languages: OPTIONAL present_translations;
            icon: OPTIONAL graphics;
    WHERE
            WR1: NOT ( EXITS ( languages ) )OR (
            ( 'ISO13584_IEC61360_LANGUAGE_RESOURCE_SCHEMA'
            +'. TRANSLATED_LABEL' IN TYPEOF (preferred_name))
                  AND (languages :=: preferred_name\translated_label. languages)
                  AND (NOT (EXITS(short_name))
                  OR ( 'ISO13584_IEC61360_LANGUAGE_RESOURCE_SCHEMA'
                  +'. TRANSLATED_LABEL' IN TYPEOF (short_name))
                  AND (languages :=: short_name\translated_label. languages)
                  AND (QUERY ( s <* synonymous_names
                  |NOT (' ISO13584_IEC61360_DICTIONARY_SCHEMA'
                  +'. LABEL_WITH_LANGUAGE'IN TYPEOF (s))) = [ ]));
            WR2: NOT EXISTS(languages) OR (QUERY ( s <* synonymous_names |
                  EXISTS(s. language) AND NOT (s. language IN
                  QUERY ( l <* languages. language_codes | TRUE ))) = [ ]);
            WR3: EXITS(languages) OR (( 'SUPPORT_RESOURCE_SCHEMA. LABEL' IN

                        TYPEOF (preferred_name))AND (NOT(EXITS(short_name)) OR

                        ('SUPPORT_RESOURCE_SCHEMA. LABEL' IN
                        TYPEOF (short_name))) AND (QUERY (s <* synonymous_names |
                        'ISO13584_IEC61360_DICTIONARY_SCHEMA. LABEL_WITH_LAN-
GUAGE' IN
                        TYPEOF(s))=[])));
    END_ENTITY;
    (*
```

属性定义

preferred_name[27]:优先使用的名称。

synonymous_names[27]:同义的名称集。

short_name[27]:OPTIONAL short_name_type;

languages:规定了不同名称的 **languages** 可选列表。

icon:用图形代表与 **item_names** 相关的描述的可选 **icon**。

型式限制

WR1:如果推荐名称和短名称用不止一种语言提供,**translated_labels** 的所有"语言"属性必须包括象这一 **item_names** 事件语言属性中的 **present_translations** 事件。

WR2:如果同义的名称以不只一种语言提供,只能用这一 **item_names** 事件语言属性中 **present_translations** 事件里指出的语言。

WR3:如果没有提供语言,不应翻译 preferred_name,short_name 和 synonymous_names。

5.8.2.6 **label_with_language**

label_with_language 实体提供使标签与语言相关的资源。

EXPRESS 规范

```
*)
ENTITY label_with_language;
        l: label;
        language: Language_Code;
END_ENTITY;
(*
```

属性定义

l:与语言相关的标签。

language:有标签的语言的代码。

5.8.2.7 **mathematical_string**

mathematical_string 实体提供了定义数学字符串表达式的资源。它也允许 SGML 格式的表达式。

EXPRESS 规范

```
*)
ENTITY mathematical_string;
        text_representation: text;
        SGML_representation: OPTIONAL text;
END_ENTITY;
(*
```

属性定义

text_representation:数学字符串的"线性"形式,若有必要,采用 ISO 843:"信息和文件—希腊字符到拉丁字符的变换"。

SGML_representation:SMGL-Text 文本(ISO 8879),根据 ISO 12083:电子手稿准备和置标中的数学 DTD(文件类型定义)标称。SMGL 文本内容必须处理到交换时当作一个单字符串对待(见 GB/T 16656.21)。

5.9 **函数定义**

本条包含 WHERE 条中引用以表明数据一致、或为应用开发提供资源的函数。

27) 见 GB/T 17564.1 的相关条。

5.9.1 **acyclic_supereclass_relationship 函数**

acyclic_supereclass_relationship 函数检查超类关系中是否存在循环。通过 ENTITY 类中 **its_superclass** 属性的基数，该函数可保证超类关系是继承树，而不是循环的图。因此，本函数只须检查 **its_superclass** 属性中，类的实例化是否和另一个本质上为子类的实例化无关。

EXPRESS 规范

```
*)
FUNCTION acyclic_superclass_relationship (
                current: class_BSU;
                visited: SET OF class) : LOGICAL;
IF SIZEOF (current.definition) = 1 THEN
IF current.definition[1] IN visited THEN
                RETURN (FALSE);
        ELSE
                IF EXISTS (current.definition[1]\class.its_superclass)
                THEN
                RETURN (acyclic_superclass_relationship (current.definition[1]\class.its_su-
perclass,visited + current.definition[1]))
        ELSE
                RETURN (TRUE);
                END_IF;
 ENF_IF;
 ELSE
                RETURN (UNKNOWN);
END_IF;
END_FUNCTION;--acyclic_superclass_relationship
(*
```

5.9.2 **check_syn_length 函数**

check_syn_length 函数检查 **s** 的长度不超过 **s_length** 指明的长度。

EXPRESS 规范

```
*)
FUNCTION check_syn_length (
            s: syn_name_type;
            s_length: INTEGER) : BOOLEAN;
IF 'ISO 13584_IEC 61360_DICTIONARY_SCHEMA.LABEL_WITH_LANGUAGE'
            IN TYPEOF(s) THEN
            RETURN (LENGTH(s.l) <= s_length);
ELSE
            RETURN (LENGTH(s) <= s_length);
END_IF;
END_FUNCTION; --check_syn_length
(*
```

5.9.3 **codes_are_unique 函数**

如果 **values** 列表内 **value_code** 是唯一的，**codes_are_unique** 函数返回 TRUE。

EXPRESS 规范

```
*)
FUNCTION codes_are_unique (values: LIST OF dic_value): BOOLEAN;
    LOCAL
        ls: SET OF STRING :=[ ]
        li: SET OF INTEGER:= [ ]
    END_LOCAL;

    IF ( 'ISO 13584_IEC 61360_DICTIONARY_SCHEMA. VALUE_CODE_TYPE' IN
        TYPEOF (values [1]. value_code))
    THEN
        REPEAT i := 1 TO SIZEOF (values);
            ls:=ls  + values[i]. value_code;
        END_REPEAT;

        RETURN (SIZEOF(values) = SIZEOF(ls));
    ELSE
        IF ( 'ISO13584_IEC61360_DICTIONARY_SCHEMA. INTEGER_TYPE' IN
        TYPEOF (values [1]. value_code))
    THEN
        REPEAT i := 1 TO SIZEOF (values);
            li:=li  + values[i]. value_code;
        END_REPEAT;
        RETURN (SIZEOF(values) = SIZEOF(li));
    ELSE
        RETURN(?);
    END_IF;

END_FUNCTION;--codes_are_unique
(*
```

5.9.4 **definition_available_implies 函数**

definition_available_implies 函数检查是否存在与 BSU 参数一致的定义。如果这一定义存在，则返回 **expression** 参数。

EXPRESS 规范

```
*)
FUNCTION definition_available_implies (
        BSU: basic_semantic_unit;
        expression: LOGICAL): LOGICAL;
RETURN (NOT (SIZEOF(BSU. definition) = 1) OR expression);
END_FUNCTION; --definition_available_implies
(*
```

5.9.5 **is_subclass 函数**

如果 **sub** 定义为 **super** 的子类,**is_subclass** 函数返回 TRUE。

EXPRESS 规范

```
*)
FUNCTION is_subclass ( sub, super: class): LOGICAL;
IF (NOT EXISTS (sub)) OR (NOT EXISTS (super)) THEN
        RETURN (UNKNOWN);
END_IF;
IF sub=super
THEN
        RETURN (TRUE);
 END_IF;
IF NOT EXISTS (sub.its_superclass) THEN
         RETURN (FALSE);
 END_IF;
 IF SIZEOF(sub.its_superclass.definition)=1  THEN
         IF(sub.its_superclass.definition[1]=super) THEN
         RETURN (TRUE);
         ELSE
         RETURN (is_subclass (sub.its_superclass.definition[1],
         super));
 END_IF;
 ELSE RETURN (UNKNOWN);
 END_IF;
 END_FUNCTION; --is_subclass
(*
```

5.9.6 **string_for_derived_unit 函数**

string_for_derived_unit 函数返回一个参数化的 **derived_unit**(根据 GB/T 16656.41)的 STRING 字符串表达式。首先,根据指数符号分离衍生单位的元素。如果两种元素都有,用'/'记法将有正的从有负的中分离出来。如果只有正指数,使用 u-e 记法。

点"."(根据 GB/T 15273.1 小数点代码 46,见 GB/T 16656.21)用来分离单个元素。

EXPRESS 规范

```
*)
FUNCTION string_for_derived_unit (u: derived_unit): STRING;
        FUNCTION string_for_derived_unit_element
                (u: derived_unit_element; neg_exp: BOOLEAN ): STRING;
        LOCAL
                result: STRING;
        END_LOCAL;
                result := string_for_named_unit(u.unit);
        IF (u.exponent <> 0) THEN
                IF (u.exponent > o) OR NOT neg_exp THEN
                result := result + ' * * '+ FORMAT (ABS(u.exponent),  '2I')[2];
```

```
            ELSE
            result := result + '**' + FORMAT (u.exponent, '2I')[2];
            END_IF;
        END_IF;
        RETURN (result);
END_FUNCTION;--string_for_derived_unit_element
LOCAL
        pos, neg: SET OF derived_unit_element;
        us: STRING;
END_LOCAL;
pos := QUERY ( ue <* u.element | ue.exponent > 0 );
neg := QUERY ( ue <* u.element | ue.exponent < 0 );
us :=   '' ;
IF SIZEOF (pos) > 0 THEN
        REPEAT i := LOINDEX (pos) TO HIINDEX (pos);
        us := us + string_for_derived_unit_element(pos[i], FALSE);
        IF i <> HIINDEX (pos)
        THEN
        us := us + '.';
        END_IF;
        END_REPEAT;
        IF SIZEOF (neg) > 0
        THEN
        us := us + '/';
            IF SIZEOF (neg) > 1 THEN us := us + '(' ; END_IF;
            REPEAT i := LOINDEX (neg) TO HIINDEX (neg);
            us := us + string_for_derived_unit_element(neg[i],
            FALSE);
            IF i <> HIINDEX (neg) THEN us := us + '.'; END_IF;
            END_REPEAT;
            IF SIZEOF (neg) > 1
            THEN us := us +')';
            END_IF;
            END_IF;
ELSE
        IF SIZEOF(neg) > 0 THEN
        REPEAT i := LOINDEX (neg) TO HIINDEX (neg);
            us := us +
            string_for_derived_unit_element(neg[i], TRUE);
            IF i <> HIINDEX (neg)
            THEN
            us := us +'.';
            END_IF;
```

```
                END_REPEAT;
            END_IF;
    END_IF;
    RETURN (us);
    END_FUNCTION;--string_for_derived_unit
    (*
```

5.9.7 **string_for_named_unit 函数**

string_for_named_unit 函数返回一个参数化的 **named_unit**(根据 GB/T 16656.41 和 5.7.4 中的扩展)的 STRING 表达式。

EXPRESS 规范

```
*)
FUNCTION string_for_named_unit (u: named_unit): STRING;
IF'MEASURE_SCHEMA.SI_UNIT' IN TYPEOF(u) THEN
        RETURN (string_for_SI_unit (u));
ELSE
        IF'MEASURE_SCHEMA.CONTEXT_DEPENDENT_UNIT' IN TYPEOF(u)
        THEN
                RETURN (u\context_dependent_unit.name);
        ELSE
                IF'MEASURE_SCHEMA.CONVERSION_BASED_UNIT' IN TYPEOF(u)
                THEN
                        RETURN (u\conversion_based_unit.name);
                ELSE
                        IF'ISO13584_IEC61360_DICTIONARY_SCHEMA'
                        +'.NON_SI_UNIT' IN TYPEOF (u)
                        THEN
                                RETURN (u\non_si_unit.name);
                        ELSE
                                RETURN ('name_unknown');
                        END_IF;
                END_IF;
        END_IF;
EDN_IF;
END_FUNCTION; --string_for_named_unit
(*
```

5.9.8 **string_for_SI_unit 函数**

string_for_SI_unit 函数返回一个参数化的 **si_unit**(根据 GB/T 16656.41)的 STRING 表达式。

EXPRESS 规范

```
*)
FUNCTION string_for_SI_unit (unit: si_unit): STRING;
LOCAL
        prefix_string, unit_string: STRING;
END_LOCAL;
```

```
IF EXISTS (unit. prefix) THEN
        CASE unit. prefix OF
                exa         : prefix_string := 'E';
                peta        : prefix_string := 'P';
                tera        : prefix_string := 'T';
                giga        : prefix_string := 'G';
                mega        : prefix_string := 'M';
                kilo        : prefix_string := 'k';
                hecto       : prefix_string := 'h';
                deca        : prefix_string := 'da';
                deci        : prefix_string := 'd';
                centi       : prefix_string := 'c';
                milli       : prefix_string := 'm';
                micro       : prefix_string := 'u';
                nano        : prefix_string := 'n';
                pico        : prefix_string := 'p';
                femto       : prefix_string := 'f';
                atto        : prefix_string := 'a';
        END_CASE;
        ELSE
                prefix_string := '';
        END_IF;
        CASE unit. name OF
                metre           : prefix_string := 'm';
                gram            : prefix_string := 'g';
                second      : prefix_string := 's';
                ampere          : prefix_string := 'A';
                kelvin      : prefix_string := 'K';
                mole            : prefix_string := 'mol';
                candela         : prefix_string := 'cd';
                radian      : prefix_string := 'rad';
                steradian       : prefix_string := 'sr';
                hertz           : prefix_string := 'Hz';
                newton      : prefix_string := 'N';
                pascal          : prefix_string := 'Pa';
                joule           : prefix_string := 'J';
                watt            : prefix_string := 'W';
                coulomb         : prefix_string := 'C';
                volt            : prefix_string := 'V';
                farad           : prefix_string := 'F';
                ohm             : prefix_string := 'ohm';
                siemens         : prefix_string := 'S';
                weber           : prefix_string := 'Wb';
```

```
        tesla            : prefix_string := 'T';
        henry            : prefix_string := 'H';
        degree_Celsius   : prefix_string := 'Cel';
        lumen            : prefix_string := 'lm';
        lux              : prefix_string := 'lx';
        becquerel        : prefix_string := 'Bqu';
        gray             : prefix_string := 'Gy';
        sievert    : prefix_string :=  'Sv';
    END_CASE;
    RETURN (prefix_string + unit_string);
END_FUNCTION; --string_for_SI_unit
(*
```

5.9.9 string_for_unit 函数

string_for_unit 函数返回一个参数化的 **unit**(根据 GB/T 16656.41)的 STRING 表达式。

EXPRESS 规范

```
 *)
FUNCTION string_for_unit (u: unit): STRING;
        IF 'MEASURE_SCHEMA.DERIVED_UNIT' IN TYPEOF(u)
        THEN
        RETURN (string_for_derived_unit(u));
        ELSE
        RETURN (string_for_named_unit(u));
        END_IF;
END_FUNCTION; --string_for_unit
(*
```

5.9.10 all_class_description_reachable 函数

all_class_description_reachable 函数检查描述分类、由 **class_BSU** 参照的 **dictionary_element** 及其所有超类能否在类层次定义的遗传树中计算。

EXPRESS 规范

```
 *)
FUNCTION all_class_descriptions_reachable (cl:class_BSU): BOOLEAN;
IF NOT EXISTS(cl)
THEN
        RETURN(?);
END_IF;
IF SIZEOF (cl.definition) = 0
THEN
        RETURN (FALSE) ;
END_IF;
IF NOT (EXISTS (cl.definition [1]\class.its_superclass))
THEN
        RETURN (TRUE);
ELSE
```

```
            RETURN (all_class_descriptions_reachable (
            cl. definition [1] \ class. its_superclass));
    END_IF;
    END_FUNCTION; --all_class_descriptions_reachable
    (*
```

5.9.11 **compute_known_visible_properties 函数**

compute_known_visible_properties 函数计算对给出类可视特性集。当没有定义时,它仅返回可以计算的可视特性。

EXPRESS 规范

```
    *)
    FUNCTION compute_known_visible_properties (cl: class_BSU);
                SET OF property_BSU;
    LOCAL
                s: SET OF property_BSU:=[ ];
    END_LOCAL;
                s:= USEDIN (cl,
                'ISO_13584_IEC_61360_DICTIONARY_SCHEMA. PROPERTY_BSU. NAME_SCOPE');
    IF SIZEOF (cl. definition)=0
    THEN
                RETURN (s);
    ELSE
                IF EXISTS (cl. definition [1] \ class. its_superclass) THEN
                    s:= s + compute_known_visible_properties (
                        cl. definition [1]\class. its_superclass);
                END_IF;
                RETURN (s);
    END_IF;
    END_RENTURN;
    (*
```

5.9.12 **compute_known_visible_data_types 函数**

compute_known_visible_data_types 函数计算对给出类可视数据类型集。当没有定义时,它仅返回可以计算的可视 data_types。

EXPRESS 规范

```
    *)
    FUNCTION compute_known_visible_data_types (cl: class_BSU);
            SET OF data_type_BSU;
    LOCAL
            s: SET OF data_type_BSU:=[ ];
    END_LOCAL;
            s:= s+USEDIN (cl,
            'ISO_13584_IEC_61360_DICTIONARY_SCHEMA. DATA _TYPE_BSU. NAME_SCOPE');
    IF SIZEOF (cl. definition) = 0
    THEN
```

```
            RETURN (s);
    ELSE
            IF EXISTS (cl. definition [1] \ class. its_superclass) THEN
                    s:= s + compute_known_visible_data_types (
                    cl. definition [1]\class. its_superclass) ;
            END_IF;
            RETURN (s);
    END_IF;
    END_FUNCTION;
    (*
```

5.9.13 compute_known_applicable_properties 函数

compute_known_applicable_properties 函数计算对给出分类适用的特性集。当定义无效时,它仅返回可以计算的适用特性。

EXPRESS 规范

```
     *)
    FUNCTION compute_known_applicable_properties (cl : class_BSU);
             SET OF property_BSU;
    LOCAL
             s: SET OF property_BSU:=[ ];
    END_LOCAL;
    IF SIZEOF (cl. definition)=0
    THEN
             RETURN (s);
    ELSE
             REPEAT i: =1 TO SIZEOF (cl. definition [1]\class. described_by);
                     s:= s + cl. definition [1]\class. decribed_by [i];
             END_REPEAT;
             IF EXISTS (cl. definition [1] \ class. its_superclass) THEN
                     s:= s + compute_known_applicable_properties (
                            cl. definition [1] \ class. its_superclass);
             END_IF;
             RETURN (s) ;
    END_IF;
    END_FUNCTION;
    (*
```

5.9.14 compute_known_applicable_data_types 函数

compute_known_applicable_data_types 函数计算对给出分类适用的 **data_types** 集。当定义无效时,它仅返回可以计算的适用 **data_types**。

EXPRESS 规范

```
     *)
    FUNCTION compute_known_applicable_data_types (cl: class_BSU);
             SET OF data_type_BSU;
    LOCAL
```

```
        s: SET OF data_type_BSU:=[ ];
END_LOCAL;
IF SIZEOF(cl.definition)=0
THEN
        RETURN (s);
ELSE
        REPEAT i: =1 TO SIZEOF (cl.definition [1] \ class.defined_types);
              s:= s + cl.definition [1] \ class.defined_types  [i];
        END_REPEAT;
        IF EXISTS (cl.definition [1] \ class.its_superclass) THEN
              s:= s + compute_known_applicable_data_types (
                  cl.definition [1]\ class.its_superclass);
        END_IF;
        RETURN (s);
END_IF;
END_FUNCTION;
(*
```

5.9.15 **list_to_set**

list_to_set 函数从名为 **l** 的 LIST 中产生 SET;SET 的元素类型将和原 LIST 中的一样。

EXPRESS 规范

```
 *)
FUNCTION list_to_set (l: LIST [ 0:? ] OF GENERIC : type_elem)
        : SET OF GENERIC : type_elem;
LOCAL
        s: SET OF GENERIC: type_elem:= [ ];
END_LOCAL;
REPEAT i:= 1 TO SIZEOF (l);
        s:= s + l [i] ;
END_REPEAT;
RETURN (s);
END_FUNCTION; --list_to_set
END_SCHEMA; --ISO 13584_IEC 61360_dictionary_schema
(*
```

5.9.16 **check_properties_applicability**

check_properties_applicability 函数检查只有那些通过遗传不适合的类的属性经 **described_by** 属性引用可适合这一类。

EXPRESS 规范

```
 *)
FUNCTION check_properties_applicability(cl:class):LOGICAL;
LOCAL
        inter:SET OF property_bsu:=[];
 END_LOCAL;
 IF EXISTS(cl.its_superclass)
```

```
THEN
        IF (SIZEOF(cl.its_superclass.definition)=1)
        THEN
             inter:=(list_to_set(cl.described_by)*
                  cl.its_superclass.definition[1]\class.
                  known_applicable_properties);
             RETURN(inter=[]);
        ELSE
             RETURN(UNKNOWN);
        END_IF;
ELSE
        RETURN(TRUE)
END_IF;
END_FUNCTION;--check_properties_applicability
(*
```

5.9.17 check_datatypes_applicability

check_ datatypes _applicability 函数检查只有那些通过遗传不适合的类那些日期类型经 **defined_by** 属性引用可适合这一类。

EXPRESS 规范

```
*)
FUNCTION check_ datatypes _applicability(cl:class):LOGICAL;
LOCAL
        inter:SET OF data_type_bsu:=[];
END_LOCAL;
IF EXISTS(cl.its_superclass)
THEN
        IF (SIZEOF(cl.its_superclass.definition)=1)
        THEN
             inter:=cl.defined_types*
                  cl.its_superclass.definition[1]\class.
                  known_applicable_data_types);
             RETURN(inter=[]);
        ELSE
             RETURN(UNKNOWN);
        END_IF;
ELSE
        RETURN(TRUE)
END_IF;
END_FUNCTION;—check_ datatypes _applicability
(*
```

6 ISO 13584_IEC 61360_language_resource_schema

下面的模式为允许不同语言的字符串规定资源。由于它可用在其他模式中,它已经从字典模式抽取出来。它主要以 GB/T 16656.41:STEP 第 41 部分:产品描述和支持原理的 **support_resource_schema** 为基础、也可以看作是它的扩展。当使用多种语言时,它允许在整个交换环境(物理文件)中使用一种没有经常介绍过的特定语言。图示描述见图 12:**ISO 13584_IEC 63160_language_resource_schema** 和 **support_resource_schema** 的 EXPRESS-G 框图。

EXPRESS 规范

*)

SCHEMA ISO 13584_IEC 61360_language_resource_schema;

REFERENCE FROM support_resource_schema (identifier, label, text);

(* from ISO 10303-41: STEP part 41: "Fundamentals of Product Description and Support" *)

(*

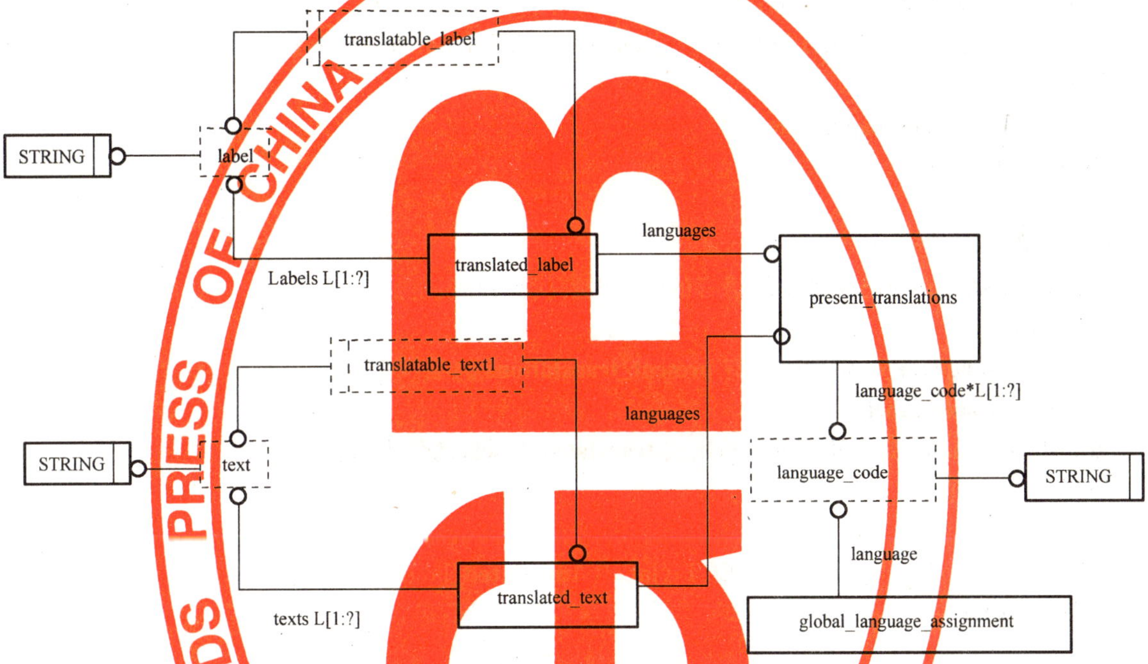

图 12 ISO 13584_IEC 61360_language_resource_schema 和 support_resource_schema EXPRESS-G 框图

6.1 ISO 13584_IEC 61360_language_resource_schema 类型和实体定义

本条包括 **ISO 13584_IEC 61360_language_resource_schema** 中 EXPRESS 类型和实体定义。

6.1.1 language_code

根据 GB/T 4880.2,**language_code** 类型能识别语言。值为,例如:"EN"为通用英语,"FR"为法语,"RU"为俄语,"DE"为德语,"en GB"为英国英语,"en US"为美国英语等。

EXPRESS 规范

*)

TYPE language_code = identifier;

END_TYPE;

(*

6.1.2 global_language_assignment

如果分别选择 **label** 和 **text**(即:没有象 **translated_label** 和 **translated_text** 中的明显语言指示),**global_language_assignment** 实体规定 **translatable_label** 和 **translatable_text** 的语言。

EXPRESS 规范

*)
ENTITY global_language_assignment;
language:language_code;
END_ENTITY
*)
属性定义
language:分配语言的代码。

6.1.3 **present_translations**

present_translations 实体用来指明用作 **translated_label** 和 **translated_text** 的语言。

EXPRESS 规范

*)
ENTITY present_translations;
language_codes: LIST [1: ?] OF UNIQUE language_code;
UNIQUE
UR1: language_codes;
END_ENTITY;
(*

属性定义

language_codes:对应已翻译了的语言的唯一语言代码列表。

型式限制

UR1:每个 **language_code** 列表应有 **present_translations** 的唯一实例。

6.1.4 **translatable_label**

translatable_label 定义可以是 **labels** 或 **translated_labels** 的值类型。

EXPRESS 规范

*)
TYPE translatable_label = SELECT (label, translated_label);
END_TYPE;
(*

6.1.5 **translated_label**

translated_label 实体定义已经翻译的和与译本语言一致的标签。

EXPRESS 规范

*)
ENTITY translated_label;
labels: LIST [1: ?] OF label;
languages: present_translations;
WHERE WR1: SIZEOF (labels) = SIZEOF (languages. language_codes);
END_ENTITY;
(*

属性定义

labels:已译 **labels** 的列表。

languages:每个标签已翻译了的 **languages** 列表。

型式限制:

WR1:包含在 **labels** 列表中的 **labels** 数量应等于 **languages. language_codes** 属性中提供的语言数量。

非型式限制:

IP1:**labels** [**i**]的内容在 **languages. language_codes** [**i**]识别的语言中。

6.1.6 translatable_text

translatable_text 定义可以是 **texts** 或 **translated_text** 的值类型。

EXPRESS 规范

```
*)
TYPE translatable_text = SELECT ( text, translated_text);
END_TYPE;
(*
```

6.1.7 translated_text

translated_text 实体定义已经翻译的和与译本 **languages** 一致的 **texts**。

EXPRESS 规范

```
*)
ENTITY translated_text;
        texts: LIST [ 1 : ? ] OF text;
        languages: present_translations;
WHERE
        WR1: SIZEOF (texts ) = SIZEOF (languages. language_codes);
END_ENTITY;
(*
```

属性定义

texts:已译 **texts** 的列表。

languages:每个文本已翻译的 **languages** 列表。

型式限制

WR1:包含在 **texts** 列表中的 **texts** 数量应等于 **languages. language_codes** 属性中提供的语言数量。

非型式限制

IP1:**texts**[**i**]的内容在 **languages. language_codes** [**i**]识别的语言中。

6.2 ISO 13584_IEC 61360_language_resource_schema 函数定义

本条包含 WHERE 子句中所引用来声明数据一致性的函数。

6.2.1 check_label_length 函数

check_label_length 函数检查 **l** 中的标签没有超过 **l_length** 指明的长度。

EXPRESS 规范

```
*)
FUNCTION check_label_length (
                l: translatable_label;
                l_length: INTEGER): BOOLEAN;
IF  'ISO13584_IEC61360_LANGUAGE_RESOURCE_SCHEMA. TRANSLATED_LABEL'
        IN TYPEOF(l)
  THEN
        REPEAT i :=1 TO SIZEOF (l. labels);
                IF LENGTH(l. labels[i]) > l_length
                THEN
                RETURN (FALSE);
                END_IF;
```

```
        END_REPEAT;
        RETURN (TRUE);
ELSE
        RETURN (LENGTH(l) <= l_length);
END_IF;
END_FUNCTION; --check_label_length
(*
```

6.2.2 check_text_length 函数

check_text_length 函数检查 **t** 中的文本没有超过 **t_length** 指明的长度。

EXPRESS 规范

```
 *)
FUNCTION check_text_length (
                t: translateable_text;
                t_length: INTEGER) : BOOLEAN;
IF 'ISO13584_IEC61360_LANGUAGE_RESOURCE_SCHEMA.TRANSLATED_TEXT'
        IN TYPEOF(t)
 THEN
        REPEAT i :=1 TO SIZEOF (t.texts);
                IF LENGTH(t.texts[i]) > t_length
                THEN
                RETURN (FALSE);
                END_IF;
        END_REPEAT;
        RETURN (TRUE);
ELSE
        RETURN (LENGTH(t) <= t_length);
END_IF;
END_FUNCTION; --check_text_length
(*
```

6.3 ISO 13584_IEC 61360_language_resource_schema 规则定义

single_language_assignment 规则声称只可指定一种语言分别用于 **translatable_label** 和 **translatable_text**。

EXPRESS 规范

```
 *)
RULE single_language_assignment FOR (glabal_language_assignment);
WHERE
          SIZEOF ( global_language_assignment ) <= 1;
END_RULE;
END_SCHEMA; -- ISO13584_IEC61360_ language_resource_schema
(*
```

7 模板

7.1 EXPRESS 代码衍生的模板

在下列小节中，列出了指明某一事件属性名称和顺序的“模板”。他们使含有数据的章节更容易阅读。

“e_i_n”是如 GB/T 16656.21 的 7.3.4 中定义的“实体事件名称”的缩写。

7.1.1 供应商数据模板

e_i_n=SUPPLIER_BSU (code: supplier_code_type, *, *);

e_i_n =SUPPLIER_ELEMENT (indentified_by: supplier_BSU, time_stamps: OPTIONAL dates, revision: revision_type, *, org: organization, addr: address);

e_i_n=DATES (date_of_original_definition: date_type, date_of_current_version: date_type, date_of_current_revision: OPTIONAL date_type);

e_i_n=ORGANIZATION (id:OPTIONAL identifier, name: label, description: text);

e_i_n= ADDRESS (internal_location: OPTIONAL label, street_number: OPTIONAL label, street: OPTIONAL label, postal_box: OPTIONAL label, town: OPTIONAL label, region: OPTIONAL label, postal_code: OPTIONAL label, country: OPTIONAL label, facimile_number: OPTIONAL label, telephone_number: OPTIONAL label, electronic_mail_address: OPTIONAL label, telex_number: OPTIONAL label);

7.1.2 分类数据模板

e_i_n=CLASS_BSU (code: class_code_type, version: version_type, defined_by: supplier_BSU);

e_i_n=ITEM_CLASS (identified_by: class_BSU, time_stamps: OPTIONAL dates, revision: revision_type, names: item_names, definition: definition_type, source_doc_of_definition: OPTIONAL document, note: OPTIONAL note_type, remark: OPTIONAL remark_type, its_superclass: OPTIONAL class_BSU, described_by: LIST OF property_BSU, defined_types: SET [0:?] OF data_type_BSU, simplified_drawing: OPTIONAL graphics, sub_class_properties: LIST [0:?] OF property_BSU, class_constant_values: SET [0:?] OF class_value_assignment, coded_name: OPTIONAL value_code_type);

e_i_n=MATERIAL_CLASS (identified_by: class_BSU, time_stamps: OPTIONAL dates, revision: revision_type, names: item_names, definition: definition_type, source_doc_of_definition: OPTIONAL document, note: OPTIONAL note_type, remark: OPTIONAL remark_type, its_superclass: OPTIONAL class_BSU, described_by: LIST OF property_BSU, defined_types: SET [0:?] OF data_type_BSU, simplified_drawing: OPTIONAL graphics, sub_class_properties: LIST [0:?] OF property_BSU, class_constant_values: SET [0:?] OF class_value_assignment, coded_name: OPTIONAL value_code_type);

e_i_n=COMPONENT_CLASS (identified_by: class_BSU, time_stamps: OPTIONAL dates, revision: revision_type, names: item_names, definition: definition_type, source_doc_of_definition: OPTIONAL document, note: OPTIONAL note_type, remark: OPTIONAL remark_type, its_superclass: OPTIONAL class_BSU, described_by: LIST OF property_BSU, defined_types: SET [0:?] OF data_type_BSU, simplified_drawing: OPTIONAL graphics, sub_class_properties: LIST [0:?] OF property_BSU, class_constant_values: SET [0:?] OF class_value_assignment, coded_name: OPTIONAL value_code_type);

e_i_n=DATES (date_of_original_definition: date_type, date_of_current_version: date_type, date_of_current_revision: OPTIONAL date_type) ;

e_i_n=ITEM_NAMES (preferred_name: pref_name_type, synonymous_names: SET OF syn_name_type, short_name: short_name_type, languages: OPTIONAL present_translations, icon: OPTIONAL graphics) ;

e_i_n=IDENTIFIED_DOCUMENT (document_identifier: source_doc_type) ;

e_i_n=CLASS_VALUE_ASSIGNMENT (super_class_defined_property: property_BSU, assigned_value: value_code_type) ;

7.1.3 特性 DET 数据模板

e_i_n=PROPERTY_BSU (code: property_code_type, version: version_type, name_scope: class_BSU)

e_i_n=CONDITION_DET(identified_by: property_BSU, time_stamps: OPTIONAL dates, revision: revision_type, names: item_names, definition: definition_type, source_doc_of_definition: OPTIONAL document, note: OPTIONAL note_type, remark: OPTIONAL remark_type, preferred_symbol: OPTIONAL mathematical_string, synonymous_symbols: SET [0 : ?] OF mathematical_string, figure: OPTIONAL graphics, det_classification: OPTIONAL DET_classification_type, domain: data_type, formula: OPTIONAL mathematical_string) ;

e_i_n=DEPENDENT_P_DET (identified_by: property_BSU, time_stamps: OPTIONAL dates, revision: revision_type, names: item_names, definition: definition_type, source_doc_of_definition: OPTIONAL document, note: OPTIONAL note_type, remark: OPTIONAL remark_type, preferred_symbol: OPTIONAL mathematical_string, synonymous_symbols: SET [0 : 2?] OF mathematical_string, figure: OPTIONAL graphics, det_classification: OPTIONAL DET_classification_type, domain: data_type, formula: OPTIONAL mathematical_string, depends_on: SET [1 : ?] OF property_BSU) ;

e_i_n=NON_DEPENDENT_P_DET (identified_by: property_BSU, time_stamps: OPTIONAL dates,revision: revision_type, names: item_names, definition: definition_type, source_doc_of_definition: OPTIONAL document, note: OPTIONAL not_type, remark: OPTIONAL remark_type, preferred_symbol: OPTIONAL mathematical_string, synonymous_symbols: SET [0 :?] OF mathematical_string, figure: OPTIONAL graphics, det_classification: OPTIONAL DET_classification_type, domain: data_type, formula: OPTIONAL mathematical_string) ;

e_i_n=DATES (date_of_original_definition: date_type, date_of_current_version: date_type, date_of_current_revision: OPTIONAL date_type) ;

e_i_n=ITEM_NAMES (preferred_name: pref_name_type, synonymous_names: SET OF syn_name_type, short_name: short_name_type, languages: OPTIONAL present_translations, icon: OPTIONAL graphics) ;

e_i_n=IDENTIFIED_DOCUMENT (document_identifier: source_doc_type);

e_i_n=MATHEMATICAL_STRING (text_representation: text, SGML_representation: OPTIONAL text) ;

7.1.4 数据类型数据模板

e_i_n=DATA_TYPE_BSU (code: data_type_code_type,version: version_type, * ,name_scope: class_BSU) ;

e_i_n=DATA_TYPE_ELEMENT (identified_by: data_type_BSU, time_stamps: OPTIONAL dates, revision: revision_type, names: item_names, type_definition: data_type) ;

e_i_n=DATES (date_of_original_definition: date_type, date_of_current_version: date_type, date_of_current_revision: OPTIONAL date_type) ;

e_i_n=ITEM_NAMES (preferred_name: pref_name_type, synonymous_names: SET OF syn_name_type, short_name: short_name_type, languages: OPTIONAL present_translations) ;

e_i_n=REAL_MEASURE_TYPE (value_format; value_format_type, unit: dic_unit) ;

e_i_n=DIC_UNIT (structured_representation: unit, string_representation: OPTIONAL mathematical_string) ;

e_i_n=DERIVED_UNIT (elements: SET [1:?] OF derived_unit_element) ;

e_i_n=DERIVED_UNIT_ELEMENT (unit: named_unit, exponent: REAL) ;

e_i_n=SI_UNIT (* , prefix: OPTIONAL si_prefix, name: si_unit_name) ;

e_i_n=NON_SI_UNIT (dimensions: dimensional_exponents,name: label) ;

e_i_n=NON_QUANTITATIVE_CODE_TYPE (value_format: value_format_type, domain: value_domain) ;

e_i_n=VALUE_DOMAIN (its_values: LIST [2 : ?] OF dic_value, source_doc_of_value_domain: OPTIONAL document, languages: OPTIONAL present_translations, terms: LIST [0:?] OF item_names) ;

e_i_n=DIC_VALUE (value_code: value_type, meaning: item_names,source_doc_of_value: OPTIONAL document) ;

e_i_n=LEVEL_TYPE (levels: LIST [1 : 4] OF UNIQUE level, value_type: simple_type) ;

7.2 一些数据例子

附录 A 给出了用来交换 GB/T 17564.4“电气元器件标准数据元素类型国际标准基准集”的数据物理文件片段。它意在说明第 5 章“ISO 13584_IEC 61360_dictionary_schema”和 GB/T 16656.21 交换对应数据时 EXPRESS 模型的用途。

附 录 A
（资料性附录）
物理文件例子

ISO-10303-21;
HEADER;
FILE_DESCRIPTION((‘Example physical file’),‘2;1’);
FILE_NAME(‘example. spf’,‘2001-01-29’,(‘IEC SC3D WG2’),(),
‘Version 1’, “,”);
FILE_SCHEMA((‘example_schema’));
ENDSEC;
DATA;
/*

A.1 供应商数据

*/

#1=SUPPLIER_BSU (‘112/2///61360_4_1’,*) ; /* according to ISO 13584-26 */

#2=SUPPLIER_ELEMENT (#1, #3,‘01’, #4, #5) ;

#3=DATES (‘1994-09-16’, ‘1994-09-16’, $) ;

#4=ORGANIZATION (‘IEC’,‘IEC Maintenance Agency’, ‘The IEC Maintenance Agency as described in IEC 61360-3: “Maintenance and Validation Procedures ”’) ;

#5=ADDRESS (‘to be determined’, $, $, $, $,$, $,$, $,$, $,$,) ;

#10=SUPPLIER_BSU(‘112/3///_00’,*); /* ISO/IEC ICS* /

/*

A.2 根类数据

AAA000 IEC 根类规定一个对应将来 GB/T 17564.4 的名称范围。它包括两个树,一个为材料,一个为元器件。因此,分类定义为 item_class。它是 ICS 根的子类型。

*/

#90=CLASS_BSU(“OO”,“001”,#10); /* ICS root */

#100=CLASS_BSU (‘AAA000’,‘001’, #1);

#101=ITEM_CLASS(#100, #3, ‘01’, #102, TEXT(‘IEC root class that provides a name scope corresponding to the whole IEC 61360-4 standard. It covers two trees,one for materials, one for components’), $, $, $, #90, (#110), (), $, (#110), (), $) ;

#102=ITEM_NAMES (LABEL(‘IEC root class’),(), LABEL(‘IEC root’), $,$) ;

#110=PROPERTY_BSU (‘AAE000’, ‘001’, #100) ;

#111=NON_DEPENDENT_P_DET(#110, #3, ‘01’, #112, TEXT(‘the type of tree:material or component’), $, $, $, $, (), $, $, #113, $) ;

#112=ITEM_NAMES (LABEL(‘type of tree’),(),LABEL(‘type of tree’), $, $) ;

#113=NON_QUANTITATIVE_CODE_TYPE (‘A..8’, #114) ;

#114=VALUE_DOMAIN ((#120, #122), $, $, ()) ;

#120=DIC_VALUE (VALUE_CODE_TYPE('MATERIAL') , #121, $) ;

#121=ITEM_NAMES (LABEL('material tree'), ( ), LABEL('mat tree'), $, $) ;

#122=DIC_VALUE (VALUE_CODE_TYPE('COMPONS') , #123, $) ;

#123=ITEM_NAMES ((LABEL('component tree'), ( ), LABEL('comp tree'), $, $) ;

/*

A.3 材料数据

*/

#200=CLASS_BSU ('AAA218','001', #1) ;

#201=MATERIAL_CLASS (#200, #3, '01', #202, TEXT('root class of the materials treeo'), $, $, $, #100, (#210, #230), (), $, (#210), (#205), 'MATERIAL') ;

#202=ITEM_NAMES (LABEL ('materials root class'), () , LABEL ('material root'), $, $) ;

#205=CLASS_VALUE_ASSIGNMENT (#110, 'MATERIAL') ;

#210=PROPERTY_BSU ('AAF311','005', #100)

#211=NON_DEPENDENT_P_DET (#210, #3, '01', #212, TEXT('code of the type of material') , $, $, $, $, ( ), $,'A57', #213, $,) ;

#212=ITEM_NAMES (LABEL ('material type'), () , LABEL ('material type'), $, $) ;

#213=NON_QUANTITIVE_CODE_TYPE ('M..3', #214) ;

#214=VALUE_DOMAIN (#220, #222, #224, #226), $, $, ()) ;

#220=DIC_VALUE (VALUE_CODE_TYPE('ACO') , #221, $) ;

#221=ITEM_NAMES (LABEL ('accousitical'), () , LABEL ('accousitical'), $, $) ;

#222=DIC_VALUE (VALUE_CODE_TYPE('MG') , #223, $) ;

#223=ITEM_NAMES (LABEL ('magnetic'), () , LABEL ('magnetical'), $, $) ;

#224=DIC_VALUE (VALUE_CODE_TYPE('OP') , #225, $) ;

#225=ITEM_NAMES (LABEL ('optical'), () , LABEL ('optical'), $, $) ;

#226=DIC_VALUE (VALUE_CODE_TYPE('TH') , #227, $) ;

#227=ITEM_NAMES (LABEL ('thermal-electric'), () , LABEL ('th-electric'), $, $) ;

#230=PROPERTY_BSU ('AAF286','005', * , #100) ;

#231=NON_DEPENDENT_P_DET (#230, #3, '01', #232, TEXT('The nominal density (in kg/m* * 3)of a material.'), $, $, $, #233, (), $, 'K02', #234, $) ;

#232=ITEM_NAMES (LABEL ('density'), () , LABEL ('density'), $, $) ;

#233=MATHEMATICAL_STRING (' $r_d', 'ρ_d') ;

#234=REAL_MEASURE_TYPE ('NR3..3.3ES2', #235) ;

#235=DIC_UNIT (#236, $) ;

#236=DERIVED_UNIT((#237, #239));

#237=DERIVED_UNIT_ELEMENT ((#238, 1.0) ;

#238= #SI_UNIT(* , .KILO. , .GRAM.);

#239=DERIVED_UNIT_ELEMENT (#240, -3.0);

#240=SI_UNIT (* , $, .METRE.);

/*

A.4 元器件数据

*/

300=CLASS_BSU ('EEE000', '001', #1);

301= COMPONENT_CLASS(# 300, # 3, '01', # 302, TEXT('root class of components tree'), $, $, $, #100, (#310, #330, #350), (), $, (#310), (#305), 'COMPONS') ;

302=ITEM_NAMES (LABEL ('Components root class'), () , LABEL ('components root'), $, $);

305=CLASS_VALUE_ASSIGNMENT (#110,'COMPONS');

310=PROPERTY_BSU ('AAE001','005', #100);

311=NON_DEPENDENT_P_DET (#310, #3, '01', #312, TEXT('Code of the main functional class to which a component belongs'), $, $, $, $, (), $, 'A52' #313, $) ;

312=ITEM_NAMES (LABEL ('main class of component'), () , LABEL ('main class'), $, $);

313=NON_QUANTITATIVE_CODE (M..3', #314);

314=VALUE_DOMAIN ((#320, #322, #324, #326), $, $, ()) ;

320=DIC_VALUE (VALUE_CODE_TYPE('EE') , #321, $);

321=ITEM_NAMES (LABEL ('EE(electric/electronic'), () , LABEL ('EE'), $, $) ;

322=DIC_VALUE (VALUE_CODE_TYPE('EM') , #323, $) ;

323=ITEM_NAMES (LABEL ('electromechanical'), () , LABEL ('electromech'), $, $)

324=DIC_VALUE (VALUE_CODE_TYPE('ME') , #325, $) ;

325=ITEM_NAMES (LABEL ('mechanical'), () , LABEL ('mechanical'), $, $) ;

326=DIC_VALUE (VALUE_CODE_TYPE('MP') , #327, $) ;

327= ITEM_NAMES (LABEL ('magnetic part'), () , LABEL ('magnetic'), $, $) ;

330=PROPERTY_BSU ('AAF267', '005', #100) ;

331=NON_DEPENDENT_P_DET(#330, #3, '01', #332, TEXT('The nominal distance (in m) between the inside of the two tapes used for taped products with axial leads'), $, $, $, # 333, (), $, 'T03', #334, $);

332=ITEM_NAMES (LABEL ('inner tape spacing'), () , LABEL ('inner tape spac'), $, $) ;

333=MATHEMATICAL_STRING ('b_tape','b_{tape}') ;

334=LEVEL_TYPE ((.NOM.), #335);

335=REAL_MEASURE_TYPE ('NR3..3.3ES2', #336);

336=DIC_UNIT (#337, $) ;

337=SI_UNIT(* , $, .METRE.) ;

350=PROPERTY_BSU ('AAE022','005', * , #100) ;

351=NON_DEPRNDENT_P_DET (#350, #3, '01', #352, TEXT('The value as specified by level (miNoMax) of the outside diameter (in m) of a component with a body of circular cross-section'), $, $, $, * , #353, (), $, 'T03', #354, $) ;

352=ITEM_NAMES (LABEL('outside diameter') ,( ), LABEL ('outside diam'), $, $) ;

353=MATHEMATICAL_STRING ('d_out', 'd_{out}') ;

354=LEVEL_TYPE ((.MIN. , .NOM. , .MAX.), #355);

355=REAL_MEASURE_TYPE('NR3..3.3ES2', #356);

356=DIC_UNIT(#357. #358);

357=SI_UNIT(*, $, .METRE.);

358=MATHEMATICAL_STRING('m', 'm');

/*

A.5 电气/电子元器件数据

*/

#400=CLASS_BSU('EEE001','001', *, #1);

#401=COMPONENT_CLASS(#400, #3, '01', #402, TEXT ('electric/electronic components'), $, $, $, #300, (#410, #470), (), $, (#410), (#405), 'EE');

#402=ITEM_NAMES(LABEL('EE components'),(),LABEL ('EE components'), $, $);

#405=CLASS_VALUE_ASSIGNMENT (#310, 'EE');

#410=PROPERTY_BSU('AAE002', '005, *, #100) ;

#411=NON_DEPENDENT_P_DET(#410, #3, '01', #412, TEXT('Code of the category to which an electric/electronic component belongs. '), $, $, $, $, (), $,'A52', #413, $) ;

#412=ITEM_NAMES (LABEL('category EE component'), (), LABEL('categ EE comp'), $, $);

#413=NON_QUANTITATIVE_CODE_TYPE ('M..3', #414) ;

#414=VALUE_DOMAIN ((#420, #422, #424, #426, #428, #430, #432, #434, #436, #438, #440), $, $, ()) ;

#420=DIC_VALUE (VALUE_CODE_TYPE('AMP', #421, $) ;

#421=ITEM_NAMES (LABEL('amplifier'), (), LABEL('amplifier'), $, $);

#422=DIC_VALUE (VALUE_CODE_TYPE('ANT', #423, $) ;

#423=ITEM_NAMES (LABEL('antenna(aerial)'), (), LABEL('antenna(aer)'), $, $) ;

#424=DIC_VALUE (VALUE_CODE_TYPE('BAT', #425, $)

#425=ITEM_NAMES (LABEL('battery'), (), LABEL('battery'), $, $) ;

#426=DIC_VALUE (VALUE_CODE_TYPE('CAP', #427, $);

#427=ITEM_NAMES(LABEL('capacitor'), (), LABEL('capacitor'), $, $) ;

#428=DIC_VALUE (VALUE_CODE_TYPE('CND', #429, $) ;

#429=ITEM_NAMES (LABEL('conductor'), (), LABEL('conductor'), $, $);

#430=DIC_VALUE (VALUE_CODE_TYPE('DEL', #431, $) ;

#431=ITEM_NAMES (LABEL('delay line'), (), LABEL('delay line'), $, $) ;

#432=DIC_VALUE (VALUE_CODE_TYPE('DID', #433, $)

#433=ITEM_NAMES (LABEL('diode device'), (), LABEL('diode device'), $, $) ;

#434=DIC_VALUE (VALUE_CODE_TYPE('FIL', #435, $);

#435=ITEM_NAMES(LABEL('filter'), (), LABEL('filter'), $, $) ;

#436=DIC_VALUE (VALUE_CODE_TYPE('IC', #437, $) ;

#437=ITEM_NAMES (LABEL('integrated circuit'), (), LABEL('IC'), $, $);

#438=DIC_VALUE (VALUE_CODE_TYPE('IND', #439, $) ;

#439=ITEM_NAMES (LABEL('inductor'), (), LABEL('inductor'), $, $) ;

#440=DIC_VALUE (VALUE_CODE_TYPE('LAM', #441, $)

#441=ITEM_NAMES (LABEL('lamp'), (), LABEL('lamp'), $, $) ;

/* etc. etc.... */

#470=PROPERT_BSU('AAE754','005', #100) ;

#471=NON_DEPENDENT_P_DET(#470, #3,'01', #472, TEXT('The number of electrical terminals of an electric/electronic or electromechanical component'), $, $, $, #473, (), $, 'Q56', #474, $);

#472=ITEM_NAMES (LABEL('number of terminals'), LABEL('number of pins')), LABEL('nr of terminals'), $, $);

#473=MATHEMATICAL_STRING ('N_term', 'N_{term}');

#474=INT_MEASURE_TYPE ('NR1..4');

ENDSEC;

END-ISO-10303-21;

附 录 B
（资料性附录）
EXPRESS-G 框图

本附录包括第 5 章和第 6 章“字典模式”的 EXPRESS-G 框图。

EXPRESS-G 在 GB/T 16656.11—1996 的附录 A 中定义。

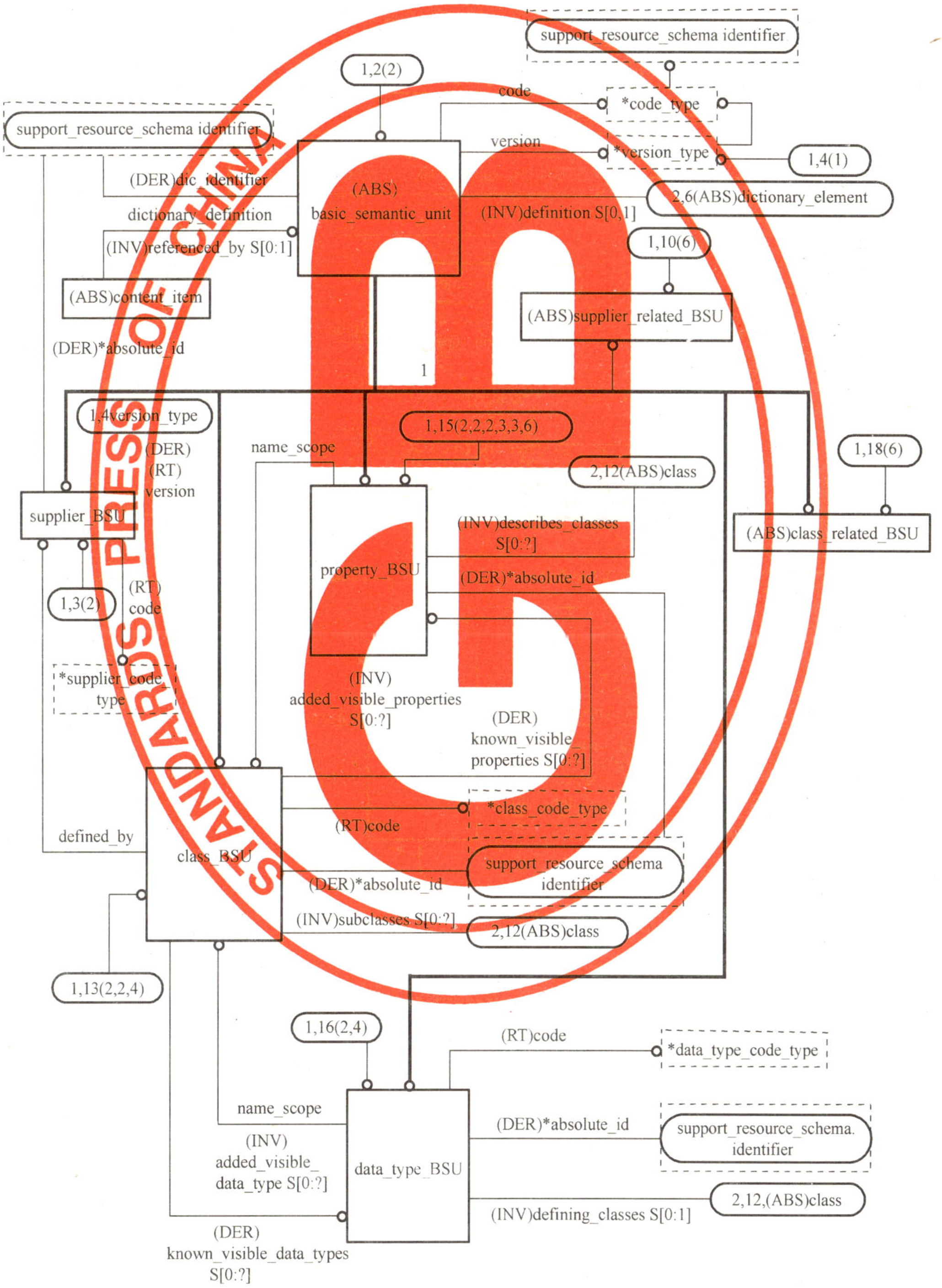

图 B.1 ISO 13584_IEC 61360_dictionary——基本语义单元——EXPRESS-G 框图

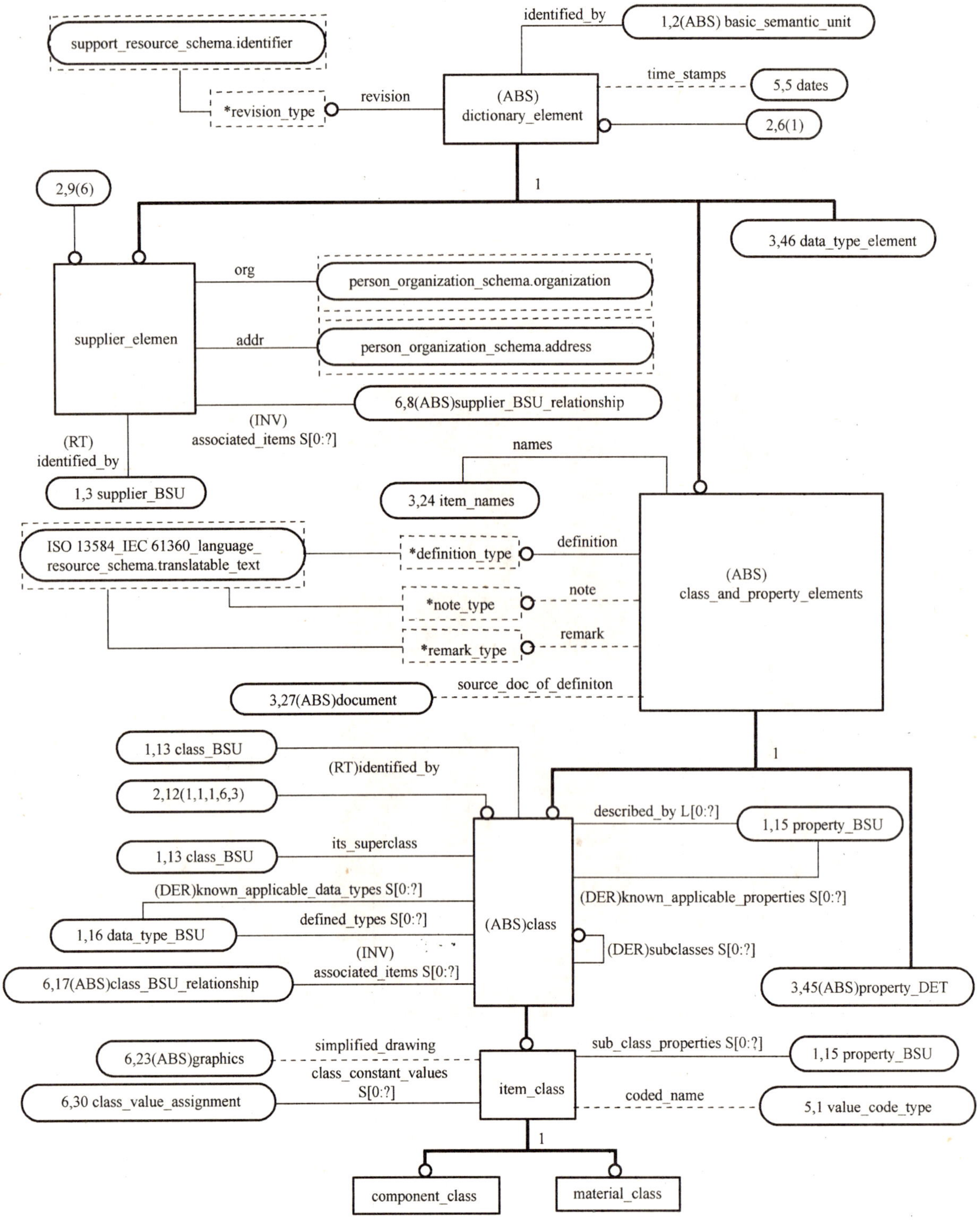

图 B.2 ISO 13584_IEC 61360_dictionary_schema——字典元素——EXPRESS-G 框图

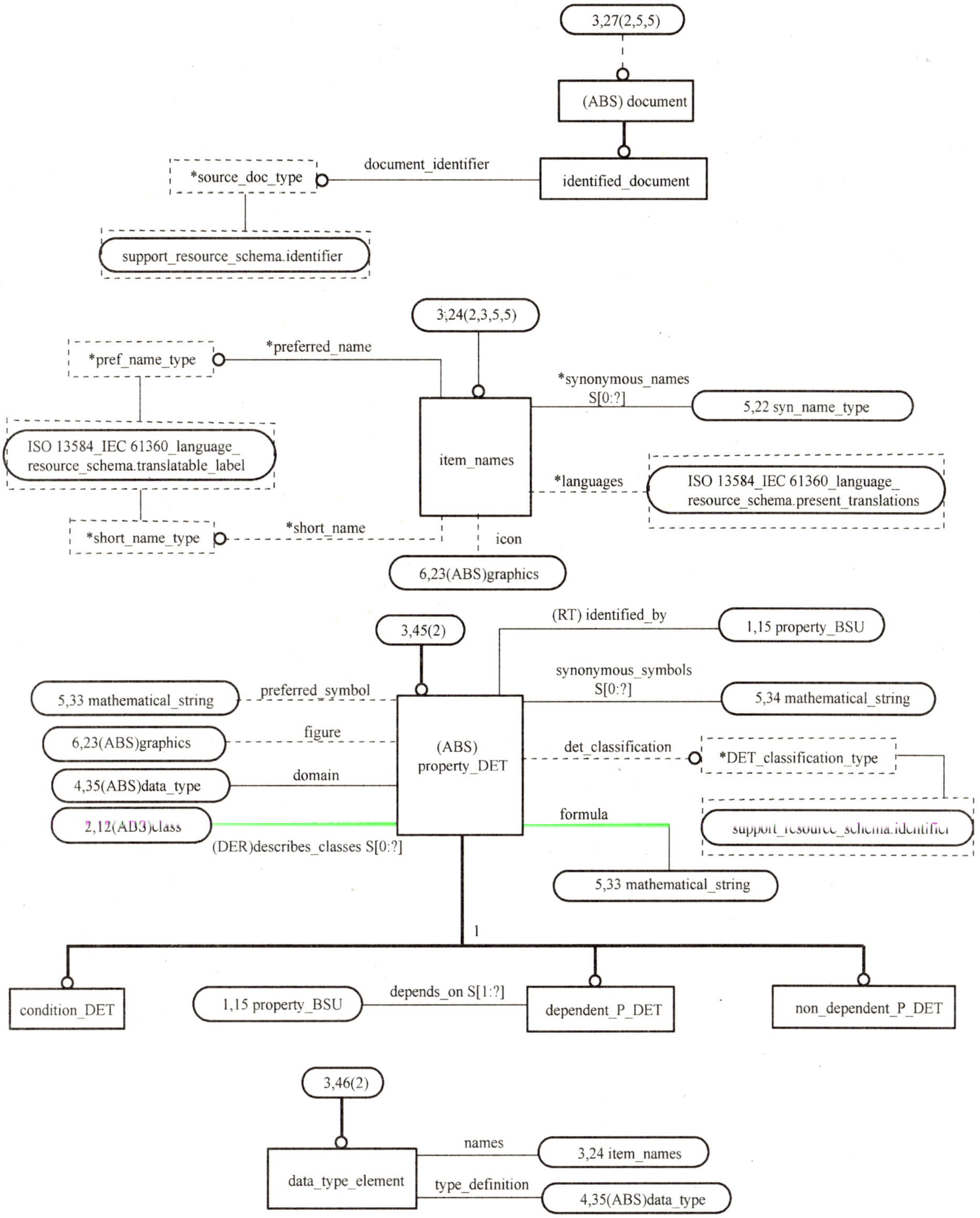

图 B.3 ISO 13584_IEC 61360_dictionary_schema——EXPRESS-G 框图

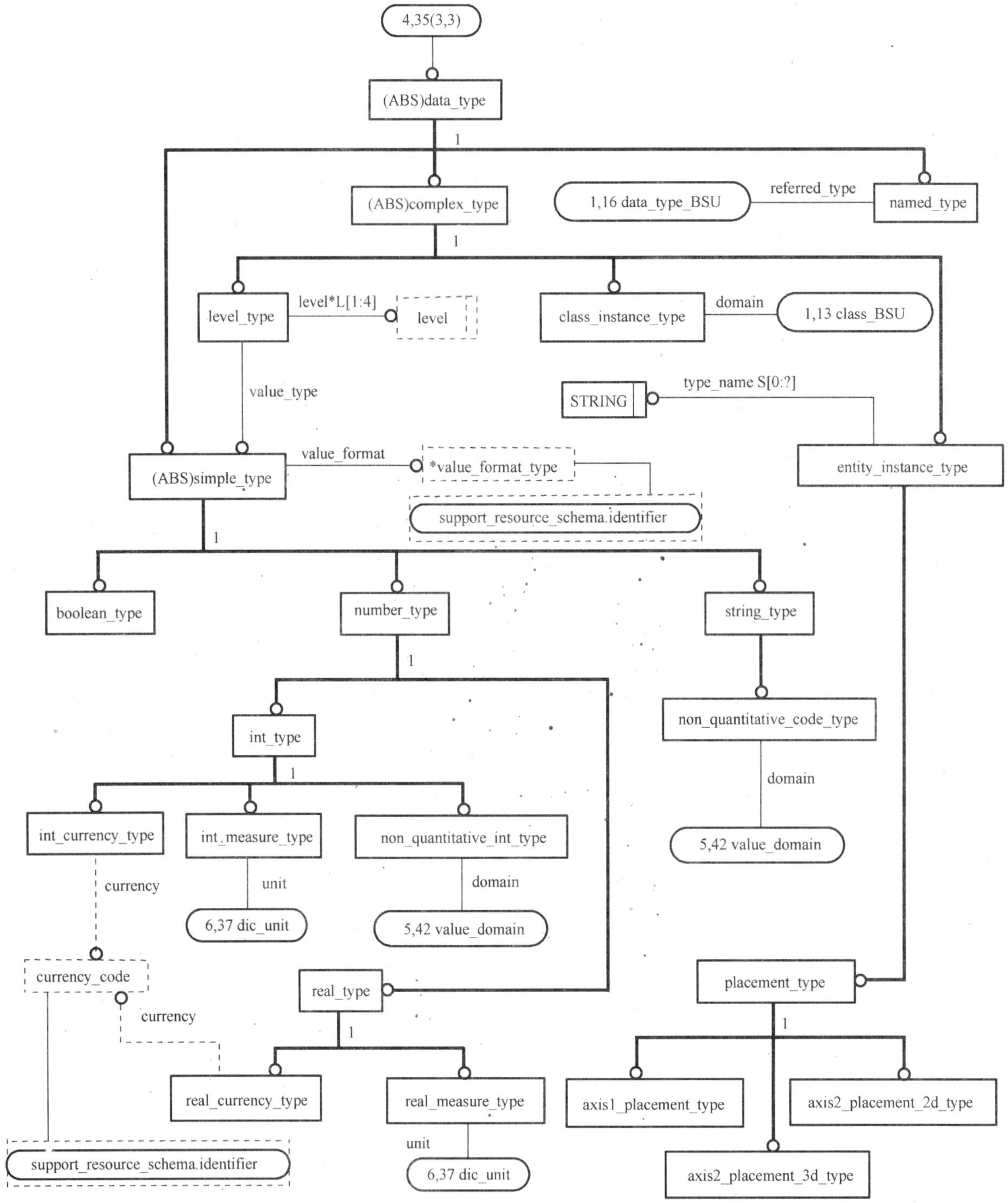

图 B.4 ISO 13584_IEC 61360_dictionary_schema——类型系统——EXPRESS-G 框图

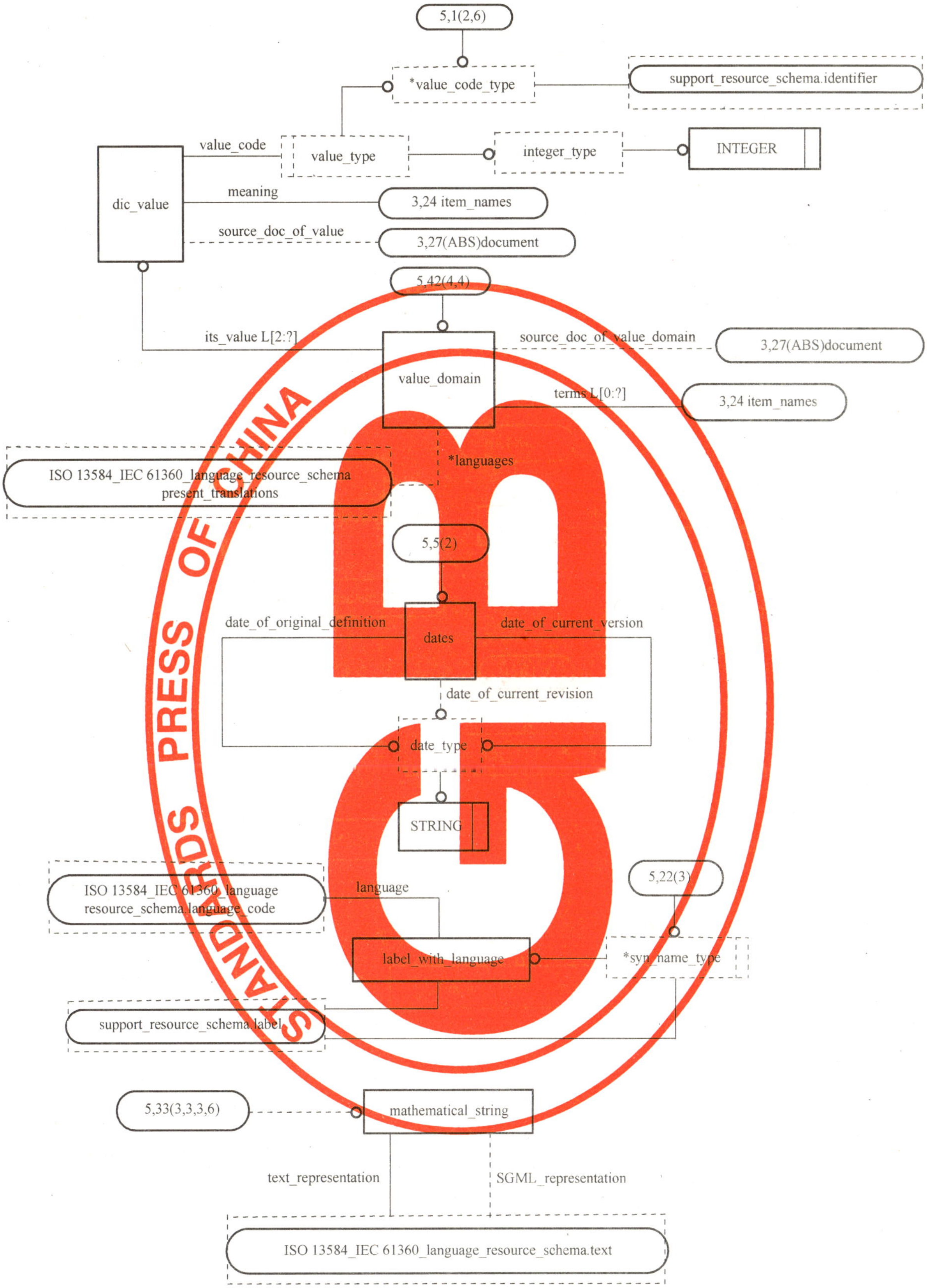

图 B.5 ISO 13584_IEC 61360_dictionary_schema——EXPRESS-G 框图

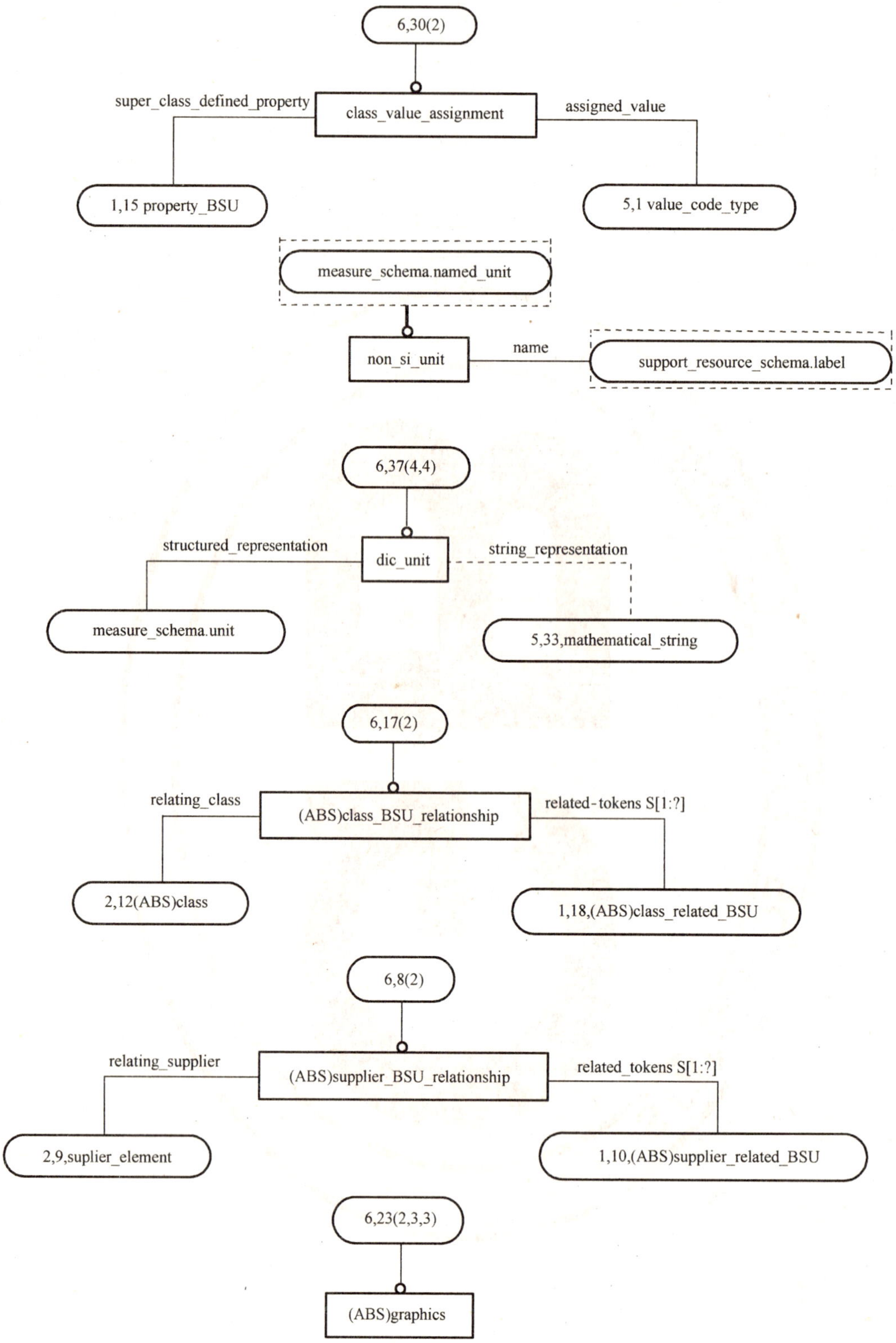

图 B.6 ISO 13584_IEC 61360_dictionary_schema——EXPRESS-G 框图

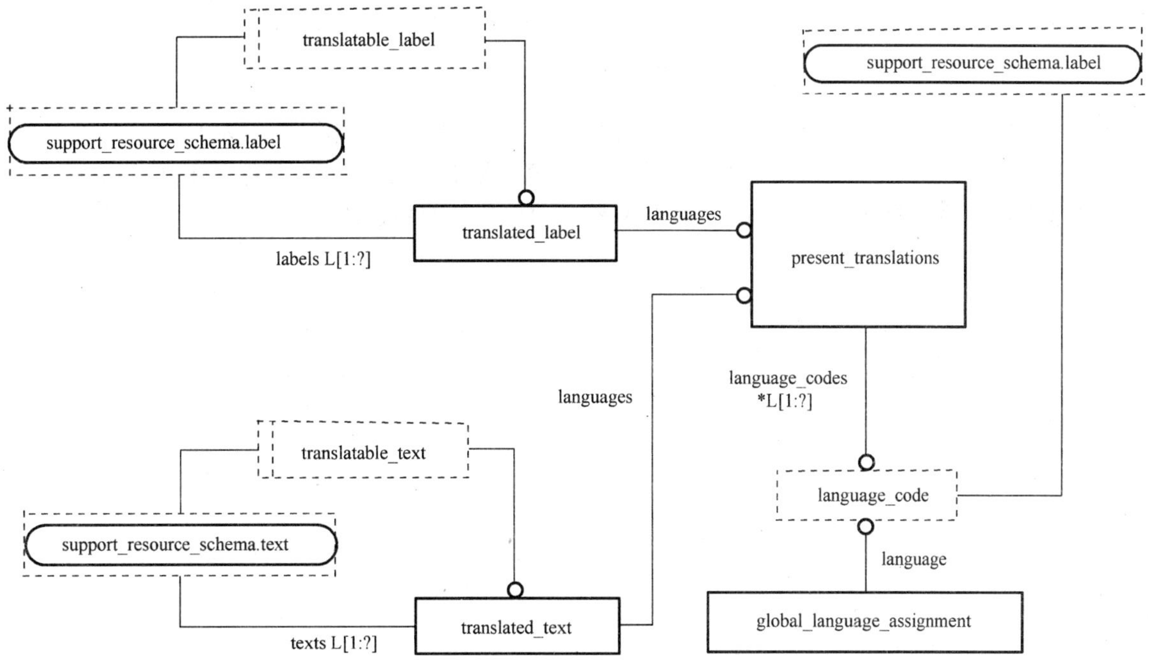

图 B.7 ISO 13584_IEC 61360_language_resource_schema——EXPRESS-G 框图

参 考 文 献

GB/T 17645.24 工业自动系统和集成 零件库 第24部分:供应商库的逻辑模型

ISO/IEC 11179-3:1994 信息技术 数据元素规范和标准 第3部分:数据元素基本属性

ISO 1000:1992 国际单位及其多重性和某些其他单位的使用建议

ICS 33.100.20
L 06

中华人民共和国国家标准

GB/T 17626.14—2005/IEC 61000-4-14:2002

电磁兼容　试验和测量技术 电压波动抗扰度试验

Electromagnetic compatibility—Testing and measurement techniques—Voltage fluctuation immunity test

(IEC 61000-4-14:2002,IDT)

2005-02-06 发布　　　　2005-12-01 实施

中华人民共和国国家质量监督检验检疫总局
中国国家标准化管理委员会　发布

前　言

本部分等同采用 IEC 61000-4-14:2002《电磁兼容　第 4 部分:试验和测量技术　第 14 分部分:电压波动抗扰度试验》。本部分规定了电气和电子设备对电压波动抗扰度试验的试验等级和测量方法。

本部分是《电磁兼容　试验和测量技术》系列标准之一，该系列标准目前包括以下部分:

GB/T 17626.1—1998　电磁兼容　试验和测量技术　抗扰度试验总论(idt IEC 61000-4-1:1992)

GB/T 17626.2—1998　电磁兼容　试验和测量技术　静电放电抗扰度试验(idt IEC 61000-4-2:1995)

GB/T 17626.3—1998　电磁兼容　试验和测量技术　射频电磁场辐射抗扰度试验(idt IEC 61000-4-3:1995)

GB/T 17626.4—1998　电磁兼容　试验和测量技术　电快速瞬变脉冲群抗扰度试验(idt IEC 61000-4-4:1995)

GB/T 17626.5—1999　电磁兼容　试验和测量技术　浪涌(冲击)抗扰度试验(idt IEC 61000-4-5:1995)

GB/T 17626.6—1998　电磁兼容　试验和测量技术　射频场感应的传导骚扰抗扰度(idt IEC 61000-4-6:1996)

GB/T 17626.7—1998　电磁兼容　试验和测量技术　供电系统及所连设备谐波、谐间波的测量和测量仪器导则(idt IEC 61000-4-7:1991)

GB/T 17626.8—1998　电磁兼容　试验和测量技术　工频磁场抗扰度试验(idt IEC 61000-4-8:1993)

GB/T 17626.9—1998　电磁兼容　试验和测量技术　脉冲磁场抗扰度试验(idt IEC 61000-4-9:1993)

GB/T 17626.10—1998　电磁兼容　试验和测量技术　阻尼振荡磁场抗扰度试验(idt IEC 61000-4-10:1993)

GB/T 17626.11—1999　电磁兼容　试验和测量技术　电压暂降、短时中断和电压变化的抗扰度试验(idt IEC 61000-4-11:1994)

GB/T 17626.12—1998　电磁兼容　试验和测量技术　振荡波抗扰度试验(idt IEC 61000-4-12:1995)

GB/T 17626.14—2005　电磁兼容　试验和测量技术　电压波动抗扰度试验(IEC 61000-4-14:2002,IDT)

GB/T 17626.17—2005　电磁兼容　试验和测量技术　直流电源输入端口纹波抗扰度试验(IEC 61000-4-17:2002,IDT)

电磁兼容　试验和测量技术　0～150 kHz 传导共模骚扰抗扰度试验

电磁兼容　试验和测量技术　三相电压不平衡抗扰度试验

电磁兼容　试验和测量技术　电源频率变化抗扰度试验

电磁兼容　试验和测量技术　直流电源输入端口电压暂降、短时中断和电压变化抗扰度试验

本部分的附录 A 是资料性附录。

本部分由中国电力企业联合会提出。

本部分由全国电磁兼容标准化技术委员会(SAC/TC 246)归口并解释。

本部分起草单位:国家电力公司武汉高压研究所。

本部分主要起草人:王勤、郎维川、万保权、张广州、邬雄、杨敬梅。

IEC 引言

本标准是 IEC 61000 系列出版物的一部分，该系列出版物的构成如下：

第一部分：综述

总的考虑（概述、基本原理）

定义、术语

第二部分：环境

环境的描述

环境的分类

兼容性水平

第三部分：限值

发射限值

抗扰度限值（当它们不属于产品委员会的责任范围时）

第四部分：试验和测量技术

测量技术

试验技术

第五部分：安装和减缓导则

安装导则

减缓方法和装置

第六部分：通用标准

第九部分：其他

每一部分又可分为若干分部分，它们作为国际标准或技术报告出版。

电磁兼容 试验和测量技术 电压波动抗扰度试验

1 范围

本部分规定了电气和/或电子设备在其所处的电磁环境下的抗扰度试验。本部分仅考虑传导现象，包括连接到公用和工业供电网络的设备的抗扰度试验。

本部分的目的是给出一个基准，用以评估电气和电子设备在遭受正和负的低幅值电压波动时的抗扰性能。

本部分所涉及的电压波动不包括闪烁，它是由灯光亮度波动产生的生理现象。

本部分适用于每相额定电流不大于16 A的电气和/或电子设备。不适用于连接到直流或400 Hz交流配电网络的电气和电子设备。有关连接到这些网络的设备的试验在其他的国家标准中给出。

特殊电磁环境下要求的抗扰度试验水平及相关的性能判据，在适用的产品、产品类或通用标准中给出。但是很多类型的产品对电压波动不敏感，因此这些设备不需要进行本项试验。

2 规范性引用文件

下列文件中的条款通过GB/T 17626的本部分的引用而成为本部分的条款。凡是注日期的引用文件，其随后所有的修改单(不包括勘误的内容)或修订版均不适用于本部分，然而，鼓励根据本部分达成协议的各方研究是否可使用这些文件的最新版本。凡是不注日期的引用文件，其最新版本适用于本部分。

GB/T 4365 电磁兼容术语 (GB/T 4365—2003 IEV 60050(161):1990,IDT)

GB/T 17626.11 电磁兼容 试验和测量技术 电压暂降、短时中断和电压变化的抗扰度试验(GB/T 17626.11—1999,idt IEC 61000-4-11:1994)

3 概述

3.1 电压波动的影响

电气和电子设备可能受到电压波动的影响。这些影响包括：

——设备作为储能器件(如电容器)使用时性能降低；

——控制系统的功能丧失；

——设备的内部电压和电流不稳定；

——纹波增大。

3.2 电压波动的起因

低压网络中存在着大量的家用电器，但是由这些电器产生的电压波动一般是不明显的。

电压波动主要产生于：

a) 连续的但随机变化的大型负荷，如：

1) 电阻焊接机；

2) 轧钢机；

3) 带有变化负荷的大型电动机；

4) 电弧炉；

5) 弧焊设备。

b) 负荷的单次开/合操作(如电动机)。

c) 阶跃式电压变化(由变压器分接头电压调节器引起)。

这些工业设备所产生的电压波动会影响到大量用户。这类设备以连续的或不频繁的操作方式运行。公用供电网络的阻抗值变化范围较大,因此骚扰的传播对于不同网络是不相同的。

4 术语和定义

本部分采用下列定义和术语,它们仅适用于电压波动方面。

4.1

抗扰度 immunity

装置、设备或系统在遭受电磁骚扰时不降低运行性能的能力(GB/T 4365—2003 中 1.20)。

4.2

电压波动 voltage fluctuations

电压系列变化或电压包络线的周期性变化(GB/T 4365—2003 中 8.5)。

5 试验等级

本试验适用于拟连接到公用网络、工业网络和发电厂的对这类骚扰敏感的所有设备。

可以假设阶跃式电压变化是电压波动骚扰最严重的类型。

试验时,受试设备(EUT)首先在稳定的起始电源电压下运行,然后施加图 1a)所示的重复性阶跃式变化的电压。

起始电压设定为:

$$U_n, U_n - 10\% U_n, U_n + 10\% \quad U_n$$

注:U_n 是标称电压。

电压阶跃幅值按下列要求选择:

等级 1:不需要试验。

等级 2:$\Delta U = 8\% U_n$,连接到公用网络或其他轻骚扰网络的设备,该试验等级适用于第 2 类环境。

等级 3:$\Delta U = 12\% U_n$,连接到重骚扰网络的设备(即工业网络),该试验等级适用于第 3 类环境。

电磁环境的 3 种分类可参照附录 A。

表 1 为不同起始电压 U_n,$U_n - 10\% U_n$,$U_n + 10\% U_n$ 的试验等级:

表 1 试验等级

等级	U_n	$U_n - 10\% U_n$	$U_n + 10\% U_n$
1	不需要试验		
2	$\Delta U = \pm 8\% U_n$	$\Delta U = +8\% U_n$	$\Delta U = -8\% U_n$
3	$\Delta U = \pm 12\% U_n$	$\Delta U = +12\% U_n$	$\Delta U = -12\% U_n$
X	X	X	X
注:X 是一开放的试验等级。			

电压波动的重复周期 T 和持续时间 t 规定为 $T = 5$ s 和 $t = 2$ s (见图 1c))。

电压波动的下降时间 t_f 和上升时间 t_r 包括:

——单周期的波动,持续时间为标称频率 f_n 周期的 $\pi/2$ 弧度(对 50 Hz 为 5 ms) (见图 1b))。对于每一相,在相位 $\phi = 270°$ 开始从起始电压到试验电压随时间线性变化,且在过零点时完成;

——完整的波动,由标称频率 f_n 的 5 个单周期(对 50 Hz 为 0.1 s)波动构成(见图 1c))。

从起始电压到试验电压的变化为连续的 $\Delta U/5$ 电压阶梯。

X 是一开放的试验等级。该值由产品标准规定，以考虑到网络正常运行条件外的其他情况。

全部试验等级都能由产品委员会提出，但对于用在公用供电系统的设备，试验值不应低于第 2 类的规定。

注：不应超过产品制造商规定的工作电压的上下限。

6 试验设备

6.1 试验发生器

试验用发生器应具有防止强骚扰发射的措施，如这些骚扰注入供电网络，则可能影响试验结果。

6.2 试验发生器的特性

表 2 试验发生器的特性

输出电压能力	$U_n \pm 25\% U_n$
电压准确度	±1%
过零点准确度	250 μs（在电压过零时）
输出电流能力	在试验电压范围内，根据 EUT 的类型发生器应能提供足够的电流
实际电压的上过冲/下过冲	小于电压变化的 5%
操作时电压上升（下降）时间	小于 1 ms
最大的相间误差（三相电源）	2.5°
频率准确度	f_n（50 Hz 或 60 Hz）的 2.5%
注：GB/T 17626.11 中规定的带功率放大器的发生器也适用于本试验。$U_n + 25\% U_n$ 是必须的过电压能力。	

6.3 试验发生器的校验

可以使用具有不同输出功率的试验发生器。

试验发生器的性能应按照表 2，在连接 EUT 后进行校验。

7 试验布置

图 3 给出了电压波动抗扰度试验电路原理图。

可采用波形发生器和功率放大器。

三相 EUT 试验时采用三个同步发生器进行。

8 试验程序

对一给定设备进行试验前，应制定试验计划。

建议试验计划包括如下内容：

——对 EUT 的描述；

——有关连接（插座、端子等）和相应的电缆及辅助设备的资料；

——EUT 的输入电源端口；

——EUT 的典型运行方式；

——标准中采用和规定的性能要求；

——试验布置的描述。

假如实际运行的信号源不适用于 EUT，则可以模拟。

对于每一项试验，应记录任何性能降低的情况，监视设备应能显示试验中和试验后 EUT 运行的状态，每组试验后，应对 EUT 进行一次全面的性能检查。

8.1 气候条件

除非对通用标准或产品标准负责的有关专业标准化技术委员会另有规定，实验室的气候条件应满足EUT和试验设备制造商规定的工作条件。

假如相对湿度过高造成在EUT或试验设备上冷凝，则不应进行试验。

注：对有充分的证据证明气候条件会影响本部分所涉及试验现象的地方，应引起负责本部分的标准化技术委员会的注意。

8.2 试验的实施

EUT应按每一种选定的试验等级和持续时间组合，顺序进行三次电压波动试验，电压波动序列的间隔时间最小为60 s的两倍(见图2)。每一种典型运行方式都应试验。

试验持续时间由有关产品的标准化技术委员会确定。

对于三相设备，应同时对三相进行试验。阶跃电压以相同的相位角 ϕ 逐相施加，施加的起始点是不同时的。

9 试验结果的评定

试验结果依据受试设备在试验中功能丧失或性能降低现象进行分类，相关的性能水平由设备的制造商或试验的委托方确定，或由产品的制造商与购买方双方协商同意。建议按如下要求分类：

a) 在制造商、委托方或购买方规定的限值内性能正常；

b) 功能或性能暂时丧失或降低，但在骚扰停止后能自行恢复，不需操作者干预；

c) 功能或性能暂时丧失或降低，但需操作者干预才能恢复；

d) 因设备元件或软件损坏，或数据丢失而造成不能恢复的功能丧失或性能降低。

由制造商提出的技术规范可以规定对EUT产生的某些影响是不重要的，因而是可接受的试验效应。

在没有合适的通用、产品或产品类标准时，这种分类可以由负责相应产品的通用标准、产品标准和产品类标准的专业标准化技术委员会用于作为明确表达功能准则的指南，或作为制造商和购买方协商的性能规范的框架。

10 试验报告

试验报告必须包含能重现试验的全部信息。特别是下列内容：

—— 本部分第8章要求的试验计划中规定的项目内容；

—— EUT和辅助设备的标识，如商标名称、产品型号、系列号；

—— 试验设备的标识，如商标名称、产品型号、系列号；

—— 任何进行试验的专门环境条件，如屏蔽室；

—— 进行试验所必须的任何特殊条件；

—— 制造商、委托人或购买人确定的性能等级；

—— 在通用，产品或产品类标准中规定的性能要求；

—— 试验中或试验后观察到的在施加干扰时对EUT的任何影响，及其持续周期；

—— 试验通过/失败的判定理由(根据通用、产品或产品类标准规定的性能要求或制造商与购买者达成的协议)；

—— 使用中的任何特殊条件，如电缆长度或类型，屏蔽或接地，以及EUT的运行条件都要符合规定。

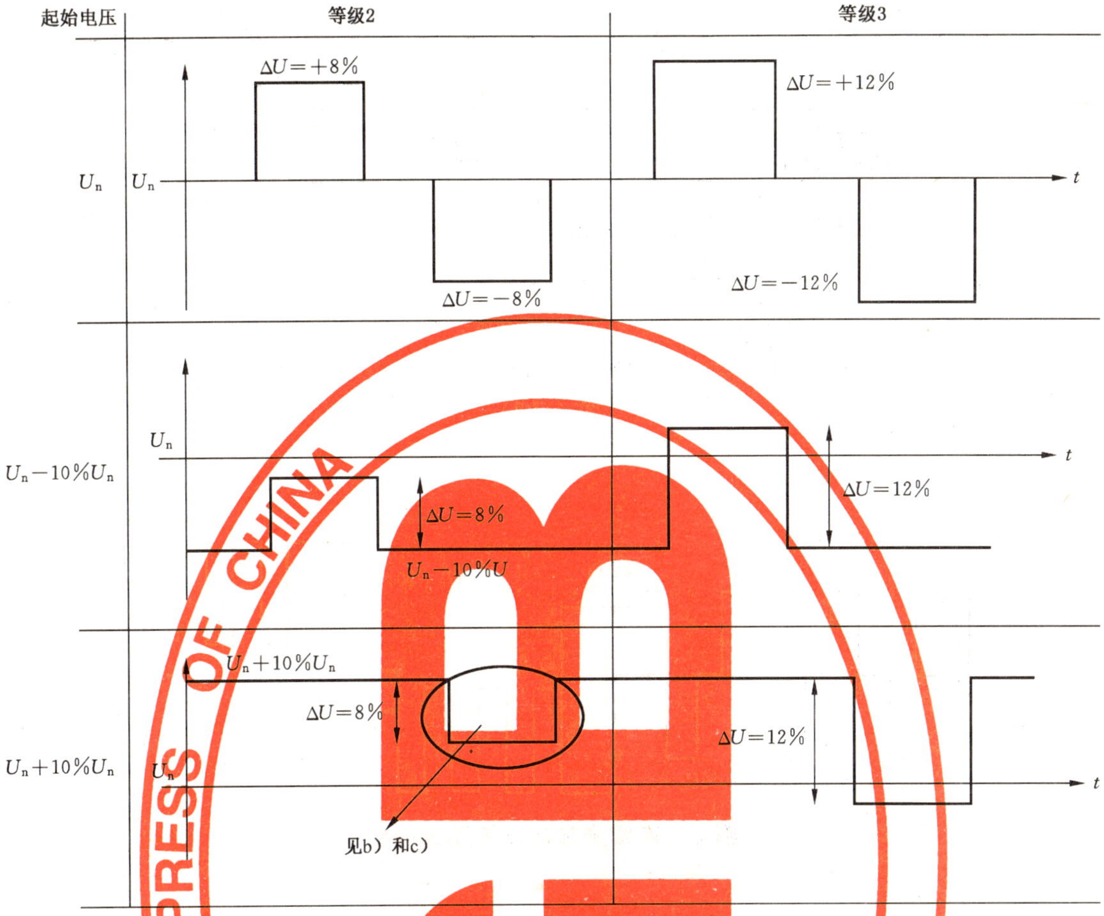

a） 试验波形图

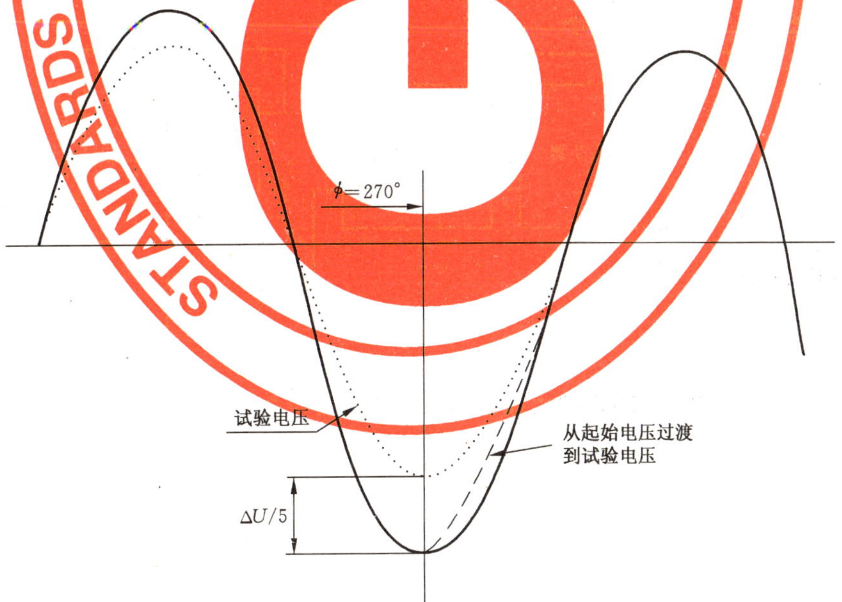

b） t_f 和 t_r 等于 0.25 周期阶跃电压的例子

图 1　电压波动的试验顺序的举例

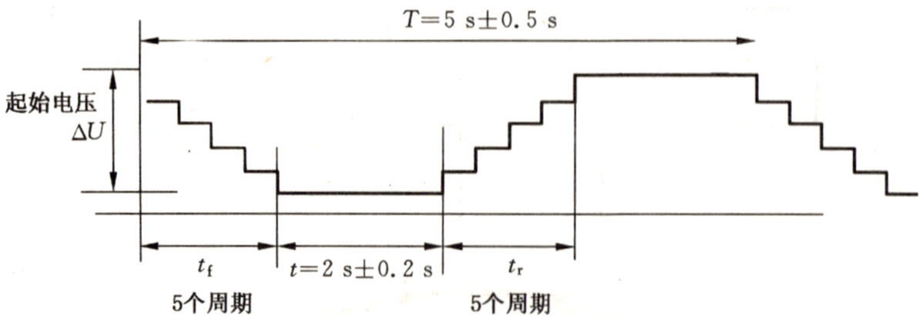

c) t_f 和 t_r 等于 5 个周期(一个周期为 $1/f_n$)电压波动的例子

图 1(续)

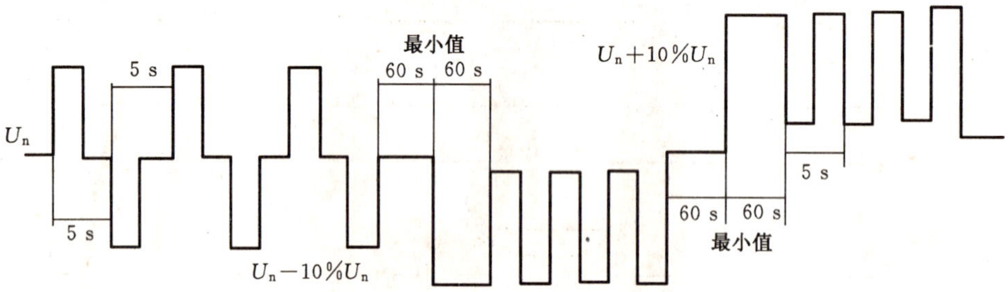

图 2 连续施加电压波动的举例

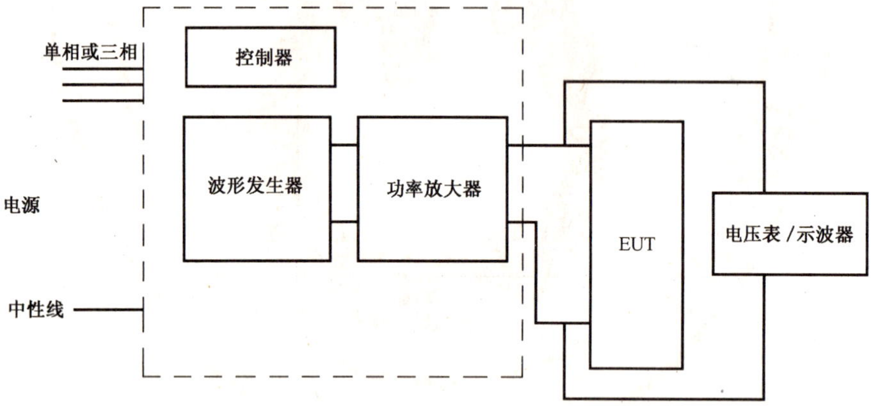

图 3 带功率放大器的电压波动试验发生器(单相)框图

附　录　A
（资料性附录）
电磁环境分类

下列关于电磁环境的分类摘自 IEC 61000-2-4 标准。

第 1 类

第 1 类环境适用于受保护的供电电源，其兼容水平低于公用供电系统。供给对电源中的骚扰很敏感的设备使用，如实验室仪器、某些自动控制和保护设备及计算机等。

注 1：安装在第 1 类环境中的设备要求有保护装置，如不间断电源（UPS）、滤波器或浪涌抑制器等。

注 2：在某些情况下，高敏感性的设备可能要求的兼容水平低于第 1 类环境，兼容水平则按具体情况确定。

第 2 类

通常适用于工业环境的公共连接点（用户系统的 PCC）和厂内的公共连接点（IPC）。该类的兼容水平与公用供电系统的相同。因此，设计用于公用供电系统的元器件也适用于这类工业环境。

第 3 类

仅适用于工业环境中的 IPC。该类某些骚扰现象的兼容水平要高于第 2 类。例如遇到下列任一情况时认为属于这类环境：

—— 大部分负荷经换流器供电；

—— 有焊接设备；

—— 频繁启动的大型电动机；

—— 变化迅速的负荷。

注：向重骚扰诸如通常由隔离母线供电的电弧炉及大型换流器等负荷供电的电源，其骚扰水平常超过第 3 类（严酷环境），在这种特定情况下的兼容水平应协商确定。

适用于新建和现有工厂的扩建部分的环境类型不能预先确定，而宜与设备类型和所考虑的生产过程相关联。

参考资料

GB/T 17626.1　电磁兼容　试验和测量技术　抗扰度试验总论(GB/T 17626.1—1998,idt IEC 61000-4-1:1992)

GB/T 17626.11　电磁兼容　试验和测量技术　电压暂降、短时中断和电压变化的抗扰度(GB/T 17626.11—1999,idt IEC 61000-4-11:1994)

IEC 61000-2-1　电磁兼容　环境　公用低压供电系统传导骚扰及信号传输的电磁环境

IEC 61000-2-2　电磁兼容　环境　公用低压供电系统低频传导骚扰及信号传输的兼容水平

IEC 61000-2-4　电磁兼容　环境　工业装置低频传导骚扰的兼容性

IEC 60068-1　环境试验　第1部分:总则和导则

ICS 33.100.20
L 06

中华人民共和国国家标准

GB/T 17626.17—2005/IEC 61000-4-17:2002

电磁兼容 试验和测量技术 直流电源输入端口纹波抗扰度试验

Electromagnetic Compatibility—Testing and measurement techniques—Ripple on d. c. input power port immunity test

(IEC 61000-4-17:2002,IDT)

2005-02-06 发布　　2005-12-01 实施

中华人民共和国国家质量监督检验检疫总局
中国国家标准化管理委员会　发布

前　言

本部分等同采用IEC 61000-4-17:2002《电磁兼容　第4部分:试验和测量技术　第17分部分:直流电源输入端口纹波抗扰度试验》。本部分规定了电气和电子设备对直流电源输入端口纹波抗扰度试验的试验等级和测量方法。

本部分是《电磁兼容　试验和测量技术》系列标准之一,该系列标准目前包括以下部分:

GB/T 17626.1—1998　电磁兼容　试验和测量技术　抗扰度试验总论(idt IEC 61000-4-1:1992)

GB/T 17626.2—1998　电磁兼容　试验和测量技术　静电放电抗扰度试验(idt IEC 61000-4-2:1995)

GB/T 17626.3—1998　电磁兼容　试验和测量技术　射频电磁场辐射抗扰度试验(idt IEC 61000-4-3:1995)

GB/T 17626.4—1998　电磁兼容　试验和测量技术　电快速瞬变脉冲群抗扰度试验(idt IEC 61000-4-4:1995)

GB/T 17626.5—1999　电磁兼容　试验和测量技术　浪涌(冲击)抗扰度试验(idt IEC 61000-4-5:1995)

GB/T 17626.6—1998　电磁兼容　试验和测量技术　射频场感应的传导骚扰抗扰度(idt IEC 61000-4-6:1996)

GB/T 17626.7—1998　电磁兼容　试验和测量技术　供电系统及所连设备谐波、谐间波的测量和测量仪器导则(idt IEC 61000-4-7:1991)

GB/T 17626.8—1998　电磁兼容　试验和测量技术　工频磁场抗扰度试验(idt IEC 61000-4-8:1993)

GB/T 17626.9—1998　电磁兼容　试验和测量技术　脉冲磁场抗扰度试验(idt IEC 61000-4-9:1993)

GB/T 17626.10—1998　电磁兼容　试验和测量技术　阻尼振荡磁场抗扰度试验(idt IEC 61000-4-10:1993)

GB/T 17626.11—1999　电磁兼容　试验和测量技术　电压暂降、短时中断和电压变化的抗扰度试验(idt IEC 61000-4-11:1994)

GB/T 17626.12—1998　电磁兼容　试验和测量技术　振荡波抗扰度试验(idt IEC 61000-4-12:1995)

GB/T 17626.14—2005　电磁兼容　试验和测量技术　电压波动抗扰度试验(IEC 61000-4-14:2002,IDT)

GB/T 17626.17—2005　电磁兼容　试验和测量技术　0～150 kHz传导共模骚扰抗扰度试验

电磁兼容　试验和测量技术　直流电源输入端口纹波抗扰度试验(IEC 61000-4-17:2002,IDT)

电磁兼容　试验和测量技术　三相电压不平衡抗扰度试验

电磁兼容　试验和测量技术　电源频率变化抗扰度试验

电磁兼容　试验和测量技术　直流电源输入端口电压暂降、短时中断和电压变化抗扰度试验

本部分的附录A是资料性附录。

本部分由国家经济贸易委员会电力司提出。

本部分由全国电磁兼容标准化技术委员会(SAC/TC 246)归口。

本部分起草单位:国家电力公司武汉高压研究所。

本部分主要起草人:万保权、张小武、邬雄、蒋虹、王勤、张广洲。

IEC 引 言

本部分是 IEC 61000 系列出版物的一部分，该系列出版物的构成如下：

第一部分：综述

总的考虑（概述、基本原理）

定义、术语

第二部分：环境

环境的描述

环境的分类

兼容性水平

第三部分：限值

发射限值

抗扰度限值（当它们不属于产品委员会的责任范围时）

第四部分：试验和测量技术

测量技术

试验技术

第五部分：安装和减缓导则

安装导则

减缓方法和装置

第六部分：通用标准

第九部分：其他

每一部分又可分为若干分部分，它们作为国际标准或技术报告出版

电磁兼容 试验和测量技术 直流电源输入端口纹波抗扰度试验

1 范围

本部分规定了电气和电子设备的直流电源输入端口的纹波抗扰度试验方法。

本部分适用于由外部整流系统或正在充电的蓄电池供电的设备的低压直流电源端口。

本部分的目的是建立一个通用的和可重现的基准，以在试验室条件下对电力和电子设备进行来自于如整流系统和/或蓄电池充电时叠加在直流电源上的纹波电压的抗扰度试验。

本部分规定了：

——试验电压的波形；

——试验等级范围；

——试验发生器；

——试验配置；

——试验程序。

下述的试验要求适用于电气和电子设备及系统。当受试设备的额定功率大于第6章中描述的试验发生器的容量时，本试验也适用于其组件或分系统。

本试验不适用于按开关模式转换的蓄电池充电系统供电的设备。

本部分未规定用于特殊设备或系统的试验。本部分的主要目的是为有关专业标准化技术委员会提供一个一般性的基本依据。有关专业标准化技术委员会(或用户和制造商)有责任为其设备选择合适的试验项目和严酷等级。

专门的试验程序适用于特殊的电力或电子设备，如与电话交换中心直流供电网络相连的设备；有关的专业标准化技术委员会应对本基础标准中给出的试验程序的相关性和适用性作出评价。

2 规范性引用文件

下列文件中的条款通过GB/T 17626的本部分的引用而成为本部分的条款。凡是注日期的引用文件，其随后所有的修改单(不包括勘误的内容)或修订版均不适用于本部分，然而，鼓励根据本部分达成协议的各方研究是否可使用这些文件的最新版本。凡是不注日期的引用文件，其最新版本适用于本部分。

GB/T 4365 电磁兼容术语(GB/T 4365—2003 IEV 60050(161),IDT)

GB 17626.11—1998 电磁兼容 试验和测量技术 电压暂降、短时中断和电压变化抗扰度试验(GB/T 17626.11—1999,idt IEC 61000-4-11)

GB/T 2421 电工电子产品环境试验——第1部分：总则

3 概述

纹波会影响安装在工厂、住宅及商业环境中由直流供电的设备和系统的可靠运行。

纹波骚扰是由除去直流分量的电压脉动量表示的。

主要的纹波骚扰源是用于外部直流电源网络或蓄电池充电的整流系统。

因此，纹波作为一个连续现象出现在这类直流电源中。当恢复到交流供电，蓄电池重新充电时，纹波可能会加重。

本部分不考虑设备吸收脉动电流后产生的纹波分量。

4 术语和定义

本部分采用GB/T 4365中的有关定义及下列定义。

4.1

纹波含量 ripple content

交流分量 alternating component

从脉动量中去掉直流分量后所得到的量。

4.2

受试设备 EUT

5 试验等级和波形

优先选择的适用于设备直流电源端口的试验等级如表1所示。

表1 试验等级

等　级	相对直流标称电压的百分数/%
1	2
2	5
3	10
4	15
X	X
注:"X"是一个开放等级,可在产品要求中规定。试验时间见8.2。	

试验等级对应的电压是以直流额定电压 U_{dc} 的百分数表示的峰-峰电压值。

纹波电压的幅值在图1中表示为 $U_{max.}-U_{min.}$ 的差值。

纹波频率是工频或其2,3或6等的倍数,可由专业标准化技术委员会或EUT制造厂的技术规范规定,也可根据整流系统的特性来确定(见附录A.2)。

试验发生器输出的纹波电压波形应有正弦-线性特性。

正弦-线性特性可描述为一正弦波形的一部分和一整流波下降边的切线相交于下一个半波波形的上升边的线段组成;正弦波的峰值与下个半波相交点的电压差就是纹波电压(图1)。下降电压可假定为当前稳定电流负荷的线性函数。在恒定电阻或稳定功率负荷条件下,电压偏移是很小的,对试验来说是可接受的。

试验期间由受试设备阻抗造成的与规定波形的偏差是允许的。但应确定此波形的偏差并非是发生器的性能引起的。为了保证试验的严酷性,发生器输出的纹波幅值及频率应是可调的。

图1给出了由单相桥式及三相桥式整流器输出的波形。由额定电压百分数表示的 $U_{max.}-U_{min.}$ 的差值与选择的试验等级是相对应的。

注:附录A的A.1和A.2提供了有关纹波现象及选择试验等级的资料。

6 试验发生器

6.1 发生器的特性

试验发生器应能在下列主要技术指标下连续工作:

——输出电压范围:可达360 V;

——输出电压随负载的变化(0~额定电流):小于5%;

——输出电压波形:在直流电压上迭加一工频或其倍数的正弦-线性交流分量;

——输出电压容差:±10%;

——输出电流(稳态):可达 25 A;

——输出峰值电流(最大允许持续 5 ms):稳态电流的+2.5/−0.5 倍;

——纹波频率容差:±1%。

注:360 V 输出电压值包括 300 V 直流电压迭加 15%纹波的试验条件,相当于 4 级试验等级。

可选用具有较高或较低的电压/电流能力的发生器,以满足其他规范的要求(如波形,负荷的变化,峰值输出电流/稳态电流比等)。试验发生器输出功率(或电流)的容量应至少大于 EUT 额定功率(或电流)的 20%。

发生器必须能在正极性电压输出时产生正、负极性的峰值电流。

发生器的有关资料参见 A.3。

以整流系统为基础的发生器原理图见图 A.1,带有控制器以可编程电源为基础的发生器的原理图见图 A.2。

6.2 发生器性能校验

为了使试验结果具有可比性,应对发生器以下的性能进行校验:

——输出端连接 60 Ω 电阻性负载时,当输出最大电压时纹波信号应能保持正弦-线性特性;

——输出端接入电阻性负载;当输出最大电流(25 A)时,(如输出电压 60 V 时为 2.4 Ω)纹波信号应能保持正弦-线性特性;

——纹波频率;

——当发生器输出电压从 0 V 调节到 60 V,并对电容量至少为 1 700 μF 的未充电电容器充电时,输出峰值电流应满足 6.1 的要求。

发生器电压(电流)容量小于 6.1 的规定时,校验应在反映额定电压和电流的负荷条件下进行。

校验仪表(如低频示波器,直流电压表及交流峰值电压表)的测量不确定度应不大于 2%。

7 试验配置

进行试验时,试验发生器与 EUT 应按照制造厂的规定采用最短电源线连接。如未规定电缆的长度,则选用适合 EUT 连接的最短长度。

8 试验程序

试验程序应包括以下几个方面:

——实验室参考条件的校验;

——设备正常操作条件下的预校验;

——进行试验;

——试验结果评价。

8.1 实验室参考条件

为了使环境参数对试验结果的影响最小,试验应在 8.1.1 和 8.1.2 中规定的气候和电磁参考条件下进行。

8.1.1 气候条件

除非负责通用标准或负责产品标准的有关专业标准化技术委员会另有规定,实验室的气候条件应在 EUT 和试验设备各自的制造商规定的工作条件的限制之内。

假如相对湿度过高在 EUT 或试验设备上造成了凝结现象,则不应进行试验。

注:对有充分的证据证明气候条件会影响本部分所涉及试验现象的地方,应引起负责本部分的标准化技术委员会的注意。

8.1.2 电磁条件

实验室的电磁条件应能保证 EUT 的正常运行,而不致影响试验结果。

8.2 试验的实施

EUT 应按正常工作条件布置。试验应按照规定的试验计划进行：

——试验等级；

——试验持续时间；

——EUT 的典型运行条件；

——辅助设备。

电源，信号和其他功能性电量应满足其额定范围。可以对信号和其他功能性电量进行模拟。

建议在完成试验配置后，施加试验电压前，对 EUT 的性能进行预校验。

应根据选择的试验等级对 EUT 的直流端口施加试验电压；为保证选择的试验等级，应测量和调整 EUT 端口的直流电压和纹波分量(峰-峰值)的幅值。仪器的测量不确定度应小于 2%。

试验波形的平均值 U_{dc} 取决于迭加了纹波含量的直流电压，其数值应等于 EUT 的额定电压(见图 1)。

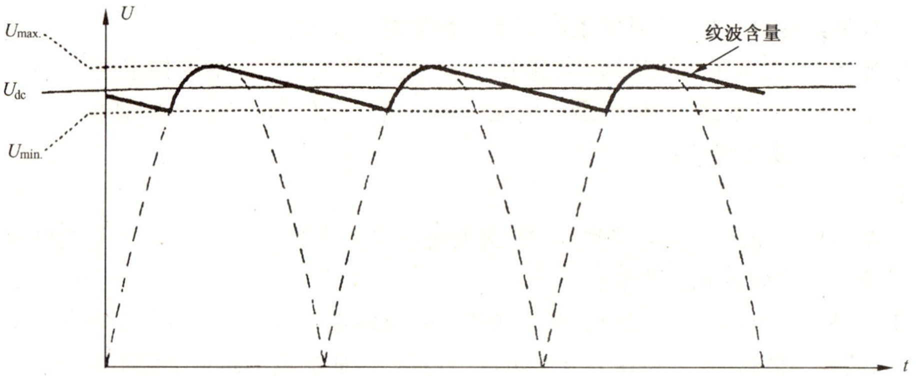

a） 单相整流

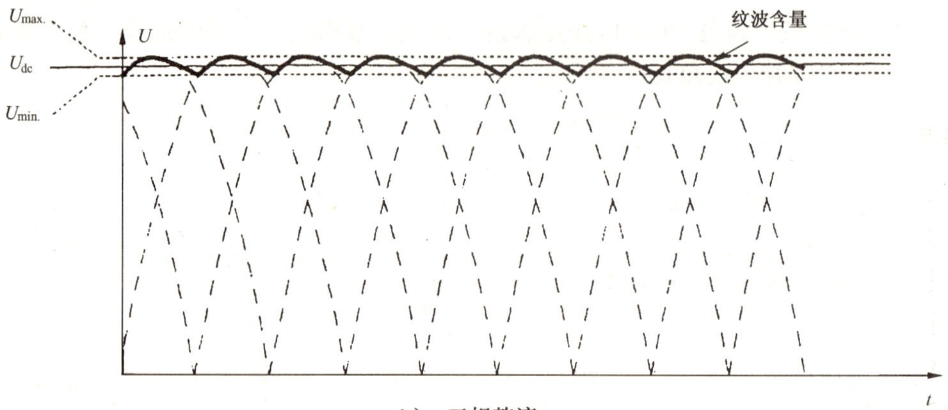

b） 三相整流

图 1 纹波电压波形示例

试验应在电压 U_{dc} 范围的下限值上重复进行。

附加的试验电压(如电压范围的上限值)可由有关专业标准化技术委员会规定。

注：通常在电压范围的下限值进行测试包括了最严酷的情况。

施加试验电压的时间不小于 10 min 或满足对 EUT 的运行特性进行一个完整的校验所必须的时间。

纹波电压波形应记录并包括在试验报告中。

9 试验结果的评定

试验结果依据受试设备在试验中功能丧失或性能降低现象进行分类，相关的性能水平由设备的制造商或试验的需要方确定，或由产品的制造商与购买方双方协商同意。建议按如下要求分类：

a) 在制造商、委托方或购买方规定的限值内性能正常；

b) 功能或性能的暂时丧失或降低，但在骚扰停止后能自行恢复，不需操作者干预；

c) 功能或性能的暂时丧失或降低，但需操作者干预才能恢复；

d) 因设备元件或软件损坏，或数据丢失而造成不能恢复的功能丧失或性能降低。

由制造商提出的技术规范可以规定对 EUT 产生的某些影响是不重要的，因而是可接受的试验效应。

在没有合适的通用、产品或产品类标准时，这种分类可以由负责相应产品的通用标准、产品标准和产品类标准的专业标准化技术委员会用于作为明确表达功能准则的指南，或作为制造商和购买方协商的性能规范的框架。

10 试验报告

试验报告必须包含能重现试验的全部信息。特别是下列内容：

——本部分第 8 章要求的试验计划中规定的项目内容；

——EUT 和辅助设备的标识，如商标名，产品型号，系列号；

——试验设备的标识，如商标名，产品型号，系列号；

——任何进行试验的专门环境条件，如屏蔽室；

——进行试验所必须的任何特殊条件；

——制造商、需要者或购买人确定的性能等级；

——在通用，产品或产品类标准中规定的性能要求；

——试验时在骚扰施加期间及以后观察到的对 EUT 的任何影响，及其持续周期；

——试验通过/失败的判定理由（根据通用标准、产品标准或产品类标准规定的性能要求或制造商与购买者达成的协议）；

——采用的任何特殊条件，如电缆长度或类型，屏蔽或接地，或 EUT 运行条件，均要符合规定。

附 录 A
(资料性附录)
纹波现象的资料

A.1 纹波现象的描述

纹波骚扰源主要是由于蓄电池充电器在运行中产生的交变电压分量叠加到配电系统的直流电压上引起的。

蓄电池充电器可采用不同的整流方式,最常采用的是单相桥式、三相半波式、三相桥式及六相星形式。

对设计而言,整流电路应考虑以下特性:

——输入电压有效值与直流输出电压的比值;

——整流单元的直流电流;

——迭加在直流电压上的交变分量的幅值和频率(纹波)。

纹波幅值与整流单元的数量有关。增加整流单元的数量可使纹波电压降低,但使纹波频率提高。

在线性负荷和电容滤波条件下,纹波电压的典型波形如图1。对于非线性负荷(如直流～直流转换单元)可能具有不同的特性。

在后一种条件下,如换流器的供电电源受到高纹波电压的影响,可能产生一个负的电流,通过负载流到电源。

A.2 试验等级的选择

选择试验等级时,应考虑整流系统的特性和/或蓄电池寿命周期内(正常使用寿命、疲劳寿命)可能出现的运行条件。表1中列出的试验等级与频率无关,但较低等级通常表示整流系统具有较多个整流单元,从而纹波频率高。

例如六相星形整流系统在纯电阻负荷上会产生14%的纹波,当与蓄电池系统相连时纹波有明显的下降。

如不知道整流系统的类型和相关的运行条件,在选择试验等级时应留有适当的余量。

A.3 有关发生器的资料

纹波电压的产生有几种方法,这里给出两种简化的原理图。

最简单的一种示于图A.1,由交流电压调压器、带有平波电容的整流系统和一个放电电阻构成。输出电路为输出峰值电流容量的校验提供了一个开关。

整流系统应根据试验所要求的纹波频率选择。

第二种发生器框图见图A.2,包括带控制器的程控电源,其能产生正电压和输出正的及负的电流。

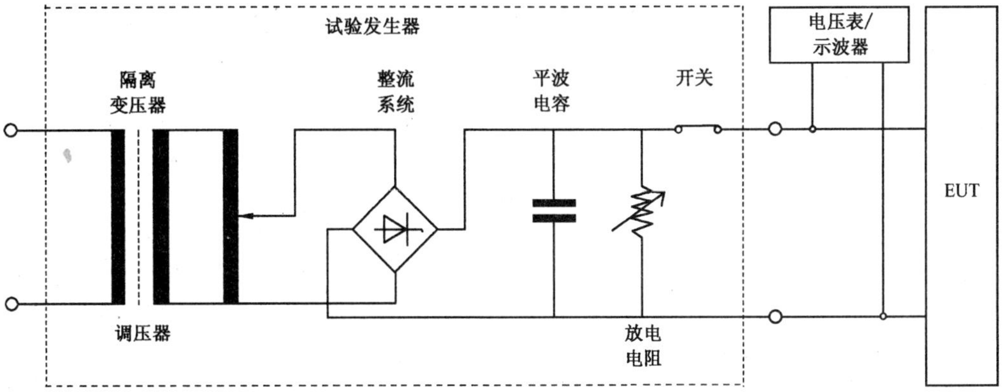

图 A.1　以整流系统为基础的发生器示例

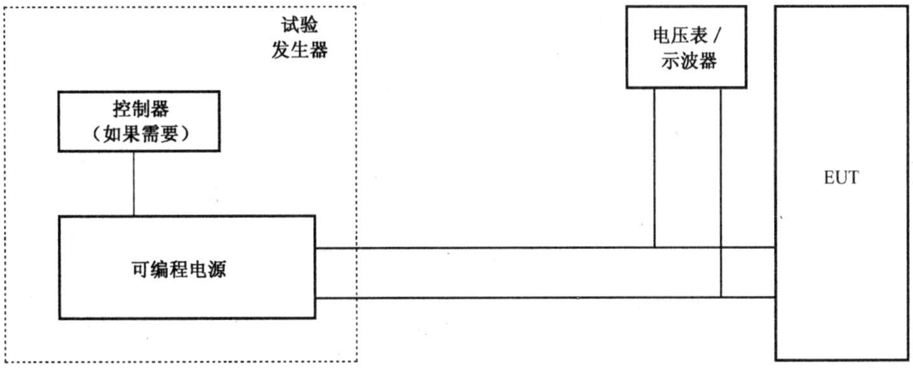

图 A.2　以可编程装置为基础的发生器示例

ICS 13.040.50
Z 64

中华人民共和国国家标准

GB 17691—2005
代替 GB 17691—2001
部分代替 GB 14762—2002

车用压燃式、气体燃料点燃式发动机与汽车排气污染物排放限值及测量方法（中国Ⅲ、Ⅳ、Ⅴ阶段）

Limits and measurement methods for exhaust pollutants from compression ignition and gas fuelled positive ignition engines of vehicles(Ⅲ,Ⅳ,Ⅴ)

2005-05-30 发布　　　　2007-01-01 实施

国家环境保护总局
国家质量监督检验检疫总局　发布

前　言

根据《中华人民共和国环境保护法》和《中华人民共和国大气污染防治法》，为保护环境，防治装用压燃式及气体燃料点燃式发动机的汽车排气对环境的污染，制定本标准。

本标准修改采用欧盟(EU)指令 88/77/EEC《关于协调各成员国采取措施防治车用柴油发动机气态污染物排放法律的理事会指令》的修订版 1999/96/EC《关于协调各成员国采取措施防治车用压燃式发动机气态污染物和颗粒物排放，以及燃用天然气或液化石油气的车用点燃式发动机气态污染物排放法律的理事会指令》，以及随后截止至最新修订版 2001/27/EC《关于协调各成员国采取措施防治车用压燃式发动机气态污染物和颗粒物排放，以及燃用天然气或液化石油气的车用点燃式发动机气态污染物排放法律的理事会指令》的有关技术内容。

本标准规定了第Ⅲ、Ⅳ、Ⅴ阶段装用压燃式发动机汽车及其压燃式发动机所排放的气态和颗粒污染物的排放限值及测试方法；以及装用以天然气或液化石油气作为燃料的点燃式发动机汽车及其点燃式发动机所排放的气态污染物的排放限值及测量方法。

本标准是对 GB 17691—2001 的修订，与 GB 17691—2001 相比主要变化如下：

——加严了排气污染物排放限值；

——增加了装用以天然气或液化石油气作为燃料的点燃式发动机汽车及其点燃式发动机的气态污染物的排放限值及测量方法；

——改变了测量方法，试验工况由 ESC(稳态循环)、ELR(负荷烟度试验)和 ETC(瞬态循环)工况所构成，针对不同车种或不同控制阶段，应用不同的试验工况；

——从第Ⅳ阶段开始，增加了车载诊断系统(OBD)或车载测量系统(OBM)的要求；

——从第Ⅳ阶段开始，增加了排放控制装置的耐久性要求；

——从第Ⅳ阶段开始，增加了在用车符合性的要求；

——增加了新型发动机和新型汽车的型式核准规程；

——改进了生产一致性检查及其判定方法。

本标准的附录 A、附录 B、附录 C、附录 D、附录 E、附录 F 和附录 G 为规范性附录，附录 H 为资料性附录。

本标准提出了第Ⅳ、Ⅴ阶段的预告性要求，实施本标准的第Ⅳ、Ⅴ阶段标准，将分别提前 12 个月给予重新确认，并对有关内容进行必要的补充和修订。

有关排放控制装置耐久性的具体要求和检测规范将适时发布。

本标准自实施之日起，代替下列标准：

GB 17691—2001 车用压燃式发动机排气污染物排放限值及测量方法

GB 14762—2002 车用点燃式发动机及装用点燃式发动机汽车排气污染物排放限值及测量方法中的气体燃料点燃式发动机部分

按有关法律规定，本标准具有强制执行的效力。

本标准由国家环境保护总局科技标准司提出。

本标准起草单位：中国环境科学研究院环境标准研究所、济南汽车检测中心。

本标准由国家环境保护总局 2005 年 5 月 30 日批准。

本标准自 2007 年 1 月 1 日实施。

本标准由国家环境保护总局解释。

车用压燃式、气体燃料点燃式发动机与汽车排气污染物排放限值及测量方法(中国Ⅲ、Ⅳ、Ⅴ阶段)

1 范围

本标准规定了装用压燃式发动机汽车及其压燃式发动机所排放的气态和颗粒污染物的排放限值及测试方法;以及装用以天然气(NG)或液化石油气(LPG)作为燃料的点燃式发动机汽车及其点燃式发动机所排放的气态污染物的排放限值及测量方法。

本标准适用于设计车速大于 25 km/h 的 M_2、M_3、N_1、N_2 和 N_3 类及总质量大于 3 500 kg 的 M_1 类机动车装用的压燃式(含气体燃料点燃式)发动机及其车辆的型式核准、生产一致性检查和在用车符合性检查。

若装备压燃式(含气体燃料点燃式)发动机的 N_1 和 M_2 类车辆已经按照 GB 18352.3—2005《轻型汽车污染物排放限值及测量方法(中国Ⅲ、Ⅳ阶段)》的规定进行了型式核准,则其发动机可不按本标准进行型式核准。

2 规范性引用文件

下列文件中的条款通过本标准的引用而成为本标准的条款。凡是不注日期的引用文件,其最新版本适用于本标准。

GB/T 15089—2001 机动车辆及挂车分类

GB/T 17692 汽车用发动机净功率测试方法

GB 18047 车用压缩天然气

GB 18352.3—2005 轻型汽车污染物排放限值及测量方法(中国Ⅲ、Ⅳ阶段)

GB/T 19147 车用柴油

GB 19159 汽车用液化石油气

3 术语和定义

本标准采用下列术语和定义。

3.1 排气污染物

主要包括气态污染物和颗粒物。

气态污染物指一氧化碳(CO)、碳氢化合物(HC)(假定碳氢比:柴油为 $CH_{1.85}$,LPG 为 $CH_{2.525}$,NG 的非甲烷碳氢化合物 NMHC 为 $CH_{2.93}$,NG 的甲烷碳氢比为 CH_4)和氮氧化物(用二氧化氮(NO_2)当量表示)。

颗粒物(PM)指在温度不超过 325 K(52℃)的稀释排气中,由规定的过滤介质上收集到的所有物质。

3.2 M_1、M_2、M_3、N_1、N_2、N_3 类车辆

按 GB/T 15089—2001 规定:

M_1 类车指包括驾驶员座位在内,座位数不超过九座的载客车辆;

M_2 类车指包括驾驶员座位在内,座位数超过九座,且最大设计总质量不超过 5 000 kg 的载客车辆;

M_3 类车指包括驾驶员座位在内，座位数超过九座，且最大设计总质量超过 5 000 kg 的载客车辆；

N_1 类车指最大设计总质量不超过 3 500 kg 的载货车辆；

N_2 类车指最大设计总质量超过 3 500 kg，但不超过 12 000 kg 的载货车辆；

N_3 类车指最大设计总质量超过 12 000 kg 的载货车辆。

3.3 试验循环

指发动机在稳态工况（ESC 试验）或瞬态工况（ETC、ELR 试验）下按照规定的转速和扭矩进行试验的程序。

3.4 发动机（或发动机系族）型式核准

就排气污染物排放水平核准一种发动机（或发动机系族）型式。

3.5 压燃式发动机

指以压燃原理工作的发动机。

3.6 燃气发动机

指以天然气（NG）或液化石油气（LPG）作为燃料的发动机。

3.7 发动机型式（机型）

指在附录 A 中列出的发动机基本特性无差异的同一类发动机。

3.8 发动机系族

指制造厂按附件 AB 规定所设计的一组发动机，这些发动机具有类似的排气排放特性；同一系族中所有发动机都必须满足相应的排放限值。

3.9 源机

指从发动机系族中选出的，能代表这一发动机系族排放特性的发动机。

3.10 烟

指悬浮在柴油机排气流中，能吸收、反射或折射光线的颗粒。

3.11 净功率

指在试验台架上，按照 GB/T 17692 规定的功率测量方法，在发动机曲轴末端或等效部件上测得的功率。

3.12 最大净功率（P_{max}）

指制造厂在型式核准申请时申报的最大净功率。

3.13 负荷百分数

指发动机某一转速下可得到的最大扭矩的百分数。

3.14 ESC 试验（European steady state cycle 稳态循环）

指进行本标准第 7.2 条中包含 13 个稳态工况的试验循环。

3.15 ELR 试验（European load response test 负荷烟度试验）

指进行本标准第 7.2 条中在恒定转速下依次改变负荷的试验循环。

3.16 ETC 试验（European transient cycle 瞬态循环）

指进行本标准第 7.2 条中包含 1 800 个逐秒变换工况的试验循环。

3.17 发动机工作转速范围

指本标准附录 B 中规定的，发动机实际工作时最常用的转速范围，它位于高转速和低转速之间。（如图 1 所示）

3.18 低转速（n_{lo}）

指 50%最大净功率时的最低发动机转速。

3.19 高转速（n_{hi}）

指 70%最大净功率时的最高发动机转速。

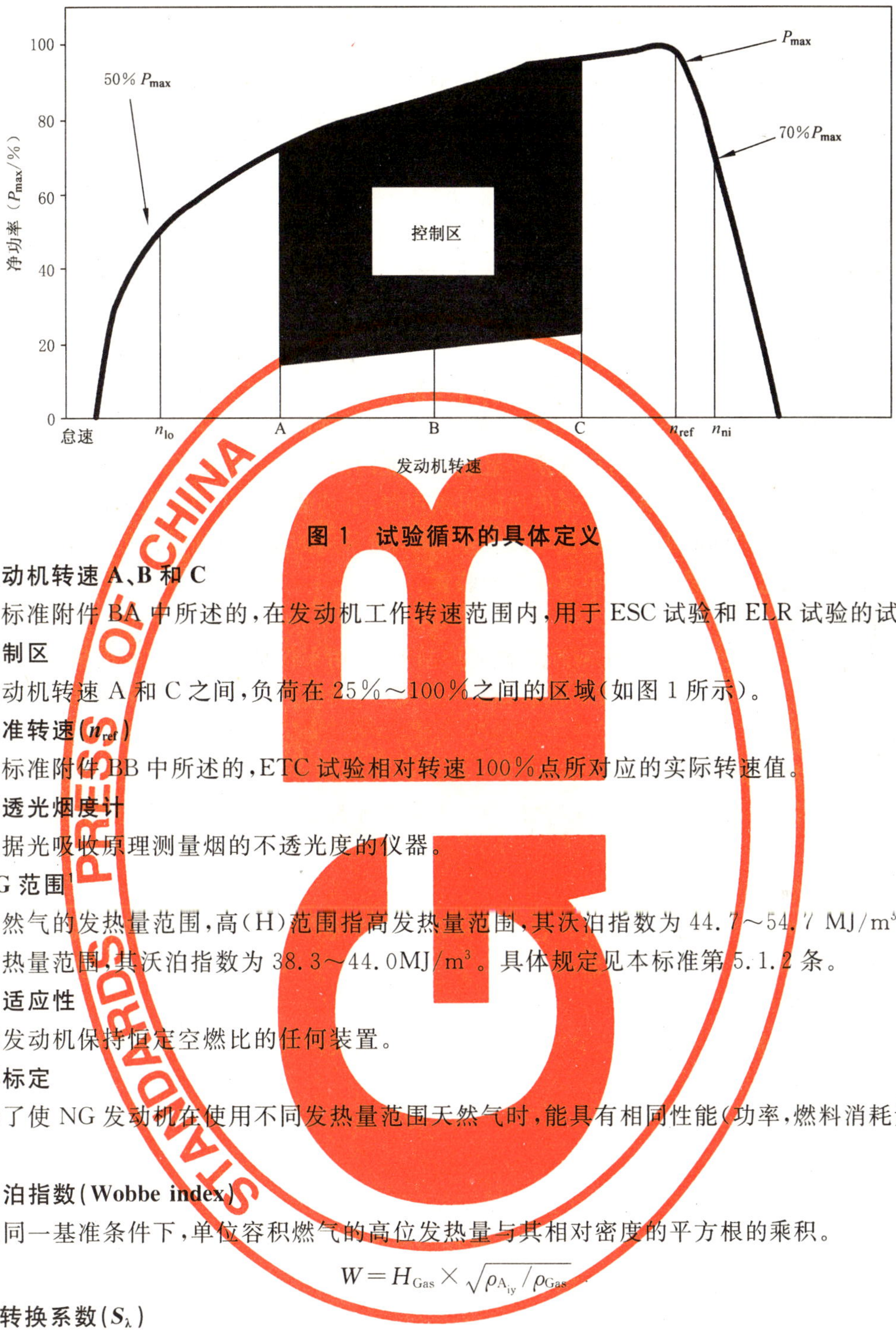

图 1　试验循环的具体定义

3.20　发动机转速 A、B 和 C

指本标准附件 BA 中所述的，在发动机工作转速范围内，用于 ESC 试验和 ELR 试验的试验转速。

3.21　控制区

指发动机转速 A 和 C 之间，负荷在 25%～100%之间的区域（如图 1 所示）。

3.22　基准转速（n_{ref}）

指本标准附件 BB 中所述的，ETC 试验相对转速 100%点所对应的实际转速值。

3.23　不透光烟度计

指根据光吸收原理测量烟的不透光度的仪器。

3.24　NG 范围[1]

指天然气的发热量范围，高（H）范围指高发热量范围，其沃泊指数为 44.7～54.7 MJ/m^3；低（L）范围指低发热量范围，其沃泊指数为 38.3～44.0MJ/m^3。具体规定见本标准第 5.1.2 条。

3.25　自适应性

指使发动机保持恒定空燃比的任何装置。

3.26　再标定

指为了使 NG 发动机在使用不同发热量范围天然气时，能具有相同性能（功率，燃料消耗量）而进行的微调。

3.27　沃泊指数（Wobbe index）

指在同一基准条件下，单位容积燃气的高位发热量与其相对密度的平方根的乘积。

$$W = H_{Gas} \times \sqrt{\rho_{A_{iy}} / \rho_{Gas}}$$

3.28　λ-转换系数（S_λ）

指发动机燃用的燃气成分不是纯甲烷时，要求发动机管理系统具有改变过量空气系数 λ 的灵活性的一种描述。

$$S_\lambda = \frac{2}{\left(1 - \frac{inert\%}{100}\right)\left(n + \frac{m}{4}\right) - \frac{O_2^*}{100}}$$

1　本条定义参考 GB 18047 和欧洲标准 EN 437 中的天然气分类。该沃泊指数的基准条件为 101.3 kPa，20℃。

式中：

S_λ——λ-转换系数；

inert%——燃料中惰性气体的体积分数(如 N_2、CO_2、He 等)；

O_2^*——燃料中原始氧的体积分数；

n 和 m——代表燃料中的平均碳氢数 C_nH_m。

计算示例见附录 G 的 S_λ 计算。

3.29 EEV

指环境友好汽车(Enhanced Environmentally Friendly Vehicle)，这是一种车型，它所装用的发动机应符合本标准第 7.2.1 条的表 1 和表 2 中规定的 EEV 排放限值。

3.30 失效装置

指一种装置，它通过测量、感应或响应汽车运行参数(如：车速、发动机转速、变速器挡位、温度、进气压力或其他参数)来激活、调整、延迟或停止某一部件的工作或排放控制系统的功能，使得汽车在正常使用条件下，排放控制系统的效能降低，而且该装置上述功能的使用未经型式核准。

当没有其他不降低排放控制系统效率的措施可采用时，下列装置不作为失效装置：

——为避免发动机因间断工作造成损坏或发生故障，所采用的发动机临时保护装置；

——仅在发动机起动或暖机过程中起作用的装置。

3.31 辅助控制装置

指安装在发动机或汽车上的一种系统、功能或控制策略，用来保护发动机和它的辅助设备，以避免发动机损坏和发生故障，或者有利于发动机启动。一个辅助控制装置也可以是一种对策或措施，应证明它不是一个失效装置。

3.32 不合理的排放控制策略

指某种对策或措施，使汽车在正常工作条件下排放控制系统的效能降低，低于相应的型式核准的水平。

3.33 车载诊断系统(OBD)

指排放控制用车载诊断(OBD)系统。它必须具有识别可能存在故障的区域的功能，并以故障代码的方式将该信息储存在电控单元存储器内。

3.34 车载测量系统(OBM)

指一种随车安装的排放测量系统，它具有实时监测汽车(发动机)排放水平的能力，鉴别并记录汽车(发动机)排放超标的测量数据。

3.35 缩写、符号及单位

3.35.1 试验参数符号

符号	单位	定义
A_p	m^2	等动态取样探头的横截面积
A_T	m^2	排气管的横截面积
CE_E	—	乙烷效率
CE_M	—	甲烷效率
C_1		碳 1(C1)当量的碳氢化合物
conc	ppm[1]/%	浓度下标
D_0	m^3/s	PDP 标定函数曲线的截距
DF	—	稀释系数

1) ppm 指 10^{-6}，下同。

D	—	贝塞尔(Bessel)函数常数
E	—	贝塞尔(Bessel)函数常数
E_Z	g/(kW·h)	控制点的内插 NO_x 排放量
f_a	—	实验室大气因子
f_c	s^{-1}	贝塞尔(Bessel)滤波器截止频率
F_{FH}		从干基浓度计算湿基浓度的燃料比系数
F_S	—	理论配比系数
G_{AIRW}	kg/h	进气质量流量(湿基)
G_{AIRD}	kg/h	进气质量流量(干基)
G_{DILW}	kg/h	稀释空气质量流量(湿基)
G_{EDFW}	kg/h	当量稀释排气质量流量(湿基)
G_{EXHW}	kg/h	排气质量流量(湿基)
G_{FUEL}	kg/h	燃料质量流量
G_{TOTW}	kg/h	稀释排气质量流量{湿基}
H	MJ/m^3	发热量
H_{REF}	g/kg	绝对湿度的基准值(10.71 g/kg)
H_a	g/kg	进气的绝对湿度
H_d	g/kg	稀释空气的绝对湿度
HTCRAT	mol/mol	氢-碳比
i	—	表示单个工况的下标
K	—	贝塞尔(Bessel)常数
k	m^{-1}	光吸收系数
$K_{H,D}$	—	柴油机 NO_x 湿度校正系数
$K_{H,G}$	—	燃气发动机 NO_x 湿度校正系数
K_v		CFV 标定函数
$K_{w,a}$	—	进气由干基至湿基的校正系数
$K_{w,d}$	—	稀释空气由干基至湿基的校正系数
$K_{w,e}$	—	稀释排气由干基至湿基的校正系数
$K_{w,r}$	—	原排气由干基至湿基的校正系数
L	%	试验发动机的扭矩相对于最大扭矩的百分数
L_a	m	光通道有效长度
m		PDP 标定函数曲线的斜率
mass	g/h 或 g	表示排气污染物质量流量的下标
M_{DIL}	kg	通过颗粒物取样过滤器的稀释空气质量
M_d	mg	稀释空气采集到的颗粒物质量
M_f	mg	采集到的颗粒物质量
$M_{f,P}$	mg	初级过滤器采集到的颗粒物质量
$M_{f,b}$	mg	备用过滤器采集到的颗粒物质量
M_{SAM}		通过颗粒物取样过滤器的稀释排气质量
M_{SEC}	kg	二级稀释空气质量
M_{TOTW}	kg	整个循环中 CVS 稀释排气总质量(湿基)
$M_{TOTW,i}$	kg	CVS 稀释排气瞬时质量(湿基)

N	%	不透光度
N_p	—	整个循环中 PDP 的总转数
$N_{p,i}$	—	某一时间间隔 PDP 的转数
n	r/min	发动机转速
n_P	s^{-1}	PDP 转速
n_{hi}	r/min	发动机高转速
n_{lo}	r/min	发动机低转速
n_{ref}	r/min	ETC 试验时发动机的基准转速
P_a	kPa	发动机进气空气的饱和蒸汽压
P_A	kPa	绝对压力
P_B	kPa	大气总压力
P_d	kPa	稀释空气的饱和蒸汽压
P_s	kPa	大气干压力
P_l	kPa	泵进口处的压力降
$P_{(a)}$	kW	试验时应安装的发动机辅件所吸收的功率
$P_{(b)}$	kW	试验时应拆除的发动机辅件所吸收的功率
$P_{(n)}$	kW	未校正的净功率
$P_{(m)}$	kW	试验台上测得的功率
Ω	—	贝塞尔(Bessel)常数
Q_s	m^3/s	CVS 容积流量
q	—	稀释比
r	—	等动态探头与排气管横截面之比
R_a	%	进气相对湿度
R_d	%	稀释空气相对湿度
R_f	—	FID 响应系数
ρ	kg/m^3	密度
S	kW	测功机设定值
S_i	m^{-1}	瞬态烟度值
S_λ	—	λ-转换系数
T	K	热力学温度
T_a	K	进气的热力学温度
t	s	测量时间
t_e	s	电路响应时间
t_F	s	贝塞尔(Bessel)函数的滤波器响应时间
t_p	s	物理响应时间
Δt	s	连续测量烟度值之间的时间间隔(=1/采样速率)
Δt_i	s	CFV 瞬时流量的时间间隔
τ	%	烟的透光度
V_0	m^3/r	PDP 的有效容积流量
W	—	沃泊指数(Wobbe index)
W_{act}	kW·h	ETC 的实际循环功
W_{ref}	kW·h	ETC 的基准循环功

WF	—	加权系数
WF_E	—	有效加权系数
X_0	m^3/r	PDP容积流量的标定函数
Y_i	m^{-1}	贝塞尔(Bessel)平均烟度值

3.35.2 化学组分符号

CH_4	甲烷
C_2H_6	乙烷
C_3H_8	丙烷
CO	一氧化碳
DOP	邻苯二甲酸二辛酯
CO_2	二氧化碳
HC	碳氢化合物
NMHC	非甲烷碳氢化合物
NO_x	氮氧化物
NO	一氧化氮
NO_2	二氧化氮
PM	颗粒物

3.35.3 缩写

CFV	临界流量文丘里管(Critical flow venturi)
CLD	化学发光检测器(Chemiluminescent detector)
ELR	负荷烟度试验(European load response test)
ESC	稳态循环(European steady state cycle)
ETC	瞬态循环(European transient cycle)
FID	氢火焰离子化检测器(Flame ionisation detector)
GC	气相色谱仪(Gas chromatograph)
HCLD	加热式化学发光检测器(Heated chemiluminescent detector)
HFID	加热式氢火焰离子化检测器(Heated flame ionisation detector)
LPG	液化石油气(Liquefied petroleum gas)
NDIR	不分光红外线分析仪(Non-dispersive infrared analyzer)
NG	天然气(Natural gas)
NMC	非甲烷截止器(Non-methane cutter)

4 型式核准的申请

本标准适用范围的新型汽车或发动机应由汽车或发动机制造企业或其授权代理按本标准要求向型式核准主管部门提出型式核准申请,并完成本标准所要求的检验内容。

4.1 作为独立技术总成的发动机机型(或系族)的型式核准申请

4.1.1 作为一个独立技术总成的发动机机型或系族,就柴油机气态污染物和颗粒物排放水平,或燃气发动机气态污染物排放水平的型式核准申请,应由发动机制造企业或其授权代理提出。

4.1.2 应同时提供发动机机型或发动机系族的描述,所包括的内容应按本标准附录A规定。

4.1.3 应向负责进行第7条规定的型式核准检验的检验机构,提交一台符合附录A描述的“发动机机型”或“源机”特性的发动机,完成本标准规定的检验内容。

4.2 对车型的型式核准申请

4.2.1 对装有未经型式核准发动机的车型进行型式核准的申请

4.2.1.1 就安装未经型式核准柴油机或其系族的气态污染物和颗粒物排放水平，以及未经型式核准燃气发动机或其系族的气态污染物排放水平所进行的汽车型式核准申请，应由汽车制造企业或其授权代理提出。

4.2.1.2 应同时提供关于车型、与发动机相关的汽车部件，以及发动机机型或发动机系族（如适用）的描述，所包括的内容应按本标准附录 A 规定。

4.2.1.3 应向负责进行第 7 条规定的型式核准检验的检验机构，提交一台符合附录 A 描述的“发动机机型”或“源机”特性的发动机，完成本标准规定的检验内容。

4.2.2 对装有已经型式核准发动机的车型进行型式核准的申请

4.2.2.1 对于汽车，就其已经型式核准柴油机或其系族的气态污染物和颗粒物排放水平，或者已经型式核准燃气发动机或其系族的气态污染物排放水平的型式核准申请，应由汽车制造企业或其授权代理提出。

4.2.2.2 应同时提供关于车型和与发动机相关的汽车部件的描述，所包括的内容应按本标准附录 A 规定。

4.2.2.3 应同时提交一份发动机机型（或发动机系族）的型式核准证明。

5 型式核准

满足本标准第 5.1、5.2、5.3 条要求的发动机或汽车，应予以型式核准，并颁发符合附录 E 规定的型式核准证书。

5.1 普通燃料发动机（汽车）的型式核准

5.1.1 对于柴油发动机（汽车），源机使用附录 C 的基准燃料按本标准规定进行检验，污染物排放应满足本标准要求。

5.1.2 对于天然气发动机（汽车），源机应具有适应市场上任何组分燃料的能力。

天然气燃料分为两类，高发热量燃料（H—燃气）和低发热量燃料（L—燃气），两者都有宽阔的发热量范围；其表示热容量的沃泊指数和其 λ-转换系数（S_λ）都有很大差别。第 3.27 和 3.28 条给出了沃泊指数和 S_λ 的计算公式。S_λ 值在 0.89 至 1.08（$0.89 \leqslant S_\lambda < 1.08$）的天然气，被认为属于高发热量范围，$S_\lambda$ 值在 1.08 至 1.19（$1.08 \leqslant S_\lambda \leqslant 1.19$）的天然气，被认为属于低发热量范围。基准燃料的组分反映了 S_λ 的极端变化情况。

5.1.2.1 源机在使用附录 C 中的基准燃料 G_R（基准燃料 1）和 G_{25}（基准燃料 2）进行检验时都应满足本标准要求，在两种燃料试验之间不允许重新调整燃料供给系统，但在更换燃料后，允许进行一个 ETC 循环（不进行测试）的适应运转。试验前，源机应采用第 BB.3 条给出的程序进行热机。

5.1.2.2 在制造厂要求下，发动机可用 S_λ 值处于 0.89 与 1.19 之间的第三种燃料（燃料 3）进行试验，例如燃料 3 是一种 GB 18047 规定的天然气市售燃料。这次试验的结果可作为评价生产一致性的基础。

5.1.3 对于通过切换来适应高、低发热量天然气的源机的型式核准

对于具有自我适应性以天然气为燃料的发动机，既可适用高发热量范围气，也可适用低发热量范围气，并通过开关在高发热量范围和低发热量范围之间切换，源机应在开关的每个位置，采用附录 C 中规定的每个发热量范围的两种相应基准燃料进行试验。高发热量范围气是 G_R（基准燃料 1）和 G_{23}（基准燃料 3），低发热量范围气是 G_{25}（基准燃料 2）和 G_{23}（基准燃料 3）。

5.1.3.1 源机应在开关的每个位置上使用各自两种基准燃料进行检验，其排放均应满足本标准的要求，且在每个开关位置两种基准燃料试验之间，对燃料供给系统不作任何调整，但在更换燃料后，允许进行一个 ETC 循环（不进行测试）的适应运转。试验前，源机应采用第 BB.3 条给出的程序进行热机。

5.1.3.2 在制造厂要求下，发动机可用 S_λ 处于 0.89 与 1.19 之间的第三种燃料代替 G_{23}（基准燃料 3）进行试验，例如燃料 3 是一种 GB 18047 规定的天然气市售燃料。这次试验的结果可用作评价生产一

致性的基础。

5.1.4　对于天然气发动机，每种污染物的排放结果之比“r”，应由下列公式确定：

$$r=\frac{\text{基准燃料 2 的排放结果}}{\text{基准燃料 1 的排放结果}}$$

或

$$r_a=\frac{\text{基准燃料 2 的排放结果}}{\text{基准燃料 3 的排放结果}}$$

和

$$r_b=\frac{\text{基准燃料 1 的排放结果}}{\text{基准燃料 3 的排放结果}}$$

5.1.5　对于燃用 LPG 的发动机(汽车)，源机应有适应市场上任何组分燃料的能力。

对于 LPG，C_3/C_4 的组分是变化的。这些变化反映在基准燃料中。源机使用附录 C 规定的基准燃料 A 和 B，均应满足排放要求，并在两个试验之间不重新调整燃料供给系统，但在更换燃料后，允许进行一个 ETC 循环(不进行测试)的适应运转。试验前，源机应采用第 BB.3 条给出的程序进行热机。

5.1.5.1　每种污染物的排放结果之比“r”，应由下列公式确定：

$$r=\frac{\text{基准燃料 }B\text{ 的排放结果}}{\text{基准燃料 }A\text{ 的排放结果}}$$

5.2　限定燃料范围发动机(汽车)的型式核准

对于没有自适应能力的稀燃天然气发动机，如果使用者能保证被供应的燃料组分不变，则可以选择稀燃发动机，进行限定燃料范围的型式核准。限定燃料的变量应固定不变，但燃料供给系统的电控装置的数据库内容除外。

限定燃料范围发动机(汽车)的型式核准应按本条规定进行。

5.2.1　按高发热量(或低发热量)范围气工作的天然气发动机的排放水平的型式核准

源机应采用附录 C 中规定的相应发热量范围的两种相应基准燃料进行试验。高发热量范围气是 G_R(基准燃料 1)和 G_{23}(基准燃料 3)，低发热量范围气是 G_{25}(基准燃料 2)和 G_{23}(基准燃料 3)。源机使用两种基准燃料所进行的检验均应满足本标准的排放要求，且在两个试验之间，对燃料供给系统不作任何调整，但在更换燃料后，允许进行一个 ETC 循环(不进行测试)的适应运转。试验前，源机应采用第 BB.3 条给出的程序进行热机。

5.2.1.1　在制造厂要求下，发动机可用 S_λ 处于 0.89 与 1.19 之间的第三种燃料代替 G_{23}(基准燃料 3)进行试验，例如燃料 3 是一种 GB 18047 规定的天然气市售燃料。这次试验的结果可作为评价生产一致性的基础。

5.2.1.2　每种污染物的排放结果之比“r”，应由下列公式确定：

$$r=\frac{\text{基准燃料 2 的排放结果}}{\text{基准燃料 1 的排放结果}}$$

或

$$r_a=\frac{\text{基准燃料 2 的排放结果}}{\text{基准燃料 3 的排放结果}}$$

和

$$r_b=\frac{\text{基准燃料 1 的排放结果}}{\text{基准燃料 3 的排放结果}}$$

5.2.1.3　出售给用户的发动机应带有一个标牌(见第 6.1.4 条、第 6.1.5 条)，注明发动机型式核准时的燃气范围。

5.2.2　按专门燃气组分工作的天然气或 LPG 发动机排放水平的型式核准

5.2.2.1　对于天然气，在燃用附录 C 规定的基准燃料 G_R 和 G_{25} 时，或者对于 LPG，在燃用附录 C 规定的基准燃料 A 和 B 时，源机均应满足排放要求。两次试验之间，允许对燃料供给系统进行微调。微调包括对燃料供给数据库的重新标定，但不包括更改数据库的基本控制对策或基本结构。若需要，允许更换与燃料流量直接有关的零件(如喷嘴)。

5.2.2.2　在制造厂要求下，发动机可以仅用基准燃料 G_R 和 G_{23}，或仅用基准燃料 G_{25} 和 G_{23} 进行试验，对于这两种情况，型式核准只分别对高发热量范围燃气或低发热量范围燃气有效。

5.2.2.3 出售给用户的发动机应带有一个标牌(见第6.1.4条、第6.1.5条),注明发动机标定过的燃料组分。

5.3 系族成员的排放核准

5.3.1 除了第5.3.2条提到的情况外,源机的型式核准可以扩展到系族中所有成员而勿需进一步试验,对于第5.2.2条中描述的发动机,其范围为源机已经型式核准的燃料组分范围,或者对于5.1或5.2条中描述的发动机,其范围为源机已经型式核准的相同发热量范围的燃料。

5.3.2 二次检验的发动机

对于一发动机,该发动机属某一发动机系族,或就其发动机对一汽车所进行的型式核准申请,如果型式核准机构认为提交申请所选用的源机不能完全代表附件AB中定义的发动机系族,可由型式核准机构另选一台发动机,如果有必要,可增选一台有代表性的发动机进行试验。

6 发动机标记

6.1 作为技术总成型式核准的发动机必须具有下列内容的标记

6.1.1 发动机名称、型号及商标;

6.1.2 制造厂名称;

6.1.3 型式核准号;

6.1.4 对于NG发动机,在型式核准号后加上下列标记之一:

——H表示用高发热量范围燃气进行型式核准和标定的发动机;

——L表示用低发热量范围燃气进行型式核准和标定的发动机;

——HL表示既用高发热量又用低发热量范围的燃气进行型式核准和标定的发动机;

——H_t 表示用特殊组分的高发热量范围燃气进行型式核准和标定的发动机,并在对发动机燃料供给系统进行微调后,可改用另一特殊的高发热量范围燃气;

——L_t 表示用特殊组分的低发热量范围燃气进行型式核准和标定的发动机,并在对发动机燃料供给系统进行微调后,可改用另一特殊的低发热量范围的燃气;

——HL_t 表示用特殊组分的高发热量范围或低发热量范围燃气进行型式核准和标定的发动机,并在对发动机燃料供给系统进行微调后,可改用另一特殊的高发热量范围或低发热量范围的燃气。

6.1.5 标牌

对于型式核准时限定燃料范围的NG和LPG发动机,需配备下列标牌:

6.1.5.1 内容[1)]

必须给出下列资料:

对于第5.2.1.3条,标牌上应注明“限于使用高(或低)发热量范围的天然气”;

对于第5.2.2.3条,标牌上应注明“限于使用规格为______的天然气(或液化石油气)”。

文字和数字的高度至少为4 mm。

6.1.5.2 特点

标牌在发动机的使用寿命期内必须牢靠,标牌必须简洁明了,其文字和数字不可擦除。此外,标牌的固定方式在发动机的使用寿命期内必须牢固,标牌在没有损坏的情况下,不得拆除。

6.1.5.3 位置

标牌在发动机零部件上的安装位置,不能妨碍发动机的正常工作,并在发动机寿命期内,一般不需要更换位置。此外,当发动机运转所需的所有附件安装完成后,标牌应位于正常人容易看见的地方。

---

1) 如果没有贴标牌的空间,可以使用简化代码。这时,包含所有下述内容的说明,必须让添加燃料或维修发动机及其附件的人员,以及型式核准机关有关人员清楚易懂。这些说明的位置和内容由制造厂与型式核准机构协商确定。

6.2 对于就其发动机对车型进行型式核准的申请和装有已经型式核准发动机的车型的型式核准申请，第6.1.5条中规定的标牌还应安装在位于靠近燃料添加口处。

7 技术要求和试验

7.1 一般要求

7.1.1 排气污染物控制装置

对柴油机气态污染物和颗粒物的排放以及对燃气发动机的气态污染物的排放产生影响的组件，其设计、制造和装配上，应满足本标准的规定。

7.1.2 排气污染物控制装置的功能

7.1.2.1 禁止使用失效装置和不合理的排放控制策略。

7.1.2.2 发动机或汽车上可以安装任何辅助控制装置，此装置应满足下述条件：

——仅在第7.1.2.4条规定条件之外的情况下正常工作；

——在第7.1.2.4条规定条件下，可以暂时起作用，其作用仅为避免发动机损害、保护空气调节装置、烟度控制、冷启动或预热；

——仅为了操作安全或带故障(跛行)回家策略，可以被车载信号激活。

7.1.2.3 如果能满足第7.1.3条或第7.1.4条的要求，或同时满足二者要求，且充分证明该措施不会降低排放控制系统的效能，则在第7.1.2.4条规定条件下，可以使用某种发动机控制装置、控制功能、控制系统或控制措施，其采用的发动机控制策略与在排放试验中通常采用的策略不相同或有改动。在其他情况下，这样的装置应被视为是一个失效装置。

7.1.2.4 就第7.1.2.2条而言，所规定的稳态和瞬态试验条件为：

——海拔不超过1 000 m(或相当于大气压90 kPa)；

——环境温度在283 K至303 K(10℃至30℃)；

——发动机冷却水温度在343 K至368 K(70℃至95℃)。

7.1.3 电子排放控制系统的特殊要求

文件要求

制造厂应提供一个文件包，其中给出访问电子排放控制系统基本结构的办法，以及控制输出变量的手段，无论该控制是直接的还是间接的。

文件应包括两部分内容：

(a) 正式文件包，应包括系统的全部说明，在提交型式核准申请时提供给型式核准机构。如果所有输出信号有可能由独立单元输入信号的控制范围获得的矩阵中清楚地展现，该文件可以简短些。这个资料应附于第4条要求的文件中。

(b) 补充材料，指出被任一辅助控制装置修改的参数，以及装置工作时的边界条件。补充材料应包括燃油系统的控制逻辑、正时策略和所有工况期间切换点的说明。

补充材料还应包括使用辅助控制装置的理由，以及证明安装在发动机或汽车上的所有辅助控制装置对排气污染物影响的补充材料和试验数据。

补充材料应严格保密，并且由制造厂保存，但是在进行型式核准检查，或在型式核准有效期内进行检查时，应提供补充材料。

7.1.4 为了查证任何一种策略或措施是否是本标准第3.30条和第3.32条所定义的失效装置或不合理排放控制策略，型式核准主管部门和检验机构，可以在型式核准试验时或生产一致性检查过程中，附加要求采用ETC进行NO_x筛选试验。

7.1.4.1 作为本标准附件BD要求的替代，ETC筛选试验中的NO_x测定可从原始排气中取样，并符合2000年10月15日的ISO DIS 16183的技术规定。

7.1.4.2 在查证任一对策或措施是否为第3.30条和第3.32条定义的失效装置或不合理排放控制策

略时，应将相应的 NO_x 限值提高 10%。

7.1.5 型式核准扩展的过渡条款

7.1.5.1 本条仅适用于已经按照本标准第 7.2.1 条中各表第Ⅲ阶段的要求通过了型式核准的新型压燃式发动机和压燃式发动机驱动的新型汽车。

7.1.5.2 作为第 7.1.3 条和第 7.1.4 条的替代，制造厂可以将与附录 A 所述的源机特性相一致的发动机用 ETC 进行 NO_x 筛选试验的结果提供给检验机构，并考虑了第 7.1.4.1 条和第 7.1.4.2 条的要求。

制造厂还应提供一个书面说明，说明发动机没有使用任何本标准第 3 条中定义的失效装置或不合理排放控制策略。

7.1.5.3 制造厂还应提供一个书面说明，说明第 7.1.4 条所述的 NO_x 筛选试验结果和源机的申报值，也适用于附录 A 所述的发动机系族中的所有机型。

7.2 对气态污染物、颗粒物和烟排放的规定

柴油机：

对于按第 7.2.1 条表中第Ⅲ阶段进行型式核准的传统柴油机，包括那些安装了燃料电喷系统，排气再循环(EGR)，和(或)氧化型催化器的柴油机，均应采用 ESC 和 ELR 试验规程测定其排气污染物。对于安装了先进的排气后处理装置包括 NO_x 催化器和(或)颗粒物捕集器的柴油机，应附加 ETC 试验规程测定排气污染物。

对于第 7.2.1 条表中Ⅳ、Ⅴ阶段或 EEV 的型式核准试验，应采用 ESC、ELR 和 ETC 试验规程测定其排气污染物。

燃气发动机：

对于燃气发动机，应采用 ETC 试验规程测定其气态污染物。

在附件 BA 规定了 ESC 和 ELR 试验规程，附件 BB 和附件 BC 中规定了 ETC 试验规程。

提供检验的发动机的气态污染物、颗粒物和排烟的排放量，应按照附件 BD 中介绍的试验方法测定。附录 D 叙述了推荐的气态污染物分析系统、颗粒物取样系统和排烟测量系统。

如果其他系统或分析仪在各个试验循环中能得到等效的结果，则检验机构可以对其认可。该系统与本标准的某一基准系统之间的等效性，应在至少七对样本的相关性研究基础上加以确认。对于颗粒物，只有全流稀释系统被认为是基准系统。“结果”是指循环的比排放值。比对试验应在同一实验室、同一试验台架的同一发动机上进行，且最好能同时进行。判定等效性的准则定义为配对样本均值的一致性在±5%内。对于引入标准的新系统，其等效性应根据 ISO 5725 所述的再现性和重复性计算作为根据。

7.2.1 限值

ESC 试验测得的一氧化碳、总碳氢化合物、氮氧化物和颗粒物的比质量，以及 ELR 试验测得的不透光烟度，都不应超出表 1 中给出的数值。

表 1 ESC 和 ELR 试验限值

阶 段	一氧化碳(CO)/[g/(kW·h)]	碳氢化合物(HC)/[g/(kW·h)]	氮氧化物(NO_x)/[g/(kW·h)]	颗粒物(PM)/[g/(kW·h)]	烟度/m^{-1}
Ⅲ	2.1	0.66	5.0	0.10 0.13[a]	0.8
Ⅳ	1.5	0.46	3.5	0.02	0.5
Ⅴ	1.5	0.46	2.0	0.02	0.5
EEV	1.5	0.25	2.0	0.02	0.15

[a] 对每缸排量低于 0.75 dm^3 及额定功率转速超过 3 000 r/min 的发动机。

对于需进行ETC附加试验的柴油机和必须进行ETC试验的燃气发动机，其一氧化碳、非甲烷碳氢化合物、甲烷(如适用)、氮氧化物和颗粒物(如适用)的比质量，都不应超出表2给出的数值。

表2 ETC试验限值

阶段	一氧化碳(CO)/[g/(kW·h)]	非甲烷碳氢化合物(NMHC)/[g/(kW·h)]	甲烷(CH_4)[a]/[g/(kW·h)]	氮氧化物(NO_x)/[g/(kW·h)]	颗粒物(PM)[b]/[g/(kW·h)]
Ⅲ	5.45	0.78	1.6	5.0	0.16 0.21[c]
Ⅳ	4.0	0.55	1.1	3.5	0.03
Ⅴ	4.0	0.55	1.1	2.0	0.03
EEV	3.0	0.40	0.65	2.0	0.02

[a] 仅对NG发动机。

[b] 不适用于第Ⅲ、Ⅳ和Ⅴ阶段的燃气发动机。

[c] 对每缸排量低于0.75 dm^3 及额定功率转速超过3 000 r/min的发动机。

7.2.2 柴油机和燃气发动机碳氢化合物的测定

在ETC试验中，制造厂可以选择测量总碳氢化合物质量代替测量非甲烷碳氢化合物的质量。这时，总碳氢化合物的质量限值与表2中列出的非甲烷碳氢化合物的质量限值相同。

7.2.3 柴油机的特殊要求

7.2.3.1 在ESC试验控制范围内的随机检查点测得的氮氧化物的比质量，不得超出相邻试验工况内插值的10%(参见第BA.4.6.2和BA.4.6.3条)。

7.2.3.2 ELR任何试验转速下的烟度值，不允许超出两个相邻试验转速下最大烟度值的20%，或者不允许超出限值的5%，取其较大者。

7.3 车载诊断系统要求

新型车自表1、表2中的第Ⅳ阶段开始应装备车载诊断系统(OBD)或车载测量系统(OBM)，用以监测使用中的排气污染物。

7.4 排放控制装置的耐久性要求

7.4.1 新型车(发动机)自表1、表2中的第Ⅳ阶段开始，应保证汽车(发动机)正常寿命期内排放控制装置的正常运转，并在型式核准时给予确认。

7.4.2 在实施表1、表2的第Ⅲ阶段标准时，如果发动机采用了催化转化器或(和)颗粒物捕集器等排放后处理技术，制造企业应保证其具有良好的耐久性，在汽车(发动机)的正常寿命期内有效工作，并在型式核准时给予确认。

7.5 在用车符合性要求

新型车(发动机)自表1、表2中的第Ⅳ阶段开始，应保证汽车(发动机)在正常使用条件下的正常寿命期内排放控制装置的正常运转(正确维护和使用的在用车的一致性)。

8 在车辆上的安装

安装在车辆上的发动机应满足该型式核准发动机的下列特性：

8.1 进气压力降不应超过附录E对已经型式核准的发动机规定的压力降；

8.2 排气背压不应超过附录E对已经型式核准的发动机规定的背压；

8.3 排气系统容积不应超过附录E对已经型式核准的发动机规定容积的40%；

8.4 发动机运行所需辅件吸收的功率不应超过附录E对已经型式核准的发动机规定的辅件吸收功率。

9 发动机系族和源机

9.1 确定发动机系族的参数

同一系族的发动机必须共有下列基本参数：

9.1.1 燃烧循环

——2 冲程

——4 冲程

9.1.2 冷却介质

——空气

——水

——油

9.1.3 对于燃气发动机和带后处理器的发动机

——气缸数

（如果燃料供给系统为每缸单独计量燃料，则比源机缸数少的其他柴油机，都可属于同一发动机系族）。

9.1.4 单缸排量

——系族内各发动机间总相差不超过 15%

9.1.5 进气方式

——自然吸气

——增压

——增压中冷

9.1.6 燃烧室型式、结构

——预燃式燃烧室

——涡流式燃烧室

——开式燃烧室

9.1.7 气阀和气口——结构、尺寸和数量

——气缸盖

——气缸壁

——曲轴箱

9.1.8 燃料喷射系统（柴油机）

——泵-管-嘴

——直列泵

——分配泵

——单体泵

——泵喷嘴

9.1.9 燃料供给系统（燃气发动机）

——混合单元

——燃气吸入/喷射（单点，多点）

——液态喷射（单点，多点）

9.1.10 点火系统（燃气发动机）

9.1.11 其他特征

——排气再循环

——喷水/乳化

——二次空气喷射

——增压中冷系统

9.1.12 排气后处理

——三效催化器

——氧化催化器

——还原催化器

——热反应器

——颗粒物捕集器

9.2 源机的选择

9.2.1 柴油机

发动机系族的源机的选取，应根据最大扭矩转速时，每冲程最高燃料供给量作为首选原则。若有两台甚至更多的发动机符合首选原则，则应根据额定转速时，每冲程最高燃料供给量作为源机的次选原则。在某些情况下，检验机构可以决定试验第二台发动机，以便确定系族中最差的排放水平。因此，检验机构可以另外选取一台发动机做试验，所选发动机应代表该系族内所有发动机中的最差排放水平。

如果系族中的发动机还有其他能够影响排气污染物的可变特性，那么在选择源机时，这些特性也应考虑在内。

9.2.2 燃气发动机

应根据最大排量的首选原则，选择系族中的源机。若有两台甚至更多的发动机符合首选原则，则应根据下列顺序的次选原则，选择源机：

——额定功率转速时每冲程最大燃料供给量；

——最大点火正时；

——最少 EGR 率；

——无二次空气泵或泵的实际空气流量最少。

在某些情况下，检验机构可以决定试验第二台发动机，以便确定系族发动机中最差的排放率。因此，检验机构可以另外选取一台发动机做试验，所选发动机应代表该系族内所有发动机中的最差排放水平。

10 生产一致性

必须按照附录 F 采取措施来保证生产一致性。

10.1 对已通过型式核准而批量生产的汽车和发动机，制造厂必须采取措施保证汽车、系统、部件或独立技术总成与已核准的车型或发动机机型一致。

生产一致性检验应以本标准附录 E 所示的型式核准证书为基础进行。

10.2 如果需要测定污染物排放量，且发动机的型式核准已有一个或多个扩展，则应对扩展发动机进行检验。

10.3 发动机污染物排放一致性检验

10.3.1 在一个发动机系族中随机抽取三台。制造厂不得对所抽取的发动机进行任何调整。对于按表1、表 2 中Ⅲ阶段进行型式核准，并仅进行 ESC 和 ELR 试验或仅进行 ETC 试验的发动机，生产一致性检查只需进行相应的试验循环。在取得检验机构同意下，其他所有按表 1、表 2 中Ⅲ、Ⅳ或 V 阶段，或 EEV 要求进行型式核准的发动机，生产一致性检查，可只进行 ESC 和 ELR 循环试验或进行 ETC 循环试验。其排放应满足本标准第 7.2 条的要求。

10.3.2 当主管部门对制造厂提供的生产标准差感到满意时，试验应按照第 FA.1 条进行。

当主管部门对制造厂提供的生产标准差感到不满意时，试验则按照第 FA.2 条进行。

在制造厂要求下，试验可按照第 FA.3 条进行。

10.3.3 按照相应附录中的试验准则,在发动机抽样试验基础上,若所有的污染物都达到合格判定值,则认为该批产品是合格的,若有任意一种污染物达到不合格判定值,则认为该批产品是不合格的。

当某种污染物达到了合格判定值,该污染物合格的结论不受其他污染物为了达标而追加试验的影响。

如果所有污染物均没有达到合格判定值,且任意一种污染物均未达到不合格判定值,则追加另一台发动机进行试验(参见图2)。

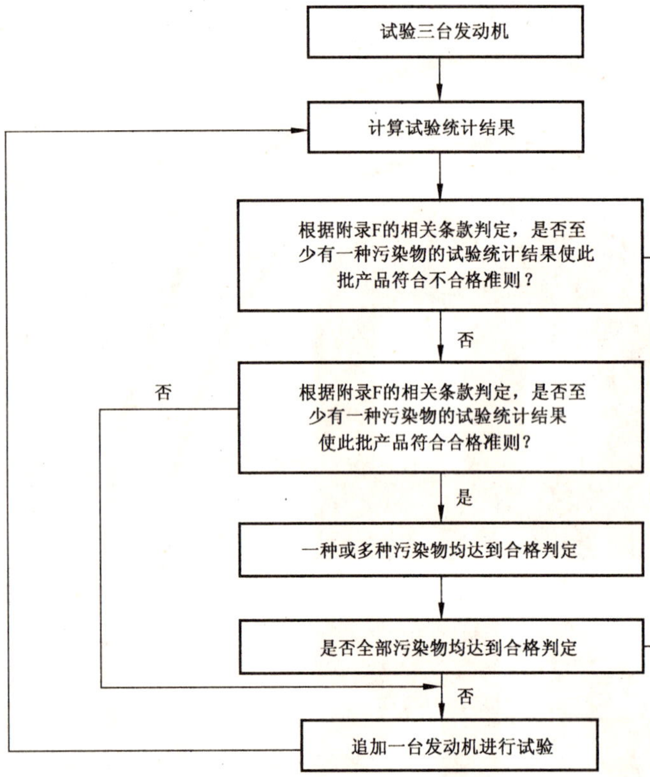

图2 生产一致性试验的流程图

当尚未做出合格或不合格判定时,制造厂可随时决定终止试验。这种情况下,将作为不合格记录。

10.3.4 用近期生产的发动机进行试验,燃气发动机应采用第BB.3条中规定的规程进行磨合。

10.3.4.1 在制造厂的要求下,发动机磨合时间可以超过第10.3.4条规定时间,但最多不超过100 h。磨合由制造厂进行,但应保证对发动机不作任何调整。

10.3.4.2 当制造厂要求按照第10.3.4.1条进行磨合时,应按以下方式进行:

——所有被试发动机进行磨合。或

——第一台被试发动机进行磨合,并按下列办法确定渐变系数:

测量第一台被试发动机在零小时和"x"小时的污染物排放量;

计算每一种污染物在零小时与"x"小时之间的排放量渐变系数:

$$\frac{\text{“}x\text{”小时排放量}}{\text{零小时排放量}}$$

此值可以小于1。

——随后试验的发动机不用经历磨合规程,但他们零小时的排放量要用渐变系数进行修正。此时,排放值应为:

——第一台发动机,"x"小时下的排放量。

——其他发动机,零小时下的排放量乘以渐变系数。

对于柴油机和 LPG 发动机，所有试验都应使用符合 GB/T 19147 或 GB 19159 标准的市售燃料。然而，在制造厂的要求下，可以采用附录 C 中描述的基准燃料。这就意味每台燃气发动机至少需要两种基准燃料进行第 5 条中描述的试验。

10.3.4.3 对于 NG 发动机，所有试验可以以下列方式使用符合 GB 18047 标准的市售燃料：

——标有"H"记号的发动机，使用高发热量范围的市售燃料（$0.89 \leqslant S_{\lambda} < 1.08$，GB 18047 标准中规定的 12T、13T 类天然气）；

——标有"L"记号的发动机，使用低发热量范围的市售燃料（$1.08 \leqslant S_{\lambda} \leqslant 1.19$，GB 18047 标准中规定的 10T 类天然气）；

——标有"HL"记号的发动机，可使用 λ-转换系数不超出极限范围（$0.89 \leqslant S_{\lambda} \leqslant 1.19$，GB 18047 标准中规定的各类天然气）的所有市售燃料。

然而，在制造厂的要求下，可以采用附录 C 中描述的基准燃料。这就意味每台燃气发动机至少需要两种基准燃料进行本标准第 5 条中描述的试验。

10.3.4.4 当使用市售燃料，若因燃气发动机与燃料不相配引起争议时，则可以应用源机试验用过的基准燃料进行试验，或者用源机可能附加试验过的，在第 5.1.3.1 和 5.2.1.1 条提到的燃料 3 进行试验。这样，需用第 5.1.4、5.1.5.1 和 5.2.1.2 条中所述的"r"，"r_a"或"r_b"对结果进行换算。如"r"，"r_a"或"r_b"小于 1，则不需要进行修正。测量结果和计算值必须证明：发动机使用所有相关的燃料（对于天然气发动机，为燃料 1，2，还有燃料 3；对于 LPG 发动机，为燃料 A 和 B）都应满足限值要求。

10.3.4.5 以特殊组分燃料工作的燃气发动机，应采用该发动机标定过的燃料进行生产一致性试验。

11 标准实施日期

11.1 型式核准

自表 3 规定的日期起，实施相应阶段排放标准，凡不满足本标准相应阶段要求的新型发动机和新型汽车均不得予以型式核准。在表 3 规定执行日期之前，可以按照本标准的相应要求进行型式核准的申请和批准。

表 3 型式核准执行日期

第Ⅲ阶段	第Ⅳ阶段	第Ⅴ阶段
2007 年 1 月 1 日	2010 年 1 月 1 日	2012 年 1 月 1 日

对于按本标准批准型式核准的新型发动机和新型汽车，其生产一致性检查，自批准之日起执行。

11.2 注册登记、销售和使用

自表 3 规定型式核准执行日期之后一年起，凡不满足本标准相应阶段要求的新车不得销售、注册登记，不满足本标准相应阶段要求的新发动机不得销售和投入使用。

11.3 EEV 限值

本标准第 7.2.1 条表 1、表 2 中 EEV 限值在本标准中为非强制性要求，制造和使用满足该要求的环境友好汽车应受到鼓励。

附　录　A
（规范性附录）
型式核准申报材料

进行新车型（或发动机型）核准申报时，应该提供下面这些资料及内容目次，一式三份。

如果有示意图，应以适当的比例充分说明细节；其幅面尺寸为A4，或折叠至该尺寸。如有照片，应显示其细节。如系统、部件或独立技术总成由微处理机控制，应提供其性能资料。

汽车型式/源机/发动机型式[1]：

A.1　概述

A.1.1　厂牌（制造厂给的名称）：________________

A.1.2　型式和商品叙述（提及各种变型）：________________

A.1.3　车型（或机型）的识别方法和位置（如标在车辆上）：________________

A.1.4　车辆类别（若适用）：________________

A.1.5　发动机类别：燃用柴油/燃用NG/燃用LPG[1]的发动机

A.1.6　制造厂的名称和地址：________________

A.1.7　识别牌和铭牌的位置及固定方法：________________

A.1.8　总装厂的地址：________________

A.2　附属文件

A.2.1　（源机）发动机的基本特点以及有关试验的资料。

A.2.2　发动机系族的基本特点。

A.2.3　系族内的各个发动机型的基本特点。

A.2.4　与发动机有关的汽车部件的特点（如有）。

A.2.5　源机/机型的照片和/或图纸，以及发动机舱（如有）的照片和/或图纸。

A.2.6　列出其他附属文件（如有）。

A.3　日期，卷宗

附　件　AA
（规范性附件）
（源机）发动机的基本特点以及有关试验的资料[2]

AA.1　发动机描述

AA.1.1　制造厂：________________

AA.1.2　制造厂的发动机代号：________________

AA.1.3　循环：四冲程/二冲程[1]

1）划掉不适用者。

2）对于非传统发动机和系统，应由制造厂提供相当于此处内容的细节。

AA.1.4 气缸数和排列：________

AA.1.4.1 缸径：________ mm

AA.1.4.2 行程：________ mm

AA.1.4.3 点火次序：________

AA.1.5 发动机排量：________ cm^3

AA.1.6 容积压缩比[1]：________

AA.1.7 燃烧室和活塞顶图纸：________

AA.1.8 进排气口的最小横截面积：________ cm^2

AA.1.9 怠速转速：________ r/min

AA.1.10 最大净功率：________ kW 在________ r/min 下

AA.1.11 发动机最高允许转速：________ r/min

AA.1.12 最大净扭矩：________ Nm 在________ r/min 下

AA.1.13 燃烧系统：压燃/点燃[2]

AA.1.14 燃料：柴油/LPG/NG-H/NG-L/NG-HL[2]

AA.1.15 冷却系统

AA.1.15.1 液冷

AA.1.15.1.1 液体性质：________

AA.1.15.1.2 循环泵：有/无[2]

AA.1.15.1.3 特性或厂牌和型式(如适用)：________

AA.1.15.1.4 驱动比(如适用)：________

AA.1.15.2 风冷

AA.1.15.2.1 风机：有/无[2]

AA.1.15.2.2 特性或厂牌和型式(如适用)：________

AA.1.15.2.3 驱动比(如适用)：________

AA.1.16 制造厂的允许温度

AA.1.16.1 液冷出口处最高温度：________ K

AA.1.16.2 风冷基准点：________

基准点处最高温度：________ K

AA.1.16.3 进气中冷器(如适用)出口处空气的最高温度：________ K

AA.1.16.4 排气管靠近排气歧管或增压器的出口凸缘处内的最高排气温度：________ K

AA.1.16.5 燃料温度：最低________ K，最高________ K，对于柴油机，在喷射泵进口处；对于燃气发动机，在压力调节器最后级。

AA.1.16.6 燃料压力：最低________ kPa，最高________ kPa，仅对燃用 NG 的发动机，在压力调节器最后级。

AA.1.16.7 润滑油温度：最低________ K，最高________ K

AA.1.17 增压器：有/无[2]

AA.1.17.1 厂牌：________

AA.1.17.2 型式：________

AA.1.17.3 系统描述(如：最高进气压力、放气阀(如有))：________

AA.1.17.4 中冷器：有/无[2]

1）注明公差。

2）划掉不适用者。

AA.1.18 进气系统

在 GB/T 17692—1999 所规定的运转条件下，并在发动机额定转速和 100%负荷下，允许的最大进气真空度：____________ kPa

AA.1.19 排气系统

在 GB/T 17692—1999 所规定的运转条件下，并在发动机额定转速和 100%负荷下，允许的最大排气背压：____________ kPa

排气系统容积：____________________________ cm^3

AA.2 防治空气污染的措施

AA.2.1 曲轴箱气体再循环装置(说明及图纸)：____________

AA.2.2 附加的污染控制装置(如有，而没有包含在其他项目内)：____________

AA.2.2.1 催化转化器：有/无1)

AA.2.2.1.1 厂牌：____________

AA.2.2.1.2 型式：____________

AA.2.2.1.3 催化转化器及其催化单元的数目：____________

AA.2.2.1.4 催化转化器的尺寸、形状和体积：____________

AA.2.2.1.5 催化反应的型式：____________

AA.2.2.1.6 贵金属总含量：____________

AA.2.2.1.7 相对浓度：____________

AA.2.2.1.8 载体(结构和材料)：____________

AA.2.2.1.9 孔密度：____________

AA.2.2.1.10 催化转化器壳体的型式：____________

AA.2.2.1.11 催化转化器的位置(在排气管路中的位置和基准距离)：____________

AA.2.2.2 氧传感器：有/无1)

AA.2.2.2.1 厂牌：____________

AA.2.2.2.2 型式：____________

AA.2.2.2.3 位置：____________

AA.2.2.3 空气喷射：有/无1)

AA.2.2.3.1 类型(脉动空气，空气泵，等。)：____________

AA.2.2.4 EGR：有/无1)

AA.2.2.4.1 特性(流量等)：____________

AA.2.2.5 颗粒物捕集器：有/无1)

AA.2.2.5.1 颗粒物捕集器的尺寸、形状和容积：____________

AA.2.2.5.2 颗粒物捕集器的型式和结构：____________

AA.2.2.5.3 位置(排气管道中的基准距离)：____________

AA.2.2.5.4 再生方法或系统，描述和/或图纸：____________

AA.2.2.6 其他系统：有/无1)

AA.2.2.6.1 种类和作用：____________

AA.3 燃料供给

AA.3.1 柴油机

---

1) 划掉不适用者。

AA.3.1.1 **供给泵**

压力[1)]：__________ kPa 或特性曲线[1),2)]：__________

AA.3.1.2 **喷射系统**

AA.3.1.2.1 **泵**

AA.3.1.2.1.1 厂牌：__________

AA.3.1.2.1.2 型式：__________

AA.3.1.2.1.3 发动机转速__________ r/min 下每个全负荷冲程的供油量：__________ mm^3[1)]，或特性曲线[1)2)]：__________

指出所用方法：在发动机上/在泵台架上[2)]

若采用增压压力控制，则要说明供油特性和增压压力与发动机转速的关系。

AA.3.1.2.1.4 喷油提前

AA.3.1.2.1.4.1 喷油提前曲线[1)]：__________

AA.3.1.2.1.4.2 静态喷油正时[1)]：__________

AA.3.1.2.2 **高压油管**

AA.3.1.2.2.1 长度：__________ mm

AA.3.1.2.2.2 内径：__________ mm

AA.3.1.2.3 **喷油器**

AA.3.1.2.3.1 厂牌：__________

AA.3.1.2.3.2 型式：__________

AA.3.1.2.3.3 开启压力：__________ kPa[1)]

或特性曲线[1),2)]：__________

AA.3.1.2.4 **调速器**

AA.3.1.2.4.1 厂牌：__________

AA.3.1.2.4.2 型式：__________

AA.3.1.2.4.3 全负荷开始减油点的转速：__________ r/min

AA.3.1.2.4.4 最高空转转速：__________ r/min

AA.3.1.2.4.5 怠速转速：__________ r/min

AA.3.1.3 **冷启动装置**

AA.3.1.3.1 厂牌：__________

AA.3.1.3.2 型式：__________

AA.3.1.3.3 描述：__________

AA.3.1.3.4 辅助启动装置：__________

AA.3.1.3.4.1 厂牌：__________

AA.3.1.3.4.2 型式：__________

AA.3.2 **燃气发动机**[3)]

AA.3.2.1 燃料：天然气/LPG[2)]

AA.3.2.2 压力调节器或蒸发器/压力调节器[1)]

AA.3.2.2.1 厂牌：__________

AA.3.2.2.2 型式：__________

1）注明公差。

2）划掉不适用者。

3）对于以不同方式设计的系统，要提供与之相当的资料（针对第 3.2 条）。

AA. 3.2.2.3　降压级数：______

AA. 3.2.2.4　末级压力：最小______kPa，最大______kPa

AA. 3.2.2.5　主要调节点数：______

AA. 3.2.2.6　怠速调节点数：______

AA. 3.2.3　燃料供给系统：混合装置/燃气喷射/液态喷射/直接喷射[1)]

AA. 3.2.3.1　混合强度调节：______

AA. 3.2.3.2　系统描述和/或曲线和图纸：______

AA. 3.2.4　**混合装置**

AA. 3.2.4.1　数量：______

AA. 3.2.4.2　厂牌：______

AA. 3.2.4.3　型式：______

AA. 3.2.4.4　位置：______

AA. 3.2.4.5　可调性：______

AA. 3.2.5　**进气支管喷射**

AA. 3.2.5.1　喷射：单点/多点[1)]

AA. 3.2.5.2　喷射：连续/定时同时/定时依次[1)]

AA. 3.2.5.3　喷射装置

AA. 3.2.5.3.1　厂牌：______

AA. 3.2.5.3.2　型式：______

AA. 3.2.5.3.3　可调性：______

AA. 3.2.5.4　输油泵(如适用)______

AA. 3.2.5.4.1　厂牌：______

AA. 3.2.5.4.2　型式：______

AA. 3.2.5.5　喷射器

AA. 3.2.5.5.1　厂牌：______

AA. 3.2.5.5.2　型式：______

AA. 3.2.6　**直接喷射**

AA. 3.2.6.1　喷油泵/压力调节器[1)]

AA. 3.2.6.1.1　厂牌：______

AA. 3.2.6.1.2　型式：______

AA. 3.2.6.1.3　喷射正时：______

AA. 3.2.6.2　喷射器

AA. 3.2.6.2.1　厂牌：______

AA. 3.2.6.2.2　型式：______

AA. 3.2.6.2.3　开启压力或特征曲线[2)]：______

AA. 3.2.7　**电子控制单元(ECU)**

AA. 3.2.7.1　厂牌：______

AA. 3.2.7.2　型式：______

AA. 3.2.7.3　可调性：______

AA. 3.2.8　**NG燃料的特定装置**

1) 划掉不适用者。

2) 注明公差。

AA.3.2.8.1 变型 1(限于若干特定燃料组分的发动机核准)

AA.3.2.8.1.1 燃料组分:

甲烷(CH_4):	基准:______ mol%	最小______ mol%	最大______ mol%
乙烷(C_2H_6):	基准:______ mol%	最小______ mol%	最大______ mol%
丙烷(C_3H_8):	基准:______ mol%	最小______ mol%	最大______ mol%
丁烷(C_4H_{10}):	基准:______ mol%	最小______ mol%	最大______ mol%
C5/C5+:	基准:______ mol%	最小______ mol%	最大______ mol%
氧(O_2):______	基准:______ mol%	最小______ mol%	最大______ mol%
惰性气(N_2,He,等):	基准:______ mol%	最小______ mol%	最大______ mol%

AA.3.2.8.1.2 喷射器

AA.3.2.8.1.2.1 厂牌:______

AA.3.2.8.1.2.2 型式:______

AA.3.2.8.1.3 其他(如适用)

AA.3.2.8.2 变型 2(限于若干特定燃料组分的发动机核准)

AA.4 气阀正时

AA.4.1 气阀最大升程和相对于上、下止点的开闭角度:______

AA.4.2 基准和/或设定范围[1]:______

AA.5 点火系统(仅对点燃式发动机)

AA.5.1 点火系统型式:公用线圈和火花塞/独立线圈和火花塞/其他(说明)[1]

AA.5.2 点火控制单元

AA.5.2.1 厂牌:______

AA.5.2.2 型式:______

AA.5.3 点火提前曲线/提前图(map)[1],[2]:______

AA.5.4 转速______r/min 以及提前图______kPa 下点火正时:______度(上止点前)[2]

AA.5.5 火花塞

AA.5.5.1 厂牌:______

AA.5.5.2 型式:______

AA.5.5.3 间隙设定:______mm

AA.5.6 点火线圈

AA.5.6.1 厂牌:______

AA.5.6.2 型式:______

AA.6 发动机驱动设备

提交试验的发动机,应带发动机运转所需附件(如:风扇、水泵等),按 GB/T 17692—1999C2.3 条所规定的运转条件。

AA.6.1 试验中应安装的附件

如果不可能或不适合在试验台架上安装这些附件,则应确定这些附件所吸收的功率,并从试验循环整个运转范围所测得的发动机功率中减去。

---

1) 划掉不适用者。

2) 注明公差。

AA.6.2 试验中应拆除的附件

试验中应拆除仅为汽车运行所需的附件(如:空压机、空调系统等)。若这些附件不能拆除,则确定这些附件所吸收的功率,并加到试验循环整个运转范围所测得的发动机功率中。

AA.7 试验条件的附加说明

AA.7.1 所用的润滑油

AA.7.1.1 厂牌:________________

AA.7.1.2 型式:________________

(若燃料中混有润滑油,指出其中润滑油的百分数):__________

AA.7.2 发动机驱动的设备(如适用)

仅需确定附加吸收的功率:

——若发动机运转所需附件没有装在发动机上,和/或

——若发动机运转所不需的附件装在发动机上。

AA.7.2.1 列举并确定其细节:________________

AA.7.2.2 下列发动机转速下吸收的功率(见表 AA.1):________________

表 AA.1

设　　备	不同发动机转速下吸收的功率/kW						
	怠速	低速	高速	转速 A[a]	转速 B[a]	转速 C[a]	基准转速[b]
$P_{(a)}$ 运转发动机所需附件(从测得的发动机功率中减去)见第 AA.6.1 条							
$P_{(b)}$ 发动机运转所不需的附件(增加到测得的发动机功率中)见第 AA.6.2 条							
a ESC 试验。 b 仅用于 ETC 试验。							

AA.8 发动机性能

AA.8.1 发动机转速[1)]

低速(n_{lo}):________________ r/min

高速(n_{hi}):________________ r/min

用于 ESC 和 ELR 循环

怠速:________________ r/min

转速 A:________________ r/min

转速 B:________________ r/min

转速 C:________________ r/min

用于 ETC 循环

基准转速:________________ r/min

AA.8.2 发动机功率(按照 GB/T 17692 的规定测得,见表 AA.2),kW

1) 注明公差。

表 AA.2

	发动机转速				
	怠速	转速 A[a]	转速 B[a]	转速 C[a]	基准转速[b]
$P_{(m)}$ 试验台架上测得的功率					
$P_{(a)}$ 试验中可能安装的附件吸收的功率（第 AA.6.1 条） ——如安装 ——如没安装	 0	 0	 0	 0	 0
$P_{(b)}$ 试验中可能拆去的附件吸收的功率（第 AA.6.2 条） ——如安装 ——如没安装	 0	 0	 0	 0	 0
$P_{(n)}$ 发动机净功率$=P_{(m)}-P_{(a)}+P_{(b)}$					

a ESC 试验；
b 仅用于 ETC 试验。

AA.8.3 测功机设定（kW）

作为 ESC 和 ELR 试验以及作为 ETC 试验基准循环的测功机设定，应以本附件第 AA.8.2 条的发动机净功率 $P_{(n)}$ 为基础。推荐将发动机以净功率状态安装在试验台架上。这时 $P_{(m)}$ 和 $P_{(n)}$ 相同。如果发动机不可能或不适合以净功率状态运转，则应采用上述公式将测功机的设定校正至净功率状态。

AA.8.3.1 ESC 和 ELR 试验

应按照附件 BA 第 BA.1.2 条的公式计算测功机的设定（见表 AA.3）。

表 AA.3

负荷百分数	发动机转速			
	怠速	转速 A	转速 B	转速 C
10				
25				
50				
75				
100				

AA.8.3.2 ETC 试验

如果发动机没有在净功率状态下试验，应由制造厂提供循环整个工作范围内，按照附件 BB 第BB.2 条确定的，将实测功率或实测循环功换算到净功率或净循环功的校正公式，并经检验机构批准。

附 件 AB
(规范性附件)
发动机系族的基本特点

AB.1 公有参数

AB.1.1 燃烧循环：________

AB.1.2 冷却介质：________

AB.1.3 气缸数：________

AB.1.4 单缸排量：________

AB.1.5 吸气方式：________

AB.1.6 燃烧室型式/结构：________

AB.1.7 气阀和气口-结构、尺寸和数量：________

AB.1.8 燃烧系统：________

AB.1.9 点火系统(燃气发动机)：________

AB.1.10 其他特征：________

——进气冷却系统[1)]：________

——排气再循环[1)]：________

——喷水/乳化[1)]：________

——空气喷射[1)]：________

AB.1.11 排气后处理[1)]：

提供(有关排气后处理装置的)表格或清单：________

依据上述所提供的表格或清单，能证明"系统能力/每冲程供油量"比率相同，或对于源机比率为最低。

AB.2 发动机系族清单

AB.2.1 柴油机系族名称：________

AB.2.1.1 此系族内发动机的规格(见表 AB.1)：

表 AB.1

					源 机
发动机型号					
气缸数					
额定转速/(r/min)					
每冲程供油量/mm^3					
额定净功率/kW					
最大扭矩转速/(r/min)					
每冲程供油量/mm^3					
最大扭矩/(N·m)					
低怠速转速/(r/min)					
气缸排量(源机的百分数)					100

1) 如不适用，注以 n.a.。

AB.2.2 燃气发动机系族名称：________________

AB.2.2.1 此系族内发动机的规格(见表 AB.2)：________________

表 AB.2

				源 机
发动机型号				
气缸数				
额定转速/(r/min)				
每冲程供油量/mm^3				
额定净功率/kW				
最大扭矩转速/(r/min)				
每冲程供油量/mm^3				
最大扭矩/(N·m)				
低怠速转速/(r/min)				
气缸排量(源机的百分数)				100
点火正时				
EGR 流量				
空气泵有/无				
空气泵实际流量				

附 件 AC
(规范性附件)
系族内发动机型式的基本特点[1)]

AC.1 发动机描述

AC.1.1 制造厂：________________

AC.1.2 制造厂的发动机代号：________________

AC.1.3 循环：四冲程/两冲程[2)]

AC.1.4 气缸数和排列：________________

AC.1.4.1 缸径：________________ mm

AC.1.4.2 冲程：________________ mm

AC.1.4.3 点火次序：________________

AC.1.5 发动机排量：________________ cm^3

AC.1.6 容积压缩比[3)]：________________

AC.1.7 燃烧室和活塞顶图纸：________________

AC.1.8 进排气口的最小横截面积：________________ cm^2

AC.1.9 怠速转速：________________ r/min

AC.1.10 ____________ r/min 下的最大净功率：____________ kW

1) 应提供系族内的每种发动机。

2) 划掉不适用者。

3) 注明公差。

AC.1.11 发动机最高允许转速：________________ r/min

AC.1.12 ________________ r/min 下最大净扭矩：________________ Nm

AC.1.13 燃烧系统：压燃式/点燃式[1)]

AC.1.14 燃料：柴油/LPG/NG-H/NG-L/NG-HL[1)]

AC.1.15 冷却系统

AC.1.15.1 液冷

AC.1.15.1.1 液体性质：________________

AC.1.15.1.2 循环泵：有/无[1)]

AC.1.15.1.3 特性或厂牌和型式（如适用）：________________

AC.1.15.1.4 驱动比（如适用）：________________

AC.1.15.2 风冷

AC.1.15.2.1 风机：有/无[1)]

AC.1.15.2.2 特性或厂牌和型式（如适用）：________________

AC.1.15.2.3 驱动比（如适用）：________________

AC.1.16 制造厂允许的温度

AC.1.16.1 液冷：出口处最高温度：________________ K

AC.1.16.2 风冷：基准点：________________

基准点处最高温度：________________ K

AC.1.16.3 进气中冷器出口处空气的最高温度（如适用）：________________ K

AC.1.16.4 排气管靠近排气支管或增压器的出口凸缘处内的最高排气温度：________ K

AC.1.16.5 燃料温度：最低________________ K，最高________________ K

对于柴油机，在喷射泵进口处；对于燃用 NG 的发动机，在压力调节器最后级

AC.1.16.6 燃料压力：最低________________ kPa，最高________________ kPa 仅对燃用 NG 的发动机，在压力调节器最后级

AC.1.16.7 润滑油温度：最低________________ K，最高________________ K

AC.1.17 增压器：有/无[1)]

AC.1.17.1 厂牌：________________

AC.1.17.2 型式：________________

AC.1.17.3 系统描述（如：最高进气压力、放气阀（如有））：________________

AC.1.17.4 中冷器：有/无[1)]

AC.1.18 进气系统

按照 GB/T 17692—1999 规定的运转条件，在发动机额定转速和 100%负荷下，允许的最大进气真空度：________________ kPa

AC.1.19 排气系统

按照 GB/T 17692—1999 规定的运转条件，在发动机额定转速和 100%负荷下，允许的最大排气背压：________________ kPa

排气系统容积：________________ cm^3

AC.2 防治空气污染的措施

AC.2.1 曲轴箱气体再循环装置（说明及图纸）：________________

AC.2.2 附加的污染控制装置（如有，而没有包含在其他项目内）：________________

1）划掉不适用者。

AC.2.2.1 催化转化器:有/无[1)]

AC.2.2.1.1 催化转化器及其催化单元的数目:______

AC.2.2.1.2 催化转化器的尺寸、形状和体积:______

AC.2.2.1.3 催化反应的型式:______

AC.2.2.1.4 贵金属总含量:______

AC.2.2.1.5 相对浓度:______

AC.2.2.1.6 载体(结构和材料):______

AC.2.2.1.7 孔密度:______

AC.2.2.1.8 催化转化器壳体的型式:______

AC.2.2.1.9 催化转化器的位置(在排气管路中的位置和基准距离):______

AC.2.2.2 氧传感器:有/无[1)]

AC.2.2.2.1 型式:______

AC.2.2.2.2 位置:______

AC.2.2.3 空气喷射:有/无[1)]

AC.2.2.3.1 类型(脉动空气,空气泵,等):______

AC.2.2.4 EGR:有/无[1)]

AC.2.2.4.1 特性(流量等):______

AC.2.2.5 颗粒物捕集器:有/无[1)] ______

AC.2.2.5.1 颗粒物捕集器的尺寸、形状和容积:______

AC.2.2.5.2 颗粒物捕集器的型式和结构:______

AC.2.2.5.3 位置(排气管道中的基准距离):______

AC.2.2.5.4 再生方法或系统,描述和/或图纸:______

AC.2.2.6 其他系统:有/无[1)]

AC.2.2.6.1 种类和作用:______

AC.3 燃料供给

AC.3.1 柴油机

AC.3.1.1 供给泵

压力[2)]:______ kPa或特性曲线[1)]:______

AC.3.1.2 喷射系统

AC.3.1.2.1 泵

AC.3.1.2.1.1 厂牌:______

AC.3.1.2.1.2 型式:______

AC.3.1.2.1.3 发动机转速______ r/min下每个全负荷冲程的供油量:______ mm^3[2)],或特性曲线[1),2)]:______

指出所用方法:在发动机上/在泵台架上[1)]

若采用增压压力控制,则要说明供油特性和增压压力与发动机转速的关系。

AC.3.1.2.1.4 喷油提前

AC.3.1.2.1.4.1 喷油提前曲线[2)]:______

AC.3.1.2.1.4.2 静态喷油正时[2)]:______

1) 划掉不适用者。

2) 注明公差。

AC.3.1.2.2 高压油管

AC.3.1.2.2.1 长度：________________________ mm

AC.3.1.2.2.2 内径：________________________ mm

AC.3.1.2.3 喷油器

AC.3.1.2.3.1 厂牌：________________________

AC.3.1.2.3.2 型式：________________________

AC.3.1.2.3.3 开启压力：________________________ kPa[2)]

或特性曲线[1),2)]：________________________

AC.3.1.2.4 调速器________________________

AC.3.1.2.4.1 厂牌：________________________

AC.3.1.2.4.2 型式：________________________

AC.3.1.2.4.3 全负荷开始减油点的转速：________________________ r/min

AC.3.1.2.4.4 最高空转转速：________________________ r/min

AC.3.1.2.4.5 怠速转速：________________________ r/min

AC.3.1.3 冷启动装置

AC.3.1.3.1 厂牌：________________________

AC.3.1.3.2 型式：________________________

AC.3.1.3.3 描述：________________________

AC.3.1.3.4 辅助启动装置：________________________

AC.3.1.3.4.1 厂牌：________________________

AC.3.1.3.4.2 型式：________________________

AC.3.2 燃气发动机[3)]

AC.3.2.1 燃料：天然气/LPG[1)]

AC.3.2.2 压力调节器或蒸发器/压力调节器[1)]

AC.3.2.2.1 厂牌：________________________

AC.3.2.2.2 型式：________________________

AC.3.2.2.3 压降级数：________________________

AC.3.2.2.4 末级压力：最小________________ kPa，最大________________ kPa

AC.3.2.2.5 主要调节点数：________________________

AC.3.2.2.6 怠速调节点数：________________________

AC.3.2.3 燃料供给系统：混合装置/燃气喷射/液态喷射/直接喷射[1)]

AC.3.2.3.1 混合强度调节：________________________

AC.3.2.3.2 系统描述和/或曲线和图纸：________________________

AC.3.2.4 混合装置

AC.3.2.4.1 数量：________________________

AC.3.2.4.2 厂牌：________________________

AC.3.2.4.3 型式：________________________

AC.3.2.4.4 位置：________________________

AC.3.2.4.5 可调性：________________________

1）划掉不适用者。

2）注明公差。

3）对于以不同方式设计的系统，要提供与之相当的资料（针对第 AC.3.2 条）。

AC.3.2.5　**进气支管喷射**

AC.3.2.5.1　喷射：单点/多点[1]

AC.3.2.5.2　喷射：连续/定时同时/定时依次[1]

AC.3.2.5.3　喷射装置

AC.3.2.5.3.1　厂牌：________________________________

AC.3.2.5.3.2　型式：________________________________

AC.3.2.5.3.3　可调性：________________________________

AC.3.2.5.4　输油泵(如适用)：

AC.3.2.5.4.1　厂牌：________________________________

AC.3.2.5.4.2　型式：________________________________

AC.3.2.5.5　喷射器

AC.3.2.5.5.1　厂牌：________________________________

AC.3.2.5.5.2　型式：________________________________

AC.3.2.6　**直接喷射**

AC.3.2.6.1　喷油泵/压力调节器[1]

AC.3.2.6.1.1　厂牌：________________________________

AC.3.2.6.1.2　型式：________________________________

AC.3.2.6.1.3　喷射正时：________________________________

AC.3.2.6.2　喷射器

AC.3.2.6.2.1　厂牌：________________________________

AC.3.2.6.2.2　型式：________________________________

AC.3.2.6.2.3　开启压力或特征曲线[2]：________________________________

AC.3.2.7　**电子控制单元(ECU)**

AC.3.2.7.1　厂牌：________________________________

AC.3.2.7.2　型式：________________________________

AC.3.2.7.3　可调性：________________________________

AC.3.2.8　**NG 燃料的特定装置**

AC.3.2.8.1　变型 1(限于若干特定燃料组分的发动机认证)

AC.3.2.8.1.1　燃料组分：

甲烷(CH_4)：	基准：________ mol%	最小________ mol%	最大________ mol%
乙烷(C_2H_6)：	基准：________ mol%	最小________ mol%	最大________ mol%
丙烷(C_3H_8)：	基准：________ mol%	最小________ mol%	最大________ mol%
丁烷(C_4H_{10})：	基准：________ mol%	最小________ mol%	最大________ mol%
C5/C5+：	基准：________ mol%	最小________ mol%	最大________ mol%
氧(O_2)：	基准：________ mol%	最小________ mol%	最大________ mol%
惰性气(N_2,He,等)：	基准：________ mol%	最小________ mol%	最大________ mol%

AC.3.2.8.1.2　喷射器

AC.3.2.8.1.2.1　厂牌：________________________________

AC.3.2.8.1.2.2　型式：________________________________

AC.3.2.8.1.3　其他(如适用)

---

1) 划掉不适用者。

2) 注明公差。

AC.3.2.8.2 变型2(限于若干特定燃料组分的发动机认证)

AC.4 气阀正时

AC.4.1 气阀最大升程和相对于上、下止点的开闭角度：____________

AC.4.2 基准和/或设定范围1)：____________

AC.5 点火系统(仅对点燃式发动机)

AC.5.1 点火系统型式：公用线圈和火花塞/独立线圈和火花塞/其他(说明)1)

AC.5.2 点火控制单元

AC.5.2.1 厂牌：____________

AC.5.2.2 型式：____________

AC.5.3 点火提前曲线/提前图1),2)：

AC.5.4 转速____________r/min以及提前图____________kPa下点火正时：____________度(上死点前)2)

AC.5.5 火花塞____________

AC.5.5.1 厂牌：____________

AC.5.5.2 型式：____________

AC.5.5.3 间隙设定：____________mm

AC.5.6 点火线圈

AC.5.6.1 厂牌：____________

AC.5.6.2 型式：____________

附 件 AD

(规范性附件)

车辆上与发动机有关部件的特征

AD.1 发动机额定转速和100%负荷下进气系统的真空度：____________kPa

AD.2 发动机额定转速和100%负荷下排气系统的背压：____________kPa

AD.3 排气系统容积：____________cm^3

AD.4 在GB/T 17692—1999第C2.3条规定的运转条件下，发动机运转所需附件吸收的功率(见表AD.1)。

表 AD.1

设 备	不同发动机转速下吸收的功率/kW						
	怠 速	低转速	高转速	转速A[a]	转速B[a]	转速C[a]	基准转速[b]
P(a) 运转发动机所需附件(从测得的发动机功率中减去)见第AA.6.1条							
[a] ESC试验。 [b] 仅用于ETC试验。							

1) 划掉不适用者。

2) 注明公差。

附 录 B
（规范性附录）
试验规程

B.1 前言

B.1.1 本附录阐述了发动机排气污染物的气态污染物、颗粒物和烟度的测量方法。阐述了本标准第7.2条要求应用的下列三种试验循环：

——ESC，包含13个稳态工况的循环；

——ELR，包含不同转速下的依次变化的负荷，构成一个整体试验循环并连续运行；

——ETC，包含逐秒变化的瞬态工况。

B.1.2 试验应在发动机测功机台架上进行。

B.1.3 测量原理

测量发动机排气中的排放污染物，包括：气态成分（①一氧化碳；②仅在柴油机ESC试验中测量的总碳氢化合物，仅在柴油机和燃气发动机ETC试验中测量的非甲烷碳氢化合物，仅在燃气发动机ETC试验中测量的甲烷；③氮氧化物）、颗粒物（仅在柴油机上测量）和烟度（仅在柴油机ELR试验循环中测量）。此外，常常采用二氧化碳作为示踪气来确定部分流和全流式稀释系统的稀释比。成熟的工程经验建议，通过全面测量二氧化碳来发现试验运行期间的测量问题。

B.1.3.1 ESC试验循环

在规定试验循环的每个工况中，从经过预热的发动机排气中直接取样，并连续测量。在每个工况运行中，测量每种气态污染物的浓度、发动机的排气流量和输出功率，并将测量值进行加权。

在整个试验过程中，将颗粒物的样气用经过处理的环境空气进行稀释。用适当的滤纸收集颗粒物。

按照附件BA所述方法，计算每种污染物的克每千瓦小时的比排放量。由检验机构在控制区内随机抽检三点的NO_x值，并将三点测量值分别与其相邻试验循环工况点的NO_x计算值相比较，该项检查保证了发动机排放控制的有效性。

B.1.3.2 ELR试验循环

在规定的负荷烟度试验中，采用不透光烟度计测量经过预热的发动机的排气烟度。试验包括三个不同的恒定转速下，将发动机的负荷由10%突加到100%的试验循环。此外，还需运行由检验机构任选的第四个加负荷过程，并将第四个加负荷过程的烟度测量值与上述三个加负荷过程的烟度测量值进行比较。

烟度峰值应根据附件BA中规定的平均算法来确定。

B.1.3.3 ETC试验循环

在规定的瞬态试验循环期间，发动机的全部排气用经过调节的环境空气稀释，并从经过稀释的排气中取样测量排气污染物。使用测功机的发动机扭矩和转速的反馈信号，积分计算循环时间内的发动机的输出功率。通过分析仪的积分方法测量整个循环中的NO_x和HC浓度；CO、CO_2和NMHC浓度，可以通过分析仪的积分方法或袋取样的方法测量；颗粒物通过用适当滤纸按比例收集样品。应测量整个循环过程的稀释排气的流量，用于计算污染物的质量排放值。用质量排放值及发动机的积分功率值计算出附件BB中所述的每种污染物的比排放量。

B.2 试验条件

B.2.1 发动机试验条件

B.2.1.1 应测量发动机进气口处空气的绝对温度（T_a，用K表示）和干空气压（P_s，用kPa表示），并按照下述规定确定实验室大气因子 f_a：

（a）对于柴油机：

自然吸气式和机械增压式发动机：

$$f_a=\left(\frac{99}{P_s}\right)\times\left(\frac{T_a}{298}\right)^{0.7}$$

带或不带进气中冷的涡轮增压式发动机：

$$f_a=\left(\frac{99}{P_s}\right)^{0.7}\times\left(\frac{T_a}{298}\right)^{1.5}$$

（b）对于燃气发动机：

$$f_a=\left(\frac{99}{P_s}\right)^{1.2}\times\left(\frac{T_a}{298}\right)^{0.6}$$

B.2.1.2 试验有效性

实验室大气因子 f_a 满足下列条件时，认为试验有效：

$$0.96\leqslant f_a\leqslant 1.06$$

B.2.2 增压中冷发动机

应记录增压空气的温度。最大净功率和全负荷转速下的增压空气温度，应保持在第 AA.1.16.3 条所规定的最大值的±5K 范围内。冷却介质的温度≥293K(20℃)。

如果采用了实验室增压空气冷却系统或外部鼓风机，最大净功率和全负荷转速下的增压空气温度，应保持在第 AA.1.16.3 所规定的最大值的±5K 范围内。为满足上述条件，在整个试验循环中都应使用增压空气冷却器。

B.2.3 发动机进气系统

应该采用一套发动机进气系统，此系统能控制发动机在最大净功率和全负荷转速下的进气真空度，使其在规定的上限值的±100Pa 范围内。

B.2.4 发动机排气系统

应该采用一套排气系统，此系统能控制发动机在最大净功率和全负荷转速下的排气背压，使其在规定的上限值的±1 000Pa 范围内。系统的容积在制造厂规定容积的±40％范围内。如果试验室的排气系统，可以代表发动机的实际运行条件，可以使用试验室的排气系统。排气系统应满足排气取样的要求，如第 BD.3.4 条，以及第 D.2.2.1 条和第 D.2.3.1 条“排气管”所述。

如果发动机装有排气后处理装置，排气管直径必须与实际使用的相一致，并且后处理装置膨胀段进口端上游，至少应有 4 倍直径长度的排气管。排气歧管凸缘或涡轮增压器出口至排气后处理装置的距离，应与车辆的结构相一致，或者应在制造厂规定的距离范围内。排气背压或阻力应遵守上述同样的准则，由排气背压阀来设定。在进行模拟试验和发动机瞬态性能试验时，可以拆掉后处理壳体，并用一个装有无活性催化剂载体的壳体代替。

B.2.5 冷却系统

采用的发动机冷却系统应有足够的能力，使发动机维持在制造厂规定的正常工作温度。

B.2.6 润滑油

按照附件 AA.7.1 条的规定，记录试验时所用润滑油的规格等。

B.2.7 燃料

燃料应是附录 C 规定的基准燃料。

燃料温度和测量点应由制造厂规定，并在第 AA.1.16.5 条给出的限定范围内，燃料温度不应低于 306K(33℃)。若无规定，燃料泵进口处的温度应为 311 K±5K(38℃±5℃)。

对于燃用 NG 和 LPG 的发动机，燃料温度和测量点应在第 AA.1.16.5 条或(若发动机不是源机)第 AC.1.16.5 条给出的限定范围内。

B.2.8 排气后处理系统的试验

如果发动机装有排气后处理系统，试验循环所测得的排放值应能代表实际使用中的排放值。如果单个试验循环不能做到这一点(如：对于定期再生的颗粒物过滤器)，则应进行若干个试验循环，并将试验结果进行平均和/或加权。具体的规程应由发动机制造厂和检验机构根据成熟的工程判断协商确定。

附　件　BA
(规范性附件)
ESC 和 ELR 试验循环

BA.1　发动机和测功机的设定

BA.1.1　确定发动机转速 *A*、*B* 和 *C*

发动机转速 *A*、*B* 和 *C* 应由制造厂按照下列规定确定：

高转速 n_{hi} 是最大净功率 $P_{(n)}$ 70%下的转速，最大净功率 $P_{(n)}$ 由第 AA.8.2 条确定。功率曲线上此功率对应的发动机最高转速定义为 n_{hi}。

低转速 n_{lo} 是最大净功率 $P_{(n)}$ 50%下的转速，最大净功率 $P_{(n)}$ 由第 AA.8.2 条确定。功率曲线上此功率对应的发动机最低转速定义为 n_{lo}。

发动机转速 *A*、*B* 和 *C* 应按下列公式计算：

$$\text{转速 } A = n_{lo} + 25\%(n_{hi} - n_{lo})$$

$$\text{转速 } B = n_{lo} + 50\%(n_{hi} - n_{lo})$$

$$\text{转速 } C = n_{lo} + 75\%(n_{hi} - n_{lo})$$

发动机转速 *A*、*B* 和 *C* 可用下列方法之一核实：

(a) 为了精确测量 n_{hi} 和 n_{lo}，按照 GB/T 17962—1999 进行发动机净功率测量时，应测量额外的试验点。最大功率、转速 n_{hi} 和转速 n_{lo} 应从功率曲线上确定，发动机转速 *A*、*B* 和 *C* 应按上述规定计算。

(b) 应测定发动机的全负荷曲线，从最高空转转速到怠速，每 1 000 r/min 的间隔内至少选五个测量点，测量点的转速应控制在该点最大净功率转速的±50 r/min 以内。应从被测出的功率曲线上确定最大功率，转速 n_{hi} 和转速 n_{lo}，转速 *A*、*B* 和 *C* 应按上述规定计算。

如果测量所得的发动机转速 *A*、*B* 和 *C* 在制造厂确定的发动机转速的±3%以内，则在排放试验中采用制造厂确定的发动机转速。如果其中任何一个发动机转速超差，则在排放试验中采用测量所得的发动机转速。

BA.1.2　确定测功机的设定值

必须通过试验测定全负荷的扭矩曲线，以便按照第 AA.8.2 条的规定，计算净功率状态下规定的试验工况的扭矩值。用于检查被测试发动机性能与制造厂的规定是否一致。发动机型式核准检验时，与制造厂的规定值相比，最大净功率的差别不得大于±2%；最大净扭矩的差别不得大于±4%。生产一致性检查时，与制造厂的规定值相比最大净功率和最大净扭矩的差别分别不得大于±5%。应考虑制造厂提出的、适用于该机型的、由发动机驱动的附件允许吸收的功率。每一试验工况下测功机的设定值按下列公式计算：

$$S = P_{(n)} \times (L/100) \quad \text{若在净功率状态下试验}$$

$$S = P_{(n)} \times (L/100) + (P_{(a)} - P_{(b)}) \quad \text{若在非净功率状态下试验}$$

式中：

S——测功机设定值，单位为千瓦(kW)；

$P_{(n)}$——第 AA.8.2 条中指出的净功率，单位为千瓦(kW)；

L——本附件第 BA.2.7.1 条指出的负荷百分数，%；

$P_{(a)}$——第 AA.6.1 条指出的应安装附件吸收的功率，单位为千瓦(kW)；

$P_{(b)}$——第 AA.6.2 条指出的应拆除附件吸收的功率，单位为千瓦(kW)；

BA.2 ESC 试验循环

应制造厂的要求，在测量循环前，可先进行旨在预处理发动机和排气系统的模拟试验。

BA.2.1 准备取样滤纸

试验前至少一小时，应将每张(对)滤纸置于一个有盖但不密封的培养皿(petri dish)里，放入称量室中进行稳定。稳定结束后，应称量每张(对)的净质量并记录。然后应把滤纸(对)存放在有盖但不密封的培养皿(petri dish)里或密封的滤纸保持架中，直至试验需要时。如滤纸(对)从称量室取出后，8h内没有使用，则必须在使用前重新预处理和称量。

BA.2.2 测量设备的安装

按照需要安装仪器和取样探头。当用全流式稀释系统稀释发动机排气时，发动机排气尾管应与该系统相连接。

BA.2.3 启动稀释系统和发动机

应该按照制造厂和成熟的工程经验的推荐，起动和预热稀释系统和发动机，直至发动机最大功率下所有的温度和压力均达到稳定。

BA.2.4 启动颗粒物取样系统

应启动颗粒物取样系统，并在旁通状态下运行。可以将稀释空气通过颗粒物滤纸来测定稀释空气中颗粒物背景值。若稀释空气经过过滤处理，则应在试验前或后仅测定一次。若稀释空气未经过滤处理，则在循环开始和结束时分别进行测定，并取其平均值。

BA.2.5 调整稀释比

稀释空气的设定应保证在任何工况下，使得紧靠颗粒物初级滤纸前的稀释排气温度不高于 325K (52℃)，稀释比(q)不小于 4。

对于通过对 CO_2 或 NO_x 浓度的测量来控制稀释比的系统，在每次试验开始和结束时，应测定稀释空气的 CO_2 或 NO_x 含量。试验前、后所测得的稀释空气中的 CO_2 或 NO_x 背景浓度值应分别在 100 ppm或 5 ppm 以内。

BA.2.6 检查分析仪

应标定排放分析仪的零点和量距点。

BA.2.7 试验循环

BA.2.7.1 试验发动机在测功机上运行应遵循表 BA.1 所列出的 13 工况循环：

表 BA.1

工 况 号	发动机转速	负荷百分数	加权系数	工况时间/min
1	怠速	—	0.15	4
2	*A*	100	0.08	2
3	*B*	50	0.10	2
4	*B*	75	0.10	2
5	*A*	50	0.05	2
6	*A*	75	0.05	2
7	*A*	25	0.05	2
8	*B*	100	0.09	2
9	*B*	25	0.10	2

表 BA.1(续)

工 况 号	发动机转速	负荷百分数	加权系数	工况时间/min
10	C	100	0.08	2
11	C	25	0.05	2
12	C	75	0.05	2
13	C	50	0.05	2

BA.2.7.2 试验顺序

运行试验程序。试验按第 BA.2.7.1 条列出的工况号顺序进行。

发动机必须按照每个工况所规定的时间运转，最初 20 s 用于完成转速和负荷的转换。每工况中规定的转速应保持在±50 r/min 之内，规定的扭矩应保持在该试验转速下最大扭矩的±2%以内。

为在滤纸上收集更多的颗粒物量，应制造厂的要求，试验程序可重复足够次数。最终结果应有相关的数据评价和计算程序的说明。气态污染物只能在首次循环内测定。

BA.2.7.3 分析仪的响应

整个试验循环中排气都需流过分析仪，分析仪的输出应记录在纸带记录仪上，或用等效的数据采集系统测定。

BA.2.7.4 颗粒物取样

整个试验规程应使用一对滤纸(初级滤纸和次级滤纸，见附件 BD)。试验循环程序中规定的工况加权系数，是通过每个工况的比例取样加以考虑。可通过调整样气流量、取样时间和(或)稀释比来实现，从而符合了第 BA.5.6 条中有效加权系数的准则。

每工况的取样时间为每 0.01 加权系数至少 4 s。取样应尽可能在每个工况的最后进行。颗粒物取样结束时间不得早于每工况结束前 5 s。

BA.2.7.5 发动机状态

一旦发动机每个工况的转速和负荷满足 BA.2.7.2 条的要求后，即可进行每工况的颗粒采样，采样期开始无论如何不能迟于每工况的最后一分钟。此时应记录发动机的转速、负荷、进气真空度和温度、排气背压和温度、燃料流量和温度、空气流量或排气流量、增压空气温度、湿度等。

应记录计算所需要的一切补充数据(见第 BA.4 和 BA.5 条)

BA.2.7.6 控制区内 NO_x 检查

控制区内 NO_x 检查应在完成第 13 工况后立即进行。

在开始测量前，发动机应调整至第 13 工况运行 3 min，然后在控制区内由检验机构选择的三个不同位置进行测量。每次测量时间应为 2 min。

测量规程和 13 工况循环中 NO_x 的测量相同，并应按照第 BA.2.7.3 条、BA.2.7.5 条和第 BA.4.1 条，以及第 BD.3 条进行。

计算应按 BA.4 条进行。

BA.2.7.7 分析仪的再检查

排放试验后，应使用零气和相同的量距气进行再检查。如果试验前后的检查结果相差不到量距气值的 2%，则认为试验有效。

BA.3 ELR 试验循环

BA.3.1 安装测量设备

不透光烟度计和取样探头(如适用)，应按照仪器制造厂规定的安装规程，安装在消声器或后处理装置(如装有)后。此外，如适用，应遵守 ISO DIS 11614 第 10 节的要求。

在零点和满量程检查之前，应按照仪器制造厂的技术规定预热和稳定不透光烟度计。若不透光烟度计带有空气清扫系统，用来防止仪器的光学元件被烟熏黑，则该系统同样要按制造厂的技术规定进行起动和调整。

BA.3.2 不透光烟度计的检查

由于不透光烟度计提供了两个真实可靠的标定点，即0%不透光度和100%不透光度。所以零点和满量程检查时，仪器应处于不透光度读出状态。试验时，不透光烟度计返回至光吸收系数 K 的读出状态，其 K 值可根据所测不透光度和制造厂提供的光通道有效长度 L_A 精确计算而得；当光束不受阻时，不透光烟度计读数值应调至0.0%±1%不透光度；当光束全部不能到达接收器时，不透光烟度计读数值应调至100.0%±1%不透光度。

BA.3.3 试验循环

BA.3.3.1 发动机预处理

应在发动机最大功率点状态预热发动机和系统，以便按照制造厂的技术规定，稳定发动机各参数。预处理同时可使实际测量不受上次试验时排气系统中沉淀物的影响。

发动机稳定后，循环应在预处理阶段之后(20±2)s内开始。应制造厂的要求在测量循环前，可进行一次模拟试验作为附加预处理。

BA.3.3.2 试验程序

发动机在 A、B、C 三个转速(注：A、B、C 转速按第BA.1.1条确定)和 D 转速(注：D 转速由检验机构选择)下按顺序进行加负荷循环(参见图BA.1)。

注：

(a) 发动机应在转速 A 和10%负荷下运行(20±2)s。规定的转速应保持在±20 r/min以内，规定的扭矩应保持在该试验转速下最大扭矩的±2%以内。

(b) 前一部分结束后，油门控制装置应快速移动并停止在油门开度最大位置处(10±1)s。测功机也应将负荷加至100%，使发动机转速在最初3 s保持在规定转速的±150 r/min以内，余下时间保持在规定转速的±20 r/min以内。

(c) (a)和(b)所述程序应再重复两次。

(d) 完成第三次加负荷后，应在(20±2)s内将发动机调至转速 B(规定转速的±20 r/min以内)和10%负荷(该试验转速下最大扭矩的±2%以内)。

(e) 发动机应在转速 B 下运行(a)至(c)程序。

(f) 完成第三次加负荷后，应在(20±2)s内将发动机调至转速 C(规定转速的±20 r/min以内)和10%负荷(该试验转速下最大扭矩的±2%以内)。

(g) 发动机应在转速 C 下运行(a)至(c)程序。

(h) 完成第三次加负荷后，应在(20±2)s内将发动机调至检验机构选择的转速和10%及以上的任意负荷。

(i) 发动机应在检验机构选择的转速下运行(a)至(c)程序。

BA.3.4 循环的确认

每个试验转速的平均烟度值(SV_A、SV_B、SV_C——按照第BA.6.3.3条对每个试验转速下的三次连续地加负荷的烟度测量值进行的平均)的相对标准偏差应低于平均烟度值(SV_A、SV_B、SV_C)的15%或本标准正文表1中限值的10%，两者中的大者。若超差，应重新试验，直至3次连续地加负荷能满足确认准则。

BA.3.5 不透光烟度计的再检查

试验后不透光烟度计的零点漂移量，应不超过表1所示限值的±5%。

BA.4 气态污染物的计算

BA.4.1 数据确定

气态污染物浓度的确定，应将纸带上每工况最后30 s内的读数取平均值，并根据纸带平均值和相应的修正数据确定每工况内 HC、CO、NO_x 的平均浓度(conc)。如能保证数据采集效果等效，也可使用其他不同的记录形式。

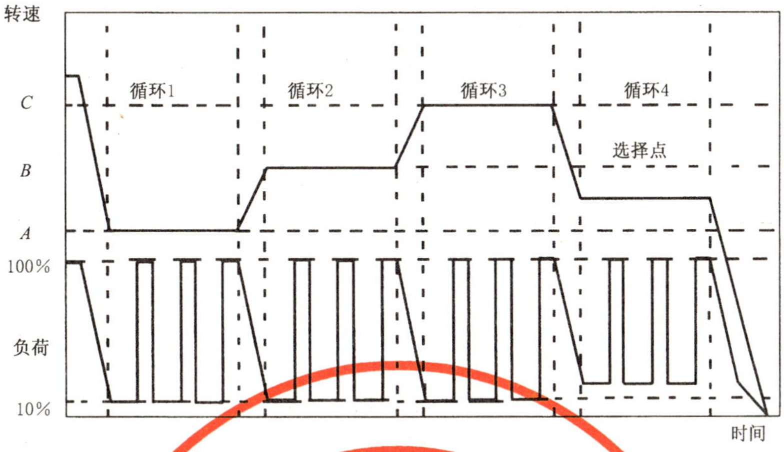

图 BA.1　ELR 试验顺序

对于控制区的 NO_x 检查，上述要求仅限于 NO_x。

应按第 BD.2.3 条确定测量排气流量 G_{EXHW} 或稀释排气流量 G_{TOTW}。

BA.4.2　干/湿基转换

若未以湿基进行测量，测得的浓度应按照下列公式换算至湿基：

$$\text{conc(湿)} = K_w \times \text{conc(干)}$$

对于直接采样(原始排气)：

$$K_{w,r} = \left(1 - F_{FH} \times \frac{G_{FUEL}}{G_{ARID}}\right) - K_{W2}$$

式中：

$$F_{FH} = \frac{1.969}{\left(1 + \frac{G_{FUEL}}{G_{AIRW}}\right)}$$

对于稀释采样(稀释排气)：

$$K_{W,e,1} = \left(1 - \frac{\text{HTCRAT} \times CO_2\%(\text{湿})}{200}\right) - K_{W1}$$

或，

$$K_{W,e,2} = \frac{(1 - K_{W1})}{1 + \frac{\text{HTCRAT} \times CO_2\%(\text{干})}{200}}$$

对于稀释空气：

$$K_{W,d} = 1 - K_{W1}$$

$$K_{W1} = \frac{1.608 \times H_d}{1\,000 + (1.608 \times H_d)}$$

$$H_d = \frac{6.220 \times R_d \times P_d}{P_B - P_d \times R_d \times 10^{-2}}$$

对于发动机进气(若与稀释空气不同)：

$$K_{W,a} = 1 - K_{W_2}$$

$$K_{W2} = \frac{1.608 \times H_a}{1\,000 + (1.608 \times H_a)}$$

$$H_a = \frac{6.220 \times R_a \times P_a}{P_B - P_a \times R_a \times 10^{-2}}$$

式中：

H_a——进气绝对湿度(水/干空气)，单位为克每千克(g/kg)；

H_d——稀释空气的绝对湿度(水/干空气)，单位为克每千克(g/kg)；

R_a——进气相对湿度，%；

R_d——稀释空气的相对湿度，%；

P_a——发动机进气空气的饱和蒸汽压，单位为千帕斯卡(kPa)；

P_d——稀释空气的饱和蒸汽压，单位为千帕斯卡(kPa)；

P_B——大气总压力，单位为千帕斯卡(kPa)；

BA.4.3　NO_x 的湿度和温度校正

由于 NO_x 的排放量与大气状态有关，因此应采用下列公式中的因子对 NO_x 的浓度进行大气温度和湿度的校正。

$$K_{H.D}=\frac{1}{1+A\times(H_a-10.71)+B\times(T_a-298)}$$

式中：

$A=0.309G_{FUEL}/G_{AIRD}-0.0266$；

$B=-0.209G_{FUEL}/G_{AIRD}+0.00954$；

T_a——进气的绝对温度，单位为开尔文(K)；

H_a——进气的绝对湿度(水/干空气)，单位为克每千克(g/kg)；

$$H_a=\frac{6.220\times R_a\times P_a}{P_B-P_a\times R_a\times 10^{-2}}$$

式中：

R_a——进气的相对温度，%；

P_a——发动机进气空气的饱和蒸汽压，单位为千帕斯卡(kPa)；

P_B——总大气压，单位为千帕斯卡(kPa)。

BA.4.4　排气污染物质量流量的计算

每工况排气污染物的质量流量(g/h)按下列公式计算(假设排气在 273K(0℃)和 101.3kPa 下的密度为 1.293kg/m^3)：

如果直接从原始排气中采样，应使用下列公式：

(1) $NO_{x\,mass}=0.001587\times NO_{x\,conc}\times K_{H,D}\times G_{EXHW}$

(2) $CO_{mass}=0.000966\times CO_{conc}\times G_{EXHW}$

(3) $HC_{mass}=0.000479\times HC_{conc}\times G_{EXHW}$

式中：$NO_{x\,conc}$、CO_{conc}、HC_{conc}(以 C1 当量表示)是由第 BA.4.1 条确定的直接采样(原始排气)中的平均浓度(ppm)。

如果使用全流稀释系统测量气态污染物，从稀释排气中采样，应使用下列公式：

(1) $NO_{x\,mass}=0.001587\times NO_{x\,conc}\times K_{H,D}\times G_{TOTW}$

(2) $CO_{mass}=0.000966\times CO_{conc}\times G_{TOTW}$

(3) $HC_{mass}=0.000479\times HC_{conc}\times G_{TOTW}$

式中：$NO_{x\,conc}$、CO_{conc}、HC_{conc}(以 C1 当量表示)是由第 BB.4.3.1.1 条确定的每工况稀释排气经过背景校正的平均浓度(ppm)。

BA.4.5　比排放量的计算

各个组分的排放量[g/(kW·h)]，按照下列公式进行计算。

$$\overline{NO_x}=\frac{\Sigma NO_{x\,mass}\times WF_i}{\Sigma P(n)_i\times WF_i}$$

$$\overline{CO}=\frac{\Sigma CO_{mass}\times WF_i}{\Sigma P(n)_i\times WF_i}$$

$$\overline{HC}=\frac{\Sigma HC_{mass}\times WF_i}{\Sigma P(n)_i\times WF_i}$$

以上计算中所用的加权系数(WF_i)来自第 BA.2.7.1 条。

BA.4.6　控制区内各值的计算

对于按第 BA.2.7.6 条选定的三个控制点，应测量 NO_x 的排放量并按第 BA.4.6.1 条进行计算。按照第 BA.4.6.2 条，用内插法从试验循环中相邻各个控制点的工况中得到 NO_x 排放量内插值。最后将测量值与内插值按照第 BA.4.6.3 条进行比较。

BA.4.6.1 比排放量的计算

每个控制点(Z)的 NO_x 排放量应计算如下:

$$NO_{x\,mass,z}=0.001\,587\times NO_{x\,conc,z}\times K_{H,D}\times G_{EXHW}$$

$$NO_{x,Z}=\frac{NO_{x\,mass,z}}{P_{(n)z}}$$

BA.4.6.2 从试验循环中确定控制点的 NO_x 排放值

每一所选控制点(Z)的 NO_x 排放值(内插值),应从包含所选控制点的试验循环的四个相邻工况中内插得到,如图 BA.2 所示。相邻四个工况(R、S、T、U)定义如下:

转速(R)=转速(T)=n_{RT}

转速(S)=转速(U)=n_{SU}

负荷百分数(R)=负荷百分数(S)

负荷百分数(T)=负荷百分数(U)

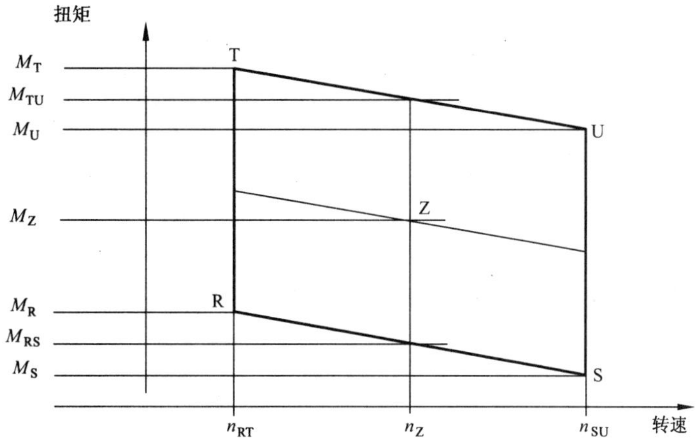

图 BA.2 NO_x 控制点的内插

所选控制点(Z)的 NO_x 排放量(内插值)按下列公式计算:

$$E_Z=E_{RS}+(E_{TU}-E_{RS})\times(M_Z-M_{RS})/(M_{TU}-M_{RS})$$

和:

$$E_{TU}=E_T+(E_U-E_T)\times(n_z-n_{RT})/(n_{SU}-n_{RT})$$

$$E_{RS}=E_R+(E_S-E_R)\times(n_z-n_{RT})/(n_{SU}-n_{RT})$$

$$M_{TU}=M_T+(M_U-M_T)\times(n_z-n_{RT})/(n_{SU}-n_{RT})$$

$$M_{RS}=M_R+(M_S-M_R)\times(n_z-n_{RT})/(n_{SU}-n_{RT})$$

式中:

E_R,E_S,E_T,E_U——包络控制点 Z 的各工况按第 BA.4.6.1 条计算得到的比排放值;

M_R,M_U,M_S,M_T——包络控制点 Z 的各工况的发动机扭矩。

BA.4.6.3 NO_x 排放值的比较

将控制点(Z)处测得的 NO_x 比排放值($NO_{x,z}$)与内插值(E_z)比较如下:

$$NO_{x,差}=100\times(NO_{x,z}-E_z)/E_z$$

BA.5 颗粒物排放量的计算

BA.5.1 数据确定

颗粒物排放量的确定,应记录每工况通过滤纸的样气总质量($M_{SAM,i}$)。

滤纸应返回称重室处理至少 1 h,但不超过 80 h,然后称重。应记录滤纸总质量,并减去滤纸的净质量(见本第 BA.2.1 条)。颗粒物质量 M_f 是初级滤纸和次级滤纸上收集的颗粒物质量的总和。如果进行背景校正,应记录通过滤纸的稀释空气质量(M_{DIL})和稀释空气中颗粒物质量(M_d)。如果测量过多次,对每次测量都应计算比值(M_d/M_{DIL}),并求其平均值。

BA.5.2 部分流稀释系统

颗粒物质量的最终结果应按下列步骤确定。由于可使用各种方式控制稀释比,因而需使用不同方法计算 G_{EDFW}。所有计算均应以取样期内各工况的平均值为基础。

BA.5.2.1 等动态系统

$$G_{EDFW,i}=G_{EXHW,i}\times q_i$$

$$q_i=\frac{G_{DILW,i}+(G_{EXHW,i}\times r)}{(G_{EXHW,i}\times r)}$$

式中:

r——等动态取样探头的横截面积与排气管的横截面积之比,$r=A_P/A_T$

BA.5.2.2 测量 CO_2 和 NO_x 浓度的系统

$$G_{EDFW,i}=G_{EXHW,i}\times q_i$$

$$q_i=\frac{\mathrm{conc}_{E,i}-\mathrm{conc}_{A,i}}{\mathrm{conc}_{D,i}-\mathrm{conc}_{A,i}}$$

式中:

conc_E——原始排气中示踪气的湿基浓度;

conc_D——稀释排气中示踪气的湿基浓度;

conc_A——稀释空气中示踪气的湿基浓度。

按照第 BA.4.2 条,将测量的干基浓度换算为湿基浓度。

BA.5.2.3 测量 CO_2 和碳平衡法的系统

$$G_{EDFW,i}=\frac{206.5\times G_{FUEL,i}}{CO_{2\,D,i}-CO_{2\,A,i}}$$

式中:

$CO_{2\,D}$——稀释排气中 CO_2 的浓度;

$CO_{2\,A}$——稀释空气中 CO_2 的浓度(湿基,体积分数,%)。

本等式以碳平衡假设为基础(供给发动机的碳原子都以 CO_2 排出),并通过下列公式求得:

$$G_{EDFW,i}=G_{EXHW,i}\times q_i$$

和:

$$q_i=\frac{206.5\times G_{FUEL,i}}{G_{EXHW,i}\times(CO_{2\,D,i}-CO_{2\,A,i})}$$

BA.5.2.4 带流量测量的系统

$$G_{EDFW,i}=G_{EXHW,i}\times q_i$$

$$q_i=\frac{G_{TOTW,i}}{(G_{TOTW,i}-G_{DILW,i})}$$

BA.5.3 全流稀释系统

颗粒物排放的最终结果应按下列步骤确定。所有计算均应以取样期内各工况的平均值为基础。

$$G_{EDFW,i}=G_{TOTW,i}$$

BA.5.4 颗粒物质量流量的计算

颗粒物质量流量应按下式计算:

$$PM_{mass}=\frac{M_f}{M_{SAM}}\times\frac{\overline{G}_{EDFW}}{1\,000}$$

式中:

$$\bar{G}_{EDFW} = \sum_{i=1}^{i=n} G_{EDFW,i} \times WF_i$$

$$M_{SAM} = \sum_{i=1}^{i=n} M_{SAM,i}$$

$$i=1,\cdots n$$

在整个试验循环内由取样期间各工况的平均值累加求得。

颗粒物质量流量可按下式进行背景校正：

$$PM_{mass} = \left[\frac{M_f}{M_{SAM}} - \left(\frac{M_d}{M_{DIL}} \times \left(\sum_{i=1}^{i=n}\left(1-\frac{1}{DF_i}\right) \times WF_i\right)\right)\right] \times \frac{\bar{G}_{EDFW}}{1\ 000}$$

如果测量过多次，$\frac{M_d}{M_{DIL}}$应该用$\frac{\bar{M}_d}{M_{DIL}}$替代。

对于各个工况，$DF_i = 13.4/[CO_{2\,conc} + (HC'_{conc} + CO_{conc}) \times 10^{-4}]$

或对于各个工况，$DF_i = 13.4/CO_{2\,conc}$

BA.5.5 比排放量的计算

颗粒物比排放量按下列公式计算：

$$\overline{PM} = \frac{PT_{mass}}{\sum P(n)_i \times WF_i}$$

BA.5.6 有效加权系数

每个工况的有效加权系数 $WF_{E,i}$ 按下列公式计算：

$$WF_{E,i} = \frac{M_{SAM,i} \times \bar{G}_{EDFW}}{M_{SAM} \times G_{EDFW,i}}$$

有效加权系数的数值应在 BA.2.7.1 条所列加权系数的±0.003(怠速工况为±0.005)以内。

BA.6 烟度值的计算

BA.6.1 贝塞尔(Bessel)算法

应采用贝塞尔算法，将从第 BA.6.3.1 条换算得到瞬时烟度读数值，计算出 1 s 平均值。该算法模拟一个二级低通量滤波器，其系数需要通过迭代计算加以确定。这些系数是烟度计系统的响应时间和取样速率的函数。因此，系统的响应时间和/或取样速率发生改变时，必须按第 BA.6.1.1 条重新计算。

BA.6.1.1 滤波器响应时间和贝塞尔常数的计算

如第 BD.5.2.4 条所述，所要求的贝塞尔函数的滤波器响应时间(t_F)，是烟度计系统的物理响应时间和电路响应时间的函数，并应按下列公式计算：

$$t_F = \sqrt{1-(t_p^2+t_e^2)}$$

式中：

t_p——物理响应时间，单位为秒(s)；

t_e——电路响应时间，单位为秒(s)。

滤波器的截止频率(f_c)通过≤0.01 s 内，阶跃输入 0～1 信号进行估算(见附录 F)。阶跃输入后，滤波器响应时间为贝塞尔输出 10%(t_{10})至 90%(t_{90})的时间差。迭代计算 f_c，直到 $t_{90}-t_{10} \approx t_F$(第一次迭代时的 f_c 值，按 $f_c = \pi/(10 \times t_F)$公式进行计算)。

贝塞尔常数 E 和 K 应按下列公式计算：

$$E = \frac{1}{1+\Omega \times \sqrt{3 \times D} + D \times \Omega^2}$$

$$K = 2 \times E \times (D \times \Omega^2 - 1) - 1$$

式中：

$D = 0.6180\ 34$；

$\Delta t=1/$取样速率；

$\Omega=1/[\tan(\pi\times\Delta t\times f_c)]$。

BA.6.1.2 应用贝塞尔算法进行计算

采用 E 和 K 值，阶跃输入 S_i，1s 的贝塞尔平均响应，按下式计算：

$$Y_i=Y_{i-1}+E\times(S_i+2\times S_{i-1}+S_{i-2}-4\times Y_{i-2})+K\times(Y_{i-1}-Y_{i-2})$$

式中：

$S_{i-2}=S_{i-1}=0$

$S_i=1$

$Y_{i-2}=Y_{i-1}=0$

时间 t_{10} 和 t_{90} 应该用内插法计算。t_{10} 和 t_{90} 之间的时间差决定了响应时间 t_F。如果此响应时间还未接近所需要的响应时间 t_F，则应继续反复计算，直到实际响应时间与所需要响应时间之差在 1%以内。如下式所示：

$$|(t_{90}-t_{10})-t_F|\leqslant 0.01\times t_F$$

BA.6.2 数据评定

烟度值应在最小取样频率 20 Hz 下测得。

BA.6.3 确定烟度

BA.6.3.1 数据转换

因为所有不透光烟度计的基本测量单位是透光度，所以烟度值应按下式从透光度(τ)换算到光吸收系数(k)

$$k=-\frac{1}{L_a}\times\ln\left(1-\frac{N}{100}\right)$$

和

$$N=100-\tau$$

式中：

k——光吸收系数，单位为负一次方米(m^{-1})；

L_a——光通道有效长度，由仪器制造厂提供，单位为米(m)；

N——不透光度，%；

τ——烟的透光度，%。

转换应在进一步数据处理之前进行。

BA.6.3.2 计算贝塞尔平均烟度

通过确定合适的截止频率 f_c，从而得到所需的滤波器响应时间 t_F。在第 BA.6.1 条迭代过程中确定了此频率后，则算出合适的贝塞尔算法的常数 E 和 K。随后用贝塞尔算法示踪瞬态烟度(k 值)，如第 BA.6.1.2 条所述：

$$Y_i=Y_{i-1}+E\times(S_i+2\times S_{i-1}+S_{i-2}-4\times Y_{i-2})+K\times(Y_{i-1}-Y_{i-2})$$

贝塞尔算法是自然回归的。计算初始，需要 S_{i-1} 和 S_{i-2} 初始输入值和 Y_{i-1} 和 Y_{i-2} 初始输入值。这些值可以假定为零。

对于 A、B、C 三个转速的加负荷段，最大(1 s 值)Y_{max} 从各烟度示踪 Y_i 值中选取。

BA.6.3.3 最终结果

每个循环(试验转速)的平均烟度值(SV)应按下式计算

对于试验转速 A：

$$SV_A=(Y_{max1,A}+Y_{max2,A}+Y_{max3,A})/3$$

对于试验转速 B：

$$SV_B=(Y_{max1,B}+Y_{max2,B}+Y_{max3,B})/3$$

对于试验转速 C：

$$SV_C=(Y_{max1,C}+Y_{max2,C}+Y_{max3,C})/3$$

式中：

Y_{max1}，Y_{max2}，Y_{max3}——三个加负荷段中各(1 s)贝塞尔平均烟度值中最高者。

最终值按下列公式计算：

$$SV=(0.43\times SV_A)+(0.56\times SV_B)+(0.01\times SV_C)$$

附 件 BB
（规范性附件）
ETC 试验循环

BB.1 发动机瞬态性能(engine power map)测定规程

BB.1.1 确定发动机瞬态性能转速范围

为使可在试验室内进行 ETC 试验循环，在试验循环前需对发动机进行瞬态性能测定试验，以得到发动机的转速—扭矩曲线。最小和最大瞬态性能转速定义如下：

最小瞬态性能转速＝怠速；

最大瞬态性能转速＝$n_{hi}\times 1.02$ 或全负荷扭矩降为零时的转速，取其较低者。

BB.1.2 测定发动机瞬态性能的功率

按照制造厂和成熟的工程经验的推荐，发动机在最大功率状态下进行热机，以便稳定发动机参数。当发动机参数稳定后，应按下列步骤进行发动机瞬态性能的功率测定：

(a) 发动机应卸载，并在怠速下运转；

(b) 发动机应在喷油泵全负荷设定及最小瞬态性能转速下运转；

(c) 发动机从最小瞬态性能转速至最大瞬态性能转速的平均增加率为 8±1(r/min)/s。应以至少每秒一点的取样率，记录发动机的转速和扭矩。

BB.1.3 发动机瞬态性能曲线的形成

采用线性内插法连接第 BB.1.2 条记录的所有数据点，所得到的扭矩曲线即是发动机瞬态性能曲线。利用该曲线将 ETC 循环规定的标准百分值转化为实际扭矩值，如第 BB.2 条所述。

BB.1.4 替代的性能测定

如果制造厂认为上述发动机瞬态性能曲线测定技术不安全或不能代表该发动机，则可采用替代发动机瞬态性能曲线测定技术。替代的发动机瞬态性能曲线测定技术必须达到规定的发动机瞬态性能曲线测定规程的目的，即测定发动机整个允许转速范围内所能发出的最大有效扭矩。由于安全性或代表性的理由不采用本条所规定的发动机瞬态性能曲线测定技术，应经检验机构批准，并说明所用替代方法的合理性。然而，对于涡轮增压或调速器控制的发动机，绝不可以采用发动机转速连续递减的方法。

BB.1.5 重复试验

每次试验循环之前，发动机不必进行发动机瞬态性能曲线测定。但如出现下列情况，发动机在试验循环前应重新进行发动机瞬态性能曲线测定：

——由工程经验判定，距最近一次发动机瞬态性能曲线测定，经过了一段过长的时间；或，

——改变或重新校调机件可能影响发动机的性能。

BB.2 基准试验循环的形成

瞬态试验循环如附件 BC 所述。扭矩和转速的规范百分值应按下述方法转换成实际值，以形成基准循环。

BB.2.1　实际转速

使用下列公式将附件BC转速规范百分值转换成实际值：

$$实际转速=\%转速\times(基准转速-怠速)/100+怠速$$

基准转速(n_{ref})是指附件BC的发动机测功机规范所规定的100%相对转速点的实际转速值。其定义如下(见图1)

$$n_{ref}=n_{lo}+95\%\times(n_{hi}-n_{lo})$$

式中：

n_{hi}和n_{lo}按照第3章规定，或按照第BA.1.1条确定。

BB.2.2　实际扭矩

附件BC的扭矩是各个转速下的最大扭矩的规范百分值。基准循环的扭矩值应使用实际值，根据第BB.1.3条确定发动机瞬态性能曲线，对应第BB.2.1条确定的各个实际转速，按照下列公式形成实际扭矩：

$$实际扭矩=(扭矩\%\times最大扭矩)/100$$

为生成基准循环，反拖点("m")的负扭矩值应取实际值，由下列任一方法确定：

——在相关转速点下，用正扭矩的40%作为负扭矩；

——从最小瞬态性能转速到最大瞬态性能转速反拖发动机，进行负扭矩的发动机瞬态性能曲线测定；

——在怠速和基准转速下反拖发动机确定负扭矩，并在这两点之间进行线性内插。

BB.2.3　规范百分值转换成实际值示例

作为示例，将下列试验点的规范百分值转换成实际值：

$$转速\%=43$$

$$扭矩\%=82$$

假定下列数值：

$$基准转速(n_{ref})=2\ 200\ r/min$$

$$怠速=600\ r/min$$

计算得出，

$$实际转速=(43\times(2\ 200-600))/100+600=1\ 288\ r/min$$

$$实际扭矩=(82\times700)/100=574\ N\cdot m$$

式中：700 Nm为瞬态性能测定曲线上发动机在1 288 r/min转速下的最大扭矩值。

BB.3　排放试验的运行

按照制造厂的要求，在测量循环前，可先进行旨在预处理发动机和排气系统的模拟试验。

燃用NG和LPG的发动机应采用ETC试验。发动机应运行至少两个ETC循环，直至连续两次ETC循环所测CO排放量偏差小于10%。

BB.3.1　准备取样滤纸(仅对柴油机)

试验前至少一小时，应将每张(对)滤纸置于一个有盖但不密封的培养皿(petri dish)里，放入称量室中进行稳定。稳定结束后，应称量每张(对)滤纸的净质量并记录。然后应把滤纸(对)存放在有盖但不密封的培养皿(petri dish)里或密封的滤纸保持架中，直至试验需要时。如滤纸(对)从称量室取出后，8 h内没有使用，则必须在使用前重新预处理和称量。

BB.3.2　测量设备的安装

按要求安装仪器和取样探头。发动机排气尾管应与全流式稀释系统相连接。

BB.3.3　起动稀释系统和发动机

应该按照制造厂和成熟的工程经验的推荐，起动和预热稀释系统和发动机，直至最大功率下所有的温度和压力均达到稳定。

BB.3.4 启动颗粒物取样系统(仅对柴油机)

应启动颗粒物取样系统,并在旁通下进行。颗粒物试验中稀释空气的背景值可以将稀释空气通过颗粒物过滤器测定。若用已经过滤的稀释空气,则可在试验前或后仅测定一次。若稀释空气未经过滤,则应在循环开始和结束时分别进行测定,并取其平均值。

BB.3.5 调整全流稀释系统

应设定稀释排气的总流量,使水不在系统内凝结,并使滤纸表面的温度不超过325 K(52℃)(见第D.2.3.1条的DT)。

BB.3.6 检查分析仪

应标定排放分析仪的零点和量距点。如果采用了取样袋,需排空取样袋。

BB.3.7 发动机启动规程

用起动机或测功机,按照制造厂在用户手册中规定的启动规程启动已稳定过的发动机。另外可选择从发动机的预处理阶段将处于怠速状态的发动机直接进行试验循环。

BB.3.8 试验循环

BB.3.8.1 试验程序

若发动机已处于怠速,试验程序应开始。应依照本附件第BB.2条规定的基准循环进行试验。发动机转速和扭矩指令设置点应以5次/s或以上(推荐10次/s)发出。试验循环期间,发动机转速和扭矩的反馈信号应每秒至少记录一次,信号可进行电子滤波。

BB.3.8.2 分析仪响应

如直接从预处理进入试验循环,发动机或试验循环起动时,测量设备应同时起动:

——起动采集或分析稀释空气的设备;

——起动采集或分析稀释排气的设备;

——起动稀释排气量测量装置(CVS)和所需温度及压力的测量设备;

——起动测功机转速和扭矩反馈数据的记录设备。

应以2次/s的频率连续测量稀释风道内的HC和NO_x。平均浓度应由整个试验循环内的分析仪浓度测量信号积分求得。系统响应时间应不大于20 s,如果需要,还应根据CVS的流量波动和取样时间/试验循环的偏移进行调整。CO、CO_2、NMHC和CH_4应通过积分或分析整个循环内取样袋采集到的气体浓度来确定。稀释空气中的气态污染物浓度应该通过积分或通过背景气袋内采集到的气体来确定。所有其他数值应以每秒至少测量一次进行记录。

BB.3.8.3 颗粒物取样(仅对柴油机)

如果循环直接从预处理开始,发动机或试验程序启动时,颗粒物取样系统应从旁通切换至颗粒物采集。如不采用流量补偿,取样泵的调整应能使通过颗粒物取样探头或输送管的流量保持在设定值的±5%以内。如果采用流量补偿(即按比例控制样气流量),则必须证明主稀释风道流量与颗粒物样气流量之比的变化不超过其设定值的±5%以内(取样开始第一个10 s除外)。

注:对于双级稀释,样气流量是通过样气滤纸的流量与第二级稀释空气流量的净差。

应记录流量计或流量仪器进口处的平均温度和压力。若由于滤纸上积存的颗粒物太多,使设定的流量不能在整个循环内保持在±5%以内,则试验无效。应当采用较低流量和(或)使用较大直径滤纸重新进行试验。

BB.3.8.4 发动机停机

如果发动机在试验循环期间停机,发动机需重新预处理后重新起动,试验重做。如果在试验循环期间,任何试验所需的仪器设备发生故障,则试验无效。

BB.3.8.5 试验后的操作

试验完成时对稀释排气的容积测量、取样袋的气体取样和颗粒物取样泵的取样都应停止工作。对于积分式分析系统取样应继续进行，直至系统响应时间结束。

如果使用取样袋，应尽快分析取样袋内气体浓度，决不能迟于试验循环结束后 20 min。

排放试验之后，应该用零气和同一量距气再次检查分析仪。若试验前后的检查结果相差小于量距气值的 2%，则认为试验是有效的。

对于柴油机，试验完成后，颗粒物滤纸应在 1 h 之内送回称量室，并在称重前置于一个有盖但不密封的培养皿(petri dish)里处理至少 1 h，但不超过 80 h。

BB.3.9 试验运转的确认

BB.3.9.1 数据偏移

为了将反馈信号相对于基准循环值的时间滞后带来的偏差影响减至最小，整个发动机转速和扭矩反馈信号序列在时间上可以提前或滞后于对应的基准转速和扭矩序列。若反馈信号偏移，则扭矩和转速两者都需向同一方向偏移同一序列量值。

BB.3.9.2 循环功的计算

利用发动机的每对反馈转速和扭矩来计算实际循环功 W_{act}(kWh)。如果选择计算的方法，计算应在每个反馈数据偏移后进行。实际循环功 W_{act} 用于与基准循环功 W_{ref} 相比较，并用于计算制动功比排放量(见第 BB.4.4 和 BB.5.2 条)。应该使用相同的方法积分计算发动机基准功率和实际功率。如果要确定相邻两个基准值(或测量值)之间的值，采用线性内插法。

在积分计算基准功率和实际循环功率时，所有负扭矩值都应包括在内，并设定为零。如果在频率小于 5 Hz 下进行积分且如果在给定的时间段内，扭矩从正到负或从负到正，负扭矩部分应设定为零进行计算。正扭矩部分应包括在积分值内。

W_{act} 应在 $-15\% W_{ref}$ 至 $+5\% W_{ref}$ 之间。

BB.3.9.3 对试验循环有效性的确认统计

转速、扭矩和功率反馈值要对实际值进行回归分析。如果采用线性回归的方法，则对所有运行的反馈数据偏移，都需进行线性回归。应采用最小二乘法，其最适合的等式为：

$$y = mx + b$$

式中：

y——转速(r/min)、扭矩(Nm)或功率(kW)的反馈值(实测值)；

m——回归线的斜率；

x——转速(r/min)、扭矩(Nm)或功率(kW)的基准值(设定值)；

b——回归线的 y 截距。

对每条回归线都应该计算 y 基于 x 的估算值的标准偏差(SE)和相关系数(r^2)。

建议分析的频率为 1 Hz。所有负基准扭矩值和与之对应的反馈值都应从循环扭矩和循环功率有效性统计计算中删除。统计结果符合表 BB.1 中的标准值，试验方被认为有效。

表 BB.1 回归线的允差

	转　速	扭　矩	功　率
y 对 x 的估算值(SE)的标准偏差	最大 100 r/min	≤发动机瞬态性能曲线上的最大发动机扭矩的 13%(15%)[a]	≤发动机瞬态性能曲线上的最大发动机功率的 13%(15%)[a]
回归线的斜率 m	0.95～1.03	0.83～1.03	0.89～1.03 (0.83～1.03)[a]
相关系数 r^2	最小 0.970 0 最小(0.950 0)[a]	最小 0.880 0 最小(0.750 0)[a]	最小 0.910 0 最小(0.750 0)[a]
回归线的 y 截距 b	±50 r/min	±20 Nm 或±2%最大扭矩，取其较大者(±20 Nm 或±3%最大扭矩，取其较大者)[a]	±4 kW 或±2%最大功率，取其较大者(±4 kW 或±3%最大功率，取其较大者)[a]

[a] 第Ⅲ阶段燃气发动机可在型式核准时使用括号里的数字。

表 BB.2 回归分析中允许删除的点

工 况	删除点
全负荷下,反馈扭矩<基准扭矩	扭矩和/或功率
无负荷,非怠速点,反馈扭矩>基准扭矩	扭矩和/或功率
无负荷/节气门关闭,怠速点的转速>基准怠速转速	转速和/或功率

BB.4 计算气态污染物

BB.4.1 确定稀释排气流量

整个循环内的稀释排气总流量(kg/循环),应根据整个循环内的测量值和相应流量测量装置的标定值(PDP 为 V_0 或 CFV 为 K_v,按第 BE.2 条确定)来进行计算。若稀释排气的温度在整个循环内用热交换器保持恒定(对于 PDP－CVS 是±6K,对于 CFV－CVS 是±11 K,见第 D.2.3 条),应使用下列公式计算。

对于 PDP－CVS 系统:

$$M_{TOTW}=1.293\times V_0\times N_p\times(P_B-P_1)\times 273/(101.3\times T)$$

式中:

M_{TOTW}——整个循环中 CVS 稀释排气总质量(湿基),单位为千克(kg);

V_0——PDP 的有效容积流量,单位为立方米每转(m^3/r);

N_p——整个循环中 PDP 的总转数,单位为转(r);

P_B——实验室室内的大气总压力,单位为千帕斯卡(kPa);

P_1——泵进口处的压力降,单位为千帕斯卡(kPa);

T——整个循环内,泵进口处稀释排气的平均温度,单位为开尔文(K)。

对于 CFV－CVS 系统:

$$M_{TOTW}=1.293\times t\times K_v\times P_A/T^{0.5}$$

式中:

M_{TOTW}——整个循环中 CVS 稀释排气总质量(湿基),单位为千克(kg);

t——循环时间,单位为秒(s);

K_v——CFV 标定函数;

P_A——文丘里管进口处的绝对压力,单位为千帕斯卡(kPa);

T——文丘里管进口处的绝对温度,单位为开尔文(K)。

若系统采用流量补偿(即无热交换器),应计算稀释排气的瞬时质量,并在整个循环内积分。此时稀释排气的瞬时质量应计算如下:

对于 PDP－CVS 系统

$$M_{TOTW,i}=1.293\times V_0\times N_{p,i}\times(P_B-P_i)\times 273/(101.3\times T)$$

式中:

$M_{TOTW,i}$——CVS 稀释排气的瞬时湿基质量,单位为千克(kg);

$N_{p,i}$——每个时间间隔内,PDP 泵的总转数。

对于 CFV－CVS 系统

$$M_{TOTW,i}=1.293\times \Delta t_i\times K_v\times P_A/T^{0.5}$$

式中:

$M_{TOTW,i}$——CVS 稀释排气的瞬时湿基质量,单位为千克(kg);

Δt_i——时间间隔,单位为秒(s)。

如果颗粒物和气态污染物样气的总质量流量(M_{SAM})超过 CVS 总流量(M_{TOTW})的 0.5%,则 CVS 流

量用 M_{SAM} 修正，或颗粒物样气返回到 CVS 系统流量测量装置(PDP 或 CFV)之前。

BB.4.2　NO_x 的湿度校正

因为 NO_x 排放和环境空气状态有关，NO_x 浓度应用环境湿度进行校正，其系数由下式给出。

(a) 对于柴油机：

$$K_{H,D}=\frac{1}{1-0.0182\times(H_a-10.71)}$$

(b) 对于燃气发动机

$$K_{H,G}=\frac{1}{1-0.0329\times(H_a-10.71)}$$

式中：

H_a——进气的绝对湿度(水/干空气)，g/kg。

$$H_a=\frac{6.220\times R_a\times P_a}{P_B-P_a\times R_a\times 10^{-2}}$$

R_a——进气的相对湿度，%；

P_a——发动机进气空气的饱和蒸汽压，单位为千帕斯卡(kPa)；

P_B——大气总压，单位为千帕斯卡(kPa)。

BB.4.3　排放质量流量的计算

BB.4.3.1　带恒定质量流量的系统

对于带热交换器的系统，污染物质量(g/试验)使用下列公式计算：

(1) $NO_{x\ mass}=0.001587\times NO_{x\ conc}\times K_{H,D}\times M_{TOTW}$(柴油机)

(2) $NO_{x\ mass}=0.001587\times NO_{x\ conc}\times K_{H,G}\times M_{TOTW}$(燃气发动机)

(3) $CO_{mass}=0.000966\times CO_{conc}\times M_{TOTW}$

(4) $HC_{mass}=0.000479\times HC_{conc}\times M_{TOTW}$(柴油机)

(5) $HC_{mass}=0.000502\times HC_{conc}\times M_{TOTW}$(燃用 LPG 的发动机)

(6) $NMHC_{mass}=0.000516\times NMHC_{conc}\times M_{TOTW}$(燃用 NG 的发动机)

(7) $CH_{4\ mass}=0.000552\times CH_{4\ conc}\times M_{TOTW}$(燃用 NG 的发动机)

式中：

$NO_{x\ conc}$、CO_{conc}、HC_{conc}(以 C_1 当量表示)、$NMHC_{conc}$

——用积分方法(对于 NO_x 和 HC 的测量是强制性的)或气袋浓度测量得到的整个试验循环的平均背景校正浓度，ppm；

M_{TOTW}——整个循环按第 BB.4.1 条确定的稀释排气的总质量，单位为千克(kg)；

$K_{H,D}$——按 BB.4.2 条确定的柴油机 NO_x 湿度校正系数；

$K_{H,G}$——按 BB.4.2 条确定的燃气发动机 NO_x 湿度校正系数。

应将测得的干基浓度按第 BA.4.2 条转换为湿基浓度。

$NMHC_{conc}$ 的测定取决于所采用的方法(见第 BD.3.3.4 条)。在下述两种情况下，都应测定 CH_4 浓度并按下式从 HC 浓度中减去：

(a) 气相色谱(GC)法

$$NMHC_{conc}=HC_{conc}-CH_{4\ conc}$$

(b) 非甲烷截止器(NMC)法

$$NMHC_{conc}=\frac{HC_{(w/o\ cutter)}\times(1-CE_M)-HC_{(w\ cutter)}}{CE_E-CE_M}$$

式中：

$HC_{(w\ cutter)}$——样气流经 NMC 时测得的 HC 浓度；

$HC_{(w/o\ cutter)}$——样气旁通 NMC 时测得的 HC 浓度；

CE_M——按 BE.1.8.4.1 条确定的甲烷效率；

CE_E——按 BE.1.8.4.2 条确定的乙烷效率。

BB.4.3.1.1 平均背景校正浓度的确定

应从测得的浓度值中减去稀释空气中气态污染物的平均背景浓度，以得到污染物的平均背景校正浓度。背景浓度的平均值可通过取样袋方法或连续积分方法确定。使用下列公式计算平均背景校正浓度。

$$\mathrm{conc}=\mathrm{conc}_e-\mathrm{conc}_d\times[1-(1/DF)]$$

式中：

conc——经稀释空气中各个污染物含量校正后的稀释排气中各个污染物的平均背景校正浓度，ppm；

conc_e——稀释排气中各个污染物的浓度，ppm；

conc_d——稀释空气中各个污染物的浓度，ppm；

DF——稀释系数。

稀释系数按下式计算：

(a) 对于柴油机、燃用 LPG 的燃气发动机

$$DF=\frac{F_s}{\mathrm{CO}_{2,\mathrm{conce}}+(\mathrm{HC}_{\mathrm{conce}}+\mathrm{CO}_{\mathrm{conce}})\times10^{-4}}$$

(b) 对于燃用 NG 的燃气发动机

$$DF=\frac{F_s}{\mathrm{CO}_{2,\mathrm{conce}}+(\mathrm{NMHC}_{\mathrm{conce}}+\mathrm{CO}_{\mathrm{conce}})\times10^{-4}}$$

式中：

$\mathrm{CO}_{2,\mathrm{conce}}$——稀释排气中 CO_2 的浓度，%；

$\mathrm{HC}_{\mathrm{conce}}$——稀释排气中 HC 的浓度，ppm C1；

$\mathrm{NMHC}_{\mathrm{conce}}$——稀释排气中 NMHC 的浓度，ppm C1；

$\mathrm{CO}_{\mathrm{conce}}$——稀释排气中 CO 的浓度，ppm；

F_s——理论配比系数。

测得的干基浓度应按第 BA.4.2 条换算为湿基浓度

对于一般燃料组分 $CH_\alpha O_\beta N_\gamma$，理论配比系数应按下式计算：

$$F_s=100\times\frac{1}{1+\frac{\alpha}{2}+3.76\times\left(1+\frac{\alpha}{4}+\frac{\beta}{2}\right)+\frac{\gamma}{2}}$$

式中：

α、β、γ——燃料组分 $CH_\alpha O_\beta N_\gamma$。

若燃料组分未知，可采用以下理论配比系数代替：

F_s(柴油)——13.4；

F_s(LPG)——11.6；

F_s(NG)——9.5。

BB.4.3.2 带流量补偿计的系统

对于没有热交换器的系统，应通过计算排气污染物的瞬时质量流量，并对整个循环瞬时浓度进行积分来确定污染物的质量(g/试验)。瞬时浓度值应进行背景浓度校正。使用下列计算公式：

$$(1)\ \mathrm{NO}_{x\ \mathrm{mass}}=\sum_{i=1}^{n}(M_{\mathrm{TOTW},i}\times\mathrm{NO}_{x\ \mathrm{conc}_e,i}\times0.001\,587\times K_{\mathrm{H,D}})$$
$$-(M_{\mathrm{TOTW}}\times\mathrm{NO}_{x\ \mathrm{conc}_d}\times(1-1/DF)\times0.001\,587\times K_{\mathrm{H,D}})\text{(柴油机)}$$

(2) $NO_{x\,mass} = \sum_{i=1}^{n}(M_{TOTW,i} \times NO_{x\,conc_e,i} \times 0.001\,587 \times K_{H,G})$
$- (M_{TOTW} \times NO_{x\,conc_d} \times (1-1/DF) \times 0.001\,587 \times K_{H,G})$(燃气发动机)

(3) $CO_{mass} = \sum_{i=1}^{n}(M_{TOTW,i} \times CO_{conc_e,i} \times 0.000\,966)$
$- (M_{TOTW} \times CO_{conc_d} \times (1-1/DF) \times 0.000\,966)$

(4) $HC_{mass} = \sum_{i=1}^{n}(M_{TOTW,i} \times HC_{conc_e,i} \times 0.000\,479)$
$- (M_{TOTW} \times HC_{conc_d} \times (1-1/DF) \times 0.000\,479)$(柴油机)

(5) $HC_{mass} = \sum_{i=1}^{n}(M_{TOTW,i} \times HC_{conc_e,i} \times 0.000\,502)$
$- (M_{TOTW} \times HC_{conc_d} \times (1-1/DF) \times 0.000\,502)$(LPG 发动机)

(6) $NMHC_{mass} = \sum_{i=1}^{n}(M_{TOTW,i} \times NMHC_{conc_e,i} \times 0.000\,516)$
$- (M_{TOTW} \times NMHC_{conc_d} \times (1-1/DF) \times 0.000\,516)$(NG 发动机)

(7) $CH_{4\,mass} = \sum_{i=1}^{n}(M_{TOTW,i} \times CH_{4\,conc_e,i} \times 0.000\,552)$
$- (M_{TOTW} \times CH_{4\,conc_d} \times (1-1/DF) \times 0.000\,552)$(NG 发动机)

式中：

$conc_e$——稀释排气中测得的各个污染物的浓度，ppm；

$conc_d$——稀释空气中测得的各个污染物的浓度，ppm；

$M_{TOTW,i}$——稀释排气的瞬时质量(见第 BB.4.1 条)，单位为千克(kg)；

M_{TOTW}——整个循环稀释排气的总质量(见第 BB.4.1 条)，单位为千克(kg)；

$K_{H,D}$——第 BB.4.2 条求得的柴油机 NO_x 湿度校正系数；

$K_{H,G}$——第 BB.4.2 条求得的燃气发动机 NO_x 湿度校正系数；

DF——第 BB.4.3.1.1 条求得的稀释系数。

BB.4.4 计算比排放量

应按下列方法计算各个组分的比排放量[g/(kW·h)]：

$$\overline{NO_x} = NO_{x\,mass}/W_{act}\text{(柴油机和燃气发动机)}$$

$$\overline{CO} = CO_{mass}/W_{act}\text{(柴油机和燃气发动机)}$$

$$\overline{HC} = HC_{mass}/W_{act}\text{(柴油机和燃用 LPG 的燃气发动机)}$$

$$\overline{NMHC} = NMHC_{mass}/W_{act}\text{(燃用 NG 的燃气发动机)}$$

$$\overline{CH_4} = CH_{4\,mass}/W_{act}\text{(燃用 NG 的燃气发动机)}$$

式中：

W_{act}——第 BB.3.9.2 条确定的实际循环功，单位为千瓦时(kW·h)。

BB.5 计算颗粒物排放量

BB.5.1 计算质量流量

应按下式计算颗粒物质量(g/试验)：

$$PM_{mass} = \frac{M_f}{M_{SAM}} \times \frac{M_{TOTW}}{1\,000}$$

式中：

M_f——整个循环内收集到的颗粒物质量，单位为毫克(mg)；

M_{TOTW}——整个循环内按第 BB.4.1 条确定的稀释排气总质量，单位为千克(kg)；

M_{SAM}——流过颗粒物取样滤纸的样气质量，单位为千克(kg)；

以及：

M_f——$M_{f,p}+M_{f,b}$(如果分别称重)；

$M_{f,p}$——初级过滤器采集到的颗粒物质量，单位为毫克(mg)；

$M_{f,b}$——次级过滤器采集到的颗粒物质量，单位为毫克(mg)。

如果采用双稀释系统，则 M_{SAM} 应为通过颗粒物滤纸的经过二次稀释后的稀释排气总质量中减去第二级稀释空气的质量。

$$M_{SAM}=M_{TOT}-M_{SEC}$$

式中：

M_{TOT}——通过颗粒物滤纸的双稀释排气的质量，单位为千克(kg)；

M_{SEC}——第二级稀释空气的质量，单位为千克(kg)。

如果稀释空气的颗粒物背景水平是按照第 BB.3.4 条确定的，则颗粒物质量可进行背景校正。此时，颗粒物质量(g/试验)应按照下式计算：

$$PM_{mass}=\left[\frac{M_f}{M_{SAM}}-\left(\frac{M_d}{M_{DIL}}\times\left(1-\frac{1}{DF}\right)\right)\right]\times\frac{M_{TOTW}}{1\ 000}$$

式中：

M_f，M_{SAM}，M_{TOTW} 的定义见上式；

M_{DIL}——用背景颗粒物取样器取得的初级稀释空气的质量，单位为千克(kg)；

M_d——初级稀释空气中取得的背景颗粒物质量，单位为毫克(mg)；

DF——第 BB.4.3.1.1 条确定的稀释系数。

BB.5.2 计算比排放量

颗粒物排放量[g/(kW·h)]按照下列公式计算：

$$\overline{PM}=PM_{mass}/W_{act}$$

式中：

W_{act}——第 BB.3.9.2 条确定的实际循环功，单位为千瓦时(kW·h)。

附 件 BC

(规范性附件)

ETC 试验循环中发动机测功机的设定规范

时间/s	转速规范值/%	扭矩规范值/%	时间/s	转速规范值/%	扭矩规范值/%	时间/s	转速规范值/%	扭矩规范值/%
1	0	0	11	0	0	21	54.6	80.9
2	0	0	12	0	0	22	71.3	4.9
3	0	0	13	0	0	23	55.9	18.1
4	0	0	14	0	0	24	72	85.4
5	0	0	15	0	0.	25	86.7	61.8
6	0	0	16	0.1	1.5	26	51.7	0
7	0	0	17	23.1	21.5	27	53.4	48.9
8	0	0	18	12.6	28.5	28	34.2	87.6
9	0	0	19	21.8	71	29	45.5	92.7
10	0	0	20	19.7	76.8	30	54.6	99.5

续表

时间/s	转速规范值/%	扭矩规范值/%	时间/s	转速规范值/%	扭矩规范值/%	时间/s	转速规范值/%	扭矩规范值/%
31	64.5	96.8	66	34.5	80.4	101	0	0
32	71.7	85.4	67	64.1	86	102	0	0
33	79.4	54.8	68	58	0	103	0	0
34	89.7	99.4	69	50.3	83.4	104	0	0
35	57.4	0	70	66.4	99.1	105	0	0
36	59.7	30.6	71	81.4	99.6	106	0	0
37	90.1	“m”	72	88.7	73.4	107	0	0
38	82.9	“m”	73	52.5	0	108	11.6	14.8
39	51.3	“m”	74	46.4	58.5	109	0	0
40	28.5	“m”	75	48.6	90.9	110	27.2	74.8
41	29.3	“m”	76	55.2	99.4	111	17	76.9
42	26.7	“m”	77	62.3	99	112	36	78
43	20.4	“m”	78	68.4	91.5	113	59.7	86
44	14.1	0	79	74.5	73.7	114	80.8	17.9
45	6.5	0	80	38	0	115	49.7	0
46	0	0	81	41.8	89.6	116	65.6	86
47	0	0	82	47.1	99.2	117	78.6	72.2
48	0	0	83	52.5	99.8	118	64.9	“m”
49	0	0	84	56.9	80.8	119	44.3	“m”
50	0	0	85	58.3	11.8	120	51.4	83.4
51	0	0	86	56.2	“m”	121	58.1	97
52	0	0	87	52	“m”	122	69.3	99.3
53	0	0	88	43.3	“m”	123	72	20.8
54	0	0	89	36.1	“m”	124	72.1	“m”
55	0	0	90	27.6	“m”	125	65.3	“m”
56	0	0	91	21.1	“m”	126	64	“m”
57	0	0	92	8	0	127	59.7	“m”
58	0	0	93	0	0	128	52.8	“m”
59	0	0	94	0	0	129	45.9	“m”
60	0	0	95	0	0	130	38.7	“m”
61	0	0	96	0	0	131	32.4	“m”
62	25.5	11.1	97	0	0	132	27	“m”
63	28.5	20.9	98	0	0	133	21.7	“m”
64	32	73.9	99	0	0	134	19.1	0.4
65	4	82.3	100	0	0	135	34.7	14

续表

时间/s	转速规范值/%	扭矩规范值/%	时间/s	转速规范值/%	扭矩规范值/%	时间/s	转速规范值/%	扭矩规范值/%
136	16.4	48.6	171	48.5	“m”	206	0	0
137	0	11.2	172	50.3	72.5	207	0	0
138	1.2	2.1	173	51.1	84.5	208	0	0
139	30.1	19.3	174	54.6	64.8	209	0	0
140	30	73.9	175	56.6	76.5	210	0	0
141	54.4	74.4	176	58	“m”	211	0	0
142	77.2	55.6	177	53.6	“m”	212	0	0
143	58.1	0	178	40.8	“m”	213	0	0
144	45	82.1	179	32.9	“m”	214	0	0
145	68.7	98.1	180	26.3	“m”	215	0	0
146	85.7	67.2	181	20.9	“m”	216	0	0
147	60.2	0	182	10	0	217	0	0
148	59.4	98	183	0	0	218	0	0
149	72.7	99.6	184	0	0	219	0	0
150	79.9	45	185	0	0	220	0	0
151	44.3	0	186	0	0	221	0	0
152	41.5	84.4	187	0	0	222	0	0
153	56.2	98.2	188	0	0	223	0	0
154	65.7	99.1	189	0	0	224	0	0
155	74.4	84.7	190	0	0	225	21.2	62.7
156	54.4	0	191	0	0	226	30.8	75.1
157	47.9	89.7	192	0	0	227	5.9	82.7
158	54.5	99.5	193	0	0	228	34.6	80.3
159	62.7	96.8	194	0	0	229	59.9	87
160	62.3	0	195	0	0	230	84.3	86.2
161	46.2	54.2	196	0	0	231	68.7	“m”
162	44.3	83.2	197	0	0	232	43.6	“m”
163	48.2	13.3	198	0	0	233	41.5	85.4
164	51	“m”	199	0	0	234	49.9	94.3
165	50	“m”	200	0	0	235	60.8	99
166	49.2	“m”	201	0	0	236	70.2	99.4
167	49.3	“m”	202	0	0	237	81.1	92.4
168	49.9	“m”	203	0	0	238	49.2	0
169	51.6	“m”	204	0	0	239	56	86.2
170	49.7	“m”	205	0	0	240	56.2	99.3

续表

时间/s	转速规范值/%	扭矩规范值/%	时间/s	转速规范值/%	扭矩规范值/%	时间/s	转速规范值/%	扭矩规范值/%
241	61.7	99	276	66.7	“m”	311	49.2	83.3
242	69.2	99.3	277	65.6	“m”	312	52.7	96.4
343	74.1	99.8	278	64.5	“m”	313	57.4	99.2
244	72.4	8.4	279	62.9	“m”	314	61.8	99
345	71.3	0	280	59.3	“m”	315	66.4	60.9
246	71.2	9.1	281	54.1	“m”	316	65.8	“m”
247	67.1	“m”	282	51.3	“m”	317	59	“m”
248	65.5	“m”	283	47.9	“m”	318	50.7	“m”
249	64.4	“m”	284	43.6	“m”	319	41.8	“m”
250	62.9	25.6	285	39.4	“m”	320	34.7	“m”
251	62.2	35.6	286	34.7	“m”	321	28.7	“m”
252	62.9	24.4	287	29.8	“m”	322	25.2	“m”
253	58.8	“m”	288	20.9	73.4	323	43	24.8
254	56.9	“m”	289	36.9	“m”	324	38.7	0
255	54.5	“m”	290	35.5	“m”	325	48.1	31.9
256	51.7	17	291	20.9	“m”	326	40.3	61
257	56.2	78.7	292	49.7	11.9	327	42.4	52.1
258	59.5	94.7	293	42.5	“m”	328	46.4	47.7
259	65.5	99.1	294	32	“m”	329	46.9	30.7
260	71.2	99.5	295	23.6	“m”	330	46.1	23.1
261	76.6	99.9	296	19.1	0	331	45.7	23.2
262	79	0	297	15.7	73.5	332	45.5	31.9
263	52.9	97.5	298	25.1	76.8	333	46.4	73.6
264	53.1	99.7	299	34.5	81.4	334	51.3	60.7
265	59	99.1	300	44.1	87.4	335	51.3	51.1
266	62.2	99	301	52.8	98.6	336	53.2	46.8
267	65	99.1	302	63.6	99	337	53.9	50
268	69	83.1	303	73.6	99.7	338	53.4	52.1
269	69.9	28.4	304	62.2	“m”	339	53.8	45.7
270	70.6	12.5	305	29.2	“m”	340	50.6	22.1
271	68.9	8.4	306	46.4	22	341	47.8	26
272	69.8	9.1	307	47.3	13.8	342	41.6	17.8
273	69.6	7	308	47.2	12.5	343	38.7	29.8
274	65.7	“m”	309	47.9	11.5	344	35.9	71.6
275	67.1	“m”	310	47.8	35.5	345	34.6	47.3

续表

时间/s	转速规范值/%	扭矩规范值/%	时间/s	转速规范值/%	扭矩规范值/%	时间/s	转速规范值/%	扭矩规范值/%
346	34.8	80.3	381	44.7	“m”	416	79.7	99.7
347	35.9	87.2	382	43.8	“m”	417	82.5	99.5
348	38.8	90.8	383	41	“m”	418	85.3	99.4
349	41.5	94.7	384	41.1	6.4	419	86.6	99.4
350	47.1	99.2	385	38	6.3	420	89.4	99.4
351	53.1	99.7	386	35.9	0.3	421	62.2	0
352	46.4	0	387	33.5	0	422	52.7	96.4
353	42.5	0.7	388	53.1	48.9	423	50.2	99.8
354	43.6	58.6	389	48.3	“m”	424	49.3	99.6
355	47.1	87.5	390	49.9	“m”	425	52.2	99.8
356	54.1	99.5	391	48	“m”	426	51.3	100
357	62.9	99	392	45.3	“m”	427	51.3	100
358	72.6	99.6	393	41.6	3.1	428	51.1	100
359	82.4	99.5	394	44.3	79	429	51.1	100
360	88	99.4	395	44.3	89.5	430	51.8	99.9
361	46.4	0	396	43.4	98.8	431	51.3	100
362	53.4	95.2	397	44.3	98.9	432	51.1	100
363	58.4	99.2	398	43	98.8	433	51.3	100
364	61.5	99	399	42.2	98.8	434	52.3	99.8
365	64.8	99	400	42.7	98.8	435	52.9	99.7
366	68.1	99.2	401	45	99	436	53.8	99.6
367	73.4	99.7	402	43.6	98.9	437	51.7	99.9
368	73.3	29.8	403	42.2	98.8	438	53.5	99.6
369	73.5	14.6	404	44.8	99	439	52	99.8
370	68.3	0	405	43.4	98.8	440	51.7	99.9
371	45.4	49.9	406	45	99	441	53.2	99.7
372	47.2	75.7	407	42.2	54.3	442	54.2	99.5
373	44.5	9	408	61.2	31.9	443	55.2	99.4
374	47.8	10.3	409	56.3	72.3	444	53.8	99.6
375	46.8	15.9	410	59.7	99.1	445	53.1	99.7
376	46.9	12.7	411	62.3	99	446	55	99.4
377	46.8	8.9	412	67.9	99.2	447	57	99.2
378	46.1	6.2	413	69.5	99.3	448	61.5	99
379	46.1	“m”	414	73.1	99.7	449	59.4	5.7
380	45.5	“m”	415	77.7	99.8	450	59	0

续表

时间/s	转速规范值/%	扭矩规范值/%	时间/s	转速规范值/%	扭矩规范值/%	时间/s	转速规范值/%	扭矩规范值/%
451	57.3	59.8	486	34.1	0	521	61.3	59.5
452	64.1	99	487	23.9	75.7	522	40.8	0
453	70.9	90.5	488	31.7	79.2	523	36.6	27.8
454	58	0	489	32.1	19.4	524	39.4	80.4
455	41.5	59.8	490	35.9	5.8	525	51.3	88.9
456	44.1	92.6	491	36.6	0.8	526	58.5	11.1
457	46.8	99.2	492	38.7	"m"	527	60.7	"m"
458	47.2	99.3	493	38.4	"m"	528	54.5	"m"
459	51	100	494	39.4	"m"	529	51.3	"m"
460	53.2	99.7	495	39.7	"m"	530	45.5	"m"
461	53.1	99.7	496	40.5	"m"	531	40.8	"m"
462	55.9	53.1	497	40.8	"m"	532	38.9	"m"
463	53.9	13.9	498	39.7	"m"	533	36.6	"m"
464	52.5	"m"	499	39.2	"m"	534	36.1	72.7
465	51.7	"m"	500	38.7	"m"	535	44.8	78.9
466	51.5	52.2	501	32.7	"m"	536	51.6	91.1
467	52.8	80	502	30.1	"m"	537	59.1	99.1
468	54.9	95	503	21.9	"m"	538	66	99.1
469	57.3	99.2	504	12.8	0	539	75.1	99.9
470	60.7	99.1	505	0	0	540	81	8
471	62.4	"m"	506	0	0	541	39.1	0
472	60.1	"m"	507	0	0	542	53.8	89.7
473	53.2	"m"	508	0	0	543	59.7	99.1
474	44	"m"	509	0	0	544	64.8	99
475	35.2	"m"	510	0	0	545	70.6	96.1
476	30.5	"m"	511	0	0	546	72.6	19.6
477	26.5	"m"	512	0	0	547	72	6.3
478	22.5	"m"	513	0	0	548	68.9	0.1
479	20.4	"m"	514	30.5	25.6	549	67.7	"m"
480	19.1	"m"	515	19.7	56.9	550	66.8	"m"
481	19.1	"m"	516	16.3	45.1	551	64.3	16.9
482	13.4	"m"	517	27.2	4.6	552	64.9	7
483	6.7	"m"	518	21.7	1.3	553	63.6	12.5
484	3.2	"m"	519	29.7	28.6	554	63	7.7
485	14.3	63.8	520	36.6	73.7	555	64.4	38.2

续表

时间/s	转速规范值/%	扭矩规范值/%	时间/s	转速规范值/%	扭矩规范值/%	时间/s	转速规范值/%	扭矩规范值/%
556	63	11.8	591	23.6	56	626	63.6	98.8
557	63.6	0	592	46.2	68.8	627	68.5	99.2
558	63.3	5	593	68.4	61.2	628	72.2	89.4
559	60.1	9.1	594	58.7	"m"	629	77.1	0
560	61	8.4	595	31.6	"m"	630	57.8	79.1
561	59.7	0.9	596	19.9	8.8	631	60.3	98.8
562	58.7	"m"	597	32.9	70.2	632	61.9	98.8
563	56	"m"	598	43	79	633	63.8	98.8
564	53.9	"m"	599	57.4	98.9	634	64.7	98.9
565	52.1	"m"	600	72.1	73.8	635	65.4	46.5
566	49.9	"m"	601	53	0	636	65.7	44.5
567	46.4	"m"	602	48.1	86	637	65.6	3.5
568	43.6	"m"	603	56.2	99	638	49.1	0
569	40.8	"m"	604	65.4	98.9	639	50.4	73.1
570	37.5	"m"	605	72.9	99.7	640	50.5	"m"
571	27.8	"m"	606	67.5	"m"	641	51	"m"
572	17.1	0.6	607	39	"m"	642	49.4	"m"
573	12.2	0.9	608	41.9	38.1	643	49.2	"m"
574	11.5	1.1	609	44.1	80.4	644	48.6	"m"
575	8.7	0.5	610	46.8	99.4	645	47.5	"m"
576	8	0.9	611	48.7	99.9	646	46.5	"m"
577	5.3	0.2	612	50.5	99.7	647	46	11.3
578	4	0	613	52.5	90.3	648	45.6	42.8
579	3.9	0	614	51	1.8	649	47.1	83
580	0	0	615	50	"m"	650	46.2	99.3
581	0	0	616	49.1	"m"	651	47.9	99.7
582	0	0	617	47	"m"	652	49.5	99.9
583	0	0	618	43.1	"m"	653	50.6	99.7
584	0	0	619	39.2	"m"	654	51	99.6
585	0	0	620	40.6	0.5	655	53	99.3
586	0	0	621	41.8	53.4	656	54.9	99.1
587	8.7	22.8	622	44.4	65.1	657	55.7	99
588	16.2	49.4	623	48.1	67.8	658	56	99
589	23.6	56	624	53.8	99.2	659	56.1	9.3
590	21.1	56.1	625	58.6	98.9	660	55.6	"m"

续表

时间/s	转速规范值/%	扭矩规范值/%	时间/s	转速规范值/%	扭矩规范值/%	时间/s	转速规范值/%	扭矩规范值/%
661	55.4	"m"	696	63.5	46.3	731	56.8	"m"
662	54.9	51.3	697	64.7	72.3	732	57.1	"m"
663	54.9	59.8	698	64.7	72.3	733	52	"m"
664	54	39.3	699	65.4	77.4	734	44.4	"m"
665	53.8	"m"	700	66.1	69.3	735	40.2	"m"
666	52	"m"	701	64.3	"m"	736	39.2	16.5
667	50.4	"m"	702	64.3	"m"	737	38.9	73.2
668	50.6	0	703	63	"m"	738	39.9	89.8
669	49.3	41.7	704	62.2	"m"	739	42.3	98.6
670	50	73.2	705	61.6	"m"	740	43.7	98.8
671	50.4	99.7	706	62.4	"m"	741	45.5	99.1
672	51.9	99.5	707	62.2	"m"	742	45.6	99.2
673	53.6	99.3	708	61	"m"	743	48.1	99.7
674	54.6	99.1	709	58.7	"m"	744	49	100
675	56	99	710	55.5	"m"	745	49.8	99.9
676	55.8	99	711	51.7	"m"	746	49.8	99.9
677	58.4	98.9	712	49.2	"m"	747	51.9	99.5
678	59.9	98.8	713	48.8	40.4	748	52.3	99.4
679	60.9	98.8	714	47.9	"m"	749	53.3	99.3
680	63	98.8	715	46.2	"m"	750	52.9	99.3
681	64.3	98.9	716	45.6	9.8	751	54.3	99.2
682	64.8	64	717	45.6	34.5	752	55.5	99.1
683	65.9	46.5	718	45.5	37.1	753	56.7	99
684	66.2	28.7	719	43.8	"m"	754	61.7	98.8
685	65.2	1.8	720	41.9	"m"	755	64.3	47.4
686	65	6.8	721	41.3	"m"	756	64.7	1.8
687	63.6	53.6	722	41.4	"m"	757	66.2	"m"
688	62.4	82.5	723	41.2	"m"	758	49.1	"m"
689	61.8	98.8	724	41.8	"m"	759	52.1	46
690	59.8	98.8	725	41.8	"m"	760	52.6	61
691	59.2	98.8	726	43.2	17.4	761	52.9	0
692	59.7	98.8	727	45	29	762	52.3	20.4
693	61.2	98.8	728	44.2	"m"	763	54.2	56.7
694	62.2	49.4	729	43.9	"m"	764	55.4	59.8
695	62.8	37.2	730	38	10.7	765	56.1	49.2

续表

时间/s	转速规范值/%	扭矩规范值/%	时间/s	转速规范值/%	扭矩规范值/%	时间/s	转速规范值/%	扭矩规范值/%
766	56.8	33.7	801	61.5	52.5	836	59	“m”
767	57.2	96	802	60.9	51.4	837	59.8	“m”
768	58.6	98.9	803	61.2	57.7	838	60.3	“m”
769	59.5	98.8	804	62.8	98.8	839	61.2	“m”
770	61.2	98.8	805	63.4	96.1	840	61.8	“m”
771	62.1	98.8	806	64.6	45.4	841	62.5	“m”
772	62.7	98.8	807	64.1	5	842	62.4	“m”
773	62.8	98.8	808	63	3.2	843	61.5	“m”
774	64	98.9	809	62.7	14.9	844	63.7	“m”
775	63.2	46.3	810	63.5	35.8	845	61.9	“m”
776	62.4	“m”	811	64.1	73.3	846	61.6	29.7
777	60.3	“m”	812	64.3	37.4	847	60.3	“m”
778	58.7	“m”	813	64.1	21	848	59.2	“m”
779	57.2	“m”	814	63.7	21	849	57.3	“m”
780	56.1	“m”	815	62.9	18	850	52.3	“m”
781	56	9.3	816	62.4	32.7	851	49.3	“m”
782	55.2	26.3	817	61.7	46.2	852	47.3	“m”
783	54.8	42.8	818	59.8	45.1	853	46.3	38.8
784	55.7	47.1	819	57.4	43.9	854	46.8	35.1
785	56.6	52.4	820	54.8	42.8	855	46.6	“m”
786	58	50.3	821	54.3	65.2	856	44.3	“m”
787	58.6	20.6	822	52.9	62.1	857	43.1	“m”
788	58.7	“m”	823	52.4	30.6	858	42.4	2.1
789	59.3	“m”	824	50.4	“m”	859	41.8	2.4
790	58.6	“m”	825	48.6	“m”	860	43.8	68.8
791	60.5	9.7	826	47.9	“m”	861	44.6	89.2
792	59.2	9.6	827	46.8	“m”	862	46	99.2
793	59.9	9.6	828	46.9	9.4	863	46.9	99.4
794	59.6	9.6	829	49.5	41.7	864	47.9	99.7
795	59.9	6.2	830	50.5	37.8	865	50.2	99.8
796	59.9	9.6	831	52.3	20.4	866	51.2	99.6
797	60.5	13.1	832	54.1	30.7	867	52.3	99.4
798	60.3	20.7	833	56.3	41.8	868	53	99.3
799	59.9	31	834	58.7	26.5	869	54.2	99.2
800	60.5	42	835	57.3	“m”	870	55.5	99.1

续表

时间/s	转速规范值/%	扭矩规范值/%	时间/s	转速规范值/%	扭矩规范值/%	时间/s	转速规范值/%	扭矩规范值/%
871	56.7	99	906	58.3	“m”	941	52.5	0
872	57.3	98.9	907	58.2	“m”	942	51.8	24.7
873	58	98.9	908	57.6	“m”	943	51.4	43.9
874	60.5	31.1	909	57.1	“m”	944	50.9	71.1
875	60.2	“m”	910	57	0.6	945	51.2	76.8
876	60.3	“m”	911	57	26.3	946	50.3	87.5
877	60.5	6.3	912	56.5	29.2	947	50.2	99.8
878	61.4	19.3	913	56.3	20.5	948	50.9	100
879	60.3	1.2	914	56.1	“m”	949	49.9	99.7
880	60.5	2.9	915	55.2	“m”	950	50.9	100
881	61.2	34.1	916	54.7	17.5	951	49.8	99.7
882	61.6	13.2	917	55.2	29.2	952	50.4	99.8
883	61.5	16.4	918	55.2	29.2	953	50.4	99.8
884	61.2	16.4	919	55.9	16	954	49.7	99.7
885	61.3	“m”	920	55.9	26.3	955	51	100
886	63.1	“m”	921	56.1	36.5	956	50.3	99.8
887	63.2	4.8	922	55.8	19	957	50.2	99.8
888	62.3	22.3	923	55.9	9.2	958	49.9	99.7
889	62	38.5	924	55.8	21.9	959	50.9	100
890	61.6	29.6	925	56.4	42.8	960	50	99.7
891	61.6	26.6	926	56.4	38	961	50.2	99.8
892	61.8	28.1	927	56.4	11	962	50.2	99.8
893	62	29.6	928	56.4	35.1	963	49.9	99.7
894	62	16.3	929	54	7.3	964	50.4	99.8
895	61.1	“m”	930	53.4	5.4	965	50.2	99.8
896	61.2	“m”	931	52.3	27.6	966	50.3	99.8
897	60.7	19.2	932	52.1	32	967	49.9	99.7
898	60.7	32.5	933	52.3	33.4	968	51.1	100
899	60.9	17.8	934	52.2	34.9	969	50.6	99.9
900	60.1	19.2	935	52.8	60.1	970	49.9	99.7
901	59.3	38.2	936	53.7	69.7	971	49.6	99.6
902	59.9	45	937	54	70.7	972	49.4	99.6
903	59.4	32.4	938	55.1	71.7	973	49	99.5
904	59.2	23.5	939	55.2	46	974	49.8	99.7
905	59.5	40.8	940	54.7	12.6	975	50.9	100

续表

时间/s	转速规范值/%	扭矩规范值/%	时间/s	转速规范值/%	扭矩规范值/%	时间/s	转速规范值/%	扭矩规范值/%
976	50.4	99.8	1 011	63.3	9.8	1 046	47.9	24
977	49.8	99.7	1 012	48	0	1 047	48.1	36.2
978	49.1	99.5	1 013	47.9	73.5	1 048	47.5	34.5
979	50.4	99.8	1 014	49.9	99.7	1 049	46.9	30.3
980	49.8	99.7	1 015	49.9	48.8	1 050	47.7	53.5
981	49.3	99.5	1 016	49.6	2.3	1 051	46.9	61.6
982	49.1	99.5	1 017	49.9	“m”	1 052	46.5	73.6
983	49.9	99.7	1 018	49.3	“m”	1 053	48	84.6
984	49.1	99.5	1 019	49.7	47.5	1 054	47.2	87.7
985	50.4	99.8	1 020	49.1	“m”	1 055	48.7	80
986	50.9	100	1 021	49.4	“m”	1 056	48.7	50.4
987	51.4	99.9	1 022	48.3	“m”	1 057	47.8	38.6
988	51.5	99.9	1 023	49.4	“m”	1 058	48.8	63.1
989	52.2	99.7	1 024	48.5	“m”	1 059	47.4	5
990	52.8	74.1	1 025	48.7	“m”	1 060	47.3	47.4
991	53.3	46	1 026	48.7	“m”	1 061	47.3	49.8
992	53.6	36.4	1 027	49.1	“m”	1 062	46.9	23.9
993	53.4	33.5	1 028	49	“m”	1 063	46.7	44.6
994	53.9	58.9	1 029	49.8	“m”	1 064	46.8	65.2
995	55.2	73.8	1 030	48.7	“m”	1 065	46.9	60.4
996	55.8	52.4	1 031	48.5	“m”	1 066	46.7	61.5
997	55.7	9.2	1 032	49.3	31.3	1 067	45.5	“m”
998	55.8	2.2	1 033	49.7	45.3	1 068	45.5	“m”
999	56.4	33.6	1 034	48.3	44.5	1 069	44.2	“m”
1 000	55.4	“m”	1 035	49.8	61	1 070	43	“m”
1 001	55.2	“m”	1 036	49.4	64.3	1 071	42.5	“m”
1 002	55.8	26.3	1 037	49.8	64.4	1 072	41	“m”
1 003	55.8	23.3	1 038	50.5	65.6	1 073	39.9	“m”
1 004	56.4	50.2	1 039	50.3	64.5	1 074	39.9	38.2
1 005	57.6	68.3	1 040	51.2	82.9	1 075	40.1	48.1
1 006	58.8	90.2	1 041	50.5	86	1 076	39.9	48
1 007	59.9	98.9	1 042	50.6	89	1 077	39.4	59.3
1 008	62.3	98.8	1 043	50.4	81.4	1 078	43.8	19.8
1 009	63.1	74.4	1 044	49.9	49.9	1 079	52.9	0
1 010	63.7	49.4	1 045	49.1	20.1	1 080	52.8	88.9

续表

时间/s	转速规范值/%	扭矩规范值/%	时间/s	转速规范值/%	扭矩规范值/%	时间/s	转速规范值/%	扭矩规范值/%
1 081	53.4	99.5	1 116	59.8	98.9	1 151	52.1	99.7
1 082	54.7	99.3	1 117	61	98.8	1 152	50.9	100
1 083	56.3	99.1	1 118	60.7	19.2	1 153	52.2	99.7
1 084	57.5	99	1 119	59.4	"m"	1 154	51.5	98.3
1 085	59	98.9	1 120	57.9	"m"	1 155	51.5	47.2
1 086	59.8	98.9	1 121	57.6	"m"	1 156	50.8	78.4
1 087	60.1	98.9	1 122	56.3	"m"	1 157	50.3	83
1 088	61.8	48.3	1 123	55	"m"	1 158	50.3	31.7
1 089	61.8	55.6	1 124	53.7	"m"	1 159	49.3	31.3
1 090	61.7	59.8	1 125	52.1	"m"	1 160	48.8	21.5
1 091	62	55.6	1 126	51.1	"m"	1 161	47.8	59.4
1 092	62.3	29.6	1 127	49.7	25.8	1 162	48.1	77.1
1 093	62	19.3	1 128	49.1	46.1	1 163	48.4	87.6
1 094	61.3	7.9	1 129	48.7	46.9	1 164	49.6	87.5
1 095	61.1	19.2	1 130	48.2	46.7	1 165	51	81.4
1 096	61.2	43	1 131	48	70	1 166	51.6	66.7
1 097	61.1	59.7	1 132	48	70	1 167	53.3	63.2
1 098	61.1	98.8	1 133	47.2	67.6	1 168	55.2	62
1 099	61.3	98.8	1 134	47.3	67.6	1 169	55.7	43.9
1 100	61.3	26.6	1 135	46.6	74.7	1 170	56.4	30.7
1 101	60.4	"m"	1 136	47.4	13	1 171	56.8	23.4
1 102	58.8	"m"	1 137	46.3	"m"	1 172	57	"m"
1 103	57.7	"m"	1 138	45.4	"m"	1 173	57.6	"m"
1 104	56	"m"	1 139	45.5	24.8	1 174	56.9	"m"
1 105	54.7	"m"	1 140	44.8	73.8	1 175	56.4	4
1 106	53.3	"m"	1 141	46.6	99	1 176	57	23.4
1 107	52.6	23.2	1 142	46.3	98.9	1 177	56.4	41.7
1 108	53.4	84.2	1 143	48.5	99.4	1 178	57	49.2
1 109	53.9	99.4	1 144	49.9	99.7	1 179	57.7	56.6
1 110	54.9	99.3	1 145	49.1	99.5	1 180	58.6	56.6
1 111	55.8	99.2	1 146	49.1	99.5	1 181	58.9	64
1 112	57.1	99	1 147	51	100	1 182	59.4	68.2
1 113	56.5	99.1	1 148	51.5	99.9	1 183	58.8	71.4
1 114	58.9	98.9	1 149	50.9	100	1 184	60.1	71.3
1 115	58.7	98.9	1 150	51.6	99.9	1 185	60.6	79.1

续表

时间/s	转速规范值/%	扭矩规范值/%	时间/s	转速规范值/%	扭矩规范值/%	时间/s	转速规范值/%	扭矩规范值/%
1 186	60.7	83.3	1 221	57.5	93.7	1 256	60.1	“m”
1 187	60.7	77.1	1 222	58.4	93.2	1 257	60.6	“m”
1 188	60	73.5	1 223	58.7	93.2	1 258	59.6	4.1
1 189	60.2	55.5	1 224	58.2	93.7	1 259	60.7	7.1
1 190	59.7	54.4	1 225	58.5	93.1	1 260	60.5	“m”
1 191	59.8	73.3	1 226	58.8	86.2	1 261	59.7	“m”
1 192	59.8	77.9	1 227	59	72.9	1 262	59.6	“m”
1 193	59.8	73.9	1 228	58.2	59.9	1 263	59.8	“m”
1 194	60	76.5	1 229	57.6	8.5	1 264	59.6	4.9
1 195	59.5	82.3	1 230	57.1	47.6	1 265	60.1	5.9
1 196	59.9	82.8	1 231	57.2	74.4	1 266	59.9	6.1
1 197	59.8	65.8	1 232	57	79.1	1 267	59.7	“m”
1 198	59	48.6	1 233	56.7	67.2	1 268	59.6	“m”
1 199	58.9	62.2	1 234	56.8	69.1	1 269	59.7	22
1 200	59.1	70.4	1 235	56.9	71.3	1 270	59.8	10.3
1 201	58.9	62.1	1 236	57	77.3	1 271	59.9	10
1 202	58.4	67.4	1 237	57.4	78.2	1 272	60.6	6.2
1 203	58.7	58.9	1 238	57.3	70.6	1 273	60.5	7.3
1 204	58.3	57.7	1 239	57.7	64	1 274	60.2	14.8
1 205	57.5	57.8	1 240	57.5	55.6	1 275	60.6	8.2
1 206	57.2	57.6	1 241	58.6	49.6	1 276	60.6	5.5
1 207	57.1	42.6	1 242	58.2	41.1	1 277	61	14.3
1 208	57	70.1	1 243	58.8	40.6	1 278	61	12
1 209	56.4	59.6	1 244	58.3	21.1	1 279	61.3	34.2
1 210	56.7	39	1 245	58.7	24.9	1 280	61.2	17.1
1 211	55.9	68.1	1 246	59.1	24.8	1 281	61.5	15.7
1 212	56.3	79.1	1 247	58.6	“m”	1 282	61	9.5
1 213	56.7	89.7	1 248	58.8	“m”	1 283	61.1	9.2
1 214	56	89.4	1 249	58.8	“m”	1 284	60.5	4.3
1 215	56	93.1	1 250	58.7	“m”	1 285	60.2	7.8
1 216	56.4	93.1	1 251	59.1	“m”	1 286	60.2	5.9
1 217	56.7	94.4	1 252	59.1	“m”	1 287	60.2	5.3
1 218	56.9	94.8	1 253	59.4	“m”	1 288	59.9	4.6
1 219	57	94.1	1 254	60.6	2.6	1 289	59.4	21.5
1 220	57.7	94.3	1 255	59.6	“m”	1 290	59.6	15.8

续表

时间/s	转速规范值/%	扭矩规范值/%	时间/s	转速规范值/%	扭矩规范值/%	时间/s	转速规范值/%	扭矩规范值/%
1 291	59.3	10.1	1 326	63	22.1	1 361	58.8	54.2
1 292	58.9	9.4	1 327	63.1	20.3	1 362	58.9	59.6
1 293	58.8	9	1 328	61.8	19.1	1 363	58.9	60.8
1 294	58.9	35.4	1 329	61.6	17.1	1 364	59.3	56.1
1 295	58.9	30.7	1 330	61	0	1 365	58.9	48.5
1 296	58.9	25.9	1 331	61.2	22	1 366	59.3	42.9
1 297	58.7	22.9	1 332	60.8	40.3	1 367	59.4	41.4
1 298	58.7	24.4	1 333	61.1	34.3	1 368	59.6	38.9
1 299	59.3	61	1 334	60.7	16.1	1 369	59.4	32.9
1 300	60.1	56	1 335	60.6	16.6	1 370	59.3	30.6
1 301	60.5	50.6	1 336	60.5	18.5	1 371	59.4	30
1 302	59.5	16.2	1 337	60.6	29.8	1 372	59.4	25.3
1 303	59.7	50	1 338	60.9	19.5	1 373	58.8	18.6
1 304	59.7	31.4	1 339	60.9	22.3	1 374	59.1	18
1 305	60.1	43.1	1 340	61.4	35.8	1 375	58.5	10.6
1 306	60.8	38.4	1 341	61.3	42.9	1 376	58.8	10.5
1 307	60.9	40.2	1 342	61.5	31	1 377	58.5	8.2
1 308	61.3	49.7	1 343	61.3	19.2	1 378	58.7	13.7
1 309	61.8	45.9	1 344	61	9.3	1 379	59.1	7.8
1 310	62	45.9	1 345	60.8	44.2	1 380	59.1	6
1 311	62.2	45.8	1 346	60.9	55.3	1 381	59.1	6
1 312	62.6	46.8	1 347	61.2	56	1 382	59.4	13.1
1 313	62.7	44.3	1 348	60.9	60.1	1 383	59.7	22.3
1 314	62.9	44.4	1 349	60.7	59.1	1 384	60.7	10.5
1 315	63.1	43.7	1 350	60.9	56.8	1 385	59.8	9.8
1 316	63.5	46.1	1 351	60.7	58.1	1 386	60.2	8.8
1 317	63.6	40.7	1 352	59.6	78.4	1 387	59.9	8.7
1 318	64.3	49.5	1 353	59.6	84.6	1 388	61	9.1
1 319	63.7	27	1 354	59.4	66.6	1 389	60.6	28.2
1 320	63.8	15	1 355	59.3	75.5	1 390	60.6	22
1 321	63.6	18.7	1 356	58.9	49.6	1 391	59.6	23.2
1 322	63.4	8.4	1 357	59.1	75.8	1 392	59.6	19
1 323	63.2	8.7	1 358	59	77.6	1 393	60.6	38.4
1 324	63.3	21.6	1 359	59	67.8	1 394	59.8	41.6
1 325	62.9	19.7	1 360	59	56.7	1 395	60	47.3

续表

时间/s	转速规范值/%	扭矩规范值/%	时间/s	转速规范值/%	扭矩规范值/%	时间/s	转速规范值/%	扭矩规范值/%
1 396	60.5	55.4	1 431	62.8	34.4	1 466	59.6	14.8
1 397	60.9	58.7	1 432	62.8	31.5	1 467	59.4	15.9
1 398	61.3	37.9	1 433	62.9	31.7	1 468	59.4	22
1 399	61.2	38.3	1 434	62.9	29.9	1 469	60.4	38.4
1 400	61.4	58.7	1 435	62.8	29.4	1 470	59.5	38.8
1 401	61.3	51.3	1 436	62.7	28.7	1 471	59.3	31.9
1 402	61.4	71.1	1 437	61.5	14.7	1 472	60.9	40.8
1 403	61.1	51	1 438	61.9	17.2	1 473	60.7	39
1 404	61.5	56.6	1 439	61.5	6.1	1 474	60.9	30.1
1 405	61	60.6	1 440	61	9.9	1 475	61	29.3
1 406	61.1	75.4	1 441	60.9	4.8	1 476	60.6	28.4
1 407	61.4	69.4	1 442	60.6	11.1	1 477	60.9	36.3
1 408	61.6	69.9	1 443	60.3	6.9	1 478	60.8	30.5
1 409	61.7	59.6	1 444	60.8	7	1 479	60.7	26.7
1 410	61.8	54.8	1 445	60.2	9.2	1 480	60.1	4.7
1 411	61.6	53.6	1 446	60.5	21.7	1 481	59.9	0
1 412	61.3	53.5	1 447	60.2	22.4	1 482	60.4	36.2
1 413	61.3	52.9	1 448	60.7	31.6	1 483	60.7	32.5
1 414	61.2	54.1	1 449	60.9	28.9	1 484	59.9	3.1
1 415	61.3	53.2	1 450	59.6	21.7	1 485	59.7	"m"
1 416	61.2	52.2	1 451	60.2	18	1 486	59.5	"m"
1 417	61.2	52.3	1 452	59.5	16.7	1 487	59.2	"m"
1 418	61	48	1 453	59.8	15.7	1 488	58.8	0.6
1 419	60.9	41.5	1 454	59.6	15.7	1 489	58.7	"m"
1 420	61	32.2	1 455	59.3	15.7	1 490	58.7	"m"
1 421	60.7	22	1 456	59	7.5	1 491	57.9	"m"
1 422	60.7	23.3	1 457	58.8	7.1	1 492	58.2	"m"
1 423	60.8	38.8	1 458	58.7	16.5	1 493	57.6	"m"
1 424	61	40.7	1 459	59.2	50.7	1 494	58.3	9.5
1 425	61	30.6	1 460	59.7	60.2	1 495	57.2	6
1 426	61.3	62.6	1 461	60.4	44	1 496	57.4	27.3
1 427	61.7	55.9	1 462	60.2	35.3	1 497	58.3	59.9
1 428	62.3	43.4	1 463	60.4	17.1	1 498	58.3	7.3
1 429	62.3	37.4	1 464	59.9	13.5	1 499	58.8	21.7
1 430	62.3	35.7	1 465	59.9	12.8	1 500	58.8	38.9

续表

时间/s	转速规范值/%	扭矩规范值/%	时间/s	转速规范值/%	扭矩规范值/%	时间/s	转速规范值/%	扭矩规范值/%
1 501	59.4	26.2	1 536	58.3	13.9	1 571	61.1	58.8
1 502	59.1	25.5	1 537	58.5	“m”	1 572	60.8	64.7
1 503	59.1	26	1 538	59.1	“m”	1 573	60.1	63.6
1 504	59	39.1	1 539	59.4	“m”	1 574	60.7	83.2
1 505	59.5	52.3	1 540	59.6	“m”	1 575	60.4	82.2
1 506	59.4	31	1 541	59.5	“m”	1 576	60	80.5
1 507	59.4	27	1 542	59.6	0.5	1 577	59.9	78.7
1 508	59.4	29.8	1 543	59.3	9.2	1 578	60.8	67.9
1 509	59.4	23.1	1 544	59.4	11.2	1 579	60.4	57.7
1 510	58.9	16	1 545	59.1	26.8	1 580	60.2	60.6
1 511	59	31.5	1 546	59	11.7	1 581	59.6	72.7
1 512	58.8	25.9	1 547	58.8	6.4	1 582	59.9	73.6
1 513	58.9	40.2	1 548	58.7	5	1 583	59.8	74.1
1 514	58.8	28.4	1 549	57.5	“m”	1 584	59.6	84.6
1 515	58.9	38.9	1 550	57.4	“m”	1 585	59.4	76.1
1 516	59.1	35.3	1 551	57.1	1.1	1 586	60.1	76.9
1 517	58.8	30.3	1 552	57.1	0	1 587	59.5	84.6
1 518	59	19	1 553	57	4.5	1 588	59.8	77.5
1 519	58.7	3	1 554	57.1	3.7	1 589	60.6	67.9
1 520	57.9	0	1 555	57.3	3.3	1 590	59.3	47.3
1 521	58	2.4	1 556	57.3	16.8	1 591	59.3	43.1
1 522	57.1	“m”	1 557	58.2	29.3	1 592	59.4	38.3
1 523	56.7	“m”	1 558	58.7	12.5	1 593	58.7	38.2
1 524	56.7	5.3	1 559	58.3	12.2	1 594	58.8	39.2
1 525	56.6	2.1	1 560	58.6	12.7	1 595	59.1	67.9
1 526	56.8	“m”	1 561	59	13.6	1 596	59.7	60.5
1 527	56.3	“m”	1 562	59.8	21.9	1 597	59.5	32.9
1 528	56.3	“m”	1 563	59.3	20.9	1 598	59.6	20
1 529	56	“m”	1 564	59.7	19.2	1 599	59.6	34.4
1 530	56.7	“m”	1 565	60.1	15.9	1 600	59.4	23.9
1 531	56.6	3.8	1 566	60.7	16.7	1 601	59.6	15.7
1 532	56.9	“m”	1 567	60.7	18.1	1 602	59.9	41
1 533	56.9	“m”	1 568	60.7	40.6	1 603	60.5	26.3
1 534	57.4	“m”	1 569	60.7	59.7	1 604	59.6	14
1 535	57.4	“m”	1 570	61.1	66.8	1 605	59.7	21.2

续表

时间/s	转速规范值/%	扭矩规范值/%	时间/s	转速规范值/%	扭矩规范值/%	时间/s	转速规范值/%	扭矩规范值/%
1 606	60.9	19.6	1 641	61.7	19.4	1 676	60.6	4.1
1 607	60.1	34.3	1 642	61.7	10.8	1 677	60.6	6.7
1 608	59.9	27	1 643	61.6	10.2	1 678	60.6	12.8
1 609	60.8	25.6	1 644	61.4	"m"	1 679	60.7	11.9
1 610	60.6	26.3	1 645	60.8	"m"	1 680	60.6	12.4
1 611	60.9	26.1	1 646	60.7	"m"	1 681	60.1	12.4
1 612	61.1	38	1 647	61	12.4	1 682	60.5	12
1 613	61.2	31.6	1 648	60.4	5.3	1 683	60.4	11.8
1 614	61.4	30.6	1 649	61	13.1	1 684	59.9	12.4
1 615	61.7	29.6	1 650	60.7	29.6	1 685	59.6	12.4
1 616	61.5	28.8	1 651	60.5	28.9	1 686	59.6	9.1
1 617	61.7	27.8	1 652	60.8	27.1	1 687	59.9	0
1 618	62.2	20.3	1 653	61.2	27.3	1 688	59.9	20.4
1 619	61.4	19.6	1 654	60.9	20.6	1 689	59.8	4.4
1 620	61.8	19.7	1 655	61.1	13.9	1 690	59.4	3.1
1 621	61.8	18.7	1 656	60.7	13.4	1 691	59.5	26.3
1 622	61.6	17.7	1 657	61.3	26.1	1 692	59.6	20.1
1 623	61.7	8.7	1 658	60.9	23.7	1 693	59.4	35
1 624	61.7	1.4	1 659	61.4	32.1	1 694	60.9	22.1
1 625	61.7	5.9	1 660	61.7	33.5	1 695	60.5	12.2
1 626	61.2	8.1	1 661	61.8	34.1	1 696	60.1	11
1 627	61.9	45.8	1 662	61.7	17	1 697	60.1	8.2
1 628	61.4	31.5	1 663	61.7	2.5	1 698	60.5	6.7
1 629	61.7	22.3	1 664	61.5	5.9	1 699	60	5.1
1 630	62.4	21.7	1 665	61.3	14.9	1 700	60	5.1
1 631	62.8	21.9	1 666	61.5	17.2	1 701	60	9
1 632	62.2	22.2	1 667	61.1	"m"	1 702	60.1	5.7
1 633	62.5	31	1 668	61.4	"m"	1 703	59.9	8.5
1 634	62.3	31.3	1 669	61.4	8.8	1 704	59.4	6
1 635	62.6	31.7	1 670	61.3	8.8	1 705	59.5	5.5
1 636	62.3	22.8	1 671	61	18	1 706	59.5	14.2
1 637	62.7	12.6	1 672	61.5	13	1 707	59.5	6.2
1 638	62.2	15.2	1 673	61	3.7	1 708	59.4	10.3
1 639	61.9	32.6	1 674	60.9	3.1	1 709	59.6	13.8
1 640	62.5	23.1	1 675	60.9	4.7	1 710	59.5	13.9

续表

时间/s	转速规范值/%	扭矩规范值/%	时间/s	转速规范值/%	扭矩规范值/%	时间/s	转速规范值/%	扭矩规范值/%
1 711	60.1	18.9	1 741	59.9	“m”	1 771	57.7	25.5
1 712	59.4	13.1	1 742	59.8	“m”	1 772	58.4	35.5
1 713	59.8	5.4	1 743	59.1	“m”	1 773	58.4	29.3
1 714	59.9	2.9	1 744	58.8	“m”	1 774	59	33.8
1 715	60.1	7.1	1 745	58.8	“m”	1 775	59	18.7
1 716	59.6	12	1 746	58.2	“m”	1 776	58.8	9.8
1 717	59.6	4.9	1 747	58.5	14.3	1 777	58.8	23.9
1 718	59.4	22.7	1 748	57.5	4.4	1 778	59.1	48.2
1 719	59.6	22	1 749	57.9	0	1 779	59.4	37.2
1 720	60.1	17.4	1 750	57.8	20.9	1 780	59.6	29.1
1 721	60.2	16.6	1 751	58.3	9.2	1 781	50	25
1 722	59.4	28.6	1 752	57.8	8.2	1 782	40	20
1 723	60.3	22.4	1 753	57.5	15.3	1 783	30	15
1 724	59.9	20	1 754	58.4	38	1 784	20	10
1 725	60.2	18.6	1 755	58.1	15.4	1 785	10	5
1 726	60.3	11.9	1 756	58.8	11.8	1 786	0	0
1 727	60.4	11.6	1 757	58.3	8.1	1 787	0	0
1 728	60.6	10.6	1 758	58.3	5.5	1 788	0	0
1 729	60.8	16	1 759	59	4.1	1 789	0	0
1 730	60.9	17	1 760	58.2	4.9	1 790	0	0
1 731	60.9	16.1	1 761	57.9	10.1	1 791	0	0
1 732	60.7	11.4	1 762	58.5	7.5	1 792	0	0
1 733	60.9	11.3	1 763	57.4	7	1 793	0	0
1 734	61.1	11.2	1 764	58.2	6.7	1 794	0	0
1 736	61.1	25.6	1 765	58.2	6.6	1 795	0	0
1 736	61	14.6	1 766	57.3	17.3	1 796	0	0
1 737	61	10.4	1 767	58	11.4	1 797	0	0
1 738	60.6	“m”	1 768	57.5	47.4	1 798	0	0
1 739	60.9	“m”	1 769	57.4	28.8	1 799	0	0
1 740	60.8	4.8	1 770	58.8	24.3	1 800	0	0

ETC 循环中测功机设定规范图，见图 BC.1。

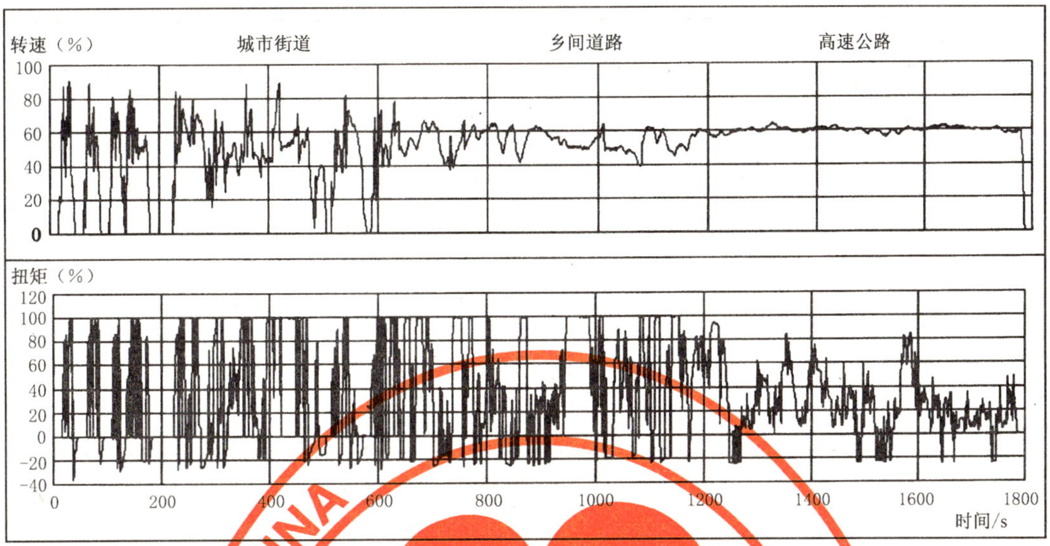

图 BC.1 ETC 循环中测功机设定规范图

附 件 BD
（规范性附件）
测量和取样规程

BD.1 引言

提交试验的发动机的排放（气态污染物、颗粒物和烟）应采用附录 D 所述方法测量。附录 D 各条分别阐述了推荐的气体分析系统（第 D.1 条），推荐的颗粒物稀释和取样系统（第 D.2 条），以及推荐的烟测量用不透光烟度计（第 D.3 条）。

对于 ESC，气态污染物应在原始排气中测定。如采用全流稀释系统测定颗粒物，也可在稀释排气中测定。颗粒物既可用部分流系统也可用全流稀释系统测定。

对于 ETC，只能采用全流稀释系统测定气态污染物和颗粒物，并作为基准系统。

BD.2 测功机和试验设备

在发动机测功机台架上进行的发动机排放试验，应采用下列设备。

BD.2.1 发动机测功机

应该采用具有适当特性的发动机测功机进行附件 BA 和 BB 所描述的试验循环。转速测量系统的准确度应为读数的±2%。扭矩测量系统的准确度，在＞20%满量程的范围内应为读数的±3%，在≤20%满量程的范围内应为满量程的±0.6%。

BD.2.2 其他仪器

如果需要，应使用燃料消耗量、空气消耗量、冷却液和机油的温度、排气压力、进气歧管真空度、排气温度、进气温度、大气压力、湿度、燃料温度等的测量仪器。这些仪器应满足表 BD.1 中给出的要求。

BD.2.3 排气流量

为了在原始排气中计算排放量，必须知道排气流量（见第 BA.4.4 条）。可用下面两种方法之一测定排气流量：

(a) 用流量喷嘴和等效的流量计直接测量排气流量；

表 BD.1 测量仪器的准确度

测 量 仪 器	准 确 度
燃料消耗量	发动机最大值的±2%
空气消耗量	发动机最大值的±2%
温度≤600 K(327℃)	±2 K
温度>600 K(327℃)	读数的±1%
大气压	±0.1 kPa
排气压力	±0.2 kPa
进气真空度	±0.05 kPa
其他压力	±0.1 kPa
相对湿度	±3%
绝对湿度	读数的±5%

(b) 用适当的计量系统测定空气流量和燃料流量,然后用下列公式计算排气流量:

$$G_{EXHW}=G_{AIRW}+G_{FUEL}\text{(用于湿基排气质量)}$$

排气流量测定的准确度应为读数的±2.5%以内。

BD.2.4 稀释排气流量

为了计算采用全流稀释系统(对 ETC 是必须的)的稀释排气中的排放量,需要知道稀释排气的流量(见第 BB.4.3 条)。应该采用 PDP 或 CFV(第 D.2.3.1 条)测量稀释排气的质量总流量(G_{TOTW})或整个循环稀释排气的总质量(M_{TOTW})。测量设备的准确度应为读数的±2%以内,并应按照第 D.2.3 条的条款确定。

BD.3 气态组分的测定

BD.3.1 分析仪的一般技术规格

分析仪应具有合适的量程,该量程能满足测量气态污染物的浓度所需准确度(第 BD.3.1.1 条)。建议分析仪按照"所测气体污染物的浓度,应为其满量程的 15%至 100%"的原则工作。

若读出系统(计算机、数据记录仪)在低于满量程 15%时能提供足够的准确度和分辨率,则可以进行测量。此时至少需要增加标定 4 个相等间距的点(零点除外),以确保按照 BE.1.5.5.2 条得到的标定曲线的准确度。

设备的电磁兼容性(EMC)应达到使附加误差最小的水平。

BD.3.1.1 测量误差

总的测量误差,包括对其他气体的交叉影响(见第 BE.1.9 条),应不超过读数的±5%或满量程的±3.5%(取较小值)。对低于 100 ppm 的浓度,测量误差应不超过±4 ppm。

BD.3.1.2 重复性

重复性的定义:对某一给定的标定气或量距气的 10 次重复响应值的标准偏差的 2.5 倍。对于大于 155 ppm(或 ppm C)的标定气或量距气,其重复性不得超过该量程满量程浓度的±1%,对于低于 155 ppm(或 ppm C)的标定气或量距气,不得超过该量程满量程浓度的±2%。

BD.3.1.3 噪声

对于所有使用量程,分析仪对于零气、标定气或量距气的任意 10 s 期间的峰—峰响应值均不应超过满量程的 2%。

BD.3.1.4 零点漂移

对于使用的最低量程,1 h 期间的零点漂移应小于满量程的 2%。零点漂移定义为:在 30 s 时间间隔内对零气的平均响应(包括噪声在内)。

BD.3.1.5 量距点漂移

对于使用的最低量程，1 h 期间的量距漂移应小于满量程的2%。量距漂移定义为：在30 s时间间隔内对量距气的平均响应(包括噪声在内)。

BD.3.2 气体干燥

选用的气体干燥装置必须对被测气体的浓度影响最小，不能采用化学干燥剂除去样气中的水分。

BD.3.3 分析仪

第BD.3.3.1条至第BD.3.3.4条叙述了所使用的测量原则，测量系统的详细说明见附录D。应使用下列仪器来分析被测气体。允许非线性分析仪使用线性化电路。

BD.3.3.1 一氧化碳(CO)分析

应采用不分光红外线(NDIR)吸收型分析仪。

BD.3.3.2 二氧化碳(CO_2)分析

应采用不分光红外线(NDIR)吸收型分析仪。

BD.3.3.3 碳氢化合物分析

对于柴油机和燃用LPG的燃气发动机，碳氢化合物分析仪应采用加热式氢火焰离子分析仪(HFID)。其检测器、阀、管道等需被加热，使气体温度保持在463 K±10 K(190℃±10℃)。对于燃用NG的燃气发动机，碳氢化合物分析仪取决于所采用的方法(见第D.1.3条)，可以采用非加热式氢火焰离子分析仪(FID)。

BD.3.3.4 非甲烷碳氢化合物(NMHC)分析(仅用于燃用NG的燃气发动机)

非甲烷碳氢化合物应该用下列方法之一测量：

BD.3.3.4.1 气相色谱(GC)法

应按照第BD.3.3.3条测量碳氢化合物，从中减去用气相色谱(GC)法在423 K(150℃)下测得的甲烷，得到非甲烷碳氢化合物。

BD.3.3.4.2 非甲烷截止器(NMC)法

应使用加热式NMC，串接第BD.3.3.3条规定的FID，从碳氢化合物中减去甲烷含量，得到非甲烷含量。

BD.3.3.5 氮氧化合物(NO_x)分析

若测量干基氮氧化合物，应采用带有NO_2/NO转换器的化学发光分析仪(CLD)或加热式化学发光分析仪(HCLD)。若测量湿基氮氧化物，应采用带有温度保持328K(55℃)以上转换器的HCLD，并满足水熄光检查(见第BE.1.9.2.2条)。

BD.3.4 气态污染物的取样

BD.3.4.1 直接从原始排气中取样(仅限ESC)

气态污染物取样探头必须安装在距排气系统出口至少0.5m或三倍排气管径(取其较大者)的上游处。尽量远离排气口，并靠近发动机，以保证在探头处的排气温度≥343 K(70℃)。

对于带有分支排气歧管的多缸发动机，探头的进口应置于下游足够远的地方，以保证样气代表了所有气缸的平均排气污染物。若多缸发动机具有分组排气歧管，例如V型发动机，则允许从每组单独取样，并计算平均排气排放量。也可使用与上述方法相关的其他方法。排气排放量的计算必须使用排气质量总流量。

如果发动机装有排气后处理系统，应在排气后处理系统下游采集排气样气。

BD.3.4.2 从稀释排气中取样(ETC必用，ESC选用)

发动机与全流稀释系统之间的排气管应符合第D.2.3.1条EP的要求。

气态污染物取样探头应安装在颗粒物取样探头附近，此处稀释空气与排气已充分混合。

对于ETC，一般可采用两种取样方法：

——将整个循环的污染物采集到一个取样袋中，试验完成后进行测定；

——将整个循环的污染物连续取样并积分；对于HC和NO_x必须用此方法。

BD.4 颗粒物的取样

颗粒物测量需要稀释系统。稀释可采用部分流稀释系统(仅限ESC)或全流稀释系统(ETC必用)。稀释系统的流量能力应满足完全消除水在稀释和取样系统中的凝结,并使紧靠滤纸保持架上游处的稀释排气温度≤325 K(52℃)。稀释空气在进入稀释系统前允许除湿(特别是对于具有较高湿度的稀释空气),稀释空气温度应为298 K±5 K(25 ℃±5℃)。

部分流稀释系统设计成将排气流分成两部分,其中较小部分被部分流稀释系统取样并经空气稀释后用作颗粒物测量。因此必须非常精确地测定稀释比。可以应用不同的分流方法,所用分流形式在很大程度上取决于所用的取样硬件和程序(第D.2.2条)。颗粒物取样探头应紧靠气态污染物取样探头,其安装位置应符合第BD.3.4.1条的规定。

为了测量颗粒物质量,需要使用颗粒物取样系统,颗粒物取样滤纸,微克天平和控制温度及湿度的称重室。

对于颗粒物的取样,应使用单对滤纸法,即整个试验循环使用一对滤纸(见第BD.4.1.3条)。对于ESC,在试验取样阶段应特别注意取样时间和流量。

BD.4.1 颗粒物取样滤纸

BD.4.1.1 滤纸技术要求

要求采用带碳氟化合物涂层的玻璃纤维滤纸或碳氟化合物为基体的薄膜滤纸。所有滤纸类型都应满足当通过滤纸的气体迎面速度为35~80 cm/s时,对0.3 μm的DOP(邻二甲酸二辛脂)的采集效率应至少为95%。

BD.4.1.2 滤纸尺寸

颗粒物滤纸最小直径应为47 mm(污染直径37 mm)。允许采用较大直径的滤纸(第BD.4.1.5条)。

BD.4.1.3 初级滤纸和次级滤纸

试验过程中应采用一对串联布置的滤纸(一张初级滤纸和一张次级滤纸)对稀释排气进行颗粒物取样。次级滤纸应放置在初级滤纸下游不超过100 mm处,但不应与初级滤纸接触。滤纸可单独称重或把两张滤纸的玷污面对置后一起称重。

BD.4.1.4 滤纸迎面速度

气体通过滤纸的迎面速度应达到35~80 cm/s。从试验开始到结束之间,压力降的增加量应不大于25 kPa。

BD.4.1.5 滤纸荷重

推荐滤纸的最小荷重为0.5 mg/1 075 mm^2 污染面积。最常用尺寸滤纸的推荐的最小荷重如表BD.2所示。

表BD.2 推荐的滤纸荷重

滤纸直径/mm	推荐的污染直径/mm	推荐的最小荷重/mg	滤纸直径/mm	推荐的污染直径/mm	推荐的最小荷重/mg
47	37	0.5	90	80	2.3
70	60	1.3	110	100	3.6

BD.4.2 称重室和分析天平的技术要求

BD.4.2.1 称重室条件

在滤纸进行预处理和称量的整个期间,颗粒物滤纸预处理和称量用的称重室,其温度应保持在295 K±3 K(22℃±3℃),其湿度应保持在露点温度282.5 K±3 K(9.5℃±3℃)和相对湿度45%±8%。

BD.4.2.2 参比滤纸称重

在稳定过程中，室内环境应无任何可能落在滤纸上的环境污染物(诸如灰尘)。允许称重室偏离第BD.4.2.1条所列的技术要求，但偏离持续时间不允许超过30 min。称重前，称重室的条件应符合上述的技术要求。在称量取样滤纸(对)的4 h内，必须至少称量两张未经使用的参比滤纸或参比滤纸对(最好同时称量)。参比滤纸的尺寸和材料应与取样滤纸相同。

如果在取样滤纸的两次称量期间，参比滤纸的平均质量变化大于推荐的滤纸最小荷重(第BD.4.1.5条)的±5%(滤纸对为±7.5%)，则取样滤纸全部作废，并重做排放试验。

如称重室不符合第BD.4.2.1条的稳定要求，但参比滤纸(对)称量符合上述准则，则发动机制造厂可承认取样滤纸的质量，或否定该试验，在调整称重室控制系统后，重做试验。

BD.4.2.3 分析天平

用来称量所有滤纸质量的分析天平应有20 μg的准确度(标准偏差)和10 μg(1数位=10 μg)的分辨率。对于直径小于70 mm的滤纸，准确度和分辨率应分别为2 μg和1 μg。

BD.4.3 颗粒物测量的附加技术要求

从排气管到滤纸保持架之间的稀释系统和取样系统的所有零件，由于与原始排气接触，因此在设计上必须尽量减少颗粒物的附着或变化。所有零件必须由不与排气成分发生反应的导电材料制成，并且必须接地，以防止静电效应。

BD.5 烟度测量

烟度应使用不透光烟度计测量，读出方式为不透光度和光吸收系数。不透光度读数方式仅用于标定和检查不透光烟度计，试验循环的烟度值应以光吸收系数读数方式测量。

BD.5.1 基本要求

ELR试验要求使用的烟度测量和数据处理系统包括3个功能单元。这些单元可以组合成一个单独组件，或由若干相互连接的组件组成一个系统。这三个功能单元是：

——符合第D.3条技术要求的不透光烟度计；

——能进行第BA.6条所述功能的数据处理单元；

——能按第BA.6.3条规定，记录和输出所要求的烟度值的打印机和/或电子存储器。

BD.5.2 特殊要求

BD.5.2.1 线性度

线性度应不超过±2%不透光度。

BD.5.2.2 零点漂移

1 h内的零点漂移应不超过±1%不透光度。

BD.5.2.3 不透光烟度计的显示和量程

若用不透光度显示，量程应为1%～100%不透光度，最小读数为0.1%不透光度；若用光吸收系数显示，量程应为0～30 m^{-1}光吸收系数，最小读数为0.01 m^{-1}光吸收系数。

BD.5.2.4 仪器响应时间

不透光烟度计的物理响应时间应不超过0.2 s。物理响应时间是指被测气体的不透光度的变化时间小于0.1 s时，快速响应接收器的输出从10%至90%满偏移的时间差。

不透光烟度计的电路响应时间应不超过0.05 s。电路响应时间是指光源中断或完全消失的时间小于0.01 s时，不透光烟度计的输出从10%至90%满量程的时间差。

BD.5.2.5 中性密度遮光片

用于不透光烟度计的标定、线性测量或设定量距的任何中性密度遮光片，其误差为已知的不透光度的1.0%以内。至少每年用一个可溯源到国家或国际标准的基准片来检查遮光片标称值的准确度。

中性密度遮光片是精密器件，使用中很容易损坏。尽量避免用手触摸，小心避免擦伤或污损遮光片。

附 件 BE
（规范性附件）
标定规程

BE.1 分析仪器的标定

BE.1.1 前言

每台分析仪都应根据需要经常标定，以满足本标准对仪器准确度的要求。对于第BD.4.3条和第D.1条中所指出的分析仪，本规程阐述了它们应使用的标定方法。

BE.1.2 标定气

必须遵从所有标定气的储藏期限。

应记录由制造厂规定的标定气体失效日期。

BE.1.2.1 纯气

各种纯气要求的纯度需符合下列给出的杂质限值要求。工作时应具备下列气体：

纯氮，其中杂质：C1≤1 ppm，CO≤1 ppm，CO_2≤400 ppm，NO≤0.1 ppm

纯氧：纯度>99.5%（体积分数）

氢—氦混合气（40±2%氢，氦作平衡气），其中杂质：C1≤1 ppm，CO_2≤400 ppm

纯合成空气，其中杂质：C1≤1 ppm，CO≤1 ppm，CO_2≤400 ppm，NO≤0.1 ppm（氧气的体积分数在18%～21%）；

CVS标定用纯丙烷（最低纯度为99.5%）或CO

BE.1.2.2 标定气和量距气

应具备下列化学组分的混合气体：

C_3H_8 和纯合成空气（见第BE.1.2.1条）；

CO和纯氮；

NO_x 和纯氮（在此标定气中 NO_2 含量不得超过NO含量的5%）；

CO_2 和纯氮；

CH_4 和纯合成空气；

C_2H_6 和纯合成空气；

注：允许其他混合气体，只要这些气体之间不相互反应。

标定气和量距气的实际浓度必须在标称值的±2%以内，所有标定气体的浓度应以体积分数表示（%或ppm）。

标定气和量距气也可通过气体分配器、用纯 N_2 或纯合成空气稀释后获得。混合装置的准确度必须使稀释后的标定气和量距气的浓度可以确定到±2%以内。

BE.1.3 分析仪和取样系统的操作方法

分析仪的操作方法应遵守仪器制造厂的起动和操作规程。应包括第BE.1.4至BE.1.9条给出的最低要求。

BE.1.4 泄漏检查

应进行系统的泄漏检查。将取样探头从排气系统中卸下并把末端堵死。起动分析仪取样泵。在初始稳定期后，所有流量计读数应为零。否则，应检查取样管路并排除故障。

真空端的最大允许泄漏量应为系统受检部分在用流量的0.5%。在用流量可用分析仪流量和旁通流量来估算。

另一种方法是将零气转换到量距气，在取样管路前端通入，逐步改变浓度。如果经过适当时间后，读数显示浓度低于通入的浓度，则表示有标定或泄漏问题。

BE.1.5 标定方法

BE.1.5.1 仪器总成

应该标定仪器总成，并用标定气检查标定曲线。标定气所用流量应与排气取样的流量相同。

BE.1.5.2 预热时间

预热时间应按照制造厂的技术规定。若无规定，建议分析仪至少预热两小时。

BE.1.5.3 NDIR 和 HFID 分析仪

NDIR 分析仪适当地调谐；应将 HFID 分析仪的火焰燃烧调至最佳。

BE.1.5.4 标定

应标定每个常用的工作量程。

用纯合成空气（或氮气）。将 CO、CO_2、NO_x 和 HC 分析仪调零。用适当的标定气通入分析仪，记录其值，并按第 BE.1.5.5 条建立标定曲线。

必要时，再次检查零点设定，并重复标定方法。

BE.1.5.5 建立标定曲线

BE.1.5.5.1 总则

分析仪的标定曲线至少由 5 个尽可能均匀分布的标定点（不包括零点）来建立。浓度最高的标定气的标称浓度不得小于满量程的 90%。

标定曲线按最小二乘法计算。如果所用多项式次数大于 3，则标定点的个数最少必须等于该多项式的次数加 2。

标定曲线与每种标定气标称值的偏差不得大于±2%，而在零点应不大于满量程的±1%。从标定曲线的轨迹和标定点，可以验证是否进行了正确的标定。必须标明分析仪的不同特性参数，特别是：

——量程

——灵敏度

——标定日期

BE.1.5.5.2 低于 15%满量程的标定

分析仪标定曲线中低于 15%满量程的部分，至少应由 4 个间距大致相等的标定点（不包括零点）组成。

标定曲线用最小二乘法计算。

标定曲线与每种标定气标称值的偏差不得大于±4%，而在零点应不大于满量程的±1%。

BE.1.5.5.3 替代方法

如果能表明替代技术（如：计算机、电子控制量程开关等）能达到同等的准确度，则可使用这些替代技术。

BE.1.6 标定检查

在每次分析以前，每个常用的工作量程都应按照下述各步进行检查。

用零气和量距气检查标定情况，量距气的标称值应为测量量程满量程的 80%以上。

对于所考核的这两个点，如果得到的数值与理论值的偏差不大于满量程的±4%，则允许进行调整；否则，应根据 BE.1.5.5 条重新建立一条标定曲线。

BE.1.7 NO_x 转化器的效率测试

用于将 NO_2 转化成 NO 的转化器的效率应按第 BE.1.7.1 至 BE.1.7.8 条（图 BE.1）进行测试。

BE.1.7.1 试验装置

利用图 BE.1 所示试验装置（也可见第 BD.3.3.5 条）及以下程序，用臭氧发生器测试转化器的效率。

BE.1.7.2 标定

按照制造厂的技术要求，用零气和量距气（其 NO 含量必须达到工作量程的 80%左右，混合气中 NO_2 的浓度必须小于 NO 浓度的 5%）标定 NO_x 分析仪最常用的工作量程。NO_x 分析仪必须置于 NO 方式，以便使量距气不通过转化器。记录指示的浓度。

BE. 1.7.3 计算

NO 转化器效率的计算如下：

$$效率(\%)=\left(1+\frac{a-b}{c-d}\right)\times 100$$

式中：

a——按第 BE. 1.7.6 条得到的 NO_x 浓度

b——按第 BE. 1.7.7 条得到的 NO_x 浓度

c——按第 BE. 1.7.4 条得到的 NO 浓度

d——按第 BE. 1.7.5 条得到的 NO 浓度

BE. 1.7.4 加入氧气

通过一个 T 形接头，连续不断地向量距气流中加入氧气或合成空气，直到所指示的浓度比第 BE. 1.7.2条中记录的指示标定浓度低 20%左右为止。记录指示的浓度(c)。使臭氧发生器在这一过程中不起作用。

BE. 1.7.5 打开臭氧发生器

现在启动臭氧发生器以产生足够的臭氧，使 NO 浓度降低到第 BE. 1.7.2 条中记录的标定浓度的 20%（最低 10%）。记录指示的浓度(d)（分析仪置于 NO 模式）。

BE. 1.7.6 NO_x 模式

然后把 NO 分析仪转换到 NO_x 模式，即混合气（包括 NO，NO_2，O_2，和 N_2）现在流过转化器。记录指示的浓度(a)（分析仪置于 NO_x 模式）。

BE. 1.7.7 关闭臭氧发生器

现在关闭臭氧发生器。第 BE. 1.7.6 条所述的混合气通过转化器流入检测器。记录指示浓度(b)。（分析仪置于 NO_x 模式）。

BE. 1.7.8 NO 模式

切换到 NO 模式，在臭氧发生器不起作用的同时，把氧气或合成空气的气流也切断。这时分析仪的 NO_x 读数不应偏离按第 BE. 1.7.2 条所记录的数值的±5%以上（分析仪置于 NO 模式）。

BE. 1.7.9 试验间隔

在每次标定 NO_x 分析仪以前，必须测试转化器的效率。

BE. 1.7.10 效率要求

转化器的效率不得低于 90%，推荐转化器的效率最好超过 95%。

注：在分析仪最常用量程内，若臭氧发生器不能按照第 BE. 1.7.5 条使 NO 浓度从 80%降低到 20%，则应使用能达到此降低量的最高量程。

BE. 1.8 FID 的调整

BE. 1.8.1 检测器响应最佳化

FID 必须按照仪器制造厂的规定进行调整。应该在最常用的工作量程，用空气作平衡气的丙烷量距气来优化其响应。

将燃气和空气流量设定在制造厂的推荐值，向分析仪通入 350±75 ppmC 的量距气。给定的燃气流量的响应由量距气响应与零气响应之差确定。燃气流量在高于和低于制造厂要求的条件下进行渐增调整。记录这些燃气流量下的量距气和零气的响应。然后将量距气和零气响应之差绘制成曲线，并将燃气流量调整到曲线的高响应区。

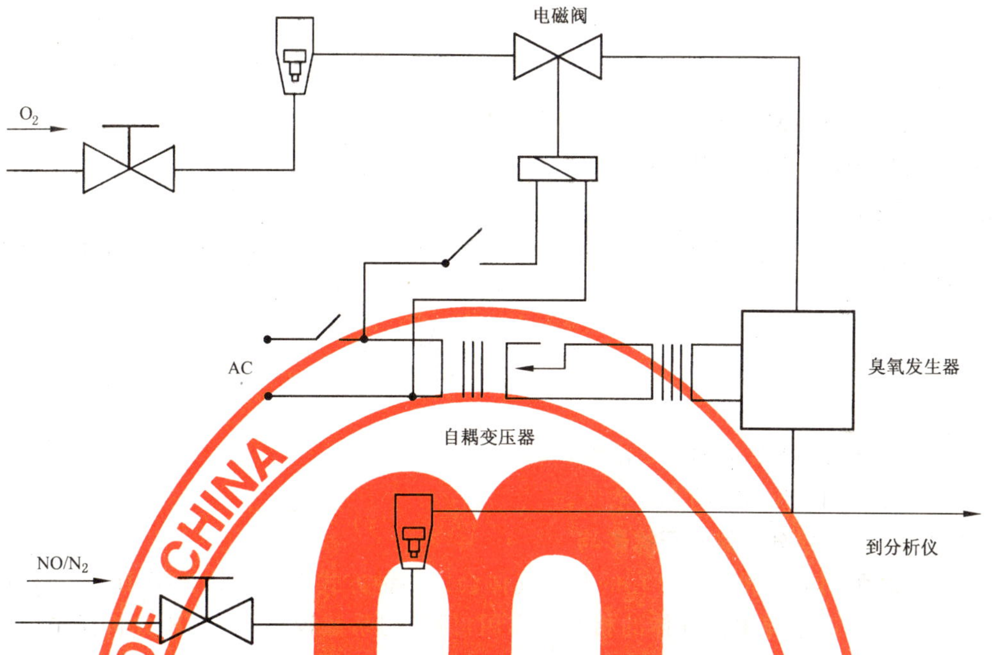

图 BE.1 NO_x 转化器效率装置简图

BE.1.8.2 碳氢化合物的响应系数

按照第 BE.1.5 条。分析仪应该用空气作平衡气的丙烷量距气和纯合成空气进行标定。

在分析仪投入使用时及以后主要的保养周期中，都应测定响应系数。对于某种特定的碳氢化合物，响应系数(R_f)等于 FID C1 的读数与用 ppm C1 表示的气瓶浓度之比。

测试气体的浓度必须足以使相应值达到约 80%满量程。根据重量分析标准，用体积表示的已知浓度必须达到+2%的准确度。另外，气瓶必须在 298 K±5 K(25℃±5℃)下预置 24 h。

所用的测试气体及推荐的响应系数为：

甲烷和纯合成空气　　$1.00 \leqslant R_f \leqslant 1.15$

丙烯和纯合成空气　　$0.90 \leqslant R_f \leqslant 1.10$

甲苯和纯合成空气　　$0.90 \leqslant R_f \leqslant 1.10$

这些值是相对于响应系数(R_f)为 1.00 的丙烷与纯合成空气。

BE.1.8.3 氧干扰的检查

在分析仪投入使用时及以后主要的保养周期中，都应进行氧干扰检查。

应按照上面的第 BE.1.8.2 条所述测定响应系数。所用的测试气体和推荐的响应系数范围为：

丙烷与氮气　　$0.95 \leqslant R_f \leqslant 1.05$

此值是相对于响应系数(R_f)为 1.00 的丙烷与纯合成空气。

FID 燃烧器空气的氧浓度应在最近的氧干扰检查时所用燃烧器空气的氧浓度的±1mol%以内，假如相差较大，应进行氧干扰检查，必要时应调整分析仪。

BE.1.8.4 非甲烷截止器(NMC)的效率(仅限于 NG 燃气发动机)

NMC 用于从样气中剔除非甲烷碳氢化合物，即氧化除甲烷以外的所有碳氢化合物。理想情况是：若是甲烷，则截止量是 0%，若是以乙烷为代表的其他碳氢化合物，则截止量为 100%。为准确测定 NMHC，必须测试以下两个效率，并用于 NMHC 排放质量流量计算(第 BB.4.3 条)。

BE.1.8.4.1 甲烷效率

甲烷标定气在流过和旁通非甲烷截止器(NMC)两种情况下流经 FID，记录这两种情况下的浓度值。由下式确定甲烷效率：

$$CE_M = 1 - \frac{conc_w}{conc_{w/o}}$$

式中：

$conc_w$——CH_4 流过 NMC 时的 HC 浓度；

$conc_{w/o}$——CH_4 旁通 NMC 时的 HC 浓度。

BE.1.8.4.2 乙烷效率

乙烷标定气在流过和旁通非甲烷截止器(NMC)两种情况下流经 FID，记录这两种情况下的浓度值。由下式确定乙烷效率：

$$CE_M = 1 - \frac{conc_w}{conc_{w/o}}$$

式中：

$conc_w$——乙烷流过 NMC 时的 HC 浓度；

$conc_{w/o}$——乙烷旁通 NMC 时的 HC 浓度。

BE.1.9 CO、CO_2 和 NO_x 分析仪的干扰影响

除所分析的那种气体外，排气中存在的其他气体会以多种方式干扰读数。NDIR 分析仪中出现的正干扰，是指干扰气体产生与被测气体的相同的作用，但影响系数较小。NDIR 分析仪中出现的负干扰，是指由于干扰气体扩大了被测气体的吸收带。CLD 分析仪中出现的干扰是由于干扰气体的熄光作用。在分析仪投入使用时及以后主要的保养周期中，应进行第 BE.1.9.1 和 BE.1.9.2 条所规定的干扰检查。

BE.1.9.1 CO 分析仪的干扰检查

水和 CO_2 会干扰 CO 分析仪的性能。因此，应在室温下将浓度为 80%～100%满量程(测试时所用最大工作量程)的 CO_2 量距气从水中冒泡流出，记录分析仪的响应值。对于等于或高于 300 ppm 的量程，分析仪的响应值应不大于满量程的 1%，对于低于 300 ppm 的量程，应不大于 3 ppm。

BE.1.9.2 NO_x 分析仪的熄光检查

CLD(和 HCLD)分析仪所涉及的两种气体是 CO_2 和水蒸气。这些气体的熄光响应与其浓度成正比，因而需用测试方法在测试经验认为的最高浓度下，测定熄光。

BE.1.9.2.1 CO_2 熄光检查

将浓度为 80%～100%满量程(测试时所用最大工作量程)的 CO_2 量距气通入 NDIR 分析仪，记录 CO_2 值(A)。然后用 NO 量距气将其稀释到 50%左右，并通入 NDIR 和(H)CID，记录 CO_2(B)和 NO(C)。然后切断 CO_2，只让 NO 量距气通过(H)CLD，记录 NO(D)。

按下列公式计算的%熄光，必须不超过满量程的 3%：

$$熄光\% = \left[1 - \left(\frac{C \times A}{D \times A - D \times B}\right)\right] \times 100$$

式中：

A——用 NDIR 测定的未稀释 CO_2 浓度，%；

B——用 NDIR 测定的稀释 CO_2 浓度，%；

C——用(H)CLD 测定的稀释 NO 浓度，ppm；

D——用(H)CLD 测定的未稀释 NO 浓度，ppm。

可用如动力混合/搅拌等替代方法来稀释和量化 CO_2 和 NO 量距气的数值。

BE.1.9.2.2 水熄光检查

这种检查是用于湿基气体的浓度测量。熄光计算必须考虑用水蒸气稀释 NO 量距气，并且在测试期间混合气的水蒸气浓度达到预期比例。

将浓度为常用工作量程 80%～100%满量程的 NO 量距气通入(H)CLD，记录 NO(D)。然后在室温下使 NO 量距气从水中冒泡流出，通入(H)CLD，记录 NO(C)。测量分析仪的绝对工作压力(E)和水温(H)。确定对应于起泡器水温(F)的混合气饱和蒸汽压力(G)。计算混合气的水蒸气浓度(H，%)：

$$H = 100 \times (G/E)$$

计算预期的稀释 NO 量距气(在水蒸气中)的浓度(D_e)如下：

$$D_e = D \times (1 - H/100)$$

对于柴油机排气，测试期间排气中预期的最大水蒸气浓度(H_m，%)假设燃料原子 H：C 为1.8：1，根据未稀释 CO_2 量距气的浓度(A)，按第 BE.1.9.2.1 条规定估算如下：

$$H_m = 0.9 \times A$$

按下列公式计算的%水熄光应不超过 3%：

$$\%熄光 = 100 \times [(D_e - C)/D_e] \times (H_m/H)$$

式中：

D_e——稀释 NO 的预期浓度，ppm；

C——稀释 NO 的浓度，ppm；

H_m——水蒸气最大浓度，%；

H——水蒸气实际浓度，%。

注：由于熄光计算中未考虑 NO_2 在水中的吸收，所以在该检查中 NO 量距气中所含 NO_2 浓度应尽量低。

BE.1.10　标定周期

至少每 3 个月按照第 BE.1.5 条标定一次分析仪。或者在系统检修时或在系统变化后可能影响标定时，必须进行标定。

BE.2　CVS 系统的标定

BE.2.1　总则

应借助精确流量计标定 CVS 系统，该流量计可溯源至国家或国际标准，并是节流装置。流过系统的流量需在不同的已设定的节流状态测量，应测量系统与流量有关的控制参数。

可以应用各类流量计，诸如：标定过的文丘里管，标定过的层流流量计，标定过的转子流量计。

BE.2.2　容积泵(PDP)的标定

应同时测量所有与泵有关的参数，以及与泵串联的流量计的相关参数，绘制与相关函数相对应的计算流量率(泵进口处，绝对压力和温度下以 m^3/min 表示)曲线。相关函数是泵的各参数的特定组合值。根据曲线可以确定泵流量和相关函数的线性方程。如果 CVS 系统有多种驱动速度，则应对所使用的每种流量进行标定。标定过程中应保持温度稳定。

BE.2.2.1　数据分析

每个节流设定值(最少有 6 个设定值)按照制造厂规定的方法测量的流量数据，需换算成标准状态下 CVS 容积流量(Q_s)，用 m^3/min 表示。然后将标准空气流量以及泵进口处的绝对温度和绝对压力代入下式，换算成泵的流量(V_0)，用 m^3/r 表示：

$$V_0 = \frac{Q_s}{n} \times \frac{T}{273} \times \frac{101.3}{P_A}$$

式中：

Q_s——标准状态(101.3kPa，273K)下 CVS 容积流量，单位为立方米每秒(m^3/s)；

T——PDP 泵进口处绝对温度，单位为开尔文(K)；

P_A——PDP 泵进口处绝对压力($P_B - P_1$)，单位为千帕斯卡(kPa)；

n——PDP 泵转速，单位为转每秒(r/s)。

考虑到泵中压力波动与泵的滑转率的相互影响，泵的转速、泵进出口压差和泵出口绝对压力之间的相关函数(X_0)，应按下式计算：

$$X_0=\frac{1}{n}\times\sqrt{\frac{\Delta P_P}{P_A}}$$

式中：

ΔP_P——PDP 泵进出口压差，单位为千帕斯卡(kPa)；

P_A——PDP 泵出口绝对压力，单位为千帕斯卡(kPa)。

用最小二乘法线性拟合，得到标定方程如下：

$$V_0=D_0-m\times(X_0)$$

式中：

D_0 和 m——分别表示回归直线的交点和斜率常数。

对于具有多种驱动转速的 CVS 系统，泵的各流量范围形成的标定曲线应近似平行，且交点值(D_0)应随泵流量范围的减小而增加。

V_0 的公式计算值应在测量值的±0.5%以内。不同的泵，m 值也不同。颗粒物的长时间的流入引起泵滑转率降低，导致 m 值降低。因此，在泵投入使用时和大修后，以及系统整体检查(第 BE.2.4 条)发现滑转率改变时，均应进行标定。

BE.2.3 临界流量文丘里管(CFV)的标定

CFV 的标定以临界流量文丘里管的流量方程为基础。气体流量是进口压力和温度的函数，表示如下：

$$Q_s=\frac{K_V\times P_A}{\sqrt{T}}$$

式中：

K_V——CFV 标定系数；

P_A——文丘里管进口处绝对压力，单位为千帕斯卡(kPa)；

T——文丘里管进口处温度，单位为开尔文(K)。

BE.2.3.1 数据分析

每个节流设定值(最少有 8 个设定值)按照制造厂规定的方法测量的流量数据，需换算成标准状态下 CVS 容积流量(Q_s)，用 m^3/min 表示。每个节流设定值的标定系数按下列公式计算：

$$K_V=\frac{Q_s\times\sqrt{T}}{P_A}$$

式中：

Q_s——标准状态(101.3kPa，273K)下 CVS 容积流量，单位为立方米每秒(m^3/s)；

T——文丘里管进口处的绝对温度，单位为开尔文(K)；

P_A——文丘里管进口处的绝对压力，单位为千帕斯卡(kPa)。

为确定临界流量的范围，应绘制标定系数 K_V 和文丘里管进口压力的关系曲线。对应临界(节流)流量，K_V 值相对稳定。如果文丘里管进口压力降低(真空度增加)到一定程度，则阻力消失，而使 K_V 减小，这表示文丘里管在许可范围外工作。

应在临界流量区内至少计算八个点的平均 K_V 及其标准偏差，标准偏差应不超过 K_V 平均值的±0.3%。

BE.2.4 系统总体检查

在 CVS 取样系统和分析系统正常运转情况下，注入已知质量的污染气体，确定这些系统的总准确度。对污染物进行分析并按照第 BB.4.3 条计算质量(但对于丙烷，HC 的系数用 0.000472 代替 0.000479)。应使用下面两种技术之一。

BE.2.4.1 用临界流量量孔方法

将已知质量的纯气体(CO 或 C_3H_8)通过已标定的临界流量量孔，通入 CVS 系统。若进口压力足够高，则临界流量量孔调节的流量与量孔出口压力无关(即为临界流状态)。CVS 系统按照正常的排气污染物试验方式运转约 5～10 min，然后用全流稀释系统分析仪进行分析(取样袋或积分方法)并计算气体质量。气体质量与喷入气体的已知质量的偏差不得超过±3%。

BE.2.4.2 用质量分析方法

用准确度为±0.01 g 的天平称出一个充满 CO 或 C_3H_8 小罐的质量。在 CO 或 C_3H_8 喷入系统时，CVS 系统按照正常的排气污染物试验方式运行约 5～10 min。喷入的纯气体量应是罐的质量差。然后用全流稀释系统分析仪进行分析(取样袋或积分方法)并计算气体质量。计算的气体质量与喷入气体的已知质量的偏差不得超过±3%。

BE.3 颗粒物测量系统的标定

BE.3.1 前言

为了符合本标准有关精度的要求，每个部件都应经常标定。本条下面叙述第 BD.4 条和第 D.2 条中所涉及的部件的标定方法。

BE.3.2 流量测量

气体流量计或流量测量仪的标定应能溯源至国际标准和/或国家标准。测量值的最大误差应在读数值的±2%以内。

如果气体流量由排气分析仪测量，则其最大误差(用各分析仪误差的均方根计算)应保证 G_{EDF} 的准确度在±4%以内(参见第 D.2.2.1 条，EGA)。

BE.3.3 部分流条件的检查

如适用，应按照第 D.2.2.1 条"EP"的要求检查和调整排气速率范围和压力波动。

BE.3.4 标定周期

至少每 3 个月按照第 BE.1.5 条标定一次流量计。或者在系统检修时或在系统变化后可能影响标定时，必须进行标定。

BE.4 烟度测量设备的标定

BE.4.1 前言

为了符合本标准有关精度的要求，不透光烟度计应经常标定。本条叙述了第 BD.5 条和第 D.3 条中所涉及部件的标定方法。

BE.4.2 标定方法

BE.4.2.1 预热时间

应根据制造厂的技术规定，预热并稳定不透光烟度计。如果不透光烟度计有防止仪器光学部分被熏黑的空气吹洗系统，该系统也应该根据制造厂的技术规定进行起动和调整。

BE.4.2.2 建立线性响应

按照制造厂的技术规定，不透光烟度计的线性度应该用不透光度读数进行检查，将满足第 BD.5.2.5条规定的已知透光度的三个中等密度的滤光片放入不透光烟度计内，记录读数。这三个中等密度滤光片的名义不透光度约为 10%、20%和 40%。

线性度不能偏离中等密度滤光片不透光度名义值的±2%。任何超出上述限值的非线性必须在试验之前进行校正。

BE.4.3 标定周期

至少每 3 个月按照第 BE.4.2.2 条标定一次不透光烟度计。或者在系统检修时或在系统变化后可能影响标定时，必须进行标定。

附　录　C
（规范性附录）
基准燃料的技术要求

C.1　柴油

表 C.1　柴油[a] 的技术要求（Ⅲ阶段）

参　　数	单　位	限值[b]		试　验　方　法
		最　小	最　大	
十六烷值[c]		50	53	GB/T 386
20℃下密度	kg/m^3	825	840	GB/T 1884 GB/T 1885
馏程 —50%点 —95%点 —终馏点	 ℃ ℃ ℃	 — — —	 300 355 365	GB/T 6536
闪点	℃	55	—	GB/T 261
冷滤点	℃	—	−5	SH/T 0248
20℃下黏度	mm^2/s	3.0	8.0	GB/T 265
多环芳香烃（质量分数）	%	3	11	SH/T 0606
硫含量	mg/kg	—	350	GB/T 380
铜腐蚀		—	1	GB/T 5096
10%蒸余物残碳（质量分数）	%	—	0.2	GB/T 268
灰分（质量分数）	%	—	0.01	GB/T 508
水分（质量分数）	%	—	0.05	GB/T 260
中和数（KOH/强酸）	mg/g	—	0.02	GB/T 258
氧化安定性[d]	mg/ml	—	0.025	SH/T 0175

[a] 如果需要计算发动机或车辆的热效率，可用下式计算的燃料的发热量：

比能量（发热量）（净）（MJ/kg）$=(46.423-8.729d2+3.170d)-(1-(x+y+s))+9.420s-2.499x$

式中：d——15℃下的密度

x——水的质量比（百分数除以 100）

y——灰的质量比（百分数除以 100）

s——硫的质量比（百分数除以 100）

[b] 技术要求所引用的是"真值"。在确定他们的限值时，运用了 ISO 4259"石油产品——与试验方法有关的精密数据的确定和运用"的条款，在确定最小值时，考虑了零以上 $2R$ 的最小差别；在确定最大和最小值时，最小差别为 $4R$（R=再现性）。

尽管有了这个为了统计原因采取的必要措施，然而燃料制造厂应该在规定的最大值 $2R$ 时，瞄准零值，而在以最大和最小限值表示的情况下瞄准平均值。一旦需要澄清燃油是否满足了技术要求的规定，应该运用 ISO 4259 的条款。

[c] 十六烷值的范围没有符合最小 $4R$ 范围的要求。然而，如果出现了燃油供应商和用户之间的争论，可以运用 ISO 4259 的条款来解决这些争论，只要不作简单决定，而进行了足够多测定，达到必需的精确度。

[d] 尽管氧化安定性得到了控制，但保存期可能将加以限制，应从供应商那儿征求储存条件和寿命的建议。

C.2 天然气

燃料有两种发热量范围：

——H 发热量范围，其极端的基准燃料是 G_R 和 G_{23}，

——L 发热量范围，其极端的基准燃料是 G_{23} 和 G_{25}

基准燃料 G_R、G_{23} 和 G_{25} 的特性归纳如下：

表 C.2 基准燃料 G_R

特性	单位	基础	限值		试验方法
			最小	最大	
组分：					
甲烷	mol%	87	84	89	GB/T 13610
乙烷		13	11	15	
余量[a]		—	—	1	
硫含量	mg/m³[b]	—	—	10	GB/T 11061

[a] 惰性组分＋C_{2+}

[b] 在标准状态(293.2 K(20℃)和 101.3 kPa)下测定的值。

表 C.3 基准燃料 G_{23}

特性	单位	基础	限值		试验方法
			最小	最大	
组分：					
甲烷	mol%	92.5	91.5	93.5	GB/T 13610
余量			—	1	
氮气		7.5	6.5	8.5	
硫含量	mg/m³[b]	—	—	10	GB/T 11061

[a] 惰性组分(氮气除外)＋C_{2+} C_{2+}

[b] 在标准状态(293.2 K(20℃)和 101.3 kPa)下测定的值。

表 C.4 基准燃料 G_{25}

特性	单位	基础	限值		试验方法
			最小	最大	
组分：					
甲烷	mol%	86	84	88	GB/T 13610
余量[a]		—	—	1	
氮气		14	12	16	
硫含量	mg/m³[b]	—	—	10	GB/T 11061

[a] 惰性组分(氮气除外)＋C_2＋C_{2+}

[b] 在标准状态(293.2 K(20℃)和 101.3 kPa)下测定的值。

C.3 液化石油气(LPG)

表 C.5 液化石油气的技术要求

参　　数	单位	燃料 A 限值		燃料 B 限值		试验方法
		最小	最大	最小	最大	
马达法辛烷值		92.5(1)		92.5(1)		GB/T 12576
组分 C_3 含量(质量分数) C_4 含量(质量分数)	 % %	 41 55	 45 59	 79 16	 84 21	SH/T 0614
烯烃(质量分数)	%	—	10	—	10	SH/T 0614
蒸发残余物	mg/kg	—	50	—	50	SY/T 7509
总硫含量	mg/m^3	—	100	—	100	SH/T 0222
硫化氢	—	—	无	—	无	SH/T 0125
铜片腐蚀	等级	—	1 级	—	1 级	SH/T 0232(3)
0℃下水含量	—	—	无	—	无	目测

(1) 在标准状态(293.2 K(20℃)和 101.3 kPa)下测定的值。

(2) 总硫含量为 0℃、101.35 kPa 条件下的气态含量。

(3) 如果样品含有腐蚀抑制剂,或其他减少铜片腐蚀性的化学制品,此方法不能准确地确定是否存在腐蚀物品,因此,禁止添加单纯为了使试验方法造成偏差的物质。

附　录　D
（规范性附录）
分析和取样系统

D.1　气态污染物的测量

D.1.1　导言

第D.1.2条，图D.1和图D.2详细说明了推荐的取样和分析系统，由于各种配置可得到同样的结果，故不要求完全符合图D.1和图D.2的配置。可以使用附加部件，诸如仪表、阀门、电磁阀、泵和开关等，以便获得更多的信息和协调各部件系统的功能。若其他部件对于保持某些系统精确度并非必须，则可凭成熟的工程判断加以去除。

D.1.2　分析系统说明

使用下列分析仪测量原始排气（图D.1，仅限ESC）或稀释排气（图D.2，仅限ETC和ESC选用）中气态污染物的分析系统。

——测量一氧化碳和二氧化碳的NDIR分析仪；

——测量碳氢化合物的HFID分析仪；

——测量氮氧化物的HCLD分析仪或相当的分析仪；

所有组分的样气可用一个取样探头或两个取样探头取样（两探头间紧靠在一起，在其内部分至各分析仪），注意不能让排气成分（包括水和硫酸）在分析系统中任何位置产生冷凝。

图D.1和图D.2的部件

(1) EP-排气管

(2) SP1-排气取样探头（仅图D.1）

推荐用一根顶端封闭、多孔不锈钢直探头。其内径小于取样管内径。探头壁厚不大于1 mm。在三个不同的径向平面上至少应有3个小孔，其大小应能抽取基本相同的气样流量。探头必须横向伸入排气管内至少80%的管径。可用一个或两个取样探头。

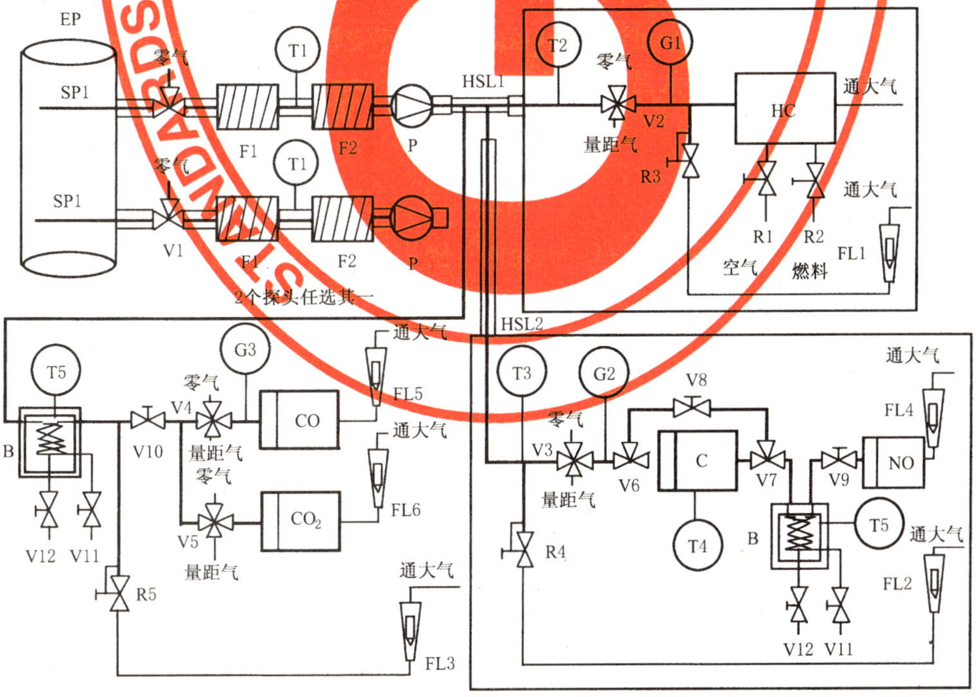

图D.1　原始排气的CO、CO_2、NO、HC分析系统流程图，仅限ESC

(3) SP2-排气取样探头(仅图 D.2)

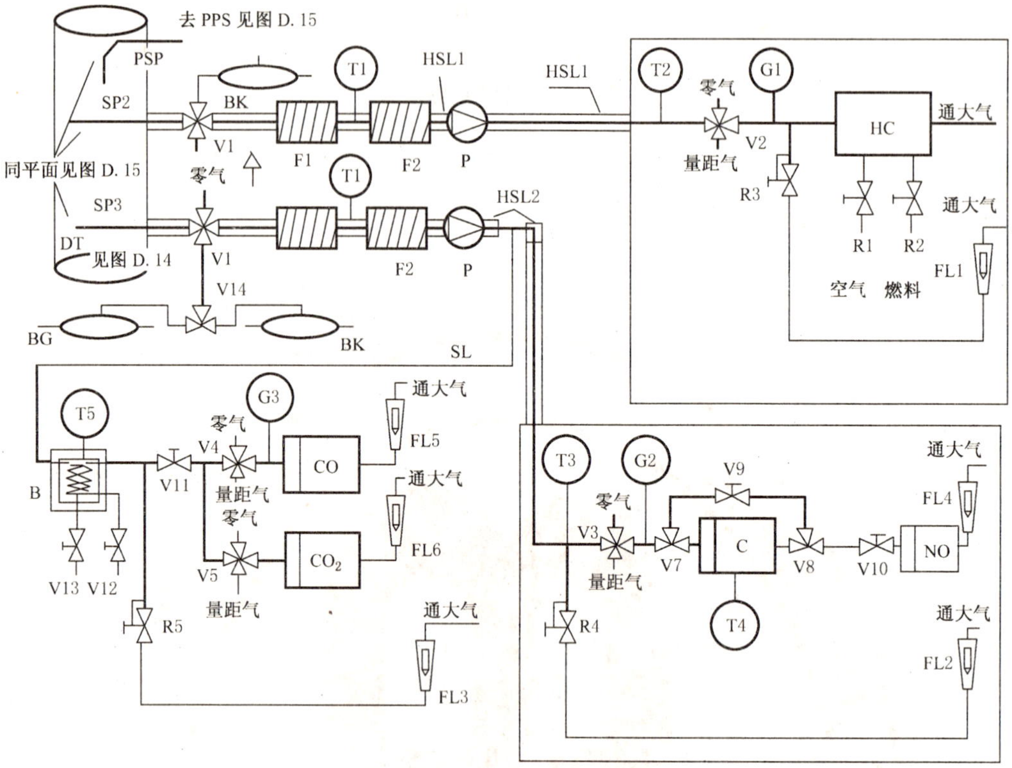

图 D.2 稀释排气的 CO、CO_2、NO、HC 分析系统流程图,ETC 用,ESC 选用

探头应:

——其定义为加热取样管 HSL1 开始的 254 mm 至 762 mm 部分;

——最小内径 5 mm;

——安装在稀释风道 DT(见第 D.2.3 条,图 D.14)内稀释空气和排气充分混合处(即距排气进入稀释风道点的下游约 10 倍通道直径处);

——与其他探头和通道内壁保持足够距离(径向),使其不受任何尾流或涡流的影响;

——加热提高探头出口处的排气温度至 463 K±10 K(190±10℃)。

(4) SP3-稀释排气 CO、CO_2、NO 取样探头(仅图 D.2)

探头应:

——与 SP2 处于同一平面;

——与其他探头和通道内壁保持足够距离(径向),使其不受任何尾流或涡流的影响;

——对整个长度进行加热和保温,使其温度不低于 328 K(55℃),以防止水凝结。

(5) HSL1-加热取样管

取样管将样气从单个探头处送至分流点和 HC 分析仪。

取样管应:

——具有 5~13.5 mm 内径;

——由不锈钢或聚四氟乙烯制成;

——使每段独立控制和加热的管路,其管壁温度保持在 463 K±10 K(192℃±10℃)(若取样探头处排气温度≤463K(190℃));

——保持管壁温度>453 K(180℃)(若取样探头处排气温度>463 K(190℃));

——保持加热过滤器 F2 和 HFID 紧临的气体温度在 463 K±10 K(190℃±10℃)。

(6) HSL2-NO_x 加热取样管

取样管应：

——使转化器C前(当使用了冰槽B)或分析仪前(当没有使用冰槽B)的管壁温度保持在328～473K(55～200℃)；

——由不锈钢或聚四氟乙烯制成。

(7) SL-CO和CO_2取样管

取样管应由不锈钢或聚四氟乙烯制成。它可以被加热或不被加热。

(8) BK-背景取样袋(选用;仅图D.2)

用于确定背景气体浓度的取样。

(9) BG-取样袋(选用;仅图D.2的CO和CO_2)

用于确定样气浓度的取样。

(10) F1-加热式预过滤器(选用)

温度应与HSL1一致。

(11) F2-加热式过滤器

样气到达分析仪之前,过滤器应将其中固体颗粒滤去。温度与HSL1一致。过滤器应按需要更换。

(12) P-加热取样泵

泵应加热到HSL1的温度。

(13) HC

测量碳氢化合物用的加热式氢火焰离子化合检测器(HFID),其温度应保持在453～473 K(180～200℃)。

(14) CO、CO_2

测量一氧化碳和二氧化碳用的NDIR分析仪(颗粒物测量中用于测量稀释率,选用)。

(15) NO

测量氮氧化物用的CLD或HCLD分析仪。若使用HCLD,其温度应保持在328～473 K(55～200℃)。

(16) C-转化器

在CLD或HCLD分析仪中,应使用转化器将分析前的NO_2催化还原为NO。

(17) B-冰槽(选用)

冷凝排气样气中的水分。冰槽应用冰或制冷器使温度保持在273～277 K(0～4℃)。如果是第BE.1.9.1条和BE.1.9.2条的测量,分析仪不受水蒸气干扰的影响,该装置可选用。如采用冷凝除水,应在水截留器内或其下游处监测样气的温度和露点。样气的温度或露点不应超过280 K(7℃),不允许用化学干燥剂去除样气中的水。

(18) T1、T2、T3温度传感器

监测气流的温度。

(19) T4-温度传感器

监测NO_2-NO转化器的温度。

(20) T5-温度传感器

监测冰槽的温度。

(21) G1、G2、G3-压力表

测量取样管内的压力。

(22) R1、R2-压力调节器

分别控制HFID的空气和燃料压力。

(23) R3、R4、R5-压力调节器

监测取样管内和通向分析仪的气流压力。

(24) FL1、FL2、FL3-流量计

监测旁通样气的流量。

(25) FL4 至 FL6-流量计(选用)

监测流经各分析仪的样气流量。

(26) V1 至 V5-切换阀

切换流向分析仪的样气,量距气或零气。

(27) V6、V7-电磁阀

旁通 NO_2-NO 转化器。

(28) V8-针阀

平衡流入 NO-NO 转化器 C 和旁通的气流。

(29) V9、V10-针阀

调节流向分析仪的气流。

(30) V11、V12-扳扭阀(选用)

排出冰槽 B 内的冷凝水。

D.1.3 NMHC 分析(仅限于燃用 NG 的燃气发动机)

D.1.3.1 气相色谱法(GC,图 D.3)

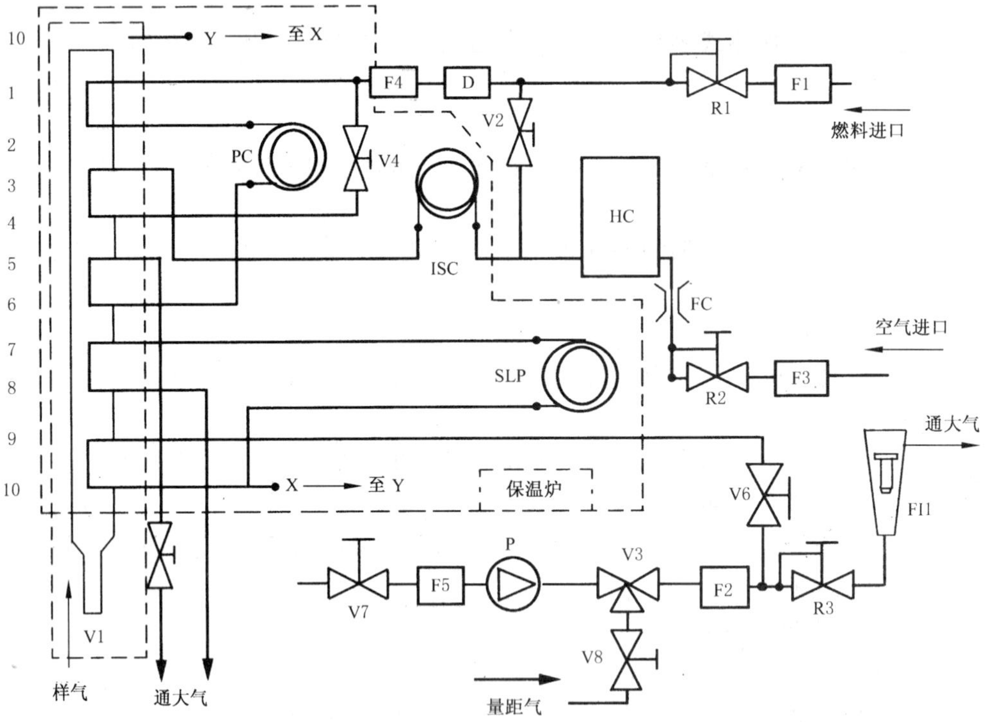

图 D.3 甲烷分析流程图(GC 法)

当使用 GC 法时,将少量已知容积的样气喷到色谱柱内,样气由惰性载气载运。色谱柱根据样气各组分的沸点将其分离,由于各组分在不同时间从色谱柱洗提出来。然后通过检测器,检测器根据各组分的浓度发出电信号。因为这是一种非连续分析技术,所以它只能用于第 BD.3.4.2 条中描述的气袋取样法。

对于 NMHC,应使用带 FID 的自动化 GC 装置。排气应采集到取样袋内,从中抽取一部分样气将它注入 GC。样气在(porapak)色谱柱内被分离成两部分(CH_4/空气/CO 和 NMHC/CO_2/H_2O)。分子

筛色谱柱将空气和 CO 中的 CH_4 分离后通入 FID，测量 CH_4 浓度。从注入一份样气到注入第二份样气的一个完整循环过程可以在 30 s 内完成。为确定 NMHC，应从总 HC 浓度中减去 CH_4 浓度（见第 BB.4.3.1条）。

通常测量 CH_4 的典型 GC 总装图如图 D.3 所示。根据成熟的工程判断，也可使用其他的 GC 法。

（1）PC-Porapak 色谱柱

应使用 N 级 Porapak 毛细管，其孔径 180/300 μm（50/80 目），长 610×内径 2.16 mm，启用前在 423 K（150℃）下用载气至少处理 12 h。

（2）MSC-分子筛色谱柱

应使用 13 X 型，其孔径 250/350 μm（45/60 目），长 1 220×内径 2.16 mm，启用前在 423 K（150℃）下用载气至少处理 12 h。

（3）OV-保温炉

将色谱柱和阀门的温度保持稳定，使分析仪工作及在 423K（150℃）下处理分子筛色谱柱。

（4）SLP-取样环形管

具有足够长度的不锈钢管，使容积可达约 1 cm^3。

（5）P-泵

将样气送到气相色谱仪。

（6）D-干燥器

（7）HC

测量甲烷浓度的氢火焰检测器（FID）。

（8）V1-样气喷注阀

从样气袋中（图 D.2 中 A 部分）取样气喷射。应具有小的余隙容积和好的气密性，并可加温到 423 K（150℃）。

（9）V3-切换阀

用于切换量距气。

（10）V2、V4、V5、V6、V7、V8-针阀

调定系统内的流量。

（11）R1、R2、R3-压力调节器

分别控制燃料（即载气）、样气和空气的流量。

（12）FC-流量毛细管

控制流入 FID 的空气量。

（13）G1、G2、G3-压力计

分别控制燃料（即载气）、样气和空气流量。

（14）F1、F2、F3、F4、F5-过滤器

金属烧结过滤器，防止碎粒进入泵或仪器。

（15）FM1

测量样气旁通流量

D.1.3.2 非甲烷截止器法（NMC，图 D.4）

截止器能将除 CH_4 以外所有的碳氢化合物氧化成 CO_2 和 H_2O，因此，样气通过 NMC 时，FID 只检测出 CH_4。如果用气袋取样，截止器系统应安装在 A 部分（见第 D.1.2 条，图 D.2），此处，气流可通过 NMC 或旁通绕过 NMC（见图 D.4 的上部分所示）。对于测量 NMHC，应从 FID 上获得并记录 HC 和 CH_4 两个值。若采用积分方法，串接第二个 FID 的 NMC 应与原有的 FID 并列接入 HSL1（见第 D.1.2 条，图 D.2），如图 D.4 下部分所示。NMHC 的测量值应从两个 FID 上获得并纪录 HC 和 CH_4 值。

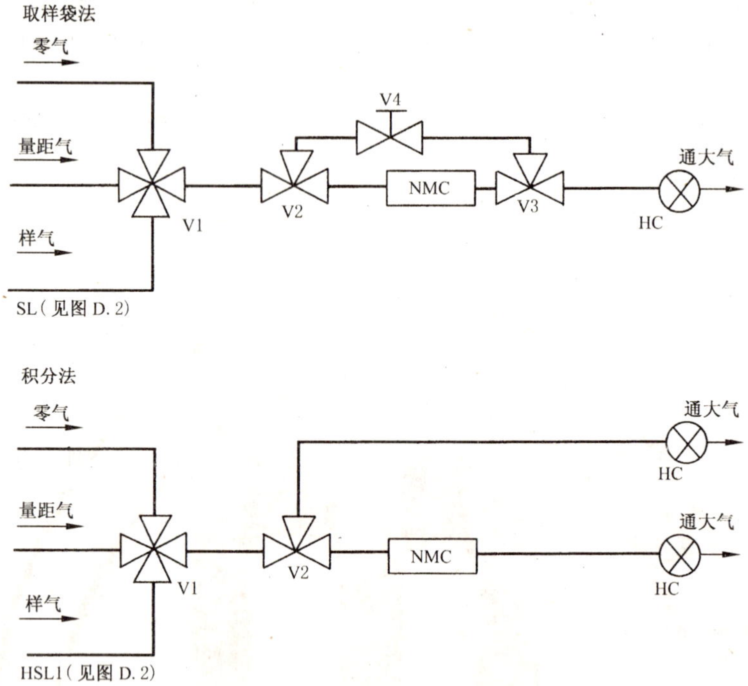

图 D.4 用非甲烷截止器(NMC)分析甲烷的流程图

试验工作开始前,应在 600 K(327℃)或其上的温度下确定截止器在排气气流典型含水量下对 CH_4 和 C_2H_6 的催化效果的特性。应该了解抽取的排气气流的露点和含 O_2 量。记录 FID 对 CH_4 的相对响应(见第 BE. 1. 8. 2 条)。

(1) NMC-非甲烷截止器

截止氧化甲烷之外的所有碳氢化合物

(2) HC

测量 HC 和 CH_4 浓度的加热式氢火焰离子化检测器(HFID)。温度应保持在 453～473 K(180～200℃)。

(3) V1-切换阀

切换样气、零气和量距气,与图 D. 2 的 V2 相同。

(4) V2、V3-电磁阀

旁通 NMC

(5) V4-针阀

平衡流经 NMC 和旁通的气流。

(6) R1-压力调节器

控制取样管内的压力和通向 HFID 的流量与图 D. 2 的 R3 相同。

(7) FL1-流量计

测量样气旁通流量,与图 D. 2 的 FL1 相同。

D. 2 排气稀释和颗粒物的测量

D. 2. 1 前言

第 D. 2. 2、D. 2. 3 和 D. 2. 4 条以及图 D. 5～图 D. 16 详细叙述了推荐的稀释系统和取样系统。在各种配置可得到同样的结果情况下,不要求完全符合图 D1 和图 D2 的配置。可以使用附加部件,诸如仪表、阀门、电磁阀、泵和开关等,以便获得更多的信息和协调各部件系统的功能。若其他部件对于保持某些系统准确度并非必须,则可凭成熟的工程判断加以去除。

D.2.2 分流稀释系统

图 D.5 至图 D.13 叙述的是稀释部分排气的稀释系统。排气分流及其后的稀释过程可以用不同型式的稀释系统完成。颗粒物的采集，分为全部稀释排气或部分稀释排气通过颗粒物采样系统（第 D.2.4 条，图 D.15）。第一种方法为全部取样型，第二种方法为部分取样型。

稀释比的计算取决于所用系统的型式。以下是推荐的型式：

（1）等动态系统（图 D.5，图 D.6）

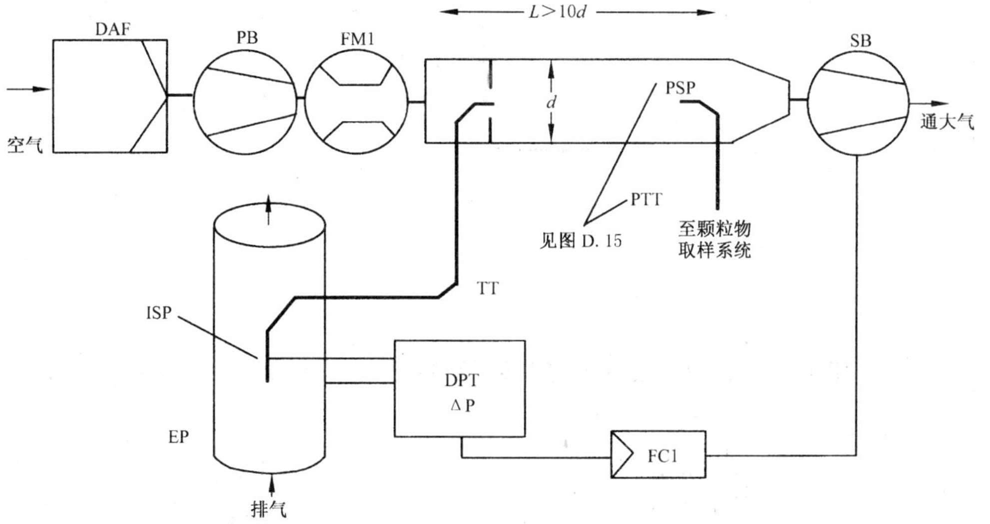

图 D.5 带动态探头和部分取样的分流稀释系统（SB 控制）

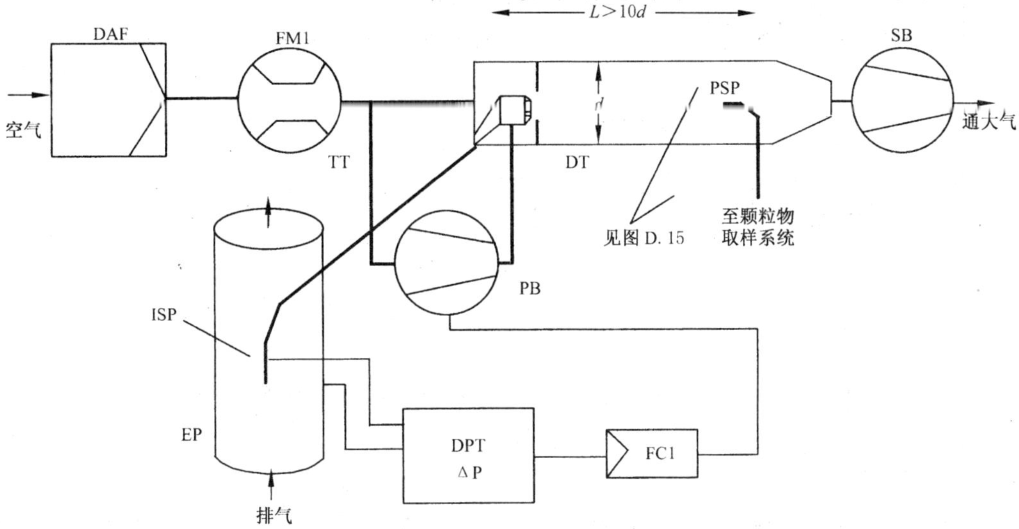

图 D.6 带动态探头和部分取样的分流稀释系统（PB 控制）

该系统流入输送管的气流与总排气流在气体流速和/或压力上相似，因此要求取样探头处的排气流均匀、无扰动。通常使用一只共振器和在取样点上游安置一根直的引流管来达到。然后根据管径（容易测量的值）计算分流比。应该指出，等动态作用仅是近似气流状况，而不是近似位置分布状态。位置分布状态一般无必要，因此颗粒物很小，能随气体流线流动。

（2）带浓度测量的测量控制系统（图 D.7 至图 D.11）

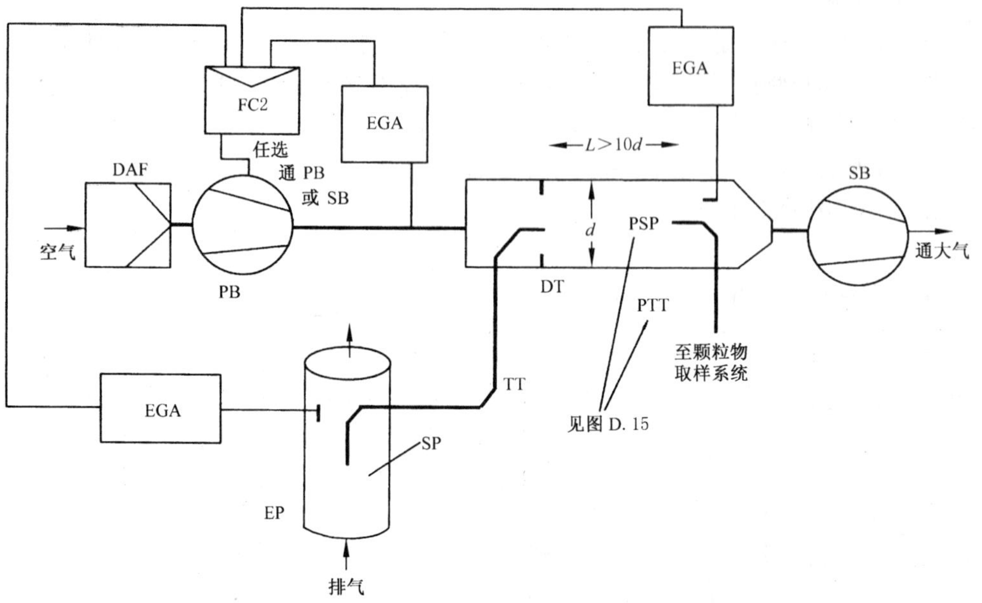

图 D.7 带 CO_2 或 NO_x 浓度测量和部分取样的分流稀释系统

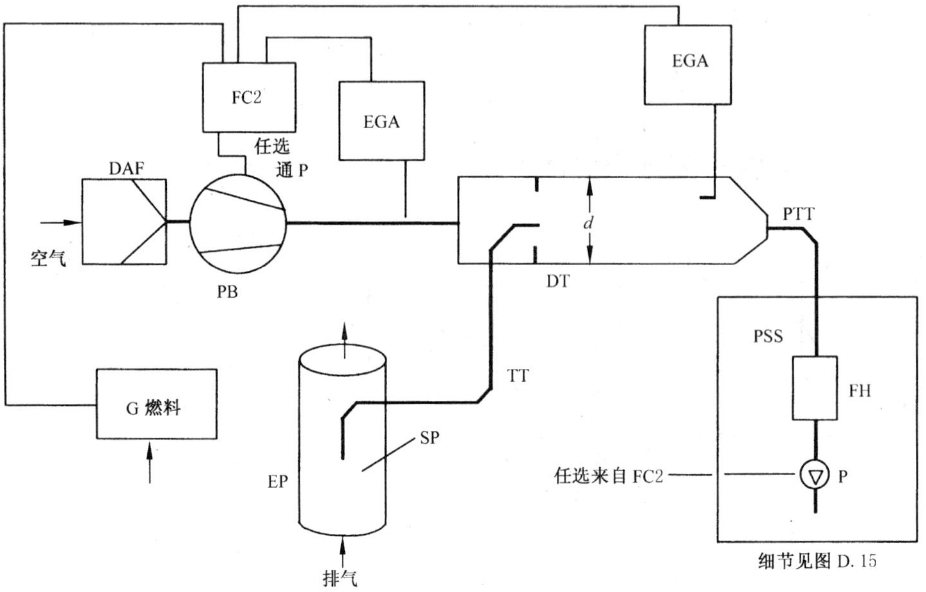

图 D.8 带 CO_2 浓度测量、碳平衡和全部取样的分流稀释系统

这种系统通过调整稀释空气流量和总稀释排气流量，从总排气流中采集样气。根据发动机排气中本来存在的示踪气，如 CO_2 或 NO_x 的浓度确定稀释比。可测量稀释排气和稀释空气中的示踪气浓度，而原始排气中的浓度可直接测量。也可在燃料组分已知的情况下，根据燃料流量和碳平衡公式确定。这种稀释系统可通过计算确定稀释比（图 D.7 和图 D.8）或用流入输送管的流量（图 D.6，图 D.7，图 D.8）进行控制。

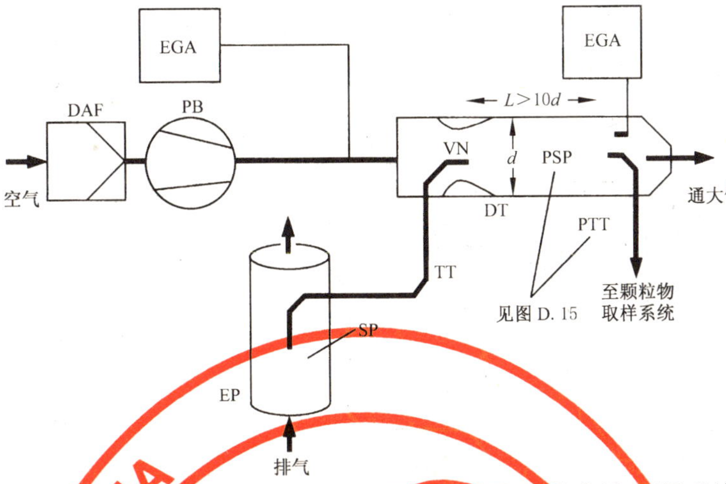

图 D.9　带单文丘里管、浓度测量和部分取样的分流稀释系统

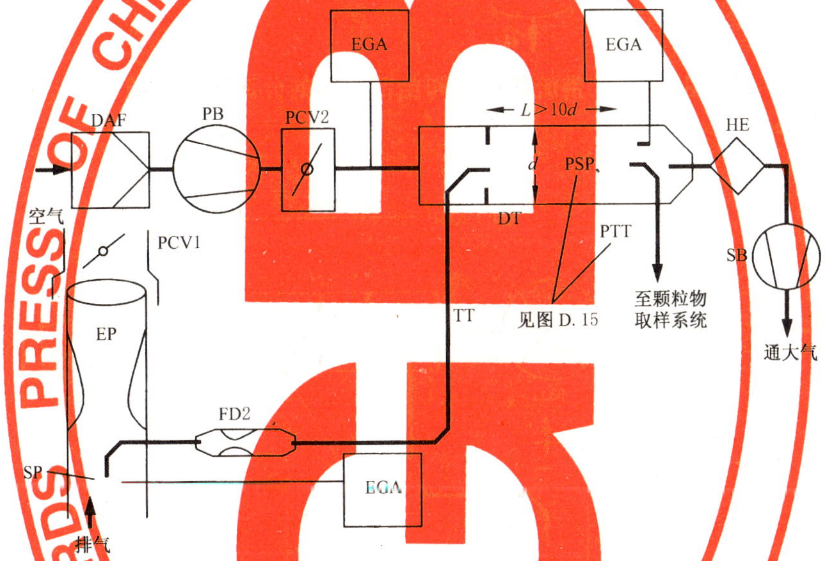

图 D.10　带双文丘里管或双量孔、浓度测量和部分取样的分流稀释系统

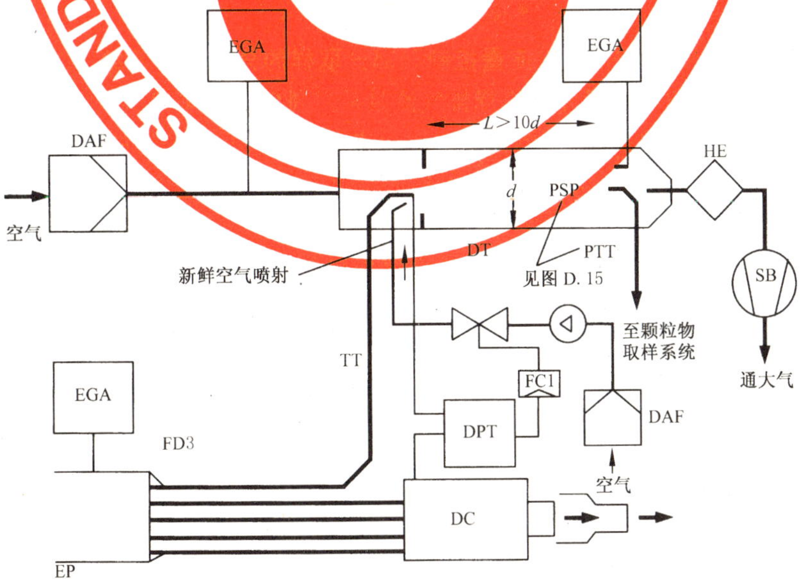

图 D.11　带多管分流、浓度测量和部分取样的分流稀释系统

(3) 带流量测量的流量控制系统(图 D.12,图 D.13)

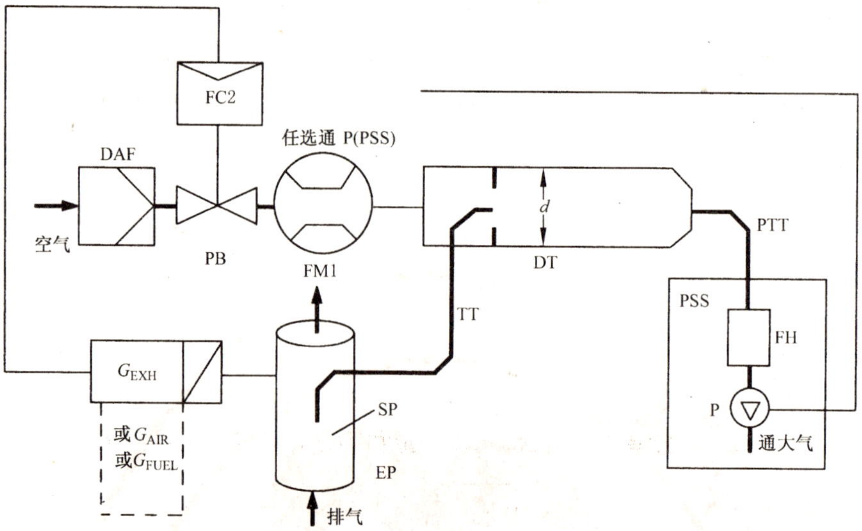

图 D.12 带流量控制和全部取样的分流稀释系统

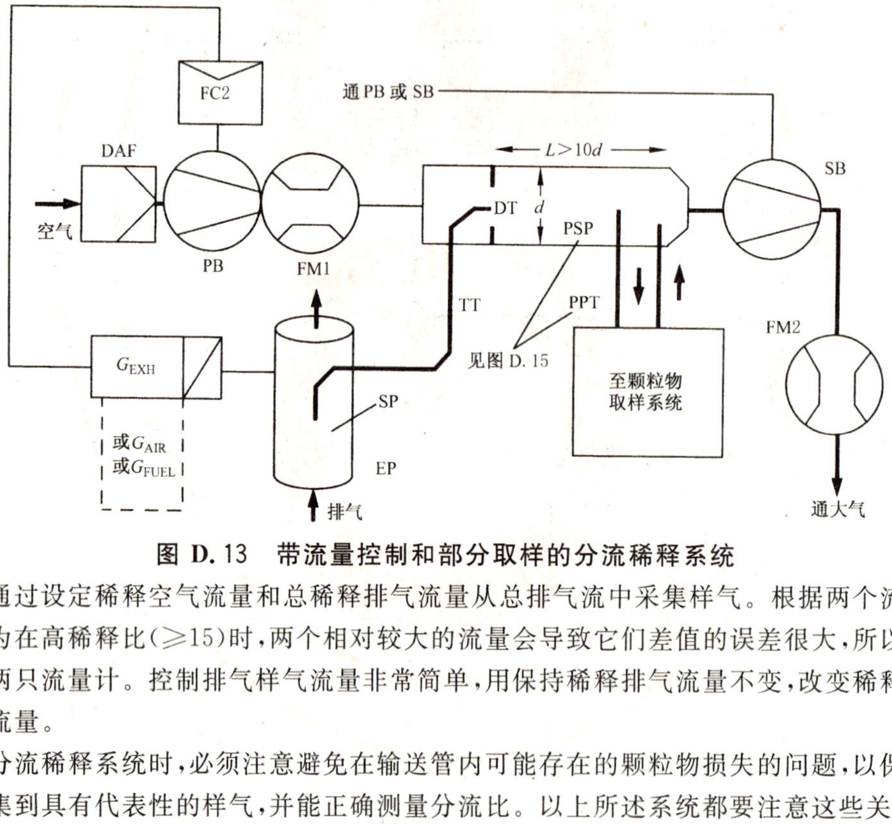

图 D.13 带流量控制和部分取样的分流稀释系统

该系统通过设定稀释空气流量和总稀释排气流量从总排气流中采集样气。根据两个流量之差确定稀释比。因为在高稀释比(≥15)时,两个相对较大的流量会导致它们差值的误差很大,所以要求准确的相互标定这两只流量计。控制排气样气流量非常简单,用保持稀释排气流量不变,改变稀释空气流量的办法来控制流量。

当使用分流稀释系统时,必须注意避免在输送管内可能存在的颗粒物损失的问题,以保证能从发动机排气中采集到具有代表性的样气,并能正确测量分流比。以上所述系统都要注意这些关键问题。

来自排气管 EP 的原始排气,由等动态探头 ISP 通过输送管 TT 输送到稀释风道 DT。用压力传感器 DPT 测量排气管和探头入口间的排气压力差。将该信号传送到流量控制 FCI,控制轴流气泵 SB,使探头顶端部分的压差为零。在这种条件下,EP 和 ISP 内的排气流速相同,并且流过 ISP 和 TT 的气流是排气量中的一个恒定部分(分流)。分流比由 EP 和 ISP 的横截面积确定。稀释空气流量用流量测量装置 FM1 测量。稀释比由稀释空气流量和分流比算得。

来自排气管 EP 的原始排气,由等动态取样探头 ISP 通过输送管 TT 输送到稀释风道 DT。用压力传感器 DPT 测量排气管和探头之间的排气压力差。将该信号传送到流量控制器 FCI,控制压力风机

PB，使探头顶端部分的压差为零。

抽取一小部分已被测量装置 FM1 测量过的稀释空气，借助一气量孔将其送入 TT。该种情况下，EP 和 ISP 的排气流速相同，并且流过 ISP 和 TT 的气流是排气量中的一个恒定部分（分流）。分流比由 EP 和 ISP 的横截面确定。稀释空气用抽气泵 SB 经 DT 吸入，其流量在 DT 进口处用 FM1 测量。稀释比由稀释空气流量和分流比算得。

来自排气管 EP 的原始排气，通过取样探头 SP 和输送管 TT 输送到稀释风道 DT。用排气分析仪 EGA 测量原始排气、稀释排气和稀释空气中示踪气（CO_2 或 NO_x）的浓度。将测量信号传送到流量控制器 FC2，控制压力风机 PB 或抽气泵 SB，使 DT 内保持所要求的排气分流比和稀释比。根据由示踪气在原始排气、稀释排气和稀释空气中浓度计算稀释比。

来自排气管 EP 的原始排气，通过取样探头 SP 和输送管 TT 输送到稀释风道 DT。用排气分析仪 EGA 测量稀释排气和稀释空气中 CO_2 的浓度。将 CO_2 流量和燃料流量 G_{FUEL} 的信号传送到流量控制器 FC2 或颗粒采样流量控制器 FC3（见图 D.15）。FC2 控制压力风机 PB，FC3 控制取样泵 P（见图 D.15），从而调节流入和流出系统的流量，使 DT 内保持所要求的排气分流比和稀释比。稀释比由 CO_2 浓度和燃料流量 G_{FUEL} 用碳平衡假设计算。

由于稀释风道 DT 内的文丘里管 VN 所产生的负压，使来自排气管 EP 的原始排气通过取样探头 SP 和输送管 TT 输送到稀释风道 DT。通过 TT 的气体流量取决于文丘里管内的动量转换，因此受 TT 出口处气体绝对温度的影响。从而在给定风道流量下的排气分流并不恒定，低负荷下的稀释比要稍低于高负荷下的稀释比。用排气分析仪 EGA 测量原始排气、稀释排气和稀释空气中的示踪气（CO_2 或 NO_x）的浓度，并根据测量值计算稀释比。

来自排气管 EP 的原始排气，通过取样探头 SP 和输送管 TT，及装有一套量孔或文丘里管的分流器，输送到风道 DT。第一只分流器（FD1）位于 EP 内，第二只分流器（FD2）在 TT 内。此外，还需两只压力控制阀（PCV1 和 PCV2），通过控制 EP 的背压和 DT 内的压力，保持恒定的排气分流。PCV1 位于 EP 内 SP 的下游，而 PCV2 位于压力风机 PB 和 DT 之间。用排气分析仪 EGA 测量原始排气、稀释排气和稀释空气中的示踪气（CO_2 或 NO_x）的浓度。这是检查排气的分流所必需的，而且可用来调节 PCV1 和 PCV2，以达到精确控制分流。稀释比由示踪气浓度计算。

来自排气 EP 的原始排气，由装在 EP 内的若干尺寸相同（直径，长度和弯曲半径相同）的管子组成的分流器 FD3，通过输送管 TT，输送到稀释风道 DT。排气通过其中的一根管子导入 DT，而通过其余管子的排气则流经缓冲室流经缓冲室 DC，因而，由总管数确定排气分流，为控制分流流量恒定，特将新鲜空气通过 TT 喷入 DT 内，使 DC 与 TT 出口间压差为零（用 DPT 压差传感器）。用排气分析仪 EGA 测量原始排气、稀释排气和稀释空气中的示踪气（CO_2 或 NO_x）的浓度，这是检查排气的分流所必需的，而且可用来调节喷射空气流量以达到精确控制分流。稀释比由示踪气浓度计算。

来自排气管 EP 的原始排气，通过取样探头 SP 和输送管道 TT 输送到稀释风道 DT。用颗粒物取样系统中的流量控制器 FC3 和取样泵 P（见图 D.12）调节通过稀释风道的总流量。流量控制器 FC2 可用 G_{EXHW}、G_{AIR} 或 G_{FUEL} 作指令信号控制稀释空气流量，以达到所要求的排气分流。流入 DT 的排气样气流量是总稀释排气流量与稀释空气流量之差。用流量测量仪 FM1 测量稀释空气流量，用颗粒物取样系统中的流量测量仪 FM3（见图 D.15）测量总流量。稀释比由这两个流量测量得到。

来自排气管 EP 的原始排气，通过取样探头 SP 和输送管 TT 输送到稀释风道 DT。排气被分流和流入 DT，气流由调节压力风机 PB 或抽气泵 SB 的流量（或转速）的流量控制器 FC2 来控制。这种控制是可能的，因为进入颗粒物取样系统的样气回到 DT 内。G_{EXHW}、G_{AIR} 和 G_{FUEL} 可用作 FC2 的指令信号。用流量测量仪 FM1 测量稀释空气流量，用流量测量仪 FM2 测量总流量。稀释比由这两个流量计算得到。

图 D.5 至图 D.13 的部件

(1) EP-排气管

可将排气管隔热。为了减少排气管的热惯量，推荐排气管壁厚与直径之比不大于0.015。所用柔性管段的长度与直径之比应限制在不超过12。为减少惯量沉积，应尽量减少弯管处。若系统中设有试验台消声器，消声器也可隔热。

对于等动态系统，至少在取样探头顶端上游6倍管径处和下游3倍管径处，排气管应无弯头、弯管和管径突变。在取样区，除怠速工况外，气体流速应高于10 m/s。平均排气压力波动不应超过±500 Pa。除车辆排气系统(包括消声器和后处理装置)外，任何用于减少压力波动的措施，均不应改变发动机的性能或使颗粒物产生沉积。

对于非动态的系统，建议在取样探头顶端上游6倍管径至下游3倍管径处为直管段。

(2) SP-取样探头(图D.4、图D.8、图D.9、图D.10、图D.12、图D.13)

最小内径应为4 mm。排气管与探头的最小直径比应为4。探头应是开口管，开口面向上游，并处于排气管中心线，或如第D.1.2.1条图D.1中SP1所述的多孔探头。

(3) ISP-动态取样探头(图D.5、图D.6)

等动态取样探头应安装在排气管中心线上，面向上游，EP段的气流状态要满足，并能提供一定比例的原始排气样气。其最小内径应为12 mm。

等动态排气分流需要一个控制系统以保持EP和ISP之间的压差为零。在这些条件下，EP和ISP内排气流速均相同，并且通过ISP的质量流量是排气流量的一个恒定部分。ISP应与压差传感器DPT相接。利用流量控制器FC1可以控制EP与ISP之间的压差为零。

(4) FD1，FD2-分流器(图D.10)

在排气管EP和输入管TT内均装有一套文丘里管或量孔，用以提供一定比例的原始排气样气。为了达到比例分流，需要采用由两只压力控制阀PCV1和PCV2组成的控制系统，以控制EP和DT内的压力。

(5) FD3-分流器(图D.11)

在排气管EP内装有一组管子(多管部件)，用以提供一定比例的原始排气样气。其中一根管子将排气输入稀释风道DT，而其他的管子将排气排入缓冲室DC。这些管子应有相同尺寸(相同的直径、长度、弯曲半径)，使排气分流取决于总管数。为了达到比例分流，需要采用一控制系统，以保持多管部件进入DC的出口端与TT出口端之间的压差为零。在这些条件下，EP与FD3内的排气流速成比例，并且TT内的流量是排气流量的一个恒定部分。这两个出口端应与压差传感器DPT相接。利用流量控制器FC1可以控制压差为零。

(6) EGA-排气分析仪(图D.7至图D.11)

可使用CO_2或NO_x分析仪(碳平衡法只用CO_2分析仪)。这些分析仪应象测量气态污染物的分析仪那样进行标定。可使用一台或几台分析仪测量浓度差。测量系统的准确度应使得$G_{EDFW,i}$的准确度在±4%以内。

(7) TT-输送管(图D.5至图D.13)

输送管应：

——长度不超过5 m，并尽可能短；

——直径等于或大于探头直径，但不超过25 mm；

——出口端位于稀释风道中心线，并指向下游。

若管长≤1 m，应使用最高导热系数0.05 W/(m·K)的材料进行隔热，其径向隔热厚度与探头直径相当。若管长>1 m，则应隔热并加热，使管壁最低温度为523(250 ℃)。

(8) DPT-压差传感器(图D.5、图D.6、图D.11)

压差传感器的量程应不大于±500 Pa。

(9) FC1-流量控制器(图D.5、图D.6、图D.11)

对于等动态系统(图D.5，图D.6)，需要采用流量控制器，以保持EP和ISP之间的压差为零。其调节方法如下：

(a) 在每工况期间，控制抽气泵 SB 的转速或流量，并保持压力风机 PB 的转速或流量恒定(图 D.5)

(b) 调整抽气泵 SB 使稀释排气的质量恒定，并控制压力风机 PB 的流量，从而也就控制了输送管 TT 末端区域内的排气样气流量(见图 D.6)。

在压力控制系统中，控制回路内的残余误差应不超过±3 Pa。稀释风道内的平均压力波动应不超过±250 Pa。

对于多管系统(见图 D.11)，为了达到排气比例分流，需要用流量控制器保持多管部件出口与输送管出口间的压差为零。通过在输送管 TT 出口处控制喷入 DT 的空气流量进行调节。

(10) PCV1、PCV2-压力控制阀(图 D.10)

为了达到比例分流，对于双文丘里管/双量孔系统需采用两只压力控制阀，以控制 EP 背压和 DT 中的压力。压力控制阀应位于 EP 内 SP 下游及 PB 与 DT 的之间。

(11) DC-缓冲室(图 D.11)

将缓冲室安置在多管部件的出口处，尽量降低排气管 EP 内的压力波动。

(12) VN-文丘里管(图 D.9)

稀释风道 DT 内装有文丘里管，使输送管 TT 的出口区产生一个负压。通过 TT 的气体流量(即：利用文丘里管区内的动量转换)进行测量，其基本上与压力风机 PB 的流量成正比，从而得到恒定的稀释比。由于动量转换受 TT 出口处温度和 EP 与 DT 之间的压差影响，所以在低负荷时的实际稀释比要稍低于高负荷时。

(13) FC2-流量控制器(图 D.7、图 D.8、图 D.12、图 D.13，选用)

流量控制器可用来控制压力风机 PB 和(或)抽气泵 SB 的流量。可以和排气、进气或燃料流量信号、和(或)CO_2 或 NO_x 的差动信号相接。当使用压缩空气时(图 D.12)，FC2 直接控制空气流量。

(14) FM1-流量测量装置(图 D.5、图 D.6、图 D.12、图 D.13)

采用气体流量计或其他流量计测量稀释空气流量。若经标定的压力风机 PB 是用于测量流量，则 FM1 可选用。

(15) FM2-流量测量装置(图 D.13)

采用气体流量计或其他流量计测量稀释排气流量。如果使用经过标定的压力风机 SB 测量流量，则 FM2 可选用。

(16) PB-压力风机(图 D.5、图 D.6、图 D.7、图 D.8、图 D.9、图 D.10、图 D.13)

用于控制稀释空气流量。PB 可连接到流量控制器 FC1 或 FC2 上。当使用蝶阀时，无需再用 PB。如已标定，PB 可用于测量稀释空气流量。

(17) SB-抽气泵(图 D5、图 D6、图 D7、图 D10、图 D11、图 D13)

仅用于部分取样系统。如已标定，SB 可用于测量稀释排气流量。

(18) DAF-稀释空气过滤器(图 D.5 至图 D.13)

建议将稀释空气过滤和活性炭吸附，以消除背景碳氢化合物。稀释空气的温度应为±298 K±5 K (25 ℃±5 ℃)，并可除湿。应发动机制造厂的要求，可按成熟的工程经验抽取稀释空气的样气，测量背景颗粒物的水平，然后将其从稀释排气测量值中减去。

(19) DT-稀释风道(图 D.5 至图 D.13)

稀释风道：

——应有足够长度，使排气和稀释空气能在紊流条件下充分混合；

——应由不锈钢制成；

——对于内径大于 75 mm 的稀释风道，壁厚—直径比不大于 0.025；

——对于内径不大于 75 mm 的稀释风道，其名义壁厚不小于 1.5 mm；

——对于部分取样型，直径至少应为 75 mm；

——对于全部取样型，建议直径至少应为 25 mm；

——在排气进入稀释风道前，只要空气温度不超过 325 K(52 ℃)，可采用直接加热或预热稀释空气的方法加热壁温，但温度不超过 325 K(52 ℃)；

——可以进行隔热。

发动机排气应与稀释空气充分混合。对部分取样系统，在系统投入使用后，应在发动机运转时，用通道上的 CO_2 的分布图(至少 4 个等间距测量点)检查混合质量。如果需要，可使用一个混合量孔。

注：若稀释风道 DT 附近的环境温度低于 293 K(20 ℃)，应注意防止颗粒物沉积在稀释风道的冷壁上。因此，推荐按上面给出的温度范围加热和(或)隔热通道。

在发动机高负荷时，可以采用诸如循环风扇那样不太剧烈的方法冷却稀释通道，只要冷却介质温度不低于 293 K(20 ℃)。

(20) HE-热交换器(图 D.10、图 D.11)

热交换器应有足够的容量，以保持试验期间在抽气泵(SB)入口处的温度在所测平均工作温度的 ±11 K以内。

D.2.3 全流稀释系统

图 D.14 所述稀释系统建立在用定容取样(CVS)原理稀释总排气的基础上。测量排气与稀释空气混合气的总体积，可使用 PDP 或 CFV 系统。

为了连续采集颗粒物，将稀释排气样气通入颗粒物取样系统(第 D.2.4 条图 D.15 和图 D.16)。若直接从一级稀释风道中采集，为一级稀释。若进入二级稀释风道的样气再次被稀释，则成为二次级稀释。当用一级稀释不能使滤纸表面温度达到要求时，则可采用二级稀释的方法。虽然二级稀释系统是稀释系统的一部分，但它具有典型颗粒物取样系统的大多数部件，因此将其作为颗粒物取样系统的一种变型在第 D.2.4 条图 D.16 中说明。

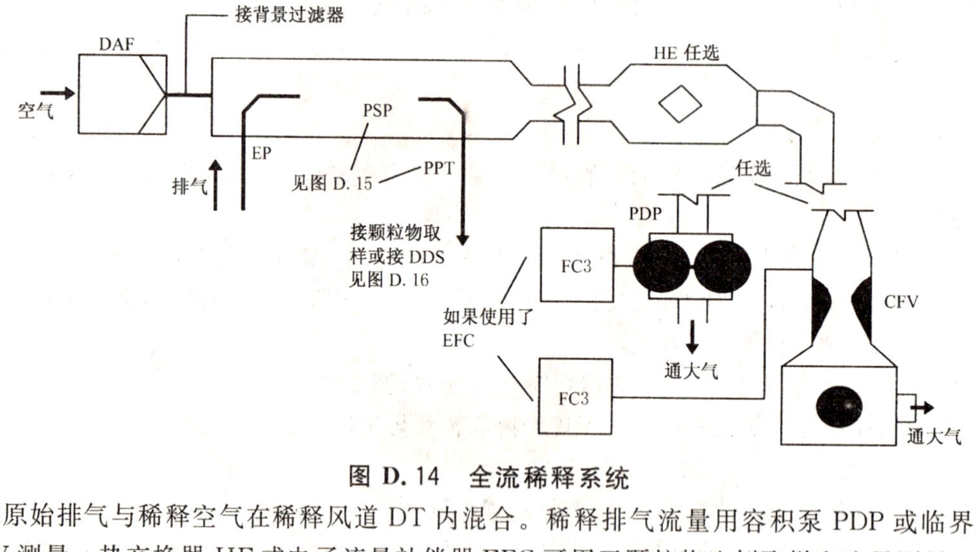

图 D.14 全流稀释系统

全部原始排气与稀释空气在稀释风道 DT 内混合。稀释排气流量用容积泵 PDP 或临界流量文丘里管 CFV 测量。热交换器 HE 或电子流量补偿器 EFC 可用于颗粒物比例取样和流量测量。由于颗粒物质量的测量是以总稀释排气流量为基础的，因此无需计算稀释比。

图 D.14 的组件

(1) EP-排气管

从发动机排气歧管出口、涡轮增压器出口或后处理装置到稀释风道的排气管长度应不大于 10 m。如发动机排气歧管出口、涡轮增压器出口或后处理装置下游的排气管的长度超过 4 m，则超过 4 m 的全部管路应隔热。如果需串接烟度计，串接部分除外。绝热层径向厚度至少应为 25 mm。绝热材料的导热系数在 673 K 下的测量值应不大于 0.1 W/(m·K)。为了减少排气管的热惯量，推荐排气管壁厚与直径之比不大于 0.015。所用柔性管段的长度一直径比不超过 12。

(2) PDP-容积泵

PDP 根据泵的转数和泵的排量来测量总稀释排气流量。排气系统背压应不受 PDP 或稀释空气进气系统的影响而降低。当 PDP 系统工作时所测得的排气静背压，应保持在发动机同样转速和负荷下、不接 PDP 所测排气背压的±1.5 kPa 以内。当不使用流量补偿时，在紧靠 PDP 前的混合稀释排气温度应在试验期间所测得的平均工作温度的±6 K 以内。只有当 PDP 入口处温度不超过 325 K(50 ℃)时，才可使用流量补偿。

(3) CFV-临界流量文丘里管

CFV 将气流保持在节流状态(临界流动)下测量总稀释排气流量。当 CFV 系统工作时所测得的排气静背压，应保持在发动机同样转速和负荷下、不接 CFV 所测静排气背压的±1.5 kPa 以内。当不使用流量补偿时，在紧靠 CFV 前的混合稀释排气温度应在试验期间所测得的平均工作温度的±11 K 以内。

(4) HE-热交换器(若使用了 EFC，则选用)

热交换器应有足够的容量，使温度保持在上述规定范围内。

(5) EFC-电子流量补偿器(若使用 HE，则选用)

若在 PDP 或 CFV 入口处的温度不能保持在上述规定范围内，则需要采用流量补偿系统，连续测量流量，并控制颗粒物取样系统内的比例取样。因此，需要用连续测得的流量信号来校正通过颗粒物取样系统内颗粒物滤纸的样气流量(见第 D.2.4 条图 D.15，图 D.16)。

(6) DT-稀释风道

稀释风道：

——直径应小到可以产生紊流(雷诺数)>4 000，而长度应大到可以使排气和稀释空气充分混合，可使用混合量孔；

——单稀释系统的直径至少为 460 mm；

——双稀释系统的直径至少为 210 mm；

——可以隔热。

将发动机排气引入下游的稀释风道进口处，并充分混合。

当使用一级稀释时，将稀释风道内的样气输送到颗粒物取样系统(第 D.2.4 条图 D.15)。PDP 或 CFV 的流量应足以使紧靠颗粒物初滤纸前的稀释排气温度保持在不超过 325 K(52 ℃)。

当使用双级稀释时，将一级稀释风道的样气送至二级稀释风道内再稀释，并流经滤纸(D2.4 图 16)、PDP 或 CFV 的流量应足以使 DT 内的稀释排气流在取样区的温度不超过 464 K(191 ℃)。二级稀释系统应提供足够的二级稀释空气，使紧邻颗粒初级滤纸前经两次稀释后的稀释排气温度不超过 325 K(52 ℃)。

(7) DAF-稀释空气过滤器

建议将稀释空气进行过滤和碳吸附，以消除背景碳氢化合物。应发动机制造厂的要求。可按成熟的工程经验抽取稀释空气的样气，测量背景颗粒物水平，然后将其从稀释排气测量值中减去。

(8) PDP-颗粒物取样探头

探头是 PPT 的前导部分，其应：

——面向上游，并安装在稀释空气与排气充分混合处，即在稀释风道 DT 中心线上，距排气进入稀释风道处大约 10 倍风道管径的下游；

——最小内径为 12 mm；

——只要排气进入稀释风道前的空气温度不超过 325 K(52 ℃)；

——可以隔热。

D.2.4 颗粒物取样系统

颗粒物取样系统是用于将颗粒物采集到颗粒物滤纸上。在分流稀释、全部取样情况下，全部稀释排气样气均流经滤纸，稀释系统（第 D.2.2 条图 D.8，图 D.12）和取样系统通常组成一个整体装置。在分流稀释或全流稀释、部分取样情况下，仅部分稀释排气流过滤纸，稀释系统（第 D.2.2 条图 D.5，D.6，D.7，D.9，D.10，D.11，D.13；第 D.2.3 条图 D.14）和取样系统通常是两个不同的装置。

本指令中，把全流稀释系统的二级稀释系统（图 D.16）看作是典型颗粒物取样系统的一种特殊变型（图 D.15）。二级稀释系统具有颗粒物取样系统的全部主要部件，如滤纸保持架和取样泵，并带有若干稀释系统的特征，如稀释空气源和二级稀释风道。

为了避免对控制回路产生任何影响，建议在整个试验过程中都要运转取样泵。对单路滤纸法，应使用一旁通系统，使样气在需要时通入取样滤纸。应尽量减少切换过程对控制回路的干扰。

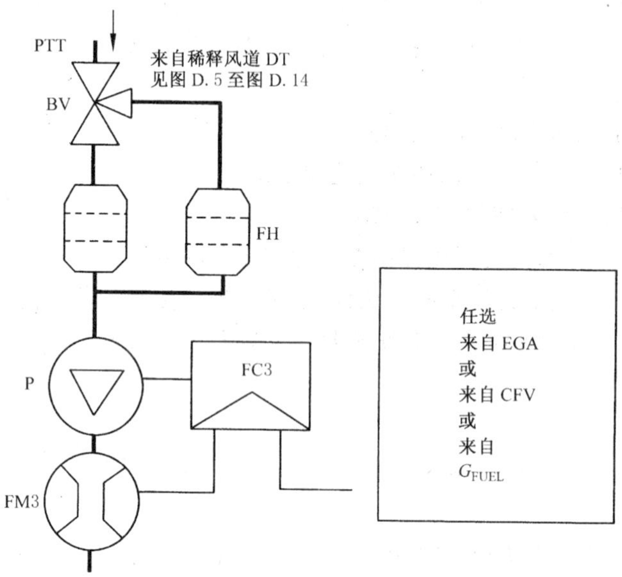

图 D.15 颗粒物取样系统

用取样泵 P，通过颗粒物取样探头 PSP 和颗粒物输送管 PTT，从分流或全流稀释系统的稀释风道 DT 中，抽取稀释排气样气。样气流过含有颗粒物取样滤纸的滤纸保持架 FH。用流量控制器 FC3 控制样气流量。如果使用电子流量控制器 EFC（见图 D.14），用稀释排气流量作为 FC3 的指令信号。

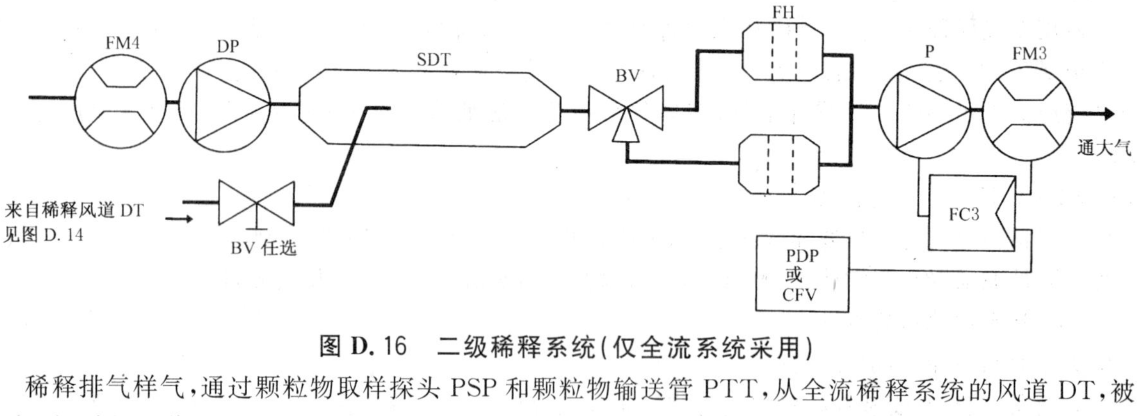

图 D.16 二级稀释系统（仅全流系统采用）

稀释排气样气，通过颗粒物取样探头 PSP 和颗粒物输送管 PTT，从全流稀释系统的风道 DT，被输送到二级稀释风道 SDT，进行再次稀释。然后流过含有颗粒物取样滤纸的滤纸保持架 FH。稀释空气流量是恒定的，样气流量由流量控制器 FC3 控制。若使用电子流量补偿器 EFC（见图 D.14），则用总稀释排气流量作为 FC3 的指令信号。

图 D.15 和图 D.16 的组件

（1）PTT-颗粒物输送管（图 D.15、图 D.16）

颗粒物输送管的长度不得超过 1 020 mm（应尽可能短）。如适用（例如，分流稀释、部分取样系统和全流稀释系统)，取样探头的长度(分别见第 D.2.2 条和第 D.2.3 条的 SP，ISP，PSP)应包括在内。

此尺寸：

——对分流稀释部分取样型和全流一级稀释系统，系指从探头顶端(分别为 SP，ISP，PSP)至滤纸保持架；

——对分流稀释全部取样型，系指从稀释风道尾端至滤纸保持架；

——对全流两级稀释系统，系指从探头顶端(M)至二级稀释风道。

输送管：

——只要排气进入稀释风道前的空气温度不超过 325 K(52 ℃)，可直接加热或预热稀释空气使壁温加热至不超过 325 K(52 ℃)；

——可以隔热。

(2) SDT-二级稀释风道(图 D.16)

二级稀释风道管径至少应为 75 mm，并有足够长度，以使经过二次稀释的样气至少有 0.25 s 的停留时间。初级滤纸保持架 FH 应位于离 SDT 出口 3 000 mm 范围内。

二级稀释风道：

——只要排气进入稀释风道前的空气温度不超过 325 K(52 ℃)，可直接加热或预热稀释空气使壁温加热至不超过 325 K(52 ℃)。

(3) FH-滤纸保持架(图 D.15、图 D.16)

对初级、次级滤纸，可用一只滤纸架或单独的滤纸架。需符合第 BD.4.1.3 条的要求。

滤纸保持架：

——要排气进入稀释风道前的空气温度不超过 325 K(52 ℃)，可直接加热或预热稀释空气使壁温加热至不超过 325 K(52 ℃)；

——可以隔热。

(4) P-取样泵(图 D.15、图 D.16)

若不使用 FC3 作流量校正，则颗粒物取样泵应距风道有足够距离处，以保持进气温度的恒定(±3 K)。

(5) DP-稀释空气泵(图 D.16)

若稀释空气不预热，稀释空气泵的位置应能保持其提供的二级稀释空气温度达到 298 K±5 K(25 ℃±5 ℃)。

(6) FC3-流量控制器(图 D.15、图 D.16)

为了补偿样气流量在样气管路中受温度和背压变化的影响，若无其他合适方法，则应使用流量控制器。若使用电子流量补偿器 EFC(见图 D.14)，则需用流量控制器。

(7) FM3-流量测量装置(图 D.15、图 D.16)

若不使用 FC3 做流量校正，则测量颗粒物样气流量的气量计或流量计应距取样泵 P 有足够距离处，以保持进气温度的恒定(±3 K)。

(8) FM4-流量测量装置(图 D.16)

测量稀释空气流量的气量计或流量仪应位于能保持进气温度为 298±5 K(25 ℃±5 ℃)之处。

(9) BV-球阀(选用)

球阀内径应不小于颗粒物输送管 PTT 的内径，且切换时间小于 0.5 s。

注：若 PSP、PTT、SDT 和 FH 附近的大气温度低于 293 K(20 ℃)，应注意防止颗粒物沉积在这些部件的冷壁上。因此，建议按上面给出的温度范围加热和(或)隔热这部件。并建议在取样期间滤纸表面温度不低于 293 K(20 ℃)。

在发动机高负荷时，可用循环风扇缓缓冷却稀释风道，直至不低于 20 ℃。

D.3 烟度测量

D.3.1 前言

第D.3.2及第D.3.3条和图D.17及图D.18详细叙述了推荐的不透光烟度计系统，由于各种系统配置可获得相同结果，因此，不要求和这些图中配置严格一致。可以使用附加部件，诸如仪表、阀门、电磁阀、泵和开关等，以便获得更多的信息和协调各部件系统的功能。若其他的部件对于保持某些系统精度并非必须，则可凭成熟的工程判断加以去除。

测量原理是：发射光穿过一定长度的烟，用入射光通过并到达接受器的比例来评定介质的遮光特性。烟度测量取决于仪器的结构，可以在排气管内测量（全流串接式不透光烟度计），在排气管末端测量（全流管端式不透光烟度计），或从排气管中取样测量（部分流不透光烟度计）。为了从不透光信号确定光的吸收系数，仪器制造厂需要提供仪器的光通道长度值。

D.3.2 全流不透光烟度计

可使用两种普通式的全流式不透光烟度计（图D.17）。使用串接式不透光烟度计时，测得的是排气管内全部排气中烟的不透光度。这种型式的不透光烟度计，光的有效通道长度是不透光烟度计的结构函数。

使用管端式不透光烟度计时，测得的是全部排气排出排气管的烟的不透光度。这种型式的不透光烟度计，光的有效通道长度是排气管的结构函数，以及不透光烟度计与排气管之间距离的函数。

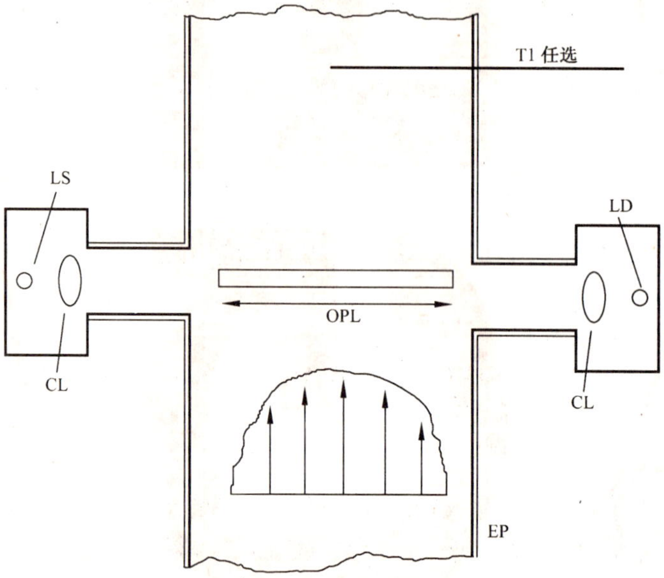

图D.17 全流式不透光烟度计

图D.17的组件

(1) EP-排气管

串接式不透光烟度计，在测量区上游或下游应有3倍于管径长的直管段。如果测量区内的管径大于排气管直径，则推荐在测量区上游采用渐缩型的管子。

管端式不透光烟度计，排气管尾端0.6 m内应是圆形截面，不能有弯头和弯曲。排气管端口断面要垂直。不透光烟度计安装时要与烟柱对中，并离排气管端口25 mm±5 mm处。

(2) OPL-光通道长度

在不透光烟度计光源和接受器之间烟的遮光通道长度，因密度变化以及干涉效应，有必要对其非一致性进行校正。仪器制造厂应该提供光通道长度，以及消除烟熏的某种手段（例如，清洗空气）。如果得不到光通道长度，则应按照ISO IDS 11614第11.6.5条加以确定。为了准确地测量光通道长度，要求的最小排气流速为 20 m/s。

(3) LS-光源

光源应采用色温 2 800～3 250 K 范围内的白炽灯，或者是光谱峰值在 550～570 nm 之间的绿色发光二极管。应采用不影响制造厂规定的光通道长度的方法，保护光源免受烟熏。

(4) LD-光接受器

接受器应是一个光电管或是一个光电二极管（如有必要，带一个滤波器）。在采用白炽灯作为光源的情况下，其峰值光谱的响应应类似人眼在 550～570 nm 范围内的光感应曲线（最大响应），在低于 430 nm或高于 680 nm 时的最大响应小于 4%。应采用不影响制造厂规定的光通道长度的方法，保护光源免受烟熏。

(5) CL-校准透镜

输出光应被调整为最大直径 30 mm 的光束。光束的光线应平行，其偏离光轴的允差在 3°以内。

(6) T1-温度传感器

可在试验期间检测排气温度

D.3.3 部分流式不透光烟度计

使用部分流式不透光烟度计（图 D.18）时，从排气管中采集有代表性的排气样气，经输送管到达测量室。这种型式的不透光烟度计，光通道有效长度是不透光烟度计的结构函数。下条所指的响应时间适用于仪器制造厂规定的不透光烟度计的最小流速。

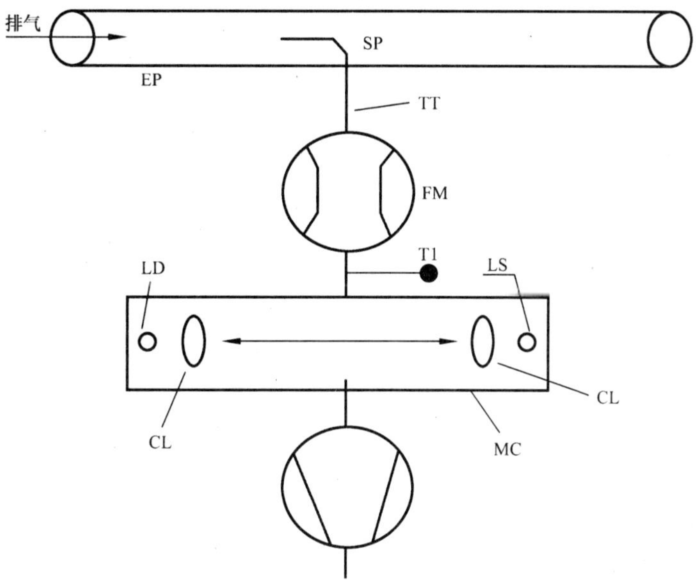

图 D.18 部分流式不透光烟度计

图 D.18 的组件

(1) EP-排气管

排气管在取样探头上游的直管段至少 6 倍管径，下游的直管段至少为 3 倍管径。

(2) SP-取样探头

取样探头是一根位于或接近于排气管中心轴线上，且开口面向上游的管子。与排气管壁的间隔至少应为 5 mm。探头直径应保证有代表性的采样，并有足够气流通过不透光烟度计。

(3) TT-输送管

输送管应：

——尽可能短，并确保测量室入口处的排气温度为 373 K±30 K(100 ℃±30 ℃)；

——使壁温大大高于排气的露点，以防冷凝；

——在全部长度上的管径与取样探头管径相同；
——在仪器最小流量下，按第 BD.5.2.4 条测得的响应时间小于 0.05 s；
——不明显影响烟度峰值。

(4) FM-流量测量装置

流量测量装置用于准确检测进入测量室的流量。最小和最大流量应由仪器制造厂规定，流量应能满足 TT 响应时间的要求以及光通道长度的规定。流量测量装置可靠近取样泵 P(如选用)。

(5) MC-测量室

测量室应具有不反光的内表面，或者等效的光环境。应将由于漫射作用的内部反射而产生的漫反射光对检测器的干扰降低到最小程度。

测量室内烟气的压力与大气压力之差不应超过 0.75 kPa，若结构上不能保证，不透光烟度读数应转换为大气压力状态。

测量室壁温需设定在 343 K(70 ℃)至 373 K(100 ℃)之间，允差±5 K，在任何情况下，应大大高于排气露点，以防冷凝。测量室应配备适当的温度测量装置。

(6) OPL-光通道长度

在不透光烟度计光源和接收器之间烟的遮光通道长度，因密度变化以及干涉效应，有必要对其非一致性进行校正。仪器制造厂应提供光通道长度，以及消除烟熏的某种手段(例如，清洗空气)。如果得不到光通道长度，则应按照不影响制造厂规定的光通道长度的方法，保护光源免受烟熏。

(7) LD-光接受器

接受器应是一个光电管或是一个光电二极管(如有必要，带一个滤波器)。在采用白炽灯作光源的情况下，其峰值光谱的响应需类似于人眼的光感应曲线(最大响应)，在 550～570 nm 范围内，低于 430 nm或超过 680 nm 时，需小于其最大响应的 4%。应采用不影响制造厂规定的光通道长度的方法，保护光源免受烟熏。

(8) CL-校正透镜

输出光应被调整为最大直径 30 mm 的光束。光束的光线应平行，其偏离光轴的允差在 3。以内。

(9) T1-温度传感器

位于测量室的进口处，监测排气温度。

(10) P-取样泵(选用)

取样泵位于测量室下游，可以输送样气通过测量室。

附 录 E
(规范性附录)
型式核准证书

根据____(本标准名称和编号)的要求,对下列车辆/独立技术总成(发动机型式/发动机系族/部件)[1]给予型式核准/型式核准扩展[1]。

型式核准号:………………　　型式扩展号:………………

E.1　概述

E.1.1　车辆/独立技术总成/部件[1]的厂牌:………………

E.1.2　车辆/独立技术总成/部件[1]的制造厂名称:………………

E.1.3　车辆/独立技术总成/部件[1]型号:………………

E.1.4　车辆类别:………………

E.1.5　发动机类别:柴油机/燃用 NG/燃用 LPG[1]

E.1.6　制造厂名称和地址:………………

E.2　简述:见附件 EA.1

E.3　负责进行试验的检验机构:………………

E.4　试验报告日期:………………

E.5　试验报告编号:………………

E.6　型式核准扩展的根据:………………

E.7　备注(如有):见附件 EA.2

E.8　地点:………………

E.9　日期:………………

E.10　签名:………………

E.11　型式核准申报资料清单:

附 件 EA
(规范性附件)
型式核准证书附件

关于车辆/独立技术总成/部件[1]的型式核准,型式核准证书编号:………………

EA.1　简述

EA.1.1　车辆的型式核准需填写以下内容(如适用):

EA.1.1.1　发动机厂牌(企业名称):………………

EA.1.1.2　型号及商业描述(包括各种变型):………………

EA.1.1.3　标注在发动机上的制造代码:………………

EA.1.1.4　车辆类别(如适用):………………

EA.1.1.5　发动机类别:柴油机/燃用 NG/燃用 LPG[1] ………………

EA.1.1.6　制造厂名称和地址:………………

EA.1.2　如果第 EA.1.1 条所述发动机已作为独立技术总成获得了型式核准,应填写以下内容:

EA.1.2.1　发动机/发动机系族型式核准号[1]:………………

1) 划掉不适用者

EA.1.3 作为独立技术总成型式核准的发动机/发动机系族[1]应填写以下内容(发动机在车辆上安装需考虑的条件)：

EA.1.3.1 最大和/或最小进气负压：………………………… kPa

EA.1.3.2 最大允许背压：………………………… kPa

EA.1.3.3 排气系统容积：………………………… cm^{-3}

EA.1.3.4 发动机运转所需辅件的吸收功率：…………………………

EA.1.3.4.1 怠速：………… kW；低速：………… kW；高速：………… kW；

转速 A：………… kW；转速 B：………… kW；转速 C：………… kW；

基准转速：………… kW

EA.1.3.5 使用上的限制(如有)：…………………………

EA.1.4 发动机/源机[1]的排放水平：

EA.1.4.1 ESC 试验(如适用)：

CO：………………………… g/(kW·h)

THC：………………………… g/(kW·h)

NO_x：………………………… g/(kW·h)

PM：………………………… g/(kW·h)

EA.1.4.2 ELR 试验(如适用)：

烟度值：………………………… m^{-1}

EA.1.4.3 ETC 试验(如适用)：

CO：………………………… g/(kW·h)

THC：………………………… g/(kW·h)

NMHC：………………………… g/(kW·h)[1]

CH_4：………………………… g/(kW·h)[1]

NO_x：………………………… g/(kW·h)[1]

PM：………………………… g/(kW·h)[1]

EA.2 备注(如有)

1) 划掉不适用者

附 录 F
（规范性附录）
生产一致性保证要求

F.1 概述

本附件描述了为确保批量生产汽车和(或)发动机的排放特性与已型式核准的车型和(或)发动机机型的一致，主管部门对制造厂提出的生产一致性保证的要求，其中包括对质量管理体系的评估(作为初评内容)，以及对已型式核准的车型和(或)发动机机型和生产过程控制的确认核查(作为生产一致性保证计划内容)。

F.2 初评

F.2.1 主管部门在批准型式核准之前，必须核定制造厂是否具备了有效控制生产过程的计划和规程，以保证生产的零部件、系统、独立技术总成或车辆与已型式核准的车型和(或)发动机机型一致。

F.2.2 主管部门对 F.2.1 要求合格性的确认。

主管部门应对初评和 F.3 的初始生产一致性保证计划进行合格性确认，如需要，还应考虑 F.2.2.1 和 F.2.2.2 中描述的保证计划中的部分或全部内容。

F.2.2.1 实际的初评和(或)生产一致性保证计划的核定，可由主管部门进行，或者由主管部门委托的检测机构进行。

当确定初评的范围时，主管部门可考虑承认下列已有资料：

F.2.2.2 描述的制造者的质量保证体系认证证书；

经车辆制造者同意，对于部件或独立技术总成的型式核准，质量体系的评估在部件或独立技术总成制造厂内进行。

F.2.2.2 主管部门应认可制造厂的质量保证体系认证证书，此证书符合 GB/T 19001—2000 标准的要求，但免除其中 7.3 有关设计和开发方面的要求。制造者必须提供认证证书的细节，并承诺，在其有效性和范围方面的任何修订，都必须通知主管部门。

F.2.3 对于汽车整车的型式核准，不必重复已型式核准初评的该车的系统、零部件和单独技术总成的型式核准过程，但应对与整车装配有关的、以前评估未涉及的场所或行动进行评估。

F.3 生产一致性保证计划

F.3.1 主管部门在批准型式核准时，必须核实制造厂是否已具备了为相应型式核准内容所作的保证计划和书面的控制计划。

F.3.2 按照本标准型式核准的每一车型和(或)发动机机型，制造厂在制造时必须符合本标准的要求，使其与已型式核准车型和(或)发动机机型一致。制造厂应：

F.3.2.1 具有并执行能有效地控制产品(车辆、系统、零部件或单独技术总成)与已型式核准车型一致的规程；

F.3.2.2 为检查已型式核准车型和(或)发动机机型中每一车(机)型的一致性，需使用必要的试验设备或其他相应设备；

F.3.2.3 记录试验或检查的结果并形成的文件，该文件要在主管部门规定的期限内一直保留，并可获取。要求的保留期限不超过 10 年；

F.3.2.4 分析每种车型的试验或检查结果，以便验证和确保产品排放特性的稳定性，以及制订生产过程控制允差；

F.3.2.5 确保每种车型和(或)发动机机型进行了本标准规定的各项一致性检查和试验；

F.3.2.6 如任一组样品或试件在要求的试验或检查中被确认一致性不符合，需进行再次取样并试验或检查。并采取必要纠正措施，恢复其生产一致性。

F.4 定期审核计划

F.4.1 主管部门可随时和(或)定期核实每一生产部门所应用的一致性控制方法。

F.4.1.1 监督检查 F2.2 条初评内容和生产一致性保证计划的持续有效性。

F.4.1.1.1 由主管部门和(或)其委托的单位进行监督行动。

F.4.1.1.2 在相互信任的情况下，由主管部门确定监督检查的周期，确保按照本附件第 F.2 章和第 F.3章所确定的初评内容和生产一致性保证计划得到监督检查(或复查)。

F.4.2 每次监督检查(或复查)时，检查人员应能获得试验或检查记录和生产记录，特别是 F.2.2 要求的试验或检查记录。

F.4.3 检查人员可随机选取样品，可在制造者的实验室(如实验室条件符合本标准的要求)或在检验机构实验室进行抽样样品的试验。最少样品数将要据制造者自检结果来确定。

F.4.4 如控制水平不令人满意，或可能需要核实运用 F.4.2 所进行的试验的有效性时，检查人员应选取样品，送交检测机构进行试验。

F.4.5 主管部门可进行本标准中规定的任何检查或试验。

F.4.6 若在检查或监督复查过程中，发现不满意的结果，主管部门必须督促制造厂采取一切必要措施，以尽快恢复生产的一致性。

附 件 FA
(规范性附件)
生产一致性检查的判定方法

FA.1 对标准差满意时生产一致性试验规程

FA.1.1 当对制造厂的生产一致性标准差满意时，按本条规定进行排气污染物生产一致性试验。

FA.1.2 最少抽取三台发动机样品。取样规程的设定使一批 40％有缺陷的发动机试验合格的概率为 0.95(制造厂风险为 5％)，而一批 65％有缺陷的发动机被接受的概率为 0.10(消费者风险为 10％)。

FA.1.3 对本标准第 7.2.1 条规定的各种污染物，采用下列规程(见图 2)：

设：

L＝某种污染物限值的自然对数；

x_i＝第 i 台样机测量值的自然对数；

s＝测量值取自然对数后，生产标准差的估计值；

n＝当前样机数量。

FA.1.4 对每一个样本，其与限值的标准化偏差之和由下式计算：

$$\frac{1}{s}\sum_{i=1}^{n}(L-x_i)$$

FA.1.5 于是：

如果试验统计结果大于表 FA.1 中样机数量对应的合格判定值，则该污染物判定合格；

如果试验统计结果小于表 FA.1 中样机数量对应的不合格判定值，则该污染物判定为不合格；

否则，根据本标准第 10.3 条追加一台发动机进行试验，计算按增加一台的样机数进行。

表 FA.1 抽样计划的合格和不合格判定值 最小样机数：3

试验发动机累计数（样机数）	合格判定值 A_n	不合格判定值 B_n	试验发动机累计数（样机数）	合格判定值 A_n	不合格判定值 B_n
3	3.327	−4.724	18	2.337	−5.713
4	3.261	−4.790	19	2.271	−5.779
5	3.195	−4.856	20	2.205	−5.845
6	3.129	−4.922	21	2.139	−5.911
7	3.063	−4.988	22	2.073	−5.977
8	2.997	−5.054	23	2.007	−6.043
9	2.931	−5.120	24	1.941	−6.109
10	2.865	−5.185	25	1.875	−6.175
11	2.799	−5.251	26	1.809	−6.241
12	2.733	−5.317	27	1.743	−6.307
13	2.667	−5.383	28	1.677	−6.373
14	2.601	−5.449	29	1.611	−6.439
15	2.535	−5.515	30	1.545	−6.505
16	2.469	−5.581	31	1.479	−6.571
17	2.403	−5.647	32	−2.112	−2.112

FA.2 对标准差不满意或不能获得时生产一致性试验规程

FA.2.1 当对制造厂的生产一致性标准差不满意或不能获得时，按本条规定进行污染物排放生产一致性检验。

FA.2.2 最少样品数量为三台发动机。取样规程的设定使一批 40% 有缺陷的发动机试验合格的概率为 0.95（制造厂风险为 5%），而一批 65% 有缺陷的发动机被接受的概率为 0.10（消费者风险为 10%）。

FA.2.3 第 7.2.1 条得到的污染物值取对数后被认为呈正态分布，所以测得的数据必须先取对数。设 m_0 和 m 分别表示最小和最大样机数量（$m_0=3$ 和 $m=32$），并设 n 表示当前样机数。

FA.2.4 如果这批样机测得值的自然对数为 x_1、x_2、…x_i，L 是某种污染物限值的自然对数，于是定义：

$$d_j = x_j - L$$

$$\bar{d}_n = \frac{1}{n}\sum_{j=1}^{n} d_j$$

$$v_n^2 = \frac{1}{n}\sum_{j=1}^{n}(d_j - \bar{d}_n)^2$$

FA.2.5 表 FA.2 是当前样机数与合格判定值（A_n）和不合格判定值（B_n）之间的关系。试验统计结果是比值 $\bar{d}_n/V_n$，应按照下列方式判定此批产品是否合格：

对于 $m_0 \leqslant n \leqslant m$：

——若 $\bar{d}_n/V_n \leqslant A_n$，此批产品合格；

——若 $\bar{d}_n/V_n \geqslant B_n$，此批产品不合格；

——若 $A_n < \bar{d}_n / V_n < B_n$，追加一台发动机进行试验。

FA.2.6 备注

下述回归公式用于连续计算试验统计值：

$$\bar{d}_n = [1 - \frac{1}{n}] \times \bar{d}_{n-1} + \frac{1}{n} d_n$$

$$v_n^2 = (1 - \frac{1}{n}) \times V_{n-1}^2 + \frac{(\bar{d}_n - d_n)^2}{n-1}$$

$$(n = 2, 3, \cdots; \bar{d}_1 = d_1; V_1 = 0)$$

表 FA.2 抽样计划的合格和不合格判定值 最小样机数:3

试验发动机累计数（样机数）	合格判定值 A_n	不合格判定 B_n	试验发动机累计数（样机数）	合格判定值 A_n	不合格判定 B_n
3	−0.803 81	16.647 43	18	−0.382 66	0.459 22
4	−0.763 39	7.686 27	19	−0.355 70	0.407 88
5	−0.729 82	4.671 36	20	−0.328 40	0.362 03
6	−0.699 62	3.255 73	21	−0.300 72	0.320 78
7	−0.671 29	2.454 31	22	−0.272 63	0.283 43
8	−0.644 06	1.943 69	23	−0.244 10	0.249 43
9	−0.617 50	1.591 05	24	−0.215 09	0.218 31
10	−0.591 35	1.332 95	25	−0.185 57	0.189 70
11	−0.565 42	1.135 66	26	−0.155 50	0.163 28
12	−0.539 60	0.979 70	27	−0.124 83	0.138 80
13	−0.513 79	0.853 07	28	−0.093 54	0.116 03
14	−0.487 91	0.748 01	29	−0.061 59	0.094 80
15	−0.461 91	0.659 28	30	−0.028 92	0.074 93
16	−0.435 73	0.583 21	31	−0.004 49	0.056 29
17	−0.409 33	0.517 18	32	0.038 76	0.038 76

FA.3 制造厂要求下的生产一致性试验规程

FA.3.1 在制造厂要求下，可以按本条规定进行污染物排放生产一致性检验。

FA.3.2 最少样品数量为三台发动机。取样规程的设定使一批 30% 有缺陷的发动机试验合格的概率为 0.90(制造厂风险为 10%)，而一批 65% 有缺陷的发动机被接受的概率为 0.10(消费者风险为 10%)。

FA.3.3 对本标准第 7.2.1 条规定的各种污染物，采用下列规程(见图 2)：

设：

L=某种污染物限值；

x_i=第 i 台样机测量值；

n=当前样机数。

FA.3.4 对样本的试验结果进行统计，算出不合格发动机数，即 $x_i \geq L$

FA.3.5 于是：

如果试验统计结果小于或等于表 FA.3 中样机数量对应的合格判定值，则该污染物判定合格；

如果试验统计结果大于或等于表 FA.3 中样机数量对应的不合格判定值，则该污染物判定不合格；

否则,根据第 10.3 条加抽一台发动机进行试验,计算按增加一台的样机数进行。

表 FA.3 中的合格和不合格判定值是根据国际标准 ISO 8422/1991 计算的。

表 FA.3　抽样计划的合格和不合格判定值　最小样机数:3

试验发动机累计数(样机数)	合格判定值	不合格判定值	试验发动机累计数(样机数)	合格判定值	不合格判定值
3	—	3	12	4	8
4	0	4	13	4	8
5	0	4	14	5	9
6	1	5	15	5	9
7	1	5	16	6	10
8	2	6	17	6	10
9	2	6	18	7	11
10	3	7	19	8	9
11	3	7			

附 录 G
（规范性附录）
计算程序示例

G.1 ESC试验

G.1.1 气态污染物

表G.1列出了用于计算的某一工况结果的测量数据。在本例中，CO和NO_x以干基测定，HC以湿基测定。HC浓度用丙烷当量(C3表示，需将其乘以3)换算为C1当量。其他工况的计算程序相同。

表 G.1

P/kW	T_a/K	H_a/(g/kg)	G_{EXH}/kg	G_{AIRW}/kg	G_{FUEL}/kg	HC/ppm	CO/ppm	NO_x/ppm
82.9	294.8	7.81	563.38	545.29	18.09	6.3	41.2	495

计算干-湿校正系数$K_{W,r}$(附录B附件BA第BA.4.2条)：

$$F_{FH}=\frac{1.969}{\left(1+\frac{18.09}{545.29}\right)}=1.9058 \text{ 和 } K_{W2}=\frac{1.608\times7.81}{1000+(1.608\times7.81)}=0.0124$$

$$K_{W,r}=\left(1-1.9058\times\frac{18.09}{541.06}\right)-0.0124=0.9239$$

计算湿基浓度：

$$CO=41.2\times0.9239=38.1\ ppm$$

$$NO_x=495\times0.9239=457\ ppm$$

计算NO_x的湿度校正系数$K_{H,D}$(附录B附件BA第BA.4.3条)：

$$A=0.309\times18.09/541.06-0.0266=-0.0163$$

$$B=-0.209\times18.09/541.06+0.00954=0.0026$$

$$K_{H,D}=\frac{1}{1-0.0163\times(7.81-10.71)+0.0026\times(294.8-298)}=0.9625$$

计算排气污染物的质量流量(附录B附件BA第BA.4.4条)：

$$NO_x=0.001587\times457\times0.9625\times563.38=393.27\ g/h$$

$$CO=0.000966\times38.1\times563.38=20.735\ g/h$$

$$HC=0.000479\times6.3\times3\times563.38=5.100\ g/h$$

计算比排放量(附录B附件BA第BA.4.5条)：

下面以CO计算为例，其他组分的计算程序相同。

每个工况的排气污染物质量流量需乘以各自的加权系数，如附录B附件BA第BA.2.7.1条所示，再相加得到整个循环的排气污染物平均质量流量：

$$\begin{aligned}CO=&(6.7\times0.15)+(24.6\times0.08)+(20.5\times0.10)+(20.7\times0.10)+(20.6\times0.05)\\&+(15.0\times0.05)+(19.7\times0.05)+(74.5\times0.09)+(31.5\times0.10)+(81.9\times0.08)\\&+(34.8\times0.05)+(30.8\times0.05)+(27.3\times0.05)=30.91\ g/h\end{aligned}$$

每个工况的发动机功率乘以各自的加权系数如附录B附件BA第BA.2.7.1条所示，再相加得到循环平均功率：

$$P(n)=(0.1\times0.15)+(96.8\times0.08)+(55.2\times0.10)+(82.9\times0.10)+(46.8\times0.05)+(70.1\times0.05)+(23.0\times0.05)+(114.3\times0.09)+(27.0\times0.10)+(122.0\times0.08)+(28.6\times0.05)+(87.4\times0.05)+(57.9\times0.05)=60.006\ \text{kW}$$

$$\overline{CO}=\frac{30.91}{60.006}=0.0515\ \text{g/(kW}\cdot\text{h)}$$

计算随机点的 NO_x 比排放量(附录 B 附件 BA 第 BA. 4. 6. 1 条)：

$$n_z=1\ 600\ \text{min}^{-1}$$

$$M_z=495\ \text{Nm}$$

$NO_{x\ \text{mass},Z}=487.9$ g/h(按前面公式计算)

$$P_{(n)z}=83\ \text{kW}$$

$$NO_{x,Z}=487.9/83=5.878\ \text{g/(kW}\cdot\text{h)}$$

根据试验循环确定排放值(附录 B 附件 BA 第 BA. 4. 6. 2 条)：

假设 ESC 的四个包络工况的值如下(表 G. 2)：

表 G. 2

n_{RT}	n_{SU}	E_R	E_S	E_T	E_U	M_R	M_S	M_t	M_U
1 368	1 785	5.943	5.565	5.889	4.973	515	460	681	681

$E_{TU}=5.889+(4.973-5.889)\times(1\ 600-1\ 368)/(1\ 785-1\ 368)=5.377$ g/(kW·h)

$E_{RS}=5.943+(5.565-5.943)\times(1\ 600-1\ 368)/(1\ 785-1\ 368)=5.732$ g/(kW·h)

$M_{TU}=681+(601-681)\times(1\ 600-1\ 368)/(1\ 785-1\ 368)=641.3$ Nm

$M_{RS}=515+(460-515)\times(1\ 600-1\ 368)/(1\ 785-1\ 368)=484.3$ Nm

$E_Z=5.732+(5.377-5.732)\times(495-484.3)/(641.3-484.3)=5.708$ g/(kW·h)

NO_x 排放值的比较(第 BA. 4. 6. 3 条)：

$NO_{x,差}=100\times(5.878-5.708)/5.708=2.98\%$

G. 1. 2 颗粒物

颗粒物的测量原理是基于采集整个循环内的颗粒物，但需要测定每个工况的样气质量和稀释排气流量(M_{SAM}、G_{EDF})。G_{EDF} 的计算取决于所用的系统。在下列例子中，采用的是 CO_2 测量和碳平衡法系统以及带流量测量的系统。当采用全流稀释系统时 G_{EDF} 由 CVS 装置直接测得。

计算 G_{EDF}(附录 B 附件 BA 第 BA. 5. 2. 3 和 BA. 5. 2. 4 条)：

假设第 4 工况的测得数据如下(表 G. 3)。其他工况的计算程序相同。

表 G. 3

G_{EXH}/(kg/h)	G_{FUEL}/(kg/h)	G_{DILW}/(kg/h)	G_{TOTW}/(kg/h)	CO_{2D}(%)	CO_{2A}(%)
334.02	10.76	5.443 5	6.0	0.657	0.040

(a) 碳平衡法

$$G_{EDFW}=\frac{206.5\times10.76}{0.657-0.040}=3\ 601.2\ \text{kg/h}$$

(b) 流量测量方法

$$q=\frac{6.0}{(6.0-5.443\ 5)}=10.78$$

$$G_{EDFW}=334.02\times10.78=3\ 600.7\ \text{kg/h}$$

计算质量流量(附录B附件BA第BA.5.4条)

将每个工况的 G_{EDFW} 乘以各自的加权系数(如附录B附件BA第BA.2.7.1条所示)后相加,得到整个循环的平均 G_{EDFW}。总样气质量 M_{SAM} 也是由每个工况的样气质量相加而得。

$$\overline{G}_{EDFW}=(3\ 567\times0.15)+(3\ 592\times0.08)+(3\ 611\times0.10)+(3\ 600\times0.10)+(3\ 618\times0.05)+(3\ 600\times0.05)+(3\ 640\times0.05)+(3\ 614\times0.09)+(3\ 620\times0.10)+(3\ 601\times0.08)+(3\ 639\times0.05)+(3\ 582\times0.05)+(3\ 635\times0.05)=3\ 604.6\ \text{kg/h}$$

$$\overline{M}_{SAM}=0.226+0.122+0.151+0.152+0.076+0.076+0.076+0.136+0.151+0.121+0.076+0.076+0.075=1.515\ \text{kg}$$

假设滤纸上的颗粒物质量为2.5 mg,于是

$$PM_{mass}=\frac{2.5}{1.515}\times\frac{3\ 604.6}{1\ 000}=5.948\ \text{g/h}$$

背景校正(选用)

假设下列数值是一组背景测量值。稀释系数DF的计算(见本附录第G.3.1条)。

$$M_d=0.1\ \text{mg}\qquad M_{DIL}=1.5\ \text{kg}$$

$$DF_{总和}=[(1-1/119.15)\times0.15]+[(1-1/18.89)\times0.08]+[(1-1/14.75)\times0.10]+[(1-1/110.10)\times0.10]+[(1-1/118.02)\times0.05]+[(1-1/12.33)\times0.05]+[(1-1/132.18)\times0.05]+[(1-1/6.94)\times0.09]+[(1-1/25.19)\times0.1]+[(1-1/6.12)\times0.08]+[(1-1/20.87)\times0.05]+[(1-1/8.77)\times0.05]+[(1-1/12.59)\times0.05]=0.923$$

$$PM_{mass}=\left[\frac{2.5}{1.515}-\left(\frac{0.1}{1.5}\times0.923\right)\right]\times\frac{3\ 604.6}{1\ 000}=5.726\ \text{g/h}$$

比排放量计算(附录B附件BA第BA.5.5条)

$$P_{(n)}=(0.1\times0.15)+(96.8\times0.08)+(55.2\times0.10)+(82.9\times0.10)+(46.8\times0.05)+(70.1\times0.05)+(23.0\times0.05)+(114.3\times0.09)+(27.0\times0.10)+(122.0\times0.08)+(28.6\times0.05)+(87.4\times0.05)+(57.9\times0.05)=60.006\ \text{kW}$$

$$\overline{PM}=\frac{5.948}{60.006}=0.099\ \text{g/(kW}\cdot\text{h)}$$

若经背景校正

$$\overline{PM}=\frac{5.726}{60.006}=0.095\ \text{g/(kW}\cdot\text{h)}$$

计算比加权系数(附录B附件BA第BA.5.6条):

假设第4工况为上述计算值

$$WF_{E,i}=\frac{0.152\times3\ 604.6}{1.515\times3\ 600.7}=0.100\ 4$$

此值在要求值0.10±0.003的范围内。

G.2 ELR试验

下面给出贝塞尔(Bessel)滤波器的说明、贝塞尔算法的设计示例和最终烟度的计算示例。贝塞尔算法常数仅取决于不透光烟度计的结构和数据采集系统的取样频率。建议不透光烟度计制造厂提供用于不同取样频率的最终贝塞尔滤波器常数,以及用户用于设计贝塞尔算法和计算烟度值的常数。

G.2.1　贝塞尔滤波器的一般介绍

由于高频失真,原始不透光信号通常呈现为高分散迹线。为了消除高频失真,ELR试验中需要使用贝塞尔滤波器。贝塞尔滤波器本身是一个递归的、二级低通量、能保证突变上升时无过调信号的滤波器。

假定在排气管内有一实时原始排气柱,每个不透光烟度计测得的是滞后的和不同的不透光迹线。测量的滞后和量级取决于不透光烟度计测量室(包括排气取样管的几何结构,以及不透光烟度计内电子元件处理信号所需的时间)。表示这两种影响的值称为物理和电路响应时间,它们代表了不同型式不透光烟度计的个自滤波器特性。

采用贝塞尔滤波器的目的,是确保整个不透光烟度计系统都有相同的整体滤波特性,包括:

——不透光烟度计物理响应的时间(t_p)

——不透光烟度计的电路响应时间(t_e)

——所采用的贝塞尔滤波器的滤波器响应时间(t_F)

系统的最终响应时间是 t_{Aver} 是:

$$t_{Aver}=\sqrt{t_F^2+t_p^2+t_e^2}$$

为了能得到相同的烟度值,所有类型的不透光烟度计 t_{Aver} 必须相同。因此,贝塞尔滤波器在制造上必须使滤波器响应时间(t_F)加上每个不透光烟度计的物理响应时间(t_p)和电路响应时间(t_e)满足所要求的总响应时间(t_{Aver})。因为每个不透光烟度计的 t_p 和 t_c 值是给定的,而在本标准中 t_{Aver} 定义为1.0 s,则 t_F 可由下式计算:

$$t_F=\sqrt{t_{Aver}^2-t_p^2-t_e^2}$$

根据定义,滤波器的响应时间 t_F 是阶跃输入信号后,滤波输出信号从10%上升到90%所需的时间。因此,需用迭代方法确定贝塞尔滤波器的截止频率,使贝塞尔滤波器的响应时间符合所需上升时间。

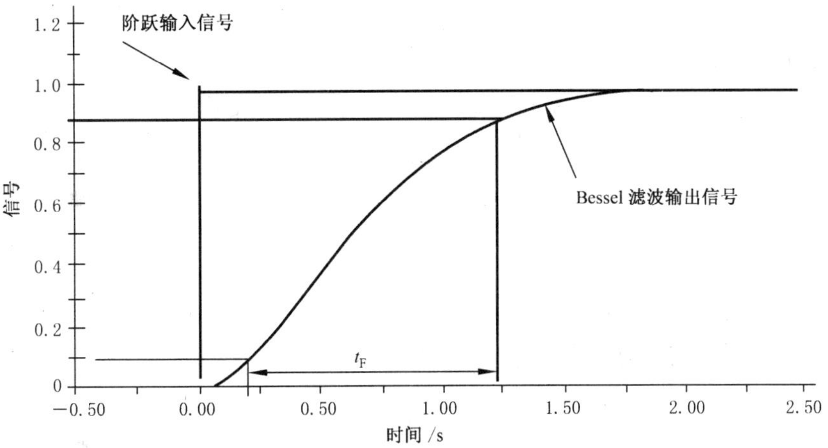

图 G.1　阶跃输入信号和滤波器输出信号的迹线

图 G.1 显示了阶跃输入信号和贝塞尔滤波器输出信号的迹线,以及贝塞尔滤波器的响应时间(t_F)。贝塞尔滤波器算法的设计是一个多迭代循环的多步过程,下面给出迭代流程图(图 G.2)。

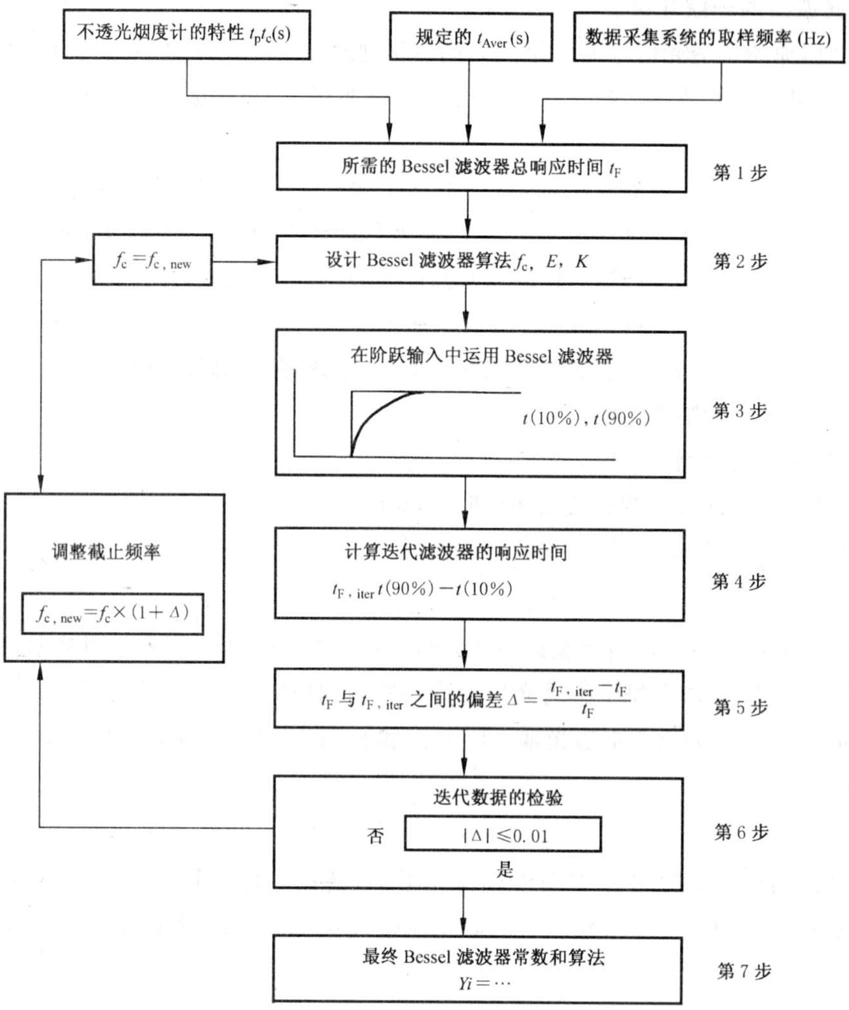

图 G.2

G.2.2 贝塞尔算法计算

本例中，根据附录 B 附件 BA 第 BA.6.1 条，并按照上述迭代过程将贝塞尔算法设计成多步。

不透光烟度计和数据采集系统的特性假定如下：

——物理响应时间 $t_p=0.15$ s

——电路响应时间 $t_e=0.05$ s

——总响应时间 $t_{Aver}=1.00$ s(根据本标准的定义)

——取样频率为 150 Hz。

第 1 步所需的贝塞尔滤波器响应时间 t_F：

$$t_F=\sqrt{1^2-(0.15^2+0.05^2)}=0.987\,421\text{ s}$$

第 2 步估算截止效率和计算第一迭代的贝塞尔常数 E,K：

$f_c=3.141\,59/(10\times0.987\,421)=0.318\,152$ Hz

$\Delta t=1/150=0.006\,667$ s

$\Omega=1/[\tan(3.141\,6\times0.006\,667\times0.318\,152)]=150.076\,644$

$$E=\frac{1}{1+150.076\,644\times\sqrt{3\times0.618\,034}+0.618\,034+150.076\,644^2}=7.079\,48\text{E}-5$$

$K=2\times7.079\,49\text{E}-5\times(0.618\,034\times150.076\,644\,2-1)-1=0.970\,783$

进行贝塞尔算法计算：

$$Y_I = Y_{i-1} + 7.07948E-5 \times (S_i + 2 \times S_{i-1} + S_{i-2} - 4 \times Y_{i-2}) + 0.970783 \times (Y_{i-1} - Y_{i-2})$$

式中：S_i 表示阶段输入信号值（'0'或'1'），Y_i 表示输出信号滤波值。

第 3 步在阶跃输入中贝塞尔滤波器的应用：

贝塞尔滤波器响应 t_F 定义为：在输入阶跃信号后，经滤波的输出信号从 10%上升到 90%所需的时间。为了确定输出信号从 10%（t_{10}）到 90%（t_{90}）的时间，应采用上述 f_c、E 和 K 值，在阶跃输入中使用贝塞尔滤波器。

表 G.5 中列出阶跃输入信号的指数、时间和数值，以及第一次和第 2 次迭代的滤波输出信号结果值。接近 t_{10} 和 t_{90} 的点用黑体数字标出。

表 G.5 中的第一次迭代，在指数 30 和 31 之间出现 10%值，指数 191 和 192 之间出现 90%值。为了计算 $t_{F,iter}$，用相邻测量点间的线性插补确定 t_{10} 和 t_{90} 的确切值，计算如下：

$$t_{10} = t_{lower} + \Delta_t \times (0.1 - out_{lower}) / (out_{upper} - out_{lower})$$

$$t_{90} = t_{lower} + \Delta_t \times (0.9 - out_{lower}) / (out_{upper} - out_{lower})$$

式中：out_{upper} 和 out_{lower}——分别是贝塞尔滤波输出信号的相邻点；

t_{lower}——相邻时间点的时间，如表 G.5 所示。

$$t_{10} = 0.200000 + 0.006667 \times (0.1 - 0.099208) / (0.104794 - 0.099208) = 0.200945 \text{ s}$$

$$t_{90} = 1.273333 + 0.006667 \times (0.9 - 0.899147) / (0.901168 - 0.899147) = 1.276147 \text{ s}$$

第 4 步第一次迭代循环的滤波器响应时间：

$$t_{F,iter} = 1.276147 - 0.200945 = 1.075202 \text{ s}$$

第 5 步第一次迭代循环中要求的和实际得到的滤波器响应时间两者的偏差：

$$\Delta = (1.075202 - 0.987421) / 0.987421 = 0.088899$$

第 6 步迭代判据的检查：

要求$|\Delta| \leqslant 0.01$。因为 $0.088899 > 0.01$，不满足迭代判据，因此必须要开始下一个迭代循环。此迭代循环中的截止效率要根据下式由 f_c 和 Δ 重新计算：

$$f_{c,new} = 0.318152 \times (1 + 0.088899) = 0.346435 \text{ Hz}$$

新的截止效率用于第二次迭代循环，从第 2 步重新开始。迭代须反复进行，直到满足迭代判据。

表 G.4 中综合了第一次和第二次迭代结果值。

表 G.4　第一次和第二次迭代值

参　数	第一次迭代	第二次迭代	参　数	第一次迭代	第二次迭代
f_c(Hz)	0.318 152	0.346 435	t_{90}(s)	1.276 147	1.179 562
E(—)	7.079 48E-5	8.384 59E-5	$t_{f,iter}$(s)	1.075 202	0.994 039
K(—)	0.970 783	0.968 197	Δ(—)	0.088 899	0.006 702
t_{10}(s)	0.200 945	0.185 523	$f_{c,new}$(Hz)	0.346 435	0.348 757

第 7 步最终贝塞尔算法：

一旦满足了迭代判据，则按照第 2 步计算最终的贝塞尔滤波常数和最终的贝塞尔算法。本例中，在第 2 次迭代循环后，满足了迭代判据（$\Delta = 0.006657 \leqslant 0.01$）。于是进行最终运算求得平均烟度值（见第 G.2.3 条）。

$$Y_i = Y_{i-1} + 8.272777E-5 \times (S_I + 2 \times S_{i-1} + S_{i-2} - 4 \times Y_{i-2}) + 0.968410 \times (Y_{i-1} - Y_{i-2})$$

表 G.5 第一次和第二次迭代循环的阶跃输入信号和经贝塞尔滤波的输出信号值

指 数 I 无量纲	时 间/s	阶跃输入信号 S_i	经滤波的输出信号 Y_i	
			第 1 次迭代	第 2 次迭代
−2	−0.013 333	0	0.000 000	0.000 000
−1	−0.006 667	0	0.000 000	0.000 000
0	0.000 000	1	0.000 071	0.000 083
1	0.006 667	1	0.000 352	0.000 411
2	0.013 333	1	0.000 908	0.001 060
3	0.020 000	1	0.001 731	0.002 019
4	0.026 667	1	0.002 813	0.003 278
5	0.033 333	1	0.004 145	0.004 828
～	～	～	～	～
24	0.160 000	1	0.067 877	0.077 876
25	0.166 667	1	0.072 816	0.083 476
26	0.173 333	1	0.077 874	0.089 205
27	0.180 000	1	0.083 047	0.095 056
28	0.186 667	1	0.088 331	0.101 024
29	0.193 333	1	0.093 719	0.107 102
30	0.200 00	1	0.099 208	0.113 286
31	0.226 667	1	0.104 794	0.119 570
32	0.213 333	1	0.110 471	0.125 949
33	0.220 000	1	0.116 236	0.132 418
34	0.226 667	1	0.122 085	0.138 972
35	0.233 333	1	0.128 013	0.145 605
36	0.240 000	1	0.134 016	0.152 314
37	0.246 667	1	0.140 091	0.159 094
～	～	～	～	～
175	1.166 667	1	0.862 416	0.895 701
76	1.173 333	1	0.864 968	0.897 941
177	1.180 000	1	0.867 484	0.900 145
178	1.186 667	1	0.869 964	0.902 312
179	1.193 333	1	0.872 410	0.904 445
180	1.200 000	1	0.874 821	0.906 542
181	1.206 667	1	0.877 179	0.908 605
182	1.213 333	1	0.879 540	0.910 633
183	1.220 000	1	0.881 849	0.912 628
184	1.226 667	1	0.884 125	0.914 589
185	1.233 333	1	0.886 367	0.916 517
186	1.240 000	1	0.888 577	0.918 412
187	1.246 667	1	0.890 755	0.920 276
188	1.253 333	1	0.892 900	0.922 107
189	1.260 000	1	0.895 014	0.923 907
190	1.266 667	1	0.897 096	0.925 676
191	1.273 333	1	0.899 147	0.927 414
192	1.280 000	1	0.901 168	0.929 121
193	1.286 667	1	0.903 158	0.930 799
194	1.293 333	1	0.905 117	0.932 448
195	1.300 000	1	0.907 047	0.934 067
～	～	～	～	～

G.2.3 烟度值的计算

图 G.3 是确定最终烟度值的一般流程。

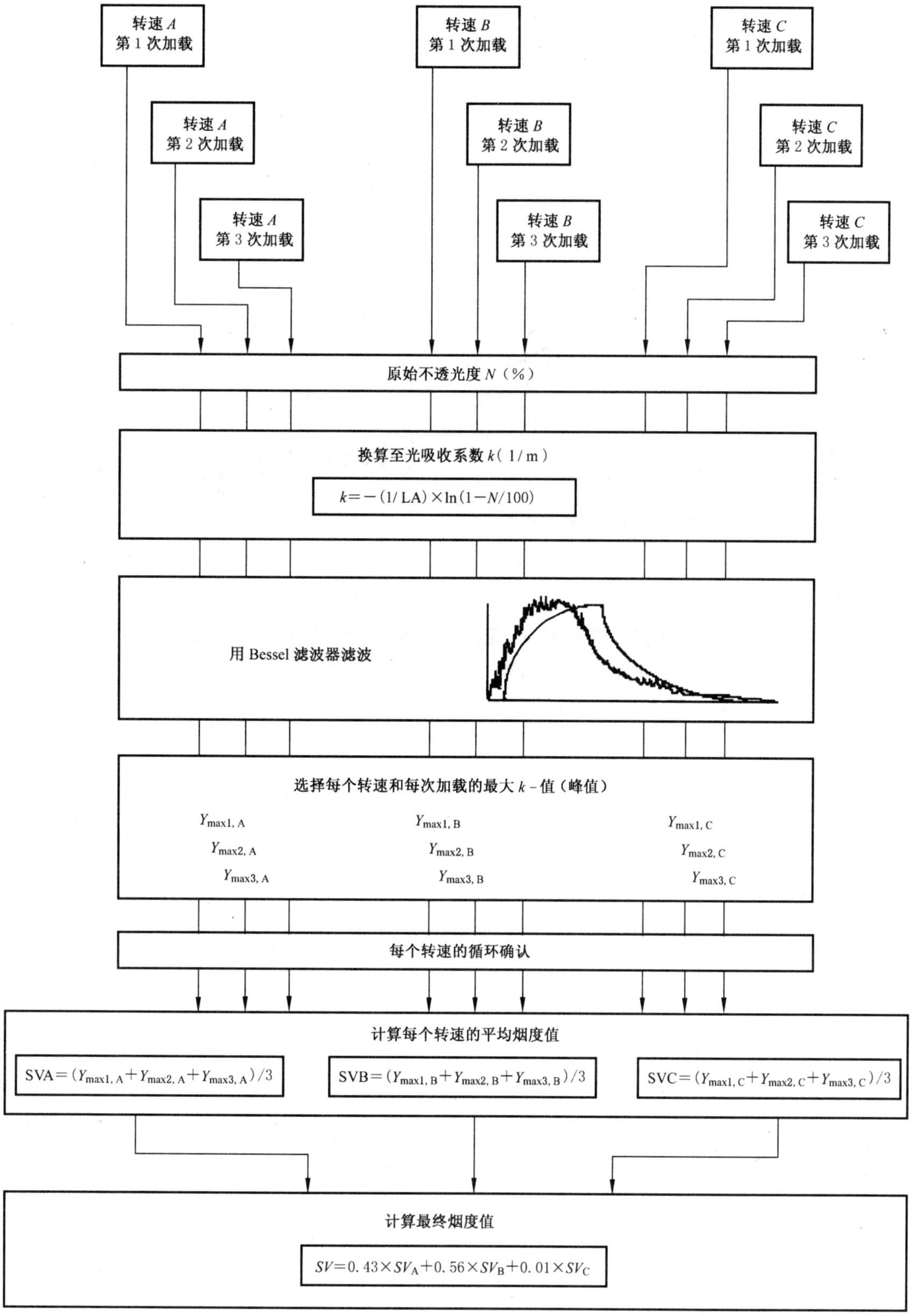

图 G.3

图 G.4 表示 ELR 试验中第一次加负荷测得的原始不透光度信号的迹线，以及无滤波和有滤波下的光吸收系数(k-值)的迹线并指出了有滤波 k 迹线的最大值 $Y_{max1,A}$(峰值)。相应地，表 G.9 中包含了指数 i、时间(取样频率 150 Hz)、原始不透光度、无滤波 k 和有滤波 k 的数值。使用本附录第 G.2.2 条中的贝塞尔算法常数进行滤波。由于数据量大，表 G.9 中仅列出开始和峰值周围这些线段的烟度迹线数据。

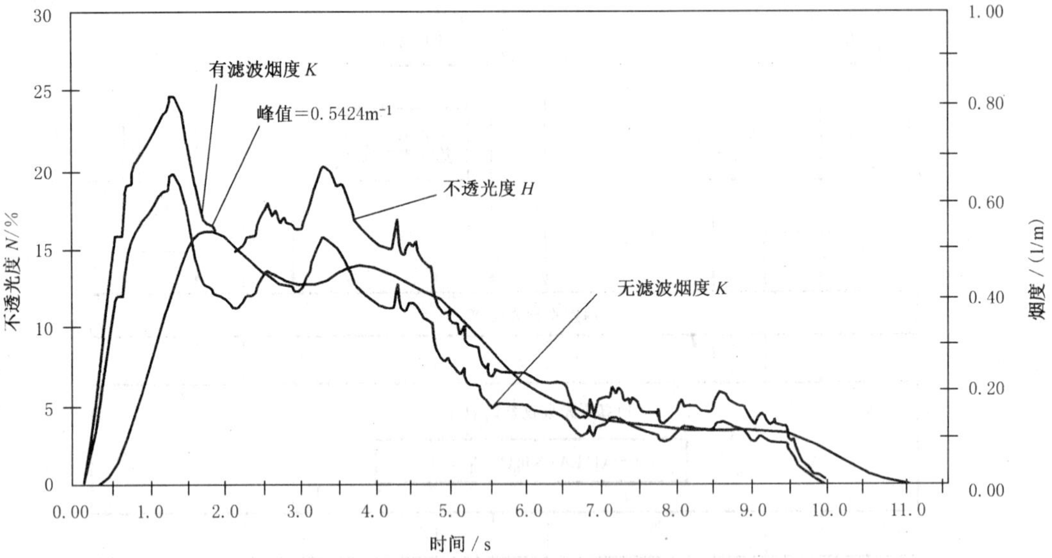

图 G.4 测得不透光度 N、无滤波烟度 k 和有滤波烟度 k 的迹线

假定表 G.8 中的数据，计算峰值($i=272$)。其他各个烟度值的计算方法相同。作为计算开始，S_{-1}、S_{-2}、Y_{-1}和 Y_{-2}设为 0。(见表 G.6)

表 G.6

L_a/m	430	S_{270}/m^{-1}	0.427 532
指数 i	272	Y_{271}/m^{-1}	0.542 383
N/%	16.783	Y_{270}/m^{-1}	0.542 337
S_{271}/m^{-1}	0.427 392		

计算 k-值(附录 B 附件 BA 第 BA.6.3.1 条)：

$$k=\frac{1}{0.430}\times\ln(1-\frac{16.783}{100})=0.427\ 252\ \text{m}^{-1}$$

在下面的过程中，此值相当于 S_{272}。

计算贝塞尔平均烟度(附录 B 附件 BA 第 BA.6.3.2 条)：

在下面的方程中，用到前面第 G.2.2 条中的贝塞尔常数。根据上面的计算，无滤波的实际 k-值相当于 $S_{272}(S_i)$，$S_{271}(S_{i-1})$和 $S_{270}(S_{i-2})$是前述的两个无滤波的 k-值，$Y_{271}(Y_{i-1})$和 $Y_{270}(Y_{i-2})$是前述的两个滤波的 k-值。

$$Y_{272}=0.542\ 383+8.272\ 777\text{E}-5\times(0.427\ 252+2\times0.427\ 392+0.427\ 532-4\times0.542\ 337)$$
$$+0.968\ 410\times(0.542\ 383-0.542\ 337)=0.542\ 389\ \text{m}^{-1}$$

在下面的方程中，此值相当于 $Y_{max1,A}$。

计算最终烟度值(附录 B 附件 BA 第 BA.6.3.3 条)：

为了进一步计算，从每条烟度迹线取有滤波的最大 k-值。

假定下列数值(表 G.7)：

表 G.7

转　　速	Y_{max}/m^{-1}		
	第 1 循环	第 2 循环	第 3 循环
A	0.542 4	0.543 5	0.558 7
B	0.559 6	0.540 0	0.538 9
C	0.491 2	0.520 7	0.517 7

$SV_A=(0.542\ 4+0.543\ 5+0.558\ 7)/3=0.548\ 2\ m^{-1}$

$SV_B=(0.559\ 6+0.540\ 0+0.538\ 9)/3=0.546\ 2\ m^{-1}$

$SV0_C=(0.491\ 2+0.520\ 7+0.517\ 7)/3=0.509\ 9\ m^{-1}$

$SV=(0.43\times 0.548\ 2)+(0.56\times 0.564\ 2)+(0.01\times 0.509\ 9)=0.546\ 7\ m^{-1}$

循环确认(附录 B 附件 BA 第 BA.3.4 条)

计算 *SV* 以前,必须通过计算每一转速下三个循环烟度值的相对标准偏差来确认循环(见表 G.8)。

表 G.8

转　　速	平均 SV/m^{-1}	绝对标准偏差$/m^{-1}$	相对标准偏差/%
A	0.548 2	0.009 1	1.7
B	0.546 2	0.011 6	2.1
C	0.509 9	0.016 2	3.2

本例中,每一转速都满足了 15%的确认判据。

表 G.9　开始加负荷和峰值前后的不透光度值 *N*、无滤波和有滤波的 *k*-值

指　数　*i*	时　　间/s	不透光度 *N*/%	无滤波 *k*-值$/m^{-1}$	有滤波的 *k*-值$/m^{-1}$
−2	0.000 000	0.000 000	0.000 000	0.000 000
−1	0.000 000	0.000 000	0.000 000	0.000 000
0	0.000 000	0.000 000	0.000 000	0.000 000
1	0.006 667	0.020 000	0.000 465	0.000 000
2	0.033 333	0.020 000	0.000 465	0.000 000
3	0.020 000	0.020 000	0.000 465	0.000 000
4	0.026 667	0.020 000	0.000 465	0.000 001
5	0.033 333	0.020 000	0.000 465	0.000 002
6	0.040 000	0.020 000	0.000 465	0.000 003
7	0.046 667	0.020 000	0.000 465	0.000 004
8	0.053 333	0.020 000	0.000 465	0.000 005
9	0.060 000	0.020 000	0.000 465	0.000 006
10	0.066 667	0.020 000	0.000 465	0.000 007
11	0.073 333	0.020 000	0.000 465	0.000 008
12	0.080 000	0.020 000	0.000 465	0.000 009
13	0.086 667	0.020 000	0.000 465	0.000 011
14	0.093 333	0.020 000	0.000 465	0.000 012

表 G.9(续)

指　数　i	时　　间/s	不透光度 N/%	无滤波 k-值/m^{-1}	有滤波的 k-值/m^{-1}
15	0.100 000	0.192 000	0.004 469	0.000 014
16	0. 106 667	0.212 000	0.004 935	0.000 018
17	0.113 333	0.212 000	0.004 935	0.000 022
18	0.120 000	0.212 000	0.004 935	0.000 028
19	0.126 667	0.343 000	0.007 990	0.000 036
20	0.133 333	0.566 000	0.013 200	0.000 047
21	0.140 000	0.889 000	0.020 767	0.000 061
22	0.146 667	0.929 000	0.021 706	0.000 082
23	0.153 333	0.929 000	0.021 706	0.000 109
24	0.160 000	1.263 000	0.029 559	0.000 143
25	0.166 667	1.455 000	0.034 086	0.000 185
26	0.173 333	1.697 000	0.039 804	0.000 237
27	0.180 000	2.030 000	0.047 695	0.000 237
28	0.186 667	2.081 000	0.048 906	0.000 301
29	0. 193 333	2.081 000	0.048 906	0.000 378
30	0.200 000	2.424 000	0.057 067	0.000 469
31	0.206 667	2.475 000	0.058 282	0.000 573
32	0.213 333	2.475 000	0.058 282	0.000 693
33	0.220 000	2.808 000	0.066 237	0.000 827
34	0.226 667	3.010 000	0.071 075	0.000 977
35	0.233 333	3.253 000	0.076 909	0.001 144
36	0.240 000	3.606 000	0.085 410	0.001 328
37	0.246 667	3.960 000	0.093 966	0.001 758
38	0.253 333	4.455 000	0.105 983	0.002 007
39	0.260 000	4.818 000	0.114 836	0.002 283
40	0.266 667	5.020 000	0.119 776	0.002 587
~	~	~	~	~
259	1.726 667	17.182 000	0.438 429	0.538 856
260	1.733 333	16.949 000	0.431 896	0.539 423
261	1.740 000	16.788 000	0.427 392	0.539 936
262	1.746 667	16.798 000	0.427 671	0.540 396
263	1.753 333	16.788 000	0.427 392	0.540 805
264	1.760 000	16.798 000	0.427 671	0.541 163
265	1.766 667	16.798 000	0.427 671	0.541 473
266	1.773 333	16.788 000	0.427 392	0.541 735

表 G.9(续)

指　数　i	时　　间/s	不透光度 N/%	无滤波 k-值/m^{-1}	有滤波的 k-值/m^{-1}
267	1.780 000	16.788 000	0.427 392	0.541 951
268	1.786 667	16.798 000	0.427 671	0.542 123
269	1.793 333	16.798 000	0.427 671	0.542 251
270	1.800 000	16.793 000	0.427 532	0.542 337
271	1.806 667	16.788 000	0.427 392	0.542 383
272	1.813 333	16.783 000	0.427 252	0.542 389
273	1.820 000	16.780 000	0.427 168	0.542 357
274	1.826 667	16.798 000	0.427 671	0.542 288
275	1.833 333	16.778 000	0.427 112	0.542 183
276	1.840 000	16.808 000	0.427 951	0.542 043
277	1.846 667	16.768 000	0.426 833	0.541 870
278	1.853 333	16.010 000	0.405 750	0.541 662
279	1.860 000	16.010 000	0.405 750	0.541 418
280	1.866 667	16.000 000	0.405 473	0.541 136
281	1.873 333	16.010 000	0.405 750	0.540 819
282	1.880 000	16.000 000	0.405 476	0.540 466
283	1.886 667	16.010 000	0.405 750	0.540 080
284	1.893 333	16.394 000	0.416 406	0.539 663
285	1.900 000	16.394 000	0.416 406	0.539 216
286	1.906 667	16.404 000	0.416 685	0.538 741
287	1.913 333	16.394 000	0.416 406	0.538 245
288	1.920 000	16.394 000	0.416 406	0.537 722
289	1.926 667	16.384 000	0.416 128	0.537 175
290	1.933 333	16.010 000	0.405 750	0.536 604
291	1.940 000	16.010 000	0.405 750	0.536 009
292	1.946 667	16.000 000	0.405 473	0.535 389
293	1.953 333	16.010 000	0.405 750	0.534 745
294	1.946 667	16.212 000	0.411 349	0.534 079
295	1.966 667	16.394 000	0.416 406	0.533 394
296	1.973 333	16.394 000	0.416 406	0.532 691
297	1.980 000	16.192 000	0.410 794	0.531 971
298	1.986 667	16.000 000	0.405 473	0.531 233
299	1.993 333	16.000 000	0.405 473	0.530 477
300	2.000 000	16.000 000	0.405 473	0.529 704
～	～	～	～	～

G.3 ETC 试验

G.3.1 气态污染物(柴油机)

假定下列值是 PDP-CVS 系统的试验结果(见表 G.10):

表 G.10

$V_0/(m^3/r)$	0.177 6	$NO_{x\ concd}$/ppm	0.4
N_p/r	23 073	CO_{conce}/ppm	38.9
P_B/kPa	98.0	CO_{concd}/ppm	1.0
P_1/kPa	2.3	HC_{conce}/ppm	9.00
T/K	322.5	HC_{concd}/ppm	3.02
H_a/(g/kg)	12.8	$CO_{2,conce(\%)}$	0.723
$NO_{x\ conce}$/ppm	53.7	W_{act}/[kW·h]	62.72

计算稀释排气流量(附录 B 附件 BB 第 BB.4.1 条):

$$M_{TOTW}=1.293\times0.1776\times23073\times(98.0-2.3)\times273/(101.3\times322.5)=4237.2\ \text{kg}$$

计算 NO_x 的校正系数(附录 B 附件 BB 第 BB.4.2 条):

$$K_{H,D}=\frac{1}{1-0.0182\times(12.8-10.71)}=1.039$$

计算经背景校正的浓度(附录 B 附件 BB 第 BB.4.3.1.1 条):

假定柴油的组分为 $C_1H_{1.8}$

$$F_S=100\times\frac{1}{1+(1.8/2)+[3.76\times(1+1.8/4)]}=13.6$$

$$DF=\frac{13.6}{0.723+(9.00+38.9)\times10^{-4}}=18.69$$

$$NO_{x\ conc}=53.7-0.4\times(1-(1/18.69))=53.3\ \text{ppm}$$

$$CO_{conc}=38.9-1.0\times(1-(1/18.69))=37.9\ \text{ppm}$$

$$HC_{conc}=9.00-3.02\times(1-(1/18.69))=6.14\ \text{ppm}$$

计算排气污染物的质量流量(附录 B 附件 BB 第 BB.4.3.1 条):

$$NO_{x\ mass}=0.001587\times53.3\times1.039\times4237.2=372.391\ \text{g}$$

$$CO_{mass}=0.000966\times37.9\times4237.2=155.129\ \text{g}$$

$$HC_{mass}=0.000479\times6.14\times4237.2=12.462\ \text{g}$$

计算比排放量(附录 B 附件 BB 第 BB.4.4 条):

$$\overline{NO_x}=372.391/62.72=5.94\ \text{g/[kW·h]}$$

$$\overline{CO}=155.129/62.72=2.47\ \text{g/[kW·h]}$$

$$\overline{HC}=122.462/62.72=0.199\ \text{g/[kW·h]}$$

G.3.2 颗粒物(柴油机)

假定下列值是带双级稀释的 PDP-CVS 系统的试验结果(表 G.11):

表 G.11

M_{TOTW}/kg	4 237.2	M_d/mg	0.341
$M_{f,p}$/mg	3.030	M_{DIL}/kg	1.245
$M_{f,b}$/mg	0.044	DF	18.69
M_{TOT}/kg	2.159	W_{act}/(kW·h)	62.72
M_{SEC}/kg	0.909		

计算质量排放量(附录 B 附件 BB 第 BB.5.1 条):

$$M_f = 3.030 + 0.044 = 3.074 \text{ mg}$$

$$M_{SAM} = 2.159 - 0.909 = 1.250 \text{ kg}$$

$$PM_{mass} = \frac{3.074}{1.250} \times \frac{4\,237.2}{1\,000} = 10.42 \text{ g}$$

计算经背景校正的质量排放量(附录 B 附件 BB 第 BB.5.1 条):

$$PM_{mass} = \left[\frac{3.074}{1.250} - \left(\frac{0.341}{1.245} \times \left(1 - \frac{1}{18.69}\right)\right)\right] \times \frac{4\,237.2}{1\,000} = 9.32 \text{ g}$$

计算比排放量(附录 B 附件 BB 第 BB.5.2 条):

$$\overline{PM} = 10.42/62.72 = 0.166 \text{ g/(kW·h)}$$

$$\overline{PM} = 9.32/62.72 = 0.149 \text{ g/(kW·h)}\text{(若经背景校正)}$$

G.3.3 气态污染物(CNG 发动机)

假定下列值是带双级稀释的 PDP-CVS 系统的试验结果(表 G.12):

表 G.12

M_{TOTW}/kg	4 237.2	HC_{conce}/ppm	27.0
H_a/g/kg	12.8	HC_{concd}/ppm	3.02
$NO_{x conce}$/ppm	17.2	$CH_{4 conce}$/ppm	18.0
$NO_{x concd}$/ppm	0.4	$CH_{4 concd}$/ppm	1.7
CO_{conce}/ppm	44.3	$CO_{2 conce}$(%)	0.723
CO_{concd}/ppm	1.0	W_{act}(kWh)	62.72

计算 NO_x 的校正系数(附录 B 附件 BB 第 BB.4.2 条):

$$K_{H,G} = \frac{1}{1 - 0.032\,9 \times (12.8 - 10.71)} = 1.074$$

计算 NMHC 浓度(附录 B 附件 BB 第 BB.4.3.1 条):

(a) GC 法:

$$NMHC_{conce} = 27.0 - 18.0 = 9.0 \text{ ppm}$$

(b) NMC 法

假定甲烷的截止效率 0.04,乙烷的截止效率为 0.98(见附录 B 附件 BE 第 BE.1.8.4 条)

$$NMHC_{conce} = \frac{27.0 \times (1 - 0.04) - 18.0}{0.98 - 0.04} = 8.4 \text{ ppm}$$

计算经背景校正的浓度(附录 B 附件 BB 第 BB.4.3.1.1 条):

假定 G_{20} 基准燃料(100%甲烷)的组分为 C_1H_4:

$$F_S = \frac{100}{1 + (4/2) + [3.76 \times (1 + (4/4))]} = 9.5$$

$$DF = \frac{9.5}{0.723 + (8.4 + 44.3) \times 10^{-4}} = 13.04$$

对于 NMHC,背景浓度是 HC_{concd} 和 $CH_{4\,concd}$ 之差

$$NO_{x\,conc} = 17.2 - 0.4 \times (1 - 1/13.04) = 16.8 \text{ ppm}$$

$$CO_{conc} = 44.3 - 1.0 \times (1 - 1/13.04) = 43.4 \text{ ppm}$$

$$NMH_{conc} = 8.4 - 1.32 \times (1 - 1/13.04) = 7.2 \text{ ppm}$$

$$CH_{4\,conc} = 18.0 - 1.7 \times (1 - 1/13.04) = 16.4 \text{ ppm}$$

计算排气污染物的质量流量(附录 B 附件 BB 第 BB.4.3.1 条):

$$NO_{x\,mass} = 0.001\,587 \times 16.8 \times 1.074 \times 4\,237.2 = 121.330 \text{ g}$$

$$CO_{mass}=0.000\,966\times43.4\times4\,237.2=177.642\ g$$

$$NMHC_{mass}=0.000\,502\times7.2\times4\,237.2=15.315\ g$$

$$CH_{4\ mass}=0.000\,554\times16.4\times4\,237.2=38.498\ g$$

计算比排放量(附录 B 附件 BB 第 BB.4.4 条)：

$$\overline{NO_x}=121.330/62.72=1.93\ g/(kW\cdot h)$$

$$\overline{CO}=177.642/62.72=2.83\ g/(kW\cdot h)$$

$$\overline{NMHC}=15.315/62.72=0.244\ g/(kW\cdot h)$$

$$\overline{CH_4}=38.498/62.72=0.614\ g/(kW\cdot h)$$

G.4 λ-转换系数(S_λ)

G.4.1 计算 λ-转换系数(S_λ)[1]

$$S_\lambda=\frac{2}{\left(1-\frac{\text{inert}\%}{100}\right)\left(n+\frac{m}{4}\right)-\frac{O_2}{100}}$$

式中：

S_λ——λ-转换系数；

Inert%——燃料中惰性气体的体积分数(如 N_2、CO_2、He 等)；

O_2^*——燃料中原始氧的体积分数；

n 和 m——代表燃料中的平均碳氢数 C_nH_m，如：

$$n=\frac{1\times\left[\frac{CH_4\%}{100}\right]+2\times\left[\frac{C_2\%}{100}\right]+3\times\left[\frac{C_3\%}{100}\right]+4\times\left[\frac{C_4\%}{100}\right]+5\times\left[\frac{C_5\%}{100}\right]+\cdots}{1-\frac{\text{diluent}\%}{100}}$$

$$m=\frac{4\times\left[\frac{CH_4\%}{100}\right]+4\times\left[\frac{C_2H_4\%}{100}\right]+6\times\left[\frac{C_2H_6\%}{100}\right]+\cdots+8\times\left[\frac{C_3H_8\%}{100}\right]+\cdots}{1-\frac{\text{diluent}\%}{100}}$$

式中：

CH_4——燃料中甲烷的体积分数；

C_2——燃料中所有 C_2 碳氢(如：C_2H_6、C_2H_4 等)的体积分数；

C_3——燃料中所有 C_3 碳氢(如：C_3H_8、C_3H_6 等)的体积分数；

C_4——燃料中所有 C_4 碳氢(如：C_4H_{10}、C_4H_8 等)的体积分数；

C_5——燃料中所有 C_5 碳氢(如：C_5H_{12}、C_5H_{10} 等)的体积分数；

diluent——燃料中稀释气体的体积百分数(如：O_2^*，N_2，CO_2，He 等)。

G.4.2 λ-转换系数 S_λ 的计算示例

例 1：G_{25}：$CH_4=86\%$，$N_2=14\%$(体积分数)

$$n=\frac{1\times\left[\frac{CH_4\%}{100}\right]+2\times\left[\frac{C_2\%}{100}\right]+\cdots}{1-\frac{\text{diluent}\%}{100}}=\frac{1\times0.86}{1-\frac{14}{100}}=1$$

$$m=\frac{4\times\left[\frac{CH_4\%}{100}\right]+4\times\left[\frac{C_2H_4\%}{100}\right]+\cdots}{1-\frac{\text{diluent}\%}{100}}=\frac{4\times0.86}{0.86}=4$$

$$S_{\lambda}=\frac{2}{\left(1-\frac{\text{diluent}\%}{100}\right)\left(n+\frac{m}{4}\right)-\frac{O_2{}^{*}}{100}}=\frac{2}{\left(1-\frac{14}{100}\right)\times\left(1+\frac{4}{4}\right)}=1.16$$

例 2：G_R：$CH_4=87\%$，$C_2H_6=13\%$（v/v）

$$n=\frac{1\times\left[\frac{CH_4\%}{100}\right]+2\times\left[\frac{C_2\%}{100}\right]+\cdots}{1-\frac{\text{diluent}\%}{100}}=\frac{1\times0.87+2\times0.13}{1-\frac{0}{100}}=\frac{1.13}{1}=1.13$$

$$m=\frac{4\times\left[\frac{CH_4\%}{100}\right]+6\times\left[\frac{C_2H_6\%}{100}\right]+\cdots}{1-\frac{\text{diluent}\%}{100}}=\frac{4\times0.87+6\times0.13}{1}=4.26$$

$$S_{\lambda}=\frac{2}{\left(1-\frac{\text{diluent}\%}{100}\right)\left(n+\frac{m}{4}\right)-\frac{O_2{}^{*}}{100}}=\frac{2}{\left(1-\frac{0}{100}\right)\times\left(1.13+\frac{4.26}{4}\right)}=0.911$$

例 3：USA：$CH_4=89\%$，$C_2H_6=4.5\%$，$C_3H_6=2.3\%$，$C_6H_{14}=0.2\%$，$O_2=0.6\%$，$N_2=4\%$

$$n=\frac{1\times\left[\frac{CH_4\%}{100}\right]+2\left[\frac{C_2\%}{100}\right]+\cdots}{1-\frac{\text{diluent}\%}{100}}\frac{1\times0.89+2\times0.045+3\times0.023+4\times0.002}{1-\left(\frac{0.6+4}{100}\right)}$$

$$=1.11$$

$$m=\frac{4\times0.89+6\times0.045+8\times0.023+14\times0.002}{1-\frac{0.6+4}{100}}=4.24$$

$$m=\frac{4\times0.89+4\times0.045+8\times0.023+14\times0.002}{1-\frac{0.6+4}{100}}=4.24$$

$$S_{\lambda}=\frac{2}{\left(1-\frac{\text{diluent}\%}{100}\right)\left(n+\frac{m}{4}\right)-\frac{O_2{}^{*}}{100}}=\frac{2}{\left(1-\frac{4}{100}\right)\times\left(1.11+\frac{4.24}{4}\right)-\frac{0.6}{100}}$$

$$=0.96$$

附 录 H
(资料性附录)
参 考 文 献

GB/T 386 柴油着火性质测定法(十六烷值法)

GB/T 1884 原油和液体石油产品密度实验室测定法(密度计法)

GB/T 1885 石油计量表

GB/T 6536 石油产品蒸馏测定法

GB/T 261 石油产品闪点测定法(闭口杯法)

GB/T 265 石油产品运动粘度测定法和动力粘度计算法

GB/T 380 石油产品硫含量测定法(燃灯法)

GB/T 5096 石油产品铜片腐蚀试验法

GB/T 268 石油产品残炭测定法(康氏法)

GB/T 508 石油产品灰分测定法

GB/T 260 石油产品水分测定法

GB/T 258 汽油、煤油、柴油酸度测定法

GB/T 13610 天然气的组成分析 气相色谱法

GB/T 11061 天然气中总硫的测定 氧化微库仑法

GB/T 12576 液化石油气蒸汽压和相对密度及辛烷值计算法

SH/T 0248 馏分燃料冷滤点测定法

SH/T 0606 中间馏分烃类组成测定法

SH/T 0614 工业丙烷、丁烷组分测定法(气相色谱法)

SH/T 0175 馏分燃料油氧化安定性测定法(加速法)

SH/T 7509 液化石油气残留物测定法

SH/T 0222 液化石油气总硫含量测定法(电量法)

SH/T 0125 液化石油气硫化氢试验法(乙酸铅法)

SH/T 0232 液化石油气铜片腐蚀试验法

ISO 16183 Heavy duty engines—Measurement of gaseous emissions from raw exhaust gas and of particulate emissions using partial flow dilution systems under transient test conditions(重型发动机—瞬态试验条件下,对原始尾气中的气态污染物和使用部分流稀释系统进行颗粒物取样的测定方法)

ISO 8422:1991 Sequential sampling plans for inspection by attributes(质量检测连续抽样方法)

ISO 5725 Accuracy(trueness and precision)of measurement methods and results-Part 2:Basic method for the determination of repeatability and reproducibility of a standard measurement method(测量方法和结果的准确度(真值和精密度)—第2部分:判断标准测试方法的重复性和再现性的基本方法)

ISO DIS 11614 Reciprocating internal combustion compression-ignition engines—Apparatus for measurement of the opacity and for determination of the light absorption coefficient of exhaust gas(往复式压燃式内燃机—测量尾气不透光度和判定光吸收系数的仪器设备)

ISO 4259 Petroleum products—Determination and application of precision data in relation to methods of test(石油产品—试验方法精密度数据判定法和应用)

EN 437 Test gases—Test pressures—Appliance categories(试验气体—试验压力—装置种类)

ICS 91.120.25
P 15

中华人民共和国国家标准

GB 17741—2005
代替 GB 17741—1999

工程场地地震安全性评价

Evaluation of seismic safety for engineering sites

2005-03-28 发布　　2005-10-01 实施

中华人民共和国国家质量监督检验检疫总局
中国国家标准化管理委员会　发布

前　言

本标准的2、3、6.1.3、6.3.4、8.2.3、9.1.2、10.5.2、11.2.1、12.1.2、12.2.1、12.4.4和13.2.4为推荐性的，其余的技术内容为强制性的。

本标准代替GB 17741—1999《工程场地地震安全性评价技术规范》。

本标准与GB 17741—1999相比，主要有以下变化：

a) 重新划分了工程场地地震安全性评价的工作分级，工作内容和适用对象调整如下：

——Ⅰ级工作的内容不变，明确了核电厂地震安全性评价属于Ⅰ级工作；

——原Ⅱ级工作为现Ⅲ级工作，原Ⅲ级工作为现Ⅱ级工作；

——Ⅳ级工作的内容由地震烈度复核变为地震动峰值加速度复核。

b) 删除了原文本的第4章"符号"和所有计算公式；

c) 增加了"发震构造"、"空间分布函数"、"弥散地震"、"超越概率"和"地震动反应谱特征周期"5个术语及其定义；

d) 增加了"地震动峰值加速度复核"一章，并规定了具体工作要求；

e) 调整了部分内容的层次和章节划分，修订了部分内容的技术要求，修改了部分文字的表述和措词。

本标准由中国地震局提出。

本标准由全国地震标准化技术委员会(SAC/TC 225)归口。

本标准起草单位：中国地震局地球物理研究所、中国地震局地质研究所、中国地震局地壳应力研究所、中国地震局地震预测研究所、中国地震局工程力学研究所。

本标准主要起草人：胡聿贤、张裕明、高孟潭、唐荣余、陈国星、李小军、赵凤新、薄景山、徐宗和、金严、鄢家全、陶夏新、吴建春、杜玮、陶裕录、韦开波、冯义钧。

引　言

GB 17741—1999 实施 4 年来，在新建、扩建、改建建设工程及大型厂矿企业、城镇、经济建设开发区的选址，抗震设防要求的确定，发展规划及防震减灾对策的制定等工作中发挥了重要作用。

本次修订依据 GB 18306—2001《中国地震动参数区划图》及 4 年来地震安全性评价工作经验。

对 GB 17741—1999 进行修订的主要原因：

a) GB 18306—2001 已不采用地震烈度表征地震动，工程场地地震安全性评价应与之协调一致；

b) GB 17741—1999 中的工作分级已不能完全满足建设工程抗震设防的需求，应对工作分级进行调整，并对工作内容和要求作相应修改；

c) 按 GB 18306—2001 的使用规定，工程场地地震安全性评价需相应增加地震动峰值加速度复核的内容。

工程场地地震安全性评价

1 范围

本标准规定了工程场地地震安全性评价的技术要求和技术方法。

本标准适用于各类建设工程选址与抗震设防要求的确定、防震减灾规划、社会经济发展规划等工作中所涉及的工程场地地震安全性评价。

2 规范性引用文件

下列文件中的条款通过本标准的引用而成为本标准的条款。凡是注日期的引用文件，其随后所有的修改单(不包括勘误的内容)或修订版均不适用于本标准，然而，鼓励根据本标准达成协议的各方研究是否可使用这些文件的最新版本。凡是不注日期的引用文件，其最新版本适用于本标准。

GB/T 18207.1—2000 防震减灾术语 第一部分：基本术语

GB 18306—2001 中国地震动参数区划图

GB 50267—1997 核电厂抗震设计规范

3 术语和定义

GB/T 18207.1—2000 确立的以及下列术语和定义适用于本标准。

3.1

地震构造 seismic structure

与地震孕育和发生有关的地质构造。

3.2

活动构造 active structure

晚第四纪以来有活动的构造，包括活动断层、活动褶皱、活动盆地、活动隆起等。

3.3

发震构造 seismogenic structure

曾发生和可能发生破坏性地震的地质构造。

3.4

构造类比 structure analog

一种地震活动性分析方法，该方法认为，具有同样构造标志的地区有发生同样强度地震的可能。

3.5

活动断层 active fault

晚第四纪以来有活动的断层。

3.6

断层活动段 active fault segment

在一活动断层上，活动历史、几何形态、性质、地震活动和运动特性等具有一致性的地段。

3.7

能动断层 capable fault

可能引起地表或近地表明显错动的断层。

3.8

古地震 paleo-earthquake

没有文字记载、采用地质学方法发现的地震。

3.9

地震区 seismic region

地震活动性和地震构造环境均相类似的地区。

3.10

地震带 seismic belt

地震活动性与地震构造条件密切相关的地带。

3.11

地震构造区 seismic tectonic zone

具有同样地质构造和地震活动性的地理区域。

3.12

弥散地震 diffuse earthquake

在地震构造区内，与已确认的发震构造无关的最大潜在地震。

3.13

本底地震 background earthquake

一定地区内没有明显构造标志的最大地震。

3.14

潜在震源区 potential seismic source zone

未来可能发生破坏性地震的地区。

3.15

空间分布函数 spatial distribution function

地震危险性概率分析中，表征地震带内各震级档地震发生在每个潜在震源区可能性的函数。

3.16

震级档 magnitude interval

地震危险性概率分析中的震级分档间隔。

注：一般取0.5级。

3.17

震级下限 lower limit magnitude

地震危险性概率分析中，影响工程场地地震危险性的最小地震震级。

3.18

震级上限 upper limit magnitude

地震危险性概率分析中，地震带或潜在震源区内可能发生的最大地震的震级极限值。

3.19

地震动参数 ground motion parameter

表征地震引起的地面运动的物理参数，包括峰值、反应谱和持续时间等。

3.20

超越概率 probability of exceedance

在一定时期内，工程场地可能遭遇大于或等于给定的地震烈度值或地震动参数值的概率。

3.21

地震动反应谱特征周期 ground motion characteristic period of response spectrum

规准化的反应谱曲线开始下降点所对应的周期值。

3.22

场地相关反应谱 site-specific response spectrum

考虑地震环境和场地条件影响所得到的地震反应谱。

3.23

地震地质灾害　earthquake induced geological disaster

在地震作用下，地质体变形或破坏所引起的灾害。

4　工程场地地震安全性评价工作分级

工程场地地震安全性评价工作划分为以下四级：

a)　Ⅰ级工作包括地震危险性的概率分析和确定性分析、能动断层鉴定、场地地震动参数确定和地震地质灾害评价。适用于核电厂等重大建设工程项目中的主要工程；

b)　Ⅱ级工作包括地震危险性概率分析、场地地震动参数确定和地震地质灾害评价。适用于除Ⅰ级以外的重大建设工程项目中的主要工程；

c)　Ⅲ级工作包括地震危险性概率分析、区域性地震区划和地震小区划。适用于城镇、大型厂矿企业、经济建设开发区、重要生命线工程等；

d)　Ⅳ级工作包括地震危险性概率分析、地震动峰值加速度复核。适用于GB 18306—2001中4.3条b)、c)规定的一般建设工程。

5　区域地震活动性和地震构造评价

5.1　区域范围和图件比例尺

5.1.1　区域范围取对工程场地地震安全性评价有影响的范围，应不小于工程场地外延150 km。

5.1.2　区域地震构造图比例尺应采用1∶1 000 000，其他图件比例尺应不小于1∶2 500 000。

5.1.3　所有图件应标明工程场地位置。

5.2　地震活动性

5.2.1　地震资料收集与目录编制，应符合以下要求：

a)　根据地震部门正式公布的地震目录和地震报告，收集相关的地震资料；

b)　历史地震资料应包括区域内自有地震记载以来的全部破坏性地震事件；

c)　区域性地震台网地震资料应包括区域内自有区域性地震台网观测以来可定震中参数的全部地震事件；

d)　编制区域破坏性地震目录，包括发震时间、地点、震级、震源深度及定位精度等。

5.2.2　震中分布图的编制，应符合以下要求：

a)　分别编制破坏性地震震中分布图、区域性地震台网记录的地震震中分布图；

b)　注明资料起止年代；

c)　注明主要地震的震级和发震日期；

d)　区分出浅源、中源和深源地震。

5.2.3　地震活动时空特征的分析应包括：

a)　不同时段各级地震的可靠性与相对完整性；

b)　地震的空间分布特征；

c)　震源深度分布特征；

d)　地震活动时间分布特征；

e)　未来地震活动水平。

5.2.4　应收集、补充本区域震源机制解资料，编制震源机制解分布图。

5.2.5　应收集、分析对工程场地有影响的历史地震烈度资料。

5.3　地震构造

5.3.1　Ⅰ级工作，应有下列工作内容：

a） 收集区域地质构造和地球物理场资料，分析其与地震活动的关系；

b） 编制区域大地构造单元划分图、地质构造图和新构造图；

c） 编制区域布格重力异常图、航磁异常图和地壳结构图；

d） 建立区域地球动力学模型。

5.3.2 Ⅱ、Ⅲ、Ⅳ级工作，应收集区域地质构造资料，分析区域内地震发生的大地构造和新构造背景。

5.3.3 对工程场地地震安全性评价结果可能产生较大影响的断层，资料不充分时，应补充下列工作：

a）查明断层最新活动时代、性质和运动特性；

b）进行断层活动性分段；

c）分析重点地段古地震的强度及活动期次。

5.3.4 应根据实地调查和已有资料分析，编制地震构造图，地震构造图应包括以下内容：

a） 第四纪以来活动的主要断层及其活动时代；

b） 活动断层的性质；

c） 第四纪以来活动的盆地及其性质；

d） 现代构造应力场方向；

e） 破坏性地震震中位置。

5.4 综合评价

5.4.1 应评价区域地震活动特征。

5.4.2 应评价区域地震构造环境，分析不同震级档的地震构造条件。

6 近场区地震活动性和地震构造评价

6.1 近场区范围和图件比例尺

6.1.1 近场区范围应不小于工程场地及其外延 25 km。

6.1.2 近场区地震构造图和震中分布图比例尺应不小于 1∶250 000，Ⅰ级工作应不小于 1∶100 000。

6.1.3 活动构造细节图件，根据需要选定比例尺。探槽剖面图比例尺宜取 1∶10～1∶50，地质和地貌平面图和剖面图比例尺宜取 1∶100～1∶1 000。

6.2 地震活动性

6.2.1 对破坏性地震的参数有疑问时，应进行资料核查和现场调查。

6.2.2 Ⅰ级工作，应对近场区内震级小于 4.7 级的仪器记录地震重新定位。

6.2.3 应编制近场区地震震中分布图，分析其与活动构造的关系。

6.2.4 Ⅰ级工作，应利用震源机制、小地震综合断层面解资料，进行局部构造应力场分析。

6.3 地震构造

6.3.1 应收集第四纪地质和地貌资料，分析第四纪构造活动特点。Ⅰ级工作应进行现场勘察，编制第四纪地质构造剖面图和平面图。

6.3.2 应对主要断层进行详细的活动性鉴定，包括活动时代、性质、运动特性和分段等，并判定其最大潜在地震的震级。

6.3.3 在覆盖区，已有资料不能确定已知主要断层的活动时代时，应选用地球物理、地球化学、地质钻探和测年等手段进行勘查。

6.3.4 宜收集地壳形变和考古资料，分析现代构造活动特点。

6.3.5 Ⅰ级工作应在工程场地及其外延 5 km 的范围内进行能动断层鉴定。

6.3.6 应编制近场区地震构造图，近场区地震构造图应包括以下内容：

a） 第四纪以来有活动的主要断层及其活动时代；

b） 活动断层的性质；

c） 第四系分布及其厚度；

d) 第四纪盆地的范围及其活动性质；

e) 破坏性地震震中位置。

6.4 综合评价

6.4.1 应综合评价近场区地震活动特征。

6.4.2 应综合评价近场区发震构造。

7 工程场地地震工程地质条件勘测

7.1 场地勘测

7.1.1 场地范围应为工程建设规划的范围。

7.1.2 应收集、整理和分析相关的工程地质、水文地质、地形地貌和地质构造资料。

7.1.3 应进行场地工程地质条件调查、钻探和原位测试。

7.1.4 应编制钻孔分布图及柱状图。

7.1.5 地震小区划应编制工程地质分区图。

7.1.6 钻探应符合下列规定：

a) Ⅰ级工作应有不少于三个深度达到基岩或剪切波速不小于 700 m/s 的钻孔；

b) Ⅱ级工作的钻孔布置应能控制工程场地的工程地质条件，控制孔应不少于两个；地震小区划场地钻孔布置应能控制土层结构和工程场地内不同工程地质单元，每个工程地质单元内应至少有一个控制孔；

c) Ⅱ级工作和地震小区划，控制孔应达到基岩或剪切波速不小于 500 m/s 处，若控制孔深度超过 100 m 时，剪切波速仍小于 500 m/s，可终孔，应进行专门研究。

7.2 地震地质灾害场地勘查

7.2.1 地基土液化

应调查历史地震造成的液化现象，勘查地下水位、可能液化土层的埋藏深度，测定标准贯入锤击数和颗粒组成。Ⅰ级工作应符合 GB 50267—1997 中 5.3 条的规定。

7.2.2 软土震陷

应收集和调查软土层厚度分布及软土震陷等资料。

7.2.3 崩塌、滑坡、地裂缝和泥石流

应收集和调查地形坡度、岩石风化程度、古河道、崩塌、滑坡、地裂缝和泥石流等资料。

7.2.4 海啸与湖涌

Ⅰ级工作应收集历史海啸与湖涌对工程场地及附近地区的影响资料。

7.2.5 地表断层

应收集地震引起的地表和近地表断层的分布、产状、活动性质、断层带宽度、位错量及覆盖层厚度等资料。

7.3 场地岩土力学性能测定

7.3.1 应进行分层岩土剪切波速的原位测量和密度的测定。

7.3.2 应测定剪变模量比与剪应变关系曲线、阻尼比与剪应变关系曲线。Ⅰ级工作应对各层土样进行动三轴和共振柱试验；Ⅱ级工作和地震小区划应对有代表性的土样进行动三轴或共振柱试验。

7.3.3 进行竖向地震反应分析时，应取得纵波速度值、压缩模量比与轴应变关系曲线、阻尼比与轴应变关系曲线。

8 地震动衰减关系确定

8.1 基础资料

8.1.1 应收集区域及邻区的等震线图或地震烈度资料。

8.1.2 应收集区域及邻区的强震动观测资料。

8.2 基岩地震动衰减关系

8.2.1 在基岩地震动衰减模型中,应考虑地震动峰值加速度和反应谱的高频分量在大震级和近距离的饱和特性。

8.2.2 具有足够强震动观测资料的地区,应采用统计回归方法确定地震动衰减关系。

8.2.3 缺乏强震动观测资料的地区,可采用转换方法确定地震动衰减关系。

8.2.4 应论述地震动衰减关系的适用性,Ⅰ级工作应进一步论证其合理性。

8.2.5 强度包络函数应表现上升、平稳和下降三个阶段的特征。

8.2.6 应确定强度包络函数特征参数与震级、距离的关系。

8.3 地震烈度衰减关系

8.3.1 应采用有仪器测定震级的地震烈度资料确定地震烈度衰减关系。

8.3.2 地震烈度衰减模型应体现近场烈度饱和并与远场有感范围相协调。

8.3.3 应将确定的地震烈度衰减关系和实际地震烈度资料进行对比,论述其适用性。

9 地震危险性的确定性分析

9.1 地震构造法

9.1.1 应依据地震活动和地质构造划分地震构造区,确定弥散地震。

9.1.2 宜根据断层活动时代、力学性质、地震活动性等对活动断层进行分段,确定发震构造。

9.1.3 应根据各断层活动段的尺度、活动特点、最大历史地震和古地震,判定最大潜在地震。

9.1.4 确定工程场地地震动参数,应遵照下列规定:

a) 将最大潜在地震置于其可能发生范围内距工程场地最近处;

b) 考虑衰减关系的不确定性,分别计算工程场地的地震动参数;

c) 计算结果中的最大值为地震构造法所确定的地震动参数。

9.2 历史地震法

9.2.1 应计算历史地震在工程场地处的地震动参数。

9.2.2 应根据历史地震的记载与调查资料,确定工程场地的烈度值,转换得到地震动参数。

9.2.3 应将计算和转换结果中的最大值作为历史地震法所确定的地震动参数。

9.3 结果的确定

应取地震构造法和历史地震法结果中较大者作为地震危险性确定性分析的结果。

10 地震危险性的概率分析

10.1 地震区和地震带划分

10.1.1 应依据地震活动空间分布的分区性和地震与活动构造区的相似性划分地震区。

10.1.2 应在地震区内依据地震活动空间分布的成带性和地震与活动构造带的一致性划分地震带。

10.2 潜在震源区划分

10.2.1 应在地震带内划分潜在震源区。

10.2.2 综合判定潜在震源区时应考虑下列标志:

a) 破坏性地震震中;

b) 微震和小震密集带;

c) 古地震遗迹地段;

d) 地震空间分布图像的特征地段;

e) 断层活动段;

f) 晚第四纪断陷盆地;

g） 活动断层的端部、转折处或交汇处等特殊部位。

10.2.3 应根据地震活动空间分布图像和地震构造几何特征确定潜在震源区边界。

10.2.4 应考虑各个潜在震源区主破裂取向，确定其方向性函数。

10.3 地震活动性参数的确定

10.3.1 地震活动性参数应包括：

a） 地震带的震级上限；

b） 地震带的震级下限；

c） 地震带的震级—频度关系；

d） 地震带的地震年平均发生率；

e） 地震带的本底地震震级及其年平均发生率；

f） 潜在震源区的震级上限；

g） 潜在震源区各震级档空间分布函数。

10.3.2 确定地震带的地震活动性参数应符合下列要求：

a） 按地震带内历史地震的最大震级和地震构造特征，确定地震带的震级上限；

b） 考虑地震资料的完整性、可靠性、代表性以及必要的样本量，统计确定震级—频度关系；

c） 根据地震活动趋势确定地震带的地震年平均发生率；

d） 根据区域地震活动水平和震源深度确定震级下限；

e） 本底地震震级，应取地震带内潜在震源区震级上限的最低值减去 0.5。

10.3.3 确定潜在震源区的地震活动性参数应符合下列要求：

a） 依据下列因素确定潜在震源区震级上限：

——潜在震源区内最大地震震级；

——构造类比结果；

——古地震强度；

——地震活动图像判定的结果。

b） 潜在震源区震级上限按 0.5 级分档。

c） 按各潜在震源区资料依据的充分程度和相应各震级档地震发生的可能性大小确定空间分布函数。

10.4 地震危险性分析计算

10.4.1 应给出地震动参数超越概率曲线。

10.4.2 计算地震动反应谱时，周期点的分布应能控制反应谱形状，数目应不少于 15 个。

10.5 不确定性校正

10.5.1 应考虑地震动衰减关系不确定性校正。

10.5.2 宜分析潜在震源区及地震活动参数不确定性对结果的影响。

10.6 结果表述

10.6.1 Ⅰ、Ⅱ、Ⅲ级工作应以表格形式给出对工程场地地震危险性起主要作用的各潜在震源区的贡献；Ⅳ级工作应说明起主要作用的潜在震源区。

10.6.2 根据工程需要，应以图和表格的形式给出不同年限、不同超越概率的地震动参数。

11 区域性地震区划

11.1 基本规定

11.1.1 应根据地震危险性概率分析结果，编制地震区划图。

11.1.2 地震区划图的概率水平应根据工程的特性和重要性确定。

11.1.3 区域地震活动性和地震构造评价，应符合第 5 章的规定。

11.1.4 近场区地震活动性和地震构造评价，应符合第6章的规定。

11.1.5 按第8章的规定，建立适合于区划范围的地震动衰减关系。

11.1.6 计算控制点的间距，应不大于地理经纬度0.1°。在结果变化较大的地段，应加密控制点。

11.2 结果表述

11.2.1 地震区划图比例尺宜采用1∶500 000。

11.2.2 地震区划图采用分区线或等值线表述。

11.2.3 根据计算结果确定分区界线时应考虑下列因素：

a) 潜在震源区和地震活动性参数的可变动范围及其对结果的影响；

b) 地形、地貌的差异；

c) 区划参数的精度。

11.2.4 地震区划图应编写相应的使用说明。

12 场地地震动参数确定和地震地质灾害评价

12.1 场地地震动参数和时程的确定

12.1.1 场地地震动参数应包括场地地表及工程建设所要求深度处的地震动峰值和反应谱。

12.1.2 反应谱宜以规准化形式表示。

12.1.3 自由基岩场地，应根据地震危险性分析结果确定场地地震动参数：

a) Ⅰ级工作，应综合考虑确定性方法和概率方法的结果确定场地地震动参数；

b) Ⅱ级和Ⅲ级工作，应根据概率方法的结果确定场地地震动参数。

12.1.4 土层场地，应建立场地地震反应分析模型，进行场地地震反应分析，并基于场地地震反应分析结果确定场地地震动参数。

12.1.5 应根据工程需要，依据场地地震动参数合成场地地震动时程。

12.2 场地地震反应分析模型的建立

12.2.1 Ⅰ级、Ⅱ级工作和地震小区划，地面、土层界面及基岩面均较平坦时，可采用一维分析模型；土层界面、基岩面或地表起伏较大时，宜采用二维或三维分析模型。

12.2.2 确定地震输入界面时应符合下列规定：

a) Ⅰ级工作应采用钻探确定的基岩面或剪切波速不小于700 m/s的层顶面作为地震输入界面。

b) Ⅱ级工作和地震小区划应采用下列三者之一作为地震输入界面：

——钻探确定的基岩面；

——剪切波速不小于500 m/s的土层顶面；

——钻探深度超过100 m，且剪切波速有明显跃升的土层分界面或由其他方法确定的界面。

12.2.3 选用二维或三维分析模型时，应考虑边界效应。

12.3 场地土层模型参数的确定

12.3.1 Ⅰ级工作应根据土力学性能测定结果确定模型参数。

12.3.2 Ⅱ级工作和地震小区划应由土力学性能测定结果及相关资料确定模型参数。

12.4 输入地震动参数的确定

12.4.1 Ⅰ级工作的基岩地震动参数应按确定性方法和概率方法得到的结果确定。

12.4.2 Ⅱ级工作和地震小区划的基岩地震动参数应按概率方法得到的结果确定。

12.4.3 合成适合工程场地的基岩地震动时程，应符合下列要求：

a) Ⅰ级工作，反应谱的拟合应符合GB 50267—1997中第4.4.2.3条的规定；

b) Ⅱ级工作和地震小区划，反应谱的周期控制点在对数坐标轴上应合理分布，个数不得少于50个，控制点谱的相对误差应小于5%；应给出三个以上相互独立的基岩地震动时程。

12.4.4 本地有强震动记录时，宜充分利用其合成适合工程场地的基岩地震动时程。

12.4.5 应按基岩地震动时程幅值的50%确定输入地震波。

12.5 场地地震反应分析与场地相关反应谱的确定

12.5.1 一维模型土层厚度应划分得足够小，使层内各点剪应变幅值大体相等，计算可用等效线性化波动法。

12.5.2 二维及三维模型采用有限元法求解时，有限元网格在波传播方向的尺寸应在所考虑最短波长的$\frac{1}{12}$～$\frac{1}{8}$范围内取值。

12.5.3 应根据场地反应分析得到的地震动时程，计算场地相关反应谱。

12.5.4 应根据计算所得到的场地相关反应谱，综合确定场地地震动参数。

12.6 工程场地地震地质灾害评价

12.6.1 应根据工程场地工程地质条件，确定工程场地地震地质灾害类型，评价其影响程度。

12.6.2 根据断层活动性调查结果，评价断层的地表错动特征及其对工程场地的影响。

13 地震小区划

13.1 工作内容

地震小区划应包括地震动小区划和地震地质灾害小区划。

13.2 地震动小区划

13.2.1 地震动小区划应包括地震动峰值与反应谱小区划。

13.2.2 地震动小区划应符合下列要求：

a) 根据工程场地工程地质分区图，选择有代表性的控制点或工程地质剖面；

b) 按12.1～12.5的规定，计算控制点或工程地质剖面的地震反应，确定控制点上的地震动参数。

13.2.3 应根据控制点上的地震动参数，并结合工程地质分区结果，编制给定概率水平的工程场地地震动峰值和反应谱分区图或等值线图。

13.2.4 相邻分区或两条等值线，地震动峰值的差别宜不小于20%，反应谱特征周期的差别宜不小于0.05 s。

13.2.5 应编写地震动小区划图说明。

13.3 地震地质灾害小区划

13.3.1 应按12.6条的规定，评价工程场地地震地质灾害的类型、程度及其分布。

13.3.2 应编制给定概率水平地震作用下的地震地质灾害小区划图。

13.3.3 应编写地震地质灾害小区划图说明。

14 地震动峰值加速度复核

地震动峰值加速度复核应符合下列要求：

a) 应按第6章的要求，对工程近场区地震活动和地震构造资料进行收集和补充调查，对相关潜在震源区及参数进行论证；

b) 应采用编制中国地震动参数区划图所使用的地震动峰值加速度衰减关系；

c) 应确定50年超越概率10 %的工程场地基岩地震动峰值加速度；

d) 应根据中硬场地与基岩场地地震动参数的对应关系，确定中硬场地的地震动峰值加速度，并按GB 18306—2001《中国地震动参数区划图》的分区原则进行归档，作为复核结果。

ICS 65.120
B 46

中华人民共和国国家标准

GB/T 17778—2005
代替 GB/T 17778—1999

预混合饲料中 d-生物素的测定

Determination of d-biotin in premix

2005-09-05 发布　　2006-02-01 实施

中华人民共和国国家质量监督检验检疫总局
中国国家标准化管理委员会　发布

前　言

本标准是 GB/T 17778—1999《预混料中 d-生物素的测定》的修订版。

本标准与前版相比主要技术内容变化如下：

——补充了“高效液相色谱法”，并规定其为仲裁法。

——在“分光光度法”中“试样溶液的提取”增加了用水先溶解的步骤；在“测定”中用“吸光度的一阶导数的峰差值”代替原“吸光度”。

本标准自实施之日起，代替 GB/T 17778—1999。

本标准由全国饲料工业标准化技术委员会提出并归口。

本标准起草单位：国家饲料质量监督检验中心（武汉）。

本标准主要起草人：钱昉、屈利文、杨林、杨先奎。

预混合饲料中 d-生物素的测定

1 范围

本标准规定了用分光光度仪和高效液相色谱仪测定预混合饲料中 d-生物素含量的两种方法。

本标准规定的方法 1 和方法 2 适用于 d-生物素含量大于 1.0 mg/kg 的复合预混合饲料、维生素预混合饲料的测定。提取液的浓度范围为 2.0 μg/mL～20.0 μg/mL。

2 规范性引用文件

下列文件中的条款通过本标准的引用而成为本标准的条款。凡是注日期的引用文件，其随后所有的修改单(不包括勘误的内容)或修订版均不适用于本标准，然而，鼓励根据本标准达成协议的各方研究是否可使用这些文件的最新版本。凡是不注日期的引用文件，其最新版本适用于本标准。

GB/T 6682　分析实验室用水规格和试验方法(neq ISO 3696:1987)

GB/T 14699.1　饲料　采样

3 方法 1——分光光度法

3.1 原理

用乙醇水溶液将试样中 d-生物素提取出来，在硫酸乙醇溶液中 d-生物素和 4-二甲氨基肉桂醛生成橙色化合物，在一定范围内颜色深浅与 d-生物素含量成正比。

3.2 试剂和材料

除非另有说明，在分析中仅使用确认为分析纯的试剂。水符合 GB/T 6682 三级水的规定。

3.2.1　无水乙醇。

3.2.2　乙醇溶液：将 90 体积的乙醇与 10 体积的水混匀。

3.2.3　硫酸-乙醇溶液：将 2 体积的硫酸与 98 体积的无水乙醇混匀。

3.2.4　4-二甲氨基肉桂醛无水乙醇溶液：2 g/L。

3.2.5　d-生物素标准溶液

3.2.5.1　标准储备液：准确称取 0.100 0 g d-生物素标准品溶解于乙醇溶液(3.2.2)中，定量转入 100 mL容量瓶中，用乙醇水溶液稀释至刻度，混匀。此液 1.00 mL 含 d-生物素 1.00 mg。

3.2.5.2　标准工作液：准确移取 d-生物素标准储备溶液(3.2.5.1)1.00 mL 于 50 mL 容量瓶中，加乙醇溶液稀释至刻度，混匀。此液 1.00 mL 含 d-生物素 20.0 μg。

3.3 仪器与设备

3.3.1　分光光度计(有一阶导数功能)。

3.3.2　实验室用超声波提取器。

3.3.3　分析天平：感量 0.000 1 g。

3.4 试样的制备

按 GB/T 14699.1 规定方法采样，选取饲料样品至少 500 g，四分法缩减至 100 g，磨碎，通过 0.42 mm孔筛，混匀，装入密闭容器中，保存备用。

3.5 分析步骤

3.5.1 试样溶液的提取

称取维生素预混料约 2 g(精确至 0.000 1 g)、复合预混料约 5 g～10 g(精确至 0.000 1 g)，置于磨口平底烧瓶中，加入 5.00 mL 水置超声波提取器(3.3.2)中超声 20 min 后，再加入 20 mL 无水乙醇

(3.2.1)超声 20 min,然后转移到 50 mL 容量瓶中,用无水乙醇(3.2.1)稀释至刻度。过滤,弃去开始的 10 mL,余下作为试样提取液。

3.5.2 **测定**

3.5.2.1 标准工作曲线的绘制

精确吸取 d-生物素标准工作溶液(3.2.5.2)0.00、1.00、2.00、5.00、10.00 mL 于 25 mL 容量瓶中,分别加入乙醇水溶液(3.2.2)10.00、9.00、8.00、5.00、0.00 mL,加入硫酸-乙醇溶液(3.2.3)1 mL 和 4-二甲氨基肉桂醛无水乙醇溶液(3.2.4)2 mL,摇匀,室温下放置 1 h,用无水乙醇(3.2.1)稀释至刻度。用 1.0 cm 比色皿在 500 nm～580 nm 处,用分光光度计扫描吸光度的一阶导数,绘制 d-生物素含量与 520 nm和 546 nm 处吸光度的一阶导数的峰差值的标准工作曲线。

3.5.2.2 精确吸取 3.5.1 试样提取液 10.00 mL 于 25 mL 容量瓶中,加入硫酸-乙醇溶液(3.2.3)1 mL 和 4-二甲氨基肉桂醛无水乙醇溶液(3.2.4)2 mL,摇匀,室温下放置 1 h,用无水乙醇(3.2.1)稀释至刻度。用 1.0 cm 比色皿在 500 nm～580 nm 处,用分光光度计测定 520 nm 和 546 nm 处吸光度的一阶导数的峰差值,在标准工作曲线上查得试样提取液中 d-生物素的含量。

3.6 **分析结果的计算和表述**

3.6.1 试样中 d-生物素的含量按式(1)计算。

$$X = \frac{m_1 V_2}{m_2 V_1} \qquad \cdots\cdots (1)$$

式中:

X——试样中 d-生物素的含量,单位为毫克每千克(mg/kg);

m_1——标准曲线上查得测定试样提取液中 d-生物素的质量,单位为微克(μg);

m_2——试样质量,单位为克(g);

V_1——试样测定时吸取试样提取液体积,单位为毫升(mL);

V_2——试样提取液总体积,单位为毫升(mL)。

3.6.2 每个试样取两份试料进行平行测定,以其算术平均值为测定结果,保留三位有效数字。

3.7 **精密度**

3.7.1 **重复性**

在重复性条件下获得的两次独立测试结果的相对偏差规定如表 1,以大于规定的相对偏差的情况不超过 5%为前提。

表 1

d-生物素含量/(mg/kg)	相对偏差/(%)
≥100	20
<100	30

3.7.2 **再现性**

在再现性条件下获得的两次独立测试结果的测定值的绝对差值不大于表 2 中所示的值,以大于表 2中绝对差值的情况不超过 5%为前提。

表 2

d-生物素含量/(mg/kg)	绝对差值/(%)
≥100	±40
<100	±60

4 方法 2——高效液相色谱法(仲裁法)

4.1 原理

试样中的 d-生物素用水提取后,将过滤离心后的试样溶液注入高效液相色谱仪中进行分离,用紫外检测器测定,外标法计算 d-生物素的含量。

4.2 试剂和材料

除非另有说明,本法所用试剂均为分析纯,水为蒸馏水,色谱用水为去离子水,符合 GB/T 6682 中一级用水规定。

4.2.1 二乙三胺五乙酸(DTPA)。

4.2.2 三氟乙酸溶液,0.05%(体积分数),用氢氧化钠溶液[c(NaOH)=5 mol/L]调节 pH 至 2.5。

4.2.3 d-生物素标准溶液

4.2.3.1 d-生物素标准储备溶液:准确称取 0.100 0 g d-生物素溶解于水中,定量转入 100 mL 容量瓶中,用水稀释至刻度。此液 1.00 mL 含 d-生物素 1.00 mg。

4.2.3.2 d-生物素标准工作溶液:准确量取 d-生物素标准储备溶液 1.00 mL 于 50 mL 容量瓶中,用水稀释至刻度。此液 1.00 mL 含 d-生物素 20.0 μg。

4.3 仪器、设备

4.3.1 实验室用超声波提取器。

4.3.2 高效液相色谱仪,配有紫外或二极管矩阵检测器。

4.4 试样制备

同分光光度法 3.4。

4.5 分析步骤

4.5.1 试样溶液的提取

称取维生素预混合饲料约 2 g(精确至 0.000 1 g)、复合预混合饲料约 5 g(精确至 0.000 1 g),置于 100 mL 容量瓶中(若预混合饲料中含有矿物质,加入 0.1 g DTPA),加入三分之二体积的蒸馏水,在超声波提取器(4.3.1)中超声提取 20 min,冷却后用水定容至刻度,过滤,滤液过 0.45 μm 滤膜,待上机。

4.5.2 测定

4.5.2.1 高效液相色谱条件

色谱柱:长 250 mm,内径 4.6 mm,粒度 5 μm 的 C_{18} 柱。

流动相:850 mL 三氟乙酸溶液(4.2.2)加 150 mL 乙腈(色谱纯)。

流动相流速:1.0 mL/min。

进样体积:20 μL。

检测器:紫外或二极管矩阵检测器,使用波长 210 nm。

4.5.2.2 定量测定

按高效液相色谱仪说明书调整仪器操作参数。向色谱柱注入标准工作液(4.2.3.2)及试样提取液(4.5.1),得到色谱峰面积的响应值,取标准溶液峰面积的平均值定量计算。

标准工作液应在分析始末分别进样,样品多时,分析中间应插入标准工作液校正出峰时间。

4.6 分析结果的计算和表述

4.6.1 试样中 d-生物素的含量按式(2)计算:

$$X = \frac{S_1 \times V \times c_0 \times V_0}{S_0 \times V_1 \times m} \qquad \cdots\cdots (2)$$

式中:

X——试样中 d-生物素的含量,单位为毫克每千克(mg/kg);

m——试样质量,单位为克(g);

S_0——标准工作液峰面积；

S_1——试样提取液峰面积；

c_0——标准工作液浓度，单位为微克每毫升（μg/mL）；

V_0——标准工作液进样体积，单位为微升（μL）；

V_1——试样提取液进样体积，单位为微升（μL）；

V——试样提取液总体积，单位为毫升（mL）。

4.6.2　每个试样取两份试料进行平行测定，以其算术平均值为测定结果，保留三位有效数字。

4.7　精密度

4.7.1　重复性

在重复性条件下获得的两次独立测试结果的相对偏差规定如表3，以大于规定的相对偏差的情况不超过5%为前提。

表 3

d-生物素含量/(mg/kg)	相对偏差/(%)
≥100	20
<100	30

4.7.2　再现性

在再现性条件下获得的两次独立测试结果的测定值的绝对差值不大于表4中所示的值，以大于表4中所列绝对差值的情况不超过5%为前提。

表 4

d-生物素含量/(mg/kg)	绝对差值/(%)
≥100	±40
<100	±60

ICS 35.040
L 80

中华人民共和国国家标准

GB/T 17902.2—2005/ISO/IEC 14888-2:1999

信息技术 安全技术 带附录的数字签名 第2部分:基于身份的机制

Information technology—Security techniques—Digital signatures with appendix—Part 2:Identity-based mechanisms

(ISO/IEC 14888-2:1999,IDT)

2005-04-19 发布 2005-10-01 实施

中华人民共和国国家质量监督检验检疫总局
中国国家标准化管理委员会 发布

前　言

GB/T 17902《信息技术　安全技术　带附录的数字签名》由以下几个部分组成：

第 1 部分：概述；

第 2 部分：基于身份的机制；

第 3 部分：基于证书的机制。

本部分为 GB/T 17902 的第 2 部分，等同采用国际标准 ISO/IEC 14888-2:1999《信息技术　安全技术　带附录的数字签名　第 2 部分：基于身份的机制》(英文版)。

本部分的附录 A 和附录 B 是资料性附录。

本部分由中华人民共和国信息产业部提出；

本部分由全国信息安全标准化技术委员会归口；

本部分由中国电子技术标准化研究所、信息安全国家重点实验室起草。

本部分主要起草人：叶茅枫、陈星、罗锋盈、胡磊、叶顶锋、张振峰、黄家英。

信息技术 安全技术 带附录的数字签名 第2部分:基于身份的机制

1 范围

GB/T 17902规定了任意长度消息的带附录的各种数字签名机制。它适用于提供实体鉴别、数据始发鉴别、抗抵赖和数据完整性的方案。

GB/T 17902的本部分规定了任意长度消息的带附录的基于身份的数字签名机制的签名和验证过程的总的结构和基本过程。

2 规范性引用文件

下列文件中的条款通过GB/T 17902的本部分的引用而成为本部分的条款。凡是注日期的引用文件,其随后所有的修改单(不包括勘误的内容)或修订版均不适用于本部分,然而,鼓励根据本部分达成协议的各方研究是否可使用这些文件的最新版本。凡是不注日期的引用文件,其最新版本适用于本部分。

GB 15851—1995 信息技术 安全技术 带消息恢复的数字签名方案(idt ISO/IEC 9796:1991)

GB/T 17902.1—1999 信息技术 安全技术 带附录的数字签名 第1部分:概述

3 概述

数字签名的验证需要签名实体的验证密钥。所以,验证方必须把正确的验证密钥与签名实体,或更准确地讲,与签名实体的(部分)标识数据关联起来。如果这种联系是验证密钥自身所固有的,这种方案被称作“基于身份的”。

本部分中定义的基于身份的方案的密钥生成过程包括一个可信第三方。这个可信第三方有个秘密参数——密钥生成指数,它用于导出其他实体的签名密钥。签名密钥的秘密性无条件地依赖于密钥生成指数的秘密性。

在基于身份的签名的验证中,需要两个参数。第一个参数为域验证指数,它对所有实体来说是共同的;而第二个参数为签名实体的验证密钥,它对每个实体而言是特定的。本部分定义的基于身份的机制中,实体的验证密钥是使用一个公共函数直接从实体的标识数据中得到的。

带附录的基于身份的签名机制是个随机化机制的例子,如GB/T 17902.1—1999所描述。数字签名和验证过程描述遵循GB/T 17902.1—1999第10章定义的一般过程。特别地,本标准使用了GB/T 17902.1—1999提供的一般需求条件、定义和符号。

在下列过程的详细说明中定义了带附录的基于身份的数字签名机制。它们是:

a) 密钥生成过程;

b) 签名过程;

c) 验证过程。

4 术语和定义

下列术语和定义适用于GB/T 17902的本部分:

4.1

域模数 domain modulus

域参数，它是一个正整数，是只有可信第三方才知道的两个不同的素数相乘产生的。

4.2

域验证指数 domain verification exponent

一个域参数，它是一个正整数。

4.3

密钥生成指数 key generation exponent

一个只有可信第三方才知道的正整数。

4.4

公钥导出函数 public key derivation function

一个域参数，它的功能是将比特串映射成正整数。

注1：这个函数用于将实体标识数据转换成实体验证密钥，并符合下列两个性质：

a) 要找出任何一对映射成同一输出的两个不同的输入数据，在计算上是不可行的。

b) 随机选取数值 Y，Y 在函数值域范围内的概率小到可以忽略；或者对给定的输出数据，找出可映射成该输出的输入，在计算上是不可行的。

注2：可忽略性与计算上的不可行性依赖于具体的安全要求和环境。

4.5

可信第三方 trusted third party

一个安全机构或者它的代理，在安全相关活动方面，被其他实体信任。

5 符号

GB/T 17902.1—1999 中确立的以及下列符号适用于 GB/T 17902 的本部分：

D	密钥生成指数
I	标识数据
N	域模数
P，Q	素数
V	域验证指数
y	公钥导出函数
lcm(A，B)	使得 $C \bmod A = 0$ 和 $C \bmod B = 0$ 的最小正整数 C

6 密钥生成过程

基于身份的签名机制的密钥生成过程是 GB 15851—1995 附录 A 中规定的签名方案的一个应用。它由下列两个过程组成：

a) 生成域参数；

b) 生成签名密钥。

应将一个实体选定为可信第三方。使用它自己的秘密，可信第三方为每个实体生成该实体的私有签名密钥。该密钥是实体的标识数据的函数。

在某些情况下，也许需要进行域参数和密钥的确认。但这超出了 GB/T 17902 的本部分的范围。

6.1 生成域参数

建立域时，这个过程只执行一次。

可信第三方生成域验证指数 V 和域模数 N。域验证指数应选择为一个奇整数。域模数应为两个大素数 P 和 Q 的乘积，$P-1$ 和 $Q-1$ 与 V 互素。更进一步，可信第三方确定密钥生成指数 D，它使得 $DV-1$ 为 lcm ($P-1$，$Q-1$)的倍数的最小正整数。

明确地讲，D 应使得：

$U^{DV} \bmod N = U$ 对所有整数 U，$0<U<N$

N 和 V 为公开域参数。可信第三方保存 D 为自己使用。其他实体通过 N 和 V 将 D 计算出来是不可行的。

注：N 和 V 的值应选择大到足以满足特定的域安全的需要。N 的长度通常在 1 024 比特和 2 048 比特之间变化，而 V 的长度推荐至少为 80 比特。

设 T，T' 和 L 是使得 $T - T' = LV$ 的整数，X 是一个签名密钥，而 Y 是相应的如 6.2 中定义的验证密钥。则 $X^{T'} \equiv X^{T} \cdot Y^{L} \bmod N$ 。

给定一个对应于 T 的签名(R，S)，则可以通过计算 $S'=S \cdot Y^{L} \bmod N$（见 7.4）生成一个对应于 T' 的签名(R，S')。因此，必须选择足够大的 V 以使给定 T 后，一个随机选取的 T' 满足于 $T - T' \equiv 0 \bmod V$ 的概率足够小。

基于身份的带附录的签名机制的域参数的设定还包括公钥导出函数 y，它用于将一个签名实体的标识数据转换成一个小于 N 的正整数。

6.2 生成验证密钥和签名密钥

每个用户实体有其唯一的标识数据。要为一个标识数据为 I 的实体生成私有签名密钥，可信第三方首先从公钥导出函数 y 和标识数据 I 计算出验证密钥 Y：

$$Y = y(I)$$

注：只要 P 和 Q 足够大，则 Y 等于零或者等于 P 或 Q 的整数倍的概率可以忽略。

可信授权方计算私有签名密钥 X 为：

$$X \equiv Y^{-D} \bmod N$$

作为密钥生成过程的一个结果，标识数据 I 的实体拥有一个签名密钥 X，它满足方程：

$$X^{V} \cdot y(I) \bmod N \equiv 1$$

在基于身份的签名机制中，通过计算 $Y = y(I)$，验证方从签名实体的标识数据中得到了签名实体的验证密钥的信息。当验证进行后，可以将其存储备以后使用。

7 签名过程

在本章中描述基于身份的签名机制的签名过程。该机制是随机化的并遵从 GB/T 17902.1—1999 描述的随机化签名机制的一般模型。签名过程由下列步骤组成：

a) 生成预签名；

b) 准备消息；

c) 计算证据；

d) 计算签名。

在此过程中，签名者使用它的签名密钥 X 和公共域参数 N 和 V。

此过程的输出为签名 Σ，它由两部分 R 和 S 组成。签名实体可选择地生成一个含有实体的标识数据文本字段。签名和可选的文本字段形成附录，它由签名者附加到消息后。

7.1 生成预签名

基于身份的签名机制的预签名过程由下面两个步骤组成：

a) 生成随机数 K；

b) 计算预签名 Π。

7.1.1 生成随机数

签名实体生成一个随机数，它是一个整数 K，其中 $0<K<N$。依赖于该机制，可以在这个生成过程中存在某些附加的约束。这一步的输出为 K，签名实体将其秘密保存。

7.1.2 计算预签名

这一步的输入为随机数 K。其输出为预签名 Π，计算公式如下：

$$\Pi = K^V \bmod N$$

7.2 准备消息

由消息 M 导出两个数据字段 M_1 和 M_2，如 GB/T 17902.1—1999 的 8.2 中所描述。

准备消息的过程应满足下列两个条件之一：

a） 整个消息 M 可以由 M_1 和 M_2 重新构造出；

b） 要找出两个不同的消息 M 和 M'，使得导出的对(M_1, M_2)与(M_1', M_2')相等，在计算上是不可行的。

第一种情形的典型情况是，$M_1 = M$（当 M_2 为空时），或 $M_2 = M$（当 M_1 为空时），或 $M_1 = M_2 = M$。在第二种情形中，M_1 或 M_2 或两者都是 M 的散列值。

7.3 计算证据

使用一个抗碰撞散列函数(见图 1)计算出 M_1 的散列值 H，它是确定性的证据。

随机化证据 R 定义为一个可选字段的串接，它可用于标识散列函数和填充方法，并使用抗碰撞散列函数来计算。如果 M_1 不为空的话，R 依赖于预签名 Π，并且可选择地依赖于 M_1(见图 2)。

注：除非散列函数是由签名机制或域参数唯一确定的，散列函数标识符应包含在散列权标中。

7.4 计算签名

在基于身份的签名机制中一个签名的计算由下列步骤组成：

a） 计算签名的第一部分；

b） 计算赋值；

c） 计算签名的第二部分。

7.4.1 计算签名的第一部分

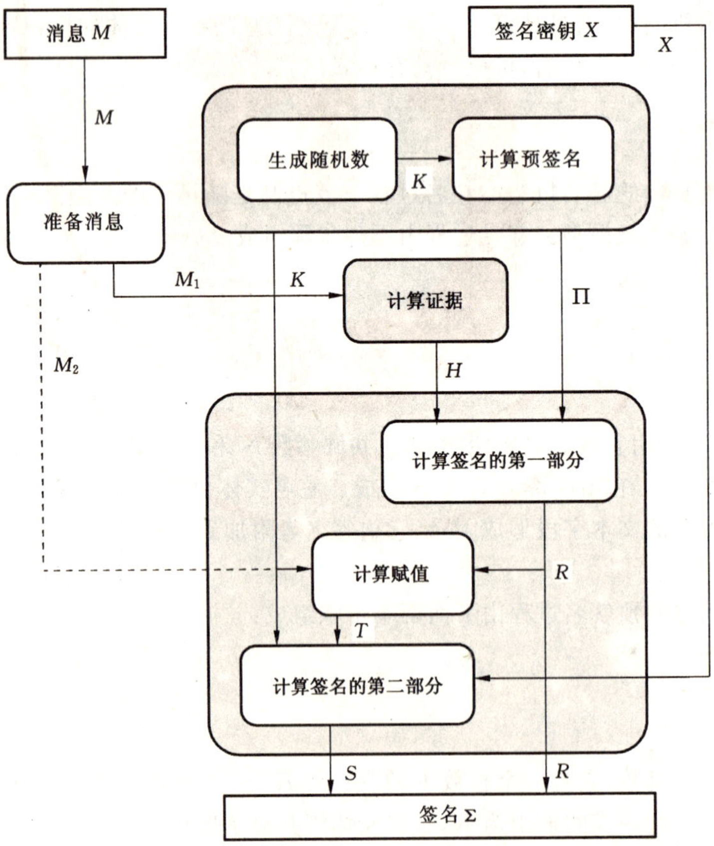

图 1 带确定性证据的签名过程

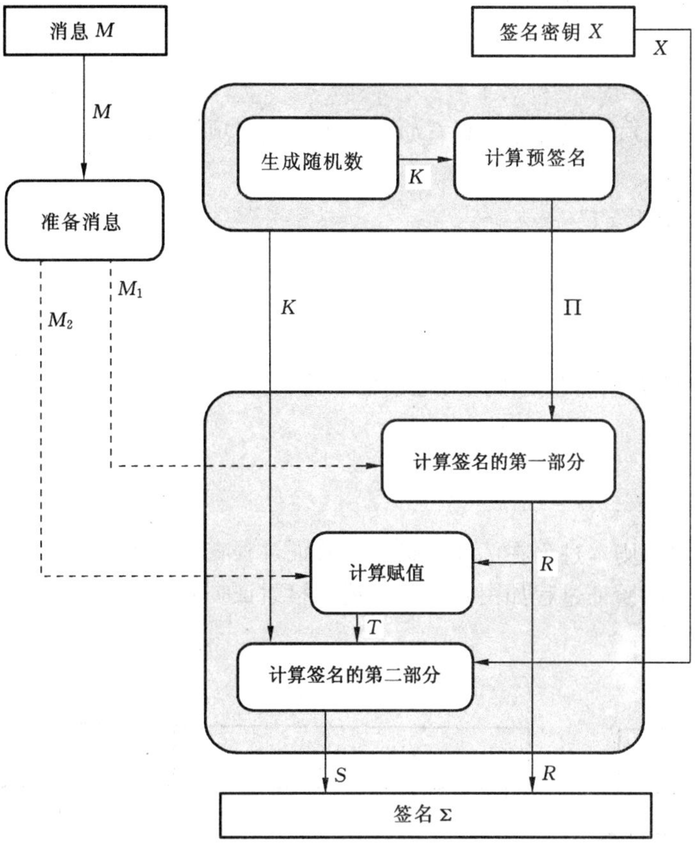

图 2 带随机化证据的签名过程

如果证据是确定性的，计算出签名的第一部分 R，它是 H 和 Π 的函数。这个函数在下列方式下是可逆的：

给定 Π 和 R，散列权标 H 可以被检索(见图 1)。

如果证据是随机化的，则它是签名的第一部分 R，并且不需要做进一步的计算(见图 2)。

注：域参数必须包含一个各方同意的转换一个比特串为一个正整数的方法，以使这一步得以实现。

7.4.2 计算赋值

赋值 T 是一个正整数，它是作为签名的第一部分的函数计算出来。如果 M_2 不为空，该赋值依赖于消息的第二部分 M_2。

计算一对(R,T)的方法需要满足如下条件：

要找出具有相同结果对(R,T)的任何两对(M,Π)和(M',Π')，在计算上是不可行的。

7.4.3 计算签名的第二部分

基于身份的签名机制的签名函数具有如下形式：

$$S = K \cdot X^{T'} \bmod N$$

其中 K 是 7.1.1 中计算出的随机数，T 是 7.4.2 中计算出的赋值，X 是签名密钥，而 N 为域模数。签名函数的输出为签名的第二部分 S。

8 验证过程

验证过程由下列步骤组成：

a） 准备消息；

b） 检索证据；

c） 计算验证函数；

d） 验证证据。

在验证过程的开始阶段，验证方必须具有如下可用的数据项值：

a） 域参数 N 和 V；

b） 签名者的验证密钥 Y；

c） 消息 M；

d） 签名 $\Sigma=(R,S)$；

e） 可选文本(取自于附录)。

签名的成功验证意味着该签名是采用对应于验证密钥 Y 的签名密钥 X 来创建的。

8.1 准备消息

这个过程等同于7.2。

8.2 检索证据

如果证据是确定性的，则本过程在7.3中描述。验证过程在图3中描述。

如果证据是随机性的，验证过程如图4中所描述。检索证据是签名的第一部分 R。

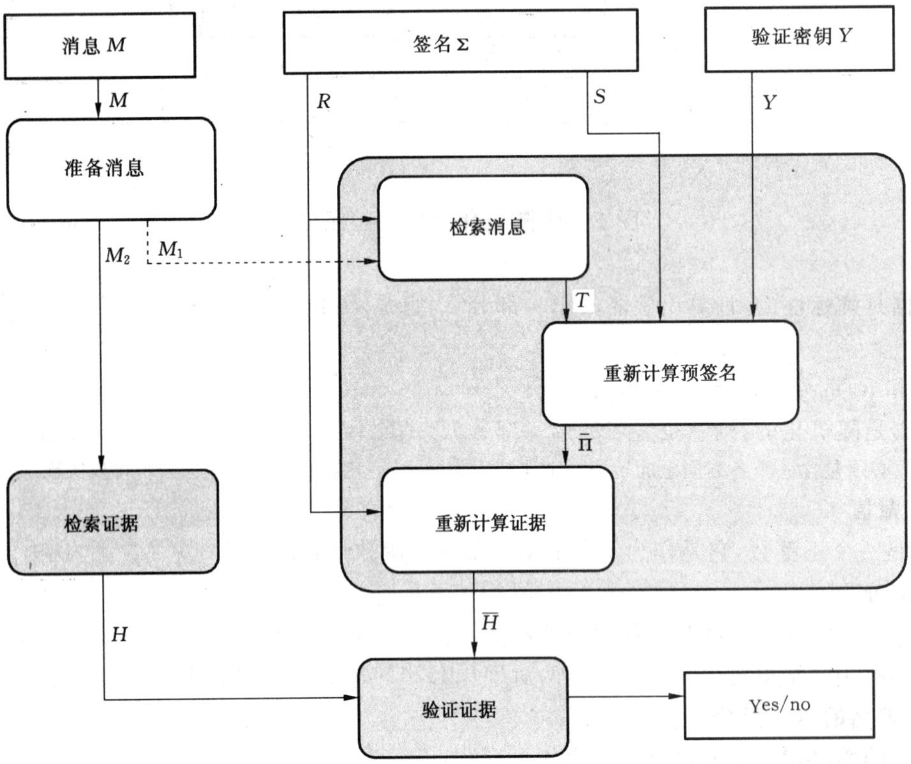

图3 带确定性证据的验证过程

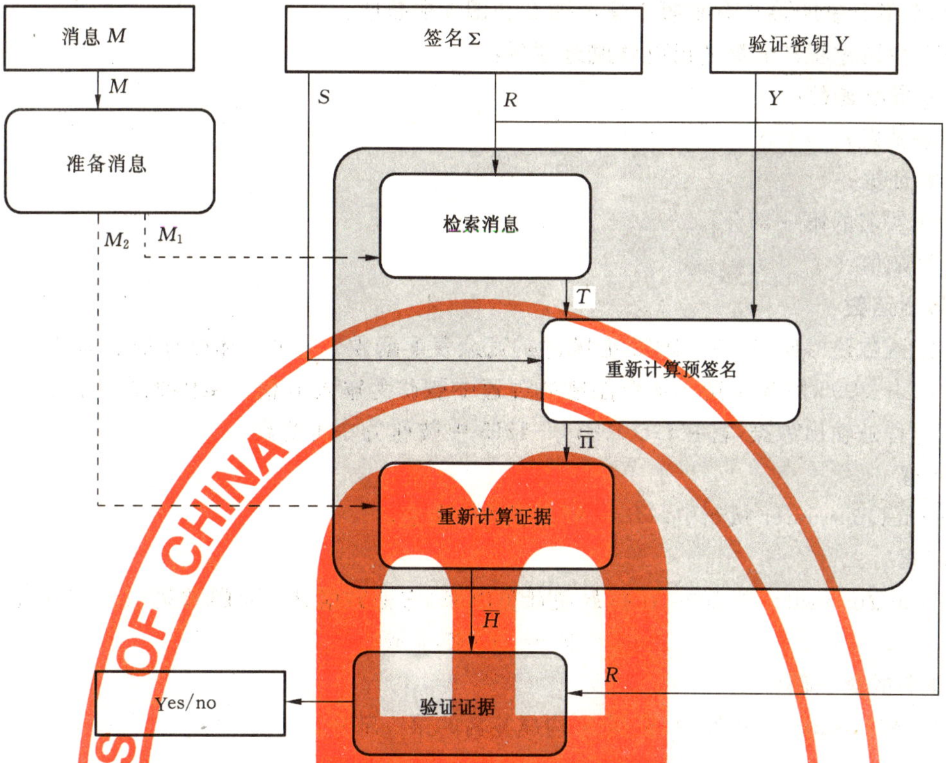

图 4　带随机化证据的验证过程

8.3　计算验证函数

基于身份的签名机制的验证函数的计算由下列步骤组成：

a）检索赋值；

b）重新计算预签名；

c）重新计算证据。

8.3.1　检索赋值

该步骤等同于 7.4.2。如果 M_2 不为空，验证者计算赋值 T，它是在 8.2 中检索出的值 R 和消息 M_2 的函数。赋值 T 是个正整数。

8.3.2　重计算预签名

验证者通过使用以下公式生成预签名的重新计算值 $\bar{\Pi}$：

$$\bar{\Pi} = Y^T \cdot S^V \bmod N$$

其中 Y 为验证密钥，N 为域模数，V 为域验证指数，T 为在 8.3.1 中检索出的赋值而 S 是签名的第二部分。

8.3.3　重计算证据

如果证据是确定性的，它是 M_1 的散列值 H。验证者使用 R 和 $\bar{\Pi}$ 计算出重新计算值 $\bar{H}$。

如果证据是随机性的，其计算等同于 7.3，其中输入数据为 Π 的重新计算值 $\bar{\Pi}$ 和 M 的重新计算值 M_1。输出数据是重计算证据 $\bar{R}$。

8.4　验证证据

该步骤对 8.2 中检索出来的证据数据值和 8.3.3 中重新计算出来的证据数据值进行比较。如果这两个证据数据值相等则验证成功。

9　Guillou-Quisquater 签名机制

Guillou 和 Quisquater 的基于身份的数字签名方案的密钥生成过程、签名过程和验证过程在

GB/T 17902本部分中的第 6 章和第 8 章及图 2 和图 4 中描述。

现在对下面的过程和函数进行更详细地说明：

a) 公钥导出函数；

b) 准备消息；

c) 计算证据；

d) 计算签名的第一部分；

e) 计算赋值。

9.1 公钥导出函数

公钥导出函数是 GB 15851—1995 中描述的冗余发生函数。签名实体的标识数据 I，或它的散列权标在 GB 15851—1995 的 5.1 到 5.4 中描述的过程中被作为输入消息。实体的公开密钥 $Y = y(I)$ 设置为这个过程的输出数据，它在 GB 15851—1995 中被称为中间整数。

9.2 准备消息

在 Guillou-Quisquater 机制中，$M_1 = M$ 并且 M_2 为空。

9.3 计算证据

在 Guillou-Quisquater 机制中，证据 R 被计算出来，它是数据 $\Pi \| M$ 的散列权标，其中 Π 是预签名：

$$R = H(\Pi \| M)$$

9.4 计算签名的第一部分

在 Guillou-Quisquater 机制中，证据 R 构成签名的第一部分。

9.5 计算赋值

赋值 T 等于 R，其表示为一个正整数。

注：域参数必须包含一个各方同意的转换一个比特串为一个正整数的方法，以使这步得以实现。

10 带短赋值的基于身份的签名

在本章中规定了 Guillou -Quisquater 方案的一个变型，它适用于带低速处理器或低速输入/输出接口的设备上的实现。附加的散列信息用于减少中间参数的长度。多达三个不同的散列函数可以被用在证据和赋值的计算中。它们不需抗碰撞，其选择必须满足这样的条件，即要找出具有相同的(R, T)的两个不同的消息在计算上是不可行的。

这个机制在下列过程中，不同于 Guillou-Quisquater 方案：

a) 准备消息；

b) 计算证据；

c) 计算签名的第一部分；

d) 计算赋值。

10.1 准备消息

在这个变型方案中，消息输入的两个部分 M_1 和 M_2 设置为消息 M 的散列权标 H。

10.2 计算证据

证据 R 是通过计算数据 $H_1 \| H$ 的散列权标 H_2 得到的。其中 H 是在 10.1 中计算出来的，它是预签名 Π 的散列权标。

注：预计算散列权标 H_1 可以被更有效地存储。

10.3 计算赋值

赋值 T 是由计算数据 $H \| R$ 的散列权标 H_3 得到的。

11 带消息散列码检索的基于身份的签名

Guillou-Quisquater 方案中的这个变型的优点，是散列函数可以与其余的验证步骤一起并行计算。

基于身份的数字签名机制的签名过程和验证过程中描述在图 1 和图 3 中。这个机制在下列过程方面与 Guillou-Quisquater 方案不同：

a） 计算证据；

b） 计算签名的第一部分。

另外，它假设由签名者生成的随机数 K 满足 $K \neq 0 \bmod P$ 和 $K \neq 0 \bmod Q$，否则 N 的因子分解将被找出。因此，还可以假设预签名 Π 不是 P 或 Q 的倍数。

11.1 计算证据

使用一个抗碰撞散列函数将证据计算出来，它是消息 M 的散列权标 H。

11.2 计算签名的第一部分

计算出签名的第一部分 R 如下：

$$R = \Pi \cdot H \bmod N$$

给定一个预签名的重新计算值 $\overline{\Pi}$，验证者通过如下计算得到证据的重新计算数值 $\overline{H}$：

$$\overline{H} = \overline{\Pi}^{-1} R \bmod N$$

附 录 A
（资料性附录）
数 值 例 子

使用十六进制记法。

A.1 密钥生成过程的数值例子

A.1.1 生成域参数

域模数 N 是两个不同的素数 P 和 Q 的乘积。这个例子中，P 和 Q 是 512 比特的素数，因此 N 是 1024 比特的数。

P = FFFFFFFF EA2DE66E D3B1B7E9 61B75DFC D9FAE2FF
A07A2345 9B7956FB 1B9B16D7 E1B6D59B BDF45B85
3CBF08EA 3BC7A1BD 541CB3A8 80E02E43 87CA7DEF
50948E87

Q = FFFFFFFF E275B7F4 98A3811D E906ACF7 BFEB5CD6
A445AF09 D7906DE1 97CC2CCD 87614718 8C7C084F
CE9231CA B7CFA113 13C3DDCF F1B70A54 84494467
8FCEF193

$N = PQ$ =
FFFFFFFF CCA39E63 6ED9CF52 950C23A0 38AE0291
012B984A 964FFBBD 99E9DACB 91400431 0C5DD264
B1873126 44A725C5 D5BC73F4 97CFD100 89FD1342
656026BE 3FB583FE B134FF43 6957A1E1 D975B5BE
DF1A9570 4C81A337 F06E5F9F 9388A7AC 5ABFD5CF
0356D91A 9861C69F E50509C2 323E5270 F2015FBD
C08AA2C0 391CEE85

域验证指数是个奇整数，它与 $P-1$ 和 $Q-1$ 互素。在这个例子中，V 为 $2^{79}+1$，因此 V 的长度是 80 比特。

V = 8000 00000000 00000001

密钥生成指数 D 是正整数，使得 $DV-1$ 是 lcm $(P-1, Q-1)$ 的倍数。

lcm $(P-1, Q-1)$ =
7FFFFFFF E651CF31 B76CE7A9 4A8611D0 1C570148
8095CC25 4B27FDDE CCF4ED65 C8A00218 862EE932
58C39893 225392E2 EADE39FA 4BE7E880 44FE89A1
32B0135E 1FDAC1FF 7248B06F FE81346D 475BD565
229A2ACD 03E0E874 3EB24D61 7010B203 78D3DC8D
5D733AA2 C68845F5 78B6E378 E52EE07C 3FB51392
DA3B7034 AC5CB736

D = 1BC6C0ED 36435CBF A89C7A35 50CE3D54 C6ABC9F5
EE5E75C9 E458AADA 6178CB20 C7339C4E F30413A6
586DA8B6 45A72BDF 291C9218 F0CA83EF A4234FAD
8394B2BF 8F4A0EF9 61E098FC 2CC5AFAA 46CCC821

0427D3EE 3461AF0B 46895311 E1DAD21F 35217CBC
4FD1A5B9 62E01B8B 967F97E2 41ECF56E DBF85278
EC058601 17D9A7B7

A.1.2 生成验证密钥和签名密钥

验证密钥 Y 是以标识数据 I 作为输入的公钥导出函数的输出，并且不是 P 或 Q 的倍数。这个例子使用一个小于 N 的 1024 比特的数 Y。

Y = C50ECCC9 64443B0A 1C974F40 1C94E500 FA8214FC
9B1B5EC5 2AA1201A 001EA009 FE90D01D F32C6B43
323F0812 42ABE843 09F926BB 9338A841 5DEF2EF6
E709E3BD 515B5D86 C3ED4B7F C15FA876 26E8E9C7
0E557D5B A8E96D7C B55FBF41 37F601FF 47B7CCCB
6BED4407 6F8E9805 42E37105 522E7184 42A717DF
E89A6B62 7B6E60B7

可信机构计算私有签名密钥如下：

$X = Y^{-D} \bmod N =$

A763FA4 3895CFDD D80627A6 A8271250 97C184E5
10F0075C 48FCB0E7 F2885275 AAA32829 C08CF352
0F42F6FD C296DCE1 F50FBDED D5C33C7C 63298C4F
26C2CDEE 11D927BA C6EC4A6A C022C063 1F30E880
07452397 7F3ACA8C 422E2461 3B7F3BB0 E61D04B8
0670A128 0ED7C8C1 A72D4B1C C566381B 0665F83B
70FD7158 0B7A6EEC

A.2 在第 9 章中描述的 Guillou-quisquater 签名机制的数值例子

在这个例子中，所使用的散列函数是固定的，并且为域内的所有实体已知，因此不需要散列标识符。通过使用 SHA-1 生成散列权标。

域参数、私有签名密钥和验证密钥与第 A.1 章相同。

A.2.1 签名过程

A.2.1.1 生成预签名

签名实体生成一个随机数，它是一个随机性的或伪随机性的整数 K，其中 $0<K<N$。本例使用一个 1024 比特的随机数 K。

K = B2045A19 83150F5B B04CB524 2B566A37 6779F416
5C7F1673 029C1BFC 05A84C60 E401897A CEAD9DE5
C7D8108B 95943332 FF6B20D3 004CCD40 36BDBB7E
10DA755E B03720F0 5A0CDC53 66EB4374 BE091A80
6D3399190 D2ADE1CD 9E11EF4E A5FF6969 3D0EB942
BFCC333D F5FDD599 1D3B78A7 4868B0C6 381AEA61
C24F3E05 2D8D9FFA

预签名 Π 计算如下：

$\Pi = K^V \bmod N =$

15B35BB7 0DDD7ED8 0FAD7EDE A80F828E 46B3F86D
4EFB7E84 58562B6D 6F1885D0 A02FD892 8838C128
B53EE703 FAC96534 6C18A714 17D12FD7 211C3956

B6AD1A15	F4399EB0	CC065E8F	CC0039F3	E13A8EFE
5FB384CC	D0190FA9	DC995DEC	BB07947F	72124D7B
9044433C	7A416B62	99297387	0174FB6A	94A8FA8B
1CBD7E0A	2780DFD8			

A.2.1.2 准备消息

在本例中，消息为如下文本段：

M: This is a test message!（这是一个测试消息！）

A.2.1.3 计算证据

在本例中，证据形成签名的第一部分：

$R = \Pi \parallel M$ 的散列权标 =

42AF9098	F1596D17	EAC6EA31	36E7D9F3	30F8E9FB

A.2.1.4 计算赋值

赋值 T 等于 R，表示为一个正整数。

$T=R$

A.2.1.5 计算签名的第二部分

签名的第二部分 S 计算如下：

$S=K \cdot X^{T'} \bmod N =$

B7FAF642	59F99E7A	B32029A6	1FDEE247	F068853F
80C6FF87	9FB07983	A61C047B	34CEE1C8	F69FF97B
020F0B6C	F37E4A85	05EAEF00	01E825E5	8B8F3438
0C332BF5	B3D47E5F	C654747F	E1289D61	061F124B
C19EBB38	D466970C	39CEC404	703FB359	A0019692
F968F760	72F2D6F5	0CD75C73	1D9EEE7F	EFFB6F98
E80BD095	5D00C051			

签名 Σ 被设置为(R,S)。

A.2.2 验证过程

验证者拥有下列可用数据项值：

$N, V, Y, M, \Sigma = (R,S)$

A.2.2.1 检索赋值

赋值 T 等于签名的第一部分 R：

$T=R$

A.2.2.2 重新计算预签名

验证者生成预签名的一个重新计算数值 $\bar{\Pi} = Y^T \cdot S^V \bmod N$：

$\bar{\Pi} = Y^T \cdot S^V \bmod N$

注：如果$(Y^T \bmod N)$和$(S^V \bmod N)$是分别计算的，它们则给定如下：

$Y^T \bmod N =$

3C18CAA0	339ED6CA	6C80AF2C	201481C1	74054C22
A8314537	0B8C6DF1	92766BC4	C3FD8C14	76EDD630
E02E33E8	4F557C86	A51FE7B5	9769CF40	98E34D29
111E9BF0	82825727	85B047F3	82F51DB4	51558F87
FE5FAA6F	C1C45803	77AC051D	85A094BD	65472145
4518DECB	EC2B58FF	791DC06F	D202E815	1A39ACA5
8D5C60D9	419695E7			

$S^V \bmod N =$

A8E6DDCF	74D3C94D	23F5FDE0	820431B4	FA51F3D9
150D5CDE	DB0692A0	735FD729	BCAC0825	7CA19BA1
565F03BA	7849B538	B9BF1797	5473FC28	299F0F3C
04C3EE35	E31BFA2C	A17F1781	0488F988	05439C3E
7B8BE70C	F027401D	786DAC48	AE2507F5	30EC01C7
1090504D	9BD82673	CD472405	8EF34697	21F90D3F
1E2DD798	50AC0090			

A.2.2.3 重新计算证据并验证证据

证据被重新计算出来，它是散列权标 $\bar{\Pi}= Y^T \cdot S^V \bmod N \parallel M = R$。

重新计算出来的证据 $\bar{\Pi}=Y^T \cdot S^V \bmod N$ 与检索出来的证据 R 相同。

A.3 在第10章中描述的带有短赋值的基于身份的签名的数值例子

在这个例子中，所使用的散列函数是固定的，并且为域内的所有实体已知，因此不需要散列标识符。通过使用 SHA-1 生成散列权标 H，H_1 和 H_2。另外一个散列权标 H_3 是通过下列函数 h 计算出来的，具有两个160比特的输入数据，它产生一个80比特的输出：

$h(u \parallel v) = \{(u_1 \oplus u_2) + (v_1 \oplus v_2)\} \bmod 2^{80}$

其中 $u = u_1 \cdot 2^{80} + u_2$ 和 $v = v_1 \cdot 2^{80} + v_2$，$\oplus$是比特与比特间的异或操作。

域参数、私有签名密钥和验证密钥与第 A.1 章中相同。

A.3.1 签名过程

A.3.1.1 生成预签名

签名实体生成一个随机数，它是一个随机性的或伪随机性的整数 K，其中 $0<K<N$。本例使用一个1024比特的随机数 K，而相应的预签名 Π 在 A.2.1.1 中给定。

H_1 是预先计算出来的并且存储在一个存储器中用于更有效地计算证据。

$H_1=$ 预签名 Π 的散列权标 $=$

7B2B1483　46B8D0B0　F42C762B　FE93D691　C9BC3841

A.3.1.2 准备消息

在本例中，消息与 A.2.1.2 中的消息相同。

$H =$ 消息 M 的散列权标 $=$

A9D66D4B　652597FB　32DD1092　E7C9CDE1　8F0C7FBC

A.3.1.3 计算证据和签名的第一部分

在本例中，证据形成签名的第一部分 R。

$R = H_2 =$ 散列权标 $H_1 \parallel H =$

D6149DF3　DA7E60EA　817CAADE　D2F9F785　8800903F

A.3.1.4 计算赋值

赋值 T 是通过计算数据 $R \parallel H$ 的散列权标 H_3 来得到的。

$T = h(H \parallel R) =$360E　D98CD6C0　01E15EA4

A.3.1.5 计算签名的第二部分

签名的第二部分 S 计算如下：

$S = K \cdot X^{T'} \bmod N =$

FA17252E	94A3D992	C5CE7953	D0939F9E	45A4AE8A
A9F2B89F	1345528F	658959C9	B5B16E92	9131A3A0
BFA8490C	E4652452	90ECCFDF	73E67220	7D34AFA0
F0B1C381	EDE82B2C	2B2D520E	4E91EB67	98922DF5

04B1883E	D7CD9AC3	1E3E4E99	FF2E57F9	ACE6F5E6
475A029E	1821081F	02DB73ED	6640A148	EF281E9B
63E3B7E1	DA0E9AA9			

签名 Σ 被设置为(R,S)。

A.3.2 验证过程

验证者拥有下列数据项值可用：

$N, V, Y, M, \Sigma = (R, S)$

A.3.2.1 准备消息

$H = M$ 的散列权标

A.3.2.2 检索赋值

赋值 T 是通过计算数据 $R \parallel H$ 的散列权标 H_3 得到的。

$T = h(H \parallel R)$

A.3.2.3 重新计算预签名

验证者生成预签名的重新计算值 $\overline{\Pi} = Y^T \cdot S^V \bmod N$。

如果($Y^T \bmod N$)和($S^V \bmod N$)是分别计算的，它们则给定如下：

$Y^T \bmod N =$

390AB7EB	69A80EE0	D382FFA6	6D6557B3	D17D68A4
CE5D67F1	FCF76F27	D660941A	90941033	D3269612
DC989EA4	78257463	8C98ADEA	F05DAC71	87A000BE
C7E20991	9B0598D1	47B22923	6C45DF67	358E4DEF
900DC37C	8812CD7A	D827A550	3703BC3C	DE843E4E
B12C7C16	DBB7AD5B	98F4F0D9	D4918CA5	32060A48
E58A9445	437328E9			

$S^V \bmod N =$

3A65050A	97021E9A	8A6E825A	26EE068D	EF06D046
0617D9FE	3C577159	06C15DD0	2EBF8707	CC681798
373B4E16	9A12A839	04B7CBAF	D578BC4E	7D0FD50D
0C7E549C	CECC18BA	A198682F	CB46844A	E5C904E4
A9003E35	A0035D96	B170F5A7	E1C5B285	4F66C7BD
8132EB24	A9F3EDF1	10EC1C02	377B0963	ACEFBB7B
8A48243B	F771D47F			

A.3.2.4 重新计算证据并验证证据

证据被重新计算出来，它是 $\overline{\Pi} = Y^T \cdot S^V \bmod N$。

$\overline{\Pi} = Y^T \cdot S^V \bmod N = R$

重新计算出来的证据与检索出来的证据 R 相同。

A.4 在第 11 章中描述的给出消息散列代码检索的基于身份的签名的数值例子

在这个例子中，所使用的散列函数是固定的，并且为域内的所有实体已知，因此不需要散列标识符。通过使用 SHA-1 生成散列权标。

域参数、私有签名密钥和验证密钥与第 A.1 章中相同。

A.4.1 签名过程

A.4.1.1 生成预签名

签名实体生成一个随机数，它是一个随机性的或伪随机性的整数 K，其中 $0 < K < N$。本例使用

一个 1024 比特的随机数 K,而相应的预签名 Π 在 A.2.1.1 中给定。

A.4.1.2 准备消息

在本例中,消息与 A.2.1.2 中的消息相同,并且它的散列权标 H 与 A.3.1.2 中的相同。

$H = M$ 的散列权标

A.4.1.3 计算证据和签名的第一部分

在本例中,证据形成签名的第一部分 R。

$R = \Pi \cdot H \bmod N =$

425DCEDD	1D408F3F	6633CEFE	225B92DE	920BE1AF
BD2CE776	446410E7	A08527BC	5ADA0DDD	13C8B371
053FD47C	69BD86FA	1114EE0C	698B7E10	1662529C
9B53662D	64BCD974	4DCF5276	BF576154	407AB43F
85BCC21B	2075B492	142A5724	464A6E30	21777BD0
C5BBC02F	7B93F42C	07916DA7	1BD4D276	81D21D5A
58F5A5AC	D8C3A8EA			

A.4.1.4 计算赋值

在本例中,赋值 T 等于 R。

$T=R$

A.4.1.5 计算签名的第二部分

签名的第二部分 S 计算如下:

$S=K \cdot X^T \bmod N =$

3205E60E	84EB7AC6	28866B9D	2CA2A080	D182BF95
27FE80D3	EC2EF3F9	F27F0FF3	4DCEC086	BDB0E072
08EDE468	E5C2F36C	25452213	A3AD3731	3A518CF9
1DE84C4D	25AA2AB9	84D76885	CA9B8A2C	DB388F1D
139AA00F	15340501	D6B7F867	D5313E2B	60F64E34
F7650FED	23C032EB	DDB82BD0	A5AB49FA	CC5F5AAB
AB17F14A	180E6A76			

签名 Σ 被设置为(R,S)。

A.4.2 验证过程

验证者拥有下列数据项值可用:

$N, V, Y, M, \Sigma = (R, S)$

A.4.2.1 准备消息

$H = M$ 的散列权标

A.4.2.2 检索赋值

赋值 T 等于 R。

$T=R$

A.4.2.3 重计算预签名

验证者生成一个预签名的重新计算值 $\bar{\Pi}=Y^T \cdot S^V \bmod N$。

如果$(Y^T \bmod N)$和$(S^V \bmod N)$是分别计算的,它们则给定如下:

$Y^T \bmod N =$

E7D8C6CC	45A8B29F	200F5C52	148824E0	771624FC
DE0FDD70	BC83BE2E	22AAFE20	C0233C14	E6E4E8E2
BEEE7C5C	022FD464	92D0A055	5A0D7782	7AFBEFB4

6D8085FD	AF8A27C1	775285B7	DD7894F4	F05DAF37
BFCF170C	B3638CE7	A796D639	B296D8D9	09B8DE8F
8AC5A98F	3BBDA623	3BB66C95	5127A854	4DC7206B
ED0EB25D	0AB17CDC			

$S^V \bmod N =$

F673DE2	802FA537	DE498937	F969AA84	9F9CE1F0
708BDEB3	D389CD31	2F5BDBD1	C036BDD4	449D4FB4
00AD359F	02B997A6	273B23CF	1F414C1F	C27B7556
74D64887	1B2A3185	12E098D9	2ED260C8	CC511579
886C4EA2	2D638A5A	B727D984	B6F1C2E4	501761BA
74066387	CB0DBA34	A9822A32	E1761CE8	4622E52D
71AB16D9	267B748E			

A.4.2.4 重新计算证据并验证证据

证据被重新计算如下：

$\bar{\Pi}=Y^T \cdot S^V \bmod N=\bar{\Pi}=Y^T \cdot S^V \bmod N \cdot H \bmod N=R$

重新计算出来的证据 $\bar{\Pi}=Y^T \cdot S^V \bmod N$ 与检索出来的证据 R 相同。

给定预签名的重新计算值 $\bar{\Pi}$，验证者通过下列计算得到证据的重新计算值 $\bar{H}$。

$\bar{H}=\bar{\Pi}^{-1} R \bmod N=$

43F85D2C	D63CD833	74D74837	591623A2	26734169
5BF58243	070B14C7	8B93E68F	4FFF6D7E	FA150C1D
052ECB5F	D743721D	2481469B	C1375059	3A05C239
98E9FA85	3EE7634E	013726BF	8A04FDD3	A9DEA82D
2B93F990	55E842BE	A40DCB27	0E74F8BC	1A243E46
A274BD40	7B5B7A40	45B5F936	B30CAA2E	7C4F1F72
711EA20E	E3CEEFD2			

$\bar{H}=\bar{\Pi}^{-1} R \bmod N=\bar{\Pi}^{-1} R \bmod \cdot \bar{\Pi}=Y^T \cdot S^V \bmod N$

附 录 B
（资料性附录）
专 利 信 息

GB/T 17902 的本部分在制定中等同采用了国际标准 ISO/IEC 14888-2:1999 附录 B 的专利信息。

关于专利的使用遵照国家有关规定。

国际标准的有关专利信息如下：

在该国际标准(ISO/IEC 14888 第 2 部分)的准备期间，收集了该国际标准的应用所需要的相关专利信息。相关专利如下表所示。但是，关于专利的有效性或范围，ISO/IEC 没有给出权威的或全面的信息。

这些注册专利的持有者已经声明，如果寻求授权许可的使用方同意付费，将在适当的条件下给予许可，使其能够应用本部分。

进一步的信息可从专利持有者处得到。

专业范围	发明者	专利号	发布日期	联系地址
Fiat-Shamir 身份鉴别	Shamir-Fiat	US 4,748,668	1988-05-31	News Difital Systems Ltd. Stoneham Rectory Stoneham Lane Eastleigh Hampshire SO50 9NW, UK
GQ 身份鉴别	Guillou-quisquator	US 5,140,634	1992-08-18	CCETT Patent and IPR Office BP 59 4 Rue du Clos Courtel F 35512 Cesson Sevigne France
		EP 0.311.470	1992-12-16	Philips International B. V. Corporate Patents and Trademarks P. O. Box 220 56000 AE Eindhoven The Nether lands

参 考 文 献

[1] Guillou Louis C., Quisquater Jean-Jacques, "A practical zero-knowledge protocol fitted to security microprocessor minimizing both transmission and memory", Advances in Cryptology-Eurocrypt '88, Christoph G. Gunther (Ed.), Lecture Notes in Computer Science 330, Springer-Verlag, 1988, pp. 123-128.

[2] M. Girault & J. Stern, "On the length of cryptographic hash-values used in identification schemes," Advances in Cryptology-Crypto'94, Y. Desmedt (Ed.), Lecture Notes in Computer Science 330, Springer-Verlag, 1994, pp. 202-215.

ICS 35.040
L 80

中华人民共和国国家标准

GB/T 17902.3—2005/ISO/IEC 14888-3:1998

信息技术 安全技术 带附录的数字签名 第3部分:基于证书的机制

Information technology—Security techniques—Digital signatures with appendix—Part 3:Certificate-based mechanisms

(ISO/IEC 14888-3:1998,IDT)

2005-04-19 发布　　2005-10-01 实施

中华人民共和国国家质量监督检验检疫总局
中国国家标准化管理委员会　发布

前　　言

GB/T 17902《信息技术　安全技术　带附录的数字签名》由以下几个部分组成：

第1部分：概述；

第2部分：基于身份的机制；

第3部分：基于证书的机制。

本部分为GB/T 17902的第3部分，等同采用国际标准ISO/IEC 14888-3:1998《信息技术　安全技术　带附录的数字签名　第3部分：基于证书的机制》(英文版)。

本部分的附录A和附录B是规范性附录，附录C到附录G是资料性附录。

本部分由中华人民共和国信息产业部提出；

本部分由全国信息安全标准化技术委员会归口；

本部分由中国电子技术标准化研究所、信息安全国家重点实验室起草。

本部分主要起草人：叶茅枫、陈星、罗锋盈、胡磊、叶顶锋、张振峰、黄家英。

信息技术 安全技术 带附录的数字签名 第3部分:基于证书的机制

1 范围

GB/T 17902 规定了任意长度消息的带附录的数字签名机制并适用于提供数据原始鉴别、抗抵赖和数据完整性的方案。

GB/T 17902 的本部分规定了带附录的基于证书的数字签名机制。特别是,本部分提供了:

1) 基于证书的签名机制的一般描述,其安全性是基于所用交换群上的离散对数问题的困难性(见第6章)。

2) 基于证书的签名机制的一般描述,其安全机制是基于因子分解的困难性(见第7章)。

3) 使用任意长度消息的基于证书机制的带附录的各种常规数字签名机制(见附录A和附录B)。

2 规范性引用文件

下列文件中的条款通过 GB/T 17902 的本部分的引用而成为本部分的条款。凡是注日期的引用文件,其随后所有的修改单(不包括勘误的内容)或修订版均不适用于本部分,然而,鼓励根据本部分达成协议的各方研究是否可使用这些文件的最新版本。凡是不注日期的引用文件,其最新版本适用于本部分。

GB 15851—1995 信息技术 安全技术 带消息恢复的数字签名方案(idt ISO/IEC 9796:1991)

GB/T 17902.1—1999 信息技术 安全技术 带附录的数字签名 第1部分:概述

GB/T 17902.2—2005 信息技术 安全技术 带附录的数字签名 第2部分:基于身份的机制(ISO/IEC 14888-2:1999,IDT)

GB/T 18238.3—2002 信息技术 安全技术 散列函数 第3部分:专用散列函数(idt ISO/IEC 10118-3:1998)

ISO/IEC 9796-2:1997 信息技术 安全技术 带消息恢复的数字签名方案 第2部分:使用散列函数的机制

ISO/IEC 10118-4:1998 信息技术 安全技术 散列函数 第4部分:使用模数算法的散列函数

3 概述

在 GB/T 17902 的本部分中使用了 GB/T 17902.1—1999 中所给的定义、符号、数字长度和记法。

数字签名的验证需要签名实体的验证密钥。所以,验证方必须把正确的验证密钥与签名实体关联起来。对基于证书的机制来说,这种关联必须通过某种证书的方法来提供。例如,验证密钥是取自一个证书。

GB/T 17902 的本部分的目的是规定 GB/T 17902.1—1999 中描述的一般模型的下列过程和函数:

a) 生成密钥的过程
   1) 生成域参数
   2) 生成签名和验证密钥
b) 形成签名的过程
   1) (可选)形成预签名
   2) 为签名准备消息

3） 计算证据
4） 计算签名

c） 验证过程
1） 为验证准备消息
2） 检索证据
3） 计算验证函数
4） 验证证据

4 术语和定义

GB/T 17902.1—1999 确立的以及下列术语和定义适用于 GB/T 17902 的本部分。

4.1

有限交换群 finite commutative group

一个带二元操作“$*$”的有限集合 J，满足：

a） 对所有 $a,b,c\in J$，$(a*b)*c=a*(b*c)$

b） 存在 $e\in J$，对所有 $a\in J$，$e*a=a$

c） 对所有 $a\in J$，存在 $b\in J$，$b*a=e$

d） 对所有 $a,b\in J$，$a*b=b*a$

4.2

有限交换群中元素的阶 order of an element in a finite commutative group

如果 $a^0=e$，并且 $a^{n+1}=a*a^n$（其中 $n\geqslant 0$）被递归地定义，则 $a\in J$ 的阶是满足 $a^n=e$ 的最小正整数 n。

5 符号和记法

GB/T 17902.1—1999 确立的以及下列符号和记法适用于 GB/T 17902 的本部分：

E	一个有限交换群
$\#E$	E 的基数
$a\|b$	b 到 a 的串接
Q	$\#E$ 的一个因子
G	在 E 中阶为 Q 的一个元素
$\gcd(U,N)$	整数 U 和 N 的最大公因子
T_1	赋值的第一部分
T_2	赋值的第二部分
Z_N	整数 U 的集合，满足 $0\leqslant U<N$
Z_N^*	整数 U 的集合，满足 $0<U<N$，且 $\gcd(U,N)=1$
$\lfloor a \rfloor$	等于或小于 a 的最大整数

6 基于离散对数的数字签名机制

6.1 密钥生成过程

6.1.1 生成域参数

对基于离散对数的数字签名机制，域参数的集合 Z 确定如下参数：

a） 一个有限交换群 E

b） $\#E$ 的一个或多个因子 Q

c） 在 E 中阶为 Q 的一个或多个元素 G

在群 E 中，使用乘法符号。签名机制将使用 E 中的一个元素 G。需要说明的是，特定的签名机制可以对 E,Q,G 的选择附加约束。

6.1.2 生成签名密钥和验证密钥

签名实体的签名密钥是一个秘密生成的随机或伪随机的整数 X，使得 $0<X<Q$ 和 $\gcd(X,Q)=1$。其相应的公开验证密钥 Y 是 E 的元素，并计算如下：

$$Y=G^X$$

注：在选取 X 时可以考虑排除少部分整数。

在某些情况下，需要确认域参数和密钥的有效性。但是，这超出了本标准的范围。

6.2 签名过程

在本章中描述一类签名机制的签名过程。本签名机制的签名函数是由(S,T_1,T_2)的一个排列(A,B,C)作为签名方程的系数来确定的。

$$AK+BX+C\equiv 0 \pmod Q$$

这个排列将被指定或在设置签名系统时设定。

签名过程和签名消息的形成是由八个步骤组成(见图1)：

a) 生成随机数

b) 生成预签名

c) 准备签名消息

d) 计算证据(签名的第一部分)

e) 计算赋值

f) 计算签名的第二部分

g) 构造附录

h) 构造签名消息

在本过程中，签名实体使用它的私有签名密钥 X 和域参数 E、G 和 Q。

6.2.1 生成随机数

签名实体生成一个秘密随机数，它是一个整数 K，其中 $0<K<Q$，并满足 $\gcd(K,Q)=1$。本步的输出是 K，它为签名实体秘密保存。

注：从可能的 K 值中可以考虑排除几个整数。

6.2.2 生成预签名

本步的输入是随机数 K，在 E 中签名实体用 K 来计算方程

$$\Pi = G^K$$

本步的输出为预签名 Π。

6.2.3 准备签名消息

该消息被分为输入数据 M_1 和 M_2 两个部分。这两个部分中的一个部分可能为空，并且这两个部分不必是不同的(细节见 GB/T 17902.1—1999)。

6.2.4 计算证据(签名的第一部分)

本步的变量为 6.2.2 的预签名 Π 和 6.2.3 的 M_1。这些变量值是证据函数的输入值。证据函数的输出值为证据 R。

6.2.5 计算赋值

赋值函数的输入为签名的第一部分，它取自于 6.2.4 的证据 R 和 6.2.3 的 M_2。赋值函数的输出为赋值 $T=(T_1,T_2)$，其中 T_1 和 T_2 是满足

$$0<|T_1|<Q, 0<|T_2|<Q$$

的整数。

6.2.6 计算签名的第二部分

本步的输入是取自于6.2.1的随机数 K、签名密钥 X、取自于6.2.5的赋值 $T=(T_1,T_2)$、(S,T_1,T_2)的排列(A,B,C)和在6.1.1中指定的域参数 Q。签名实体形成签名方程

$$(AK+BX+C)\equiv 0(\bmod Q)$$

并且为得到签名的第二部分 S 求解签名方程，其中 $0<S<Q$。(R,S)这对数将被称为签名 $\sum$ 。

6.2.7 构造附录

附录是由签名和一个可选的文本字段 text 构成的，如((R,S),text)。文本字段可以包含一个证书，该证书是以密码手段将公开验证密钥与签名实体的标识数据捆绑起来。

注：如 GB/T 17902.1—1999 所示，根据应用的不同，构造附录并把它附加到消息上的方法是不同的。一般需要验证方能将正确的签名与消息捆绑起来。对成功的验证来说，在验证过程之前，验证方必须能将正确的验证密钥与签名捆绑起来。

6.2.8 构造签名消息

签名消息是将消息 M 和附录串接后得到的，为 $M\|((R,S),\text{text})$。

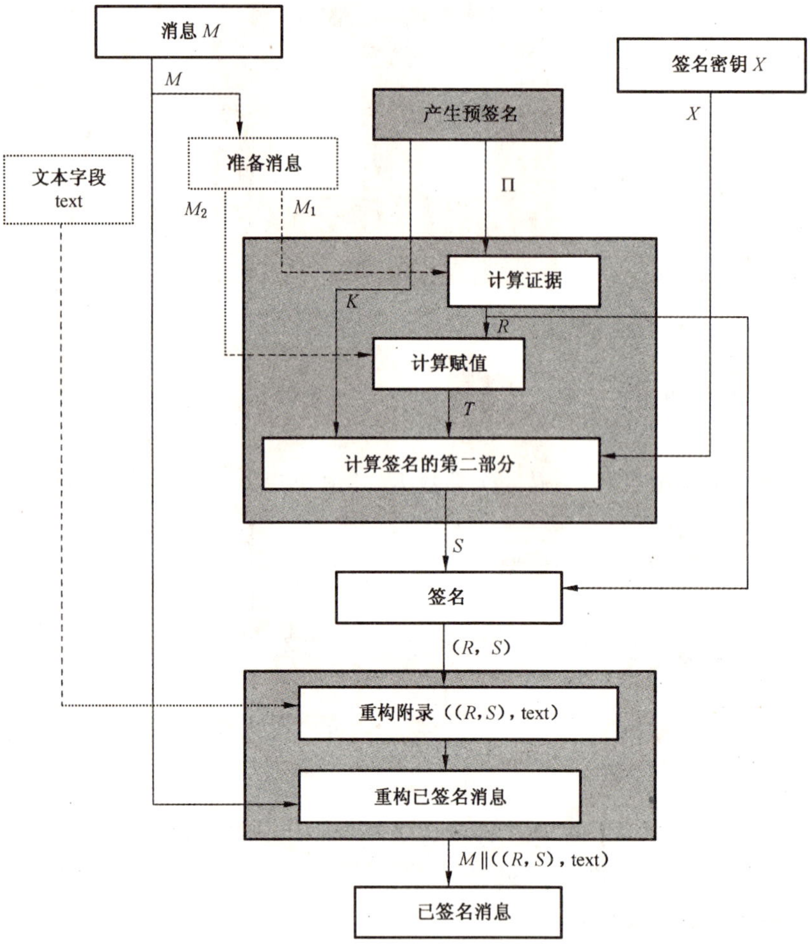

图1 带随机性证据的签名过程

6.3 验证过程

验证过程由四个步骤构成(见图2)：

a) 为验证准备消息

b) 检索证据

c) 计算验证函数

1) 检索赋值

2） 重计算预签名

3） 重计算证据

d） 验证证据

在本过程中，验证方使用签名方的验证密钥 Y 和域参数：有限群 E、E 中的元素 G 和它的阶 Q。

6.3.1 为验证准备消息

验证方从签名的消息中检索 M 并将消息分成两个部分 M_1 和 M_2。

6.3.2 检索证据

验证方从附录中检索签名(R,S)，并将它分成证据 R 和签名的第二部分 S。

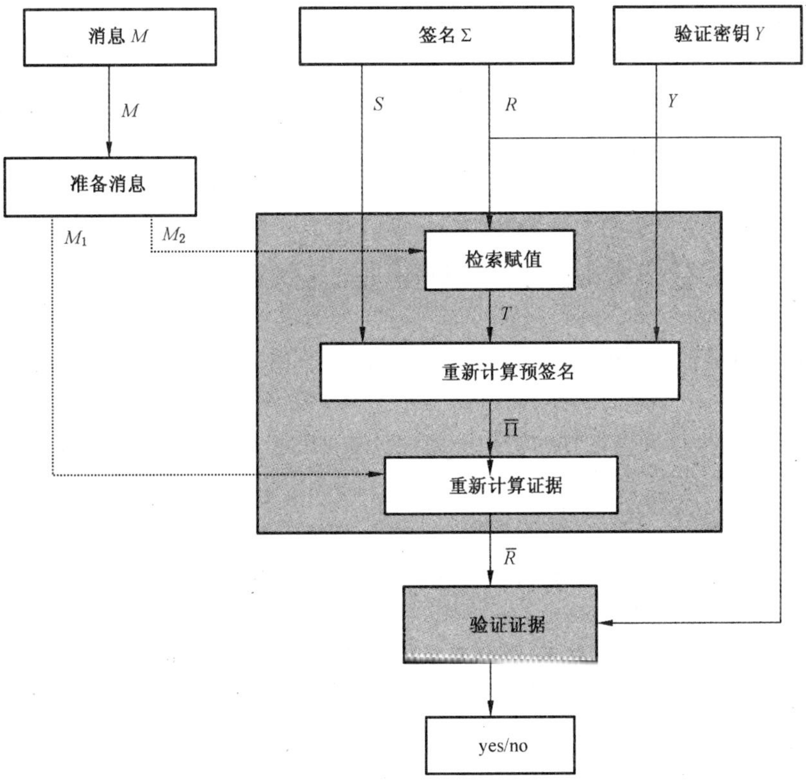

图 2 带随机化证据的验证过程

6.3.3 计算验证函数

6.3.3.1 检索赋值

本步等同于 6.2.5。赋值函数的输入由取自于 6.3.2 的证据 R 和取自于 6.3.1 的 M_2 组成。赋值 $T=(T_1,T_2)$ 被重新计算，它是赋值函数的输出。

6.3.3.2 重新计算预签名

本步的输入是域参数的集 Z、验证密钥 Y、取自于 6.3.3.1 的赋值 $T=(T_1,T_2)$ 和取自于 6.3.2 的签名的第二部分 S。签名方根据签名函数规定的次序将系数(A,B,C)赋予值(S,T_1,T_2)，并且计算 E 中的元素 $\overline{\prod}$ 如下：

$$\overline{\prod} = Y^m G^n$$

式中 $m=-A^{-1}B \bmod Q$ 而 $n=-A^{-1}C \bmod Q$。

6.3.3.3 重新计算证据

本步的计算同 6.2.4。验证方执行证据函数的运算。输入是取自于 6.3.3.2 的 $\overline{\prod}$ 和取自于 6.3.1 的 M_1。输出是重新计算出的证据 $\bar{R}$。

6.3.4 验证证据

如果取自于 6.3.3.3 的重新计算证据 $\bar{R}$ 与取自于 6.3.2 的 R 一致，签名是有效的。也许还需要附加检查(见 A.1.2.4.6 的其他检查例子)。

7 基于因子分解的数字签名机制

基于因子分解的数字签名机制利用一个确定性证据并生成单签名,即该签名只有一个部分。但它可以为随机的或确定性的(参见 GB/T 17902.1—1999 图 2 和图 4)。在任一种情况下,机制利用一个整数 N 来作为验证密钥的一个成分,它的因子分解是签名密钥的一部分。要把 N 分解成为其素因子在计算上是不可行的。应对签名密钥的生成过程进行强制约束以使因子分解相当困难。

7.1 密钥生成过程

7.1.1 生成域参数

对基于因子分解的数字签名机制来说,域参数的集合 Z 可选地包含一个整数 v,它是验证密钥的系统范围的部分,它符合 7.1.2 中指定的条件。

7.1.2 签名密钥和验证密钥的生成

7.1.2.1 签名密钥的生成

签名实体的签名密钥是个秘密生成的集 $X=(\{P_1,P_2,\cdots,P_r\},s)$,它是由一组随机或伪随机选取的素数 P_i 和整数 s 构成,这些素数不必不同。其中不同的素数至少要有两个。

7.1.2.2 验证密钥的生成

验证密钥 Y 是一对整数(N,v),其中 N 是所有素数 P_i 的乘积,P_i 表示为 Π,而 v 是一个满足依赖于签名密钥条件的整数。

如果 v 指定为域参数,也许会在签名密钥上附加约束,以使 v 满足相应的条件。

7.2 签名过程

7.2.1 生成预签名(可选)

一个随机化的签名机制使用预签名,它仅仅取决于随机数和签名密钥。预签名的计算分两步。

7.2.1.1 生成随机数

签名实体秘密地生成一个随机数,它是个遵从附加限制的 mod N 的整数 K。本步的输出是 K,它为签名实体所秘密保存。

7.2.1.2 计算预签名

预签名是随机数的一个函数,并独立于消息。本步的输入是随机数 K 和签名密钥。本步的输出是预签名,用 Π 表示。

7.2.2 准备签名消息

消息用于构造数据输入 M_1 和 M_2。第二部分 M_2 也许为空,并且两个输入不必不同。

7.2.3 计算证据

本步的输入是数据输入 M_1,输出是散列权标 H,它由数据输入 M_1 确定。注意散列权标被解释为一个 mod N 的整数,满足 $0<H<N$。

7.2.4 计算签名

本步的输入是 7.2.3 中计算出的证据、取自于 7.1.2.1 中的签名密钥和可选数据输入 M_2(见 GB/T 17902.1—1999 图 2)。对一个随机化机制来说,随机数 K 和预签名 Π 也是有效的输入。输出是一个单部分签名 $\sum = S$ 。

7.2.5 构造附录

附录是由签名 $\sum$ 和一个可选文本字段 text 构成的。文本字段可以包括一个证书,它是以密码手段将公开验证密钥与签名实体的标识数据捆绑的。

7.2.6 构造签名消息

签名消息是将消息 M 和取自于 7.2.5 的附录串接后得到的,为 $M \| (\sum ,\text{text})$。

7.3 验证过程

7.3.1 准备验证消息

验证方检索已签名的消息并且确定如7.2.2中所指定的两个数据输入部分M_1和M_2。

7.3.2 检索证据

验证方按照7.2.3中指定的证据函数检索证据H，它是数据输入M_1的一个函数。

7.3.3 计算验证函数

使用从域参数集Z或验证密钥Y得到的整数v，验证方利用验证函数以获得一个重新计算的证据$\overline{H}$。

7.3.4 验证证据

如果检索出的证据H与由验证函数重新计算出的证据$\overline{H}$一致，则签名是有效的。

附 录 A
(规范性附录)
基于离散对数的带附录的基于证书的数字签名的例子

这些签名机制的例子是 U. S. NIST 的数字签名算法(DSA),Pointcheval/vaudenay 和椭圆曲线签名。其方案在下面描述。

用于签名机制的群包括一个乘法群 Z_P,P 是一个素数(用于:DSA 和 Pointcheval/Vaudenay),一个由有限域上的椭圆曲线的点形成的加法群(用于:椭圆曲线 DSA)。

A.1 基于非椭圆曲线的例子

A.1.0 符号和记法

P	素数
Z_P	整数 U 的集合,其中 $0 \leqslant U < P$
Z_P^*	整数 U 的集合,其中 $0 < U < P$

A.1.1 数字签名算法(DSA)

此例取自于美国国家标准技术研究院(NIST)联邦信息处理标准 1994 年 5 月 19 日出版的 186(FIPS PUB 186)。在第 6 章中定义的一般参数应有如下形式。为了与 GB/T 17902 的本部分的记法一致,其中的记法与 FIPS PUB 186 稍许有些不同。

DSA 是利用群 $E = Z_P^*$ 的签名机制,其中 P 和 Q 为素数,Q 整除 $P-1$。消息被分为两部分,M_1 为空,$M_2 = M$。证据函数由公式 $R = \Pi \bmod Q$ 来定义,而赋值函数由公式$(T_1, T_2) = (-R, -H)$定义,其中 $H = h(M)$是消息 M 的散列权标,根据附录 C 中所给的转换规则,它被转换为一个整数。散列函数 h 是美国国家标准技术研究院(NIST)1995 年 4 月 17 日发布的安全散列标准(SHS)FIPS PUB 180-1 中采用的安全散列算法(SHA)。安全散列算法还在 ISO/IEC DIS 10118-3 中描述。(注意:对 DSA 来说,不需要带一个标识散列函数的控制字段,因此散列权标仅为 $h(M)$,见 GB/T 17902.1—1999)。

DSA 签名公式的系数(A, B, C)设置如下:

$$(A, B, C) = (S, T_1, T_2)$$

因此签名公式变为:

$$(SK - RX - H) \equiv 0 (\bmod Q)。$$

A.1.1.1 DSA 参数

L	$512 + 64I$,I 为 $0 \leqslant I < 8$ 的整数
P	素数,其中 $2^{L-1} < P < 2^L$
Q	$P-1$ 的素因子,其中 $2^{159} < Q < 2^{160}$
F	满足 $1 < F < P-1$ 和 $F^{(P-1)/Q} \bmod P > 1$ 的整数
G	$F^{(P-1)/Q} \bmod P$,$E = Z_P^*$ 中阶为 Q 的一个元素

整数 P,Q 和 G 可以是公开的,并可以为一组用户所共有。

为了与 FIPS 相符,按 FIPS PUB 186 附录 2 所指定的那样生成参数 P 和 Q(细节可见 GB/T 17902 的本部分中的附录 C)。

注 1:在本信息附录的例子中素数 P 的大小是如数字签名算法(DSA)所指定的大小。注意 P 的大小限制为最大 1024 比特。到 1994 年 5 月 19 日为止,P 的大小对安全余量来说是足够的。据知,算法数论的未来发展也许可能使 1024 比特的 P 不够大。

注 2:建议所有用户检查 DSA 公共参数的正确生成。

注 3:认识到,DSA 具有一个不利的特性就是可能遭到一种攻击,该攻击找到所用的散列函数的碰撞的复杂度为

2^{74},而不是在安全情况下的 2^{80}。对于那些仍然希望避开这个不利的特性的用户,可以通过使用 A.1.2 的机制来防止这种情况的发生。

A.1.1.2 DSA 签名密钥和验证密钥的生成

签名实体的签名密钥是一个秘密生成的随机或伪随机整数 X,满足 $0<X<Q$。其相应的公开验证密钥 Y 为

$$Y=G^X$$

用户的秘密签名密钥 X 和公开验证密钥通常在一段时间内是固定的。签名密钥 X 必须被秘密保存。

A.1.1.3 DSA 签名过程

A.1.1.3.1 生成随机数

签名实体计算一个随机的或伪随机的整数 K,满足 $0<K<Q$。必须为每个签名生成参数 K,并秘密保存。

A.1.1.3.2 生成预签名

本步的输入为随机数 K,且签名实体计算公式如下:

$$\prod = G^K \bmod P$$

A.1.1.3.3 准备签名的消息

消息被分成为空的 M_1 和消息 $M_2=M$。

A.1.1.3.4 计算证据

签名实体计算 $R = \prod \bmod Q$,其中证据仅为预签名的一个函数。因此,

$$R=(G^K \bmod P) \bmod Q$$

A.1.1.3.5 计算赋值

签名实体计算赋值$(T_1,T_2)=(-R,-H)$,其中 $H=h(M)$是消息 M 的散列权标,且 $M=M_2$。

A.1.1.3.6 计算签名的第二部分

签名为(R,S)。因此,

$$R = (G^K \bmod P) \bmod Q$$

$$S = (K^1(h(M) + XR)) \bmod Q$$

$h(M)$的值是安全散列算法的 160 位比特串输出。若用于计算 S,必须将这个比特串转换为一个整数。转换规则在附录 C 中给出。

作为一个可选项,有人也许希望检查是否 $R=0$ 或 $S=0$。如果 $R=0$ 或 $S=0$,则应生成 K 的一个新值且应重新计算签名。(如果签名生成的恰当的话,不应该出现 $R=0$ 或 $S=0$)。

A.1.1.3.7 构造附录

附录是将(R,S)和一个可选文本字段 text 串接后得到的,为$(R,S)\|$text。

A.1.1.3.8 构造已签名的消息

已签名的消息是将消息 M 和附录串接后得到的,为 $M\|(R,S)\|$text。

A.1.1.4 DSA 验证过程

在验证已签名消息的签名前,验证方需要相信 P,Q 和 G 的值是正确的。

验证方也需要验证过程所需的数据项,如验证密钥(附加的需要的数据项见 GB/T 17902.1—1999 第 9 章)。

A.1.1.4.1 为验证准备消息

验证方从已签名的消息中检索 $M=M_2$,M_1 为空。

A.1.1.4.2 检索证据

验证方从附录中检索证据 R 和签名的第二部分 S。

A.1.1.4.3 检索赋值

本步等同于 A.1.1.3.5。赋值函数的输入是由取自于 A.1.1.4.2 的证据 R 和来自于 A.1.1.4.1 的 M_2 构成。赋值 $T=(T_1,T_2)$ 被重新计算，它是由 A.1.1.3.5 的赋值函数计算出来的。

A.1.1.4.4 重新计算预签名

本步的输入是域参数、验证密钥 Y、取自于 A.1.1.4.3 的赋值 $T=(T_1,T_2)$ 和来自于 A.1.1.4.2 的签名的第二部分 S。验证方将系数 (A,B,C) 赋予值 (S,T_1,T_2)，如通过签名函数所确定的那样，并且使用 E 中的如下公式得到预签名的重新计算值 $\overline{\prod}$：

$$\overline{\prod} = Y^{-A^{-1}B \bmod Q} G^{-A^{-1}C \bmod Q} \bmod P$$

A.1.1.4.5 重新计算证据

本步的计算同 A.1.1.3.4。验证方运行证据函数。输入为 A.1.1.4.4 的 $\overline{\prod}$。注意 M_1 为空。输出为重新计算证据 $\bar{R}$。

A.1.1.4.6 验证证据

假设 M_2 为 A.1.1.4.1 的值，而 R 和 S 的值取自于 A.1.1.4.2。假设 Y 为签名实体的公开验证密钥。要验证签名，验证方首先检查是否 $0<R<Q$，且 $0<S<Q$。如果两个条件有一个不满足，签名应被拒绝。如果这两个条件均满足，验证方将 A.1.1.4.5 的重新计算证据 $\bar{R}$ 与 A.1.1.4.2 中的 R 值进行比较。如果 $\bar{R}=R$，则签名有效。

A.1.2 Pointcheval/Vaudenay 签名

Pointcheval/vaudenay 方法是一种 DSA 算法的变型，其中 $E=Z_P^*$，P 和 Q 为素数，Q 整除 $P-1$。消息被分为两部分，M_1 为空，$M_2=M$。证据由公式

$$R = \prod \bmod Q$$

定义，而赋值函数由公式

$$(T_1, T_2) = (-R, -H)$$

得到，式中 $H=h(R\|H)$ 是散列权标，它是由证据 R 和消息 M 串接后得到的。散列函数 h 为安全散列算法(SHA-1)。注意以上 T_2 的重新计算需要将散列代码转换成一个整数。这一步需要某些与此转换一致的方法(见 ISO/IEC 10118-4:1998 中的例子)。

Pointcheval/vaudenay 签名方程的系数 (A,B,C) 设置如下：

$$(A,B,C) = (S,T_1,T_2)$$

因此签名等式变成：

$$SK - RX - H \equiv 0 (\bmod Q)$$

A.1.2.1 Pointcheval/Vaudenay 参数

P	素数
Q	$P-1$ 的素因子
F	满足 $1<F<P-1$ 和 $F^{(P-1)/Q} \bmod P>1$ 的整数
G	$F^{(P-1)/Q} \bmod P$

注：应特别关注 P,Q 和 F 的生成。例如也可以用到 A.1.1.1 中的生成过程。

A.1.2.2 Pointcheval/Vaudenay 签名密钥和验证密钥的生成

签名实体的签名密钥是一个秘密生成的随机的或伪随机的整数 X，满足 $0<X<Q$。相应的公开验证密钥 Y 是

$$Y = G^X$$

用户的私有签名密钥 X 和公开验证密钥 Y 通常在一段时间内是固定不变的。签名密钥 X 必须被秘密保存。

A.1.2.3 Pointcheval/Vaudenay 签名过程

A.1.2.3.1 **生成随机数**

签名实体计算随机的或伪随机的整数 K，满足 $0<K<Q$ 且 $\gcd(K,Q)=1$。

A.1.2.3.2 **生成预签名**

本步的输入是随机数 K，签名实体计算

$$\prod = G^K \bmod P$$

A.1.2.3.3 **准备签名消息**

消息被分为两部分，M_1 为空，和消息 M_2，$M_2=M$。

A.1.2.3.4 **计算证据**

签名实体计算 $R=\prod \bmod Q$，其中证据仅为预签名的一个函数。因此，

$$R=(G^K \bmod P) \bmod Q$$

A.1.2.3.5 **计算赋值**

签名实体计算赋值 $(T_1,T_2)=(-R,-H)$，其中 $H=h(R\|M)$ 是散列权标，它是由证据和消息 M（即 $M=M_2$）串接后得到的。

A.1.2.3.6 **计算签名**

签名为 (R,S)。因此，

$$R=(G^K \bmod P) \bmod Q$$

$$S=K^{-1}(h(R\|M)+XR) \bmod Q$$

A.1.2.3.7 **构造附录**

附录是由 (R,S) 和一个可选文本字段 text 串接后得到的，为 $(R,S)\|$text。

A.1.2.3.8 **构造已签名的消息**

已签名的消息是由消息 M 和附录串接后得到的，为 $M\|(R,S)\|$text。

A.1.2.4 **Pointcheval/Vaudenay 验证过程**

在验证已签名消息的签名前，验证方需要确认 P，Q 和 G 的值和其他所需的数据项是正确的。

A.1.2.4.1 **为验证准备消息**

验证方从已签名的消息中检索 $M_2=M$，M_1 为空。

A.1.2.4.2 **检索证据**

验证方从附录中检索证据 R 和签名的第二部分 S。

A.1.2.4.3 **检索赋值**

本步等同于 A.1.2.3.5。赋值函数的输入是由取自于 A.1.2.4.2 的证据 R 和来自于 A.1.2.4.1 的 M_2 构成。赋值 $T=(T_1,T_2)$ 被重新计算，它是 A.1.2.3.5 的赋值函数的输出。

A.1.2.4.4 **重新计算预签名**

本步的输入是域参数、验证密钥 Y、取自于 A.1.2.4.3 的赋值 $T=(T_1,T_2)$ 和来自于 A.1.2.4.2 的签名的第二部分 S。验证方将系数 (A,B,C) 赋予值 (S,T_1,T_2)，如签名函数所确定的那样，并且使用 E 中的如下公式计算得到预签名的重新计算值 $\overline{\prod}$：

$$\overline{\prod} = Y^{-A^{-1}B \bmod Q} G^{-A^{-1}C \bmod Q} \bmod P$$

A.1.2.4.5 **重新计算证据**

本步的计算同 A.1.2.3.4。验证方执行证据函数。输入为 A.1.2.4.4 的 $\overline{\prod}$ 和 A.1.2.4.1 的 M_1。输出为重新计算证据 $\overline{R}$。

A.1.2.4.6 **验证证据**

假设 M_2 为 A.1.2.4.1 的值，而 R 和 S 的值取自于 A.1.2.4.2。验证方首先检查是否 $0<R<Q$ 同时 $0<S<Q$。如果两个条件有一个不满足，签名应被拒绝。如果这两个条件均满足，验证方将 A.1.2.4.5 的重新计算证据 $\overline{R}$ 与 A.1.2.4.2 中的 R 值进行比较。如果 $\overline{R}=R$，则签名有效。

A.2 基于椭圆曲线的例子

A.2.1 椭圆曲线 DSA

下面的机制是DSA算法在椭圆曲线上的类比。[参见附录 D,附加椭圆曲线数学背景信息]因此它是一个利用椭圆曲线上的点的循环群 E 的签名机制。我们采用

$$(A,B,C)=(S,T_1,T_2)$$

其中$(T_1,T_2)=(-R,-H)$,并且 H 是消息 M 的散列权标。

因此签名公式变成为:

$$SK-RX+H\equiv 0(\bmod Q)$$

A.2.1.1 椭圆曲线 DSA 参数

F	一个有限域
E	有限域 F 上的椭圆曲线群
$\#E$	E 的基数
Q	$\#E$ 的素因子
G	阶为 Q 的椭圆曲线上的点

注：虽然标准文献中椭圆曲线群都写作加法形式,为了与以上的一般描述保持一致,我们仍使用乘法记号。

A.2.1.2 椭圆曲线 DSA 签名密钥和验证密钥的生成

签名实体的签名密钥是一个秘密生成的随机的或伪随机的整数 X,满足 $0<X<Q$ 的。其对应的公开验证密钥 Y 是

$$Y=G^X$$

用户的私有签名密钥 X 和公开验证密钥 Y 通常在一段时间内是固定不变的。签名密钥 X 必须被秘密保存。

A.2.1.3 椭圆曲线 DSA 的签名过程

A.2.1.3.1 生成随机数

生成随机的 $0<K<Q$ 的秘密整数 K。

A.2.1.3.2 生成预签名

本步的输入是随机数 K,签名实体计算

$$\prod=G^K$$

A.2.1.3.3 准备签名消息

消息被分成两部分,M_1 为空,和消息 M_2,$M_2=M$。

A.2.1.3.4 计算证据

签名实体计算 $R=\prod_X \bmod Q$,其中 $\prod_X$ 是点 $\prod$ 的 X 坐标,在范围$[1,Q-1]$中理解为一个整数(见 GB/T 17902.1—1999 中第 5.2 条)。

A.2.1.3.5 计算赋值

签名实体计算赋值$(T_1,T_2)=(-R,-H)$,其中 H 是消息 M 的散列权标。

A.2.1.3.6 计算签名的第二部分

签名为(R,S)。因此,

$$R=\prod_X \bmod Q$$

$$S=(K^{-1}(XR-H))\bmod Q$$

从而

$$(R,S)=((\prod_X)\bmod Q,(K^{-1}(XR-H))\bmod Q)$$

A.2.1.3.7 构造附录

附录是由(R,S)和一个可选文本字段 text 串接后得到的,为$(R,S)\|$text。

A.2.1.3.8 构造已签名的消息

已签名的消息是由消息 M 和附录串接后得到的，为 $M \| (R, S) \| \text{text}$。

A.2.1.4 椭圆曲线 DSA 的验证过程

验证实体需要验证过程所必需的数据项。

A.2.1.4.1 为验证准备消息

验证方从已签名的消息中检索 M，并且将消息分成两部分 M_1 和 M_2。M_1 为空，$M_2 = M$。

A.2.1.4.2 检索证据

验证方从附录中检索证据 R 和签名的第二部分 S。

A.2.1.4.3 检索赋值

本步等同于 A.2.1.3.5。赋值函数的输入是由取自于 A.2.1.4.2 的证据 R 和来自于 A.2.1.4.1 的 M_2 构成。赋值 $T = (T_1, T_2)$ 被重新计算，它是 A.2.1.3.5 的赋值函数的输出。

A.2.1.4.4 重新计算预签名

本步的输入是域参数、验证密钥 Y、取自于 A.2.1.4.3 的赋值 $T = (T_1, T_2)$ 和来自于 A.2.1.4.2 的签名的第二部分 S。验证方将系数 (A, B, C) 赋予值 (S, T_1, T_2)，如签名函数所确定的那样，并且使用如下公式计算得到预签名的重新计算值 $\overline{\prod}$：

$$\overline{\prod} = G^{-A^{-1} C \bmod Q} Y^{-A^{-1} B \bmod Q}$$

A.2.1.4.5 重新计算证据

本步的计算同 A.2.1.3.4。验证方运行证据函数。输入为 A.2.1.4.4 的 $\overline{\prod}$。输出为重新计算证据 $\overline{R}$。

A.2.1.4.6 验证证据

如果 M, R 和 S 是从已签名的消息中检索出来的值，并且 Y 是签名方的公开验证密钥。要验证签名，验证方首先检查是否 $0 < R < Q$ 且 $0 < S < Q$；如果两个条件有一个不满足，签名应被拒绝。如果这两个条件均满足，验证方将 A.2.1.4.5 的重新计算证据 $\overline{R}$ 与 A.2.1.4.2 中已检索出的 R 的内容进行比较。如果 $\overline{R} = R$，则签名有效。

附 录 B
（规范性附录）
基于因子分解的带附录的基于证书的数字签名的例子

这些签名机制的例子是基于GB 15851（确定性的）和ESIGN（随机化的）带有散列的数字签名。其方案在下面描述。

B.1 基于GB 15851的散列的数字签名

在GB 15851中所给的数字签名机制是基于因子分解的确定性签名机制。正因为如此，它不使用随机数或预签名。但有两个秘密素因子 P_1 和 P_2，它们在第7章的签名密钥中定义。

B.1.1 域参数的生成

域参数 Z 可选的包括系统范围验证指数 v 所作的指定。其他系统参数如散列函数可选的在域参数中指定。

B.1.2 签名密钥和验证密钥的生成

B.1.2.1 公开验证指数

如果在域参数集中没有指定，签名实体选择一个正整数 v，其中 $v<N$（模数）。

B.1.2.2 签名密钥的生成

签名实体秘密地生成由两个随机的或伪随机选取的不同素数 P_i 组成的集合 $\{P_1, P_2\}$，满足如下条件：

——如果 v 是奇数，则 P_i-1 应与 v 互素；

——如果 v 是偶数，则 $(P_i-1)/2$ 应与 v 互素，且 P_1-P_2 不应被8整除。

在 P_i 上的附加约束是可选的，其约束用于确保 $N=P_1P_2$ 的因子分解在计算上是不可行的。

签名实体计算公开模数 $N=P_1P_2$ 和签名指数 s，它是一个 mod N 的整数，满足 $0<s<N$，并且

$sv \equiv 1 \bmod \mathrm{lcm}(P_1-1, P_2-1)$，如果 v 为奇数；

$sv \equiv 1 \bmod 1/2\ \mathrm{lcm}(P_1-1, P_2-1)$，如果 v 为偶数。

签名密钥 X 是集合 $(\{P_1, P_2\}, s)$。

B.1.2.3 验证密钥的生成

验证密钥 Y 是集 (N, v)。

B.1.3 签名过程

签名过程是一个确定性的签名机制。因此，它不生成预签名。

B.1.3.1 准备签名消息

数据输入 $M_1=M$ 是消息，M_2 为空。

B.1.3.2 计算证据

确定性的证据是一个 mod N 的整数 H，它由消息的散列权标来确定。它是由ISO/IEC 10118中定义的填充散列码与一个可选的标识散列函数的控制域串接后得到的。如果散列函数不是域参数唯一指定的，则控制域是强制的。如果验证密钥是偶数，其散列权标可以用 *Jacobi* 符号 1 mod N / 2 的办法来强制得到。

B.1.3.3 计算签名

签名为 $S=H^s \bmod N$。

B.1.3.4 构造附录

附录是由签名和一个可选的文本字段 text 构成的。文本字段可以包含一个证书，证书以密码的手段将公开验证密钥与签名实体的标识数据捆绑起来。

B.1.3.5 构造已签名消息

已签名的消息是由消息 M 和附录串接后得到的，为 $M\|(S,\text{text})$。

B.1.4 验证过程

验证实体需要验证过程所需的必要数据项(见 GB/T 17902.1—1999 第 9 章)。

B.1.4.1 准备验证消息

验证方从已签名的消息中检索出 $M=M_1$。M_2 为空。

B.1.4.2 检索证据

证据 H 是由 B.1.3.2 的数据输入 M_1 重构而成的。

B.1.4.3 计算验证函数

使用由域参数 Z 或验证密钥 Y 得到的整数 v 和由验证密钥得到的整数 N，验证方计算：

$$\overline{H} = S^v \bmod N$$

如果验证指数为偶数，$\overline{H}$ 按照其模 8 的余数来修改。

B.1.4.4 验证证据

只有当检索出的证据 H 与重新计算出的证据 $\overline{H}$ 一致时，签名才有效。

B.2 ESIGN

B.2.1 域参数的生成

ESIGN 是使用整数 $N=P^2Q$ 作为模数的数字签名机制，其中 $P>Q$ 是素数，签名指数 s 等于验证指数 v，一个大于或等于 4 的整数。其公共指数可以包含在域参数中，或从附录的可选文本字段的证书中得到。另外，在域参数中指定的(可选的)是个整数 n，它指明了素数二进制的范围。通常，n 为用于表示 N 的比特数的 1/3。散列函数的范围限制到 $n-1$ 比特位(即：$0<H<2^{n-1}$)。

B.2.2 签名密钥和验证密钥的生成

B.2.2.1 签名密钥的生成

签名实体的签名密钥是一个秘密生成的集 $X=(\{P_1,P_2,P_3\},s)$，它由两个不同的随机或伪随机选取的素数和签名指数 s 来确定，其中 $P_1=P_2=P,P_3=Q$，且 $P>Q,s\geq 4$。因子 P 和 Q 应被秘密保存。

B.2.2.2 验证密钥的生成

验证密钥是一对整数 $Y=(N,v)$，其中 N 是乘积 $N=P_1P_2P_3=P^2Q$，v 是满足条件 $v=s\geq 4$ 的整数。

B.2.3 签名过程

ESIGN 的签名过程符合在 GB/T 17902.1—1999 第 8 章中描述的一般模型。它是使用确定性的证据和生成单部分签名的随机化签名机制。

B.2.3.1 生成预签名

预签名的计算分两步：

B.2.3.1.1 生成随机数

签名实体秘密地生成一个随机数，它是一个随机或伪随机的整数 $K \bmod PQ$，满足 $0<K<PQ$。本步的输出为 K，它由签名实体秘密保存。

B.2.3.1.2 生成预签名

本步的输入是随机数 K 和签名密钥 X。签名实体计算预签名 $\prod=(U,V)$，其中 $U=K^s \bmod N$ 且 $V=(sK^{s-1})^{-1} \bmod P$。预签名的第二部分 V 应秘密保存。

B.2.3.2 准备签名消息

对证据的计算来说，采用整个消息 M 来当作输入 M_1。$M_1=M$ 是消息；M_2 为空，见 GB/T 17902.1—1999 中的 8.2。

B.2.3.3 计算证据

确定性证据是消息的散列函数，表示为 H。其中 H 应小于 2^{n-1}。

B.2.3.4 计算签名

本步的输入是 P 和 Q，它们来自于签名密钥 X、在 B.2.3.1.1 中计算出的随机数 K、在 B.2.3.1.2 中计算出的预签名 $\prod=(U,V)$ 和在 B.2.3.3 中计算出的证据 H。签名 S 的计算使用公式：

$$S = K + (\lfloor (2^{2n}H - U)/PQ \rfloor V \bmod P)PQ \bmod N$$

本步的输出是签名 $\sum = S$。

B.2.3.5 构造附录

附录是由签名和一个可选文本字段 text 构成的。文本字段可以包含一个证书，证书以密码的手段将公开验证密钥与签名实体的标识数据捆绑起来。

B.2.3.6 构造已签名消息

已签名的消息是由消息 M 和附录串接后得到的，为 $M\|(S,\text{text})$。

B.2.4 验证过程

验证实体需要验证过程所需的必要数据项。

B.2.4.1 为验证准备消息

验证方从已签名的消息中检索出 $M=M_1$。M_2 为空。

B.2.4.2 检索证据

证据 H 是由数据输入 M_1 重新构成的。

B.2.4.3 计算验证函数

使用由域参数 Z 或验证密钥 Y 得到的整数 v，验证方计算 $\overline{H}$，它是 $S^v \bmod N$ 的高端 n 位。

B.2.4.4 验证证据

只有当重新构造的证据 H 与重新计算出的证据 $\overline{H}$ 一致时，签名才有效。

附 录 C
（资料性附录）
FIPS PUB 186 素数 P 和 Q 的生成

素数生成方案是使用SHA-1，由用户和提供"种子(SEED)"构造一个素数 Q 来开始的，其中素数 Q 的范围在 $2^{159}<Q<2^{160}$。一旦这步完成，同一个"种子(SEED)"值被用来构造一个范围在 $2^{L-1}<X<2^{L}$ 的 X。然后通过循环 X 生成一个同余 1 mod $2Q$ 的数来形成 P，描述如下：

使用如下所示的二进制扩充，范围在 $0\leqslant x<2^{g}$ 的整数被转换成长度为 g 的比特序列：

$$x = x_1 * 2^{g-1} + x_2 * 2^{g-2} + \cdots + x_{g-1} * 2 + x_g \rightarrow \{x_1, \cdots, x_g\}$$

反之，长度为 g 的比特序列 $\{x_1, \cdots, x_g\}$ 通过下述规则被转换成一个整数：

$$\{x_1, \cdots, x_g\} \rightarrow x_1 * 2^{g-1} + x_2 * 2^{g-2} + \cdots + x_{g-1} * 2 + x_g$$

注意：这个序列的第一位对应于该整数的最高位，而最后一位对应于该整数的最低位。

设 $L-1=n*160+b$，其中 b 和 n 为整数，且 $0\leqslant b<160$。

第 1 步，选择一个任意的至少为 160 比特序列，称之为 SEED。设 g 为 SEED 的比特长度。

第 2 步，计算 $U=\text{SHA}$ [SEED] XOR SHA [(SEED+1) mod 2^{g}]。

第 3 步，由 U 通过设置最高位(第 159 位)和最低位为 1 来形成 Q。以布尔操作的术语，$Q=U$ OR 2^{159} OR 1。注意到，$2^{159}<Q<2^{160}$。

第 4 步，用一个健壮的素性测试算法来测试 Q 是否为素数。(健壮的素性测试是指一个非素数的数通过测试被判别为素数的概率至多为 2^{-80})。

第 5 步，如果 Q 不是个素数，执行第 1 步。

第 6 步，置循环初始计数值 counter=0，步长为 offset=2。

第 7 步，对循环 $k=0,\cdots,n$，令 $V_k=\text{SHA}$[(SEED+offset+k) mod 2^{g}]。

第 8 步，设 W 为整数，$W=V_0+V_1*2^{160}+\cdots+V_{n-1}*2^{(n-1)*160}+(V_n \bmod 2^{b})*2^{n*160}$，并设 $X=W+2^{L-1}$。注意 $0\leqslant W<2^{L-1}$，从而 $2^{L-1}\leqslant X<2^{L}$。

第 9 步，设 $c=X \bmod 2Q$，并且令 $P=X-(c-1)$。注意 P 同余于 1 mod $2Q$。

第 10 步，如果 $P<2^{L-1}$，则运行第 13 步。

第 11 步，执行对 P 的健壮素性测试。

第 12 步，如果 P 通过第 11 步的测试，执行第 15 步。

第 13 步，置 counter=counter+1 且 offset=offset+n+1。

第 14 步，如果 counter$\geqslant 2^{12}=4\,096$，执行第 1 步，否则(即 counter<4 096)执行第 7 步。

第 15 步，保存 SEED 值和 counter 值以让他人验证 P 和 Q 的正确生成。

附 录 D
（资料性附录）
椭圆曲线数学背景

本附录中的内容直接取自 ANSI X9.62—1998《金融服务业的公钥密码系统：椭圆曲线数字签名算法(ECDSA)》。本附录还提供了附加椭圆曲线数学背景信息，它超出了本部分章条中所提供的内容。更多的椭圆曲线的数学信息请见 Menezes，A《椭圆曲线公钥密码系统》。

注意本附录中的一些记法与本部分中用得稍许有些不同。例如，本附录描述带加法记法的算法，而第 A.2 章中使用乘法记法。如 gx 转换为 xG，ab 转换为 $A+B$。

D.1 椭圆曲线和点

F_q 上定义的椭圆曲线 E 是一系列点 $P=(x_P,y_P)$ 的集合，其中 x_P 和 y_P 是 F_q 的元素，满足某一个方程。并且它还包括一个表示为 O 的无穷远点。有时称 F_q 为基域。

如果 $q=p$ 是个奇素数(所以基域为 F_p)，并且 $p>3$，则 a 和 b 应满足 $4a^3+27b^2\neq 0 \pmod p$，并且 E 上的每个点 $P=(x_P,y_P)$(不是点 O)应满足 F_p 中的如下方程：

$$y_P^2+x_P^3+ax_P+b$$

如果 $q=2^m$ 是 2 的幂(所以基域为 F_{2^m})，则 b 在 F_{2^m} 中应为非零，并且 E 上的每个点 $P=(x_P,y_P)$(不是点 O)应满足 F_{2^m} 中的如下方程：

$$y_P^2+x_Py_P=x_P^3+ax_P^2+b$$

椭圆曲线点 P(它不是无穷远点 O)由两个域元素，P 的 x 坐标和 P 的 y 坐标表示：$P=(x_P,y_P)$。

D.1.1 F_P 上的椭圆曲线加法规则

集合 $E(F_P)$ 构成一个群，并有如下的加法规则：

(i) $O+O=O$

(ii) 对所有 $(x,y)\in E(F_P)$，$(x,y)+O=O+(x,y)=(x,y)$。

(iii) 对所有 $(x,y)\in E(F_P)$，$(x,y)+(x,-y)=O$(即一个点 (x,y) 的逆元是 $-(x,y)=(x,-y)$)。

(iv)(规则适用于将两个不同的不互逆元的点相加)。

假设：$(x_1,y_1)\in E(F_P)$ 和 $(x_2,y_2)\in E(F_P)$ 是两个满足 $x_1\neq x_2$ 的点。

则：$(x_1,y_1)+(x_2,y_2)=(x_3,y_3)$

其中 $x_3=\lambda^2-x_1-x_2$，$y_3=\lambda(x_1-x_3)-y_1$，并且 $\lambda=(y_2-y_1)/(x_2-x_1)$。

(v)(规则适用于将一个点加倍)。

假设：$(x_1,y_1)\in E(F_P)$ 是满足 $y_1\neq 0$ 的点。

则：$2(x_1,y_1)=(x_3,y_3)$

其中 $x_3=\lambda^2-2x_1$，$y_3=\lambda(x_1-x_3)-y_1$，并且 $\lambda=(3x_1^2+a)/(2y_1)$

群 $E(F_P)$ 是可交换的，这意味着对 $E(F_P)$ 中的所有点 P_1 和 P_2，$P_1+P_2=P_2+P_1$。如果 $\#E(F_P)=p+1$，曲线被称为超奇异的；否则它是非超奇异的。

D.1.2 F_{2^m} 上的椭圆曲线加法规则

集合 $E(F_{2^m})$ 构成群，并有如下的加法规则：

(i) $O+O=O$

(ii) 对所有 $(x,y)\in E(F_{2^m})$，$(x,y)+O=O+(x,y)=(x,y)$。

(iii) 对所有 $(x,y)\in E(F_{2^m})$，$(x,y)+(x,x+y)=O$，(即一个点 (x,y) 的逆元是 $-(x,y)=(x,x+y)$)。

(iv)（规则适用于将两个不同的不互逆元的点相加）。

假设：$(x_1, y_1) \in E(F_{2^m})$和$(x_2, y_2) \in E(F_{2^m})$是两个满足 $x_1 \neq x_2$ 的点。

则：$(x_1, y_1) + (x_2, y_2) = (x_3, y_3)$

其中 $x_3 = \lambda^2 + \lambda + x_1 + x_2 + a$，$y_3 = \lambda(x_1 + x_3) + x_3 + y_1$，并且 $\lambda = (y_1 + y_2)/(x_1 + x_2)$。

(v)（规则适用于将一个点加倍）。

假设：$(x_1, y_1) \in E(F_{2^m})$是满足 $x_1 \neq 0$ 的点。

则：$2(x_1, y_1) = (x_3, y_3)$

其中 $x_3 = \lambda^2 + \lambda + a$，$y_3 = x_1^2 + (\lambda + 1)x_3$，并且 $\lambda = x_1 + y_1/x_1$。

群 $E(F_{2^m})$是可交换的，这意味着对 $E(F_{2^m})$中的所有点 P_1 和 P_2，$P_1 + P_2 = P_2 + P_1$。

附 录 E
（资料性附录）
带附录的基于证书的数字签名的数值例子

E.1 数字签名算法(DSA)

所有数值生成完整的说明在 FIPS PUB 186 附录 5 中给出。在本例中使用 16 进制表示如下数值。

E.1.1 DSA 参数

$L=200(512_{10})$

SEED=d5014e4b	60ef2ba8	b6211b40	62ba3224	e0427dd3	
F=2					
P=8df2a494	492276aa	3d25759b	b06869cb	eac0d83a	fb8d0cf7
Cbb8324f	0d7882e5	d0762fc5	b7210eaf	c2e9adac	32ab7aac
49693dfb	f83724c2	ec0736ee	31c80291		
Q=c773218c	737ec8ee	993b4f2d	ed30f48e	dace915f	
G=626d0278	39ea0a13	413163a5	5b4cb500	299d5522	956cefcb
3bff10f3	99ce2c2e	71cb9de5	fa24babf	58e5b795	21925c9c
c42e9f6f	464b088c	c572af53	e6d78802		

E.1.2 DSA 签名密钥和验证密钥

X=2070b322	3dba372f	de1c0ffc	7b2e3b49	8b260614	
Y=19131871	d75b1612	a819f29d	78d1b0d7	346f7aa7	7bb62a85
9bfd6c56	75da9d21	2d3a36ef	1672ef66	0b8c7c25	5cc0ec74
858fba33	f44c0669	9630a76b	030ee333		

E.1.3 DSA 每个消息的数据

K=358dad57	1462710f	50e254cf	1a376b2b	deaadfbf
K^{-1}=0d516729	8202e49b	4116ac10	4fc3f415	ae52f917

M=“abc”的 ASCII 码形式=616263

$h(M)$=a9993e36	4706816a	ba3e2571	7820c26c	9cd0d89d

E.1.4 DSA 签名

R=8bac1ab6	6410435c	b7181f95	b16ab97c	92b361c0
S=41e2345f	1f56df24	58f426d1	55b4ba2d	b6dcd8c8

E.1.5 DSA 验证数值

$\bar{R}$=8bac1ab6	6410435c	b7181f95	b16ab97c	92b341c0

E.2 Pointcheval/vaudenay 签名算法

下列数值用 16 进制记法表示。

E.2.1 Pointcheval/vaudenay 参数

$L=200(512_{10})$

F=2

P=8df2a494	492276aa	3d25759b	b06869cb	eac0d83a	fb8d0cf7
Cbb8324f	0d7882e5	d0762fc5	b7210eaf	c2e9adac	32ab7aac
49693dfb	f83724c2	ec0736ee	31c80291		

Q=c773218c 737ec8ee 993b4f2d ed30f48e dace915f

G=626d0278 39ea0a13 413163a5 5b4cb500 299d5522 956cefcb
3bff10f3 99ce2c2e 71cb9de5 fa24babf 58e5b795 21925c9c
c42e9f6f 464b088c c572af53 e6d78802

E.2.2 Pointcheval/vaudenay 签名密钥和验证密钥

X=2070b322 3dba372f de1c0ffc 7b2e3b49 8b260614

Y=19131871 d75b1612 a819f29d 78d1b0d7 346f7aa7 7bb62a85
9bfd6c56 75da9d21 2d3a36ef 1672ef66 0b8c7c25 5cc0ec74
858fba33 f44c0669 9630a76b 030ee333

E.2.3 Pointcheval/vaudenay 每个消息的数据

K=358dad57 1462710f 50e254cf 1a376b2b deaadfbf

K^{-1}=0d516729 8202e49b 4116ac10 4fc3f415 ae52f917

M="abc"的 ASCII 码形式=616263

E.2.4 Pointcheval/vaudenay 签名

R=8bac1ab6 6410435c b7181f95 b16ab97c 92b361c0

$R\|M$=8bac1ab6 6410435c b7181f95 b16ab97c 92b361c0 616263

$h(R\|M)$=2048680b 36d19516 cf78e869 beae7bc9 ab5dc543

S=5bfdac3d 665fa38f 6ed315b3 b2f41b86 15187ccd

E.2.5 Pointcheval/vaudenay 验证数值

$\overline{\Pi}$=2fc6cb9a c3be0eac 3daf02ee fb96fca3 846708a2 8dd05730
165fe509 42f7f07e dfef8e52 fcb9369e 3814aa24 607e8047
5d0e61ad 461d6b16 b6cec5ba ae58946e

$\bar{R}$=8bac1ab6 6410435c b7181f95 b16ab97c 92b341c0

E.3 椭圆曲线 DSA

在下面的例子中,SHA-1 专门用于散列函数,以便散列权标仅仅按照附录 C 对应的数据项转换出 SHA-1 数值。

注:从安全考虑,避免密码性质脆弱的曲线很重要(即:应确保采用的椭圆曲线不受对一些特殊的曲线有效的离散对数算法的攻击)。

E.3.1 例 1:域 F_{2^m},m=191

E.3.1.1 椭圆曲线 DSA 参数

域 $F_{2^{191}}$ 表示为模不可约多项式 $x^{191}+x^9+1$。

曲线为 $F_{2^{191}}$ 上的 $E:Y^2+XY=X^3+aX^2+b$,其中(16 进制)

a=2866537b 67675263 6a68f565 54e12640 276b649e f7526267

b=2e45ef57 1f00786f 67b0081b 9495a3d9 5462f5de 0aa185ec

基点为 $G=(G_X,G_Y)$,其中(16 进制)

G_X=36b3daf8 a23206f9 c4f299d7 b21a9c36 9137f2c8 4ae1aa0d

G_Y=765be734 33b3f95e 332932e7 0ea245ca 2418ea0e f98018fb

G 的阶为(10 进制)

Q=1569275433846670190958947355803350458831205595451630533029

E.3.1.2 椭圆曲线 DSA 签名密钥和验证密钥

签名密钥为

X=1275552191113212300012030439187146164646146646463749494799

验证密钥为

$Y=G^X=(Y_X, Y_Y)$，其中(16进制)

Y_X=5de37e75 6bd55d72 e3769cb30 96ffeb96 2614dea4 ce28a2e7

Y_Y=55c0e0e0 2f5fb132 caf416ef 85b229bb b8e13520 03125ba1

E.3.1.3 椭圆曲线 DSA 每个消息的数据

M="abc"的 ASCII 码形式=616263

$h(M)$=a9993e36 4706816a ba3e2571 7820c26c 9cd0d89d

按照附录 C 它被转换成一个整数以得到

H=968236873715988614170569073515315707566766479517

随机数的值被解释作一个 mod Q 的整数，如：

K=1542725565216523985789236956265265265235675811949404040041

E.3.1.4 椭圆曲线 DSA 签名

$\prod = G^K = (\prod_X, \prod_Y)$

$\prod_X$ =438e5a11 fb55e4c6 5471dcd4 9e266142 a3bdf2bf 9d5772d5

$\prod_Y$ =2ad603a0 5bd1d177 649f9167 e6f475b7 e2ff590c 85af15da

$R = \prod_X$，按照附录 C 它被转换成一个 mod Q 的整数。

R=876194383164871543355722284926904419997237591535066528048 mod Q

S=308992691965804947361541664549085895292153777025772063598 mod Q

E.3.1.5 椭圆曲线 DSA 验证

重新计算的预签名是按照 A.2.1.4.4，由接收的消息和验证密钥得到的。

$\overline{\prod} = (\overline{\prod}_X, \overline{\prod}_Y)$，其中(16进制)

$\overline{\prod}_X$ =438e5a11 fb55e4c6 5471dcd4 9e266142 a3bdf2bf 9d5772d5

$\overline{\prod}_Y$ =2ad603a0 5bd1d177 649f9167 e6f475b7 e2ff590c 85af15da

重新计算的证据 $\bar{R}$ 是 $\overline{\prod}_X$，它被转换成一个 mod Q 的整数。

$\bar{R}$=876194383164871543355722284926904419997237591535066528048

E.3.2 例 2：域 F_P，192 比特素数 p

E.3.2.1 椭圆曲线 DSA 参数

域是 F_P，其中

p=6277101735386680763835789423207666416083908700390324961279

F_P 上的曲线是 $E: Y^2 = X^3 + aX + b$，其中(16进制)

a=ffffffff ffffffff ffffffff fffffffe ffffffff fffffffc

b=64210519 e59c80e7 0fa7e9ab 72243049 feb8deec c146b9b1

基点是 $G=(G_X, G_Y)$，其中(16进制)

G_X=188da80e b03090f6 7cbf20eb 43a18800 f4ff0afd 82ff1012

G_Y=07192b95 ffc8da78 631011ec 6b24cdd5 73f977a1 1e794811

G 的阶为(10进制)

Q=6277101735386680763835789423176059013767194773182842284081

E.3.2.2 椭圆曲线 DSA 签名密钥和验证密钥

随机的选择签名密钥，并且秘密保存它。它的值是一个 mod Q 的整数，为

X=651045770906015076056810763456358567190100156695615665659

其对应的验证密钥由 $Y=G^X=(Y_X, Y_Y)$ 来给出，其中(16进制)

Y_X=62b12d60 690cdcf3 30babab6 e69763b4 71f994dd 702d16a5

Y_Y=63bf5ec0　8069705f　fff65e5c　a5c0d697　16dfcd34　74373902

E.3.2.3　椭圆曲线 DSA 每个消息的数据

M="abc"的 ASCII 码形式=616263

$h(M)$=a9993e36　4706816a　ba3e2571　7820c26c　9cd0d89d

按照附录 C 它被转换成一个整数，以得到

H=968236873715988614170569073515315707566766479517

随机数的值被解释作一个 mod Q 的整数，它由 K 给出：

K=614050706706500106306506556566740556000616155656566565654

E.3.2.4　椭圆曲线 DSA 签名

$\Pi = G^K = (\Pi_X, \Pi_Y)$，其中(16 进制)

Π_X=88505238　0ff147b7　34c330c4　3d39b2c4　a89f29b0　f749fead

Π_Y=9cf9fa1c　befefb91　7747a3bb　29c072b9　289c2547　884fd835

$R = \Pi_X$，按照附录 C 它被转换成一个 mod Q 的整数。

R=3342403536405981729393488334694600415596881826869351677613 mod Q

按照 A.2.1 中给出的签名函数计算得到的签名值为：

S=5735822328888155254683894997897571951568553642892029982342 mod Q

E.3.2.5　椭圆曲线 DSA 验证

散列代码是由接收的消息计算出的：

$\overline{M}$="abc"的 ASCII 码形式=616263

$h(\overline{M})$=a9993e36　4706816a　ba3e2571　7820c26c　9cd0d89d

重新计算的散列权标是 $h(\overline{M})$，按照附录 C 它被转换成一个 mod Q 的整数。

$\overline{H}$=968236873715988614170569073515315707566766479517

重新计算的预签名是按照 A.2.1.4.4 的 $\Pi = (\overline{\Pi}_X, \overline{\Pi}_Y)$，由接收的消息和验证密钥得到的，其中(16 进制)

$\overline{\Pi}_X$=88505238　0ff147b7　34c330c4　3d39b2c4　a89f29b0　f749fead

$\overline{\Pi}_Y$=9cf9fa1c　befefb91　7747a3bb　29c072b9　289c2547　884fd835

重新计算的证据 $\bar{R}$ 是 $\overline{\Pi}_X$，它被转换成一个 mod Q 的整数。

$\bar{R}$=3342403536405981729393488334694600415596881826869351677613

由于重新计算的证据等于检索出的证据，签名被验证。

E.4　基于 GB 15851—1995 的带散列的数字签名

在本例中，所有数值均以 16 进制来表示。本例来自于美国 ANSI 标准 X9.31。X9.31 中的例子，使用一个非标准化的整数 mod N 表示。为了与本标准一致，需要修改这些整数数值。

E.4.1　v 为奇数($v=3$)的例子

E.4.1.1　签名密钥和验证密钥的生成

E.4.1.1.1　公开验证指数

$v=3$

E.4.1.1.2　私有签名密钥

E.4.1.1.2.1　私有素因子

P_1=d8cd81f0　35ec57ef　e8229551　49d3bff7　0c53520d
769d6576　646c7a79　2e16ebd8　9fe6fc5b　6060bd97
8ed64a90　59c5b039　98a0e94c　86d78b85　ba37b5af
d987505f

P_2=cc109249	5d867e64	065dee3e	7955f2eb	c7d47a2d
7c995338	8f97dddc	3e1ca19c	35ca659e	dc3d6c08
f64068ea	fedbd911	27f9cb7e	dc174871	1b624e30
b857caad				

E.4.1.1.2.2　私有签名指数

s=1ccda20b	cffb8d51	7ee96668	66621b11	822c7950
D55f4bb5	bee37989	a7d17312	e326718b	e0d62ccb
11415f78	b36be2e6	0d599d4e	41346c82	d845498a
81b2f663	2fd7d1cc	efcabf74	17350238	109ec289
d5382762	b77a1c99	96dd1d2b	71a52faf	52aba9de
d19f3f5d	5d71d054	73ec9c79	92d84128	0bac72b8
7bf51eb1	ccb65c87			

E.4.1.1.3　公开验证模数

N=acd1cc46	dfe54fe8	f9786672	664ca269	0d0ad7e5
003bc642	7954d939	eee8b271	52e6a947	45050cc2
67883cd4	34875164	5019afd5	873a8b11	119fb93f
0a31c654	c3ecff07	3233530c	79be90e0	26e2421d
d378b88b	40136c48	7d33075a	1612ab90	c5b75d33
2659a5d0	b5c19576	102d3424	31ac3bbb	a8f98449
bd58bc0b	5e254633			

E.4.1.2　签名的生成

M=“abc”的 ASCII 码形式=616263

$h(M)$=a9993e36	4706816a	ba3e2571	7850c26c	9cd0d89d

字符串 $x'33cc'$后缀于散列权标，它表示该散列函数是 SHA-1。由半个字节 $x'b'$重复构成的填充部分(最右边尾部半个字节总是 16 进制值 $x'a'$，作为它与散列函数 $h(M)$的分隔字段)是散列的前缀。它是以 16 进制头的值 $x'6'$为领头的。

H=6bbbbbbb	bbbbbbbb	bbbbbbbb	bbbbbbbb	bbbbbbbb
bbbbbbbb	bbbbbbbb	bbbbbbbb	bbbbbbbb	bbbbbbbb
bbbbbbbb	bbbbbbbb	bbbbbbbb	bbbbbbbb	bbbbbbbb
bbbbbbbb	bbbbbbbb	bbbbbbbb	bbbbbbbb	bbbbbbbb
bbbbbbbb	bbbbbbbb	bbbbbbbb	bbbbbbbb	bbbbbbbb
bbbbbbbb	bbbaa999	3e364706	816aba3e	25717850
c26c9cd0	d89d33cc			

$S=H^s \bmod N$ 现在计算如下：

S=500abdc2	48d78e2d	b9182a98	7b296e93	53083435
070fbe16	b1629a30	7cab53d3	c9b70611	bffa479e
cb744397	b01c6f1c	b4775051	1510005e	e9f83709
15788172	98db07fb	b746c6d7	774bb069	64244463
3abc79c2	0cb81f8b	df9ff07e	eba2efc3	11a80438
622492c8	89fc0b17	4681e5ce	427149c9	8fe34580
5112f4d2	d8b53761			

E.4.1.3　签名的验证

计算值 $\overline{H}=S^v \bmod (N)$。

$\overline{H}$=6bbbbbbb bbbbbbbb bbbbbbbb bbbbbbbb bbbbbbbb
bbbbbbbb bbbbbbbb bbbbbbbb bbbbbbbb bbbbbbbb
bbbbbbbb bbbbbbbb bbbbbbbb bbbbbbbb bbbbbbbb
bbbbbbbb bbbbbbbb bbbbbbbb bbbbbbbb bbbbbbbb
bbbbbbbb bbbbbbbb bbbbbbbb bbbbbbbb bbbbbbbb
bbbbbbbb bbbaa999 3e364706 816aba3e 25717850
c26c9cd0 d89d33cc

由于 $\overline{H}=H \bmod (N)$，签名被验证。

E.4.2 v 为偶数($v=2$)的例子

用美国 ANSI 标准 X9.31 填充以确保任何有效证据以 16 进制值 $x'c'$或 $x'6'$结尾。

E.4.2.1 签名密钥和验证密钥的生成

E.4.2.1.1 公开验证指数

$v=2$

E.4.2.1.2 私有签名密钥

E.4.2.1.2.1 私有素因子

P_1=dbb3cb4c 375c0ecd 2fd300db 4f085472 93ca004c
Edd2019c e79ca08a 15eefb25 dd3baf98 183b0c2f
01d7f8b4 931856f6 dd3eba17 7d763c03 e1dceabc
d803be33

P_2=eeaa4a53 47999fe7 6fb78760 64bbec66 cb409a77
39ef5a59 06613dc3 7225d41d 2beb1f9f 5ec77a85
38767a87 bb7015d6 07ff26de 61282753 9306ba1c
fff093a7

E.4.2.1.2.2 私有签名指数

s=199a6985 e9b2bff5 a2841ccc 580fc73a 28a14266
0987eb12 3dbcaeb2 b8ee546d 2356a3a5 7d9c28ed
71e455c4 466cbe30 7787dc5a 9959b747 5a189a8f
038a4741 e4b10153 be08c26e 4401f7ab 6e7e9609
2caf07c0 870b13b6 4f669667 3029ec2c 77aabc39
7fa528a2 45d7073c e69cc9bd cd7bef91 599dca48
4000c0bd 8ab0814e

E.4.2.1.3 公开验证模数

N=ccd34c2f 4d95ffad 1420e666 c07e39d1 450a1330
4c3f5891 ede57595 c772a369 1ab51d2b ece1476b
8f22ae22 3365f183 bc3ee2d4 cacdba3a d0c4d478
1c523a10 efe6203d 6f3bc226 bf9a4597 27b8f122
c482d8c8 6019f9a8 69329187 096430a6 c67cb103
742bcbc6 6906ad23 836ebabb 511d5d80 ab8cb599
74e9aac6 2d785c45

E.4.2.2 签名的生成

M="abc"的 ASCII 码形式=616263

$h(M)$=a9993e36 4706816a ba3e2571 7850c26c 9cd0d89d

字符串 $x'33cc'$后缀于散列权标，它表示该散列函数是 SHA-1。由半字节 $x'b'$重复构成的填充部分

(最右边尾部半个字节总是 16 进制值 $x'a'$，作为它的散列函数 $h(M)$ 的分隔字段）是散列的前缀。它是以 16 进制头的值 $x'6'$ 为领头的，用于给出一个中间值 H'。

H'=6bbbbbbb	bbbbbbbb	bbbbbbbb	bbbbbbbb	bbbbbbbb
bbbbbbbb	bbbbbbbb	bbbbbbbb	bbbbbbbb	bbbbbbbb
bbbbbbbb	bbbbbbbb	bbbbbbbb	bbbbbbbb	bbbbbbbb
bbbbbbbb	bbbbbbbb	bbbbbbbb	bbbbbbbb	bbbbbbbb
bbbbbbbb	bbbbbbbb	bbbbbbbb	bbbbbbbb	bbbbbbbb
bbbbbbbb	bbbaa999	3e364706	816aba3e	25717850
c26c9cd0	d89d33cc			

由于对于 n 来说 H' 的 Jacobi 符号 (H'/N) 是 -1，H' 在签名前被 2 除以使 $H=H'/2$ 的 Jacobi 符号为 $+1$。

H=35dddddd	dddddddd	dddddddd	dddddddd	dddddddd
dddddddd	dddddddd	dddddddd	dddddddd	dddddddd
dddddddd	dddddddd	dddddddd	dddddddd	dddddddd
dddddddd	dddddddd	dddddddd	dddddddd	dddddddd
dddddddd	dddddddd	dddddddd	dddddddd	dddddddd
dddddddd	dddd54cc	9f1b2383	40b55d1f	12b8bc28
61364e68	6c4e99e6			

现在 $S=H^s \bmod N$ 计算如下：

S=232f0e08	eb9a2395	7646697f	c7884796	d39a04fd
0eff5b72	b60813d4	e6919178	91c96603	876d0879
3aad86da	f2e6187f	f62c226e	81bd6b99	3b27091e
0864895a	f10f222a	eb022961	b444d312	ea3db789
1d4550b2	80cf2469	3d4465b9	57e53cbd	b0f8c29d
2b5ee154	5d6c91a4	5eaaacec	0096d8a5	e4cfe06a
2cd320bd	f853d817			

E.4.2.3 签名的验证

计算中间值 $\overline{H}'=S^v \bmod (N)$。

$\overline{H}'$=96f56e51	6fb821cf	36430888	e2a05bf3	562c3552
6e617ab4	100797b7	e994c58b	3cd73f4e	0f03698d
b144d044	558813a5	de6104f6	ecefdc5c	f2e6f69a
3e745c33	1208425f	915de448	e1bc67b9	49db1344
e6a4faea	823c1bca	8b54b3a9	2b8652c8	e89ed325
964dede8	8b295856	e4539738	10680061	98d3f971
13b35c5d	c129c25f			

由于 $\overline{H}'$ 以 16 进制值 $x'f'$ 结尾，它不是一个以 $x'c'$ 或 $x'6'$ 结尾的有效证据值，所以计算 $\overline{H}=(N-\overline{H}')$

$\overline{H}$=35dddddd	dddddddd	dddddddd	dddddddd	dddddddd
dddddddd	dddddddd	dddddddd	dddddddd	dddddddd
dddddddd	dddddddd	dddddddd	dddddddd	dddddddd
dddddddd	dddddddd	dddddddd	dddddddd	dddddddd
dddddddd	dddddddd	dddddddd	dddddddd	dddddddd
dddddddd	dddd54cc	9f1b2383	40b55d1f	12b8bc28
61364e68	6c4e99e6			

签名被验证。

E.5 ESIGN 签名算法

E.5.1 ESIGN 域参数

$n=768$

$s=v=1024$

E.5.2 签名密钥和验证密钥

E.5.2.1 签名密钥

签名密钥由两个素数 P 和 Q 组成，它们的值(以 16 进制表示)为

$P_1=P_2=P=$	fd3764f3	7b98dfe4	8e30b2c4	004e2d03
	0a5e8018	2f94b156	fe6e4b5f	16f902da
	d60e4730	30deab98	75f3d749	de79c361
	8874d195	4102dfe0	47637bab	495c7dc2
	912fdeb9	4b2d5eca	b798e90e	c6e634b7
	b4f1153b	4d9f4bd0	3c45cfc7	2600e549
$P_3=Q=$	8332d671	713a0dea	71e9453a	b323c499
	2455d957	ef6985a5	3770af04	e1c76529
	a0bc855e	ca025f9c	540cf0b5	3684ea5e
	5777b647	17e78b99	1c2bacb6	9befed40
	f414d805	a1594e56	90ce67f6	42c42714
	7c94ba1f	2dc9adf8	eacd114b	1723700f

E.5.2.2 验证密钥

验证密钥由验证指数 $v=s=1024$ 和模数组成，它的值(以 16 进制给出)为

$N=$	805c6554	66eea57c	a1798241	5aa1aca7
	Df54ab5c	17953109	9a08cf05	5d6bd99f
	7e5d4ff8	98cb633b	3368dac6	8c3ff751
	1c5ccf45	6ade1aa2	20558dad	17d466df
	f0e7f3b9	3ddd6934	07a18a66	bc74ceb1
	ebac6901	4b6ce22a	78e70676	4ca5de4d
	196c7007	54cb46c7	30f77bc0	bc1955cc
	fb26df7e	4c005dc7	b836acc2	f04e696b
	10578b6d	2cb993f3	4a01fb95	2727517f
	4ab8499a	51829133	16b2fcaa	5c594c3e
	9b8b24ec	313c8863	4b7bbfef	bfdac7eb
	689c79a8	6b5c4401	b7ece53c	ab9f2326
	25c70842	2f5fe450	9631128d	a2775427
	0af91fc9	b09800a0	e4339609	aa9a10b6
	2f6812f1	91a3d598	177001a0	88db58a4
	ad2fef5a	230735e0	0aeb8031	50403d11
	51f15167	65bada30	d57f2b4c	b9438e59
	551828f1	9704aab5	4169f107	e66dae3f

E.5.3 ESIGN 签名过程

E.5.3.1 ESIGN 预签名

E.5.3.1.1 ESIGN 随机数

随机数(以 16 进制给出)为:

K=76a4d0dd	5b024775	2d546ca4	27b6e8be
18db2ba7	33842cb7	4399b33f	ca7bfaca
346fcf34	77f20811	5576e1e1	bb3af124
08633c3f	b1928eab	3a1645ae	b58cff4a
9265cc40	8f3f3ad6	8a4ae202	a11511d0
06bb0023	1c86e725	a39af1a6	b1c83f2c
38716dd2	49c82a4f	dc7be305	2c78ffb4
887f7935	ce3932ee	baa8c80b	7491e0b6
38d5f816	3794ec9c	158f088e	1a93bef8
93199aa1	e07bc11f	86fbcf75	76f28b89
261fe806	baff4451	83209223	807f5012
6d4c983c	be96c6de	6acbdc5f	9ef1d975

E.5.3.1.2 ESIGN 预签名

预签名为 $\prod = (U,V)$,其中 $U = K^s \bmod N$ 和 $V = (sK^{s-1})^{-1}$ 具有如下值(以 16 进制给出):

U=7350f3fd	13a3e49b	4c7f83ed	334e45e6
28c9aa65	a2a9298c	c6e52b23	fdb1ae1e
2197da72	ae23af02	9241408c	df5287bb
04cf88cc	871721ed	d887a1bc	a8e261f3
69a85e6c	77bf1a97	f411fd5b	5421c276
250c92e4	06954b0b	7fb59209	b8940feb
6a20d4d6	ffee125b	959e8f9f	2486ac2c
9f609561	363b7b7e	3fd93410	94c9d507
3c5075b3	71a41b98	d7e98778	d52922a2
319fed3b	88af194d	841f9837	6f4b905c
e2835b36	1c226bef	b3b2dd84	c8a69b19
6ae5bb51	92b6db42	7e75dd07	a3a2bdf2
8c6aff24	482fdc8b	3592ff0a	e130da0c
513d9d75	31089919	6c94c114	10b90ee8
78fcaa83	02232bbf	17960b74	4e411455
4eb04652	c23b9d13	7f959e06	5499fcf4
7853786b	eaf792d8	b8e76c92	6bc17587
346b2187	d7059cad	9a01df44	475fec58

并且

V=037c592f	20a80f8c	9b296800	12f1d8a8
ede80cde	1a89ae4d	3e73014c	2eca84ae
313c5a34	13388e16	e2ebe89f	42510a45
f68d0417	00ee31f3	f5e3340e	bcd1d226
dbf0b6aa	7d5eabc0	57c90d78	618e2836
28d6eb9e	79d7cef7	82d8cb35	e91f0cb9

E.5.3.2 ESIGN 消息依赖的数据

M="abc"的 ASCII 码形式=616263

$h(M)$=a9993e36　4706816a　ba3e2571　7850c26c　9cd0d89d

字符串 $x'33cc'$后缀于散列权标，它表示该散列函数是 SHA-1。由半字节 $x'b'$重复构成的填充部分（最右边尾部半个字节总是 16 进制值 $x'a'$，作为它与散列函数 $h(M)$的分隔字段）是散列的前缀。它是以 16 进制头的值 $x'6'$为领头的，其中半字节的第三位表明它是一个非零长度的消息。结果生成的散列权标是一个小于 2^{n-1}的整数。其值为（16 进制）：

H=6bbbbbbb	Bbbbbbbb	bbbbbbbb	bbbbbbbb
bbbbbbbb	Bbbbbbbb	bbbbbbbb	bbbbbbbb
bbbbbbbb	Bbbbbbbb	bbbbbbbb	bbbbbbbb
bbbbbbbb	Bbbbbbbb	bbbbbbbb	bbbbbbbb
bbbbbbbb	Bbbbbbbb	bbbaa999	3e364706
816aba3e	25717850	c26c9cd0	d89d33cc

E.5.3.3　ESIGN 签名

签名 $S=K+(\lfloor(2^{2n}H-U)/PQ\rfloor V \bmod P)PQ \bmod N$ 具有如下给出值（16 进制）：

S=53491b7d	54b79d59	a9a16251	e6192609
3336ffb6	368ae323	386360cc	4af5ded3
8a86dd1a	9f3061f7	b66dde43	7d4aa7a1
0b533cb7	89f5c025	d74a4fea	6601fb2e
00241743	fd143a85	6836ba63	d62aa0fe
151636ea	adb8c7c9	cafb5f78	3053227c
0e76bb1b	b889ba2d	73ea27d4	05133979
5502c867	7087de5f	4941f5c8	82a2713f
5f2d0781	ad765763	b930bf8a	0fcb7def
1b38696c	0b072aeb	5f9f03d1	44c07c85
5989bc79	9765836d	20299357	b9b636bc
fb778b07	faeefbff	57d73a5e	6c35fd4e
a31cc4ae	497ea98e	3e07cc00	0368de91
6559069c	a2362bfc	1b7aff82	32c4fe35
707cc105	e0cf460f	62dc0c99	ecf31551
6bbafacc	b4de790c	f55e384a	1901f624
d351bb3f	d3443467	5f53cf13	6ac986fc
0a71fe11	772ba428	fb09967e	c9b9c8dc

E.5.4　ESIGN 验证

E.5.4.1　证据的重新计算

验证方从接收到的消息中计算证据，方法同 C.5.3.2。

H=6bbbbbbb	bbbbbbbb	bbbbbbbb	bbbbbbbb
bbbbbbbb	bbbbbbbb	bbbbbbbb	bbbbbbbb
bbbbbbbb	bbbbbbbb	bbbbbbbb	bbbbbbbb
bbbbbbbb	bbbbbbbb	bbbbbbbb	bbbbbbbb
bbbbbbbb	bbbbbbbb	bbbaa999	3e364706
816aba3e	25717850	c26c9cd0	d89d33cc

E.5.4.2　证据的重新构造

重新构造的证据 $\overline{H}$ 是值 $S^V \bmod N$ 的高端 n 位，它的值给出如下（16 进制）：

$\overline{H}$ = 6bbbbbbb	bbbbbbbb	bbbbbbbb	bbbbbbbb
bbbbbbbb	bbbbbbbb	bbbbbbbb	bbbbbbbb
bbbbbbbb	bbbbbbbb	bbbbbbbb	bbbbbbbb
bbbbbbbb	bbbbbbbb	bbbbbbbb	bbbbbbbb
bbbbbbbb	bbbbbbbb	bbbaa999	3e364706
816aba3e	25717850	c26c9cd0	d89d33cc

注意，这与前面重新计算的证据 H 一致。

附　录　F
（资料性附录）
所选签名方案具有的特性

下表提供了各种签名机制的可能具有的优点：

签名机制	具有的特性
数字签名算法	美国 U.S. FIPS；被广泛接受
Pointcheval/Vaudenay	具有声称可证明安全性的 DSA 变形
椭圆曲线 DSA	ANSI 标准，期望成为 FIPS，高效存储，节省宽带，高效计算
基于 GB 15851 的带散列的数字签名	确定性签名；广泛使用，快速验证
ESIGN	快速

附 录 G
（资料性附录）
专利信息

GB/T 17902 的本部分制定中，等同采用了国际标准 ISO/IEC 14888-3:1998 附录 G 的专利信息。

关于专利的使用遵照国家有关规定。

国际标准的有关专利信息如下：

在该国际标准（ISO/IEC 14888-3:1998）的准备期间，收集了该国际标准的应用所需要的相关专利信息。相关专利如下表所示。但是，关于专利的有效性或范围，ISO/IEC 没有给出权威的或全面的信息。

这些注册专利的持有者已经声明，如果寻求授权许可的使用方同意付费，将在适当的条件下给予许可，使其能够应用本部分。

进一步的信息可从专利持有者那里得到。

专业范围	发明者	专利号	发布日期	联系地址
RSA 系统	Rivest-Shamir-Adleman	US 4,405,829	1983-09-20	RSA Data Security, Inc. Director of Licensing 2955 Campus Drive, Suite 400 San mateo, CA 94403 2507 USA
ESIGN 签名	Okamoto et al	US 4,625,076	1986-11-25	NTT 20-2 Nishi-shinjuku 3-Chome Shinjuku-ku Tokyo 163-1419 Japan
RSA 签名	Kravitz	US 5,231,668	1993-07-27	[不需要许可]

参 考 文 献

ANSI X9. 62—1998, *Public Key Cryptography For the Financial Services Industry: The Elliptic* Curve Digital Signature Algorithm(ECDSA)

FIPS PUB 180, 11 May 1993, *Secure Hash Standard*, U. S. National Institute of Standards and Technology, Gaithersburg, Maryland.

FIPS PUB 180-1, 17 April 1995, *Secure Hash Standard*, Revision 1, U. S, National Institute of Standards and Technology, Gaithersburg, Maryland.

FIPS PUB 186, 1994, *Digital Signature Standard*, U. S. National Institute of Standards and Technology, Gaithersburg, Maryland.

FIPS PUB 186 Change Notice, 30 December 1996.

Koblitz, N. , "*Elliptic Curve Cryptosystems*," Math. Comp. , 48(1987), pp. 203-209.

Miller, V. , "*Use of Elliptic Curves in Cryptology*," Advances in Cryptology Proceedings of CRYPTO'85, LNCS 218, Springer-Verlag 1986, pp. 417-425.

Menezes, A. ,《*Elliptic Curve Public Key Cryptosystems*,》Kluwer Academic Publishers, 1993.

ICS 29.030
K 14

中华人民共和国国家标准

GB/T 17951—2005
代替 GB/T 17951—2000

硬磁材料一般技术条件

Standard specification for magnetically hard materials

(IEC 60404-8-1:2001,MOD)

2005-09-19 发布 2006-06-01 实施

中华人民共和国国家质量监督检验检疫总局
中国国家标准化管理委员会 发布

前　言

本标准修改采用国际电工委员会标准 IEC 60404-8-1:2001《磁性材料　第8部分:第一篇:单项材料规范——硬磁材料》及其修正案1(2004)。

本标准是对 GB/T 17951—2000《硬磁材料一般技术条件》的修订。

标准结构按 GB/T 20000.2—2001《标准化工作指南　第2部分:采用国际标准的规则》的要求重新进行编排。

本标准根据 IEC 60404-8-1:2001 及其修正案1(2004)重新起草。在附录B中给出了本标准章条编号与 IEC 60404-8-1:2001 章条编号的对照一览表。

本标准在采用 IEC 60404-8-1 时,在技术内容上做了少量修改。有关技术性差异已编入正文中并在它们所涉及的条款的页边空白处用垂直单线标识。在附录C中给出了这些技术性差异及其原因的一览表以供参考。

本标准与 GB/T 17951—2000 相比主要变化如下:

——材料按冶金特性分类;

——将粘结磁体单独归为一节;

——删去了R2铂-钴合金(PtCo)和R4铜-镍-铁合金(CuNiFe);

——增删了部分牌号;

——部分牌号的代号和主要磁特性规定的最低值有所调整。

本标准的附录A、附录B和附录C均为资料性附录。

本标准由全国电工合金标准化技术委员会提出。

本标准由全国电工合金标准化技术委员会归口。

本标准起草单位:桂林电器科学研究所。

本标准主要起草人:谢永忠、詹亚萍、谢忠光。

本标准于2000年首次发布,本次为第一次修订。

硬磁材料一般技术条件

1 范围

本标准规定了主要硬磁材料(又称永磁材料)主要磁特性的最低值和尺寸公差。为提供一些参考信息,本标准也给出了材料的密度值和化学成分范围。

2 规范性引用文件

下列文件中的条款通过本标准的引用而成为本标准的条款。凡是注日期的引用文件,其随后所有的修改单(不包括勘误的内容)或修订版均不适用于本标准,然而,鼓励根据本标准达成协议的各方研究是否可使用这些文件的最新版本。凡是不注日期的引用文件,其最新版本适用于本标准。

GB/T 2900.60—2002 电工术语 电磁学(eqv IEC 60050-121:1998)

GB/T 3217—1992 永磁(硬磁)材料磁性试验方法

GB/T 9637—2001 电工术语 磁性材料与元件(eqv IEC 60050(221):1990)

GB/T 13888—1992 在开磁路中测量磁性材料矫顽力的方法(eqv IEC 60404-7)

JB/T 10102—2001 磁性材料 分类(IEC 60404-1,IDT)

3 材料的类型及应用

硬磁材料分为R类(硬磁合金材料)、S类(硬磁陶瓷材料)和U类(粘结硬磁材料)。硬磁材料具有大于1kA/m的磁极化强度矫顽力,磁化饱和后能提供依材料而定的比磁能,硬磁材料应用于以电磁原理为基础的设备和装置以及吸持装置、夹板等机械工程中。在JB/T 10102中,对这些能大批量供应的硬磁材料的可能和典型应用,作了更详细的叙述。

4 磁特性分类

4.1 主要磁特性

主要磁特性、符号和单位见表1。

表1 主要磁特性及其符号、单位

术语号		磁特性	符号	单位
GB/T 9637	GB/T 2900.60			
—	221-04-05	最大磁能积	$(BH)_{max}$	kJ/m^3
121-12-67	221-02-38	剩磁	B_r	mT
121-12-69	221-02-36	磁通密度矫顽力	H_{cB}	kA/m
121-12-69	221-02-36	磁极化强度矫顽力	H_{cJ}	kA/m

表9至表17给出的主要磁特性值是在室温下材料磁化到饱和后测定的规定最小值。这些磁特性的规定值只对沿磁化轴有一不变横截面、体积为1 cm^3～200 cm^3 并且在互相垂直的三个坐标轴方向上的尺寸至少为8mm的试样有效。对于各向异性材料,只对沿一个笔直的择优方向有效。

注1:对于试样的更详细的尺寸限制参见GB/T 3217。

注2:因制造方法的原因,如试样不能满足上述尺寸条件,可能得到较低的磁特性值。

4.2 辅助磁特性

辅助磁特性、符号和单位见表2。

表 2 辅助磁特性及其符号、单位

术语号		磁特性	符 号	单 位
GB/T 9637	GB/T 2900.60			
—	221-03-16	回复磁导率	μ_{rec}	—
—	—	剩磁的温度系数[它相当于磁饱和的温度系数 $\alpha(J_s)$]	$\alpha(B_r)$	%/℃
—	—	磁极化强度矫顽力的温度系数	$\alpha(H_{cJ})$	%/℃
121-12-51	—	居里温度	T_c	℃

表 9 至表 17 给出的辅助磁特性的典型值是文献中发表的平均值，仅作为一种指标给出，不作为要求，除非供需双方另有协定。各表中温度系数的温度范围一般为 20℃～100℃，但这并不妨碍这些材料在此温度范围以外应用。在 GB/T 3217 和 GB/T 13888 中对将硬磁材料磁化到饱和所必需的磁场强度作了规定。

5 化学成分

为提供参考信息，不同类型材料的成分范围在 11.1.1.1 和 11.2.1 中给出。

6 密度

表 9 至表 17 给出的密度值仅仅是为了提供参考，这些密度值可用于质量和体积的计算。

7 牌号

硬磁材料可以通过简短的牌号和字母数字记号(代号)来标志(见表 9 至表 17)。牌号中的化学符号或英文名称表示主要组分，斜线前面的数字表示最大磁能积 $(BH)_{max}$（单位 kJ/m^3)，斜线后面的数字表示矫顽力 H_{cJ}（单位 kA/m)的十分之一。而具有粘结剂(大部分是有机粘结剂)的硬磁材料，则采用在牌号末尾加字母“P”表示。

示例 1：对于表 9 中的 AlNiCo12/6 的牌号，整数 12 由其 $(BH)_{max}$ 的最低值 11.6 kJ/m^3 得出，整数 6 由 H_{cJ} 最低值的十分之一，即 55×1/10＝5.5 再四舍五入为一个最接近的整数而得出。如舍去后整数部分为零，则保留它舍去后的第一个不为零的小数。

代号中的字母表示硬磁材料的类别，第一位数字表示各个类别中材料的种类，见表 8。第二位的数字“0”表示材料是磁各向同性的；“1”表示材料是磁各向异性的。第三位数码表示不同的等级。

8 交货方式及尺寸

硬磁材料可以在磁化或不磁化状态下交货，还可以组装在磁路中交货。磁体的尺寸应在定货时商定。

9 检验

9.1 检验范围

检验范围由供需双方商定。

9.2 检验方法

当硬磁材料制成符合 GB/T 3217 规定的形状和尺寸的试样时，其磁特性按 GB/T 3217 检验。否则，检验的细节由供需双方商定。

10 拒收理由

拒收理由包括硬磁材料的磁特性值低于表 9 至表 17 给出的规定值或超过表 18 至表 21 给出的形

位公差和尺寸公差。

硬磁材料的外部和内部缺陷，只有当它们影响到加工和应用时，才可作为拒收的理由。

11 分类材料

11.1 硬磁合金材料

11.1.1 铝-镍-钴-铁-钛硬磁材料(AlNiCo)

11.1.1.1 化学成分

以铝-镍-钴-铁-钛为基的硬磁材料又称 AlNiCo，成分范围见表 3。

表 3 AlNiCo 硬磁材料的化学成分　　单位为质量分数%

	Al	Ni	Co	Cu	Ti	Nb	Si	Fe
AlNiCo	6～13.5	12～28	0～42	2～6	0～9	0～3	0～0.8	余量

11.1.1.2 制造方法

AlNiCo 硬磁材料由铸造或粉末冶金方法生产。钴含量高于 15%时，通过在热处理时加磁场，可产生磁各向异性，其磁特性可在择优的方向增加。具有柱状晶或单晶结构的材料，在热处理时平行于柱状晶轴加磁场，可得到铸造硬磁材料的最佳性能。

11.1.1.3 细分类

铸造或烧结各向同性硬磁材料(R1-0-x)

x=1,2,……

铸造或烧结各向异性硬磁材料(R1-1-x)

x=1,2,……

11.1.1.4 磁特性和密度

磁特性和密度值在表 9 中给出。

11.1.1.5 尺寸公差

烧结和铸造 AlNiCo 磁体的尺寸公差值在表 18 中给出。

11.1.2 铬-铁-钴硬磁材料(CrFeCo)

11.1.2.1 化学成分

以铬-铁-钴为基的硬磁材料又称 CrFeCo，成分范围见表 4。

表 4 CrFeCo 硬磁材料的化学成分　　单位为质量分数%

	Cr	Co	其他元素如 Si,Ti,Mo,Al,V	Fe
CrFeCo	25～35	7～25	0.1～3	余量

11.1.2.2 制造方法

CrFeCo 硬磁合金材料可由铸造或粉末冶金方法生产，通过热轧或冷轧成带材或拉成丝材，有些经冲压、车削或钻孔而达到所需形状。

11.1.2.3 细分类

各向同性硬磁材料(R2-0-x)

x=1,2,……

各向异性硬磁材料(R2-1-x)

x=1,2,……

11.1.2.4 磁特性和密度

各向同性和各向异性 CrFeCo 硬磁材料的磁特性在表 10 中给出。

11.1.2.5 尺寸公差

冷轧带材、冷拉线材和棒材的尺寸公差值分别在表 19 和表 20 中给出，用粉末冶金方法生产的硬磁材料的尺寸公差应由供需双方商定。

11.1.3 **铁-钴-钒-铬硬磁材料**(FeCoVCr)

11.1.3.1 **化学成分**

化学成分如表5所示。

表5 FeCoVCr硬磁材料的化学成分 单位为质量分数%

	Co	V+Cr	Fe
FeCoVCr	49～54	4～13	余量

11.1.3.2 **制造方法**

FeCoVCr硬磁合金材料用铸造法制造,热轧或冷轧成带材或冷拉成线材。冷变形(80%～95%)及随后500℃～650℃的热处理对获得磁特性是必不可少的工艺过程。

11.1.3.3 **细分类**

推荐以磁极化强度矫顽力 H_{cJ} 为细分类的依据。

11.1.3.4 **磁特性和密度**

磁特性和密度在表10中给出。

11.1.3.5 **尺寸公差**

冷轧带材和冷拉线材的尺寸公差值分别在表19和表20中给出。

11.1.4 **稀土-钴硬磁合金材料**

11.1.4.1 **化学成分**

应用较多的稀土-钴合金有两种类型:$RECo_5$ 和 RE_2Co_{17}。RE_2Co_{17} 用来表示一系列由多种过渡族元素部分替代钴的二元和多元合金的通式,这两种类型的合金具有强烈的单轴磁各向异性和高的磁饱和,可制成拥有高矫顽力 H_{cJ} 和高剩磁 B_r 的硬磁材料。这类硬磁材料的主要成分见表6。

表6 RECo硬磁材料的化学成分 单位为质量分数%

	Sm	Co	Fe	Cu	其他元素如Zr,Hf,Ti
$SmCo_5$	33～35	65～67	—	—	—
Sm_2Co_{17}	24～26	48～52	13～18	4.5～12	0～3

钐(Sm)是这类合金中的主要稀土金属元素。但铈(Ce)或镨(Pr)也可作为这类合金的稀土金属元素。

11.1.4.2 **制造方法**

RECo粉末在磁场中压制成坯块,可获得各向异性硬磁材料。压坯在真空或保护气氛下烧结。

11.1.4.3 **细分类**

$RECo_5$ 类各向异性硬磁材料(R5-1-x)

x=1,2,……,9

RE_2Co_{17} 类各向异性硬磁材料(R5-1-x)

x=10,11,12,……,19

11.1.4.4 **磁特性和密度**

磁特性和密度在表11中给出。

11.1.4.5 **尺寸公差**

尺寸公差由供需双方商定。

11.1.5 **钕-铁-硼硬磁材料**(REFeB)

11.1.5.1 **化学成分**

REFeB硬磁材料以组分 $RE_2Fe_{14}B$ 为基。稀土(RE)元素主要是钕(Nd),可以部分地被镝(Dy)、镨

(Pr)或其他稀土元素替代，铁可以部分地被钴(Co)替代。$Nd_2Fe_{14}B$ 合金具有四方晶结构并显示出高的饱和磁极化强度和高的单轴磁各向异性。

REFeB 硬磁材料的成分范围见表 7。

表 7　REFeB 硬磁合金材料的化学成分　　单位为质量分数%

	Nd	Co	B	Dy,Pr	其他元素如 V,Nb,Al,Ga	Fe
REFeB	28～35	0～15	1～2	0～10	0～1	余量

11.1.5.2　**制造方法**

REFeB 粉末在磁场中压制成坯块，可获得各向异性硬磁材料。压坯在真空或保护气氛下烧结。

11.1.5.3　**细分类**

各向异性 NdFeB 硬磁材料(R7-1-x)

x=1,2,……,9

11.1.5.4　**磁特性和密度**

各向异性硬磁 REFeB 材料规定的磁特性最低值和密度在表 12 中给出。

11.1.5.5　**尺寸公差**

尺寸公差与表 18 中 Ti 含量低于 1%的烧结 AlNiCo 磁体的规定相同。

11.2　硬磁陶瓷材料(硬磁铁氧体)

11.2.1　**化学成分**

硬磁铁氧体的化学组成可以用公式 $MO \cdot nFe_2O_3$ 来描述(式中 M 为 Ba 和 Sr)，系数 n 可在 4.5～6.5 的范围内变动。硬磁铁氧体具有高单轴晶体各向异性的六角形结构，但其磁饱和相对较低。

通过添加特殊添加物可提高磁特性。

11.2.2　**制造方法**

硬磁铁氧体粉末在有或无磁场条件下压制成坯块可获得各向异性或各向同性硬磁材料。压坯在空气中烧结。

11.2.3　**细分类**

各向同性硬磁铁氧体材料(S1-0-x)

x=1,2,……

各向异性硬磁铁氧体材料(S1-1-x)

x=1,2,……

11.2.4　**磁特性和密度**

各向同性和各向异性硬磁铁氧体材料的磁特性和密度在表 13 中给出。

11.2.5　**尺寸公差**

各向同性和各向异性硬磁铁氧体的尺寸公差值在表 21 中给出。

11.3　粘结硬磁材料

树脂粘结硬磁材料是复合材料，由树脂基体和磁粉构成。材料的机械性能主要由粘结剂决定，磁特性由磁粉的类型、粘结剂、磁粉与粘结剂的比例决定，对于各向异性材料，磁特性还与取向度有关。

11.3.1　**化学成分**

粘结硬磁材料的主要原材料有 AlNiCo,$SmCo_5$,Sm_2Co_{17},NdFeB 和硬磁铁氧体粉，主要的基体材料有合成胶、热熔塑胶和热固化粘结剂。

11.3.2　**制造方法**

粘结硬磁材料可由轧制、挤压或压延法生产，具有固定形状的粘结硬磁材料可用注射、冲压或挤压法生产。

11.3.3　**细分类**

各向同性粘结 AlNiCo 硬磁材料(U1-0-x)

$x=0,1,2,\cdots\cdots$

各向同性粘结 RECo 硬磁材料(U2-0-x)

$x=[10+n]$(压延法和挤压法)

$x=[20+n]$(注射法)

$x=[30+n]$(压模法)

$n=0,1,2,\cdots\cdots,9$

各向异性粘结 RECo 硬磁材料(U2-1-x)

$x=[10+n]$(压延法和挤压法)

$x=[20+n]$(注射法)

$x=[30+n]$(压模法)

$n=0,1,2,\cdots\cdots,9$

各向同性粘结 REFeB 硬磁材料(U3-0-x)

$x=[10+n]$(压延法和挤压法)

$x=[20+n]$(注射法)

$x=[30+n]$(压模法)

$n=0,1,2,\cdots\cdots,9$

各向同性粘结硬磁铁氧体材料(U4-0-x)

$x=[10+n]$(压延法和挤压法)

$x=[20+n]$(注射法)

$x=[30+n]$(压模法)

$n=0,1,2,\cdots\cdots,9$

各向异性粘结硬磁铁氧体材料(U4-1-x)

$x=[10+n]$(压延法和挤压法)

$x=[20+n]$(注射法)

$x=[30+n]$(压模法)

$n=0,1,2,\cdots\cdots,9$

11.3.4 磁特性和密度

最低磁特性的规定值和密度

AlNiCo p	在表 14 中给出;
RECo p	在表 15 中给出;
REFeB p	在表 16 中给出;
硬磁铁氧体 p	在表 17 中给出。

11.3.5 尺寸公差

尺寸公差由供需双方商定。

12 不可逆退磁特性

处于原始剩磁状态的硬磁材料,在受到退(反作用)磁场的作用时,将失去一定量的磁通。在除去退磁场之后,剩磁状态的原始磁通可全部或部分恢复。在前一种情况下,磁性变化是完全可逆的,而在后一种情况下磁性的变化是部分可逆部分不可逆的。磁能相应于磁场的变化,通过在材料标准的相关表中给出的相对回复磁导率 μ_{rec} 来定量描述。因此,对于硬磁系统的设计,应考虑这个不可逆变化。

设计时应考虑出现可逆变化的退磁场范围,即退磁场强度引起的不可逆磁通变化(磁通损失)的允许量。图 1 为 B—H 和 J—H 退磁及回复曲线。

图 1 表示一种硬磁材料的退磁和回复曲线,此材料在充分磁化后,具有剩磁 $B_r=J_r$。施加一定强度的退磁场 H_D,再将其减小到零(磁场的暂态作用),在材料中引起剩余磁通密度 $B_P=J_P$,称它为剩余

回复磁通密度(稳定度)。由于 $B_P < B_r$,所以出现了磁通的相对不可逆损失$(B_r - B_P)/B_r$。这种损失随着 H_D 增加而增大,因此,引起预定允许最大损失的 H_D 值是硬磁材料抵抗退磁场的稳定性的定量测量。例如,如果允许的最大损失为 5%,则相应的磁场称为 H_{D5}。按照 GB/T 3217—1992 中 5.7 规定的方法,H_D 可由实验测定。

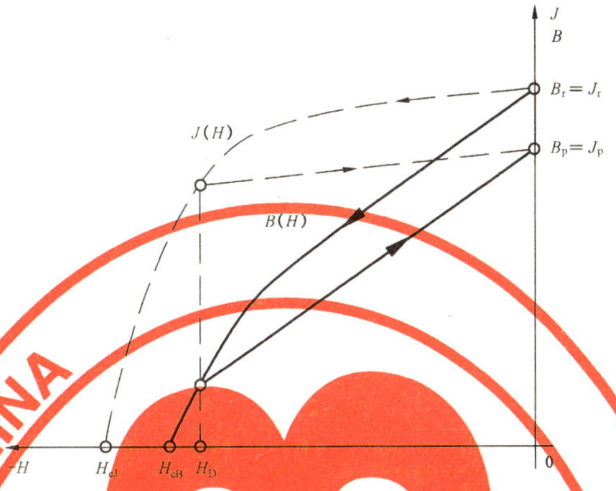

B——磁通密度或磁感应强度;

J——磁极化强度;

H——磁场强度;

B_r,J_r——剩磁;

B_P,J_P——剩余回复磁通密度;

H_{cB}——磁通密度矫顽力;

H_{cJ}——磁极化强度矫顽力;

H_D——在瞬时施加到剩磁磁状态后,引起剩余回复磁通密度磁状态的退磁场强度。

图 1 B—H 和 J—H 退磁和回复曲线示意图

表 8 硬磁材料的分类

类别	主要硬磁材料	代号的第一部分(本次修订版)	以前的代号(本标准 2000 版)
硬磁合金材料(R)	铝-镍-钴-铁-钛硬磁材料	R1	R1
	铬-铁-钴硬磁材料	R6	R6
	铁-钴-钒-铬硬磁材料	R3	R3
	稀土-钴硬磁材料	R5	R5
	稀土-铁-硼硬磁材料	R7	R7
	铂-钴硬磁材料	删除	R2
	铜-镍-铁硬磁材料	删除	R4
硬磁陶瓷材料(S)	硬磁铁氧体材料 ($MO \cdot nFe_2O_3$;M 为钡、锶和/或铅,并且 n 在 4.5~6.5 范围变动)	S1	S1
粘结硬磁材料(U)	粘结铝-镍-钴-铁-钛硬磁材料	U1	R1-2 R1-3
	粘结稀土-钴硬磁材料	U2	R5-3
	粘结钕-铁-硼硬磁材料	U3	—
	粘结硬磁铁氧体硬磁材料	U4	S1-2 S1-3

表 9　铝镍钴硬磁材料的磁特性、居里温度、使用温度和密度

材料			生产方法	磁特性								最高使用温度/℃	密度 ρ/(kg/dm³)
牌号	*	代号		最大磁能积 $(BH)_{max}$/(kJ/m³)	剩磁 B_r/mT	矫顽力 H_{cB}/(kA/m)	矫顽力 H_{cJ}/(kA/m)	相对回复磁导率 μ_{rec}	α(B_r)**/(%/℃)	α(H_{cJ})**/(%/℃)	居里温度/℃		
AlNiCo				规定的最低值				典型值					
AlNiCo 9/5	i	R1-0-1	铸造或烧结	9	550	44	47	7	−0.02	−0.03～−0.07	750	550	6.8
AlNiCo 10/4	i	R1-0-2		10	600	40	43	7					6.8
AlNiCo 12/6	i	R1-0-3		11.6	630	52	55	7.5			800～850		7.0
AlNiCo 17/9	i	R1-0-4		17	580	80	86	7.5					7.1
AlNiCo 37/5	a	R1-1-1	铸造	37	1 180	48	49	4					7.3
AlNiCo 38/11	a	R1-1-2		38	800	110	112	2					7.3
AlNiCo 44/5	a	R1-1-3		44	1 200	52	53	3					7.3
AlNiCo 60/11	a	R1-1-4		60	900	110	112	2					7.3
AlNiCo 36/15	a	R1-1-5		36	700	140	148	2					7.3
AlNiCo 52/6	a	R1-1-6		52	1300	56	57	3					7.3
AlNiCo 60/6	a	R1-1-7		60	1 320	56	57	3					7.3
AlNiCo 72/12	a	R1-1-8		72	1 050	118	120	2					7.3
AlNiCo 34/5	a	R1-1-10	烧结	34	1 120	47	48	4					7.3
AlNiCo 26/6	a	R1-1-11		26	900	56	58	4.5					7.1
AlNiCo 31/11	a	R1-1-12		31	760	107	111	3					7.1
AlNiCo 33/15	a	R1-1-13		33	650	135	150	2					7.1

* i 表示各向同性；a 表示各向异性。

** 从 20℃至 100℃。

表 10　铬铁钴及铁钴钒铬硬磁材料的磁特性、居里温度、使用温度和密度

材料			生产方法	磁特性								最高使用温度/℃	密度 ρ/(kg/dm³)
牌号	*	代号		最大磁能积 $(BH)_{max}$/(kJ/m³)	剩磁 B_r/mT	矫顽力 H_{cB}/(kA/m)	矫顽力 H_{cJ}/(kA/m)	相对回复磁导率 μ_{rec}	α(B_r)**/(%/℃)	α(H_{cJ})**/(%/℃)	居里温度/℃		
CrFeCo/FeCoVCr				规定的最低值				典型值					
CrFeCo 12/4	i	R6-0-1	铸造或烧结	12	800	40	42	6	−0.05	−0.04	620～640	500	7.6
CrFeCo 10/3	i	R6-0-2		10	850	27	29	6	−0.03				7.6
CrFeCo 28/5	a	R6-1-1		28	1 000	45	46	3.5					7.6
CrFeCo 30/4	a	R6-1-2		30	1 150	40	41	3.5					7.6
CrFeCo 35/5	a	R6-1-3		35	1 050	50	51	3.5					7.6
CrFeCo 44/5	a	R6-1-4		44	1 300	44	45	2.5					7.7
CrFeCo 52/5	a	R6-1-5		52	1 350	48	49	2.5					7.7
FeCoVCr 11/2	a	R3-1-1	铸造	11	800	24	24	5	−0.01	−0	720	500	8.1

* i 表示各向同性；a 表示各向异性。

** 从 20℃至 100℃。

表 11 稀土钴硬磁材料的磁特性、居里温度、使用温度和密度

材料 牌号	*	代号	生产方法	最大磁能积 $(BH)_{max}$/(kJ/m³)	剩磁 B_r/mT	矫顽力 H_{cB}/(kA/m)	矫顽力 H_{cJ}/(kA/m)	相对回复磁导率 μ_{rec}	$\alpha(B_r)$**/(%/℃)	$\alpha(H_{cJ})$**/(%/℃)	居里温度/℃	最高使用温度/℃	密度 ρ/(kg/dm³)
RECo				规定的最低值				典型值					
$RECo_5$ 140/120	a	R5-1-1	烧结	140	860	600	1 200	1.05	−0.04	−0.3	720	250	8.3～8.5
$RECo_5$ 160/120	a	R5-1-2		160	920	660	1 200	1.05					
$RECo_5$ 150/70	a	R5-1-3		150	900	600	700	1.05					
$RECo_5$ 170/70	a	R5-1-4		170	930	600	700	1.05					
$RECo_5$ 120/160	a	R5-1-5		120	800	620	1600	1.05					
RE_2Co_{17} 140/100	a	R5-1-10		140	900	620	1 000	1.1	−0.03	−0.25	820	350	8.3～8.4
RE_2Co_{17} 160/70	a	R5-1-11		160	940	600	700	1.1					
RE_2Co_{17} 180/100	a	R5-1-12		180	1 000	680	1 000	1.1					
RE_2Co_{17} 200/70	a	R5-1-13		200	1 050	600	700	1.1					
RE_2Co_{17} 220/70	a	R5-1-14		220	1 100	600	700	1.1					
RE_2Co_{17} 180/150	a	R5-1-15		180	1 000	660	1 500	1.1					
RE_2Co_{17} 200/150	a	R5-1-16		200	1 050	700	1 500	1.1					

* a 表示各向异性。

** 从 20℃至 100℃；R5-1-x：x=1～9 为 $RECo_5$；R5-1-x：x=10～19 为 RE_2Co_{17}。

表 12 稀土铁硼硬磁材料的磁特性、居里温度、使用温度和密度

种类***	牌号	*	代号	生产方法	最大磁能积 $(BH)_{max}$/(kJ/m³)	剩磁 B_r/mT	矫顽力 H_{cB}/(kA/m)	矫顽力 H_{cJ}/(kA/m)	相对回复磁导率 μ_{rec}	$\alpha(B_r)$**/(%/℃)	$\alpha(H_{cJ})$**/(%/℃)	居里温度/℃	最高使用温度/℃	密度 ρ/(kg/dm³)
REFeB					规定的最低值				典型值					
UH	REFeB 170/190	a	R7-1-1	烧结	170	980	700	1 900	1.05	−0.1～−0.12	−0.45～−0.6	310	不超过200	7.5～7.7
H	REFeB 210/130	a	R7-1-2		210	1 060	790	1 300						
M	REFeB 250/120	a	R7-1-3		250	1 130	840	1 200						
N	REFeB 290/80	a	R7-1-4		290	1 230	700	800						
UH	REFeB 200/190	a	R7-1-5		200	1 060	760	1 900						
UH	REFeB 240/180	a	R7-1-6		240	1 160	840	1 800						
M	REFeB 280/120	a	R7-1-7		280	1 240	900	1 200						
N	REFeB 320/88	a	R7-1-8		320	1 310	800	880						
EH	REFeB 210/240	a	R7-1-9		210	1 060	760	2 400						
UH	REFeB 240/200	a	R7-1-10		240	1 160	840	2 000						
H	REFeB 310/130	a	R7-1-11		310	1 300	900	1 300						
EH	REFeB 250/240	a	R7-1-12		250	1 200	830	2 400						
UH	REFeB 260/200	a	R7-1-13		260	1 210	840	2 000						
H	REFeB 340/130	a	R7-1-14		340	1 330	920	1 300						
N	REFeB 360/90	a	R7-1-15		360	1 350	800	900						
N	REFeB 380/100	a	R7-1-16		380	1 420	990	1000						

* a 表示各向异性。

** 从 20℃至 100℃。

*** N、M、H、SH、UH 和 EH 分别表示低矫顽力、中等矫顽力、高矫顽力、特高矫顽力、超高矫顽力和极高矫顽力。

表 13　硬磁铁氧体的磁特性、居里温度、使用温度和密度

材料			生产方法	磁特性								最高使用温度/℃	密度 ρ/(kg/dm³)
牌号	*	代号		最大磁能积 $(BH)_{max}$/(kJ/m³)	剩磁 B_r/mT	矫顽力 H_{cB}/(kA/m)	矫顽力 H_{cJ}/(kA/m)	相对回复磁导率 μ_{rec}	$\alpha(B_r)$**/(%/℃)	$\alpha(H_{cJ})$**/(%/℃)	居里温度/℃		
Hard ferrite				规定的最低值				典型值					
Hard ferrite 7/21	i	S1-0-1	烧结	6.5	190	125	210	1.2	−0.2	0.25～0.4	450	250	4.9
Hard ferrite 7/25	i	S1-0-2		6.5	190	120	250	1.2					4.9
Hard ferrite 20/19	a	S1-1-1		20	320	170	190	1.1					4.8
Hard ferrite 24/23	a	S1-1-2		24	350	215	230	1.1					4.8
Hard ferrite 25/14	a	S1-1-3		25	380	130	135	1.1					5.0
Hard ferrite 26/18	a	S1-1-4		26	370	175	180	1.1					5.0
Hard ferrite 22/30	a	S1-1-5		22	350	255	295	1.1					4.6
Hard ferrite 26/26	a	S1-1-6		26	370	230	260	1.1					4.7
Hard ferrite 29/22	a	S1-1-7		29	390	210	220	1.1					4.8
Hard ferrite 32/17	a	S1-1-8		32	410	160	165	1.1					4.9
Hard ferrite 32/25	a	S1-1-9		32	410	240	250	1.1					4.9
Hard ferrite 24/35	a	S1-1-10		24	360	260	350	1.1					4.8
Hard ferrite 29/15	a	S1-1-11		29	400	145	150	1.1					5.0
Hard ferrite 25/38	a	S1-1-12		25	380	275	380	1.1					4.95
Hard ferrite 31/30	a	S1-1-13		31	410	295	300	1.1					4.95
Hard ferrite 35/25	a	S1-1-14		35	430	245	250	1.1					4.95
Hard ferrite 38/27	a	S1-1-15		38	450	260	270	1.1					5.0
Hard ferrite 36/34	a	S1-1-16		36	440	320	340	1.1					5.0
Hard ferrite 33/38	a	S1-1-17		33	420	300	380	1.1					5.0

* i 表示各向同性；a 表示各向异性。

** 从 20℃至 100℃。

表 14　粘结各向同性 AlNiCo 硬磁材料的磁特性、居里温度、使用温度和密度

材料			生产方法	磁特性								最高使用温度/℃	密度 ρ/(kg/dm³)
牌号	*	代号		最大磁能积 $(BH)_{max}$/(kJ/m³)	剩磁 B_r/mT	矫顽力 H_{cB}/(kA/m)	矫顽力 H_{cJ}/(kA/m)	相对回复磁导率 μ_{rec}	$\alpha(B_r)$/(%/℃)	$\alpha(H_{cJ})$/(%/℃)	居里温度/℃		
AlNiCo p				规定的最低值				典型值					
AlNiCo 3/5p	i	U1-0-1	压模	3.1	280	37	46	2.5	见表 9	见表 9	750～800	视粘结剂而定	5.3
AlNiCo 5/6p	i	U1-0-2		5.2	320	46	56	2.5					5.4
AlNiCo 7/8p	i	U1-0-3		7.0	340	72	84	2.5					5.5

* i 表示各向同性。

表 15 粘结 RECo 硬磁材料的磁特性、居里温度、使用温度和密度

材料			生产方法	磁特性								最高使用温度/℃	密度 ρ/(kg/dm³)
牌号	*	代号[a]		最大磁能积 $(BH)_{max}$/(kJ/m³)	剩磁 B_r/mT	矫顽力 H_{cB}/(kA/m)	矫顽力 H_{cJ}/(kA/m)	相对回复磁导率 μ_{rec}	$\alpha(B_r)$/(%/℃)	$\alpha(H_{cJ})$/(%/℃)	居里温度/℃		
RECo p				规定的最低值				典型值					
RECo 20/60p	i	U2-0-20	注射	20	350	200	600	1.15	见表 11			视粘结剂而定	5.6
RECo 30/80p	i	U2-0-30	压模	30	430	300	800	1.15					6.8
RECo 40/60p	a	U2-1-20		40	480	300	600	1.05					5.3
RECo 65/70p	a	U2-1-21	注射	65	610	360	700	1.05					5.5
RECo 75/55p	a	U2-1-22		75	650	440	550	1.05					5.7
RECo 110/75p	a	U2-1-30	压模	110	780	480	750	1.05					6.8

* i 表示各向同性；a 表示各向异性。

[a] 对压延和挤压法 $x=[10+n]$，对注射法 $x=[20+n]$，对压模法 $x=[30+n]$，$n=0,1,2,\cdots\cdots,9$。

表 16 粘结各向同性 REFeB 硬磁材料的磁特性、居里温度、使用温度和密度

材料			生产方法	磁特性								最高使用温度/℃	密度 ρ/(kg/dm³)
牌号	*	代号[a]		最大磁能积 $(BH)_{max}$/(kJ/m³)	剩磁 B_r/mT	矫顽力 H_{cB}/(kA/m)	矫顽力 H_{cJ}/(kA/m)	相对回复磁导率 μ_{rec}	$\alpha(B_r)$/(%/℃)	$\alpha(H_{cJ})$/(%/℃)	居里温度/℃		
REFeB p				规定的最低值				典型值					
REFeB 28/56p	i	U3-0-20	注射	28	430	270	560	1.25	−0.1 ~ −0.15	−0.4	310	120	4.2
REFeB 33/56p	i	U3-0-21		33	470	290	560	1.25					4.6
REFeB 26/90p	i	U3-0-22		26	400	270	900	1.15					4.2
REFeB 30/90p	i	U3-0-23		30	440	280	900	1.15					4.6
REFeB 40/70p	i	U3-0-24		40	470	320	700	1.25					5.0
REFeB 45/70p	i	U3-0-25		45	510	350	700	1.25					5.7
REFeB 50/70p	i	U3-0-26		50	550	380	700	1.25					5.7
REFeB 72/64p	i	U3-0-27		72	650	370	640	1.25					6.0
REFeB 40/100p	i	U3-0-28		40	480	330	1 000	1.15					5.3
REFeB 63/64p	i	U3-0-30	压模	63	630	360	640	1.25					5.8
REFeB 53/95p	i	U3-0-31		53	560	350	950	1.15					5.8
REFeB 82/68p	i	U3-0-32		82	700	500	680	1.25					6.2

* i 表示各向同性。

[a] 对压延和挤压法 $x=[10+n]$，对注射法 $x=[20+n]$，对压模法 $x=[30+n]$，$n=0,1,2,\cdots\cdots,9$。

表 17　粘结各向同性和各向异性硬磁铁氧体的磁特性、居里温度、使用温度和密度

材料			生产方法	磁特性								最高使用温度/℃	密度 ρ/(kg/dm³)
牌号	*	代号[a]		最大磁能积 $(BH)_{max}$/(kJ/m³)	剩磁 B_r/mT	矫顽力 H_{cB}/(kA/m)	矫顽力 H_{cJ}/(kA/m)	相对回复磁导率 μ_{rec}	$\alpha(B_r)$/(%/℃)	$\alpha(H_{cJ})$/(%/℃)	居里温度/℃		
Hard ferrite p				规定的最低值				典型值					
Hard ferrite 3/16p	i	U4-0-10	压延	3.2	130	85	160	1.15	见表 13			视粘结剂而定	3.8
Hard ferrite 1/18p	i	U4-0-20	注射	0.8	70	50	175	1.1					2.3
Hard ferrite 3/18p	i	U4-0-21		3.2	135	85	175	1.1					3.8
Hard ferrite 4/22p	i	U4-0-22		3.5	145	110	215	1.1					3.8
Hard ferrite 7/18p	a	U4-1-10	压延或挤压	6.5	185	110	175	1.1					3.6
Hard ferrite 9/17p	a	U4-1-11		9	215	145	170	1.1					3.6
Hard ferrite 11/24p	a	U4-1-12		11	240	170	240	1.1					3.7
Hard ferrite 15/24p	a	U4-1-13		14.5	275	190	240	1.1					3.8
Hard ferrite 8/19p	a	U4-1-20	注射	7.5	210	120	185	1.1					3.2
Hard ferrite 12/23p	a	U4-1-21		12	250	170	230	1.1					3.5
Hard ferrite 15/21p	a	U4-1-22		15	280	180	210	1.1					3.7

* i 表示各向同性；a 表示各向异性。

[a] 对压延和挤压法 $x=[10+n]$，对注射法 $x=[20+n]$，对压模法 $x=[30+n]$，$n=0,1,2,\cdots\cdots,9$。

表 18　AlNiCo 磁体（铸造或烧结）磁体的尺寸公差（最小值）　　单位为毫米

标称值		Ti 含量≤1%的烧结磁体		Ti 含量≥1%的烧结磁体		铸造磁体	
>	≤	垂直于压制方向 ±	在压制方向 ±	垂直于压制方向 ±	在压制方向 ±	沙型铸造 ±	壳模铸造 ±
	4	0.15	0.20	0.20	0.25	0.40	0.25
4	6	0.20	0.25	0.25	0.30	0.40	0.25
6	8	0.20	0.25	0.25	0.30	0.40	0.25
8	10	0.20	0.30	0.30	0.35	0.45	0.25
10	13	0.25	0.30	0.30	0.35	0.50	0.30
13	16	0.25	0.35	0.35	0.45	0.50	0.30
16	20	0.30	0.35	0.40	0.45	0.55	0.40
20	25	0.30	0.40	0.45	0.55	0.60	0.50
25	30	0.35	0.45	0.50	0.60	0.65	0.50
30	35	0.40	0.50	0.55	0.70	0.70	0.60
35	40	0.45	0.55	0.65	0.75	0.75	0.60
40	45	0.50	0.60	0.70	0.85	0.80	0.70
45	50	0.50	0.65	0.75	0.90	0.80	0.70
50	55	0.55	0.70	0.80	1.00	1.00	0.80
55	60	0.60	0.80	0.90	1.10	1.00	0.80
60	70	-	-	—	—	1.00	0.80
70	80	—	—	—	—	1.00	0.80
80	90	—	—	—	—	1.10	0.80
90	100	—	—	—	—	1.20	0.80

表 19 最大厚度为 6 mm 最大宽度为 125 mm 的冷轧 FeCoVCr 和 CrFeCo 永磁带材的尺寸公差(最小值)

单位为毫米

厚度(最大 6 mm)			宽度(最大 125 mm)			
厚度范围		厚度的尺寸公差[b]	边缘状态	厚度范围		宽度的尺寸公差
≥	<	±		≥	<	
0.10	0.15	0.010	剪切	0.10	0.40	+0.3
0.15	0.40	0.020	剪切	0.40	1.50	+0.4
0.40	1.00	0.030	剪切	1.50	2.50	+0.6
1.00	1.50	0.040	剪切	2.50	6.00[a]	+0.8
1.50	2.50	0.050	普通状态(如轧制状态)	0.3	6.00[a]	+3.0
2.50	4.00	0.060				
4.00	6.00[a]	0.080				

a 含 6 mm。

b 可在离带材边缘至少 20 mm 的任意点测量厚度，对宽度小于或等于 40 mm 的带材，在其中心测量厚度。

表 20 冷拉 FeCoVCr 和 CrFeCo 永磁线材和棒材的尺寸公差(最小值)

单位为毫米

尺寸范围		直径的尺寸公差
≥	<	±
	0.25	0.01
0.25	0.40	0.015
0.40	0.63	0.02
0.63	1.0	0.03
1.0	1.6	0.04
1.6	2.5	0.06
2.5	4.0	0.08
4.0	6.3	0.10
6.3	10.0	0.15
10.0	16.0	0.20
16.0	20.0(含 20.0)	0.25

表 21 硬磁铁氧体磁体的尺寸公差(最小值)

单位为毫米

标称值		各向同性		各向异性		粘结铁氧体	
>	≤	垂直于压制方向 ±	在压制方向 ±	垂直于压制方向 ±	在压制方向[a] ±	挤压或轧制 ±	注模或压制 ±
	4	0.25	0.40	0.25	0.40	0.15	0.10
4	6	0.25	0.40	0.25	0.40	0.15	0.10
6	8	0.25	0.40	0.25	0.40	0.15	0.10
8	10	0.30	0.40	0.30	0.40	0.15	0.10
10	13	0.30	0.40	0.30	0.40	0.20	0.10
13	16	0.30	0.40	0.35	0.45	0.20	0.15
16	20	0.35	0.45	0.45	0.55	0.25	0.15
20	25	0.40	0.55	0.55	0.70	0.30	0.15
25	30	0.55	0.70	0.70	0.90	0.35	0.20
30	35	0.65	0.85	0.80	1.00	0.40	0.20
35	40	0.75	1.00	0.95	1.20	0.45	0.25
40	45	0.85	1.15	1.10	1.35	0.50	0.25
45	50	0.95	1.30	1.20	—	0.50	0.25
50	55	1.05	1.65	1.30	—	0.55	0.30
55	60	1.15	1.80	1.45	—	0.60	0.30
60	70	1.30	2.10	1.65	—	0.70	0.35
70	80	1.50	2.40	1.90	—	—	—
80	90	1.70	2.70	2.15	—	—	—
90	100	1.90	3.00	2.40	—	—	—

a 在各种情况下,湿压硬磁铁氧体的厚度以极面间的尺寸为准。

附 录 A
（资料性附录）
AlNiCo,CrFeCo,FeCoVCr,SmCo,NdFeB 和硬磁铁氧体磁体的机械物理性能参考值

表 A.1 给出了不同类型硬磁材料的机械物理性能值，这些材料包括 AlNiCo,CrFeCo,FeCoVCr,RECo,REFeB 及硬磁铁氧体。

这些性能值仅供参考，根据材料的机械物理特性，表中给出了它们的性能对比。

表 A.1 AlNiCo,CrFeCo,FeCoVCr,SmCo,NdFeB 和 Hard ferrite 硬磁材料的机械物理性能值

材料/制造方法				物理性能			机械性能参考值			
牌号	*	代号	制造方法	热膨胀系数/(10^{-6}/℃)	导热率/(W/m·K)	电阻率/(μΩ·m)	抗拉强度/MPa	抗压强度/MPa	杨氏模量/MPa	硬度 HV
AlNiCo	i 或 a	R1-0-x 和 R1-1-x	铸造或烧结	11～12	10～15	0.45～0.55	80～300	300～400	100～200	300～400
CrFeCo	i 或 a	R6-0-x 或 R6-1-x	铸造或烧结	10～11	10～13	0.7～0.8	1 200～1 400[a] 600～700[b]			300～350[a] 400～500[b]
FeCoVCr	a	R3-1-x	铸造	11～12		0.55～0.65	2 000～2.5000[a] 2 500～3 500[b]			
$SmCo_5$ Sm_2Co_{17}	a	R5-1-x	烧结	∥ 6～7 ⊥ 12～13 ∥ 8～10 ⊥ 10～12	10～13	0.5～0.6 0.75～0.85	30～40 40～50	900～1 000 800～900	100～150 150～200	500～600 600～700
NdFeB	a	R7-1-x	烧结	∥ 3～4 ⊥ (1～3)	8～10	1.4～1.6	80～90	1 000～1 100	150～200	500～600
Hard ferrite	i a	S1-0-x S1-1-x	烧结	9～10 ∥ 12～13 ⊥ 10～11	4	>10^4	50～60	600～700	15～200	500～600

* i 表示各向同性，a 表示各向异性。

[a] 冷加工。

[b] 热加工。

附　录　B
（资料性附录）
本标准章条编号与 IEC 60404-8-1:2004(Ed2.1)章条编号对照

表 B.1 给出了本标准章条编号与 IEC 60404-8-1:2004(Ed2.1)章条编号对照一览表。

表 B.1　本标准与 IEC 60404-8-1:2004(Ed2.1)章条编号对照

本标准章条编号	对应的国际标准章条编号
1	1
2	2
3	3
4	4
5	5
6	6
7	7
8	8
9	9
10	10
11	11
12	12
—	13
附录 A	附录 A
附录 B	—
附录 C	—

附 录 C
（资料性附录）
本标准与 IEC 60404-8-1:2004(Ed2.1)技术性差异及其原因

表 C.1 给出了本标准与 IEC 60404-8-1:2004(Ed2.1)的技术性差异及其原因的一览表。

表 C.1 本标准与 IEC 60404-8-1:2004(Ed.2)技术差异及其原因

本标准的章条编号	技术性差异	原 因
10	删除"需方向供方提交拒收通知时,应附有拒收货物的样品"	此为合同性条款,不应在标准中规定
11.1.1.1	化学成分中的铝(Al)、镍(Ni)和 钴(Co)的含量范围加宽,铝的含量范围由 8%～13%加宽至 6%～13.5%,镍的含量范围由 13%～28%加宽至 12%～28%,钴的含量范围由 5%～42%加宽至 0%～42%	适合我国硬磁材料的成分范围
表 9	1. 增加牌号"AlNiCo10/4"; 2. 将牌号"AlNiCo58/5"分解为两个牌号"AlNiCo52/6"及"AlNiCo60/6"	1. 目前我国该牌号的产品有一定的量; 2. 有利于用户选材和降低供应商的生产成本
表 10	增加牌号"CrFeCo52/5"	拓宽牌号的性能范围,更适合我国硬磁材料性能水平现状

ICS 13.110;73.100.10
J 84

中华人民共和国国家标准

GB 17957—2005
代替 GB 17957—2000

凿岩机械与气动工具　安全要求

Rock drilling machines and pneumatic tools — Safety requirements

2005-08-31 发布　　2006-08-01 实施

中华人民共和国国家质量监督检验检疫总局
中国国家标准化管理委员会　发布

前　言

本标准是将原强制性行业标准重新制定并调整为强制性国家标准。

本标准的第1章和第3章为推荐性的，其余为强制性的。

本标准发布后，代替并废止GB 17957—2000《气动工具一般安全要求》，原JB 8684—1998《凿岩机械与气动工具　安全要求》废止。

本标准非等效美国标准ANSI B186.1—1984《轻便式气动工具　安全规程》和欧洲标准EN 791：1995《钻机　安全要求》。

本标准纳入并调整了JB 8684—1998中适用的内容，与JB 8684—1998相比主要变化如下：

——增加了“引言”；

——增加了“术语和定义”一章；

——增加了附录A“凿岩机械与气动工具危险一览表”；

——充实和修改了部分条文的内容。

本标准的附录A为规范性附录。

本标准由中国机械工业联合会提出。

本标准由全国凿岩机械气动工具标准化技术委员会(SAC/TC 173)归口。

本标准由天水凿岩机械气动工具研究所负责起草。

本标准主要起草人：苏薇。

本标准所代替标准的历次版本发布情况为：JB 8684—1998。

引　　言

为与涉及安全的法律、法规及强制性标准协调一致，消除产品在设计、制造、使用和维护等过程中的安全隐患，保障人体健康和人身财产安全，保护环境，满足市场需要，将原强制性行业标准调整制定为强制性国家标准。

由于国际标准化组织(ISO)尚未有此类标准，而国外仅有美国标准 ANSI B186.1—1984《轻便式气动工具　安全规程》和欧洲标准 EN 791:1995《钻机　安全要求》，相信本标准的制定和实施将对产品进入国际市场，推动我国参与国际标准的制定工作起到积极的作用。

本强制性国家标准为条文强制形式。

凿岩机械与气动工具　安全要求

1 范围

本标准规定了凿岩机械与气动工具在设计、制造、使用和维护过程中的一般安全要求。

本标准适用于以气动、电动、液压或内燃为动力的凿岩机械与气动工具(以下简称产品或机器)。

2 规范性引用文件

下列文件中的条款通过本标准的引用而成为本标准的条款。凡是注日期的引用文件,其随后所有的修改单(不包括勘误的内容)或修订版均不适用于本标准,然而,鼓励根据本标准达成协议的各方研究是否可使用这些文件的最新版本。凡是不注日期的引用文件,其最新版本适用于本标准。

GB 755—2000　旋转电机　定额和性能(idt IEC 60034-1:1996)

GB 2494—2003　普通磨具　安全规则

GB 3836.1—2000　爆炸性气体环境用电气设备　第1部分:通用要求(eqv IEC 60079-0:1998)

GB 3836.2—2000　爆炸性气体环境用电气设备　第2部分:隔爆型"d"(eqv IEC 60079-1:1990)

GB/T 5226.1—2002　机械安全　机械电气设备　第1部分:通用技术条件(IEC 60204-1:2000,IDT)

GB/T 6247　凿岩机械与气动工具　术语(ISO 3857-3:1989 和 ISO 5391:1988,MOD)

GB/T 8910(所有部分)　手持便携式动力工具　手柄振动测量方法　[ISO 8662(所有部分),IDT]

GB/T 15706.1—1995　机械安全　基本概念与设计通则　第1部分:基本术语、方法学(eqv ISO/TR 12100-1:1992)

GB/T 15706.2—1995　机械安全　基本概念与设计通则　第2部分:技术原则与规范(eqv ISO/TR 12100-2:1992)

GB/T 16855.1—1997　机械安全　控制系统有关安全部件　第1部分:设计通则(eqv PREN 954-1:1994)

GB/T 17958—2000　手持式机械作业防振要求

GB 19872　凿岩机械与气动工具　噪声限值

3 术语和定义

GB/T 15706.1—1995 和 GB/T 6247 确立的以及下列术语和定义适用于本标准。

3.1

锁定装置　locking device

可将阀门锁定在关闭或开启位置的装置。

3.2

作业工具　working tool

工作部件　working parts

安装在工具前端,用于进行各种作业的零部件的统称,例如:气铲铲头、气镐镐钎、气锹锹头、气动捣固机捣头、铆钉机窝头、钎具(钻具)等。

3.3

握压式起动阀　hold-down starting valve

作业时操作者用手握压,即可起动机器的阀。

3.4

危险区域　danger zone

在机械或机器内部与周围，人员受到伤害或健康受到危害的区域。

4　总则

4.1　产品设计安全原则与规范应符合 GB/T 15706.2—1995 的规定。

4.2　操作者应严格遵守相应产品的操作规程。

4.3　产品说明书应包含使用注意事项，且操作者应在说明书所限定的功能和范围内使用。

4.4　手柄的设计应便于操作者控制整个机器，并应确保其使用时不能造成夹手之类的伤害。

4.5　凡操作者可能触及的传动、高温、电路、易碎等危险区域或部件应加防护装置（如防护罩、防护板等）进行隔离。

4.6　井下用的凿岩机械或在狭小、封闭场所使用的气动工具，作业时操作者应戴耳塞、耳罩等耳部防护用具。

4.7　整个气动、液压系统的调整压力不能超过系统的设计压力或额定压力，管接头的额定压力应不小于系统的设计压力。

4.7.1　供气管路中应安装气水分离装置、调压阀和注油器。

供气管路及配件的耐压值应大于系统中最高气压的 150%。

4.7.2　软管应具有耐压、耐油、耐磨性和柔软性，并应无破损、老化等现象。应尽量采用短而整根的软管，并应使用符合规定的管接头和管夹将软管连接起来。

4.7.3　各种管接头，包括机器本身的进气（油、水）接头和螺纹连接处应采用可靠的防松脱和防漏气结构，并应保证有良好的强度。

用于连接冲击式机器的接头还应保证其具有耐冲击、耐振动的特性。

4.7.4　阀门应密封良好，开启灵活，关闭后不应有泄漏等现象。

在开启管路的进气总阀门前，应先检查机器上的进气阀是否处于关闭状态，确认后再开启总阀门。

停止工作或需卸下机器时，应先将管路进气总阀门关闭，再将机器上的进气阀开启一次，以便放掉残余的压缩空气（以下简称“压气”）。

4.8　噪声应符合 GB 19872 的规定。

4.9　气动工具的防振要求应符合 GB/T 17958—2000 的规定，其手柄振动的测量应按照 GB/T 8910 的要求进行。

5　凿岩机械安全要求

5.1　凿岩机

各种动力的凿岩机均不准带着钎尾进行长时间的空运转，尤其是重型凿岩机，空运转前必须将接杆钎尾取下。

凿岩机的进气弯管不宜采用卡环结构。如若采用，则在作业中应经常检查卡环的磨损情况，发现磨损严重应及时更换。

钻孔时，操作者不准配带手套扶持钎杆。

5.1.1　对于手持式凿岩机（包括手持气腿两用凿岩机），作业前应先检查钎卡能否卡住钎杆的钎肩，且作业时不准用身体对机器施加轴推力，以免钎杆未卡紧或钎杆折断伤人。

5.1.2　导轨式凿岩机应牢固支好支架。

5.1.3　气腿式凿岩机的气腿应能灵活收支。

5.1.4　向上式凿岩机的凿孔方向与地面的夹角小于 60°时，必须用支架支撑。

5.1.5　当气动凿岩机在悬崖上作业时，除严格执行国家对空中作业的安全规定外，在钻孔移位时，还应满足下列条件之一的规定：

——使用带操纵阀锁定装置的机器；

——使用不带操纵阀锁定装置的机器时，在进气软管靠近机器处加装一个阀门。移位时，操作者应先关闭操作阀，再关此阀门；或者由他人在安全之处监控供气情况。

5.1.6 用于井下、隧道等场所内作业的内燃凿岩机应能保证其排放物、粉尘、隔爆等方面分别符合国家的有关规定。

每次加油时，应使机器停止运转，且附近严禁明火。

5.1.7 电动凿岩机和电动岩石钻的绝缘性应符合 GB 755—2000 的规定，如用于爆炸性气体环境的则还必须符合 GB 3836.1～3836.2—2000 的规定。

5.1.8 对于液压凿岩机，作业前应检查蓄能器螺栓的松动及损坏情况，发现损坏应及时更换。拆卸蓄能器前，应将残余气体完全放掉。

5.2 钻车和潜孔钻机

5.2.1 通则

5.2.1.1 操作者必须经过培训，合格后方可上岗操作。

5.2.1.2 各种气体、液压管路的布置应便于安装、检查和维修，并在设计时应尽量考虑捆成一束。

5.2.1.3 控制系统的安全设计应符合 GB/T 16855.1—1997 的规定。

5.2.1.4 所有回转或往复运动的零部件，除钎(钻)杆推进机构和行走机构外，应有保护装置。

5.2.1.5 接、卸钎(钻)杆机构应安全可靠，如人工接、卸钎(钻)杆，必须严格遵守操作规程。

5.2.1.6 钻车和钻机的操作机构上应有指示动作的标牌。

5.2.1.7 行驶和作业位置应具有良好的可视性，以保证对人员不构成危险。

5.2.1.8 钻车和钻机所选用的金属材料应能确保防止碰撞火花的产生。

5.2.1.9 钻车和钻机行走时，应注意总进气软管和电缆不应被岩石等物挡挂住，以免拉断伤人。

5.2.1.10 各种钻车和钻机在规定的角度坡道上行走、作业或停机时，应保证刹车可靠、转弯灵活，不应有晃动、打滑或失控等现象。

5.2.1.11 装有蓄电池的钻车，应采用刚性好的蓄电池上盖，并严禁在无盖的蓄电池上放置工具和其他金属物品。

5.2.2 操作室

5.2.2.1 操作室内的粉尘含量应不大于 2 mg/m³。

5.2.2.2 操作室内的噪声应不大于 85 dB(A)。

5.2.2.3 司机室内的光照度不小于 100 lx。

5.2.3 露天钻车和露天潜孔钻机

干式凿岩的钻车和潜孔钻机应装有吸尘装置，并应保证良好的可靠性。

5.2.4 井下钻车和井下潜孔钻机

5.2.4.1 井下用钻车和潜孔钻机的电器设备应符合 GB/T 5226.1—2002 的规定，用于爆炸性气体环境的必须符合 GB 3836.1～3836.2—2000 的规定。

5.2.4.2 内燃机驱动的钻车和潜孔钻机，禁止用于井下易爆炸性环境。

5.2.5 液压钻车

5.2.5.1 钻车的液压系统应安装压力释放装置和压力安全阀。如果采用可调式液压阀，则应具有防松装置。

液压系统和气动装置均应配备压力监控装置，并必须定期进行检查和维护。

5.2.5.2 液压油应无毒，难燃。

5.2.6 自行式钻车

自行式钻车应配备行走制动系统、辅助制动系统和停车制动系统。

5.2.7 钻架

钻架在调好位置后，应保证顶尖顶牢，螺钉、螺母都应重新紧固。每次作业均必须进行仔细检查。

6 气动工具

6.1 冲击式气动工具

冲击式气动工具禁止在任何气压下长时间的空运转。其作业工具未与加工件接触时，则不准起动机器，以防锤体或作业工具打出伤人。

作业停止后，应立即将作业工具锁定。如本身不配锁定装置的，应及时卸下作业工具。

6.1.1 气镐

气镐宜配有防止镐钎自由脱落的锁定装置。如果采用的是握压式起动阀，则应符合6.1的规定。

6.1.2 气铲

作业时，铲切前方不准有人，必要时宜配防护装置。

6.1.3 气动捣固机

气动捣固机禁止捣金属等硬物和水平作业，以防活塞杆弯曲，捣头脱落伤人。

6.1.4 气动铆钉机和冲击式顶把

6.1.4.1 气动铆钉机

作业时，操作者应施以一定的力量压紧机器，以防锤体的脱落和飞出。

搬运未经包装的机器时，应将锤体取出或在孔口加堵头，以防锤体掉落伤人。

热铆时，窝头应经常用水冷却，以防烫伤。

6.1.4.2 冲击式顶把

冲击式顶把的提手、外壳和顶尖应夹持和支撑牢固。

注：架空作业尤为重要。

作业时应注意：供气后，防止缸体部件突然伸长而伤人。

6.1.5 气动打钉机和针束气动除锈器

在打开管路进气阀门后，禁止机器指向他人或操作者本人。

作业停止后，应将打钉机用钉卸下。

6.1.6 气冲剪

冲刀的安装必须夹紧。

6.2 回转式气动工具

宜使用带自动关闭进气装置的快换接头。如使用不带自动关闭进气装置的快换接头，则应先关闭管路进气阀门，放尽软管中残余压气后再脱开快换接头。

6.2.1 气钻和气动攻丝机

装卸钻头、丝锥时，必须将机器同供气管路脱开，或者切断并排空供气软管的压气。如使用带有进气阀锁定装置的机器，则关闭进气阀即可。

6.2.2 气动砂轮机(气砂轮)、回转式气动磨光机和回转式气动除锈器

安装在主轴上的砂轮、防锈轮或钢丝刷应有可靠的防松措施，以确保在任何情况下都不松动。

作业时，工作气压不得超过额定气压，并应保证磨削的火花方向无人，操作者还应配戴眼、面防护用具。

机器上应清晰标明额定转速、空转转速(r/min)和回转方向，以保证所更换的砂轮的线速度符合GB 2494—2003的规定和更换的钢丝刷或防锈轮符合要求。

应定期检查机器的空转转速，若发现调速器失灵，则应立即停机进行检修。

6.2.2.1 **挡板和紧板**

夹砂轮(或钢丝刷、防锈轮)的挡板和紧板直径不得小于砂轮直径的三分之一,不应有粗糙表面或刺手棱边。

挡板表面任何部位同旋转轴线的垂直度误差不应超过 0.127 mm。

6.2.2.2 **砂轮罩**

机器在额定压力下运转达到最高转速时,如砂轮发生破裂,则砂轮罩的设计结构应满足下列条件:

a) 碎片应散落在砂轮罩内。

b) 砂轮罩应保持在原位不脱离。

砂轮罩的设计结构还应做到装卸砂轮时无需将其从机器上拆下。

另外,直柄式气砂轮的砂轮罩应保证能罩住砂轮旋转面的一半,而端面和角式气砂轮的砂轮罩应保证能罩住操作者一侧砂轮旋转面的一半;或者在砂轮罩上配装可调式侧护挡板,但侧护挡板距砂轮磨削面的距离不应超过 3 mm。

注:砂轮直径小于 50 mm 的气砂轮无砂轮罩,小于 100 mm 的无调速器。

6.2.3 **气扳机和气动螺丝刀(气螺刀)**

6.2.3.1 **气扳机**

气扳机的扳轴与套筒连接用的圆柱销和胶圈应保证完好无损,套筒连接在扳轴上后禁止空运转。

6.2.3.2 **气螺刀**

气螺刀的螺刀头装入机器后禁止空运转。

6.2.4 **气动捆扎机**

确定专职人员来操作机器,并注意当捆扎带即将拉紧时,不要将手放在捆扎带下边,以防挤伤。

7 其他机器

其他机器(产品)的安全要求应符合本标准第 4 章的规定。

附　录　A
（规范性附录）
凿岩机械与气动工具危险一览表

序号	危　　险	本标准中相关条款
1	违反机械设计安全原则和操作规程	4.1～4.4、5.1、5.1.4、5.2.1.1～5.2.1.3、5.2.1.5～5.2.1.7、5.2.6、5.2.5.1
2	危险区域或运动部件无防护	4.5、5.2.1.4、6.1.1～6.1.2、6.2.2
3	操作者未戴防护用品	4.6、6.1.2、6.2.2
4	挤压、剪切、断裂、缠绕等	5.1.1、5.2.1.9、6.2.4
5	砸伤、打伤、捣伤等	5.1、6.1～6.1.3、6.1.4、6.1.5、6.2.3
6	整机倾翻、打滑、转弯或行走失控	5.2.1.10
7	油、燃料、冷却液泄漏	4.7、5.2.5
8	高压液体、气体喷射	4.7、5.1.5、5.1.8、5.2.5、6.2～6.2.1
9	液压或气体下降、软管受损	4.7、5.2.5
10	辅件、零部件紧固不牢、脱落、飞出或磨损	5.1.2～5.1.3、5.1.8、5.2.7、6.1.4.2、6.1.6、6.2.2、6.2.3.1
11	接卸钎(钻)杆时的危险	5.2.1.5
12	与冷、热面接触被烫伤或灼伤	6.1.4.1
13	操作室噪声、振动过大，照明不足	4.8～4.9、5.2.2
14	有害气体、液体及粉尘积集	5.1.6、5.2.3、5.2.5.2
15	冲击、电击、火灾、爆炸	5.1.6～5.1.7、5.2.1.8、5.2.1.10～5.2.1.11、5.2.4

ICS 43.180
R 17

中华人民共和国国家标准

GB/T 17993—2005
代替 GB/T 17993—1999

汽车综合性能检测站能力的通用要求

General requirements for the competence of automotive multiple-function test station

2005-07-21 发布　　　　2005-12-01 实施

中华人民共和国国家质量监督检验检疫总局
中国国家标准化管理委员会　发布

前　言

本标准代替 GB/T 17993—1999《汽车综合性能检测站通用技术条件》。

本标准与 GB/T 17993—1999 相比主要变化如下：

——修改第 1 章关于本标准涉及的范围；

——调整并新增加了一些引用标准；

——取消对汽车综合性能检测站的分类，增加对汽车综合性能检测站的服务功能要求；

——修改了标准结构，并充实和细化了对汽车综合性能检测站质量管理和技术能力、场地和设施的要求。

本标准的附录 A 为规范性附录。

本标准由中华人民共和国交通部提出。

本标准由全国汽车维修标准化技术委员会(SAC/TC 247)归口。

本标准起草单位：交通部公路科学研究所。

本标准参加单位：江苏省交通厅运输管理局、辽宁省交通厅运输管理局、江苏省(南通)汽车综合性能检测中心站、辽宁省(大连)汽车综合性能检测中心站、安徽省汽车检测中心、深圳市安车科技有限公司、石家庄华燕汽车检测设备厂。

本标准主要起草人：刘元鹏、王晓辉、殷国祥、范健、陈南峰、王建国、李良儒、贺宪宁、张其胜、姚健、金诚仁。

本标准所代替标准的历次版本发布情况为：GB/T 17993—1999。

汽车综合性能检测站能力的通用要求

1 范围

本标准规定了汽车综合性能检测站开展汽车综合性能检测工作应具备的服务功能、管理、技术能力以及场地和设施的要求。

本标准适用于汽车综合性能检测站建设、运行管理以及对汽车综合性能检测站能力认定、委托检测和监督管理。

2 规范性引用文件

下列文件中的条款通过本标准的引用而成为本标准的条款。凡是注日期的引用文件,其随后所有的修改单(不包括勘误的内容)或修订版均不适用于本标准,然而,鼓励根据本标准达成协议的各方研究是否可使用这些文件的最新版本。凡是不注日期的引用文件,其最新版本适用于本标准。

GB 1589 道路车辆外廓尺寸、轴荷及质量限值
GB 7258 机动车运行安全技术条件
GB/T 11798.9 机动车安全检测设备 检定技术条件 第9部分:平板制动试验台检定技术条件
GB/T 12480 客车防雨密封性试验方法
GB/T 12534 汽车道路试验方法通则
GB/T 13563 滚筒式汽车车速表检验台
GB/T 13564 滚筒反力式汽车制动检验台
GB/T 15481 检测和校准实验室能力的通用要求
GB/T 15746.1 汽车修理质量检查评定标准 整车大修
GB/T 15746.2 汽车修理质量检查评定标准 发动机大修
GB/T 15746.3 汽车修理质量检查评定标准 车身大修
GB 18285 在用汽车排气污染物限值及测试方法
GB/T 18344 汽车维护、检测、诊断技术规范
GB 18565 营运车辆综合性能要求和检验方法
GB/T 50033 建筑采光设计标准
GB 50034 建筑照明设计标准
GB 50055 通用用电设备配电设计规范
GB 50057 建筑物防雷设计规范
GBZ1 工业企业设计卫生标准
GA 468 机动车安全检验项目和方法
JT/T 198 汽车技术等级评定标准
JT/T 386 汽车排气分析仪
JT/T 445 汽车底盘测功机通用技术条件
JT/T 448 汽车悬架装置检测台
JT/T 478 汽车检测站计算机控制系统技术规范
JT/T 503 汽车发动机综合检测仪
JT/T 504 前轮定位仪
JT/T 505 四轮定位仪

JT/T 506 不透光烟度计
JT/T 507 汽车侧滑检验台
JT/T 508 机动车前照灯检测仪
JT/T 510 汽车防抱制动系统检测技术条件
JJG 188 声级计检定规程
JJG 653 测功装置检定规程
JJG 688 汽车排放气体测试仪检定规程
JJG 745 汽车前照灯检测仪检定规程
JJG 847 滤纸式烟度计
JJG 906 滚筒反力式制动检验台检定规程
JJG 907 轴(轮)重仪检定规程
JJG 908 滑板式侧滑检验台检定规程
JJG 909 滚筒式车速表检测台检定规程
JJG 976 透射式烟度计
JJG(交通)007 汽车转向盘转向力-转向角检测仪检定规程
JJG(交通)008 汽车制动踏板力计检定规程
JJG(交通)009 四活塞联动式油耗计检定规程
JJG(交通)013 汽车发动机检测仪检定规程
JJG(汽车)02 汽车速度计

3 术语和定义

下列术语和定义适用于本标准。

3.1

汽车综合性能 automotive multiple-function

在用汽车动力性、安全性、燃料经济性、使用可靠性、排气污染物和噪声以及整车装备完整性与状态、防雨密封性等多种技术性能的组合。

3.2

汽车综合性能检测站 automotive multiple-function test station

按照规定的程序、方法,通过一系列技术操作行为,对在用汽车综合性能进行检测(验)评价工作并提供检测数据、报告的社会化服务机构,简称综检站。

4 服务功能

4.1 依法对营运车辆的技术状况进行检测。

4.2 依法对车辆维修竣工质量进行检测。

4.3 接受委托,对车辆改装(造)、延长报废期、及其相关新技术、科研鉴定等项目进行检测。

4.4 接受交通、公安、环保、商检、计量、保险和司法机关等部门、机构的委托,为其进行规定项目的检测。

5 管理要求

5.1 组织

5.1.1 综检站应具有明确的法律地位,应为独立承担法律责任的社会化法人机构(非独立法人的需经所属独立法人授权)。

5.1.2 综检站从事检测工作应符合本标准的要求。

5.1.3 综检站的组织管理应覆盖检测工作的各个方面。

5.1.4 综检站应设置管理、检测操作、质量审核监督等基本岗位，各岗位人员的数量、素质应与其工作相适应，需规定对检测质量有影响的主要岗位人员的职责、权力和相互关系，并通过明示的方法被客户所了解。

5.2 质量体系

5.2.1 综检站应按 GB/T 15481 建立、健全质量体系，应将其政策、制度、计划、管理程序、检测规范等制定成文件，构成质量体系文件，应符合计量认证的相关规定。

5.2.2 质量体系文件包括内部制定文件和外来文件。

内部制定文件应至少包括：质量手册、支持性程序文件、主要仪器设备操作规程、检测作业指导书、委托检测受理程序、外部抱怨处理程序、生产安全保障制度、检验人员守则、服务公约等。

外来文件应至少包括：所有开展检测工作依据的标准、委托检测机构有关管理政策、相关法规等文件。

5.2.3 综检站的质量体系应覆盖检测工作的各个方面。

5.2.4 综检站应实施并保持与其承担的检测工作相适应的质量体系。

5.3 文件控制

5.3.1 质量体系文件应由综检站最高管理者或其授权人员审查并批准后使用，并通过适当的标识确保其现行有效。

5.3.2 质量体系文件应传达至有关人员，并被其获取、理解和执行。

5.3.3 应定期核查质量体系文件的适用性和时效性，确保其现行有效。

5.3.4 质量体系文件的修改、变更应经过最高管理者或其授权人员审查并批准，并确保所有发放使用的受控文件被替换。

5.3.5 全部质量体系文件原件应存档，应建立适用的档案管理制度，并规定不同文件的保存周期。

5.3.6 应有保护客户机密信息和所有权的措施，包括电子存储和结果数据传输等。

5.4 服务

5.4.1 综检站应通过适当的方式，保证各类检测的具体项目、收费价格、检测工作的具体流程、检测适用标准、被检参数的限值和依据方便客户了解，并依据相关标准的要求、程序和规范开展检测服务。

5.4.2 检测报告应采用规范的格式或委托方要求的格式提供给客户。

5.4.3 应制定程序并采用适当手段，在不影响检测工作和保护其他客户机密的条件下，允许客户监督对其委托业务进行的检测工作。

5.5 抱怨处理

5.5.1 应有程序文件处理来自客户的抱怨，并有效实施。抱怨包括对检测工作质量、检测数据结果有异议的申诉和损害客户利益的投诉以及改进检测工作的意见和建议等。

5.5.2 抱怨处理程序应包括责任部门、处理程序、受理范围、受理期限、经济责任等，并以适当的方式明示，被客户了解。

5.6 事故、差错控制

5.6.1 应有程序文件处理检测过程中出现的事故和差错，并有效实施。

5.6.2 程序文件应包括责任部门和责任人、处理程序、纠正和预防措施、不良后果的挽回措施和客户损失的补偿方案以及处理结果的跟踪等。

5.7 记录、报告的控制

5.7.1 应建立记录、报告控制文件，包括质量记录、技术记录、结果报告等。质量记录应包括来自内部质量管理的过程记录等；技术记录、结果报告包括检测过程记录、检测报告、检测结果统计、分析报告等。

5.7.2 记录、报告格式应符合一定的规范要求，包含的信息齐全，并有授权签字人确认。

5.7.3 记录、报告应以便于存取的方式保存在安全的环境中，并符合相关法规、政策、制度、标准的规定，记录、报告的保存期限不少于 2 年。

5.7.4　应制定计算机自动生成、存档记录、报告控制程序，防止未经授权的侵入或修改以及数据的丢失。

5.8　质量审核和评审

5.8.1　应制定程序文件定期对检测工作、质量体系运行的各要素进行审核和评审，以保证检测工作、质量保证体系合理、有效运行，并持续改进。

5.8.2　质量审核、评审应涉及质量体系的全部要素，包括与检测业务相关的管理工作和检测工作。

5.8.3　应定期对检测工作进行质量审核(每年不少于 2 次)、评审(每年应至少 1 次)。

6　技术能力要求

6.1　人员

6.1.1　基本要求

6.1.1.1　综检站应设站长(或其他称谓)、技术负责人、质量负责人、计算机控制网络系统管理员、检测员、引车员，以及仪器、设备(维护)管理员、文件资料档案管理员等主要岗位。

注：本标准主要岗位人员设置允许 1 人多岗，但均须达到本标准规定的从业岗位的要求，质量负责人不宜兼职。

6.1.1.2　应制定人员培训制度，并有效实施，保证检测有关人员能按新的检测标准开展检测工作。

6.1.1.3　对持证上岗从业人员，应通过专门培训，取得岗位从业资格证书后，方可上岗。

6.1.2　站长

6.1.2.1　熟悉国家、行业、地方关于汽车检测方面的政策、法令、法规、规定、相关标准。

6.1.2.2　熟悉汽车检测业务，具有大专(含)以上学历、中级(含)以上职称，具备企业经营、管理能力。

6.1.3　技术负责人

6.1.3.1　应具有汽车运用工程或相近专业大专(含)以上学历和中级(含)以上工程技术职称。

6.1.3.2　掌握汽车理论和汽车构造知识，有 3 年以上的汽车维修或检测工作经历。

6.1.3.3　熟悉国家、行业、地方有关汽车维修检测方面的政策、法规、规定及相关标准。

6.1.3.4　掌握检测设备的性能，具有使用检测设备的知识和分析测量误差的能力，能组织检测仪器、设备校准和计量检定工作。

6.1.4　质量负责人

6.1.4.1　应具有汽车运用工程或相近专业大专(含)以上学历和中级(含)以上工程技术职称。

6.1.4.2　熟悉检测技术标准和检测仪器、设备检定规程，熟知计量认证和质量控制要素，胜任检测站全面质量管理工作。

6.1.5　计算机控制网络系统管理员

6.1.5.1　应具有计算机相关专业大专(含)以上学历，具备计算机网络管理知识。

6.1.5.2　掌握检测技术标准，熟悉检测仪器、设备的控制原理、计算机控制系统的构架、各业务节点的操作和设置、数据库的结构和维护管理等。

6.1.6　检测员

6.1.6.1　应具有高中(含)以上学历，了解汽车各系统的工作原理、构造和有关使用、安全性能知识及维修经验。

6.1.6.2　熟悉所在工位检测仪器、设备的性能，具备使用检测仪器、设备的知识，熟练掌握检测操作规程。

6.1.6.3　掌握检测项目的技术标准，能独立进行一般数据处理工作。

6.1.6.4　了解综检站计算机控制网络的构成和业务节点，熟知汽车综合性能检测工艺流程及相关标准，具有计算机操作和计算机网络系统的基本知识。

6.1.7 引车员

6.1.7.1 应具备6.1.6.1、6.1.6.2规定的检测员资格条件。

6.1.7.2 应持有与驾驶车型相对应的机动车驾驶证，从事汽车驾驶3年以上的工作经历，并取得汽车驾驶中级及其以上等级证书。

6.1.8 仪器设备管理员

6.1.8.1 应具有中专或相当于中专（含）以上学历和技术员（含）以上技术职称。

6.1.8.2 掌握汽车构造和原理的一般知识。

6.1.8.3 掌握检测仪器设备的性能和使用要求，具备检测设备管理知识，能对检测仪器设备进行维护、保养、校准。

6.1.9 文件资料档案管理员

6.1.9.1 应具有中专（含）或相当于中专以上学历，熟悉国家档案管理、保密法规和综检站管理工作程序。

6.1.9.2 了解综检站使用的检测标准、方法，能为检测人员提供受控标准和更新。

6.1.9.3 胜任综检站质量体系文件及其运行、验证等资料的管理工作。

6.2 检测项目与参数

6.2.1 综检站应具备附录A所示检测项目或参数的能力。

6.2.2 综检站应依据相关标准或根据客户委托制定的检测方法开展检测工作。

6.2.3 综检站按GB 18565、GB 7258、JT/T 198、GB/T 18344、GB/T 15746.1、GB/T 15746.2、GB/T 15746.3、GB 1589、GA 468规定的要求开展检测工作，应采用计算机控制联网方式进行检测。

6.2.4 综检站应制定开展新的检测工作的程序，保证所开展检测工作能满足预定用途或应用领域的要求。

6.3 检测仪器设备

6.3.1 综检站应配备与检测项目或技术参数相适应的检测仪器设备。仪器设备主要技术要求应符合附录A中的规定。

6.3.2 综检站配备的检测仪器设备应通过产品型式认定，并有产品检验合格证和制造计量器具许可证标志。进口检测设备应参照执行。

6.3.3 综检站配备的检测仪器设备应符合相应检测仪器设备计量检定规程，测量范围、分辨力、准确度等级或允许误差等要求，应满足相应仪器设备国家、行业产品标准的要求，使用的计量检测仪器设备应按规定周期检定并合格。

6.3.4 综检站配备的检测仪器设备应与被检测车辆的主要技术参数相适应。

6.3.5 主要检测仪器设备应能进行计算机联网，实现自动检测，应具备计算机联网受控检测功能的仪器设备见附录A。

6.4 计算机控制检测系统

6.4.1 控制系统应具有车辆信息的登录、规定项目与参数的受控自动检测、检测数据的自动传输与存档、检测报告与统计报表的自动生成、指定信息的查询等功能，所有记录（包括报告和报表）格式及内容均应符合有关规定。

6.4.2 控制系统配置的计算机等硬件和操作系统等软件应符合相关标准的要求。

6.4.3 控制系统应建立适用检测车型数据库和适用检测标准项目、参数限值数据库，并符合相关委托检测行业管理的要求。

6.4.4 控制系统不应改变联网检测仪器设备的测试原理、分辨力、测量结果数据有效位数和检测结果数据，检测参数的采集、计算、判定应符合有关标准。

6.4.5 应具有人工检验项目和未能联网的检测仪器设备检测结果的人工录入功能（IC卡或其他方式）。

6.4.6 应设置检测标准、系统参数等数据修改的访问权限及操作日志。

6.4.7 计算机控制系统其他要求应符合 JT/T 478 的有关规定。

7 场地和设施

7.1 基本要求

7.1.1 综检站应有科学的总体规划设计和工艺布局,合理设置汽车检测线、检测间、检测工位、计算机控制系统、停车场、试车道路、业务厅等设施。

7.1.2 综检站的设计和使用须有消防通道、消防设施等,并严格执行国家、行业、地方有关消防条例、法规的规定。

7.1.3 综检站应有必要的绿化面积和卫生设施,符合 GBZ1 的有关规定。

7.1.4 综检站的供电设施应符合 GB 50055 的有关规定。

7.1.5 综检站的建筑物防雷措施、防雷装置均应符合 GB 50057 的有关规定。

7.2 检测线

7.2.1 检测线应布置在检测间内,应按规定的检测项目配置检测工位。

7.2.2 检测工艺流程应布置合理,各检测工位应有足够的检测面积,检测时各工位应互不干涉。

7.2.3 检测线出入口应设引车道和必要的交通标志,应有醒目的工位标志、检测流程指示信号,应有避免非检测人员误入检测工作区的安全防护装置等。

7.3 检测间

7.3.1 检测间的长度、宽度、高度应满足检测车型检测工作的需要,并符合建筑标准的要求。

7.3.2 检测间应通风、防雨,并设置排(换)气、排水装置,检测间内空气质量应符合 GBZ1 的有关规定。

7.3.3 检测间通道地面的纵向、横向坡度在全长和任意 10 m 长范围内应不大于 1.0%,平整度应不大于 3.0‰,在汽车制动检验台前后相应距离内,地面附着系数应不低于 0.7。

7.3.4 检测间内采光和照明应符合 GB/T 50033 和 GB 50034 的有关规定。

7.4 停车场和试车道路

7.4.1 停车场的面积应与检测能力相适应,不允许与检测场地、试车道路和行车道路等设施共用。

7.4.2 试车道路的承载能力应满足受检汽车的轴荷需要,试车道路应符合 GB/T 12534、GB 7258 的相关要求。

附　录　A
（规范性附录）
检测项目、技术参数能力

A.1　车辆唯一性确认能力应满足表 A.1 规定。

表 A.1　车辆唯一性确认能力

序号	项　　目	确认方式	计算机控制管理方式
1	车牌号码/颜色/车主(单位)	人工检验	人工录入检验结果
2	整备质量或座位数		
3	车型类别/整车外廓尺寸		
4	厂牌型号和出厂编号(或 VIN 代码)		
5	车架号码/悬架型式		
6	发动机型式/号码		
7	驱动型式		
8	燃油类别		
9	车身颜色		
10	制动型式		
11	车辆轴数		
12	前照灯制式		

A.2　整车装备完整有效性基本检验能力应满足表 A.2 规定。

表 A.2　整车装备完整有效性基本检验能力

序号	项目或参数	检验方式	仪器设备及主要技术要求				计算机控制管理方式
			名称	测量范围	分辨力	准确度等级或允许误差	
1	车容、漆面	人工使用量具实施测量与检验	—	—	—	—	人工录入测量与检验结果
2	后、侧、下视镜						
3	车门、行李舱门、车窗及门窗玻璃						
4	车门手把、车门锁、行李舱锁						
5	安全门、安全窗、安全带、灭火器						
6	刮水器/洗涤器						
7	灯光、仪表、信号装置及控制						
8	车内地板						
9	车身外缘对称部位左右差		钢卷尺(铅锤)	(0～5 000) mm	1 mm	2 级	
10	车身对称部位高度差						
11	左右轴距差			(0～20 000) mm			

表 A.2(续)

<table>
<tr><th rowspan="2">序号</th><th rowspan="2">项目或参数</th><th rowspan="2">检验方式</th><th colspan="4">仪器设备及主要技术要求</th><th rowspan="2">计算机控制管理方式</th></tr>
<tr><th>名称</th><th>测量范围</th><th>分辨力</th><th>准确度等级或允许误差</th></tr>
<tr><td>12</td><td>挡泥板</td><td rowspan="11">人工使用量具实施测量与检验</td><td>—</td><td>—</td><td>—</td><td>—</td><td rowspan="11">人工录入测量与检验结果</td></tr>
<tr><td>13</td><td>轮胎气压</td><td>轮胎压力表</td><td>(0～1 000)kPa</td><td>10 kPa</td><td>2.5 级</td></tr>
<tr><td>14</td><td>备胎</td><td>—</td><td>—</td><td>—</td><td>—</td></tr>
<tr><td>15</td><td>轮胎规格及胎冠花纹深度</td><td>轮胎花纹深度尺</td><td>(0～15)mm</td><td>0.1mm</td><td>2 级</td></tr>
<tr><td>16</td><td>牵引车与挂车联接机构</td><td rowspan="3">—</td><td rowspan="3">—</td><td rowspan="3">—</td><td rowspan="3">—</td></tr>
<tr><td>17</td><td>可见螺栓、管、线紧固</td></tr>
<tr><td>18</td><td>漏油、漏水、漏气、漏电</td></tr>
<tr><td>19</td><td>离合器操纵装置自由行程</td><td rowspan="4">钢直尺</td><td rowspan="4">(0～500)mm</td><td rowspan="4">1 mm</td><td rowspan="4">2 级</td></tr>
<tr><td>20</td><td>行车制动系统操纵装置自由行程</td></tr>
<tr><td>21</td><td>应急制动系统操纵装置自由行程</td></tr>
<tr><td>22</td><td>驻车制动系统操纵装置自由行程</td></tr>
</table>

A.3　发动机技术性能检测能力应满足表 A.3 规定。

表 A.3　发动机技术性能检测能力

<table>
<tr><th rowspan="2">序号</th><th rowspan="2">项目或参数</th><th rowspan="2">检测方式</th><th colspan="4">仪器设备及主要技术要求</th><th rowspan="2">计算机控制管理方式</th></tr>
<tr><th>名称</th><th>测量范围</th><th>分辨力</th><th>准确度等级或允许误差</th></tr>
<tr><td>1</td><td>起动、燃料供给、润滑、冷却、排气系统机件齐全及功能</td><td rowspan="2">人工检验</td><td rowspan="2">—</td><td rowspan="2">—</td><td rowspan="2">—</td><td rowspan="2">—</td><td rowspan="2">人工录入</td></tr>
<tr><td>2</td><td>柴油机停机装置及功能</td></tr>
<tr><td>3</td><td>发动机功率</td><td rowspan="11">仪器有线连接、规定工况采样、数据自动处理、记忆、输出</td><td rowspan="11">发动机综合性能检测仪</td><td colspan="3" rowspan="11">应符合 JT/T 503 和 JJG(交通)013 的规定</td><td rowspan="11">受控</td></tr>
<tr><td>4</td><td>最低稳定转速</td></tr>
<tr><td>5</td><td>最高转速</td></tr>
<tr><td>6</td><td>单缸转速降</td></tr>
<tr><td>7</td><td>相对气缸压力</td></tr>
<tr><td>8</td><td>点火提前角</td></tr>
<tr><td>9</td><td>触点闭合角</td></tr>
<tr><td>10</td><td>分电器重叠角</td></tr>
<tr><td>11</td><td>供(喷)油提前角</td></tr>
<tr><td>12</td><td>火花塞点火电压</td></tr>
<tr><td>13</td><td>起动电流</td></tr>
</table>

表 A.3(续)

序号	项目或参数	检测方式	仪器设备及主要技术要求				计算机控制管理方式
			名称	测量范围	分辨力	准确度等级或允许误差	
14	起动电压	仪器有线连接、规定工况采样、数据自动处理、记忆、输出	发动机综合性能检测仪	应符合 JT/T 503 和 JJG(交通)013 的规定			受控
15	电喷系						
	a) 电压						
	b) 电阻						
	c) 脉冲频率						
	d) 脉宽						
16	气缸压力	人工检验	气缸压力表	(0～50) MPa	10 kPa	1 级	人工录入
17	机油污染指数		润滑油质分析仪	0～10	0.01%	±0.1%	

A.4 使用可靠性基本检验能力应满足表 A.4 规定。

表 A.4 使用可靠性基本检验能力

序号	项目或参数	检验方式	仪器设备及主要技术要求				计算机控制管理方式
			名称	测量范围	分辨力	准确度等级或允许误差	
1	发动机异响 a) 敲缸 b) 活塞销 c) 连杆轴瓦 d) 曲轴轴瓦 e) 气门敲击 f) 其他	人工检验	—	—	—	—	人工录入
2	底盘异响 a) 离合器 b) 变速器 c) 传动轴 d) 主减速器		—	—	—	—	
3	总成紧固螺栓、铆钉 a) 发动机(附离合器)紧固 b) 底盘传动系紧固 c) 转向装置紧固 d) 悬挂装置紧固 e) 制动器(系)紧固 f) 轮胎螺栓(母)、半轴螺栓(母)紧固 g) 备胎紧固 h) 车轴 U 型螺栓(母)紧固 i) 油箱螺栓(母)紧固	人工辅以扭力扳手及专用手锤检验	—	—	—	—	

表 A.4(续)

序号	项目或参数	检验方式	仪器设备及主要技术要求				计算机控制管理方式
			名称	测量范围	分辨力	准确度等级或允许误差	
4	主要部件间隙 a) 车轮轮毂 b) 传动轴万向节 c) 传动轴过桥轴承 d) 传动轴滑动槽 e) 转向横直拉杆球头 f) 转向节主销 g) 钢板弹簧衬套(销) h) 减振器杆件衬套(销) i) 传动轴跳动量	人工辅以地沟和专用设备检验	底盘间隙观察仪(注:可选配)	支撑板平分线 4 个垂直方向位移量分别(20～50) mm	—	—	人工录入
5	重要部位缺陷 a) 承载轴(桥)裂纹 b) 转向系杆件(臂)裂纹 c) 悬架弹性组件裂纹及位移 d) 车架裂纹 e) 制动管路磨损、老化、龟裂	人工辅以专用手锤检验	—	—	—	—	

A.5 动力性检测能力应满足表 A.5 规定。

表 A.5 动力性检测能力

序号	项目或参数	检测方式	仪器设备及主要技术要求				计算机控制管理方式
			名称	测量范围	分辨力	准确度等级或允许误差	
1	校正驱动轮输出功率	台架程序测试	汽车底盘测功机	应符合 JT/T 445 和 JJG 653 的规定			受控
		人工采集测试现场环境要素	大气压力表	(80～170) kPa	0.1 kPa	应符合气象测试仪表要求	人工录入气象要素，工位计算机自动换算校正系数
			温度计	(−50～+100)℃	1℃		
			湿度计	(0～100)%	2%		
2	整车外特性曲线	自动跟踪采样	汽车底盘测功机	应符合 JT/T 445 和 JJG 653 的规定			受控
3	加速性能	台架程序测试					
4	加速性能曲线	自动跟踪采样					

A.6 燃料经济性检测能力应满足表 A.6 规定。

表 A.6 燃料经济性检测能力

项目或参数	检测方式	仪器设备及主要技术要求				计算机控制管理方式
		名称	测量范围	分辨力	准确度等级或允许误差	
等速百公里燃料消耗量	台架程控测试或道路试验	汽车底盘测功机	应符合 JT/T 445 和 JJG 653 的规定			受控
		油耗计	应符合 JJG(交通)009 的规定			
		非接触式速度计或五轮仪（注：可选配）	应符合 JJG(汽车)02 的规定			仪器自行采集、处理、记忆、存贮数据

A.7 整车滑行性能检测能力应满足表 A.7 规定。

表 A.7 整车滑行性能检测能力

序号	项目或参数	检测方式	仪器设备及主要技术要求				计算机控制管理方式
			名称	测量范围	分辨力	准确度等级或允许误差	
1	滑行距离	台架程控测试或路试	汽车底盘测功机（注：宜选配惯量模拟装置）	应符合 JT/T 445 和 JJG 653 的规定			受控或人工录入
2	滑行时间						
3	滑行阻力	道路试验	拉力计	(0～10)kN	10N	2 级或±2%	人工录入

A.8 噪声控制检测能力应满足表 A.8 规定。

表 A.8 噪声控制检测能力

序号	项目或参数	检测方式	仪器设备及主要技术要求				计算机控制管理方式
			名称	测量范围	分辨力	准确度等级或允许误差	
1	车辆定置噪声	场地检测或道路试验	声级计	应符合 JJG 188 的规定			人工录入
2	客车车内噪声						
3	驾驶员耳旁噪声						
4	喇叭声级	仪器程控测试					受控

A.9 车速表、里程表核准检测能力应满足表 A.9 规定。

表 A.9 车速表、里程表核准检测能力

序号	项目或参数	检测方式	仪器设备及主要技术要求				计算机控制管理方式
			名称	测量范围	分辨力	准确度等级或允许误差	
1	车速表示值误差	台架程控测试	汽车车速表检验台	应符合 GB/T 13563 和 JJG 909 的规定			受控
2	里程表示值误差		汽车底盘测功机	应符合 JT/T 445 和 JJG 653 的规定			

A.10 制动性能检测能力应满足表 A.10 规定。

表 A.10 制动性能检测能力

序号	项目或参数	检测方式	仪器设备及主要技术要求				计算机控制管理方式
			名称	测量范围	分辨力	准确度等级或允许误差	
1	轴(轮)重量	台架程控测试	轴(轮)重仪	应符合 JJG 907 的规定			受控
2	整备质量变化率						
3	制动力		滚筒反力式制动检验台或平板式制动检验台	滚筒式应符合 GB/T 13564 和 JJG 906 的规定 平板式应符合 GB/T 11798.9 的规定			
4	a) 前轴制动力因数 b) 整车制动力因数						
5	制动力平衡因数						
6	车轮阻滞力因数						
7	驻车制动力						
8	制动协调时间						
9	制动力特性曲线	自动跟踪扫描					受控或人工录入
10	轮产生最大制动力时的踏板力	监控	制动踏板力计	应符合 JJG(交通)008 的规定			
11	产生最大驻车制动力时的操纵力		驻车制动操纵力计	(0～1) kN	5 N	±3.0%	
12	驻车制动	道路试验	标准坡道	20%和 15%,坡道长度与被检车型相适应			人工录入
13	制动距离		非接触式速度计或五轮仪	应符合 JJG(汽车)02 的规定			
14	制动减速度		制动性能测试仪或非接触式速度计	时间:(0～10)s	0.01 s	±1%	
				减速度:(0～9.8) m/s^2	0.01 m/s^2	2%±0.05 m/s^2	
15	制动跑偏量		标准试车道路	应符合 GB 7258 的规定			
16	ABS 防抱制动性能	台架程控测试或道路测试	ABS 防抱制动检验台 (注:可选配)	应符合 JT/T 510 的规定			受控

A.11 转向操纵性检测能力应满足表 A.11 规定。

表 A.11 转向操纵性检测能力

序号	项目或参数	检测方式	仪器设备及主要技术要求				计算机控制管理方式
			名称	测量范围	分辨力	准确度等级或允许误差	
1	转向自动回正能力	道路试验	人工检验	—	—	—	人工录入
2	转向盘自由转动量	人工辅以仪器测试	转向盘转向力-角仪	应符合 JJG(交通)007 的规定			人工录入或受控
3	转向盘操纵力						
4	转向轮最大转角		转向轮转角仪	左右各 50°	0.1°	±1°	
5	转向轮侧滑量		侧滑检验台	应符合 JT/T 507 和 JJG 908 的规定			
6	车轮定位	人工辅助作业	前轮定位仪或四轮定位仪（注：均可选配）	前轮定位仪应符合 JT/T 504 的规定 四轮定位仪应符合 JT/T 505 的规定			人工录入或受控
	a）转向轮前束值/张角						
	b）转向轮外倾角						
	c）转向轮主销内倾角						
	d）转向轮主销后倾角						
	e）后轮外倾角						
	f）后轮前束值/前张角						
	g）推进角						
	h）车轮轮距						
	i）转向 20°的张角						

A.12 前照灯性能检测能力应满足表 A.12 规定。

表 A.12 前照灯性能检测能力

序号	项目或参数	检测方式	仪器设备及主要技术要求				计算机控制管理方式
			名称	测量范围	分辨力	准确度等级或允许误差	
1	基准中心高度	程控测试	前照灯检测仪	应符合 JT/T 508 和 JJG 745 的规定			受控
2	远光光强						
3	远光光束中心垂直方向上、下偏角（或偏距）						
4	远光光束中心水平方向左、右偏角（或偏距）						
5	近光光束中心垂直方向上、下偏角（或偏距）						
6	近光光束中心水平方向左、右偏角（或偏距）						

A.13 排气污染物检测能力应满足表 A.13 规定。

表 A.13 排气污染物检测能力

序号	项目或参数	检测方式	仪器设备及主要技术要求				计算机控制管理方式
			名称	测量范围	分辨力	准确度等级或允许误差	
1	点燃式发动机	仪器程控测试	排气分析仪（注：宜带有发动机转速显示功能）	应符合 JT/T 386 和 JJG 688 的规定			受控
	a）怠速工况法 CO HC						
	b）双怠速工况法 CO HC						
	c）加速模拟工况法 CO HC NO	仪器、设备程控测试	汽车底盘测功机 排气分析仪	应符合 GB 18285 的规定			
2	压燃式发动机	仪器程控测试	滤纸式烟度计	应符合 JJG 847 的规定			
	a）烟度						
	b）光吸收系数		不透光烟度计	应符合 JT/T 506 和 JJG 976 的规定			

A.14 悬架特性检测能力应满足表 A.14 规定。

表 A.14 悬架特性检测能力

序号	项目或参数	检测方式	仪器设备及主要技术要求				计算机控制管理方式
			名称	测量范围	分辨力	准确度等级或允许误差	
1	吸收率	台架程控测试	悬架装置检测台	应符合 JT/T 448 的规定			受控
2	左右轮吸收率差						
3	悬架特性曲线						
4	悬架效率						
5	左右轮悬架效率差						

A.15 客车防雨密封性检测能力应满足表 A.15 规定。

表 A.15 客车防雨密封性检测能力

项目或参数	检测方式	设备名称	仪器设备及主要技术要求	计算机控制管理方式
客车防雨密封性	人工辅以装置测试	喷淋装置（注：可选配）	应符合 GB/T 12480 的规定	人工检验并录入结果